中国轻工业“十三五”规划教材

生物工程设备（第三版）

朱明军　梁世中　主　编

中国轻工业出版社

图书在版编目（CIP）数据

生物工程设备/朱明军，梁世中主编．—3 版．—北京：中国轻工业出版社，2023.1

中国轻工业“十三五”规划教材

ISBN 978-7-5184-2262-3

Ⅰ.①生…　Ⅱ.①朱…　②梁…　Ⅲ.①生物工程-设备-高等学校-教材　Ⅳ.①Q81

中国版本图书馆 CIP 数据核字（2019）第 167128 号

责任编辑：江　娟
策划编辑：江　娟　张　靓　　责任终审：劳国强　　封面设计：锋尚设计
版式设计：王超男　　　　　　责任校对：晋　洁　　责任监印：张　可

出版发行：中国轻工业出版社（北京东长安街 6 号，邮编：100740）
印　　刷：三河市万龙印装有限公司
经　　销：各地新华书店
版　　次：2023 年 1 月第 3 版第 3 次印刷
开　　本：787×1092　1/16　印张：37.75
字　　数：850 千字
书　　号：ISBN 978-7-5184-2262-3　定价：80.00 元
邮购电话：010-65241695
发行电话：010-85119835　传真：85113293
网　　址：http://www.chlip.com.cn
Email：club@chlip.com.cn
如发现图书残缺请与我社邮购联系调换
230018J1C303ZBQ

《生物工程设备》（第三版）编写人员

主　编　朱明军（华南理工大学）

梁世中（华南理工大学）

参　编　乔长晟（天津科技大学）

舒国伟（陕西科技大学）

徐庆阳（天津科技大学）

黄儒强（华南师范大学）

刘功良（仲恺农业工程学院）

薛栋升（湖北工业大学）

杨佐毅（广东工业大学）

王菊芳（华南理工大学）

李志刚（华南理工大学）

贾媛媛（天津科技大学）

第三版前言

随着经济和社会的迅速发展，粮食短缺、环境污染、疾病危害、能源和资源短缺、气候异常等一系列重大问题日益凸显。现代生物技术的发展为这些问题的解决带来了希望。生物工程以基因工程为先导，结合发酵工程、酶工程、细胞工程和生化工程等，构成了现代生物工程技术体系。生物工程设备则是生物工程技术、化学工程与设备交叉的结合体。

纵观国内外，有关生物工程设备的著作与教材甚少。其中，我国出版的有关教材只有寥寥数本，其中的代表作是20世纪70年代末出版的由高孔荣教授主编的《发酵工程设备》，后于1991年改名为《发酵设备》。21世纪初，全国生物工程（原来称发酵工程）教学指导小组与中国轻工业出版社决定组织编写《生物工程设备》，经华南理工大学、天津科技大学、陕西科技大学等院校通力合作，于2002年初由中国轻工业出版社在全国出版发行，2011年第二版在全国出版发行，受到了广大读者的好评。

生物工程技术发展一日千里，近几年来相应的生物工程技术与设备又有新的发展，为此决定修订本教材。此次修订删除过时的技术及设备内容，其中第四章植物细胞（组织）和动物细胞培养反应器不再保留，只把其中最精华的内容在第一篇第二章精简介绍；增加了先进的技术设备介绍，补充了一些数字资源以满足教学的需求，使本教材更具科学性和实用性。

本教材共分为三篇共15章。具体编写分工如下：天津科技大学乔长晟、徐庆阳编写第二篇第一章；天津科技大学贾媛媛编写第二篇第六章；陕西科技大学舒国伟编写第二篇第二章和第五章；华南师范大学黄儒强编写第二篇第四章；湖北工业大学薛栋升编写第三篇第三章；仲恺农业工程学院刘功良编写第三篇第二章；广东工业大学杨佐毅编写第三篇第四章；华南理工大学王菊芳编写第三篇第一章，李志刚编写第二篇第三章，梁世中编写第一篇第二章和第五章，朱明军编写第一篇第一章、第三章和第四章。朱明军和梁世中担任主编。

希望本书能更好地满足生物工程、生物技术、制药工程、食品科学与工程、化学工程与工艺等相关专业的师生参考与学习的需求。当然，本教材也可供从事生物工程技术及相关领域的研究生、科技工作者和工程技术人员参考应用。

本书的修订，得到有关单位的领导、专家的支持，部分院校研究生参加了资料整理、图表制作等工作，在此一并致以衷心的感谢。

第二版前言

现代生物技术的发展，已经成为人类彻底认识与改造自然界，克服自身所面临的人口膨胀、粮食短缺、环境污染、疾病危害、能源和资源短缺、生态平衡破坏等一系列重大问题的可靠手段和工具。世界各主要经济强国都把生物技术确定为21世纪经济与科技发展的关键技术，生物经济正在成为继信息产业之后知识经济的新代表。

生物工程技术是当今最活跃、发展最迅速的、最重要的工程技术之一，在解决粮食安全、提高人类健康水平、促进绿色制造、改善资源环境、缓解能源压力、保障国家安全等领域有着举足轻重的作用。生物技术以基因工程为先导，结合发酵工程、酶工程和生化工程等工程技术，构成了现代生物技术。生物工程设备则是生物工程技术和化学工程与设备交叉的结合体。

纵观国内外，有关生物工程设备的著作与教材甚少。其中，我国出版的有关教材只有寥寥数本，其中的代表作就是20世纪70年代末出版的由高孔荣教授主编的《发酵工程设备》，后于1991年改名为《发酵设备》。21世纪初，全国生物工程（原来称发酵工程）教学指导小组与中国轻工业出版社决定组织编写《生物工程设备》，经华南理工大学、天津科技大学、西北科技大学等单位的有关教授通力合作，于2002年初由中国轻工业出版社在全国发行，受到了广大读者的好评。但生物工程技术发展一日千里，近几年来相应的生物发酵工程技术与设备又有新的发展进步。为此决定修订本教材，删除了过时的或烦琐的章节内容，增加了先进的技术、设备介绍，第二版增加了生物工程工厂能源与动力设备、生物工程工厂清洁生产两章，使本教材更具科学性和实用性。希望能更好地满足生物工程、生物技术以及制药工程、食品科学与工程、化学工程与工艺等有相关专业的师生参考与学习的需求，当然，本教材也可供从事生物工程技术及相关领域的研究生、科技工作者和工程技术人员参考应用。

本教材分成三篇共16章，各章的编写具体分工为：天津科技大学谭国民编写第二篇第一章和第六章；陕西科技大学陈合编写第二篇第二章、第三章和第五章；河南工业大学王平诸编写第二篇第四章；华南理工大学吴振强编写第一篇第一章和第三篇第三章，浦跃武编写第一篇第三章和第三篇第四章，郑穗平编写第一篇第四章，王菊芳编写第三篇第一章，朱明军编写第一篇第五章和第三篇第二章，梁世中编写第一篇第二章和第六章，并担任全书的主编。

本书的修编，得到中国轻工业出版社等及有关单位的领导、专家和编审人员的支持，几位作者部分的研究生参加了资料查阅整理、图表制作和打印等工作，在此一并致以衷心的感谢。

由于作者水平和经验有限，书中难免存在错漏和不足之处，敬请读者批评指正。

第一版前言

生物技术是当今最活跃、发展最迅速的、最重要的科学技术之一，在工农业生产、医药工业及环境保护等国民经济领域有着举足轻重的作用。生物技术以基因工程为先导，结合发酵工程、酶工程和生化工程等工程技术，构成了现代生物技术。生物工程设备则是生物工程技术和化学工程与设备交叉的结合体。

纵观国内外，有关生物工程设备的著作与教材甚少。其中，我国出版的有关教材只有寥寥数本，其中的代表就是20世纪70年代末出版的由高孔荣教授主编的《发酵工程设备》，该书经修编后于1991年面世，改名为《发酵设备》。但近十多年来，生物工程技术无论从深度和广度都已有举世公认的众多成就与发展，相应的生物发酵工程原理与设备也取得长足的进步。为了使生物工程技术有关专业的师生有一本较系统的有关生物工程原理和典型设备的教材参考与学习，全国生物工程（原来称发酵工程）教学指导小组与中国轻工业出版社决定组织编写此书。当然，本教材也可供从事生物工程技术及相关领域的科技工作者和工程技术人员参考应用。

全书分成三篇共17章，华南理工大学梁世中主编。各章的编写具体分工为：天津轻工业学院孙连贵编写第二篇第一章和第六章，第三篇第三章；西北轻工业学院陈合编写第二篇第二章、第三章和第五章、第三篇第四章；华南理工大学梁世中编写绪论、第一篇第二章、第五章和第六章，第三篇的第一章和第二章；华南理工大学吴振强编写第一篇第一章，浦跃武编写第一篇第三章和第二篇第四章，华南理工大学郑穗平编写第一篇第四章。

由于我们的水平和经验有限，加之可参考的国内外有关生物工程设备的教材极少，故书中错漏和不足之处敬请读者批评指正。

本书的编写，得到全国生物工程教学指导小组、中国轻工业出版社等单位及有关领导、专家和编审人员的支持，得到广东省政府科研基金的资助；承蒙高孔荣教授审阅全书并提出宝贵的补充修改意见。在此致以衷心的感谢。遗憾的是，在本书出版之前，高孔荣教授已经不幸辞世，在此寄予深切的悼念和哀思！

目　录

第一篇　生物反应器

第二篇　生物反应物料处理及产物分离纯化设备

第三篇　辅助系统设备和清洁生产

第一篇

生物反应器

第一章　生物反应器设计基础

生物反应器（bioreactor）是指以活细胞或酶为生物催化剂进行细胞增殖或生化反应提供适宜环境的设备，可分为细胞反应器和酶反应器两大类。生物反应器种类很多，已广泛用于发酵食品、药品、环保等方面。从生物反应过程说，发酵过程用的反应器称为发酵罐；酶反应过程用的反应器则称为酶反应器。另一些专为动植物细胞大量培养用的生物反应器，专称为动植物细胞培养装置。生物反应器中的物质、能量和热量转换与反应器的结构和内部装置密切相关，换句话说，生物反应器的结构对生物反应的产品质量、收率（转化率）和能耗起到关键作用。与化学反应器的主要不同点是，生物（酶除外）反应都以"自催化"方式进行，即在目的产物生成的过程中生物自身要生长繁殖。因此，生物反应器的设计必须以生物体为中心，这就要求设计者既要有化学工程的知识，又要有生物学的基础。设计工程师除了考虑反应器的传质、传热等性能以外，还需要选择适宜的生物催化剂，这包括了解产物在生物反应的哪一阶段大量生成、适宜的 pH 和温度、是否好氧和易受杂菌污染等；生物体是活体，生长过程可能受到剪切力影响，也可能发生凝聚成为颗粒，或因自身产气或受通气影响而漂浮于液面；材料的选择能确保无菌操作的设计；检验与控制装置的可靠性、安全性、经济性等。总之，生物反应器的设计原理是基于强化传质、传热等操作，将生物体活性控制在最佳条件，降低总的操作费用。典型的生物反应器如图 1-1-1 所示。其各个部件及使用介绍见视频 1-1-1。

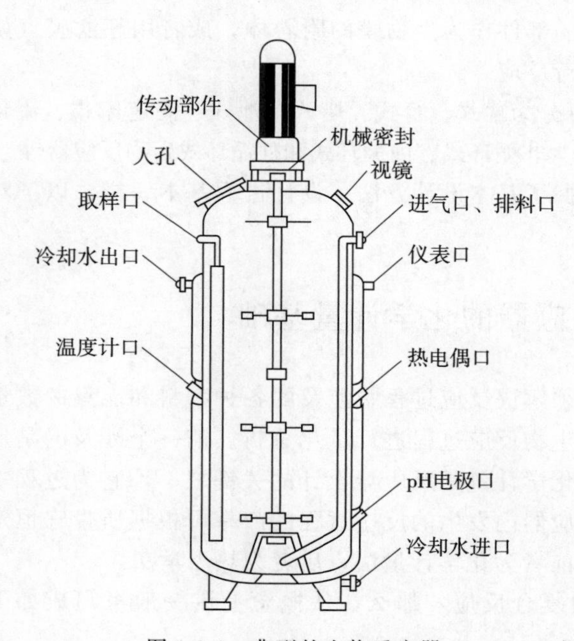

图 1-1-1　典型的生物反应器

视频 1-1-1　生物反应器的各个部件及使用介绍

生物反应器的设计也因反应的目的不同而有所区别。生物反应的目的可归纳为几种：一是生产细胞，二是收集细胞的代谢产物，三是直接用酶催化得到所需产物。最初的生物反应器主要是用于微生物的培养或发酵，随着生物技术的不断深入和发展，它已被广泛用于动植物细胞培养、组织培养、酶反应等场合。因此，实际应用的生物反应器根据细胞或组织生长代谢要求、生物反应的目的等的不同可以有很多变化，总的来说可归纳为以下几类。

一、提供厌氧或好氧条件的反应器

(1) 厌气生物反应器　发酵过程不需要通入氧气或空气，有时可能通入二氧化碳或氮气等以保持罐内正压，防止染菌，以及提高厌氧控制水平。此类反应器有酒精发酵罐、啤酒发酵罐、沼气发酵罐（池）、双歧杆菌厌氧反应器等。

(2) 通气生物反应器　又可分为搅拌式、气升式和自吸式等；前两者需要在反应过程中通入氧气或空气，后者则可自行吸入空气满足反应要求。搅拌式反应器靠搅拌器提供动力使物料循环、混合，气升式则以通入的空气上升而产生动力，自吸式反应器是利用特殊搅拌叶轮在搅拌过程中产生真空从而将空气吸入反应器内，无需另外供气。

二、提供光合作用条件的反应器

光照生物反应器壳体部分或全部采用透明材料，以便光可照射到反应物料，进行光合作用反应。一般配有照射光源，白天可直接利用太阳光。

三、提供细胞或酶附着生长条件的反应器

膜生物反应器——反应器内安装适当的部件作为生物膜的附着体，或者用超滤膜（如中空纤维等）将细胞控制在某一区域内进行反应。

另外，根据反应器的结构形式不同又可分为罐式、管式、塔式、池式、固定床式、流化床式生物反应器等；根据物料混合方式可分为非循环式、内循环式和外循环式生物反应器等。

不管什么形式的生物反应器，只要掌握了基本设计方法，设计过程基本一样，以下对有关的基础知识进行介绍。

第一节　生物反应器的化学计量基础

由于生物反应的特殊性和复杂性，必须解决反应过程中涉及的各种物料和能量的数量比例关系及反应过程速率的问题，才能对生物反应过程进行量化分析。前一个涉及的是反应计量学，后一个则是反应过程动力学。化学计量是反应器设计的关键之一，它为过程中使用的介质的合理设计提供基本数据。反应器内发生的反应过程的产率可根据质量守恒定律和能量守恒定律推导的公式进行计算，前者为化学计量法，后者为热力学法。

如果将生物反应看成生成多种产物的复合反应，那么，从概念上讲一般可写成如下简式：

$$碳源+氮源+O_2 \longrightarrow 菌体生物量+有机产物+CO_2+H_2O$$

当然，此式不是计量关系式。为了表示出生物反应过程中各物质和各组分之间的数量

关系，最常用的方法是对各元素进行衡算。

首先要确定细胞的元素组成和其分子式。为了简化，一般将细胞的分子式定义为 $CH_{\alpha}N_{\beta}O_{\delta}$，而忽略了其他微量元素 P、S 和灰分等。不同的细胞，其组分当然是不同的。即使同一种细胞，由于其处在不同的生长阶段，其组成也是有差别的。为此，常需要确定平均细胞组成。表 1-1-1 所示为各种不同微生物细胞的元素组成情况。从该表可以看出，生长速率的变化对同一种细胞元素组成虽然有影响，但比不同种细胞间对元素组成的影响要小。同时还可以看出，对同一种微生物细胞，当限制培养基发生变化时，细胞元素组成亦在变化。典型的细胞组成可以表示为 $CH_{1.8}N_{0.2}O_{0.5}$。

通常化学反应的过程基本是固定的，人们可列出完整精确的质量和能量衡算式。但生物反应与一般化学反应有着显著差别，首先是生物反应存在着活细胞，可以将它看作催化剂；其次，由于细胞是在不断生长的，对营养有一定的要求，使得参与反应的成分很多；第三是生物反应的途径通常不是单一的，反应过程也往往伴随着生成代谢产物的反应，它受到众多环境因素的影响。因此，在利用质量及能量守恒定律时，它们之间的关系将变得更为复杂，必须加上对过程动力学的深入理解，才能很好地进行生物反应器的设计，而化学计量及热力学则可构成生物反应器、生化过程的上游与下游产物分离纯化之间的联系。

表 1-1-1　一些微生物细胞的元素组成和经验分子式

微生物	限制性底物	比生长速率 μ/h^{-1}	C（质量）/%	H（质量）/%	N（质量）/%	O（质量）/%	经验分子式	相对分子质量（据经验分子式）
细菌			57.9	8.0	13.4	20.7	$CH_{1.66}N_{0.20}O_{0.27}$	20.8
细菌			47.1	7.8	13.7	31.3	$CH_{2}N_{0.25}O_{0.5}$	25.5
产气菌			53.4	7.0	14.9	23.5	$CH_{1.78}N_{0.24}O_{0.33}$	22.5
产气菌	甘油	0.1	50.6	7.3	13.0	29.0	$CH_{1.74}N_{0.22}O_{0.43}$	23.7
产气菌	甘油	0.85	50.1	7.3	14.0	28.7	$CH_{1.73}N_{0.24}O_{0.43}$	24.0
假丝酵母	葡萄糖	0.08	50.0	7.6	11.1	31.3	$CH_{1.826}N_{0.19}O_{0.47}$	24.0
假丝酵母	葡萄糖	0.45	46.9	7.2	10.9	35.0	$CH_{1.84}N_{0.20}O_{0.56}$	25.6
假丝酵母	乙醇	0.06	50.3	7.7	11.0	30.8	$CH_{1.82}N_{0.19}O_{0.46}$	23.9
假丝酵母	乙醇	0.43	47.2	7.3	11.0	34.6	$CH_{1.84}N_{0.20}O_{0.55}$	25.5

生化反应含有大量不确定因素，不可能对复杂培养基的每一个成分进行跟踪，只能识别部分产物，而且培养过程中细胞活性也会随生长阶段而变化。进行化学计算之前，必须先列出生化反应的方程，式（1-1-1）给出了单一碳源、氮源、氧以及生物量、产物生成（包括 H_2O 和 CO_2）的关系式，细胞、基质、产物定义为采用单一碳源化学表达式，并认为只有一种产物，则化学平衡式可表示为：

$$CH_mO_l + aNH_3 + bO_2 \longrightarrow Y_bCH_pO_nN_q\text{（生物量）} + Y_pCH_rO_sN_t\text{（产物）} + cH_2O + dCO_2 \quad (1\text{-}1\text{-}1)$$

这里 Y_b、Y_p 分别是生物量（biomass）和产物（product）相对单位碳源量的产率，氮和氧的需求量分别用系数 a 和 b 表示，所产生的 H_2O 和 CO_2 量分别用系数 c 和 d 表示。所有这些参数通过基本守恒关系以有机方式关联，由于假定只有一种碳源进入生化反应，碳源平衡式为：

$$1=Y_b+Y_p+d \tag{1-1-2}$$

氮、氧、氢的平衡式分别为：

$$a=qY_b+tY_p \tag{1-1-3}$$

$$l+2b=nY_b+sY_p+c+2d \tag{1-1-4}$$

$$m+3a=pY_b+rY_p+2c \tag{1-1-5}$$

上面 $l \sim t$ 分别来自式（1-1-1）中各分子式元素的下标值。这表明，如果知道得率，那么所需要的氨量和氧量，以及所产生的 CO_2 和 H_2O 都可由这些方程算出。同样，进气、排气和氮消耗量的测量有助于确定得率。

基质及产物的还原度可用于列出有效的电子平衡方程，建立附加关系式。另外，ATP 的形成与产率密切相关。生物量直接与生成能量的基质降解所产生的 ATP 成比例，但对这一结论的实际开发必须知道准确的催化途径。

大量的证据显示，相对基质的得率取决于比生长速率 μ。这种现象可用维持进行解析，它是变性蛋白的变换、保持最佳的胞内 pH、抗衡通过细胞膜的泄漏的主动运输、无用的循环及运动所需要的能量。从热力学角度看，“维持”的概念是非常适当的。它是在保持细胞一个有序状态、补偿系统中熵的产生、避免造成细胞死亡的平衡状态中耗费的能量。假设生成能量的基质部分与生长相关（所消耗的基质用于生物量的产生），部分与生长无关，而是取决于当前系统中存在的生物量大小（基质提供维持的能量）。用不同的近似方法，将两项均列入方程，可以认为是对维持的定义：

$$\frac{1}{Y_{XS}}=\frac{1}{Y_{XS}^{max}}+\frac{m_s}{\mu} \tag{1-1-6}$$

式中　Y_{XS}——生物量对基质的得率

Y_{XS}^{max}——得率最大值

m_s——维持系数

μ——比生长速率

方程显示生物量对基质的得率（Y_{XS}）随反应速率的增加而增加，如果忽略右边第二项，得率将为最大值，Y_{XS}^{max}。应该记住，Y_{XS}是实验中观察到的细胞质量浓度增加值与基质浓度消耗值的比率，而 Y_{XS}^{max} 只是一个模型参数。

如果方程中两项乘 μ，可以得到式（1-1-7），有时称为基质消耗的线性方程：

$$q_s=\mu/Y_{XS}^{max}+m_s \tag{1-1-7}$$

式中　q_s——基质比消耗速率，指单位生物量在单位时间内消耗营养物质的量。它表示细胞对营养物质利用的速率或效率。在比较不同微生物的发酵效率时这个参数很有用

有人提出一个概括性的线性方程（1-1-8），表达具有产物产生情况下的生物量生长。

$$q_s=\mu/Y_{XS}^{max}+q_p/Y_{XS}^{max}+m_s \tag{1-1-8}$$

式中　q_p——产物比生成速率，即 $q_p=(dP/dt)/X$，指单位生物量在单位时间内合成产物的量，它表示细胞合成产物的速度或能力，可以用来判断微生物合成代谢产物的效率

基质和氧消耗的线性方程是反应器设计的重要工具。速率可以被预测，而培养过程得率系数的改变就可以用比生长速率的函数建立模型。

上述线性方程式（1-1-7）显示基质消耗用于两个独立反应，因此不能用方程式（1-1-1）所列的简单组合完全表达，另一方面，它又是人们所希望能做到的。如果不同生长阶段的定义是指培养进程中合成/分解代谢途径所发生改变，则有理由相信化学计量关系也发生改变，新的产物可能出现。不可能期望相同的化学计量关系在整个生长和产物形成过程中都有效，分析表明它只有在化学计量系数不发生改变时才有效。尽管它明显缺乏普遍性，但它在工业操作范围内表现得相当准确，因此从工程实际的角度看，它对反应器设计是非常有用的。

第二节　生物反应器的生物学基础

为了完成生物反应器的设计和优化，必须首先确定生物量、基质及产物浓度的变化速率、细胞生长、细胞数分布、产物合成、基质消耗等数据对运行情况的预报、控制及系统优化等。了解环境参数（如 pH、温度、化学成分等）如何影响系统的动力学是十分重要的。在某些情况下，利用简单模型就足以进行系统设计。但是，在另一些场合，采用结构模型和隔离模型将更具优势。在通过诱导和抑制描述酶合成时就是这种情况，建立详细的代谢途径模型可克服代谢的瓶颈，建立重组细胞的模型可解释质粒稳定性，建立哺乳动物细胞的模型可区分细胞总数中的活细胞数，甚至可以建立细胞分布模型解释培养过程中的产物分布，建立植物细胞培养模型报告细胞存活率及其对二次代谢物产生的影响。

一、细胞数动力学

细胞的生长、繁殖和代谢是一个复杂的生物化学过程。该过程既包括细胞内的生化反应，也包括细胞内外的物质交换，还包括细胞外的物质传递及反应。细胞的培养和代谢还是一个复杂的群体的生命活动，每个细胞都经历着生长、成熟直至衰老的过程，同时还伴有退化、变异。因此，要对这样一个复杂的体系进行精确的描述几乎是不可能的。为了工程上的应用，首先要进行合理的简化，在简化的基础上建立过程的物理模型，再据此推出数学模型，帮助人们加深对生物过程的认识。

生物反应动力学模型可分为四种，即确定论非结构模型［图 1-1-2（1）］、确定论结构模型［图 1-1-2（2）］、概率论非结构模型［图 1-1-2（3）］以及概率论结构模型［图 1-1-2（4）］。其中概率论结构模型为群体细胞的实际情况，但由于求解和分析是最复杂的，应用非常困难。而确定论非结构模型是最为简化的情况，通常也称为均衡生长模型。由于此模型既不考虑细胞内各组分，又不考虑细胞间的差异，因此可以把细胞看作是一种“溶质”，从而简化了细胞内外的传递过程分析，也简化了过程的数学模型。对于很多生物反应过程分析，特别是对反应过程的控制，均衡生长模型在一定程度上是可以满足要求的。由于细胞反应器内整个过程是由细胞驱动，系统的分类自然集中于细胞的生长速率与所有其他速率的关系问题。下面将主要讨论建立细胞生长动力学模型的方法。

细胞在分批培养中的生长，正如它们在自然界及大多数工业过程中一样，通常都被分成一系列阶段：接种后的停滞期、对数生长期（细胞数及生物量对特定的基质的比生长速率为最大值）、减速期、平衡期和衰退期。图 1-1-3 所示为一条典型的细菌生长曲线，分别比较了光密度测量法、粒子计数法及平板培养法的观察结果。该图揭示了不同测量方法得

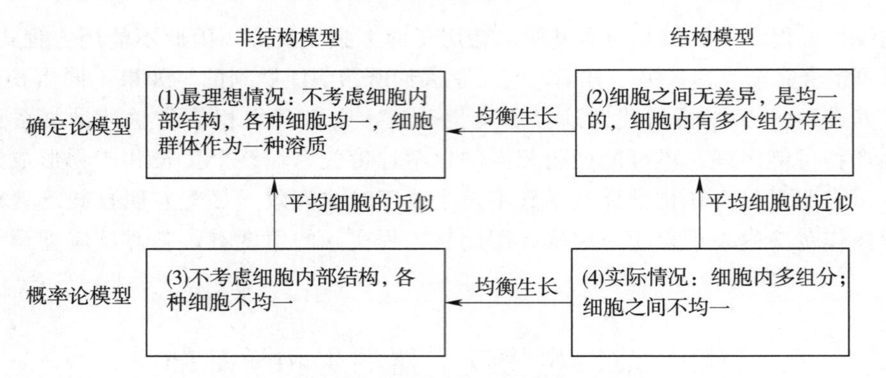

图 1-1-2 生物反应动力学模型及其相互关系

到的生物量增加量有所不同。

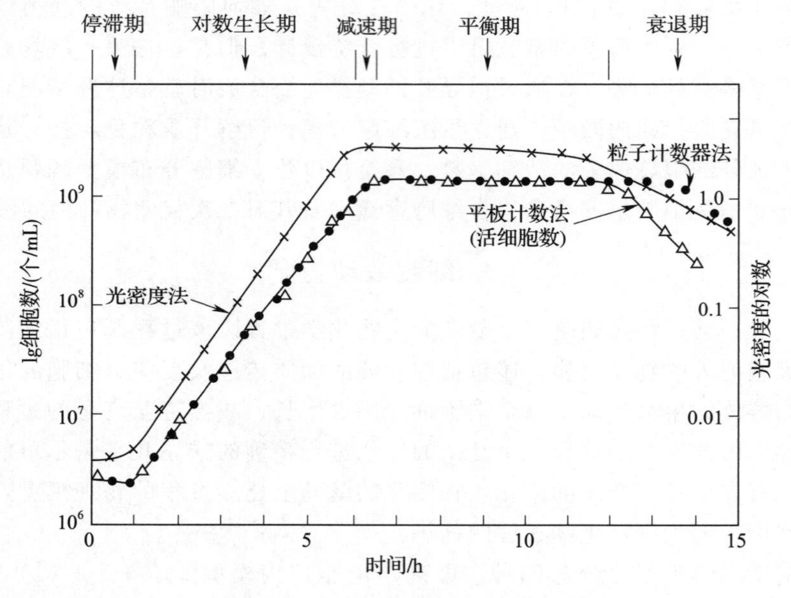

图 1-1-3 典型的细菌生长曲线

图 1-1-3 所示的曲线描述了一个既没有产物抑制又没有传递抑制的细菌培养过程。但实际上抑制是存在的，前一种抑制方式是因产物浓度对生长率产生的抑制，后一种抑制方式则是由传递现象产生的抑制，如由必需基质耗尽导致的抑制，生长率随着限制基质的减少而降低，当这种营养耗尽，细胞将转向利用另一种可能的营养（如碳源），直至所有有用的营养物质被全部耗尽，生长将完全停止。另一方面，传递抑制通常与外部现象有关，取决于过程的最大速率。可看到的结果是，细菌以一定速率稳定生长，它在一个相当宽的生物量和基质浓度范围内保特恒定，并低于在特定基质下潜在的最大细胞生长速率。只要条件不变，这一速率将维持恒定。最后，其中一种基质被消耗到某一水平，使生长速率与限制传递过程的速率可能在相同范围内。当到达基质限制水平，生长速率将开始下降，直至最后停止。典型的例子是藻类生长过程中的光抑制。生物量将以一个恒定速率减少，该

速率取决于光子（proton）吸收速率，直至氮源成为限制物。氧的传递限制也有类似的情况，通过增加通气率，可以消除线性生长期，而出现具有高生长率的传统对数生长期。当过程的速率由一种基质的流加速率控制时，这些例子就相当于流加式分批培养操作的情况。

如果培养基向微生物的传递速率是由扩散所控制，则在密闭的分批系统中有时也可能出现传递抑制。在这种情况下，质量传递是所传递的主要成分浓度的函数，在指数生长期（图 1-1-3），对于特定的基质，细胞数以最大的比生长速率增长。生物量的增加用细胞量或细胞数的倍增时间 t_d 来表示，它是一个常数，则生物量生长速率为：

$$dX/dt = \mu X \tag{1-1-9}$$

式中　X——生物量浓度，g/L

t——生长时间，h

μ——比生长速率，h^{-1}

该方程也可以改写成以每升细胞数 N（个/L）表示，即细胞数增长速率：

$$dN/dt = \mu N \tag{1-1-10}$$

这里假设 N 与 X 成正比。

对方程（1-1-9）取积分，并将零时的生物量浓度称为 X_0，则：

$$\ln(X/X_0) = \mu t \tag{1-1-11}$$

因此倍增时间 t_d（即 $X/X_0=2$ 时的时间 t）是：

$$t_d = \ln 2/\mu \tag{1-1-12}$$

这一简单模型对细菌及酵母通常是正确的。当用霉菌（线性生长代替指数生长）和哺乳动物细胞（细胞数增加而非以 g/L 计算的生物量）将有所不同。

例　某微生物的 $\mu=0.125h^{-1}$，求 t_d。

解：$t_d=\ln 2/\mu= 0.693/0.125=5.544h$

二、生长动力学方程

1. 无抑制的细胞生长动力学——Monod 方程

现代细胞生长动力学的奠基人 Monod 在 1942 年便指出，在培养基中无抑制剂存在的情况下，如果是由于基质耗尽而出现减速生长，细胞的比生长速率与限制性基质浓度的关系可用下式表示：

$$\mu = \mu_{max} S/(K_s + S) \tag{1-1-13}$$

式中　μ——比生长速率，h^{-1}

μ_{max}——在特定基质下最大比生长速率，h^{-1}

S——限制性底物浓度，g/L

K_s——饱和常数，g/L。其值为此系统比生长速率达到最大值的一半（即 $\mu_{max}/2$）时的基质浓度

此式可反映某一微生物在限制性基质浓度变化时的比生长速率的变化规律。当基质浓度 $S \gg K_s$ 时，$\mu=\mu_{max}$。

此方程已被成功应用于大量的场合，被称为 Monod 方程。Monod 方程式只适用于单一基质限制及不存在抑制物质的情况。也就是说，除了一种生长限制基质外，其他必需营

养都是过量的，但这种过量又不致引起对生长的抑制，在生长过程中也没有抑制性产物生成。细胞的生长视为简单的单一反应，细胞得率为一常数。这个方程是半经验的，而实际上的 K_s 也是很小的，表 1-1-2 所示为部分微生物在不同基质下的 K_s。

表 1-1-2　在不同基质生长条件下 Monod 模型的 K_s

微生物名称	基质	K_s/(mg/L)
Aspergillus	精氨酸	0.5
	葡萄糖	5.0
Candida	甘油	4.5
	氧	0.45
Cryptococcus	维生素 B_1	1.4×10^{-7}
Enterobacter（*Aerobacter*）*aerogenes*	氨	0.1
	葡萄糖	1.0
	镁	0.6
E. coli	葡萄糖	2.0～4.0
	乳糖	20.0

根据 Monod 方程，μ 与 S 的关系如图 1-1-4 所示。

当限制性底物浓度很低时，$S \ll K_s$，此时若提高限制性底物浓度，可以明显提高细胞的比生长速率。

图 1-1-5 所示为不同 K_s 对细胞生长的影响。从图中可以看出，K_s 越小，细胞越能有效地在低浓度限制性条件下快速生长。在自然环境中，微生物长期进化的结果往往是其 K_s 比其限制性底物浓度低两个数量级。

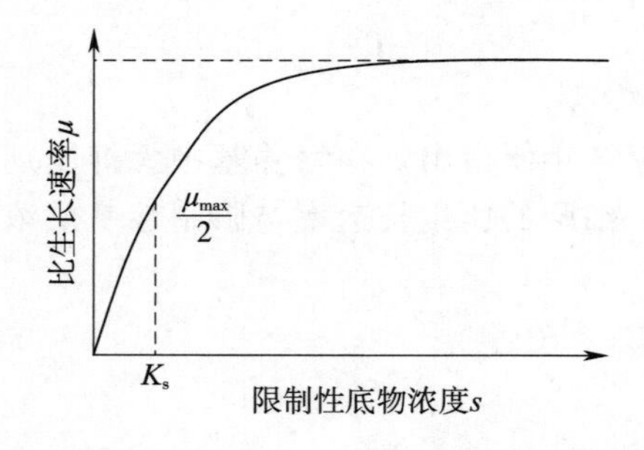

图 1-1-4　细胞的比生长速率 μ 与限制性底物浓度 s 的关系

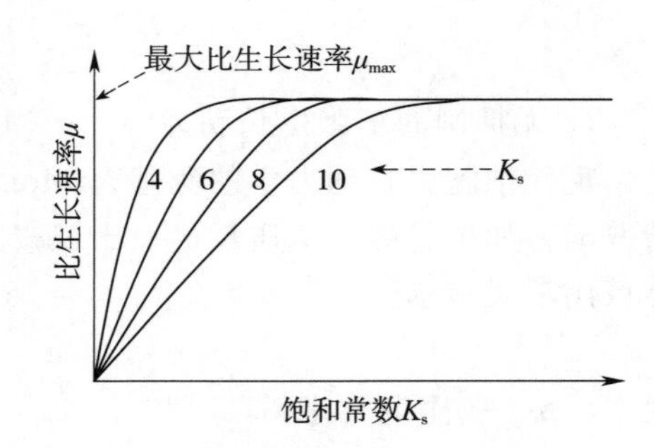

图 1-1-5　细胞生长 Monod 曲线

另一方面，基质抑制现象可以在纯质量传递过程中看到。如果 k_L 是细胞消耗基质时的质量传递系数，限制基质从液体体积流向细胞的流速 N_s 如下：

$$N_s = k_L(S - S_c) \tag{1-1-14}$$

式中　N_s——流速

k_L——细胞消耗基质时的质量传递系数，m/h

S——液体主流中基质浓度，kg/m^3

S_c——细胞表面的基质浓度，kg/m^3

假设细胞是球形，则细胞的面积/体积为 $6/d_c$，单位反应体积的细胞面积（A_c/V）可表示为：

$$A_c/V = 6X/(\rho_c d_c) \tag{1-1-15}$$

式中　A_c——细胞的总面积，m^2

V——培养体积，m^3

d_c——细胞的特征直径，m

X——生物量浓度，kg/m^3

ρ_c——细胞密度，kg/m^3

根据形成球体的细胞的不同，面积/体积比将发生改变。方程（1-1-14）可转化成依赖于 S 的基质限制条件下的摄取速率 $(-r_s)_{lim}$：

$$(-r_s)_{lim} = N_s(A_c/V) = [6k_L/(\rho_c d_c)](S - S_c) \tag{1-1-16}$$

式中　$(-r_s)_{lim}$——依赖于 S 的基质限制条件下的摄取速率

其余物理量同前。

根据生物量对基质得率的定义，完全由这个变迁控制的过程发生速率为：

$$\mu_{lim} = [6Y_{XS}k_L/(\rho_c d_c)](S - S_c) \tag{1-1-17}$$

式中　μ_{lim}——在基质限制控制条件下的比生长速率

Y_{XS}——基质浓度为 S 时的生物量得率

其余物理量同前。

当高基质浓度时，该速率将比在给定条件（温度、pH、基质性质等）下的最大潜在比生长速率 μ_{max} 大得多，此时，在细胞内连续的质量传递及生物反应中，μ_{lim} 对整个反应速率的影响可以忽略，得到 $\mu=\mu_{max}$。当基质浓度减小，μ_{lim} 随之减小，直到变成速率控制。

一般情况下，总速率的倒数可用前后两步的阻力之和得到：

$$1/\mu = 1/\mu_{max} + 1/\mu_{lim} \tag{1-1-18}$$

在方程（1-1-18）中代入方程（1-1-17）可得：

$$\mu = \frac{\mu_{max}(6Y_{XS}k_L/\rho_c d_c)(S - S_c)}{\mu_{max} + (6Y_{XS}k_L/\rho_c d_c)(S - S_c)} \tag{1-1-19}$$

细胞壁上的基质浓度是未知的，如果假设它远小于液体主流的浓度，即 $S \gg S_c$，则方程（1-1-19）变成相当于 Monod 方程（1-1-13），即：

$$K_s = \frac{\mu_{max}}{6Y_{XS}k_L/(\rho_c d_c)} \tag{1-1-20}$$

在基质限制的范围内，μ_{lim} 变得远小于 μ_{max}，导致这种情况的基质浓度是：

$$S - S_c \ll K_s = \frac{\mu_{max}}{6Y_{XS}k_L/(\rho_c d_c)} \tag{1-1-21}$$

方程（1-1-20）中的典型值：$\mu_{max}=1h^{-1}$，$d_c = 2\times10^{-6}$ m，$\rho_c = 10^3\ kg/m^3$，$Y_{XS}=0.5$，$k_L=1m/h$，则 $K_s=0.66\times10^3$，这正在关于该参数报道值的范围内。

方程（1-1-19）和方程（1-1-20）相当于 Monod 方程，但在 Monod 方程中 K_s 完全是经验常数，而前者的优点是 k_L 具有明确的含义。通过方程（1-1-20），可以预估 K_s 的近似值、物理特性改变的影响以及操作变量。这明显简化了得到一个动力学表达式的工作，因为它只需要得到一个经验性的 μ_{max} 即可。

2. 其他生长动力学方程

Monod方程式只是描述在生长慢、细胞浓度低情况下的基质限制生长。在这种环境下，生长率简单地与 S 相关。在高细胞数水平下，有毒代谢产物变得更重要。除Monod方程外，有其他几种方程可用于描述基质限制生长：

（1）Blackman方程　它简单地将 K_s 加倍，取消Monod方程给出的指数生长和减速生长之间的平滑转变：

$$\mu=\mu_{max} \quad 如果 S>2K_s$$
$$\mu=\mu_{max}/2 \quad 如果 S<2K_s \tag{1-1-22}$$

（2）Tessier方程（1942年）　它采用指数形式而非双曲线形式：

$$\frac{dX}{dt}=\mu_{max}\cdot X\left[1-\exp\left(-\frac{S}{K_s}\right)\right]$$
$$\mu=\mu_{max}\ (1-e^{-S/K_s}) \tag{1-1-23}$$

（3）Moser方程（1958年）

$$\frac{dX}{dt}=\mu_{max}\frac{X}{1+K_s\cdot S^{-\lambda}}$$
$$\mu=\mu_{max}S^{\lambda}/(K_s+S^{\lambda}) \tag{1-1-24}$$

式中　λ——经验常数。当 $\lambda=1$ 时，上式就是Monod方程

（4）Contois方程式（1959年）　对于菌体浓度较高，发酵液黏度较大，特别是丝状菌生长的情况，比生长速率随细胞质量增加而减少：

$$\frac{dX}{dt}=\mu_{max}\frac{S/X}{K_s+S/X}\cdot X$$
$$\mu=\mu_{max}S/(K_sX+S) \tag{1-1-25}$$

式中　S/X——单位菌体消耗的基质量。此公式对污水处理很重要

（5）有毒性代谢物积累时，很多产物抑制模型可以被使用。但是，一个半经验的逻辑方程已被成功应用于很多场合：

$$r_x=kX(1-X/X_{max}) \tag{1-1-26}$$

式中　r_x——反应速率

k——常数

应该注意到，方程中唯一变量（除时间外）就是生物量 X，取其积分形式，令 $X\ (0)=X_0$，则得到一逻辑曲线：

$$X=\frac{X_0e^{kt}}{1-(X_0/X_{max})(1-e^{kt})} \tag{1-1-27}$$

丝状生物如霉菌等，在悬浮培养时经常形成微生物小球。小球内部生长的细胞受到扩散抑制，因此，霉菌的生长模型通常包括大颗粒（类似包埋或凝胶固定化细胞）中颗粒内的同时扩散和营养消耗。丝状细胞也可以在潮湿的固体表面上生长，这种生长通常是一个复杂的过程，它包括生长动力学、营养的扩散和有毒的代谢副产物。而对于单独生长于液体培养基中的菌落，这些复杂过程的部分可以忽略。对于霉菌生长的方程，尤其是深层发酵的球状颗粒，有很多文献都做过较详细的分析。

3. 多基质时的生长动力学方程

培养物通常可以在不同的基质生长，但即使几种同时存在，也只有其中一种被作为主要的能源和/或碳源，只有当这种基质被耗尽时，另一种基质消耗所需要的酶系统才会发

展起来，并以一个新的停滞期为代价。如果这些例子中的每一个的动力学行为都可以用以前所提到过的其中一个单一基质动力学方程式描述，则最简单的近似式就是一个通用表达式，$F(S_i)$，当某一成为限制基质时，通用式将分解为适用于该特定基质 S_i 的式子。

虽然结合速率表达式的几种可能的方法已经描述过，但当在分批培养中似乎涉及大于一种碳源时，它们将按顺序被利用；对于同时发生的连续培养，由 Imanaka 等发现的结论与实验数据极为吻合，他们以葡萄糖和半乳糖为碳源建立分批培养细胞生长模型如方程(1-1-28)所示：

$$dX/dt = (\mu_1 + \mu_2)X \tag{1-1-28}$$

这里

$$\mu_1 = \mu_{max1} S_1/(K_1 + S_1) \tag{1-1-29}$$

$$\mu_2 = \mu_{max2} S_2/[K_2(1 + S_1/K_1) + S_1] \tag{1-1-30}$$

其中基质 1 代表葡萄糖，基质 2 代表半乳糖，S_1 及 S_2 分别代表葡萄糖及半乳糖的浓度；K_1 及 K_2 分别代表以葡萄糖及半乳糖为底物时的平衡常数，结果产生下面总的 μ 方程：

$$\mu = \mu_1 + \mu_2 = \mu_{max1} S_1/(K_1 + S_1) + \mu_{max2} S_2/[K_2(1 + S_1/K_1) + S_1] \tag{1-1-31}$$

这相当于已经被归纳的比生长速率的叠加表达式，即总的比生长速率 μ 等于利用葡萄糖的比生长速率 μ_1 和利用半乳糖的比生长速率 μ_2 之和。

另一方面，当营养不做任何改变时，问题是本来存在的基质中不同的一个变成限制因素（如 C、N、O_2），μ_{max} 不会发生任何改变，其行为可由方程（1-1-32）得到很好描述，它相当于几个 Monod 型表达式的乘积：

$$\mu = \mu_{max}[S_G/(K_G + S_G)][S_N/(K_N + S_N)][S_O/(K_O + S_O)] \tag{1-1-32}$$

或

$$\mu = \mu_{max} \prod_{i=1}^{n} \left(\frac{S_i}{K_i + S_i} \right) \tag{1-1-33}$$

式中 i——可以限制生长的营养物（G 代表碳源、N 代表氮源、O 代表氧）

这相当于比生长速率的交互表达式

三、产物形成动力学方程

细胞反应生成代谢产物有醇类、有机酸、抗生素和酶等，涉及范围很广。并且由于细胞内生物合成的途径十分复杂，其代谢调节机制也是各具特点。因此，至今还没有达到可用统一的模型来描述代谢产物生成动力学。

代谢产物和蛋白质释放到生长培养基中或在细胞内积累。产物的生成可分为以下几种形式。

（1）主要产物是能量代谢的结果　例如在酵母厌氧生长过程中的酒精合成（Gaden 分类Ⅰ型，称为相关模型，是指产物的生成与细胞的生长相关的过程，产物是细胞能量代谢的结果。此时产物通常是底物的分解代谢产物，分解产物的生成与细胞的生长是同步的）。

（2）主要产物是能量代谢的间接结果　如霉菌好气生长过程中柠檬酸的合成和细胞中 PHB（聚羟基丁酸酯）的胞内积累（Gaden 分类Ⅱ型，称为部分相关模型。该类反应产物的生成与底物消耗仅有间接的关系，产物是能量代谢的间接结果。在细胞生长期内，基本无产物生成）。

（3）产物是二次代谢物　如霉菌好气发酵中青霉素的生产（Gaden 分类Ⅲ型，称为非相关模型。产物的生成与细胞的生长无直接联系。该模型的特点是当细胞处于生长阶段时，并无产物积累，而当细胞生长停止后，产物却大量生成）。

（4）产物是胞内或胞外蛋白　这属于蛋白合成领域，可以受到诱导和分解代谢抑制调节，如酶合成。

这 4 种细胞产物合成动力学可简单分成两类：一类是产物合成在生长过程中出现，称为生长偶联型，如图 1-1-6 及方程（1-1-34）或方程（1-1-35）所示。

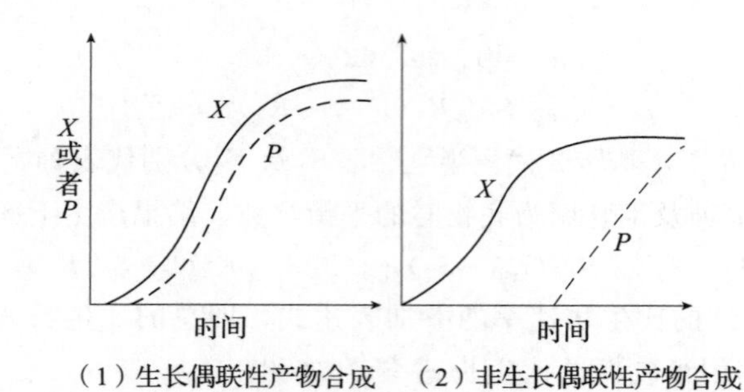

图 1-1-6　分批发酵中细胞生长及产物形成的动力学形式

$$dP/dt = \alpha dX/dt \tag{1-1-34}$$

$$q_p = \alpha\mu \tag{1-1-35}$$

式中　P——产物浓度

α——系数

X——生物量浓度

q_p——产物比生长速率，即 $q_p=(dP/dt)/X$

这主要符合 Gaden 分类Ⅰ型和第 4 种合成方式。

另一类的产物合成通常出现在细胞生长完成以后（或在相对低的生长率的情况下），称为非生长偶联型，如图 1-1-6 及方程（1-1-36）或方程（1-1-37）所示。

$$dP/dt = \beta X \tag{1-1-36}$$

$$q_p = \beta \tag{1-1-37}$$

但是，实际上这些方程未能够反映产物合成既不是在生长过程出现，也不是在生长后出现的情况，如以上第二组（Gaden 分类Ⅱ型）的柠檬酸和 PHB 的合成，或在很多情况下青霉素的合成，即以上第三组（Gaden 分类Ⅲ型）。

如图 1-1-6 所示，如果方程（1-1-36）有效，某些产物将在 $t=0$ 到 $t=t$ 结束之间合成，它与现存的细胞浓度成比例。为了克服这种模型的限制，在式中加入一项，表达通过基质（通常是氮，N）控制生长而实现产物合成抑制，结果产生方程（1-1-38）：

$$dP/dt = \beta X[K_N/(K_N+N)] \tag{1-1-38}$$

式中　N——基质中的氮浓度

K_N——以 N 为限制性基质的平衡常数

其他物理量同前。

这个方程很好地模拟了 *Meholycistis parvus* 菌以甲烷为碳源以及 *Alcaligenes europhus* 菌以CO_2为碳源时的PHB积累情况，结果如图1-1-7所示。

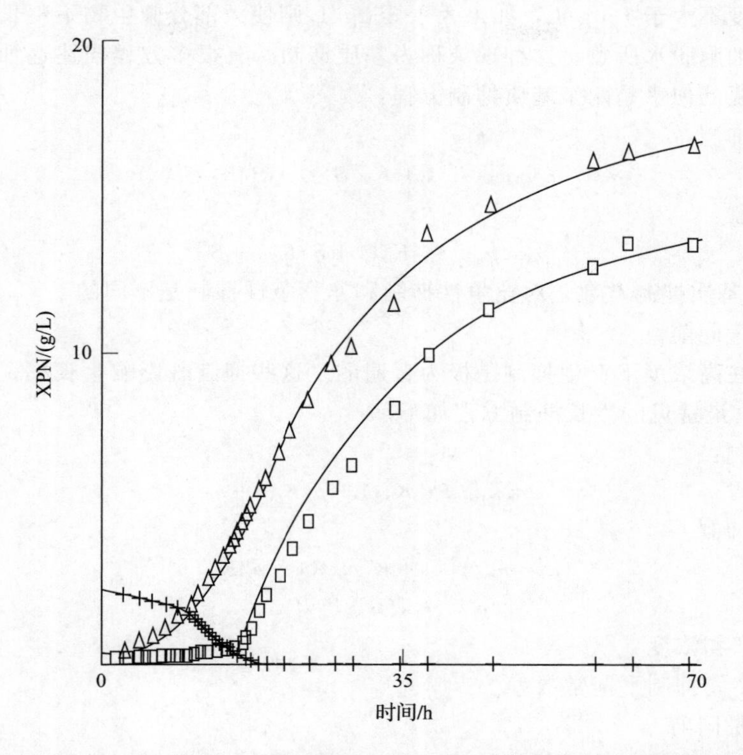

图1-1-7　*Alcaligenes eutrophus* 细胞生长及胞内产物PHB积累的实验数据及计算机模拟，在氮抑制产物合成时期为非生长偶联式产物形成

+——代表培养基中的氮（N）　□——产物（P）积累

△——总细胞量（X），包括非产物生物量和产物生物量

在某些场合下，将方程（1-1-34）和方程（1-1-36）组合可以很好地模拟实际数据，这就是人们提到的混合生长偶联型，如方程（1-1-39）和方程（1-1-40）所示：

$$dP/dt = dX/dt + \beta X \tag{1-1-39}$$

$$q_p = \alpha\mu + \beta \tag{1-1-40}$$

对于胞内聚合物（如PHB）合成的情况，生物量包括了非产物生物量和产物生物量，因此总的生长必须分成两项，如方程（1-1-41），第一项（dR/dt）相当于细胞部分，它与蛋白质含量成比例，受培养基中限制蛋白合成的营养（如N）水平控制，R表示余数。第二项（dP/dt）相当于胞内产物积累：

$$dX/dt = dR/dt + dP/dt \tag{1-1-41}$$

$$dR/dt = \mu_{max} R[N/(K_S + N)] \tag{1-1-42}$$

而dP/dt由方程（1-1-37）得出。

四、高浓度基质及产物的抑制动力学

非常高的基质浓度可以抑制生长及产物合成。例如为了得到很高的生物量或产物浓度，需要在发酵过程中加入基质（如碳源等），称为流加发酵，因为不可能在发酵开始时就加入所有细胞生长及（或）产物合成所需要的基质。如果以葡萄糖作为碳源，则通常发酵开始时的浓度不大于150g/L，如果大于350g/L则使大部分微生物不生长，这是由于渗透性作用导致细胞脱水所致。这种现象称为基质抑制。有很多方程描述这种现象，并有综述概括。最重要的似乎是两个基质抑制方程：

非竞争性抑制：

$$\mu = \mu_{max}/[(1+K_s/S)(1+S/K_1)] \tag{1-1-43}$$

竞争性抑制：

$$\mu = \mu_{max}\, S/[K_s(1+S/K_1)+S] \tag{1-1-44}$$

式中　K_1——基质抑制常数，对竞争性抑制和非竞争性抑制是不同的

其他物理量同前。

代谢产物在高浓度下产生抑制是极为普遍的。这些抑制既影响生长率，又影响产物代谢的比率。3个最常见的生长抑制方程如下。

竞争性抑制：

$$\mu = \mu_{max}\, S/[K_s(1+p/K_p)+S] \tag{1-1-45}$$

非竞争性抑制：

$$\mu = \mu_{max}/[(1+K_s/S)(1+p/K_p)] \tag{1-1-46}$$

$$\mu = \mu_{max}(1-P/P_{max}) \tag{1-1-47}$$

式中　P——产物浓度

K_p——产物抑制平衡常数

其他物理量同前。

另一方面，如果产物合成采用依赖于基质浓度的混合生长偶联模型表达，则：

$$\frac{dP}{dt} = \left(\alpha\frac{dX}{dt}+\beta X\right)\left(\frac{S}{K_s+S}\right) \tag{1-1-48}$$

方程（1-1-48）中，产物抑制项可用几种方法包括，如方程（1-1-49）～方程（1-1-51）所示：

$$\frac{dP}{dt} = \left(\alpha\frac{dX}{dt}+\beta X\right)\left(\frac{S}{K_s+S}\right)e^{-K_P} \tag{1-1-49}$$

$$\frac{dP}{dt} = \left(\alpha\frac{dX}{dt}+\beta X\right)\left(\frac{S}{K_s+S+(K_s/K_P)P}\right) \tag{1-1-50}$$

$$\frac{dP}{dt} = \left(\alpha\frac{dX}{dt}+\beta X\right)\left(\frac{S}{K_s+S}\right)\left[1-\left(\frac{P}{P_{max}}\right)^{n1}\right]^{n2} \tag{1-1-51}$$

方程（1-1-51）给出了一个更全面的抑制项，其中n_1值（通常大于1）和n_2值（通常大于0而小于1）将取决于抑制作用的类型。

当产物抑制出现时，通常产物浓度已高至实际上令合成停止（$P>P_{max}$），即：

$$dP/dt = 0 \tag{1-1-52}$$

方程（1-1-51）和方程（1-1-52）已被成功用于模拟酵母生产甲醇和柠檬酸的合成。

五、环境因素对生长及代谢的影响

微生物生长及产物形成动力学受到环境条件（如温度、pH等）的影响。温度是影响细胞特性的关键因素。生物反应器中所采用的大部分微生物是中温菌（20℃＜T＜50℃），

有些也可能是嗜冷菌（$T<20℃$）或嗜热菌（$T>50℃$）。

图 1-1-8 所示为一个典型的生长速率曲线，它是绝对温度倒数的函数。当温度向最适温度方向增加时，每升高 10℃，生长率大约增加 1 倍。当超过最适温度后，生长率下降，随后出现热死。从而得到净增长率方程：

$$dX/dt = (\mu - k_d)X \tag{1-1-53}$$

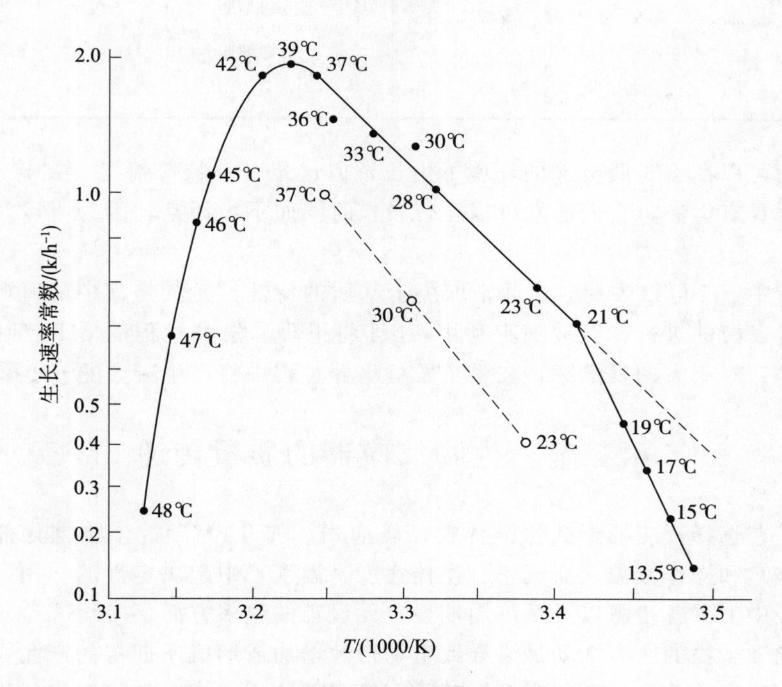

图 1-1-8 *E. coli* 生长速率的 Arrhenius 图

●—采用复合丰富培养基 ○—采用葡萄糖矿物盐培养基

这里 μ 和 k_d 可以用下列 Arrhenius 方程温度的函数表示，即：

$$dX/dt = [A e^{(-E_a/RT)} - A' e^{(-E_d/RT)}] X \tag{1-1-54}$$

式中 t——时间，s

E_a——活化能，J/mol

E_d——死亡的活化能，J/mol

μ——比生长速率，s^{-1}

k_d——微生物的衰减系数，s^{-1}

第一项代表比生长速率随温度的增加，E_a/RT 代表图 1-1-8 曲线右侧的斜率，典型的 E_a 值在 10～20kcal/mol（1kcal＝4. 184kJ）。方程（1-1-54）的第二项表示热死亡，当温度大于最适温度时它就显得很重要，E_d 值远大于 E_a 值，通常范围在 251～335kJ（60～80kcal）/mol。因此，热死亡通常比细胞数增长对温度改变敏感得多。E_d 代表图 1-1-8 曲线左侧的斜率。

pH 也会影响微生物的生长，但通常发酵都是在最适 pH 范围内或附近，对大多数微生物来说，可接受的 pH 范围可以是围绕最佳值变化 1～2 单位（总的 pH 变化范围达 3～

4 个单位）。在某些情况下，生长的最适 pH 与产物形成时的 pH 是不同的（如酸合成）。哺乳动物细胞则对 pH 的变化非常敏感。不同细胞的最适 pH 见表 1-1-3。

表 1-1-3　　不同细胞的最适 pH

细胞	pH 范围	细胞	pH 范围
细菌	4～8	植物细胞	5～6
酵母	3～6	动物细胞	6.5～7.5
霉菌	3～7		

有时细菌可以在 pH 低至 3 的环境下生长，但这是一种特殊情况。在与众不同的 pH 下进行的发酵具有优势，它们通常可以运行较长时间而不被污染，因为可以污染它们的微生物极少。

发酵过程中 pH 可以改变。这通常取决于基质的特性，尤其是其中的氮源。常用的氮源是氨，随着发酵的进行，氨被细胞利用，pH 将下降。发酵过程的 pH 控制即可解决这一问题。但是，对于大的发酵罐，在整个发酵培养过程中将产生较大的 pH 梯度。

第三节　生物反应器的质量传递

质量传递在选择反应器形式（搅拌式、鼓泡式、气升式等）、生物催化剂状态（悬浮或固定化细胞）和操作参数（通气率、搅拌速度、温度）中起决定性的作用，并将直接或间接影响过程中上下各步骤以及系统周期性单元设计的很多方面。

反应器中微生物的所有活动最终导致生物量的增加或形成所期待的产品，它与环境的质量传递及微生物的热量扩散有联系。基质在发酵液体积内扩散和代谢物的扩散率必须满足以反应器为整体的质量和热量衡算。在普通气-液反应器中，低溶解度气体的传递是最明显的问题，这是由于基质连续供给的需要，否则在液体中它将瞬间耗尽，变为限制反应速率的反应物。对于好氧生化过程，氧的供给已成关键问题，供氧速率通常被认为是生物反应器的选择和设计中的主要问题。

物质从实际化学反应点传递或传递到实际化学反应点的速率，可以影响，有时甚至掩饰化学转化的真实速率。在这些情况下，实际上所测到的是总速率，被称为过程的“宏观动力学”。在特定的生化过程下，包括数千个化学反应，每一个单一反应的宏观动力学不但难于观察和跟踪，而且几乎是没有用的。即使是最精细的结构模型，对复杂的活细胞来说也只是粗略的近似。在大部分实际应用中，在给定的环境条件下，人们只是对细胞水平上的速率感兴趣。这些速率对假定能够识别分子水平现象的观察者来说是宏观动力学，对细胞水平的观察者来说就成为基本的或宏观动力学方面的信息。以下将整个细胞看作催化活点，并定义宏观动力学的第二水平，包括在细胞和环境间发生的运输现象。两步可以区分如下：气-液相之间的传递，液相与微生物之间的传递。当细胞发生凝聚时，热和质量的传递必须首先从液体传至凝聚物，然后传至凝聚物内，如果是固定化细胞，还需增加深一步的过程步骤。

一、气-液质量传递

生化工程师感兴趣的重点是从实验室规模设备上得到的数据是否可以用于实际大规模生物反应器的设计中。必须选择及决定反应器结构的最相关参数是体积质量传递系数 k_LA，它是质量传递的比速率，指在单位浓度差下，单位时间、单位界面面积所吸收的气体。它取决于系统的物理特性及流体动力学。体积质量传递系数是由两项产生：①质量传递系数 k_L，它取决于流体的物理特性和靠近流体表面的流体动力学；②通气反应器单位有效体积的气泡面积 A。今天人们已清楚知道，k_L对动力输入的依赖是相当弱的，而界面面积是一个重要的物理特性、几何设计及流体动力学功能，它是一个集总参数，不能定义在一点上。另一方面，质量传递系数实际上是基质（或其他被传递的化合物）的质量通量 N_s与推动这一现象的梯度（浓度差）之间的比例因子：

$$N_s = k_L(S_1 - S_2) \tag{1-1-55}$$

式中 S_1、S_2——分别表示 1 和 2 两个质量传递之间的基质浓度值

在实际反应器中，有可能同时共存较宽范围的梯度值，因此，必须选择代表整个反应器的值。

由此可见，质量传递系数的值取决于方程（1-1-55）的定义采用的浓度。这就意味着确定它是代表反应器的流体动力学模型。缺乏对这一事实的认识是有时在著作里发现的错误数据的原因，它们采用错误的驱动力计算质量传递系数。最常见的错误是为了简化计算，在没有保证假设有效的条件下假设混合完全均匀。

显然，好氧培养时，气-液体系中氧的传递极为重要。通常来说，微生物的呼吸和底物微生物氧化中是不需酶的，无论间歇式培养还是连续培养都需要不断通入空气。氧气是难溶于水的气体，常温条件下，一个标准大气压下，空气和水之间平衡的溶氧浓度（dissolved oxygen，简称为 DO）仅为 10mg/L 以下，在反应器的典型通气过程中，氧气的饱和溶解度为 7～8mg/L，是非常低的。另一方面，$1cm^3$的微生物培养体系中有1 亿～10 亿个细胞，因此对于这些数量庞大的细胞集团来说需氧量是非常大的。如果反应中通气停止，则几秒后溶氧浓度就接近于 0 了。因此，连续地将氧气从气相转移至液相对于维持胞内完全氧化代谢是一项基本要求，如何比较经济地解决氧气需求量的问题是非常重要的。如果几分钟内培养基中未通气，会严重影响需氧培养模型——产黄青霉菌生产青霉素的发酵能力；然而对于兼性好氧微生物——酿酒酵母或大肠杆菌而言，短暂的缺氧过程会剧烈地改变它们产物的合成。

一般来说，微生物反应比化学反应的时间要长，有用物质的生产成本占运行成本的大部分，此部分成本主要消耗在给微生物反应提供必需的氧气包括气体的通入和搅拌等部分。实际上微生物能利用的氧气量和向反应器中通入的空气中的氧气量相比是非常低的(大多数情况下低于 20%)。可以看到，大部分氧气是无法被利用的。以上的事实说明，对于好氧微生物反应来说，氧气的传质是非常重要的。

氧由空气泡传递到生物细胞可分成几个步骤进行，可以用传统的氧传递理论表述如下：①氧从气相主体扩散到气液界面；②氧通过气液界面；③通过气泡外侧的滞流液膜，到达液相主体；④在液相主体溶解；⑤通过细胞或细胞团外的滞流液膜，到达细胞团与液体的界面；⑥通过细胞或细胞团与液体的界面；⑦在细胞团内的细胞与细胞间的介质中扩

散；⑧通过细胞膜进入细胞内；⑨在细胞内部进行扩散与反应。

各个步骤为串联过程，氧的总传递阻力为各个步骤的阻力的总和。其中步骤①～④表示供氧过程及其阻力，步骤⑤～⑨表示耗氧过程及其阻力。当单个细胞以游离状态悬浮于液体中时，步骤⑦过程及其传质阻力不存在。在上述传递过程中，由于气相主体与液相主体呈湍流流动，扩散速率较大，可以忽略其传质阻力，也可不考虑细胞间的传质阻力；因此总传质速率主要决定于气液界面间的传递速率。当细胞凝聚成块或采用固定化细胞时，溶氧传递至细胞簇内部的效率十分低下，因此内部细胞会因缺氧而凋亡。因此，对于悬浮细胞的培养，步骤③通常是整个传递过程的限速步骤。

常见的氧传递模型分为三种，分别为双膜理论、渗透扩散理论和表面更新理论，而后两种理论是在前面理论的基础上提出的。虽然后面两种理论相对双膜理论来说考虑得更为周全，以瞬间和微观的角度详细分析了传质机理，但是双膜理论参数少，较为简单，因此以双膜理论为基础的应用更为广泛。

（1）双膜理论　其认为气液两相之间存在一个界面，两侧分别是呈层流状态的气膜和液膜，气液界面上两相的浓度是相互平衡的，不存在传递阻力，并且两相的主流中不存在氧浓度差，氧在双膜间的传递以定态的形式进行，所以氧气在气液两膜间的传递速率是相同的。

（2）渗透扩散理论　其是在双膜理论的基础上进行修正，认为层流或静止液体中气体的吸收传递并非定态过程，而是液膜中氧是边扩散边吸收，氧浓度的分布也随时间而变化。

（3）表面更新理论　其又是在渗透扩散理论修正的基础上提出的，认为液相各微元内气液的接触时间是不等的，并且液面上各微元被其他微元置换的概率也是相同的。

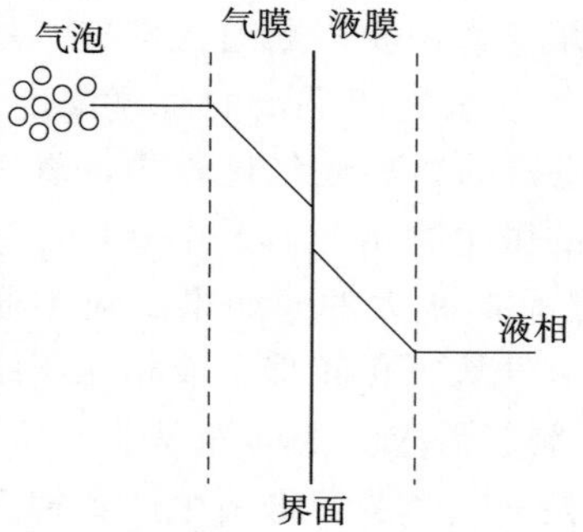

图 1-1-9 气体在发酵过程中的传递途径

图 1-1-9 所示为气体在发酵过程中的传递途径。

关于氧气传质的问题，首先需要考虑氧气的溶解度。

溶氧是与微生物直接相关的环境因素。溶氧量（DO）对于不同的微生物来说，都与其生长以及代谢反应直接相关，是一种必须要考虑的营养源（基质）。对于好氧代谢，氧气作为呼吸反应最终的氢元素受体（或者是电子受体），最终生成水。这种化学反应主要由氧化酶负责，氧化酶大致可分为细胞色素酶和黄素酶。而在利用脂肪烃和芳香烃等碳源的场合中，含碳基质分子直接吸收氧气，这种反应是由加氧酶来催化的。气体的溶解度受分压、温度、盐（电解质）的浓度等因素影响。气相中氧气的分压 p_{O_2} 由亨利法则（Henry's law）决定。

其次叙述微生物利用氧气的速率和氧气的消耗速率等问题，以明确微生物对氧气的需要。

氧气的吸收速率（oxygen uptake rate，OUR）、氧气的消耗速率（oxygen consumption rate，OCR）和摄氧率 r_{O_2} ［g/（L·h）］由方程（1-1-56）计算：

$$OUR = r_{O_2} = q_{O_2} x \tag{1-1-56}$$

式中　r_{O_2}——摄氧率，单位时间内单位体积的发酵液所需要的氧量，g/（L·h）

q_{O_2}——呼吸强度，单位时间内单位质量的细胞所消耗的氧气，g_{O_2}/（$g_{干细胞}$·h）

x——细胞浓度，单位体积发酵液的细胞干重，g/L

分批式操作中，因为 q_{O_2} 和 x 是随时间而变化的，所以 r_{O_2} 是时间的函数。一般来说，r_{O_2} 在对数生长期后期达到最大。按照最大的氧吸收速率 $q_{O_2,\max}x_{st}$ 推算是比较安全的。对于恒化器型连续操作的稳定状态，用方程（1-1-57）来表示：

$$\tilde{r}_{O_2} = \tilde{q}_{O_2}\tilde{x} \tag{1-1-57}$$

要实时监测 q_{O_2} 随时间的变化，采用 Walburg 压力计检测很费时间，建议使用下面介绍的测量方法：可以通过分析生物反应器的出口和入口气体中氧气含量（经常使用氧化锆式气体分析计）求得，这种情况下得到整个生物反应器的平均值。q_{O_2} 数值的大小随使用菌株和培养条件变化而变化，但一般在 0.05～0.5g_{O_2}/（$g_{干细胞}$·h）。

计算 q_{O_2} 的时候，对于一般的微生物反应关系式，根据燃烧反应的守恒方程得到下面的方程：

$$1/Y_{x/O_2} = \Delta[O_2]/\Delta x = A/Y_{x/s} - B - C\,Y_{p/x}/Y_{x/s} \tag{1-1-58}$$

Δ［O_2］/Δx 是生长 1g 细菌所必需的氧气量，因此氧气与细菌收率的倒数相等。A，B，C 分别表示完全燃烧 1g 基质、干燥菌体、代谢产物时需要氧气的量。B 的数值随着细菌组成的变化而变化，比较常用的数值为 1.33g O_2/（$g_{干细胞}$·h）。若已知 Y_{x/O_2}，则

$$q_{O_2} = \mu/Y_{x/O_2} \tag{1-1-59}$$

因此，可以计算 $q_{O_2,\max}$：

$$q_{O_2,\max} = \mu_{\max}/Y_{x/O_2} \tag{1-1-60}$$

最小培养基条件下，不生成除菌体、水、二氧化碳气体以外的代谢产物的时候，$C=0$，则联立方程（1-1-58），方程（1-1-59）可以得到下面的方程：

$$q_{O_2} = (A/Y_{x/s} - B)\mu \tag{1-1-61}$$

最后需要考虑满足这些需要的反应器的设计及操作条件的确定，以及氧气供应速率等工程方面需要考虑的问题。微生物反应体系中，气液界面附近的氧气消耗作用较小，可以认为氧气首先以物理吸收，然后在液相主体被消耗。这样氧气依次经过从气泡本身→气膜→液膜→液相主体→微生物细胞膜→微生物细胞内的生化反应这几个阶段。另外，在传递过程中，气泡周围的液膜阻力占支配地位。因此，培养体系的 OAR（氧的吸收速率，oxygen absorptive rate）可以用方程（1-1-62）表示：

$$\text{OAR} = k_L A\{[\text{DO}]^* - [\text{DO}]\} \tag{1-1-62}$$

气相、液相完全混合，且液相的深度没有影响的情况下，分批式操作（对于氧气实际上是半批式操作）中氧气的吸收和消耗，可由上式和方程（1-1-56）联立求得：

$$\text{d}[\text{DO}]/\text{d}t = \text{OAR} - \text{OUR} = k_L A\{[\text{DO}]^* - [\text{DO}]\} - q_{O_2}x \tag{1-1-63}$$

一般的分批式反应中，［DO］的变化近似于稳态，令 d［DO］/dt=0，得：

$$[\text{DO}]_t = [\text{DO}]^* - (q_{O_2})_t x_t/(k_L A)_t \tag{1-1-64}$$

另外，［DO］降到 0 时，$k_L A$［DO］*=$q_{O_2}x$，r_{O_2} 由 $k_L A$ 控制。对于分批式操作，所需的 $k_L A$ 的方程为：

$$(k_L A)_{所需} = q_{O_2,\max}x_{稳态}/\{[\text{DO}]^* - [\text{DO}]_{临界}\} \tag{1-1-65}$$

恒化器型连续操作中，由于 $k_L A \gg f/V$，因此在稳态可以采用与方程（1-1-64）同样的方程表示：

$$[\widetilde{DO}] = [DO]^* - \tilde{q}_{O2}\tilde{x}/(k_L A) \tag{1-1-66}$$

$k_L A$ 数据可从已发表的相关文献得到，但必须记住哪些是基于有限实验数据的概括。所设计的设备与原来实验系统的几何结构以及物理参数越接近，设计就越安全。测定 $k_L A$ 常用的方法有三种，分别为亚硫酸盐法、动态法和静态法。

（1）亚硫酸盐氧化法　亚硫酸盐氧化法是应用较为广泛的测定氧的体积传质系数 $k_L\alpha$ 的方法。其一般适用于在非培养情况下测定反应器的传质系数。基本原理为，在反应器中加入含有铜离子或钴离子为催化剂的亚硫酸钠溶液，进行通气搅拌，亚硫酸钠与溶解氧生成硫酸钠。由于亚硫酸根离子与氧的反应非常快，远大于氧的溶解速度，所以当氧溶解于 Na_2SO_3溶液中立即被还原，因此反应速率由气液相的氧传质速率控制，而且反应液中的溶解氧浓度始终为零。

以铜离子或钴离子为催化剂，亚硫酸钠的氧化反应式为：

$$2Na_2SO_3 + O_2 \xrightarrow{Cu^{2+}\text{ 或 }Co^{2+}} 2Na_2SO_4 \tag{1-1-67}$$

过量的碘与反应剩余的 Na_2SO_3反应，再用标准的 $Na_2S_2O_3$溶液滴定剩余的碘。根据 $Na_2S_2O_3$溶液消耗的体积数，可求出 Na_2SO_3的浓度。由此可得（由于 $c=0$）：

$$k_L a = \frac{[Na]}{c^*} = \frac{\frac{d[Na_2SO_3]}{dt}}{c^*} \tag{1-1-68}$$

将测得的反应液中残留的 Na_2SO_3浓度与取样时间作图，由 Na_2SO_3消耗曲线的斜率求出 d［Na_2SO_3］/dt，再由上式求出 $k_L a$。

由于该方法要多次取样，因此，有人提出只需要分析出口气体中氧的含量，省去滴定操作的 $k_L a$ 测定方法。$k_L a$ 可由下式给出：

$$k_L a = \frac{\rho V_A}{c^* V_L}(G_{进} - G_{出}) \tag{1-1-69}$$

式中　$k_L a$——体积溶氧系数，1/h

ρ——空气的密度，kg/m^3

V_A——空气的体积流量，m^3/h

V_L——反应液的体积，m^3

$G_{进}$、$G_{出}$——进口、出口气体中的氧的摩尔分率

c^*——反应液饱和溶氧系数，kg/m^3

亚硫酸盐法的优点是方法简单并且适应 $k_L a$ 值较高时的测定，有利于研究反应器的性能、放大和操作条件的影响。但对于大型反应器来讲，每次实验需要消耗大量的高纯度的亚硫酸盐。此外模拟溶液的物化性质不可能完全与实际发酵液相同，要求较高的离子浓度，同时较高离子浓度会降低界面面积和传质系数。

（2）动态法　利用发酵过程中细胞的呼吸活性，通过测量氧的非稳态质量平衡估算 $k_L\alpha$。测定方法如图 1-1-10 所示。

开始通气一段时间，然后停止向培养液中通气（图中 A 点），当溶氧浓度下降至一定的水平，并且不低于临界溶氧浓度时，恢复通气（图中 B 点），随后让溶氧浓度逐渐升高；直至达到新的稳态（图中 C 点）。过程中氧的物料平衡式为：

$$\frac{dc}{dt} = k_L a(c^* - c) - r_{O2} \tag{1-1-70}$$

当停止通气后，由于不存在气液两相的氧传递，则 $k_La(c^*-c)=0$，并且溶氧的下降速率等于氧的消耗速率，故求得的 AB 线的斜率等于氧消耗速率 r_{O_2}，c 为溶氧浓度。

上式可以改写为：

$$c=\left(-\frac{1}{k_La}\right)\left(\frac{dc}{dt}+r_{O_2}\right)+c^* \tag{1-1-71}$$

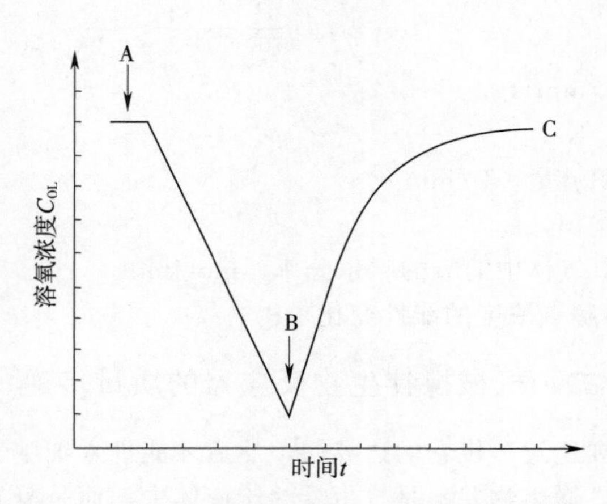

图 1-1-10　动态法测量溶氧浓度随时间的变化

根据恢复通气后溶氧变化的曲线，求出一定溶氧浓度对应的 dc/dt（即曲线的斜率），将 c 对（$dc/dt+r_{O_2}$）作图可以得一直线，其斜率为 $-1/k_La$，在 c 轴上的截距为 c^*。见图 1-1-11。

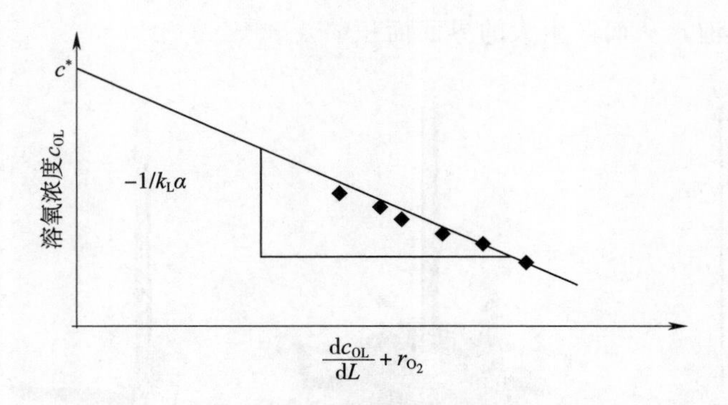

图 1-1-11　利用动态过程数据求 k_La 和 c^*

动态法的优点是可用溶氧电极测定溶氧随时间的变化而简单地求出 k_La。这种方法操作简单，受溶液中其他离子干扰少，而且还可在微生物培养状态下连续地测量，所得信息可迅速为发酵过程所参考。但是使用这种方法存在一定的局限性，首先存在传感器的响应滞后问题，其次在溶氧溶度低于微生物临界溶氧浓度时不能使用（因为此时过程受传质限制，停止通氧时测定的摄氧率不为常数）。

（3）稳态法　当发酵连续进行并达到了稳态时，反应器内菌体浓度为常数，溶氧浓度也不随时间变化，耗氧速率等于供氧速率，即 $dc/dt=0$，因此：

$$r_{O2} = k_L a(c^* - c) \tag{1-1-72}$$

故而有：

$$k_L a = \frac{r_{O2}}{c^* - c} \tag{1-1-73}$$

稳定状态下有：

$$r_{O2} = \frac{V_A}{V_L}(G_{进} - G_{出}) \frac{P}{760} \frac{273}{T + 273} \frac{6}{2.24} \tag{1-1-74}$$

式中 P——空气压力，mmHg

T——空气温度，K

V_A——空气的体积流量，L/min

V_L——反应液的体积，L

$G_{进}$、$G_{出}$——进口，出口气体中的氧的摩尔分率，mol/mol

另外，r_{O_2}也可由溶解氧浓度的线性变化求得。

二、机械搅拌生物反应器的质量传递

细胞所需的基质需要通过环绕它的边界层，然后才能进入细胞进行反应，进而合成相应的产物。通常情况下，微生物并不是自由悬浮于液体中，而是凝聚成絮状、颗粒状或固定在载体上。这种情况下就增加了质量传递过程的步骤，基质需要先从液相主体扩散至颗粒表面，再经过颗粒内的微孔达到颗粒内的表面的细胞或酶表面，最后才能被利用。同时反应产物经相反的过程进入液相主体。为了提高基质与细胞或酶的有效接触，通常需要通过搅拌装置（图 1-1-12）的设计以提高反应器内的质量传递。通常质量传递的比速取决于输入到系统中的能量。这些能量消耗在剪切作用、循环以及液体混合上。剪切力能将大气泡打碎，产生小气泡，从而产生大的界面面积。

图 1-1-12 常见的三种搅拌装置（从左至右分别是：螺旋桨叶轮、六平叶径向流圆盘涡轮搅拌器和轴向流涡轮）

由于能量可通过搅拌叶做轴功以及采用通气方式做气体的膨胀功进入系统，因此建议采用以下的总方程式：

$$k_L A = A_1 (P_i/V_L)^{\alpha} (J_G)^{\beta} \tag{1-1-75}$$

式中 P_i——输入功率，W

V_L——液体体积，m^3

J_G——气体的空塔速度，m/s

其他物理量同前。

A_1为系数，常数α和β取决于系统的几何尺寸和液体的流变学特性。

Robinson 等提出了一个考虑流体特性影响的修正方程：

$$k_L A = A_1(P_i/V_L)^{\alpha}(J_G)^{\beta\xi} \tag{1-1-76}$$

这里

$$\xi = (\rho_L)^{0.533}(D_L)^{2/3}\sigma^{-0.6}(\mu)^{-0.33} \tag{1-1-77}$$

式中　ρ_L——液体密度，kg/m^3

D_L——氧在液膜中扩散系数

σ——表面张力，N/m

μ——黏度，Pa·s

由于ξ中没有包括离子强度的影响，作者给出了几套不同的A_1、α和β值，分别对应于水和盐溶液。这在低黏度下是正确的。Van′t Riet 概述了在搅拌容器中相同范围黏度的质量传递速率，并推荐一个考虑搅拌器高度处静压力的修正方程：

$$k_L a = A_1(P_i/V_L)^{\alpha}(J_G p_a/p_s)^{\beta} \tag{1-1-78}$$

式中　p_a、p_s——大气中及搅拌叶高度处的静压力

它们给出了对应聚结及非聚结流体的不同的常数值。这种分别考虑聚结及非聚结流体来表示结果的方法在文献中是相当普遍的。原因是我们缺乏有关控制这种复杂现象的变量的知识。

黏度对质量传递速率的影响对搅拌罐是很重要的，尤其在高黏度下。如图 1-1-13 所示，当黏度在 0.5kPa·s 以下，质量传递系数几乎与流体黏度无关，但之后，相关性则很大。

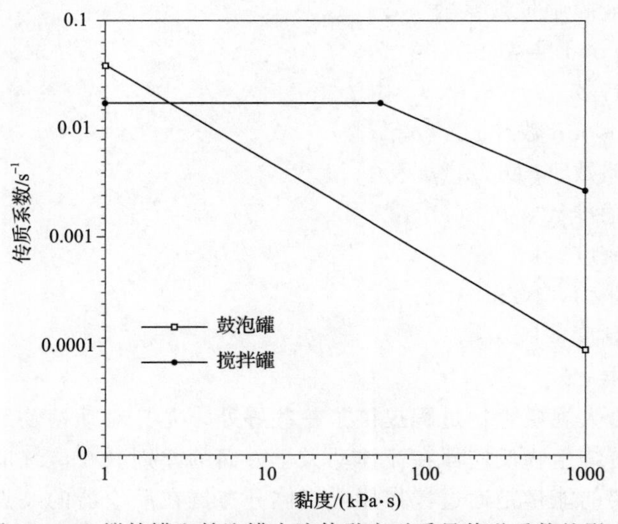

图 1-1-13　搅拌罐和鼓泡罐中液体黏度对质量传递系数的影响

Cooke 等采用纸纤维模拟丝状菌发酵培养的流变学，研究了在实验室及中试规模发酵罐的混合及气-液速度传递比率。他们发现，在方程（1-1-75）中加入包含悬浮液黏度的因子ξ，使其与实验数据非常吻合。

高黏度流体的适当通气是非常困难的，在这些情况下就需要多叶片搅拌器及特殊设计

的搅拌叶。

相对于氧气的气液传递，呼吸过程或发酵过程会生成二氧化碳，其同样需要快速的传递，过高的二氧化碳浓度会抑制微生物的代谢途径，二氧化碳的连续快速去除途径因此也是必须的。

三、气体搅拌生物反应器的质量传递

1. 鼓泡塔

从结构及操作的观点，鼓泡塔是最简单的一种反应器，属于气体搅拌反应器。它们是简单的容器，容器内气体喷入液体中，没有运动部件，容器内物料搅拌所需要的所有能量及培养所需要的氧均由喷入容器中的气体（通常为空气）提供。

由于剪切损伤，鼓泡系统一直被认为是对动物细胞及其他敏感培养物有害。为此，有人建议采用避免气体与含有细胞的培养基直接接触的系统。这在实验室规模是可行的，但在大规模设备中，鼓泡反应器仍然是对生长最有利的。另一方面，在大规模生产中，鼓泡反应器的结构及操作简单等实际优点都给人留下了深刻印象。因此，鼓泡塔在化学及生化工业中都占有重要的位置。

鼓泡塔的质量传递在技术文献中一直是一个受关注的主题。Akita 和 Yoshida 方程式已被普遍接受，当考虑质量传递系数时成为一控制点：

$$k_L a D_C{}^2/D_L = (Sh)(AD_C) = 0.6Sc^{0.5}Bo^{0.62}Ga^{0.31}\epsilon^{1.1} \tag{1-1-79}$$

其中ϵ由下式给出：

$$\epsilon/(1-\epsilon)^4 = c_1 Bo^{1/8}Ga^{1/12}Fr^{1.0} \tag{1-1-80}$$

式中 D_C——塔直径，m

D_L——氧在液膜中扩散系数

Sh——Sherwood 准数

Sc——施密特数 [μ $(\rho_L D_L)^{-1}$]

Bo——Bodenstain 数 [$gD_C{}^2\rho_L/\sigma$]

Ga——伽利略数（$gD_C{}^2\rho_L{}^2\mu^{-2}$）

Fr——弗劳德准数 [J_G $(D_C)^{-0.5}$]

ρ_L——液体密度，kg/m^3

σ——表面张力，N/m

μ——液体黏度，Pa·s

2. 气升式反应器

气升式反应器给大规模生化过程提供了一些好处，尤其对动植物细胞培养，原因是在于气升式反应器与传统生物反应器在流体动力学方面的差别。在传统的搅拌及鼓泡反应器中，液体运动所需要的能量是通过搅拌器或气体分布器在反应器的一点集中输入。气升式反应器不存在这种高能耗散率的点，因此剪切力场均匀得多。在生物反应器中运动的细胞或凝聚细胞不必忍受强烈的改变，流体流动具有主导作用。所以设备的几何设计尤其重要，特别是底部间隙（它代表反应器底部的流动阻力）以及气体分布器的设计对质量传递速率具有很大的影响，内循环气升式反应器各种因素的关系式如下：

$$Sh = 6.82\times10^4 Fr^{0.9}M^{-3.4}Ga^{0.13}X_{dr}{}^{-0.07}Y^{-0.18}(1+A_d/A_r)^{-1} \tag{1-1-81}$$

除了已知的 Sh、Fr 和 Ga 以外，这里介绍几何比 M，它是气泡分离组数 [D_S

$(4D_c)^{-1}$]，反映气体分离区的作用，D_S为气体分离区的直径、X_{dr}为底部间隙比，解释底部设计，Y为顶部间隙比，解释顶部空隙设计，A_d/A_r为导流筒与反应器的横截面积之比。

对于外循环气升式反应器，Popovic 和 Robinson 提出了下面的方程式：

$$k_L A = 1.911 \times 10^{-4} (J_G)_r^{0.525} (1 + A_d/A_r)^{-0.853} \mu^{-0.89} \tag{1-1-82}$$

式中　$(J_G)_r$——反应器的气体空塔速率，m/s

μ——液体黏度，Pa·s

这是基于用 CMC 溶液和水的实验数据所得到的结果。

应该强调的是，Popovic 和 Robinson 的方程式没有考虑气体分布器的形状及间隙，只考虑横截面积比（A_d/A_r）作为变量，与方程（1-1-81）相反，与定义的几何学有关。

四、液体-微生物之间的质量传递

细胞所需的基质扩散通过环绕它的边界层，然后进入细胞进行反应。最重要的问题之一是必须弄清控制的关键步骤是在细胞内还是在细胞周围。这一知识使我们能预测流体的物理特性可能对过程速率所造成的影响。

Rotem 等研究了黏度对单细胞红藻 *Porphridium* sp. 生长速率的影响。将藻放在含有本身细胞壁多糖的可溶性成分培养基中培养，随着培养基中多糖浓度的增加，藻生长速率和最大细胞数相应减少。增加多糖浓度也抑制细胞的碳源消耗速率，从而抑制光合成。试管培养试验结果显示，对硝酸盐、碳酸氢盐、磷酸盐和钠的质量传递系数随着多糖浓度的增加而减小。可得出如下结论：生长速率的减小是营养传递受到高浓度多糖阻碍所致。

五、微生物活性对质量传递的增强作用

当气体被液体吸收并发生反应，由于化学反应使所吸收的气体浓度改变，吸收率会增强。这种增强作用可推广至大部分的湍流系统质量传递模型。这些推论的一个有趣特性是所有不同模型所预示的增强作用实际上是相等的，因此，可以采用一个简单的模型——膜模型（film model）。

氧被吸收到发酵液中，类似于气体被吸收到液体中，它与悬浮的小颗粒发生反应。由于氧在气-液界面扩散时被消耗，因此氧的吸收速率被增强。实验表明，在表面通气搅拌罐中氧的吸收率高于物理吸收的预期值。这种现象可以用所观察到的气-液界面附近微生物的积聚进行解释。

在表面通气搅拌罐中，当质量传递系数 k_L 较小时，氧的吸收速率将被微生物的活性所增强。微生物的分布也是一个影响因素，尤其是当表面的浓度远大于主体内的浓度时。另一方面，在传统的通气罐、搅拌罐或鼓泡塔中，质量传递系数相对较高，则微生物所消耗的氧对氧的传递速率不会加强。

虽然大部分通气生化过程都是如此，但通常在发酵罐设计时都没有考虑增强作用，而在充填量非常满的发酵液条件下的情况将发生改变。在这种情况下，质量传递系数将下降至很低，忽略增强因素的影响将由于氧传递的观点而导致发酵罐的设计误差过大。

六、粒子间的质量传递

有些情况下，微生物不是自由悬浮于液体中，而是凝结成絮状、小丸状或固定于一固体

支持物上（固定化酶的形式也是如此），这时质量传递过程就需要增加一个步骤。除了要穿越环绕粒子周围的液体边界层以外，扩散基质必须从外表面传送到生物转化实际发生的地方，这就意味着基质必须经过长而曲折的路程才能到达位于粒子中心的细胞处发生作用。

扩散限制对所需要的生物催化剂量的影响已是众所周知，这种现象已长时间受到观察和分析。另一方面，扩散限制可以被过程设计者用作人工控制的手段。作为固定化的结果，酶的操作稳定性可以补偿甚至超过粒子间扩散的有害方面。在受到保护的絮团、颗粒或酶支持物内部，pH 和温度的波动也将变缓。而且在其他方面它可能对溶液成分的消耗有利，正如大家所知的废水反硝化处理过程，会在通气罐内产生一个厌氧的环境。这可认为是质量传递限制所造成。因为生物凝聚物的内部氧的消耗而提供了一个厌氧的微环境。因此，与传统催化剂相反，对于生物催化剂，有时可将粒子内扩散而引起的附加限制视为有利因素。尽管如此，大部分情况下，设计者均是以消除粒子间扩散的有害影响为目标。

第四节　生物反应器的热量传递

一、细胞活动释放的热量

细胞活动热的释放与生物反应的化学计量之间存在着紧密的关系。图 1-1-14 基质消耗过程中能量的总平衡显示了一个好气发酵过程和简单基质消耗的能量相等。生长及维持所需要的能量来源于基质的氧化。物质的氧化总伴随着电子的转移，伴随着能量释放所进行的电子转移称为“有效电子转移”，氧化过程中每分子氧可以接受 4 个电子。例如：0.5mol 氧气与 1mol 氢气化合形成 1mol 水蒸汽，同时放出 241.4kJ 热量，过程中有效电子转移数为 2，记作 2（av，e^-）。当 1mol 葡萄糖完全氧化时，需要消耗 6mol 的氧，相应的有效电子转移数为：6×4＝24（av，e^-/mol）。从大量实验得到，有机化合物氧化时每转移一个有效电子，平均释放出 111kJ 的热量，记作：

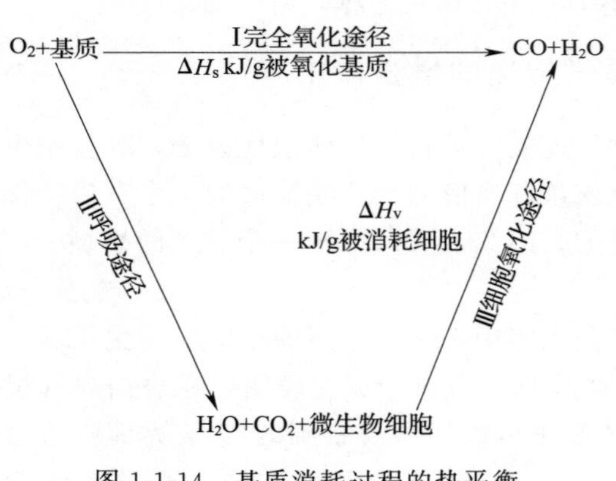

图 1-1-14　基质消耗过程的热平衡

$$\Delta H_{av,e^-} = -111\text{kJ/av, }e^-$$

因此，葡萄糖完全氧化释放的能量应为：

$$\Delta H_s^* = (-111) \times 24 = -2664\text{kJ/mol}$$

但是，当我们用量热器测定葡萄糖燃烧过程得到的是：$\Delta H_s = -2804$kJ/mol，两者相差在 5%左右，这样的误差在工程上是允许的。因此可以用有效电子转移数来计算有机物氧化所释放的能量，这在工程上是十分方便的。任何有机物只要写出其氧化的反应方程式，根据反应式中所消耗氧的摩尔数，就可以计算出反应所释放的能量。

葡萄糖作为营养源，在生物体内彻底氧化分解时：

$$C_6H_{12}O_6 + 6O_2 \longrightarrow 6CO_2 + 6H_2O + 2871\text{kJ}$$

即在生物体内，1mol的葡萄糖在彻底氧化分解以后，共释放出2871kJ的能量。如果代谢产物分别为酒精和乳酸，它们的燃烧热分别为：

$$C_2H_5OH + 3O_2 \longrightarrow 3CO_2 + 3H_2O + 1368kJ \tag{1-1-83}$$

$$CH_3CHOHCOOH + 3O_2 \longrightarrow 3CO_2 + 3H_2O + 1337kJ$$

1mol葡萄糖在酒精发酵或乳酸发酵中产生的反应热分别为136kJ和197kJ。葡萄糖经酒精发酵分解后有2871kJ－136kJ＝2735kJ转移到酒精中保留［也就是式（1-1-83）中乙醇燃烧热1368kJ×2被保留，其他作为生成热136kJ被释放］。

酒精发酵（厌氧）中酵母菌将所产生能量的一部分转化为ATP。在标准状态下1mol ATP加水分解为ADP和磷酸的同时，放出31kJ的热量。已知在酒精发酵或乳酸菌发酵中相对于1mol葡萄糖产生2mol ATP。基于此，在酒精发酵中有45%（2×31/136＝0.46）的能量以ATP的形式储存起来。

好氧反应中，1mol葡萄糖完全氧化生成38mol的ATP，31×38/2871＝0.41，也就是说41%的能量以ATP的形式储存起来。乳酸发酵（厌氧时）的能量效率为31×2/2871＝0.022，即2.2%。一般厌氧培养中Y_{ATP}约为10.5g细胞/mol ATP，好氧培养中为6～29g细胞/mol ATP。

图1-1-15所示为不同微生物在不同培养基生长的氧的消耗率与热产率的简单比例。表1-1-4和表1-1-5所示为不同微生物和培养基的相应释放热值。如果某一特定系统找不到相应数据，也可采用Minkevich和Ershin发现的规律（112.8kJ/单位传递给氧的有效电子）进行化学计算得到一个相当接近值。

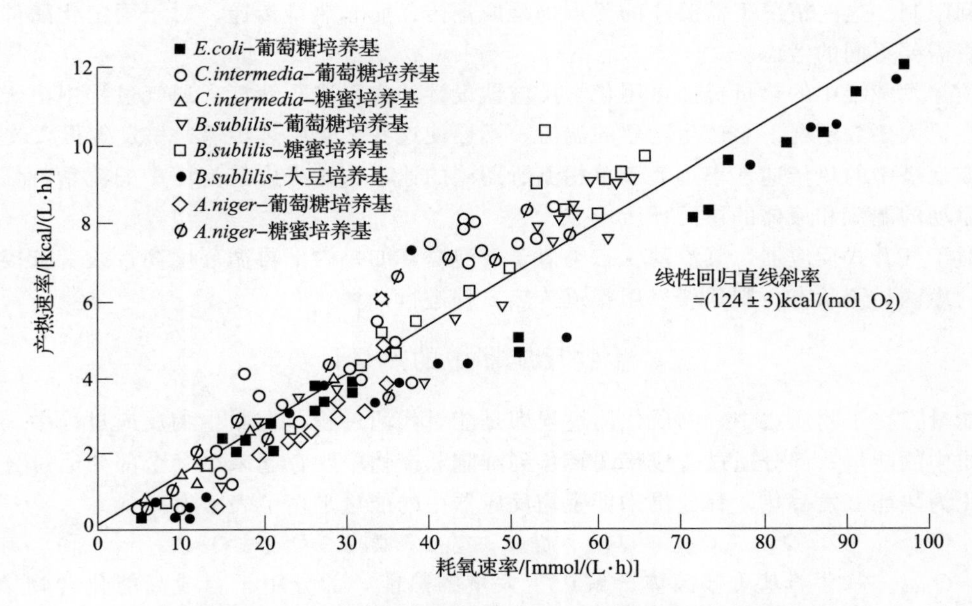

图1-1-15　几种微生物在不同培养基中生长氧消耗与产热的关系

1kcal＝4.184kJ

表 1-1-4　　基质和细胞产率对需氧量及热量的影响

微生物	基质	细胞产率/（g/L）	需氧量/（g/100g 细胞）	释放热/（kJ/100g 细胞）
细菌	n-烷烃	1.0	172	3266
酵母	n-烷烃	1.0	197	3345
	碳水化合物	0.5	67	1591

表 1-1-5　　采用不同基质时微生物连续培养过程中的释放热

基质	细胞产率/%基质	释放热/（kJ/100g 细胞）	热释放速率/（kJ/h）
n-烷（C_{12}～C_{18}）	100	3270	50
甲烷	60	7550	125
蔗糖	50	1590	25

二、反应器中的热量传递

生物反应对温度有严格的要求，因此有必要对生物反应器中的热传递进行了解。由于含有微生物和细胞的过程的反应速率相对低，因此一般在反应器中因热影响导致局部温度变化的问题并不普遍。即使是有高分子产物释放到培养基中并产生很高的黏度，仍不需要将热传递作为控制步骤，因为这样一个黏度的培养基也妨碍质量传递，从而使得热量的产生受到限制。这些情况下需关注的要点仍是质量传递而非热量传递。对于固定化酶催化的反应将需要不同的考虑。

搅拌发酵罐中的热量传递可用化学反应器设计的方程进行计算。通气过程中由于气泡的存在，大多数情况下会产生剧烈的湍流，不会使这些装置中热传递速率发生很大改变。

鼓泡塔中的热传递速率远大于单相流所期望的速率。这是由鼓泡塔中的流动特性，即气泡驱动的湍流和液体的再循环所造成。

对于气升式反应器，其流动状态类似于鼓泡塔，如果内部再循环度高，或者较接近管道中的净两相流状态，则建议采用管道传热方程进行计算。

三、生物反应器中的热量计算

能量存在于物质之中，物质代谢过程即是能量代谢过程。在微生物反应过程中，消耗的基质中的能量一部分通过合成代谢转移到细胞和产物中贮存起来，其余部分通过分解代谢转化为热能（发酵热）释放出来，生物反应器中的能量平衡可表示为：

$$Q_{生物}+Q_{搅拌}+Q_{气体}=Q_{累积}+Q_{交换}+Q_{辐射}+Q_{蒸发}+Q_{废气} \quad (1\text{-}1\text{-}84)$$

式中　$Q_{生物}$——营养基质被菌体分解产生大量的热能，部分用于合成高能化合物 ATP，供给合成代谢所需要的能量，多余的热量则以热能的形式释放出来，形成生物热

$Q_{搅拌}$——搅拌器转动引起的液体之间和液体与设备之间的摩擦所产生的热能

$Q_{气体}$——通风搅拌所产生的热量

$Q_{累积}$——体系中积累的热量

$Q_{交换}$——向冷却器转移的热量

$Q_{辐射}$——通过罐体向大气辐射的热量

$Q_{蒸发}$——蒸发造成的热损失

$Q_{废气}$——废气因温度差异所带走的热量

当$Q_{废气}$、$Q_{累积}$和$Q_{气体}$可忽略不计时，反应过程中需要被冷却装置带走的总热量为：

$$Q_{总} = Q_{交换} = Q_{生物} + Q_{搅拌} - Q_{蒸发} - Q_{辐射} \tag{1-1-85}$$

化合物标准的燃烧热可代表其所包含的化学能。如果微生物发酵过程中各种物质的变化量（基质的消耗量、菌体的生长量和产物的生产量）都能够进行测量，那么就可以利用标准燃烧热的数据计算出理论发酵热（分解代谢热）。方程如下：

$$-\Delta H_C = \sum_{i=1}^{m}(-\Delta H_{Si})(-\Delta S_i) - \sum_{j=1}^{n}(-\Delta H_{Pj})(\Delta P_j) - (\Delta H_a)(\Delta X) \tag{1-1-86}$$

式中　ΔH_C——发酵过程释放的分解代谢热，kJ

ΔH_{Si}——第 i 项基质的标准燃烧热，kJ/mol

ΔS_i——第 i 项基质的消耗量，mol

m——基质的总项数

ΔH_{Pj}——第 j 项产物的标准燃烧热，kJ/mol

ΔP_j——第 j 项产物的生成量，mol

n——产物的总项数

ΔH_a——干菌体的标准燃烧热，kJ/g，往往因菌体不同而不同，一般取值为 -22.15kJ/g

应用化合物的标准燃烧热数据可进行生物反应过程的能量衡算。将方程（1-1-86）各项对发酵时间微分并移项得：

$$\sum_{i=1}^{m}(-\Delta H_{Si})\left(-\frac{dS_i}{dt}\right) = (-\Delta H_a)\left(\frac{dX}{dt}\right) - \sum_{j=1}^{n}(-\Delta H_{Pj})\left(\frac{dP_j}{dt}\right) + \frac{dH_c}{dt} \tag{1-1-87}$$

方程（1-1-87）是发酵过程能量衡算式：方程左边为总化学能消耗率；右边第一项是菌体化学能转移率，第二项是产物化学能转移率，第三项是分解代谢能（发酵热）释放率。

图 1-1-16 所示为乙醇、甘油发酵流程。

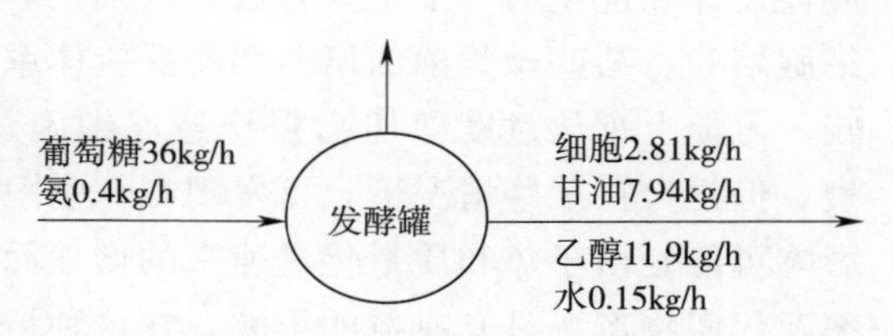

图 1-1-16　乙醇、甘油发酵流程示意图

实际生物反应过程中的热量计算，可采用如下 4 种方法：

（1）通过反应中冷却水带走的热量进行计算　根据经验，每立方米发酵液每小时传给冷却器最大的热量为：青霉素发酵约为 25000kJ/（m^3·h），链霉素发酵约为 19000kJ/（m^3·h），四环素发酵约为 20000kJ/（m^3·h），肌苷发酵约为 18000kJ/（m^3·h），谷氨酸发酵约为 31000kJ/（m^3·h）。

（2）通过反应液的温升进行计算　根据反应液在单位时间内（如 0.5h）上升的温度而求出单位体积反应液放出热量的近似值。例如，某味精生产厂，在夏天不开冷却水时，25m^3 发酵罐每小时内最大升温约为 12℃。

（3）通过生物合成进行计算　如本节开始所述。

（4）通过燃烧热进行计算

$$Q_{总} = \sum Q_{基质燃烧} - \sum Q_{产物燃烧} \tag{1-1-88}$$

式中　$Q_{基质燃烧}$——基质的燃烧热

$Q_{产物燃烧}$——产物的燃烧热

生物反应器中的换热装置的设计，首先是传热面积的计算。换热装置的传热面积可由方程（1-1-89）确定：

$$A = Q_{总}/K\Delta t_{m} \tag{1-1-89}$$

式中　A——换热装置的传热面积，m^2

$Q_{总}$——由上述方法获得的反应热或反应中每小时放出的最大热量，kJ/h

K——换热装置的传热系数，kJ/（m^2·h·℃）

Δt_{m}——对数温度差，℃，冷却水进出口温度与醪液温度而确定

根据经验：夹套的 K 为 400～700kJ/（m^2·h·℃），蛇管的 K 为 1200～1900kJ/（m^2·h·℃），如管壁较薄，对冷却水进行强制循环时，K 为 3300～4200kJ/（m^2·h·℃）。气温高的地区，冷却水温高，传热效果差，冷却面积较大，$1m^3$ 发酵液的冷却面积超过 $2m^2$。在气温较低的地区，采用地下水冷却，冷却面积较小，$1m^3$ 发酵液的冷却面积为 $1m^2$。发酵产品不同，冷却面积也有差异。

第五节　生物反应器的剪切力问题

化学过程中反应器的放大基本上是集中于如何使在大规模容器中的平均产率与小型实验室规模反应器的相同，但要达到这一目的并不是一件简单的任务，这是因为大容器的流体力学经常是复杂而且难于建立模型之故。大容器中质量和热量的传递遵从对流机制，并通常与湍动涡流有关，因此，剪切流在反应器中经常存在。流体剪切作用的大小是生物反应器设计和优化的一个重要参数。特别是对剪切作用非常敏感的生物反应体系，如动植物细胞培养、某些丝状菌的培养和酶反应体系。在反应器设计时，则必须考虑流体剪切的影响。习惯上承认过度剪切会损伤悬浮细胞，导致活力损失，对于易碎细胞甚至会出现破裂。但是，在某些情况下，可发现在一定限制范围内的剪切具有很多正面影响。这些正面影响可能是由于热和质量传递速率的增强而引起。有人提出，剪切本身有时对培养生长速率及代谢物产率具有有益的影响，在这种情况下，剪切将成为过程动力学的一个参数。对于给定的一个反应器设计，黏度和动力输入将决定流动方式，它将影响反应器在微观规模及宏观规模下的性能。剪切的出现作为前者的证据之一，它直接影响热及质量传递，从而影响生物量的生长及产物形成。

一、剪切力的计算方法

流体剪切作用来自于反应器内机械和气流的搅拌作用。下面就机械搅拌和气流搅拌所产生的剪切力的估算方法分别加以讨论。

1. 机械搅拌的剪切力

生物反应器内装有机械搅拌的目的，一方面是使细胞或固定化酶等生物催化剂保持悬浮状态；另一方面是使反应器内物料混合均匀，对于需氧的细胞反应过程，也促进氧从气

相传递到培养液中。为此，搅拌转速一般较高，以使流体呈湍流状态，因而也产生了较强的流体剪切力。机械搅拌反应器的流体剪切力有以下几种估算方法。

（1）积分剪切因子　图 1-1-17 所示为搅拌器桨叶附近的速度分布与切变率估计。其特征为桨叶叶端附近的流动速度最大，而在器壁上的流动速度为零。为估计桨叶与器壁之间的剪切力，可计算沿两者之间距离的平均速度差，即积分剪切因子 ISF（integrated shear factor，s^{-1}）。

$$\mathrm{ISF}=\frac{\Delta u_L}{\Delta x}=\frac{2\pi nd}{D-d}$$

式中　u_L——流动速度，m/s

D——反应器直径，m

d——搅拌器直径，m

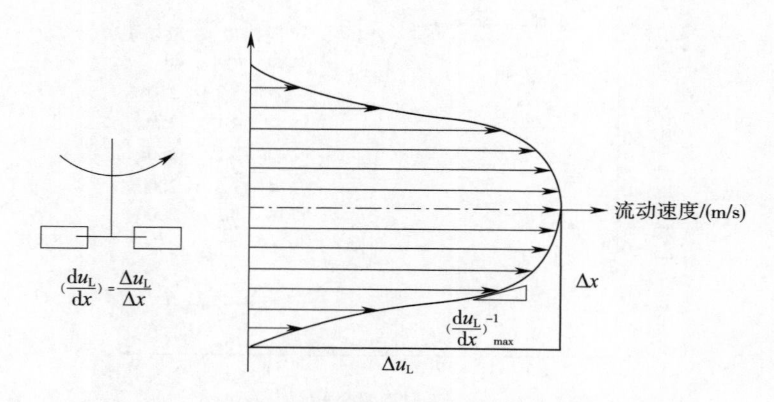

图 1-1-17　桨叶附近的速度分布与切变率估计

图 1-1-18 所示为贴壁依赖型 FS-4 动物细胞在微载体上培养对相对生长速率与 ISF 的关系。图中相对生长速率是指有剪切力作用下培养所得的细胞数与没有剪切力作用下培养所得细胞数的比值。可见，当 ISF 增加到一定的数值，由于剪切造成细胞损伤，细胞的生长停止。

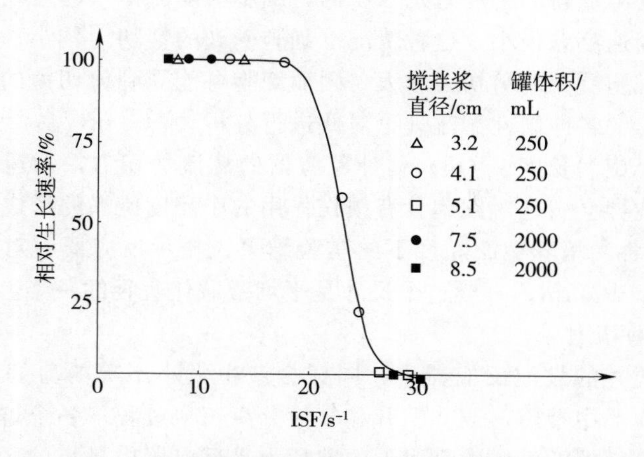

图 1-1-18　FS-4 动物细胞的相对生长速率与积分剪切因子 ISF 的关系

一般在较大容量的反应器中，由于桨叶叶端与容器的器壁距离较远，桨叶叶端的速度造成的剪切作用较小，因此用桨叶叶端与器壁间的平均速度差能较好地反映这种情况。积分法可用于直接计算反应器中的剪切力，但其结果的精确性不够。

（2）时均切变率　由于反应器中不同黏度的流体流股之间的流动内摩擦力、流体与搅拌器等固体表面摩擦力等原因所产生的流动速度较高的湍流是一种随机变化的流型，故可用时均切变率［time-averaged shear rate $\dot{\gamma}_{均}$（s^{-1}）］估算这种情况的流体剪切作用，以分析反应器内的流体速度分布随空间位置（例如反应器中液面和底部）和时间的变化规律。

图 1-1-19 所示为动物细胞株 FS-4 的相对生长速率与时均切变率的关系。当 $\dot{\gamma}_{均}$ 约为 2.5s^{-1}时，细胞停止生长，发生死亡现象。

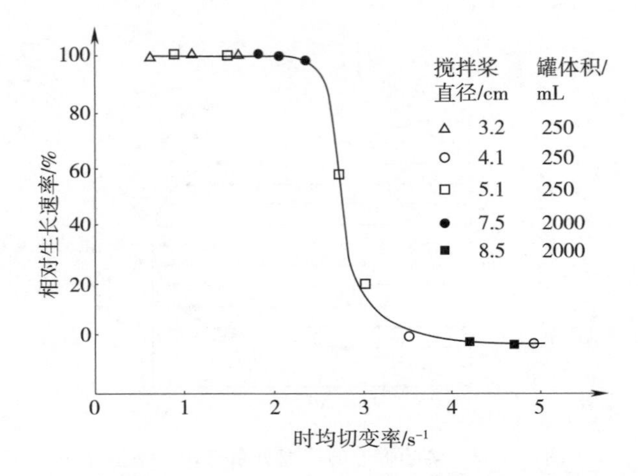

图 1-1-19　动物细胞株 FS-4 的相对生长速率与时均切变率的关系

（3）Kolmogoroff 旋涡长度　在湍流条件下，流体的剪切作用与细胞所处环境的速度分布有关，细胞致死与具有一定速度分布的旋涡的相对大小有关。当旋涡尺寸大于细胞尺寸，并且细胞的密度与流体的密度差别较小时，细胞会随流体一起运动，这时流体的流线与细胞的流线之间的速度差很小，这种情况下细胞受到的剪切力较小；相反，当旋涡尺寸小于细胞尺寸时，细胞受到的剪切力较大，因而细胞可能受到剪切力的作用而损伤。可以用 Kolmogoroff 提出的各向同性湍流理论对此进行分析。

用 Kolmogoroff 旋涡长度 λ（m）估计反应器的湍流剪切力，与运动黏度和搅拌输入功率有关。过分的搅拌会引起对细胞具有损伤作用的小尺度旋涡的形成。图 1-1-20 所示为动物细胞株 FS-4 在各种培养液的黏度下的实验结果，显示反应器中对细胞损伤作用较大的平均旋涡长度小于 100μm，一般这个尺寸是平均微载体直径的一半。

2. 气流搅拌的剪切力

在一仅有气流搅拌的鼓泡反应器中，同样会产生大小不等的剪切力。如图 1-1-21 所示，气泡在鼓泡反应器中经历形成、上升和气液分离三个过程，各个过程都会对细胞造成损伤。其中，气体分布器的气体喷嘴附近的剪切力是反应器中最小的区域，其大小取决于通气速率和喷嘴的内径。在气泡上升过程中，细胞受到的剪切力与喷嘴附近的剪切力在同

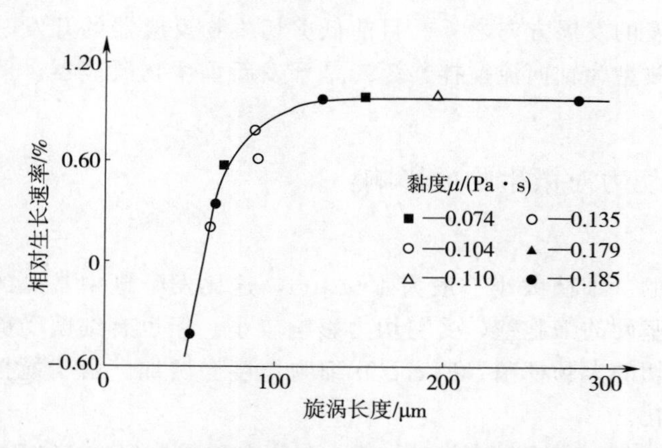

图 1-1-20　不同黏度下动物细胞的相对生长速率与旋涡长度的关系

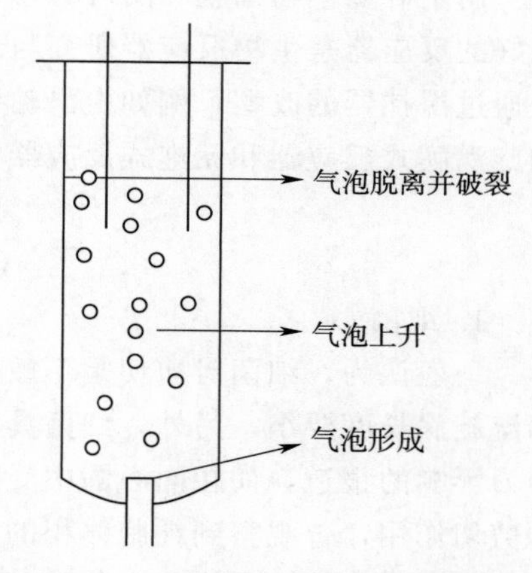

图 1-1-21　气泡在鼓泡反应器中的经历

一数量级。气泡脱离液面的过程对细胞的损伤最大，细胞受到的剪切力最大。主要影响因素是液体的表面张力、密度和气泡的液膜厚度。如图 1-1-22 所示，气液分离开始时，气泡的上部被液膜覆盖，然后液膜破裂形成气腔，这时液膜处于气腔的下方，气液分离过程的剪切力据估算比气泡的形成和上升过程的剪切力大 100～1000 倍。

将 k_d（细胞比死亡速率常数，s^{-1}）与 V_g（通气速率，m^3/s）和 H_L（液面高度，m）对应作图，得到了图 1-1-23 所示的细胞比死亡速率与通气速率和液面高度的关系。如图 1-1-23 所示，对符合上述模型假设的鼓泡反应器的细胞培养过程，影响细胞流体力学损伤的主要因素为通气流量和反应器液面高度。通气量越大，液面高度越高，则 k_d 值越大，表明细胞死亡速率越大。

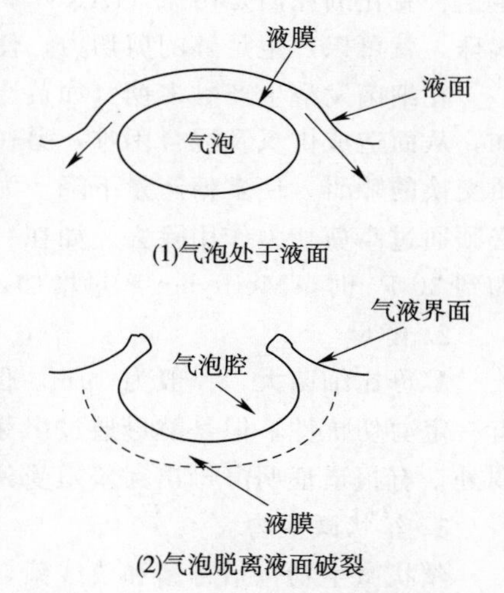

图 1-1-22　气泡在液面的脱离与消失

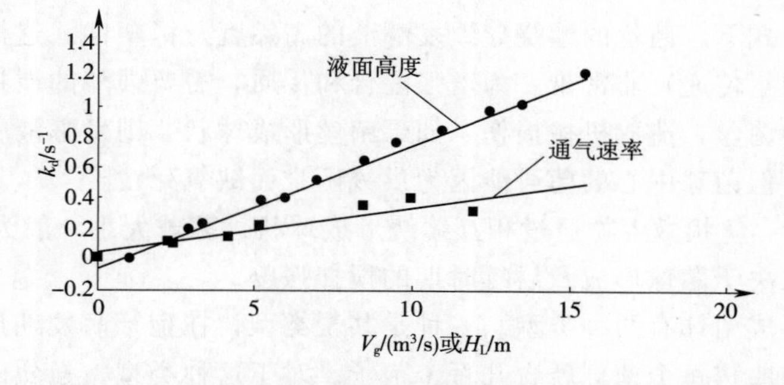

图 1-1-23　细胞比死亡速率常数与通气速率和液面高度的关系

由于许多生物细胞和酶对剪切作用十分敏感，因而开发出剪切力低，并且混合传质效果好的反应器是生物反应器研究与开发的发展方向之一。目前低剪切生物反应器的开发一是通过搅拌器的改型，例如由涡轮桨改型为轴向流搅拌桨；二是开发新型生物反应器，例如旋涡膜式反应器和无泡式反应器等。

二、剪切力对微生物的影响

1. 细菌

一般认为，细菌对剪切是不敏感的。细菌大小一般为1～2μm，这比发酵罐中常见的湍流旋涡长度要小。另外，细菌具有坚硬的细胞壁，受剪切力影响较小。但也有细菌受剪切力影响的报道，如在同心圆中受剪切的大肠杆菌（*E. coli*）细胞长度会增加。由于搅拌的剪切作用，曾观察到细胞体积的变化。

用大肠杆菌生产抗菌多肽小菌素B17，在摇瓶培养时，B17在胞内积累；但在HARV（High Aspect Ratio Vessel，高截面比反应器）中，B17分泌到胞外。研究结果表明，产生这种变化的原因是由于HARV中的低剪切作用。如果在HARV中即使只添加一个玻璃珠，就可以产生足够的剪切力，使B17积累在胞内而不分泌到胞外。

在细菌发酵生产黏多糖（如黄原胶）时，由于胞外多糖的积累，培养液的黏度逐渐增加，从而造成供氧及混合困难，另在细胞外会逐渐形成一个黏液层，从而造成细胞内外物质交换的障碍，使多糖产量下降。为提高多糖产量，反应器中的滞流层及细胞外的黏液层必须通过高剪切力作用除去。如在一种新型细菌多糖Methylan生产中，当剪切力逐渐增加到30 Pa时，Methylan产量增加，细胞外多糖层造成的传质限制被消除或减弱。

2. 酵母

酵母比细菌大，一般为5μm，但比常见的湍流旋涡长度仍要小。酵母细胞壁较厚，具有一定剪切抗性，但是酵母通过出芽繁殖或裂殖会产生疤点，其出芽点及疤点是细胞壁的弱处。有报道证明酵母出芽繁殖受到机械搅拌的影响。

3. 丝状微生物

丝状微生物包括霉菌和放线菌，在工业上特别是抗生素生产中应用广泛。霉菌是一种丝状真菌，属真核丝物，包括毛霉、根霉、曲霉、青霉等。放线菌属原核生物，包括链霉菌、诺卡菌、小单孢菌等。霉菌和放线菌都形成分枝状菌丝，菌丝可长达几百微米。

在深层浸没培养中，丝状微生物可形成两种特别的颗粒，即自由丝状颗粒和球状颗粒。在自由丝状形式下，菌丝的缠绕导致发酵液的高黏度及拟塑性。这样就导致发酵液中混合和传质（包括氧传递）非常难。为增强混合和传质，需要强烈的搅拌，但高速搅拌产生的剪切力会打断菌丝，造成机械损伤。如果菌丝形成球状，则发酵液中黏度较低，混合和传质比较容易，但菌球中心的菌可能因为供氧困难而缺氧死亡。

（1）球状形式　丝状微生物通过相互缠绕形成球状，菌球大小一般为0.2～10mm，研究表明菌球大小取决于菌球形成及后续时期的搅拌强度。

丝状微生物形成菌球有两种类型。一种是共聚类型，在孢子萌发期形成，结果是菌球中含大量孢子。如曲霉每个菌球就含几百个孢子。对于这种类型，强烈的搅拌会阻止菌球的形成。另一种是非共聚类型，每个孢子形成一个菌球，菌球形成后，通过菌丝断裂繁殖又会形成新的菌球，从而孢子/菌球比率小于1。对于这种类型，搅拌对菌球的影响尚不十分明确。

菌球一旦形成后会呈现出不同形态，依形态可分为疏松球状、中心紧密外围疏松球状和紧密光滑球状。紧密光滑球状可能会由于菌丝自溶而形成中心空洞。这些菌球会受到搅拌和培养条件的影响，一般当搅拌强度增加时，菌球变小而紧密，如图 1-1-24 所示。

搅拌会对菌球产生两种物理效果：一种是搅拌削去菌球外围的育膜，减小粒径；另外一种是使菌球破碎。这些效果主要是由于湍流旋涡剪切引起。另外菌球间碰撞及菌球与间浆碰撞也可引起部分作用。

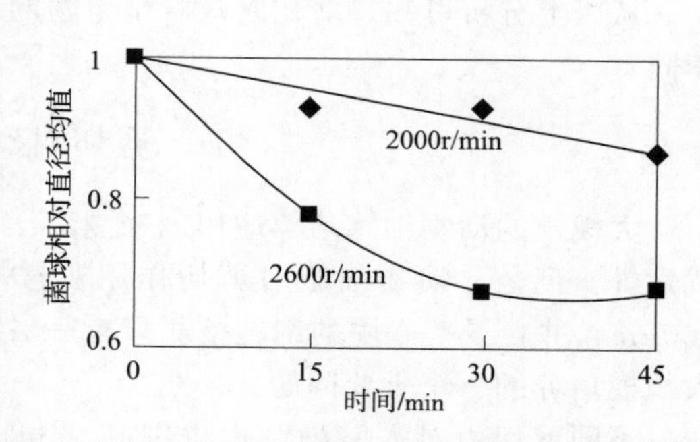

图 1-1-24　搅拌速度及时间对菌球直径的影响

(2) 自由丝状形式　在搅拌罐中也常遇到自由丝状形式的菌丝体。由于剪切会打断菌丝，所以需要控制搅拌强度。搅拌强度会对菌丝形态、生长和产物生成造成影响，还可能导致胞内物质的释放。具体影响如下。

①对形态的影响：机械力对自由丝状微生物的作用是打断菌丝，改变菌丝形态，可以通过显微镜观察到形态的变化。1990 年 Packer 和 Thomas 报道的图像分析方法（image-analysis-based method）可用来定量描述菌丝的形态特征。对青霉素研究表明，搅拌转速增加会导致菌丝变短、变粗、菌丝分叉增多。红霉素生产中高速搅拌剪切使菌丝变短、变粗，但菌丝分叉减少。

②对胞内物质释放的影响：有报道表明，由于搅拌强度的增加，核苷酸等低相对分子质量物质会从真菌及链霉素中渗漏出来。但渗漏并不是细胞破裂引起，渗漏速率与培养条件及菌龄有关。

③对菌体生长和产物生产的影响：丝状微生物的生长和产物生产与搅拌密切相关。利用黑曲霉的三种突变株进行 11 批柠檬酸发酵试验表明，生物量及柠檬酸的生产均有一最佳搅拌转速（见图 1-1-25）。在低搅拌转速下产量低可能是由于低转速下氧传递的限制，高转速下菌体生长加快但产量下降是由于剪切使菌丝损伤造成的。形态观察说明，高转速下菌丝变粗，缠绕紧密，分叉增多。

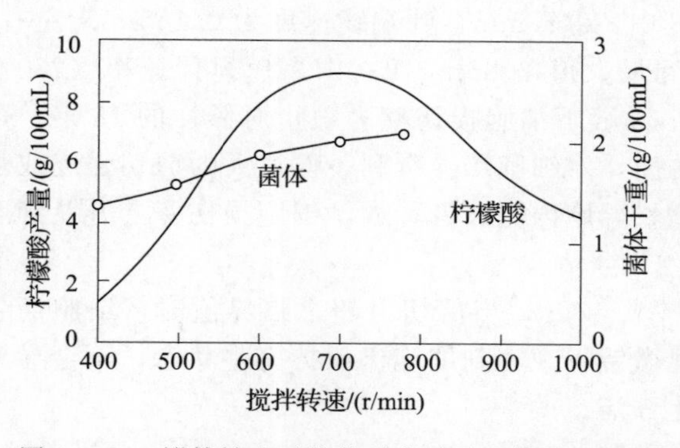

图 1-1-25　搅拌转速对柠檬酸产量及生物量的影响

在红霉素生产中，转速对产量影响小于 5%。可能是由于高转速降低了高度缠绕的菌丝团百分率，对发酵有利；同时高转速下形成了小尺寸菌丝，对发酵不利。两者综合结果是转速对发酵影响不大。

在螺旋霉素生产中，考察剪切力对螺旋霉素链霉菌的影响。方法是考察摇瓶发酵过程中玻璃珠数量、添加玻璃珠时间及不同发酵阶段添加玻璃珠对发酵的影响，以及在 50L 发酵罐上，通过改变搅拌速度调整对菌体的剪切力，并考查不同发酵阶段剪切力对发酵的影响。结果随着玻璃珠数的增加，菌体浓度和必特螺旋霉素产量下降明显；48h 时添加玻璃珠对必特螺旋霉素合成有促进效果，效价提高 8%，且菌体浓度变化不大。发酵前期（0～48h）和发酵后期（72～96h），过强的剪切力会对发酵产生不利的影响。在 50L 发酵罐中，不同发酵阶段调整剪切力，使发酵产物单位数比对照提高 16.7%。可得出结论：剪切力对必特螺旋霉素发酵有显著影响。

从以上分析可知，剪切对丝状微生物的影响没有统一的结论，菌株不同，剪切的影响不同。

三、剪切对动物细胞的影响

大规模的动物细胞培养应用越来越广泛，可生产许多有价值的药物如疫苗、激素、干扰素等。但是，动物细胞对剪切作用非常敏感。因为它们尺寸相对较大，一般为 10～100μm，并且没有坚固的细胞壁而只有一层脆弱的细胞膜。因此，剪切敏感成为动物细胞大规模培养的一个重要问题。

不同剪切力对人脐静脉内皮细胞（human umbilical vein endothelial cells，hUVEC）表达基质金属蛋白酶（maxtrix metalloproteinase 9，MMP-9）的影响研究表明，低剪切力及振荡剪切力均能诱导体外培养的 hUVEC 对 MMP29 mRNA 的表达，且增加其蛋白活性，而生理性剪切力却能抑制这种表达。

四、剪切对植物细胞的影响

植物细胞培养可用来生产一些高价值的植物细胞代谢产物，如奎宁、吗啡、紫杉醇等。植物细胞个体相对大一些，一股为 20～150μm。内含较大液泡，细胞壁较脆，无柔韧性，这些特征表明植物细胞比动物细胞耐剪切能力稍好一些，但与微生物相比，对剪切作用仍很敏感，在高剪切环境下将损伤、死亡，具体表现为细胞膜整体性的丧失，生长活性下降，有丝分裂活性降低，结团尺寸减小，形态发生变化，胞内物质如蛋白质丢失，生长和次级代谢产物生成速率发生变化。研究胡萝卜细胞表明，细胞的各种生理活性受到剪切水平的影响，如导致细胞分解及破坏膜完整性的能量要比阻止生长及影响有丝分裂的能量高。

对海带 *Laminaria japonica* 配子体细胞以不同搅拌速率 0～1000r/min、施加短期 0～60h连续剪切的研究表明，海带配子体对连续剪切力较为敏感。连续剪切 2.5d 后，细胞损伤率随搅拌速度的增加呈 S 形曲线，其中，90r/min（叶端线速度为 0.165m/s 左右）为临界转速，此时细胞叶绿素浓度积累达到最大值 2.36mg/L；中高速搅拌速率（270～1000r/min）下叶绿素浓度迅速下降，1000r/min 下细胞损伤率为静止对照样的 18 倍。可见，适度的剪切力和连续剪切时间可加强传质，对细胞培养有利，但过大的剪切强度或过长的剪切时间均会造成细胞叶绿素浓度负增长，胞内氮、磷释放，细胞损伤率上升及细胞显微形态变化等负面影响。

东北红豆杉细胞的临界剪切力为 0.36～0.57Pa，当剪切力超过临界值时，细胞产生大量碎片并死亡；剪切力小于临界值时，显微镜下观察到细胞仍保持完整状态，不会导致细胞破碎和死亡，但剪切后的细胞生长发生停滞。

五、剪切对酶反应的影响

酶作为一种具有生物活性的蛋白质，剪切力会在一定程度上破坏酶蛋白质分子精巧的空间结构，引起酶的部分失活。一般认为酶活性随剪切强度和时间的增加而减小。

研究剪切对过氧化氢酶活性的影响，结果表明，酶的残存活性随剪切作用时间与剪切力乘积增大而减小。

在膜分离式的酶解反应器中，葡萄糖淀粉酶失活随叶轮叶尖速度增大而加快。在同样搅拌剪切时间下，酶活力的丢失与叶轮叶尖速度是一种线性关系。在同样条件下，凹槽叶轮搅拌引起酶失活最大，刮力叶轮次之，平板叶轮搅拌引起的酶失活最小，这与搅拌造成的流体剪切程度相符。

六、生物反应器中剪切力的比较

研究发现，以微孔金属丝网作为空气分布器的三叶螺旋桨反应器（MRP）能提供较小的剪切力和良好的供氧，优于六平叶涡轮桨反应器，并认为在高浓度细胞培养时，MRP 型反应器将显示更大的优越性；离心式叶轮反应器（centrifugal impeller bioreactor）与细胞升式反应器（cell-lift bioreactor）相比具有较高升液能力，较低剪切力，较短混合时间，在高浓度下具有高得多的溶解氧系数，有用于剪切力敏感的生物系统的巨大潜力。方框形桨式搅拌、蝶形涡轮搅拌等不同形式的机械搅拌罐用于植物细胞培养的生产和研究，结果证明不同叶轮产生剪切力大小顺序为涡轮状叶轮＞平叶轮＞螺旋状叶轮。

相对于传统搅拌式反应器，非搅拌式反应器所产生的剪切力较小，结构简单，其主要类型有鼓泡式反应器、气升式反应器和转鼓式反应器等。通过对培养紫苏细胞的生物反应器比较发现鼓泡式反应器优于机械搅拌式反应器。但由于鼓泡式反应器对氧的利用率较低，如果用较大通气量，则产生的剪切力会损伤细胞。喷大气泡时，湍流剪切力是抑制细胞生长和损害细胞的重要原因。较大气泡或较高气速导致较高剪切力，对植物细胞有害。

气升式反应器中无机械搅拌，剪切力相对低，广泛应用于植物细胞培养的研究和生产。通过胡萝卜细胞培养研究发现，比较搅拌罐、气体喷射罐和带通气管的气升式反应器，最高细胞浓度和最短倍增时间可从气升罐中得到。气升式反应器用于多种植物细胞悬浮培养或固定化细胞培养，但其操作弹性较小；低气速时，尤其高径比（H/D）大、高密度培养时，混合性能欠佳。过量供气及过高的氧浓度反而会影响细胞的生长和次生代谢产物的合成。将气升式发酵罐与慢速搅拌结合使用可弥补低气速时混合性差的弱点，采用分段的气升管，也有利于氧的利用与混合。气升式反应器中剪切对细胞的损伤主要是由于气泡破碎造成，但由于它的高径比大（9∶1），可减少气泡破碎区，很多单克隆抗体在气升式反应器中即使在无血清的情况下也能培养成功。英国 Celltech 公司已成功地用 1000L 气升式反应器生产单克隆抗体。

转鼓式反应器用于烟草细胞悬浮培养的研究发现，与有一个通风管的气升式反应器相比，相同条件下转鼓式反应器中生长速率高，其氧的传递及剪切力对细胞的伤害水平方面均优于气升式反应器。

升流式生物反应器（lift-stream bioreactor）利用罐中心一根连有多孔板的杆上下移动达到搅拌的目的，可用于培养剪切力敏感细胞。

另外，许多有别于传统微生物反应器的新型反应器正用于植物细胞的研究生产，如用新型环回式流化床反应器（loop fluidized bed reactor）进行小果咖啡（*coffea arabica*）培养，消除了气体直接喷射引起的剪切力；用固定床反应器培养固定化烟草细胞，生长速率与摇瓶相同，胞内合成与摇瓶无明显区别；用一种植物细胞表面固定化培养系统，避免了传统搅拌罐悬浮培养中的流体流动力或剪切力问题，并促进植物细胞的凝聚，使次级代谢产物合成和积累增加；用植物细胞膜反应器将细胞固定在膜上 3mm 一层，培养基在膜下封闭回路循环流动，营养透过膜扩散至细胞层，次级代谢物分泌透过膜扩散至培养基等。

以上只是提供了一些设计工程师在生物反应器设计中应当考虑的因素及设计方法，这仅仅起到抛砖引玉的作用，具体方法将在以下各章中讨论。

思考题

1. 生物反应器可分为细胞反应器和酶反应器，它们的主要区别是什么？

2. 为什么说“生物反应器的结构对生物反应的产品质量、收率（转化率）和能耗起到关键作用”？

3. 请列出生物量对基质的得率与比生长速率的关系式，并予以说明。

4. 生长曲线对生物反应器的设计有何指导意义？

5. 根据机械搅拌生物反应器的质量传递速率总方程：$k_L A = A_1 (P_i/V_L)^{\alpha} (J_G)^{\beta}$，请分析提高质量传递速率的主要措施有哪些？

6. 气体分布器的结构及形状可以从哪些方面影响气体搅拌生物反应器的质量传递速率？

7. 微生物活性是如何起到对质量传递的增强作用的？生物反应器的设计应如何考虑？

8. 葡萄糖完全燃烧释放的能量为 2871kJ/mol，此值是否等于单位葡萄糖被菌体分解产生的发酵热，为什么？举例说明。

9. 剪切力对有些生物反应过程有利，但对有些生物反应过程不利，在反应器选型与设计时应如何考虑，请分类说明。

参考文献

[1] 张元兴，许学书．生物反应器工程［M］．上海：华东理工大学出版社，2001.

[2] H. 斯科特·福格勒．化学反应工程原理（第四版英文影印版）［M］．北京：化学工业出版社，2006.

[3]［日］山根恒夫．生物反应工程（原著第三版）［M］．北京：化学工业出版社，2006.

[4] 贾士儒．生物反应工程原理（第三版）［M］．北京：科学出版社，2008.

[5] 威以政，汪叔雄．生物反应动力学与反应器（第三版）［M］．北京：化学工业出版社，2007.

[6] 臧荣春，夏凤毅．微生物动力学模型［M］．北京：化学工业出版社，2004.

[7] 刘祖同，罗信昌．食用蕈菌生物技术及应用［M］．北京：清华大学出版社，2002.

[8] 张嗣良，张恂，唐寅等．发展我国大规模细胞培养生物反应器装备制造业［J］．中国生物工程杂志，2005，25（7）：1-8.

[9] 刘志伟，郭勇，张晨．植物细胞培养生物反应器的研究进展［J］．现代化工，1999，19（08）：14-16.

［10］黄娜，陈思晔，齐瀚实．短期连续剪切对光生物反应器内海带配子体细胞生长及其恢复能力的影响［J］．生物工程学报，2007，23（05）：935-940.

［11］高虹，韩培培，元英进．层流剪切力对悬浮培养红豆杉细胞 HMGR 酶基因转录的影响［J］．天津大学学报，2006，39（S1）：35-38.

［12］周建，王军峰，吴春海等．剪切力对必特螺旋霉素发酵的影响［J］．食品与药品，2008，10（01）：18-21.

［13］孙惠文，张梅，李长江等．剪切力对内皮表达细胞基质金属蛋白酶 9 的调节作用及机制［J］．中国动脉硬化杂志，2007，15（07）：548.

［14］郑裕国，薛亚平．生物工程设备［M］．北京：化学工业出版社，2007.

［15］John Villadsen，Jens Nielsen，Gunnar Lidén. Bioreaction Engineering Principles［M］，Springer US，2014.

第二章　通气发酵设备

大多数的生化反应都是需氧的，故通气发酵设备是需氧生化反应设备的核心和基础。无论是使用微生物、酶还是动植物细胞（或组织）作生物催化剂，也不管其目的产物是抗生素、酵母、氨基酸、有机酸还是酶，所需的通气发酵设备均应具有良好的传质和传热性能，结构严密，防杂菌污染，培养基流动与混合良好，配套有检测与控制系统，设备较简单，方便维护检修以及能耗低等特点。目前，常用的通气发酵罐有机械搅拌式、气升环流式、鼓泡式和自吸式等，其中机械搅拌通气发酵罐一直占据着主导地位。本章主要介绍上述几种通气发酵罐，动植物细胞和微藻培养反应器也将在本章简要介绍。

第一节　机械搅拌通气发酵罐

机械搅拌通气发酵罐在生物工程工厂中得到最广泛使用，据不完全统计，它占了需氧发酵罐总数的70%～80%，故又常称之为通用式发酵罐。近年来，随着技术的进步和发酵产品市场竞争激烈，生产厂家为了降低产品成本，除了不断提升工艺技术外，也持续推进发酵罐向大型、高效和节能方向演变。目前，国内外在抗生素、柠檬酸、氨基酸发酵生产中最常用的发酵罐规模为200～800m^3，其中我国甘肃武威荣华味精厂设计加工成1250m^3特大型机械搅拌通气发酵罐应用于谷氨酸发酵，是世界上最大型的通用发酵罐之一；呼伦贝尔东北阜丰生物科技有限公司有12套780m^3发酵罐，均用于谷氨酸发酵，表现出高生产效率、高经济效益的优点。这类发酵罐靠通入的压缩空气和搅拌叶轮实现发酵液的混合、溶氧传质，同时强化热量传递。

一、机械搅拌通气发酵罐的结构

通用机械搅拌通气发酵罐主要部件有罐体、搅拌器、挡板、轴封、空气分布器、传动装置、冷却管（或夹套）、消泡器、人孔、视镜等，机械搅拌罐结构如图1-2-1所示。

下面对此类型发酵罐的主要部件加以说明。

1. 罐体

罐体由圆柱体和椭圆形或碟形封头焊接而成，材料通常使用304不锈钢或复合不锈钢板。为满足工艺要求，罐体必须能承受一定压力和温度，通常要求耐受130℃和0.30MPa（绝压）。罐壁厚度取决于罐径、材料及耐受的压强。当受内压时，其壁厚可用方程（1-2-1）进行计算：

$$\delta_1 = \frac{pD}{2[\sigma]\varphi - p} + C\ (\text{mm}) \tag{1-2-1}$$

式中　δ_1——罐壁厚，mm

p——耐受压强，MPa（表压）

D——罐径，mm

φ—— 焊接系数，双面对焊：$\varphi=0.8$，无焊缝：$\varphi=1.0$

C—— 腐蚀裕度，当 $\delta-C<10$mm 时，取 $C=3$mm

$[\sigma]$—— 许用应力，MPa

封头壁厚按碟形封头计算为：

$$\delta_2=\frac{pDy}{2[\sigma]\varphi-p}+C \qquad (1\text{-}2\text{-}2)$$

式中　δ_2——封头壁厚，mm

y——开孔系数，对发酵罐碟形封头可取 2.3

其他物理量同方程（1-2-1）。

$1m^3$以下的小型发酵罐罐顶和罐身用法兰连接，上设手孔以方便清洗和配料。中型和大型发酵罐则装设快开人孔，罐顶装设视镜及光照灯孔，还装设进料管、排气管、接种管和压力表等，排气管应尽可能靠近罐顶中心位置。在罐身上设有冷却水进出管、进空气管及温度、pH、溶氧等检测仪表接口。取样管可设在罐顶或罐侧，视操作要求而定。有一点必须注意的是，罐体上的管路越少越好，如进料、补料和接种可共用同一个接口。

2. 搅拌器和挡板

搅拌器的主要作用是混合和传质，使通入的空气分散成气泡并与发酵液充分混合，使气泡细碎以增大气-液界面，以获得所需要的溶氧速率，并使生物细胞悬浮分散于发酵体系中，以维持适当的气-液-固（细胞）三相的混合与质量传递，同时强化传热过程。为实现这些目的，搅拌器的设计应使发酵液有足够的径向流动和适度的轴向运动。

搅拌叶轮大多采用涡轮式，最常用的有平叶式、弯叶式和箭叶式圆盘涡轮搅拌器，叶片数量一般为 3、4 和 6。此外，还有推进式和 Lightnin 式搅拌叶轮。我们知道，涡轮式搅拌器具有结构简单、传递能量高、溶氧速率高等优点，但其不足之处是轴向混合较差，而且对搅拌叶轮直接扫过的区域以外，搅拌强度随着与搅拌轴距离增大而减弱，故当培养液较黏稠时搅拌与混合效果大大下

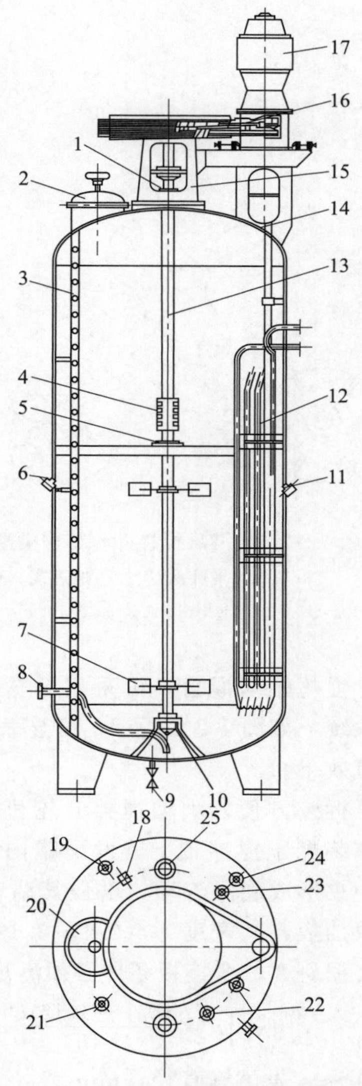

图 1-2-1　机械搅拌通风发酵罐结构

1—轴封　2、20—人孔　3—梯　4—联轴节　5—中间轴封　6—温度计接口　7—搅拌叶轮　8—进风口　9—放料口　10—底轴承　11—热电偶　12—冷却管　13—搅拌轴　14—取样管　15—轴承座　16—传动皮带　17—电机　18—压力表　19—取样口　21—进料口　22—补料口　23—排气口　24—回流口　25—视镜

降。上述的平叶式、推进式和 Lightnin 式的搅拌叶轮结构如图 1-2-2 所示，平叶式、推进式的搅拌流型如图 1-2-3 所示。

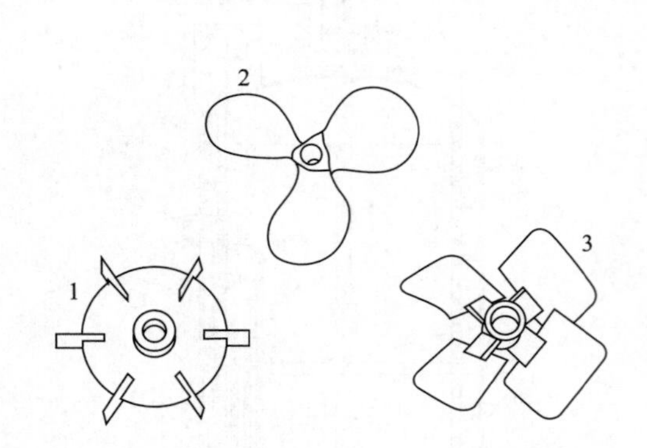

图 1-2-2 发酵罐搅拌叶轮结构类型
1—六直叶平叶涡轮 2—推进式
3—Lightnin A-315 式

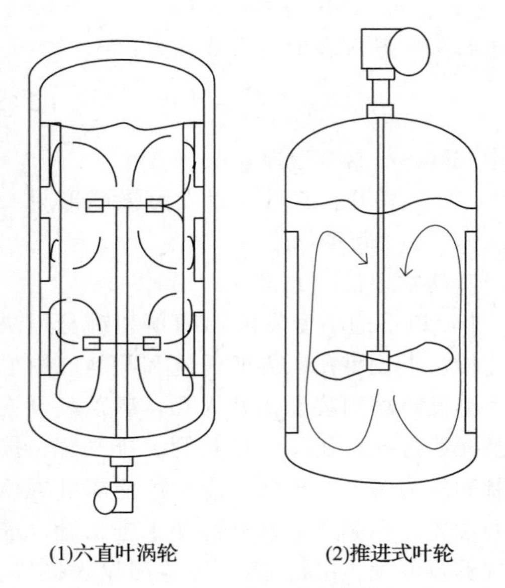

图 1-2-3 全挡板条件下搅拌流型

为了强化轴向混合，可采用涡轮式和推进式叶轮混用的搅拌系统，如图 1-2-4 所示，可显著提高大型发酵罐的混合和溶氧效果。

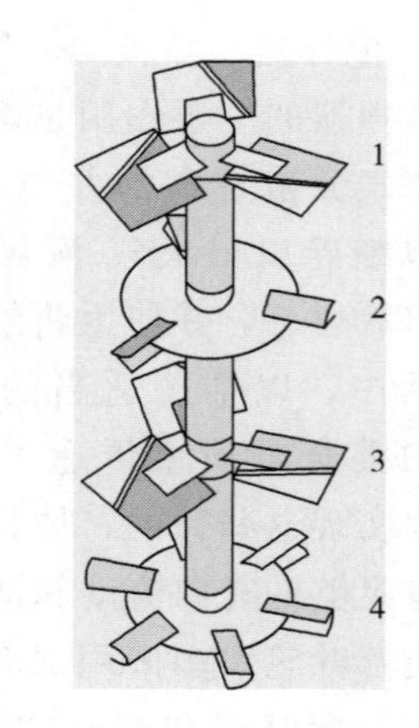

图 1-2-4 大型发酵罐涡轮式和推进式叶轮共用的搅拌系统
1—推进式 2—三箭叶式
3—推进式 4—六圆弧式

为了拆装方便，大型搅拌叶轮可做成两半型，用螺栓连成整体装配于搅拌轴上。发酵罐内装设挡板的作用是防止液面中央形成旋涡流动，增强其湍动和溶氧传质。通常，设4～6块挡板，其宽度为（0.1～0.12）D，则可达到全挡板条件。据研究，全挡板条件必须满足下述条件：

$$\left(\frac{b}{D}\right)n=\frac{(0.1\sim0.12)D}{D}n=0.5 \qquad (1\text{-}2\text{-}3)$$

式中 D—— 发酵罐直径，mm

b—— 挡板宽度，mm

n—— 挡板数

挡板的高度自罐底起至设计的液面高度为止，同时挡板与罐壁留有一定的空隙，其间隙为（1/5～1/8）D。据经验表明，发酵罐热交换用的竖立的列管、排管或蛇管也可起相应的挡板作用。

3. 轴封

轴封的作用是防止染菌和泄漏，大型发酵罐常用的轴封为双端面机械轴封，如图 1-2-5

所示。至于填料函轴封，因易磨损和渗漏，故在发酵罐中已不再采用。

双端面机械轴封装置主要由以下三部分构成。

（1）动环和静环　应使此摩擦副（即动环和静环）在给定的条件下，负荷最轻、密封效果最好、使用寿命最长。为此，动静环材料均要有良好的耐磨性，摩擦因数小，导热性能好，结构紧密，且动环的硬度应比静环大，通常，动环可用碳化钨钢，静环用聚四氟乙烯。

（2）弹簧加荷装置　此装置的作用是产生压紧力使静环端面压紧密切接触，以确保密封。弹簧座靠旋紧的螺钉固定在轴上，用以支撑弹簧，传递扭矩。而弹簧压板用以承受压紧力，压紧静密封元件，传动扭矩带动动环。当工作压力为0.3～0.5MPa时，采用2～2.5mm直径的弹簧，自由长度20～30mm，工作长度10～15mm。

（3）辅助密封元件　辅助密封元件有动环和静环的密封圈，用来密封动环与轴以及静环与静环座之间的缝隙。动环密封圈随轴一起旋转，故与轴及动环是相对静止的。静环密封圈是完全静止的。常用的动环密封圈为“O”形环，静环密封圈为平橡胶垫片。

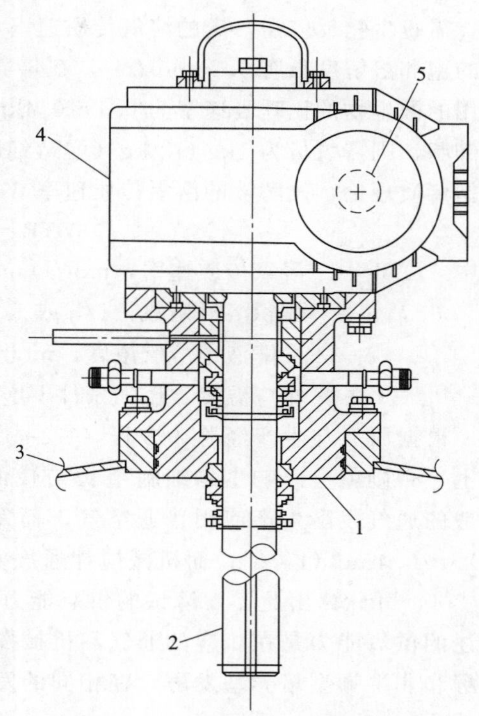

图 1-2-5　双端面机械轴封装置

1—密封环　2—搅拌轴　3—罐体

4—减速箱　5—齿轮箱

4. 空气分布器

对一般的通气发酵罐，空气分布管主要分环形管式和单管式。单管式结构简单实用，管口正对罐底中央，与罐底距离约40mm。若用环形空气分布管，则要求环管上的空气喷孔应在搅拌叶轮叶片内边之下，同时喷气孔应向下以尽可能减少培养液在环形分布管上滞留。根据发酵工厂经验，喷孔直径取2～5mm为好，且喷孔的总截面积之和等于空气分布管截面积。对机械搅拌通气发酵罐，分布管内空气流速取20m/s左右。

5. 消泡装置

发酵液中含蛋白质等发泡物质，故在通气搅拌条件下会产生泡沫，发泡严重时会使发酵液随排气而外溢，造成跑料，且增加杂菌感染机会。在通气发酵生产中有两种消泡方法，一是加入化学消泡剂，二是使用机械消泡装置。通常，是把上述两种方法联合使用。最简单实用的消泡装置为耙式消泡器，可直接安装在搅拌轴上，消泡耙齿底部应比发酵液面高出适当高度。耙式消泡器结构如图1-2-6所示。此外，还有涡轮消泡器、旋风离心和叶轮离心式消泡器、碟片式消泡器和刮板式消泡器等。

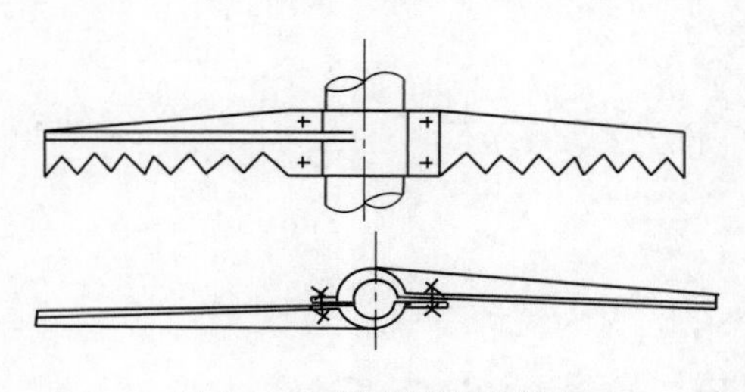

图 1-2-6　耙式消泡器结构

二、机械搅拌通气发酵罐的通气与溶氧传质

需氧生物反应需一定的溶氧传质速率，但氧是难溶气体，在常压和25℃时，氧在纯水中的饱和溶解度只有0.25mol/m^3，在培养基中的溶解度则更小。据研究结果，工业发酵常用的微生物的比呼吸速率为0.1～0.4kg O_2/［h·kg（干细胞）］，而由糖等底物转化成细胞，则需氧量为1kg O_2/kg（增殖细胞）左右。故发酵罐的通气供氧是十分重要的。根据传质理论，发酵液的溶氧传质速率（OTR）为：

$$\mathrm{OTR} = k_L a(c^* - c) \tag{1-2-4}$$

式中　OTR——溶氧传质速率，mol/（m^3·s）

$k_L a$——体积溶氧系数，1/h或1/s

c——发酵液中溶氧浓度，mol/m^3

c^*——相应温度、压强条件下饱和溶氧浓度，mol/m^3

根据研究与生产经验，方程（1-2-4）中的溶氧浓度c一般应控制在10%～50% c^*以上，否则就会影响生物细胞生长与代谢。故最高的溶氧速率也只能是$0.9k_L a \cdot c^*$。一般的通气发酵生产使用普通空气，而发酵罐压也只是比大气压略高，故相应的c^*在0.25～0.4mol O_2/m^3；而机械搅拌通气发酵罐的$k_L a$为100～1000（1/h），所以由方程（1-2-4）可计算出此类发酵罐的供氧能力为1.2～12kg O_2/（m^3·h）。这里要说明的是，上述的供氧能力是在相应的通气和机械搅拌功率输入的条件下实现的。对于高细胞密度发酵和非牛顿型培养基发酵，在相同的发酵罐和通气搅拌条件下，相应的溶氧速率大为降低。

1. 气-液相间的溶氧传质理论

对通气搅拌的深层培养，培养液中必须有适当的溶氧浓度，尽可能使溶解氧不会成为限制性因素。在实际的生物反应系统中，溶氧浓度是细胞的耗氧速率（OUR）和氧传递速率（OTR）的函数。氧由空气泡传递到生物细胞可分成几个步骤进行，可以用传统的双膜理论表述如下：

（1）气泡中的氧通过气相边界层传递到气-液界面上；

（2）氧分子由气相侧通过扩散穿过界面传递到液相侧；

（3）氧分子在界面液相侧通过液相滞流层传递到液相主体；

（4）在液相主体中进行对流传递到生物细胞表面液膜外面；

（5）通过生物细胞表面的液相滞流层扩散进入生物细胞内。

溶氧过程的总推动力由气相与细胞内的氧浓度之差产生。据传质理论分析和实验研究结果证明，在大多数的通气发酵情况下，氧由气泡传递到液相中是生物通气发酵过程中的限速步骤。当气液传质过程处于稳态时，溶氧速率为：

$$n_{O_2} = \frac{p - p_1}{1/k_G} = \frac{p - p^*}{1/K_G} = \frac{c_1 - c_L}{1/k_L} = \frac{c^* - c_L}{1/K_L} \tag{1-2-5}$$

式中　n_{O_2}——溶氧速率，mol/（m^2·s）

p——气相主体氧分压，Pa

p_1——气液界面氧分压，Pa

p^*——与液相主体氧浓度平衡的氧分压，Pa

k_G——气体表面传递系数，mol/（m^2·s·Pa）

K_G——以氧分压为推动力的总传质系数，mol/（m^2·s·Pa）

c_1——气液界面中氧浓度，mol/m^3

c_L——液相主体溶氧浓度，mol/m^3

c^*——与气相主体平衡的饱和液相氧浓度，mol/m^3

K_L——以液相氧浓度为推动力的总传质系数，m/s

k_L——液膜传质系数，m/s

根据亨利定律：

$$P = Hc \tag{1-2-6}$$

式中　P——气体分压，Pa

c——气体在液体中的溶解度

H——亨利常数

结合方程（1-2-5）和方程（1-2-6），可得下面两式：

$$1/K_G = 1/k_G + H/k_L \tag{1-2-7}$$

$$1/K_L = 1/k_L + 1/Hk_G \tag{1-2-8}$$

由于氧难溶于水等液体中，对通常的培养基水溶液，其亨利常数 H 很大，故方程（1-2-8）右边的第 2 项 $1/Hk_G \ll 1/k_L$，所以 $K_L \approx k_L$。故单位体积培养液溶氧速率为：

$$\text{OTR} = k_L a(c^* - c_L) \tag{1-2-9}$$

式中　OTR——氧传递速率，mol/(m^3·s)

a——单位体积发酵液的气液界面面积，m^2/m^3

k_La——体积溶氧系数，1/s 或 1/h

2. 机械搅拌通气发酵罐的溶氧系数

对通气发酵系统的氧溶解过程，上述方程（1-2-9）中的 k_L和 a 是两个参变数，但在检测中，很难对它们分别进行测定，而总是把它们合在一起看成是一个参变量，即 k_La，称之为体积溶氧系数，在实验研究中较易测量。在生物反应系统中，影响 k_La 的主要因素如下。

（1）操作条件　如搅拌转速、通气量等。

（2）发酵罐的结构及几何参数　如体积、通气方法、搅拌叶轮结构和尺寸等。

（3）物料的物化性能　如扩散系数、表面张力、密度、黏度、培养基成分及特性等。

计算机械搅拌发酵罐的经验公式有不少，最常用的计算公式是用相似理论导出的，即：

$$k_La = K'\left(\frac{P_g}{V_L}\right)^{\alpha'} v_s^{\ \beta'} \tag{1-2-10}$$

或

$$k_La = K''\left(\frac{P_g}{V_L}\right)^{\alpha''}\left(\frac{V_G}{V_L}\right)^{\beta''} \tag{1-2-11}$$

式中　P_g——对液体的搅拌功率，W

V_L——发酵罐的装液量，m^3

v_s——空气截面气速，m/s

V_G——通气量，m^3/s

K'、K''、α'、α''、β' 和 β'' 均是实验常数。

方程（1-2-10）中的 v_s是通入空气在没有发酵液时的流速，即空截面气速，$v_s=V_G/(\pi D^2/4)$，式中的 D 是发酵罐的内径。根据 Richard 的实验研究结果，得出 k_La 的具体计算方程为：

$$k_La = K\ (P_g/V_L)^{0.4} v_s^{0.5} n^{0.5} \tag{1-2-12}$$

式中　n——搅拌转速

其他物理量同前。

此式适用于单级平直叶涡轮或螺旋推进式搅拌通气发酵罐，k_La 测定用亚硫酸钠氧化法。但此式的 K 值随罐容大小、搅拌叶轮形状等变化而有改变。福田秀雄通过在 0.1～42m³ 不同大小的发酵罐进行试验，得出了机械搅拌通气发酵罐体积溶氧系数方程：

$$K_d = (2.36 + 3.30N_i)(P_g/V_L)^{0.56} v_s^{0.7} n^{0.7} \times 10^{-9} \tag{1-2-13}$$

式中　K_d——以氧分压差为推动力的体积溶氧系数，mol/［mL·min·0.1MPa（p_{O_2}）］

N_i——搅拌叶轮组数

p_{O_2}——氧分压，MPa

式中其他符号意义同前，单位分别为 P_g—kW，V_L—m³，n—r/min，v_s—cm/min。

此外，表示机械搅拌通气发酵罐的体积溶氧系数方程还有：

$$k_La = K\ (P_g/V_L)^{0.95} v_s^{0.67}\ (1/h) \tag{1-2-14}$$

或

$$k_La = K'(n^2 D_i^3)^{2/3} v_s^{1/2}\quad (1/h) \tag{1-2-15}$$

式中　D_i——搅拌叶轮直径，m

n——搅拌传速，r/s

K、K'——经验常数，由反应器结构确定

式中其他符号意义同前。

3. 体积溶氧系数的测定

体积溶氧系数常用的测定方法有亚硫酸钠氧化法和氧电极法，后者又分为动态法和物料恒算法。下面介绍亚硫酸钠氧化法的原理和方法，其余的测定方法参考其他书刊。

（1）亚硫酸盐氧化法的原理和实验程序　用铜离子或钴离子作为催化剂，溶解在水中的氧能立即氧化其中的亚硫酸根离子，使之成为硫酸根离子，其氧化反应的速度在较大的范围内与亚硫酸根离子的浓度无关。实际上是氧分子一溶入液相，立即就被还原掉。

有关的反应式如下：

$$2Na_2SO_3 + O_2 \xrightarrow{CuSO_4} 2Na_2SO_4$$

剩余的 Na_2SO_3与过量的碘反应：

$$Na_2SO_3 + I_2 \xrightarrow{H_2O} 2Na_2SO_4 + 2HI$$

再用标准 $Na_2S_2O_3$溶液滴定剩余的碘：

$$2Na_2S_2O_3 + I_2 \longrightarrow Na_2S_4O_6 + 2NaI$$

对反应器，测定实验程序如下。

将一定量的自来水加入试验罐内，开始搅拌，加入纯的亚硫酸钠晶体，使 SO_3^{2-} 浓度约 0.5mol/L，再加分析纯的硫酸铜晶体，使 Cu^{2+}浓度为 1×10^{-3}mol/L；待完全溶解后，开阀通气，空气阀一开就接近预定的流量，并尽快在几秒钟内调整至所需要的空气流量，

立即取样并计时，为氧化作用的开始。氧化时间可以继续3～15min（溶氧速率高时取低值，反之取高值），到时停止通气和搅拌，用计时器准确记录氧化时间。

试验前后各用吸管取5～20mL样液（根据罐的大小而定，但前后取样体积要相等），立即移入新吸取的过量的标准碘液之中，吸管的下端离开碘液液面不要超过1cm，防止进一步氧化。然后用标准的硫代硫酸钠溶液，以淀粉为指示剂滴定至终点。

设：ΔV——两次取样用$Na_2S_2O_3$滴定所用的毫升数之差

N——标准的$Na_2S_2O_3$的浓度，常用0.05mol/L

V_L——样液的体积，mL

t——两次取样的间隔，即氧化时间，min

P——罐内绝对压强，MPa

若操作时罐压P=0.1MPa（绝压），则溶氧强度为：

$$N_V = \frac{\Delta V \times N \times 60}{V_L \times t \times 4}\left(\frac{\text{molO}_2}{L \cdot h}\right) \tag{1-2-16}$$

（2）体积溶氧系数k_La和k_d的计算　在亚硫酸盐氧化法中，由于水中的SO_3^{2-}在Cu^{2+}的催化下很快被溶氧所氧化，成为SO_4^{2-}，所以在整个氧化过程中，溶液中溶氧的浓度为零，即$c=0$。另外，在25℃，1atm压力下，空气中氧的分压为0.21atm，与之相平衡的纯水中溶氧浓度$c^*=0.24$mmol O_2/L。但在亚硫酸盐氧化法的具体条件下，规定$c^*=0.21$mmol O_2/L（1atm=0.1MPa）。

已知$N_V=k_La\,c^*$，N_V按方程（1-2-16）计算值代入：

所以$k_La=N_V/0.21\times10^{-3}=4.8\times10^3N_V$（1/h）

若定义k_d为以总压力差为氧传递推动力的体积溶氧系数，则有：

$$k_d=10\ N_V/p\ [\text{mol O}_2/(\text{L}\cdot\text{h}\cdot\text{MPa})]$$

式中　p——总压力差，MPa

4. 机械搅拌通气发酵罐的通气量与搅拌功率

通入无菌空气进反应器中使培养液获得溶解氧和起搅拌混合作用是通气发酵的共同要求。前面已提及，溶氧传质过程必须通入空气，使培养液有一定的通气速率，发酵液的体积溶氧系数的大小与反应器的空截面气速v_s或单位体积溶液通气量（V_G/V_L）成一定的比例关系，见方程（1-2-10）和方程（1-2-11）。下面介绍通气发酵罐有关的特征参数及其影响因素。

（1）持气率h（Gas Holdup）　持气率是气液传质系统的重要参数，其计算方程为：

$$h=(V_{LG}-V_L)/V_L \tag{1-2-17}$$

式中　V_{LG}——通气搅拌时气液混合物体积，m^3

V_L——不通气时溶液体积，m^3

对大多数的通气发酵牛顿型培养液，持气率的经验表达式为：

$$h=1.8\,(P_g/V_L)^{0.14}v_s^{0.75} \tag{1-2-18}$$

因为通气发酵系统存在持气与起泡问题，故在设计发酵罐的实际装料量时，必须考虑装液系数，即必须充入培养液后留下一定空间。根据经验，通气发酵罐的装料系数在0.6～0.85。

（2）单只涡轮不通气的搅拌功率P_0　搅拌功率消耗的原因是克服流体的阻力。搅拌

器所输出的轴功率 P_0（W）与下述因素有关：反应器直径 D（m）、搅拌器直径 D_i（m）、液柱高度 H_L（m）、搅拌速度 n（r/min）、液体黏度 μ（Pa・s）、液体密度 ρ（kg/m^3）、重力加速度 g（m/s^2）以及搅拌器的形式和反应器结构等。由于反应器直径 D 和液体高度 H_L均与搅拌器直径 D_i之间有一定的比例关系，于是：

$$P_0 = f(n, D_i, \rho, \mu, g) \tag{1-2-19}$$

对牛顿型液体，通过因次分析和实验研究，可得到如下的方程：

$$N_p = K Re^x Fr^y \tag{1-2-20}$$

或

$$\frac{P_0}{n^3 D_i^5 \rho} = K \left(\frac{nD_i^2 \rho}{\mu}\right)^x \left(\frac{n^2 D_i}{g}\right)^y \tag{1-2-21}$$

式中 N_p——搅拌功率准数

Re——搅拌雷诺数

Fr——搅拌弗劳德准数

K——与搅拌器的型式和反应器几何尺寸有关的常数

方程（1-2-20）说明，当搅拌雷诺数 Re 较大或流动性较好时，搅拌功率较低。弗鲁特数表示重力的影响，当液面有涡流时由于气体被吸入液体，液体密度下降，功率消耗较低。涡流可以通过挡板的安置消除，但挡板会增加功率消耗。经实验证实，在全挡板条件下，液面没有涡流，此时指数 y 为零，$(Fr)^y=1$。

当 $D/D_i=3$、$H_L/D_i=3$、$B/D_i=1$、挡板数为 4 时，平叶涡轮、平叶桨和螺旋桨的功率准数与雷诺数的关系如图 1-2-7 所示。

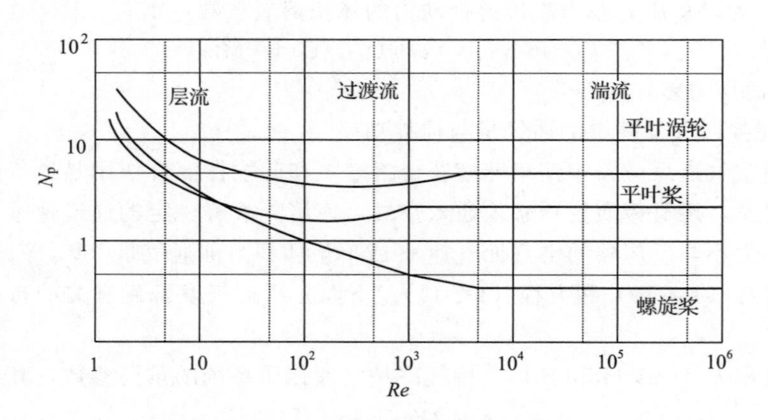

图 1-2-7　不同类型叶轮搅拌器的功率曲线

根据图 1-2-7，可见：

当 $Re<10$，流体处于层流状态，此时 $x=-1$，

$$N_p = K Re^{-1} \tag{1-2-22}$$

当 $Re>10^4$，流体处于湍流状态，此时 $x=0$，

$$P_0 = N_p n^3 D_i^5 \rho \tag{1-2-23}$$

此时搅拌功率 P_0与液体黏度 μ 无关，搅拌功率特征数 N_p受雷诺数 Re 的影响，为一常数。例如对圆盘六平叶涡轮，$N_p=6.0$；对圆盘六弯叶涡轮，$N_p=4.7$；而对圆盘六箭

叶涡轮 $N_p=3.7$。

在一般情况下，搅拌器大多数在湍流情况下操作，故可用方程（1-2-23）计算搅拌功率。而对于 $10<Re<10^4$ 的过渡流状态，K 与 x 均随 Re 变化而变化。

当机械搅拌发酵反应器的 $D/D_i\neq3$、$H_L/D_i\neq3$ 时，实际反应器的搅拌功率 P_0^* 可用方程（1-2-24）计算：

$$P_0^* = fP \tag{1-2-24}$$

式中　f ——校正系数

$$f=\frac{1}{3}\sqrt{\left(\frac{D}{D_i}\right)^*\left(\frac{H_L}{D_i}\right)^*} \tag{1-2-25}$$

式（1-2-25）中带 * 的数值表示实际设备情况的值。

由于发酵生产用反应器的高径比（H/D_i）一般为 2～3，为使反应器中不存在死区，一般在搅拌轴上安装 2～4 层搅拌桨。多层搅拌器的轴功率 P_m 可由方程（1-2-26）计算：

$$P_m = P(0.4+0.6m) \tag{1-2-26}$$

式中　m——搅拌器的组数

（3）通气搅拌功率 P_g 和通气量　据实验研究，通气速率（常用空截面气速 v_s 表示）对气液传质有重要影响，它不仅影响体积溶氧系数 k_La，而且还影响搅拌功率。

①根据福田秀雄等研究结果可知，提高 v_s 会使通气搅拌功率下降，具体如下式：

$$P_g = 1.58\left(\frac{P_0{}^2 nD_i{}^3}{V_g{}^{0.08}}\right)^{0.39}\times10^{-5} \tag{1-2-27}$$

式中　P_0、P_g——无通气和通气时搅拌轴功率，kW

D_i——搅拌叶轮直径，m

n——搅拌传速，r/min

V_g——通气量，m^3/min

②由方程（1-2-27）可以看出，随着通气量 V_g 的增大，通气搅拌功率会降低。故为了提高 v_s 以便强化溶氧传质，必须适当提高搅拌转速或增大搅拌叶轮直径，或两者均提高，以维持通气搅拌功率不变，就能使 k_La 增大。

③持气率和起泡均会随 v_s 的提高而增大。其影响会随发酵类型和搅拌转速而变化，有关研究结果表明，发酵罐中实际空气流速的上限宜取 1.75～2.0m/min，此范围是安全的。

④较低的通气速率和泡沫水平也可使敏感的生物细胞受损伤，甚至在低搅拌速率下也如此。故在此类生物培养中必须注意搅拌叶轮结构的改进，使用低剪切的叶轮。

⑤固定不变的通气强度（VVm）即每立方米每分钟通入的空气量（m^3）。空截面气速 v_s 随反应器规模的增加而提高，故实际上，通气强度应随反应器容积的增大而适当降低。但由于大型反应器的液柱高，故其内的培养液有较高的操作压强，若以标准状况计算，对同样的通气强度，大型罐的单位体积溶液的空气流量总小于小型发罐。在 1.0VVm 下不同规模反应器的 v_s 如图 1-2-8 所示。该图 v_s 的取值以罐内平均压强计算，而溶液深度与罐径之比取 $H_L/D=1.5$。

5. 通气压强

由方程（1-2-9）可知，提高罐压可使相应的饱和溶氧 c^* 增大，从而使溶氧速率 OTR＝

k_La (c^*-c)提高，这是十分有效且经济的方法。当然，使用此法要求发酵罐的耐压强度升高，所用的空气压缩机的输出压强也相应增大，所需的设备投资增加。对一般的通气发酵罐，设计的加热灭菌压强为 0.15MPa（表压），若发酵运行时维持此罐压，则使溶氧传质推动力提高近 2 倍。但是，提高罐压后，不仅生物细胞的生长与代谢受影响，而且相应提高的二氧化碳浓度也可能抑制生物细胞的生长代谢，从而降低发酵速率。故此，操作罐压应适度，罐顶压强可取 0.03～0.12MPa（表压）。

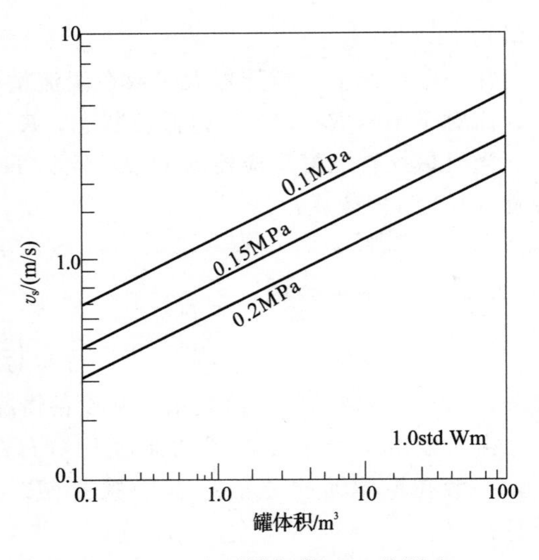

图 1-2-8　发酵罐规模对 v_s的影响

6. 富氧通气

通气发酵罐通常使用的是普通空气。当需要提高相应的饱和溶氧浓度 c^* 时，除了上述升高操作罐压外，更有效的方法是用富氧空气或直接通入氧气，后者已在实验研究中经常使用。但对于工业规模发酵生产，因为通纯氧气或富氧使操作成本大增，故目前仍未广泛使用。

7. 有关溶氧传质需考虑的其他问题

(1) 发酵液细胞浓度对溶氧速率的影响　对分批发酵过程，细胞浓度是发酵时间的函数，同时黏度则随细胞增加而变高，消耗单位功率的溶氧量随细胞浓度增加而下降，三者之间的关系如图 1-2-9 和图 1-2-10 所示。

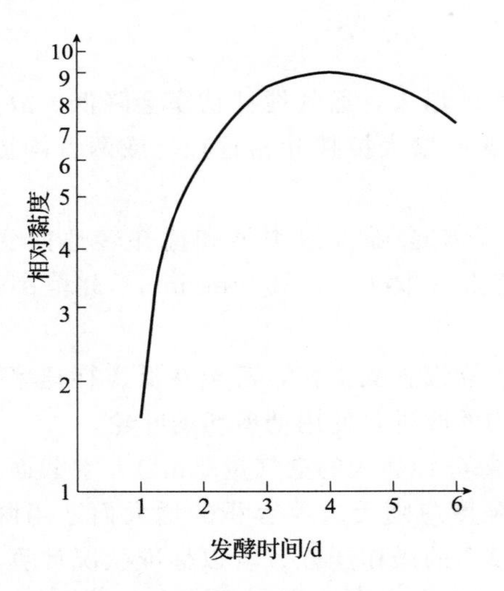

图 1-2-9　某发酵过程恒定剪切速率条件下黏度的变化

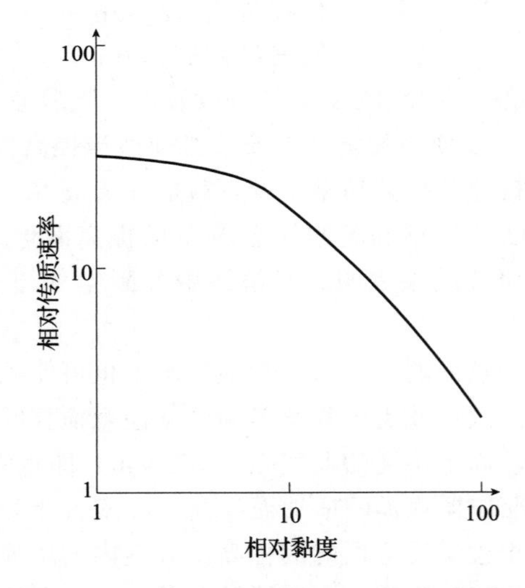

图 1-2-10　某发酵罐恒定的搅拌功率与通气条件下传质速率随黏度的变化

（2）CO_2的释放对高效发酵的影响　罐压越高，液深越大，则有利于氧的溶解。在同等通气搅拌功率的条件下，高径比越大的发酵罐可获得更高的溶氧效率。但相对地，CO_2吸收速率也随之增加，溶解的CO_2对发酵有抑制（或刺激）作用。对大多数微生物，较低的CO_2浓度有利于发酵，故必须注意罐压或罐高对发酵的影响。

（3）发酵液黏度越高或发酵罐越高，需适当增多搅拌器的叶轮组数。否则，会因发酵液黏度高或液深大而造成混合时间过长，从而造成发酵罐中上部和底部液层的溶解氧或CO_2浓度严重不均一。

（4）强化溶氧传质的新技术

①发酵液中添加氧载体：加入不溶于培养基又无毒的物质，例如，加入10%～30% C_{11}～C_{17}烷烃或丁基四氟呋喃，可提高溶氧系数数倍。氧载体可简单分离回收和重复使用。

②把血红蛋白基因克隆到生产菌株，可大大提高菌体细胞对氧的利用能力。例如，克隆有血红蛋白基因的菌株，在相同的发酵系统和条件下，头孢菌素产量提高了2倍以上。

三、机械搅拌通气发酵罐的搅拌与流变特性

当用同一发酵罐进行试验时，若固定通气量，则当搅拌叶轮形状、大小、数量、转速等参数改变时，所需的通气搅拌功率也随之变化，对发酵结果也产生影响。为了获得良好的设计与发酵结果，必须对上述各项参变量加以综合平衡。

1. 搅拌叶轮尺寸与类型

搅拌叶轮直径与罐径之比一般为$D_i/D=0.30\sim0.40$。当然也有特殊的比例，如微生物胶发酵，培养液黏度大；同样，动物细胞培养所适用的搅拌反应器，都应选较高的D_i/D。

搅拌叶轮类型的选择主要考虑功率准数、混合特性以及叶轮所产生的液流作用力的大小与种类等。通常，高能耗的叶轮，如圆盘涡轮，所需的搅拌功率高，但有良好的气液分散功能，因而溶氧速率高，其缺点是剪切应力大。与此相反，推进式（旋桨式）搅拌叶轮能耗低，溶氧速率较低，但混合效果好，尤其是轴向混合好。

2. 搅拌叶尖线速度与剪应力

生物细胞在机械搅拌的剪切作用下可能会受到损伤，其损害程度取决于生物细胞的特性和搅拌力的性质、强度以及作用时间等。关于搅拌剪切与细胞损伤的定性关系大致如下：单细胞微生物如球状或杆状的细菌、酵母、小球藻等耐受搅拌剪切的能力强，而丝状菌的耐受力弱，特别是动物细胞对搅拌剪切甚至对通气混合所产生的较轻微的剪应力也非常敏感，故在进行动物细胞培养反应器设计时应把降低剪切放于首位。

关于搅拌剪切与反应器形式、结构及不同对象生物细胞的设计准则，目前以搅拌叶尖线速度为基准。对耐剪切力较强的生物细胞，搅拌叶尖线速度应不大于7.5m/s。若高于此值，则某些微生物细胞如丝状菌、霉菌等会受到不同程度的损害。在大容量的机械搅拌发酵罐中，为满足溶氧传质、传热与混合要求，如谷氨酸等发酵时的搅拌叶尖线速度高于7.5m/s，也未发现对谷氨酸生产菌株（杆菌等）产生损伤作用。因而上述的最大叶尖线速度只是个参考数值，对某些微生物发酵，可容许超过此值，只要通过实验研究和生产实

践验证便可。

3. 发酵培养液的流变特性

好氧发酵培养液通常由气相（空气）、液相（培养基水溶液）和固相（生物细胞）构成，不同的生物反应所用的生物细胞的生物学特性、培养基营养成分的物化特性、代谢产物及副产物的特性以及细胞浓度等对培养液的流变特性均有影响。而流变特性对溶氧传质与热量传递、混合性能等有重要影响。一般地，酵母和细菌培养液的黏度较低，流动性好；丝状菌发酵，如酶制剂、有机酸和抗生素等发酵，其培养基往往含有淀粉类物质，故黏度较高，往往呈非牛顿型流变特性。特殊地，如黄原胶等多糖发酵，后期含较多的产物多糖，故培养液的黏度很高，为混合、气液传质及传热带来困难。所以研究培养液的流变特性对发酵罐的设计与运转十分重要。

现把常见的发酵液流变特性类型分述如下。

（1）牛顿型流体　牛顿型流体的特性是其黏度不随搅拌剪切速率和剪应力而改变，如图 1-2-11 之 3 线。而牛顿型流态特性流体的剪切速率对黏度的影响见图 1-2-12 之 2 线。

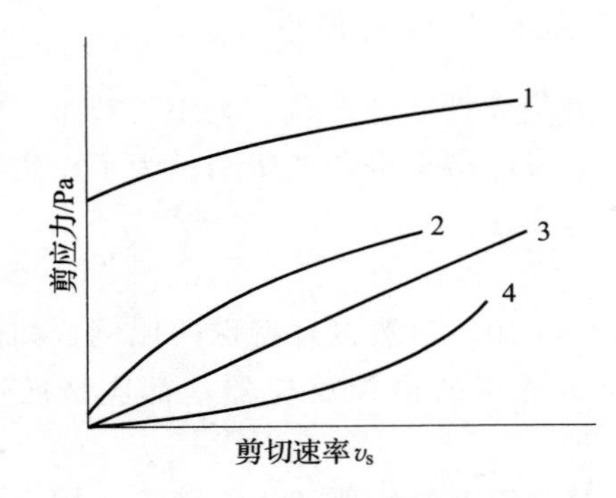

图 1-2-11　剪切速率对剪应力的影响

1—宾汉型　2—拟塑型　3—牛顿型　4—涨塑型

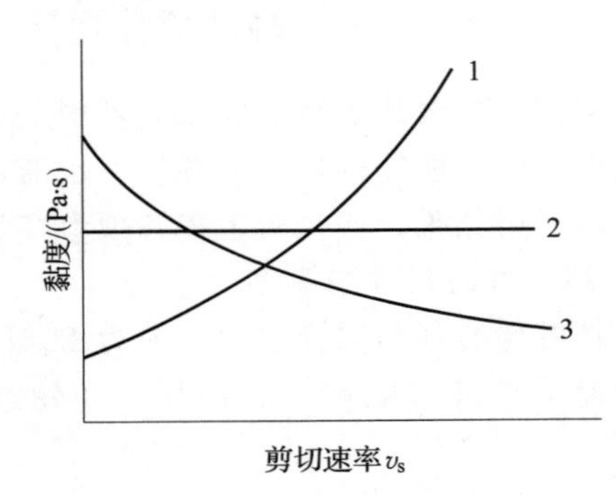

图 1-2-12　剪切速率对黏度的影响

1—涨塑型　2—牛顿型　3—拟塑型

根据理论推导与实验研究结果，牛顿型流体的剪应力与剪切速率符合下列关系式：

$$\tau = \mu \frac{dv}{dX} = \mu\gamma \tag{1-2-28}$$

式中　τ——剪应力，Pa 或 N/m^2

$dv/dX=\gamma$——剪切速率，1/s

μ——黏度，Pa・s

（2）不服从牛顿型流体黏性定律方程（1-2-28）的流体，被称为非牛顿型流体。根据流体的剪切力 τ 与剪切速率 γ 的关系，可把非牛顿型流体分成以下两类。

①宾汉（Bingham）塑性流体：这类非牛顿型流体的流态特性符合下式：

$$\tau = \tau_0 + \mu_s\gamma \tag{1-2-29}$$

式中　τ_0——屈服应力

μ_s——表观黏度，也称刚度系数，Pa・s

据有关报道，黑曲霉等丝状菌株的发酵液可属于宾汉流体，见图 1-2-11 之 1 线。

②拟塑性和涨塑性流体：这两类流体的流态特性符合方程（1-2-30）：

$$\tau = K\gamma^n \tag{1-2-30}$$

式中　K——均匀系数，也称稠度系数，Pa・s^n

n——流态特性指数

对于拟塑性（pseudoplastic）流体，$0<n<1$；

对于涨塑性（dilatant）流体，$n>1$。

研究表明，许多丝状菌发酵液如青霉素发酵、液体曲生产等的培养液符合拟塑性流态特性。微生物多糖发酵也如此。另外，植物细胞及酵母等高细胞浓度发酵也呈此特征。图 1-2-13是黄原胶溶液浓度与剪切速率及表观黏度的关系。

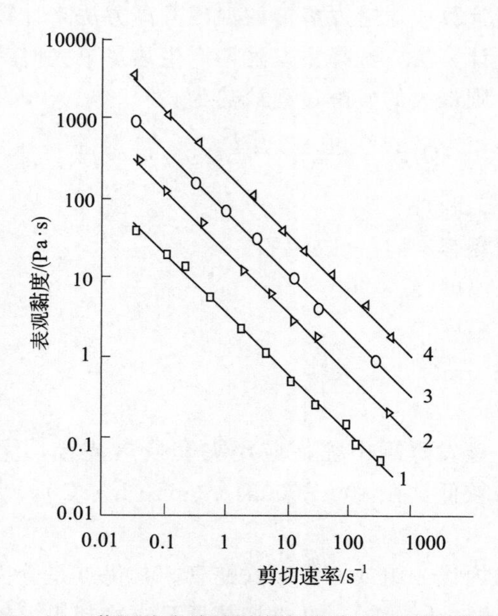

图 1-2-13　黄原胶水溶液的剪切速率与表观黏度关系

1—0.5%　2—1.0%　3—3.0%　4—5.0%

四、机械搅拌通气发酵罐的热量传递

生物反应过程有生物合成热产生，而机械搅拌通气发酵罐除了有生物合成热外，还有机械搅拌热，若不从系统中除去这两种热量，发酵液的温度就会上升，无法维持工艺所规定的最佳温度。发酵生产的产品、原料及工艺不同，其过程放热也会改变。为了保证温度的调控，须按热量生成的高峰时期和一年中气温最高的半个月为基准进行热量衡算，以计算所需的换热面积。

1. 发酵过程的热量计算的主要方法

（1）生物合成热计算法　发酵过程所产生的净热量称之为“发酵热”，相应的通气发酵过程总热量为：

$$Q_t = Q_1 + Q_2 - Q_3 - Q_4$$

式中　Q_1——生物合成热，包括生物细胞呼吸放热和发酵热两部分。以葡萄糖作基质时，呼吸放热为15651kJ/kg（糖），发酵热为4953kJ/kg（糖），前者适用于微生物细胞增殖如酵母生产，后者适用于厌氧发酵如酒精或啤酒发酵

Q_2——机械搅拌放热，$Q_2=3600P_g\eta$（kJ/h）

P_g——搅拌功率，kW

η——功热转化率，经验值为$\eta=0.92$

Q_3——发酵过程通气带出的水蒸汽所需的汽化热及通入空气温度上升所带出的热量

Q_4——发酵罐壁与环境存在的温差而传递散失的热量。通常可近似计算$Q_3+Q_4\approx 20\% Q_1$

发酵过程的热量计算除了上述的生物合成热计算方法外，还可采用实验测定方法，如用冷却水带走的热量进行计算或通过发酵液的温度升高方法来计算。

（2）冷却水带出热量计算法　选择主发酵期产生热量最大时刻，测定发酵冷却水进出口的温度及冷却水用量，则最大的发酵过程放热为：

$$Q_t=\frac{Wc(T_2-T_1)}{V_L}\ [\mathrm{kJ/(m^3\cdot h)}] \tag{1-2-31}$$

式中　W——冷却水流量，kg/h

c——冷却水的比热容，kJ/（kg·℃）

T_1——冷却水进口温度，℃

T_2——冷却水出口温度，℃

V_L——发酵液体积，m^3

2. 发酵罐的换热装置

（1）换热夹套　在小型发酵罐中往往应用夹套换热装置，优点是结构简单，加工方便，易清洗。但换热系数较低，在400～600kJ/（m^2·h·℃），且换热比较低，故只用于$5m^3$以下的小罐。

（2）竖式蛇管　在罐内设4组或6组竖式蛇管。其优点是管内水的流速大，传热系数高，在1200～4000kJ/（m^2·h·℃）。此类换热器要求冷却水温较低，否则降温不易。

（3）竖式列管（排管）　以列管式分组装设于罐内。其优点是有利于提高传热推动力的温差，加工方便。但用水量大。

（4）外壁半圆管　发酵罐的冷却（加热）装置有的改用半圆管（见图1-2-14），由罐内部加热改为外壁加热。外壁半圆管传热系数高，而且传热面积较大，因此改为半圆管加热后，传热效果优于内盘管加热。同时由内部加热方式改为外部加热后，改善了消毒条件，减少了结垢和染菌的现象发生。

为了提高反应器的传热效能，可在发酵罐的外部装设板式热交换器，不仅强化了热交换，而且便于检修和清洗。

五、机械搅拌通气发酵罐的几何尺寸及体积

常用的机械搅拌通气发酵罐的结构及几何尺寸设计已规范化，视发酵种类、厂房条件、罐体积规模等在一定范围内变动。

常见的机械搅拌通气发酵罐的几何尺寸比例如下。

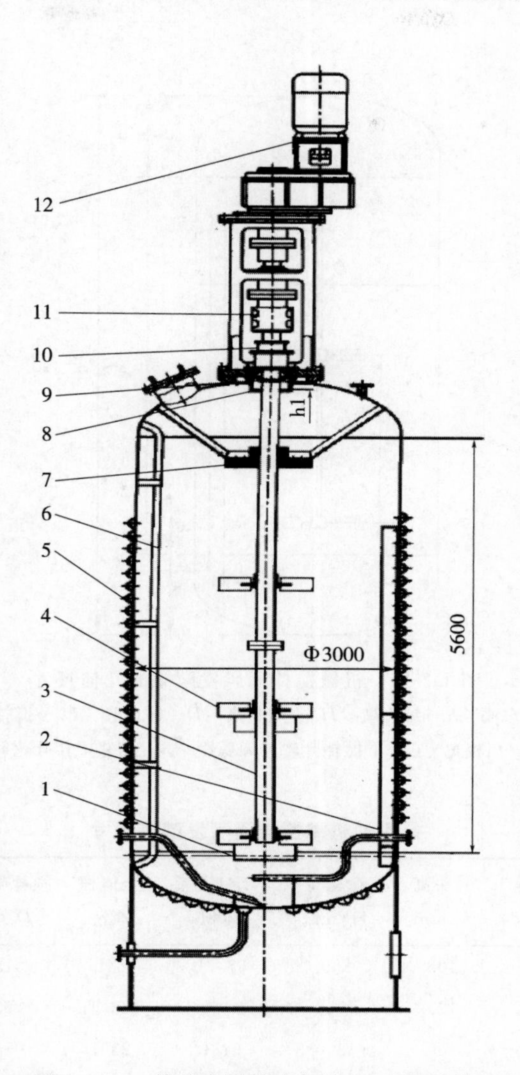

图 1-2-14　外壁半圆管冷却的 $50m^3$ 发酵罐

1—搅拌器稳定器　2—挡板　3—搅拌轴　4—搅拌叶轮　5—半圆管
6—扶梯　7—中间轴承　8—轴承座　9—夹箍式搁圈　10—双端面机械轴封
11—三分式联轴器　12—减速机

$H/D=2.0\sim3.5$　　　　$D_i/D=2/5\sim3/10$

$B/D=1/8\sim1/12$　　　　$C/D_i=0.8\sim1.0$

$S/D=2\sim5$　　　　$H_0/D=2$

各参数的意义见图 1-2-15。

常用的机械搅拌通气发酵罐的系列体积及主要尺寸见表 1-2-1。

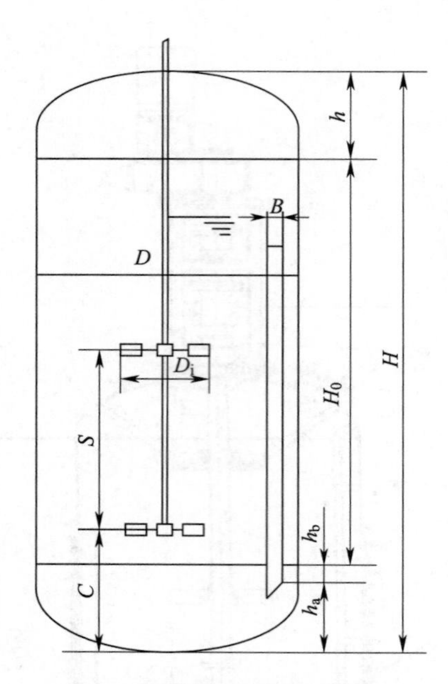

图 1-2-15　机械搅拌通风发酵罐的几何尺寸

H—罐总高　*h*—封头高　H_0—罐身高　*D*—罐内径　D_i—搅拌器直径

B—挡板宽　*C*—下搅拌叶轮与罐底距　*S*—相邻搅拌叶轮间距

表 1-2-1　　**常用的机械搅拌通气发酵罐尺寸**

公称体积 V_N	罐内径 D/mm	罐身高 H_0/mm	封头高 h/mm	罐总高 H/mm	不计上封头体积	全体积 V_Q	搅拌器直径 D_i/mm	搅拌转速 n/（r/min）	电机功率 N/kW
50L	320	640	105	850	57.7L	64L	112	470	0.4
100L	400	800	125	1050	112L	123.5L	135	400	0.4
200L	500	1000	150	1300	218L	239L	168	360	0.55
500L	700	1400	200	1800	593L	647L	245	265	1.1
$1m^3$	900	1800	250	2300	$1.25m^3$	$1.36m^3$	315	220	1.5
$2.5m^3$	1200	2200	340	2280	$2.75m^3$	$3.0m^3$	400	210	4
$5m^3$	1500	3000	400	3800	$5.79m^3$	$6.27m^3$	525	160	7.5
$10m^3$	1800	3600	490	4580	$10m^3$	$10.9m^3$	640	180	11
$50m^3$	3100	6000	815	7830	$51m^3$	$55.2m^3$	1050	110	55
$75m^3$	3200	8150	840	9830	$70m^3$	$74.8m^3$	800	185	90
$100m^3$	3400	10000	900	11800	$96m^3$	$102m^3$	950	150	132
$200m^3$	4600	11500	1200	13900	$204.6m^3$	$218m^3$	1100	142	215

通常，对一个发酵罐的大小用“公称体积”表示。所谓“公称体积”，是指罐的筒身（圆柱）体积和底封头体积之和。其中底封头容积可根据封头形状、直径及壁厚从有关化工设计手册中查得，椭圆形封头体积可用下式计算：

$$V_1=\frac{\pi}{4}D^2h_b+\frac{\pi}{6}D^2h_a=\frac{\pi}{4}D^2\left(h_b+\frac{1}{6}D\right) \tag{1-2-32}$$

式中　h_b——椭圆封头的直边高度，m

h_a——椭圆短半轴长度，标准椭圆 $h_a=\frac{1}{4}D$

故发酵罐的全体积：

$$V_0=\frac{\pi}{4}D^2\left[H_0+2\left(h_b+\frac{1}{6}D\right)\right] \tag{1-2-33}$$

近似计算式：

$$V_0=\frac{\pi}{4}D^2H_0+0.15D^3 \tag{1-2-34}$$

六、机械搅拌通气发酵罐的设计举例

生物反应器即发酵罐，是生物加工过程的关键设备，在拥有高产的优良菌株（或细胞株）的基础上，反应器便是决定生产成败和技术经济水平的最重要设备。而机械搅拌发酵罐是使用最广泛、适用性很强的通用反应器，故在此举例说明其设计与放大方法。

（一）例题

例题 1-2-1

1. 题设条件及有关数据

（1）某抗菌素分批发酵，当细胞浓度为 20g/L，搅拌轴功率为 150kW 时，所需的通气功率为 37kW，搅拌与鼓风设备能效为 90%，电价为 0.50 元/（kW·h）。目前的发酵罐搅拌叶轮直径 $D_i=0.35D$（D 为罐径），搅拌与鼓风设备加上安装共需设备投资 5000 元/kW。

（2）生产 1kg 抗生素耗溶解氧 6.4kg［细胞浓度为 20g/L，其搅拌溶氧比能耗为 0.737kg O_2/（kW·h）］，抗生素生产总成本为 480 元/kg，其中 240 元是不变的成本，而余下的 240 元（人工费、管理费等）是可变的，随发酵罐生产效率而改变。

（3）为了提高生产效率，拟把发酵液细胞浓度提高至 40g/L，相应的发酵罐生产效率也提高一倍。但由于发酵液黏度随之提高，故搅拌溶氧能耗升高，单位功耗溶氧量由 0.737kg O_2/（kW·h）降至 0.461kg O_2/（kW·h）。

（4）假定细胞浓度由 20g/L 提高为 40g/L 时，为保证充分的搅拌混合与溶氧，所需的动力与细胞浓度的 1.4 次方倍成正比。

若该抗菌素发酵每年生产 250 天，设备折旧分摊 5 年。

2. 计算

（1）改造后搅拌混合的投资和运行费用；

（2）该费用占生产总成本的百分比；

（3）抗菌素生产成本是否下降了？

3. 解

（1）改造前，搅拌通气运行费用为：

$$0.50\times(150+37)\div 90\%=103.89\ (\text{元/h})$$

而设备投资（仅指搅拌通气）折旧费为：

$$5000\times 187\div(5\times 250\times 24)=31.17\ (\text{元/h})$$

两项合计为：　$103.89+31.17=135.06$ (元/h)

（2）改造前，其搅拌溶氧能力为：

$$150\times0.737=110.55(\text{kg }O_2/\text{h})$$

提供溶氧可生产的抗菌素量为：

$$110.55\div6.4=17.27(\text{kg/h})$$

每千克抗菌素的搅拌通气设备投资和运行费用为：

$$135.06\div17.27=7.82\ (\text{元/kg})$$

按每千克抗菌素生产成本 480 元计，则搅拌混合占总成本的百分比为：

$$135.06\div(17.27\times480)=1.63\%$$

（3）工艺和搅拌设备改造后，搅拌功率为：

$$150\times(40/20)^{1.4}=395.85\ (\text{kW})$$

通气压缩机的功率为：

$$37\times(40/20)^{1.4}=97.64\ (\text{kW})$$

相应的溶氧能力为：

$$395.85\times0.461=182.49\ (\text{kg }O_2/\text{h})$$

所提供溶氧可生产的抗菌素量为：

$$182.49\div6.4=28.51\ (\text{kg/h})$$

（4）改造后搅拌通气运行费用为：

$$0.5\times(395.85+97.64)\div90\%=274.16\ (\text{元/h})$$

搅拌通气投资折旧费为：

$$5000\times(395.85+97.64)\div(5\times250\times24)=82.25\ (\text{元/h})$$

以上两项涉及搅拌通气费用合计为 356.41 元/h，每千克抗菌素分摊费用为 356.41÷28.51=12.50 元/h。产品生产总成本为：240+240×17.27/28.51+（12.50−7.82）=390.06 元/kg，与改造前相比成本下降百分比为：（480−390.06）÷480=18.74%。

例题 1-2-2

1. 设计任务与给定条件

（1）目的产物　应用基因工程菌菌株发酵生产某药物原料，此产物是胞内存在的。

（2）年产量　以干基计 30t/年。

（3）发酵特点和现有的基础信息

①目前只有中试基础，已完成 20L 罐的试验，达到的指标为：细胞浓度 20g/L（干重），细胞内产物含量 5%（干基），糖对细胞的转化率为 $Y_{X/S}=0.4$，氧对细胞的产率 $Y_{X/O}=1.0$，在最佳培养条件下即 30℃和 pH 6.5 时，比生长速率 $\mu=0.3/\text{h}$。大罐生产用分批补料工艺细胞浓度达到 50g/L（干重）；

②发酵培养基：酵母抽提物、葡萄糖、硫胺素和营养盐等；

③发酵工艺：培养基配制时，除硫胺素单独用过滤除菌工艺外，其余成分均配成溶液用连续加热杀菌消毒；而葡萄糖须单独配制杀菌，在发酵过程流加以控制培养液含糖量不高于 5g/L。维持 30℃，用 H_2SO_4或液氨调 pH=6.5。发酵时间 16h；

④发酵液属牛顿型流体，最大黏度 2×10^{-3} Pa·s；温度在 22～32℃时对产物生成无影响，CO_2浓度也无影响；在 20L 小罐中通气 1VVm 和 500r/min 的条件下只有少量泡沫；溶氧水平控制在 30%饱和度，在发酵后期 2h 通入富氧空气以提高溶氧速率；

⑤实验室中试纯化收率80%；

⑥年生产天数330d，24h生产。

2. 设计说明及计算

(1) 物料衡算及热量衡算、反应器尺寸　据给定条件，按纯化收率为80%，可算出每年发酵罐放出的成熟培养液中含目的产物总量为：

$$m_t = 30000/0.8 = 37500\ (kg)$$

假定放大后干细胞含目的产物仍为5%，可得细胞年产量为：

$$G_x = 37500/5\% = 750000\ (kg/年)$$

由题给生产罐细胞产率50g/L，故成熟发酵液总量应为：

$$V_T = 750000 \times 1000/50 = 1.5 \times 10^7\ (L) = 1.5 \times 10^4\ (m^3)$$

题给发酵时间为16h，另加8h的附加时间用于发酵罐清洗、放料、培养液进料及杀菌消毒等，故24h即每天发酵一罐，年生产330d，故每天应得成熟发酵液为：

$$V_{LT} = 1.5 \times 10^4/330 = 45.45\ (m^3/d)$$

据上述计算，可选择装液量为45.45m^3的发酵罐一个，虽然选一个规模大的罐，其设备投资较低，但相应的产物分离纯化设备规格也要求增大、蒸汽锅炉供气能力要求更高（培养基消毒灭菌要求在有限时间内完成），故综合考虑选择使用两个同样规模的发酵罐，其装液量$V_L = 22.725m^3$。当然，也可选择3个甚至更多的发酵罐，但设备投资及操作费用等会比用2个发酵罐要高，在此不详细分析。

据题设条件，细胞比生长速率$\mu = 0.3h^{-1}$，细胞对氧得率为$Y_{X/O} = 1.0$，故最高的溶氧速率的要求为：

$$OTR = \mu_x/Y_{X/O} = 0.3 \times 50 \times 1 \times 1000/32 = 469\ [mol/(m^3 \cdot h)]$$

下面进行发酵罐具体的设计计算。

(2) 发酵罐初步设计计算　除了上述规定以外，还需给出补充说明与规定，即：通气线速度$v_s \leqslant 1.8m/min$（在给定的操作罐压和发酵温度下），搅拌功率不大于$5kW/m^3$，搅拌器直径与罐径比$D_i/D \leqslant 0.45$。为了改善发酵液的轴向混合，本发酵罐的搅拌采用2组六叶圆盘涡轮搅拌器，并在上部加设一推进式搅拌叶轮。应用方程（1-2-12）、方程（1-2-13）和方程（1-2-18），可得具体的初步设计计算结果如表1-2-2所示。

表1-2-2　发酵罐初步设计结果

项目	设计结果	项目	设计结果
总体积 V_T/m^3	32.50	通气氧摩尔分数/%	21
装液量 V_L/m^3	22.73	氧利用率/%	33.2
罐内径 D/m	2.743	单位体积所耗功率/(kW/m^3)	9.26
罐身高 H_0/m	6.04	总搅拌通气功率/kW	211
不通气液位 H_L/m	4.115	通气液位高/m	5.61
H_L/D	1.50	搅拌转速/(r/min)	131
OTR/[mol (O_2)/($m^3 \cdot h$)]	300	涡轮搅拌器直径/m	1.17
v_s/(m/min)	1.80	推进式搅拌器直径/m	0.914
罐压/(MPa，表压)	0.136	涡轮搅拌叶尖线速度/(m/s)	4.81
通气量/(标况，m^3/min)	36.5	不通气搅拌功率/kW	443
通纯氧气量/(标况，m^3/min)	0		

由表 1-2-2 的初步设计计算结果可知，所达到的溶氧速率只有 300mol/（m^3·h），与题给条件算出的 469mol/（m^3·h）差距甚远；另外，单位体积发酵液所耗功率高达 9.26kW/m^3。故必须找出折中解决办法，首先从改进工艺入手。

（3）有关发酵工艺改进的规划　要维持 50g/L 干细胞产率和 18h 的发酵时间，合理的设计方法之一是降低发酵速度。可通过降低发酵温度、改变培养基配方或 pH 或其他工艺降低溶氧速率。小试研究表明，可把发酵温度降低至 22℃而对目的产物生物合成基本无影响。因为温度降低后，其发酵速度必然下降，但可用加大接种量来解决。

有关的设计计算需应用多个物料衡算和细胞生长动力学方程，因后者是温度的函数。为简化起见，下面只简单介绍生长动力学方程和物料衡算。

当培养至某时刻，细胞浓度达到一定时，溶氧速率达到最大值［$OTR_{max}=300$mol/（m^3·h）］，此时发酵液体积 V 为：

$$V=V_0+(XV-V_0X_0)/[Y_{x/s}(r_f-r)] \tag{1-2-35}$$

式中　V_0——培养开始接种后的培养液体积，m^3

X——发酵液中细胞浓度，kg/m^3

X_0——培养开始接种后的细胞浓度，kg/m^3

r_f——流加糖液中葡萄糖浓度，kg/m^3

r——发酵液中葡萄糖浓度，kg/m^3

在对数生长期，比生长速率为最大即 $\mu=\mu_m$。在发酵 t 小时时，细胞总量为：

$$XV=X_0V_0\exp(\mu_m t) \tag{1-2-36}$$

据题设，细胞对氧的收率 $Y_{x/o}=1.0$，故：

$$OTR=\mu_m X \tag{1-2-37}$$

当发酵达到最大需氧量即 OTR 时，所需时间为：

$$t=t_m=(1/\mu_m)\ln\frac{Y_{x/s}V_0(S_f-S)-X_0V_0}{X_0V_0[\mu_m Y_{x/s}(S_f-S)/OTR-1]} \tag{1-2-38}$$

在时刻 t_m，细胞总量和培养液体积分别为：

$$V_mX_m=V_0X_0\exp(\mu_m t_m) \tag{1-2-39}$$

$$V_m=V_0+(V_mX_m-V_0X_0)/[Y_{x/s}(S_f-S)] \tag{1-2-40}$$

在 t_m时刻以后，因细胞浓度不断上升，使发酵温度持续降低，以维持溶氧速率不变，故有下述多个方程成立：

$$XV=V_mY_{x/s}(S_f-S)\{\exp[Y_{x/o}(OTR)(t-t_m)/Y_{x/s}(S_f-S)]-1\}+X_mV_m \tag{1-2-41}$$

$$V=V_m+(XV-X_mV_m)/[Y_{x/s}(S_f-S)] \tag{1-2-42}$$

$$\mu=OTR/X=300/X \tag{1-2-43}$$

$$t=6159.9/(19.118-\ln\mu)-32 \tag{1-2-44}$$

式中　t——发酵液温度,℃

根据上述对发酵工艺的改进以及系列动力学衡算方程，经计算得到本发酵过程的主要参数以及在发酵过程中的变化，如表 1-2-3 所示。

表 1-2-3　　改进工艺后单罐的发酵特征参数

项目	参数	项目	参数
μ/h^{-1}	0.30	最大溶氧 OTR/［mol/（m^3·h）］	300
细胞产率/［g/g（糖）］	0.40	到达最大 OTR 时间/h	12.7
流加糖浓度/（g/L）	250	到达最大 OTR 时细胞量/kg	528.873
发酵液糖浓度/（g/L）	5	到达最大 OTR 的 V_L/m^3	16.527
终培养液量/m^3	22.725	到达最大 OTR 的 X/（kg/m^3）	32.0
终细胞浓度/（g/L）	50	接种细胞量/kg	11.586
起始细胞浓度/（g/L）	1.03	接种量/m^3	1.50
起始发酵液量/m^3	11.249	接种后 X_0/（kg/m^3）	7.7
流加糖液总量/m^3	11.476	营养盐溶液/m^3	9.75
细胞对氧收率/（g/g O_2）	1.0		

如表 1-2-3 所示，设计结果仍未完全符合要求。但有下述两种改进办法可选择。

①维持 50g/L 细胞浓度和 16h 发酵时间，但通过发酵罐设计规定条件间的有机结合进行重新计算。

②降低最终发酵液细胞浓度或延长发酵时间。

但采用这两种措施均会增大发酵罐容积和分离纯化设备规模，增加设备投资，也使运转费用大增。这里，我们只根据前一种方案①去找寻解决办法。一种办法是通富氧空气取代空气，根据溶氧速率的计算式 $OTR=k_La(c^*-c)$，若发酵液的溶氧 c 不变，当维持操作条件即使 k_La 不变时，只需使饱和溶氧c^*增大（469/300）即 1.56 倍，就可达到高溶氧速率［OTR＝469mol/（m^3·h）］。

（4）根据上述的改进设想，综合考虑进行优化设计，在前述表 1-2-2 和表 1-2-3 的基础上进行改进，获得了如表 1-2-4 所示的设计计算结果。

表 1-2-4　　改进的反应器设计结果

项目	设计结果	项目	设计结果
总体积 V_T/m^3	32.50	所耗功率/（kW/m^3）	4.72
装液量 V_L/m^3	22.73	总搅拌通气功率/（kW/m^3）	72
罐径 D/m	2.743	通气液位高/m	5.18
罐身高 H/m	6.04	搅拌转速/（r/min）	108
不通气液位 H_L/m	4.115	涡轮搅拌器直径/m	1.17
H_L/D	1.50	推进式搅拌器直径/m	0.914
OTR/［mol（O_2）/（m^3·h）］	469	涡轮搅拌叶尖线速/（m/s）	3.91
v_s/（m/min）	1.80	不通气搅拌功率/kW	248
罐压/（MPa，表压）	0.10	通气涡轮搅拌功率/kW	110
总通气量/（标况，m^3/min）	33.0	冷冻介质温度/℃	2
通纯氧气流量/（标况，m^3/min）	13.70	冷冻介质流量/（m^3/h）	45
通气氧摩尔分数/%	62.5	冷却夹套面积/m^2	39.5
氧利用率/%	19.3	罐内冷却蛇管面积/m^2	38.6

空气分布器：直径 0.9m 环形管，上开 6mm 通气孔 40 个，在通气流量 38.5m^3/min（罐顶压强 0.1MPa）时，空气在管内外压强差为 0.1MPa。

罐内设 CIP 清洗系统及 2 个无菌取样口，装设加酸、加碱、消泡剂、糖、营养盐的管及阀门。

设温度传感器 2 个，pH 传感器 2 个，消泡电极 2 个，压力表及排污底阀等。

驱动电机 150kW，搅拌转速 108r/min；搅拌器由 2 组涡轮搅拌叶轮和一组推进式叶轮组成，前者叶轮直径 1.17m，有 6 叶片；后者直径 0.914m，4 叶片。

从表 1-2-4 的计算结果可见，优化后的设计总体符合任务要求。

（二）100m³ 机械搅拌发酵罐

图 1-2-16 所示为传统的大型机械搅拌发酵罐的尺寸示意图，用于青霉素和其他抗菌素

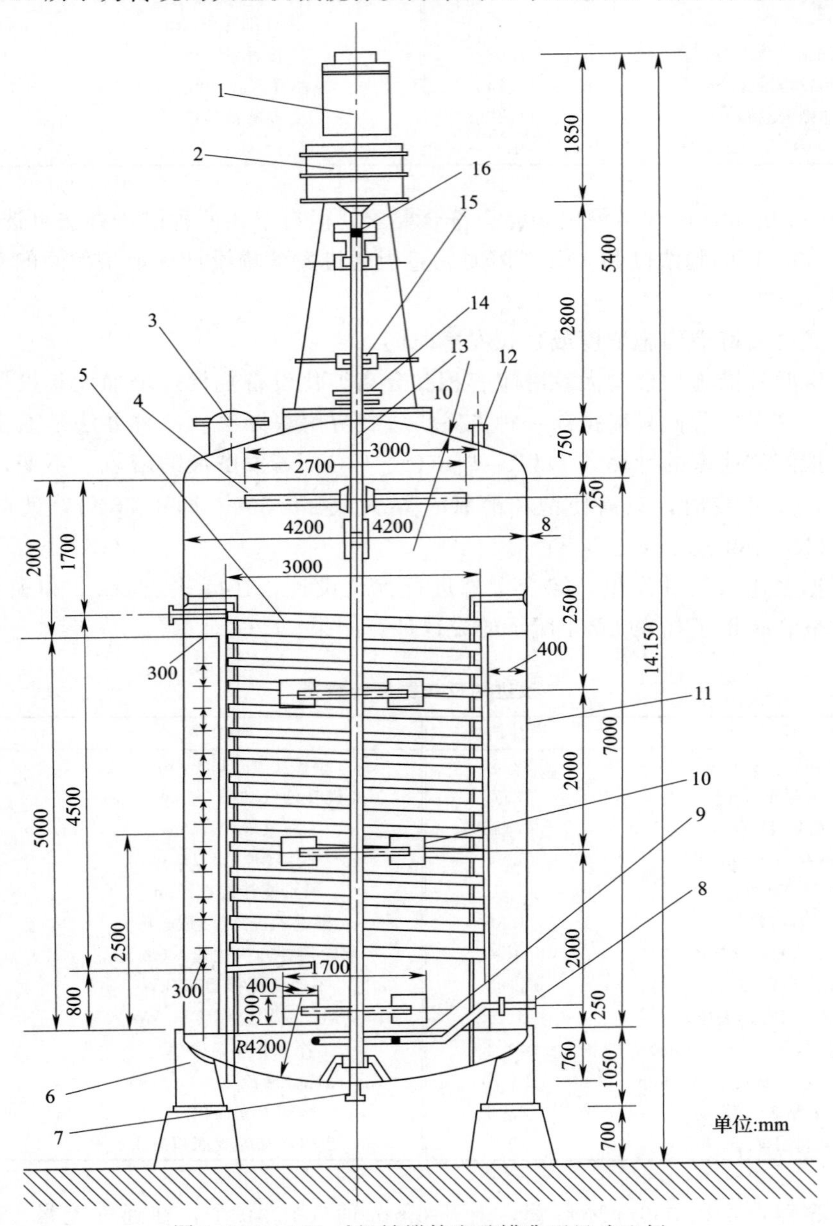

图 1-2-16　100m³ 机械搅拌发酵罐典型尺寸比例

1—电机　2—齿轮箱　3—人孔　4—消泡器　5—冷却蛇管　6—支撑座　7—放料口　8—进风管　9—空气分布器　10—搅拌叶轮　11—罐体　12—排气口　13—搅拌轴　14—无菌轴封　15—轴承　16—联轴器　17—进料口（与排气口 12 分布在顶盖的前后不同位置）

发酵。如图所示，换热器使用的是大螺旋蛇管，只适用冷水作冷却介质，换热系数比（m^2/m^3）较低。若使用普通自然水，尤其是华南地区气温高的地区，应改用多组竖式小螺旋蛇管或改进型集束管为好，也可采用外壁半圆管。

第二节　气升式发酵罐

气升式发酵罐（ALR）也是应用最广泛的生物反应设备之一。国际上，法国等欧洲国家的学者对此类发酵罐研究和应用研究最有代表性；国内华南理工大学高孔荣教授等早在20世纪80年代就对这类反应器进行了较系统深入的研究并取得良好结果，部分已在发酵工厂和废水处理中应用。这类反应器具有结构简单、不易染菌、溶氧效率高、能耗低等优点，目前世界上最大型的通气发酵罐就是气升环流式的，体积高达3000多立方米。

一、气升式反应器的主要类型及特点

1. 气升式反应器主要类型

气升式反应器有多种类型，常见的有气升环流式、鼓泡式、空气喷射式等，其工作原理是把无菌空气通过喷嘴或喷孔喷射进发酵液中，通过气液混合物的湍流作用而使空气泡分割细碎，同时由于形成的气液混合物密度降低故向上运动，而气含率小的液体则下沉，形成循环流动，实现混合与溶氧传质。已在生物工程产业大量应用的气升内环流式发酵罐、气液双喷射气升环流发酵罐的结构分别如图1-2-17、图1-2-18所示。而鼓泡罐则是最原始的通气发酵罐，因为鼓泡式反应器内没有设置导流筒，故无法很好控制液体的主体定向流动。

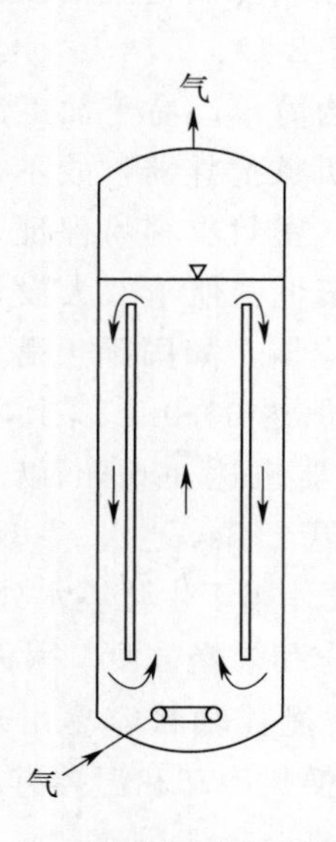

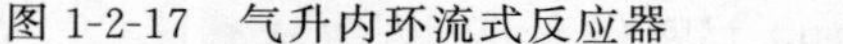

图1-2-17　气升内环流式反应器

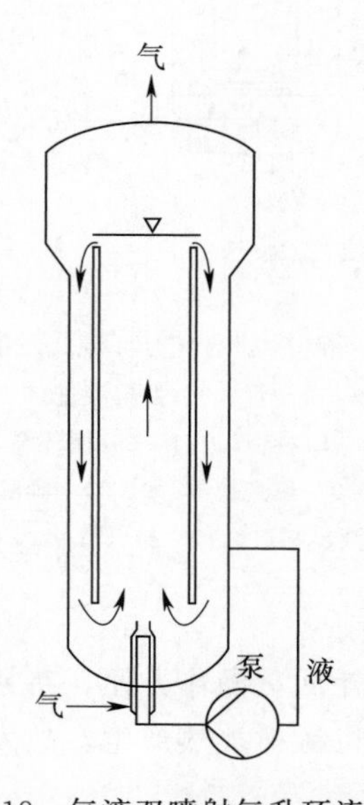

图1-2-18　气液双喷射气升环流反应器

2. 气升环流式反应器的特点

前已提及，因气升环流反应器内没有搅拌器，且有定向循环流动，故这类反应器有多

个优点，具体如下。

（1）反应溶液分布均匀　气液固三相的均匀混合与溶液成分的混合分散良好是好氧生物反应器的普遍要求，因其流动、混合与停留时间分布均受到影响。无论间歇或连续补料的通气发酵，基质和溶氧都需要尽可能分散均匀，以保证其基质在发酵罐内各处的浓度差异在 0.1%～1%，溶解氧（饱和度）为 5%～30%。这对需氧生物细胞的生长和产物生成有利。此外，还需避免发酵罐液面生成稳定的泡沫层，以免生物细胞积聚于上而受损害甚至死亡。还有培养基成分尤其是有淀粉类易沉降的颗粒物料，更易悬浮分散。气升环流式反应器能很好地满足这些要求。

（2）较高的溶氧速率和溶氧效率　气升式反应器有较高的气含率和比气液接触面积，因而有较高传质速率和溶氧效率，体积溶氧效率通常比机械搅拌罐高，k_La 可达 $2000h^{-1}$，且溶氧功耗相对低。例如一台 $25m^3$ 的 ALR，溶氧速率 2～8kg O_2/（m^3·h），溶氧效率达 1～2kg O_2/（kW·h）。

（3）剪切力小，对生物细胞损伤小　由于气升式反应器没有机械搅拌叶轮，故对细胞的剪切损伤可减至最低，尤其适合植物细胞及组织的培养。

（4）传热良好　通气发酵均产生大量的发酵热，如酵母培养旺盛期发酵热高达（3.0～4.0）$\times10^5$ kJ/（m^3·h），而传热温差则只有几度（℃）。尤其在夏季，若使用非冷冻水，则温差更小，故需很大的换热面积与传热系数。气升式反应器因液体综合循环速率高，同时便于在外循环管路上加装换热器，这就有利于保证除去发酵热以控制适宜的发酵温度，其设备示意图见图 1-2-19。

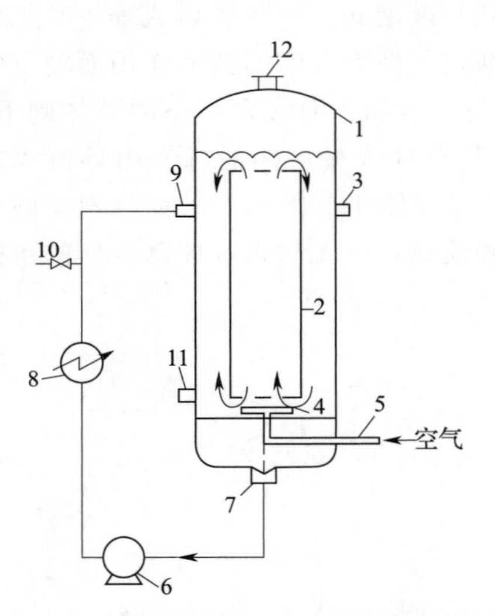

图 1-2-19　具有外循环冷却的气升环流式发酵罐

1—发酵罐　2—通气管　3—发酵液进口　4—空气分布器　5—空气进口　6—循环泵　7—发酵液出口　8—热交换器　9、11—喷嘴　10—发酵液出料口　12—排气管

（5）结构简单，易于加工制造　气升式反应器罐内无机械搅拌器，故不需安装结构复杂的搅拌系统，密封也容易保证，故加工制造方便，设备投资低，便于放大设计制造大型和超大型发酵反应器，如国际上著名的 ICI 压力循环发酵罐体积达 $3000m^3$ 以上，另一种“BIO-HCH”反应器也达 $3000m^3$ 以上。更大的反应器如鼓泡塔式“Bayer AG”反应器体积高达 $13000m^3$，设计用于生化废水处理。

（6）操作和维修方便　因无机械搅拌系统，故结构简单，能耗低，操作方便，特别是不易发生机械搅拌轴封容易出现的渗漏染菌问题；另外，因无机械搅拌热产生，故发酵总热量较低，换热冷却和温控有保证。

二、气升环流式发酵罐的主要结构及操作参数

影响气升环流式发酵罐特性的主要结构及操作参数包含高径比、导流筒高度与反应器高度之比、导流筒直径与反应器直径比、导流筒顶部和底部与罐顶和罐底的距离、通气速

率、循环时间、平均循环雷诺准数、平均循环速度等。

1. 主要结构参数

气升内环流式反应器结构参数示意图如图 1-2-20 所示。根据国内外的实验研究与生产实践证明，要获得良好的气液混合与溶氧传质，反应器的结构参数具有举足轻重的影响，必须有一定的几何尺寸比例范围。

(1) 反应器高径比 H/D　气升式反应器与机械搅拌发酵罐一样，高径比是主要的几何参数。研究实验结果表明，其 H/D 的适宜范围是 5～9，这既有利于混合与溶氧，也便于放大设计用于发酵生产，放大设计应考虑以溶氧速率为主。

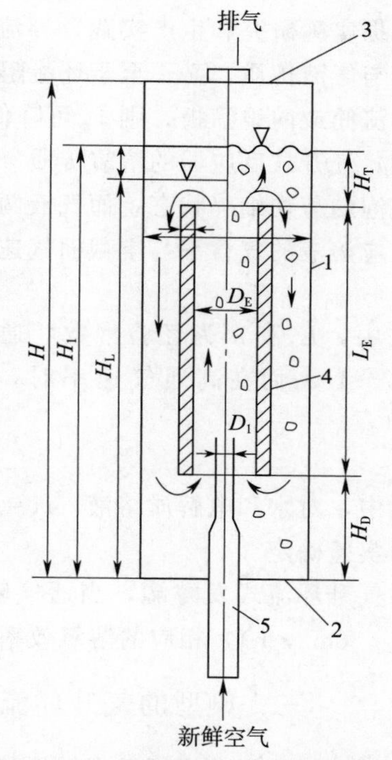

图 1-2-20　气升内环流式反应器结构示意图
1—罐体　2—罐底盖　3—顶盖
4—导流筒　5—空气喷嘴

(2) 导流筒径与罐径比 D_E/D　对一定容积的发酵罐，即确定 D 和 H 后，导流筒直径 D_E 及其高度 L_E 对发酵液的循环流动与溶氧也有很大影响。适宜的 $D_E/D=0.6$～0.8，具体的最佳选值应视发酵液的物化特性及生物细胞的生物学特性通过实验确定。

(3) 空气喷嘴直径与反应器直径比 D_1/D 以及导流筒上下端面到罐顶和罐底的距离均对发酵液的混合与流动、溶氧等有重要影响。

2. 操作特性

(1) 平均循环时间 t_m　如前所述，气升内环流反应器内设导流筒（也称上升管），把其中的培养液分隔在两大区域即导流筒（上升区）和环隙（下降区）中，因导流筒内不断有新气泡补充，且混合剪切较强，故此区内混合与溶氧较好；而在导流筒外即环隙中，气含率往往要低于导流筒。若循环速度太低，则气泡变大，环隙中的气含率低下，溶氧速率也随之变小，但发酵液所含的生物细胞浓度基本不变，所以环隙中的发酵液易出现缺氧现象。实践表明，不同的发酵生产以及不同时期，由于细胞浓度及对氧的需求不同，对循环周期的要求也不同。对需氧发酵，若供氧不足，则生物细胞活力下降，因而发酵生产率低。例如，用黑曲霉培养生产糖化酶，当细胞浓度较高时，循环周期必须小于 3min 才能保证正常发酵；若是高密度单细胞蛋白生产，则循环周期应在 1min 左右才能达到优良效果。

平均循环时间（周期）由下式确定：

$$t_m=\frac{V_L}{V_C}=\frac{V_L}{\frac{\pi}{4}D_E^2 v_m} \tag{1-2-45}$$

式中　t_m——平均循环时间（周期）

V_L——发酵罐内培养液体积，m^3

V_C——发酵液循环流量，m^3/s

D_E——导流管（上升管）直径，m

v_m——导流管中液体平均流速，m/s

（2）液气比 R、空气喷出压力差 Δp 及循环速度 v_m 之间的关系　理论和实践证明，通气量对气升式发酵罐的混合与溶氧起决定性作用，而通气的压强即空气在空气分布管出口前后的压强差 Δp 对发酵液的流动与溶氧也有相当的影响。所谓液气比就是发酵液的循环流量 V_C 与通气量 V_G 之比，即 $R=V_C/V_G$。

根据实验研究和生产实践，导流筒中平均环流速度 v_m 可取 1.2～1.8m/s，这既有利于混合与气液传质，又不至于环流阻力损失太大，有利于实现高效与节能。当然，若采用多段导流筒或内设筛板，则 v_m 可降低。

（3）气升式反应器的溶氧传质　气升式反应器的气液传质速率主要取决于发酵液的湍动及气泡的剪切细碎状态，而气液两相流动与混合主要受反应器输入能量的影响。

反应溶液的气含率与空截面气速 v_s 的关系如下式所示：

$$h=K\ v_s^{\ n} \tag{1-2-46}$$

式中，K 和 n 为经验常数，通过实验确定。在鼓泡式发酵罐中，低通气速率时，$n=0.7$～1.2；而在高通气速率时，$n=0.4$～0.7。体积溶氧系数是空截面气速的函数，即：

$$k_La=b\ v_s^{\ m} \tag{1-2-47}$$

式中，对水和电解质溶液，$m=0.8$，而常数 b 则是空气分布器形式和溶液性质的函数，由实验确定。

对气升环流式发酵罐，当通气输入功率 $P_g/V_L=1kW/m^3$ 时，溶氧速率 OTR＝2～3kg O_2/（m^3·h），相应的溶氧效率约为 2kg O_2/（kW·h）。

三、典型的气升环流式发酵罐——ICI压力循环式发酵罐

气升环流式发酵罐因具有结构简单、溶氧速率高、能耗低、便于放大设计和加工制造特大型发酵罐等优点，因而自 20 世纪 70 年代以来在单细胞蛋白生产、酶、抗生素、醋酸、维生素 C 及废水生化处理等领域应用十分广泛，在部分领域还占据了主导地位。英国伯明翰 ICI 公司的压力循环发酵罐是国际上最突出的代表，公称体积达 3000m^3，液柱高达 55m，故通气压力高，装发酵液量 2100m^3。为了强化气液混合与溶氧，沿罐高度设有 19 块下降区的筛板以防止分散的小气泡合并为大气泡；同时为了使塔顶的气液实现分离排气，顶部设有气液分离部分，直径约等于塔径的 1.5 倍。具体的设计主要尺寸示意图如图 1-2-21 所示。

根据测定及生产运行结果，该发酵罐中含气液体上升速度达 0.5m/s，而在下降区的速度更高达 3～4m/s；在上升管与下降区的气含率分别高达 0.52 和 0.48。由于液位高，饱和溶氧 c^* 很高，故溶氧速率可高达 10kg O_2/（m^3·h）。但相应的通气功率也高达 6.6kW/m^3，溶氧效率为 1.5kg O_2/（kW·h）。其他较小型的气升环流反应器的溶氧效率约 2kg O_2/（kW·h），通气功率约为 $P_g/V_L=1.5kW/m^3$，溶氧速率可达到 3kg O_2/（m^3·h）。此外，为防止 CO_2 积聚，发酵液的循环时间控制在 1～3min。

气升环流式反应器除了用于酵母、细胞培养及酶制剂、有机酸等发酵生产外，也广泛用于废水生化处理。如 BIOHOCH 反应器便是典型的代表，其特点是一个反应器内设多

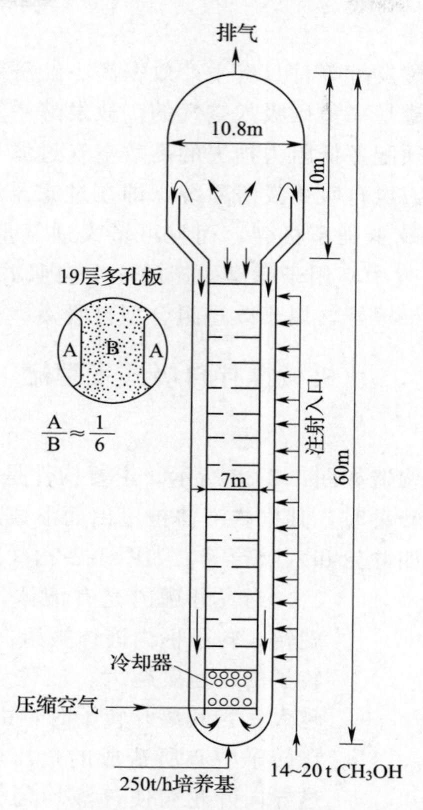

图 1-2-21　ICI 压力循环气升式发酵罐

个气升环流管，有效体积高达 8000～20000m³，具有节能、操作稳定、出水的 BOD 和 COD 低、无噪音、对环境无污染及占地面积小等优点。大连理工大学韩越梅等应用气升内环流式反应器处理高浓度含氮废水（氨氮浓度 200mg），实现同步联合废水脱氮，总氮去除率达到 75%。

第三节　自吸式发酵罐

一般来说，自吸式发酵罐是一种不需要空气压缩机提供压缩空气，而依靠特设的机械搅拌吸气装置或液体喷射吸气装置吸入空气并同时实现混合搅拌与溶氧传质的发酵罐。自 20 世纪 60 年代开始，欧洲和美国展开研究开发，然后在国际和国内的酵母及单细胞蛋白生产、醋酸发酵及维生素生产等方面获得应用。国内，上海医药工业研究院朱守一教授、华南理工大学高孔荣教授等进行了深入研究，于 1981 年开始在酵母生产等发酵工厂推广应用，效果很好。

一、自吸式发酵罐的特点

与传统的机械搅拌通气发酵罐相比，自吸式发酵罐具有如下的优点与不足。

（1）不必配备空气压缩机及相应的附属设备，节约设备投资，减少厂房面积。

（2）溶氧速率高，溶氧效率较高，能耗较低，尤其是溢流自吸式发酵罐的溶氧比能耗可降至 0.5kW·h/kg O_2 以下。

(3) 用于酵母生产和醋酸发酵等，具有生产效率高、经济效益高的优点。

但因一般的自吸式发酵罐是靠负压吸入空气的，故发酵系统无法保持一定的正压，较易产生杂菌污染。同时，必须配备低阻力损失的高效空气过滤系统。为克服上述缺点，可采用自吸气与鼓风相结合的鼓风自吸式发酵系统，即在过滤器前加装一台鼓风机，适当维持无菌空气的正压，不仅可减少染菌机会，而且可增大通气量，提高溶氧系数。20 世纪 80 年代初，江门生物技术开发中心用于酵母生产的 4 个自吸式发酵罐，是从德国引进的，加装了鼓风机强化溶氧，效果很好，属于改进组合型自吸罐。

二、机械搅拌自吸式发酵罐

1. 吸气原理

此类型自吸式发酵罐的构造如图 1-2-22 所示。主要构件是吸气搅拌叶轮及导轮，也被简称作转子及定子。当转子转动时，其框内液体被甩出而形成局部真空而吸入空气。转子的形式有多种，如三叶轮、四叶轮和六叶轮等，如图 1-2-23 (1) 和 (2) 所示。

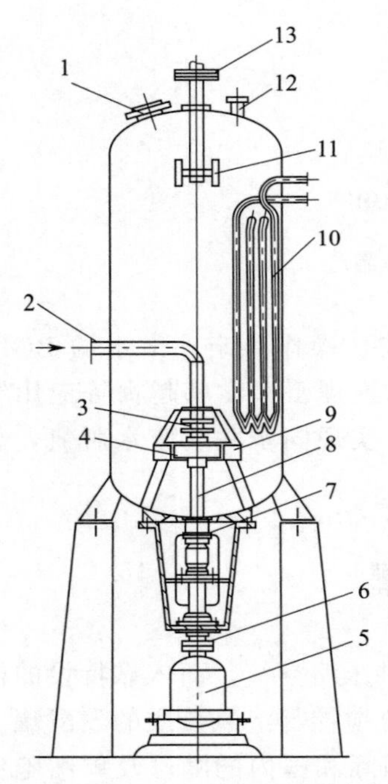

图 1-2-22　机械搅拌自吸式发酵罐

1—人孔　2—进风管　3—轴封
4—转子　5—电机　6—联轴器
7—轴封　8—搅拌轴　9—定子
10—冷却蛇管　11—消泡器
12—排气管　13—消泡转轴

当发酵罐内充有液体，启动搅拌电机，转子高速旋转，转子框内液体被甩向叶轮外缘，液体获得能量。转子的线速度越大，液体（其中还含有气体）的动能越大，当其离开转子时，由动能转变为静压能也越大，在转子中心所造成的负压就越大，吸气量也越大，通过导向叶轮而使气液均匀分布甩出，并使空气在循环的发酵液中分裂成细微的气泡，在湍流状态下混合、湍动和扩散，因此自吸式充气装置在搅拌的同时完成了充气供氧作用。

2. 设计要点

(1) 发酵罐的高径比　发酵罐通气和搅拌的目的是气液固三相充分混合与分散，强化气液传质，为微生物提供溶解氧，促进其与液相中营养成分及生成产物等的质量传递，并强化热量传递。由于自吸式发酵罐是靠转子转动形成负压而实现吸气供氧，吸气装置是沉浸于液相的，所以为保证较高的吸气量，发酵罐的高径比 H/D 不宜取大，且罐容增大时，H/D 应适当减少，以保证搅拌吸气转子与液面的距离为 2～3m。对于黏度较高的发酵液，为了保证吸气量，还应适当降低罐的高度。

(2) 转子与定子的确定　实践表明，三棱叶转子的特点是转子直径宜取较大值，以便在较低转速时可获得较大的吸气量，当罐压在一定范围内变化时，其吸气量也比较稳定，吸程（即液面与吸气转子距离）也较大，但所需的搅拌功率较高。转子与定子配合简图如图 1-2-24 所示，吸气管的空气流速达到 12～15m/s，尺寸比例见

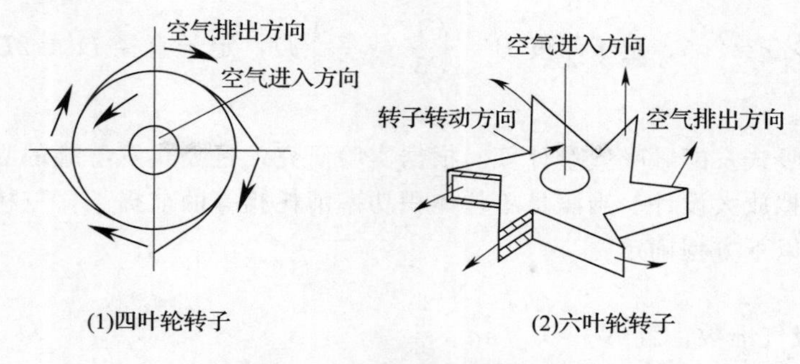

图 1-2-23　自吸式发酵罐转子结构

表 1-2-5。自吸式发酵罐三棱叶叶轮直径 D 一般等于发酵罐直径的 0.35 倍。当然为提高溶氧，可减少转子直径，适当提高转速。

表 1-2-5　　三棱叶自吸式转子与定子尺寸比例

部件名称	符号	与叶轮尺寸比	部件名称	符号	与叶轮尺寸比
叶轮外径	d	1D	翼片曲率半径	R	$5\frac{1}{2}D$
桨叶长度	e	9/16D	翼叶角	α	45°
交点圆径	ϕ	3/8D	间隙	δ	1～2.5mm
叶轮高度	h	1/4D	叶片厚	b	按强度计算
挡水口径	ϕ_2	7/10D	叶轮外缘高	h_1	$h+2b$
导轮内径	ϕ_3	3/2D	导轮外缘高	h_2	h_1+2b

而四弯叶转子的特点是剪切作用小，阻力小，消耗功率较小，直径小而转速高，吸气量较大，溶氧系数高。其转子与定子（直叶片）结构示意图如图 1-2-25 所示。叶轮外径和罐径比为 1/15～1/8，叶轮厚度为叶轮直径的 1/5～1/4。有定子的叶轮比无定子的叶轮流量和压头均增大。其余部件的尺寸比例分别为：

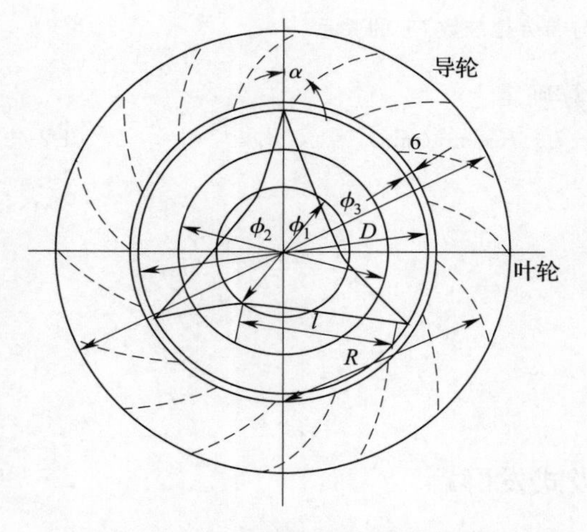

图 1-2-24　三棱叶自吸式叶轮结构

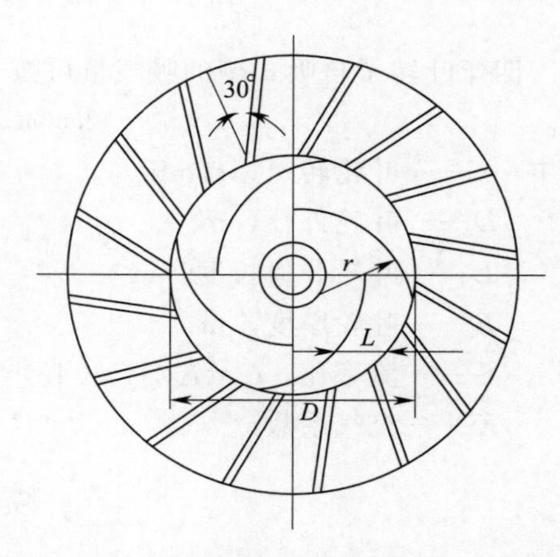

图 1-2-25　四弯叶自吸式叶轮转子与定子结构

$D/L=5$，$D/r=2.5$，定子厚度 $B=\left(\frac{1}{5}\sim\frac{1}{4}\right)D$，定子直径 $D'=2D$，定子与转子间距 1～2.5mm。

（3）机械自吸式发酵罐吸气量计算　根据实验研究，自吸式发酵罐的吸气量可用准数法进行计算和比拟放大设计。当满足单位体积功率消耗相等的前提下，三棱叶自吸式搅拌器的吸气量可由以下方程确定：

$$f\ (Na,\ Fr)\ =0 \tag{1-2-48}$$

式中　Na——吸气准数，且 $N_a=V_g/nd^3$

Fr——弗劳德准数，$Fr=n^2d/g$

d——叶轮直径，m

n——叶轮转速，r/s

V_g——吸气量，m^3/s

g——重力加速度常数，$9.81m/s^2$

利用三棱叶自吸气叶轮装置进行实验研究可得到如图 1-2-26 所示的结果。由图可见，当弗劳德准数 Fr 增至一定值时，吸气量 V_g 趋于恒定，即吸气准数 $Na=V_g/nD^3=0.0628\sim0.0634$。这是因为液体受搅拌器推动克服重力影响而达到一定程度后，吸气准数就不受 Fr 的影响。在空化点上，吸气量与搅拌器的泵送能力成正比。对实际发酵系统，由于发酵液有一定的含气率，因而使发酵液密度下降，且不同发酵液的黏度等物化性质也不相同，故自吸式发酵罐的实际吸气量应比上述计算的值要小，其修正系数为 0.5～0.8。

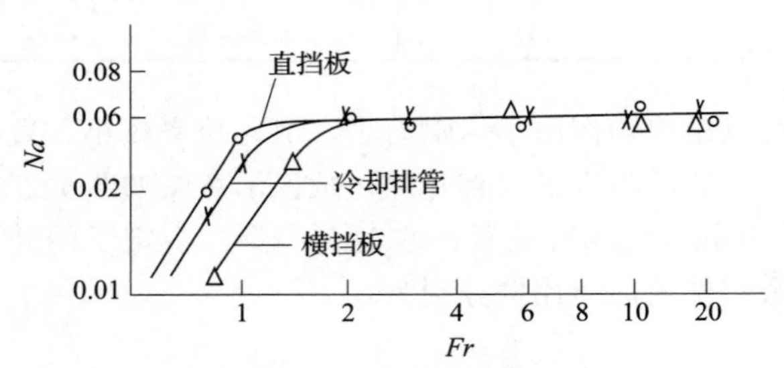

图 1-2-26　吸气准数 Na 与弗劳德准数 Fr 的关系

四弯叶转子自吸式罐的吸气量可按下式计算确定：

$$V_g=12.56nCLB\ (D-L)\ K\ (m^3/min) \tag{1-2-49}$$

式中　n——叶轮转速，r/min

D——叶轮外径，m

L——叶轮开口长度，m

B——叶轮厚度，m

C——流率比，$C=K/\ (1+K)$

K——充气系数

三、喷射自吸式发酵罐

喷射自吸式发酵罐是应用文氏管喷射吸气装置或溢流喷射吸气装置进行混合通气，既可不用空压机，又不用机械搅拌吸气转子。

1. 文氏管吸气自吸式发酵罐

图 1-2-27 所示为文氏管自吸式发酵罐结构示意图。其原理是用泵使发酵液通过文氏管吸气装置，由于液体在文氏管的收缩段中流速增加，形成真空而将空气吸入，并使气泡分散与液体均匀混合，实现溶氧传质。典型文氏管的结构如图 1-2-28 所示。经验表明，当收缩段液体流动雷诺数 $Re>6\times10^4$时，吸气量及溶氧速率较高。

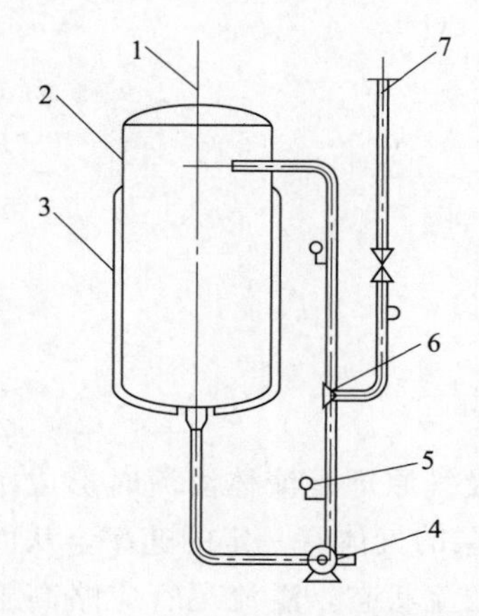

图 1-2-27　文氏管自吸式发酵罐结构
1—排气管　2—罐体　3—换热夹套　4—循环泵
5—压力表　6—文氏管 7—吸气管

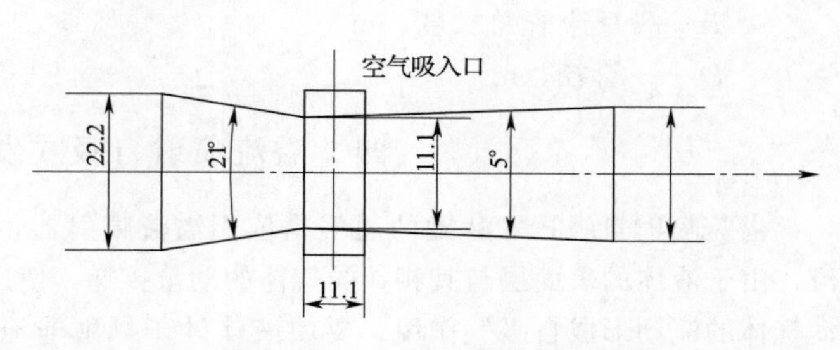

图 1-2-28　文氏吸气管结构

2. 液体喷射自吸式发酵罐

液体喷射吸气装置是这种自吸式发酵罐的关键装置，由梁世中和高孔荣教授研究确定的喷射自吸气实验装置结构示意图见图 1-2-29。

根据实验研究结果，喷射吸气装置适宜的几何参数比例为：

$$D_t/D_n=1.7\sim2.0$$
$$L_t/D_t=3\sim4$$
$$D_e/D_t=1.3\sim1.7$$

喷射压力 $P_n=30\sim60$kPa（表压）

在此尺寸范围内，喷射自吸式发酵罐水-空气系统的体积溶氧传质系数的数学方程式为：

$$k_La=1.0\ (P_L/V_L)^{0.23}v_s^{0.91}\ (D_e/D)^{-0.46}\ (1/h) \qquad (1\text{-}2\text{-}50)$$

式中　D、D_e——发酵罐和导流尾管内径，m

P_L——液体喷射功率，kW

V_L——发酵罐溶液体积，m^3

v_s——空截面气速，m/s

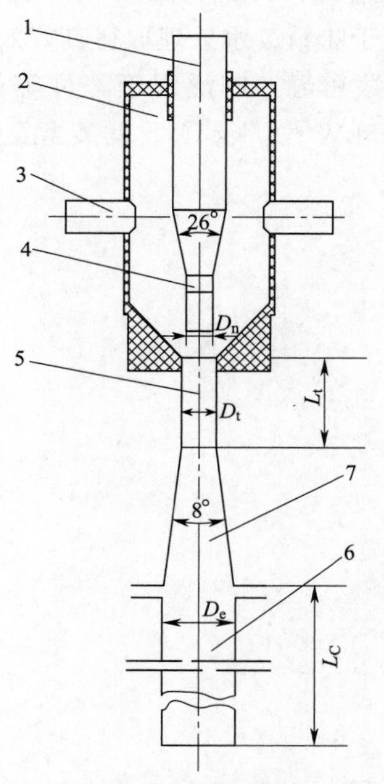

图 1-2-29　液体喷射吸气装置简图
1—进风管　2—吸气室　3—进风管
4—喷嘴　5—收缩段　6—导流管
7—扩散段

应用 10L 喷射自吸式发酵罐培养面包酵母，干细胞浓度高达 32kg/m^3，比能耗 0.47～0.73kW·h/kg（干酵母），装料系数高达 80%。若把喷射吸气装置水平安装改成螺旋管式喷射自吸反应器，管长与管径之比达 320～400。当喷射功率为 $15kW/m^3$ 时，体积溶氧系数高达 4280（1/h），用于酵母生产其生产效率最高达 $6.24kg/(m^3 \cdot h)$，酵母浓度达 $40kg(DW)/m^3$。当喷射压力在 50～130kPa 时，溶氧比能耗为 $0.22 \sim 0.6kW \cdot h/kg\ O_2$。实验表明，若在上述的螺旋管式自吸反应器的管中装设间隔，可强化溶氧传质，其体积溶氧系数可表述为：

$$k_La = 1.003 (P_g/V_L)^{0.71} v_s^{0.28} (L/D)^{-0.32}\ (1/h) \tag{1-2-51}$$

式中 P_g——输入功率，kW

V_L——管式反应器装液量，m^3

v_s——空截面气速，m/s

L——反应管总长度，m

D——管径，m

四、溢流喷射自吸式发酵罐

溢流喷射自吸式发酵罐的通气是依靠溢流喷射器，其吸气原理是液体溢流时形成抛射流，由于液体的表面层与其相邻的气体的动量传递，使边界层的气体有一定的速率，从而带动气体的流动形成自吸气作用。要使液体处于抛射非淹没溢流状态，溢流尾管应略高于液面，尾管高 1～2m 时，吸气速率较大。华南理工大学高孔荣教授和赵汝鹏高级工程师研制成系列溢流喷射自吸式发酵罐，用于酵母培养干细胞浓度高达 $50kg/m^3$，对数生长期的生产效率达到 $7.9kg/(m^3 \cdot h)$，比能耗为 $0.37 \sim 0.61kW \cdot h/kg$（干酵母），已放大至 $200m^3$，用于味精废水处理取得良好效果。欧洲的福格布尔（Vogelbusch）公司研制的溢流喷射自吸发酵罐，广泛用于酵母等单细胞蛋白生产，已放大至 $2000m^3$ 的规模，溶氧能耗降至 $0.5kW \cdot h/kg\ O_2$。此类型发酵罐结构如图 1-2-30 所示。

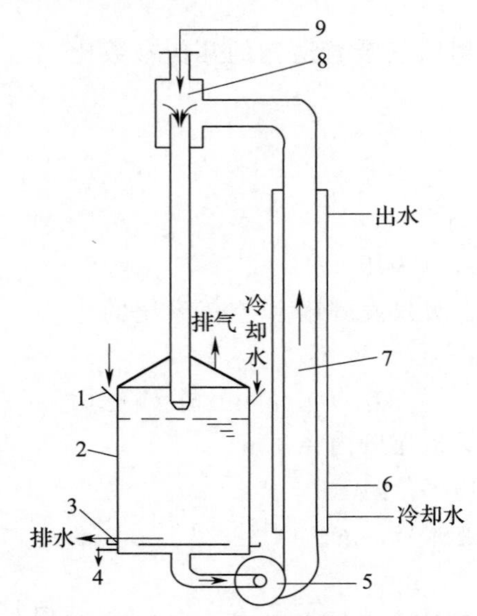

图 1-2-30 Vobu-JZ 单层溢流喷射自吸式发酵罐

1—冷却水分配槽 2—罐体 3—排水槽 4—放料口 5—循环泵 6—冷却夹套 7—循环管 8—溢流喷射器 9—进气口

而 Vobu-JZ 双层溢流喷射自吸式发酵罐是在上述单层罐的基础上发展研制的，其不同点是发酵罐体在中部分割成两层，以提高气液传质速率和降低能耗，其溶氧速率高达 12～14kg O_2/（m^3·h），电耗为 0.4～0.5kW·h/kg O_2。

第四节　通气固相发酵设备

通气固相发酵工艺是传统的发酵生产工艺，广泛应用于酱油和酿酒生产以及农副产物生产，如饲料蛋白等。通气固相发酵具有设备简单、投资小等优点。下面以最常用的自然通气固体曲发酵设备和机械通气固体曲发酵设备为代表进行讨论。

一、自然通气固体曲发酵设备

几千年前，我国在世界上率先使用自然通气固体曲技术用于酱油和酿酒生产，一直沿用至今，尽管大规模的发酵生产大多已采用液体深层通气发酵技术。

自然通风制曲要求空气与固体培养基接触，以供氧使霉菌繁殖代谢和带走所产生的生物合成热。原始的固体曲设备采用木制的浅盘，常用浅盘尺寸有 0.37m×0.54m×0.06m 或 1m×1m×0.06m 等。大的曲盘没有底板，只有几根衬条，上铺竹帘、苇帘或柳条，或者干脆不用木盘，把帘子铺在架上，这扩大了固体培养基与空气的接触面，减少了老法的许多笨重操作，提高了曲的质量。

自然通风的曲室设计要求如下：易于保温、散热、排除湿气以及清洁消毒等；曲室四周墙高 3～4m，不开窗或开有少量的细窗口，四壁均用夹墙结构，中间填充保温材料；房顶向两边倾斜，使冷凝水沿顶向两边下流，避免滴落在曲上；为方便散热和排气，房顶开有天窗。固体曲房的大小以一批曲料用一个曲房为准。曲房内设曲架，以木材或钢材制成，每层曲盘应占 0.15～0.25m，最下面一层离地面约 0.5m，曲架总高度 2m 左右，以方便人工搬取或安放曲盘。

二、机械通气固体曲发酵设备

机械通气固体曲发酵设备与上述的自然通气固体曲发酵设备的不同主要是前者使用了机械通风即鼓风机，因而强化了发酵系统的通风，使曲层厚度增加，不仅使制曲生产效率大大提高，而且便于控制曲层发酵温度，提高了曲的质量。

机械通气固体曲发酵设备如图 1-2-31 所示。曲室多用长方形水泥池，宽约 2m，深 1m，长度则根据生产场地及产量等选取，但不宜过长，以保持通风均匀；曲室底部应比地面高，以便于排水，池底应有 8°～10°的倾斜，以使通风均匀，也便于清洗消毒；池底上有一层筛板，发酵固体曲料置于筛板上，料层厚度 0.3～0.5m。曲池一端（池底较低端）与风道相连，其间设一风量调节闸门。曲池通风常用单向通风操作，为了充分利用冷量或热量，一般把离开曲层的排气部分经循环风道回到空调室，另通入部分新鲜空气。据实验测试结果，空气适度循环，可使进入固体曲层的 CO_2浓度提高，可减少霉菌过度呼吸而减少淀粉原料的无效损耗。当然废气只能部分循环，以维持与新鲜空气混合后 CO_2浓度在 2%～5%为佳。通风量为 400～1000m^3/（m^2·h），视固体曲层的厚度和发酵使用菌株、发酵旺盛程度及气候条件等而定。

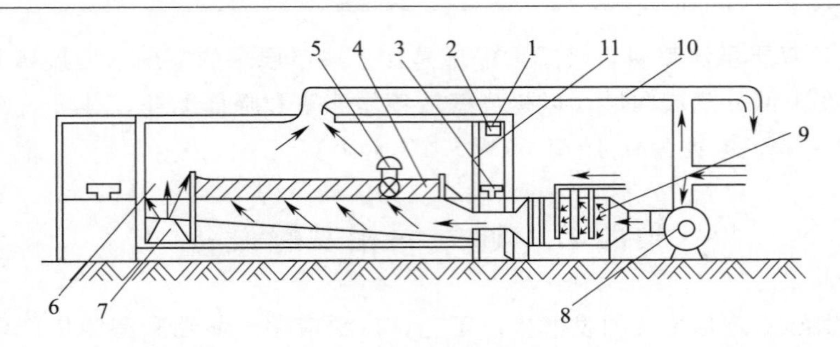

图 1-2-31　机械通气固体曲发酵设备

1—输送带　2—高位料斗　3—送料小车　4—曲料室　5—进出料机　6—料斗　7—输送带　8—鼓风机　9—空调室　10—循环风道　11—曲室闸门

曲室的建筑与自然通风所用曲房大同小异，空气通道中风速取 10～15m/s。因机械通风固体发酵过程阻力损失较低，故可选用效率较高的离心式送风机，通常用风压为 1000～3000Pa 的中压风机较好。

在酱油和味酱汤制曲生产使用的通风箱式固体发酵设备，图 1-2-32 所示为双层旋转式制曲设备。

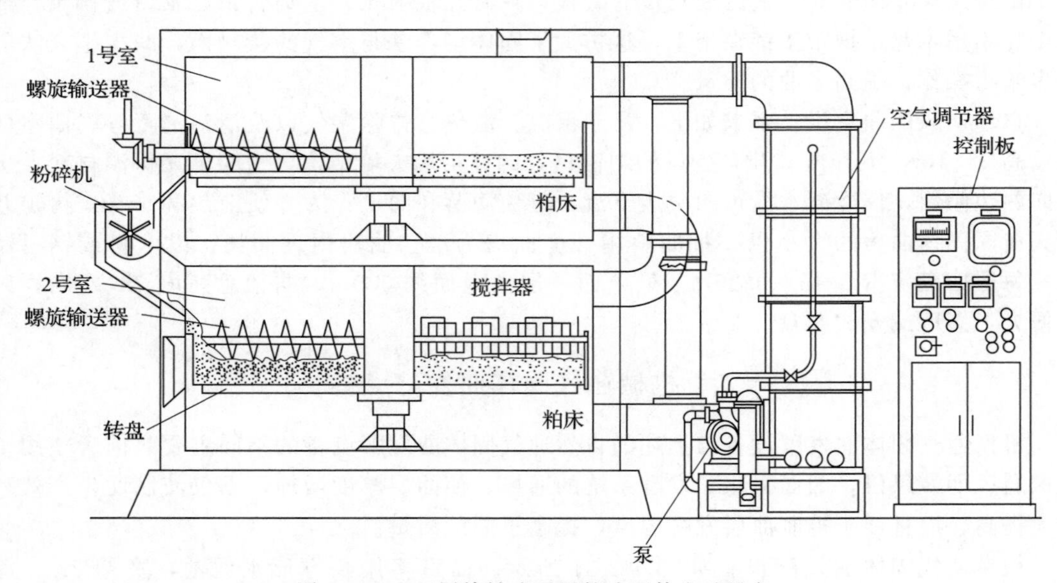

图 1-2-32　双层旋转式通风箱式固体发酵设备

第五节　其他类型的通气发酵反应器

除了上述的机械搅拌通用式发酵罐、气升式发酵罐、自吸式发酵罐和固相通气发酵设备外，还有多种通气发酵反应器在动植物细胞和微藻培养生产和研究中应用。例如：固定床生物反应器、卧式转盘发酵反应器、中空纤维生物反应器、机械搅拌光照发酵罐、光照通气生物反应器、植物毛状根培养反应器、反应偶联产物分离反应器、内部沉降动物细胞培养反应器、悬浮床生物反应器和浅层植物组织培养反应器等，如图 1-2-33 至图 1-2-42 所示。因为篇幅所限，在此对这些发酵反应器不做具体说明，详细介绍参阅有关植物细胞（组织）、动物细胞（组织）和微藻培养反应器以及反应偶联产物分离型反应器的相关论述。

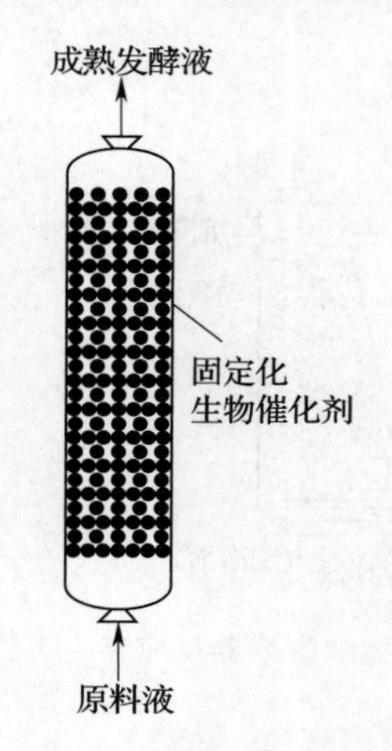

图 1-2-33 固定床生物反应器

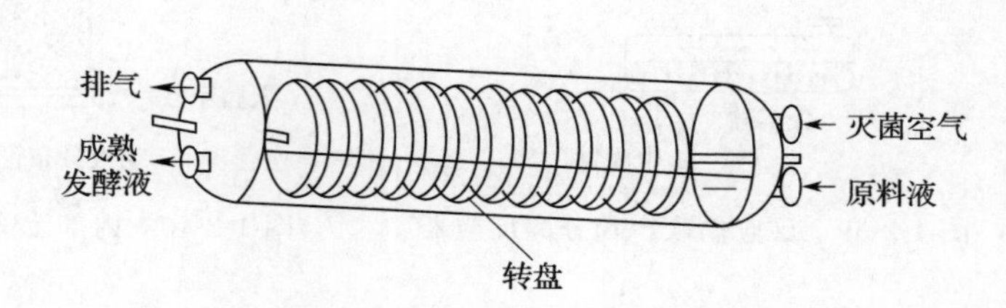

图 1-2-34 卧式转盘发酵反应器

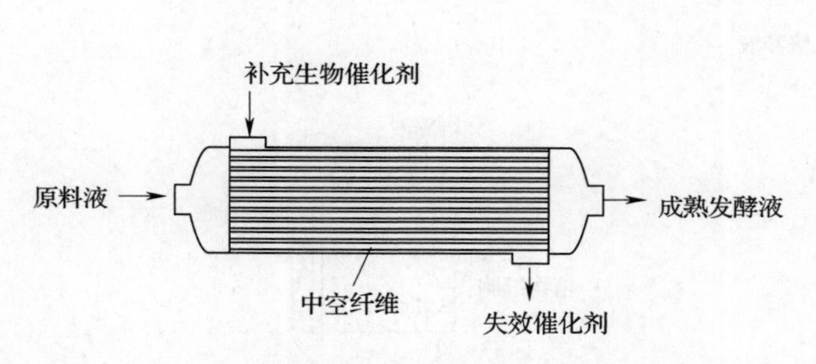

图 1-2-35 中空纤维生物反应器

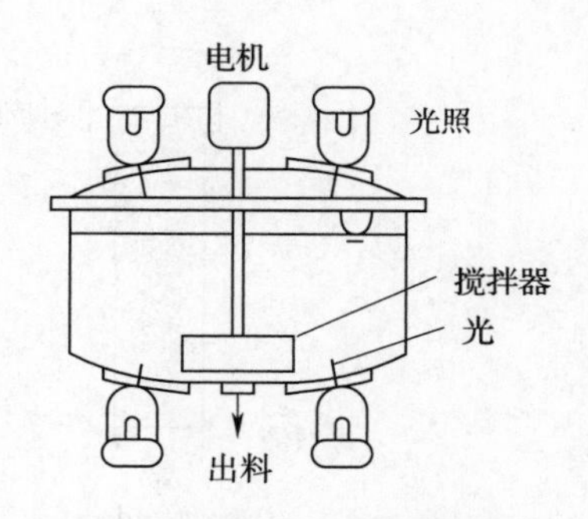

图 1-2-36 机械搅拌光照发酵罐

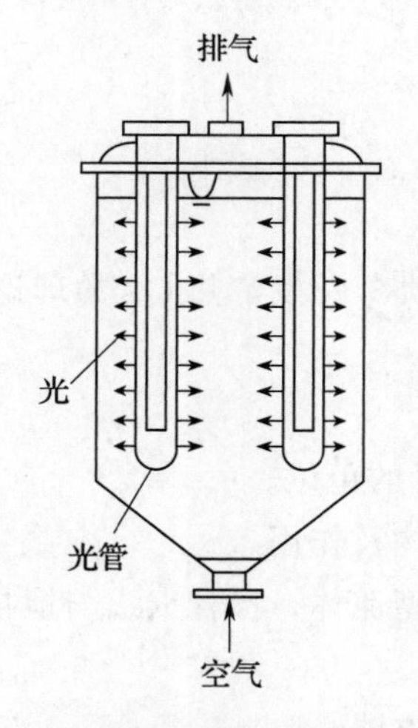

图 1-2-37 光照通气生物反应器

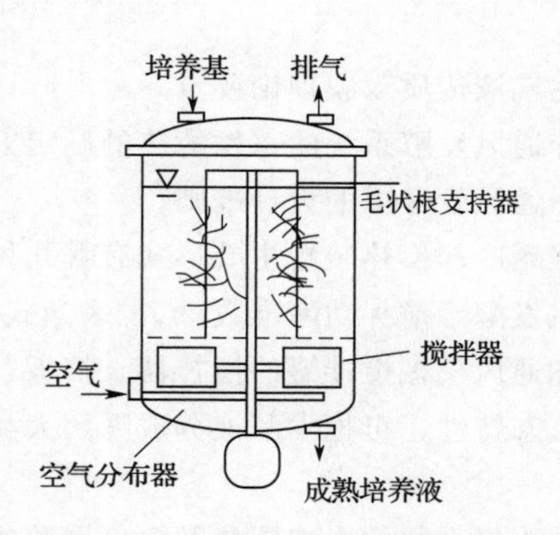

图 1-2-38 植物毛状根培养反应器

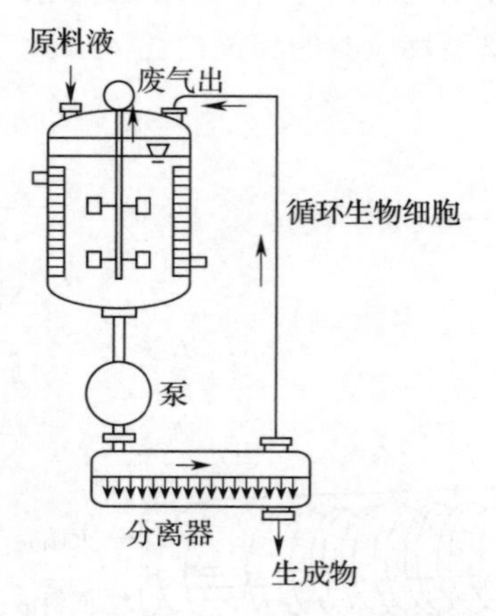

图 1-2-39　反应偶联产物分离反应器

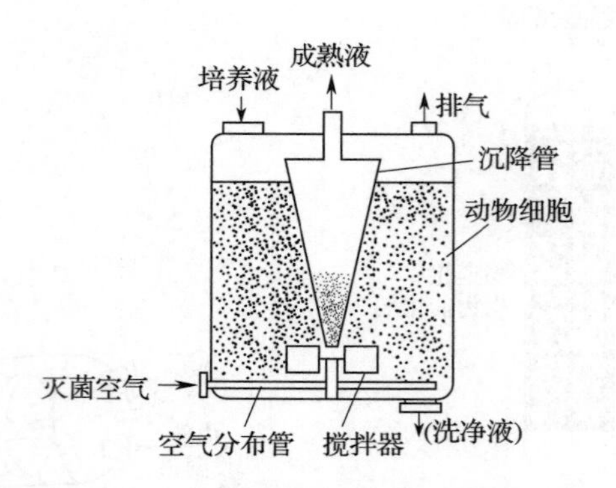

图 1-2-40　内部沉降动物细胞培养反应器

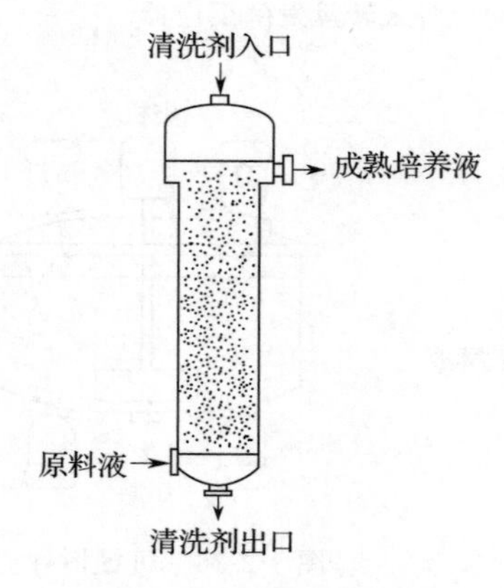

图 1-2-41　悬浮床生物反应器

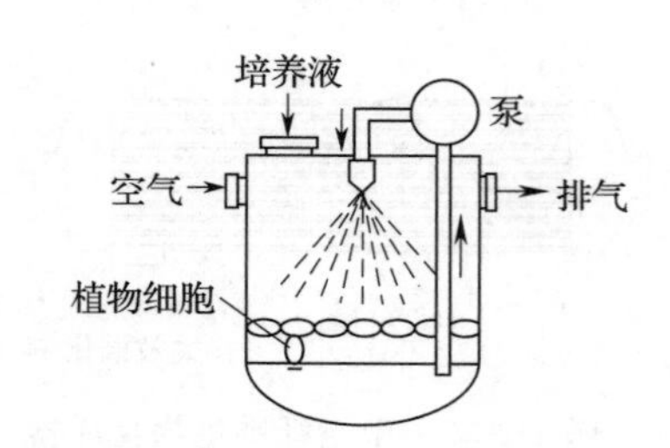

图 1-2-42　浅层植物组织培养反应器

思考题

1. 简述气液传质双膜理论要点。

2. 搅拌通风发酵系统的总发酵热的确定方法有哪几类？总发酵热 $Q_{总}$ 的理论计算式。

3. 说明通风发酵罐的设计准则。

4. 发酵罐冷却换热装置主要形式有哪几种？

5. 通风发酵罐搅拌功率准数 N_p 的表达式及各参变量的单位。

6. 简述通风机械搅拌罐的搅拌器、挡板、轴封的结构及作用。

7. 按流态特性，可把发酵液分成哪两大类？对牛顿型流体，搅拌 Re_m 与搅拌功率准数有何关系？

8. 说明溶氧系数的影响因素及溶氧系数的主要测定方法。

9. 为什么通气机械搅拌罐一直是发酵工业应用最普遍的反应器形式？通气机械搅拌罐又有哪些主要缺点？

10. 试说明实验室小型发酵罐多采用夹套控制温度而工业生产用的大型发酵罐则采用盘管或列管换热的原因。

11. 径向流和轴向流机械搅拌叶轮各有何特点？各适合哪些微生物发酵过程使用？

12. 根据气液传质理论，提出通风发酵罐溶氧速率强化的合理措施。

13. 气升环流式反应器与通气机械搅拌罐相比，有哪些优缺点？在哪些发酵生产中最常用？

14. 固定化细胞反应器具有生产能力高、细胞可反复利用等显著优点，但至今在生物加工生产上实际应用却不多，试说明原因。

15. 一直径为 1.22m 的通气搅拌罐中装入水，液柱高度（圆筒部分）等于罐径的 1.5 倍，罐内壁对称安装 4 块挡板，挡板宽度为罐径的 1/10，圆盘平叶涡轮搅拌浆直径为 0.36m，转数为 260r/min，通气量为 $1.3m^3/min$，操作温度为 25℃，罐顶压强为 0.1059MPa。试求：搅拌功率 P_g 和体积溶氧系数 k_La。

16. 一装液量 5L 的实验室发酵罐，通气量为 1.0VVm，操作压力为 0.0294MPa（表压）。在某发酵时间内，发酵液的溶氧浓度为饱和溶氧的 30%，空气进入时的氧含量（摩尔分数）为 21%，排气的氧含量为 19%，求此微生物的摄氧率和发酵罐的体积溶氧系数 k_La。

17. 有一生产用发酵罐，内径为 2m，装液高度为 3m，安装六弯叶涡轮搅拌器（三组叶轮），搅拌器直径为 0.67m，转速为 200r/min。设发酵液密度为 $1050kg/m^3$，黏度为 1×10^{-3} Pa·s，分别计算搅拌器所需不通气时和通气速率为 0.8VVm 时的搅拌功率 P_0 和 P_g。

参考文献

[1] 高孔荣．发酵设备［M］．北京：中国轻工业出版社，1991.

[2] 姚汝华．微生物工程工艺原理［M］．广州：华南理工大学出版社，2002.

[3] 梁世中．生物工程设备［M］．北京：中国轻工业出版社，2011.

[4] 俞俊棠，唐孝宣，邬行彦，等．新编生物工艺学（上下册）［M］．北京：化学工业出版社，2003.

[5] 张元兴，许学书．生物反应器工程［M］．上海：华东理工大学出版社，2001.

[6] H. 斯科特·福格勒．化学反应工程原理（第四版英文影印版）［M］．北京：化学工业出版社，2006.

[7] 山根恒夫，刑新会译．生物反应工程（第三版）［M］．北京：化学工业出版社，2006.

[8] 刘国诠．生物工程下游技术（第二版）［M］．北京：化学工业出版社，2003.

[9] 贾士儒．生物反应工程原理（第三版）［M］．北京：科学出版社，2008.

[10] 吴思方．生物工程工厂设计概论［M］．北京：中国轻工业出版社，2006.

[11] 戚以政，汪叔雄．生物反应动力学与反应器（第三版）［M］．北京：化学工业出版社，2007.

[12] 肖冬光．微生物工程［M］．北京：中国轻工业出版社，2004.

[13] 梅乐和，等．生化生产工艺学［M］．北京：科学出版社，2001.

[14] 曹军卫．微生物工程［M］．北京：科学出版社，2002.

[15] 郑裕国，薛亚平，金利群，等．生物加工过程与设备［M］．北京：化学工业出

版社，2004.

［16］陈洪章，等．生物过程工程与设备［M］．北京：化学工业出版社，2004.

［17］戚以政，夏杰．生物反应工程［M］．北京：化学工业出版社，2004.

［18］岑沛霖，关怡新，林建平．生物反应工程［M］．北京：高等教育出版社，2005.

［19］Lydersen B K，D'elia N A，Nelson K L. Bioprocess Engineering：Systems，equipment and facilities［M］. John Wiley & Sons，INC. New York，1994.

［20］Stanbury P F，Whitaker A，Hall S J. Principles of Fermentation Technology (2nd edition)［M］. Elsevier Science Ltd，1995.

［21］田中秀夫．培养装置の开発とその实用的利用［J］．生物工学会志.2006，84(1)：2-15.

［22］海野肇，清水和幸，岸本通雅.バイオプロセス工学（计测制御）［M］．日本东京：讲谈社サイエンテイフイク，1996.

［23］陈志平，郑津洋，马夏康.GB 50—1998 中各受压元件的设计方法（一）［J］．化工装备技术，1999，20 (1)：1-8.

［24］日本生物工学会．刘山彬，曾祯，李謦译．生物工程［M］．北京：科学出版社，2008.

［25］张文会，高孔荣．内循环气升式发酵雄的特性及其用于谷氨酸发酵的研究［J］．生物工程学报，1993，9 (2)：170-174.

［26］冯容保．大型氨基酸发酵罐的放大方法［J］．发酵科技通讯，2004，33 (4)：27.

［27］洪厚胜，骆巍，郭翠，等．赖氨酸发酵罐搅拌器的改造［J］．现代化工，2010，30 (9)：83-87.

［28］王远海.$300m^3$ 赖氨酸发酵罐搅拌系统改造［J］．中国酿造，2012，31 (7)：146-148.

［29］孙效东，乔晓明.$1250m^3$ 超大型氨基酸发酵罐的开发与运用［J］．发酵科技通讯，2015，44 (3)：34-36.

［30］樊晓宇．大型发酵罐设计中值得注意的问题［J］．医药工程设计，2011，32 (5)：1-4.

［31］门芳，谢蕾．发酵罐改进放大设计［J］．农业装备与车辆工程，2006，(8)：53-54.

第三章　厌氧发酵设备

发酵设备是发酵工厂中主要的设备，必须具有适宜微生物生长和形成产物的各种条件，促进微生物的新陈代谢，使之能在低消耗（原料消耗、能量消耗、人工消耗）下获得较高产量。因此发酵设备必须具备微生物生长的基本条件，例如，具有良好的传递质量、能量、热量的性能，能够维持合适的培养温度；要求有不同程度的无菌度，结构应尽可能简单，便于灭菌和清洗。

微生物发酵主要分厌氧和好氧两大类，故发酵设备也分为两大类：厌氧发酵设备，如酒精、啤酒和丙酮、丁醇等需要在无氧条件下进行发酵，其发酵设备为厌氧发酵设备；而好氧发酵设备，如谷氨酸、柠檬酸、酶制剂和抗菌素等属于好氧发酵产品，在它们的发酵过程中需不断通入无菌空气。

20 世纪 50 年代初期，连续发酵工业化的问题已引起人们普遍的关注和重视。这是由于连续发酵不仅节约了设备投资和操作费用，而且由于时间的缩短和管理的合理化，提高了生产能力。目前，连续发酵生产酒精已在大部分工厂得到应用，而啤酒发酵的连续化也相继在工业生产中得到应用。近年来，国内外发酵设备已趋向大容量发展。大型发酵罐具有简化管理，节省投资、降低成本以及利于自控等优点，并已在大型发酵罐中实现了自动清洗。固定化细胞、固定化酶生产酒精、啤酒等的研究进展很快，已进行系列的中型试验，其中固定化细胞生产酒精已应用到规模化生产。同时，各国对环境的逐渐重视以及对环境污染治理力度的加大，使得废水厌氧处理设备得到快速发展，尤其是高效厌氧反应器的研发，如升流式厌氧污泥床、厌氧膨胀颗粒污泥床和内循环式反应器。

第一节　酒精发酵设备

一、酒精发酵设备的基本要求

酒精发酵过程是酵母将糖转化为酒精的过程，欲获得较高的转化率，除满足酵母生长和代谢的必要工艺条件外，还需要一定的生化反应时间，在生化反应过程中将释放出一定数量的生物热。若该热量不及时移走，将直接影响酵母生长及酒精的转化率。因此，酒精发酵罐的结构必须满足上述工艺要求。此外，从结构上，还应考虑有利于发酵液的排出，设备的清洗、维修以及设备制造安装方便等问题。

二、酒精发酵罐的结构

（一）基本结构

酒精发酵罐筒体为圆柱形，底盖和顶盖均为碟形或锥形的立式金属容器，如图 1-3-1 所示。

在酒精发酵过程中，为了回收二氧化碳气体及其所带出的部分酒精，发酵罐宜采用密闭式。罐顶装有人孔、视镜及二氧化碳回收管、进料管、接种管、压力表和测量仪表接口管等。罐底装有排料口和排污口，罐身上下部装有取样口和温度计接口，对于大型发酵罐，为了便于维修和清洗，往往在近罐底也装有人孔。其动态图见视频 1-3-1。

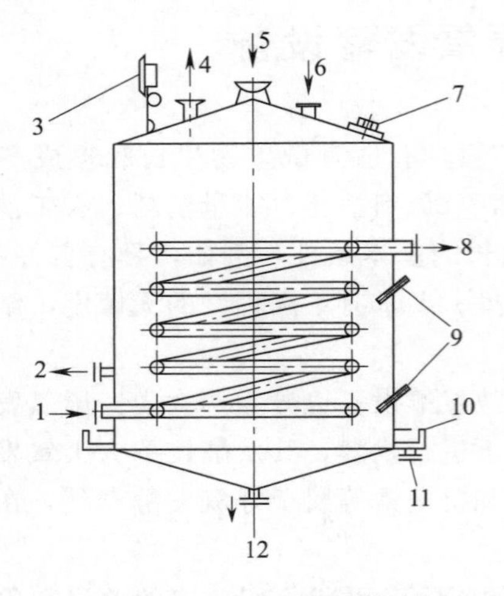

图 1-3-1　酒精发酵罐

1—冷却水入口　2—取样口　3—压力表　4—CO_2气体出口
5—喷淋水入口　6—料液及酒母入口　7—人孔　8—冷却水出口
9—温度计　10—喷淋水收集槽　11—喷淋水出口　12—发酵液及污水排出口

视频 1-3-1　酒精发酵罐动态图

（二）发酵罐的冷却装置

根据发酵罐大小不同，酒精发酵罐通常采用以下冷却装置：对于中小型发酵罐，多采用罐顶喷水淋于罐外壁表面进行膜状冷却；对于大型发酵罐，由于罐外壁冷却面积不能满足冷却要求，所以，罐内装有冷却蛇管或罐内蛇管和罐外壁喷洒联合冷却装置。为避免发酵车间的潮湿和积水，要求在罐体底部沿罐体四周装有集水槽。也有采用罐外列管式喷淋冷却的方法，此法具有冷却发酵液均匀、冷却效率高等优点。

（三）发酵罐的洗涤装置

酒精发酵罐的洗涤，过去均由人工操作，不仅劳动强度大，而且二氧化碳气体一旦未彻底排除，工人入罐清洗会发生中毒事故。近年来，酒精发酵罐已逐步采用水力喷射洗涤装置，从而降低了工人的劳动强度，减少了清洗时间，提高了操作效率。大型发酵罐采用这种水力洗涤装置尤为重要。

水力洗涤装置如图 1-3-2 所示。

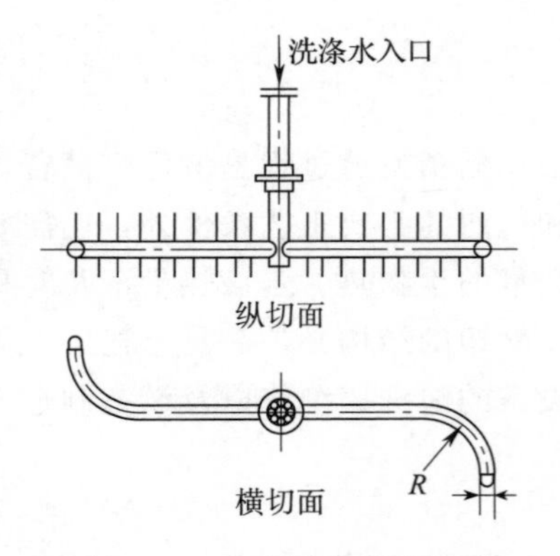

图 1-3-2　发酵罐水力洗涤器

水力喷射装置是由一根两头装有喷嘴的洒水管组成，两头喷水管弯有一定的弧度，喷水管上均匀地钻有一定数量的小孔，喷水管安装时呈水平，喷水管借活接头和固定供水管相连接，它是借喷水管两头喷嘴以一定喷出速度而形成的反作用力，使喷水管自动旋转，在旋转过程中，喷水管内的洗涤水由喷水孔均匀喷洒在罐壁、罐顶和罐底上，从而达到水力洗涤的目的。对于 120m^3 的酒精发酵罐，采用 ϕ36mm×3mm 的喷水管，管上开有 ϕ4mm×30 个小孔，两头喷嘴口径为 9mm。

这种水力洗涤装置，在水压力不大的情况下，水力喷射强度和均匀度都不理想，以至洗涤不彻底，大型发酵罐尤为明显。因此，可采用高压强的水力喷射洗涤装置，如图 1-3-3 所示。

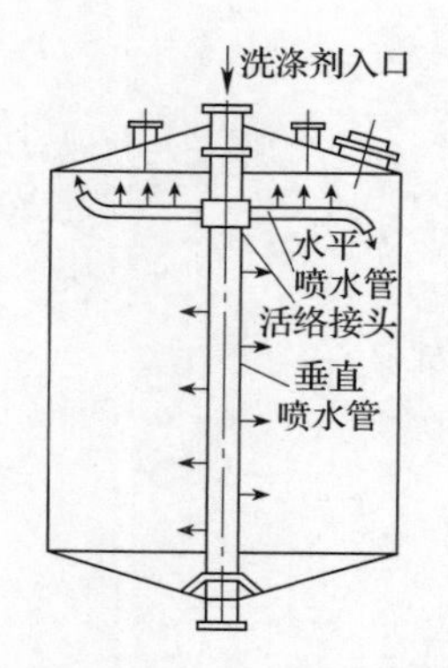

图 1-3-3　水力喷射洗涤装置

视频 1-3-2　CIP 清洗流程演示

高压强的水力喷射洗涤装置是一根直立的喷水管，沿轴向安装于罐的中央，在垂直喷水管上按一定的间距均匀地钻有 ϕ4～6mm 的小孔，孔与水平呈 20°角，水平喷水管借活接头，上端和供水总管，下端和垂直分配管相连接，洗涤水压为 0.6～0.8MPa。水流在较高压力下，由水平喷水管出口处喷出，使其以 48～56r/min 自动旋转，并以极大的速度喷射到罐壁各处，而垂直的喷水管也以同样的水流速度喷射到罐体四壁和罐底，约 5min 时间即可完成洗涤作业。洗涤水若用废热水，还可提高洗涤效果。

三、酒精发酵罐的计算

（一）发酵罐结构尺寸的确定

1. 发酵罐全容积的计算

$$V = \frac{V_0}{\varphi} \tag{1-3-1}$$

式中　V——发酵罐的全容积，m^3

V_0——发酵罐中的装液量，m^3

φ——装液系数，一般取 0.85～0.90

2. 带有锥形底、盖的圆柱形发酵罐全容积

$$V = \frac{\pi}{4}D^2(H + \frac{h_1}{3} + \frac{h_2}{3})(m^3) \tag{1-3-2}$$

式中　D——罐的直径，m

H——罐的圆柱部分高度，m

h_1——罐底高度，m

h_2——盖高度，m

酒精发酵罐其罐体高度、底、盖高度和罐径的尺寸关系可推荐如下：$H=$（1.1～1.5）D，$h_1=$（0.1～0.14）D，$h_2=$（0.05～0.1）D

根据发酵罐的全体积 V 和高径比 H/D 等，即可确定发酵罐的结构尺寸。

（二）发酵罐罐数的确定

对于间歇发酵，发酵罐罐数可按以下方程计算：

$$N = \frac{nt}{24} + 1 \text{（个）} \tag{1-3-3}$$

式中　N——发酵罐个数（其中一个备用），个

n——每 24h 内进行加料的发酵罐数，个

t——一次发酵周期所需时间，h

（三）发酵罐冷却面积的计算

发酵罐冷却面积的计算可按传热基本方程来确定，即：

$$A = \frac{Q}{K\Delta T_m} \tag{1-3-4}$$

式中　A——冷却面积，m^2

Q——总的发酵热，J/h

K——传热总系数，J/（m^2・h・℃）

ΔT_m——对数平均温度差，℃

1. 总发酵热的估算

微生物在厌氧发酵过程中总的发酵热，一般由生物合成热 Q_1，蒸发热损失 Q_2，罐壁向周围散失的热损失 Q_3 等三部分热量所组成。

$$Q = Q_1 - (Q_2 + Q_3)$$

微生物的生物合成热是由维持微生物生命活动的呼吸热、促进微生物增殖的繁殖热以及微生物形成代谢产物的发酵热所组成，由于各种微生物的生理特性和代谢途径不同，故对于微生物的合成热至今尚难以准确计算。

对于确定酒精、啤酒等厌氧发酵的发酵热，一船按发酵最旺盛时单位时间糖度降低的百分比来计算，通常以消耗 1kg 麦芽糖发酵放出的热量约为 650kJ 为计算基准。但据资料报道，在 100g 麦汁中可发酵糖实际发酵放热量为 41860J，因此，消耗 1kg 麦芽汁发酵放出的实际热量为 418.6kJ。如果发酵液不进行冷却，则发酵温度可升高 10℃。

此外，对于小型试验罐，也可在发酵最旺盛时，测定其冷却水的进出口温度和单位时间内的耗水量，从而得出小罐的放热量 Q'_1。

$$Q'_1 = WC_p(t_2 - t_1) \tag{1-3-5}$$

式中　Q'_1——小型试验罐的放热量，J/h

W——冷却水的消耗量，kg/h

C_p——冷却水的平均比热容，J/（kg・℃）

t_2——冷却水的出口温度，℃

t_1——冷却水的进口温度，℃

由所得 Q'_1 的热量，再扩大应用到生产罐，则生产罐的 Q_1：

$$Q_1 = \frac{Q'_1}{V'_1} V_1 \text{(J/h)} \tag{1-3-6}$$

式中　V'_1——小型试验罐中发酵液的体积，m^3

　　V_1——生产罐中发酵液的体积，m^3

代谢气体带走的蒸发热量 Q_2 与糖液浓度、发酵程度好坏有关，除间接测定外，目前还难具体计算，一般计算时可取 Q_1 的 5%～6%。

不论发酵罐置于室外或室内，均要向周围空间散失热量 Q_3，这部分热量由对流和辐射组成：

$$Q_3 = AK_c\ (T_W - T_B) \tag{1-3-7}$$

式中　A——散热的表面积（发酵罐的表面积），m^2

　　K_c——对流、辐射联合给热系数，$kJ/(m^2 \cdot h \cdot K)$

　　T_W——罐表面温度，可取比发酵温度稍低一点的温度，℃

　　T_B——周围空气的温度，℃

对流、辐射联合给热系数 K_c，当壁面温度 30～35℃，空气做自然对流时，可用下面近似公式：

$$K_c = 4.187 \times (8 + 0.05 t_{表}) \tag{1-3-8}$$

所以总的发酵热：

$$Q = Q_1 - (Q_2 + Q_3) \tag{1-3-9}$$

2. 对数平均温度差 ΔT_m 的计算

$$\Delta T_m = \frac{(T_F - T_1) - (T_F - T_2)}{\ln \dfrac{T_F - T_1}{T_F - T_2}} \tag{1-3-10}$$

式中　T_F——主发酵时的发酵温度，℃

　　T_1——冷却水进口温度，℃

　　T_2——冷却水出口温度，℃

3. 传热总系数 K 的确定

传热总系数可由两部分的传热分系数和热阻所组成，即：发酵液到蛇管壁的传热分系数 K_1；从冷却管壁到冷却水的传热分系数 K_2。

由于在罐内发酵温度场的不均匀性，以及代谢气体逸出致使液体的扰动，情况较为复杂，发酵液到蛇管壁的传热分系数 K_1 一般依据生产经验数据或直接测定为准，对酒精发酵液而言，其 K_1 可取 2300～2700$kJ/(m^2 \cdot h \cdot ℃)$。

从冷却管壁到冷却水的传热分系数 K_2，可分为两种情况计算。

若采用蛇管冷却，以水为冷却剂，则可用下列简化式计算：

$$K_2 = 4.186A \frac{(\rho v)^{0.8}}{D^{0.2}} \left(1 + 1.77 \frac{D}{R}\right) \tag{1-3-11}$$

式中　K_2——蛇管的传热分系数，$kJ/(m^2 \cdot h \cdot ℃)$

　　A——常数，在水温为 20℃时，可取 6.45

　　ρ——水的密度，kg/m^3

　　v——蛇管内水的流速，m/s

　　D——蛇管直径，m

　　R——蛇管圈半径，m

若采用罐外壁喷淋冷却，则 K_2 为：

$$K_2 = 167\frac{\rho_1^{\ 0.4}}{D_m^{\ 0.6}} \ [\text{kJ}/(\text{m}^2 \cdot \text{h} \cdot ℃)] \tag{1-3-12}$$

式中　ρ_1——喷淋密度，kg/（m·h）

D_m——罐外径，m

适用于喷淋密度在100～1500kg/（m·h）时。

确定了上述各项计算参数后，即可按方程（1-3-4）算出冷却面积，然后对冷却装置进行结构设计，最后确定实际传热面积。

4. 冷却水耗量的计算

由热平衡方程式得：

$$Q_A = Q_B \tag{1-3-13}$$

式中　Q_A——酒精或其他发酵产品的总发酵热，J/h

Q_B——冷却水带走的热量，J/h

因为

$$Q_A = Q_B = WC_p(T_2 - T_1) \tag{1-3-14}$$

所以

$$W = \frac{Q_B}{C_p(T_2 - T_1)}$$

式中　W——冷却水消耗量，kg/h

C_p——冷却水平均温度$\left(\frac{T_2 + T_1}{2}\right)$时的比热容，J/（kg·℃）

T_1、T_2——冷却水进、出口温度,℃

例题 1-3-1

某酒精工厂，每发酵罐的进料量为24t/h。每4h装满一罐，发酵周期为72h，冷却水的初、终温分别为20℃和25℃，若罐内采用蛇管冷却，试确定发酵罐的结构尺寸、罐数、冷却水耗量、冷却面积和冷却装置的主要结构尺寸（糖化醪密度为1076kg/m³）。

解：

（1）发酵罐的个数和结构尺寸的确定

确定发酵罐的个数 N：

$$N = \frac{nt}{24} + 1 \text{（个）}$$

按题意

$$n = 24/4 = 6$$

所以

$$N = \frac{6 \times 72}{24} + 1 = 19 \text{（个）}$$

发酵罐容积：

$$V = \frac{24 \times 4 \times 1000}{1076 \times 0.9} = 100(\text{m}^3)$$

式中　0.9——发酵罐的装料系数

发酵罐采用圆柱形器身，底和顶为锥形盖，选取结构尺寸的比例关系如下：

$$H = 1.2D \quad h_1 = h_2 = 0.1D$$

$$V = 0.785D^2\left(H + \frac{h_1}{3} + \frac{h_2}{3}\right)$$

$$100 = 0.785D^2\left(1.2D + \frac{0.2D}{3}\right)$$

$$D = 4.7 \text{（m）}$$

则

$$H = 1.2D = 5.6 \text{（m）}$$

$$h_1=h_2=0.1D=0.47\ (\text{m})$$

由发酵罐的基本结构尺寸，可确定全罐表面积，罐体圆柱部分表面积 A_1 和罐底罐顶表面积 A_2，A_3 分别为：

$$A_1=\pi DH=3.14\times4.7\times5.6=82\ (\text{m}^2)$$

$$\begin{aligned}A_2=A_3&=\pi R\sqrt{R^2+h^2}\\&=3.14\times2.35\sqrt{2.35^2+0.47^2}\\&=18(\text{m}^2)\end{aligned}$$

式中　R——罐的半径，m

所以全罐表面积为：　$A=A_1+A_2+A_3=118\ (\text{m}^2)$

(2) 冷却面积和冷却装置主要结构尺寸按方程 (1-3-3)

$$A=\frac{Q}{K\Delta T_{\text{m}}}(\text{m}^2)$$

①总的发酵热 Q：

$$Q=Q_1-(Q_2+Q_3)$$

$$Q_1=msq$$

式中　m——每罐发酵醪量，kg

s——糖度降低百分值，%

q——每 1kg 糖发酵放热，J

Q——主发酵期，每小时糖度降低 1 度所放出的热量

所以

$$\begin{aligned}Q_1&=24\times4\times1000\times1\%\times418.6\\&=4\times10^5\ (\text{kJ/h})\end{aligned}$$

$$Q_2=5\%Q_1=5\%\times4\times10^5=0.2\times10^5\ (\text{kJ/h})$$

$$Q_3=AK_{\text{c}}(T_{\text{W}}-T_{\text{B}})$$

假定罐壁不包保温层，壁温最高可达 35℃，生产厂所在地区的夏季平均温度可查阅有关资料，现假定为 32℃。

因为

$$\begin{aligned}K_{\text{c}}&=k_{对}+k_{辐}\\&=1.7\sqrt[4]{T_{\text{w}}-T_{\text{B}}}+\frac{c[(\frac{T_{\text{w}}}{100})^4-(\frac{T_{\text{B}}}{100})^4]}{T_{\text{W}}-T_{\text{B}}}\\&=1.7\sqrt[4]{35-32}+\frac{4.88[(\frac{273+35}{100})^4-(\frac{273+32}{100})^4]}{35-32}\\&=8\ [\text{kcal}/(\text{m}^2\cdot\text{h}\cdot℃)]\\&=33.5\ [\text{kJ}/(\text{m}^2\cdot\text{h}\cdot℃)]\end{aligned}$$

所以

$$\begin{aligned}Q_3&=118\times33.5\times(35-32)\\&=0.12\times10^5\ (\text{kJ/h})\end{aligned}$$

因为

$$Q=Q_1-(Q_2+Q_3)$$

所以

$$\begin{aligned}Q&=4\times10^5-(0.2\times10^5+0.12\times10^5)\\&=3.68\times10^5\ (\text{kJ/h})\end{aligned}$$

②冷却水耗量的计算：

按方程 (1-3-13)

$$W=\frac{Q_B}{C_{\text{p}}(T_2-T_1)}=\frac{3.68\times10^5}{4.186\times(25-20)}=17600\ (\text{kJ/h})$$

③对数平均温度差的计算：

$$\Delta T_m = \frac{(T_F - T_1) - (T_F - T_2)}{2.3\lg\dfrac{T_F - T_1}{T_F - T_2}}$$

主发酵期控制发酵液温度 T_F 为 30℃，按题意冷却水进出口温度分别为 $T_1 = 20$℃，$T_2 = 25$℃。

$$\Delta T_m = \frac{(30-20)-(30-25)}{2.3\lg\dfrac{30-20}{30-25}} = 7.2\ (℃)$$

④传热总系数 K 的确定：

选取蛇管为水煤气输送钢管，其规格为 53/60mm，则管的横截面积为：

$$\pi/4 \times (0.053)^2 = 0.0022\ (m^2)$$

考虑罐径较大，设罐内同心装两列蛇管，并同时进入冷却水，则水在管内流速为：

$$\omega = \frac{17600}{2 \times 3600 \times 0.0022 \times 1000} = 1.12(m/s)$$

设蛇管圈的直径为 3m，并由水温表查得 $A = 6.45$。

所以

$$K_2 = 4.186A\frac{(\rho\upsilon)^{0.8}}{D^{0.2}}\left(1 + 1.77\frac{D}{R}\right)$$

$$= 4.186 \times 6.45\frac{(1.12 \times 1000)^{0.8}}{0.053^{0.2}}\left(1 + 1.77 \times \frac{0.053}{1.5}\right)$$

$$= 1.45 \times 10^4\ [kJ/(m^2 \cdot h \cdot ℃)]$$

K_1 按生产经验数据取 2700kJ/（m^2·h·℃）。

故传热总系数为：

$$K = \frac{1}{\dfrac{1}{14500} + \dfrac{1}{2700} + \dfrac{0.0035}{188} + \dfrac{1}{16750}}$$

$$= 1932\ [kJ/(m^2 \cdot h \cdot ℃)]$$

式中　188——钢管的导热系数，kJ/（m^2·h·℃）

1/16750——钢管水污垢层的热阻，m^2·h·℃/kJ

0.0035——管壁厚，m

⑤冷却面积和主要尺寸：

按方程（1-3-3），所求冷却面积为：

$$A = \frac{Q}{K\Delta T_m} = \frac{3.68 \times 10^5}{1932 \times 7.2} = 26.5\ (m^2)$$

两列蛇管长度：

$$L = \frac{A}{\pi D_{cp}} = \frac{26.5}{3.14 \times 0.0565} = 149(m)$$

式中　D_{cp}——蛇管的平均直径，m

每圈蛇管的长度　$l = \sqrt{(\pi D_p)^2 + h_p^2}$

式中　D_p——蛇管圈直径，m

h_p——蛇管圈之间的间距，m，取 0.15m

所以　$l = \sqrt{(3.14 \times 3)^2 + 0.15^2} = 9(m)$

两列蛇管总圈数：

$$N_p = \frac{L}{l} = \frac{149}{9} = 17$$

两列蛇管总高度：

$$H = (N_p - 1)\ h_p = (17-1) \times 0.15 = 2.4\ (\text{m})$$

第二节　啤酒发酵设备

近年来，啤酒发酵设备向大型、室外、联合的方向发展。迄今为止，使用的大型发酵罐容量已达 1500m^3。大型化的目的是：①由于大型化，使啤酒质量均一化；②由于啤酒生产的罐数减少，使生产合理化，降低了主要设备的投资。

啤酒发酵容器的变迁过程，大概可分为三个方面：一是发酵容器材料的变化。容器的材料由陶器向木材→水泥→金属材料演变，现在的啤酒生产，金属材料使用较为普遍。二是开放式发酵容器向密闭式转变。小规模生产时，糖化投料量较少，啤酒发酵容器放在室内，一般用开放式，上面没有盖子。对发酵的管理、泡沫形态的观察和醪液浓度的测定等比较方便。随着啤酒生产规模的扩大，投料量越来越大，发酵容器已开始大型化，并为密闭式。从开放式转向密闭发酵的最大问题是发酵时被气泡带到表面的泡盖的处理。开放发酵便于撇取；密闭容器人孔较小，难以撇取，可用吸取法分离泡盖。三是密闭容器的演变。原来是在开放式长方形容器上面加穹形盖子的密闭发酵槽，随着技术革新过渡到用钢板、不锈钢或铝制的卧式圆筒形发酵罐。后来出现的是立式圆筒形锥底发酵罐，这种罐是 20 世纪初期瑞士的奈坦（Nathan）发明的，所以又称奈坦式发酵罐。

目前使用的大型发酵罐主要是立式罐，如奈坦罐、联合罐、朝日罐等。由于发酵罐容量的增大，要求清洗设备装置也有很大的改进，大都采用 CIP 自动清洗系统。

啤酒发酵设备介绍见视频 1-3-3。

视频 1-3-3　啤酒发酵设备

一、啤酒前、后发酵设备

（一）前发酵设备

传统的前发酵槽均置于发酵室内，发酵槽大部分为开口式。前发酵槽可为钢板制，常见的采用钢筋混凝土制成，也有用砖砌、外面抹水泥的发酵槽。型式以长方形或正方形为主。

尽管发酵槽的结构型式和材质各不相同，但为了防止啤酒中有机酸对各种材质的腐蚀，前发酵槽内均要涂布一层特殊涂料作为保护层。早期采用沥青蜡涂料作为防腐层，虽然防腐效果好，但成本高，劳动强度大，且年年要维修，不能适应啤酒生产的发展。目前采用不饱和聚酯树脂、环氧树脂或其他特殊涂料较为广泛，但还未完全符合啤酒低温发酵的防腐要求。

开放式前发酵槽如图 1-3-4 所示。

前发酵槽的底略有倾斜，利于废水排出，离槽底 10～15cm 处，伸出有嫩啤酒放出管，该管为活动接管，平时可拆卸，所以伸出槽底的高度也可适当调节。管口有个塞子，以挡住沉淀下来的酵母，避免酵母污染放出的嫩啤酒。待嫩啤酒放尽后，可拆去嫩啤酒出口管头，酵母即可从槽底该管口直接排出。

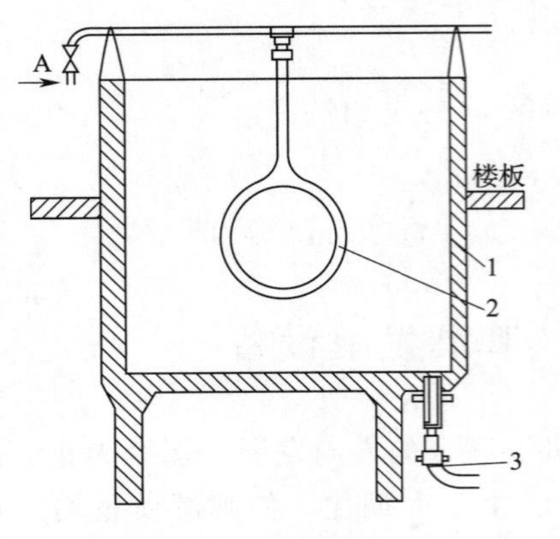

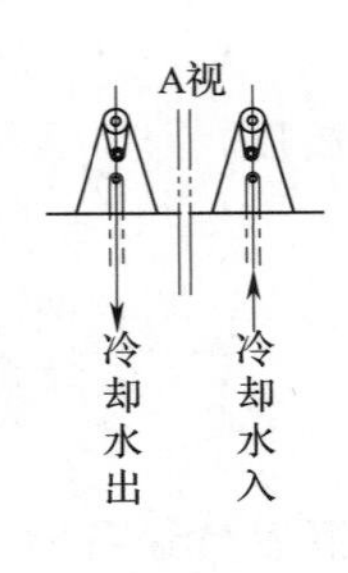

图 1-3-4　前发酵槽

1—槽体　2—冷却水管　3—出酒阀

为了维持发酵槽内醪液的低温，在槽中装有冷却蛇管或排管。前发酵槽的冷却面积，根据经验，对下面啤酒发酵取每立方米发酵液约为 0.2m² 冷却面积，蛇管内通入 0～2℃的冰水。

密闭式发酵槽具有回收二氧化碳，减少前发酵室内通风换气的耗冷量以及减少杂菌污染机会等优点。因此，这种密闭式发酵槽已日益被新建啤酒工厂采用。

除了在槽底装置冷却蛇管，维持一定的发酵温度外，也须在发酵室内装置冷却排，维持室内一定的低温。但这种冷却排耗金属材料多，占地面积大，且冷却效果又差，故新建工厂多采用空调装置，使室内维持工艺所要求的温度和湿度。

采用开口式前发酵槽时，室内不能积聚过高浓度的二氧化碳，否则危害人体健康，因此，室内应装有排除二氧化碳气体的装置。若采用空调设备，则必须保证不断补充约为10%的室外新鲜空气，其余作为再循环，从而节省冷耗，降低空调室的负荷。同时，确保排除二氧化碳气体，使室内二氧化碳气体的浓度达到最低，如图 1-3-5 所示。

发酵室内装置密闭式发酵槽，则采用空调设备，实施冷风再循环更有利于冷耗的节约，如图 1-3-6 所示。为避免在室内产生激烈的气流，通风口都应设在墙角处。

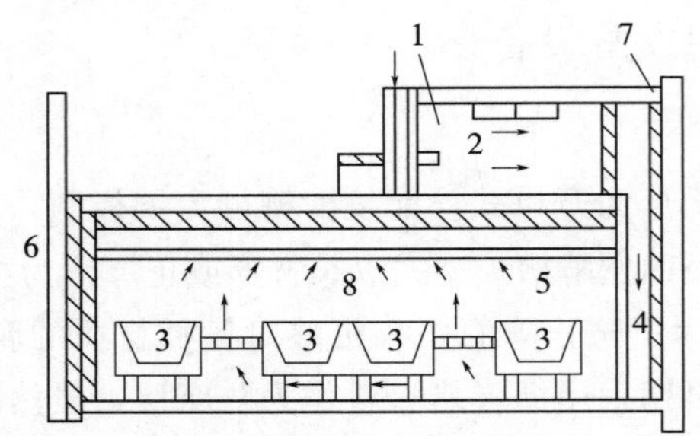

图 1-3-5　主发酵室（置有开口式发酵槽的供排风系统）

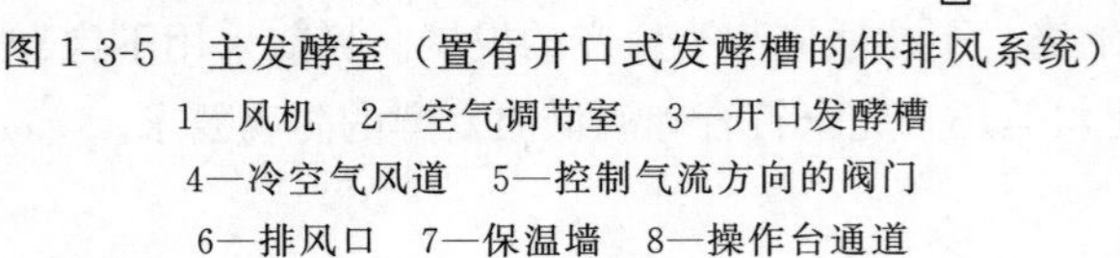

1—风机　2—空气调节室　3—开口发酵槽

4—冷空气风道　5—控制气流方向的阀门

6—排风口　7—保温墙　8—操作台通道

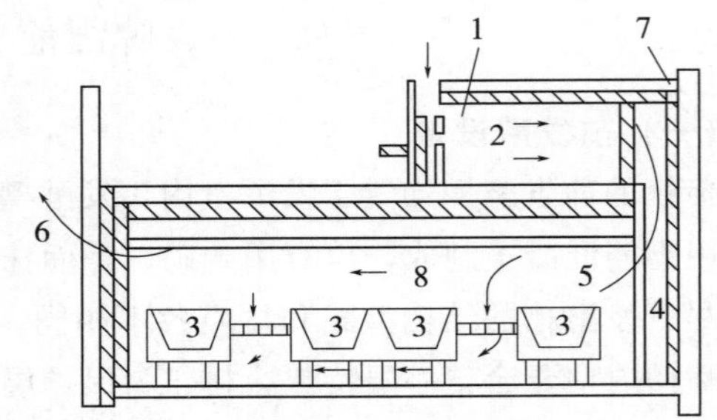

图 1-3-6　主发酵室冷风循环系统

1—风机　2—空气调节室　3—密闭式发酵槽

4—空气通道　5—气流方向控制阀

6—排风口　7—保温墙　8—操作台通道

为尽可能降低发酵室的冷耗量，除合理地在室内配置进出风道以及正确操作空调设备之外，发酵室的四周墙壁和顶棚均要采用较好的绝热结构，绝热层厚度不应小于 5cm。发酵槽外壁及四周墙壁应铺砌白瓷砖或红缸砖，也可用标号较高的水泥抹面，再涂以颜色较暗淡的油漆。地面通道应用防滑瓷砖铺设，并有一定坡度，便于废水排出。发酵室内顶棚相应建成倾斜或光滑弧面，以免冷凝水淌入发酵槽内。从节省冷耗考虑，室内空间不宜太高，单位体积发酵室内的发酵槽容量应尽可能大。必须指出，由于这类传统的发酵槽不适合大规模的现代啤酒生产，近十多年新建的啤酒厂已不用这种过时的设备。

（二）后发酵设备

后发酵槽又称贮酒罐，该设备主要完成嫩啤酒的继续发酵，并饱和二氧化碳，促进啤酒的稳定、澄清和成熟。根据工艺要求，贮酒室内要维持比前发酵室更低的温度，一般要求 0～2℃，特殊产品要求达到－2℃左右。后发酵过程残糖较低，发酵温和，产生发酵热较少，故槽内一般无需再装置冷却蛇管，后酵产生的发酵热借室内低温将其带走。因此，贮酒室的建筑结构和保温要求，均不能低于前发酵室，室内低温的维持，是借室内冷却排管或通入冷风循环而得，通入冷风循环方法应用更广。

后发酵槽是金属的圆筒形密闭容器，有卧式和立式两种，如图 1-3-7 所示。工厂大多数采用卧式。由于发酵过程中需饱和 CO_2，所以后发酵槽应制成耐压 0.1～0.2MPa（表压）的容器。后发酵槽槽身装有人孔、取样阀、进出啤酒接管、排出二氧化碳接管、压缩空气接管、温度计、压力表和安全阀等附属装置。

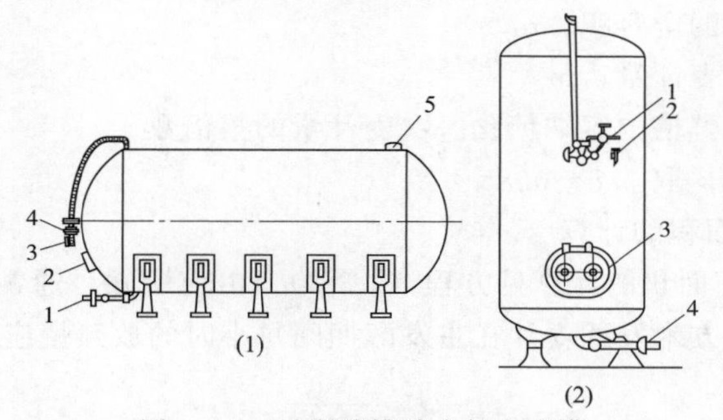

图 1-3-7　后发酵槽卧式与立式罐

（1）卧式：1—啤酒放出阀　2—人孔　3—取样旋塞　4—连通接头（排 CO_2 等）　5—压力表和安全阀

（2）立式：1—压力调节装置　2—取样口　3—人孔　4—啤酒放出口

后发酵槽的材料，以前用 A_3 钢板制造，内壁涂以防腐层。有的槽采用铝板，铝制的槽不需要涂料修补费，但由于腐蚀，3～4 年之后壁面就产生不同程度的粗糙度，不利于槽内的消毒和清洁工作。采用碳钢与不锈钢压制的复合钢板是制作酒槽的一种新型材料，该材料保证了槽的安全、卫生和防腐蚀性，其造价比纯不锈钢低；近年大型啤酒厂采用全不锈钢罐。

为了改善后发酵的操作条件，较先进的啤酒工厂将贮酒槽全部放置在隔热的贮酒室内，维持一定的后发酵温度。贮酒室外建有绝热保暖的操作通道，通道内保持常温，开启发酵液的管道和阀门都连通到通道里，在通道内进行后发酵过程的调节和操作。贮酒室和通道相隔的墙壁上开有一定直径和数量的玻璃窥察窗，便于观察后发酵室内部情况。

二、啤酒前、后发酵设备的计算

（一）前发酵槽的计算

1. 发酵槽数目的确定

采用小容量的发酵槽，将导致一系列非生产消耗的增加。体积小，槽数目多，又必然会增加投资费用，所以一般不宜采用。

在一个发酵槽内可容纳一次麦芽汁量的前提下，发酵槽的数目可按以下方程计算：

$$N = nt \tag{1-3-15}$$

式中 n——每日糖化次数

t——前发酵时间，d

若单个发酵槽可容纳糖化一次麦汁量的整倍数，则发酵槽数目可按以下方程计算：

$$N = \frac{n}{Z}t \tag{1-3-16}$$

式中 Z——在一个发酵槽内容纳一次糖化麦芽汁量的整数倍

由此可见，在一个发酵槽内容纳一次糖化麦芽汁量的前提下，发酵槽的数目仅仅取决于每日糖化次数和前发酵时间，而与生产量以及生产的不平衡性无关。

2. 前发酵槽容积的确定

计算糖化一次麦汁量或其量的整数倍，同时适当考虑泡沫所占的空间，即可确定发酵槽的体积。计算如下：

$$V = \frac{ZV_0}{\varphi} \tag{1-3-17}$$

式中 V——前发酵槽的全容积，m^3

V_0——糖化一次麦汁量，m^3

Z——在一个发酵槽中容纳糖化一次麦汁量的整倍数

φ——装液系数，取0.8～0.85

3. 前发酵槽冷却面积的计算

啤酒前发酵槽冷却面积的计算见方程（1-3-3）。由前所知，通常发酵1kg麦芽糖放热量418600J，对于每立方米发酵麦汁在主发酵期间每小时的放热量应为：

$$Q = \frac{\varepsilon \Delta s q \rho}{24t} \tag{1-3-18}$$

式中 Q——主发酵期间发酵麦汁的放热量，J/（$m^3 \cdot h$）

ε——主发酵期间放热不平衡系数，取1.3～1.5

Δs——主发酵期，单位时间内麦汁糖度差百分率，%

q——发酵1kg麦芽糖的放热量，J/kg

ρ——麦汁平均密度，kg/m^3

t——主发酵期间，麦汁实际需要冷却天数，$t=n-2$

n——主发酵的天数，间歇发酵的头、末两天不需要冷却

在计算从发酵麦汁到蛇管壁的传热分系数α_2时，可将啤酒发酵液近似作自然对流给热，在具体情况下（$G_r P_r = 5\times10^2 \sim 2\times10^7$），$\alpha_2$可用下式近似计算：

$$\alpha_2 = 2.5c\sqrt[4]{T_1 - T_2} \tag{1-3-19}$$

式中 α_2——发酵麦汁到蛇管壁的传热分系数，kJ/（$m^2 \cdot h \cdot ℃$）

T_1——啤酒温度，℃

T_2——蛇管外表面温度

c——比例系数，随液体的平均温度而变化，见表1-3-1

表 1-3-1　　比例系数与液体平均温度的对应关系

$(T_1+T_2)/2$	2	4	6	8	10
c	125	150	170	185	204

（二）后发酵槽的计算

贮酒罐的容量应和啤酒过滤能力匹配，即一天的过滤量要相当一个罐或几个罐的贮酒量，不能滤过半个罐就停下来，那样将有大量空气进入罐内，严重影响啤酒质量。如果滤酒时贮酒罐的背压用二氧化碳，情况就会好得多。一般小型啤酒厂采用单个贮酒罐满足每日装酒产量，而大中型啤酒厂则要数个贮酒罐才能满足要求。

若选定每个后发酵槽的容量后，根据后发酵槽总的有效体积，可按以下方程确定后发酵槽的数目：

$$N=\frac{V}{V_s} \tag{1-3-20}$$

式中　N——后发酵槽数目，个

V——后发酵槽总的有效体积，m^3

V_s——每个发酵槽的有效体积，m^3

必须指出，后发酵槽总的有效体积，主要根据啤酒年产量、啤酒的品种、贮酒时间（酒龄）而定。例如有 5000t 的啤酒工厂，其全年计划产品分配如表 1-3-2 所示。

表 1-3-2　　5000t 的啤酒厂年计划生产品种分配表

季度	占年产量百分比/%	产量/t		
		熟啤酒	鲜啤酒	合计
第一季度	20	500	500	1000
第二季度	30	500	1000	1500
第三季度	30	500	1000	1500
第四季度	20	500	500	1000

按传统啤酒生产方式，熟啤酒贮酒期为 60d，鲜啤酒贮酒期为 45d。由于全年产量最大负荷在第二、三季度，因此，以第二、三季度为计算基准，所确定的后发酵槽的总体积，即可满足该厂全年产量所需贮酒罐罐数的要求。若假定啤酒的密度近似为 $1000kg/m^3$，则鲜啤酒需后发酵槽的总有效体积：

$$\frac{1000\times45}{90}=500(m^3)$$

熟啤酒需后发酵槽的总有效体积：

$$\frac{500\times60}{90}=334(m^3)$$

合计后发酵槽的数目：

$$N=\frac{V}{V_s}=\frac{834}{17}=50\text{（个）}$$

已知每个后发酵槽的有效体积 V_s 和该槽的装填系数，则可确定后发酵槽的全体积：

$$V_0 = \frac{V_s}{\varphi}$$

式中　φ——装填系数，取 0.9～0.95

确定后发酵槽的全体积后，槽的结构尺寸就不难确定（查有关手册）。

贮酒槽结构型式对合理利用生产车间（贮酒室）有很大影响。在 $1m^2$ 生产面积上可以得到贮酒槽的有效体积，对于立式圆筒形为 300～500L，卧式圆筒形为 500～600L，四角矩形为 600～800L。

三、新型啤酒发酵设备

（一）圆筒体锥底发酵罐

圆筒体锥底立式发酵罐（简称锥形罐），已广泛用于上面或下面发酵啤酒生产。锥形罐可单独用于前发酵或后发酵，还可以将前、后发酵合并在该罐进行（一罐法）。这种设备的优点在于能缩短发酵时间，而且具有生产上的灵活性，故适合于生产各种类型啤酒的要求。目前，国内外大型啤酒工厂基本上均使用锥形罐。如图 1-3-8 所示。

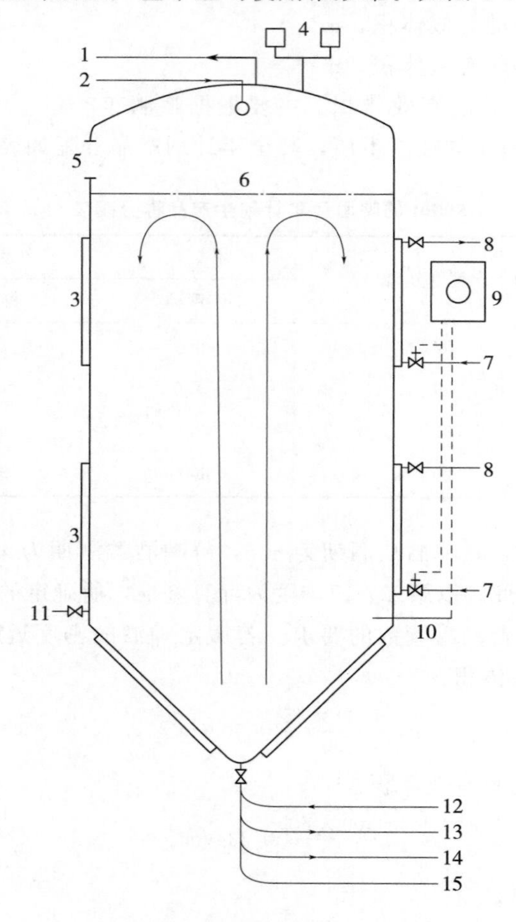

图 1-3-8　锥形罐示意图

1—CO_2 出口　2—洗涤器　3—冷却夹套　4—真空装置　5—人孔　6—发酵液面　7—冷却剂进口　8—冷却剂出口　9—温控器　10—温度计　11—取样管　12—麦汁管路　13—嫩啤酒管路　14—酵母排出管路　15—洗涤剂管路

这种设备一般置于室外。已灭菌的新鲜麦汁与酵母由底部进入罐内，发酵最旺盛时，使用全部冷却夹套，维持适宜的发酵温度。冷媒多采用乙二醇或酒精溶液，也可使用氨（直接蒸发）作冷媒。CO_2气体由罐顶排出罐外。罐身和罐盖上均装有人孔，以观察和维修发酵罐内部，罐顶装有压力表、安全阀和玻璃视镜。为了在啤酒后发酵过程中饱和CO_2，故在罐底装有净化的CO_2充气管，CO_2从充气管的小孔吹入发酵液中。罐身装有取样管和温度计接管。设备外部包扎良好的保温层，以减少冷量损耗。优点是能耗低，采用的管径小，生产费用可以降低；最终沉积在锥底的酵母，可打开锥底阀门，把酵母排出罐外，部分酵母留作下次待用。

影响发酵设备造价的因素是多方面的，主要包括发酵设备大小、型式、操作压力及所需的冷却工作负荷。容器的型式主要指其单位容积所需的表面积，以m^2/m^3表示，这是影响造价的主要因素。

各种型式发酵罐的m^2/m^3数值，最小值属于球形罐，但这种罐做起来困难，制造费用高。球形罐以后的次序是联合罐（又称通用罐）、阿萨希罐（又称朝日罐）、水平罐（又称卧式罐），然后是锥形罐、方形罐。虽然从造价衡量，锥形罐的造价高，但它对发酵工艺的发展有利。锥底角度一般为60°～130°，以70°较好。罐高度与直径的比例一般为(1.5～6)∶1。常用3∶1或4∶1。罐的容量应与糖化能力相配合，以12～15h内满罐为宜，以避免酵母增殖太快而导致酯的产生速度太慢。

大型发酵罐的设计是一项必须周密考虑的技术工作。应该仔细考虑的是罐的耐压要求、热交换以及内部清洗等方面。

由于大型发酵罐的CO_2产生量很大，所以要考虑CO_2的回收。为了从罐中收集CO_2，就必须使罐内的CO_2维持一定的压力，以克服气体收集系统的摩擦压头。所以大罐就成为一个耐压罐，就有必要设立安全阀。安全阀的规格及调整的范围应根据罐的工作压力来确定。罐的工作压力根据其不同的发酵工艺而有所不同。单作前酵用的罐，在确定工作压力时仅以发酵时的CO_2含量为依据，所需的耐压程度是很低的，当然如果采用加压发酵工艺就应提高罐的耐压力。若作为前酵和贮酒两用，就应以贮酒时CO_2含量为依据，所需的耐压程度要稍高于单用于前酵的罐。根据英国设计法则Bs5500（1976）的规定：如大罐的工作压力为x（磅/in^2），则设计时用的罐压力是x（1+10%）。当压力达到罐的设计压力时，安全阀应开始开启。安全阀最大的工作压力是设计压力加10%，在此时安全阀应被完全打开。

罐内真空主要是系列的发酵罐在密闭条件下转罐或进行内部清洗时造成的。由于大型发酵罐在工作完毕后放料的速度很快，有可能造成一定的负压。另外，即便罐内留存一部分CO_2气体，在进行清洗时，CO_2有被除去的可能，由于清洗溶液中含有碱性物质，能与CO_2反应而除去CO_2气体，因而也会造成真空。所以大型发酵罐应设防止真空的装置。真空安全阀的作用是允许空气进入罐内，以建立罐内外压力的平衡。罐内CO_2的除去量可根据进入的清洗液的碱含量算出，并进一步计算出需要进入罐内的空气量。

大罐设计时的另一个重要问题是罐内的对流与热交换。发酵罐中发酵液的对流主要依靠其中CO_2的作用。由于容器较大，在不同高度的发酵液中CO_2含量有所不同，在整个锥形罐的发酵液中形成一个CO_2含量的梯度。由于液体中存在气泡而使其相对密度降低。气泡密集程度高的罐底部液层，其相对密度小于气泡密度低的罐上部液层，于是相对密度较小的发酵液具有上浮的提升力。而且在发酵时上升的二氧化碳气泡对周围的液体具有一种拖曳力。由于拖曳力和提升力结合后所造成的气体搅拌作用，使罐的内容物得到循环，促进了发酵液的混合及热交换。此外，冷却操作时啤酒温度的变化也会引起罐的内容物的对流循环。

为了确定发酵罐冷却装置的能力，首先必须掌握发酵时需要转移的热量的最大负荷。以前巴斯德测定的数据是：

$$1\text{mol 葡萄糖} \rightarrow 2\text{mol 乙醇} + 2\text{mol } CO_2 + 32 \times 4.18\text{kJ}$$

这个数字可视作一个平均值，可以用于设计连续发酵设备。在设计间歇发酵设备时应采用热产生的高峰数值。W・K・Bronn 在 1971 年归纳了各种资料后认为：细胞质量的好氧合成是每产生 1g 干物质释放 2.6×4.18kJ 热量，或每消耗 1g 基质（可发酵性糖）释放出 1.4×4.18kJ，即 1g 糖能给出 $\frac{1.4\times4.18}{2.6\times4.18}=0.54$g 干物质量。厌氧发酵时热能的平均释放量为 0.14×4.18kJ 热量。用这些数据与标准发酵曲线相连就可得出发酵时的产热高峰为 0.86×4.18kJ/（L・h）。

Richard Fricker 认为，在其他工业的研究中获得的普遍的热传导情况，应用于大型发酵罐与酿造工业获得的实际热传导情况有很大差距，所以在热传导的设计时就必须补充数据和资料。为了获得冷却的数据，提出了如下的实验方法。

首先，需要保证在试验的持续时间内，冷却剂出入口温度和啤酒温度。用已校准到 0.1℃的温度计装置在 3 个需测定温度的地方，以减小误差。

实验是在 410m^{3}大罐中进行的，测定的数据绘出的曲线如图 1-3-9 所示。

按规定在适当的点绘出曲线的切线，这些切线的斜率乘以其内容物的热容量（质量乘比热）得出任何情况下传热量 Q。因为冷冻剂出入口温度是已知的，冷冻剂的流量可在每点计算出来。由测出的 3 个温度数据，可算出其对数平均温度差 ΔT_m，已知夹套传热面积为 A，代入传热基本方程式 $Q=KA\Delta T_m$中，可算出总传热系数 K。因为热量的转移依赖于对流，所以总传热系数在一定的实验条件下与温度成直线关系，如图 1-3-10 所示。

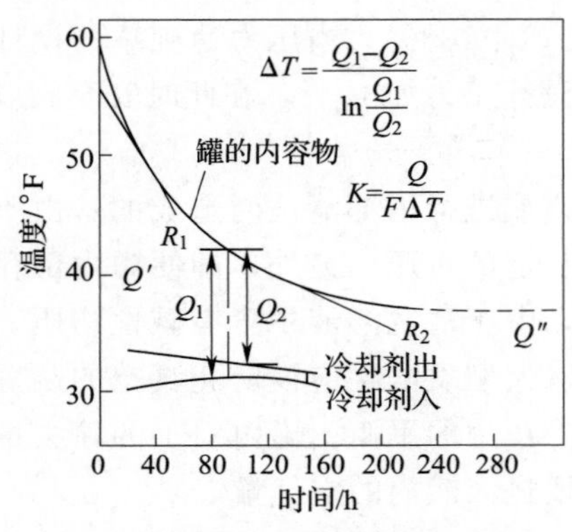

图 1-3-9 大型发酵罐的冷却曲线

注：华氏温度＝摄氏温度×$\frac{9}{5}$＋32

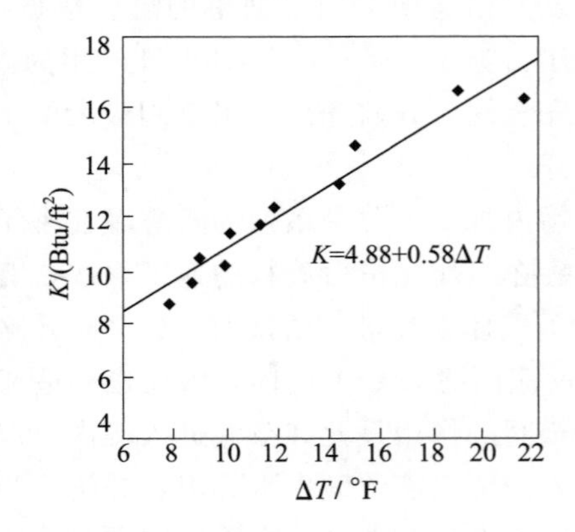

图 1-3-10 传热系数与温度差的关系

注：1Btu/（ft^2・°F）＝173073W/（m・K）

锥形罐的冷却套一般分为 2～4 段，视罐体高度而定。锥底部分也最好能冷却，以便使锥底部分的酵母能较好地保存，在以后重复利用时能保持良好的发酵能力。锥底的冷却装置要考虑到酵母层导热差这一点而适当地加强。锥形罐冷却形式多种多样，如扣槽钢、扣角钢、扣半管、冷却层内带导向板、罐外加液氮罐以及用长形薄夹层螺旋环形冷却带等。通过某单位实践，认为较理想的是最后一种形式。具体参阅图 1-3-11。

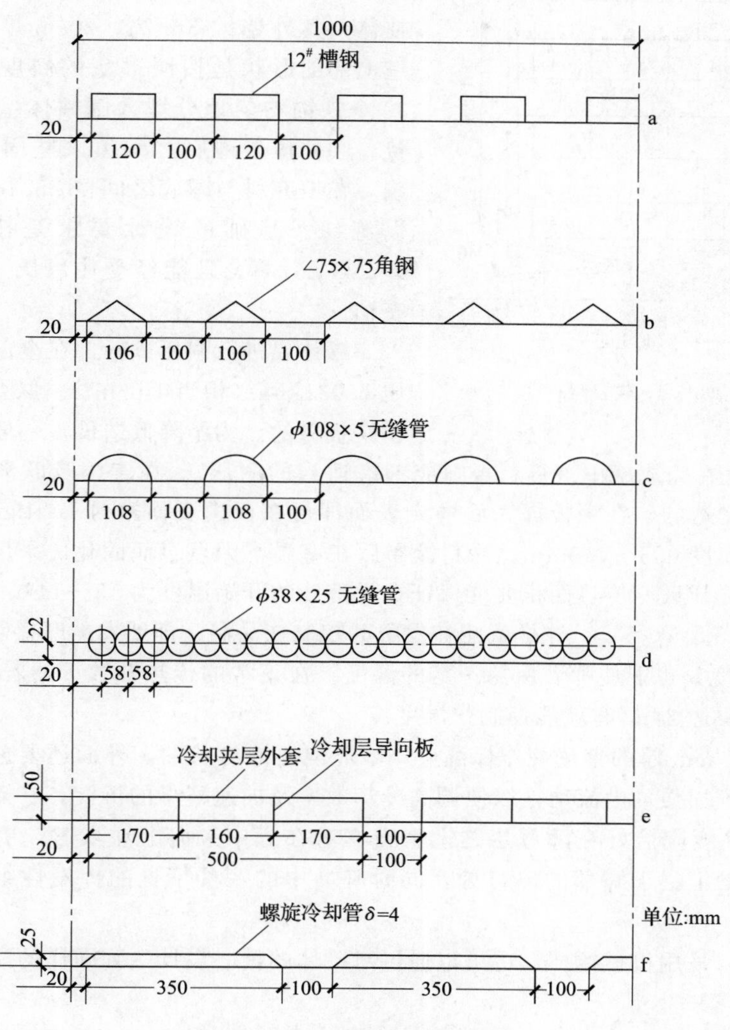

图 1-3-11　锥形罐的冷却套

（二）联合罐

20 世纪 80 年代末在美国出现了一种称作"Universal"的发酵罐。这是一种具有较浅锥底的大直径［高径比为 1：（1～1.3）］发酵罐，能在罐内进行机械搅拌，并具有冷却装置。这种发酵罐后来在日本得到推广，并称之为"Uni-Tank"，意即单罐或联合罐。联合罐在发酵生产上的用途与锥形罐相同，既可用于前、后发酵，也能用于多罐法及一罐法生产。因而它适合多方面的需要，故又称该罐为通用罐。

联合罐构造见图 1-3-12。主体是一圆柱体，是由 7 层 1.2m 宽的钢板组成。总的表面积是 378m²，总体积 765m³。联合罐是由带人孔的薄壳垂直圆柱体、拱形顶及有足够斜度以除去酵母的锥底所组成。锥底的形式可与浸麦槽的锥底相似，如果锥底的角度较小而造成罐的总高度增加，因此引起的罐的造价增大，是一种不必要的浪费。联合罐的基础是一钢筋混凝土圆柱体，其外壁约 3m 高，20cm 厚。基础圆柱体壁上部的形状是按照罐底的斜度来确定的。有 30 个铁锚均匀地分埋入圆柱体壁中，并与罐焊接。圆柱体与罐底之间填入坚固结实的水泥沙浆，在填充料与罐底之间留 25.4cm 厚的空心层以绝缘。基础的设计要求是按耐压不超过 0.2MPa 计算，且能经受住里氏 10 单位的地震震动。

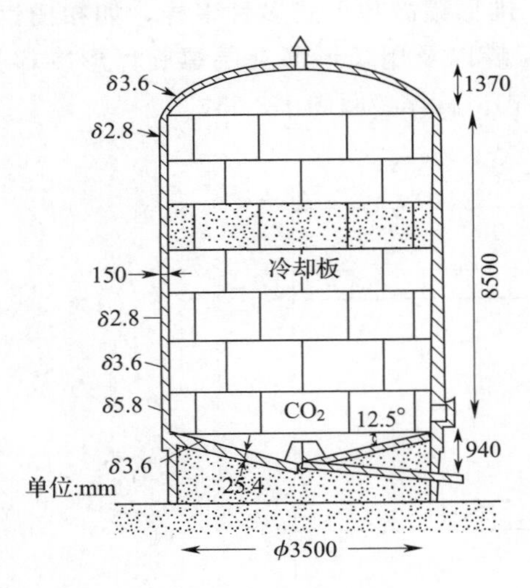

图 1-3-12　联合罐

罐体要进行耐压试验，在全部充满的罐中加压 7.031kPa（相当 1lb/in²）。联合罐大多数用不锈钢板做的。为了降低造价，一般不设计成耐压罐（CO_2饱充是在完成罐中进行，否则应考虑适当的耐压）。在美国及欧洲，有的联合罐是用普通钢板制造的，在钢板焊完后磨光表面即可在板内表面涂衬 Lastiglas 或 Mukadur 的涂料。涂布厚度 0.5～1.0mm，涂料涂布后在室温下因聚合而固化。采用一段位于罐的中上部的双层冷却板，传热面积要能保证在发酵液的开始温度为 13～14℃情况下，在 24h 内能使其温度降低 5～6℃。这样就能在发酵时控制住品温，即便发酵旺盛阶段每 24h 下降 3°Bx 的外观糖度，也能使啤酒保持一定的温度。在正常的传热系数下，若罐容是 780m³，则罐的冷却面积达 27m²时就能控制住温度。

罐体采用 15cm 厚的聚尼烷作保温层，聚尼烷是泡沫状的，外面还要包盖能经得起风雨的铝板。为了加强罐内流动，以便调高冷却效率及加速酵母的沉淀，在罐中央内安设一 CO_2注射圈，高度应恰好在酵母层之上。当 CO_2在罐中央向上注入时，引起了啤酒的运动，结果使啤酒汇集于底部的出口处，同时啤酒中的一些不良的挥发性组分也被注入的 CO_2带着逸出。

联合罐可以采用机械搅拌，也可以通过对罐体的精心设计达到同样的搅拌目的。

（三）朝日罐

朝日罐又称朝日单一酿槽，是 1972 年日本朝日啤酒公司试制成功的前发酵和后发酵合一的室外大型发酵罐，见图 1-3-13。

朝日罐是用 4～6mm 的不锈钢板制成的斜底圆柱型发酵罐。其高度与直径比为 1∶(1～2)，外部设有冷却夹套，冷却夹套包围罐身与罐底。外面用泡沫塑料保温。内部设有带转轴的可动排液管，用来排出酒液，并有保持酒液中 CO_2含量均一的作用。该设备在日本和世界各国广为采用。

朝日罐与锥形罐具有相同的功能，但生产工艺不同。朝日罐的特点是利用离心机回收酵母，利用薄板换热器控制发酵温度，利用循环泵把发酵液抽出又送回去。三种设备互相组合，解决了前、后发酵温度控制和酵母浓度的控制问题，同时也可以消除发酵液不成熟的风味，加速了啤酒的成熟。使用酵母离心机分离发酵液的酵母，可以解决酵母沉淀慢的缺点，而且利用凝聚性弱的酵母进行发酵，可增加酵母与发酵液接触时间，促进发酵液中乙醛和双乙酰的还原，减少其含量。

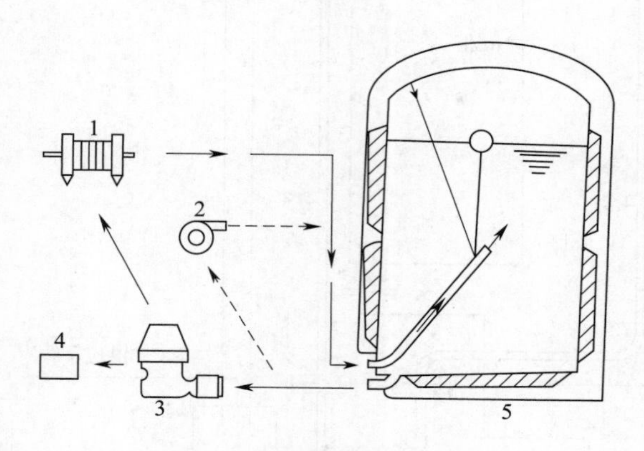

图 1-3-13　朝日罐生产系统

1—薄板换热器　2—循环泵　3—酵母离心机　4—酵母　5—朝日罐

发酵过程啤酒循环的目的是为了回收酵母，降低酒温，控制酵母浓度和排除啤酒中的生味物质。第一次循环是在主发酵完毕的第 8 天，发酵液由离心机分离酵母后经薄板换热器降温返回发酵罐，循环时间为 7h。待后酵到 4h 时进行第二次循环，使酵母浓度进一步降低，循环时间为 4～12h。如果要求缩短成熟期，可缩短循环时间。当第二次循环时由于搅动的关系，发酵液中酵母浓度可能回升，这有利于双乙酰的还原和生味物质的排除。循环后，酵母很快沉淀下去，形成较坚实的沉淀。若双乙酰含量高，或生味物质较显著，可在第 10 天进行第三次循环操作。

利用朝日罐进行一罐法生产啤酒的优点是：可加速啤酒的成熟，后酵时罐的装量可达 96%，提高了设备利用率，减少了排除酵母时发酵液的损失。缺点是动力消耗较大。

四、CIP 清洗系统

啤酒发酵罐的容量正在逐步增大，这类发酵罐大部分安装在室外，原来的清洗方法已不适用，必须采用自动化的喷洗装置。而采用较多的是 CIP 清洗系统。所谓 CIP 系统，是 clean in place 的简称，意即原位清洗系统。

图 1-3-14 所示为两个容量为 800m^3、安装于室外的发酵罐的 CIP 清洗系统的联结流程。由于大罐建在室外，所以连接的管道要长而且主管的管径必然要大，一般为 150mm。如果在大罐中加澄清剂，会在罐底形成沉渣层，故在罐的出料处设一沉渣阻挡器 5，同时为了能放尽罐底的存液，出料处应是一双重出口 6。沉于罐底的沉渣固形物具有一定的经济价值，应该回收，所以在洗罐时要尽可能少用水冲出沉渣，以免稀释。这两个罐具有倾斜的平底，双重出口安装于倾斜底的低处，罐顶有喷洗液进口及通气管 4 的出口。

下图表示大罐与啤酒进出站 13、清洗剂分配站 12 及 CIP 循环单位之间的关系。啤酒进出站是供嫩啤酒（麦汁）进入管、啤酒输出管及清洗液返回管之间的联结，它位于罐出口底下，可用 U 形管在啤酒进出管与清洗液返回管之间进行任意联结。通气管的出口应

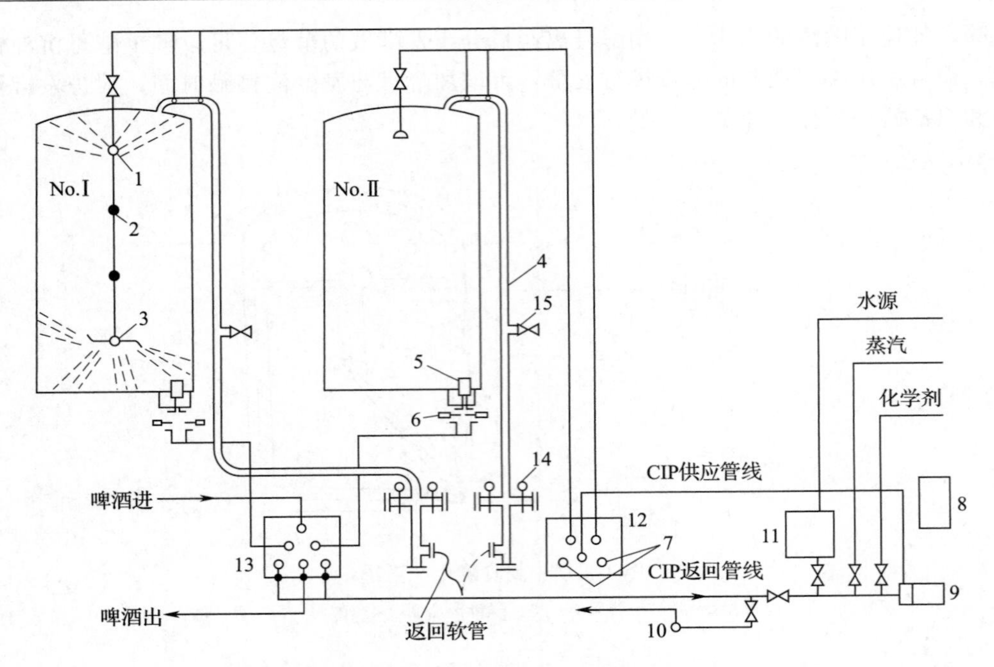

图 1-3-14 大型发酵罐与产品输送站及 CIP 清洗管的联结流程

1—固定喷头 2—滑动接头 3—回转喷头 4—通气管 5—沉渣阻挡器 6—双重出口 7—微型开关 8—控制盘 9—CIP 供应泵 10—污水泵 11—水箱 12—清洗剂分配站 13—啤酒进出站 14—压力调节阀 15—通气阀

在低于罐出口的位置，由橡皮管与清洗液返回管线相联结。CIP 循环单位设在酒库内，包括微型开关 7（控制清洗液的进出）、控制盘 8、CIP 供应泵 9、污水泵 10、水箱 11。控制盘通过仪表来控制清洗液的温度、水位及罐的充满与放空等程序。清洗液进出阀和通气管上的通气阀 15 的控制与 CIP 系统的控制装置是有关系的，所以可在清洗操作开始前先将通气阀开启。清洗液返回管线的位置是在通气管末端之下，这样可以在 CIP 清洗操作时保证通气管也能得到有效的清洗。通气阀位置应在罐内的清洗液的液位之上，可防止清洗后由于罐的冷却而造成真空，因为它可以无阻地补入空气。通气管下部还具有压力调节阀 14。CIP 清洗工作程序是自动控制进行的，从控制盘上可以通过仪表记录下温度、压力及时间等参数。

整个清洗程序分 7 个步骤。①预冲洗：在罐底的沉渣放了一半之后进行，每次预冲洗的时间为 30s，进行 10 次，是通过回转喷嘴进行的，每次冲洗之后要有 30s 的排泄时间，主要排去底部的沉渣。②在罐底被冲干净后，用足量的水充入 CIP 的供应及返回管线，改变系统进行碱预洗，自动地将清洗剂加入供水中，使清洗剂成为一种氯化过的碱性洗涤剂，其总碱度在 3000～3300mg/kg，用这种碱液循环 16min。在此期间 CIP 供应泵吸引端注入蒸汽，使清洗液温度维持在 32℃左右。③中间冲洗：用 CIP 循环单位的水罐来的清水进行 4min 冲洗。④从气动器来的空气流入罐顶的固定喷头，然后进行三次清水的喷冲，每次 30s，从罐顶沿罐的四周冲洗下来。⑤进行碱喷冲：用总碱度为 3500～4000mg/kg 的氯化过的碱液进行喷冲，碱液的温度为 32℃左右，喷冲循环 15min。⑥用清水冲洗，将残留于罐表面及管线中的碱液冲洗干净。⑦最后用酸性水冲洗循环，以中和残留的碱性，放走洗水，使罐保持弱酸状况。至此完成了全部清洗过程。

进行大型的清洗工作的关键设备是喷嘴（也称喷头）。喷嘴分两种，一种是固定喷嘴，位于罐的上部，一种是回转喷嘴，位于罐的下部。

固定喷头位于罐顶下 1.2m 处，回转喷嘴位于罐底以上约 2.4m 处。固定喷头是一种低容量低压的球形喷头，在进行基本操作之前用特殊的回转喷嘴除去罐底的固形物残渣。固定喷头位于 50mm 的清洗液供应管上，在喷头圆柱体部位联合一套管形阀，以控制清洗时从喷孔出去的清洗液的流量，也可以控制进入底下回转喷嘴中清洗液的量。通过活管接头（也称滑动接头）用几根 50mm 的管子来支撑回转喷嘴，它带有推动喷嘴，其位于回转喷嘴的伸长臂上，当喷嘴在聚四氟乙烯轴承上回转喷洗时，产生一种对罐底残渣刮冲的作用。这两种喷嘴都是不锈钢的，能自我清洗。回转喷嘴的转速为 15～20r/min。这两种喷嘴清洗液的流量为 750L/min。

上述 CIP 系统为固定式，它可与一个至数个发酵罐联结，罐数越多，联结越繁杂，使用管线也越多。为此，目前也有使用活动 CIP 系统的工厂。CIP 清洗液供应及返回管线不作固定的联结，CIP 循环单位装于手推轮车上，使用时推至要清洗的大罐的底侧，用橡皮软管使 CIP 循环单位与大罐洗液进入口临时联结成循环系统。这样，一台 CIP 循环单位可用于数个发酵罐而不需要使用众多的固定的联结管线。但操作劳动强度较大，自动化程度也会受到影响。

第三节　厌氧发酵反应器的拓展

一、废水处理厌氧反应器

厌氧生物技术是利用厌氧微生物的代谢特性分解有机污染物，在不需要提供外源能量的条件下，以被还原有机物作为受氢体，同时产生有能源价值的甲烷气体的一种处理技术。厌氧生物处理过程的实质是一系列复杂的生物化学反应，其过程包括水解酸化、产乙酸和产甲烷阶段，各阶段都由特定的生物菌群完成。其中的底物、各类中间产物以及各种微菌群之间的相互作用，形成一个复杂的微生物生态系统。各类微生物的平稳生长、物质和能量流动的高效顺畅是维持厌氧过程稳定的必要条件。如何培养和协调相关各类微生物的平衡生长，最大程度地发挥其中的微生物代谢活性，并拓宽适用范围，是厌氧反应器开发和发展的基本思想和工作目标。

废水处理厌氧反应器的发展经历了 3 个阶段：第 1 阶段的代表反应器是化粪池，其沉淀过程与厌氧发酵过程同时进行，厌氧菌浓度低，细菌与有机污染物接触差，处理效果差；第 2 阶段发展了以提高微生物浓度和停留时间、缩短液体停留时间为目的的反应器，如厌氧生物滤池（AF）、厌氧流化床（AFB）、上流式厌氧污泥床（UASB）等，其中以 UASB 的发展最引人注目，但是它也存在一些问题，比如当进水有机物浓度低、产气量小时，有机污染物与厌氧菌之间的传质效果不佳；第 3 阶段发展的厌氧反应器主要是为了解决 UASB 的传质问题、拓展处理水质、扩大其水力负荷和有机负荷的适用范围而开发的。国外目前研究应用比较多的有：厌氧颗粒污泥膨胀床（EGSB）、厌氧内循环反应器（IC）

与厌氧膜生物系统（AMBS）等。

废水处理厌氧反应器的发展史上的典型反应器如下所述。

（一）化粪池（Septic Tanks）

1860 年法国人 Louis Mouras 将结构简单的沉淀池加以改进，作为污水、污泥处理的简单构筑物。1895 年英国的 Cameron 创造了一种类似 Mouras 自动净化器的构筑物，被命名为化粪池（图 1-3-15）。化粪池是较早发明的厌氧反应器，也是目前最常用的污水原地处理预处理系统。它可以单独或者与其他工艺组合起来处理污水。典型的化粪池可以去除污水中可沉性固体、油脂等，去除率可以达到 60%～80%，BOD 去除率可以达 30%～50%。该工艺具有结构简单、建造与运行成本低、耐冲击负荷能力非常强等优点，但是由于污水在池内的停留时间较短、温度较低（常温）、污水与厌氧微生物的接触也较差，因而化粪池的主要功能是预处理，即仅对生活污水中的悬浮固体加以截留并消化，而对溶解性和胶态的有机物的去除率则很低，远不能达到城市污水排放的相关标准。

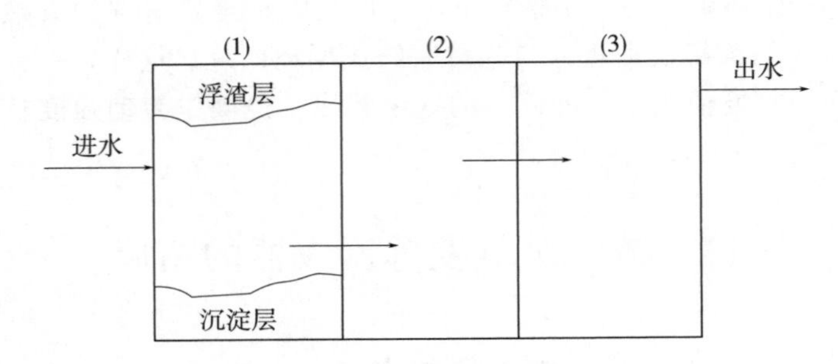

图 1-3-15　化粪池的结构示意图

（二）厌氧生物滤池（Anaerobic Filter）

20 世纪 60 年代末，Young 和 McCarty 发明了基于微生物固定化原理的高效厌氧反应器——厌氧生物滤池（AF）。AF 反应器内装填了为微生物提供附着生长的表面和悬浮生长的空间的载体，改善了微生物的生存环境，提高了微生物的浓度，因此反应器的效率比较高。污水流过填料层时，其中有机物被厌氧微生物截留、吸附及代谢分解，最后达到稳定化，同时产生沼气、形成新的生物膜。厌氧微生物以固着生长的生物膜为主，不易流失，因此除了正常的进出水或适当回流部分出水外，不需要污泥回流和使用搅拌设备。根据水的流向分，厌氧滤池分为上流式和下流式两种（图 1-3-16）。反应器内生物固体浓度随填料高度的不同，存在很大的差别。上流式厌氧生物滤池底部的生物固体浓度有时是其顶部生物固体浓度的几十倍，因此底部容易出现部分填料间水流通道堵塞、水流短路现象。而下流式厌氧生物滤池向下的水流有利于避免填料层的堵塞，其中生物固体浓度的分布比较均匀，但水与生物膜接触时间短，有机物降解不够彻底。因此厌氧生物滤池主要适用于含悬浮物量很少的溶解性有机废水。经验表明，在相同的水质条件和水力停留时间下，上流式厌氧生物滤池的 CODcr 去除率要比下流式厌氧生物滤池高，因此实际运用中的厌氧生物滤池多采用上流式厌氧生物滤池。

（三）厌氧流化床（Anaerobic Fluidized Bed）

为了解决厌氧滤池的堵塞和负荷低等问题，美国 J. S. Jeris 等人于 20 世纪 70 年代初期提

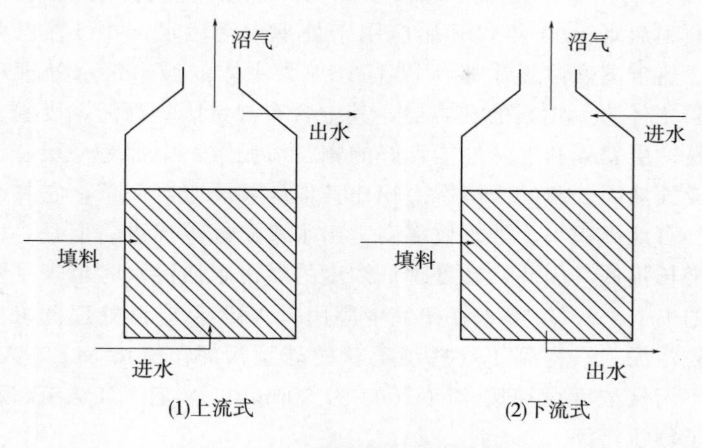

图 1-3-16　厌氧生物滤池示意图

出了厌氧流化床工艺，用于处理有机废水。厌氧流化床（AFB）反应器（图 1-3-17）采用微粒装惰性填料作为微生物固定化材料，依靠在惰性填料表面形成的生物膜来保留厌氧污泥。其填料在较高的上流速度下形成流态化，且由于填料的颗粒很细，即有巨大的表面积，传质作用比较强，可以在较短的水力停留时间情况下运行。此外，这种反应器可以高效去除悬浮物固体，因为绝大部分的固体在酸化之前都会被填料截留。但是，为了维持较高的上流速度，需要出水回流并采用较大的回流比（即出水回流量与原废水进液量之比），同时需要设备有较高的高径比，这些将导致能耗加大，设备成本上升，降低经济可行性。

厌氧升流式流化床工艺应用实例见表 1-3-3。

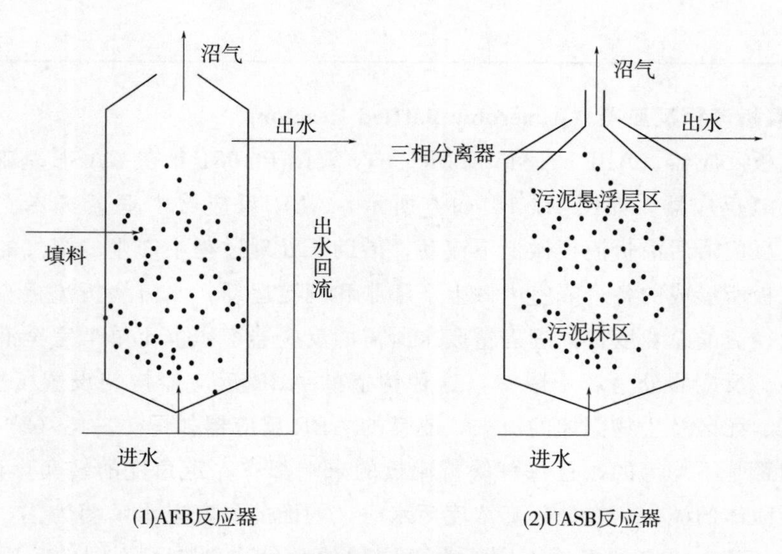

图 1-3-17　厌氧流化床和上流式厌氧污泥床

（四）上流式厌氧污泥床（Up-flow Anaerobic Sludge Bed）

UASB 反应器是荷兰 Wageningen 农业大学的 Lettinga 等人于 1980 年初研制成功的。

1989 年 Barbosa 等人利用城市污水中悬浮物的沉降积累物作为反应器接种污泥，实现了UASB反应器的顺利启动。90 年代开始应用于处理生活污水，并已在巴西、墨西哥、哥伦比亚等热带、亚热带国家建设了多座以 UASB 为主体的城市污水处理厂，运行效果良好。UASB 反应器主体为无填料的孔容器，其中含有大量厌氧污泥，废水自下而上通过厌氧污泥床，床底是一层絮凝和沉降性能良好的颗粒污泥层，中部是一层悬浮层，上部设有三相分离器以完成气液固分离的澄清区。相比其他厌氧反应器而言，它具有操作和结构简单、处理费用低、占地面积小、处理效率高、出水水质好等优点。但是，由于厌氧微生物生长缓慢，生物增长量低，因此，在处理低浓度的城市生活污水时出现了颗粒污泥培养困难的问题。国外的 Brito A. G. 等人在研究中应用 UASB 反应器处理低浓度废水时，没有培养出完整的颗粒污泥，只得到了一些绒毛状的球型污泥。Soto M. 等人在中温（30℃）和低温（20℃）下用低浓度蔗糖废水（COD 为 500mg/L）启动 UASB 反应器，在 1～2 个月内都培养出了颗粒污泥。

表 1-3-3　　厌氧升流式流化床工艺的应用实例

废水项目	有效体积 /m^3	COD 负荷 /［kg/（m^3·d）］	水力负荷 /［m^2/（m^3·h）］	气体负荷 /［m^2/（m^3·h）］	COD 去除率 /%
制药（荷兰）	4×290	30	7.5	4.5	55
面包酵母（法国）	2×95	44/28	10.5	8～4	60
面包酵母（德国）	95	40	8.0	4.0	90
啤酒（荷兰）	780	19.2	5.5	2.7	60
化工（荷兰）	275	10	6.3	3.1	90
玉米淀粉（美国）	1314	20.8	2.8	3.4	87

（五）厌氧折流板反应器（Anaerobic Baffled Reactor）

厌氧折流板反应器（ABR）是 P. L. McCarty 教授于 1981 年在 UASB 基础上提出的一种新型高效厌氧反应器。如图 1-3-18（1）所示，ABR 反应器中垂直安装了一系列折流板，废水进入反应器后沿折流板做上下流动，借助于处理过程中产生的沼气的推动力，颗粒污泥在折流板所形成的各个隔室内做上下膨胀和沉淀运动，水流绕折流板流动，增加了其在反应器中径流的总长度，处理等量废水所需的反应器容积也比单个完全混合式的反应器容积低很多。反应器分为若干隔室，这种构造的 ABR 反应器均匀设置了上下折流板，容易产生短流、死区及生物固体的流失，改良的 ABR 反应器如图 1-3-18（2）所示，其折流板的设置间距是不均等的，且每一块折流板的末端都有一定角度的转角，避免了短流、死区以及生物固体的流失。在处理高浓度污水时，前面的隔室以水解菌为主，后面的隔室以甲烷菌为主，各个隔室的条件不同，为不同种的微生物创造了不同的、适宜的生存环境，因此处理效果比较好。但是在进水浓度较低时（COD 为 500mg/L），发酵菌、产酸菌和产甲烷菌在不同隔室中的选择性积累不会发生，处理效果就会受到影响。而城市生活污水 COD 一般在 300～500mg/L，浓度比较低，因此 ABR 并不非常适合城市生活污水的处理，在中温中浓度（1～10gCOD/L）或者高浓度（>10gCOD/L）的废水处理方面，ABR的处理效果比较好，COD去除率可以达到95%以上。

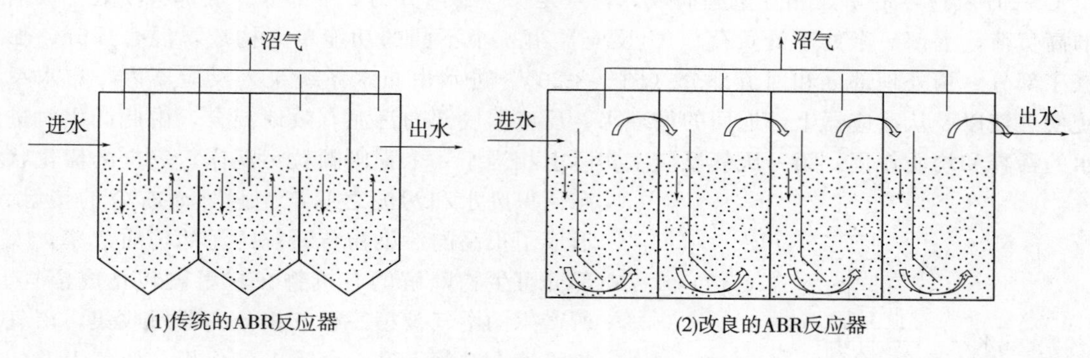

图 1-3-18 ABR反应器

（六）厌氧颗粒污泥膨胀床（Expanded Granular Sludge Bed）

为了解决UASB不适宜处理低浓度废水等问题，荷兰农业大学Lettinga研究小组在开发了UASB后又开发了EGSB反应器。EGSB反应器实际上是改进的UASB反应器，其仅仅是在运行方式上与UASB不同，即其运行在高的上升流速下使颗粒污泥处于悬浮状态，从而保持了进水与污泥颗粒的充分接触，相比于UASB反应器，EGSB反应器具有高径比大、出水回流、上流速度高、传质效果好、容积负荷大等特点，适合处理低浓度废水。它的出现使15℃以下的低温污水厌氧处理成为可能。相比于UASB反应器，EGSB反应器具有高径比大、上流速度高等特点，颗粒污泥处于悬浮状态，传质效果好，容积负荷大。另外，EGSB在处理含有不溶性物质（如脂肪）的污水时比UASB系统表现出更好的性能。因此，EGSB在处理低浓度含固量的城市污水时表现出很好的性能。

在荷兰，已采用EGSB反应器对啤酒洗麦废水、酒精废水、牛乳废水和城市废水进行过充分的研究。对上述废水一般的结论是EGSB反应器可以在1～2h的水力停留时间下取得传统UASB工艺需要8～12h所能得到的效果。如图1-3-19所示，以EGBS反应器和升流式水解反应器（Hydrolysis upflow sludge bed，HUSB）串联处理城市废水，废水先进入HUSB中进行预酸化，提高废水在EGSB中的可降解性，之后再进入EGSB中进行彻底消化。

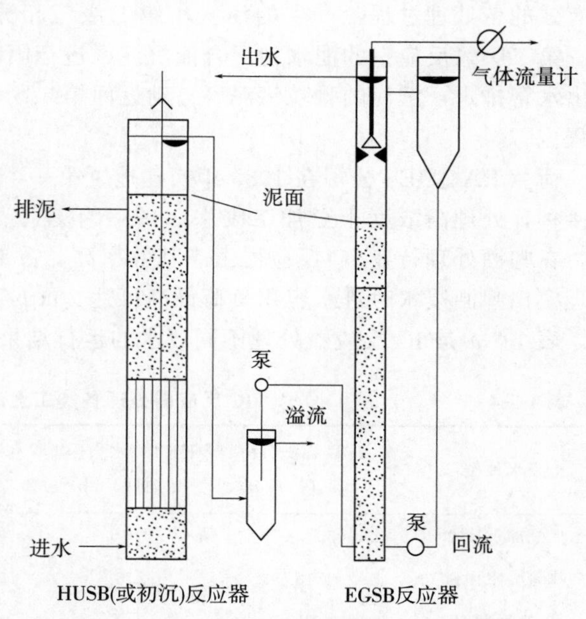

图 1-3-19 HUSB和EGSB反应器串联装置

（七）厌氧内循环反应器（Internal Circulation）

IC 工艺是基于 UASB 反应器颗粒化和三相分离器的概念而改进的新型反应器。它由 2 个 UASB 反应器的单元相互重叠而成。特点是反应器内分为 2 个部分。底部一个处于极端的高负荷，上部一个处于低负荷。IC 反应器由 4 个不同的功能单元构成：混合部分、膨胀床部分、精处理部分和回流部分（图 1-3-20）。进水由布水系统泵入反应器内，布水系统使进液以及从反应器上部返回的循环水、反应器底部的污泥有效地混合，由此产生对进水的稀释和均质作用。第一厌氧反应室实际上相当于一个膨胀颗粒污泥床，完全的流化状态使得废水和污泥之间产生强烈而有效的接触，形成了很高的污染物与颗粒污泥的传质效率，大部分可生物降解的有机物在这里被转化成沼气，所产生的沼气被第一级三相分离器所收集，沼气将沿着上升管上升，由于夹带作用，沼气上升的同时把第一厌氧反应室的部分泥水混合物提升到反应器顶部的气液分离器，被分离出的沼气从气液分离器顶部的导管排走。大部分沼气外排导致混合流体的密度变大，其在重力作用下返回到第一厌氧反应室的底部，并与底部的颗粒污泥和进水充分混合，实现了混合液的内部循环，IC 反应器也由此而得名。经过一级沉降后，上升水流继续向上流入第二厌氧反应室。废水中剩余的有机物被第二反应室内的厌氧颗粒污泥进一步消化降解，使废水得到更好的净化，这部分相当于一个有效的精处理过程，产生的沼气由第二级三相分离器收集，通过集气管进入气液分离器。第二厌氧反应室的泥水在混合液沉淀区进行固液分离，处理过的上清液经溢流堰溢流至出水管排走，沉淀的颗粒污泥可自动返回第二厌氧反应室，这样废水就完成了处理的全过程。

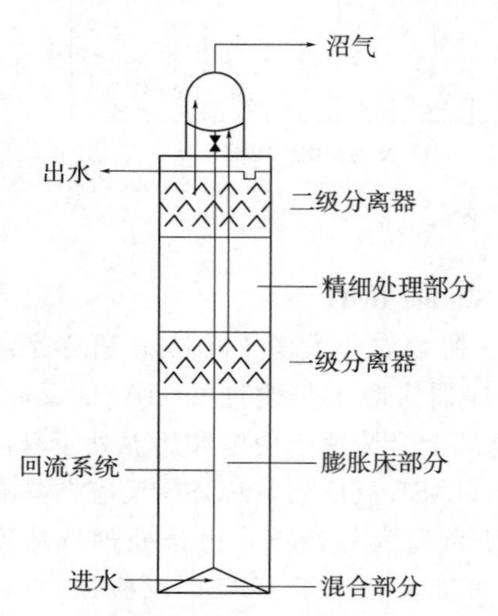

图 1-3-20　厌氧内循环（IC）反应器示意图

荷兰 PAQUES 公司在 1985 年初建造了第一个 IC 中试反应器，采用 UASB 的颗粒污泥接种，处理高浓度土豆加工废水。1988 年建立了第一个生产性规模的 IC 反应器。目前，在啤酒处理行业 IC 反应器由于其效率高，占地面积小，已被广泛采用。IC 反应器在处理模拟啤酒废水时进水容积负荷最高可达 20kg/（m^3·d），COD 去除率能达到 85% 以上。表 1-3-4 是 IC 反应器处理不同废水的运行结果。

表 1-3-4　　IC 反应器处理各类工业废水的参数

废水种类	COD 容积负荷 /［kg/（m^3·d）］	HRT（水力停留时间）/h	沼气产量 /（m^3/kg）	总 COD 去除率 /%	溶解性 COD 去除率/%
土豆加工废水	30～40	4～6	0.52	80～85	90～95
啤酒废水中试	18	2.5	0.31	61	71
生产性装置	26	2.2	0.43	80	87

（八）厌氧膜生物反应器（Anaerobic Membrane Bioreactor，AnMBR）

关于 AnMBR 的报道最早出现于 20 世纪 70 年代，由于一些厌氧反应器中基质和活性污泥的接触时间较短（1～2d），达不到厌氧消化的目的，研究者采用膜分离技术以延长污泥停留时间（SRT）。

AnMBR 可以简单定义为膜分离技术和厌氧生物处理单元相结合的废水处理技术。AnMBR 由厌氧反应器和膜组件两个单元构成，按照膜组件和反应器的结合方式进行分类，可以将 AnMBR 分为分置式 AnMBR［图 1-3-21（1）］和浸没式 AnMBR［图 1-3-21（2）］，分置式 AnMBR 的膜组件置于厌氧反应器之外，污泥混合液通过循环泵进入膜组件中，由此在膜表面产生切向流，水从膜组件中透过，浓缩液再返回至反应器中。切向流的产生可以控制膜污染，但研究表明每透过 $1m^3$ 水量，往往需要 $25～80m^3$ 的料液（污泥混合液）循环量，需要较高的能耗。内置式 AnMBR 是将膜组件浸入到液体水槽中。这一配置需要通过曝气来防止膜表面污泥沉积层的形成，但反应器需要保持厌氧的环境，因而往往将厌氧消化产生的沼气对膜表面进行冲刷。为了便于工程改造及膜组件的维护，也有单独设立膜池的形式，从而与主体反应器分离［图 1-3-21（3）］。AnMBR 废水处理技术中，膜污染是需要解决的重要问题，因此研究与开发具有通量大、强度高、耐酸碱与微生物腐蚀、耐污染、低成本的微滤或超滤膜材料与组件已成为 AnMBR 规模化应用的关键。

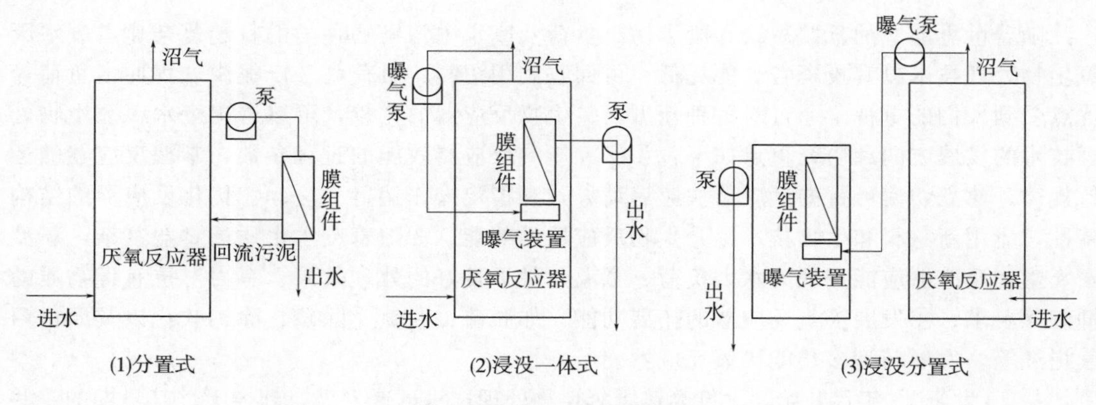

图 1-3-21　AnMBR 示意图

（九）厌氧序批式反应器（Anaerobic Squencing Batch Reactor，ASBR）

20 世纪 90 年代，美国爱荷华州立大学的 Dague 教授及其合作者在 SBR 工艺的基础上开发出了一种新型的厌氧反应器——厌氧序批式反应器。与其他高效厌氧反应器相比，ASBR 具有很多优点：固液分离在反应器内部进行，不需另设澄清池；污泥沉降性能良好，不需工艺复杂且昂贵的三相分离器；反应阶段的完全混合以及高浓度的活性污泥使 ASBR 工艺耐冲击负荷；工艺简单，占地面积少，建设费用低等。

ASBR 工艺的运行操作是按时间次序排列的，每个运行周期分为 4 个阶段：进水、反应、沉淀、排水。运行流程如图 1-3-22 所示，进水阶段：废水进入反应器，同时进行搅拌以保持泥水充分混合，进水量由设计的 HRT、OLR（有机负荷率）等来确定。进水阶段反应器中基质浓度迅速增加，微生物开始进行厌氧发酵并开始产气，产气阶段即为反应阶段。反应阶段一般要进行间歇搅拌，这一阶段维持的时间由基质（废水中的可降解有机物等）的性质、要求的出水水质、颗粒污泥的活性以及污水温度等多种因素来决定。沉淀阶段停止搅拌使泥水分离，反应器自身作为沉淀池。沉淀需要的时间随着污泥的沉降性能不同而变化。出水阶段是在有效的泥水分离之后进行的，上清液被排出，必要时排出多余的厌氧污泥。出水阶段所需要的时间是由排水量与出水流速来控制的。出水阶段结束，则下一个周期的进水阶段即可开始。

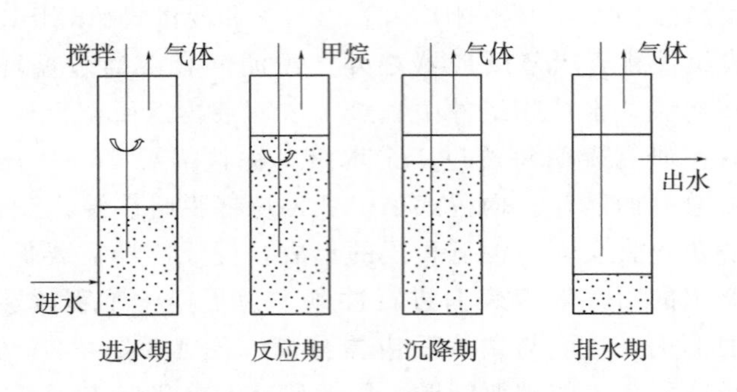

图 1-3-22　ASBR 运行周期示意图

二、废水厌氧反应器的发展状况

随着世界能源的日益短缺和废水污染负荷及废水中污染物种类的日趋复杂化，废水厌氧生物处理技术以其投资省、能耗低、可回收利用沼气、负荷高、产泥少、耐冲击负荷等优点受到人们的重视。通过对各种新型厌氧生物反应器的比较，可以得出废水厌氧生物处理技术的发展方向和研究重点如下：①研究影响反应器效能的过程参数、掌握反应器的运行规律、建立切实可行的反应器快速启动方式和稳定操作运行方法；②优化反应器的结构特性，应用新材料和生物技术提升生物反应器的效能；③随着废水水质的日益复杂，新型厌氧生物反应器应能实现高水力负荷、宽温条件下良好的处理效果、有力对抗有毒物质的抑制等要求；④发展厌氧反应器的拓展功能，如脱硫、脱氮、除磷、除钙软化以及原位沼气提纯等，发展新型多功能厌氧反应器。

从 20 世纪 70 年代开始，大批高速厌氧生物处理技术迅速发展，到今天，其早期的一些缺点已经不复存在，厌氧生物处理技术作为高效、低耗的废水处理工艺已经得到国内外众多研究者的普遍承认。随着世界能源危机的爆发，厌氧处理技术由于能耗低，污泥产量少，又可回收沼气而成为国内外普遍关注的节能污水处理技术。近年来，厌氧处理技术在国内外工业高浓度有机废水处理方面得到广泛应用，在消除污染保护环境方面发挥了重要作用。据资料报道，截止到 2000 年 12 月底，世界范围内可统计到的各种厌氧装置分布情况见图 1-3-23，统计表明，国内外已建成的厌氧处理工程中约 60％的项目均采用了 UASB 反应器技术，以 UASB 反应器为基础的 EGSB 反应器也已占厌氧工艺应用总数的 11％左右，可见第 3 代厌氧反应器的发展十分迅速。对于国内大量中、高浓度的有机废水，高效厌氧生物处理技术是最合适、最经济的处理工艺。废水处理厂的工作流程见视频 1-3-4。

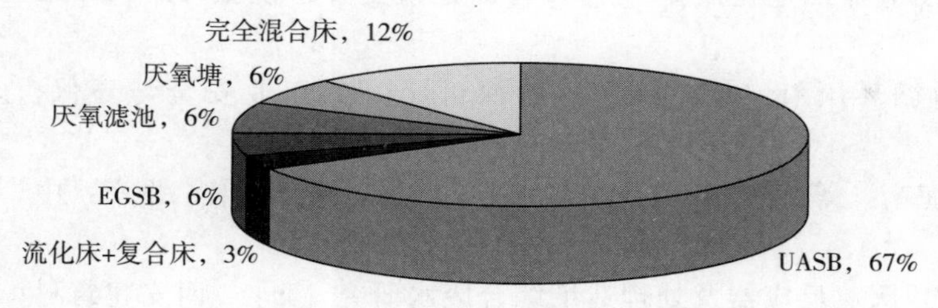

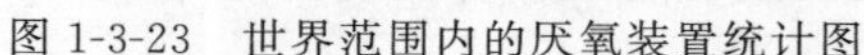
图 1-3-23　世界范围内的厌氧装置统计图

视频 1-3-4　废水处理厂工作流程

思考题

1. 何为厌氧发酵设备？
2. 厌氧发酵设备与通风发酵设备在结构上有何区别？分别有哪些发酵产品？
3. 酒精发酵设备有什么基本要求？
4. 酒精发酵设备由哪些结构组成？
5. 酒精发酵设备有什么特点？
6. 酒精发酵设备中常用的冷却装置有哪些？分别适用于哪种类型的发酵设备？
7. 为何酒精发酵罐的冷却装置多用蛇管，而机械搅拌通风发酵罐多用列管？
8. 目前使用的大型啤酒发酵设备有哪些？
9. 啤酒发酵设备的结构有什么特点？
10. 何为啤酒前发酵设备、后发酵设备？
11. 密闭式发酵槽有什么优点？
12. 新型啤酒发酵设备有哪些？
13. 圆筒体锥底发酵罐有什么优点？
14. 啤酒圆柱体锥形发酵罐中压力真空装置有何作用？罐内是如何自然对流的？
15. 影响发酵设备造价的因素有哪些？
16. 联合罐、朝日罐的结构有什么特点？
17. 何为啤酒发酵罐 CIP 清洗系统？简述 CIP 清洗系统的联结流程。
18. 简述第一代、第二代和第三代废水厌氧反应器的特点及应用状况。

参考文献

［1］梁世中．生物工程设备［M］．北京：化学工业出版社，2002.

［2］贺延龄．废水的厌氧生物处理［M］．北京：中国轻工业出版社，1998.

［3］北京水环境技术与设备研究中心等．三废水处理工程技术手册（废水卷）［M］．北京：化学工业出版社，2000.

［4］张希衡，等．废水厌氧生物处理工程［M］．北京：中国环境科学出版社，1996.

［5］张锡辉，刘勇弟．废水生物处理［M］．北京：化学工业出版社，2003.

［6］王凯军．厌氧工艺的发展和新型厌氧反应器［J］．环境科学，1998，19（1）：94－96.

[7] 孙立，管锡珺．厌氧反应器综述与展望 [J]．青岛建筑工程学院报，2003，24 (4)：82—85.

[8] 杨爽，张雁秋．对内循环厌氧（IC）反应器的探讨 [J]．工业安全与环保，2005，31 (8)：12—14.

[9] 王凯军，左剑恶，甘海南，等．UASB工艺的理论与工程实践 [M]．北京：中国环境科学出版社，2000.

[10] 李志建．内循环（IC）厌氧反应器及处理造纸综合废水研究 [D]．西安建筑科技大学，2004.

[11] 胡纪萃．废水厌氧生物处理理论与技术 [M]．北京：中国建筑工业出版社，2002.

[12] 余智勇．厌氧膜生物反应器的污泥消化和膜污染特性 [D]．清华大学，2015.

第四章　生物反应器的检测及控制

在微生物发酵以及其他生物反应过程中，为了使生产稳产高产，降低原材料消耗，节省能力和劳动力，防止事故发生，实现安全生产，必须对生物反应过程和反应器系统实行检测和控制。

生物反应器的检测是利用各种传感器及其他检测手段对反应器系统中各种参变量进行测量，并通过光电转换等技术用二次仪表显示或通过计算机处理打印出来。当然，除了用仪器检测外，最传统的方法是通过人工取样进行化验分析获得反应系统的有关参变量的信息。生物反应系统参数的特征是多样性的，不仅随时间而变化，且变化规律也不是一成不变的，属于非线性系统。

在生物反应过程及反应器的检测控制中，首先要明确下述几点。

（1）进行检测的目的；

（2）有多少必须检测的状态参数，这些参变量能否测量检出；

（3）能测定的参数可否在线检测，其响应滞后是否太大；

（4）从状态参数的检测结果，如何判断该生物反应器及生物细胞本身的状态；

（5）反应系统中需控制的主要参变量是什么，这些需控制的参变量与生物反应效能如何相关对应。

第一节　生化过程主要检测参变量概述

一、生化过程主要检测的参变量

在发酵工厂中，生物反应有关的过程可以分为培养基灭菌、生物反应以及产物分离纯化过程。对生物反应器系统，为了掌握其中生化反应的状态参数及操作特性以便进行控制，需检测一系列的参数，如表 1-4-1 所示。

表 1-4-1　生物反应器中需检测的参变量

参数类别	参变量	影响的状态
物理参数	温度	反应速度及稳定性
	压强	溶氧速率、无菌操作
	液面	操作稳定性、生产率
	泡沫高度	操作稳定性
	培养基流加速度	生物反应效率
	通气量	溶氧与搅拌速率
	发酵液黏度	细胞生长及无菌状态
	搅拌功率	溶氧速率及混合状态
	搅拌转速	溶氧速率及混合状态

续表

参数类别	参变量	影响的状态
物理参数	冷却介质流量与温度	细胞生长及反应速度
	加热蒸汽压强	灭菌速度与时间
	酸、碱及消泡剂用量	反应速度及无菌度
化学参数	pH	反应速度及无菌度
	溶氧浓度	反应速度
	溶解 CO_2 浓度	反应速度
	氧化还原电位	反应速度
	排气的氧分压	氧利用速率及反应速度
	排气的 CO_2 分压	氧利用速率及反应速度
	培养基质浓度	反应速率及转化率
	产物浓度	生物反应效率
	底物浓度	反应速率及效率
生物量	细胞浓度	反应速度及生产率
	酶活性	反应速度
	细胞生长速率	反应速度

下面对生物反应器需检测的参变量分别扼要说明。

1. 温度

不管生物细胞或是酶催化的生物反应，反应温度都是最重要的影响因素。不同的生物细胞，均有最佳的生长温度和产物生成速度，而酶也有最适的催化温度，所以必须使反应体系控制在最佳的反应温度范围。

2. 压强

对通气生物发酵反应，必须向反应器中通入无菌的洁净空气，一是供应生物细胞呼吸代谢所必须的氧，二是强化培养液的混合与传质，三是维持反应器有适宜的表压，以防止外界杂菌进入生物发酵系统。对气升式反应器，通气压强的适度控制是高效溶氧传质及能量消耗的关键因素之一。对嫌气发酵，如废水的生物厌氧处理，对反应体系内压强的监控也十分必要。

3. 液面（或浆液量）

对液体发酵，反应器的液面或是装液量的控制是反应器设计的重要因素。液面的高低决定了反应器装液系数即影响生产效率；对通风液体深层发酵，初装液量的多少即液面的高低需要按工艺规定确定，否则通入空气后发酵液的气含率达一定值，液面就升高，加之泡沫的形成，故必须严格控制培养基液面。特别指出，对气升内环流式反应器，由于导流筒应比液面低，适当高度才能实现最佳的环流混合与气液传质，但在通气发酵过程中，排气会带出一定水分，故反应器内培养液会蒸发减少，因此液面的检测监控更重要，必要时需补加新鲜培养基或无菌水，以维持最佳液位。同理，连续发酵过程液位必须维持恒定，液面的检测控制也十分重要。

4. 泡沫高度

液体生物发酵，不管是通气还是厌气发酵均有不同程度的泡沫产生。发酵液泡沫产生的原因是多方面的，最主要的是培养基中固有的或是发酵过程中生成的蛋白质、菌体、糖类以及其他稳定泡沫的表面活性物质，加上通气发酵过程大量的空气泡以及厌气发酵过程中生成的CO_2气泡，都会导致生物发酵液面上生成不同程度的泡沫层。如控制不好，就会大大降低发酵反应器的有效反应空间即装料系数低，增加感染杂菌的机会，严重时泡沫会从排气口溢出而造成跑料，这导致产物收率下降。不同的生物反应其泡沫产生情况变化很大，有些生物发酵过程的泡沫不易控制，如笔者在进行微生物发酵生产鼠李糖和昆虫病原线虫液体深层培养过程均有大量的较难消除的泡沫生成。故对反应器内泡沫高度的检测是相当重要的。

5. 培养基流加速度

对生物发酵的连续操作或流加操作过程，均需连续或间歇往反应器中加入新鲜培养基，且要控制加入量和加入速度，以实现优化的连续发酵或流加操作，获得最大的发酵速率和生产效率。

6. 通气量

不论是液体深层通风发酵还是固体通气发酵，均要连续（或间歇）往反应器中通入大量的无菌空气。为达到预期的混合效果和溶氧速率，对固体发酵还有控制发酵温度的作用，必须控制工艺规程确定的通气量。当然，过高的通气量会引起泡沫增多，水分损失太大以及通风能耗上升等不良影响。故此通风发酵过程的通风量必须检测控制。

7. 黏度（或表观黏度）

培养基的黏度主要受培养液的成分及浓度、细胞浓度、温度、代谢产物等影响。而发酵液的黏度（或表观黏度）对溶液的搅拌与混合、溶氧速率、物质传递等有重要影响，同时对搅拌功率消耗及发酵产物的分离纯化均起着重要作用。这些在前面已有介绍。

8. 搅拌转速与搅拌功率

对一定的发酵反应器，搅拌转速对发酵液的混合状态、溶氧速率、物质传递等有重要影响，同时影响生物细胞的生长、产物的生成、搅拌功率消耗等。对某一确定的发酵反应器，当通气量一定时，搅拌转速升高，其溶氧速率增大，消耗的搅拌功率也越大。在完全湍流的条件下，搅拌功率与搅拌速度的三次方成正比，即$P=N_P\mu N^3D_i^5$，其中N为搅拌转速。此外，某些生物细胞如动植物细胞、丝状菌等，对搅拌剪切敏感，故搅拌转速和搅拌叶尖线速度有其临界上限范围。故此，测量和控制搅拌转速具有重要意义。

类似的是，搅拌功率也与上述的搅拌转速相关联的因素有密切关系，同时是机械搅拌通气发酵罐的比拟放大基准。因而直接测定或计算求出搅拌功率也十分重要。

9. 冷却介质流量与温度

生物发酵过程均有生物合成热产生，对机械搅拌发酵还有搅拌热，为保持反应器系统的温度在工艺规定的范围内，必须用水等冷却介质通过交换器把发酵热移走。要维持工艺要求的发酵温度，对应不同的发酵时期有不同的发酵热以及冷却介质的温度，需相应改变其流量。故必须测定冷却介质的进出口温度与流量，据此也可间接推定发酵罐中的生物反应是否正常进行。

10. 蒸汽压强

在生化反应过程中，无论是培养基灭菌、空罐消毒灭菌或产物提取纯化（如蒸馏、干燥等过程）中，均需应用蒸汽，基本上都是应用饱和蒸汽。而饱和蒸汽的温度与压力成对应关系，故某一压强的饱和蒸汽必然就有一定的温度。例如培养基消毒杀菌过程，对应不同的消毒工艺及设备，规定了其升温和维持在灭菌温度下一定时间，所以要求蒸汽有相应的压强。例如，一般的培养基灭菌温度取121℃，其对应的压强为0.206MPa（绝压）。

11. pH

生物发酵过程培养液的pH是生物细胞生长及产物或副产品生成的指示，是最重要的发酵过程参数之一。因每一种生物细胞均有最佳的生长增殖pH，细胞及酶的生物催化反应也有相应的最佳pH范围。而在培养基制备及产物提取、纯化过程也必须控制适当的pH。因此生物反应生产对pH的检测控制极重要。

12. 溶氧浓度和氧化还原电位

好气性发酵过程中，液体培养基中均需维持一定水平的溶解氧，以满足生物细胞呼吸、生长及代谢需要。在通风深层液体发酵生产中，溶解氧水平和溶氧效率往往是发酵生产水平和技术经济指标的重要影响因素，不同的发酵生产和不同的发酵时间，均有适宜的溶氧水平和溶氧速率。故对生物反应系统即培养液中的溶氧浓度必须测定和控制。此外，发酵过程溶解氧还可以作为判断发酵是否有杂菌或噬菌体污染的间接参数，若溶氧浓度变化异常，则提示发酵系统出现杂菌污染或其他问题。

对一些亚好氧的生物发酵反应如某些氨基酸发酵生产，在产物积累时期，只需很低的溶解氧水平，过高或过低都会影响生产效率。这样低的溶氧浓度使用目前的溶氧电极是无法测定的，故使用氧化还原电位计（ORP仪）来确定微小的溶氧值。

13. 发酵液中溶解CO_2浓度

对通气发酵生产，由于生物细胞的呼吸和生物合成，培养液中的氧会被部分消耗，而CO_2的含量会升高。对大部分的好氧发酵，当发酵液中溶解CO_2浓度增至某值时，就会使细胞生长和产物生成速率下降。例如组氨酸发酵，二氧化碳分压应低于0.005MPa；而精氨酸发酵，CO_2分压应在0.015MPa以下，否则会使生产效率降低。当然，对光照自养的微藻培养，则适当提高CO_2浓度就有利于藻细胞产量的提高。总之，生物反应过程溶解CO_2浓度的检测控制有重要意义。

14. 培养基质浓度和产物浓度

对生物发酵生产，基质浓度（例如糖浓度等）对生物细胞的生长及产物生成有举足轻重的影响；在发酵结束时，培养液基质浓度则是发酵转化率及产物得率的重要衡量指标。尤其是连续发酵和流加培养操作，发酵液中的基质浓度更为重要。类似地，产物浓度的测知也同样重要，因为掌握了发酵液中的产物浓度，就可确定发酵的进程以及决定发酵是否正常及是否需结束发酵。所以基质与产物浓度的检测、控制对各种发酵均是必要的。

15. 细胞浓度及酶活性

不论是酵母培养等以细胞为产物的生物发酵，或是氨基酸、抗生素等的发酵生产，反应系统中生物细胞浓度均是至关重要的参数。除酶反应外，可以说生物细胞（或组织）浓度是发酵生产速率和效率最关键的影响因素。故此，生物反应过程（除酶反应外）均需测定细胞浓度。当然，以酶作催化剂的生化反应，则酶浓度（活力）是必须检测监控的参变量。

二、生物反应过程对参数检测的要求

在生物反应过程中，对参数的检测是非常重要的，生物反应参数的检测是生物反应系统控制及优化的出发点，对生物反应系统进行良好的控制及优化是建立在准确测量生物反应参数基础之上的。生物反应过程对参数检测有如下要求。

1. 准确性

准确性是指真实数据与测量数据之间的差别。由于真实数据实际上是很难获得的，因此，研究者往往会依靠准确的标定、空白试验、对照试验和检测条件的控制，同时，利用统计学的原理对大量数据进行统计计算，提高参数检测的准确性。

2. 精确性

精确性是指在相同条件下多次测定结果相互吻合的程度，它表现了测定结果的再现性和检测方法的重复性。

3. 分辨率

分辨率是指一种检测方法或传感器能够区分的参数最小变化值。通常情况下，一个检测方法或传感器的灵敏度越高，其分辨率也就越高。

4. 响应时间

响应时间是指当测量参数变化时，传感器响应该变化所需要的时间。

表 1-4-2 所示为部分参数检测的测量范围、准确度及精确度。

表 1-4-2　　主要生物反应过程参数的测量范围、准确度及精确度

变量	测量范围	准确度或精度/%	变量	测量范围	准确度或精度/%
温度	0～150℃	0.01	MSL 挥发物：		
搅拌转速	0～3000r/min	0.2	甲醇、乙醇	0～10g/L	1～5
罐压	0～200kPa	0.1	丙酮	0～10g/L	1～5
质量	90～100kg	0.1	丁醇	0～10g/L	1～5
	0～1kg	0.01	在线 FIA：		
液体流量	0～8m^3/h	1	葡萄糖	0～100g/L	＜2
	0～2kg/h	0.5	NH_4^+	0～10g/L	1
稀释速率	0～1h^{-1}	＜0.5	PO_4^{3-}	0～10g/L	1～4
单位体积发酵液每分钟通气量 VVm	0～2	0.1	葡萄糖	0～10g/L	＜2
泡沫	开/关		在线 HPLC：		
气泡	开/关		酚	0～100mg/L	2～5
液位	开/关		酚酞盐（酯）	0～100g/L	2～5
pH	2～12	0.1	有机酸	0～1g/L	1～4
p_{O_2}	0～100%饱和	1	红霉素	0～20g/L	＜8
p_{CO_2}	10kPa	1	其他副产物	0～5g/L	2～5
尾气 O_2	16%～21%	1	在线 GC：		
尾气 CO_2	0～5%	1	乙酸	0～5g/L	2～7
荧光	0～5V	—	3-羟基丁酮	0～10g/L	＜2
氧化还原电位	－0.6～0.3V	0.2	丁二醇	0～10g/L	＜8
RQ	0.5～20（mol/L）/（mol/L）	取决于误差传播	乙醇	0～5g/L	2
OD 传感器	0～100AU	变化很大	甘油	0～1g/L	＜9

三、生物反应过程对传感器的要求

生物反应过程对传感器的常规要求为准确性、精确度、灵敏度、分辨能力要高，响应时间滞后要小，能够长时间稳定工作，可靠性好，具有可维修性。

生物反应过程一般在无菌条件下进行，因此除了常规要求外，对传感器还有一些特殊要求。

（1）耐温耐压：发酵生产要求纯种培养，发酵设备和培养基都需要高温蒸汽灭菌，同时发酵液有一定压力，因此一般要求传感器能够耐温、耐压，不能耐受蒸汽灭菌的传感器可在罐外用其他方法灭菌后无菌装入。

（2）生物反应过程中保持无菌，要求传感器与外界大气隔绝，采用的方法有蒸汽气封、O形圈密封、套管隔断等。

（3）表面不易污染，易于清洗，最好是自洁式的。发酵液黏度高，培养液中气、液、固三相同时存在，传感器表面的污染会严重影响测定结果。

（4）具有较高的专一性。发酵液的成分相当复杂，影响因素多，传感器的测定必须具有高度的专一性。

（5）能在工作状态下随时校正。

（6）使用寿命长。

（7）安装、使用、维修方便。

（8）价格合理，便于推广应用。

第二节　生化过程常用检测方法及仪器

在上节已介绍了生物反应过程主要的参数及其检测的重要性。本节将叙述有关发酵过程参数的检测方法、原理及仪器。

一、检测方式及仪器的组成

生物发酵生产中，生物反应器检测监控仪器最有代表性。根据大的分类，可把检测仪器分成在线检测（On-line measurement）和离线测量（Off-line measurement）。前者是仪器的电极等可直接与反应器内的培养基接触或可连续从反应器中取样进行分析测定，如发酵液的溶氧浓度、pH及温度、罐压等；而离线检测是从反应器中取样出来，然后用仪器分析或化学分析等方法进行检测。对生物发酵过程的控制来讲，在线检测是首选方式，便于用计算机等直接对给出的参数值进行分析比较而实现自动控制或优化控制。当然，在线测定要求所用的传感器能耐受蒸汽加热灭菌，有较高的精度和稳定性，且响应时间不能太长。而最常用的检测仪器的基本构成如图 1-4-1所示。

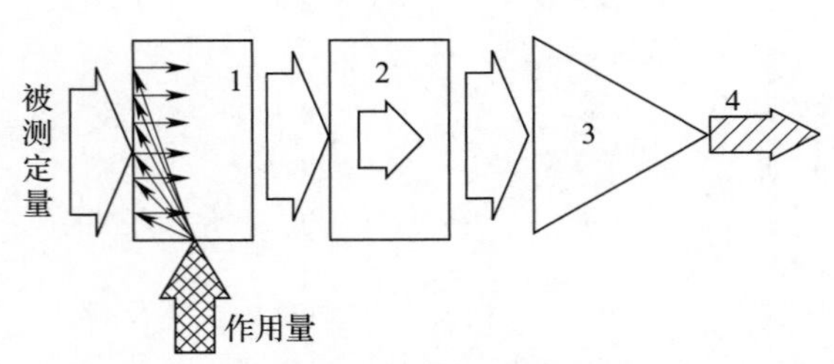

图 1-4-1　生物反应检测仪器的基本构成

1—传感器　2—信号转换　3—信号放大　4—输出显示

二、主要参数检测原理及仪器

生物反应过程大多是纯培养，必须杜绝杂菌污染，所以无菌操作十分重要。同时，无论是在线检测或取样分析，均应尽可能不影响反应器系统的运行状态。例如，采用灭菌的微孔陶瓷管或渗透膜管置反应器内，可连续在线无菌取样检测，如图 1-4-2 所示。

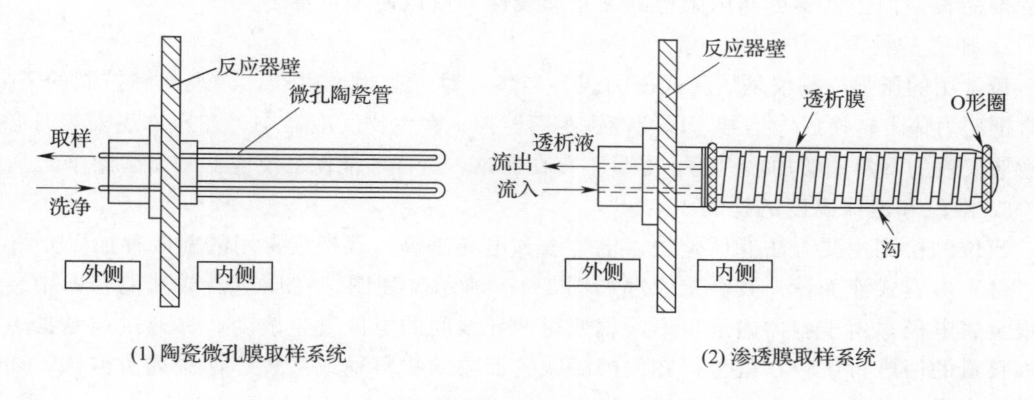

图 1-4-2 发酵罐内无菌取样系统

对于挥发性物质的检测，如酒精发酵过程发酵液中乙醇含量测定，可采用微孔管在线取样检测法（tubing method），其取样管及原理如图 1-4-3 所示。浸没在发酵液中的微孔管的材料为聚四氟乙烯，故可耐受反复加热灭菌；同时，由于是疏水性材料，故发酵液不会通过微孔而进入管中。但发酵液中的挥发成分如乙醇，则可透过管壁微孔，与管中流通的惰性气体（如氮气）混合输送到发酵罐外，进入气相色谱仪进行该挥发成分的检测。

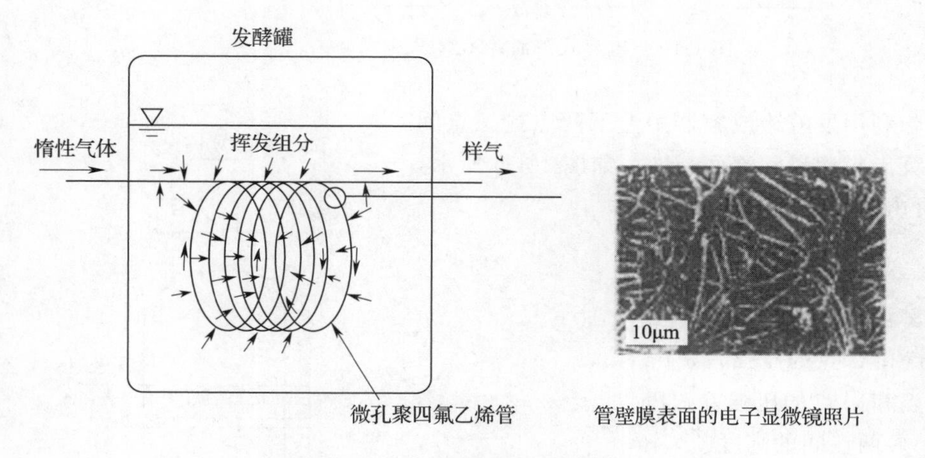

图 1-4-3 微孔管在线取样装置

视频 1-4-1 无菌取样仿真模拟

1. 温度的测定

温度检测仪表有热电阻检测器（RTD）、半导体热敏电阻、热电偶和玻璃温度计等。

发酵生产过程无论是培养基灭菌或是发酵过程温度测控，其温度范围在0～150℃。所以最常用的是金属热电阻温度计，其中以铂电阻温度计最常用，其次铜电阻温度计也可选择。铂电阻温度计可耐热杀菌，耐腐蚀，精度高，但价钱较贵。铜电阻温度计价格较便宜，但容易氧化，且温度计的体积也较大。

半导体热敏电阻具有灵敏度高、响应时间短的优点，且体积小、结构简单、耐腐蚀性好、寿命长，但因其温度与电阻值的关系非线性，所以使用也不多。

2. 压强的检测

最常用的压强检测仪是隔膜式压力表。当然，对工业规模生产，因观测和控制的需要，通常把压力信号转换成电信号，以便能远距离监控。在生物反应器中，在压力表安装时必须注意使仪表的管路能够加热灭菌，尽量不存在死角，这样才能保证反应器的无菌操作。

3. 液位和泡沫高度的检测

液位的检测主要方法有压差法、电容法和电导法等，现把最常用的前两种加以介绍。

（1）电容式液面计　其测定原理如图1-4-4所示。如图，在反应器或其他容器中装设两根金属电极，由于容器内液位不同就使得两导线间的电位发生改变，并通过与基准点间的物料量的值进行比较，就可得知发酵罐或容器内的物料量或液位。如罐内有泡沫，要测定泡沫高度，那必须注意基准位置的选定。

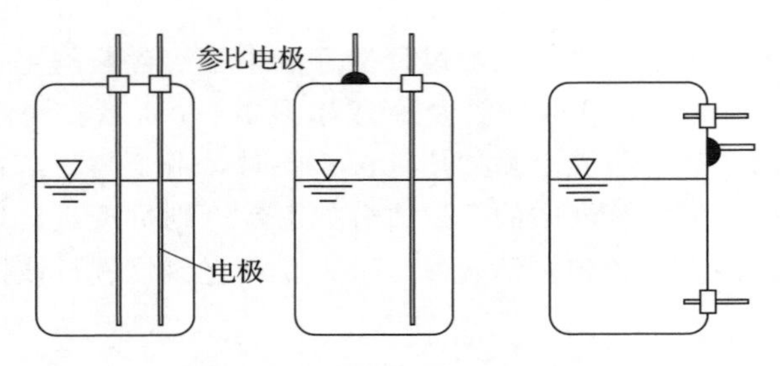

图1-4-4　电容式液面计示意图

（2）压差法　利用发酵罐或容器中上下两点或三点间不同压强就可计算出料液量和液面高度。如图1-4-5所示，发酵液位高 H 可由以下方程求算，即：

$$H=\frac{\Delta p_2}{\Delta p_1}\cdot \Delta H \qquad (1\text{-}4\text{-}1)$$

式中　H——发酵液位高，m

Δp_1——B点和C点的压强差，Pa

Δp_2——A点和C点的压强差，Pa

ΔH——B、C两点间的高度差，m

至于泡沫高度的测定，最常用的方法是电极探针测定法。当泡沫产生增多，其表面上升与电极探针接触从而产生电信号。此外，泡沫高度的检测还可应用声波法，即利用装于罐顶的装置发射声波，检测此声波经液面反射后返回罐顶所需的时间，就可推出泡沫表面高度。

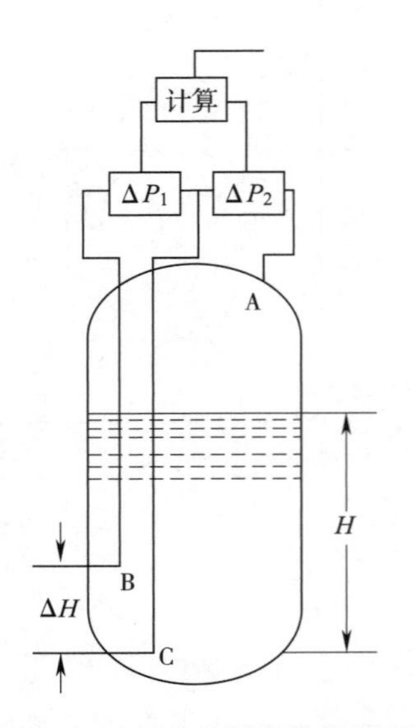

图1-4-5　压差法测量液位原理

4. 培养基和液体流量测定

培养基和其他酸碱等的液体流量的测定仪器最常用的是流量计，如液体质量流量计、电磁流量计和旋涡流量计、转子流量计。图 1-4-6 和图 1-4-7 所示分别为椭圆流量计和科里奥利（Coriolis）效应流量计，这两种流量计均有较高的精度（相当于满刻度的±0.5%），其流量测定范围 1.5×10^{-3}～$100m^3/h$。

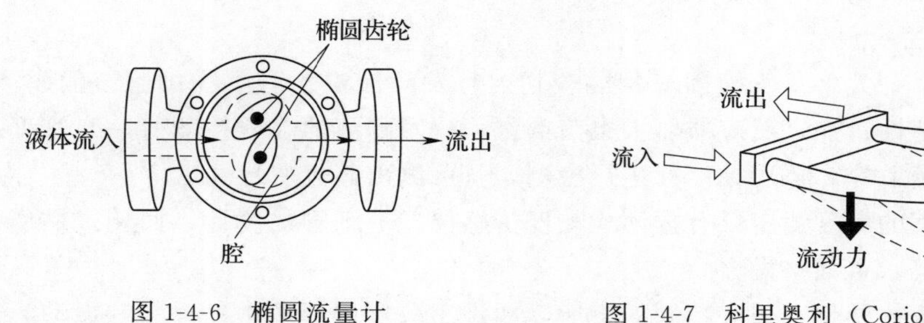

图 1-4-6　椭圆流量计　　图 1-4-7　科里奥利（Coriolis）效应流量计

5. 气体流量计

检测气体流量的实用类型分两大类，即体积流量型和质量流量型，现分述如下。

（1）体积流量型气体流量计　这类气体流量计的工作原理是根据流动气体动能的转换及流动类型改变而检测其流量。实验室小试和中试发酵系统几乎都应用转子流量计。转子流量计结构简单，流动压降小，线性刻度，故使用时若温度或压强与上述不同，则必须修正。

此外，体积式流量计还有同心孔板压差式流量计，可用于工业生产。

（2）质量流量型气体流量计　质量流量型流量计的检测原理是利用流体的固有性质，如质量、导电性、电磁感应及导热等特性而进行设计的。对气体流量测定，最常用流量计的是利用气体的导热性能而设计的。其结构示意图和测定流量的工作原理如图 1-4-8 和图 1-4-9所示。

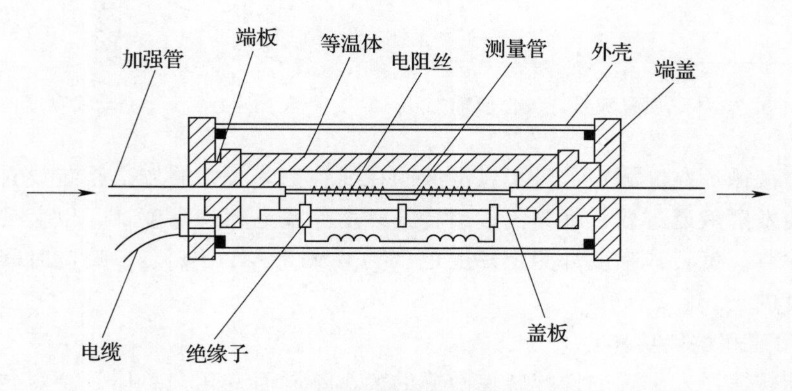

图 1-4-8　气体热质量流量传感器结构

在没有空气流过时，沿测量管轴方向的温度分布大体上是左右对称的，而有空气流过时，近气流进入端的温度降低，而流出端的温度上升，如图 1-4-9 所示。不平衡电桥输出的电势 E 可用以下方程表示。

$$E=kcq_m \qquad (1-4-2)$$

式中　E——电势，V

k——比例常数，同一传感器为常数

c——流过气体的比热容，kJ/（kg·℃）

q_m——气体质量流量，kg/s

由上式可知，对一定气体，输出的电势 E 与质量流量 q_m 成正比。此种流量计的流量范围为 0.6～250L/h，相应的精度较高。

6. 发酵液黏度的检测

由于生物发酵系统大多是气液固三相混合物，且发酵液中含有生物细胞、代谢产物，往往呈非牛顿流体特性；加之反应器要求无菌操作，故发酵液的在线检测有一定难度。当然，从反应器中无菌取样，再用黏度计进行检测，就可测出其流变特性。

发酵工业上常用的黏度测定仪有振动式黏度传感仪、毛细管黏度计、回转式黏度计以及涡轮旋转黏度计等，下面略做介绍。

（1）振动式黏度传感仪　用一特制的金属棒插进反应器内溶液中，并强制振动，其振动特性与液体黏度有一定的关系，故只要设法检出其振动特性，就可掌握发酵液的黏度（表观黏度）。其结构简图如图 1-4-10 所示。以此法测黏度，可保证无菌操作，但只能测定黏度的相对值，且精确度也较差，仍有待改进提高。

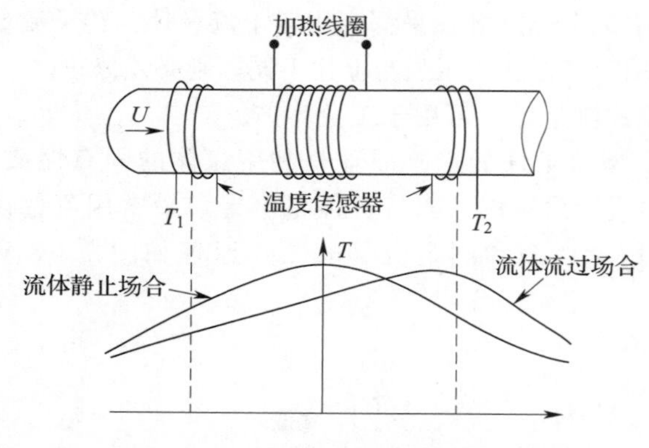

图 1-4-9　气体热质量流量计工作原理

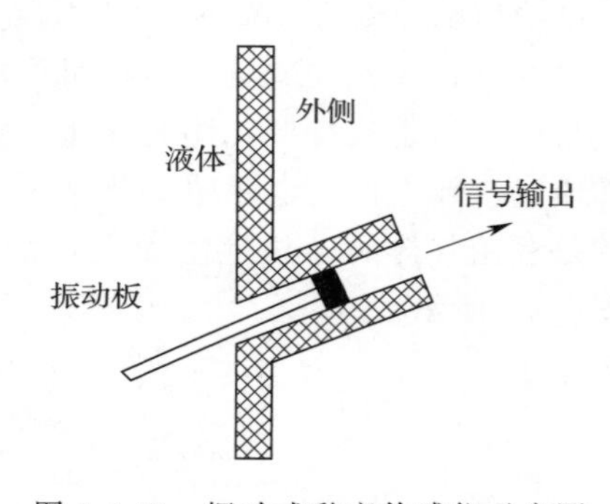

图 1-4-10　振动式黏度传感仪示意图

（2）发酵液循环黏度测定　对于发酵液的在线检测，较好的方法是装设自动无菌取样循环系统，使发酵液通过取样管路流过旋转式黏度计或毛细管黏度计，以实现发酵液黏度的连续在线检测。旋转式黏度计测定黏度范围为 0.015～100Pa·s，响应时间数十秒，灵敏度为满刻度的±1%。

7. 搅拌转速和搅拌功率

（1）搅拌转速　发酵罐的搅拌转速随罐的大小不同而变化，总体是罐容越小，转速越高。例如，实验室规模的 1～3L 罐，搅拌转速可高达 1000～1500r/min，而 $100m^3$ 谷氨酸发酵罐搅拌转速约 100r/min。搅拌转速的检测常用方法有磁感应式、光感应式和测速发电机等三种。前两种测速仪是利用搅拌轴或电机轴上装设的感应片切割磁场或光束而产生脉冲信号，此信号即脉冲频率与搅拌转速相同。而测速发电机是利用在搅拌轴上或电机轴上装设一小型发电机，后者的输出电压与搅拌转速呈线性关系。至于搅拌转速的调节，实验室和中试发酵罐可用直流电机、调速电机及变频器等实行无级调速控制；而大型发酵罐的调速设备相应投资较大，故目前基本上是固定转速的。

（2）发酵搅拌功率　前面已讨论过，发酵搅拌功率取决于搅拌器的结构及尺寸、搅拌转速、发酵液性质、操作参数如通气量等，搅拌功率直接影响发酵液的混合与溶氧、细胞分散及物质传递、热量传递等特性。目前，生产规模的发酵罐搅拌功率只是测定驱动电机的电压与电流，或直接测定电机搅拌功率，但此功率包含了传动减速机构的功率损失。对于实验研究需要较准确测定实际的搅拌轴功率，常用轴转矩测定法，其计算公式如下。

$$P=2\pi nM \tag{1-4-3}$$

式中　P——搅拌功率，W

n——搅拌轴转速，r/s

M——搅拌轴转矩，N·m

8. pH 的检测

目前，最通用的 pH 测定仪是复合 pH 电极，因其具有结构紧凑、可蒸汽加热灭菌的优点。其结构示意图如图 1-4-11 所示。其工作原理是利用玻璃电极与参比电极浸泡于某一溶液时具有一定的电位，其 pH 与电位的关系可表示如下。

$$\mathrm{pH}=0.43\frac{F\ (E_0-E)}{RT} \tag{1-4-4}$$

式中　E_0——标准电极电位，mV

E——被测溶液的玻璃电极电位，mV

F——法拉第常数

R——气体常数，8.314J/（mol·K）

T——热力学温度，K

由方程（1-4-4）可见，pH 除受电极电位差（$E-E_0$）影响外，还正比于 F/RT，即受温度 T 的影响。pH 电极最重要的部位为玻璃微孔膜，见图 1-4-11。若此电极微孔膜部分受蛋白质等大分子污染吸附，则影响膜的内外之间的质量传递，pH 计的灵敏度和响应时间会下降和延长，此时必须用蛋白酶浸泡使蛋白质酶解溶出。

为了使 pH 电极适应工业发酵生产的要求，通常加装不锈钢保护套才能插入发酵罐中使用。另外，还具有温度补偿系统。因为电极内容会随使用时间（尤其是高温灭菌环境下）而不断变化，故必须在每批发酵灭菌操作前后进行标定，即用标准 pH 缓冲液校准。通常 pH 计的测定范围是 0～14，精度达±0.05～0.1，响应时间数秒至数十秒，灵敏度为 0.1。

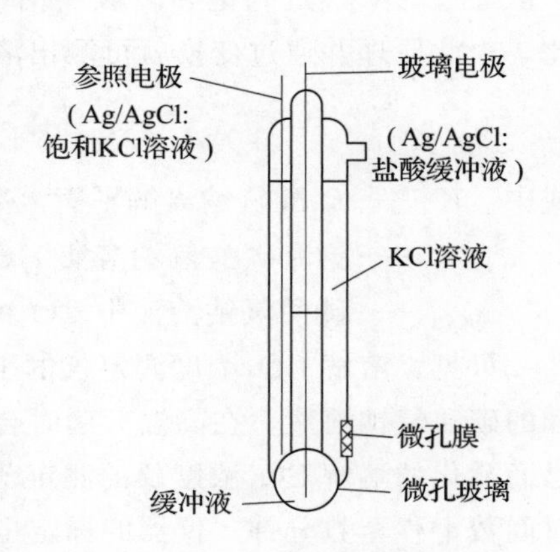

图 1-4-11　复合 pH 电极结构

9. 溶氧浓度的检测

使用仪器进行发酵液的溶解氧水平的检测通常用溶氧电极法，其化学基础是氧分子在阴极上还原，因而有电流产生，所产生的电流和被还原的氧气量成正比，故设法测定此电流值就可确定发酵液的溶氧浓度。其基础反应式如下。

$$\left.\begin{array}{r}O_2+2H_2O+2e \rightarrow H_2O_2+2OH^- \\ H_2O_2+2e \rightarrow 2OH^-\end{array}\right\} \tag{1-4-5}$$

如果在电极系统中选用一个电位比阴极低或相等的阳极作参比电极时，就需要外加一个电压，使之维持在－0.8～－0.6V的氧极谱电压内，这种电极称之为电解型（极谱型）电极。例如，阴极和阳极都用银制成，参比电解液为KCl溶液时，则电极反应如下。

$$\left.\begin{array}{r}\text{阳极上，}Ag+Cl^- \longrightarrow AgCl+e \\ \text{阴极上，}O_2+2H_2O+4e \longrightarrow 4OH^- \\ 4Ag+O_2+2H_2O+4Cl^- \longrightarrow 4AgCl+4OH^-\end{array}\right\} \tag{1-4-6}$$

实际上，用一层高分子膜（如PTFE）使电极与被测溶液分隔开，具有如下特点。

（1）氧分子扩散透过膜是限速步骤，故测出的电流值与溶氧浓度成正比；

（2）温度对氧在发酵液的溶解度及氧分子扩散速度均有影响。对常用的上述的溶氧电极，温度变化1℃，则产生4%的变化，故必须装设温度补偿线路；

（3）电流值和氧的扩散系数与溶解度的乘积成正比关系；

（4）这类溶氧电极的阳极面积应比阴极面积大得多，这样可减少误差。

溶氧电极的溶氧值有两种表示方法，即饱和溶氧的百分数和溶氧值，前者最常用。因为发酵液的成分变化很大，故即使在同一温度和相同压强下，不同发酵液的饱和溶氧值也不一样，故常用发酵液通气搅拌足够长时间溶氧已达饱和时的电极输出电流检出值为100%，残余电流值为零以标定（注意标定时应未接入生物细胞种），则发酵过程由于细胞消耗大量的氧，故此时读数为饱和时的某一百分值。至于质量百分浓度，通常溶氧电极可测定范围是0～20mg/L，灵敏度为±1%FS（FS为满刻度读数），响应时间10～60s，精度±1%FS。

值得注意的是，测定时要使电极周围的液体适度流动，以加强传质，尽量减少与电极膜接触的液膜滞流层厚度，并减少气泡和生物细胞在膜上积存，以保证溶氧测定的准确。

10．溶解CO_2浓度的检测

溶解CO_2浓度的检测原理是利用对CO_2分子有特殊选择渗透通过特性的微孔膜，并使扩散通过的CO_2进入饱和碳酸氢钠缓冲溶液中，平衡后显示的pH与溶解CO_2浓度成正比，由此原理并通过变换就可测出溶解CO_2浓度。具体地，pH可用以下方程表示。

$$pH=-\lg\left(\frac{K_a}{a_{HCO_3^-}}\right)-\lg(a_{CO_2}) \tag{1-4-7}$$

式中　K_a——碳酸氢钠离解平衡常数

$a_{HCO_3^-}$——饱和碳酸氢钠溶液HCO_3^-的活度

a_{CO_2}——碳酸氢钠溶液中CO_2的活度

可见，溶解CO_2浓度测定仪的工作原理和pH计是类似的，但不同点是电极内装了饱和的碳酸氢钠溶液，在高温灭菌时会部分分解，故要每次灭菌后均需校准才能测定。目前已商品化的溶解CO_2浓度仪的测定范围是$1.5 \sim 1500 g/m^3$，精度±（2%～5%）FS，响应时间数十秒至数分钟。仪器的标定也是采用两点式，如pH电极一样。

11．氧化还原电位（ORP）的检测

在生物发酵反应，氧化还原电位有重要意义。在厌气性发酵或亚需氧生物反应系统中，培养液的溶氧浓度可能在10μmol/L以下，这微小的溶氧值用一般的溶氧电极是无法测定的。氧分子作为电子受体的功能，关系到反应系统的氧化还原的平衡，故氧化还原电位（ORP）可作为微量溶氧浓度的指示。理论和实践表明，溶氧浓度与 ORP 虽不成正比关系，但有一定的对应关系，即当 ORP＝－300～－100mV 时，反应系统并非完全厌氧状态；但当 ORP≤－600mV 时，反应溶液已处于完全厌氧状况。

氧化还原电位的检测原理，是基于溶液中的金属电极上进行的电子交换达到平衡时，具有相应的氧化还原电位值，此值与溶液的 pH 和温度有关，具体关系如方程（1-4-8）所示。

$$E = E_0 + \frac{RT}{nF}\ln\frac{a_0}{a_R} = \frac{RT}{4F}\ln p_{O_2} + \frac{RT}{F}\ln[H^+] \tag{1-4-8}$$

式中　E_0——标准氧化还原电位值，常数

a_0——氧化型物质的活度

a_R——还原型物质的活度

p_{O_2}——溶液中溶氧值平衡的氧分压强，Pa

从方程（1-4-8）可见，溶液的氧化还原电位值不仅取决于溶氧值，还与温度 T 和 pH 有关。目前常用的氧化还原电极的检测范围在—700～＋700mV，灵敏度±10mV，响应时间数十秒至数分钟，精度为±0.1%FS。

12. 排气的氧分压和 CO_2 分压的检测

（1）排气的氧分压的检测　气体中氧浓度的检测，主要有磁氧分析、极谱电位法和质谱法。现就应用最广泛的磁氧分析仪的检测原理进行介绍。由于氧是顺磁性的，它的磁化率较大，在所有气体中占有重要地位，而大多数气体具有抗磁性，而且有较小的磁化率。

根据磁化理论，被检测排气的磁化率可由以下方程表示。

$$\eta_M = (\eta_{O_2} - \eta_B)\frac{c_{O_2}}{100} + \eta_B \tag{1-4-9}$$

式中　η_M——磁化率

η_{O_2}——氧的体积磁化率

η_B——背景气体磁化率

c_{O_2}——发酵排气氧浓度

若将此被检测样品气体导入磁场，在非均匀磁场范围内作用在气体分子上的力可导致压强的变化，即在均匀磁场与无磁场的空间存在压强差。

$$\Delta p = \frac{1}{2}\mu_0 H^2 \eta_M \tag{1-4-10}$$

式中　Δp——压强差

μ_0——常数

H——磁场强度

由方程（1-4-10）和方程（1-4-9）可知，测出 Δp 就可求出 η_M，进而求出 c_{O_2}，这就是磁氧分析仪的检测原理，具体的仪器结构示意图见图 1-4-12。这种磁氧分析仪的测定范围是气体中氧浓度 0.5%～100%，精度为±（1%～2%）FS，响应时间为数秒至数十秒，灵敏度为±（1%～2%）FS。

（2）排气中 CO_2 分压的检测　在发酵工业中常用的排气中 CO_2 分压（浓度）检测仪为红外线二氧化碳测定仪和二氧化碳电极，现分别简单介绍。

红外线二氧化碳分析仪是基于下述原理：除了单原子气体如氖、氩等和具有对称性又无

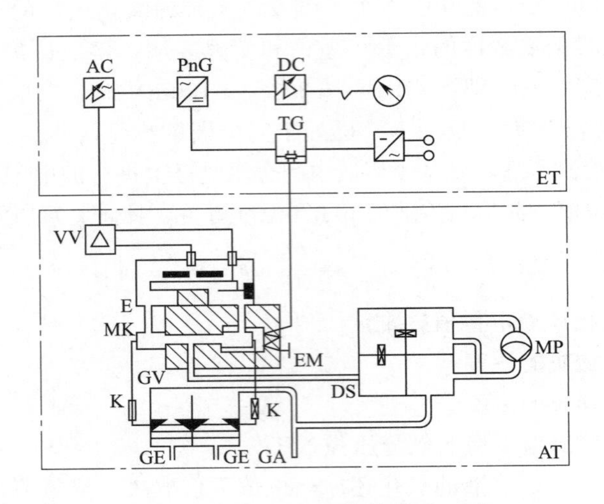

图 1-4-12　磁氧分析仪结构原理图

AT—分析部分　ET—电子部分　MP—膜片泵　DS—缓冲系统　GA—气体出口　K—毛细管
GV—气体分配器　EM—电磁铁　MK—测量气室　E—接收器　VV—前置放大器　AC—交流放大器
PnG—相敏整流　DC—直流放大　TG—脉冲直流电压源　GE—气体进口

极性的双原子气体如氢、氮、氧等之外，几乎所有的其他气体都在近红外波段即微米波具有不同的红外吸收谱，其中 CO_2 的红外吸收峰在（2.6～2.9）$\times 10^3$ nm 和（4.1～4.5）$\times 10^3$ nm。由于 CO_2 气体的吸收，在上述两个波段的近红外线通过含有 CO_2 的气体时，光强度衰减，其衰减量依从 Lambert-Beer 的规则，即：

$$\lg\left(\frac{I}{I_0}\right) = aL/c_{co2} \tag{1-4-11}$$

式中　I_0、I——入射光强和衰减后光强度

a——光吸收系数

L——光透过气体的距离，m

c_{CO_2}——CO_2 气体浓度，%

例如，用波长为 4300nm 的近红外光吸收二氧化碳浓度计可测定的 CO_2 浓度为 1%～100%，精度为±（0.5%～1%）FS，响应时间数秒，灵敏度±（1%～2%）FS。必须注意的是，有相近红外光吸收峰的其他气体对测定的精度有影响，其中 CO 气体影响最大。

在现代化的通风发酵罐，为全面监控发酵过程，通常均装设排气的氧浓度和 CO_2 浓度检测仪，当然需通过取样系统连接。其系统流程示意图如图 1-4-13 所示。

13. 细胞浓度测定

生物细胞浓度的测定十分重要。通常有全细胞浓度和活细胞浓度之分。

(1) 全细胞浓度的测定　在生物发酵系统中，即使是纯种培养又无杂菌污染，发酵液中的细胞在细胞龄、大小等也有差异，尤其是有活细胞和死细胞之分。而全细胞浓度测定方法又可分湿重法、干重法、浊度法、湿细胞体积等，尤其在发酵工厂生产中，这四种方法均有广泛应用。当然，以准确度来说，干重法最好，但其余三种方法简便易行，节省时间，有利于生产过程的检测控制，尤其是对发酵流加操作和连续操作过程。

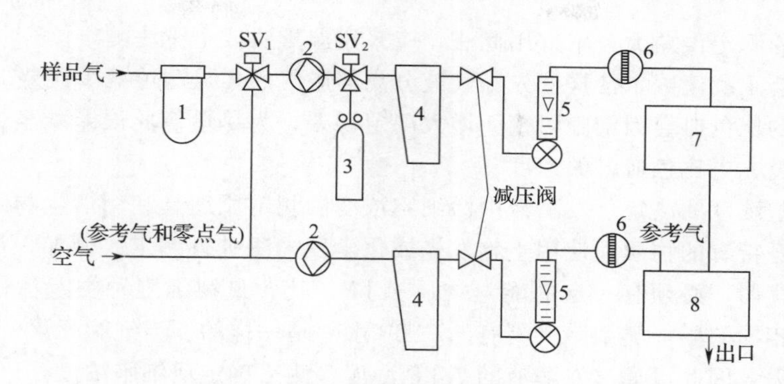

图 1-4-13　通气发酵罐排气检测流程图

1—粗滤器　2—膜片泵　3—贮气瓶　4—除水器　5—流量计

6—精过滤器　7—CO_2 检测仪　8—氧分析仪

对于生物反应器在线检测用的生物传感器或普通的传感器，必须尽可能满足下述要求：①响应要连续、迅速；②灵敏度应在 0.02g/L 以上；③电极本身对生物细胞无影响；④检测过程对细胞无损伤，不必加药物；⑤可检测含固体微粒营养物质的发酵液；⑥易于清洗、灭菌。

能基本满足上述要求的在线检测全细胞浓度仪常用的有流通式浊度计，其在线检测装置示意图如图 1-4-14 所示。所用的光源可用可见单色光、激光或紫外光，最常用的为可见光或同一波长的激光束，前者的波长 400～660nm，根据不同的生物细胞选用不同的波长。在一定的细胞浓度范围，全细胞浓度与吸光度呈线性关系。若应用激光束作光源，可测全细胞浓度的范围是 0～200g/L（湿细胞），精度在±1%FS，响应时间只用 1s。但用这种流通式浊度计检测细胞浓度，必须注意下述几个问题。

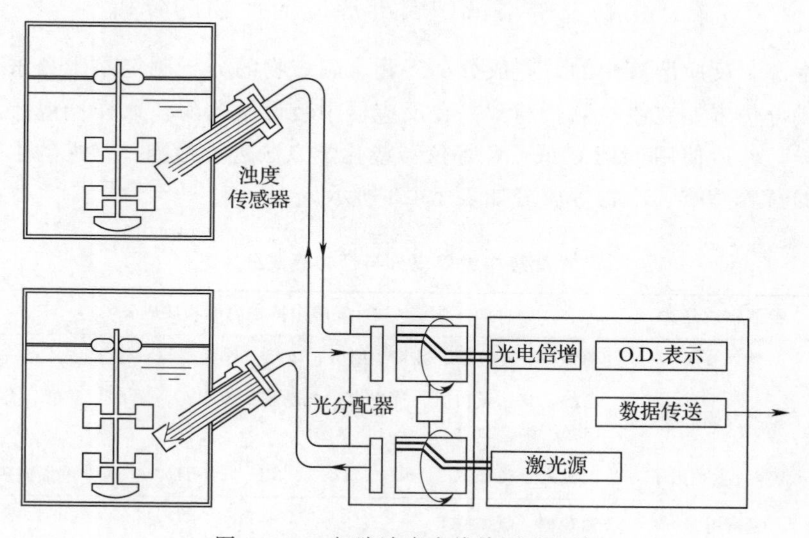

图 1-4-14　细胞浓度在线检测浊度计

①适用于游离细胞，细胞形状为球状、杆状的酵母、细菌、绿藻等。至于丝状的霉

菌、放线菌等的测定误差大，不宜用此法，应采用湿重法或干重法测定。

②空气泡会干扰读数，使样液先经气液分离器脱气后才检测可减少误差。

③传感器的比色皿会因细胞附壁而增大测定误差，为尽量使此误差减至最小，可适当提高发酵液流过光电比色皿时的速度。

（2）活细胞浓度的测定　发酵液中活细胞浓度的测定原理是利用活生物细胞催化的反应或活细胞本身特有的物质而使用生物发光或化学发光法进行测定。例如，活生物细胞为了维持呼吸与代谢，必须有一定的能量物质 ATP，其含量视细胞种类及活性等不同而变化，生长条件相同的同一类细胞所具有的 ATP 水平是一样的。当细胞死灭，其中 ATP 就迅速水解而消失，因此可通过发酵液的 ATP 浓度检测来确定活细胞浓度。

例如，在 ATP 存在下，荧光素氧化酶可使荧光素氧化，同时生成荧光，其反应式为：

$$ATP + 荧光素 + O_2 \longrightarrow 氧化荧光素 + PP_i + CO_2 + 荧光 + AMP + H_2O \quad (1\text{-}4\text{-}12)$$

上述反应发出的荧光强度与 ATP 浓度成正比，由此可检测发酵液中的活细胞浓度。

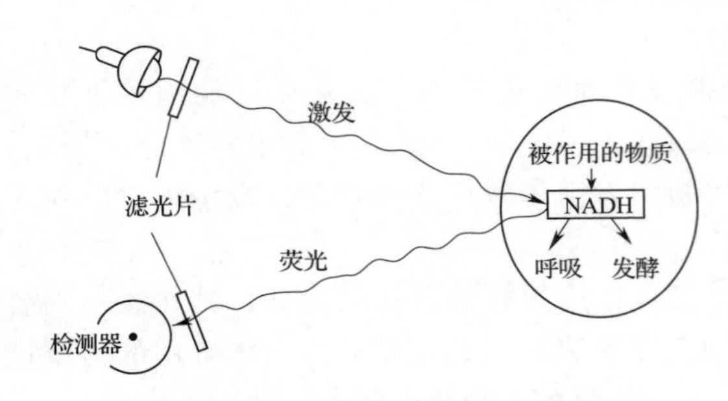

图 1-4-15　荧光测量活细胞装置简图

此外，在生物细胞培养过程中的某一时期，相同细胞在同等培养条件下产生的 NADH 量是不变的，在对数生长期，活细胞浓度与 NADH 浓度成正比，这也是荧光法测定活细胞浓度的依据。这种荧光活细胞检测仪的装置示意图如图 1-4-15 所示。

当然，对于取样离线测试方法还有染色计数法检测活细胞数，这可用于多数的微生物和动植物细胞。

三、生物发酵溶液中营养成分与产物的分析

对发酵生产，反应溶液中的营养成分和产物、副产物的分析测定是十分重要的。但至今大多数的成分仍未能在线检测，通常是在反应器中装设微孔陶瓷取样器或渗透膜取样器进行无菌取样，然后使用 HPLC 或 GC 等仪器或化学方法进行检测。常见的生物发酵反应类型及有关的营养基质、产物等成分如表 1-4-3 所示。

表 1-4-3　发酵液中营养成分与产物等成分

催化剂类别	检测物质分类	发酵中待检测的物质成分
微生物细胞	营养基质	葡萄糖、麦芽糖、乳糖、醋酸、BOD（作为碳源）等
	产物及副产物	乙醇、氨、蛋白质、抗生素、氨基酸、有机酸（乳酸、醋酸、柠檬酸等）、酶、甲烷、酚、氢等
	营养盐生长因子	无机离子类如 K^+、Na^+、Ca^{2+}、Mg^{2+}、$NH_4{}^+$、NO_3^-，生物素、维生素等
动物细胞	营养基质	葡萄糖、氨基酸等
	产物及副产物	蛋白质类（tPA、GCSF、EPO、INF 等）、乳酸、氨、尿素、二氧化碳
	生长因子	维生素、激素、抗生素（青霉素、链霉素等）

续表

催化剂类别	检测物质分类	发酵中待检测的物质成分
植物细胞	营养基质	糖类（蔗糖、葡萄糖、麦芽糖、乳糖、半乳糖）、醋酸、硝酸盐、氨基酸等
	产物	次生代谢产物如植物色素、皂苷、紫杉醇等
	副产物	氨、CO_2
	生长素	维生素、植物激素（如2,4－D、NAA、6－BA等）

第三节　生物传感器的研究开发与应用

在发酵液成分分析中，需检测的物质成分大多数是有机化合物。除了前面两节内容介绍的检测仪器外，近年来还有一类是利用生物细胞自身或其中所含的酶等有生物功能的物质来制成的传感器，它是由固定化的生物材料和适当的换能器件相结合而构成的检测器件。这类检测仪器被称为生物传感器。

用于生物传感器的生物材料包括固定化酶、微生物、抗原抗体、生物体组织或器官等。同时，用于生物传感器中产生二次响应的换能器研究也有很大进展，除了所用的电化学电极外，还出现了热敏电阻、离子敏感场效应管、光纤和压电晶体等不同类型。由上述两类相结合就可构成众多的生物传感器。

一、生物传感器在微生物发酵过程检测中的应用概况

1. 分类

生物传感器的类型和命名方法较多且不尽统一。

根据分子识别元件的不同，可以将生物传感器分为酶传感器（enzyme sensor）、微生物传感器（microbial sensor）、免疫传感器（immuno sensor）、组织传感器（tissue sensor）、细胞传感器（organelle sensor）、核酸传感器（DNA/RNA sensor）、分子印迹生物传感器（molecular imprinted biosensor）。

根据换能器件的不同，可以将生物传感器分为电化学生物传感器（electrochemical biosensor）、光生物传感器（optical biosensor）、热生物传感器（thermal biosensor）、半导体生物传感器（semiconduct biosensor）、电导/阻抗生物传感器（conductive/impedance biosensor）、声波生物传感器（acoustic biosensor）、微悬臂梁生物传感器（cantilever biosensor）。

根据生物传感器的尺寸，还可分为微型生物传感器（micro biosensor）和纳米生物传感器（nano biosensor）。凡是以分子间特异识别并结合为基础的生物传感器统称为亲和生物传感器（affinity biosensor）；能够同时测定两种以上指标或综合指标的生物传感器称为多功能传感器（multi-functional biosensor）；由两种以上不同的分子识别元件组成的生物传感器或采用两种或多种反应原理构成的生物传感器称为杂合生物传感器（hybridized biosensor）。而近年来兴起的生物芯片中的分析生物芯片和计算生物芯片是生物传感器阵列，能够实现多项指标同步测定。生物芯片是生物传感器的延伸和发展，它能够进行高通量的生物学信息转化和获取。

2. 生物元件的固定化

生物传感器需要将生物材料固定化，其目的是将酶等生物元件限制在一定的空间，但又不妨碍被分析物的自由扩散。与游离生物材料相比，固定化生物材料的热稳定性高，可重复使用，不需要在反应后进行催化物质与反应物质的分离，还可以根据已知的半衰期确定传感器膜的寿命。

生物传感器常用的固定化方法有以下几种。

(1) 夹心法（sandwich） 将生物活性材料封闭在双层滤膜之间，依生物材料的不同而选择各种孔径的滤膜。这种方法的特点是操作简单，不需要任何化学处理，固定生物量大，响应速度较快，重现性较好，尤其适用于微生物和组织膜制作。

(2) 吸附法（adsorption） 经非水溶性载体物理吸附或离子结合作用使生物元件固定，这些结合可以是氢键、范德华力或离子键等，也可能是多种键合形式共同发挥作用。吸附法主要用于制备酶和免疫膜，吸附过程一般不需要化学试剂，对蛋白质分子活性的影响较小。但是蛋白质分子容易脱落，故常与其他固定化方法结合使用。

(3) 包埋法（entrapment） 将酶分子或细胞包埋并固定在高分子聚合物三维空间网状结构基质中。包埋法的特点是一般不产生化学修饰，对生物分子活性影响较小，膜孔径和几何形状可以任意控制，被包埋物不易渗漏，底物分子可以在膜中任意扩散，缺点是相对分子质量大的底物在凝胶网格内扩散较困难，因此不适合大分子底物的测定。

(4) 共价结合法（covalent binding） 使生物活性分子通过共价键与不溶性载体结合而固定。载体包括无机载体和有机载体。酶与载体共价结合的方式有三种：与载体直接反应连接；通过同源双功能试剂与载体连接；通过异源双功能试剂与载体连接后再与载体反应连接。共价结合法的特点是结合牢固，蛋白质分子不易脱落，载体不易被生物降解，使用寿命长，但是操作步骤较多，酶活性可能因为发生化学修饰而降低，制备具有高活性的固定化酶较困难。

(5) 交联法（cross linking） 借助双功能试剂使蛋白质结合到惰性载体或蛋白质分子彼此交联成网状结构。交联法广泛用于酶膜和免疫分子膜的制备，操作简单，结合牢固，但是在进行固定化时需要严格控制 pH，小心调整交联剂浓度。

(6) 微胶囊法（micro-encapsulation） 采用脂质体包埋生物活性材料或指示分子。

3. 生物传感器在生物发酵过程检测中的应用

生物发酵生产中，微生物发酵占主导地位。在发酵过程需检测的参数有细胞浓度、基质浓度、产物浓度、溶氧浓度、pH 等。同时，描述细胞特性的胞内 pH、RNA、DNA、ATP、NADP 等均需测定。细胞浓度检测传统的方法是血球计数器计数法，若加上染色处理，还可判别活细胞和死细胞的比例。用此法费时间长，但效果较准确。传统的细胞计数器是通过操作人员眼睛进行计数的，故不能作为反应器直接联结的在线检测。

基于上述人工计数方法的原理，成功研究开发了流动细胞计数法（flow cytometry），所用的检测仪器称为流式细胞仪（cell sorter），其结构及主要部件如图 1-4-16 所示。具体的测定原理如下：被检测的含细胞的试样流过检测器，使细胞逐个滴下，由激光检出，根据预先设定的各种细胞的电特性进行识别，由此可统计出细胞的尺寸分布及细胞龄等特性。例如，利用荧光使 DNA 分子“染色”，然后测定“染色”后细胞发出的荧光强度分布，最后推定上述的细胞特性。但实际上，上述的流式细胞仪结构复杂，价格高昂，在普

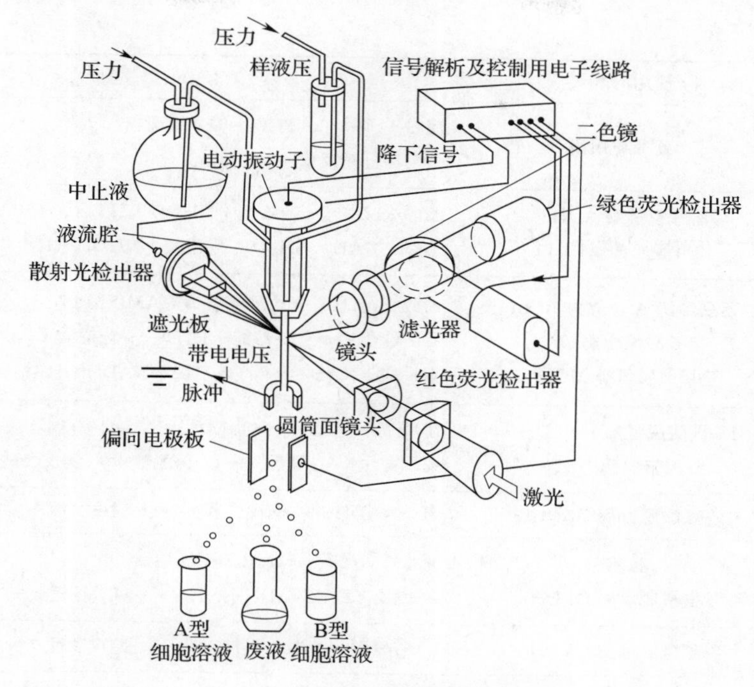

图 1-4-16　流式细胞仪结构示意图

通的实验室或生产部门仍未能普及使用。对于球状和杆状细胞，如大多数的酵母和球状或杆状细菌，细胞浓度的检测通常是使用浊度测定（用分光光度计），以其吸光吸光度表示，或由吸光度与干细胞浓度对应的标准曲线求取相应的细胞浓度。当然，在酵母等生产过程中，可用离心分离方法测出一定体积发酵液含有的鲜细胞体积以粗略估算细胞浓度，例如面包酵母培养液离心分离湿酵母泥的干细胞量约为 0.3g/mL；同样，小球藻异养培养离心分离的鲜藻泥干藻细胞量也大约如此。关于培养基营养成分如糖类、营养盐以及产物的分析检测，可用各种酶电极进行测定，具体的检测有关的酶反应原理见表 1-4-4。

表 1-4-4　酶电极检测有关的反应原理

检测物质	使用的酶	有关的酶反应
葡萄糖	己糖激酶 HK 葡萄糖-6-磷酸脱氢酶 G6P-DH	葡萄糖+ATP⟶G-6-P+ADP G-6-P+$NADP^+$⟶葡萄糖酸-6-磷酸+NADPH+H^+
果糖	己糖激酶 HK 葡萄糖-6-磷酸异构酶 PGI 葡萄糖-6-磷酸脱氢酶 G6P-DH	果糖+ATP⟶F-6-P+ADP F-6-P⇌G-6-P G-6-P+$NADP^+$⟶葡萄糖酸-6-磷酸+NADPH+H^+
山梨糖醇	山梨醇脱氢酶 SDH 乳酸脱氢酶 LDH 果糖酶	山梨酸醇+NAD^+⟶果糖++NADH+H^+ NADH+H^++丙酮酸⟶NAD^++L-乳酸 果糖分析反应
蔗糖	β-果糖苷酶 葡萄糖和果糖用酶 AGS	蔗糖+H_2O⟶葡萄糖+果糖 葡萄糖和果糖的分析检测反应

续表

检测物质	使用的酶	有关的酶反应
淀粉	葡萄糖用酶	淀粉＋（$n-1$）$H_2O \longrightarrow n$ 葡萄糖 葡萄糖分析反应
乙醇	乙醇脱氢酶 ADH 乙醛脱氢酶 AIDH	乙醇＋$NAD^+ \rightleftharpoons$乙醛＋NHDH＋H^+ 乙醛＋NAD^+＋$H_2O \longrightarrow$乙酸＋NHDH＋H^+
醋酸	乙酰辅酶 A 合成酶 ACS 柠檬酸缩合酶 CS 苹果酸脱氢酶 MDH	乙酸＋ATP$\longrightarrow$乙酰辅酶 A＋AMP＋PPi 乙酰辅酶 A＋草酰乙酸＋$H_2O \longrightarrow$柠檬酸＋CoA 苹果酸＋$NAD^+ \rightleftharpoons$草酰乙酸＋NADH＋H^+
乳酸	L-乳酸脱氢酶 L-LDH 谷丙转氨酶 GPT	L-乳酸＋$NAD^+ \rightleftharpoons$丙酮酸＋NADH＋H^+ 丙酮酸＋L-谷氨酸$\longrightarrow$L-丙氨酸＋α-酮戊二酸
氨	谷氨酸脱氢酶 GLDH	氨＋NADH＋α-酮戊二酸$\longrightarrow$L-酮戊二酸＋NAD^+＋H_2O
尿素	脲酶 谷氨酸脱氢酶 GLDH	尿素＋$H_2O \longrightarrow 2NH_3 + CO_2$ α-酮戊二酸＋NADH＋$NH_4^+ \longrightarrow$L-谷氨酸＋NAD^+＋H_2O
L-谷氨酸	谷氨酸脱氢酶 GLDH	L-谷氨酸＋NAD^+＋$H_2O \rightleftharpoons \alpha$-酮戊二酸＋NADH＋$NH_4^+$
硝酸盐	硝酸还原酶	硝酸盐＋NADPH＋$H^+ \longrightarrow$亚硝酸盐＋H_2O＋NADP
ATP	Mg^{2+} 荧光素酶	ATP＋荧光素（LH_2）$\longrightarrow LH_2$-AMP＋焦磷酸 LH_2-AMP＋$O_2 \longrightarrow$AMP＋CO_2＋氧化荧光素＋hv

表 1-4-4 所示的微生物发酵生产中常见物质的生物传感器测定原理，已有相应的酶试剂盒，可方便进行检测。而在发酵生产中已研制开发的生物传感器的例子如表 1-4-5 所示。

表 1-4-5　发酵过程物质检测用生物传感器

检测物质		检测用的生物传感器及换能器件
糖类	葡萄糖	酶电极（葡萄糖氧化酶）与氧电极 微生物电极（*Peseudomonas fluorescens*）和电极
	蔗糖	酶电极（蔗糖酶、葡萄糖氧化酶）和氧电极
	麦芽糖	酶电极（葡萄糖淀粉酶、葡萄糖氧化酶）和电极
	半乳糖	酶电极（半乳糖酶）和电极
	乳糖	酶电极（半乳糖、葡萄糖氧化酶）和电极
有机酸	乳酸	酶电极（乳酸氧化酶）与氧电极或过氧化氢电极
	丙酮酸	酶电极（丙酮酸氧化酶电极）和氧电极
	草酰乙酸	酶电极（草酰乙酸脱羧酶）和二氧化碳电极
	醋酸	微生物电极（酵母 *Trichosphoron brasicae*）和酶电极
	蚁酸	微生物电极（柠檬酸细菌）和氢电极

续表

检测物质		检测用的生物传感器及换能器件
醇	乙醇	酶电极（乙醇脱氢酶）和氧电极或过氧化氢电极*
		酶电极（乙醇氧化酶）和氧电极或过氧化氢电极*
		微生物电极（酵母 *Trichosphoron brasicae*）和氧电极**
氨基酸	L-氨基酸	酶电极（L-氨基酸氧化酶）和氧电极或过氧化氢电极***
		酶电极（脱氨酶）和氨电极
		酶电极（脱羧酶）和 CO_2 电极
	谷氨酸	微生物电极（大肠杆菌）和 CO_2 电极
抗生素	青霉素	酶电极（青霉素酶或 β-内酰胺酶）和 pH 电极
	头孢菌素	微生物电极（柠檬酸菌）和复合型玻璃电极
其他	BOD	微生物电极（酵母 *Trichosphoron cutanium*）和氧电极
	甲烷	微生物电极（甲烷氧化菌）和氧电极
	氨	微生物电极（硝化菌）和氧电极
	亚硝酸盐	微生物电极（亚硝酸氧化菌 *nitrobacter* sp.）和氧电极

注：* 选择性欠佳，可用特殊的选择性膜联合解决。

** 稳定性较好。

*** 选择性较差。

二、动植物细胞培养过程的参数检测

对于动物细胞，虽然大多可在体外生长和繁殖，但由于没有细胞壁，故大多需贴附在支持物上才能生长，这类动物细胞被称作贴壁依赖型。此外，还有部分动物细胞可类似微生物细胞那样在悬浮状态也可生长繁殖，称之为悬浮细胞或非贴壁依赖型。由于动物细胞的生长培养具有上述的两种基本形式，故培养过程的参数检测方法也有不同。例如细胞浓度，因悬浮型培养的特性类似于通常的微生物深层发酵过程，故其细胞浓度也可采用类似的检测技术；但对于贴壁培养，则不能直接按微生物发酵过程的检测方法，而必须先用胰蛋白酶等进行处理，使动物细胞与依附的表面分离，然后再按常规的细胞浓度检测方法进行。若要测定动物细胞中的活细胞数量，可使用锥虫蓝（trypan blue）色素，因这种色素物质进入细胞内会引起生理反应，故活细胞抗拒其进入细胞体内，但死细胞则失去这种自我保护能力而被染成蓝色，由此可测定细胞中活细胞所占的比例。

在动物细胞培养过程必须重点检测的参数有温度、pH、溶氧浓度以及氨、乳酸、CO_2等。在动物细胞培养中，往往还需测定培养基的渗透压。当然，培养基的营养成分如氨基酸、维生素、盐、有机物添加剂及葡萄糖等也需要分析检测。对大部分的动物细胞培养，含血清的培养基有利于细胞的生长及代谢产物的生成，而血清的主要营养及功能成分是蛋白质、多肽、激素等。

关于植物细胞培养过程的检测，考虑到细胞之间的离散特性，故相应的检测技术与方法也必须确立。例如，对于植物愈伤组织培养过程，愈伤组织的增殖与基质等营养物质的浓度变化等数据，必须以多个摇瓶培养结果为依据，在对各瓶的参数分别进行检测的基础上，就可获得植物愈伤组织生长增殖的离散数据及其平均生长速度等。这是植物细胞（组织）培养过程检测的特殊性之一。在反应器放大培养中，若是使用愈伤组织或器官等培养，则有关的检测参数和测定方法也可能不同。其中特别要注意的是，和微生物或动物细胞相比，植物细胞在悬浮培养中往往形成团块，至于前述的愈伤组织、发状根等亦会出现类似现象，故如何做到均匀取样即使样品有代表性，这是植物细胞（组织）培养过程检测的关键。

在植物细胞培养过程，溶氧浓度、温度和 pH 是最重要的参数，不仅影响细胞的生长增殖，而且还影响代谢产物的形成。故上述的参数均应进行在线检测与监控，以获得良好的效果。其他的如培养液营养物质的浓度、通气量、搅拌转速等如常规的微生物培养过程检测，对某些培养如植物细胞培养生产黄酮类色素，光照强度也是重要的检测参数。

三、生物传感器的结构原理及类型

生物传感器是由固定化的生物材料如酶、微生物、生物组织、动物细胞、抗体抗原等和适当的换能器件联合构成，后者把生化反应信号转换成可定量的检测信号，其原理结构图如图 1-4-17 所示。

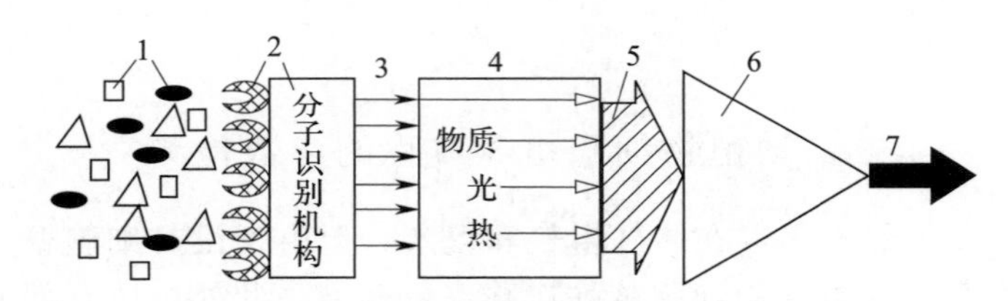

图 1-4-17　生物传感器的原理结构示意图

1—待测物质　2—生物功能材料　3—生物反应信息　4—换能器件　5—电信号　6—信号放大　7—输出信号

由固定化酶、固定化微生物等制成的生物传感器膜，与以往的无机或有机敏感膜不同，前者不产生界面电势，而仅与待测物质发生生物催化反应，生成能使生物膜层下面的敏感层产生响应的物质，属二次响应。当然，也有生物膜引发的电子转移，从而改变电极电位的测量原理。至于二次响应的换能器，有各类的电化学电极、热敏电阻、离子敏感场效应管、光纤和压电晶体等类型。表 1-4-6 列举了主要的生物活性功能材料及组成的分子识别元件，而表 1-4-7 则为各种相关的生物化学反应及其换能器件。

表 1-4-6　　生物活性功能材料及分子识别元件

生物活性功能材料	分子识别元件	生物活性功能材料	分子识别元件
固定化酶	酶膜	线粒体、叶绿体	细胞器质膜
微生物及动植物细胞	细胞膜	抗体抗原、酶标抗原	免疫功能膜
动植物组织	组织膜		

表 1-4-7　　各类生物化学反应及换能器件

生物化学反应	相应的换能器件	生物化学反应	相应的换能器件
离子变化	电流或电位型 ISE、阻抗计	色效应	光纤、光敏管
质子变化	ISE、场效应晶体管	质量改变	压电晶体
气体分压改变	气敏电极、场效应晶体管	电荷密度变化	阻抗计、场效应晶体管
热效应	热敏电阻	溶液密度改变	表面等离子共振器
光效应	光纤、光敏管、荧光计等		

由以上所述的原理可知，理论上生物传感器有下述的特点：具有特异性和多样性，可制成各式各样生化物质的生物传感器；不需添加化学反应试剂，检测方便、快速；可自动检测和在线检测。当然，在实际上由于生物反应过程大多要求无菌操作，而生物传感器中的生物活性材料却不能耐高温加热灭菌，故实际上要使生物传感器用于在线检测仍有关键的技术问题待解决。此外，生物传感器的稳定性和使用寿命也急需进一步提高和延长。以下就各类生物传感器分别进行介绍。

1. 酶电极

酶电极也即酶传感器，主要由固定化酶膜与相应的各类电化学器件构成，其结构原理如图 1-4-18 所示。

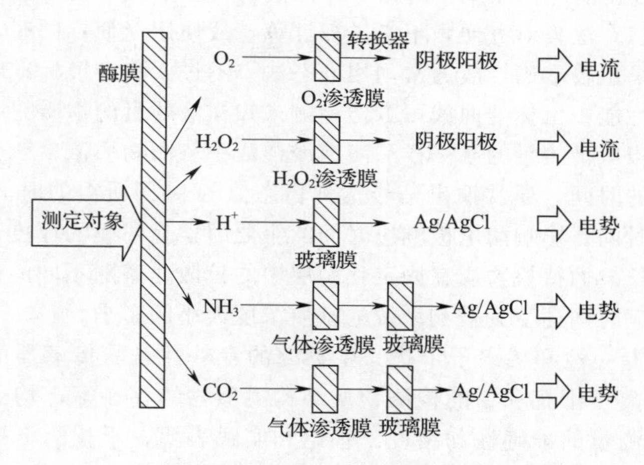

图 1-4-18　酶电极结构原理示意图

酶电极中的生物催化剂——酶，均必须先经固定化，以获得活力稳定、响应特性较好的酶膜。所用的酶可为一种酶或复合酶，或是酶和辅酶系统。与酶膜相匹配的换能器件的选择是根据不同的酶反应及其产物、副产物而定，其信号可分成电流型和电位型，具体的论述见后。

(1) 酶电极的响应时间和响应信号输出　当把酶电极置于某被检测溶液时，电极信号就随时间逐渐增加，最后趋于稳定，称此为稳态响应。如青霉素浓度测定用的酶电极置于不同青霉素钾盐浓度的溶液中，在不同的时间酶电极的输出信号（pH）改变而得到相应的响应曲线，如图 1-4-19 所示。

由上述的响应曲线，根据动态原理或静态（稳定态）原理可做出青霉素酶电极与青霉素钾的响应标准曲线，如图 1-4-20 所示。

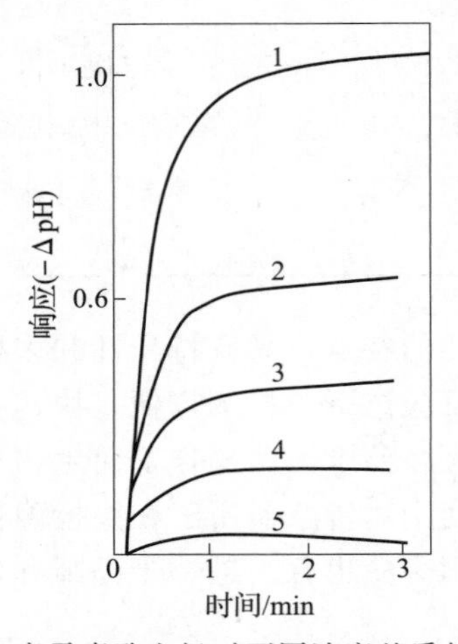

图 1-4-19　青霉素酶电极对不同浓度基质的响应过程

注：青霉素钾浓度（mmol/L）：1—25，2—15，3—10，4—5，5—1。

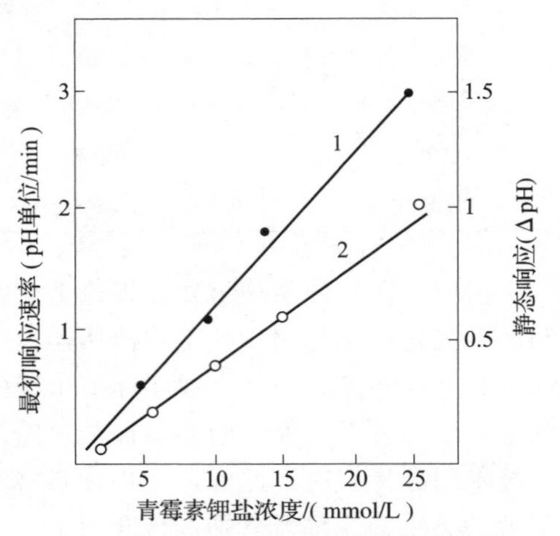

图 1-4-20　青霉素酶电极响应标准曲线

1—动态法标准曲线　2—静态（稳定）标准曲线

由图 1-4-19，根据酶电极在某一青霉素钾样液的响应曲线，就可查出此样液中抗生素浓度。因静态（稳态）法查对方便，不必进行计算，故使用简便；同时，只要青霉素浓度不会太高，测定结果也较准确，故通常均用静态法。不过，酶电极标准响应曲线的线性范围是酶电极的重要性能，由标准曲线可方便检测未知样液的目的物质的浓度。

响应时间，是当电极测量的某一样品溶液或样液中待测物质浓度改变后，电极信号输出达到稳态值所需的时间，通常输出信号达到稳态值的 95％所需的时间就称为 95％响应时间或简称为响应时间。影响酶电极响应时间的主要因素有酶膜的厚度和扩散速率。酶层越厚，响应时间越长。而待检物质在固定化酶层中的扩散速率随不同的固定化方法和载体而变化。当然，响应时间还受到被测系统的基质浓度大小的影响。

（2）酶电极的专一性和抗离子干扰　生物酶的专一性是酶传感器的突出优点。但在实际检测时，由于离子干扰和目的检测物质结构类似物的存在等，均会影响酶电极的非专一性，从而降低测量的准确性和精度。理论和实践表明，干扰酶电极测量的主要因素有酶作用的非专一性、酶反应的中间产物干扰、同离子效应干扰及选择电极的离子干扰等。

（3）酶电极的稳定性和使用寿命　酶电极的稳定性主要受酶的失活与固定化酶的渗漏所影响，而这两类固定化酶的稳定性能主要受被测溶液特性如是否存在会使酶失活或破坏的物质（如蛋白酶）或过高或过低的 pH 等，以及检测操作条件、维护保存方法等影响。这些均会影响酶电极的灵敏度、精度、线性测量范围及响应时间等，往往造成酶电极使用寿命缩短。

为了提高酶电极的稳定性和延长其使用寿命，必须在酶固定化时，设法提高酶的稳定性，如在酶层上用半渗透膜保护以及使用辅酶等方法，当然合适的电极保存方法也很重要。

（4）某些酶电极的原理说明　如葡萄糖检测用的酶电极，是利用葡萄糖氧化酶在氧存在下使葡萄糖氧化生成葡萄糖酸，同时生成过氧化氢。据此酶催化反应过程原理，在特殊构成的溶氧电极表面加一层固定化葡萄糖氧化酶，催化被测溶液中的糖反应，电极表面溶氧浓度降低，伴随生成过氧化氢，构成的电流型检测器可以检定 H_2O_2 被氧化的电流强弱，从而可检定溶液中葡萄糖浓度。当然，也可直接利用氧电极的稳态电流的改变来分析糖的浓度。上述两个生化反应方程式如下。

$$\text{葡萄糖} + H_2O \xrightarrow{\text{GOD}} \text{葡萄糖酸} + H_2O_2 \tag{1-4-13}$$

和

$$H_2O_2 \xrightarrow{\text{铂电极}} O_2 + 2H^+ + 2e \tag{1-4-14}$$

式中，GOD表示葡萄糖氧化酶。由上述两式知，待检溶液中，葡萄糖浓度越大，氧电极表面的溶氧浓度越低，生成的 H_2O_2 量越多。在某一浓度范围，它们之间的关系呈线性关系，就可利用标准的葡萄糖浓度得到的标准曲线对照，从而推出待测样液中葡萄糖浓度。

对于氨基酸的测定，也类似上述的葡萄糖酶电极分析，可使用L－氨基酸氧化酶固定于氧电极表面上。但因氨基酸氧化酶对目的检测氨基酸催化的选择性通常不高，因此可改用脱氨酶与氨电极组合或脱羧酶与二氧化碳电极联合进行检测，可获得较高的精度。在实际上，使用脱羧酶可使L－赖氨酸脱羧基有高的选择性，结合 CO_2 电极测定生成的 CO_2 浓度，从而可以较准确地检测赖氨酸浓度。

2. 微生物电极

众所周知，酶一般都是从生物细胞中提取或由其通过代谢生成的。另外，很多酶的稳定性均不高，因此用酶电极构成的生物传感器的使用寿命均较短。故直接应用固定化活细胞以构成用于物质浓度检测且有较长使用寿命的生物传感器。微生物电极可以利用其中某种酶的催化作用，也可利用其中的多种酶即酶系进行催化以实现检测目的。

由载体固定的微生物细胞和相关的电化学检测器件组合构成的微生物传感器有两种类型，即微生物呼吸性测定型传感器和代谢产物电极活性物质测定型传感器，分别如图1-4-21和图1-4-22所示。

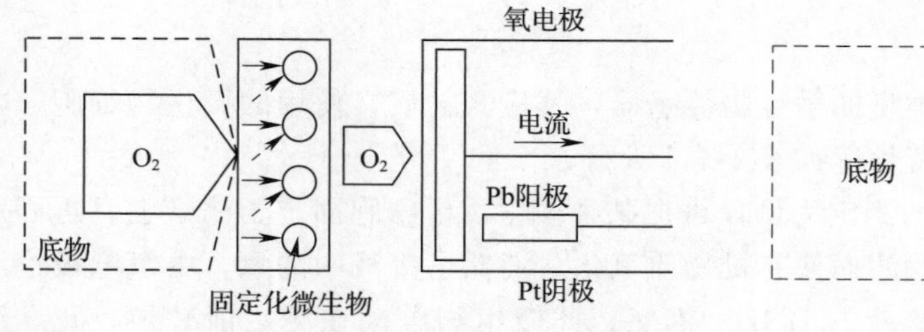

图1-4-21　呼吸性测定型微生物传感器原理

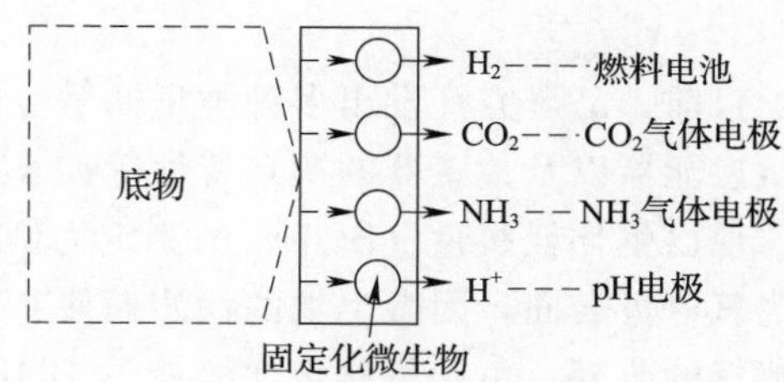

图1-4-22　代谢产物测定型微生物传感器原理

呼吸性测定型微生物电极是利用微生物呼吸作用消耗氧或产生 CO_2，进而用氧电极或 CO_2 电极进行检测，它们的浓度改变与待测物质浓度有相应的关系，由此可实现该物质浓度的检测。如利用氧电极，可把活的微生物细胞固定在胶原膜中，再把此膜附在覆膜式氧电极的透气膜上，即构成此类微生物传感器，如图1-4-23所示。当把此传感器插入待检样液中，待测定的有机物即向微生物膜扩散并被微生物活细胞摄取，呼吸速率增大，耗氧量上升，此变化可由氧电极检定，因而可检出该有机物的浓度。

而代谢产物测定型微生物传感器的原理是微生物活细胞使有机物代谢生成相应的代谢产物，后者能使电极产生响应或与之反应的电极活性物质。常用的电化学反应装置是燃料电池型电极、离子选择性电极或二氧化碳电极等。例如，可把能生产氢的微生物固定于琼脂凝胶膜上，并把其装在燃料电池中，后者的阳极用铂金电极，阴极是过氧化银电极，使用 0.1mol/L 磷酸缓冲溶液作电解液。若把此传感器置于被检样液中，有机物即向微生物活细胞层扩散，被细胞代谢产生氢，后者向燃料电池的阳极扩散，最后被氧化而产生电流。因此电流值与在电极上反应的氢气量成比例，故可检测出需测定的有机物的浓度。这类代谢测定型微生物传感器的结构如图 1-4-24 所示。

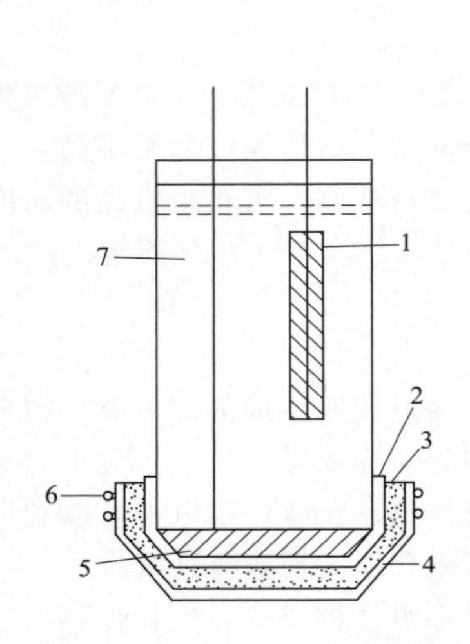

图 1-4-23　呼吸测定型微生物传感器结构

1—铂电极　2—聚 PTFE 膜　3—固定化微生物膜　4—尼龙网　5—铂电极　6—O 形环　7—电解液

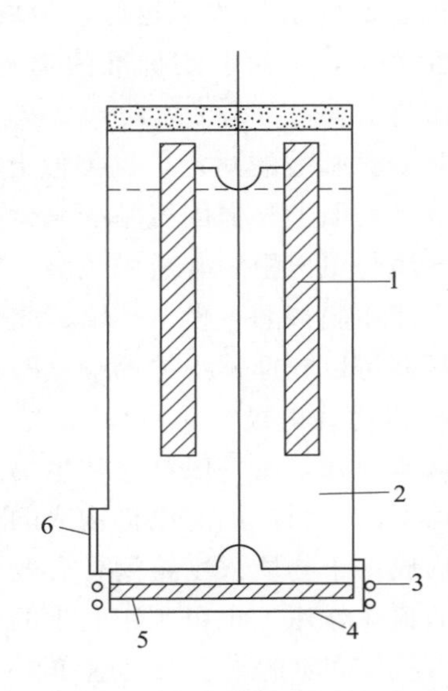

图 1-4-24　代谢产物测定型微生物传感器结构

1—过氧化银电极　2—电解液　3—O 形环　4—铂电极　5—固定化微生物膜　6—阴离子交换膜

目前，已研究开发出多种类型的微生物传感器，其检测物质、使用的微生物细胞、电化学换能器以及传感器的测定特性等如表 1-4-7 所示。

现以生化耗氧量（BOD）的测定为例，可把某种微生物活细胞固定于滤纸上，再固定于溶氧电极表面，因微生物的代谢而使有机物质氧化，消耗了溶液中的氧，由氧电极检测其溶氧的改变，由此可测定此溶液的 BOD。当然，此微生物电极在测定前必须校正，测量时间也较长，约需 30min 以上。此外，酒中的硫酸根浓度也可用微生物电极进行检测。实用的 BOD 测定微生物传感器构成如图 1-4-25 所示。

表 1-4-8 所示为微生物传感器及其响应时间、使用寿命等性能，随着生物传感器的研究开发的不断发展，目前种类已更多，其检测性能等也有不同程度的改进提高。

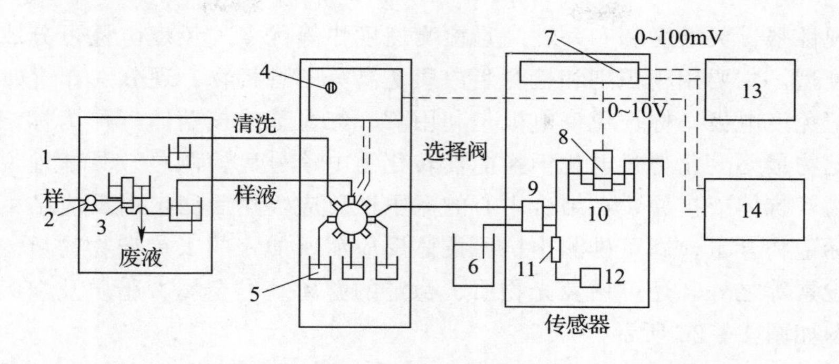

图 1-4-25　实用化的BOD生物传感器测定系统

1—自来水　2—取样泵　3—过滤器　4—选择控制器　5—标准溶液　6—缓冲液　7—放大器　8—微生物传感器　9—泵　10—恒温槽　11—流量计　12—气泵　13—记录仪　14—数据处理装置

表 1-4-8　多种微生物传感器的构成与性能

测定对象		微生物	电化学换能器	稳定工作周期/d	响应时间/min	测量的浓度范围/(mg/L)
糖	葡萄糖	*P. fluorescens*	膜式 O_2 电极	＞14	10	2～20
	转化糖	*B. lactofermentum*	膜式 O_2 电极	20	10	10～200
醇	甲醇	*Methylophilus* sp.	膜式 O_2 电极	30	10	5～20
	乙醇	*T. brassicac*	膜式 O_2 电极	30	10	2～25
酸	醋酸	*T. brassicae*	膜式 O_2 电极	20	10	3～60
	甲酸	*C. butycicum*	燃料电池	30	30	10～1000
氨基酸	谷氨酸	*E. coli*	CO_2 电极	20	5	8～800
	赖氨酸	*E. coli*	CO_2 电极	14	5	10～10
	谷氨酸	*Sarcina flave*	NH_3 电极	14	5	20～10
	精氨酸	*S. faccium*	NH_3 电极	20	10	10～170
	天冬氨酸	*B. cacaveris*	NH_3 电极	10	5	0.5～90
抗生素	制霉菌素	*S. cerevisiac*	膜式 O_2 电极	—	60	1～54
气体	氨	硝化细菌	膜式 O_2 电极	20	10	0.05～1.0
	甲烷	*Methylomanas flagellatea*	膜式 O_2 电极	30	2	0.3～100
BOD	BOD	*Trichosporon cutaneum*	膜式 O_2 电极	30	15	3～60
菌体数			燃料电池	60	15	10^8～10^9个/mL
烟酸		*Lactobacillus arabinosis*	pH 电池	60	60	10^{-5}～5
维生素 B_1		*Lactobacillus fermenti*	燃料电池	30	360	10^{-3}～10^{-2}

3. 免疫电极

当生物体在受到外来病毒、病菌或异体蛋白入侵时，就会产生抗体来识别这些异物(称之为抗原)，并把它们排出体外，这种抗原与抗体的结合称为免疫反应，具有特别高的特异性。人们利用这种对抗原的识别与结合功能，研制开发免疫传感器。实践表明，免疫电极具有重现性强、灵敏度和专一性高且检测速度快等优点。免疫电极可分成非标记免疫型和标记免疫型，主要用于识别和检测蛋白质类高分子有机物。现分别介绍如下。

（1）标记免疫电极　标记免疫电极是利用酶、红血球或核糖体等作为标记物，在免疫反应后，标记物最终变化通过电化学换能器转化为电信号后检测之。具体地说，即根据标记与非标记物（抗体或抗原）在结合中心的竞争性反应，然后测定由反应结束后由键合剂分离下来的标记物含量，即可推测出抗原抗体反应前所加入的未标记物的量。标记剂除上述的酶、同位素等之外，还可用荧光物质、稳定的游离基、金属、脂质及噬菌体等。其测定原理示意图如图 1-4-26 所示。

现以测定人血清蛋白（HSA）为例，所用的酶免疫电极是以抗体膜为检测材料，换能器件使用氧电极，以过氧化氢酶为标记剂，其示意图如图 1-4-27 所示。

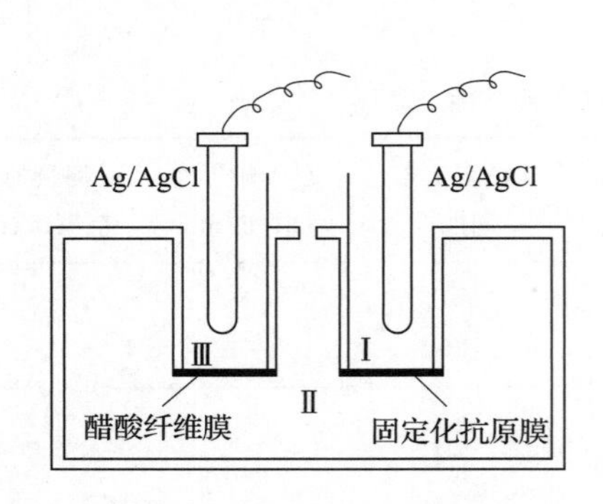

图 1-4-26　酶标记免疫传感器原理示意图

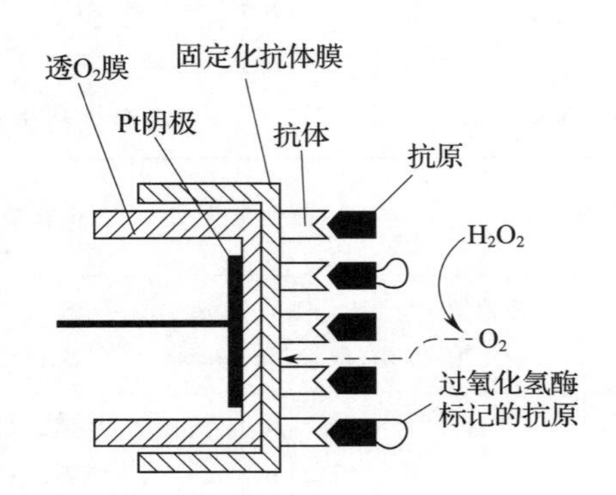

图 1-4-27　酶免疫传感器检测原理图

如上图所示，向含有 HSA 的待测液中加入一定量的过氧化氢酶标记的 HSA，后者和酶标记 HSA 就在抗体膜表面上争相与抗体结合，形成抗原抗体复合物；随后把抗体膜洗净，除去游离抗原，把酶免疫电极浸到待测溶液中，于是抗体膜上结合的过氧化氢酶催化 H_2O_2分解，同时产生氧，由氧电极检测其浓度，相应测出标记酶的量从而可算出 HSA 浓度。

（2）非标记免疫电极　非标记免疫电极是基于电极表面上形成抗原抗体复合物，把所发生的物理化学变化转换成电信号的生物传感器。目前，这类传感器的原理主要有两大类，现分别介绍。

①膜免疫电极：把抗体或抗原固定在膜上，使抗原抗体反应在膜上，测定反应前后的膜电位变化。例如，把抗原固定化制成抗原膜，若浸于抗体溶液中，因抗体是带有电荷的蛋白质，由于反应引起固定化抗原膜表面电荷状态的变化，产生感应性膜电位差，其值由膜上抗体的密度、被测抗原溶液的浓度、抗原抗体反应的时间及检测条件决定。因此，如能使被测抗原浓度以外的条件恒定，则感应膜电位差或其变化速率与抗原浓度呈一定关系，由此可检出待测溶液的抗原浓度。

②化学修饰免疫电极：把抗原或抗体用化学修饰法固定在金属电极的表面，电极电位就因其表面上的抗原抗体反应而发生改变，由此可测出待测溶液的抗体或抗原浓度。化学修饰的生物材料固定化通常使用表面有氧化钛膜的钛丝，先使其于溴化氰溶液中活化，再浸入待固定的抗体或抗原溶液中，就可获得抗体或抗原修饰的免疫电极，称此为 BrCN

法。其化学修饰的机理是由于钛丝氧化膜表面上的氢氧基与溴化氰反应生成活性亚氨基，再与抗体或抗原蛋白质的氨基结合，从而固定在钛丝表面上。

表 1-4-9 和表 1-4-10 所示为部分已研究开发成功的标记型与非标记型免疫生物传感器。

表 1-4-9　　标记型免疫生物传感器

测定对象	感受器	换能器件	检测方法
免疫球蛋白 G（IgG）	抗 IgG 膜（过氧化氢酶标记）	膜式氧电极	竞争法酶免疫
	抗 IgG 膜（过氧化氢酶标记）	膜式氧电极	夹心法酶免疫
	抗 IgG 膜（葡萄糖氧化酶标记）	膜式氧电极	竞争法酶免疫
免疫球蛋白 M（IgM）	抗 IgM 膜（过氧化氢酶标记）	膜式氧电极	夹心法酶免疫
白蛋白	抗白蛋白膜（过氧化氢酶标记）	膜式氧电极	夹心法酶免疫
人绒毛膜促性腺激素（HCG）	抗 HCG 膜（过氧化氢酶标记）	膜式氧电极	竞争法酶免疫
甲胎蛋白（AFP）	抗 AFP 膜（过氧化氢酶标记）	膜式氧电极	竞争法酶免疫
乙肝表面抗体（HBs 抗系）	抗 HBs 膜（过氧化氢酶标记）	离子选择电极（I^-）	竞争法酶免疫
抗体	抗原结合红细胞核糖体	离子选择电极（TPA^+）	补体结合

表 1-4-10　　非标记型免疫生物传感器

检测对象	构成	测定方法
糖	ConA/PVC/铂电极	电极电位测定
梅毒抗体	心磷脂抗原/醋酸乙烯膜	膜电位的测定
白蛋白	抗白蛋白抗体/醋酸乙烯复合体膜	膜电位的测定
血型	血型物质/醋酸乙烯复合体膜	膜电位的测定
HCG	抗 HCG 抗体/TiO2 电极	电极电位测定

4. 组织传感器

组织传感器以活的动植物组织作为分子识别元件。生物组织含有丰富的酶类，这些酶处在适宜的自然环境，具有相对稳定的酶活性。直接利用生物组织可以解决酶难以提纯的问题，制作简便，一般无需采用固定化技术，但是需要酶活性较高的器官组织。表 1-4-11 列出了几种组织传感器构成。

表 1-4-11　　组织传感器构成

底物	生物催化材料	基础电极
腺苷	鼠小肠黏膜细胞	NH_3电极
5-AMP	兔肌肉，兔肌肉丙酮粉	NH_3
谷酰胺	猪肾细胞，猪肾细胞线粒体	NH_3
鸟嘌呤	兔肝	NH_3

续表

底物	生物催化材料	基础电极
酪氨酸	甜菜	O_2电极
胱氨酸	黄瓜叶	NH_3电极
谷氨酸	南瓜	CO_2电极
多巴胺	香蕉肉	O_2电极
丙酮酸	玉米仁	CO_2电极
尿素	刀豆浆	NH_3电极
过氧化氢	牛肝	O_2电极
L-抗坏血酸	南瓜或黄瓜中果皮	O_2电极

5. DNA 传感器

DNA 传感器以 DNA 为识别元件，根据转换器的不同，可以分为电化学型、光学型和质量型。其中应用最广的是电化学型 DNA 传感器。DNA 电化学传感器通常由已知序列的单链 DNA 分子和电极组成。为了提高杂交的专一性，单链 DNA 片段长度范围通常为十几个碱基到几十个碱基，多采用人工合成的方法制得，其碱基序列与待测样品中的靶序列互补。在适当的温度、pH 和离子强度条件下，固定在电极上的单链 DNA 与杂交缓冲溶液中的靶基因发生选择性杂交反应。如果样品中含有完全互补的 DNA 片段，则在电极表面形成双链 DNA，从而导致电极表面结构的变化，然后通过检测电极表面的电化学信号，达到识别和测定靶基因的目的。

DNA 传感器的特点可归纳为以下几点。

（1）特异性好。DNA 分子双链之间具有非常高的特异识别能力。

（2）稳定性好。离体 DNA 对比蛋白质分子的热稳定性好，因此制得的传感器使用寿命长。

（3）制备简单。DNA 的获得比酶和抗体等蛋白质容易得多，既可通过微生物大量表达，也可用仪器批量合成。

（4）DNA 的操作方法具有通用性，容易标准化。

（5）结合芯片技术，可制备 DNA 列阵，实现高通量测定。

（6）灵敏度高，可以达到 10^{-11} mol/L 以上。

（7）用途极其广泛。

6. 分子印迹生物传感器

分子印迹（molecular imprinting，MIP）是一种利用对特定化合物具有的预定选择性来制备合成识别位点的技术。首先利用模板分子与配体相互作用，形成模板分子-配体分子复合物；然后在交联剂存在下，在模板-配体复合物周围进行主体聚合反应；最后洗脱去除聚合物中的模板分子，留下印迹聚合物。印迹部分与模板分子特异性互补，与酶或抗体与底物的作用类似，为空间立体互补识别，具有良好的选择性。将印迹聚合物与换能器偶合，便形成 MIP 传感器。

MIP 传感器具有诸多优点：与酶或抗体等生物分子相比，具有更长的工作寿命和贮存时间；其制备简单，可以加工成各种形态；刚性强，化学稳定性高，对 pH、压力和温度的耐受性比生物大分子高，而且适合于有机溶剂环境；制备成本低，制备过程可以高度重复。

7. 生物传感器的换能器件

生物功能材料与待测物质进行生物反应后发生一定的物理或化学变化，但这些变化不能直接显示，需经转化为电量的改变并加以放大以便输出。常用的生物传感器换能器件有以电化学为基础的电流型电极、离子选择电极、热敏器件、半导体器件、光电原理器件等。现分别介绍如下。

（1）以电化学为基础的换能器件　离子选择性电极。这类电极的原理基于电化学电池的电势测量或膜电位测量，常用的这类电极及检测物质如表 1-4-12 所示。

电流型电极与电位型电极。以电化学物质的扩散控制氧化还原反应所产生的电转移为基础，测量有关的电化学变化的电流或电位的改变。常用的电极为氧电极和过氧化氢电极。

表 1-4-12　　换能器件用的离子选择电极

电极类型	检测底物	电极类型	检测底物
玻璃膜电极	H^+，Na^+，Ag^+，Li^+，K^+	晶膜电极	F^-，Cl^-，Br^-，S^{2+}，CN^-
离子交换液膜电极	Cu^{2+}，Cl^-，Mg^{2+}，NO_2^-	气敏膜电极	CO_2，NH_3，H_2S，SO_2，HCN
中性载体电极	K^+，Li^+，H^+，Ca^{2+}，NO_2^-		

（2）热敏器件　所谓热敏器件，用于生物传感器上就是生物热敏电阻，是基于温度测量原理，把生物功能材料和高性能温度检测器件结合而成，例如酶热敏电阻。为提高测量精度，通常要求热敏元件的检测温度水平为温差 10^{-4}，具有 1%的精度。目前研制成的此类热敏器件部分如表 1-4-13 所示。

表 1-4-13　　生物传感器中的部分热敏电阻

检测对象	使用生物材料	测定浓度范围 /（mmol/L）	用途
D-葡萄糖	葡萄糖氧化酶和过氧化氢酶	0.001～0.8	医学检验
胆固醇	胆固醇氧化酶＋过氧化氢酶	0.03～0.15	医学检验
甘油酯	脂蛋白脂肪酸	0.1～5.0	医学检验
尿素	尿素酶	0.01～500	医学检验
腺苷三磷酸	己糖磷酸激酶	1.0～8.0	医学检验
乙醇	乙醇氧化酶/过氧化氢酶	0.01～2.0	发酵检测
半乳糖	半氧糖氧化酶	0.01～1.0	发酵检测
蔗糖	蔗糖酶	0.05～100	发酵检测
头孢菌素	头孢菌素酶	0.005～10	发酵检测
青霉素	*β*-内酰胺酶	0.01～500	发酵检测

续表

检测对象	使用生物材料	测定浓度范围 / (mmol/L)	用途
胰岛素	抗体加酶免疫敏电阻	0.1～50（mg/L）	发酵检测
乳糖	乳糖酶＋葡萄糖化酶＋过氧化氢酶	0.05～10	发酵检测
L-赖氨酸	L-赖氨酸氧化酶	0.05～1.0	环境检测
对硫磷	醋酸胆碱酯酶	5×10^{-6}以上	环境检测
氰离子	硫氰合成酶	0.02～1.0	环境检测
苯酚	酪氨酸酶	0.01～1.0	环境检测
Hg^{2+}，Cu^{+}	尿素酶	10^{-3}以上	环境检测
Co^{2+}	羰基脱水酶＋AT*	5.0×10^{-3}以上	环境检测
Cu^{2+}	抗坏血酸氧化酶＋AT	5.0×10^{-3}以上	环境检测
草酸	草酸盐氧化酶	0.005～0.5	检验
肌酸酐	肌酸酐亚氨基水解酶	0.01～10	检验
纤维二糖	β-葡萄糖苷酶＋葡萄糖氧化酶/过氧化氢酶	0.05～5.0	检验

注：* AT—酶蛋白热敏电阻。

酶热敏电阻可分为密接型（即把酶直接固定化于热敏电阻上）和反应器型（即把固定化酶装在管或柱内，而检测元件可置于其内或其外安装）。提高酶热敏传感器的测量精度及其抗干扰性是酶热敏电阻的关键技术问题，可采用设置与固定化酶柱平行的参与反应柱分离流动型、斩波稳定放大器和低温度系数的惠斯登电桥等方法。图 1-4-28 所示为简单的酶热敏电阻。

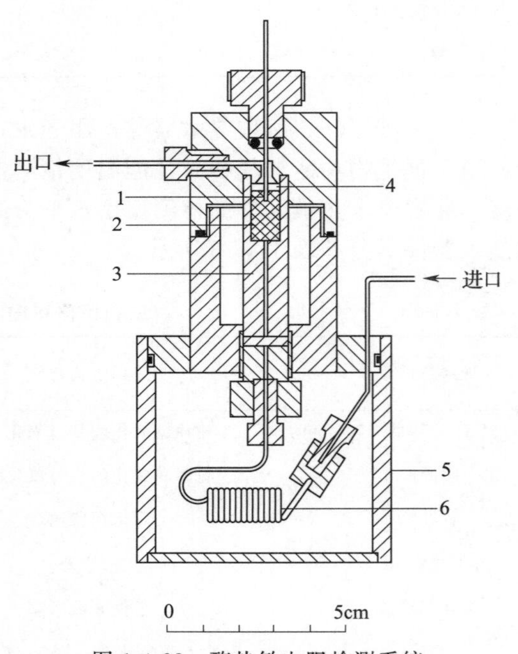

图 1-4-28 酶热敏电阻检测系统
1—热敏电阻 2—固定化酶 3—塑料柱 4—Pvon 盘 5—有机玻璃容器 6—热交换器

（3）半导体生物传感器 这类传感器是由生物材料识别器件和半导体传感器构成。半导体器件大多用场效应管，特别是绝缘场效应晶体管用于氢的检测和离子敏感场效应晶体管（ISFET）的研制成功，构建成一种体积较小、输出阻抗低的称之为 BioFET 的半导体生物传感器。其中，以氢离子敏感的场效应管（FET）效果好，与 H^{+}浓度变化的生化反应易于应用，随后出现了免疫 FET 和细菌 FET。半导体生物传感器也可分成分离型和结合型两种。

（4）介体生物传感器 以电子介体为生物传感器的电子受体，从而取代通常的以 O_2

或 H_2O_2 在酶反应所起的电子传递作用。由此构成的称为介体生物传感器。例如，以葡萄糖氧化酶所构成的介体酶电极，利用中间步骤产物（M）作为电子载体其反应过程如下。

$$\text{葡萄糖} + GOD/FAD \longrightarrow \text{葡萄糖酸} + GOD/FADH_2$$

$$GOD/FDAH_2 + 2M \longrightarrow GOD/FAD + 2M + 2H^+$$

$$2M \longrightarrow 2M + 2e^-$$

对介体的基本要求是具有低的氧化还原电势和高的电化学反应速率且反应可逆。常采用直流循环伏安法检测介体的电化学性质。

而近几年研究开发的导电性有机盐类可使氧化酶直接进行酶的氧化再生而传递电子，不需中间电子介体的电子传递，由此而构建成新一代电流型生物传感器。还是以 GOD 为例，其传递电子的反应表述如下。

$$\text{葡萄糖} + GOD/FAD \longrightarrow \text{葡萄糖酸} + GOD/FADH_2$$

$$GOD/FADH_2 \longrightarrow GOD/FAD + 2H^+ + 2e$$

（5）光生物传感器　把生物功能材料与光信号的传播测量相结合而构建成生物传感器的原理有三类：生物发光反应的测量原理；生物物质的光吸收、光激发等生物物质中光的能量传递为基础；生物反应物质对光传播的干扰原理。

利用上述三种原理之一，使用光纤和可引起光学变化的生物功能材料结合，就构成生物传感器。具体地划分，反应系统中生物活性物质的光作用原理可分成下述的几类。

①竞争结合型：被分析物质与带光标记的配体在受体上竞争结合反应，是游离的光标记配体进入光路受激而产生激发光。其光强度与进入反应相的被检测物质浓度成正相关。

②光吸收型：检测物质被生物功能材料催化而生成具有特征性光吸收变化的产物，因此可通过反应前后待测溶液消光值的变化来确定该物质浓度。

③荧光淬灭型：大多数蛋白质均会有色氨酸残基，后者在受绿光激发时产生荧光。当被检物质的吸收光谱覆盖了色氨酸的发射光谱时，就发生荧光淬灭，其程度与被检物质的浓度相关。若不能发生荧光淬灭，则可采用荧光标记的间接方法。

④指示剂型：反应溶液中由于生物反应而引起 pH 改变，从而导致 pH 指示染料的光吸收或荧光特性变化，其变化值与待测物质浓度相关。

⑤生物发光型：有 ATP 依赖型和 $FMNH_2$ 依赖型之分。前者的原理是 ATP 在虫荧光素（E）和镁离子存在下，与还原光素（LH_2）形成荧光酶、荧光素、AMP 的复合物和焦磷酸盐（PP_i），然后此复合物与氧结合发出波长为 562nm 的光、二氧化碳和荧光素酶、脱氧荧光素、AMP，其反应简述如下。

$$E + ATP + LH_2 \xlongequal{Mg^{2+}} E \cdot LH_2 \cdot AMP + PP_i$$

$$E \cdot LH_2 \cdot AMP + O_2 \longrightarrow E \cdot P + AMP + CO_2 + hv$$

当所有其他反应过量时，发出的总光量和最大光强度与 ATP 浓度成正比。至于 $FMNH_2$ 依赖性，其原理为在分子氧存在下，NADH 的氧化与 $FMNH_2$ 氧化偶联，发出 480～490nm 的光。若 NAD（P）H 为限制性底物，则生物发光强度就与 NADH 的浓度联系起来，其反应可表示如下。

$$NADH + FMN \longrightarrow FMNH_2 + NAD$$

$$FMNH_2 + E + O_2 \longrightarrow FMNH(OOH) \cdot E$$

$$FMNH(OOH) \cdot E + RCHO \longrightarrow FMN + RCOOH + E + H_2O + hv$$

⑥光传递干扰型：生物特异性反应产物的生成会导致物料体积及物化性能的变化，从而在光纤的界面上引起折射率变化，故光纤的传递特性发生了变化。例如，在波导管上涂上一层抗体，当该抗体结合了它特异的抗原或分子时，就引起光散射特性的变化，据此可进行蛋白质大分子物质的检测。

第四节　生化过程控制概论

生物反应过程检测的目的是为了提供对生物反应有影响的信息，便于对反应器进行适当的控制。而控制的最终目的，在于创造良好条件，使生物催化剂处于高效的催化活性状态，以使所进行的生物反应高速、高效、收率高，以降低原材料和能量消耗，同时保证产品的质量。

一、生物反应器控制系统

无论是间歇式或连续式生物反应器，都包含着从培养基配制与灭菌、接种到产物分离纯化等一系列过程。为实现高产低耗和安全操作，实施工程管理，通常可简单地使用定序器进行程序控制，或使用计算机系统进行自动或半自动化的管理控制。生物反应器的控制方式有人工控制和自动控制两类。

1. 人工控制

人工控制是通过操作人员对发酵过程的直接观测和取样分析进行的。人工控制方法简单，不需特殊的附加装置，投资费用较少，但是劳动强度较大，控制精度大多取决于工作人员的操作水平，人工成本较高，而且因为取样分析需要一定时间，存在一定的滞后性。

2. 自动控制

自动控制的方式，借助自动化仪表和控制元件组成的控制器，对过程变量进行有效的测量和控制。自动控制使参数得以及时调节，生产的稳定性高，从而增加产量，提高产品质量；可以有效减少操作人员的劳动强度，提高劳动生产率；还能有效保障生产的安全性。

随着信息技术的快速发展，计算机控制技术日益受到人们的重视。计算机控制可分为两种，一种是离线操作（off-line），另一种是在线操作（on-line）。在离线操作中，计算机与生产过程不发生直接关系，而是通过人的干扰，对生产过程的有关数据用计算机进行分析处理。离线操作使用的计算机是通用机。在线操作的计算机为工业控制机，包括小型电子程序控制机、直接数字控制机和过程最优控制机。在线操作即用计算机控制生产过程。

（1）程序控制　许多发酵工厂都有从容积数十升的种子罐到几立方米的扩大培养发酵罐。而且，现代的大型发酵厂都有几个或几十个种子罐、发酵罐，所以可把运行过程按时间先后预设定其操作顺序以进行控制，称为程序控制。它主要包括顺序控制、时间控制和条件控制三类控制因素，其控制过程如图 1-4-29 所示。在生化反应器间歇操作程序控制的实施中，部分程序可实行自动控制，有时需操作人员据实际情况而决定操作，具体示意图如图 1-4-30 所示。

如图 1-4-30 所示，“清洗”操作可由定时器操控 CIP 进行自动清洗，但从“发酵”操作至“排料”步骤，则需要操作人员根据发酵液的目的产物浓度、残糖浓度及生物细胞活

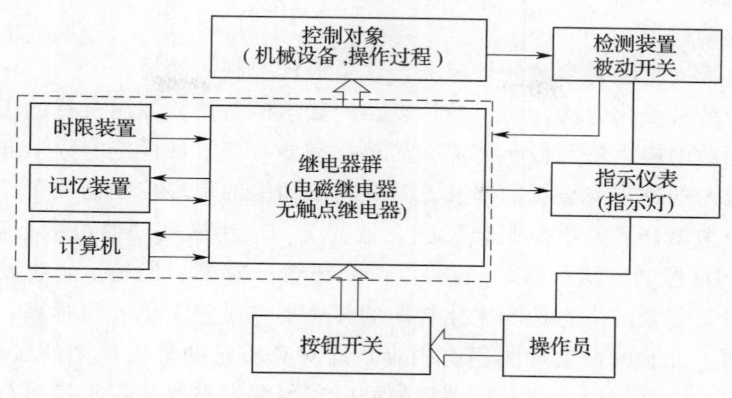

图 1-4-29　程序控制过程示意图

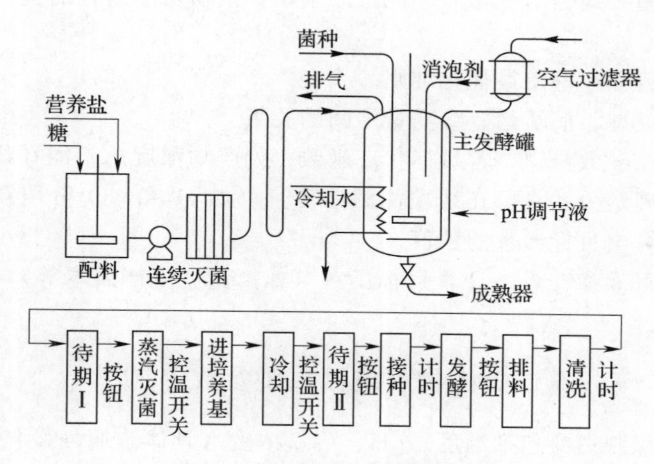

图 1-4-30　间歇发酵流程及其程序控制

性等数据为基准，确认发酵成熟、结束，才启动执行“排料”操作。

（2）定值调节　定值调节是对被调参数按偏差的情况进行连续调节。例如发酵过程中的温度控制，当温度低于规定的给定值时，就需要根据正偏差的大小适当减小冷却水的用量，或者进热水加温，且正偏值越大，冷却水用量的减少值就越大；当温度高于给定值时，就要根据负偏差的大小增大冷却水的用量或停止加温，且负偏值越大，冷却水增加值就越大。

（3）最优控制　最优控制就是依据当时传感器测出和计算机计算出的各项变量数值，结合数学模型，计算出实现最优工况条件下的各项可控变量数值。计算机的输出可送往直接数字控制机，也可送往常规调节作为定值调节，或直接送往执行机构。

实现生物过程最优控制的前提如下。

①有对象的数学模型，即最优化指标与各可控变量和不可控变量的函数关系式。在生产过程中，我们希望某函数称为极大值或极小值，如产量最大、收率最高、功耗最小等，这一函数称为目标函数。目标函数的数值取决于许多可控变量与不可控变量的情况，必须

知道它们之间的数学关系，才有可能依据当时的工作情况，推断出最优工作点。这样的数学关系就称为数学模型。

②必须具有准确检测各参数的传感器，这是最优控制的前提。

③要有相应的最优化方法。对于较为复杂的数学模型，要找出最优的工作点，并不像求一次或二次函数的极大值和极小值那么简单，需要一套求最优点的数学方法。

随着电子技术的进步与微机的普及，具有控制功能的单环控制器或程序器或兼备这两种功能的统一分散型计测系统控制装置已大量普及。应用微处理器可进行温度、pH 等的二位式调节和 PID 控制（执行调节控制），可获得较好效果。但是，生物发酵系统所进行的生化反应是极其复杂的，且检测生化物质的传感器在质量上仍有待提高，故至今要对生化反应实现全面、准确的参数检测仍有困难，这对高质量的最优控制的实现是重大障碍。近几年来，研究人员对酵母培养、抗菌素发酵、谷氨酸发酵等生物反应过程的计算机优化控制进行了研究。因为生物催化剂含有未知的不确定的因素，故对于不同的具体目标，相应的操作条件及控制方式也不尽相同。但总的来说，生物发酵过程的优化控制包括下述几方面。

（1）明确控制目标，确定最优化准则。

（2）建立数学模型，搞清楚各参变量之间的关系。

（3）状态估计及参数辨识，若目标状态函数（如产物浓度）不能在线检测，可利用与目标参变量有已知确定关系且可在线检测的参变量（如 O_2 和 CO_2 分压及溶解浓度等）的定量关系，在线推算出目标参数的数值。

（4）由推定的目标参变量，计算目标函数（如产量、生产成本等），进行反应过程的最优控制。

二、生物反应器主要参数控制

生物反应器的控制主要包括温度、pH、溶氧浓度（具体是通气量与搅拌转速）、基质和细胞浓度等的控制，具体如图 1-4-31 所示。

1. 温度的控制

生物反应的最佳温度范围是比较狭窄的，所以发酵过程需要把生物反应器的温度控制在某一定值或区间内。

对实验室小型设备，常以半导体温度计或水银触点温度计用作测温和控温。而大型的生产设备，常用铂金电阻温度计和半导体温度计。但值得注意的是，为防杂菌污染，生物反应器检测控制用的温度计必须能经受蒸汽灭菌处理，且装设在与发酵液直接接触的位置。在充分搅拌的条件下，反应器内温度的浮动特性呈线形滞后；控温方式可用简单的 On-Off（通一断）控制或用效果更佳的 PID 控制。通常用冷水或热水间接冷却或加热以控制反应器温度。

对于发酵罐和培养基的灭菌，必须控制灭菌温度和维持时间。因为饱和蒸汽的温度与压强呈一一对应关系（参见附录），故也可通过控制反应器或容器的压强来控制温度。

2. pH 的控制

与温度的影响类似，生物反应最佳 pH 范围也是较狭窄的，所以生物反应器系统必须实行 pH 控制。例如，在氨基酸发酵过程中，从基质糖类出发，经历许多酶反应而转化成

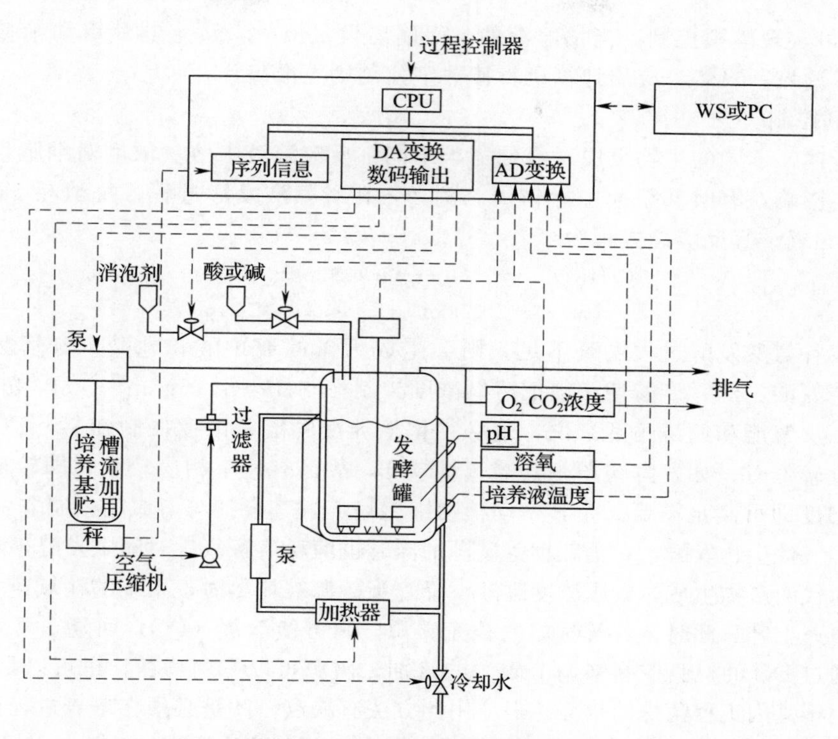

图 1-4-31　通气发酵控制系统示意图

氨基酸。而在这一系列的酶反应中，其限制主导作用的酶的最适作用 pH 则对总体反应速度起控制作用，所以通过 pH 控制可获得良好效果。

通常，生物细胞在代谢酸性或碱性基质过程中，会产生酸性或碱性的代谢产物或副产物，从而导致培养液 pH 的改变。因此，必须在生物反应过程根据实际需要，往发酵液中加入适量的酸或碱液以维持一定的 pH。当然，在某些发酵生产中，添加酸或碱性中和剂也起到补充营养的作用，例如谷氨酸发酵，往往流加氨水或通入氨气，可同时起维持一定的 pH 和补充氮源的双重作用。此外，培养液 pH 的变化是反映生物细胞生理状态的重要原始信息，有时可根据 pH 的改变而进行培养基质等的自动流加控制。

对于许多生物反应系统，引起培养液 pH 变化的要因是作为氮源的 NH_4^+ 浓度的改变。因此，可从 pH 的改变而推定生物细胞的活性状态和基质浓度范围，从而决定氮源及碳源等的添加策略。在实际生产中，常用成分复杂的糖蜜及大豆粕等廉价原料复合的能源、碳源、氮源等。培养过程中，氮源被不断消耗，同时生成醋酸等有机酸，使培养液的 pH 下降，若用氨液作碱性中和剂，则 NH_4^+ 的消耗成分自动补充。当培养液碳源耗尽时，生物细胞依靠有机酸或分解细胞内贮存物而维持生命，其结果使细胞内的氮成分过剩而往培养液中排泄 NH_4^+。此时若添加碳源，则使 pH 再次下降。这种流加方法对二次代谢产物生产是有效的。如用放线菌发酵生产硫链丝菌肽中，使用糖蜜和脱脂大豆粉作原料进行发酵，就利用上述的 pH 调控方法而使产物提高产量。

前已述及，发酵过程 pH 的检测控制应用可耐受蒸汽加热灭菌的 pH 电极，这种电极是少数几种可放在发酵反应器内在线加热灭菌的传感器之一。pH 电极连接一滴定器

(titrator) 可实现模拟控制，当发酵液的 pH 偏离设定值时，滴定器就启动给料泵以送入酸或碱进行调控。当然，应用计算机直接数字控制则更准确。

3. 溶氧控制

如前所述，不同的生物反应对氧的需求不同，反应溶液中溶氧浓度对细胞生长和产物生成有重要影响，有时甚至起主导作用。例如，在谷氨酸发酵过程，每消耗 1kg 葡萄糖，需耗用 414g 氧，其反应总方程为：

$$C_6H_{12}O_6 \quad + \quad O_2 \longrightarrow \text{谷氨酸} \quad + \quad CO_2$$

$$1\text{mol} \qquad 2.33\text{mol} \qquad 0.83\text{mol} \qquad 1.94\text{mol}$$

如果在谷氨酸发酵过程供氧不足，则会生成大量的琥珀酸和乳酸，氨基酸产率就降低。又如精氨酸发酵，产酸期必须把溶氧浓度控制在 0.35～1.75g/m^3（发酵液）。

同样，从节能和经济角度来说，也必须把培养液的溶氧浓度控制在某一适宜范围内。当细胞浓度较低时，如发酵初期，其需氧量较低，故溶氧速率相应较少，即较低的搅拌转速和通气强度即可满足需要。尤其是动植物细胞培养，其搅拌与溶氧的控制非常重要。

对于好气性生物发酵，在消耗糖等碳源的同时也消耗溶解氧。对间歇发酵，随生物细胞生长增殖与代谢产物生成，碳源浓度逐渐下降：当碳源被耗尽时，系统的耗氧速率降低，溶氧浓度就急速上升。此时，若及时加入补充碳源，则可使溶氧（DO）回复正常水平。利用此原理可通过 DO 的检测控制来调节碳源的流加，碳源可以是葡萄糖，也可以是其他糖类。此法也可用于基因工程菌株的培养。但应用此方法有缺点，就是必须在培养过程让碳源浓度耗尽时 DO 才能急速上升，这样就会使生物细胞无法常在最佳的环境下生长与代谢。由此，发明了指数流加法结合定期让碳源耗尽的工艺，使得碳源浓度降低至零的频率大为下降，故有利于生物发酵。应用此结合法，还可克服指数流加法有时会造成碳源过量流加的缺点。上述两种控制法在发酵过程的碳源基质和 DO 的变化如图 1-4-32 和图 1-4-33 所示。

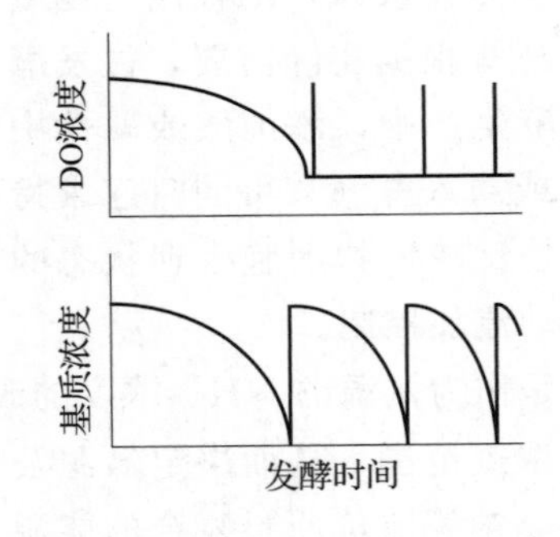

图 1-4-32　以 DO 变化进行的间歇流加控制过程

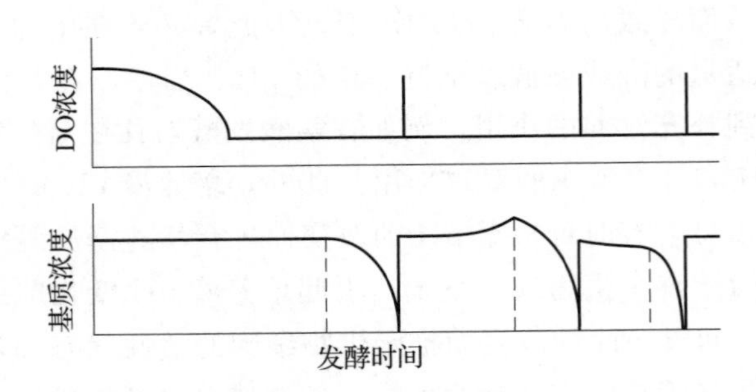

图 1-4-33　以 DO 变化进行的指数流加联合间歇流加控制过程

实际上，溶氧浓度（DO）控制可通过调节通风量、搅拌转速来实现。当然，当生物细胞尤其是酵母、细菌或霉菌等的密度较高时，由于其呼吸和代谢的高需氧要求，往往使培养液的溶氧浓度几乎为零。若发现此供氧速率无法满足生物需氧量时，就可考虑优化发酵反应器设计或应用溶氧速率更高的反应器类型，还可考虑用富氧空气代替普通空气。

4. 泡沫的控制

前面已介绍过发酵过程泡沫的生成和检测。为控制发酵过程（尤其通气发酵）的泡沫不至于过多，可使用化学消泡剂结合机械消泡器来控制。常用的消泡剂有天然油脂、聚醚、高级醇和硅酮等。对于泡沫不太多还不难消除的场合如酒精发酵等，可使用消泡剂除泡而不必设机械泡沫破碎装置。但对于泡沫多且较难消散的发酵过程，应联合使用消泡剂和机械消泡器。同时应根据具体发酵液的性质，通过试验确定选用的化学消泡剂种类和用量。当然，机械除泡器也需根据发酵罐的类型和发酵液泡沫特点来确定其选型及相应的设计。

5. 糖等基质浓度的控制

发酵生产最常用的基质为糖。如在氨基酸发酵过程中，若初期的糖浓度过高，则菌体生长缓慢，所以必须检测并控制基质糖的浓度。为了使发酵过程维持一定的糖浓度，常用反馈控制糖添加的方法，从而达到控制生物反应系统基质浓度的目的。虽然检测糖浓度的传感器不能耐受蒸汽加热灭菌，但可使用无菌取样系统与高效液相色谱仪（HPLC）连接，就可在线测定糖等基质的浓度。对于挥发性基质如乙醇等，可用微孔硅胶管和气相色谱仪结合在线检测。在测定基质浓度的基础上，就便于实现发酵过程的反馈控制和优化控制。

思考题

1. 为什么要对发酵过程进行控制？
2. 参变量的主要检测方式分为哪两类？各有何特点？
3. 生物反应器中应主要控制哪些参数？如何控制？
4. 简述生化过程各主要参数检测的仪器及其工作原理。
5. 什么是生物传感器？可分为哪几类？简述其结构原理和在生化过程检测中的应用。
6. 以葡萄糖为例，简述酶膜生物传感器的原理。
7. 说明 pH 电极在使用中的注意事项。
8. 简述菌体测量的各种方法及原理。
9. 请解释传感器的精确度、准确度和分辨度。

参考文献

[1] 张先恩. 生物传感器 [M]. 北京：化学工业出版社，2005.

[2] 梁世中，朱明军. 生物反应工程与设备 [M]. 广州：华南理工大学出版社，2011.

[3] 陶兴无. 发酵工艺与设备 [M]. 北京：化学工业出版社，2015.

[4] 史仲平，潘丰. 发酵过程解析、控制与检测技术 [M]. 北京：化学工业出版社，2010.

第五章　生物反应器的比拟放大

任何一个生物产品的研究开发过程都必须经历三个阶段，即：①实验室研究，在此阶段进行基本的生物细胞（菌种）的筛选和培养基的研究，通常是通过摇瓶培养或在1～5L反应器中进行；②中试阶段，在此阶段参考摇瓶的结果，用中小型的发酵反应器进行发酵中试，以进行环境因素的最佳操作条件的研究，在此阶段大多用10～500L规模的发酵反应器进行试验；③工厂化生产，在此阶段进行试验生产直至商业化生产，向社会提供产品，并获得经济效益。上述三个阶段如图1-5-1所示。

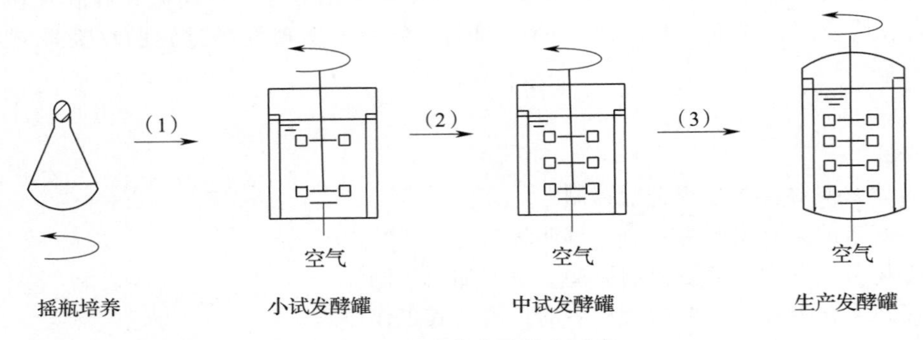

图1-5-1　生物发酵放大过程

尽管在上述的3个阶段中，对同一生物发酵使用不同规模的发酵罐（或摇瓶）所进行的生物反应是相同的，但反应溶液的混合状态、传质与传热速率是不尽相同的，因此细胞生长与代谢产物生成的速率（即细胞代谢流）也有差别。如何估计在不同规模的发酵反应器中生物反应的状态，尤其是在反应器放大过程中维持细胞生长与生物反应速率相似，这就是生物反应器的放大。换言之，所谓生物反应过程的放大，就是指以实验室或中试反应设备所取得的试验数据为依据，设计制造大规模的反应系统，确定相应的工艺条件，以进行工业规模生产。尽管比拟放大方法在传统的化学工业中已有许多成功的先例，但生物发酵过程的复杂性远大于普通的化工过程，影响过程的参变数很多，不仅有化工过程的传质与传热、流体动力学以及反应动力学等，而且生物细胞的生长、酶系的活力及细胞的生理特征等也是必须考虑的。反应器是生物工程设备的核心，反应器的放大就成为生物发酵过程放大的关键。

第一节　生物反应器的放大目的及方法

一、生物反应器放大目的

在生物反应器的反应系统中，存在3种不同类型的重要过程，即热力学过程、微观反应动力学过程和传递过程。而传递过程受系统规模的影响很大。例如，分散状态的生物细胞的生长与代谢产物的生成是环境条件（如基质和生长因子还有抑制物质的浓度、pH、温度等）的函数，这些是培养基的组成与环境因素，与反应器的规模基本无关。但另一方面，随着反应器规模的改变，系统内的动量传递过程就相应变化，尤其是搅拌器对生物细胞的搅拌剪切作用随反应器规模增大而增强，不仅影响细胞（团）的分散状态如絮凝、悬浮、结成团块等，严重时还会使细胞本身产生剪切损伤作用。

反应器规模对传递过程具有重要影响。可以说，传递过程是放大的核心问题。对微生物发酵过程，通气发酵的放大效应比厌气发酵更明显，而连续发酵又比间歇发酵突出。具体来说，小型装置的物质浓度和压强梯度很小，具有良好的混合特性，且表面（即反应器内壁及液面）效应影响很大，而湍流剪切强度较低。但在大型的反应系统中，存在明显的物质浓度梯度和压强梯度，生物细胞随液体微团运动，在不同的时间可能会处于不同的营养和溶氧浓度及变化压强的环境中，且受到的湍流剪切力较高。所有这些变化，均会对微生物细胞产生重要影响。因此，传递现象是生物反应器放大过程必须充分重视的重点问题。

应用理论分析和实验研究相结合的方法，研究总结生物反应系统的反应动力学及代谢调控，重点研究解决有关的质量传递、动量传递和热量传递问题，以便在反应器的放大过程中尽可能维持乃至提高生物细胞的生长速率、目的产物的生成速率，这就是生物反应器的放大目的。

二、生物反应器放大方法

生物反应器的传递现象与过程受下述两个传质机理控制：对流和扩散。对于对流传递过程，其时间常数为：

$$t_f = L/v \tag{1-5-1}$$

式中　t_f——对流传质时间常数

L——反应器特征尺寸，m

v——反应溶液对流运动速度，m/s

上式表明，液体流动速度应正比于反应器大小，只有这样才能维持时间常数不变。实验研究结果表明，若维持反应器在放大前后的传递时间常数 t_f 与反应转化常数 t_c（t_c 为基质浓度与反应速度的比值）之比值恒定不变，则放大后反应器的性能大致可维持不变。当然，对于生物反应，特别是对那些剪切敏感、易受损伤的细胞，放大过程还必须检测生物细胞对剪切作用的影响。

对于扩散传递过程，时间常数为：

$$t_D = L^2/K \tag{1-5-2}$$

式中　t_D——扩散传质时间常数

K——扩散系数

从方程（1-5-1）和方程（1-5-2）可看出，反应器经放大后，传递时间常数 t_f 和 t_D 明显增大，而转化常数 t_c 大致维持不变。显然，传递过程对放大后的反应器性能有重大影响。事实上，小型生物反应器往往表现为反应速度控制，而大型生物反应系统则受传递过程控制，其原因是小型反应装置的 $t_c > t_f$（或 t_D），而大型反应器的 $t_c < t_f$（或 t_D）。

在生物反应器中，直接与流动和扩散有关的过程为：搅拌剪切、混合、溶氧传质、热量传递和表观动力学（如固定化生物反应器由于微观动力学和扩散作用相结合表现的表观动力学）。可以预期，在放大过程中上述的过程均会变化，其改变程度取决于所应用的放大标准。而且，对微生物反应系统，由于生物细胞的生长、适应、延滞、退化、变异以及对剪切力敏感等特性，生物反应器比普通的化学反应装置更复杂，其过程放大难度更高。

理论上，生物发酵过程和生物反应器的开发和设计过程应由下述 3 个步骤构成。

(1) 在较宽的发酵条件（例如培养基的营养物质组成及浓度、温度、pH、溶氧速率和溶氧浓度、搅拌剪切强度等）下对所使用的生物细胞种进行试验，以掌握细胞生长动力学及产物生成动力学等特性。

(2) 根据上述试验结果，确定该生物发酵的最优的培养基配方和发酵工艺。

(3) 对有关的质量传递、热量传递、动量传递等微观衡算方程进行求解，导出能表达反应器内的环境条件和主要操作变量（搅拌转速、通风量、搅拌功率、基质流加速率等）之间的关系模型。然后，应用此数学模型，计算优化条件下主要操作变量的取值。所用的生物反应器可以是新型的或是已广泛应用的形式，如通用机械搅拌式和气升环流式等发酵反应器。

但遗憾的是，上述理想的发酵反应器设计过程至今仍无法遵循。主要是因为生物发酵过程的复杂性，能充分描述生化反应过程的动力学方程异常复杂，某些中间反应方程和有关的酶仍未全部明了，故要求解某生物发酵生产有关的微分衡算方程仍十分困难或不可能；同时，生物反应要求的最佳环境条件与操作参变量的取值要求有矛盾，例如单位体积搅拌功率对混合与溶氧传质有利，但若搅拌剪切作用过高往往造成生物细胞损伤破坏。

实际上，通常是使用摇瓶试验来检测菌株性能，确定适宜的培养基组成和发酵条件，目前这些试验基本上是用经验法尝试进行。

除了上述的理论方法、尝试法之外，还有 3 种常用的放大方法，即半理论方法、因次分析法及经验规则。现分别介绍。

（一）理论放大方法

所谓理论放大法，就是建立及求解生物反应系统的动量、质量和能量平衡方程。如前所述，这种放大方法是十分复杂的，目前很难在复杂的生物发酵过程放大实际中应用。但此方法是最系统又最有科学理论依据的方法。

对于机械搅拌通气发酵罐，要应用理论放大方法就必须解三维传递方程，且边界条件十分复杂。其次，传递过程之间是偶联的，即从动量衡算方程求解的流动分量必须用于质量与热量平衡方程的求解。最后，动量衡算往往假定反应系统为均相液体，但通气生物发酵培养液中存在大量气泡。

总之，对于发酵反应器的理论放大，主要问题是至今仍无法求解辅助生物反应系统中的动量衡算方程。所以，理论放大方法只能用于最简单的系统，如发酵液是静止的或流动属于滞留的系统，如某些固定化生物反应器的放大。

下面简要介绍与生物反应器放大有关的物理学和生物化学工程基础。

从理论上来说，化学反应或生化反应速率与反应容器的大小及形状无关。但实际上，其反应速率受物质传递、热量及动量传递等物理过程影响，故生物反应不可避免地受反应器类型及三维结构的影响。放大的基本理论基础是相似理论，其基本点是：

两个反应系统可用同一微分方程描述，在任一系统中同步存在动量、热量及质量传递和许多生化反应。

对游离生物细胞的液体悬浮培养的放大过程，假定小罐和大罐几何相似，发酵液的物理性质如培养基成分、温度、pH 和溶解氧浓度等都相同，微生物细胞在发酵罐中充分分散。

搅拌发酵罐中与液体动态有关的参数是：搅拌功率 P 或通气搅拌功率 P_g，搅拌转速 n 以及搅拌泵送速度 $v_{送}$。

对充分湍流的发酵系统而言，搅拌功率：

$$P \propto n^3 D_i^5 \tag{1-5-3}$$

式中　n——搅拌转速，r/min 或 r/s

D_i——搅拌叶轮直径，m

而通气搅拌功率与不通气搅拌功率之比用函数表示为：

$$P_g/P = f(N_a) \tag{1-5-4}$$

式中　N_a——通气指数，且 $N_a = v_{送}/(nD_i^3)$

因为发酵罐体积 $V \propto D^3 \propto D_i^3$，而泵送速度 $v_{送} \propto nD_i^3$，故结合方程（1-5-3）可得出液体循环速率和单位体积功耗分别有下列方程式：

$$v_{送}/V \propto n \tag{1-5-5}$$

和

$$P/V \propto n^3 D_i^2 \tag{1-5-6}$$

搅拌器叶尖线速度为 v，它反映出液体的剪切速度，且：

$$v \propto nD_i \tag{1-5-7}$$

故流体流动修正雷诺准数为：

$$R_e = D_i vr/m = \frac{nD_i^2 \rho}{\mu} \propto nD_i^2 \tag{1-5-8}$$

显然，如果反应器放大是采用单位体积液体搅拌功率相等的原则进行，则搅拌叶尖速度要上升，而流体泵送速度 v/V 值（即搅拌剪切速度）就需下降，随之相应的系统内液体的混合时间就必然增大。可以预期，若某一生物发酵能应用“单位体积液体搅拌功率相等”的原则成功进行放大，则此生物发酵对搅拌叶轮速度的升高所带来的剪切影响并不敏感，且混合时间的增大所产生的影响也并不那么重要。

实践表明，作为放大基础的物理性质的选定应根据具体的生物发酵情况而定。同时，生物发酵热必须及时移出，如对大型发酵反应器中的高生物合成热系统，则反应器系统换热器的传热系数的提高就非常重要。此时，若应用鲁赛尔准数 $\alpha D_i/\lambda$ 代替修伍德准数 $k_L D_i/D$，用普兰德准数 $c_P\mu/\lambda$ 代替施密特准数 $\mu/\rho D$，由此推导出来的理论放大方程可用于计算以热传递为主导的搅拌发酵罐的混合性能。

对常见的通气发酵生产，其产物的相对浓度受单位体积发酵液的搅拌功率或体积溶氧系数的影响，不论是细菌、霉菌还是酵母，其目的产物与单位体积搅拌功率 P/V 或体积溶氧系数 k_La 的关系如图 1-5-2 所示。

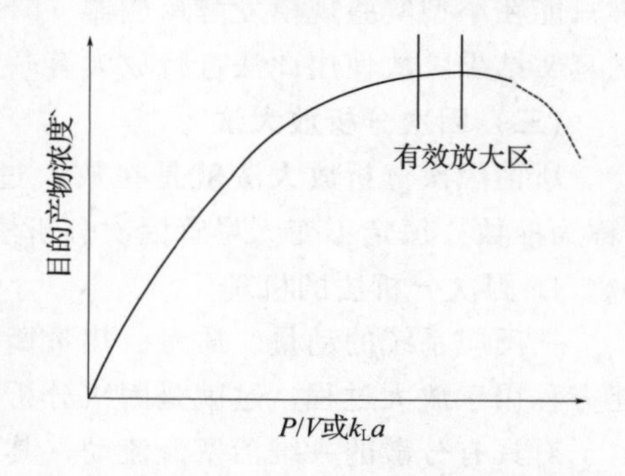

图 1-5-2　P/V 或 k_La 对通气发酵的影响

从上图可见，当体积液体搅拌功率 P/V 或体积溶氧系数 k_La 较低时，发酵目的产物浓度随 P/V 或 k_La 增大而升高；但增大到某一值（范围）后，产物浓度就几乎不变，甚至当 P/V 或 k_La 进一步升高时，产物生成会减少。通常，在图 1-5-2 中，反应器放大应选用曲线近乎水平的范围，但在选择高产物浓度的同时，还需考虑能耗高低、设备投资及操作运转等。尤其是生物细胞的生物学及生理、代谢等特性是发酵反应器放大的十分重要的因素，但由于生物细胞存在数种、数十种乃至数百种的酶，故有关的信息仍未研究深透，这就影响了理论放大的实际可操作性。

（二）半理论放大方法

如前所述，理论放大方法目前还难以求解动量衡算方程。为解决此矛盾，可对动量方程进行简化，对搅拌槽反应器或鼓泡塔，已有不少流动模型的研究进展，其共同点是只考虑液流主体的流动，而忽略局部如搅拌叶轮或罐壁附近的复杂流动。其流型有三类，即活塞流、带液体微元分散的活塞流、完全混合流动。

对于有液体微元分散的活塞流（一维流动），在稳态条件下，质量衡算方程为：

$$-v\frac{\mathrm{d}c}{\mathrm{d}x}+D_e\frac{\mathrm{d}^2c}{\mathrm{d}x^2}-r=0 \tag{1-5-9}$$

式中 v——液流流速，m/s

c——反应基质浓度，mol/m^3 或 kg/m^3

D_e——基质在培养液的扩散系数，m^2/s

r——生物反应速度，$kg/(m^3 \cdot s)$

对于多罐式（串连）完全混合反应系统，第（$n+1$）罐的物料质量衡算方程为：

$$q_v(c_n-c_{n+1})=V_{n+1}\cdot r_{n+1} \tag{1-5-10}$$

式中 q_v——体积流量，m^3/s

V——反应溶液体积，m^3

由方程（1-5-9）和方程（1-5-10）可知，对给定的反应速度 r，可容易求出这两个方程的解析解或数值解。

此外，通过生物发酵反应系统的停留时间分布函数（RTD）的测定，对掌握反应液流主体的流动特性是一种十分重要的研究手段。RTD 可应用示踪物质（如染料、酸、放射性示踪剂等）在不同时间的输出信号对输入信号的响应结果确定。

半理论方法是生物反应器设计与放大最普遍的实验研究方法。但是，液流主体模型通常只能在小型实验规模发酵反应器（5～30L）中获得，并非是利用大规模的生产系统所得的真实结果，故使用此法进行放大有一定的风险，必须通过实际发酵过程进行检验校正。

（三）因次分析放大法

所谓因次分析放大法就是在放大过程中，维持生物发酵系统参数构成的无因次数群（称为准数）恒定不变。尽管因次分析法的应用有严格的限制，但此法还是十分有用的。

1. 因次分析法的机理

把反应系统的动量、质量、热量衡算以及有关的边界条件、初始条件以无因次形式构建方程用于放大过程，这就是因次分析方法。下面举例加以说明。

对具有分散的一维活塞流流动，其质量衡算方程如前所述的方程（1-5-9）所示，而边界条件为：

$$\left.\begin{aligned} c\,|_{x=0} &= c_0 \\ \frac{dc}{dx}\bigg|_{x=L} &= 0 \end{aligned}\right\} \tag{1-5-11}$$

假定是一级反应，反应速度 $r=kc$。如使微分方程（1-5-9 ）的 c 和 x 分别除以常量 c_0 和 L，构成无量纲的参变量 c/c_0 和 x/L，使之代入方程（1-5-9），则可得到：

$$-\frac{vc_0}{L}\frac{d(c/c_0)}{d(x/L)}+\frac{D_e c_0}{L^2}\frac{d^2(c/c_0)}{d(x/L)^2}-kc_0(c/c_0)=0 \tag{1-5-12}$$

把上式两边乘以 $\frac{L^2}{D_e c_0}$，整理化简得：

$$-\frac{vL}{D_e}\frac{d(c/c_0)}{d(x/L)}+\frac{d^2(c/c_0)}{d(x/L)^2}-\frac{kL^2}{D_e}(c/c_0)=0 \tag{1-5-13}$$

相应的边界条件为：

$$\left.\begin{aligned} c\,|_{x=0}/c_0 &= 1 \\ \frac{d(c_{x=L}/c_0)}{d(x/L)} &= 0 \end{aligned}\right\} \tag{1-5-14}$$

现令 $\zeta=c/c_0$，$\eta=x/L$，代入方程（1-5-13）和方程（1-5-14），则可得：

$$\left.\begin{aligned} -\frac{vL}{D_e}\frac{d\zeta}{d\eta}+\frac{d\zeta}{d\eta^2}-\frac{kL^2}{D_e}\zeta &= 0 \\ \zeta\,|_{\eta=0}=1,\ \frac{d\zeta}{d\eta}\bigg|_{\eta=1} &= 0 \end{aligned}\right\} \tag{1-5-15}$$

显然，微分方程（1-5-15）的通解为：

$$\zeta=f\left(\frac{vL}{D_e},\ \frac{kL^2}{D_e},\ \eta\right) \tag{1-5-16}$$

所以，如果小型实验装置（M）和大型生产设备（P）是几何相似，而且它们的无因次数群及无因次边界条件相同，则衡算方程的解也相同，即 M 和 P 有相同的 $\zeta(\eta)$，若用曲线表示，如图 1-5-3 所示。

其次，上述参数变量的无因次数群（准数）可视做时间常数 t_f 的比值，如：

$$\left.\begin{aligned} \frac{vL}{D_e} &= \frac{v}{L}\cdot\frac{L^2}{D_e}=\frac{1}{t_f}\cdot t_{D_e} \\ \frac{kL^2}{D_e} &= \frac{1}{t_c}\cdot t_{D_e} \end{aligned}\right\} \tag{1-5-17}$$

式中　$t_f=L/v$，对流传递时间常数，见方程(1-5-1)

$t_{D_e}=L^2/D_e$，扩散传递时间常数，见方程(1-5-2)

此外，从方程（1-5-16）可看出，若要用实验测定 v、L、D_e 和 k 对 $\zeta(\eta)$ 的影响，只需改变含有这些参数的两个无因次数群就可实现。

对于生物反应器，由动量、质量和热量衡

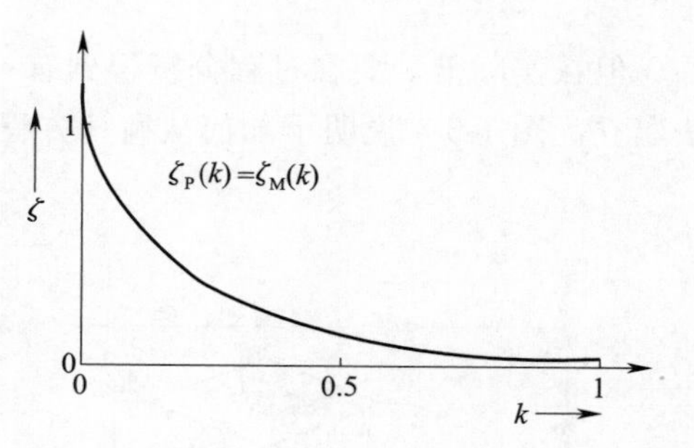

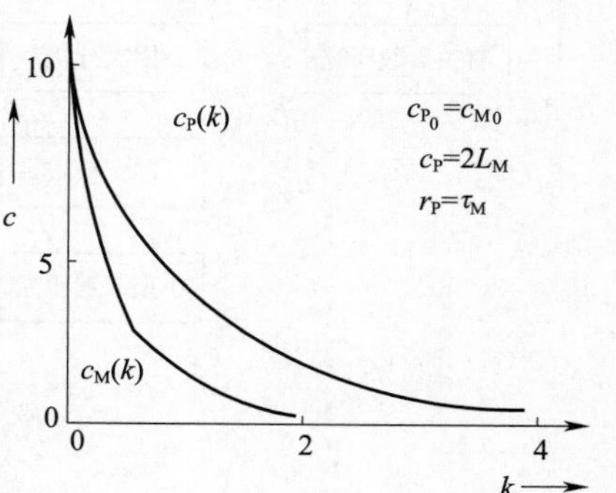

图 1-5-3　无因次浓度曲线图

算导出的最重要的准数如表 1-5-1 所示。表中所列的 W_e 和 B_i 两个准数是用于描述两相系统的。而某些准数，如 P_e 和 F_o，既可用于传质过程，也用于传热过程。所有这些准数均可视作时间常数的比值。

表 1-5-1　生物反应过程常用的准数

类型	准数名称	物理意义	准数表达式
动量传递	Reynolds	惯性力/黏性力	$Re=\frac{\rho v}{\mu}$（对搅拌槽反应器，$Re=\frac{\rho ND_i^2}{\mu}$）
	Froude	惯性力/重力	$Fr=\frac{v^2}{gL}$（对搅拌槽反应器，$Fr=N^2D_i/g$）
	Weber	惯性力/表面张力	$We=\frac{\rho v^2 d_p}{\sigma}$（对搅拌槽式反应器，$We=\frac{\rho N^2 D_i^2}{\sigma}$）
	功率准数		$P_N=P_0/(\rho N^3 D_i^5)$
质量传递	Sherwood	总传质/扩散传质	$Sh=kD/D_i$
	Schmidt	$\left(\frac{水力边界层}{传质边界层}\right)^3$	$Sc=\frac{v}{D_i}$
	Peclet	对流传质/扩散传质	$Pe=vL/D_i$
	Fourier	过程时间/扩散时间	$Fo=D_i t/D^2$
	Biot	外部传质/内部传质	$Bi=kd_p/D_i$
热量传递	Nussel	总传热/导热	$Nu=\alpha D/\lambda$
	Prandtl	$\left(\frac{水力边界层}{传热边界层}\right)^3$	$Pr=V/a$
化学反应	Thiele	$\left(\frac{微粒内反应速率}{微粒内扩散速率}\right)^{V2}$	$\phi=R\sqrt{r/(D_i c)}$

但在实际上，要在过程分析得到有一定物理意义的准数并非易事，有时衡算方程也无法建立。图 1-5-4 说明了如何从衡算方程的建立着手利用因次分析进行反应器放大的过程。

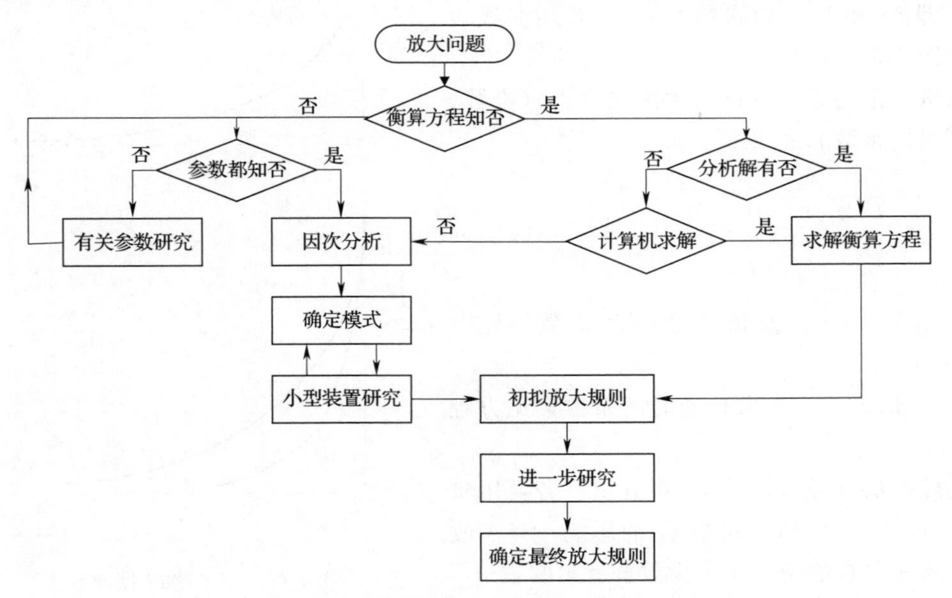

图 1-5-4　生物反应器的因次分析放大过程

2. 应用因次分析进行反应器放大

从原理上讲，所需的准数一经获得，进行生物反应器的放大就简单了，只要对小型实验室反应装置及大型生产系统的同一准数取相等数值就可以了。但实际上虽然均相系统的流动问题较易解决，但对于有传质和传热同时进行的系统或非均质流动系统，问题就变得复杂了。下面仅以机械搅拌罐均质系统的流动为例加以说明。

设小型实验装置与大型生产系统的雷诺准数（Re）、$Froude$ 准数分别为 Re_m、Fr_m 和 Re_p、Fr_p，根据因次分析比拟放大准则，得：

$$Re_m = Re_p \qquad 即 \left(\frac{\rho N D_i^2}{\mu}\right)_m = \left(\frac{\rho N D_i^2}{\mu}\right)_p \tag{1-5-18}$$

$$Fr_m = Fr_p \qquad 即 \left(\frac{N^2 D_i}{g}\right)_m = \left(\frac{N^2 D_i}{g}\right)_p \tag{1-5-19}$$

显然，在放大过程要同时满足方程（1-5-18）和方程（1-5-19）是不可能的。但是，对全挡板条件的机械搅拌反应器，传递特性与 Fr 准数基本无关，故 Fr 可不予考虑，只要满足 $Re_m = Re_p$ 的条件就够了。但是，对生物发酵反应器来说，混合时间 t_m 和单位体积搅拌功率 P_0/V 是非常重要的两个参数。若按 $Re_p = Re_m$ 准则放大，那么大型反应器的 P_0/V 值就很低，而混合时间 t_m 太长了。所以在通气生物发酵反应器放大时，往往以 $(P_0/V)_p = (P_0/V)_m$ 的准则放大，但必须满足 $Re > 10^4$。当然，对培养液黏度较高的生物反应，假若 $Re_m < 10^3$ 或 $Re_p > 10^4$，问题将变得更复杂了。

由上述可知，由于生物反应器涉及细胞生长与代谢、传质与传热，还有搅拌剪切对细胞的损伤等问题，在以因次分析法进行生物反应器放大时，应首先进行系统的模式分析，找出控制该反应系统的关键机理，必须兼顾多个相似条件，然后进行放大，切勿生搬硬套。

3. 准数的构成

对因次分析放大法，准数的合理构建是关键，而相关参数的确定是首要步骤。生物反应系统常用的参变量可分为 4 大类。

（1）反应器的几何参数 D、H、d_p；

（2）发酵液的物理化学参数 ρ、μ、σ；

（3）发酵过程变量 N、P_0、V_L；

（4）常数 g、R（气体常数）。

准数构成需要经验和直觉的结合。如果参数选得太多，则其中一部分可能是无关的或影响甚微的参数，且组成的准数太多就无法进行放大计算。但是，若缺了重要准数，系统的行为就无法用数学模型正确表达，系统的放大也成问题。故必须对反应系统进行分析，确定起主导作用的机理，忽略无关的参数，称此过程为模式分析。

所谓模式分析，就是分析、确定系统中起主导作用的机理，也就是确定反应系统是反应控制或是传质控制还是其他控制（如混合控制）。在模式分析中，必须解决好下述 3 个问题：①该系统是否由单个机理控制？②起关键作用的是何模式？③反应器规模改变时，此机理将如何变化？

进行模式分析有多种方法，可分成实验方法和理论方法两大类，如表 1-5-2 所示。

表 1-5-2　　**模式分析法**

实验法	改变速度、改变浓度、改变微粒大小、改变温度
理论法	分析法：时间常数和准数个数 数字分析法：参数辨识

模式分析实验法的基础，是改变某参数值时将对影响系统行为的一种机理施以可预料的影响。

选定了系统有关的参数后，就可组成模型表达的准数。基本参量常用质量、长度、时间和温度。根据 Buckingham 理论，如参变量个数为 n，基本量纲数为 m，则描述系统的最少准数为（$n-m$）个。

（四）经验放大规则

除上面介绍的 3 种生物反应器的放大方法之外，还有经验放大法，这也是当今最常用的放大法。根据不完全调查结果，目前生物发酵工厂所用的好氧生物发酵反应器应用的经验放大方法的大概比例如表 1-5-3 所示。

表 1-5-3　　**通气发酵罐放大准则**

放大准则	所占比例/%	放大准则	所占比例%
维持 P_0/V 不变	30	维持搅拌器叶端线速度不变	20
维持 k_La 不变	30	维持培养液溶氧浓度不变	20

下面以最常见的机械搅拌通气发酵罐和鼓泡式反应器的放大方法及有关实例分别给予具体介绍。

第二节　通气发酵罐的放大设计

一、机械搅拌通气发酵罐的经验放大法

（一）以体积溶氧系数 k_La（或 k_d）相等为基准的放大法

许多好氧发酵，特别是生物细胞浓度较高时耗氧很快，故溶氧速率是否能满足生物细胞的代谢与生长就成为生物发酵生产的限制性因素。生物发酵的耗氧速率可通过实验测定。实践证明，高好氧发酵应用等 k_La 的原则进行反应器放大通常可获得良好结果。

通气搅拌发酵反应器的主要参数及计算方程如下。

（1）不通气的搅拌功率

$$P_0 = N_P \rho n^3 D_i^5 \tag{1-5-20}$$

式中，功率系数 N_P 视搅拌强度及叶轮形式而定。当发酵系统充分湍流（$Re \geqslant 10^4$）时，对圆盘六直叶涡轮，$N_P=6.0$；对圆盘六弯叶涡轮，$N_P=4.7$；而对于圆盘六箭叶涡轮，$N_P=3.7$。上式全部变量单位为国际标准单位。

（2）通气搅拌功率

$$P_g = 2.25\times10^{-3}\,(P_0{}^2 n D_i^3/Q^{0.08})^{0.39} \tag{1-5-21a}$$

或可近似取

$$P_g \approx 0.4P_0\text{（通气速率较高时）} \tag{1-5-21b}$$

（3）搅拌器泵送能力

$$\phi_P = 1.3ND_i^5 \quad (1\text{-}5\text{-}22)$$

（4）循环速率

$$\phi_{cir} = 2\phi_P \quad (1\text{-}5\text{-}23)$$

（5）循环时间

$$t_{cir} = V/\phi_{cir} \quad (1\text{-}5\text{-}24)$$

（6）混合时间

$$t_m = 4t_{cir} \quad (1\text{-}5\text{-}25)$$

（7）体积溶氧系数

$$k_L a = k\,(P_g/V_L)^{\alpha} v_s^{\beta} \quad (1\text{-}5\text{-}26a)$$

或

$$k_d = (2.36 + 3.3N)(P_g/V_L)^{0.56} v_s^{0.7} n^{0.7} \times 10^{-9} \quad (1\text{-}5\text{-}26b)$$

而在方程（1-5-21）～方程（1-5-26）中，

Q——通气量，mL/min

N——搅拌叶轮组数

v_s——空截面空气流速，cm/min

n——搅拌转速，r/min

P_0、P_g——不通气和通气搅拌功率，kW

剪切强度视发酵液是湍流或是层流而不同。层流时正比于 n，湍流时正比于 $(nD_i)^2$。

在实际的生物反应器的放大过程，等 $k_L a$（或 k_d）的原则放大是应用亚硫酸钠氧化法的 $k_L a$ 相等的原则，下面举例说明。

例 1-5-1　某厂在 100L 机械搅拌发酵罐中进行淀粉酶生产试验，所用的菌种为枯草杆菌，获得良好的发酵效果，拟放大至 $20m^3$ 生产罐。此发酵液为牛顿型流体，黏度 $\mu=2.25\times10^{-3}$ Pa·s，密度 $\rho_L = 1024$ kg/m³。试验罐的尺寸为：直径 $D = 375$mm，搅拌叶轮 $D_i = 125$mm，高径比 $H/D = 2.4$，液深 $H_L = 1.5D$，4 块挡板宽 $W = 0.1D$；装液量为 60L，通气速率 1.0m³/（m³·min)，使用两挡板圆盘六直叶涡轮搅拌器，转速 $n = 350$r/min 。通过实验研究，证明此发酵为高耗氧的生物反应，故可按体积溶氧系数相等之原则进行放大。

解：

（1）计算试验罐的 k_d 值　先求搅拌雷诺准数：

$$Re = \frac{nD_i^2\rho_L}{\mu} = \frac{(350/60)(0.125)^2 \times 1020}{2.25 \times 10^{-3}} = 4.13 \times 10^4$$

故发酵系统属充分湍流，搅拌功率系数 $N_P=6.0$。故两组叶轮的不通气搅拌功率为：

$$P_0 = 2N_P n^3 \rho_L D_i^5 = 2\times 6 \times \left(\frac{350}{60}\right)^3 \times 1020 \times 0.125^5 = 74.1(\text{W}) = 0.0741(\text{kW})$$

通气搅拌功率按方程（1-5-21a）计算：

$$P_g = 2.25\times10^{-3}\ (P_0^2 n D_i^3/Q^{0.08})^{0.39} = 2.25\times10^{-3}\left(\frac{0.0741^2\times350\times12.5^3}{60000^{0.08}}\right)^{0.39} = 0.0395\ (\text{kW})$$

应用方程（1-5-26b）可算出溶氧系数：

$$k_d=(2.36+3.3\times2)(P_g/V_L)^{0.56}v_s^{0.7}n^{0.7}\times10^{-9}$$
$$=8.96\ (0.0395/0.06)^{0.56}\times54.3^{0.7}\times350^{0.7}\times10^{-9}$$
$$=7.01\times10^{-6}\ [\text{mol } O_2/(\text{mL}\cdot\text{min}\cdot\text{atm})(p_{O_2})]$$

其中，空截面气速为：

$$v_s=60\times1000/\left(\frac{\pi}{4}\times37.5^2\right)=54.3(\text{cm/min})$$

（2）按几何相似原则确定 20m³ 生产罐的尺寸　据题设几何尺寸，放大罐与小罐比例相同，则有 $H/D=2.4$，$D/D_i=3$，$H_L/D=1.5$。而有效装料体积仍取 60%，由此可得：

$$V_L=20\times60\%=\frac{\pi}{4}D^2\times1.5D$$

可计算得　$D=2.17\text{m}$，$H=2.4D=5.20\text{m}$，

$$D_i=D/3=0.72\text{m},\ H_L=1.5D=3.26\text{m}$$

这就是按几何相似原则计算求得的 20m³ 生产罐的尺寸。罐内仍采用两组圆盘六直叶涡轮搅拌器。

（3）决定大罐的通气速率 Q　按几何相似原则放大设备，放大倍数越高，其单位体积液体占有的发酵罐横截面积越小，若维持通气强度不变，则放大后空截面气速则随罐容增大而迅速提高。

$$\text{发酵罐装液量}\ V_L\propto D^3 \tag{1-5-27}$$

通气量 Q 在维持通气强度不变时，就有

$$Q\propto V_L\propto D^3 \tag{1-5-28}$$

而空截面气速为：

$$v_s=Q/\left(\frac{\pi}{4}D^2\right)\propto D \tag{1-5-29}$$

由方程（1-5-29）可知，随罐规模的增大，空截面气速 v_s 的增大与发酵罐直径的增大成正比，即与罐体积的立方根成正比。显然，放大的倍数较大时，其空截面气速 v_s 有较大增加。过高的 v_s 会造成太多的泡沫甚至跑料，而且消耗的通气（空压机）功率也将过高。因此在发酵反应器放大时，必须全面考虑以确定适宜的通气速率。

若按通气强度不变，即取大罐的通气速率为 1.0m³/（m³·min），可算出通气量为：

$$Q=20\times60\%\times1.0=12(\text{m}^3/\text{min})=1.2\times10^7(\text{cm}^3/\text{min})$$

相应的空截面气速为：

$$v_s=Q/\left(\frac{\pi}{4}D^2\right)=12/\left(\frac{\pi}{4}\times2.17^2\right)=3.24(\text{m/min})=324(\text{cm/min})$$

可见，若按通气强度不变，则大罐的通气空截面气速约相当于试验罐的 6 倍。经验表明，这种气速太高。故可根据经验折中取 $v_s=150\text{cm/min}$，由此可计算大罐的通气速率为：

$$Q=\frac{\pi}{4}\times2.17^2\times(150/60/100)=0.0925(\text{m}^3/\text{s})=5.55(\text{m}^3/\text{min})$$

可见，通气强度为 5.55/12=0.462［m³/（m³·min）］

（4）按 k_d 相等原则计算放大罐的搅拌转速和搅拌轴功率

因

$$k_d=(2.36+3.3\times2)\left(\frac{P_g}{V_L}\right)^{0.56}v_s^{0.7}n^{0.7}\times10^{-9}$$

$$=8.89\times(P_g/12)^{0.56}\times150^{0.7}\times n^{0.7}\times10^{-9}$$

$$=7.434\times10^{-8}P_g^{0.56}n^{0.7}$$

故有

$$7.01\times10^{-6}=7.434\times10^{-8}P_g^{0.56}n^{0.7}$$

由此得

$$P_g=3356n^{-1.25} \tag{1-5-30}$$

又根据方程（1-5-21a），可求得 P_g 的另一表达式，即：

$$P_g=2.25\times10^{-3}\left(\frac{P_0^2nD_i^3}{Q^{0.08}}\right)^{0.39}$$

$$=2.25\times10^{-3}\left[\frac{P_0^2n\times72^3}{(5.55\times10^6)^{0.08}}\right]^{0.39}$$

$$=0.206P_0^{0.78}n^{0.39} \tag{1-5-31}$$

由方程（1-5-30）和方程（1-5-31），可得：

$$P_0=2.51\times10^5n^{-2.1} \tag{1-5-32}$$

根据方程（1-5-20），可计算出不通气时大罐的搅拌轴功率为：

$$P_0=N_P\rho n^3D_i^5=6.0\times1020\times\left(\frac{n}{60}\right)^3\times0.72^5$$

$$=5.48\times10^{-3}n^3\ (\mathrm{W})=5.48\times10^{-6}n^3\ (\mathrm{kW}) \tag{1-5-33}$$

联立求解由方程（1-6-32）和方程（1-6-33）组成的方程组，可求得大罐的搅拌转速及搅拌功率：

$$n=123\ (\mathrm{r/min})$$

$$P_0=10.2\ (\mathrm{kW})$$

$$P_g=3356n^{-1.25}=8.19\ (\mathrm{kW})$$

放大罐与试验罐的容积、尺寸及搅拌转速、功率等的对照如表 1-5-4 所示。

表 1-5-4　试验罐与放大罐计算结果比较

项目	试验罐	放大罐
公称容积 $V/\mathrm{m^3}$	0.1	20
有效容积 $V_L/\mathrm{m^3}$	0.06	12
放大倍数	1	200
高径比 H/D	2.4	2.4
液柱高 H_L/D	1.5	1.5
搅拌叶轮 D_i/D	1/3	1/3
通气强度/［m³/（m³·min）］	1.0	0.462
P_0/V_L/（kW/m³）	1.24	0.798
P_g/V_L/（kW/m³）	0.658	0.704
搅拌转速 n/（r/min）	350	120
溶氧速率 $k_d/\left(\frac{\mathrm{mol\ O_2}}{\mathrm{mL\cdot min\cdot atm^*}}\right)$	7.01×10^{-6}	7.01×10^{-6}

注：* 1atm＝101kPa。

由上表可见，尽管试验罐和放大罐的溶氧系数相同，其几何尺寸也相似，但经放大后，大罐的通气强度和搅拌转速均大大下降。

（二）以 P_0/V_L 相等的准则进行反应器放大

通常，溶氧系数 k_d 或 k_La 是使用亚硫酸钠氧化法测定的，它并不是真实发酵系统的溶氧系数，故上述的用 k_d 或 k_La 相等为准则的放大方法在某些发酵环境中并不适用。而单位体积发酵液的搅拌功耗 P_0/V_L 与 k_La 值有密切关系，且容易测量。实验表明，对于溶氧速率控制发酵反应的非牛顿型发酵液，把 P_0/V_L 相等准则用于通风机械搅拌反应器的放大通常可获得良好结果。下面以实例计算说明以 P_0/V_L 相等准则对发酵罐的放大过程。

例 1-5-2 实验罐和放大罐的条件与例 1-5-1 相同，试用 P_0/V_L 相等的原则进行放大计算。

解：对试验罐，有：

$$\left(\frac{P_0}{V_L}\right)_1 \propto \frac{2N_p\rho n_1{}^3 D_{i1}{}^5}{D_{i1}{}^3}$$

同理，对放大罐有：

$$\left(\frac{P_0}{V_L}\right)_2 \propto \frac{2N_p\rho n_2{}^3 D_{i2}{}^5}{D_{i2}{}^3}$$

据相等原则，令 $(P_0/V_L)_1=(P_0/V_L)_2$，由于大小罐的 Np、ρ 相等，

则可得：

$$\frac{n_2}{n_1}=\left(\frac{D_{i1}}{D_{i2}}\right)^{\frac{2}{3}}$$

由题设，知 $n_1=350$r/min，$D_{i1}=0.125$m

按几何相似原则放大，放大罐的 $D_{i2}=0.72$m

用 D_{i1} 和 D_{i2} 值代入，可求算出放大罐的搅拌转速：

$$n_2=N_1\left(\frac{D_{i1}}{D_{i2}}\right)^{\frac{2}{3}}=350\left(\frac{0.125}{0.72}\right)^{\frac{2}{3}}$$
$$=109\ (\mathrm{r/min})$$

因此，放大罐的不通气搅拌功率为：

$$P_0=2N_p\rho n_2{}^3 D_{i2}{}^5$$
$$=2\times6\times1020\times(109/60)^3(0.72)^5$$
$$=14199\ (\mathrm{W})=14.2\ (\mathrm{kW})$$

通气搅拌功率为：

$$P_g=2.25\times10^{-3}\left(\frac{P_0{}^2 nD_{i2}{}^3}{Q^{0.08}}\right)^{0.39}$$

取放大罐的通气强度为 0.462［m³/（m³·min）］（与例 1-5-1 相同），则

$$Q=0.462\times12=5.55\ (\mathrm{m^3/min})$$
$$=5.55\times10^6\ (\mathrm{mL/min})$$

代入上式得通气搅拌功率：

$$P_g=2.25\times10^{-3}\left[\frac{14.2^2\times109\times72^3}{(5.55\times10^6)^{0.08}}\right]^{0.39}$$
$$=10.2\ (\mathrm{kW})$$

在上述设计条件下，相应的溶氧系数为：

$$k_d = (2.36+3.3\times2)\left(\frac{P_0}{V_L}\right)^{0.59} v_s^{0.7} n^{0.7} \times 10^{-9}$$

$$=8.96\times\left(\frac{10.2}{12}\right)^{0.56} \times 150^{0.7} \times 109^{0.7} \times 10^{-9}$$

$$=7.28\times10^{-6}\ [\text{mol } O_2/(\text{mL}\cdot\text{min}\cdot\text{MPa})(p_{O_2})]$$

据上述计算结果列出实验罐与放大罐比较，如表 1-5-5 所示。

表 1-5-5　　以 P_0/V_L 相等准则放大的结果

项目	试验罐	放大罐
公称容积 V/m^3	0.1	20
装料容积 V_L/m^3	0.06	12
放大倍数	1	200
高径比 H/D	2.4	2.4
液柱高 H_L/D	1.5	1.5
搅拌叶轮 D_i/D	1/3	1/3
通气强度/[m^3/(m^3·min)]	1.0	0.462
P_0/V_L/(kW/m^3)	1.24	1.18
P_g/V_L/(kW/m^3)	0.658	0.85
搅拌转速/(r/min)	350	109
溶氧系数/$\left(\frac{molO_2}{mL\cdot min\cdot atm\ (p_{O_2})}\right)$	7.01×10^{-6}	7.28×10^{-6}

如表 1-5-4 和表 1-5-5 所示，应用溶氧系数 $k_L\alpha$ 或 k_d 相等准则和单位体积发酵搅拌功率相等准则进行好氧发酵罐的放大计算，其结果差异不大。在发酵生产的放大实践中也证明，高耗氧的生物发酵，应用溶氧系数相等原则进行放大是最好的方法。此外，对黏度较高的非牛顿型流体或高细胞密度培养，应用 P_0/V_L 相等原则进行放大的效果则十分良好。例如，青霉素等抗菌素发酵液通常属非牛顿型流体，又是高耗氧发酵，可应用 P_0/V_L 相等准则进行放大。

（三）以搅拌叶尖线速度相等的准则进行机械搅拌通风发酵罐的放大

实践表明，应用丝状菌进行发酵时，因这类微生物细胞受搅拌剪切的影响较明显，而搅拌叶尖线速度（πDN）是决定搅拌剪切强度的关键。若仅仅维持 k_La（或 k_d）或 P_0/V_L 相等而不考虑搅拌剪切的影响，可能导致放大设计失误。

在 P_0/V_L 相等的条件下，D_i/D 越小（即转速越高），搅拌剪切越强烈，这有利于菌丝团的分散和气泡的破裂细碎，从而有利于溶氧传质和胞内代谢产物的向外扩散，因此通常有利于代谢产物抑制发酵的生物反应系统。例如，在使用放线菌发酵生产新生霉素时，在维持 P_0/V_L 不变的条件下，使用较小的搅拌叶轮可获得较高产量的抗菌素，如图 1-5-5 所示。所以，对于这类发酵系统，搅拌叶轮尖端线速度（πDN）也是发酵反应器放大设计的重要因素，有时可作为放大基准。但必须明确，若搅拌叶轮直径（D_i/D）过小，则搅拌泵送能力下降，混合时间加长，这会影响反应溶液混合的均匀性。通常，对大多数的

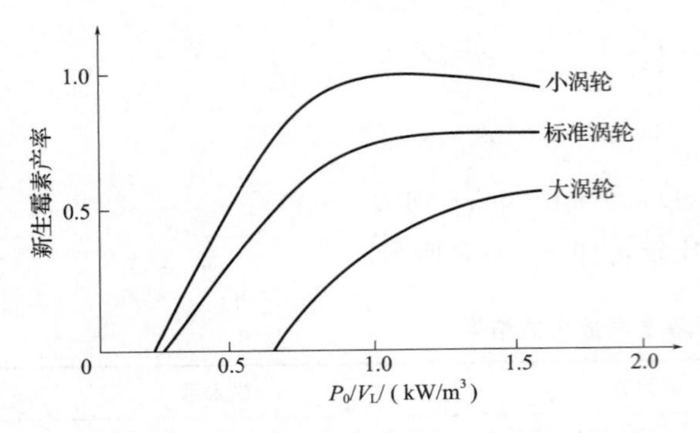

图 1-5-5　搅拌叶轮大小对新生霉素产率的影响

生物发酵，搅拌叶尖线速度宜取 2.5～5m/s；对于球状或短杆状微生物可适当增大，但最高也不宜超过 10m/s。

（四）以混合时间相等的准则进行放大

所谓反应器的混合时间，就是往发酵反应器液体中瞬间加入某种指示液体，使这种液体和反应液达到分子水平均匀混合所需要的时间。而在混合时间测定中，所使用的指示剂通常为酸、碱、盐或有色液体，以便于用仪器再现检测混合过程的 pH、电导率及色值（OD）的变化。实践表明，发酵反应器越小，液体的黏度越低，在同一搅拌强度下其混合时间则越短，随着发酵罐规模的增大，混合时间将越长。故对大型发酵罐的通气溶氧和基质流加，混合时间和混合的均匀性是十分重要的。混合时间是发酵罐几何形状及尺寸、搅拌叶轮设计、操作条件以及发酵液流变特性的函数。

当然，若按混合时间相等进行放大，对于大型发酵罐的设计是不可能的。对于机械搅拌通气发酵罐，若维持混合时间不变，则搅拌叶轮直径与罐径之比必然随罐规模放大而增加，这样不仅使溶氧传质效率下降，而且叶尖线速度将过高而加剧对生物细胞的损伤作用，因而用混合时间不变的原则是不适宜的。但实践表明，在发酵罐放大设计过程中，以混合时间作为校正的准则有时是十分有用的。例如，在一个大型生物反应器中，尤其是当 D_i/D 较低，且采用基质流加工艺时，如果只用单点流加基质，则混合时间可能长达数分钟，发酵反应器内会出现较大的浓度梯度，这就会影响反应速度和转化率。更为严重者，因混合状况不良，会产生生物细胞团的沉降而积聚于反应器底部，或局部发生缺氧现象，就会使反应系统的发酵反应速度出现不同程度的下降，甚至因缺氧而使代谢目的产物的产率大为降低。这些生物反应器内出现的问题在植物细胞培养、抗生素发酵等实际生产过程中均发生过。

Fox 等用因次分析法，对机械搅拌发酵反应器内液体混合时间实验研究中总结出数学表达式，即当 $Re>10^5$ 时，有：

$$f_t=\frac{t_M\ (nD_i{}^2)^{2/3}g^{1/6}D_i{}^{1/2}}{H_L{}^{1/2}D^{3/2}}=\text{常数} \tag{1-5-34}$$

式中　f_t——混合时间函数

t_M——混合时间，s

n——搅拌转速，r/s

D_i——搅拌叶轮直径，m

D——发酵反应器内径，m

H_L——罐内液体深度，m

g——重力加速度常数，9.81m/s²

把方程（1-5-34）进行相关的计算，以搅拌 Re 为横坐标，f_t为纵坐标，则可得

图 1-5-6。

对几何相似的发酵罐，当 $Re>10^5$ 时，把方程（1-5-34）进行化简整理，可得

$$\frac{t_{M2}}{t_{M1}}=\left(\frac{n_1^4 D_{i2}}{n_2^4 D_{i1}}\right)^{1/6} \tag{1-5-35}$$

式中，下标 1 和 2 分别代表试验罐和放大罐。

当应用 $(P_0/V_L)_1=(P_0/V_L)_2$ 原则放大时，由前面的例 1-5-2 的结果知，$n_2/n_1=(D_{i1}/D_{i2})^{2/3}$，因此方程（1-5-35）可简化成：

$$\frac{t_{M2}}{t_{M1}}=\left(\frac{D_{i2}}{D_{i1}}\right)^{11/18} \tag{1-5-36}$$

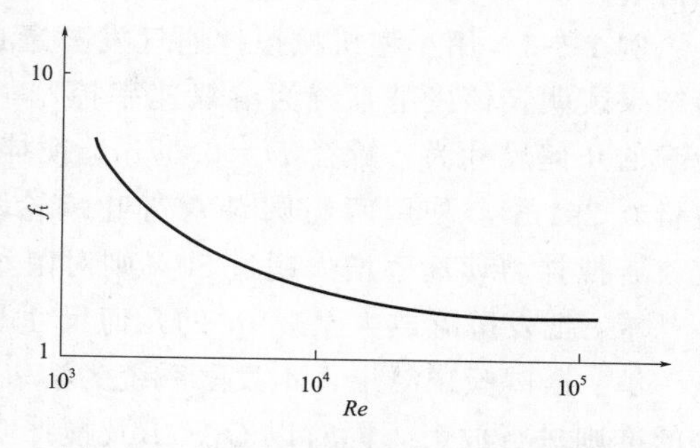

图 1-5-6　混合时间函数 f_t 与 Re 的关系

由方程（1-5-36）可知，发酵罐的规模越大，混合时间 t_M 就越长。为了克服此问题，对大型发酵反应器，尤其是流加操作或连续操作时，可采用增加给料点的方法。例如英国帝国化学工业公司（ICI）使用 $3000m^3$ 的气升式内循环反应器，以甲醇为原料连续发酵生产单细胞蛋白，反应器实际装料量 $1500m^3$。为了解决基质甲醇的浓度均匀分布问题，在发酵反应器沿轴向的不同高度，装设了 3000 个甲醇进料喷嘴，最后获得了发酵液中甲醇浓度维持在 2mg/L 的低水平，既保证微生物细胞的基质营养需求，又避免了反应器局部甲醇浓度过高而造成对细胞生长的抑制。

通过上述分析不难得出下述结论：在通气发酵反应器的放大设计中，必须重视发酵液的混合问题，通常应尽可能混合均匀，混合时间也尽可能缩短；但随着反应器规模的扩大，其混合时间应适当增大。

（五）搅拌液流速压头 H，搅拌液流循环速率（对机械搅拌发酵罐为泵送能力）Q_L 以及 Q_L/H 对发酵反应器放大设计的影响

我们知道，搅拌液流速度压头 H 与搅拌叶轮叶尖线速度的平方成正比，即：

$$H \propto (n/D_i)^2 \tag{1-5-37}$$

而搅拌液流循环速率 Q_L 则正比于搅拌叶尖线速度及涡轮转动横截面积，即：

$$Q_L \propto (\pi n D_i)\left(\frac{\pi}{4}D_i^2\right) \propto nD_i^3 \tag{1-5-38}$$

根据传质理论，H 越高，液流湍动越激烈，不仅有利于溶氧传质，而且有利于菌丝团的分散。而液流循环速率越大，则对混合有利，可缩短混合时间，实现均匀混合。

从方程（1-5-37）和方程（1-5-38）可知，适当增大搅拌涡轮直径 D_i 有利于均匀混合，可缩短混合时间；而结合溶氧传质理论可知，适当提高搅拌转速 n 而维持 D_i 不变，则有利于氧的溶解。因为在实际反应器设计中，必须控制单位体积搅拌功率 P_0/V_L 在一定范围，同时还必须综合考虑生物细胞对搅拌剪切的耐受水平。对某些丝状菌发酵体系，在保证溶氧速率满足发酵需求的前提下，因此类细胞对剪切敏感，混合时间也应相应延长，在此前提下，Q_L/H 比值就变得重要了。所以，若在小型试验罐中取得良好的发酵结果，则此试验罐的 Q_L/H 比值应当是适当的，可作为放大设计大型罐的参考标准。

以方程（1-5-38）除以方程（1-5-37），可得：

$$Q_L/H \propto D/n \tag{1-5-39}$$

下面就发酵罐放大过程的搅拌液流速度压头 H、发酵液搅拌循环速率 Q_L 以及它们的

比值 Q_L/H 作为参考指标进行放大设计举例。

例 1-5-3 用小型机械搅拌通气发酵罐进行黑曲霉发酵生产柠檬酸获得良好结果。试验结果表明，该发酵系统为溶氧速率控制，且微生物细胞对搅拌剪切作用敏感。300L 试验罐的几何尺寸为：罐径 $D=0.57\text{m}$，搅拌叶轮直径 $D_i=0.228\text{m}$，液深 $H_L=1.14\text{m}$，装液量 0.291m^3。使用两组圆盘六弯叶蜗轮，搅拌转速 $n=380\text{r/min}$。同时通过试验还知道，若搅拌剪切速率增大超过 50%则对菌丝团损伤较大而影响发酵产率。

求：把发酵罐放大至 30m^3 的几何尺寸及搅拌转速 n 等。

解：据试验罐结果，本发酵系统为溶氧速率控制，且对搅拌剪切敏感。故以 P_0/V_L 相等的准则进行放大，同时以 Q_L/H 及搅拌叶尖线速度 $\pi D_i n$ 作为参考指标，以保证放大后剪切速率增大不超过 50%，同时混合时间不会增加太多。

由题给条件和方程（1-5-37），搅拌液流速度压头为：

$$H \propto (nD_i)^2 = (380\times0.228)^2 = 7506\ (\text{m}^2/\text{min}^2)$$

而搅拌液流循环速率用单位体积液体的泵送量表示，即：

$$Q_v = Q_L/V_L \propto nD_i^3/V_L = 380\times0.228^3/0.291$$
$$=15.48\ (1/\text{min})$$

故试验罐的 Q_L/H 值为：

$$\left(\frac{Q_V}{H}\right)_1 = K_1\,\frac{15.48}{7506} = K_1\times2.06\times10^{-3}(\text{min/m}^2)$$

搅拌叶轮叶尖线速度为：

$$(n\pi D_i)_1 = 380\times\pi\times0.228 = 272(\text{m/min})$$

按 P_0/V_L 相等准则把 300L 试验罐放大至 30m^3，以几何相似计算得到的大罐的几何尺寸为：

搅拌叶轮直径：$D_{i2}=1.07\text{m}$

发酵罐直径为：$D_2=2.673\text{m}$

发酵液深度为：$H_{L2}=5.346\text{m}$

搅拌转速为：$n_2=135.4\text{r/min}$

用上述数据，可求得 30m^3 放大罐的 Q_v/H：

$$\left(\frac{Q_V}{H}\right)_2 = K_2\times\frac{135.4\times1.07^3/30}{(1.07\times135.4)^2}$$
$$= K_2\times2.63\times10^{-4}(\text{min/m}^2)$$

而 30m^3 罐的搅拌叶尖线速度为：

$$(n\pi D_i)_2 = 135.4\times3.14\times1.07$$
$$= 455(\text{m/min})$$

题设用几何相似进行放大，故上述 Q_v/H 表达式的 2 个比例常数 K_1 和 K_2 相等。故：

$$\left(\frac{Q_V}{H}\right)_1\Big/\left(\frac{Q_V}{H}\right)_2 = \frac{K_1\times2.06\times10^{-3}}{K_2\times2.63\times10^{-4}}$$
$$=7.83$$

而

$$\frac{(\pi Dn)_2}{(\pi Dn)_1} = \frac{455}{272} = 1.67$$

可见，试验罐的搅拌液流循环速率与搅拌压头之比为放大罐的 7 倍多，而相应的搅拌器叶尖线速度放大后提高了 67%，不符合题设要求的 50%以下。所以，应按 P_0/V_L 相等准则的前提下，对求算出的 D_{i2} 和 n_2 适当调整，具体的做法是适当改变放大罐的几何尺寸比例。

为降低搅拌剪切速率，改善混合特性，可在适当增大放大罐搅拌叶轮直径的同时，降低搅拌转速，以维持 P_0/V_L 不变或基本不变。

假设把搅拌叶轮直径增大 50%，搅拌转速降低 50%，则调整后其搅拌功率的改变为：

$$\frac{P_{02}'}{P_{02}} = \frac{(N_p \rho n_2{}^3 D_{i2}{}^5)'}{(N_p \rho n_2{}^3 D_{i2}{}^5)} = (0.5)^3 (1.5)^5 = 0.95$$

故放大罐经增大直径和降低转速后，其搅拌功率 P_0 只下降 5%，可认为基本不变。同时，调整后放大罐搅拌涡轮叶尖线速度与试验罐搅拌涡轮叶尖线速度之比值为：

$$\frac{(\pi D_{i2} n_2)'}{(\pi D_{i1} n_1)} = \frac{\pi \times 1.5 D_{i2} \times 0.5 n_2}{\pi \times D_{i1} \times n_1} = \frac{0.75 \times 455}{272} = 1.25$$

可见，通过上述调整后，已基本符合要求。由上述的设定条件，可计算出经调整后的搅拌叶轮直径 D_i、搅拌转速 n 等，具体的计算结果如下：

搅拌叶轮直径为：　$D_{i2} = 1.5 \times 1.07 = 1.605(\text{m})$

搅拌转速为：　$n_2 = 135.4 \times 50\% = 67.7(\text{r/min})$

搅拌叶尖线速度为：　$\pi D_{i2} n_2 = \pi \times 1.605 \times 67.7 = 341\ (\text{m/min})$

相应的 Q_v/H 为：

$$\frac{Q_v}{H} = K_3 \times \frac{n_2 D_{i2}{}^3 / V_L}{(n_2 D_{i2})^2} = K_3 \times \frac{67.7 \times 1.605^3 / 30}{(67.7 \times 1.605)^2} = K_3 \times 7.9 \times 10^{-4} (\text{min/m}^2)$$

上述计算结果表明，适当把搅拌叶轮直径增大和搅拌转速降低后，可使混合条件大为改善，而搅拌剪切速率只比试验小型罐高 25%，符合题设要求。本题有关的几何尺寸及搅拌转速等的计算及放大计算结果如表 1-5-6 所示。

表 1-5-6　以 H 和 Q_L 为参考指标的机械搅拌发酵罐的放大改进计算结果

参数	试验罐	30m^3 放大罐	
		按 P_0/V_L 相等原则	兼顾混合与剪切
V_L/m^3	0.291	30	30
D/m	0.57	2.673	2.673
D_i/m	0.228	1.07	1.605
H_L/m	1.14	5.346	5.346
D_i/D	0.4	0.4	0.6
$n/(\text{r/min})$	380	135.4	67.7
搅拌叶轮	2 组	2 组	2 组
$\pi D_i n/(\text{m/min})$	272	455	341
$Q_v/H/\ (\text{min/m}^2)$	$2.06 \times 10^{-3}\text{K}$	$2.63 \times 10^{-4}\text{K}$	$7.90 \times 10^{-4}\text{K}$
P_0/V_L（相对值）	1.0	1.0	0.95

综上所述，对于机械搅拌发酵反应器的放大，是需要系统的知识和经验。首先，不同规模的发酵反应器应大体维持几何相似，但不是一成不变；为了保持相等的 $k_L\alpha$ 和剪切强

度，可适当改变几何尺寸比例；最常用的方法是维持体积溶氧系数 $k_L\alpha$ 恒定或单位体积搅拌功率不变，有时需兼顾搅拌剪切强度不变或改变不大。实际上，放大设计的成功还需生产实践验证。机械搅拌通气发酵罐的放大过程可概括为如图 1-5-7 所示。

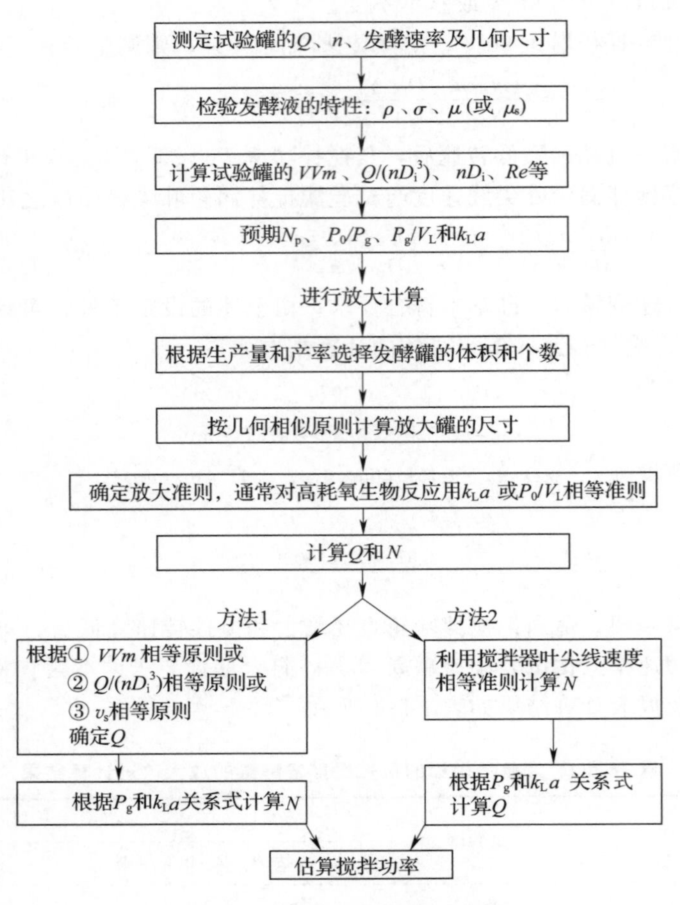

图 1-5-7　机械搅拌发酵罐放大过程

图中　σ——发酵液的表面张力，N/m

μ、μ_s——发酵液的黏度和表观黏度，后者是对非牛顿流体而言，Pa · s

VVm—— 通气速率，m^3（气）/[m^3(液体) · min]

其他的变量符号以及单位在前面已介绍。

二、气升式通气发酵罐的放大

在本部分，简单介绍气升式反应器中最常用的鼓泡式和气升环流式两类反应器的放大有关问题及方法。

（一）空气压缩的能量消耗及溶氧传质

气升式发酵反应器没有机械搅拌装置，其发酵液的混合与溶氧传质全靠通入的压缩空气完成，故对气升式反应器而言，输入的压缩空气的压强、流量及空气压缩所用的空气压缩机的型号规格是决定这类反应器能耗的关键。

发酵工厂常用的空气压缩机有活塞式、螺杆式和离心式，效率在70%～90%。其中，无油螺杆式空压机具有容量范围大和效率高的优点，在大规模的发酵生产中应用最广泛。

气体在发酵液中的分散程度还受到输入搅拌功率的影响。当然，反应器的结构及发酵液的理化特性也起着重要的作用。对于实验室小型反应器，空气分布器对气泡在溶液中的分散状况尤其重要；但在大型工业生产的发酵罐中，气液两相的分散特性主要受反应器中平均分散功率的影响。

1. 鼓泡式反应器的混合与溶氧传质

通常，传统的鼓泡式反应器是在靠近底部装设空气分布管，在单管式或环形管上开小孔，或使用多孔或微孔筛板。空气通过分布器后进入液体中分散成气泡，靠其浮力而上升，并带动液体上升而形成气液两相流。

实验研究表明，鼓泡塔的体积溶氧系数主要取决于通气速率和气泡分散状况，可用下述的经验方程表示：

$$k_{L}a = 0.0023(v_{s}/d_{s})^{1.58} \tag{1-5-40}$$

上式的成立条件：$0.01 \leqslant k_{L}a \leqslant 0.8s^{-1}$ 和 $3 \leqslant (v_{s}/d_{s}) \leqslant 43s^{-1}$，培养基由乙醇和营养盐构成，其中 v_{s} 和 d_{s} 分别为空截面气速和气泡的平均直径。

此外，实验研究还表明，气液混合物中的持气率 h 主要受空截面气速影响，即：

$$h \propto v_{s}^{n} \tag{1-5-41}$$

式中　通气速率较低时，$0.7 \leqslant n \leqslant 1.2$

通气速率较高时，$0.4 \leqslant n \leqslant 0.7$

由于气升式（含鼓泡式）发酵罐的混合与溶氧均以空气作动力，故其体积溶氧系数也可用空截面气速 v_{s} 作单一变量，其表达式为：

$$k_{L}a = bv_{s}^{m} \tag{1-5-42}$$

式中　指数 $m=0.8$（对水和电解质溶液）

b——空气分布器类型和溶液特性的函数

当 $1\times10^{-4}m/s \leqslant v_{s} \leqslant 0.25m/s$ 和 $0.03s^{-1} \leqslant k_{L}a \leqslant 0.1s^{-1}$ 时，方程（1-5-42）成立。

2. 气升环流式发酵反应器

气升环流反应器应用广泛，其规模从数百升至数千立方米，酵母和其他SCP以及维生素C发酵生产通常都应用这类反应器。据华南理工大学生化工程研究室研究结果及有关文献报道，这类发酵反应器的溶氧速率为 $2\sim8kg/(m^{3}\cdot h)$，而溶氧比能耗为 $0.3\sim0.6kW\cdot h/kg$（O_{2}）。

此外，这类生物反应器也常用于废水生化处理。

国际上，这类反应器最有代表性的是英国ICI加压循环发酵反应器。该反应器高60m、有效体积达2000m³。发酵液的循环速率高，在中央升液管和双边降液管中的液流速度为0.5m/s和3～4m/s，持气率更高达0.52和0.48。为了改善基质的混合均匀性，沿反应器高度装设了5000～8000个甲醇进料喷嘴，这样可提高基质转化成SCP的产率。经测定，在装设这数千个基质进口之前和之后的转化率［即每千克甲醇所得的干单细胞蛋白的质量（kg）］分别为0.46和0.65，也就是说增产幅度达40%。根据John Brown Ltd.公司提供的信息，在该公司年产10万吨SCP发酵生产上，使用的发酵反应器更大，

体积高达 $5600m^3$，沿反应器的径向不同高度装设了多达 20000 个基质进料喷嘴。

在上述 2 个特大型的气升环流反应器中，由于溶氧速率高达 10kg O_2/（m^3·h），故发酵可实现高细胞密度，但相应的能耗高达 6.6kW/m^3，溶氧效率也降至 1.5kg O_2/（kW·h）；如果适当降低细胞浓度，把溶氧速率降至 3kg O_2/（m^3·h），则单位体积能耗可降低至 1.5kW/m^3，相应的溶氧比能耗就降为 2kg O_2/（kW·h）。值得注意的是，这种大型的气升式反应器在通气量 VVm 为 1.0min^{-1}左右时，其中氧的利用率可高达 50%。

根据上述讨论和有关的实验研究结果，可总结出气升式反应器的液体循环速度和其他操作特性的关系如图 1-5-8 所示。

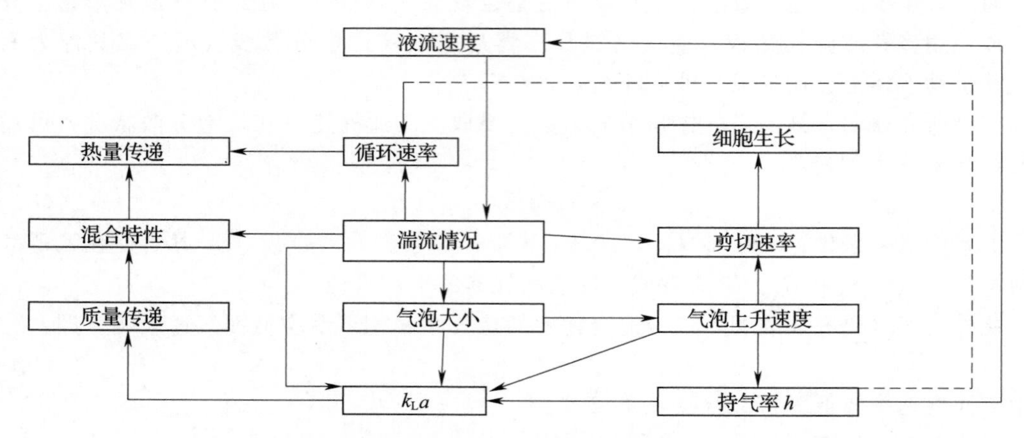

图 1-5-8　气升式发酵罐的液体循环速率和其他操作特性之间关系

（二）气升式发酵罐的放大

至今，气升式发酵罐仍未有标准的放大方法，但对于不同的发酵可进行相应的放大设计。例如，鼓泡式发酵罐可用空截面气速保持不变的基准进行放大，因为空截面气速是决定系统的溶氧速率的关键因素。但是，在放大过程必须重视系统的混合特性。有关研究表明，当鼓泡塔的体积放大 10 倍，如果要维持混合时间不变，则必须使空截面气速提高 32 倍，显然，要保持放大罐中的溶液混合特性不变是不切实际的，这不仅使通气能耗增加太多，而且会产生过多的泡沫等问题。在鼓泡式反应器放大设计中还有另一个重要问题，即器壁效应。

根据理论推导与实验相结合，可导出鼓泡式发酵罐的通气能耗 p_g、体积溶氧系数k_La 等公式，如：

$$通气能耗\ p_g = \rho_L g v_s V_L \tag{1-5-43}$$

或

$$p_g = \frac{q_m RT}{M}\ln\left(\frac{p_1}{p_2}\right) \tag{1-5-44}$$

式中　ρ_L——发酵液密度，kg/m^3

g——重力加速度常数，9.81m/s^2

v_s——空截面气速，m/s

V_L——发酵液体积，m^3

q_m——通气质量流量，kg/s

M——空气分子摩尔质量，kg/mol

R——气体常数，8.314J（kmol・K）

T——发酵液温度，K

p_1——发酵罐底液压，Pa

p_2——发酵液面压强，Pa

在此要补充说明的是，方程（1-5-43）适合于发酵液深度 $H_L \leqslant 2$m，而方程（1-5-44）适合于 $H_L > 2$m。

体积溶氧系数为：

$$k_L a = 0.32 v_s^{0.7} \tag{1-5-45}$$

对于气泡非并合液相，体积溶氧系数则完全取决于从空气分布器进入发酵液后的气泡大小。而气升式发酵罐的混合时间为：

$$t_M = k_1 H_L / (v_s g D^4)^{1/3} \tag{1-5-46}$$

式中　k_1——实验系数

D——发酵罐内径，m

还有一点要提及的是，因气升式发酵反应器没有机械搅拌器件，故对生物细胞的剪切作用相对较弱，故除了动物细胞外，可不必考虑其剪切作用。

最后，值得一提的是，发酵反应器放大的最终目标是使生物反应达到预期的技术与经济指标，它可用产量、产品成本或投资收益表示。但是，许多经济指标是不可能在小型实验装置中准确估计的，所以通常均需要利用中试设备对技术、经济指标进行测算，包括能量消耗、混合与溶氧传质要求、热量传递、培养基配方等。最后，详细的经济核算必须在大型生产装置中经过工艺和设备优化后完成。

第三节　机械搅拌通气发酵罐放大案例分析——罐压调节型通气发酵罐放大实例

从上面介绍的有关机械搅拌通气发酵罐放大的方法及设计计算例子可知，至今仍未有一种放之四海而皆准的罐放大完美方法。以下介绍日本筑波大学田中秀夫（Hideo Tanaka）教授利用放线菌 *Streptomyces hygroscopicus* 生产生物农药除草剂，从实验室研究逐级放大至 300m^3 机械搅拌通气发酵罐发酵生产过程。

第一步从 3L 罐放大至 2m^3 罐使用 $k_L a$ 相等准则，从 2m^3 放大至 10m^3 再放大至 300m^3 罐则使用 P_0/V_L 相等的准则。放大结果（目的产物浓度）如图 1-5-9 所示。

由图 1-5-9 可见，300m^3 大罐的放罐发酵液的产物浓度只及 3L 罐的 50%～60%。同时检测发现，大罐的糖耗速度、菌体浓度均较高。由此可见，在此发酵过程中，若仅维持溶氧系数 $k_L a$ 或单位体积搅拌功率 P_0/V_L 不变，则放大效果不够好。分析比较大罐与小罐的微生物发酵，除了供氧能力外，主要差别在于：①大罐的搅拌剪切作用增强了；②大罐的液深变大，因而微生物受到的液压、溶氧浓度、二氧化碳浓度等环境因素均会增大。

首先进行搅拌剪切作用的试验，改变搅拌器中叶轮的直径或改变搅拌转速，在维持 P_0/V_L 恒定的情况下，目的产物浓度基本维持不变。由此可知，搅拌的剪切作用不是造成大罐产量大幅降低的原因。

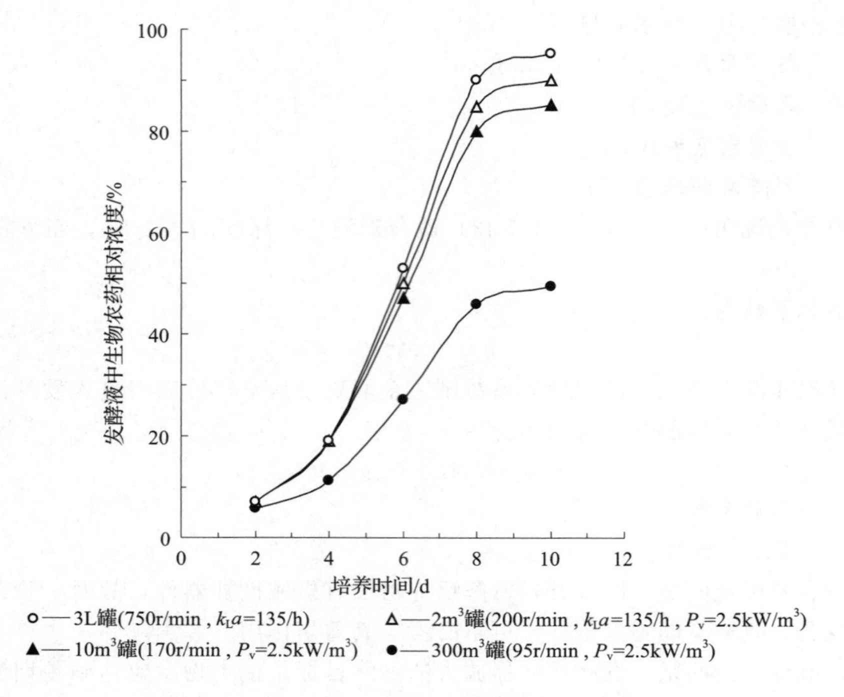

图 1-5-9　k_La 或 P_0 对生物农药发酵生产的影响

然后，设计制造了一套 3L 压力可调型发酵罐，可周期性调节罐压，模拟大型发酵罐（液深 0～10m）内微生物在罐内循环时经历的压强变化，具体压强条件和发酵结果见图 1-5-10。

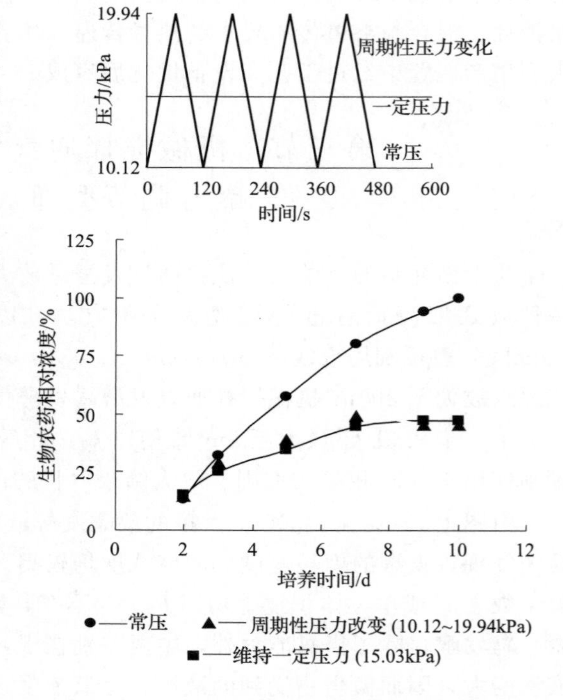

图 1-5-10　罐压对生物农药发酵生产的影响

由图示可知，无论是周期性的压力变动（10.12～19.94kPa，绝压），或是取其平均压力（15.03kPa，绝压），发酵产物浓度均大大降低，与 300m³ 大罐的生产水平差不多。可见，罐压（对大罐主要取决于液深）是关键阻碍因素。

液层深度（或罐压）改变，会导致三方面的变化：一是罐压本身，二是溶解的二氧化碳浓度，三是溶氧浓度。究竟是其中哪种因素起主导作用呢？首先研究压力的影响，在维持氧分压恒定的条件下，改变罐内压力进行试验，结果目的产物的浓度没有变化。其次，改变发酵液溶解二氧化碳浓度进行试验，但即使其浓度增加 6 倍甚至 20 倍，也未发现对产物积累有明显影响。最后试验溶氧浓度对发酵的影响，发现溶解氧水平不同，导致产物浓度随之改变，3L 罐在溶氧浓度 0.5mg/L 时产率最大，具体结果见图 1-5-11。

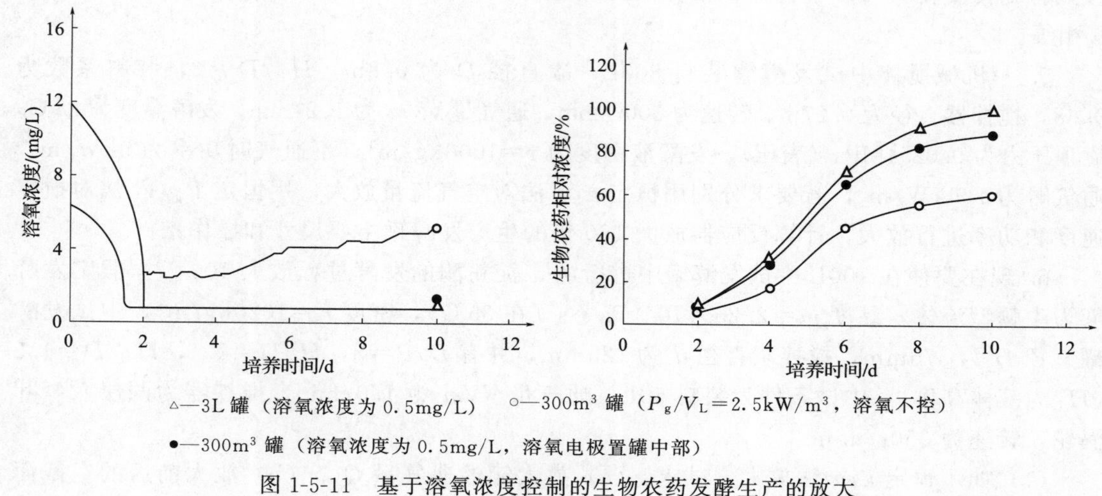

图 1-5-11　基于溶氧浓度控制的生物农药发酵生产的放大

通过上述多步研究，田中教授确认了培养液内溶氧浓度控制是发酵罐放大的关键。同时实验室小罐发酵液溶氧控制在 0.5mg/L 时为最佳。但在 $300m^3$ 的生产大罐中，不同的液层深度溶氧水平不同。实验中先后把溶氧电极安装在上部、中部和底部，分别控制其溶氧值均为 0.5mg/L，发酵结果目的产物浓度分别达到 3L 罐的 85%、92%和 96%。至此，可以说该发酵过程放大完全成功了。更详细的研究过程可参考他们发表的研究论文。

从这个生物农药发酵过程反应器放大的例子可以看出，对某些发酵生产，由于微生物的代谢对溶氧水平十分敏感，也就是说，溶氧浓度太低当然不行，但溶氧值太高也会抑制产物生成。故对这类发酵，反应器的放大必须考虑溶氧浓度沿罐内液深的分布，通过试验的优化，放大才能圆满成功。

思考题

1. 一个发酵罐在其最大搅拌转速和 0.5L 空气/（L 液体 · min）的通气量下测得 $k_La=30h^{-1}$。准备用这个发酵罐培养大肠杆菌，已知该大肠杆菌的比氧消耗速率为 10mmol O_2/(g 干细胞 · h)，临界溶氧浓度为 0.2mg/L，30℃下发酵液的饱和溶氧浓度为 7.3mg/L。

试求：

(1) 大肠杆菌在此发酵罐中好氧培养能达到的最大细胞浓度。

(2) 如果改通纯氧，最大细胞浓度可以提高到多少。

2. 对于面包酵母的培养，要提高最终菌体浓度可以采取哪些措施？试说明之。

3. 一个工业发酵过程，发酵罐体积（装料量）为 $30m^3$，搅拌转速为 200r/min。由于打算使用一种更廉价的氮源，需要先在实验室的 100L（装料量）发酵罐上对培养基进行优化研究。假设大罐和小罐的几何形状相似，如果按照单位反应器体积输入功率相同的原则初步确定 100L 发酵罐的操作条件，试问 100L 发酵罐上应该采用多大的搅拌转速？在该转速下，100L 发酵罐的剪切力与生产用的 $30m^3$ 发酵罐的剪切力之比是多少？

4. 若将一机械搅拌发酵罐放大 10 倍，若按以下两种放大准则之一相等放大时，其余参数将如何变化：(1) 单位体积培养液的搅拌功率（P_g/V_L）相等；(2) 搅拌叶尖线速度 v 相等。

5. 一机械搅拌中试发酵罐装料 800L，罐直径 D 为 0.8m，$H_L/D=2$，装料系数为 0.68，搅拌器直径为 0.27m，转速为 300r/min，通气量 VVm 为 1.2/min，发酵温度为 28℃，罐顶压力为 0.0294MPa（表压），发酵液密度为 r=1000kg/m^3，不通气时功率为 3kW/m^3，通气时为 1.6kW/m^3，若要求分别用恒定 k_La 法对空气流量放大，用恒定 P_g/V_L法对搅拌速度和功率进行放大，计算反应器放大 150 倍的生产发酵罐主要尺寸和操作条件。

6. 现在要使在 100L 中试发酵罐中进行的 α-淀粉酶的发酵过程放大 100 倍。假定发酵液为牛顿型流体，黏度 $m=2.25\times10^{-3}$ Pa·s（在 35℃），密度 $r=1020$kg/m^3，中试发酵罐直径 D 为 375mm，搅拌浆直径 d 为 125mm，并有 $D/d=3$，$H/D=2.4$，$H_L/D=1.5$（H_L为液体高度）。中试条件为装料 60L，通气量 VVm 为 1.0/min。搅拌器为两层六弯叶涡轮，转速为 350r/min。

(1) 如用恒定 k_La 法放大，试求：(a) 放大罐的通气量 Q_2；(b) 放大前后的空截面气速 v_1和 v_2；(c) 放大前后的通气搅拌功率 P_{g1}和 P_{g2}；(d) 放大后的转速 n_2。

(2) 若用恒定 P_g/V_L法进行放大，试求生产罐的通气量 Q 和搅拌转速 n。

第二篇

生物反应物料处理及产物分离纯化设备

第一章　物料处理与培养基制备

第一节　固体物料的处理与粉碎设备

一、固体物料的筛选除杂设备

由于粮食作物在生产过程中会掺杂颗粒大小不同的杂物，故以粮食作为原料（例如酒精厂以玉米、木薯等，啤酒厂和白酒厂以大麦、高粱等）的生产过程中，需要对原料进行筛选和除杂处理。这些原料在收获、贮藏和运输过程中会混入沙石甚至铁块等各种夹杂物，这些杂物大体可分为三大类：一是纤维较长的物质，如麻绳、草屑、庄稼秸秆；二是颗粒状的，如沙子、泥土块、小石块等；三是磁性物质，如铁钉、螺丝等。这些杂物如不除去，不仅减低原料出品率，还会加快设备磨损。因此生产原料通常要经过预处理。

(一）谷物原料粗选设备

谷物类粮食原料是生产过程中应用最为广泛的粮食作物，本文以啤酒（麦芽）厂大麦筛选为例进行阐述，其粗选除杂设备下文一一介绍。

1. 大麦粗选机

大麦粗选机是带有风力除尘的振动筛，筛面倾斜做前后往复运动，称平摇倾斜筛。大麦分级筛中采用平板分级筛、筛面水平而做倾斜往复运动，也称斜格水平筛。图 2-1-1 是 SZ 型振动筛，为国内常用的振动除杂设备。

大麦进入料斗 1 内，以自重压开进料压力门 2，成均匀料层，经进料吸风道 23 处吸除较轻杂质和灰尘，而后进入一层筛面 4，这一层也称为接料筛面或初清筛面；筛除物为大杂质（如草秆、泥块等)，由大杂收集槽 5 排出；大麦等则穿过筛孔落入第二层筛面 14（称大杂筛面或分级筛面）上筛理，此层要求筛出稍大于麦粒中的中级杂质，杂物由中杂收集槽 13 排出；大麦继续穿过筛孔进入三层筛面 12（称为精选筛面）上清理，麦粒作为筛上物排出，经出口吸风道 16 再次吸除轻质杂质后流出机外。穿过第三层筛孔的泥沙、杂草种子等小杂质，由小杂收集槽 11 排出。

从大麦进口和经粗选后大麦出口吸风道吸出的轻杂质进入前后沉降室 19、18，因沉降室的容积突然扩大，气流速度减慢，使轻杂质沿四壁下沉，积于底部，至一定厚度，以其自身重力推开活瓣 17 流入轻杂收集槽 15 排出。经过沉淀后的空气，仍然含有较轻的灰尘等杂质，由通风机 20 送到机外连接的集尘器做进一步净化处理。气流速度可由风门 21 调节。此种振动筛是粮食行业清理效果较高的筛选设备。

振动筛筛体内一般装有三层筛面，分别具有一定的倾斜度，使物料在筛面上加速流动而不致堵塞。冲孔的金属板或金属丝编织。第一层为接料筛，筛孔最大，直径 12～16mm 圆孔或（5.5×20）mm 的矩形孔，筛面长 550mm，采用反向倾斜，斜度 6°；第二层为分级筛，筛孔比麦粒稍大，筛孔为（3.5×20）mm 的矩形，筛面长 1433mm，正向倾斜，

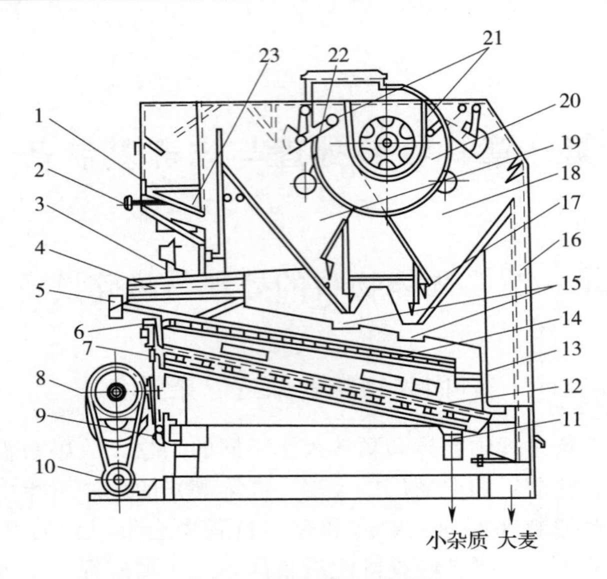

图 2-1-1　SZ 型振动筛结构

1—进料斗　2—进料压力门　3—吊杆　4——层筛面　5—大杂收集槽　6—筛体　7—橡皮球清理装置　8—自恒震动结构　9—减震器　10—电动机　11—小杂收集槽　12—三层筛面　13—中杂收集槽　14—二层筛面　15—轻杂收集槽　16—出口吸风道　17—活瓣　18—后沉降室　19—前沉降室　20—通风机　21—调节风门　22—观察孔　23—进料吸风道

斜度 10°；第三层为精选筛，筛孔直径为 2mm，或（2×20）mm 的矩形孔，筛面长度 1515mm，正向倾斜，斜度 12°。

振动筛筛体做往复运动，行程为偏心距的 2 倍，筛体振幅为偏心距。整个筛体用 4 根弹簧钢板制成的吊杆悬吊在机架上，筛体底部与偏心套筒的连杆相连，偏心套筒由电机带动。

吸风除尘机的吸尘效果好坏主要取决于吸风道的风速，在调节风门 21 的调节下，一般进口吸风道的风速控制在 4～6m/s，出门风道风速控制在 4～7m/s 为宜。沉降室体积较大，气流速度可降至 2m/s 左右。轻杂质即可慢慢沉降。

某品牌的 SZ 型振动筛部分规格的技术参数参阅下表 2-1-1，振动筛系列规格见表 2-1-2。

表 2-1-1　SZ 型振动筛的技术参数

项目	SZ50×2	SZ63×2	SZ80×2
筛面宽度/cm	50×2	63×2	80×2
单位流量/［kg/（cm·h）］	40		
产量/（t/h）	4		
振动频率/（次/min）	600～650	600～650	600～650
振幅/mm	6.5	6.5	6.5
风机转速/（r/min）	900～950	900～950	
风压/（mmH_2O）	63	63	30（设备阻力）
风量/（m^3/h）	4500	4500	5000
配用动力/kW	3（含风机动力）	3（含风机动力）	0.8（不包括风机动力）

注：$1mmH_2O=9.8Pa$。

表 2-1-2　　SZ 型振动筛的系列规格

项　　目	规　　格					
筛面宽度/mm	500	600	800	1000	1250	1600
单位流量/［kg/（cm·h）］	30	35	40	40	40	40
产量/（t/h）	1.5	2.3	3.2	4.0	5.0	6.4

2. 磁力除铁器

谷物除铁的目的是将夹杂在谷物中的小铁块、螺丝、螺帽、铁钉等金属杂物除去，如果这些金属混杂物不加以清除，随谷物进入粉碎机内，将会损坏机器，造成停产。

谷物除铁多采用磁选。使含有磁性金属杂质的谷物，以适宜的流速通过磁钢的磁场，磁钢的磁力将谷物中磁性金属杂质吸留住。麦芽厂所用磁钢大多数为永久磁钢，呈马蹄形或条形，磁性持久，不耗费电能，使用维修较为方便。其基本构造如图 2-1-2 所示。

（1）永磁溜管　如图 2-1-3 所示，将永久磁钢根据需要的数量组合起来，可分散装置（在谷粒经过的加料斜槽或在加工设备之前）或集中装置（把数块磁钢排在一起，将同极磁钢排在一边，使磁力线伸张，增强吸铁能力）。为防止同极相斥，在两磁极之间应该用薄木片或纸板衬隔。成排的磁钢两端用夹板和螺丝固定在机体的上部或底部。物料应摊成均匀的薄层流过磁极面。

此种装置比较简单，除杂效果较差，必须定时对磁极向进行人工清理。

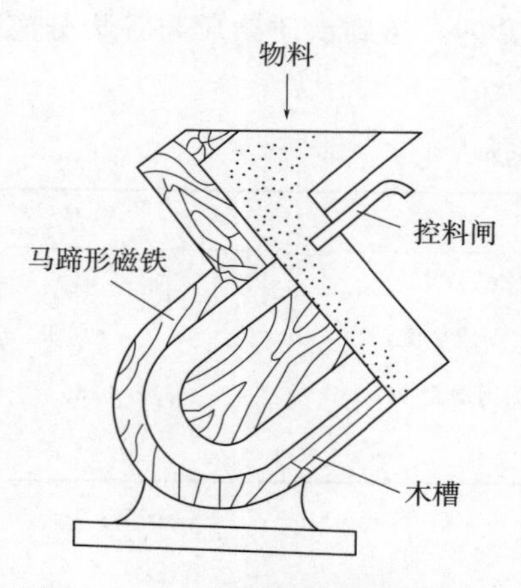

图 2-1-2　马蹄形磁力除铁器结构

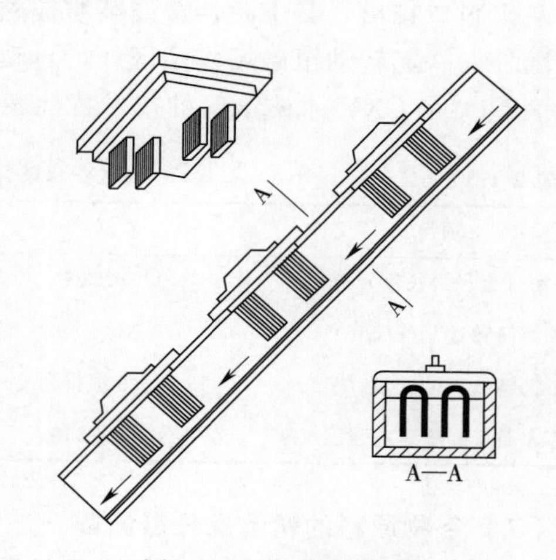

图 2-1-3　永磁溜管结构

（2）永磁滚筒　图 2-1-4 所示为某厂家生产的 CXY-25 型永磁滚筒，它是由机体、磁铁滚筒、蜗轮减速器、隔板及电动机等部分组成。物料经压力门形成均匀的料层，落到磁铁滚筒上。磁铁滚筒由转动的外筒和其中固定不动的磁铁芯两部分组成。磁铁芯固定在中心轴上，用永久磁钢、铁隔板及铝质鼓轮组成的 170°的半圆形芯子。永久磁钢采用锶钙铁氧体 48 块，单块规格为（68×38×20）mm，分 8 组排列，如图 2-1-5 所示，形成多极头开放磁路。外筒用非导磁材料（磷青铜或不锈钢）制成。直径 300mm。外筒表面涂无毒耐磨材料聚胺以延长滚筒的寿命。电动机通过蜗轮减速器带动外筒旋转，其转速为 38r/min。

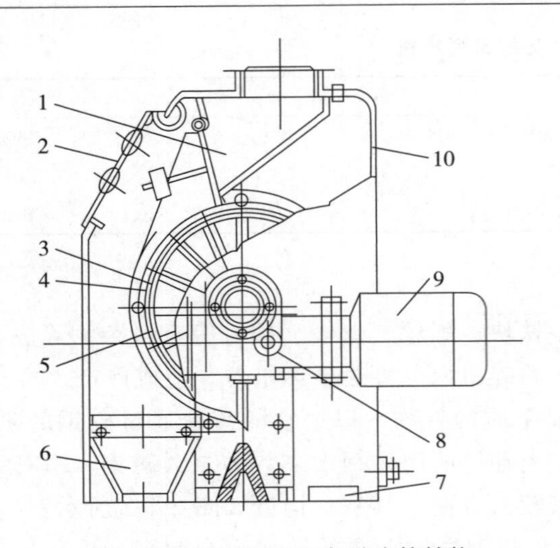

图 2-1-4　CXY-25 型永磁滚筒结构

1—上机体　2—磁铁滚筒　3—下机体　4—蜗轮减速器　5—电动机　6—铁隔板　7—拨齿　8—观察窗　9—大麦出口　10—盛铁盒

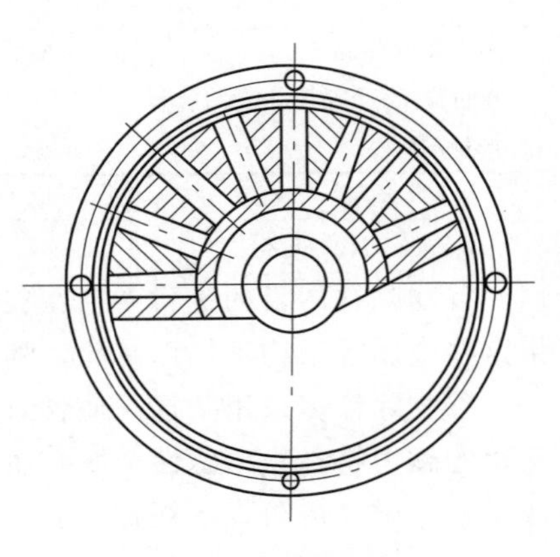

图 2-1-5　磁钢的排列

机体下部一端设有出料斗，连接出料管道，另一侧安装盛铁盒，存放分离出来的磁性金属杂质。当谷物及掺杂的金属杂质均匀地落到磁铁滚筒上以后，谷物随着滚动转动而下落，从出料口排出，其中磁性金属杂质被磁芯磁化，吸留在外筒表面，并被外筒上的拨齿带着随外筒一起转动至磁场作用区外，自动落入盛铁盒内，达到铁质杂质与谷物分离的目的。表2-1-3是 CXY-永磁滚筒的技术特性表。

表 2-1-3　　CXY-永磁滚筒的技术特性

项目	数据	项目	数据
滚筒（直径×长度）/mm	300×250	除铁效率/%	98 以上
滚筒转速/（r/min）	38	产量（大麦或小麦）/（t/h）	6～6.5
锶钙铁氧体数量/块	48（分 8 组排列）	配用动力/kW	0.55
磁芯表面点测磁感应强度/Gs	不小于 1250		

（二）谷物原料的精选及分级设备

根据产品的需要，有些原料经过除铁除杂粗分之后就可以了（例如以玉米为原料生产酒精），有些则还需要进一步精选和分级。生产啤酒的主要原料大麦，在除铁和粗选后，还需要进行精选和分级。本节以大麦在发芽之前进行精选，主要目的是要除去一些圆形杂粒，特别是断裂的半粒大麦和草籽，半粒大麦在发芽时容易生霉，草籽则会给麦汁和啤酒带来不良草味。本节以大麦为代表予以介绍，其分级是要把腹径大小不同的麦粒分入长度不同的颗粒，以便在浸渍和发芽过程中保持均匀一致、提高麦芽质量和精选大麦的出芽率。

1. 大麦精选机

精选是利用杂质颗粒与大麦长度不同的特点进行分离。常用的精选机有碟片式和滚筒式两种，两种精选机都是利用带有袋孔（窝眼）的工作面来分离杂粒，袋孔中嵌入长度不同的颗粒，带到高度不同而分离。

（1）碟片式精选机　如图 2-1-6 所示，碟片式精选机的主要构件是一组同轴安装的圆环形铸铁碟片，碟片的两侧工作面制成许多特殊形状的袋孔。如图 2-1-7 所示，当碟片在大麦堆中转动时，短粒物料就会被嵌入袋孔而被带到较高位置。由于孔底逐步向下倾斜，短粒物料受本身的重力作用再从袋孔中倒出落入收集槽中。长粒物料则因其长度比袋孔长，虽有可能进入袋孔，但其重心仍在袋孔之外，当碟片还未带到一定高度，即从袋孔中滑落，因而达到长粒物料与短粒物料分离的目的。碟片上袋孔的大小、形状，可根据籽粒长度和粒度曲线来确定。碟片精选机的特点是工作面积大，转速高，产量比滚筒精选机高，碟片损坏可以更换（表 2-1-4）。

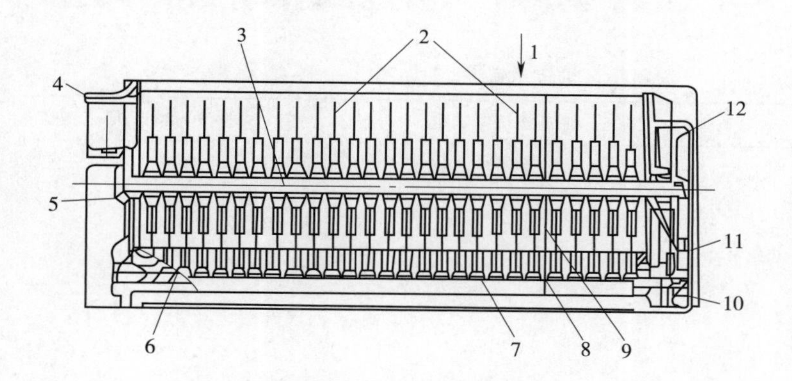

图 2-1-6　碟片精选机结构

1—进料门　2—碟片　3—轴　4—长粒物粒出口　5—轴承　6—绞龙　7—淌板　8—隔板　9—孔　10—小链轮　11—链条　12—大链轮

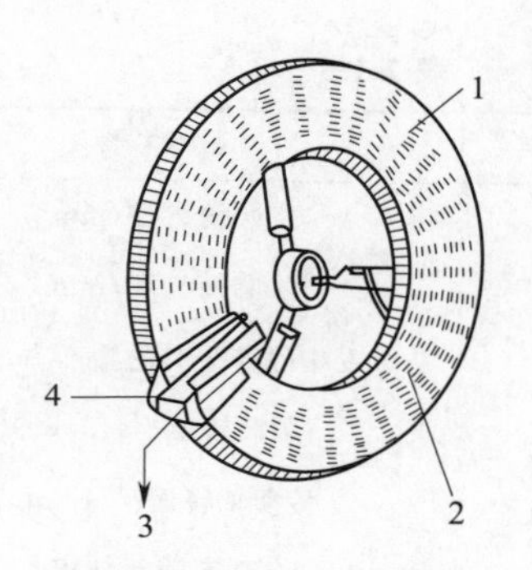

图 2-1-7　碟片工作情况

1—碟片　2—叶片　3—短粒出口　4—盛物槽

表 2-1-4　J×D 63×27 型碟片精选机的技术特性

项目	数据	项目	数据
碟片直径/mm	630	绞龙转速/（r/min）	171
碟片数/片	27	配用动力/kW	2.2
除荞子产量/（t/h）	4～5	吸风量/（m^2/min）	10～15
主轴转速/（r/min）	57		

（2）滚筒精选机　滚筒精选机是另一种利用袋孔（窝眼）来分离杂质的机器。它的主要工作构件是一个内表面开有袋孔的旋转圆筒，如图 2-1-8 所示，当物料进入滚筒后，长粒物料在进料的压力和滚筒本身倾斜度的作用下，沿滚筒长度方向由机器另一端流出，短粒物料则嵌入袋孔被带到较高的位置，落入中央收集槽中，由螺旋输送机送出机外，从而得到分离。

窝眼筒精选机是滚筒精选机中最为常见的一种，其工作情况见图 2-1-9。

滚筒精选机的特点是它分离出来的杂粒中含大麦较少；其主要缺点是袋孔的利用系数低，产量也较低，且工作面磨损后不能修复（表 2-1-5）。

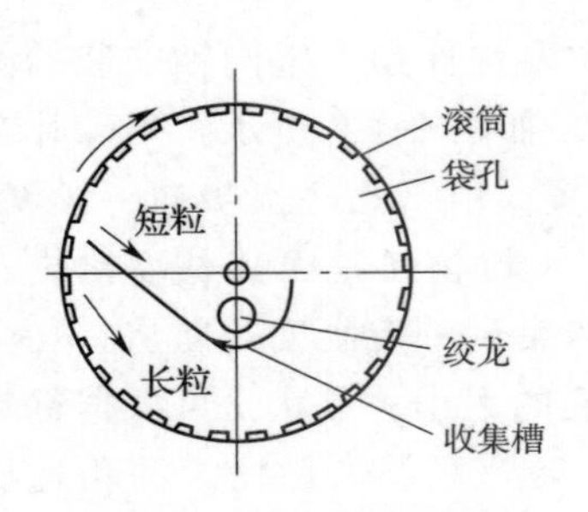

图 2-1-8 滚筒工作原理图

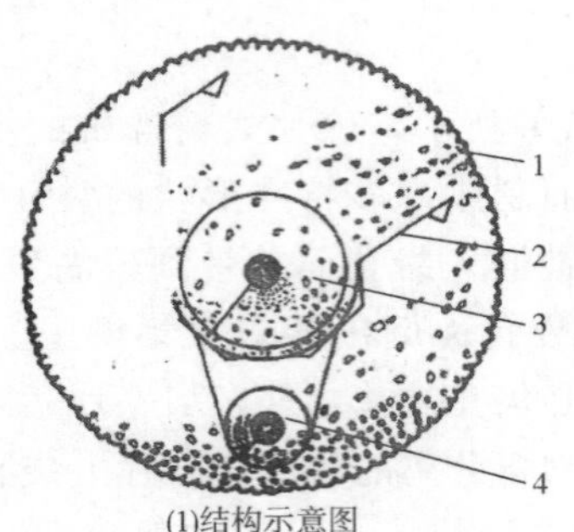

(1)结构示意图

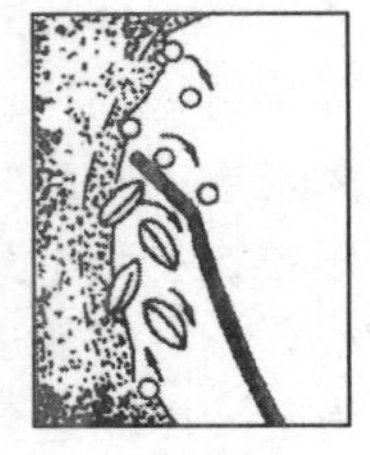
(2)种子分级 (3)种子精选

图 2-1-9 窝眼筒精选机的工作原理图

1—窝眼滚筒 2—承重槽 3—短物料螺旋输送器 4—长物料螺旋输送器

表 2-1-5 滚筒精选机技术特性

技术特性	低速滚筒精选机	高速滚筒精选机
圆筒直径/mm	600	600
圆筒长度/mm	2200	2000
从大麦中除芥子时的生产力/（kg/h）	1000	3000
圆筒转速/（r/min）	13	45
传动轴转速/（r/min）	50	120
功率消耗/kW	0.2	0.55

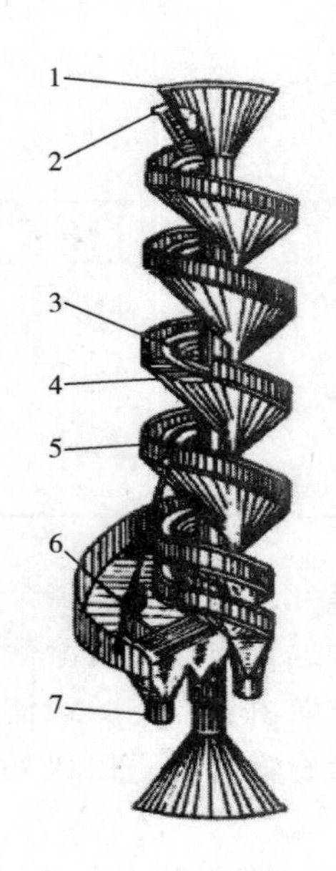

图 2-1-10 螺旋球度精选器结构

1—进料斗 2—放料闸门 3—内抛道 4—外抛道 5—隔板 6—挡板滚筒 7—出口管道

（3）螺旋球度精选器 又称抛车，是一种将球形短颗粒从长颗粒中分离的装置。它的主要工作构件是进料斗、放料闸门、内抛道、外抛道、隔板、挡板等，如图 2-1-10 所示，物料进入内抛道后，混有短粒物料的长粒物料在进料的压力和滚筒本身倾斜度的作用下，沿滚筒内抛道方向下滑由机器另一端流出，短粒物料则因离心力甩入外抛道，从而得到分离。螺旋球度精选器落差一般大于 3m。特点是设备不需动力，结构简单，但内抛道旋转斜面斜角必须适当。

2. 大麦的分级设备

大麦的分级设备有两种类型，即平板和圆筒分级筛。

（1）平板分级筛 如图 2-1-11 所示，当筛面做往复运动时，受到两个力的作用，一个是摩擦力 F，方向与物料在筛面上的运动方向相反；另一个力是当筛面上加速度方向改变时，物料由于惯性作用，保持其原运动方向的惯性力 $F_{惯}$，其方向与筛面加速度方向相反。当 $F_{惯}>F$ 时，麦粒才会运动。但由于筛面运动方向有周期性的改变，因而，惯性力也产生相应变化，所以，麦粒只沿着筛面来回运动，但当筛面上填满了麦粒，而在筛的另一端又在不断进料时，由于进料和排料的水平不一致，便使麦粒沿着筛面缓慢地移向出口。因此，麦粒在振动平筛上逗留的时间较长，有充分自动分级的机会，因此采用此设备为大麦的分级筛。

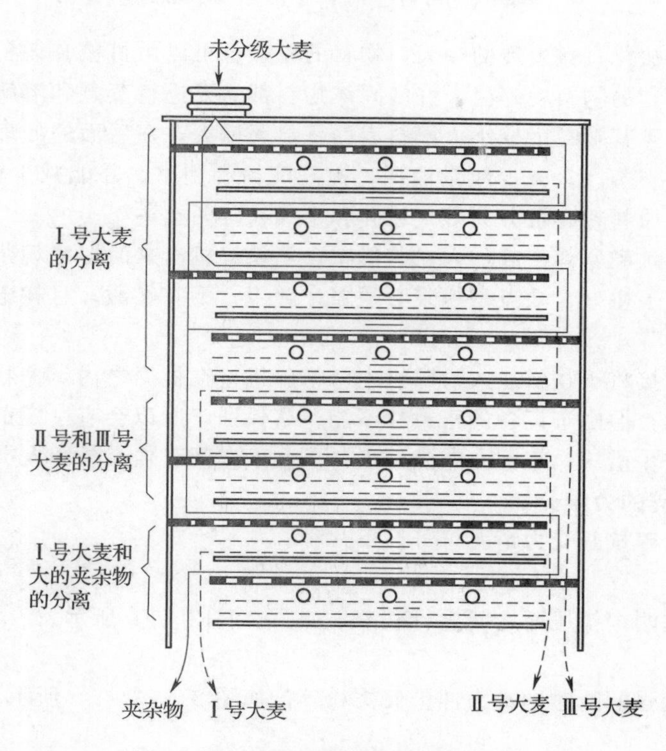

图 2-1-11　大麦平板分级筛工作示意图

(2) 圆筒分级筛　根据大麦分级的要求，在圆筒筛上布置不同孔径的筛面，一般安排矩形孔 25mm×2.5mm 和 25mm×2.2mm 两种筛面，可以将大麦分成三级，即大麦腹径（即颗粒厚度）为 2.5mm 以上，2.2mm×2.5mm 和 2.2mm 以下 3 种。前 2 种为制麦芽用，后者做饲料。

圆筒分级筛如图 2-1-12 所示。圆筒用铁板冲孔后卷成，分成几节筒筛，布置不同孔径的筛面，圆筒用齿轮带动。筛分的大麦由分设在下部的 2 个螺旋输送机分别送出，未筛出的一级大麦从最末端卸出。

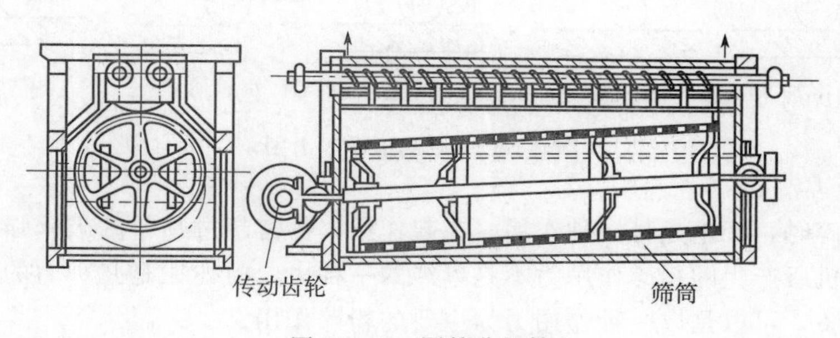

图 2-1-12　圆筒分级筛

圆筒分级筛的优点是：设备简单、电动机传动比平板分级筛方便。缺点是：筛面利用率小，仅为整个筛面的1/5。

二、固体物料的粉碎设备

在现代化、机械化日益发展的今天，物料的粉碎也可以由机械和设备代替，这就是在许多工厂中能够看到的物料粉碎机，许多固体物料都需要进行蒸煮和溶解，而经过粉碎之后的固体物料，由于其颗粒度变小，原料表面积显著增大，在后面的处理中就可加速蒸煮时的溶解过程，节省蒸汽，减少能量消耗，提高淀粉利用率，并能减少输送管道的阻塞，便于连续化生产。原料粉碎可分为湿式粉碎和干式粉碎两类。

湿式粉碎是将水和原料一起加入粉碎机中，从粉碎机出来时即成粉浆。这种方法无原粉粉末飞扬，车间卫生好，缺点是粉浆必须随产随用，不宜贮藏，且耗电量较多。采用该法的厂家较少。

干式粉碎是直接将干物料送入粉碎机中。粉碎机包在机壳之内，使物料在一个封闭的空间之内进行粉碎，但由于设备的密封性不能严格保证，所以会有一定的粉尘涌出。如果没有做好相应的防尘措施，车间会布满烟尘，不利于车间其他设备和人员的正常工作。

（一）物料粉碎的力学分析

固体物料的粉碎按其受力情况可分以下几种。

1. 挤压破碎

固体物料放在两个挤压面之间进行破碎，如图2-1-13（1）所示。

2. 冲击破碎

固体物料受较强的瞬时冲击力冲击而被粉碎，如图2-1-13（2）所示。

3. 研磨粉碎

固体物料受到研磨力的作用而被粉碎，如图2-1-13（3）所示。

4. 剪切破碎

物料受到剪切力的作用而被破碎，如图2-1-13（4）所示。

5. 劈裂粉碎

物料被刀形面劈开而使物料破碎，如图2-1-13（5）所示。

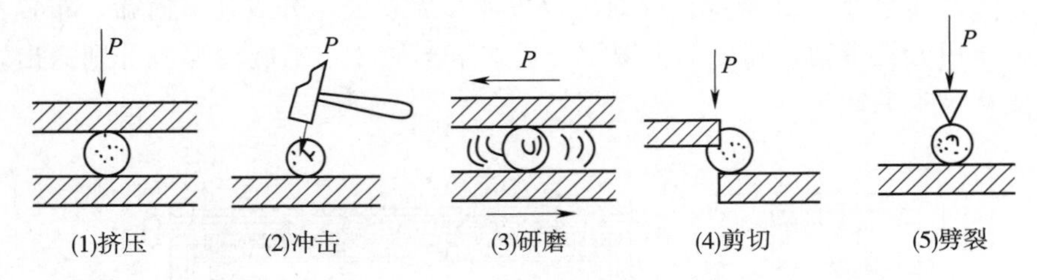

图2-1-13　物料破碎受力图

物料在粉碎时，无论是哪一种作用力在起作用，都需超过物料的破碎强度，才能被破碎。各种粉碎机所产生的粉碎作用力不是单纯的一种力，而往往是几种力的组合。但对于特定的粉碎设备，可以是以一种作用力为主要的粉碎作用。

（二）物料的粉碎度（粉碎比）

物料粉碎前后平均粒径之比，称为粉碎度或称粉碎比。以 x 表示。

$$x=\frac{D_1}{D_2}$$

式中　D_1——粉碎前物料的平均粒径，mm

　　　D_2——粉碎后油料的平均粒径，mm

粉碎度表示粉碎操作中物料粒度的变化比例。总粉碎度常经过几次粉碎（每一次粉碎步骤称一级）后才能达到。合理地选用粉碎比和粉碎级数，可以大大地减少用电消耗。山东某酒精厂，过去曾用一级粉碎，电动机功率为 17kW；经改造后，在原粉碎机前又安装了一台粗粉碎机（变为二级粉碎），这台粗粉碎机的电动机功率仅为 2.8kW，但产量却增加了 1 倍。

无论粉碎机属哪种作用力形式，原料的性质如何以及所需粉碎度怎样，所选用的粉碎机都应符合下述基本要求：

（1）粉碎后的物料颗粒大小要均匀；

（2）已被粉碎的物块，应立即从轧压部位排除；

（3）操作应能自动化，如能不断地自动卸料等；

（4）易磨损的部件应容易更换；

（5）应产生极少的粉尘，以减少环境污染及保障工人身心健康；

（6）在操作发生障碍时，应有保险装置能使自动停车；

（7）单位产品能耗要小。

（三）粉碎设备

1. 锤式粉碎机

锤式粉碎机是用途比较广泛的一种粉碎设备。在化工、饲料、粮食、建材和食品等许多行业都采用这种粉碎机。在发酵工业生产中，原料（薯干、玉米、粉渣等）的中碎与细碎作业，大量采用这种粉碎机。这种粉碎机对于各种中等硬度的物料和脆性物料，粉碎效果最高，对于用其他粉碎机难于粉碎的物料（如带有一定韧性的物料，软性纤维较长的物料），它都能粉碎。

（1）锤式粉碎机的构造　锤式粉碎机的作用力主要为冲击力。在主轴带动的转子上，对称于主轴的位置装有 4～6 根小轴悬挂着许多可摆动的锤刀，在不运转时，由于重力的作用锤刀向下垂；运转时，由于离心力的作用，锤刀呈辐射状。如图 2-1-14 所示。

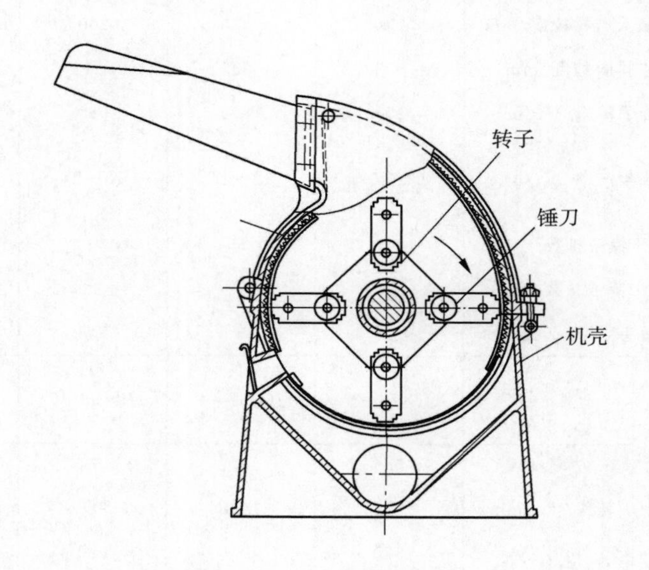

图 2-1-14　锤式粉碎机

物料从料斗进入机内，受到高速旋转的锤刀的强大冲击力的冲击而被击碎；小于弧形筛面筛孔直径的微粒，逐步被筛面筛分，落进出料口；大于筛孔直径的颗粒，在受锤刀冲击后，由于惯性力的作用，四散向各方以很高的速度散落，有的撞击到棘板上被撞成碎块，小者逐渐被筛分，稍大颗粒再次弹起，又被高速旋转的下排锤刀冲击，逐步使大颗粒变小。没有撞击到棘板上的颗粒，也会遇到后排锤刀的冲击。如此反复，直至将大块物料粉碎成细小颗粒，从筛孔筛分落下进入出料口。

常用的锤刀有矩形、带角矩形（增加冲击物料的冲击点，加大冲击力）和斧形，见图2-1-15所示。锤刀末端的圆周速度一般设计为25～55m/s，速度越高，冲击力越大，产品粒度就越小。锤刀头部的打击面磨损很快，多采用耐磨的高碳钢和锰钢材料制作。锤刀与筛网的径向间隙一般控制在5～10mm。由于磨损，锤刀逐渐变短，故需要经常更换。根据受力和磨损状况，矩形刀片和带角矩形刀片两端各打一轴孔，即一个刀片两头反正可调换4次，相当4片刀片用。锤刀片应严格准确对称安装，保证主轴具有动平衡性能，避免产生附加惯性力损伤机器或出现其他意外。

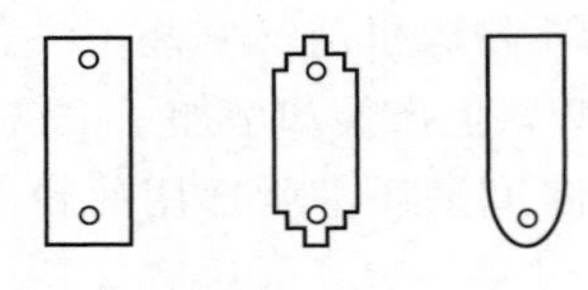

图 2-1-15　锤刀形状

锤式粉碎机的优点是构造简单、紧凑，物料适应性强，粉碎度大（粗粉碎细粉碎皆可），生产能力高，运转可靠。其缺点是机械磨损比较大。表2-1-6列出了几种型号的锤式粉碎机规格性能。

表 2-1-6　　常用锤式粉碎机规格性能表

性能	不可逆式					
	400×175	600×400	800×600	1000×800	1300×1600	1600×1600
转子直径/mm	400	600	800	1000	1300	1600
转子长度/mm	175	400	600	800	1600	1600
给料口尺寸/mm	300×170	450×295	570×350	800×550	1720×590	1720×1200
最大给料粒度/mm	50	100	200	200	300	350
排料粒度/mm	<3	<35	<13	<13	<10	<20
转子转速/（r/min）	955	1000	980	975	740	590
生产率/（t/h）	0.2～0.5	12～15	18～24	石灰石，煤 32　55	150～200	300
锤子排数/个	4	5	6	6	6	4
锤子总数/个	16	20	36	48	120	40
锤头质量/（kg/个）	1	5	5.5	11.4	11.4	50
电动机 型号	$JO_2$51－6	$JO_2$62－4	$JO_2$93－6	AM6－117 或 JR117－6	JSQ147－8	JSO1512－10
电动机 功率/kW	5.5	17	55	115	200	480
电动机 转速/（r/min）	955	1460	980	975	740	590
电动机 电压/V	380	380	380	380	6000	6000

（2）锤式粉碎机的生产能力

①对于圆孔筛，设一个圆筛孔排出的产品量 V_0（m^3）：

$$V_0=\frac{\pi}{4}D_0^2 d\mu \tag{2-1-1}$$

式中　D_0——筛孔直径，m

d——产品粒度

μ——排料的不均匀系数，一般取 0.7

锤刀扫过筛孔时，才有产品排出。若转子上有 k 排锤刀，则转子转一周，锤刀就扫过 k 次。若转子转速为 n（r/min），筛孔总数为 Z 个，则每小时排出的产品量（m^3/h）为：

$$V=60\times\frac{\pi}{4}D_0^2\cdot d\cdot\mu\cdot Z\cdot k\cdot n \tag{2-1-2}$$

如果知道粉碎产品的松散单位体积质量 γ（t/m^3），便可求出以质量表示的产量（t/h）：

$$Q=V\cdot\gamma=15\pi D_0^2 d\mu Zkn\gamma \tag{2-1-3}$$

②对于长方形孔筛，每个孔排出的产品量 V_0（m^3）：

$$V_0=L_1\cdot c\cdot d\cdot\mu \tag{2-1-4}$$

式中　L_1——筛孔的长度，m

c——筛孔的宽度，m

长方形孔每小时排出的产品量（m^3/h）为：

$$V=60L_1\cdot c\cdot d\cdot\mu\cdot Z\cdot k\cdot n \tag{2-1-5}$$

以质量表示的产量（t/h）为：

$$Q=60L_1\cdot c\cdot d\cdot\mu\cdot Z\cdot k\cdot n\cdot\gamma \tag{2-1-6}$$

符号同前。

锤式粉碎机的生产能力可用下面的经验公式进行估算 Q（kg/h）：

$$Q=\kappa\cdot D_1\cdot L\cdot\rho \tag{2-1-7}$$

式中　D_1——转子的工作直径（指锤刀末端的直径），m

L——转子的轴向长度，m

ρ——粉碎产品的密度，kg/m^3

κ——系数，对大米、薯干、大麦等取 80～100，对煤块可取 120～150

（3）功率消耗 N（kW）　锤式粉碎机的功率从理论上推导是困难的，一般按经验公式估算：

$$N=\kappa D_1^2 Ln \tag{2-1-8}$$

式中　N——功率消耗，kW

D_1——转子的工作直径，m

L——转子的轴向长度，m

n——转子的转速，r/min

κ——系数，与原料的性质及粉碎度有关。其参考数据 κ 为 0.1～0.2，当粉碎比大时，κ 可取大值

从上式中可以看出，锤式粉碎机的功率消耗与转子直径的平方、转子的轴向长度及转子转数成正比。为节省动力，应尽可能使用小直径的转子。所以国内各酒精厂都采用小型锤式粉碎机，每台生产能力 2.1～2.9t/h，功率消耗最低为 7kW/t。

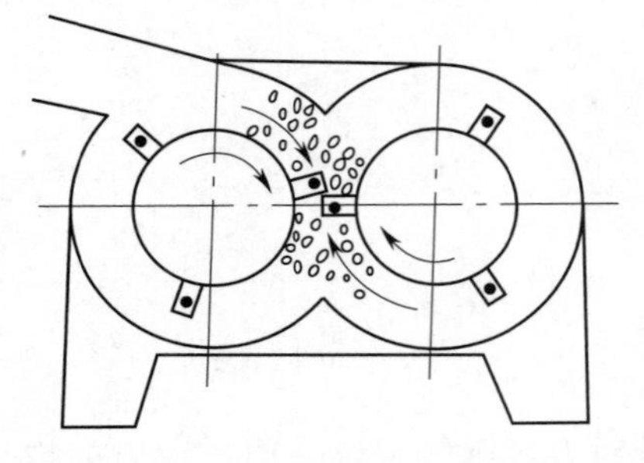

图 2-1-16　双转子锤式粉碎机

(4) 双转子锤式粉碎机　前面介绍的为单转子锤式粉碎机，粉碎室内由于物料的环流作用，不仅严重影响颗粒的分级，也极大地削弱了锤片的冲击效果，造成很高的环流能量损失，使冲击力急剧下降，因此耗能较高。9JMF-55 型双转子无筛（或有筛）锤式粉碎机打破了原锤片式粉碎机结构的基本模式，在理论上克服了锤式粉碎机存在的弊端，减少了动力消耗。如图 2-1-16 所示。

其粉碎分级原理可用粉碎过程中能量转换来描述：

$$E = E_c + E_m + E_t + E_D \tag{2-1-9}$$

式中　E——锤刀片具有的动能

E_c——被冲击物料颗粒的变形能

E_m——新生的物料颗粒的表面能

E_t——撞击时产生的热能

E_D——新生颗粒具有的动能

粉碎是被粉碎物料在外力作用下几何形状的改变，或者是外力破坏物体内聚力所做功的表现。为减少能耗，任何手段产生的外力应能够全部或尽可能多地作用在被粉碎物体的内聚力上。

锤式粉碎机的锤片对物料作用时，被作用体处于运动状态。单转子锤式粉碎机产生外力的作用体（锤刀）与被作用体（物料颗粒）作用方向运动相同，物料颗粒所得到的冲量为：

$$S_1 = -0.6V_1 \frac{m_1 m_2}{m_1 + m_2} \tag{2-1-10}$$

双转子锤式粉碎机内物料颗粒所得到的冲量为：

$$S_2 = -2V_1 \frac{m_1 m_2}{m_1 + m_2} \tag{2-1-11}$$

$$S_2/S_1 = 2/0.6 = 3.33$$

式中　S_1、S_2——单转子和双转子锤式粉碎机内物料颗粒得到的冲量

V_1——物料颗粒被冲击前的速度

m_1——粉碎机锤片的质量

m_2——物料颗粒的质量

由上面可见，在冲击粉碎过程中，在质量一定的情况下，冲量与主要作用体和被作用体的速度大小、方向有关。

2. 辊式粉碎机

(1) 辊式粉碎机的构造原理　辊式粉碎机广泛用于颗粒状物料的中碎和细碎，我国啤酒厂大麦芽和大米的粉碎都是采用辊式粉碎机。常用的有两辊式、四辊式、五辊式和六辊式等。下面以两辊式为代表进行介绍。图 2-1-17 是两辊式粉碎机示意图。两辊式粉碎机是由两个直径相同的钢辊相向转动，把在钢辊间的物料夹住啮入两辊之间，物料受到挤压力而被压碎。两辊的圆周速度一般在 2.5～6m/s。许多粉碎机的设计中会将两个辊子的转速安排成有一定的转速差，一般可达 2.5∶1，或者是两只辊子的表面线速度具有 5%～30%的速差，提高对物料的剪切力，增加破碎度。两个辊子中，一个是固定的，一个是可以前后移动的，用以调节两辊筒间的间距，控制粉碎粒度。辊式粉碎机的轧辊是破碎机的主要

部件，是由硬度可达 HRC60 左右的白口铁的铸铁或铸钢制成。破碎粮食及豆类的轧辊的直径，一般在 250～800mm。轧辊的长度决定于处理量，一般在 1500mm 以内。

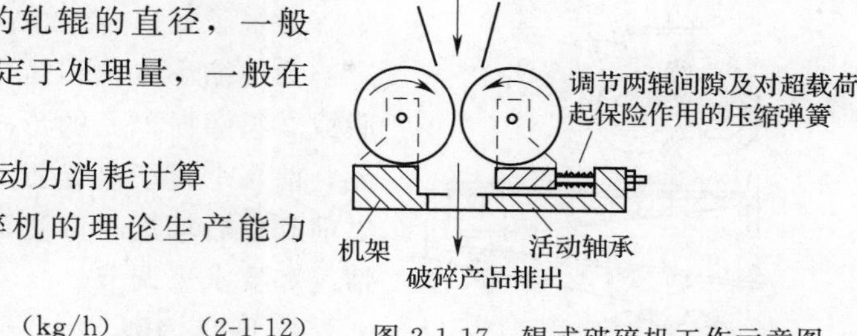

图 2-1-17　辊式破碎机工作示意图

（2）辊式粉碎机生产能力及动力消耗计算

①生产能力计算：辊式粉碎机的理论生产能力可按下式计算：

$$Q=60\pi D_1 nbL\rho\varphi \quad (\mathrm{kg/h}) \qquad (2\text{-}1\text{-}12)$$

式中　Q——生产能力

D_1——轧辊直径，m

b——两辊间距，m

L——轧辊长度，m

n——辊子转速，r/min

ρ——被粉碎物料的视密度（容重），kg/m^3

φ——松散系数，对大麦芽可取 $\varphi=0.5\sim0.7$，φ 值与物料的性质及操作均匀度有关，准确数据可在生产实践中查得

根据实践，轧辊长度为 1000mm 的双辊粉碎机每小时可粉碎大麦芽 150～200kg。四辊式粉碎机每小时生产能力可达 200～300kg。

②功率估算：辊式粉碎机功率消耗可按下列经验公式估算：

$$N=\frac{0.735\kappa G}{dn} \quad (\mathrm{kW}) \qquad (2\text{-}1\text{-}13)$$

式中　κ——系数，取 $\kappa=100\sim110$

d——被粉碎粒子腹径，cm

n——轧辊转速，r/min

G——粉碎机的生产能力，t/h

根据实践，一般每小时粉碎 1000kg 的生产量功率消耗约为 2kW。

也可按下式估算：

$$N=(0.8\sim1.06)\kappa Lv \quad (\mathrm{kW}) \qquad (2\text{-}1\text{-}14)$$

式中　κ——系数，$\kappa=0.6\dfrac{D_1}{D_2}+0.15$

D_1、D_2——进料与卸料粒度

L——轧辊长度，m

v——轧辊的圆周速度，m/s；通常取 $v=2.5\sim5$m/s

3. 多辊粉碎机

为了用一台粉碎机达到要求的粉碎粒度和一定的产量，许多啤酒厂常用四辊、五辊、六辊且带筛分的辊式粉碎机。见图 2-1-18、图 2-1-19 和图 2-1-20。

四辊式粉碎机是由两对尺寸相等的光面轧辊组成，在两对辊子之间配有一组筛选装置；六辊式粉碎机有三对轧辊，第一对、第二对是光辊，第三对是丝辊［轧辊表面有槽纹布满，每 25.4mm 间（圆周长度）刻有 12～14 条斜向或直向通达轧辊两端的槽纹］，前两对辊子后面设有筛选装置。粉碎大麦芽时，三对辊间隙分别为 1.3～1.5mm，0.7～

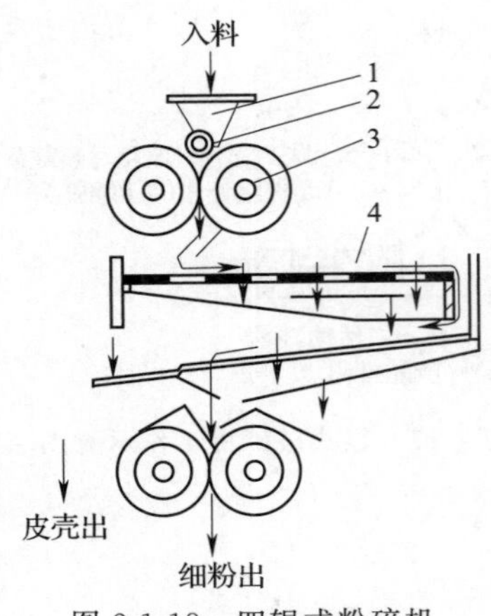

图 2-1-18 四辊式粉碎机
1—入料斗 2—下料辊
3—辊子 4—筛选装置

0.9mm，0.3～0.35mm；前两对辊子的转速为 250r/min，第三对辊子转速为 280r/min。

为了缩小体积和简化，五辊式粉碎机采用前 3 辊交联成 2 组磨损单元的形式，后 2 个轧辊联成一组磨损单元，前 3 个辊子是光辊，后 2 个辊子是丝辊，在前 3 辊之前和之后均配有筛选装置，辊距和进料量是根据原料情况和要求来调节。

4. 圆盘钢磨

圆盘钢磨也称为盘磨机，用以粉碎小麦、玉米、大豆、大米等，其构造原理见图 2-1-21。单转盘圆盘钢磨［图 2-1-21（1）］主要构件是 2 个带沟槽的圆盘，一个同轴一起转动，另一个固定在外壳上，物料由料斗进入圆盘中心，在离心力的作用下，物料在 2 个圆盘缝隙中向外甩出，并受到圆盘沟槽的研磨和剪切作用而被粉碎。根据粉碎粒度的要求，两圆盘的缝隙是可调的。

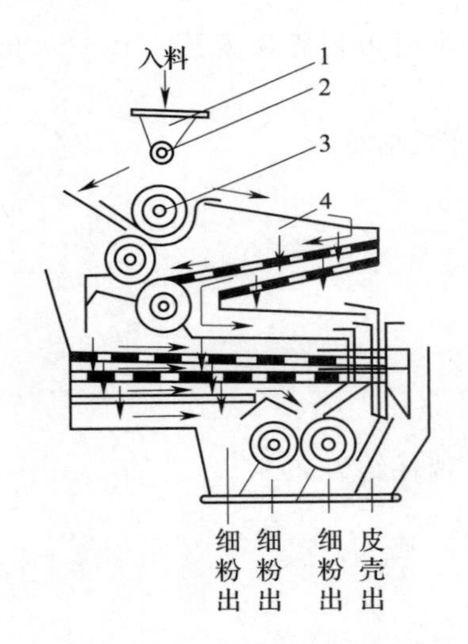

图 2-1-19 五辊式粉碎机结构
1—入料斗 2—下料辊 3—辊子 4—筛选装置

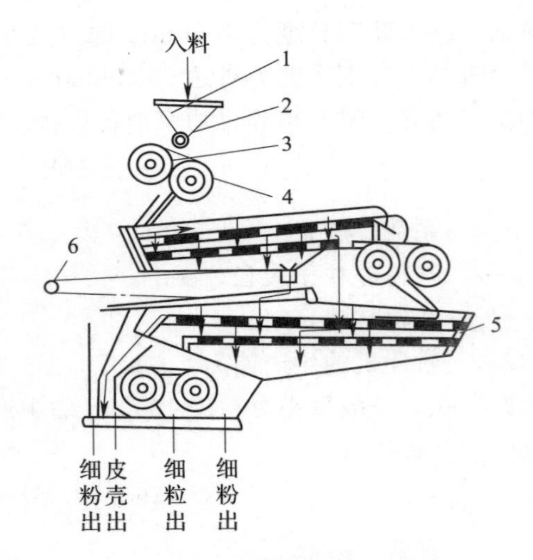

图 2-1-20 六辊式粉碎机结构
1—入料斗 2—下料辊 3—下料斗
4—辊子 5—筛选装置 6—偏心振子

双转盘圆盘钢磨［图 2-1-21（2）］和单转盘的区别是：它有两只可同时旋转的转盘，两盘转动方向相反，这较之单转盘产生的剪切作用更大，效率更高。

5. MF-260 型钢片式磨粉机

MF-260 型钢片式磨粉机是臼式和圆盘式磨粉机结合在一起的一种形式，如图 2-1-22 所示。磨体是一直径为 320mm 的铸铁壳体，里面有相互平行的静磨盘和动磨盘。静磨盘固定在磨体上，动磨盘固定在带有风扇叶片的主轴上。磨体的内部还装有物料初碎装置、粉碎齿轮和齿套。粉碎齿轮系刻有齿纹的圆台，装在主轴上，并与磨体内镶的齿套相对

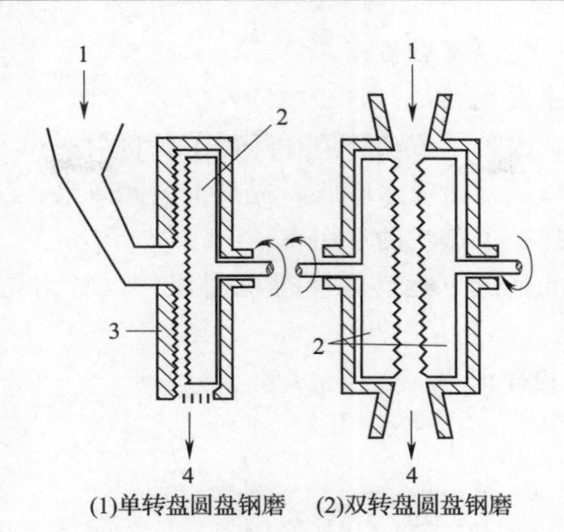

(1)单转盘圆盘钢磨　(2)双转盘圆盘钢磨

图 2-1-21　圆盘钢磨工作原理图

1—物料输入　2—动磨盘（旋转磨盘）　3—静磨盘　4—粉粒输出

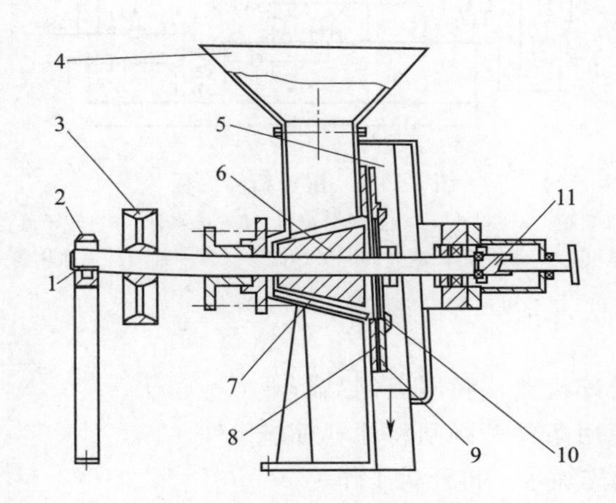

图 2-1-22　钢片式磨粉机示意图

1—主轴　2—轴承座　3—皮带轮　4—料斗　5—磨体　6—粉碎齿轮　7—齿条
8—静磨盘　9—动磨盘　10—风扇轮　11—调节机构

应。当主轴转动时，带动粉碎齿轮、风扇叶片、动磨盘一起转动，物料由进料口不断被吸入，并被粉碎齿轮和齿套初步粉碎。经过初碎加工的物料被吸入动、静磨盘的间隙中，受离心力作用，通过此间隙向外运动。受到高速旋转的磨盘所产生的剪切力作用，被研磨成一定细度的粉粒。调节机构可调节两磨盘间的间隙，以调节粉碎粒度。

三、固体物料的加水粉碎（湿法粉碎）

湿法粉碎是将固体物料和水一起加入粉碎机中进行粉碎。

（一）湿法粉碎设备

湿法粉碎设备主要包括：输料装置、加料器、粉碎机和加热器等几部分。粉碎可采用一级或二级粉碎（两部粉碎机串联使用）。从粉碎机出来的粉浆进入加热器，利用蒸煮工段放出的二次蒸汽预热至一定温度后备用。

这种湿法粉碎流程的主要优点是：

(1) 消除了粉尘危害，改善了劳动环境，降低了原料消耗；

(2) 粉碎过程中，淀粉已开始吸水膨胀，提高了蒸煮效果；

(3) 粉碎后经预热，提高了蒸汽的利用率；

(4) 由于粉碎在有水的情况下运转，使得机器零件（特别是刀片）节省了设备维修费用。

图 2-1-23 所示为湿法粉碎流程。

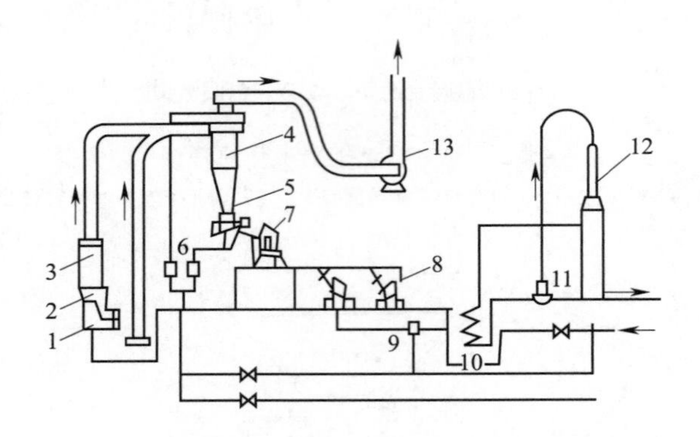

图 2-1-23 湿法粉碎流程

1—输料槽 2—滚筒加料机 3—料斗 4—旋风分离机 5—进水管 6—转子流量计 7—一级破碎机 8—二级破碎机 9—物料暂贮池 10—加热盘管 11—泵 12—加热器 13—风机

(二) 砂轮磨

砂轮磨是一种湿粉碎机器，我国豆制品行业用它来磨碎大豆。其使用条件是必须将原料筛选除去杂质和硬物，必须先加水，再开机工作。

SM-30A 型砂轮磨是我国研制的一种砂轮磨，采用电机倒立侧装，砂轮磨片采用上静下动式结构，借固定的碟形上磨片和旋转的平形下磨片对物料进行粉碎（图 2-1-24）。其技术参数如下：

(1) 砂轮磨片直径：4300mm；

(2) 砂轮磨片厚度：40mm；

(3) 生产能力：250～300kg/h；

(4) 主轴转速：1700r/min；

(5) 外形尺寸：(960×500×1047) mm；

(6) 自重：250kg；

(7) 电动机：7.5kW。

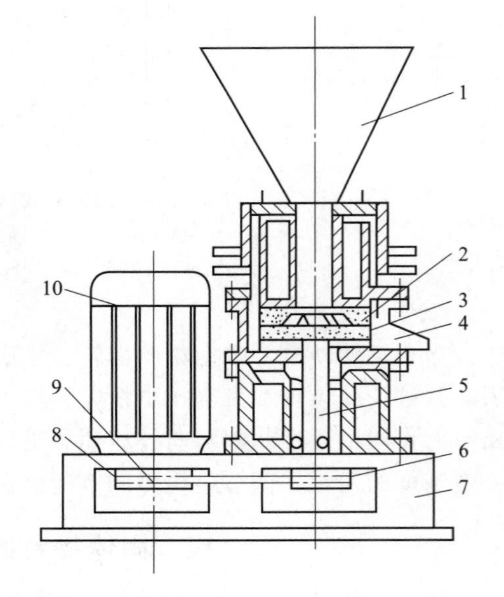

图 2-1-24 SM-30A 型砂轮磨

1—料斗 2—上砂轮 3—下砂轮 4—出料嘴 5—主轴 6—主轴皮带轮 7—底座 8—电机皮带轮 9—V 带 10—电机

(三) 其他粉碎机

1. 行星搅拌球磨机

行星搅拌球磨机是将球磨介质和物料按一定

比例装入球磨桶，行星搅拌器装置在主电机的驱动下，以适宜的转速搅拌介质球，使得筒体内的物料和介质做不规则运动。对于微小硬脆颗粒而言，主要是借助研磨介质之间的挤压力并与物料之间发生相互冲击、摩擦、剪切和研磨的施力方式来粉磨物料，从而实现对物料的超细粉碎。图 2-1-25 为行星搅拌器装置三个行星轮上一动点的轨迹示意图，由于轨迹复杂，从而会增加搅拌粉碎的效果。

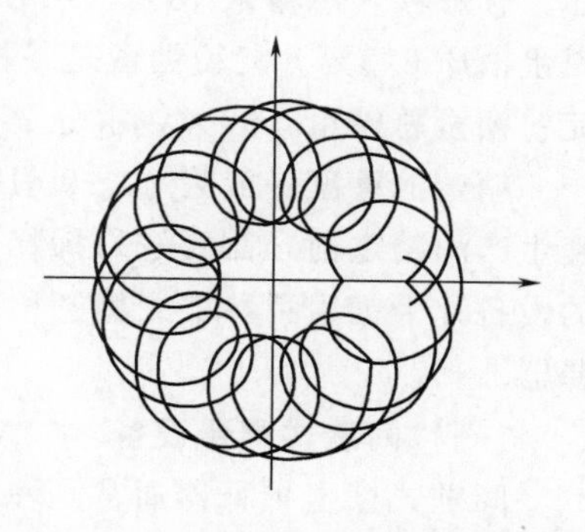

图 2-1-25　行星搅拌球磨机三个行星轮上一动点的轨迹示意图

2. 汽爆粉碎设备

汽爆技术就是将净化过的水，利用加热装置加热，变成饱和蒸汽，并且此饱和蒸汽的压力必须达到汽爆要求，然后将蒸汽通入压力容器当中，与汽爆原料充分混合，原料表面的水分被加热。高温蒸汽在其压力的作用下，进入原料细胞内，随着蒸汽量的增加，细胞内的蒸汽也会随之增加，但细胞所能容纳的蒸汽量是一定的。当瞬间突然打开阀口时，容器和原料内的蒸汽及高温热水会突然体积膨胀，冲破细胞壁的束缚，使细胞壁内的木质素、纤维素和半纤维素的触点增加，达到粉碎物料的作用。图 2-1-26 为 Lotech 公司生产的 Lotech 汽爆设备。

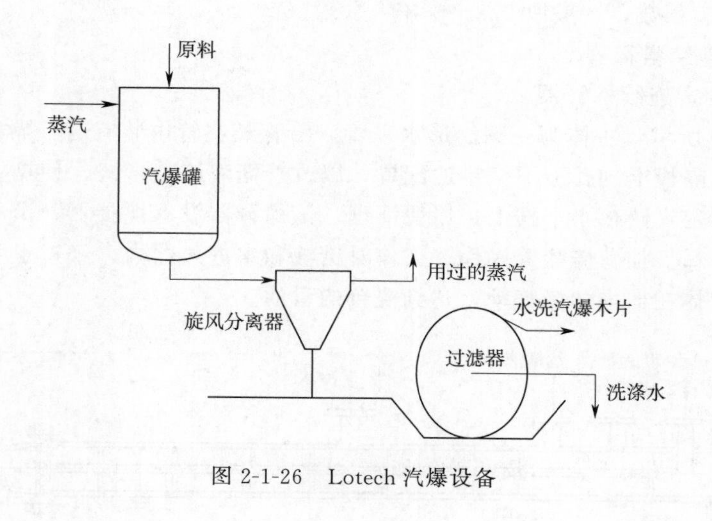

图 2-1-26　Lotech 汽爆设备

第二节　液体培养基的制备及灭菌设备

一、糖蜜原料的稀释与澄清设备

糖蜜是制糖工业的副产品，是一种黏稠、黑褐色、半流动的物体，其组成因制糖原料、加工条件不同而有差异。糖蜜中含有大量的可发酵性糖（主要指的是蔗糖），因而是很好的发酵原料，可用作酵母、味精、有机酸等发酵制品的底物或基料，也可用作某些食品的原料和动物饲料原料。糖蜜按照制糖原料的不同可以分为甘蔗糖蜜、甜菜糖蜜和淀粉糖蜜等。各种糖蜜的营养成分均有差异，甘蔗糖蜜与甜菜糖蜜一般以转换糖量表示，例如：甘蔗糖蜜总糖量48%，水分25%，粗蛋白质3%；甜菜糖蜜总糖量49%，水分23%，粗蛋白质6.5%。淀粉糖蜜是谷物淀粉经酶水解后制造葡萄糖的副产品，以葡萄糖量表示：淀粉糖蜜总糖量≥50%，水分27%，粗蛋白质含量甚微。

糖蜜的糖度一般为80～90°Bx，含糖分50%左右，酵母不能直接利用，所以在利用糖蜜生产酒精之前，需要进行稀释、酸化、灭菌和增加营养盐等处理过程。将糖蜜进行稀释的设备称为糖蜜稀释器。糖蜜稀释器因产量大小不同而分别采用间歇式稀释器和连续式稀释器。

（一）间歇式稀释设备

间歇式糖蜜稀释器通常是一敞口容器，内部装有搅拌装置或采用通风代替搅拌，使糖蜜与水能够达到均匀混合。

常用的稀释器的体积一般为5～20m³，其几何尺寸多采用D（圆筒部分直径）∶H（圆筒部分高）＝1∶1.1，体积大小按下式设计：

$$V=\frac{V_{实}}{\eta} \tag{2-1-15}$$

式中　V——稀释器的总体积，m^3

$V_{实}$——稀释器内稀糖液的体积，m^3

η——装满系数，一般取0.8～0.85

（二）糖蜜连续稀释器

1. 水平式糖蜜连续稀释器

如图2-1-27所示，主体为一圆筒形水平管，沿管长在管内装有若干隔板和筛板，将其分成若干空段。隔板上的孔上下交错地配置，以改善糖液流动形式，使糖蜜与水很好地混合。每块隔板固定在两根水平杆上，以便清理。该稀释器没有搅拌器，节省动力。该稀释器同时可进行稀释、加营养盐等操作。工作时糖液和水进入器内，经过上下孔交错配置的隔板和筛板，液体在器内湍流流动，达到混合的目的。

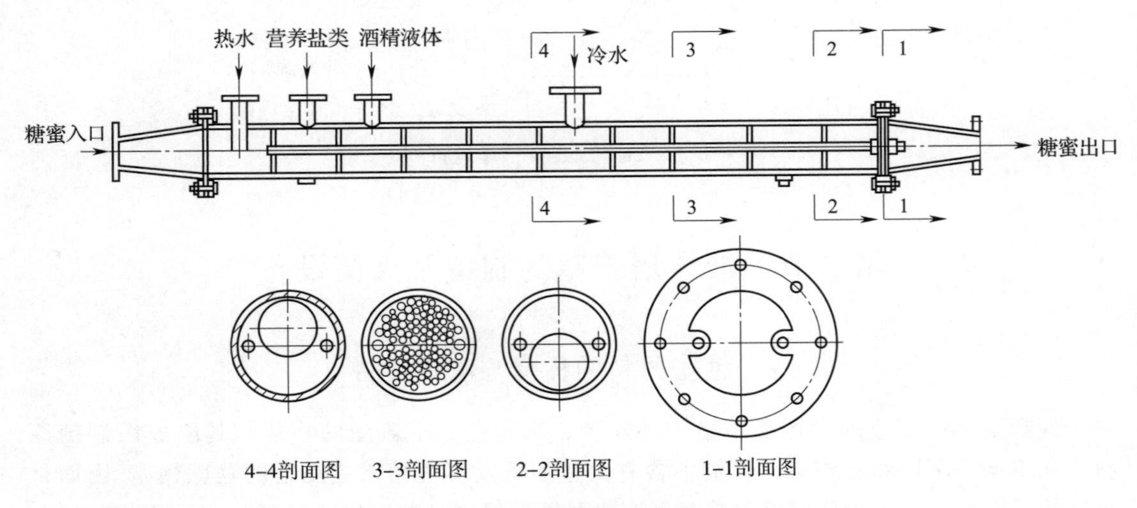

图2-1-27　水平式糖蜜连续稀释器

2. 立体式糖蜜连续稀释器

如图 2-1-28 所示，该稀释器为圆筒形，上下封头为锥形，总高度 1.5m，一般用 4～5mm 钢管制成。器身的下部有三个连接管，最下方的两根分别为糖蜜和热水进口，热水上方为冷水进口。糖蜜和热水进入后，经过最下面的一个中心开有圆形孔的隔板与刚进入的冷水混合。器身内有 7～8 块内部有半圆缺口的隔板，用中心固定杆交错配置。这样液体呈现出交错湍流流动，使糖蜜与水充分混合。隔板之间的距离为 125mm，糖液允许流速为 0.08～0.11m/s。该稀释器结构简单、操作方便、混合效果较好。

3. 错板式连续稀释器

如图 2-1-29 所示，该稀释器器身为圆筒型，直径一般在 200～250mm，上下端为锥形的封头。圆形管的内部装有交错排列的挡板，向下与管壁呈 60°角，挡板下端必须超过管中心面，数目一般为 10～15 块。器身的上部装有蒸汽、水、营养液进口管，上封头接有糖蜜进口，下封头接有糖液出口。工作时糖蜜和水从稀释器的上部自上而下以错流方式流动，经过器内各个挡板作用，糖液反复改变流向，使糖液和水得到充分混合。

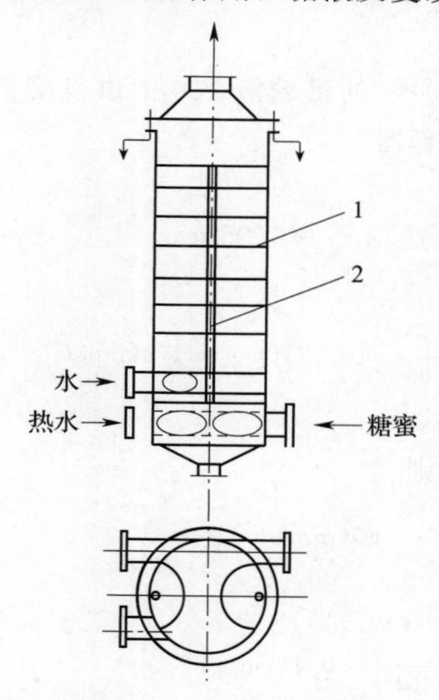

图 2-1-28　立体式糖蜜连续稀释器

1—隔板　2—固定杆

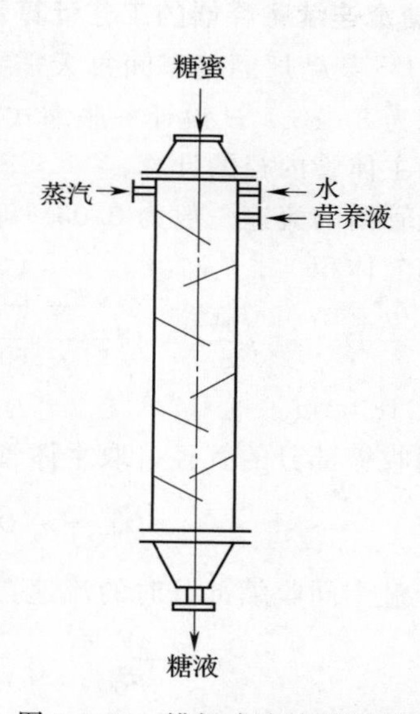

图 2-1-29　错板式连续稀释器

4. 胀缩式连续稀释器

如图 2-1-30 所示，该器为中间突然收缩的中空筒，器身下端两侧分别有水和蒸汽进口，上封头有糖液出口，下封头两侧分别有糖蜜与营养液进口，底部有排污口。器身的收缩部分直径与筒身直径之比一般为 1：（2～3），收缩段的长度等于主体管的直径。工作时糖蜜与水从器身底端进入，糖液在器内因器径的几次改变，使流速随之发生多次改变，促进了糖液与水的充分混合。

5. 变径式连续稀释器

变径式连续稀释器的结构如图 2-1-31 所示，该稀释器采用不同管径的直管段连接而成，管的直径为 80～120mm，高度为 1400～1800mm。其作用原理与胀缩式稀释器相同。

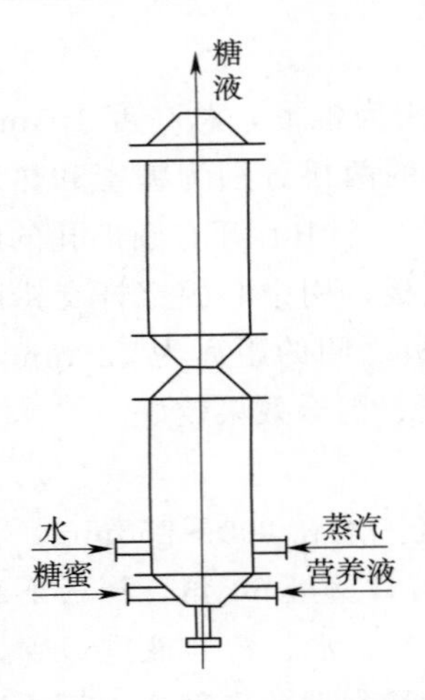

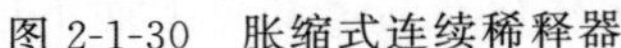

图 2-1-30　胀缩式连续稀释器

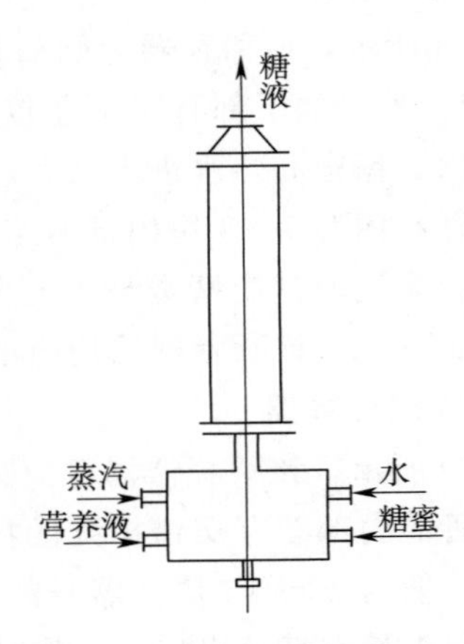

图 2-1-31　变径式连续稀释器

（三）糖蜜连续稀释器的工艺计算示例

例 2-1-1　某糖厂酒精车间每天需要浓度为 30°Bx 的稀糖液 100m^3 供发酵使用。已知原糖蜜浓度为 85°Bx，试设计一胀缩式糖蜜连续稀释器。

解：①主体管内径的计算：

糖液在管内的流速一般为 0.03～0.06m/s，现选用 v_1＝0.05m/s

由稀糖液体积　　$V=1/4\ (\pi v_1\ D_{主}{}^2)$　　(2-1-16)

得　$$D_{主}=\sqrt{\frac{4V}{\pi v_1}}=\sqrt{\frac{4\times100}{24\times3600\times3.14\times0.05}}=0.171(\mathrm{m})=171(\mathrm{mm})$$

取管径 180mm。

②中间收缩部分的管径，取主体管径的 1/3，则：

$$D_{中}=\frac{1}{3}D_{主}=\frac{1}{3}\times180=60(\mathrm{mm})$$

糖液经过中间收缩部分时的流速：

$$v=\frac{4V}{\pi d_{中}^2}=\frac{4\times100}{24\times3600\times\pi\,(0.06)^2}=0.41(\mathrm{m/s})$$

糖液经过主管时的实际流速：

$$v_{主}=\frac{4\times100}{24\times3600\times\pi\,(0.18)^2}=0.0455(\mathrm{m/s})$$

中间收缩处的糖液流速是主体管处流速的倍数：

$$v_{中}\ /v_{主}=\frac{0.41}{0.045}=9(倍)$$

③浓糖蜜输送管（浓糖蜜进管）管径 $D_{蜜}$ 的计算：

查糖液密度表（表 2-1-7）可得 30°Bx 的糖液密度 $\rho_{浓}$＝1127kg/m^3，85°Bx 糖液密度 $\rho_{浓}$＝1445kg/m^3。则每天需 30°Bx 糖液量为：

$$Q_{稀}=100\rho_{浓}=100\times1127\ (\mathrm{kg/d})\ =112700\ (\mathrm{kg/d})$$

由糖液物料衡算得：$0.3Q_{稀}=0.85\ Q_{浓}$，所以每天需 85°Bx 浓糖蜜量为：

$$Q_{浓}=\frac{0.3Q_{稀}}{0.85}=\frac{0.3\times100\times1127}{0.85}=39780(\mathrm{kg/d})$$

换算为体积流量 $V_{浓}$：

$$V_{浓}=Q_{浓}/\rho_{浓}=39780/1445=27.53\ (m^3/d)$$

浓糖液在输送管内的流速 v 取为 0.035m/s，则浓糖蜜输送管径 $D_{蜜}$：

$$D_{蜜}=\sqrt{\frac{4V_{浓}}{\pi v}}=\sqrt{\frac{4\times 27.53}{24\times 3600\times 3.14\times 0.036}}=0.108(m)=108(mm)$$

可选用 4″ 水管（ϕ114mm×4mm）。

表 2-1-7　　糖蜜密度表（20℃/4℃）

浓度/°Bx	10	15	20	25	30	35	40	50	60	70	80	85	90	100
密度/（kg/m³）	1038	1059	1081	1104	1127	1151	1176	1230	1287	1347	1412	1445	1480	1552

④进水管径 $D_{水}$ 计算：

糖蜜稀释时的加水量 $Q_{水}$：

$$Q_{水}=Q_{稀}-Q_{浓}=112700-39780=72920\ (kg/d)$$

取水在管内的流速 1.5m/s，则进水管径为：

$$D_{水}=\sqrt{\frac{4\times 72920}{1000\times 24\times 3600\times 3.14\times 1.5}}=0.0268(m)=26.8(mm)$$

可选用 1″ 水管（ϕ33.5mm×3.25mm）。

⑤稀释器的长度与收缩段高度：

根据工厂经验，取稀释器长度为 1400mm，取收缩段高度（h）＝主体管的直径＝180（mm）。

（四）糖液的酸化澄清设备

糖液酸化的目的是在糖液中加入硫酸，进行灭菌，并使灰渣沉淀澄清，以达到发酵的需要。

糖液酸化桶通常是间歇操作设备，其体积与个数计算如下：

酸化桶的总体积：

$$V_{总}=\frac{Q\times\tau}{\eta}(m^3) \tag{2-1-17}$$

式中　Q——每小时需酸化的糖液量，m³/h

τ——每次酸化时间，h

η——装料系数，一般取 0.8～0.85

酸化桶个数：

$$n=V_{总}/V$$

式中　V——每个酸化桶体积，m³

二、淀粉质原料的蒸煮糖化设备

（一）淀粉质原料蒸煮糖化的目的

以淀粉质原料生产酒精，淀粉必须先经糖化剂中的淀粉酶作用变成可发酵性糖之后，才能被酵母利用发酵生成酒精。由于淀粉质原料中所含的淀粉是存在于原料的细胞之中，受到细胞壁的保护，呈不溶解状态，不能被糖化剂中的淀粉酶直接作用。因此，将淀粉质原料进行蒸煮的第一个目的就是：原料吸水后，借助于蒸煮时的高温高压作用，使原料的淀粉细胞膜和植物组织破裂，即破坏原料中淀粉颗粒的外皮，使其内容物流出，呈溶解状态，变成可溶性淀粉，以便糖化剂作用，使淀粉变成可发酵性糖。这个过程称为糊化，采用的方法是用加热蒸汽加热蒸煮。蒸煮的第二个目的是：借助蒸汽的高温高压作用，把存在于原料中的大量微生物进行灭菌，以保证发酵过程中原料无杂菌污染，使酒精发酵能顺利进行。第三个目的是：通过蒸煮过程来排除原料中的一些不良成分及气味。

淀粉糖化生产出来的水解糖液可用来生产赖氨酸、谷氨酸等发酵产品。

（二）蒸煮设备

原料的蒸煮方法有间歇蒸煮和连续蒸煮，为了提高蒸煮醪质量、减轻劳动强度，目前，我国酒精生产厂多采用连续式蒸煮，常用的有罐式连续蒸煮、管氏连续蒸煮和柱式连续蒸煮三种方法。罐式连续蒸煮以其蒸煮温度可高（高温蒸煮）、可低（α-淀粉酶液化，中低温蒸煮），节省煤耗；设备简单，操作容易，制造方便，被广泛采用。

图 2-1-32 所示为罐式连续蒸煮糖化流程。在该流程中，蒸煮罐 3、后熟器 4 和最后一个后熟器 5（也称汽液分离器）内的温度都较高，是受热（蒸煮）的三个不同阶段，3 是在加热，实际上应称为加热罐，后熟器 4 不再通入蒸汽，是保持温度，维持一定时间，起到后熟作用。最后一个后熟器主要起到汽液分离作用，使经加热、后熟的蒸煮醪分离出一部分二次蒸汽并使之降温。

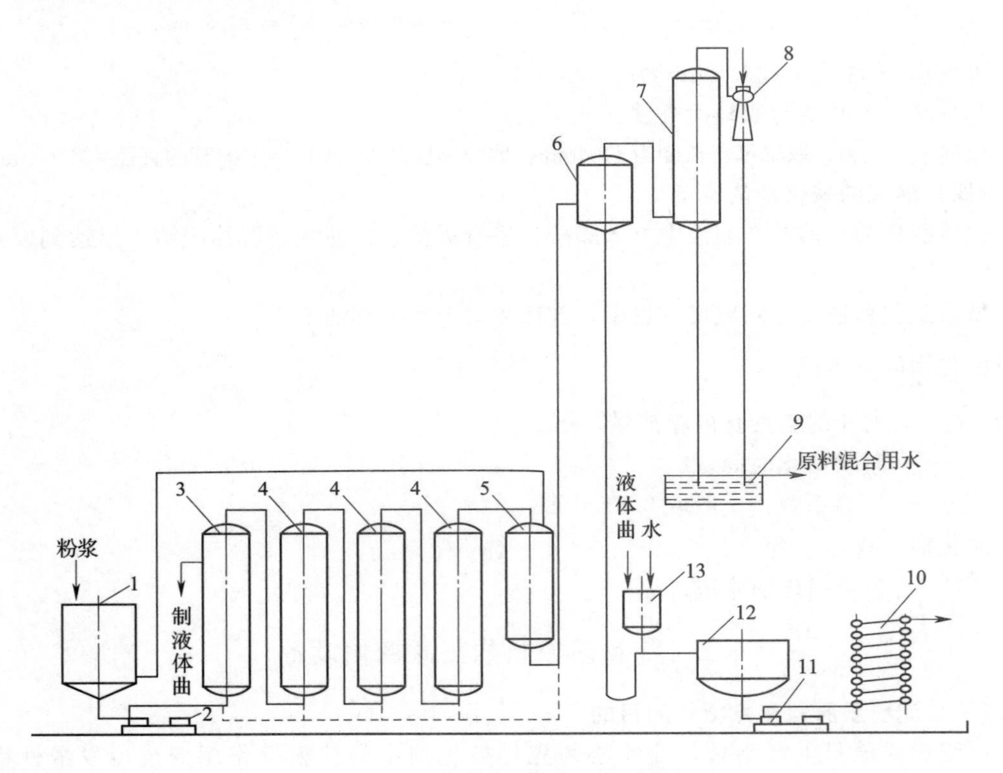

图 2-1-32　罐式连续蒸煮糖化流程

1—粉浆罐　2—粉浆泵　3—蒸煮罐　4—后熟器　5—最后一个后熟器（汽液分离器）　6—真空冷却器　7—混合冷凝器　8—蒸汽喷射器　9—热水箱　10—喷淋冷却器　11—糖化醪泵　12—连续糖化罐　13—液体曲贮罐

图 2-1-33 是罐式连续蒸煮罐，它是由长圆筒与球形或碟形封头焊接而成，粉浆用往复

泵由下端中心进料口 1 压入罐内，被加热蒸汽口 2 喷出的蒸汽迅速加热到蒸煮温度，此罐保持压力为 0.3～0.35MPa（表压）。经加热的醪液从管 3 流入后熟器。罐顶装有安全阀和压力表，顶部中心的加热醪出口管应伸入罐内 300～400mm，使罐顶部留有一定的空间。在靠近加热位置的上方有温度计插口，以测试醪液被加热的温度。蒸煮时依据该温度自动控制或手动控制加热蒸汽量。罐下侧有人孔 9，用以进入罐内焊接罐体内部焊缝（该罐应采用双面焊接）和检修内部零件。加热蒸汽入口处须装有止逆阀，以防蒸汽管路压力降低时罐内醪液倒流甚至造成管路上其他装置的堵塞。为避免过多的热量散失，蒸煮罐壁须装有良好的保温层。

罐式连续蒸煮的加热罐和后熟罐，其直径不宜太大。原因是醪液从罐底中心进入后做返混运动，不能保证进罐醪液的先进先出，致使受热时间不均匀，而造成部分醪液蒸煮不透就过早排出，而另有局部醪液过热而焦化，因此罐的个数不宜太少。薯干类原料蒸煮罐宜采用 4～5 个，玉米类原料蒸煮宜采用 5～6 个。

糊化醪随着流动，压力下降，产生二次蒸汽，由最后一个后熟器分离出来，如图 2-1-34 所示。分离出的二次蒸汽，可供粉浆罐预热粉浆。

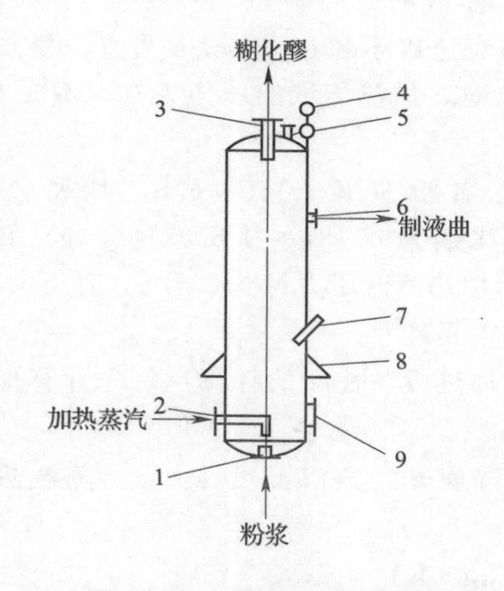

图 2-1-33　罐式连续蒸煮罐

1—粉浆入口　2—加热蒸汽管　3—糊化醪出口　4—压力表　5—安全阀接口　6—制液体曲醪出口　7—温度计测温口　8—罐耳　9—人孔

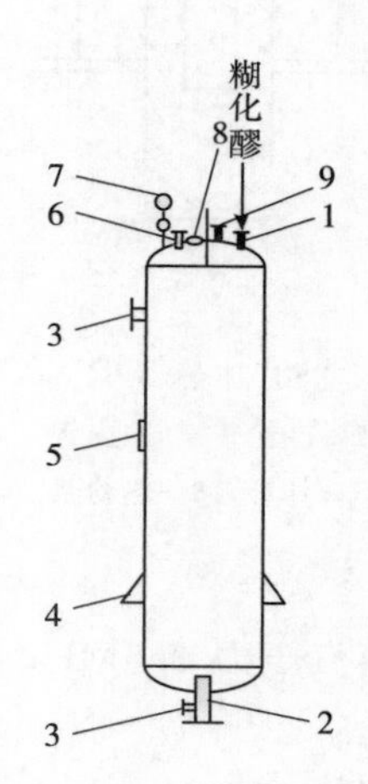

图 2-1-34　最后一个后熟器（汽液分离器）

1—糊化醪入口　2—糊化醪出口　3—自控液位仪表接口　4—耳架　5—液位指示器　6—二次蒸汽出口　7—压力表　8—人孔　9—安全阀

汽液分离器的液位较低，上部需留有足够的自由空间，以分离二次蒸汽。一般醪液控制在 50%左右的位置上。

当蒸煮罐和各后熟器采用相同体积时，每个后熟器所需体积计算如下：

$$V_1\tau=V_2\ (N-1)\ +V_2\varphi$$
$$=V_2\ (N-1+\varphi)$$

故：

$$V_2=V_1\tau/\ (N+\varphi-1) \tag{2-1-18}$$

式中　V_1——包括有加热蒸汽冷凝水在内的糊化醪量，m^3/h

τ——蒸煮时间，h

N——蒸煮罐和后熟器的数目

φ——最后一个后熟器的充满系数，约为 0.5

V_2——蒸煮罐和后熟器的体积，m^3

长圆筒形后熟器的几何尺寸为：圆筒部分的直径与高之比为 1∶3～1∶5；两端封头为半圆形或碟形，壁厚按受内压薄壁容器计算。

罐式连续蒸煮的第一个罐为蒸煮罐，实际上也是加热罐，有的工厂采用加热器、后熟器、汽液分离器的蒸煮流程，效果很好。

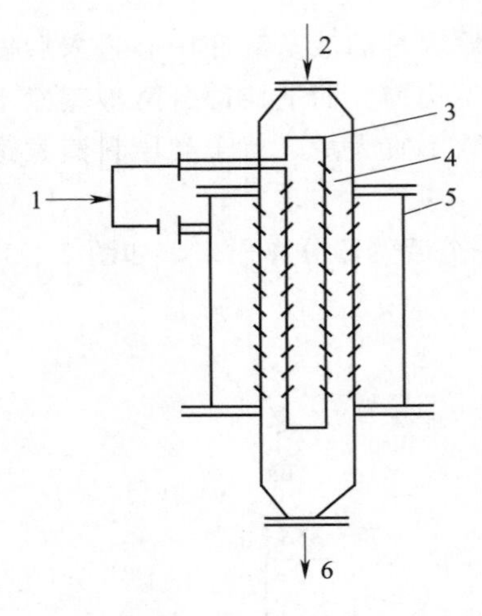

图 2-1-35　加热器

1—蒸汽　2—冷粉浆　3—内管　4—中管　5—外管　6—热粉浆

加热器的形式如图 2-1-35 所示，该加热器由三层直径不同的套管组成。内层和中层管壁都钻有许多小孔，各层套管用法兰连接。粉浆流经中层管，高压加热蒸汽从内、外两层进入，穿过小孔向粉浆液流中喷射。此加热器汽液接触均匀，加热比较全面，在很短的时间内可使粉浆达到规定的蒸煮温度。

加热管壁上小孔分布区称为“有效加热段”，粉浆在“有效加热段”停留的时间较短，一般为 15～25s。粉浆在此区域内的流速以不超过 0.1m/s 为宜，粉浆的初温一般为 70℃左右，加热蒸汽的压力为 0.5MPa（表压）。

例 2-1-2　已知粉浆量 11800kg/h，其密度为 1084kg/m³，粉浆比热为 4.187×0.853kJ/（kg·K），粉浆的初温 70℃，加热蒸汽压力为 0.5MPa（表压），试设计计算加热器的主要尺寸。

解：①“有效加热段”长度的计算：首先计算加热蒸汽的消耗量 W：

由加热蒸汽压力 0.5MPa（表压）查饱和水蒸汽表知，蒸汽温度 158℃，蒸汽热焓 2760.4kJ/kg。

已知粉浆量 11800kg/h，$c=4.187\times0.853$kJ/（kg·K）

$$T_1=70℃$$

根据热量衡算方程式，加热蒸汽消耗量为：

$$\begin{aligned}W&=\frac{G\cdot c\,(T_2-T_1)}{I-c_{水}\cdot T_2}\\&=\frac{11800\times4.187\times0.853\times(158-70)}{2760.4-4.187\times158}\\&=1767\ (\mathrm{kg/h})\end{aligned}\tag{2-1-19}$$

加热后粉浆的总量：

$$\begin{aligned}G'&=G+W\\&=11800+1767\\&=13567\ (\mathrm{kg/h})\end{aligned}$$

加热后粉浆的体积流量：

$$q_v=G'/\rho=\frac{13567}{1084}=12.52\ (\mathrm{m^3/h})$$

取粉浆流速为0.06m/s，则粉浆的流道截面积为：

$$S'=q_v/u=\frac{12.52}{0.06\times3600}=0.058\ (m^2)$$

经试选，可选用内管为ϕ159mm×8mm，中间管为ϕ331mm×8mm的钢管，则两管间环形的截面积$=\frac{\pi}{4}(0.315^2-0.159^2)=0.0581\ (m^2)$，与计算的结果基本相同，即试选管径恰当。

假定粉浆在“有效加热段”的停留时间为20s，则“有效加热段”的长度为：

$$L=\frac{12.52\times20}{3600\times0.0581}=1.2\ (m)$$

②计算外管直径D：外管的直径D按照外管与中间管的环形面积和内管截面积相等的原则计算。

即：
$$\frac{\pi}{4}(D^2-0.331^2)=\frac{\pi}{4}(0.143)^2$$

得
$$D=0.37\ (m)$$

经查表，可选用ϕ450mm×4.0mm的无缝钢管。

③小孔直径及个数：加热蒸汽量前面已算出为1767kg/h，查饱和水蒸汽表知0.5MPa（表压）压力下蒸汽的密度为3.104kg/m^3，则加热蒸汽的体积为：

$$\frac{1767}{3.104}=569\ (m^3/h)$$

取小孔直径为5mm，小孔中蒸汽喷出速度为20m/s，则小孔数为n：

$$n=\frac{569}{3600\times20\times\frac{\pi}{4}(0.005)^2}=403\ (个)$$

安排小孔在内管和中管的开孔数目相等的原则，即：

$$n_{内}=n_{中}=\frac{403}{2}=202\ (个)$$

传统的连续蒸煮糖化设备还有管式连续蒸煮糖化和柱式连续蒸煮糖化设备，相应的设备流程见图2-1-36和图2-1-37。

（三）真空冷却器

由汽液分离器排出的糊化醪温度为100℃左右，黏度大，又含有固形物，需降温至60℃左右进行糖化。许多厂家采用真空冷却器进行糊化醪糖化之前的冷却过程，如图2-1-38所示。真空冷却器的器身为圆筒锥底，料液沿切线进入，由于器内为真空，醪液产生自蒸发，产生大量的二次蒸汽，醪液在器内旋转被离心甩向周边沿壁下流，从锥底排醪液口排出。二次蒸汽从器顶进入冷凝器，在冷凝器内与水直接接触而被冷凝，不凝性气体则由真空泵或蒸汽喷射器抽走，造成器内真空。真空度保持在70～80kPa，醪液的温度很快可降至60～65℃。因器内压力低于大气压，真空冷却器装置常装于较高的位置，一般高于糖化锅10m。

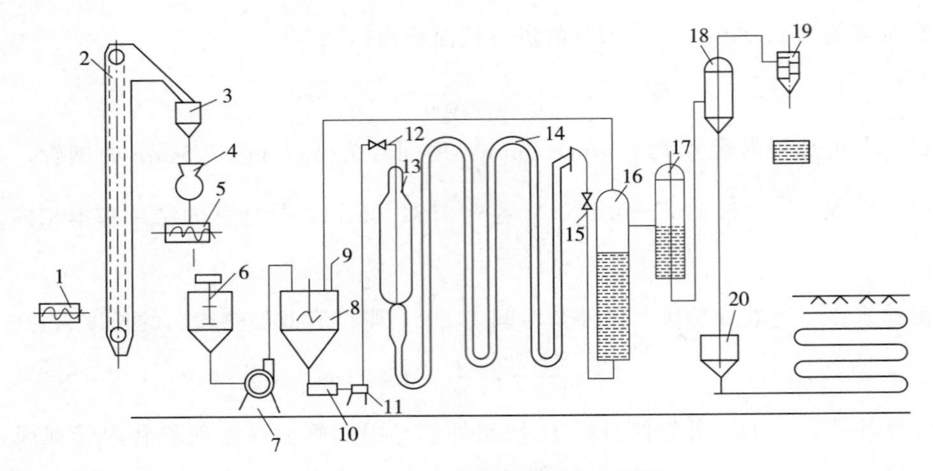

图 2-1-36　管式连续蒸煮设备流程图

1—输送机　2—斗式提升机　3—贮料斗　4—锤式粉碎机　5—螺旋输送机　6—粉浆罐　7—泵　8—预热锅　9—进料控制阀　10—过滤器　11—泥浆泵　12—单向阀　13—三套管加热器　14—蒸煮管道　15—压力控制阀　16—后熟器　17—蒸汽分离器　18—真空冷凝器　19—蒸汽冷凝器　20—糖化锅

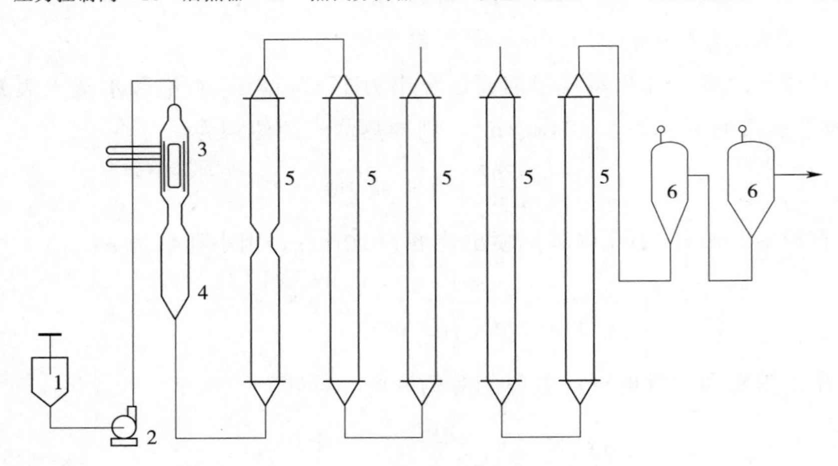

图 2-1-37　柱式连续蒸煮流程图

1—粉浆罐　2—泵　3—加热器　4—缓冲器　5—柱子　6—后熟器

若采用水力喷射器抽真空，可与真空冷却器直接连接，可省去冷凝器。

例 2-1-3　已知从汽液分离器排出的糊化醪量为 12000kg/h，其比热容为 3.6kJ/（kg·K），温度为 100℃，要求冷却至 65℃，计算真空冷却器的基本尺寸。

解：①真空冷却器内产生的二次蒸汽量：糊化醪 12000kg/h 从 100℃冷却至 65℃时放出的热量为：

$$Q=12000\times3.6\times(100-65)=1512000\ (\text{kJ/h})$$

查水蒸汽表和二次蒸汽在 65℃时的汽化潜热 $r=$

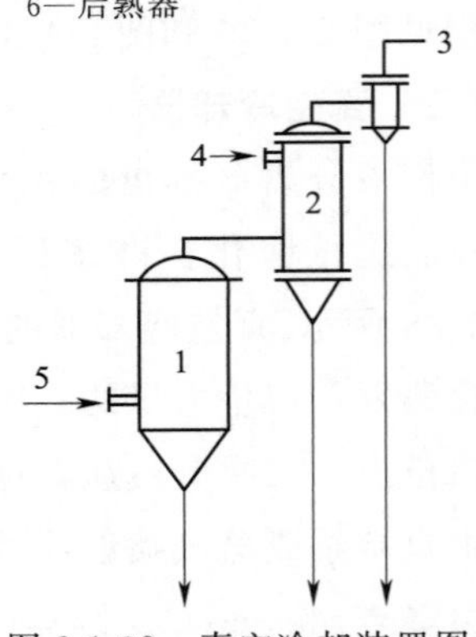

图 2-1-38　真空冷却装置图

1—真空冷却器　2—冷凝器　3—喷射器　4—冷水进口　5—料液进口

2343.4kJ/kg。

真空冷却器内产生的二次蒸汽量为：

$$m=\frac{1512000}{2343.4}=645.2\ (\text{kg/h})$$

与65℃相对应的真空度为76.3kPa，在此温度下蒸汽的密度为0.1611kg/m³，则二次蒸汽的体积流量为：

$$q_v=\frac{645.2}{0.1611}=4005\ (\text{m}^3/\text{h})$$

经真空冷却后，从冷却器内排出的醪液量为＝12000－645.2＝11354.8（kg/h）

②真空冷却器的直径和高度：取器内二次蒸汽的上升速度不超过1m/s，则真空冷却器的直径 D：

$$D=\sqrt{\frac{4\times4005}{\pi\times3600\times1}}=1.2\ (\text{m})$$

一般真空冷却器的径高比为1∶（1.5～2），现取 D∶H＝1∶1.5，则真空冷却器的圆柱部分高 H 为：

$$H=1.5D=1.5\times1.2=1.8\ (\text{m})$$

③醪液下降管（排醪管）的直径：设糊化醪液密度＝1090kg/m³，取醪液在排醪管内下降速度为1m/s，则醪液下降管管径 D：

$$D=\sqrt{\frac{4\times11354.8}{\pi\times3600\times1090\times1}}=0.0607\ (\text{m})$$

可选用 ϕ68mm×4mm的无缝钢管。

④醪液下降管的长度：

$$L=\frac{10.33\times572}{760}=7.77\ (\text{m})$$

选用 L＝8m。

（四）糖化设备

1. 连续糖化罐

连续糖化罐的任务是把已降温至60～62℃的糊化醪，与糖化醪液或曲乳（液）混合，在60℃下维持30～45min，保持流动状态，使淀粉在酶的作用下变成可发酵性糖。如图2-1-39所示，连续糖化罐是一个圆筒外壳，球形或锥形底的容器。若进入的糖化醪未经冷却或冷却不够，则糖化罐内需设有冷却蛇管。如果进入的糊化醪温度达到工艺要求，则罐内不设冷却管。为保证醪液在罐内达到一定的糖化时间，应保证糖化醪的容量不变，故设有自动控制液面的装置。罐内装有搅拌器1～2组，搅拌转数为45～90r/min。连续糖化罐一般在常压下操作，为减少染菌，可做成密闭式，并每天用蒸汽杀菌一次。

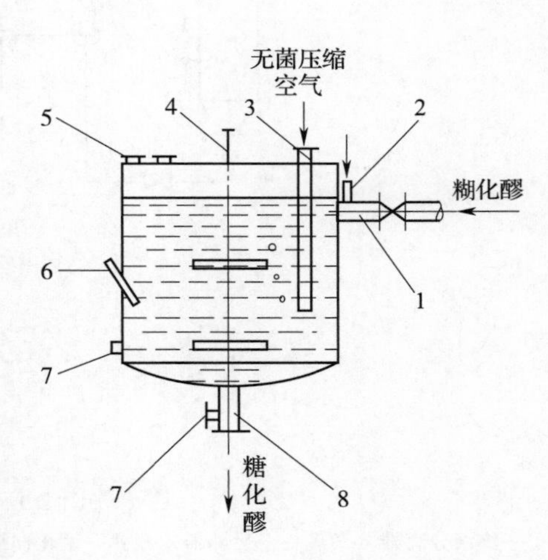

图2-1-39　连续糖化罐

1—糊化醪进管　2—水和液体曲或曲乳或糖化酶进入　3—无菌压缩空气管　4—搅拌器　5—人孔　6—温度计测温口　7—杀菌蒸汽进口管　8—糖化醪出口管

糖化罐的体积取决于醪液流量和在罐中的停留时间以及装满程度，可按下式计算：

$$V=\frac{V'\tau}{60\eta} \tag{2-1-20}$$

式中　V'——糖化醪液量（包括曲量），m^3/h

τ——醪液在罐内停留时间，min

η——装填系数，$\eta=0.75\sim0.85$

连续糖化罐的直径 D，圆筒部分高 H，球形底（或罐底）高度 h 和球形底曲率半径 r 之间的比例关系如下：

$$H=(0.5\sim1.0)\ D$$

$$h=(0.11\sim0.25)\ D$$

$$r=\frac{D^2+4h^2}{8h}$$

2. 真空糖化装置

真空糖化装置如图 2-1-40 所示，依靠压力差蒸煮醪液由汽液分离器Ⅰ与糖化曲液（由计量暂存桶Ⅱ）同时进入到蒸发-糖化器Ⅲ。输送曲液（包括糖化醪稀释水）到喷射-蒸汽的湍流中是依靠发生引射的混合效果，使曲液与蒸煮醪充分接触。在糖化罐内蒸煮醪被迅速冷却。尽管引入口处曲液和蒸煮醪液温度为 64～66℃，但由于冷却湍流速度快（30～40m/s），曲液也不会发生过热。

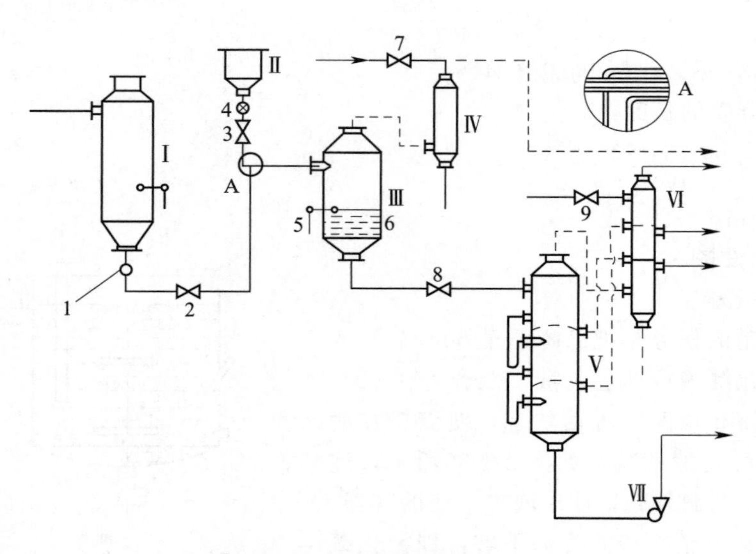

图 2-1-40　真空糖化装置

Ⅰ—汽液分离器（最后一个后熟器）　Ⅱ—糖化曲液计量罐　Ⅲ—真空糖化罐　Ⅳ—冷凝器　Ⅴ—三级真空冷却器　Ⅵ—三级冷凝器　Ⅶ—糖化醪泵　1、4、5—阀　2、3、7、8、9—控制阀及管　6—测温管

符合糖化的最小体积应使糖化醪在真空糖化罐内平均停留时间为 20min（连续糖化采用 40～45min 或更长的时间），然后进入三级真空冷却的第一室。真空糖化器的优点是，既是蒸发冷却器，又是糖化器，简化了设备。

3. 淀粉全酶法糖化工艺设备

淀粉全酶法糖化工艺如图 2-1-41 所示，该工艺是一种先进的糖化工艺，其特点是在淀粉液化和糖化两阶段分别用淀粉酶和糖化酶制剂将淀粉水解成糖，DE 值高于酸法和酸酶法，并在糖液质量及副产物等方面都优于酸法和酸酶法。

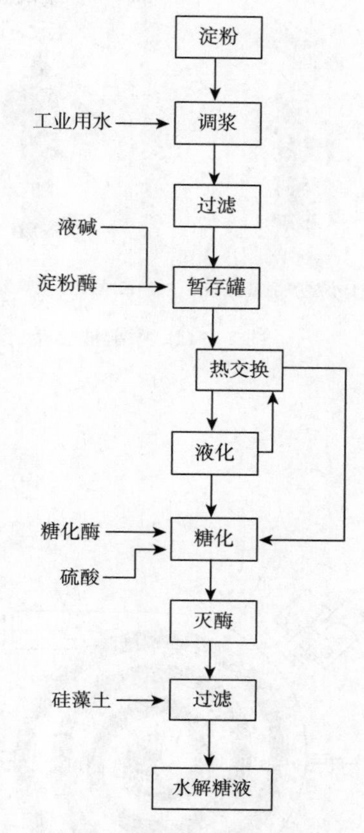

图 2-1-41　淀粉全酶法糖化工艺流程

调淀粉乳浓度是在调浆槽内进行，淀粉和水分别由调浆槽的淀粉下料口和水喷口进入调浆槽，如图 2-1-42 所示，经槽内搅拌叶的搅拌，使淀粉充分分散，由槽底粉浆出口输入到过滤器过滤。

过滤器可采用结构紧凑的管道过滤器，如图 2-1-43 所示。管道过滤器主要是由外壳、筛篮和排渣口盖板组成。筛篮起过滤作用，筛孔直径应小于液化器粉孔喷嘴的直径，推荐使用 100 目筛。淀粉乳经筛篮过滤，乳液通过筛篮排出，滤渣则留在筛篮内定期清渣。从过滤器排出的乳液为纯净淀粉乳。

淀粉乳在液化前先在暂存罐中（暂存罐结构基本上同调浆槽）用液碱调 pH，加入淀粉酶搅匀。接着输入螺旋板式换热器同暂存罐出来的淀粉乳（90℃）进行热交换，使淀粉乳预热至 55～60℃时进入喷射液化器，粉乳从喷射管的喷嘴喷出形成薄层淀粉乳，与相对应的蒸汽喷射嘴喷出的饱和蒸汽相接触，进行液化。液化后的液化液再经液化器后熟区在 85～90℃的温度下保温 30min，达到糖化所需最佳液化程度后，从液化器出料口排出。小型和大生产用喷射液化器结构见图 2-1-44，液化罐见图 2-1-46。

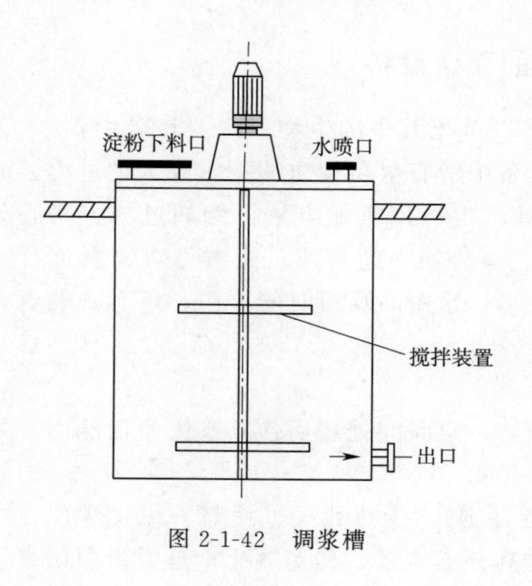

图 2-1-42　调浆槽

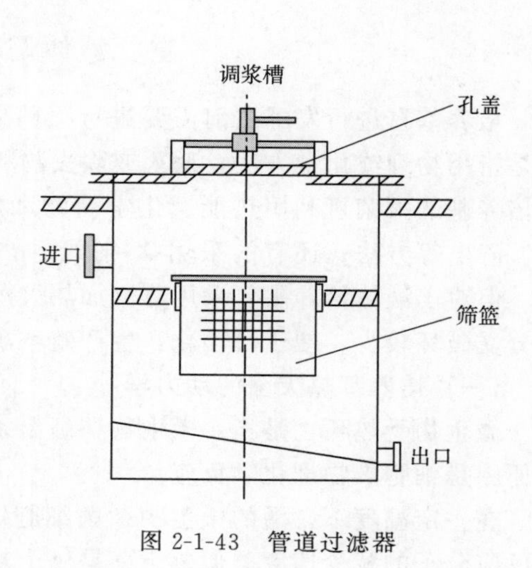

图 2-1-43　管道过滤器

(1)小型喷射液化器

(2)大生产用喷射液化器

图 2-1-44　喷射液化器

从液化器出来的淀粉液化液经螺旋板式换热器（图 2-1-45）与淀粉乳（常温）进行热交换后，进入糖化罐糖化。热交换后液化液温度可降至 70～78℃，让其冷却到糖化酶的最适温度，调 pH 后，加入糖化酶进行糖化。糖化过程较缓慢，但必须保持最适温度和搅拌，保持温度靠调整罐底部的蒸汽盘管通入的蒸汽量，搅拌也是靠罐底空气喷射管将压缩空气打入液化液中，使液化液不断进行翻动，从而达到液化液的进一步水解，转变为葡萄糖。

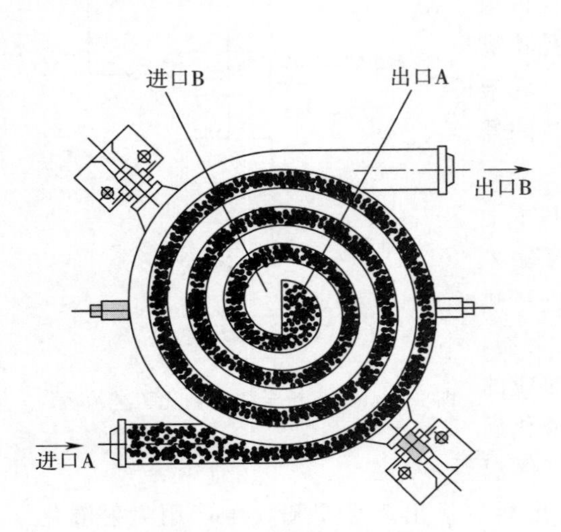

图 2-1-45　螺旋板式换热

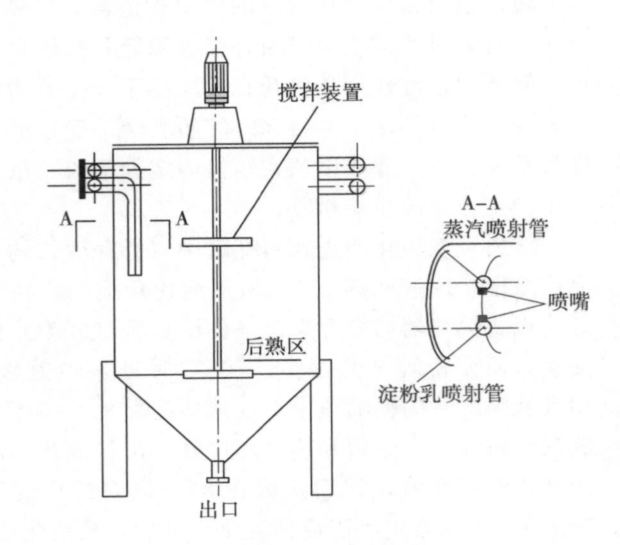

图 2-1-46　液化罐

三、液体培养基的灭菌设备

培养基在进行发酵之前需要进行灭菌处理，以杀死其中的生物（主要是微生物）。灭菌是指用物理或化学方法，杀灭或除去物料及设备中所有生命物质的技术或工艺过程。液体培养基的灭菌可利用热能、化学药物和电磁波，也可用机械方法，例如过滤、离心分离、静电等方法；还有的采用 X-射线、β-射线、紫外线、超声波、微波等对物料进行灭菌。但对于液体培养基，采用蒸汽加热灭菌的较多。采用高温短时间灭菌，培养基的营养成分受破坏较少，便于自动化，生产效率高。

（一）培养基热灭菌的动力学

微生物受热死亡是指：微生物在高温条件下，一定时间处理后使其丧失生活能力，死灭原因是细胞内物理化学反应。

在一定温度下，活的微生物杂菌细胞（包括芽孢），受热死灭过程与一级化学反应中未反应分子的减少速度类似。杂菌是一个复杂的高分子体系，其受热死亡是因蛋白质高分子物质失活，结果导致蛋白质变性，这种反应同属于一级反应。

1. 对数残留定律与理论灭菌时间

如上所述，杂菌在一定温度下，受热死亡也遵循一级反应方程。

如果用 N 表示活菌个数，则活菌的减少率 $\left(-\dfrac{dN}{d\tau}\right)$ 与 N 有如下关系：

$$-\frac{dN}{d\tau}=kN \tag{2-1-21}$$

式中　负号——活菌数的减少

N——活菌个数

τ——受热时间

k——反应速率常数，其因次是时间的倒数，以 s^{-1}、min^{-1} 或其他相当的单位表示。此常数的大小与微生物的种类和加热温度有关

式 $-\dfrac{dN}{d\tau}=kN$，也可以认为是微生物减少的速率与任一瞬间残留的菌数成正比。在恒定温度下，将上式积分：

$$\int_{N_0}^{N_s}\frac{dN}{N}-k\int_0^{\tau}d\tau$$

式中　τ——灭菌时间，s

N_0——灭菌开始时，污染的培养基中杂菌的个数，个/mL

N_s——经灭菌 τ 时间后，残存活菌的个数，个/mL

得：

$$\ln\frac{N_0}{N_s}=k\tau$$

$$2.303\lg\frac{N_0}{N_s}=k\tau$$

以上两式是分别以自然对数形式和常用对数形式表示的液体热灭菌的对数残留公式。由以上两式可得理论灭菌时间 τ：

$$\tau=\frac{1}{k}\ln\frac{N_0}{N_s} \tag{2-1-22}$$

$$\tau=2.303\frac{1}{k}\ln\frac{N_0}{N_s} \tag{2-1-23}$$

理论灭菌时间，是指在特定的灭菌温度下的灭菌时间，但实际上蒸汽加热灭菌时间以工厂的经验数据来确定，通常高温灭菌加热时间为 15～30s，然后再根据生产的类型不同再在维持罐内维持 8～25min。

若要求培养基灭菌后绝对无菌，即 $N_s=0$，从上面公式可以看出，灭菌时间将等于无穷大，这当然是不可能的。根据实际情况，培养基灭菌后，以培养液中还残留一定的活菌数来进行灭菌计算。在工程上，通常以 $N_s=10^{-3}$ 个/罐，即杂菌污染降低到被处理的每 1000 罐中，只残留一个活菌。

2. 十进衰减时间与反应速率常数 k

当 $\dfrac{N_s}{N_0}=\dfrac{残留菌数}{原始菌数}=\dfrac{1}{10}$ 时，即 $\dfrac{N_0}{N_s}=10$ 时，

此时的理论灭菌时间可用 $\tau_{0.9}$ 表示：

$$\tau_{0.9}=2.303\frac{1}{k}\log_{10}10=2.303\frac{1}{k}\times1$$

得：

$$\tau_{0.9}=\frac{2.303}{k}$$

设

$$t=\tau_{0.9}$$

$$t=\frac{2.303}{k}\quad k=\frac{1}{t}\times2.303$$

式中　t——90%微生物被热杀死的理论时间

反应速度常数 k 是判断微生物受热死亡难易程度的基本依据，它的大小表示微生物对热的抵抗能力的强弱，微生物受热死灭的快慢。k 越小，t 越大，灭菌时间越长，则该微生物越耐热。人们发现，细菌芽孢的 k 比生长期细菌和霉菌的 k 小得多。通常细菌芽孢的 k 在121℃时约为 1min^{-1} 不等，取决于细菌的种类。因此，湿热灭菌的程度要以杀死细菌的芽孢为准。

3. 灭菌温度与菌死亡的反应速率常数的关系

如前所述，微生物的热死属于单分子反应，所以灭菌温度与杂菌死亡的反应速率常数的关系可用一级反应公式——阿伦尼乌斯（Arrhenius）方程表示：

$$\frac{\mathrm{d}\ln k}{\mathrm{d}T}=\frac{E}{RT^2}\tag{2-1-24}$$

当 E 为常数时积分，

得

$$\ln k=\alpha-\frac{E}{RT}$$

$$k=\mathrm{e}^{\alpha-\frac{E}{RT}}$$

取：

$$k=A\mathrm{e}^{-\frac{E}{RT}}\tag{2-1-25}$$

式中　k——杂菌死亡速率常数，1/s

A——阿伦尼乌斯常数，1/s

R——气体常数［1.987×4.187J/（K・mol）］

T——热力学温度，K

E——细胞孢子的活化能，4.187J/mol

e——2.718

温度与杂菌死亡速率常数的关系，可用图 2-1-47（细菌芽孢）做例子说明。在图中 k 和 $1/T$ 之间呈直线关系。图 2-1-48 所示为不同灭菌温度 T 时的反应速率常数 k 的数值。

将 $k=A\mathrm{e}^{-\frac{E}{RT}}$ 代入 $\tau=\frac{1}{k}\ln\frac{N_0}{N_s}$ 中

得：

$$\tau=\frac{1}{A}\mathrm{e}^{\frac{E}{RT}}\ln\frac{N_0}{N_s}\tag{2-1-26}$$

这就是加热灭菌的时间和温度之间的理论关系。实际上，湿热灭菌的时间和温度还要受培养基的质量和用途、杂菌浓度、杂菌种类、培养基的 pH 等因素的影响。从上式中也可以看出，灭菌时间和温度与活化能 E 有一定的关系。

4. 活化能

活化能是一种能量，是反应动力学中能促使化学反应的一种能量。

化学反应动力学指出，分子的碰撞，只有某些分子的碰撞才是有效的碰撞，这些分子

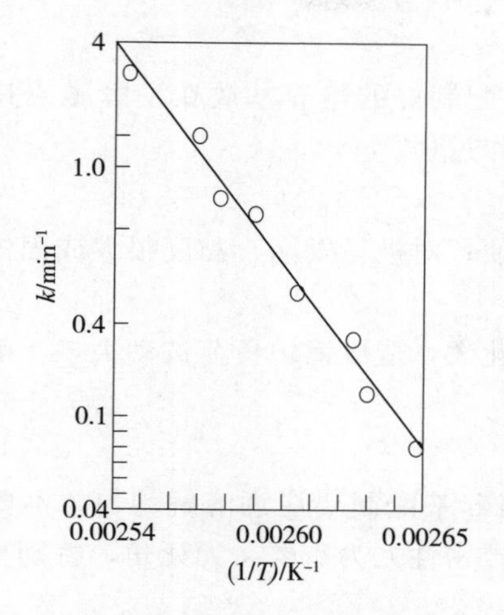

图 2-1-47　菌死亡速率常数 k 与温度的关系

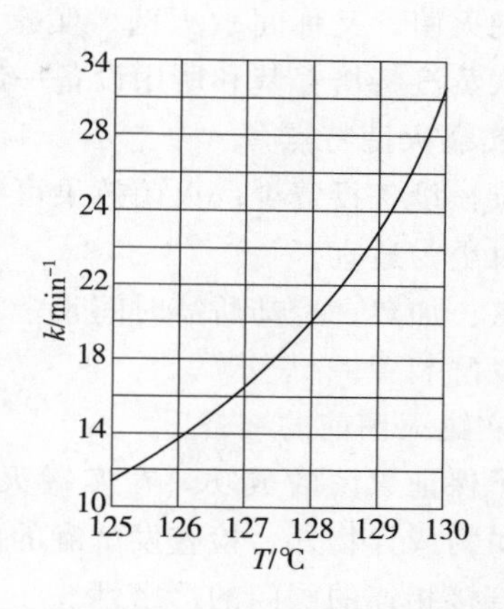

图 2-1-48　按计算示例求出的不同灭菌温度 T 时的反应速率常数 k 的数值

在碰撞时所具有的内能比在该温度下其他分子所具有的平均内能要大。正是这种过剩的能量，才是分子在所指定的条件下进行反应所必须具备的能量。这个能量就是活化能（即阿伦尼乌斯方程中的 E）。

由公式：

$$k=A\mathrm{e}^{-\frac{E}{RT}}$$

导出：

$$\ln k=\ln A\mathrm{e}^{-\frac{E}{RT}}$$

得：

$$\ln k=-\frac{E}{RT}\ln A \tag{2-1-27}$$

由上式可知，若能通过实验求出 k 的对数与 $1/T$ 的关系图，就可由直线求出 E 值。

化学反应动力学又指出，在活化能大的反应中，反应速度随温度的变化也大。反之，如果某一反应的活化能非常小，那么，反应速度随温度的变化也很小。所以当温度升高时，杂菌的死亡速度要比营养成分的破坏速度快得多。据测定，细菌孢子死灭的活化能，大致在 4.187×（50～100）kJ/mol 的范围，营养成分中酶、蛋白质或维生素破坏的活化能在 4.187×（2～26）kJ/mol。葡萄糖破坏的活化能为 4.187×24kJ/mol；从以上数值看，细菌灭死的活化能比培养基中营养成分破坏的活化能大得多。根据以上理论，采用湿热法对液体培养基进行灭菌时，应采用高温短时间的灭菌方法，以减小营养成分的破坏。图 2-1-49 表示了温度与细菌孢子死亡速度常数与酶或维生素破坏的速度常数之间的关系。

采用高温短时间对培养基进行灭菌，营养成分并不是不破坏，而是高温短时间可以使杂菌死亡，而营养成分因时间短破坏得较少，从而达到既灭菌彻底又较多地保持了营养成分的目的。

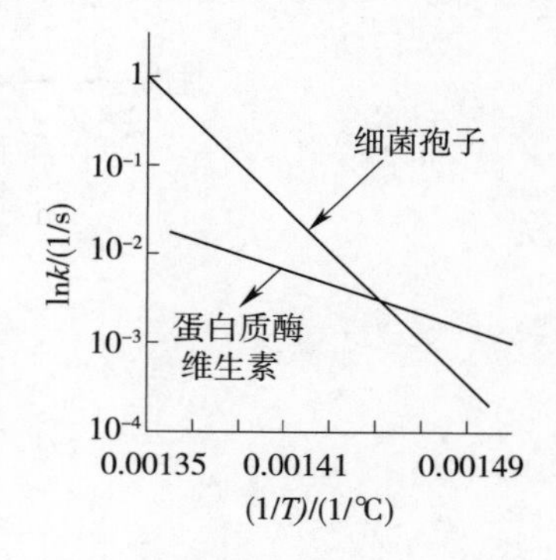

图 2-1-49　温度对细菌、孢子、维生素或酶破坏速率常数的关系

（二）分批灭菌流程

分批灭菌，又称间歇灭菌、实罐灭菌；是将配制好的培养基放在发酵罐或其他容器中，通入蒸汽将培养基和所用设备一起灭菌的操作过程。

1. 实罐灭菌特点

优点：设备投资少；灭菌效果可靠；操作方便；对极易发泡、黏度很大或固体物质含量较多时更为适宜。

缺点：加热、冷却所需时间长；蒸汽用量变化大，造成锅炉负荷波动大，一般只限于中小型发酵装置。

2. 实罐灭菌前的准备

为了保证灭菌的成功，在实罐灭菌前，除培养基配制要注意溶解均匀，不要含有结块、结团物或异物外，检查发酵罐的内部结构和严密性尤为重要，无死角，特别要检查与发酵罐直接相连的阀门的严密性。

3. 实罐灭菌操作过程

图 2-1-50 为实罐灭菌设备示意图。根据实罐灭菌过程，用表压 0.3～0.4MPa 的饱和蒸汽把培养基先加热升温到灭菌温度，保温维持一段时间，再冷却降温到发酵温度。

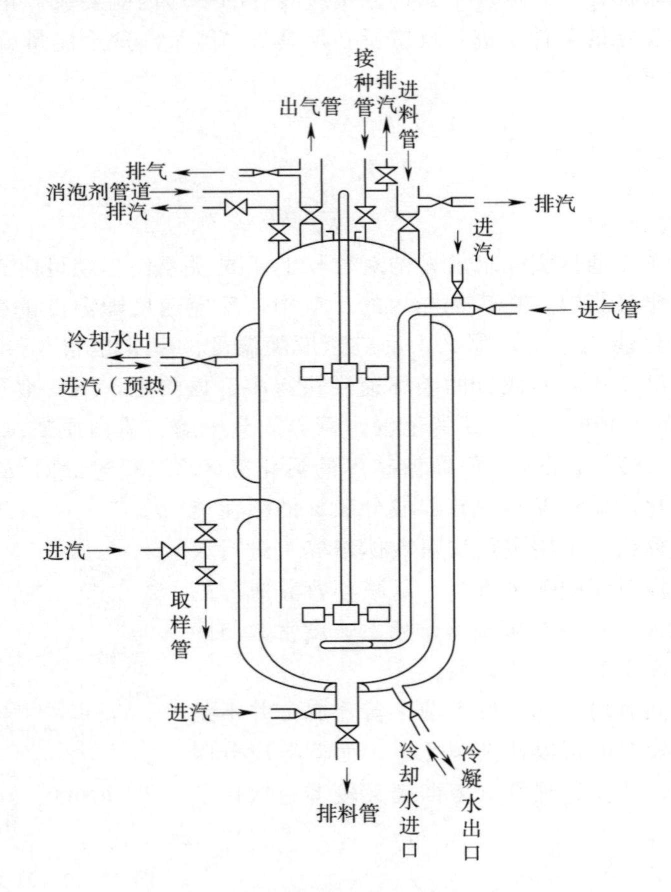

图 2-1-50 实罐灭菌设备示意图

4. 操作要点

①空气过滤器灭菌，并吹干；

②输料管路内的污水放掉、冲净；

③加培养基，密封发酵罐，慢速搅拌；

④各排气阀打开，夹套或蛇管通蒸汽，培养基预热至75～90℃，排气阀关小；

⑤进气口、排料口、取料口三路蒸汽进气；

⑥调进汽阀、排汽阀保持罐压0.1MPa，通常培养基升温至121℃，保温20～30min；

⑦灭菌完毕后，先关一路排汽阀，再关一路进汽阀，至三路排汽、进汽阀全关闭；

⑧罐压低于空气压力后，通无菌空气；通冷水，冷却培养基至发酵温度。

（三）连续灭菌流程

连续灭菌，又称连消法，是将配制好的培养基在向发酵罐等培养装置输送的同时进行加热、保温和冷却过程的灭菌方法。发酵罐应在加入灭菌的培养基前先行单独灭菌。

培养基连续灭菌的特点：

①提高产量，设备利用率高。

②与分批灭菌比较，培养基受热时间短，培养基中营养成分破坏较少。

③产品质量较易控制；蒸汽负荷均衡，操作方便。

④降低了劳动强度，适用于自动控制。

图2-1-51为连消塔加热的连续灭菌流程。灭菌料液由连消泵送入连消塔底部，料液在此被加热蒸汽立即加热到灭菌温度383～403K，由顶部流出，进入维持罐，维持8～25min，后经喷淋冷却器冷却到生产要求温度。

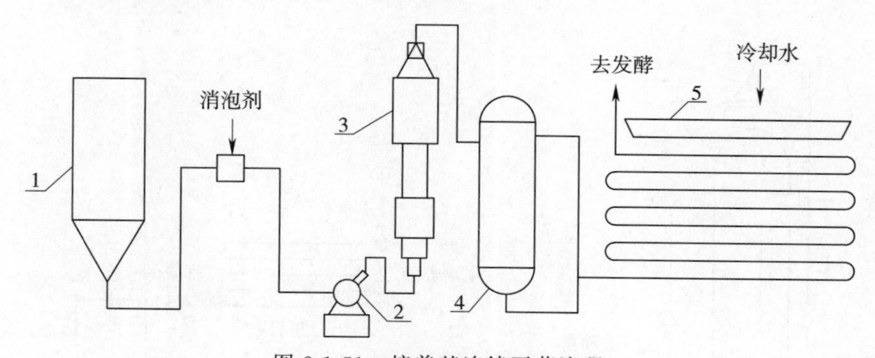

图2-1-51　培养基连续灭菌流程

1—料液罐　2—连消泵　3—连消塔　4—维持罐　5—喷淋冷却器

连消塔构造如图2-1-52、图2-1-53和图2-1-54所示。

套管式连消塔内物料被加热到383～403K，培养基在管间的逗留时间为15～20s，流动线速度小于0.1m/s，蒸汽从小孔喷出速度为25～40m/s。

维持罐如图2-1-55所示，为长圆筒形受内压容器，高为直径的2～4倍。罐的有效体积应能满足维持时间8～25min的需要，填充系数为85%～90%。

图2-1-56所示为喷射加热的连续灭菌流程。培养基在指定的灭菌温度下停留时间由维持管的长度来保证。灭过菌的培养基通过膨胀阀进入真空冷却器而急速冷却。此流程能保证培养基先进先出，避免过热或灭菌不彻底的现象。其温度和时间的关系可由图2-1-57知。

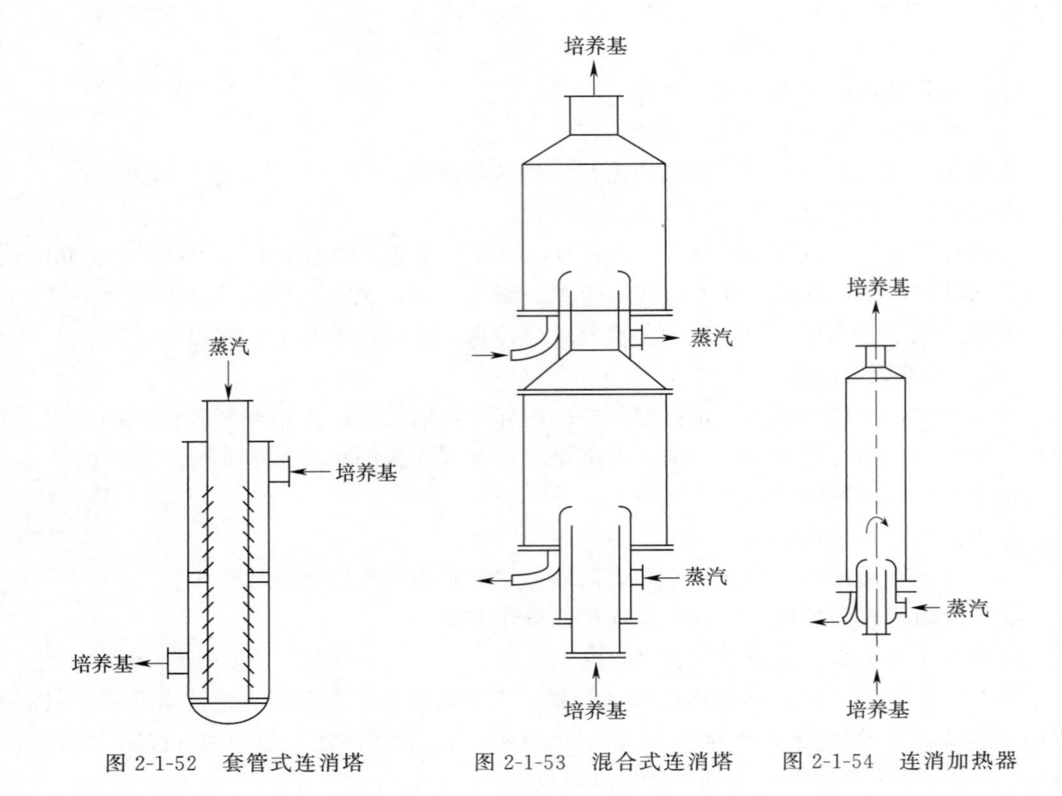

图 2-1-52　套管式连消塔　　图 2-1-53　混合式连消塔　　图 2-1-54　连消加热器

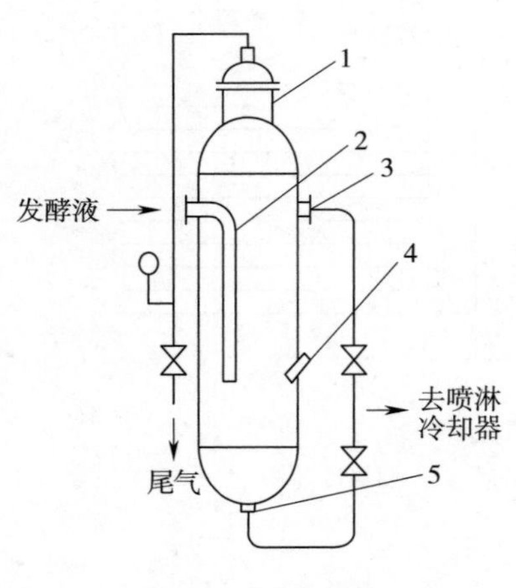

图 2-1-55　维持罐

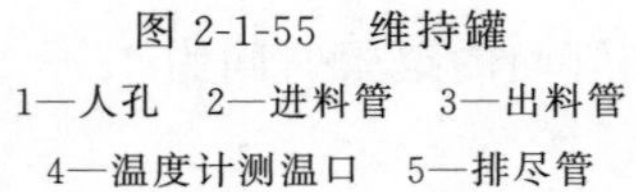
1—人孔　2—进料管　3—出料管
4—温度计测温口　5—排尽管

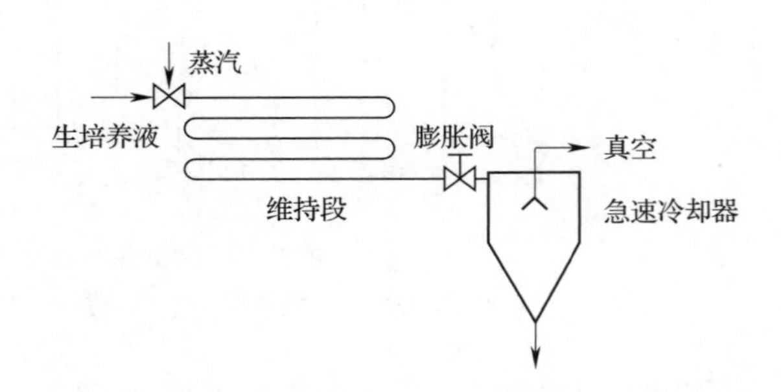

图 2-1-56　喷射加热连续灭菌流程

图 2-1-58 所示为喷射加热示意图。当料液流经喷嘴 1，得以压缩并高速喷出时，将蒸汽由吸入口经吸入室 3 进入混合喷嘴 4 中混合，混合段 5 较长，有利于汽液混合。料液在扩大管 6 中速度能转变成压力能，因此料液被压力与扩大管 6 相连接的管道中。

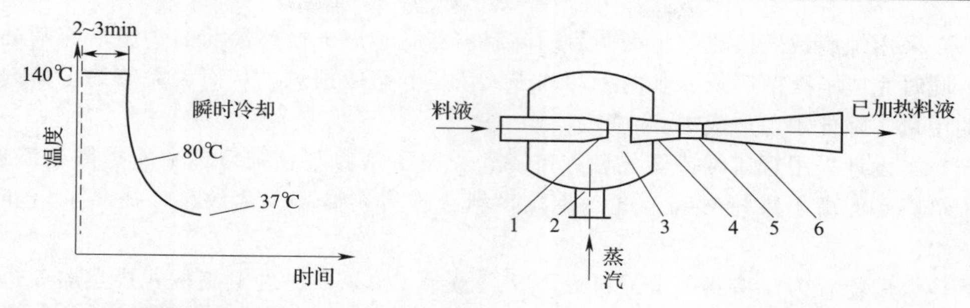

图 2-1-57　喷射加热连续灭菌温度时间关系图

图 2-1-58　喷射加热器示意图

1—喷嘴　2—吸入口　3—吸入室

4—混合喷嘴　5—混合段　6—扩大管

图 2-1-59 为薄板换热器连续灭菌流程。培养基在设备中同时完成预热、加热灭菌、维持及冷却的过程。利用薄板换热器进行连续灭菌时，加热和冷却培养基所需的时间比使用喷射式连续灭菌稍长，但灭菌周期较间歇灭菌小得多，见图 2-1-60。由于待灭培养基的预热过程同时为灭菌培养基的冷却过程，所以节约了加热蒸汽及冷却水的消耗。

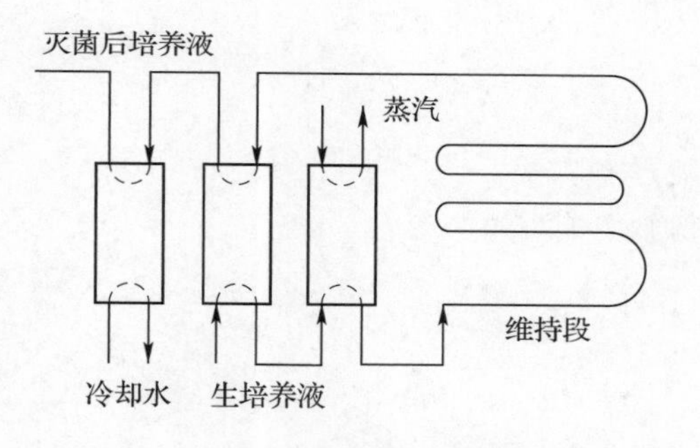

图 2-1-59　薄板换热器连续灭菌流程

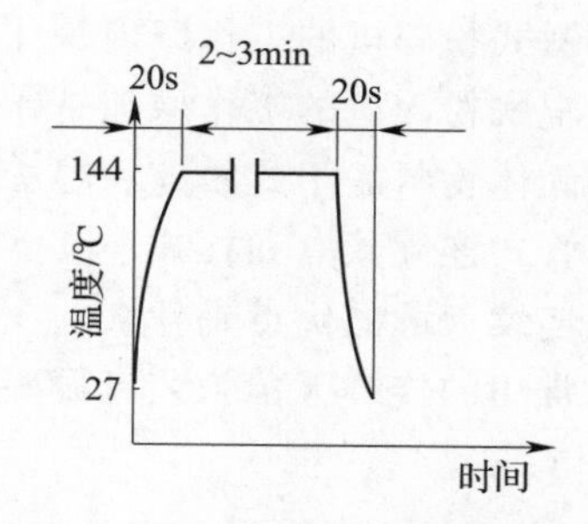

图 2-1-60　板式换热器连续灭菌温度时间关系图

图 2-1-61 为使用螺旋板式换热器的节能连消器。本设计的特色主要有以下两个方面。

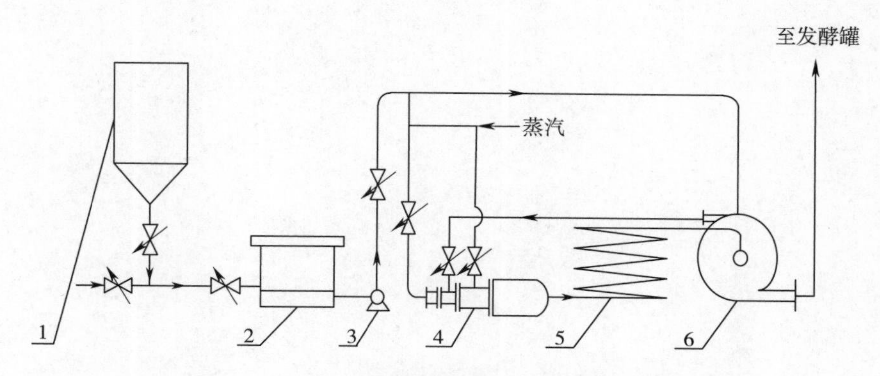

图 2-1-61　使用螺旋板式换热器的节能连消器

1—配料罐　2—过滤器　3—泵　4—加热器　5—管道维持器　6—螺旋板式换热器

（1）采用螺旋板式换热器将灭菌后的高温培养基和进入加热器前的常温培养基进行热交换，同时完成了灭菌后培养基的冷却和未灭菌培养基的预热，从而大大节约了蒸汽和冷却水的用量，降低了生产成本。

（2）本设计采用管道维持器代替维持罐，克服了培养基在维持罐中的扩散返混现象，缩短了培养基的高温维持时间，进一步减少糖分损失，提高灭菌效果，提高了培养基的质量。

具体灭菌流程为：培养基由配料罐 1 经过滤器 2 由泵 3 送进螺旋板式换热器 6 进行预热，再经加热器 4 用直接蒸汽加热到 121℃，然后在管道维持器 5 内维持 3min 以灭菌，灭菌后的培养基再至螺旋板式换热器经冷培养基冷却至 55℃左右进入发酵罐继续冷却。

螺旋板式换热器具有传热系数高、不易结垢和堵塞、能利用低温热源以及结构紧凑等优点。

思考题

1. 大麦的精选及分级设备有哪些？试述其工作原理。
2. 简述水平式与立体式糖蜜连续稀释器的结构、工作特点和原理。
3. 固体物料的粉碎按其受力情况可分哪几种？
4. 锤式粉碎机的工作原理是什么？
5. 辊式粉碎机的工作原理是什么？
6. 固体物料的干式粉碎和湿法粉碎的优缺点有哪些？
7. 管式连续蒸煮和柱式连续蒸煮工艺的优缺点有哪些？
8. 连续灭菌的优点是什么？
9. 常用的连续灭菌工艺有哪些？

第二章 过滤、离心与膜分离设备

在生物工业生产中，微生物发酵液、动植物细胞培养液、酶反应液及其他培养液大多是固相与液相的混合物，其目的产物有的分泌到细胞外，即胞外产物，如柠檬酸、乳酸等有机酸，有的则不能分泌到细胞外而保留在细胞内，如青霉素酰化酶、碱性磷酸酶等胞内酶及基因工程表达产物，还有的就是细胞本身，如酵母单细胞蛋白、嗜酸乳杆菌和双歧杆菌等。为了提取和精制目的产物，往往需要对悬浮液进行固液分离或液液分离，这是生物产品生产过程中的重要单元操作之一。

发酵悬浮液的种类很多，大多数表现为黏度大和成分复杂的特点，且悬浮液中的固体粒子具有一定的可压缩性，使得分离更加困难。通常分离前先对悬浮液进行预处理，改变悬浮液的物理性质，再选择适宜的分离手段和操作条件，达到分离的目的。

悬浮液分离的方法有多种，生物工业中最常用的主要是过滤、离心及膜分离。过滤是生物工业中传统的单元操作，是目前用于固液分离的主要方法。离心可用于过滤的前处理，且对那些颗粒小、悬浮液黏度大、过滤速率慢甚至难以过滤分离的悬浮液分离有效，还可用于液液分离过程。膜分离技术是选择不同孔径的膜实现固液分离，溶质与溶剂的分离及浓缩和纯化操作。本章主要讲述生物工业中常用的加压过滤、真空过滤、离心分离及膜分离的有关设备及计算，并讨论过滤速率的强化、模型实验方法及分离过程的放大。

第一节 过滤速度的强化

提高过滤速度一方面可通过改变悬浮液的物理性质而促其分离，即对发酵液进行预处理；另一方面，选择适当的过滤介质和操作条件也可实现此目的。

一、发酵液的预处理

生物工业生产中的培养基和发酵液，由于高黏度、非牛顿流体、菌体细小且可压缩，若不经过适当的预处理就很难实现工业规模的过滤，同时由于菌体自溶释放出的核酸及其他有机物质的存在会造成液体浑浊，即使采用高速离心机也难以分离。还有一些发酵液中，高价无机离子（Ca^{2+}、Mg^{2+}、Fe^{3+}）和杂蛋白质较多。高价无机离子的存在，在采用离子交换法分离时，会影响树脂的交换容量。杂蛋白质的存在，在采用大网格树脂吸附法分离时会降低其吸附能力，采用萃取法时容易产生乳化，使两相分离不清；采用过滤法时，过滤速度下降，过滤膜受到污染。发酵液预处理的目的在于增大悬浮液中固体粒子的尺寸，除去高价无机离子和杂蛋白质，降低液体黏度，实现有效分离。预处理的方法有：加热、凝聚和絮凝、加吸附剂或盐类、调节 pH、加入助滤剂等。

（一）加热

加热发酵液可有效降低液体黏度，提高过滤速率，同时，在合适的温度和受热条件下，蛋白质会变性，并凝聚形成大颗粒的凝聚物，可进一步改善发酵液的过滤特性。如柠

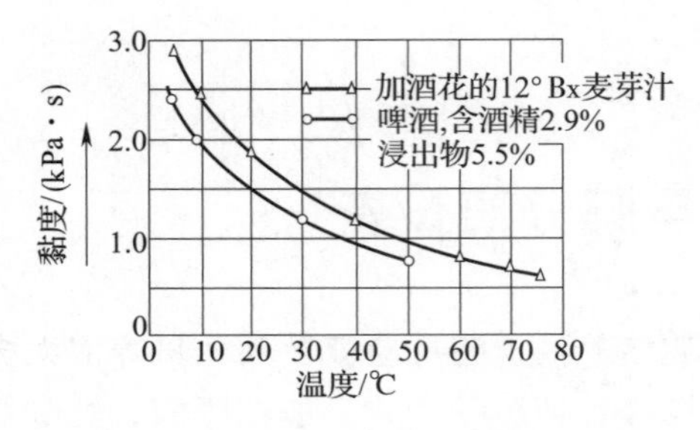

图 2-2-1　麦芽汁黏度-温度曲线

檬酸发酵液加热至 80℃以上，可使蛋白质变性凝固，过滤速度加快，此外，液体黏度是温度的指数函数，升高温度是降低黏度的有效措施。图 2-2-1 是 12°Bx 麦芽汁的黏度-温度曲线。从图中可见，糖化醪在 78℃时的黏度仅是 40℃时的1/2。因此在 78℃过滤比在 40℃时过滤速度可提高 1 倍左右。为了防止目标产物变性，加热时必须严格控制加热温度和加热时间，加热温度过高或者时间过长，会造成细胞溶解，使胞内物质溢出，反而不利于后续产物的分离和纯化。

（二）凝聚和絮凝

凝聚（Coagulation）和絮凝（Flocculation）技术是发酵液预处理的重要方法，能有效地改变细胞、菌体和蛋白质等胶体粒子的分散状态，破坏其稳定性，使之聚集、颗粒增大，便于分离。凝聚是指在电解质作用下，由于胶粒之间双电层电排斥作用降低，电位下降，而使胶体体系不稳定的现象。絮凝则是指在某些高分子絮凝剂存在下，基于架桥作用，使胶粒形成较大絮凝团的过程，是一种以物理的集合为主的过程。

1. 凝聚

发酵液中的细胞、菌体或蛋白质等胶体粒子的表面，一般都带有电荷，带电的原因很多，主要是吸附溶液中的离子和自由基团的电离。在生理 pH 下，发酵液中的菌体或蛋白质常常带负电荷，由于静电引力的作用，使溶液中带相反电荷的阳离子被吸附在其周围，在界面上形成双电层。这种双电层的结构使胶粒之间不易聚集而保持稳定的分散状态。双电层的电位越高，电排斥作用越强，胶体粒子的分散程度也就越大，发酵液过滤就越困难。

凝聚作用就是向发酵液中加入某种电解质，在电解质中异电离子作用下，胶粒的双电层电位降低，使胶体体系不稳定，胶体粒子间因相互碰撞而产生聚集的现象。电解质的凝聚能力可用凝聚值来表示，使胶粒发生凝聚作用的最小电解质浓度（mol/L）称为凝聚值。根据 Schuze-Hardy 法则，反离子的价数越高，该值就越小，即凝聚能力越强。阳离子对带负电荷的发酵液胶体粒子凝聚能力的次序为：$Al^{3+} > Fe^{3+} > H^{+} > Ca^{2+} > Mg^{2+} > K^{+} > Na^{+} > Li^{+}$。常用的凝聚电解质有 $Al_2(SO_4)_3 \cdot 18H_2O$（明矾）、$AlCl_3 \cdot 6H_2O$、$FeCl_3 \cdot 6H_2O$、$FeSO_4 \cdot 7H_2O$、石灰、$ZnSO_4$、$MgCO_3$等。

2. 絮凝

采用凝聚方法得到的凝聚体，其颗粒常常是比较细小的，有时还不能有效地进行分离。采用絮凝法则常可形成粗大的絮凝体，使发酵液较易分离。

絮凝剂是一种能溶于水的高分子聚合物，其相对分子质量可高达数万乃至两千万以上，它们具有长链状结构，其链节上含有许多活性功能团，包括带电荷的阴离子（如—COOH）或阳离子（如—NH_2）基团以及不带电荷的非离子型基团。它们通过静电引力、范德华力或氢键的作用，强烈地吸附在胶粒的表面。当一个高分子聚合物的许多链节分别吸附在不同颗粒的表面上，产生架桥联接时，就形成了较大的絮团，这就是絮凝作用。

对絮凝剂的化学结构一般有两方面的要求，一方面要求其分子必须含有相当多的活性官能团，使之能和胶粒表面相结合；另一方面要求必须具有长链的线性结构，以便同时与多个胶粒吸附形成较大的絮团，但相对分子质量不能超过一定限度，以使其具有良好的溶解性。根据其活性基团在水中解离情况的不同，絮凝剂可分为非离子型、阴离子型和阳离子型三类。根据其来源不同，工业上使用的絮凝剂又可分为如下三类。

（1）有机高分子聚合物　如聚丙烯酰胺类衍生物、聚苯乙烯类衍生物等。

（2）无机高分子聚合物　如聚合铝盐、聚合铁盐等。

（3）天然有机高分子絮凝剂　如聚糖类胶黏物、海藻酸钠、明胶、骨胶、壳聚糖、脱乙酰壳多糖等。

目前最常用的絮凝剂是有机合成的聚丙烯酰胺（Polyacrylamide）类衍生物，其絮凝体粗大，分离效果好，絮凝速度快，用量少（一般以mg/L计），适用范围广。它们的主要缺点是存在一定的毒性，特别是阳离子型聚丙烯酰胺，一般不宜用于食品及医药工业。近年来发展的聚丙烯酸类阴离子絮凝剂，无毒，可用于食品及医药工业。

絮凝效果与絮凝剂的添加量、相对分子质量和类型、溶液的pH、搅拌转速和时间等因素有关。同时，在絮凝过程中，常需要加入一定的助滤剂以增加絮凝效果。溶液pH的变化常会影响离子型絮凝剂中官能团的电离度，从而影响吸附作用的强弱。絮凝剂的最适添加量往往需通过试验确定，虽然较多的絮凝剂有助于增加桥架的数量，但过多的添加量反而会引起吸附饱和，絮凝剂争夺胶粒而使絮凝团的粒径变小，絮凝效果下降。如图2-2-2所示为α-淀粉酶发酵液中，絮凝剂添加量对絮凝液滤速的影响。从图2-2-2中可看出，絮凝剂的最适添加量为70mg/L。

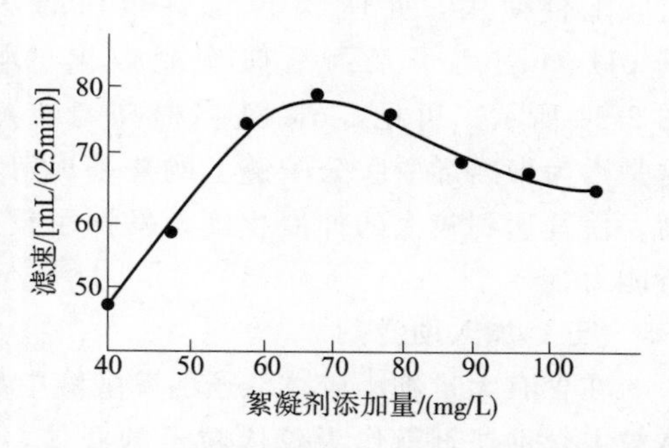

图2-2-2　絮凝剂添加量对过滤速率的影响

（三）加入盐类

发酵液中加入某些盐类，可除去高价无机金属离子，如Ca^{2+}、Mg^{2+}、Fe^{3+}等。

去除钙离子，常采用草酸钠或草酸，反应后生成的草酸钙在水中溶度积很小（18℃时为1.8×10^{-9}），因此能将钙离子基本完全去除，生成的草酸钙沉淀还能促使杂蛋白质凝固，提高滤速和滤液质量。

镁离子的去除也可用草酸，但草酸镁溶度积较大（18℃时为8.6×10^{-5}），故沉淀不完全，也可采用磷酸盐，使生成磷酸钙盐和磷酸镁盐沉淀而除去。除形成沉淀外，还可用三聚磷酸钠，生成一种可溶性络合物而消除镁离子的影响：

$$Na_5P_3O_{10}+Mg^{2+}\longrightarrow MgNa_3P_3O_{10}+2Na^+$$

三聚磷酸钠也能与钙、铁离子形成络合物。采用三聚磷酸钠的主要缺点是容易造成河水污染，大量使用应注意加强“三废”处理。

去除铁离子，可采用黄血盐，形成普鲁士蓝沉淀：

$$4Fe^{3+}+3K_4Fe(CN)_6\longrightarrow Fe_4[Fe(CN)_6]_3\downarrow+12K^+$$

高价金属离子的去除对离子交换法提取和成品质量影响很大。例如在用弱酸阳离子交换树脂提取庆大霉素时，如果预处理时加入草酸除去钙、镁离子，可使树脂对庆大霉素的交换容量提高28%～30%，而最后成品的灰分可降低70%左右。

（四）调节 pH

蛋白质一般以胶体状态存在于发酵液中。胶体状态的稳定性与其所带电荷有关。蛋白质属两性物质，在酸性溶液中带正电荷，而在碱性溶液中带负电荷。某一 pH 下，净电荷为零，溶解度最小，称为等电点。由于羧基的电离度比氨基大，因而蛋白质的酸性通常强于碱性，其等电点大都在酸性范围内（pH 4.0～5.5）。因此，调节发酵液的 pH 到蛋白质的等电点是除去蛋白质的有效方法。大幅度改变 pH，还能使蛋白质变性凝固。

对于加入离子型絮凝剂的发酵液，调节 pH 可改变絮凝剂的电离度，从而改变分子链的伸展状态。电离度大，链节上相邻离子基团间的电排斥作用强，使分子链从卷曲状态变为伸展状态，则架桥能力提高，采用碱式氯化铝和阴离子聚丙酰胺配合使用，处理 2709 碱性蛋白酶发酵液，其 pH 对阴离子聚丙酰胺絮凝效果的影响如图 2-2-3所示。可见，pH 适当提高能增大滤速，这是因为聚丙烯酰胺分子链上的羧基离解程度提高，使其达到较大的伸展程度，发挥了较好的架桥能力。

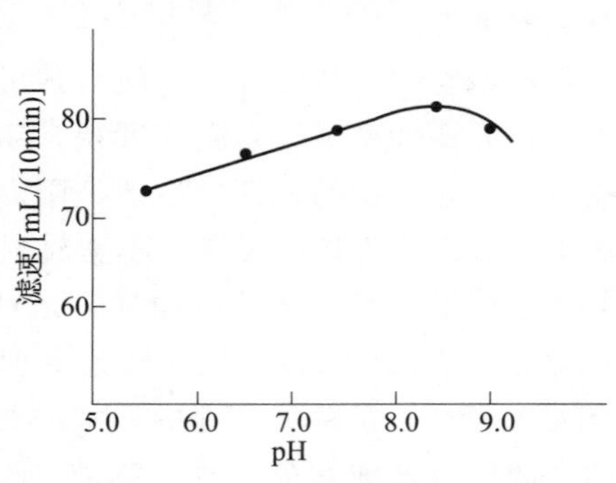

图 2-2-3　pH 对絮凝效果的影响

（五）加入助滤剂

在含有大量细小胶体粒子的发酵液中加入固体助滤剂，则这些胶体粒子吸附于助滤剂微粒上，助滤剂就作为胶体粒子的载体，均匀地分布于滤饼层中，相应地改变了滤饼结构，降低了滤饼的可压缩性，也就减小了过滤阻力。目前生物工业中常用的助滤剂是硅藻土，其次是珍珠岩粉、活性炭、石英砂、纤维素、白土等。

选择助滤剂应考虑以下几点。

（1）粒度　助滤剂颗粒大，过滤速度快，但滤液澄清度差，反之，颗粒小，过滤阻力大，澄清度高。粒度选择应根据悬浮液中的颗粒和滤液的澄清度通过试验确定，一般情况下，颗粒较小的滤饼应采用细小的助滤剂。

（2）助滤剂的品种　应根据过滤介质选择助滤剂品种。使用粗目滤网时易泄漏，可选择纤维素，可有效地防止泄漏；采用细目滤布时，可使用细硅藻土；若采用粗粒硅藻土，则悬浮液中的细微颗粒仍将透过预涂层到达滤布表面，从而使过滤阻力增大。

滤饼较厚时（50～100mm），为了防止龟裂，可加入 1%～5%纤维素或活性炭。

（3）用量　间歇操作时，助滤剂预涂层的厚度应不小于 2mm。连续过滤机中根据过滤速度确定。加入悬浮液中的量，使用硅藻土时，通常细粒为 500g/m^3，粗粒 700～1000g/m^3；中等粒度 700g/m^3，应均匀分散于悬浮液中而不沉淀，故一般设置搅拌混合槽。

另外，若助滤剂中的某些成分会溶于酸性或碱性液体中从而对产品造成影响时，使用前应对助滤剂进行酸洗或碱洗。

二、过滤介质选择及操作条件优化

（一）过滤介质选择

过滤介质除过滤作用外，还是滤饼的支撑物。它应具有足够的机械强度和尽可能小的流动阻力。合理选择过滤介质取决于许多因素，其中过滤介质所能截留的固体粒子的大小以及对滤液的透过性是过滤介质最主要的技术特性。

过滤介质所能截留的固体粒子的大小通常以过滤介质的孔径表示。常用的过滤介质中纤维滤布所能截留的最小粒子约10μm，硅藻土为1μm，超滤膜可小于0.5μm。过滤介质的透过性是指在一定的压力差下，单位时间单位过滤面积上通过滤液的体积量，它取决于过滤介质上毛细孔径的大小及数目。

工业上常用的过滤介质主要有以下几类。

1. 织物介质

织物介质又称滤布，包括由棉、毛、丝、麻等织成的天然纤维滤布和合成纤维滤布。这类滤布应用最广泛，其过滤性能受许多因素的影响，其中最重要的是纤维的特性、编织纹法和线型。生物工业常用的棉纤维、尼龙和涤纶滤布的某些特性及编织纹法、线型对过滤性能的影响分别列于表2-2-1、表2-2-2和表2-2-3。

表2-2-1　几种常用纤维滤布的物理性能

种类＼性能	最高安全温度/℃	密度/（kg/m³）	吸水率/%	耐磨性
棉	92	155	16～22	良
尼龙	105～120	114	6.5～8.3	优
涤纶	145	138	0.04～0.08	优

表2-2-2　不同编织纹法滤布对过滤性能的影响

纹法＼性能	浊度澄清度	阻力	滤饼中含水	滤饼脱落难易	寿命	堵孔倾向
平纹 斜纹 缎纹	依次下降↓	依次下降↓	依次减少↓	依次变易↓	中长短↓	依次变易↓

表2-2-3　不同线型滤布对过滤性能的影响

线型＼指标	滤液澄清度	阻力	滤饼中含水率	滤饼脱落难易	寿命	堵孔倾向
合成纤维，单长丝滤布	最低	最小	最低	最易	最短	最少
合成纤维，多细丝单线滤布 棉纱线滤布	依次增高↓	依次增大↓	依次增大↓	依次变难↓	依次增大↓	依次增大↓

2. 粒状介质

粒状介质有硅藻土、珍珠岩粉、细砂、活性炭、白土等。最常用的是硅藻土。它是优良的过滤介质，主要有以下特性：①一般不与酸碱反应，化学性能稳定，不会改变液体组成；②形状不规则，空隙大且多孔，工业使用的硅藻土粒径一般为 2～100μm，密度 100～250kg/m³，比表面积 10000～20000m²/kg，具有很大的吸附表面；③无毒且不可压缩，形成的过滤层不会因操作压力变化而阻力变化，因此也是一种良好的助滤剂。

硅藻土过滤介质通常有以下三种用法。

(1) 作为深层过滤介质　形状不规则的粒子所形成的硅藻土过滤层具有曲折的毛细孔道，借筛分、吸附和深层效应除去悬浮液中的固体粒子，截留效果可达 1μm。

(2) 作为预涂层　在支持介质的表面上预先形成一层较薄的硅藻土预涂层，用以保护支持介质的毛细孔道不被滤饼层中的固体粒子堵塞。

(3) 用作助滤剂　在待过滤的悬浮液中加入适量的硅藻土，使形成的滤饼层具有多孔性，支撑滤饼，降低滤饼的可压缩性，以提高过滤速度和延长过滤周期。

近年来发展的各种硅藻土过滤机常将后两种方法结合起来操作，收到良好的效果。

硅藻土的粒度分布对过滤速度的影响很大。显然，粒度小，滤液澄清度好，但过滤阻力大；粒子大，则相反。工业生产中，根据不同的悬浮液性质和过滤要求，选择不同规格的硅藻土，通过实验确定适宜的配合比例，可取得较好的效果。

3. 多孔固体介质

多孔固体介质如多孔陶瓷、多孔玻璃、多孔塑料等，可加工成板状或管状，孔隙很小且耐腐蚀，常用于过滤含有少量微粒的悬浮液。

(二) 过滤操作条件优化

前已述及，悬浮液进行过滤分离的速度取决于它的物理性质和操作条件，根据过滤微分方程式：

$$\frac{\mathrm{d}q}{\mathrm{d}\tau}=\frac{\Delta p}{\mu r_0 x_0 q+\mu R} \tag{2-2-1}$$

式中　q——单位面积上所得的滤液体积，m^3/m^2

τ——过滤时间，s

$\frac{\mathrm{d}q}{\mathrm{d}\tau}$——过滤速度，m/s

Δp——过滤压力差，Pa

r_0——滤饼的体积比阻力，$1/m^2$

x_0——单位体积滤液中滤出滤饼的体积，m^3/m^3滤液

μ——滤液黏度，Pa·s

R——滤布阻力，1/m

$$x_0=\frac{滤饼体积}{滤液体积}=\frac{V_e}{V}=\frac{Fl}{V}=\frac{l}{q}$$

式中　V_e——滤饼体积，m^3

V——滤液体积，m^3

F——过滤面积，m^2

l——滤饼层厚度，m

上式可写成：

$$\frac{\mathrm{d}V}{\mathrm{d}\tau}=\frac{1}{\mu}\cdot\frac{\Delta pF}{r_0 l+R} \tag{2-2-2}$$

很显然，过滤速率（$dV/d\tau$）与过滤面积成正比，与过滤压差成正比，而与滤液黏度成反比，且滤饼比阻力越大，过滤速率越小，滤饼层越厚，过滤速率越慢。这些参数均取决于悬浮液的物理性质、操作条件或二者的共同作用，下面分别讨论。

1. 改善悬浮液的物理性质

改善悬浮液的物理性质主要是降低滤液黏度，减少滤饼比阻及滤饼层厚度。加热是降低滤液黏度最有效可行的方法。在过滤操作中，如果工艺条件允许，尽可能采用加热过滤。如啤酒生产中糖化醪维持在78℃下过滤。另外，有些悬浮液还可用其他方法降低黏度。如在啤酒糖化醪中加入适量β-葡萄糖苷酶，由于β-葡萄糖苷键的降解可降低麦汁的黏度。

减少滤饼的比阻，依滤饼比阻的定义：

$$r_0 = \frac{128a}{n\pi d^4} \tag{2-2-3}$$

式中　d——滤饼层毛细孔直径

n——单位面积滤饼层上毛细孔的数目

a——毛细孔弯曲因子

可见，增大毛细孔直径，减少弯曲因子均有利于降低滤饼比阻。工业生产中，悬浮液中加入絮凝剂，使细小的胶体粒子“架桥”长大，从而形成大孔径的滤饼层。加入固体助滤剂可降低滤饼层的可压缩性，使弯曲因子变小。

对于固体含量较大的悬浮液，过滤前可采用重力沉降或离心沉降方法分离出大部分粒子，再进行过滤操作，这样可使滤饼层的厚度减小，提高过滤速度，延长过滤周期。

2. 优化操作条件

优化操作条件的目的主要是提高过滤速率，对于不可压缩滤饼，滤饼比阻r_0为一常量，则$\frac{dq}{d\tau} \propto \Delta p$，即过滤压差大，推动力大，过滤速度快。此种情况下，在过滤介质、过滤设备所允许的机械强度范围内，尽可能采用加压过滤。然而，发酵液过滤所形成的滤饼通常是高度可压缩的，即$r_0 = f(\Delta p)$，实验证明r_0与Δp成以下指数关系：

$$r_0 = r_{01}\Delta p^s \tag{2-2-4}$$

$$r_0 = r_{02} + a\Delta p^{s'} \tag{2-2-5}$$

式中　s、s'——压缩性指数，对于大多数滤饼，s、s'在0.1～0.95，s、s'=0时，为完全不可压缩滤饼，等于1时为完全可压缩滤饼

r_{01}、r_{02}、a——系数，这些参数均由实验确定

在这种情况下，提高过滤压差的同时，也加大了滤饼的比阻。由于r_0与Δp之间的非线性关系，在某一压力差范围内，提高Δp有利于加大过滤速度，但当Δp超过某一值后，继续增加Δp反而使过滤速度减慢，其原因是r_0增加的幅度超过了Δp的增加值，导致过滤速率下降。

间歇式恒压过滤操作中，开始过滤速度最大，随着过滤的进行，则过滤速率逐渐降低，因此，确定间歇过滤机的最佳过滤操作时间，便可获得最大的生产能力（最大平均过滤速率）。图2-2-4是典型的间歇式恒压过滤曲线。图中τ_a为辅助操作时间。从图中可以看出，若从原点做$\tau - v$曲线的切线，则切点处的瞬时速度将等于整个循环时间内的平均速率，所对应的时间即为最佳过滤操作时间，以τ_p表示，即：

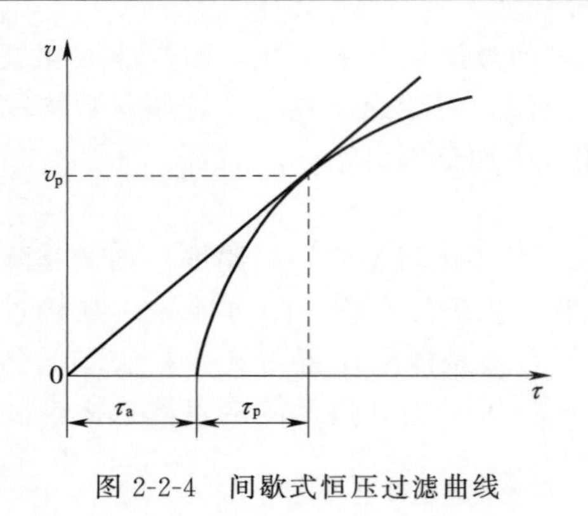

图 2-2-4　间歇式恒压过滤曲线

$$\frac{dV}{d\tau}=\frac{V}{\tau_a+\tau_p} \tag{2-2-6}$$

由过滤微分式（2-2-1）知：

$$\frac{dV}{d\tau}=\frac{\Delta pF}{\mu r_0 x_0\frac{V}{F}+\mu R}$$

令：
$$m=\frac{\mu r_0 x_0}{\Delta pF^2},\ b=\frac{\mu R}{\Delta pF}$$

则：
$$\frac{dV}{d\tau}=\frac{1}{mV+b}$$

所以：
$$\frac{1}{mV+b}=\frac{V}{\tau_a+\tau_p} \tag{2-2-7}$$

恒压下对$\frac{dV}{d\tau}=\frac{1}{mV+b}$积分为：

$$\tau_p=\frac{1}{2}mV^2+bV \tag{2-2-8}$$

于是由式（2-2-7）、式（2-2-8）可求得间歇式恒压过滤的最佳操作时间为：

$$\tau_p=\tau_a+b\sqrt{\frac{2\tau_a}{m}} \tag{2-2-9}$$

得到的滤液体积为：

$$V_p=\sqrt{\frac{2\tau_a}{m}} \tag{2-2-10}$$

从式（2-2-9）可以看出，最佳过滤操作时间 τ_p 总是大于辅助操作时间 τ_a。

对于可压缩滤饼，当过滤压差 Δp 在操作过程中变化时，应先由式（2-2-4）、式（2-2-5）实验确定滤饼比阻 r_0 与过滤压差 Δp 之间的函数关系，再与过滤方程关联，便可求得最佳的操作条件。

第二节　过 滤 设 备

按过滤推动力，可将过滤设备分为常压过滤机、加压过滤机和真空过滤机三类。常压过滤效率低，仅适用于易分离的物料，加压和真空过滤设备在生物工业中被广泛采用。

一、板框式及板式压滤机

（一）板框式压滤机

板框式压滤机主要由许多滤板和滤框间隔排列而组成，如图 2-2-5 所示。板和框多做成正方形，角端均开有小孔（图 2-2-6），装合压紧后即构成供滤浆或洗水流通的孔道。框的两侧覆以滤布，空框与滤布围成了容纳滤浆及滤饼的空间，滤板用以支撑滤布并提供滤液流出的通道。为此，滤板的两面制成沟槽，并分别与洗水孔道和滤料出口相通。滤板又分为洗涤板与非洗涤板两种，其结构与作用有所不同。每台板框压滤机有一定的总框数，其数目由生产能力和悬浮液固体浓度确定，最多可达 60 个，需要框数少时，可插入盲板以切断滤浆流通的孔道。

过滤时，悬浮液由离心泵或齿轮泵经滤浆通道打入框内，如图 2-2-7（1）所示，滤液

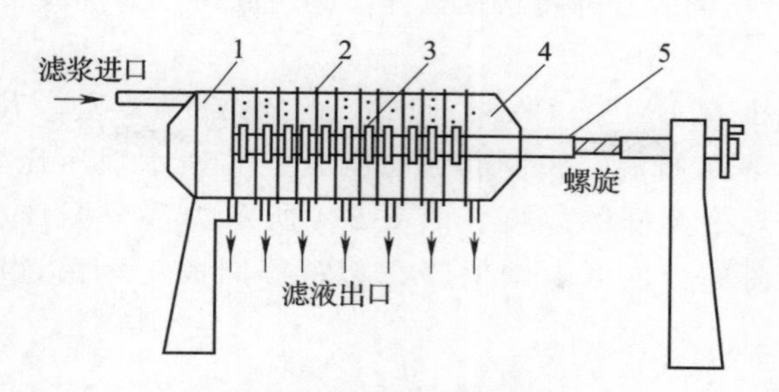

图 2-2-5　板框压滤机结构图

1—固定端板　2—滤布　3—板框支座　4—可动端板　5—支撑横梁　·过滤板　⁚滤框　⁝洗涤板

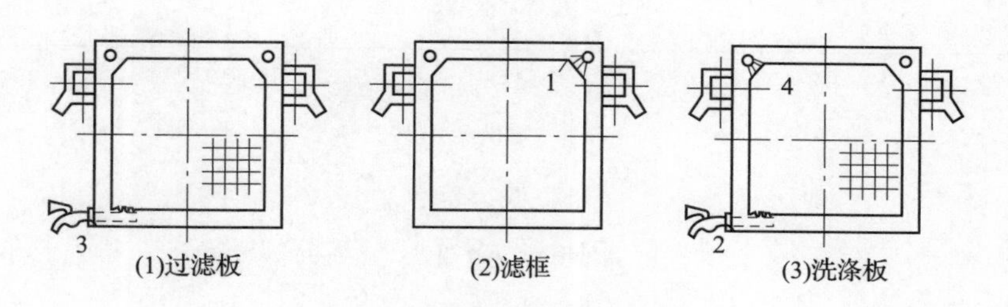

图 2-2-6　滤板和滤框

1—料液通道　2—滤液出口　3—滤液或洗液出口　4—洗液通道

穿过滤框两侧滤布，沿相邻滤板沟槽流至滤液出口，固体则被截留于框内形成滤饼。滤饼充满滤框后停止过滤。滤液在引出方式上有明流与暗流之分。前者适用于一般场合，如发酵液的过滤，后者则用于滤液需保持无菌，不与空气接触等场合。

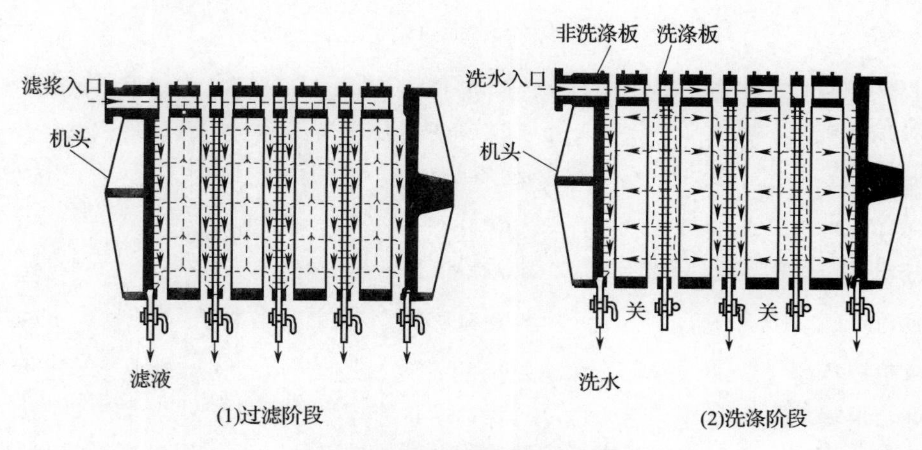

图 2-2-7　板框压滤机操作示意图

洗涤滤饼时，洗水经由洗水通道进入滤板与滤布之间。由于关闭洗涤板下部的滤液出口，洗水便横穿滤框两侧的滤布及整个滤框厚度的滤饼，最后由非洗涤板下部的滤液出口排出，如图 2-2-7（2）所示。由于洗水通过滤饼的厚度为最终过滤操作时的 2 倍，而洗水通过的过滤面积仅为过滤操作时的 1/2。因此，洗涤速率仅为最终过滤速率的 1/4。

洗涤结束后，旋开压紧装置并将板框拉开，卸出滤饼，清洗滤布，重新组装，进行下一循环操作。

常用的板框压滤机有 BMS、BAS、BMY 及 BAY 等类型。其中 B 表示板框压滤机、M 表示明流、A 表示暗流、S 表示手动压紧、Y 表示液压压紧，代号后面的数字表示过滤面积、滤框规格及框的厚度。表 2-2-4 所示为部分国产板框压滤机规格。滤板和滤框一般由铸铁铸成，也可由硬橡胶、塑料等制成。无菌过滤时，一般应采用不锈钢制造。

表 2-2-4　　部分国产板框压滤机规格

型号	过滤面积/m^2	框内尺寸（框宽×框高×框厚）/mm	滤框数目/片	框内总容量/L
BAS 2/ϕ370	2	ϕ370	10	
BAS 8/450－25	8	450×450×25	20	100
BAS 20/635－25	20	635×635×25	26	260
BAS 30/635－25	30	635×635×25	38	380
BAS 40/635－25	40	635×635×25	50	500
BMS 20/635－25	20	635×635×25	26	260
BMS 30/635－25	30	635×635×25	38	380
BMS 40/635－25	40	635×635×25	50	500
BMS 50/810－25	50	810×810×25	38	615
BMS 60/810－25	60	810×810×25	46	745
BAY 10/560－15	10	560×560×15	17	150
BAY 20/635－25	20	635×635×25	26	260
BAY 30/635－25	30	635×635×25	38	380
BAY 40/635－25	40	635×635×25	50	500
BAY 50/810－25	50	810×810×25	38	615
BMY 50/810－25	50	810×810×25	38	615
BMY 60/810－25	60	810×810×25	46	745
BMY 70/810－25	70	810×810×25	54	875
BMY 14/635－45	14	635×635×45	18	320
BMY 20/635－45	20	635×635×45	26	465

板框压滤机的最大操作压力可达 10×10^5Pa，通常使用压力为（3～5）$\times10^5$Pa。发酵液过滤时，单位处理量为 15～25L/（m^2·h）。

（二）板式压滤机

较常见的是凹腔板式压滤机（图 2-2-8），也称箱式压滤机，它全部由滤板并列组合而成，即滤板具有板和框的双重作用。滤板通常为凹面形圆盘，滤板两侧各有一凸出的边框，当两块滤板合拢时，中间的内腔即形成滤箱。每块滤板的两侧覆以滤布，利用螺旋活接头将滤布紧贴于板的凸缘平面上，这样可将滤箱空间分隔成滤布与板面间的滤液空间及滤布外部的滤浆空间。

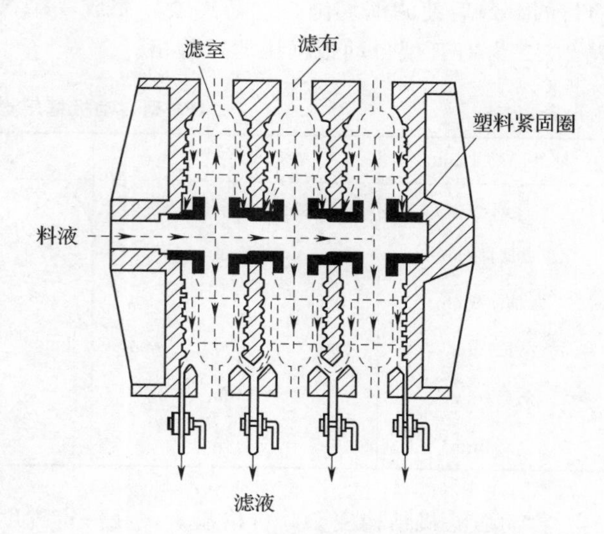

图 2-2-8　凹腔板式压滤机示意图

过滤时，料液经滤板的中央进料孔进入滤浆空间，滤渣沉积于滤布上形成滤饼，而滤液穿过滤布进入板面的沟槽内，并从下部的孔道流出。

板框式硅藻土过滤机与典型的板框式压滤机没有本质上的差别。它只是以硅藻土过滤介质代替滤布，使用特制的多孔隙滤纸板夹持在板和框之间，作为硅藻土层的支撑物，每一过滤周期结束后需更换新的滤纸板和硅藻土。

板式或板框式压滤机结构简单，价格低，过滤面积大，耐受压力高，动力消耗小，适用于较难处理物料的过滤，故使用较广泛。但这种压滤机不能连续操作，劳动强度大，辅助操作时间长，滤布易损坏。目前，半自动和全自动压滤机已得到广泛应用。

（三）自动板框压滤机

自动板框压滤机在板框压紧、卸饼、清洗等操作中可自动完成，劳动强度小，辅助操作时间短。

图 2-2-9 是 IFP 型自动板框压滤机的操作过程示意图。其结构与普通板框压滤机大体相同。只是板与框各有 4 个角孔，滤布是首尾封闭的整体，并配有自动控制操作系统。

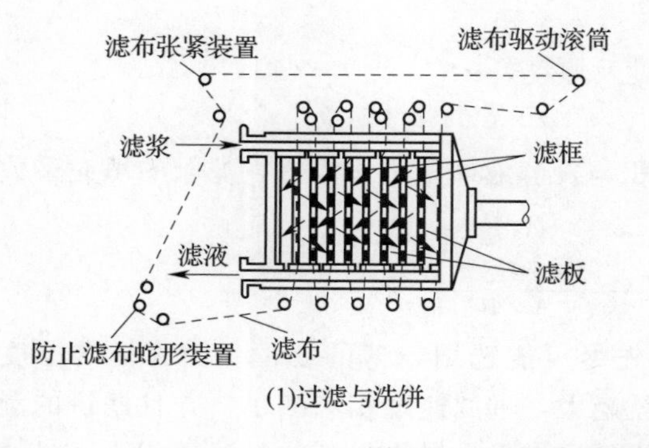

(1)过滤与洗饼

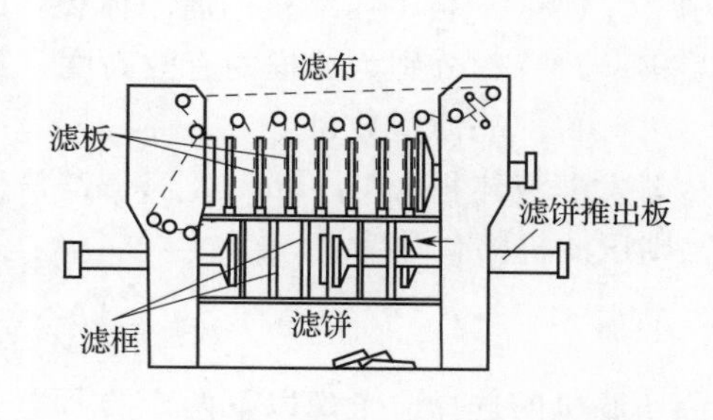

(2)降框、卸饼及洗刷滤布

图 2-2-9　IFP 自动板框压滤机工作原理图

过滤时，悬浮液从板框上部两个角孔形成的通道并行压入滤框，滤液穿过滤框两侧的滤布，沿滤板表面的沟槽流入下部角孔形成的通道，滤饼则在滤框内形成。洗涤滤饼也按过滤流向进行。洗饼完毕，油压机将板框拉开，并使滤框下降。然后开动滤饼推板，框内滤饼将以水平方向推出落下。传动装置带动环形滤布绕一系列转轴旋转，以达到洗涤滤布的目的，最后使滤框复位，重新夹紧，完成一个操作周期。全部操作可在 10min 内完成。表 2-2-5 为 IFP 型自动板框压滤机规格。

表 2-2-5　　IFP 型自动板框压滤机规格

框外部尺寸/mm	800×800			1000×1000			1250×1500		
框数/个	20	30	35	20	40	60	30	50	60
总过滤面/mm	19.1	28.6	33.4	31.0	62.0	93.0	104.6	172.3	209.1
框总体积/L	286	428	500	465	929	1394	1568	2614	3136
全长/mm	3000	5000	6000	3000	7000	8700	5000	7850	8700
全宽/mm		1400			1600			2300	
全高/mm		2500			3000			4000	

自动压滤机结构复杂，价格昂贵，在一定程度上限制了它的应用和发展。

（四）板框压滤机工艺计算

1. 物料衡算

设待处理悬浮液量为 m（kg），其固相浓度为 x_1（%，质量分数），经过滤分离后得湿滤渣为 m_1（kg），其湿度为 x_2（%，质量分数），获得滤液为 V（m^3），密度为 ρ（kg/m^3）。则：

总物料衡算
$$m = m_1 + V\rho \tag{2-2-11}$$

滤液物料衡算
$$m(1-x_1) - m_1 x_2 = V\rho \tag{2-2-12}$$

滤渣物料衡算
$$m x_1 = m_1(1-x_2) \tag{2-2-13}$$

由此计算得每批操作的滤液量、滤渣量及滤渣中的液体含量，用以选择压滤机。

2. 板框压滤机选择及台数

板框压滤机的滤箱体积为：

$$V_P = N \cdot A \cdot B \cdot H \tag{2-2-14}$$

式中　V_P——板框压缩机的滤箱体积，m^3

A、B、H——分别为滤框的有效高度、宽度及厚度，m

N——滤框数目

若发酵液体积为 V_F（m^3），其湿滤渣体积与发酵液体积之比为 E，滤箱的填充系数为 K，则压滤机的台数为：

$$n = \frac{V_F}{K \cdot V_p} = \frac{V_F \cdot E}{K \cdot N \cdot A \cdot B \cdot H} \tag{2-2-15}$$

压滤机的选择应考虑以下两个方面：首先尽可能选用较薄的滤框。因为框的厚度越大，液体穿过滤饼层的路程就越长，阻力也就越大，过滤速度相应减小，并且滤饼的湿度较大，洗涤困难，致使收率下降。此外，滤框越厚，每批操作得到的过滤面积小，过滤时间便相应增加。其次，压滤机台数的确定应从投资预算、布置、操作等全面考虑，一般以较大规格者为宜。

3. 过滤面积及生产能力计算

过滤操作通常有恒速过滤、恒压过滤或加压变速过滤等形式。其计算均基于过滤基本方程：

$$\frac{dV}{F d\tau} = \frac{\Delta p}{\mu r_0 x_0 \frac{V}{F} + \mu R} \tag{2-2-16}$$

（1）恒压差过滤　Δp 为常量，过滤速度逐渐下降，此时上式积分得：

$$V^2 + \frac{2RF}{r_0 x_0} V = \frac{2\Delta p F^2}{\mu r_0 x_0} \tau \tag{2-2-17}$$

则过滤面积为：

$$F = \frac{\mu RV + V\left(\mu^2 R^2 + 2\Delta p r_0 x_0 \mu \tau\right)^{\frac{1}{2}}}{2\Delta p \tau} \tag{2-2-18}$$

若忽略滤布阻力，则为：

$$F = \left(\frac{\mu r_0 x_0}{2\Delta p \tau}\right)^{\frac{1}{2}} \cdot V \tag{2-2-19}$$

（2）恒速过滤　$\frac{dV}{d\tau}$为常量，过滤压差逐渐上升，式（2-2-16）积分：

$$V^2 + \frac{RF}{r_0 x_0} V = \frac{\Delta p F^2}{\mu r_0 x_0} \tau \tag{2-2-20}$$

则过滤面积为：

$$F = \frac{\mu RV + V\left(\mu^2 R^2 + 4\Delta p r_0 x_0 \mu \tau\right)^{\frac{1}{2}}}{2\Delta p \tau} \tag{2-2-21}$$

忽略滤布阻力时：

$$F = \left(\frac{\mu r_0 x_0}{\Delta p \tau}\right)^{\frac{1}{2}} \cdot V \tag{2-2-22}$$

（3）加压变速过滤　由于发酵液中颗粒的可压缩性及非牛顿流体，通常很难维持恒压或恒速过滤，随着过滤的进行，压差不断升高，滤速则逐渐减少。若忽略滤布阻力，则式（2-2-16）可重写成：

$$\frac{dV}{F d\tau} = \frac{\Delta p F}{\mu r_0 x_0 V} \tag{2-2-23}$$

分离变量积分有：

$$\int_0^V V dV = \frac{F^2}{\mu x_0} \int_0^\tau \frac{\Delta p}{r_0} d\tau \tag{2-2-24}$$

将 $r_0 = r_{01} \Delta p^s$ 代入：

$$V^2 = \frac{2F^2}{\mu r_{01} x_0} \int_0^\tau \Delta p^{1-s} d\tau \tag{2-2-25}$$

式中　$\int_0^\tau \Delta p^{1-s} d\tau$ 可采用数值积分或图解积分求取。

（4）压滤机生产能力　分批压滤机的平均生产能力为：

$$W = \frac{V}{\tau + \tau_a} \tag{2-2-26}$$

式中　W——压滤机的平均生产能力，m^3/s

τ_a——洗涤、卸饼、组装等辅助操作时间，s

V——每批可获得滤液量，m^3；可分别由式（2-2-17）、式（2-2-20）和式（2-2-25）求取

例 2-2-1　选用 IFP 型自动压滤机对黑曲霉糖化酶发酵液进行恒压差过滤。已知操作

压力 2×10^5 Pa，实验测得过滤条件 $r_0=0.151\times10^{12}\Delta p^{0.67}$，滤布比阻为 6.3×10^{11} $(1/m^2)$，在 30℃过滤温度下滤液黏度为 1.59×10^{-3} Pa·s，每批处理发酵液量为 $25m^3$，可得滤液 $22.80m^3$，今要求在 70min 内完成一个操作周期（包括卸饼、洗涤滤布、组装辅助操作时间 15min）。计算上述操作条件下的过滤面积、滤饼厚度，并选择压滤机规格。

解：(1) 过滤面积由式（2-2-18）：

$$F=\frac{\mu RV+V(\mu^2R^2+2\Delta p r_0 x_0 \mu\tau)^{\frac{1}{2}}}{2\Delta p\tau}$$

且

$$r_0=0.151\times10^{12}\times(2\times10^5)^{0.67}=5.38\times10^{14}1/m^2$$

$$x_0=\frac{V_F-V}{V}=\frac{25-22.80}{22.80}=0.096$$

$$\tau=70-15=55min=3300s$$

则

$$F=\frac{1.59\times10^{-3}\times6.3\times10^{11}\times22.80+22.80[(1.59\times10^{-3}\times6.3\times10^{11})+2\times2\times10^5\times5.38\times10^{14}\times0.096\times1.59\times10^{-3}\times3300]^{\frac{1}{2}}}{2\times2\times10^5\times3300}$$

$$=198m^2$$

(2) 滤饼厚度：

$$h=\frac{x_0V}{F}=\frac{0.096\times22.80}{198}=0.011m=11mm$$

取滤框填充系数 $K=0.80$，则滤饼厚度：

$$H=\frac{11\times2}{0.8}=27.5mm$$

过滤速率：

$$W=\frac{V}{\tau+\tau_f}=\frac{22.80}{3300+900}=0.0054m^3/s$$

(3) IFP 压滤机规格：由表 2-2-5，选用 1250×1500 型，取滤框厚度 30mm，每侧过滤面积 $1.74m^2$，则 57 块滤框过滤面积为：

$$57\times2\times1.74=198.4m^2$$

滤框总体积为：

$$1.74\times0.03\times57=2.98m^3$$

二、真空过滤机

真空过滤设备以大气与真空之间的压力差作为过滤操作的推动力。生物工业中，用得较多的是转筒真空过滤机。

(一) 转筒真空过滤机的结构与操作

转筒真空过滤机是一种连续操作的过滤设备，其操作流程如图 2-2-10 所示，设备的主体是一个由筛板组成能转动的水平圆筒（图 2-2-11），表面有一层金属丝网，网上覆盖滤布。圆筒内沿径向被筋板分隔成若干个空间，每个空间都以单独孔道通至筒轴颈端面的分配头上，分配头内沿径向隔离成 3 个室，它们分别与真空和压缩空气管路相通。

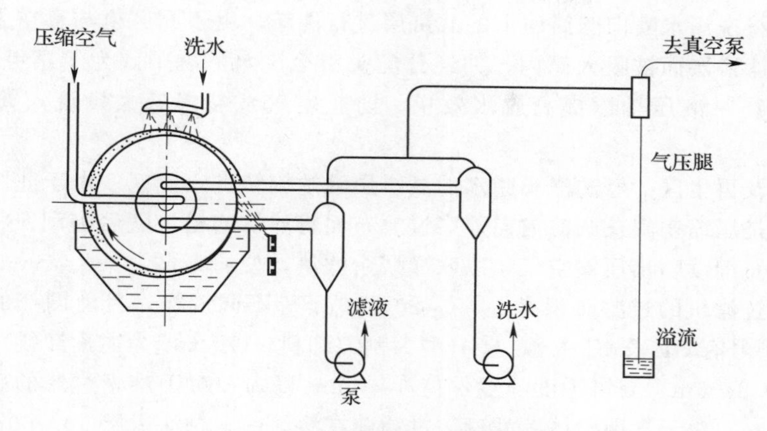

图 2-2-10　转筒真空过滤机流程图

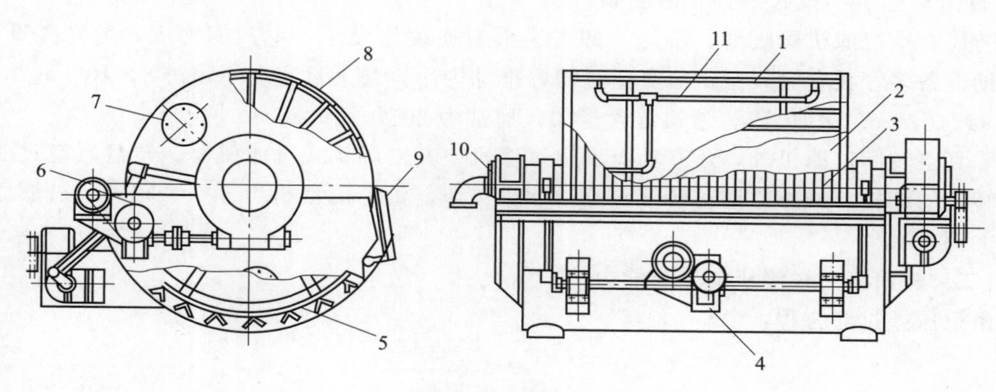

图 2-2-11　转筒真空过滤机

1—转鼓　2—滤布　3—金属网　4—搅拌器传动　5—摇摆式搅拌器　6—传动装置
7—手孔　8—过滤室　9—刮刀　10—分配阀　11—滤液管路

转筒下部浸入浆槽中，浸没角 90°～130°，圆筒缓慢旋转时（转速 0.5～2r/min），筒内每一空间相继与分配头中的Ⅰ、Ⅱ、Ⅲ室相通（见图 2-2-12），可顺序进行过滤、洗涤、吸干、吹松、卸饼等项操作，即整个圆筒分为过滤区、洗涤及脱水区、卸渣及再生区 3 个区域。

（1）过滤区　圆筒内下部的空间与料浆相接触，由于在这个区中的空间与真空管连通，于是滤液被吸入筒内并经导管和分配头排至滤液贮罐中，而固体粒子则被吸附在滤布的表面形成滤饼层。为防止滤浆中固体沉降，在料液槽中装置摇摆式搅拌器。

（2）洗涤及脱水区　当圆筒从料浆槽中转

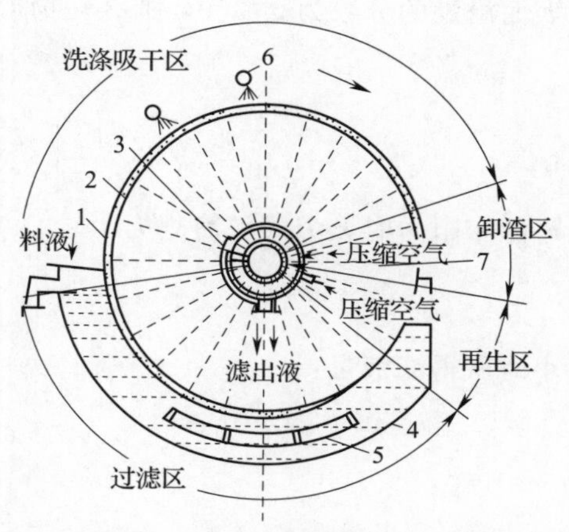

图 2-2-12　转筒结构及工作过程

1—转鼓　2—过滤室　3—分配阀　4—料液槽
5—摇摆式搅拌器　6—洗涤液喷嘴　7—刮刀

出后，由喷嘴将洗涤水喷向圆筒面上的滤饼层进行洗涤，由于此区也与真空管路相通，于是洗涤水穿过滤饼层而被吸入筒内，并经分配头引至洗水贮罐中。为了避免滤饼层裂缝，可在此区上安装一滚压轴以提高脱水效果，防止空气从裂缝处大量流入筒内而影响真空度。

(3) 卸渣及再生区　经洗涤和脱水的滤饼层继续旋转进入此区。由于此区与压缩空气管路连通，于是压缩空气从圆筒内向外穿过滤布面将滤饼吹松，随后由刮刀将其刮除。刮掉滤饼后的滤布继续喷出压缩空气，以吹净残余滤渣，使滤布再生。

转筒真空过滤机的过滤面积有 1，5，20，$40m^2$ 等不同规格，目前国产的最大过滤面积约 $50m^2$，型号有 GP 及 GP-x 型（GP 型为刮刀卸料，GP-x 型为绳索卸料），直径 0.3～4.5m，长度 0.3～6m。滤饼厚度一般保持在 40mm 以内，对于难于过滤的胶状料液，厚度可小于 10mm。对于含菌丝体发酵液，过滤前在滚筒面上预涂一层 50～60mm 厚的硅藻土。过滤时，可调节滤饼刮刀将滤饼连同一薄层硅藻土一起刮去，每转一圈，硅藻土约刮去 0.1mm，这样可使过滤面不断更新。

转筒真空过滤机可吸滤、洗涤、卸饼、再生连续化操作，生产能力大，劳动强度小，但辅助设备多，投资大，且由于真空过滤，推动力小，最大真空度不超过 8×10^4 Pa，一般为 2.7×10^2～6.7×10^4 Pa，滤饼湿含量大，通常为 20%～70%。

除真空转筒过滤机外，还有转盘真空过滤机、真空翻斗式过滤机等。转盘真空过滤机及其转盘的结构、操作原理与转筒真空过滤机类似，每个转盘相当于一个转筒，过滤面积可以大到 $85m^2$。

(二) 转筒真空过滤机的生产能力

由恒压差过滤方程：

$$V^2+\frac{2RF}{r_0x_0}V=\frac{2\Delta pF^2}{\mu r_0x_0}\tau$$

得：

$$V=\frac{F}{r_0x_0}\left[\sqrt{R^2+\frac{2\Delta pr_0x_0}{\mu}\tau}-R\right] \tag{2-2-27}$$

若转筒的浸没角为 a，转速为 n (r/min)，则转筒旋转一周所需时间为 $60/n$ (s)，转筒表面浸没的分数为 $a/360$，那么转筒旋转一周所经历的过滤时间为：

$$\tau=\frac{60}{n}\cdot\frac{a}{360}=\frac{a}{6n}$$

故：

$$V=\frac{F}{r_0x_0}\left[\sqrt{R^2+\frac{2\Delta pr_0x_0}{\mu}\cdot\frac{a}{6n}}-R\right] \tag{2-2-28}$$

忽略滤布阻力时，上式可简化为：

$$V=F\sqrt{\frac{2\Delta p}{\mu r_0x_0}\cdot\frac{a}{6n}} \tag{2-2-29}$$

每小时所得滤液量：

$$V_h=60nF\sqrt{\frac{2\Delta p}{\mu r_0x_0}\cdot\frac{a}{6n}}$$

$$=F\sqrt{\frac{1200\cdot\Delta pan}{\mu r_0x_0}} \tag{2-2-30}$$

例 2-2-2　某工业发酵液用一直径为 1.75m，长 0.98m 的转筒真空过滤机于 6×10^4 Pa 真空度下进行过滤操作，操作温度 30℃，发酵液黏度为 1.56×10^{-3} Pa·s，实验测得滤饼比阻与压力差的关系为 $r_0=0.12\times10^{10}\Delta p^{0.7}$，$x_0=0.15$，滚筒转速 1.0r/min，浸没角为 125°，滤布阻力可以忽略，计算：

（1）过滤机的生产能力；

（2）滚筒表面的滤饼层厚度。

解：（1）生产能力：

滚筒过滤面积：
$$F=3.14\times1.75\times0.98=5.39(\mathrm{m}^2)$$
$$\Delta p=6\times10^4\mathrm{Pa}$$
$$r_0=0.12\times10^{10}\times6\times10^4=2.65\times10^{12}(1/\mathrm{m}^2)$$

则
$$V=F\sqrt{\frac{1200\Delta pa}{\mu r_0 x_0}\cdot n}$$
$$=5.39\sqrt{\frac{1200\times6\times10^4\times125}{1.56\times10^{-3}\times2.65\times10^{12}\times0.15}\times1.0}$$
$$=7.11(\mathrm{m}^3/\mathrm{h})$$

（2）滤饼层厚度：

每 1h 可得滤饼体积：
$$V_e=V\cdot x_0=7.11\times0.15=1.307(\mathrm{m}^3/\mathrm{h})$$

则
$$h=\frac{V_e}{60nF}=\frac{1.307}{60\times1.0\times5.39}=0.004(\mathrm{m})=4(\mathrm{mm})$$

三、小型过滤实验装置及过滤过程的放大

（一）小型过滤实验装置

到目前为止，工业规模生产中有关的过滤工艺、设备选型及工艺设计等问题，还不能仅靠理论得到完全解决。还必须进行实验研究，即用简单的过滤实验装置对滤饼的压缩特性、操作参数、发酵液预处理、滤液澄清度、滤饼洗涤等进行研究，是工业生产中过滤设备设计和过程放大十分重要的问题。

最简单的过滤实验装置是采用布氏漏斗进行过滤试验（图 2-2-13），过滤前可对料液进行预处理，如添加絮凝剂、助滤剂或加热处理，实验时可控制过滤压力差与大生产的过滤操作压力一致，并维持其他操作条件相同，这样就可用实验结果估算大规模过滤所需的时间。布氏漏斗虽然简单，但实验操作不灵活，可靠性较差，因此，可采用滤叶过滤实验装置。

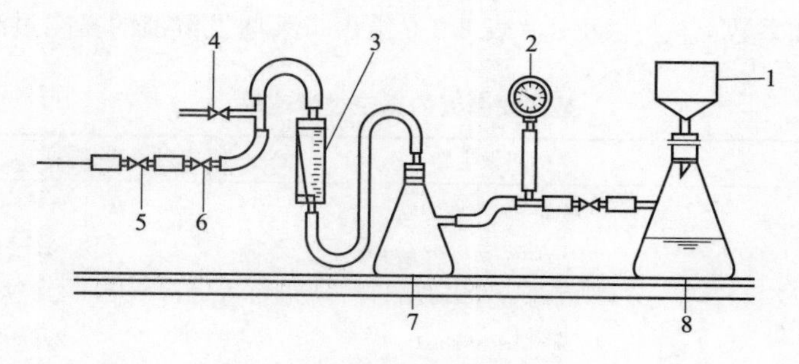

图 2-2-13　布氏漏斗过滤装置

1—布氏漏斗　2—真空表　3—浮子流量计　4—放空阀　5—截止阀　6—调节阀　7—干燥瓶　8—滤液瓶

由于转鼓式过滤机的处理量较大，在实验室进行小规模试验有许多困难。因此，实验室常用滤叶进行转鼓过滤机的模拟试验，即采用已知过滤面积的单叶片过滤装置，如图 2-2-14所示。该装置的关键部件是过滤叶片和调节真空系统。滤叶安装在搅拌罐内，待过滤的悬浮液一次加入搅拌罐，刻度漏斗能随时读出滤液体积。

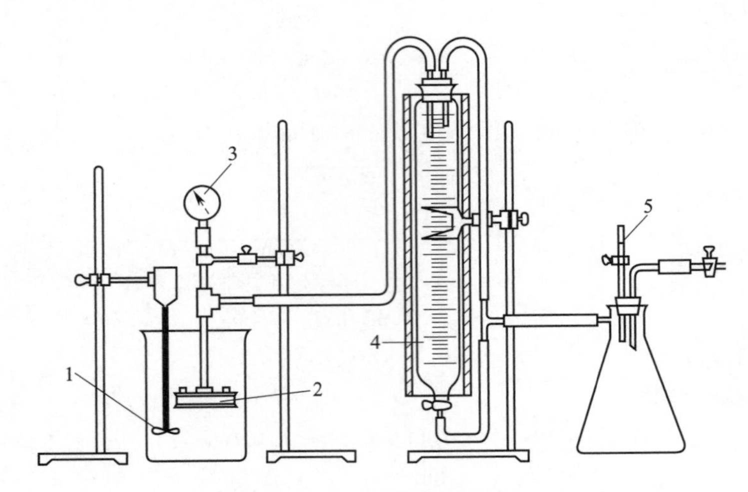

图 2-2-14 小型滤叶过滤装置

1—搅拌器 2—过滤叶片 3—真空表 4—刻度漏斗 5—泄气管

实验开始前，先选择适宜的助滤剂在滤叶上形成一定厚度的预涂层。开启抽真空系统调节到规定的真空度，将滤叶浸没于悬浮液中，开始过滤操作，并记录不同操作时刻的滤液量，操作过程中，不断搅拌料液使之均匀。待滤饼达一定厚度后，提起滤叶使之离开液面，继续抽真空抽吸滤饼中的液体。然后将滤叶转移浸没于洗涤液中洗涤滤饼，最后收集滤饼，测定体积等。根据实验数据可求得实验条件下的过滤速率。

将式（2-2-1）$\frac{dq}{d\tau}=\frac{\Delta p}{\mu r_0 x_0 q+\mu R}$ 在恒温恒压条件下积分得：

$$\frac{\tau}{q}=\frac{\mu r_0 x_0}{2\Delta p}q+\frac{\mu R}{\Delta p} \tag{2-2-31}$$

以 τ/q 对 q 作图，得一直线，从直线的斜率可以求得滤饼的比阻 r_0，对于可压缩滤饼，根据滤饼比阻 r_0与压力差 Δp 的关系式（2-2-4）和式（2-2-5），采用同样的实验装置可求得压缩性指数 s、s' 和系数 r_{01}、r_{02} 及 a。表 2-2-6 给出了某些发酵液的真空过滤速率。

表 2-2-6　　某些发酵液的真空过滤速率

产物名称	所用微生物	真空过滤速率/［$10^{-3}m^3$/（$h \cdot m^2$）］
卡那霉素	*Str. kanamycetius*	0.6～0.8
青霉素	*Penicillium chrysogenum*	12～16
红霉素	*Str. erythreus*	2.9～5.7
林可霉素	*Str. lincolnensis*	2.6～3.8
新霉素	*Str. fradise*	1.0～1.2
蛋白酶	*Bacillus subtilis*	0.9～3.7

（二）过滤过程的放大

采用小型过滤装置研究过滤过程放大时，应维持实验所用悬浮液的特性与实际生产过滤时相同。若料液染菌，温度变化、细胞自溶等都会改变料液的物性，从而使实验结果失真，放大过程失败。另外，还应维持小型实验装置尽可能与工业生产设备的类型相同。

由过滤微分方程$\frac{dq}{d\tau}=\frac{\Delta p}{\mu r_0 x_0 q+\mu R}$知，过滤在恒速条件下进行时，若忽略过滤介质阻力，则上式简化为：

$$\frac{q}{\tau}=\frac{\Delta p}{\mu r_0 x_0 q}$$

于是有：

$$\left(\frac{q_1}{q_2}\right)^2=\left(\frac{\tau_1}{\tau_2}\right)\left(\frac{\Delta p_1}{\Delta p_2}\right)\left[\frac{(r_0)_2}{(r_0)_1}\right] \tag{2-2-32}$$

对于不可压缩滤饼　$(r_0)_2=(r_0)_1$

则：

$$\left(\frac{q_1}{q_2}\right)^2=\left(\frac{\tau_1}{\tau_2}\right)\left(\frac{\Delta p_1}{\Delta p_2}\right) \tag{2-2-33}$$

或：

$$\left(\frac{V_1}{V_2}\right)^2=\left(\frac{F_1}{F_2}\right)^2\cdot\left(\frac{\tau_1}{\tau_2}\right)\cdot\left(\frac{\Delta p_1}{\Delta p_2}\right) \tag{2-2-34}$$

上式中的下标 1、2 分别表示小型实验装置和工业规模生产的操作条件。

当过滤在恒压条件下进行时，过滤方程为：

$$\frac{\tau}{q}=\frac{\mu r_0 x_0}{2\Delta p}q+\frac{\mu R}{\Delta p}$$

则

$$\left(\frac{\tau}{q}\right)_1-\left(\frac{\tau}{q}\right)_2=\frac{\mu r_0 x_0}{2\Delta p}(q_1-q_2) \tag{2-2-35}$$

或

$$\left(\frac{\tau F}{V}\right)_1-\left(\frac{\tau F}{V}\right)_2=\frac{\mu r_0 x_0}{2\Delta p}\left[\left(\frac{V}{F}\right)_1-\left(\frac{V}{F}\right)_2\right] \tag{2-2-36}$$

第三节　离心分离设备

离心分离设备分两类：一类是过滤式离心分离设备；另一类是沉降式离心分离设备。对于前者，分离操作的推动力为惯性离心力，常采用滤布作为过滤介质。其分离原理和工艺计算与上节讨论的过滤设备基本相同。这里主要讨论沉降式离心分离设备。

一、离心分离原理与分离因数

常用的离心机有管式离心机和碟式离心机两种，其离心分离原理基本相同。

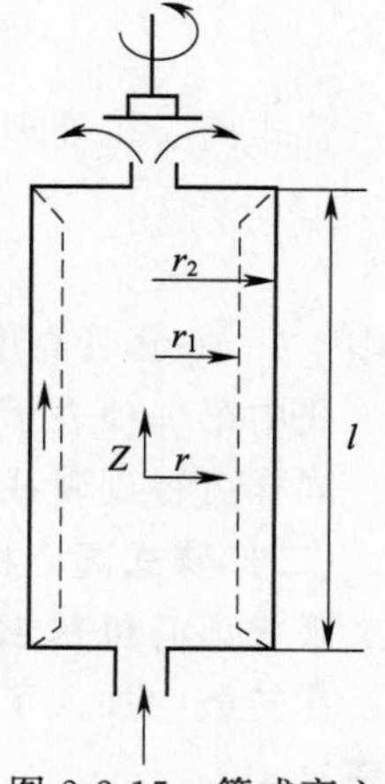

图 2-2-15　管式离心机分离过程

（一）管式离心机中微粒的运动方程

悬浮液从管式离心机的底部进入后，则微粒在管内的轴向和半径方向同时运动。如图 2-2-15 所示，设微粒在 t 时刻沿轴向运动距离为 Z，沿半径方向运动距离为 r。由于微粒在轴向的运动依靠料液的输送，忽略重力影响时，则运动速度为：

$$\frac{dZ}{dt}=\frac{V}{\pi(r_2^2-r_1^2)} \tag{2-2-37}$$

式中　V——悬浮液流量，m^3/s

r_2——套管半径，m

r_1——套管内液膜半径，m

微粒在 r 方向的运动速度为：

$$\frac{dr}{dt}=\frac{d_s^2(\rho_s-\rho)}{18\mu}r\omega^2 \tag{2-2-38}$$

式中　d_s——微粒的粒径，m

ρ_s——微粒密度，kg/m^3

ρ——液体密度，kg/m^3

μ——液体黏度，Pa・s

ω——旋转角速度，rad/s

则

$$\frac{dr}{dZ}=\frac{dr/dt}{dZ/dt}=\frac{d_s^2(\rho_s-\rho)}{18\mu}r\omega^2\,\frac{\pi(r_2^2-r_1^2)^2}{V} \tag{2-2-39}$$

上式即为微粒在管式离心机中的运动方程。

对上式积分，r 从 $r_1 \to r_2$，Z 从 $0 \to l$ 有：

$$V=\frac{\pi l(r_2^2-r_1^2)}{\ln(r_2/r_1)}\cdot\frac{d_s^2(\rho_s-\rho)\omega^2}{18\mu} \tag{2-2-40}$$

对于大多数管式离心机，可认为 r_1 和 r_2 近似相等，则：

$$\begin{aligned}\frac{(r_2^2-r_1^2)}{\ln(r_2/r_1)}&=\frac{(r_2+r_1)(r_2-r_1)}{\ln[1+(r_2-r_1)/r_1]}\\&=\frac{(r_2+r_1)(r_2-r_1)}{[(r_2-r_1)/r_1+\cdots]}\\&=r_1(r_1+r_1)=2r_1^2\end{aligned} \tag{2-2-41}$$

故：管式离心机处理量

$$\begin{aligned}V&=2\pi l r_1^2\cdot\frac{d_s^2(\rho_s-\rho)\omega^2}{18\mu}\\&=\left[\frac{d_s^2(\rho_s-\rho)g}{18\mu}\right]\cdot\left[\frac{2\pi l r_1^2\omega^2}{g}\right]\end{aligned} \tag{2-2-42}$$

式中　l——套管高度

式中第一项表示重力沉降速度，只与料液本身性质有关，第二项则是离心机特性的函数。同样可得到碟式离心机中微粒的运动方程。

（二）碟式离心机的分离原理与分离因数

碟式离心机是1877年由瑞典的德拉阀斯发明，它是在管式离心机的基础上发展起来的，在转鼓中加入了许多重叠的碟片（图2-2-16），缩短了颗粒的沉降距离，提高了分离效率。

当悬浮液在动压头的作用下，经中心管流入高速旋转的碟片之间的间隙时，便产生了惯性离心力，其中密度较大的固体颗粒在离心力作用下向上层碟片的下表面运动，而后沿碟片下表面向转子周围下滑，液体则沿转子中心上升，从套管中排出，达到分离的目的。同理，对于乳浊液的分离，轻液沿中心向上流动，重液沿周围向下流动而得到分离。

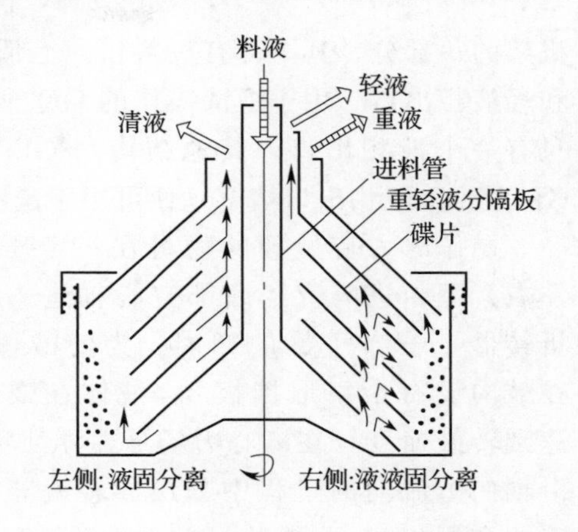

图 2-2-16　碟式离心机工作原理

物料在离心机中所受的离心力为：

$$F_p = m \cdot \frac{v_T^2}{r}$$

式中　F_p——物料所受的离心力，N

m——物料质量，kg

r——转鼓半径，m

v_T——圆周线速度，m/s

$$v_T = 2\pi rn/60$$

n——转鼓转速，r/min

上式可写成：

$$F_p = \frac{m\pi^2 rn^2}{900}$$

可以看出，增加转速来增大离心力比增加转鼓直径更有效，这也就是管式离心机的理论基础。

离心分离因数是离心力与重力的比值，或离心加速度与重力加速度的比值。

即：

$$f = \frac{F_p}{mg} = \frac{rn^2}{900} \tag{2-2-43}$$

或：

$$f = \frac{v_T^2}{gr}$$

离心分离因数是反映离心机分离能力的重要指标，它表示，在离心力场中，微粒可以获得的力是在重力场中作用力的 f 倍，这就是较难分离物系采用离心分离的原因。很显然，f 值越大，表示离心力越大，其分离能力越强。由上式知，离心机的转鼓直径大，则分离因数大，但 r 的增大对转鼓的强度有影响。高速离心机的特点是转鼓直径小，转速可达 15000r/min。

工业上根据离心分离因数大小将离心机分为三类：①普通离心机，$f<3000$，一般为 600～1200，转鼓直径大，转速低，可用于分离 0.01～1.0mm 固体颗粒；②高速离心机，$f=3000\sim50000$，转鼓直径小，可用于乳浊液的分离；③超速离心机，$f>50000$，转速高（可达 50000r/min），适用于分散度较高的乳浊液的分离。

二、常用离心机结构及选型

（一）管式离心机的结构及操作

管式离心机具有一个细长而高速旋转的转鼓。加长转鼓长度的目的在于增加物料在转鼓内的停留时间。这类离心机分两种，一种是 GF 型，用于处理乳浊液而进行液-液分离操作；另一种是 GQ 型，用于处理悬浮液而进行液-固分离的澄清操作。用于液-液分离操作是连续的，而用于澄清操作是间歇的。澄清操作时沉积在转鼓壁上的沉渣由人工排除。

如图 2-2-17 所示，离心机的转鼓由三部分组成，顶盖、带空心轴的底盖和管状转筒。在固定机壳 2 内装有管状转鼓 4。通常转鼓悬挂于离心机上端的挠性驱动轴 7 上，下部由底盖形成中空轴并置于机壳底部的导向轴衬内。离心机的外壳是转鼓的保护罩，同时又是机架的一部分，其下部有进料口。上部两侧有重液相和轻液相出口。用于澄清操作的 GQ 型离心机的顶盖只有一个液相出口，其他结构与 GF 型相同（即把 GF 型的重液相出口堵塞，便可用于澄清操作）。

操作时，待处理的物料在一定压力（3×10^4Pa 左右）下由进料管经底部空心轴进入鼓底，靠圆形折转器 1 分布于鼓的四周。为使液体不脱离鼓壁，在鼓内设有十字形挡板 3，液体在鼓内由挡板被加速到转鼓速度，在离心力场下，浮浊液（或悬浮液）沿轴向上流动的过程中分层成轻液相和重液相（或液相和固相）。并通过上方环状溢流口排出。改变转鼓上端环状隔盘 8 的内径可调节重液相和轻液相的分层界面。

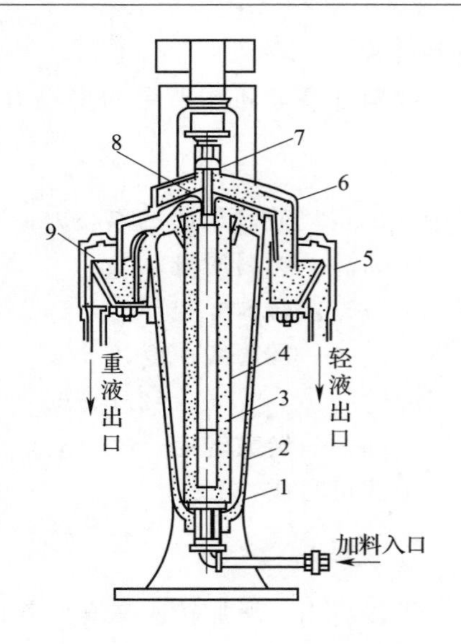

图 2-2-17　管式离心机结构

1—折转器　2—固定机壳　3—十字形挡板　4—转鼓　5—轻液室　6—排液罩　7—驱动轴　8—环状隔盘　9—重液室

处理悬浮液时，可将管式离心机的重液口关闭，只留有中央轻液溢流口，则固体在离心力场下沉积于鼓壁上，达到一定数量后，停机以人工清除。

管式离心机转鼓直径小，转速高，一般为 15000r/min，分离因数大，可达 50000，为普通离心机的 8～24 倍。因此分离强度高，可用于液-液分离和微粒较小的悬浮液的澄清。表 2-2-7 所示为 GF-105 型和 GF-150 型管式离心机的技术规格。

表 2-2-7　管式离心机的技术规格

名称＼型号	GF-105 型	GF-150 型
转鼓直径/mm	105	150
高/mm	750	750
转速/（r/min）	15000	13500
液面上沉降面积/m^2	0.071	0.118
液面处分离因数	13000	15835
鼓壁处分离因数	3780	5400
转鼓壁厚/mm	5	7.5
操作体积/L	6.3	11
装卸限度/kg	10	15
电机功率/kW	2.8	7
分离乳浊液	连续操作	连续操作
分离悬浮液	间歇操作	间歇操作

（二）管式离心机的生产能力

管式离心机的生产能力可由下式计算：

$$Q = wA \tag{2-2-44}$$

式中　w——料液在转鼓内上升速度，m/s

　　A——转鼓流通截面积，m^2

且

$$A = \frac{\pi}{4}(D^2 - D_1^2)$$

　　D——转鼓直径，m

　　D_1——进料管直径，m

悬浮液中的颗粒在离心机中能够被分离并沉降至转鼓壁上的条件是：料液在转鼓内的停留时间 t 应大于或等于颗粒离心沉降所需时间 θ，即：

$$t \geqslant \theta \tag{2-2-45}$$

液体在转鼓内的停留时间为 $t = h/w$；颗粒离心沉降所需时间为：

$$\theta = \frac{D - D_1}{2w_t}$$

所以：

$$\frac{h}{w} = \frac{D - D_1}{2w_t}$$

$$w = \frac{2h}{D - D_1} w_t \tag{2-2-46}$$

式中　h——转鼓高度，m

　　w_t——颗粒离心沉降速度，m/s

$$w_t = \frac{d_s^2(\rho_s - \rho) r\omega^2}{18\mu}$$

$$= \frac{d_s^2(\rho_s - \rho)}{18\mu} \cdot \frac{\pi^2 D_1 n^2}{1800}$$

代入上式

$$w = \frac{2h}{D - D_1} \cdot \frac{d_s^2(\rho_s - \rho)}{18\mu} \cdot \frac{\pi^2 D_1 n^2}{1800}$$

所以，管式离心机的生产能力为：$Q = 3600 \dfrac{D_1 h n^2 \pi^2}{900(D - D_1)} \cdot \dfrac{d_s^2(\rho_s - \rho)}{18\mu} A$

即

$$Q = \frac{4D_1 h n^2 \pi^2}{D - D_1} \cdot \frac{d_s^2(\rho_s - \rho)}{18\mu} \cdot A \tag{2-2-47}$$

式中　Q——管式离心机生产能力，m^3/h

　　n——离心机转速，r/min

例 2-2-3　谷氨酸发酵液密度为 1040kg/m^3，黏度 2×10^{-3} Pa·s，菌体粒径 1.5μm，菌体密度 1200kg/m^3，采用 GF-105 型管式离心机进行分离，离心机溢流出口管内径 35mm。计算生产能力。

解：由表 2-2-7 查得，GF-105 型管式离心机：

n=15000r/min，h=750mm=0.75m

D=105mm=0.105m

$$A = \frac{\pi}{4}\ (D^2 - D_1^2)\ = 0.785 \times\ (0.105^2 - 0.035^2)$$

$$= 0.00769\ (m^2)$$

则 $Q = \frac{4dhn^2\pi^2}{D - D_1} \cdot \frac{d_s^2(\rho_s - \rho)}{18\mu} \cdot A$

$$= \frac{4 \times 0.035 \times 0.75 \times 3.14^2 \times 15000^2}{0.105 - 0.035} \times \frac{(1.5 \times 10^{-6})^2 \times (1200 - 1040)}{18 \times 2 \times 10^{-3}} \times 0.00769$$

$$= 0.256(m^3/h)$$

由式（2-2-47）知，若离心机转速由 15000r/min 降至 7500r/min，则能分离菌体的最小粒径为：

$$d_s' = \frac{n}{n'} \cdot d_s = \frac{15000}{7500} \times 1.5 = 3(\mu m)$$

（三）碟式离心机的结构及操作

碟式离心机是生物工业中应用最为广泛的一种离心机。它具有密闭的转鼓，转鼓内设有数十个至上百个锥角为 60°～120°的锥形碟片，以缩短沉降与分离时间，碟片之间的间隙用碟片背面的狭条来控制，一般碟片间的间隙 0.5～2.5mm。当碟片间的悬浮液随着碟片高速旋转时，固体颗粒在离心力作用下沉降于碟片的内腹面，并连续向鼓壁沉降，澄清液则被迫反方向移动至转鼓中心的进液管周围，并连续被排出。

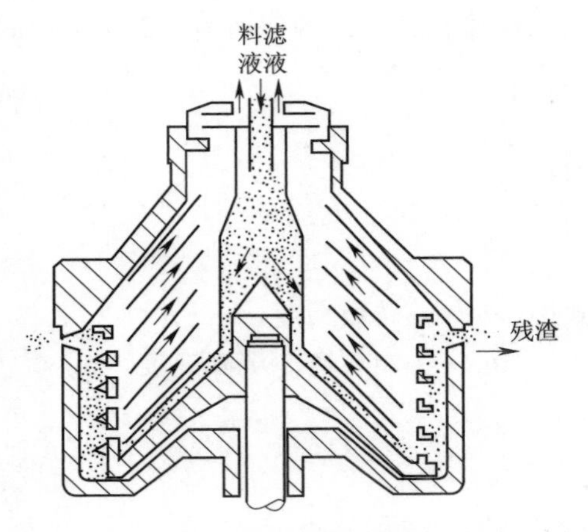

图 2-2-18　喷嘴连续排渣碟片式离心机

简单的碟式离心机没有自动排渣装置，只能间歇操作，待沉渣积累到一定厚度后，停机打开转鼓清除沉渣。因此，要求悬浮液中固体含量不超过 1%为好，以免经常拆卸除渣。

自动除渣碟式离心机是在有特殊形状内壁的转鼓壁上开设若干喷嘴（或活门），如图 2-2-18 所示，喷嘴数一般是 8～24 个，孔径 0.75～2mm，喷嘴总截面积取决于悬浮液中固体的含量。由于喷嘴始终是开启的，因此常使连续排出的残渣中含有较多的水分而成浆状。如果喷嘴以活门取代，则活门平时是关闭的，当鼓壁上积累一定量的沉渣后，活门在沉渣的推力下被打开而排出沉渣。自动排渣离心机适合处理较高固体含量的料液，其分离因数一般为 6000～11000，能分离的最小微粒为 0.5μm。表 2-2-8 是几种碟片分离机的技术规格。图 2-2-19 是 Alfa Laval 公司的碟片离心机。

表 2-2-8　　碟片分离机的型号和技术规格

技术规格 \ 型号	DP－400J 离心机	D－350 离心机	DH－350Y 自动排渣离心机
转鼓内径/mm	400	350	350
碟片数目/个	75～79	80	114
转速/（r/min）	6500	6000	6500

续表

技术规格 \ 型号	DP－400J 离心机	D－350 离心机	DH－350Y 自动排渣离心机
最大分离因数	9200	7050	—
碟片锥角/°	—	70	80
碟片间隙/mm	0.6	0.5	0.5
喷嘴直径/mm	1.2，1.3	1.0，1.2	1.0，1.2
喷嘴数目/个	12	8	12 个排渣口
生产能力/（m^3/h）	12	8	1
电动机功率/kW	13	10	7.5

(1)BREW 3000型（高2.2m，处理量90 m^3/h）

(2)BTAX 215S型（高1.8m，处理量12 m^3/h）

图 2-2-19　Alfa Laval 公司的碟片离心机

（四）碟片离心机的生产能力

图 2-2-20 所示，颗粒在碟片离心机中被分离的条件是颗粒在运动中达到上一层碟片的内腹面。

设液体以流速 v 沿碟片流道流动，若在 dt 时间内，流体流过碟片的流量为 dV，有：

$$Q = \frac{dV}{dt}$$

且
$$dV = 2\pi r dr \cdot h \cdot Z$$

所以
$$dt = \frac{2\pi rhZ dr}{Q}$$

式中　Q——碟片离心机生产能力，m^3/s

　　　Z——碟片数目

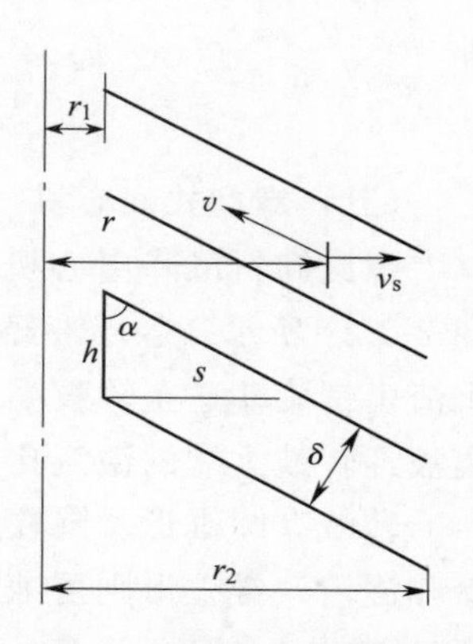

图 2-2-20　碟片离心机分离过程

又若在 dt 时间内，颗粒在水平方向以 v_s 离心沉降速度移动距离为 ds，则：

故
$$ds = v_s \cdot dt$$

又
$$v_s = \frac{d_s^2(\rho_s - \rho)r\omega^2}{18\mu}$$

积分
$$\int_0^s ds = \frac{2\pi hZd_s^2\omega^2(\rho_s - \rho)}{18\mu Q}\int_{r1}^{r2} r^2 dr$$

$$s = \frac{2\pi hZd_s^2\omega^2(\rho_s - \rho)}{18\mu Q} \cdot \frac{r_2^3 - r_1^3}{3}$$

且
$$s = h \cdot \mathrm{tg}\alpha$$

所以
$$Q = \frac{2\pi}{54}\left[\frac{\omega^2 Z(r_2^3 - r_1^3)}{\mathrm{tg}\alpha}\right] \cdot \left[\frac{(\rho_s - \rho)d_s^2}{\mu}\right] \tag{2-2-48}$$

式中　r_1、r_2——分别为碟片的内、外圆半径，m

ω——碟片旋转角速度，rad/s；$\omega = 2\pi n/60$

n——碟片转速，r/min

α——碟片的半锥角，°

d_s——被分离颗粒直径，m

ρ_s——被分离颗粒密度，kg/m^3

ρ——料液密度，kg/m^3

μ——料液黏度，Pa·s

式（2-2-48）中第一项表示离心机技术特性对生产能力的影响，第二项则表示料液性质的影响。上式还可写成：

$$Q = \frac{4\pi^3}{27}\left[\frac{n^2 Z(r_2^3 - r_1^3)}{\mathrm{tg}\alpha}\right] \cdot \left[\frac{(\rho_s - \rho)d_s^2}{\mu}\right] \quad (m^3/h) \tag{2-2-49}$$

例 2-2-4　在例 2-2-3 中，若谷氨酸发酵液采用 D－350 型碟片分离机分离，求其生产能力。

解：由表 2-2-8 查得 D－350 型碟片分离机的技术参数为：

$$n = 6000 r/min, \ Z = 80,$$

$$\alpha = \frac{70}{2} = 35° \quad 且\ r_2 = 120mm = 0.12m,$$

$$r_1 = 52.5mm = 0.0525m$$

则
$$Q = \frac{4\pi^3}{27}\left[\frac{6000^2 \times 80 \times (0.12^3 - 0.0525^3)}{\mathrm{tg}35}\right] \cdot \left[\frac{(1200 - 1040)(1.5 \times 10^{-6})^2}{2 \times 10^{-3}}\right]$$
$$= 5.38(m^2/h)$$

（五）螺旋式离心机

螺旋卸料沉降离心机有立式和卧式两种，后者又称卧螺机，是用得较多的形式，如图 2-2-21 所示。悬浮液经加料孔进入螺旋内筒后由内筒的进料孔进入转鼓，沉降到鼓壁的沉渣由螺旋输送至转鼓小端的排渣孔排出。螺旋与转鼓在一定的转速差下，同向回转，分离液经转鼓大端的溢流孔排出。

转鼓有圆锥形、圆柱形和锥柱形等形式，其中圆锥形有利于固相脱水，圆柱形有利于液相澄清，锥柱形则可兼顾两者的特点，是常用的转鼓形式，锥柱筒体的半锥角范围为 5°～18°。

卧螺机是一种全速旋转、连续进料、分离和卸料的离心机，其最大离心分离因数可达

6000，操作温度可达300℃，操作压力一般为常压（密闭型可从真空到0.98MPa），处理能力范围0.4～60m^3/h，适于处理颗粒粒度为2μm～5mm、固相浓度为1%～50%、固液密度差大于0.05g/cm^3的悬浮液，常用于胰岛素、细胞色素、胰酶的分离和淀粉精制及废水处理等。

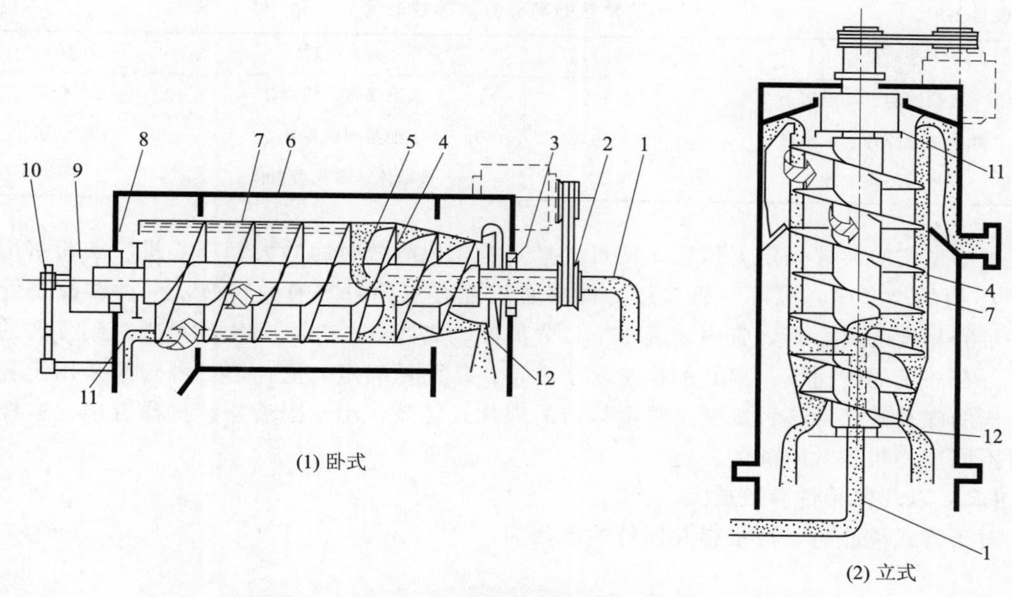

图 2-2-21　卧式和立式螺旋卸料沉降离心机结构示意图

1—进料管　2—三角皮带轮　3—右轴承　4—螺旋输送器　5—进料孔　6—机壳　7—转鼓　8—左轴承　9—行星差速器　10—过载保护装置　11—溢流孔　12—排渣孔

三、离心分离设备的放大

工业用离心分离设备的计算大都在实验室小型试验的基础上，进行其生产能力的估算预测。然而，实验室小型离心操作试验与工业规模的离心过程还存在着很大的差异。且大型离心设备的转鼓要受到巨大的径向压力，所以转鼓的大小和转速还受到材质的限制。目前，离心分离设备的放大有两种估算方法。一种是应用等效时间 t_e 的概念，另一种是应用离心机的特性参数 C 的近似方法。

（一）以等效时间放大

等效时间是依据离心力和离心时间的乘积来估计离心分离的难易程度。即：

$$t_e = \frac{\omega^2 r_0}{g} \cdot t \tag{2-2-50}$$

式中　t_e——离心机等效时间，s

r_0——特征半径，通常为转鼓半径，m

t——分离时间，s

且 $\frac{\omega^2 r_0}{g} = f$ 为离心机的分离因数，上式可写成：

$$t_e = ft \tag{2-2-51}$$

可见，等效时间可以理解为离心分离因数与分离时间的乘积，显然，离心机的分离因数越大，则达到相同分离效果 F 所需要的分离时间越短。或者说相同的等效时间下，分离因数与分离时间成反比。某些微生物细胞和微粒的离心分离等效时间 t_e值列于表2-2-9中。

表 2-2-9　　一些微粒的离心分离等效时间

微粒名称	等效时间 t_e/s	微粒名称	等效时间 t_e/s
真核细胞、叶绿体	3×10^5	细菌细胞、线粒体	18×10^6
真核细胞碎片、细胞核	2×10^6	细菌细胞碎片	54×10^6
蛋白质沉淀物	9×10^6	核糖体、多核蛋白体	11×10^8

由小型实验装置确定 t_e值后，便可选择具有相似等效时间的大型离心机。实验室用于估算 t_e 值的小型离心机可一机多用，即离心机配有三种可替换的转鼓，一种转鼓是管式的并带有刻度的离心管，管内装满 10mL 分离液，离心 5～30s，每次均可观察到分离的程度，且在一定的转速下，离心加速度易于求得，从而可确定 t_e值；第二种转鼓是用于乳浊液分离的碟片式；第三种则是带喷嘴排渣的碟片式转鼓，用于固液连续操作分离。这样可进行不同离心机等效时间的测定。

（二）以几何特性参数放大

对于管式离心机，可推得几何特性参数为：

$$C=\frac{2\pi lr^2\omega^2}{g} \tag{2-2-52}$$

式中　C——离心机几何特性参数，m^2

r——离心管半径，m

l——离心管高度，m

可以看出，几何特性参数 C 不是微粒性质的函数，而是与离心机的特性有关。C 的单位与面积的单位相同，可以理解为离心沉降所需要的面积（从公式推导中可以看出）。

碟片式离心机的几何特性参数为：

$$C=\frac{2Z\pi\omega^2}{3g}(r_2^3-r_1^3)\cdot \mathrm{ctg}\alpha \tag{2-2-53}$$

式中　Z——碟片数目

r_2——碟片外半径，m

r_1——碟片内半径，m

α——碟片半锥角，°

在进行离心机选型时，首先应选择那些能满足几何特性参数 C 的离心机，以保证分离过程所需的微粒沉降速度 v_t和分离能力 Q。参数 C、v_t 和 Q 之间的关系为：

$$Q=v_tC$$

于是应用同类型离心机，分离同一种料液或相同性质的料液时，有：

$$\frac{Q_1}{C_1}=\frac{Q_2}{C_2} \tag{2-2-54}$$

对于不同类型离心机的“型间”放大，有人曾考虑引用一效率因子对式（2-2-54）进行修正，即：

$$\frac{Q_1}{\mu_1 C_1}=\frac{Q_2}{\mu_2 C_2} \tag{2-2-55}$$

式中 μ 为不同类型离心机的效率因子。下标 1，2 分别代表试验离心机和大型离心机的代号。

必须指出，上述两种放大方法仅仅是估算。一般来讲，对于同类型离心机的选用，用参数 C 来计算比较有效。但若要选择新类型的离心机，则最好的方法是测定等效时间 t_e 值，然后再估算，但不管应用 t_e 值或参数 C 估算，还必须根据离心分离实践经验具体分析，即通过对待处理料液的特性进行测试，并根据各类离心机的分离性能进行选择。表 2-2-10 列举了某些用于生物分离的离心机。

表 2-2-10　　用于生物分离的离心机

发酵产物	微生物名称	微粒大小/μm	相对生产能力/%	离心机类型
面包酵母	酵母菌	5～8	100	喷嘴碟片式
啤酒、果酒	酵母菌	5～8	60～80	喷嘴碟片式
单细胞蛋白质	假丝酵母	3～7	50	喷嘴碟片式、螺旋式
柠檬酸	黑曲霉	3～10	30	螺旋式、间歇排渣式
抗菌素	霉菌	1～10	20	螺旋式
抗菌素	放线菌	10～20	7	间歇排渣式 喷嘴碟片式
酶	枯草杆菌	1～3	7	间歇排渣式
疫苗	梭状芽孢杆菌	1～3	5	间歇排渣式

第四节　膜分离设备

膜分离技术是 20 世纪 60 年代以后发展起来的高新技术，目前已成为一种重要的分离手段。膜分离与传统的分离方法相比，具有设备简单、节约能源、分离效率高、容易控制等优点。膜分离通常在常温下操作，不涉及相变化。这对于处理热敏性物料，如食品、制药和生物工业产品来说，显得十分重要。膜分离技术一般可除去 1μm 以下的固体粒子。

一、膜分离方法

膜分离过程的实质是小分子物质透过膜，而大分子物质或固体粒子被阻挡。因此，膜必须是半透膜。膜分离的推动力可以是多种多样的，一般有浓度差 Δc，压力差 Δp，电位差 Δv 等。常见的膜分离过程有渗透、透析、电渗析、反渗透、微过滤、超滤、纳滤、气体透过等，其分离性能列于表 2-2-11 及表 2-2-12 中。

表 2-2-11　　膜分离方法

过程	示意图	透过物质	推动力	截留物质
渗透 (Osmosis)	进料→ 浓缩液 ←稀释液 浓缩液 膜	水	浓度差	溶质

续表

过程	示意图	透过物质	推动力	截留物质
透析 (Dialysis)	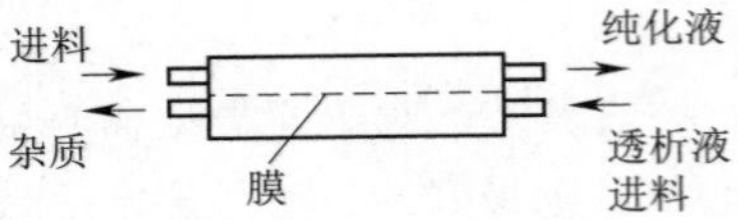 进料 纯化液 杂质 透析液进料 膜	离子和小分子有机化合物（尿素等）	浓度差	相对分子质量＞1000 的溶质或悬浮物
电渗析 (Electrodialysis)	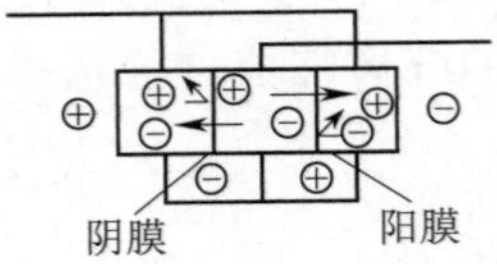 阴膜 阳膜	离子	电位差通常每一电池对为 1～2V	非离子和大分子化合物
反渗透 (Reverso Osmosis)	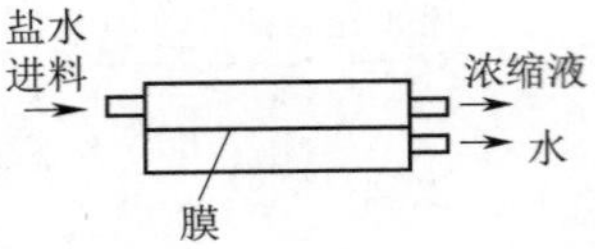 盐水进料 浓缩液 水 膜	水	压力差，通常为 1～8MPa	溶质或悬浮物质
微过滤 (Microfiltration)	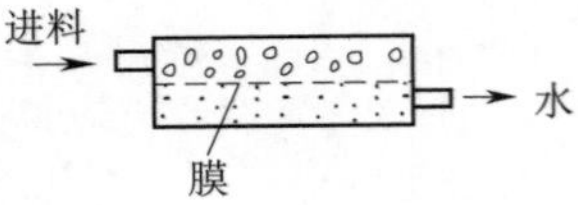 进料 水 膜	水和溶解物质	压力差，通常为 0.1MPa	悬浮物质（硅石、细菌等）。截留粒子大小可以变化
超滤 (Ultrafiltration)	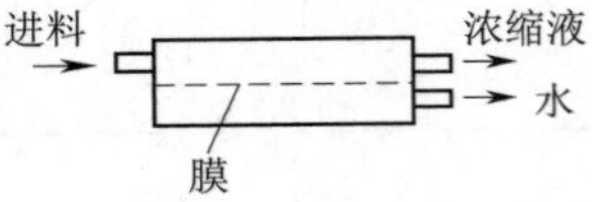 进料 浓缩液 水 膜	水和盐	压力差，通常为 0.1～0.6MPa	生物大分子，胶体物质，截留分子量可以变化
纳滤 (Nanofiltration)		溶剂、低价小分子溶质	压力差 0.1～10MPa	截留相对分子质量范围 100～1000
气体透过 (Gas permeation)	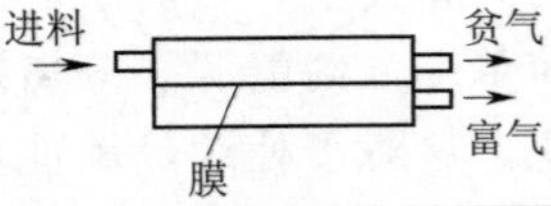 进料 贫气 富气 膜	气体和蒸汽	压力差，通常为 0.1～10MPa	不透过膜的气体和蒸汽

表 2-2-12　膜分离性能

过程	膜孔径	机制	应用
微滤 (MF)	0.02～10μm	筛分	微生物、酵母、细胞碎片、DNA、病毒等的截留和浓缩
超滤 (UF)	0.001～0.02μm 相对分子质量 10^3～3×10^6	筛分	蛋白质、酶制剂、干扰素、单克隆抗体、生长激素、病毒、柠檬酸、抗生素、氨基酸等
纳滤 (NF)	1～10nm 相对分子质量 100～1000	溶解-扩散 静电位阻	低聚糖、寡聚核苷酸和寡肽等
反渗透 (RO)	0.0004～0.008μm (0.4～8nm) 相对分子质量＜1000	溶解-扩散	海水脱盐、超纯水制备、氨基酸、抗生素浓缩、分离乙醇、丁醇、丙酮等溶剂

续表

过程	膜孔径	机制	应用
气体透过（GP）	微孔或无孔	溶解-扩散	分离回收小分子气体；如合成氨工业回收氢气等
渗透或透析（O或D）	0.0006～0.01μm（0.6～10nm）	筛分及扩散	从血液中脱除尿素、尿酸、肌酐，酒精饮料脱醇，电解液、浸渍液中酸、碱回收及金属离子回收
电渗析（ED）	0.0006～0.008μm（0.6～8nm）	离子迁移	水的软化、海水脱盐、电镀液中金属离子回收、果汁脱酸、乳清脱盐、蛋白质分离、氨基酸分离等

渗透是一个扩散过程，在渗透中只有溶剂透过膜，溶质及固体粒子被阻挡。透析过程除溶剂透过膜外，尚有小分子溶质透过，而大分子的溶质被阻挡。一般的透析过程在原则上与渗透重叠，常用于溶液浓缩或从溶液中除去低相对分子质量物质。电渗析是在电场中交替装配阴离子和阳离子交换膜，在电场中形成许多隔室，使溶液中的离子有选择地分离或富集，电渗析使离子物质被透过，非离子物质被截留，气体透过根据混合气体中相对分子质量大小进行透过分离。

生物工业中常用的膜分离过程有反渗透、纳滤、超滤和微滤等。这四种分离方法都是以压力差为推动力，只是所用膜的孔径不同，截留粒子的大小不同，其主要应用领域及实例见表 2-2-13。如果膜两侧溶液间的压力差大于渗透压，就会发生溶剂倒流，使得浓度较高的溶液进一步浓缩，这一过程称为反渗透。如果膜只阻挡大分子，而大分子的渗透压是不明显的，这种情况称为超滤。介于反渗透和超滤之间的膜分离过程称为纳滤，其膜孔径为 1～10nm，截留分子质量 100～1000u。而以多孔细小薄膜为过滤介质，使不溶物浓缩过滤的操作为微滤；按粒径选择分离溶液中所含的微粒和大分子的膜分离操作为超滤；从溶液中分离出溶剂的膜分离操作为反渗透。

表 2-2-13　　微滤、超滤、纳滤和反渗透的主要应用领域

应用领域	应用实例
发酵工业	发酵过程除杂菌，菌体浓缩分离，发酵产物和菌体分离，酵母生产
医疗、医药工业	抗生素、干扰素的提纯精制；蛋白质、酶的分离、浓缩和纯化；无热原纯净水的制造，输液、注射剂、制剂的除菌，血液的过滤，血清、组织培养等其他生物用剂的过滤除菌；中草药活性成分的精制和提纯；维生素 B_{12} 回收，多肽浓缩与分离
食品工业	黄酒、啤酒、碳酸饮料中酵母和霉菌的去除，糖液和果汁的澄清过滤，乳品工业中乳清蛋白的回收、脱脂乳的浓缩、乳清脱盐；低聚糖分离和精制
水处理	水中悬浮物、微小粒子和细菌的去除；饮料及化妆品用无菌水的生产；饮用水的软化和有机物的脱除；工厂废水再生利用

二、膜

膜分离过程的核心是膜本身，虽然早在 19 世纪中叶，已用人工方法制得半透膜，但由于透过速度低、选择性差、清洗困难等问题，未能应用于工业上。因此，工业应用的膜应具有较大的透过速度和较高的选择性，这是选择膜的两个最重要的技术特性。此外，还应具备机械强度好、耐热、化学性能稳定、不被细菌污染等条件。

最初的过滤膜是用醋酸纤维材料制造的。这种膜透过速度大，截留能力强，适用于反渗透膜，且制造容易，原料来源广。但醋酸纤维膜耐热性和化学稳定性较差，使用温度不能高于40℃，最适pH范围为3～6，否则会在强酸或中等程度碱液中水解，应用受到限制。目前已开发的耐热性和pH适应性好的聚砜（Polysul fone）膜和聚醚砜（Polyithersul fone）膜，使膜分离技术得到广泛的应用。聚砜膜的成功，被认为是膜分离技术的一个突破，它具有以下优点：①耐热性能好，通常使用温度可达80℃，聚醚砜为90℃；②pH范围宽，可连续在pH1～13使用，有利于酸洗或碱洗；③耐氯能力强，短期清洗时，耐氯量可高达200mg/kg，长期贮存时，可达50mg/kg；④孔径范围宽，孔径可在（1～20）$\times 10^{-3}\mu m$变化，相当于截留相对分子质量1000～500000，适用超滤膜，不宜制作反渗透膜或微滤膜。聚砜膜的主要缺点是允许操作压力较低，对于平板膜不超过0.7MPa，中空纤维膜为0.17MPa。另外，还有聚丙烯腈膜、聚烯烃膜等。表2-2-14给出了几种常用膜的适用范围。

表2-2-14　　几种常用膜的适用范围

膜材料	pH范围	使用的上限温度/℃	适用膜类型
醋酸纤维	3～8	40～45	反渗透膜
聚丙烯腈	2～10	45～50	超滤膜
聚烯烃	1～13	45～50	超滤膜
聚砜	1～13	80	超滤膜
聚醚砜	1～13	90	超滤膜

膜的厚度一般仅有0.5～1.5μm，为了增加其强度，常与另一层较厚的多孔性支撑膜相复合，总厚度可达到0.125～0.25mm。

制备膜的方法很多，除常用的入水凝冻的方法外，还有用喷涂或贴薄膜于微孔基膜上而制成复合膜，例如，将醋酸纤维溶解于溶剂（丙酮）和添加剂（如甲酰胺）中，过滤、脱气后刮成薄膜，随即浸入冰水中成膜，此时膜表面的溶剂部分挥发并很快被冰水所取代。当膜内剩余溶剂和添加剂向水中扩散时，膜便形成较疏松的海绵状多孔体层。影响膜分离速度的主要影响因素有操作形式、流速、压力和料液速度等，表征膜性能的主要参数有：孔道特性、水通量、截留率、截留相对分子质量等。

1. 孔道特性

膜的孔道特性包括孔径、孔径分布和孔隙率。膜的孔径有最大孔径和平均孔径，它们在一定程度上反映了孔的大小。孔径分布是指膜中一定大小的孔的体积占整个孔体积的百分数。由此可以判断膜的好坏，即孔径分布越窄，膜的分离性能越好。孔隙率是指孔的体积占整个膜体积的百分数。

孔径的测定方法主要有泡点法（Bubble point method）、压汞法、电子显微镜观测法等。泡点法是将膜表面覆盖一层溶剂（通常为水），从下面通入空气，逐渐增加空气压力，当膜的上表面有稳定的气泡鼓出时，称为泡点，此时的压力称为泡点压力。由下式可计算孔径：

$$d = 4\gamma\cos\theta / p \tag{2-2-56}$$

式中　d——孔径，μm

γ——液体的表面张力，N/m

θ——液体与固体间的接触角，°

p——泡点压力，MPa

若为水时，取表面张力为 7.2×10^{-2}N/m，为亲水性膜时，$\theta=0$，则上式为：

$$d = \frac{0.288}{p} \tag{2-2-57}$$

显然，孔径越大，泡点压力越低，因此，鼓泡法测得为膜的最大孔径。

如果以水银代替水，即为压汞法。一般水银不能润湿膜，因而接触角大于90°，$\cos\theta$为负值，上式可改写成：

$$d = -4\gamma\cos\theta / p \tag{2-2-58}$$

利用干、湿膜的质量差，可计算孔隙度：

$$\Phi_r = \frac{m_2 - m_1}{V \cdot \rho} \times 100\% \tag{2-2-59}$$

式中　m_1——干膜质量，kg

m_2——湿膜质量，kg

V——膜的表观体积，m^3

ρ——水的密度，kg/m^3

孔径分布也可直接用电子显微镜观测得到，特别是微孔膜，其孔隙大小在电镜的分辨范围内。

2. 水通量

水通量是指膜对纯水的透过通量，一般是在压力为0.1MPa，温度为20℃的条件下，透过一定量的纯水所需的时间来测定的。水通量取决于膜的物理特性（如厚度、孔隙度）和系统的条件（如温度、膜两侧的压力差、料液的浓度及膜表面流速）。膜在实际使用中，水通量将很快降低，在处理蛋白质溶液时，由于溶质分子会沉积在膜的表面，水通量通常仅为纯水的10%。因此，虽然各种膜的水通量有所区别，但在实际应用中，这种区别会变得不明显。表2-2-15所示为部分超滤膜的水通量。

表2-2-15　部分超滤膜的水通量（0.1MPa）

截留相对分子质量	制造商	膜型号	膜材料	水通量［m^3/（$m^2\cdot h$）］
3000	Amicon	P3	聚砜	0.018
8000	D. D. S.	CA800PP	醋酸纤维	0.014
10000	Amicon	Ioplate	纤维素	0.034
10000	Amicon	Ioplate	聚砜	0.136
10000	Daicel	DUY－H	聚丙烯腈	0.035
20000	Daicel	DUY－M	聚丙烯腈	0.070
20000	NITTO	NTU－2120	聚烯烃	0.037
20000	NITTO	NTU－3250	聚砜	0.025

续表

截留相对分子质量	制造商	膜型号	膜材料	水通量［$m^3/(m^2 \cdot h)$］
50000	D. D. S.	GR51PP	聚砜	0.062
100000	Amicon	Y100	纤维素	0.097
100000	Amicon	Ioplate KSLP100	聚砜	0.062
200000	Amicon	Ioplate KSLP200	聚砜	0.085
500000	D. D. S.	GR10PP	聚砜	0.10

3. 截留率

截留率是指膜对一定相对分子质量的物质所能截留的程度，定义为：

$$\delta = 1 - C_P / C_B \tag{2-2-60}$$

式中　C_P——某一时刻透过液浓度，$kmol/m^3$

C_B——原溶液浓度，$kmol/m^3$

若 $\delta=1$，则 $C_P=0$，表示溶质全部被截留；反之，若 $\delta=0$，则 $C_P=C_B$，表示溶质能自由透过膜。图 2-2-22 表示了截留率与相对分子质量之间的关系，称截断曲线。

较好的膜应该有陡直的截断曲线，可使不同相对分子质量的溶质完全分离；相反，斜坦的截断曲线表明分离不完全。

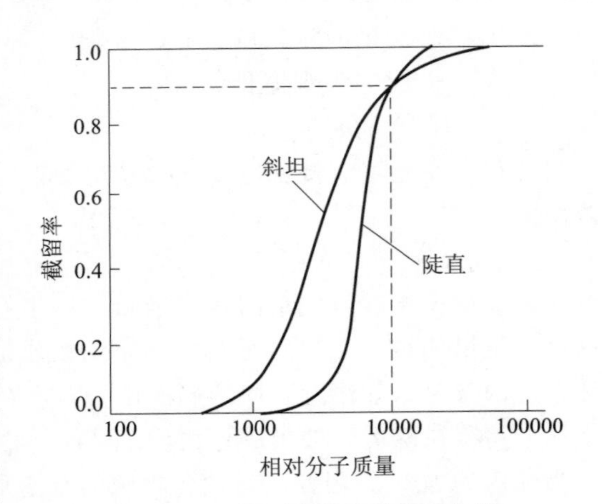

图 2-2-22　相对分子质量截断曲线

三、膜分离过程

应用膜分离技术浓缩某一溶液时，其在膜的浓液一方所施加的压力除了克服流体的流动阻力外，还应克服膜两侧溶液的渗透压。一般情况下，溶质的相对分子质量越大，渗透压越低，这种情况下，外加的操作压力主要用以克服流体阻力。例如利用超滤膜浓缩发酵液中的酶。反之，如果是低相对分子质量溶质的溶液，渗透压往往很高，此时操作压力主要用以克服渗透压，反渗透膜分离过程就属于这种情况。

当溶液从膜一侧流过时，溶剂及小分子溶质透过膜，大分子的溶质在靠近膜面处被截留。并不断返回于溶液主流中，当这一返回速度低于大分子溶质在膜面聚集的速度时，则会在膜的一侧形成高浓度的溶质层，这就是浓差极化。显然，随着浓缩倍数的提高，浓差极化现象也越严重，则膜分离也越困难。为了减少浓差极化，通常采用错流操作或加大流速等措施。

膜分离系统可采用间歇或连续操作。连续操作又分单级和多级操作，为了使平行流过膜面的液体有较大的流速，而又要达到一定的浓度，常采用循环操作的方式。连续操作的优点是产品在系统中停留时间较短，这对热敏性或剪切力敏感的产品是有利的，连续操作主要用于大规模生产。

四、膜分离设备

膜片是膜分离设备的核心，良好的膜分离设备应具备以下条件：①膜面切向速度快，以减少浓差极化；②单位体积中所含膜面积比较大；③容易拆洗和更换膜；④保留体积小，且无死角；⑤具有可靠的膜支撑装置。目前膜分离设备主要有4种形式：板式、管式、中空纤维式和螺旋卷式。

（一）板式膜过滤器

板式膜过滤器的结构类似板框式过滤机，如图2-2-23所示。滤膜复合在刚性多孔支撑板上，支撑板材料为不锈钢多孔筛板，微孔玻璃纤维压板或带沟槽的模压酚醛板。料液从膜面上流过时，水及小分子溶质透过膜，透过液从支撑板的下部孔道中汇集排出。

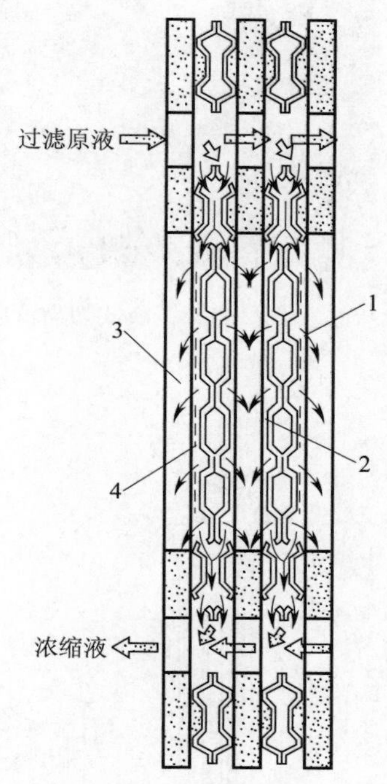

图 2-2-23　板式膜过滤器

1—滤过液体　2—滤板

3—刚性多孔支持板　4—超滤膜

为了减少浓差极化，滤板的表面为凸凹形，以形成浓液流的湍动。浓缩液则从另一孔道流出收集。图2-2-24为圆形滤膜板组装成的膜分离装置。过滤板被分成若干组，用不锈钢隔板分开，各组之间液流的流向是串联的，每一组内过滤板间的液流向是并联的。由于料液经过每一组过滤板透过部分液体，液流量不断减小，每组板的数量从进口到出口依次减少，膜板中心带有小孔的透过液管与滤板的沟槽连通，透过液即由此管流出。为了增加液流的湍流程度和降低浓差极化，在膜面上装有导流板，导流板上带有螺旋流道，导流板常用苯乙烯薄片经真空模压而成。板式膜装置保留体积小，但死角多。图2-2-25为板式切向流膜组件实物图。

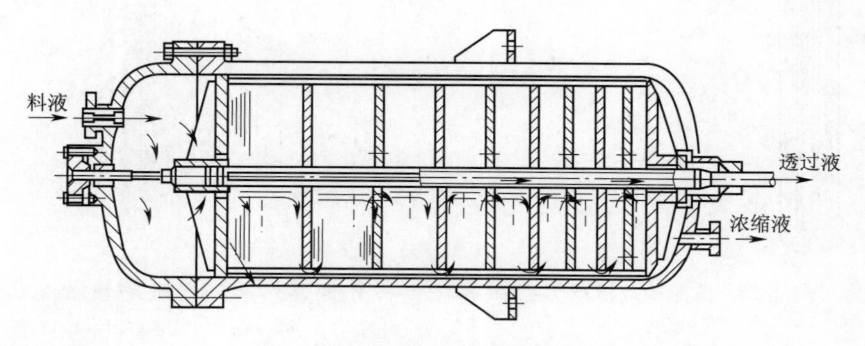

图 2-2-24　圆形板式反渗透装置

（二）管式膜过滤器

管式装置的形式很多，管的流通方式有单管（管规格一般为 D_g25）及管束（管规格一般为 D_g15），液流的流动方式有管内流和管外流式，由于单管式和管外的湍动性能较

图 2-2-25　板式切向流膜组件

差，目前趋向采用管内流管束式装置，其外形类似于列管式换热器（图 2-2-26）。

管子是膜的支撑体，有微孔管和钻孔管两种，微孔管采用微孔环氧玻璃钢管、玻璃纤维环氧树脂增强管，钻孔管采用增强塑料管、不锈钢管或铜管（孔径 1.5mm），管状膜装入管内或直接在管内浇膜。

由瑞士 Sulzer 公司生产的管式动态压力膜过滤器，由内外两圆筒组成，圆筒上覆有超滤膜，内圆筒旋转以减少浓差极化，如图 2-2-27 所示。

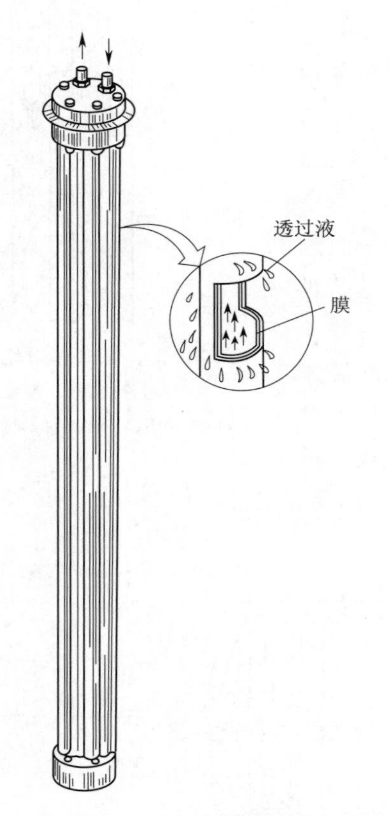

图 2-2-26　管束膜过滤器

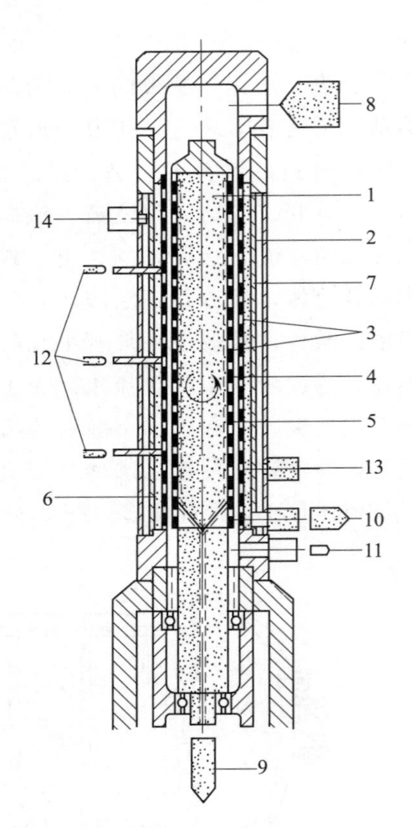

图 2-2-27　动态压力膜过滤器

1—内筒　2—外筒　3—过滤器表面　4—滤室（环隙）
5、6—内外筒滤液室　7—冷却夹套　8—悬浮液
9—内筒滤液　10—外筒滤液　11—浓缩液　12—清洗液
13、14—冷却水

管式膜分离装置结构简单，适应性强，清洗安装方便，单根管子可以更换，耐高压，

无死角，适宜于处理高黏度及固体含量较高的料液，比其他形式应用更为广泛，其不足是保留体积大，压力降大，单位体积所含的过滤面积小。

（三）中空纤维（毛细管）式膜分离器

中空纤维（内径为40～80μm）或毛细管（内径为0.25～2.5mm）膜分离器由数百至数百万根中空纤维膜固定在圆筒形容器类构成，如图2-2-28和图2-2-29所示，用环氧树脂将许多中空纤维的两端胶合在一起，形似管板，然后装入一管壳中。

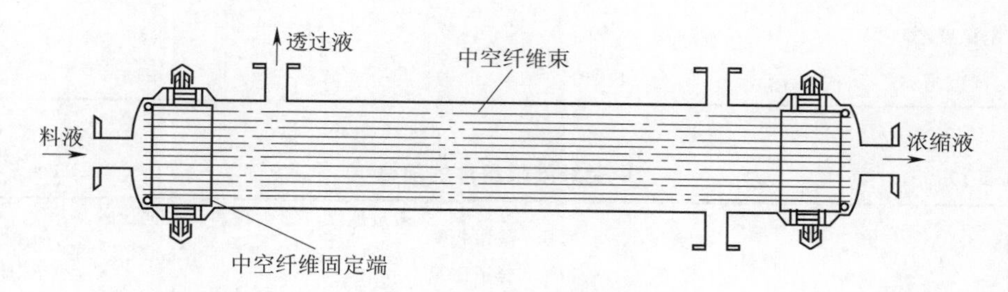

图 2-2-28　中空纤维膜过滤器

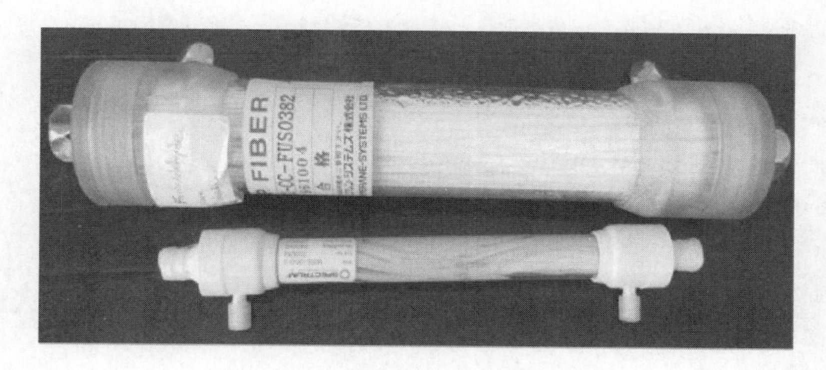

图 2-2-29　中空纤维膜组件实物图

料液的流向有两种形式：一种是内压式，即料液从空心纤维管内流过，透过液经纤维管膜流出管外，这是常用的操作方式；另一种是外压式，料液从一端经分布管在纤维管外流动，透过液则从纤维膜管内流出。水处理常采用外压方式。

中空纤维有细丝和粗丝型两种。细丝型适用于黏性低的溶液，粗丝型可用于黏度较高和带有固体粒子的溶液。表2-2-16、表2-2-17分别列出了中空纤维膜规格和膜组件规格。日本开发的中空纤维带电膜是将聚砜空心纤维材料表面经过特殊处理，引入带电基，这样除过滤效果外，又产生一个与溶质的静电排斥效果，从而可以分离某些非带电膜不能分离的溶质，并能抑制溶质的吸附。

表 2-2-16　　**中空纤维超滤膜的规格**

膜规格	聚砜膜				聚醚砜膜	
	＃700	＃1000	＃3000	＃8000	＃700S	＃3000S
膜内径/外径/mm	0.75/1.30	1.00/1.60	1.00/1.60	1.00/1.60	0.75/1.30	1.00/1.60
膜面积/m²	5.6	5.0	5.0	5.0	5.6	5.0

续表

膜规格	聚砜膜				聚醚砜膜	
	＃700	＃1000	＃3000	＃8000	＃700S	＃3000S
截留相对分子质量	7000	10000	30000	80000	7000	30000
透水速度/（m^3/h）	0.8	1.0	2.5	3.5	0.6	2.0
最高操作压力/MPa	0.3	0.3	0.3	0.3	0.3	0.3
上限温度/℃	80	80	80	80	80	80
pH 范围	1～13	1～13	1～13	1～13	1～13	1～13

表 2-2-17　　中空纤维膜组件的规格

	商品名称	组件形式	膜材料	组件尺寸/in	膜面积/m^2	截留相对分子质量	透过速度/[L/(m^2·h)]	最大供料压/($Pa\times10^5$)	膜间压差(25℃)/($Pa\times10^5$)	耐 pH 范围	耐热性/℃
膜更换型	FPM－00520	HF 内压型	聚砜	4×50	5	7000	200	5.0	3.0		
	FPM－10520	HF 内压型	聚砜	4×50	5	10000	200	5.0	3.0	1～13	80
	FPM－30520	HF 内压型	聚砜	4×50	5	30000	500	5.0	3.0		
	FPM－80520	HF 内压型	聚砜	4×50	5	80000	700	5.0	3.0		
	FPM－03520	HF 内压型	聚醚砜	4×50	5	7000	200	5.0	3.0		
	FPM－33520	HF 内压型	聚醚砜	4×50	5	30000	500	5.0	3.0		
	FPM－80540	HF 外压型	聚砜	4×40	8	80000	500	5.0	3.0	1～13	80
	FPM－80900	HF 外压型	聚砜	4×60	9	80000	500	5.0	2.0		
整体型	FPM－00542	HF 外压型	聚砜	4×40	5	7000	500	5.0	3.0		
	FPM－10542	HF 外压型	聚砜	4×40	5	10000	200	5.0	3.0		
	FPM－30542	HF 外压型	聚砜	4×40	5	30000	200	5.0	3.0		
	FPM－80542	HF 外压型	聚砜	4×40	5	80000	500	5.0	3.0		
	FPM－60542	HF 外压型	聚砜	4×40	5	6000	700	5.0	2.0	1～13	80
	FPM－03542	HF 外压型	聚醚砜	4×40	5	7000	200	5.0	3.0		
	FPM－03751	HF 外压型	聚醚砜	4×40	7	7000	200	5.0	3.0		
	FPM－33542	HF 外压型	聚醚砜	4×40	5	30000	200	5.0	3.0		
	FPM－01542	HF 内压型	带电膜	4×40	5	7000	500	5.0	3.0		
	FPM－02542	HF 内压型	带电膜	4×40	5	7000	200	5.0	3.0		
	FPM－81542	HF 内压型	带电膜	4×40	5	80000	700	5.0	3.0	1～13	80
	FPM－82542	HF 内压型	带电膜	4×40	5	80000	700	5.0	3.0		

注：1in＝2.54cm。

中空纤维膜分离装置单位体积内提供的膜面积大，操作压力低（＜0.30MPa），且可反向清洗，其不足是单根纤维管损坏时需要更换整个膜件。

（四）螺旋卷式膜分离器

螺旋卷式装置的主要元件是螺旋卷膜，它是将膜、支撑材料、膜间隔材料依次选好，围绕一中心管卷紧即成一个膜组，如图 2-2-30 所示，若干膜组顺次连接装入外壳内。操作时，料液在膜表面通过间隔材料沿轴向流动，而透过液则沿螺旋形流向中心管。

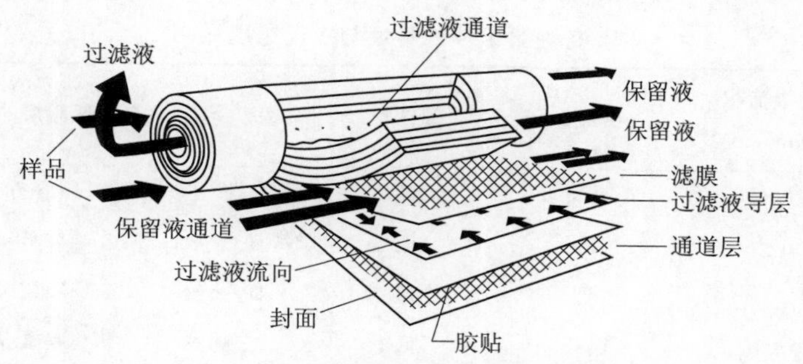

图 2-2-30　螺旋卷绕式超滤筒的结构

中心管可用铜、不锈钢或聚氯乙烯管制成，管上钻小孔，透过液侧的支撑材料采用玻璃微粒层，两面衬以微孔涤纶布，间隔材料应考虑减少浓差极化及降低压力降。

螺旋卷式膜分离器的特点是膜面积大，湍流状况好，换膜容易，适用于反渗透，缺点是流体阻力大，清洗困难。

表 2-2-18 所示为以色列 MPW 公司生产的 SelKO 系列纳滤膜的性能。

表 2-2-18　SelKO 纳滤膜的性能

型号	膜的名称	相对分子量质量截至区	水的通量（30℃，3.9MPa）/［L/（m²·h）］	pH 耐受范围	溶剂稳定性	使用的最高温度/℃
10	MPT－10	200	150	2～11		60
20	MPT－20	450	120	2～10	一般	50
	MPS－21	400	100	2～10	一般	45
30	MPT－30	400	130	0～12		70
	MPT－31	400	120	0～14		70
	MPT－32	300	110	0～14		70
	MPT－34	200	60	0～14		70
	MPS－31	450	100	0～14		70
	MPS－32	350	60	0～14		70
	MPS－34	300	60	0～14		70
40	MPS－42	200	25	2～10	极好	40
	MPS－44	250	60	2～10	极好	40
50	MPS－50	700	0	4～10	极好	40
60	MPS－60	400	0	2～10	极好	40

注：MPT 与 MPS 中的 T、S 分别指管式与卷式膜。

不论采用何种形式的膜分离装置，都必须对料液进行预处理，除去其中的颗粒悬浮物、胶体和某些不纯物，必要时还应包括调节 pH 和温度，这对延长膜的使用寿命和防止膜孔堵塞是非常重要的。膜清洗技术的发展，大大推动了膜技术的应用。

表 2-2-19 所示为上述四种膜组件的特性与应用范围，以供选用时参考。

表 2-2-19　　各种膜组件的特性与应用范围

膜组件	比表面积/（m^2/m^3）	设备费	操作费	污染抗性	膜面吸附层的控制	应用
管式	20～30	极高	高	优	很容易	UF、MF
平板式	400～600	高	低	良/一般	容易	UF、MF、PV
螺旋卷式	800～1000	低	低	良/一般	难	UF、MF、RO
中空纤维式	约 10000	很低	低	差	很难	RO、DS

思考题

1. 根据过滤微分方程分析如何强化过滤速率？叙述在工业生产中所采取的具体措施。

2. 间歇式恒压过滤的最佳操作时间为 $\tau_p = \tau_a + b\sqrt{\frac{2\tau_a}{m}}$，获得的滤液量为 $V_p = \sqrt{\frac{2\tau_a}{m}}$。试根据过滤微分方程推证上式。

3. 叙述不可压缩滤饼比阻力的实验测定方法及实验数据处理过程。

4. 叙述离心分离因数的意义，碟式离心机与管式离心机在结构和操作上有何差异？各自适用于哪种场合？

5. 恒压条件下过滤某发酵液，实验测得过滤中所获得滤饼的压缩性指数为 0.60。现已知在 0.2MPa 的操作压力下过滤 1h 后可得滤液 $4m^3$。若其他操作条件相同，过滤 1h 后要得到 $6m^3$ 的滤液，应采用多大的操作压力？（过滤介质阻力可忽略不计）。

6. 采用一转筒真空过滤机处理某培养液，操作中转筒的转速为 2r/min 时，每小时可得滤液 $4m^3$。若滤布阻力忽略不计，每小时需要得到 $5m^3$ 滤液，此时要求转筒的转速为多少？转筒表面所形成滤饼的厚度为原来的几倍？

7. 试分析比较反渗透、超滤、纳滤和微滤的差别与共同点。

8. 分析超滤过程中形成浓差极化现象的原因及对透过量的影响。膜过滤操作中如何消除浓差极化现象？

第三章　萃取与色谱分离设备

生物工业中的下游技术及工艺的选择很大程度上取决于产品的性质及所要求的纯度。当制品为菌体本身时，则工艺比较简单。一般来说，下游加工过程可分为 4 个主要阶段：①发酵液的预处理和固液分离；②产物提取；③产物精制；④成品加工。其中发酵液的预处理和固液分离，已在上一章讨论，产物的提取和精制过程通常采用萃取、离子交换、吸附、色谱等分离方法。本章主要讨论这几种方法的分离原理及设备。

第一节　萃取分离方法及设备

萃取（Extraction）是 20 世纪 40 年代兴起的一项分离提取技术，在现代生物工业中具有重要的作用，既广泛用于有机酸、氨基酸、抗生素、激素、生物碱等小分子物质的工业化分离和纯化，也在蛋白、多糖和核酸等大分子的提取和纯化中具有重要的地位。萃取法的优点在于：比化学沉淀法分离程度高；比离子交换树脂法选择性好，传质快；比蒸馏法能耗低。另外它还有生产能力大、周期短、便于连续操作、容易实现自动化控制等优点。

传统的溶剂萃取主要局限于发酵液中小分子的分离，20 世纪 60 年代以后，针对生物领域的不同需求，一系列新型萃取技术被陆续开发，如双水相萃取（Aqueous two-phase exttaction）技术，为蛋白质特别是胞内蛋白质、酶制剂的提取纯化提供了有效的手段；反胶团萃取（Reversed micelle extraction）在生物大分子如多肽、蛋白质、核酸等的分离纯化中具有重要作用；超临界流体萃取（Supercritical fluid extraction）技术的出现进一步推动了萃取技术在温敏性产物分离提取中的应用。现代的萃取技术已经广泛应用于各领域生物产物的分离纯化，极大地推动了相关领域的技术进步。

一、溶剂萃取

溶剂萃取，也称液-液萃取，它是将与料液不完全互溶的溶剂加入到料液中，使溶剂与料液充分混合，则欲分离的物质能够较多地溶解在溶剂中，并与剩余的料液分层，从而达到分离的目的。萃取操作的实质是利用欲分离组分在溶剂中与原料液中溶解度的差异来实现物质分离。在溶剂萃取中，欲提取的物质称为溶质，用于萃取的溶剂称为萃取剂，溶质转移到萃取剂中得到的溶液称为萃取液，剩余的料液称为萃余液。溶剂萃取是以分配定律为基础的。

视频 2-3-1　实验室萃取操作

通常萃取的单元操作包括三个步骤：①混合：料液和萃取剂充分混合形成乳状液，使溶质自料液中转入萃取剂中；②分离：将乳状液分成萃取相与萃余相；③溶剂回收。如视频 2-3-1。

（一）溶剂萃取方法

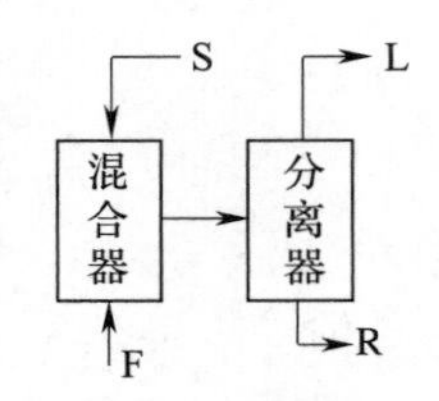

图 2-3-1 单级萃取

溶剂萃取按其操作方式可分为单级萃取和多级萃取，后者又可分为错流萃取和逆流萃取，还可将错流和逆流结合起来操作。下面分别给予讨论。讨论中假定萃取相和萃余相能很快达到平衡，且两相完全不互溶又能完全分离。

1. 单级萃取

单级萃取只包括一个混合器和一个分离器，如图 2-3-1 所示。料液 F 和溶剂 S 加入混合器中经接触达到平衡后，用分离器分离，得到萃取液 L 和萃余液 R。设料液体积为 V_F，溶剂的体积为 V_s，则经过萃取后，溶质在萃取相中的浓度为 c_1，在萃余相中的浓度为 c_2。则：

$$K=\frac{c_1}{c_2} \tag{2-3-1}$$

$$E=\frac{c_1V_s}{c_2V_F}=K\cdot\frac{V_s}{V_F}=\frac{K}{m} \tag{2-3-2}$$

式中 K——分配系数，即萃取相中溶质浓度与萃余相中溶质浓度的比值

E——萃取因数，即溶质在萃取相中的数量与在萃余相中的数量的比值

m——体积浓缩倍数，即料液体积与溶剂体积的比值

$$萃余液中的溶质分率\ \phi=\frac{溶质在萃余液中的数量}{溶质总量}$$

即

$$\phi=\frac{c_2V_F}{c_2V_F+c_1V_s}=\frac{1}{E+1} \tag{2-3-3}$$

而理论收率为 $1-\phi$：

$$1-\phi=\frac{E}{E+1}=\frac{K}{K+m} \tag{2-3-4}$$

可见，K 值越大，理论收率越高；而 m 值越大，理论收率则越小。假设所加溶剂体积和料液体积相等，要想得率超过 90%，则 K 值需大于 9。而大多数的生物产品极性较强，难于获得较高的 K 值，因此，要想获得较高的得率，通常需要借助多级萃取方能满足其工业需求。

2. 多级错流萃取

多级错流萃取是多个单级萃取的串联过程，即料液经一级萃取后，萃余液再与新鲜萃取剂接触再进行萃取。图 2-3-2 表示三级错流萃取过程。第一级的萃余液进入第二级作为料液，并加入新鲜萃取剂进行萃取。第二级的萃余液再作为第三级的料液，同样用新鲜萃取剂进行萃取。若加入每一级的新鲜萃取剂量相等，则每级的萃取因数 E 也相等。经一级萃取后，未被萃取的分率 ϕ_1 为：

$$\phi_1=\frac{1}{E+1}$$

经二级萃取后：

$$\phi_2=\frac{1}{(E+1)^2}$$

依次类推，经 n 级萃取后，未被萃取的分率 ϕ_n 为：

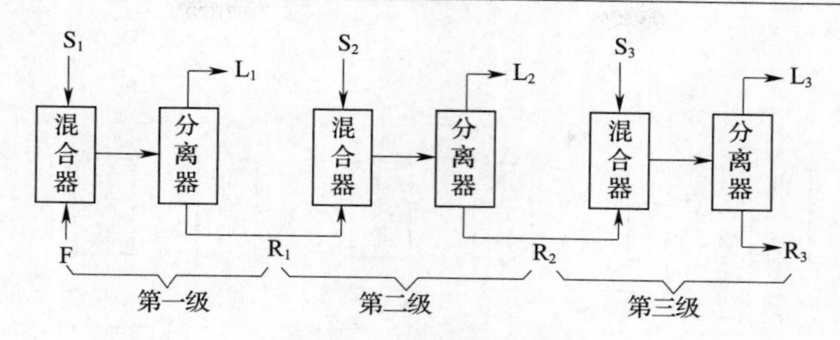

图 2-3-2　多级错流萃取

F—料液　S—溶剂　L—萃取液　R—萃余液　下标 1，2，3—级别

$$\phi_n = \frac{1}{(E+1)^n} \tag{2-3-5}$$

理论收率为：

$$1\text{-}\phi_n = \frac{(E+1)^n - 1}{(E+1)^n} \tag{2-3-6}$$

萃取级数 n 可由下式求得：

$$n = -\frac{\ln\phi_n}{\ln(E+1)} \tag{2-3-7}$$

若每一级萃取中萃取剂用量不同，则萃取因数也不等，以 E_1、$E_2 \cdots\cdots E_n$ 表示各级的萃取因数，则

$$\phi_n = \frac{1}{(E_1+1)(E_2+1)\cdots\cdots(E_n+1)} \tag{2-3-8}$$

可见，多级错流萃取的理论收率高于单级萃取，即萃取完全。例如，当单级萃取 $E=4$ 时，由式（2-3-6）知，$1-\phi=80\%$，若改为两级错流萃取，每级萃取剂用量为单级的 1/2,则 $E_1=E_2=2$，于是 $1-\phi=89\%$。但多级萃取流程长，一般情况下，萃取剂分多次操作，萃取液会逐级下降，而每次均需要耗费成本来回收萃取剂等，因此错流萃取通常难以多次进行，实际收率有限。另外，在实际应用中，还存在着操作过程溶剂损失大、萃取液浓度低等不利因素，限制了工业应用。因此，对于萃取效率较低或溶剂回收成本较高的体系，除了需考虑回收率以外，还需兼顾产物的浓缩倍数，此时，错流萃取则不能满足工业需求，则需借助逆流萃取，来实现其工业化相关目标。

3. 多级逆流萃取

多级逆流萃取中，在第一级加入料液，并逐渐向下一级移动，而在最后一级加入萃取剂，并逐渐向前一级移动，即料液移动方向和萃取剂移动方向相反，故称逆流萃取。图 2-3-3表示三级逆流萃取过程。

可以推得，多级逆流萃取中，未被萃取的分率为：

$$\phi = \frac{E-1}{E^{n+1}-1} \tag{2-3-9}$$

理论收率为：

$$1-\phi = \frac{E(E^n-1)}{E^{n+1}-1} \tag{2-3-10}$$

理论级数为：

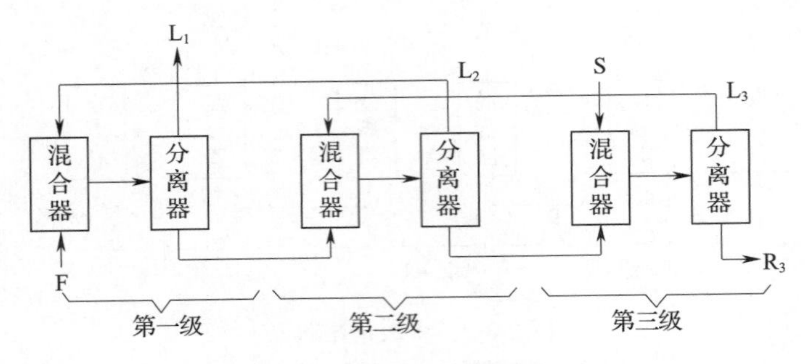

图 2-3-3　多级逆流萃取

$$n=\frac{\ln(\frac{E-1}{\phi}+1)}{\ln E}-1 \tag{2-3-11}$$

可以看出，多级逆流萃取与同级错流萃取相比，在相同的萃取剂用量下，可获得更高的收得率。如当 $E=4$，$n=2$ 时，由式 2-3-10 得 $1-\phi=95\%$。另外，在逆流萃取中，由于只在最后一级中加入萃取剂，故与错流萃取相比，萃取剂用量少，因而萃取液浓度更高。

（二）影响萃取操作的因素

影响萃取操作的因素很多，主要有萃取剂类型、pH、温度。此外，还有乳化、盐析、带溶剂等作用。通常情况下，开发料液的萃取工艺，通常需要注意如下几个方面的内容。

1. 萃取剂的选择

萃取剂应对欲分离的产物有较大的溶解度，并有良好的选择性，这些可用分离因数来表征。一般来说，类似物溶质容易溶解在类似物的溶剂中，即所谓的“相似相溶”原则。例如，选用分子极性与溶质比较接近的溶剂，其萃取效果通常较好。介电常数常用来描述化合物分子的极化程度。因此，通过测定被萃取物的介电常数，选择相应的萃取剂。

萃取剂的选择除要求萃取能力强、分离程度高以外，在操作方面还要求：①萃取剂与萃余液的相互溶解度要小，黏度低，便于两相分离；②萃取剂易回收，化学稳定性好，且价廉易得。

2. pH 范围的选择

pH 一方面影响分配系数，另一方面又影响选择性，进而影响产物的萃取得率。通常情况下，酸性产物应在酸性条件下萃取到萃取剂中，而碱性杂质则成盐留在水相中，碱性产物应在碱性条件下萃取到萃取剂中。另外，pH 还应选择在产物稳定的范围内。

3. 温度的确定

温度对产物的萃取也有很大影响，大多数生物工业产品在较高温度下都不稳定，故萃取应维持在室温或较低温度下进行。但低温下，料液黏度高，传质速率慢，故萃取速度低。因此，工艺条件允许时，可适当提高萃取温度。另外，升高温度有时能够提高产物的传质及萃取效率。

4. 盐析、带溶剂、去乳化的作用

加入硫酸铵、氯化钠等盐析剂可使产物在水中溶解度降低，从而使产物更多地转入溶剂中，增加其萃取效率。另外，盐析剂也能减少萃取剂在水中的溶解度，减少溶剂损失。

如提取维生素 B_{12}时，加入硫酸铵，对维生素 B_{12}自水相转移到萃取剂中有利。但值得注意的是，盐析剂的用量要适当，用量过多会使杂质一起转入萃取剂中，影响其纯度。

有些产物的水溶性很强，但在有机萃取剂中溶解度却很小，难于进行萃取分离，这种情况下可向料液中加入带溶剂，使带溶剂和欲提取的产物形成复合物，此复合物易溶于萃取剂中，从而与萃余液中的杂质分离，分离后的复合物萃取液在一定条件下又可分解释放出游离的产物，这种方法也称反应萃取。如柠檬酸在酸性条件下可与带溶剂磷酸三丁酯（TBP）形成中性络合物（$C_6H_8O_7 \cdot 3TBP \cdot 2H_2O$）而进入有机萃取剂中。

另外，萃取过程中，有时常发生乳化现象（即一种液体分散在另一种不相混合的液体中），使萃取相与萃余相分层困难，所以必须通过过滤、离心分离、加热、稀释、加电解质、吸附等方法破坏乳化，实现萃取相和萃余相的有效分离。

二、反胶束萃取

传统的溶剂萃取具有分离程度高、生产能力大、周期短和连续化自控操作等优点，极为契合生物产品分离的需求。然而，由于绝大部分生物大分子亲水性强、表面带有许多电荷，导致普通萃取剂很难将其有效萃离料液。另外，蛋白质等大分子与过量有机溶剂接触易引起变性，这些均导致传统萃取法难于直接从料液中萃取大分子，直到 20 世纪 80 年代反胶束萃取和双水相萃取的出现，重新开辟了萃取在大分子物质分离领域新的应用。

（一）反胶束萃取原理

反胶束是利用表面活性剂在非极性有机溶剂中包裹水滴，悬浮在有机相中形成反胶团，其可在有机相内形成分散的亲水微环境，又称为反胶团、逆胶束。一般而言，形成一个稳定的反胶束体系，表面活性剂的性能和含量最为重要，仅当表面活性剂浓度超过某一临界值，即临界胶束浓度时，稳定的反胶束体系才能形成。另外，体系中的其他物质、输水溶剂的性质以及外界环境因素也都会对反胶束体系的形成及其稳定性产生相应影响。

目前的研究发现反胶束体系能够将极性产物萃取进入疏水相，其驱动力主要来自三个主要方面：①表面活性剂极性头和生物分子之间的静电作用，将其带入反胶束极性核内部；②表面活性剂疏水尾端和溶剂以及生物分子之间的疏水作用，将夹带目标产物的反胶束乳液悬浮在疏水溶剂内；③乳液粒径带来的空间结构位阻，其是反胶束对不同生物分子具有选择性的主要来源。

（二）反胶束萃取方法

反胶束萃取通常采用溶解法、注入法和液-液接触法三种形式。前两种方法主要应用于酶催化或疏水产物分离等领域，而反胶束萃取分离极性生物分子主要是以液-液接触法的形式进行。其主要萃取过程如图 2-3-4 所示，溶有表面活性剂的疏水溶剂和料液直接接触，主要极性产物在表面活性剂极性头的静电力作用下，进入反胶束极性核内部，并最终被萃取至疏水相，而其他杂质由于与表面活性剂的作用力，仍然保留在水相料液，从而使主要极性产物得以分离和纯化。该方法可消除蛋白质等极性物质难溶解在有机相中，易变性的主要技术难题。而且生物物质在两相中的分配通过改变表面活性剂种类、pH、盐浓度等多种因素进行调节，通过分阶段改变这些条件，可实现不同产物的分步分离，具有较好的集成效果。但是，这种方法通常具有效率较低、过程复杂、耗时等难题阻碍其应用。另外，表面活性剂对酶也有一定的污染，容易导致部分产物变性，并且很多表面活性剂还有一定的生物毒性，通常需要复杂的反萃取工艺将其回收，这进一步限制了其应用。

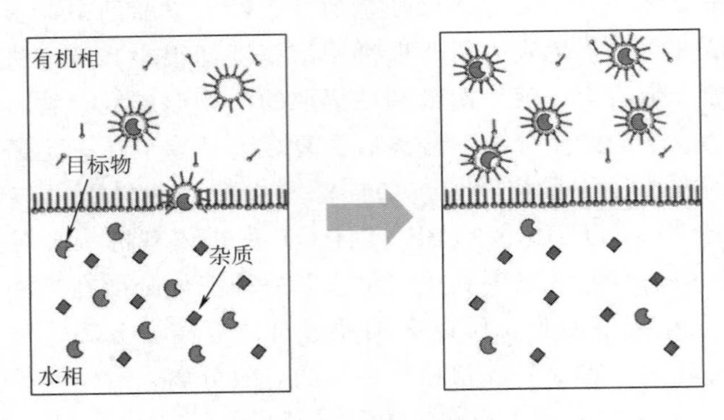

图 2-3-4　反胶束体系对料液中极性分子的萃取过程

三、双水相萃取

反胶束萃取法可以提取生物大分子（蛋白质、核酸等），但是该类体系的普遍适用性通常较差，而且高效的表面活性剂数量很低，并且可能带来生物物质的不可逆变性失活，因此反胶束体系在相关物质的提取中是有困难的。对于这类物质的萃取更常用的方法是采用双水相萃取体系。

（一）双水相萃取原理

当两种亲水性溶剂或一种亲水性溶剂与一种盐在水中以一定浓度混合时，可形成互不相溶的两相，其中一相富含一种亲水性溶剂，一相富含另一种亲水性溶剂或盐，这种两相体系可称之为双水相体系。现有的亲水性溶剂包括传统化工亲水性溶剂、亲水性聚合物以及离子液体等。两种亲水性物质的水溶液相互混合时，究竟是分层成两相，还是混合成一相，取决于两种因素，一是混合熵的变化，二是分子间的作用力。对高聚物/高聚物双水相体系而言，大分子间的作用力通常处于主导地位，此时两种高聚物之间通常难以相溶，即高聚物分子的空间阻碍作用，相互无法渗透，不能形成均一相，从而具有分离倾向，在一定条件下即可分为两相。而对于亲水性溶剂/无机盐体系，其形成与盐的盐析作用紧密相关，即盐离子与亲水性溶剂争夺水分子形成缔合水合物，导致混合熵的剧烈变化，最终富盐相和富亲水溶剂相相分离，成为两相体系。

当这种亲水性溶剂为离子液体或聚合物时，蛋白质等生物大分子通常在这种体系中能够保持较好的自然活性。因此，该类双水相体系在生物分子的萃取中具有很多得天独厚的优势。例如，该体系对蛋白的萃取效率通常较高，并且其系统含水量高，两相界面张力极低，有助于长久保持生物活性。20 世纪 70 年代以来，双水相萃取体系得到了发展和应用。事实证明，大多数生物活性大分子在双水相萃取体系中都具有较好的萃取效果，目前双水相萃取已应用于数十种酶的中间规模提取中。迄今为止，用于生物分离的双水相体系最常用的是聚乙二醇（PEG）-葡萄糖和聚乙二醇-无机盐（磷酸盐、硫酸盐等）系统，这两类聚合物已得到广泛的研究，这是由于这两种聚合物都无毒性，它们的多元醇或多糖结构能使生物大分子稳定。双水相形成的定量关系可用相图来表示，且服从分配定律。

双水相萃取中，影响分配的主要参数有聚合物的相对分子质量和浓度、pH、盐的种类和浓度、操作温度等。聚合物相对分子质量低时，生物大分子通常更易分配于富含该聚合物的相中，当远离临界点（相图中两相混合为一相时的点）时，双水相萃取本身受温度的影响较小。大规模生产总是在常温下操作，一则可节约制冷费用，再则聚合物在常温下对蛋白质有稳定作用，不会引起损失，同时温度高时，黏度低，有利于相的分离操作。因此，确定适宜的操作条件，可达到较高的分配系数和选择性。双水相萃取的一个重要优点是可直接从细胞破碎浆液中萃取蛋白质而无需将细胞碎片分离，一步操作可达到固液分离和纯化两个目的。

（二）双水相萃取方法

双水相萃取法的一个主要应用是胞内酶提取，目前已知的胞内酶有 2000 多种，由于提取困难而很少用于生产。胞内酶提取通常先使细胞破碎而制得料液，因料液黏度大，细胞碎片小，造成分离困难。采用双水相系统可使欲提取的酶与细胞碎片以较大的分配系数分配在不同的相中，进而采用离心法就可实现分离。

表 2-3-1 列出了某些酶的分离参数。从表中可以看出，采用双水相萃取，收率大都能达到 90%以上，分配系数多数情况下大于 3，且很多杂蛋白也能同步去除。双水相萃取系统中，PEG-无机盐比 PEG-葡萄糖系统用得更为广泛，主要是由于无机盐价廉且选择性更高。

表 2-3-1　常用双水相系统用于细胞中酶的分离参数

酶	相系统	收率/%	分配系数	细胞浓度/（%，质量分数）
延胡索酸酶	PEG/盐	83	3.3	20
天冬氨酸酶	PEG/盐	96	5.7	25
异亮氯酰-tRNA 合成酶	PEG/盐	93	3.6	20
青霉素酰化酶	PEG/盐	90	2.5	20
延胡索酸酶	PEG/盐	93	3.2	25
β-乳糖苷酶	PEG/盐	87	62	12
亮氨酸脱氢酶	PEG/粗葡聚糖	98	9.5	20
葡萄糖-6-磷酸盐脱氢酶	PEG/盐	94	6.2	35
乙醇脱氢酶	PEG/盐	96	8.2	30
甲醛脱氢酶	PEG/粗葡聚糖	94	11	20
葡萄糖异构酶	PEG/盐	86	3.0	20
L-2-羟基异己酸盐脱氢酶	PEG/盐	93	6.5	20

采用双水相萃取时，通常将蛋白质分配在上相（PEG），细胞碎片分配在下相（盐）。反过来对相的分离不利，因为当上相固含量高时，分离机的性能会受到影响。在操作时，单位重量相系统中料浆的加入量是一个重要的参数。显然，料浆的加入量越多越经济，但过量的料浆会影响原来聚合物的多相系统，使分配系数降低，结果收率降低。根据经验，一般每 1kg 萃取系统处理 200～400g 湿菌体为宜。图 2-3-5 给出了两级双水相系统萃取酶的流程。

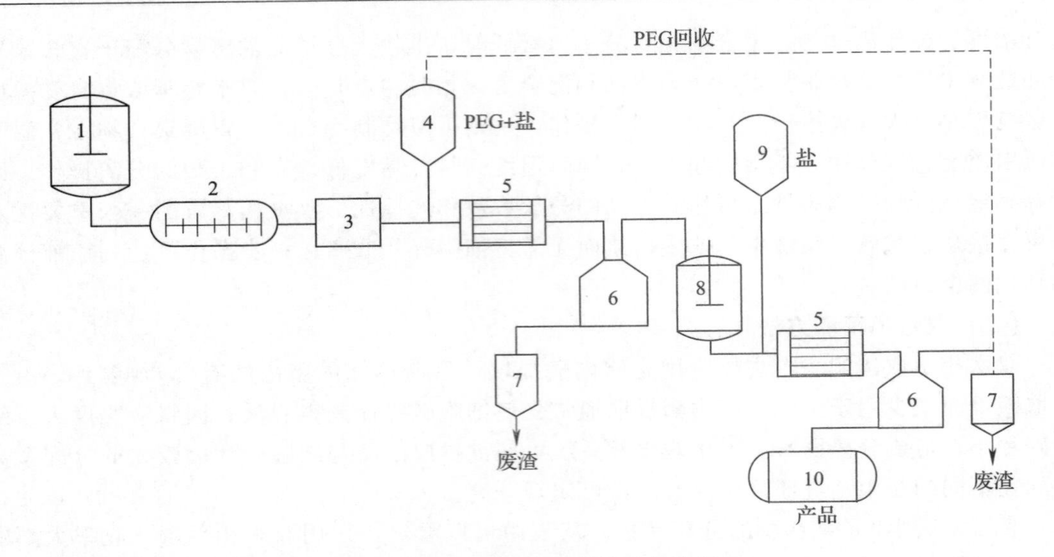

图 2-3-5　两级双水相萃取酶的流程

1—细胞悬浮液　2—细胞破碎机　3—冷却器　4—PEG-盐贮罐　5—混合器　6—离心机　7—废渣相贮罐　8—暂存罐　9—盐贮罐　10—酶液贮罐

四、超临界流体萃取

超临界流体（Supercritical Fluid，SCF）是指温度和压力略超过或靠近临界温度和临界压力介于气体和液体之间的流体。利用超临界流体作为萃取剂，从固体或液体中萃取某种高沸点或热敏性成分，以达到分离纯化的目的，即为超临界流体萃取（Supercritical fluid extraction）。它是主要依靠被萃取的物质在不同的蒸汽压力下所具有的不同化学亲和力和溶解能力进行分离、纯化的单元操作，兼具传统的蒸馏和萃取的共同特征。

随着近年来的研究和进步，超临界流体萃取技术已成为一门新型的分离技术，应用领域十分广泛，特别在分离或生产高附加值的热敏性产品，如食品、药品、生物制品、精细化工产品等方面具有广泛的应用前景。

超临界流体既具有和液体同样的凝聚力、溶解力，又具有与气体相近的扩散能力。表 2-3-2 所示为 CO_2在气态、液态和超临界状态下性质的比较。

表 2-3-2　　**气体、超临界流体和液体性质比较**

性质	相态		
	气体	超临界流体	液体
密度/（g/cm^3）	10^{-3}	0.7	1.0
黏度/（mPa·s）	10^{-3}～10^{-2}	10^{-2}	10^{-1}
扩散系数/（cm^2/s）	10^{-1}	10^{-3}	10^{-2}

注：超临界流体是指在 32℃和 13.78MPa 时的二氧化碳。

从表中可以看出，超临界流体的密度接近于液体，这使它具有与液体溶剂相当的萃取能力；其黏度和扩散系数又与气体相近，这使它具有与气体相似的低传质阻力和高扩散能力。由于超临界流体也能溶解于液相，降低与之平衡的液相黏度和表面张力，且提高了平衡液相的扩散系数，有利于流体萃取。另外，超临界流体随着温度和压力的连续变化，对物质的萃取具有选择性，且萃取后更易分离。

(一) 超临界流体的萃取过程

图 2-3-6 所示为超临界流体萃取过程的典型流程图，用超临界 CO_2 从植物性基质 B 中提取产品 A。

超临界流体在萃取器中，从基质中萃取化合物 A，流体的溶解能力受密度控制。流体相通过节流阀膨胀使 CO_2 密度减小，萃取物 A 从流体相中分离出来并收集在分离器中，而溶剂再经过压缩机增压和热交换降（升）温后，循环使用。可见，此过程基本上是由萃取与分离两个主要阶段组成。从热力学和动力学角度考虑，可将超临界分离过程分为下面三种。

图 2-3-6　超临界流体萃取流程图

(1) 依靠压力变化的萃取分离法（等温法或绝热法）　在一定温度下，使超临界流体和溶质减压，经膨胀后分离，溶质由分离器下部取出，气体经压缩机返回萃取器循环使用。

(2) 依靠温度变化的萃取分离法（等压法）　经加热、升温使气体和溶质分离，从分离器下部取出萃取物，气体经冷却、压缩后返回萃取器循环使用。

(3) 用吸附剂进行的萃取分离法（吸附法）　在分离器中，经萃取出的溶质被吸附剂吸附，气体经压缩后返回萃取器循环使用。

图 2-3-7 给出了超临界流体萃取分离过程的三种典型流程。其中第 1、2 两种流程主要用于萃取相中的溶质为需要精制产品的场合，第 3 种流程则适用于萃取的物质是需要除去的有害成分，而萃取器中留下的萃余物才是所需提纯组分的场合。整体而言，超临界技术和设备依然相对复杂（视频 2-3-2），但随着电脑模拟和现代仿真等技术的进步，其过程开发及普及正蓬勃发展，展现了很高的活力。

视频 2-3-2　实验室超临界萃取实验

(二) 超临界流体萃取的特点及应用

1. 超临界流体萃取的特点

超临界流体萃取对生物产品的分离具有极大的诱惑力，其原因是它有许多特点。

(1) 超临界萃取同时具有液相萃取和精馏的特点。超临界萃取过程是由两种因素，即被分离物质挥发度之间的差异和它们分子之间亲和力的大小不同，同时发生作用而产生相际分离效果的。如酒花的萃取，可控制在不同的柱高，排放出不同挥发度的产物；超临界 CO_2 对咖啡因和芳香素具有不同的选择性。

(2) 超临界流体萃取的独特的优点是它的萃取能力取决于流体的密度，而密度很容易

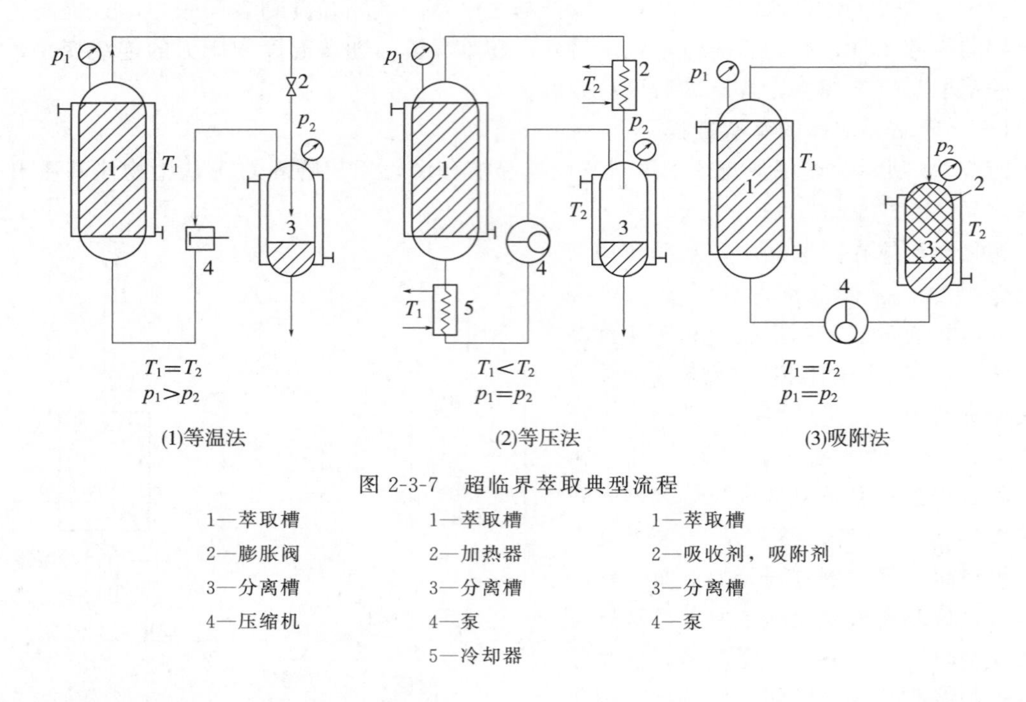

图 2-3-7　超临界萃取典型流程

1—萃取槽　2—膨胀阀　3—分离槽　4—压缩机

1—萃取槽　2—加热器　3—分离槽　4—泵　5—冷却器

1—萃取槽　2—吸收剂，吸附剂　3—分离槽　4—泵

通过调节温度和压力来加以控制。

（3）超临界流体萃取中的溶剂回收很简单，并能大大节省能源。被萃取物可通过等温减压或等压升温的办法与萃取剂分离，而萃取剂只需重新压缩便可循环使用。

（4）超临界流体萃取工艺可以不在高温下操作，因此特别适合于热稳定性较差的物质。同时产品中无其他物质残留。

（5）超临界流体萃取的操作压力可根据分离对象选择适当的萃取剂或添加夹带剂来控制，以避免高压带来的影响。

2. 超临界流体萃取的应用

Todd 和 Elgin 在 1955 年首先建议用超临界流体作为萃取剂来分离低挥发度的化合物。之后，在其他一些国家，特别是美国、德国和苏联，一些学者发表了不少的研究论文，其内容集中在食品、药物和香料的超临界萃取应用上。超临界流体萃取应用到生物系统中也有十多年的历史了，有些已在生物化学的研究中提出了，有些则已经商业化了，如从咖啡中脱除咖啡因，从啤酒花中提取有效成分等。表 2-3-3 列出了超临界萃取在各领域中的应用情况。

表 2-3-3　　超临界流体萃取的应用实例

工业类别	应用实例
医药工业	①原料药的浓缩、精制和脱溶剂（抗生素等） ②酵母、菌体生成物的萃取（Γ－亚麻酸、甾族化合物、酒精等） ③酶、维生素等的精制、回收 ④从动植物中萃取有效药物成分（化学治疗剂、生物碱、维生素 E、芳香油等） ⑤脂质混合物的分离精制（甘油酯、脂肪酸、卵磷脂）

续表

工业类别	应用实例
食品工业	①脂质体制备技术 ②植物油的萃取（大豆、棕榈、花生、咖啡等） ③动物油的萃取（鱼油、鱼肝油） ④食物的脱脂（马铃薯片、无脂淀粉、油炸食品） ⑤从茶、咖啡中脱除咖啡因、啤酒花的萃取等 ⑥植物色素的萃取，β-胡萝卜素的提取 ⑦含酒精饮料的软化 ⑧油脂的脱色、脱臭
化妆品香料工业	①天然香料的萃取（香草豆中提取香精），合成香料的分离、精制 ②烟草脱烟碱 ③化妆品原料的萃取精制（界面活性剂、单甘酯等）
生物工业	①从发酵液中去除生物稳定剂 ②从水溶液中提取有机溶剂 ③微生物的临界流体破碎过程 ④工业废物的分离 ⑤木质纤维材料的处理
化学工业	①烃的分离（烷烃与芳烃、萘的分离、α-烯烃的分离、正烷烃和异烷烃的分离） ②有机溶剂水溶液的脱水（醇、甲乙醇等） ③有机合成原料的精制（羧酸、酯、酐，如己二酸、对苯二酸、己内酰胺等） ④共沸化合物的分离（$H_2O—C_2H_5—OH$ 等） ⑤作为反应的稀释溶剂（聚合反应、烷烃的异构化反应） ⑥反应原料回收（从低级脂肪酸盐的水溶液中回收脂肪酸）
其他	①超临界液体色谱 ②活性炭的再生

五、萃取操作过程及设备

液-液萃取设备应包括 3 个部分：混合设备、分离设备和溶剂回收设备。混合设备是真正进行萃取的设备，它要求料液与萃取剂充分混合形成乳浊液，欲分离的生物产品主要在此阶段自料液转入萃取剂中。分离设备是将萃取后形成的萃取相和萃余相进行分离。溶剂回收设备把萃取液中的生物产品与萃取溶剂分离并加以回收。混合过程通常在搅拌罐中进行，也可将料液与萃取剂在管道内以很高速度混合（称为管道萃取），也有利用喷射泵进行涡流混合（称为喷射萃取）。分离多采用分离因数较高的离心机，也可将混合与分离同时在一个设备内完成，统称为萃取机。大多数生物产品在 pH 变化较大时不稳定，这就要求混合分离能够快速进行。其次，由于料液中常含有可溶性蛋白质和糖，萃取过程中会产生乳化现象而影响分离，因此，各种类型的萃取分离塔是不适用的。溶剂回收可利用各种蒸馏设备来完成，这里不再重复。

（一）混合设备

萃取操作中，用于两液相混合的设备有混合罐、混合管、喷射萃取器及泵等。

1. 混合罐

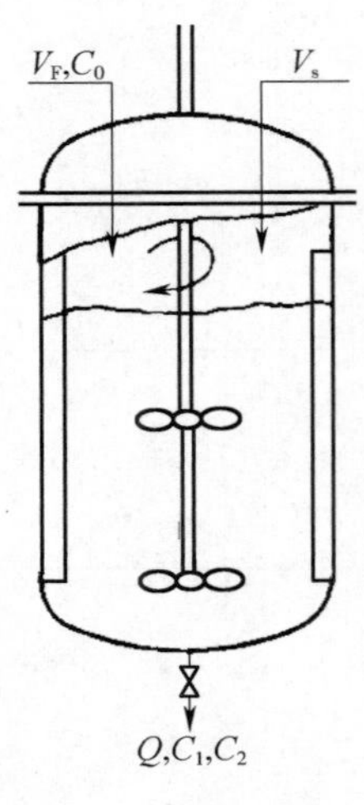

图 2-3-8　混合罐

混合罐的结构类似于带机械搅拌的密闭式反应罐，如图 2-3-8 所示。采用螺旋桨式搅拌器，转速为 400～1000r/min；若用涡轮式搅拌器，转速为300～600r/min，为防止中心液面下凹，在罐壁设置挡板，罐顶上有萃取剂、料液、调节 pH 的酸（碱）液及去乳化剂的进口管，底部有排料管。料液在罐内的平均混合停留时间 1～2min。由于搅拌器的作用，罐内几乎处于全混流状态，使罐内两液相的平均浓度与出口浓度近似相等。为了加大罐内两相间的传质推动力，可用带有中心孔的圆形水平隔板将混合罐分隔成上下连通的几个混合室（类似于萃取塔），每个室中都设有搅拌器。这样只有底部一个室中的混合液浓度与出口浓度相同。除机械搅拌混合罐外，还有气流搅拌混合罐，可将压缩空气通入料液中，借鼓泡作用进行搅拌，特别适用于化学腐蚀性强的料液，但不适用搅拌挥发性强的料液。

混合罐中，萃取相浓度 C_1 和萃余相浓度 C_2 可按下述方法计算：

混合罐出口流量：

$$Q = V_F + V_s \tag{2-3-12}$$

平均混合时间：

$$\tau_0 = \frac{V}{Q} \tag{2-3-13}$$

由物料衡算：

$$V_F C_0 = V_s \cdot C_1 + V_F C_2$$

且：

$$C_1 / C_2 = K, \quad V_F / V_s = m$$

于是：

$$C_2 = \frac{C_0}{1 + \frac{K}{m}} \tag{2-3-14}$$

$$C_1 = \frac{C_0}{\frac{1}{K} + \frac{1}{m}} \tag{2-3-15}$$

式中　Q——混合罐出口流量，m^3/s

V_F——料液加入量，m^3/s

V_s——萃取溶剂加入量，m^3/s

V——混合罐装料体积，m^3

τ_0——平均混合时间，s

C_0——料液中溶质浓度，kg/m^3

C_1、C_2——分别为萃取相和萃余相中溶质浓度，kg/m³

上式假设混合罐内两液相间达到完全平衡。实际情况下，由于混合时间的限制，加之罐中存在着返混、死角及短路情况，两液相间不可能达到平衡，因此，C_1、C_2应由以下校正后的公式求得：

$$C_1=\frac{C_0}{\frac{1}{K}+\frac{1}{m}+\frac{1}{K\cdot\beta}} \tag{2-3-16}$$

$$C_2=\frac{C_0}{1+\frac{K}{m}\left(\frac{\beta}{1+\beta}\right)} \tag{2-3-17}$$

式中　β为一无因次校正系数，定义为：

$$\beta=\frac{\sigma k_L\cdot\tau_0}{Kd_p}$$

溶质在两液相间的传质系数k_L可从下列准数方程中求得：

$$Sh=2+0.55\,Re^{0.5}-Sc^{0.33} \tag{2-3-18}$$

$$\frac{k_Ld_p}{d}=2+0.55\left(\frac{d_p\omega\rho}{\mu}\right)^{0.5}\cdot\left(\frac{\mu}{\rho d}\right) \tag{2-3-19}$$

分散相（一般定义体积小的相为分散相，体积大的相为连续相）液滴直径d_p可由下式求得：

$$d_p=0.014\,\frac{\sigma^{0.6}}{\rho^{0.2}\ (P/V)^{0.4}}H^{0.5}\left(\frac{\mu_d}{\mu}\right)^{0.25} \tag{2-3-20}$$

液滴环流速度ω由下式求得：

$$\omega=5.98\,\frac{(p/v)^{0.2}\cdot\sigma^{0.2}}{\rho^{0.4}} \tag{2-3-21}$$

式中　Sh——舍伍德（Sherwood）数，$Sh=k_Ld_p/D$

Re——雷诺（Reynolds）准数，$Re=\frac{d_p\omega\rho}{\mu}$

Sc——施密特（Schmidt）数，$Sc=\frac{\mu}{\rho D}$

k_L——溶质在两液相间传质系数，m/s

d_p——分散相液滴直径，m

D——两相间分子扩散系数，m²/s

ρ——连续相密度，kg/m³

μ——连续相黏度，Pa·s

ω——液滴环流速度，m/s

σ——两相间界面张力，N/m

P/V——混合罐中单位体积液体所消耗的搅拌功率，kW/m³

H——混合液中分散相所占分率

$$H=\frac{1}{1+m}$$

μ_d——分散相黏度，Pa·s

2. 混合管

混合操作通常采用混合管。萃取剂及料液在一定流速下进入管道一端，混合后从另一端导出，为了保证较高的萃取效果，料液在管道内应维持足够的停留时间，并使流动呈完全湍流状态，强迫料液充分混合。一般要求 $Re=(5\sim10)\times10^4$，流体在管内平均停留时间 10～20s。混合管的萃取效果高于混合罐，且为连续操作。

3. 喷射式混合器

图 2-3-9 所示为三种常见的喷射式混合器示意图。其中（1）为器内混合过程，即萃取剂及料液由各自导管进入器内进行混合；（2）、（3）则为两液相已在器外汇合，然后进入器内经喷嘴或孔板后，加强了湍流程度，从而提高了萃取效率。喷射式混合器是一种体积小效率高的混合装置，特别适用于低黏度、易分散的料液。这种设备投资小，但需要料液在较高的压力下进入混合器。喷射式混合器的压力降、吸液量计算可参考有关资料。

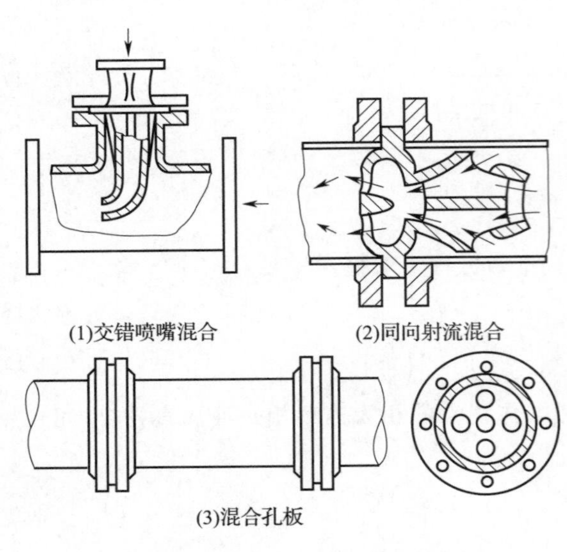

图 2-3-9　三种常见的喷射式混合器

另外，若两液相容易混合时，可直接利用离心泵在循环输送过程中进行混合。

（二）分离设备

由于欲萃取分离的发酵液中常含有一定量的蛋白质等表面活性物质，致使混合后形成相当稳定的乳浊液，这种乳浊液即使加入某些去乳化剂，也很难在短时间内靠自然沉降的方式进行分离，一般需采用分离因数很大的碟片式高速离心机或管式超速离心机进行分离操作。

1. 管式离心机

管式超速离心机的转速在 10000r/min 以上，有国产的 GF－05 型、1280 型，苏联的 CTC－100 型、150 型，美国的 Sharpler 型等。管式离心机具有一长管式转筒，筒底有料液与萃取剂组成的乳浊液进口管，筒顶有轻液溢流环、轻重液出口，其分离原理及结构已在上一章叙述。

2. 碟片式离心机

常用的碟片式离心机制造商有瑞典的 Alfa-laval 公司、德国的 Westifalia 公司和丹麦 Titan 公司等，以及国产的南京绿洲机械厂、江苏巨能机械厂等，大部分的碟片式离心机主要由转鼓、传动机构、进出口装置、转速表装置及管道系统等组成。其工作动画见视频 2-3-3。国产离心机已经发展比较成熟，已形成 DHZ、DRZ 等多个系列，表 2-3-4 列出了几种典型碟片式离心机的主要技术参数。

视频 2-3-3　碟片式离心机工作动画

表 2-3-4　　几种常用碟片式离心机的技术特性

规格＼型号	DRZ550	DHZ700/200	DPF445	DHC216	DBP－780	DRY－366
转鼓内径/mm	550	700	445	700	680	366
转速/（r/min）	5500	4800	4450/5100	4250	4800	6670
分离因数	10787	10276	4935/6480	8056	8766	9220
生产能力/（m^3/h）	6～18	15～27	24～40	20～30	25	1
电动机功率/kW	22	37	30－37	37	55	5.5
外型尺寸/（mm×mm×mm）	1620×1300×2200	2050×1700×2300	1518×1091×1550	2100×1900×2100	2196×1752×1913	1030×1186×1366

目前，针对液-液萃取的碟片式离心机在抗生素提取、乳脂脱除、油脂的水洗等多个领域已有几十年的应用历史，最大生产能力可达数十吨每小时，并可通过自动排渣或人工清渣实现液-液-固三相分离，分离后的轻、重相均可由向心泵持续输出。近十几年来，国内在全自动排渣控制技术的持续进步极大改善了碟片式离心机的应用环境及范围，该技术能保证每次的排渣量基本相当，不受水压等因素干扰，在排渣时，其重相向心泵又可提前关闭，使液体分界面位置改变，有效减少溶剂和产物损失，从而实现全自动的大规模连续生产。例如 DHZ700 全自动分离机每天可分离 600t 油脂，仅次于瑞典的 Alfa-laval 公司的 PX 系列和德国 Westifalia 公司的 RSE 系列碟片式离心机。

3. 离心分离机中分界面的计算

图 2-3-10 是一管式离心机出口部分的示意图。设离心机的角速度为 ω，质量为 dm 的液体在半径 r 处所受到的离心力为：

$$\mathrm{d}F=\omega^2\cdot r\cdot \mathrm{d}m$$

且

$$\mathrm{d}m=2\pi r\cdot h\cdot\rho\cdot \mathrm{d}r$$

此处 h 为离心机转筒高度。

于是

$$\mathrm{d}F=2\pi\rho h\omega^2 r^2\mathrm{d}r$$

在 r 处回转面上所受压强为：

$$\mathrm{d}p=\frac{\mathrm{d}F}{2\pi rh}=\omega^2\cdot\rho\cdot r\mathrm{d}r$$

则对轻液相，上式积分为：

$$\int_{p1}^{ps}\mathrm{d}p=\omega^2\rho_L\int_{rL}^{rs}r\mathrm{d}r$$

$$p_s-p_1=\frac{\omega^2\rho_L}{2}(r_s{}^2-r_L{}^2)$$

对重液相，上式积分为：

$$\int_{p2}^{ps}\mathrm{d}p=\omega^2\rho_H\int_{rH}^{rs}r\mathrm{d}r$$

$$p_s-p_2=\frac{\omega^2\rho_H}{2}(r_s^2-r_H^2)$$

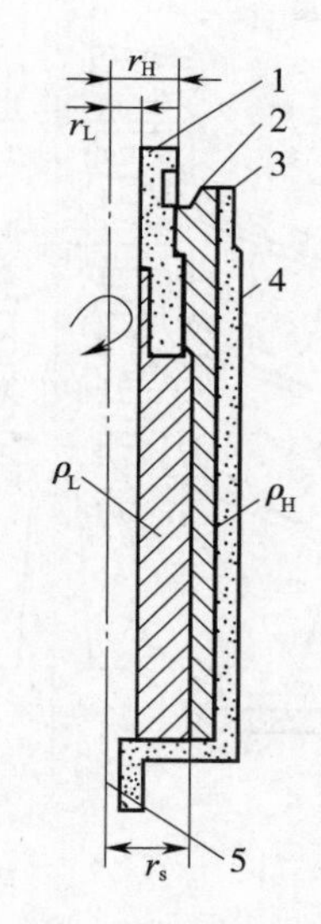

图 2-3-10　管式离心机示意图
1—轻液入口　2—重液入口　3—提圈
4—溢流环　5—乳浊液进口

其中 p_s、p_1、p_2 分别为轻重液相界面、出口处轻液相和重液相内界面压强，由于出口与大气相通，$p_1=p_2=$大气压强。

故
$$\rho_L(r_S^2-r_L^2)=\rho_H(r_S^2-r_H^2)$$

即
$$r_S=\sqrt{\frac{\rho_H r_H^2-\rho_L r_L^2}{\rho_H-\rho_L}} \tag{2-3-22}$$

式中 r_S——离心分离机中分界半径，m

r_L——轻液相出口半径，m

r_H——重液相出口半径，m

ρ_L——轻液相密度，kg/m^3

ρ_H——重液相密度，kg/m^3

由上式可见，离心机中的分界半径与两液相间的密度差及两液相的出口半径有关，当ρ_L、ρ_H及轻液相出口半径r_L不变时，则分界半径r_S仅随重液相出口半径r_H而变。当r_H增大时，r_S也随之增大，即分界半径向外移，使转筒内重液层变薄，有利于轻液相的分离。反之，减小r_H，则r_S也随之减小，分界半径内移，使重液层变厚而有利于重液相的分离。

管式离心机和某些碟片式离心机是用提圈来调节r_H的大小。提圈是一组外径相同的有孔金属薄板，置于重液相出口处，选择不同开孔直径的提圈可以改变r_H的值。对于不同的料液，必须选用适当的提圈才能使两相分离清楚。对于一些其他类型的离心机，分别可用改变重液相出口螺孔开口位置或改变向心泵直径等方法来调节r_H值。

（三）离心萃取机

1. 多级离心萃取机

多级离心萃取机是在一台设备中装有两级或三级混合及分离装置的逆流萃取设备。图2-3-11是Luwesta EK10007三级逆流离心萃取机的示意图。分上、中、下三段，下段是第一级混合与分离区，中段是第二级，上段是第三级，每一段的下部是混合区域，中部是分离区域，上部是重液相引出区域。新鲜的萃取剂由第三级加入，待萃取料液则由第一级加入，萃取轻液相在第一级引出，萃余重液则在第三级引出。操作时转鼓转速为4500r/mim，料液最大处理量为$7m^3/h$，料液进口压力5×10^5 Pa，萃取剂进口压力3×10^5Pa。

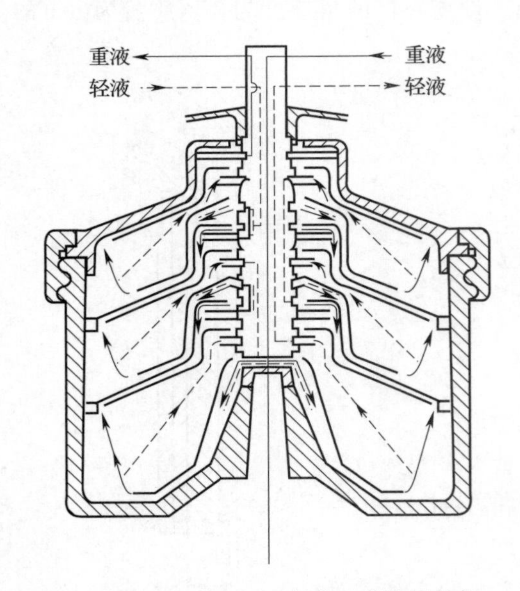

图 2-3-11 Luwesta三级离心萃取机结构

2. 立式连续逆流离心萃取机

连续逆流离心萃取机是将萃取剂与料液在逆流情况下进行多次接触和多次分离的萃取设备。图2-3-12是α-Laval ABE-216型离心萃取机的结构。其主要部件为一由11个不同直径的同心圆筒组成的转鼓，每个圆筒上均在一端开孔，作为料液和萃取剂流动的通道，由于相邻筒之间开孔位置上下错开，使液体上下曲折流动。从中心向外数第4～11筒的外壁上均焊有螺旋形导流板，这样就使两个液相的流动路程大为加长，从而延长了两液相的混合与分离时间，在螺旋形导流板上又开设大小不同的缺口，使螺旋形长通道中形成很多短路，增加了两液相之间的接触机会。

操作时，重液相（料液）由底部轴周围的套管进入转鼓后，沿螺旋形通道由内向外顺次流经各筒，最后由外筒经溢流环到向心泵室被排出。轻液（萃取剂）则由底部的中心管进入转鼓，流入第 10 圆筒，从下端进入螺旋形通道，由外向内顺次流过各筒，最后从第 1 筒经出口排出。图 2-3-13 是 ABE-216 型离心萃取机液体流向图。

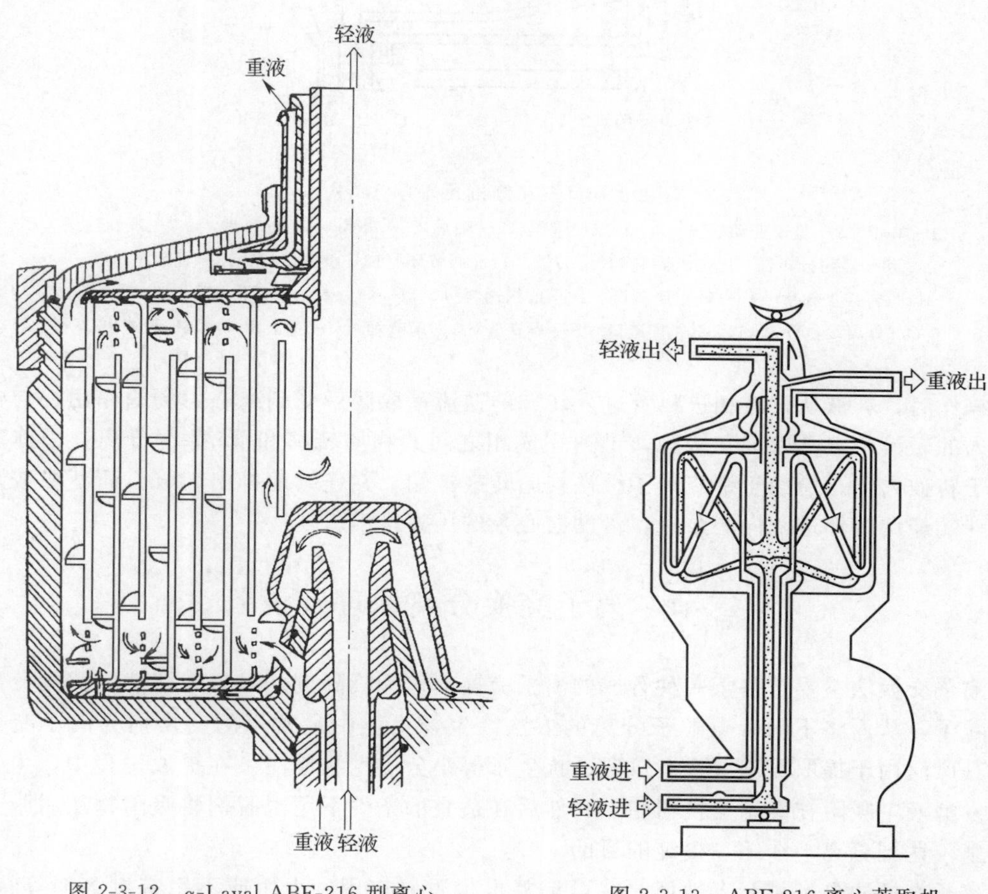

图 2-3-12　α-Laval ABE-216 型离心萃取机结构

图 2-3-13　ABE-216 离心萃取机轻重液走向示意图

3. 倾析式离心机

近来发展的三相倾析式离心机可同时分离重液、轻液及固体三相，已开始应用于生物工业中，图 2-3-14 是 20 世纪 80 年代德国 Westfalia 公司研制的三相倾析式离心机的结构图。它由圆柱-圆锥形转鼓、螺旋输送器、驱动装置、进料系统等组成。该机在螺旋转子柱的两端分别设有调节环和分离盘，以调节轻、重液相界面，轻液相出口处配有向心泵，在泵的压力作用下，将轻液排出。进料系统上设有中心套管式复合进料口，中心管和外套管出口端分别设有轻液相分布器和重液相布料孔，其位置是可调的，从而把转鼓柱端分为重液相澄清区、逆流萃取区和轻液相澄清区。

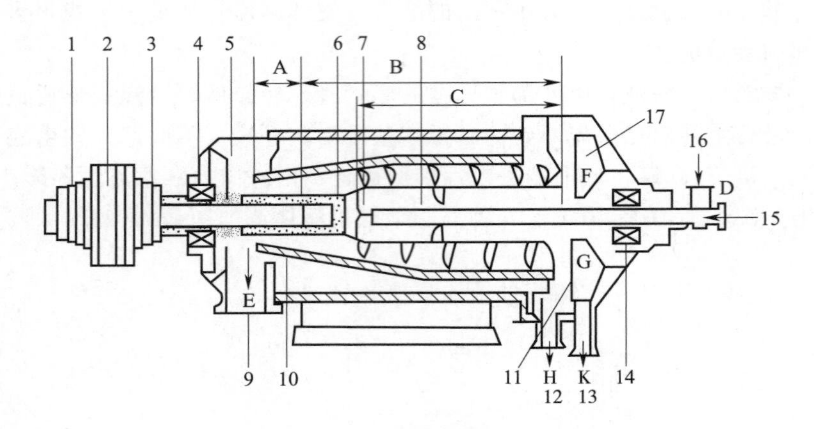

图 2-3-14　三相倾析式离心机结构

1—V 带　2—差速变动装置　3—转鼓皮带轮　4—轴承　5—外壳　6—分离盘　7—螺旋输送　8—轻相分布器　9—排渣口　10—转鼓　11—调节环　12—重液出口　13—轻液出口　14—转鼓主轴承　15—轻相送料口　16—重相送料口　17—向心泵　A—干燥段　B—澄清段　C—分离段　D—入口　E—排渣口　F—调节盘　G—调节管　H—重液出口　K—轻液出口

操作时，料液从重液相进料管进入转鼓的逆流萃取区后受到离心力场的作用，与中心管进入的轻液相（萃取剂）接触，迅速完成相之间的物质转移和液-液-固分离。固体渣滓沉积于转鼓内壁，借助于螺旋转子缓慢推向转鼓锥端，并连续地排出转鼓。而萃取液则由转鼓柱端经调节环进入向心泵室，借助向心泵的压力排出。

第二节　离子交换分离原理及设备

离子交换法主要是基于一种合成的离子交换剂作为吸附剂，以吸附溶液中需要分离的带电粒子，从而将不同带电粒子分离的方法。生物工业中最常用的交换剂为离子交换树脂，其广泛用于提取氨基酸、有机酸、抗生素等小分子生物制品。在提取过程中，生物制品从发酵液中吸附在离子交换树脂上，然后在适宜的条件下用洗脱剂将吸附物从树脂上洗脱下来，达到分离、浓缩、提纯的目的。

离子交换法具有树脂毒性低，并可反复再生重复使用、少用或不用有机溶剂等特点，因而成本低、设备简单、操作方便。目前已成为生物制品提纯分离的最重要的方法之一。但离子交换法也有生产周期长、pH 变化范围大、成品质量易受影响等缺点。此外，离子交换树脂法还广泛用于脱色、硬水软化及制备无盐水等领域。

一、离子交换树脂的分离原理及理化性能

（一）离子交换树脂的分类

离子交换树脂通常是一种具有网状立体结构、一般不溶于酸、碱和有机溶剂的固体高分子化合物。离子交换树脂的单元结构由两部分组成，一部分是不可移动且具有立体结构的网络骨架，另一部分是可移动的活性离子。活性离子可在网络骨架和溶液间自由迁移，当树脂处在溶液中时，其上的活性离子可与溶液中的同性离子产生交换过程。如果树脂释

放的是活性阳离子，它就能和溶液中的阳离子发生交换，称阳离子交换树脂；如果释放的是活性阴离子，它就能交换溶液中的阴离子，称阴离子交换树脂。

离子交换树脂通常有 4 种分类方法，一是按树脂骨架的主要成分将树脂分为聚苯乙烯型树脂、聚丙烯酸型树脂、酚-醛型树脂等；二是按聚合的化学反应方式分为共聚型树脂和缩聚型树脂；三是按树脂骨架的物理结构分为凝胶型树脂（也称微孔树脂）、大网络树脂（也称大孔树脂）及均孔树脂。由于活性基团的电离程度决定了树脂酸性或碱性的强弱，所以又将树脂分为强酸性、弱酸性阳离子交换树脂和强碱性、弱碱性阴离子交换树脂。活性基团决定着树脂的主要交换性能。下面按第四种分类方法讨论各种树脂的功能。

1. 强酸性阳离子交换树脂

这类树脂的活性基团有磺酸基团（$-SO_3H$）和次甲基磺酸基团（$-CH_2SO_3H$）。它们都是强酸性基团，电离程度大且不受溶液 pH 变化的影响，在 pH 1～14 范围内均能进行离子交换反应，以磺酸型树脂与 NaCl 作用为例，交换反应为：

$$RSO_3H + NaCl \longrightarrow RSO_3Na + HCl$$

此外，以磷酸基团$-PO(OH)_2$和次磷酸基团$-PO(OH)$作为活性基团的树脂具有中等强度的酸性。

树脂使用一段时间后，要进行再生处理，应用再生剂使离子交换树脂的官能团恢复到原来状态再次使用。强酸性阳离子树脂用强酸进行再生处理，此时树脂释放出被吸附的阳离子，再与 H^+ 结合而复原。

2. 弱酸性阳离子交换树脂

这类树脂的活性基团有羧基$-COOH$、酚羟基$-OH$ 等，它们的电离程度小，交换性能受溶液 pH 的影响很大，其交换能力随溶液 pH 的增加而提高。在酸性溶液中，这类树脂几乎不发生交换反应。对于羧基树脂，应该在 $pH>7$ 的溶液中操作，而对于酚羟基树脂，应使溶液的 $pH>9$。

和强酸性树脂不同，弱酸性树脂和氢离子结合能力很强，故再生成氢型较容易，耗酸量少。

3. 强碱性阴离子交换树脂

这类树脂有两种，一种含三甲胺基称为强碱Ⅰ型，另一种含二甲基-β-羟基-乙基胺基团，为强碱Ⅱ型。和强酸离子交换相似，活性基团电离程度较强且不受 pH 变化的影响，在 pH 1～14 范围内均可使用。这类树脂成氯型时较羟型稳定，耐热性亦较好，因此，商品大多以氯型出售。Ⅰ型的碱性比Ⅱ型强，但再生较困难，Ⅱ型树脂的稳定性较差。典型的交换反应为：

$$RN(CH_3)_3Cl + NaOH \longrightarrow RN(CH_3)_3OH + NaCl$$

4. 弱碱性阴离子交换树脂

这类树脂的活性基团有伯胺（$-NH_2$）、仲胺（$=NH$）、叔胺（$\equiv N$）和吡啶基等。与弱酸性阳离子树脂一样，交换能力受溶液 pH 的影响很大，pH 越小，交换能力越强。故在 $pH<7$ 的溶液中使用。这类树脂和 OH^- 结合能力较强，再生成羟型较容易，耗碱量少。

上述 4 种树脂的性能比较可归于表 2-3-5 中。

表 2-3-5 **四类树脂性能的比较**

性能＼类型	阳离子交树脂		阳离子交换树脂	
	强酸性	弱酸性	强酸性	弱碱性
活性基团	磺酸	羧酸	季铵	伯胺、仲胺、叔胺
pH 对交换能力的影响	无	在酸性溶液中交换能力很小	无	在碱性溶液中交换能力很小
盐的稳定性	稳定	洗涤时水解	稳定	洗涤时水解
再生*	用 3～5 倍再生剂	用 1.5～2 倍再生剂	用 3～5 倍再生剂	用 1.5～2 倍再生剂可用碳酸钠或氨水
交换速度	快	慢（除非离子化）	快	慢（除非离子化）

注：* 再生剂用量指该树脂交换容量的倍数。

树脂在使用时，常将强酸性树脂转变为其他离子形式树脂。如将强酸性阳离子树脂与 NaCl 作用，转变为钠型树脂；在使用时，钠型树脂放出 Na^+ 与溶液中的其他阳离子交换。由于交换反应中没有放出 H^+，避免了溶液 pH 下降产生的诸如设备腐蚀和蛋白质失活等副作用。进行再生时，亦可用盐水代替强腐蚀性的强酸。弱酸性树脂生成的盐 RCOONa 很容易水解，呈碱性，所以用水洗不到中性，一般只能洗到 pH 9～10。但是弱酸性树脂和氢离子结合能力很强，再生成氢型较容易，耗酸量少。强碱性阴离子树脂亦可先转变为氯型，工作时用 Cl^- 交换其他阴离子，再生只需用食盐水。但弱碱性树脂生成的盐 RNH_3Cl 同样易水解。这类树脂和 OH^- 离子结合较强，所以再生成羟型较容易，耗碱量少。强酸性树脂和强碱性树脂在转变成钠型和氯型后，在使用时就不再有强酸性和强碱性，但它们仍具有这些树脂的其他典型性能，如强离解性和工作的 pH 范围宽等，因此具有更广泛的应用。

各种树脂的强弱最好用其官能团的 pK 值来表征。对于酸性树脂，pK 值越小，酸性越强，而对于碱性树脂，pK 值越大，碱性越强。表 2-3-6 列出了常用树脂活性基团的 pK 值。

表 2-3-6 **常用树脂活性基团的电离常数（p*K*）**

阳离子交换树脂		阴离子交换树脂	
活性基团	pK	活性基团	pK
$—SO_3H$	<1	$—N(CH_3)_3OH$	>13
$—PO(OH)_2$	pK_1 2～3 pK_2 7～8	$—N(CH_3)_2(C_2H_4OH)OH$	12～13
—COOH	4～6	$—(C_6H_5N)OH$	11～12
$—C_6H_4OH$	9～10	—NHR，$—NR_2$	9～11
		$—NH_2$	7～9
		$—C_6H_4NH_2$	5～6

（二）离子交换树脂的理化性能

选择离子交换树脂时，除需要具有良好的化学稳定性外，还需根据实际需求，综合考虑其他理化性能，有：颗粒度、交换容量、机械强度、膨胀度、含水量、密度、孔结构等。

1. 颗粒度

除因合成方法限制或因特殊用途而制成无定形、膜状、粉末状外，大多数商品树脂多制成球形，以提高机械强度和减少流体阻力，直径一般在0.2～1.2mm（70～16目）。粒度过小，堆积密度大，容易产生阻塞。粒度过大，强度下降，装填量少，内扩散时间延长，不利于有机分子的交换。

2. 交换容量

交换容量是表征树脂交换能力的重要参数，其表示方法有质量交换容量（mmol/g干树脂）和体积交换容量（mmol/mL树脂），后一种可直观地反映出设备的生产能力、收率和设计投资。除交换容量外，还有工作交换容量（在一定的应用条件下树脂表现出来的交换容量）、再生交换容量（树脂在指定的再生剂用量条件下再生后的交换容量）；一般情况下三者的关系为：再生交换容量＝（0.5～1.0）交换容量；工作交换容量＝（0.3～0.9）再生交换容量。工作交换容量与再生交换容量之比称为离子交换树脂利用率。

3. 机械强度

将离子交换树脂先经酸、碱溶液处理后，置于球磨机械振荡筛机中撞击、磨损，一定时间后取出过筛，以完好树脂的质量百分率来表示。商品树脂的机械强度通常规定在90%以上。

4. 膨胀度

干树脂浸在水溶液或有机溶剂中时，活性离子因热运动可在树脂空隙的一定距离内运动，同时由于存在着渗透压使外部水分渗入内部促使树脂空隙扩大而体积膨胀。测定膨胀前后树脂的体积比，可得出膨胀度。在设计离子交换罐时，树脂的装填系数应以工艺过程中膨胀度最大时的树脂体积为上限参数，以免装量过度或设备利用率降低。

5. 含水量及密度

含水量是指每克干树脂吸收的水分量，一般是0.3～0.7g，高交联度的树脂含水量较低。由于干树脂易破碎，商品树脂均以湿态密封包装。干燥树脂初次使用前，应先用盐水浸润后，再用水逐步稀释以防暴胀破碎。

密度常用湿堆积密度和湿真密度表示，湿堆积密度的值一般为600～850kg/m^3，阳离子树脂偏上限，阴离子树脂靠下限。交联度高，则堆积密度大。湿真密度的值一般为1100～1400kg/m^3，活性基团越多，其值越大。应用混合床或叠床工艺时，应尽量选取湿真密度差值较大的两种树脂，以利分层和再生。

6. 孔结构

树脂的孔径大小差别很大，与合成方法、原料性质等密切相关。孔径大小对离子交换树脂选择性的影响很大，对吸附有机大分子尤为重要；在合适的孔径基础上，选择比表面积较大的树脂，有利于提高吸附量和交换速度。

（三）离子交换机理及选择性

1. 交换机理

一般认为离子交换过程是按化学摩尔质量关系进行的，且交换过程是可逆的，最后达到平衡，平衡状态和过程的方向无关。因此，离子交换过程可以看作可逆多相化学反应。

但和一般的多相化学反应不同，当发生交换时，树脂体积常发生改变，因而引起溶剂分子的转移。设有一粒树脂放在溶液中，发生下列交换反应：

$$A^+ + RB \longrightarrow RA + B^+$$

不论溶液的运动情况如何，在树脂表面上始终存在着一层薄膜，交换离子借助分子扩散通过薄膜（图 2-3-15）；显然，溶液流动越剧烈，薄膜的厚度越小，则液体主体的浓度越均匀一致。一般说来，树脂的交换容量和颗粒大小无关。因此在树脂表面和内部都具有交换作用，和所有多相化学反应一样，离子交换过程包括 5 个步骤：①A^+自溶液中扩散到树脂表面；②A^+从树脂表面再扩散到树脂内部的活性中心；③A^+在活性中心发生交换反应；④解吸离子B^+自树脂内部的活性中心扩散到树脂表面；⑤B^+从树脂表面扩散到溶液中。其交换速度受最慢的一步所控制。根据电荷中性原则，步骤①和⑤同时发生且速度相等，即有 1mol A^+经薄膜扩散到达颗粒表面，同时必有 1mol 的B^+以相反方向从颗粒表面扩散到液体中，同样②和④同时发生，方向相反，速度相等。因此离子交换过程实际上只有三步：外部扩散、内部扩散和交换反应。离子间的交换反应速度一般很快，甚至难以测定，大多情况下交换反应不是其限速控制步骤，而内外扩散则是其主要的限速控制步骤。通常液相速度越快，浓度越小，颗粒越大，吸附越弱，越是趋向于内扩散控制。相反，液体流速慢，浓度大，颗粒小，吸附强，越是趋向于外扩散控制。

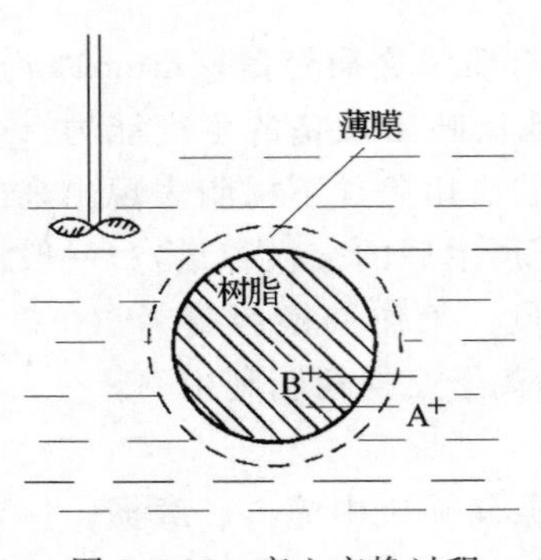

图 2-3-15　离心交换过程

2. 离子交换速度方程

当外扩散控制时，可推得离子交换速度方程为：

$$\ln(1-F) = -K \cdot t \tag{2-3-23}$$

式中　K——外扩散速度常数，$K=\dfrac{3D_e}{r_0\delta\Gamma}$

D_e——液相中的扩散系数

r_0——树脂颗粒半径

δ——颗粒表面薄膜层厚度

Γ——吸附常数，达到平衡时，固相浓度与液相浓度之比。稀溶液中，Γ为一定值

F——时间为t时，树脂的饱和度，即树脂上的吸附量与平衡吸附量之比

当为内部扩散控制时：

$$F = 1-\frac{6}{\pi^2}\sum_{n-1}^{\infty}\frac{1}{n^2}e^{-Bn2t} \tag{2-3-24}$$

式中

$$B=\frac{D_i\pi^2}{r_0^2}$$

D_i——树脂内的扩散系数

3. 影响交换速度的因素

减小颗粒无论对内扩散控制或外扩散控制都有利于交换速度的提高，交联度越低、树脂越易膨胀，则树脂内部的扩散就越容易。所以当内扩散控制时，降低树脂交联度，可提高交换速度；温度高时，扩散系数大，则交换速度快；离子在树脂中扩散时，离子与树脂

骨架间存在库仑引力。离子化合价越高，这种引力越大，则扩散速度就越小；另外，小离子的扩散速率比较快，而大分子由于和树脂骨架碰撞，使骨架变形，则扩散速度慢。工业上也可利用大分子和小分子在某种树脂上的交换速度不同而达到分离的目的，实现复杂产物的高效分离。

4. 离子交换的选择性

当溶液中同时存在着很多种带电粒子时，不同带电粒子在树脂上有竞争性吸附作用。一般来说，带电粒子和树脂间作用力越大，就越容易吸附，对无机离子而言，离子水合半径越小，这种亲和力越大，也就容易被吸附，这是因为离子在水溶液中都要和水分子发生水合作用形成水化离子；在常温下的稀溶液中，离子交换的选择性与化合价呈现明显的规律性：离子的化合价越高，就越容易被吸附。对于蛋白质等大分子，其分子上通常具有多个可与树脂结合的带电位点，因此，其与树脂的结合力也有相似规律。通常这些蛋白可以通过改变洗脱剂中竞争性离子的浓度使其分步洗脱，实现相互分离。其操作过程如图 2-3-16 所示，进样后的蛋白均被吸附在树脂上，逐渐提高洗脱液的离子浓度，收集不同离子浓度洗脱剂的洗脱液，即可得到不同蛋白分离液，最终可通过高离子浓度洗脱实现树脂的再生与回用。离子交换层析实验讲解见视频 2-3-4。

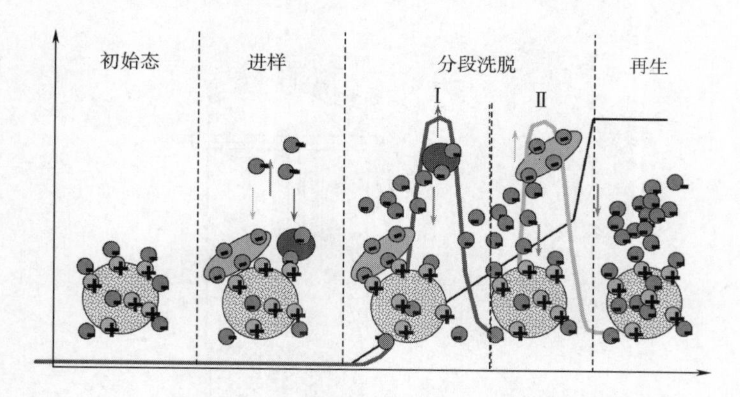

图 2-3-16　离子交换分离不同蛋白的操作过程

视频 2-3-4　离子交换层析实验讲解

离子交换反应受溶液的 pH 影响很大。对强酸、强碱树脂来说，任何 pH 下都可进行交换反应，而弱酸、弱碱树脂的交换反应则分别在偏碱性、偏酸性或中性溶液中进行；另外，离子交换反应是在树脂颗粒内外部的活性基上进行的，因此要求树脂有一定的孔道，以便离子的进出反应；离子交换树脂在水和非水体系中的行为是不同的。有机溶剂的存在会使树脂脱水收缩，结构紧密，降低吸附有机离子的能力，而相对提高吸附无机离子的能力。可见，有机溶剂的存在不利于有机离子的吸附。利用这个特性，常在洗涤剂中加适当有机溶剂以洗脱有机物质。

二、离子交换设备及计算

根据离子交换的操作方式不同，可分为静态和动态交换设备两大类。静态设备通常为一带有搅拌器的反应罐，反应罐仅作静态交换用，交换后利用沉降、过滤或水力旋风将树脂分离，然后装入解吸罐（柱）中洗涤和解吸。这种设备目前较少采用，生产中多采用动态离子交换罐或交换柱。

动态交换设备按操作方式不同分为间歇操作的固定床和连续操作的流动床两类。固定床有单床（单柱或单罐操作）、多床（多柱或多罐串联）、复床（阳柱、阴柱）及混合床（阳、阴树脂混合在一个柱或罐中）。根据溶液进入交换柱（罐）的方向又有正吸附（溶液在柱中自上而下流动）和反吸附（溶液至下而上流过）两种。连续流动床是指溶液及树脂以相反方向均连续不断流入和离开交换设备，一般也有单床、多床之分。

（一）离子交换设备的结构

1. 常用离子交换罐

常用的离子交换罐是一个具有椭圆形顶及底的圆筒形设备。圆筒体的高径比一般为2～3，最大为5。树脂层高度占圆筒高度的50%～70%，上部留有充分空间以备反冲时树脂层的膨胀。其结构如图2-3-17所示。筒体上部设有溶液分布装置，使溶液、解吸液及再生剂均匀通过树脂层。筒体底部装有多孔板、筛网及滤布，以支持树脂层，也可用石英、石块或卵石直接铺于罐底来支持树脂。如图2-3-18所示，大石块在下，小石子在上，约分5层，石块直径范围分别是16～26、10～16、6～10、3～6及1～3mm，每层高约100mm。罐顶上有人孔或手孔（大罐可在壁上），用于装卸树脂。

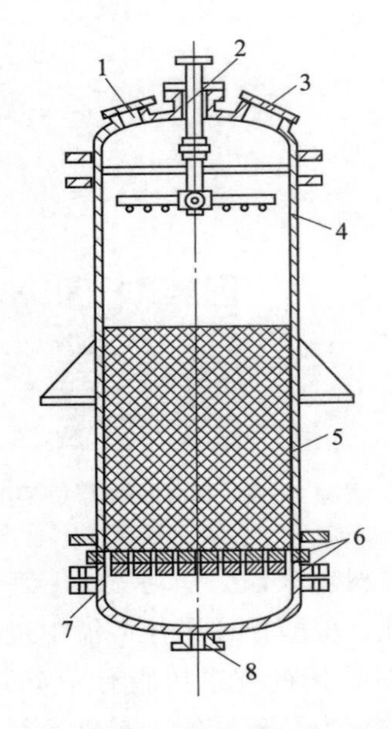

图2-3-17　具有多孔板支撑的离子交换罐
1—视镜　2—进样口　3—手孔　4—液体分布器
5—树脂层　6—多孔板　7—尼龙布　8—出液口

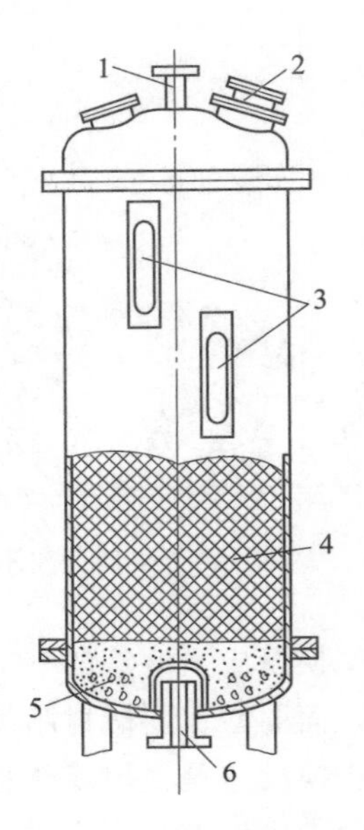

图2-3-18　具有块石支持层的离子交换罐
1—进料口　2—视镜　3—液位计
4—树脂层　5—卵石层　6—出液口

还有视镜孔和灯孔，溶液、解吸液、再生剂、软水进口可共用一个进口管与罐顶连接。各种液体出口、反洗水进口、压缩空气（疏松树脂用）进口也共用一个与罐底连接。另外，罐顶有压力表、排空口及反洗水出口。

交换罐多用钢板制成，内衬橡胶，以防酸碱腐蚀。小型交换罐可用硬聚氯乙烯或有机玻璃制成，实验室用的交换柱多用玻璃筒制作，下端衬以烧结玻璃砂板、带孔陶瓷、塑料网等以支持树脂。

几个单床串联起来便成为多床设备，操作时溶液用泵压入第一罐，然后靠罐内空气压力依次压入下一罐。离子交换罐的附属管道一般用硬聚氯乙烯管，阀门可用塑料、不锈钢或橡皮隔膜阀，在阀门和多交换罐之间常装一段玻璃短管，作观察之用。

2. 反吸附离子交换罐

图 2-3-19 所示为反吸附离子交换罐的结构，溶液由罐的下部以一定流速导入，使树脂在罐内呈沸腾状态，交换后的废液则从罐顶的出口溢出。为了减少树脂从上部溢出口溢出，可设计成上部呈扩口形的反吸附交换罐（图 2-3-20），以降低流体流速，减少对树脂的夹带。

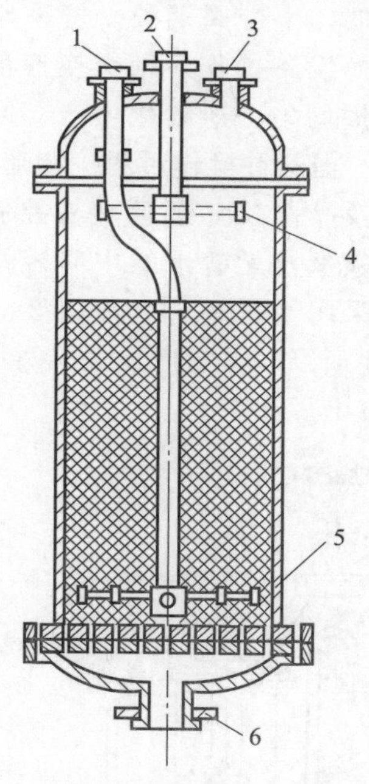

图 2-3-19　反吸附离子交换罐

1—被交换溶液进口　2—淋洗水、解析液及再生剂出口　3—废液进口　4、5—分布器　6—淋洗水、解析液及再生剂出口出液口，反流水进口

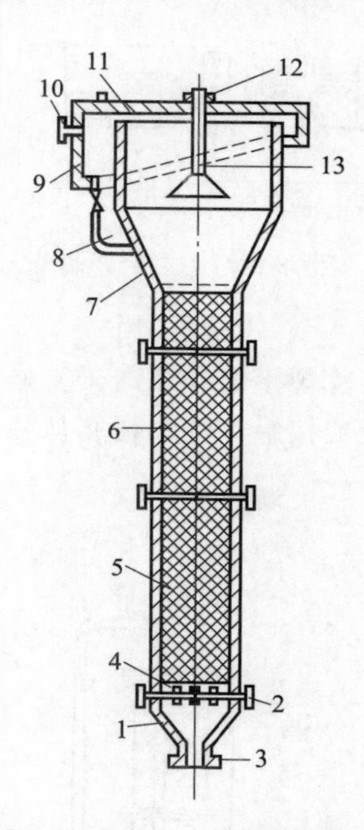

图 2-3-20　扩口式离子交换器

1—底　2—液体分布器　3—底部液体进、出管　4—填充层　5—壳体　6—离子交换树脂层　7—扩大沉降段　8—回流管　9—循环室　10—液体出口管　11—顶盖　12—液体加入管　13—喷头

反吸附可以省去菌丝过滤，且液固两相接触充分，操作时不产生短路，死角。因此生产周期短，解吸后得到的生物产品质量高。但反吸附时树脂的饱和度不及正吸附的高，理论上讲，正吸附时可能达到多级平衡，而反吸附时由于返混只能是一级平衡，此外，罐内树脂层高度应比正吸附低，以防树脂外溢。

3. 混合床交换罐

混合床内的树脂是由阳、阴两种树脂混合而成，脱盐较完全。脱盐时，可将水中的阳、阴离子除去，而从树脂上交换出来的 H^+ 和 OH^- 结合成水，避免溶液中 pH 的变化而破坏生物产品。图 2-3-21 为混合床制备无盐水的流程，操作时，溶液由上而下流动；再生时，先用水反冲，使阳、阴树脂借重力差分层（一般阳离子树脂较重，二者密度差应为

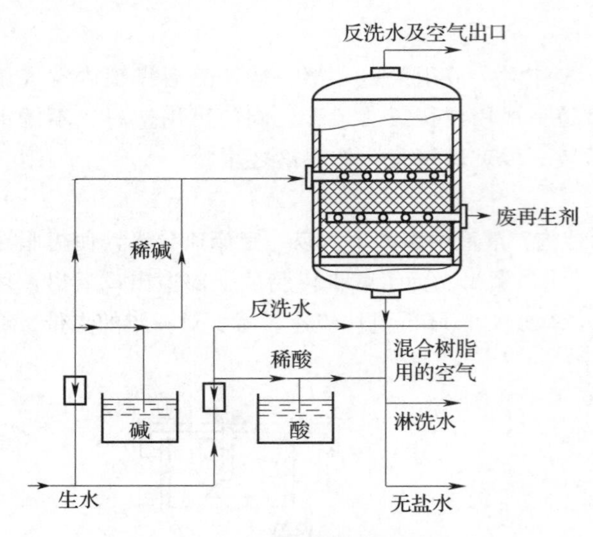

图 2-3-21　混合床制备无盐水流程

0.1～0.13kg/L)，然后将碱液由罐的上部引入，酸液则由罐底引入，废酸、碱液在中部引出，再生及洗涤结束后，压力空气将两种树脂重新混合，重复利用。

4. 连续式离子交换设备

固定床正吸附离子交换操作中，交换仅限于很短的交换带中，树脂利用率低，生产周期长。若采用连续离子交换设备操作，则交换速度快，产品质量均匀、连续化生产、便于自动控制。但这种操作过程中树脂破坏大，设备及操作较复杂且不易控制，目前仅在软水及无盐水的中间规模生产中有所采用。图 2-3-22 和图 2-3-23 所示为两种实验规模的连续离子交换设备。再生后的树脂由柱顶以一定速度加入，与柱底进入的溶液逆流接触，饱和树脂从柱底流出，废液则从柱顶流出。

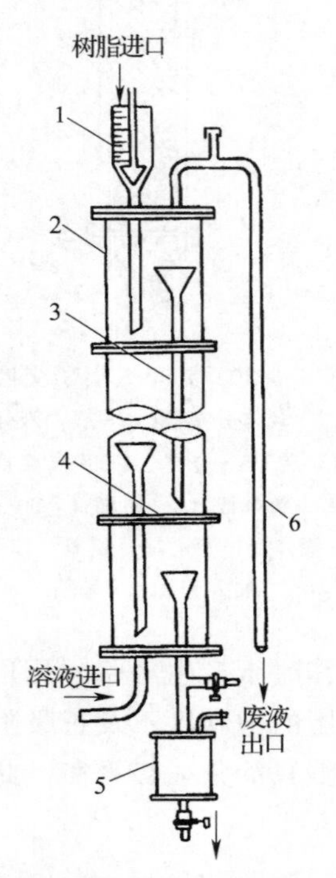

图 2-3-22　筛板式连续离子交换设备

1—树脂计量管及加料口　2—塔身
3—漏斗型树脂下降管　4—筛板
5—饱和树脂接收器　6—虹吸管

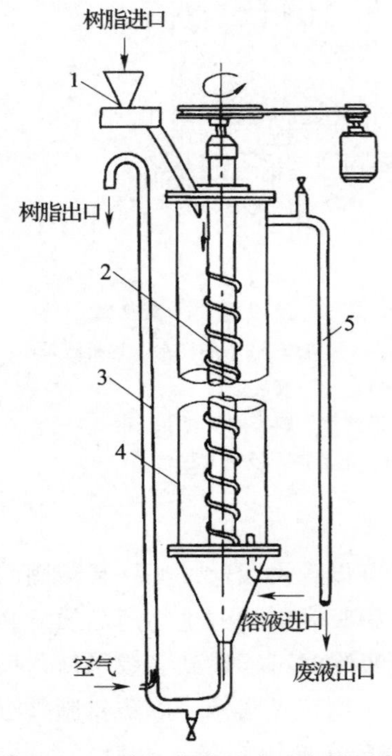

图 2-3-23　旋涡式连续离子交换设备

1—树脂加料器　2—具有螺旋带的转子
3—树脂提升管　4—塔身　5—虹吸管

（二）离子交换设备的计算

离子交换过程的平衡和速度常因所处理的物料性质及操作条件不同而有很大差异。如树脂对生物产品的交换容量常较无机离子为小，这是因为生物产品的带电粒子通常较大，不易达到树脂的所有活性中心。且发酵液中还含有较多的杂质，影响树脂的交换容量。实际生产中，为避免生物产品的损失，常控制发酵液的上柱量仅为树脂总交换容量的70%左右。实际应用中，离子交换设备的设计应在实验的基础上进行，或根据小设备的实验结果进行放大。

1. 树脂用量和罐体积

交换罐中树脂的吸附量为：　　$Q_1 = Vq \times 10^6$

式中　Q_1——交换罐中树脂对生物产品的总吸附量，单位；

V——树脂装填量，m^3

q——单位体积树脂对生物产品的吸附量，单位/mL

溶液中的生物产品被树脂的吸附量为：

$$Q_2 = V_1(c_1 - c_2) \times 10^6 = F\tau(c_1 - c_2) \times 10^6$$

式中　Q_2——溶液中的生物产品被树脂吸附量，单位

V_1——每批处理的溶液量，m^3

F——溶液进入交换罐的流量，m^3/h

τ——溶液通过交换罐的操作时间，h

c_1——进口溶液中生物产品浓度，单位/mL

c_2——出口溶液中生物产品浓度，单位/mL

且　$$Q_1 = Q_2$$

所以　$$V = \frac{V_1(c_1 - c_2)}{q} = \frac{F\tau(c_1 - c_2)}{q} \tag{2-3-25}$$

干树脂质量为：

$$m = V \times 10^3 / v_m \tag{2-3-26}$$

式中　m——交换罐中干树脂用量，kg

v_m——每克干树脂相当于湿树脂的体积，mL（湿）/g（干）

吸附、水洗、解吸或再生所需时间可由下式求得：

$$\tau = \frac{V_2}{F} = \frac{V_2}{Vf} = \frac{V_2 H}{VW} \tag{2-3-27}$$

式中　τ——吸附、水洗、解吸或再生所需时间，h

V_2——吸附、水洗、解吸或再生所需溶液体积，m^3

F——吸附、水洗、解吸或再生所需溶液流量，m^3/h

f——吸附、水洗、解吸或再生的交换罐负荷，m^3（溶液）/［m^3（树脂）·h］

H——树脂床层高度，m

W——吸附、水洗、解吸或再生时溶液的空塔流速，m^3（溶液）/［m^2（床面积）·h］

罐体积　$$V_t = V/y \tag{2-3-28}$$

式中　V_t——交换罐体积，m^3

y——树脂装填系数，对于正吸附，$y = 0.5 \sim 0.7$

罐高径比一般取 $H_t/D = 2 \sim 3$

2. 交换设备的放大

交换设备的放大，通常根据交换罐的负荷或溶液在交换罐中的空塔流速相同的原则进行。

（1）根据交换罐负荷相同的原则放大　交换罐负荷是指单位时间单位湿树脂体积中所通过溶液的体积流量，以 f [m^3（溶液）/m^3（湿树脂）·h] 表示，或以 1/h 表示。此值的倒数为溶液与树脂的接触时间。保证大小设备的 f 值相同，即说明两者的接触时间相同。在制备无盐水时，交换罐负荷为 10～15L/h，再生时为 2～3L/h。

设 q_{V1}、q_{V2}、V_1、V_2 分别表示小设备和大设备的溶液体积流量及湿树脂体积，f_1、f_2 表示交换罐负荷，则：

$$f_1 = q_{v2}/V_1, \quad f_2 = q_{v2}/V_2$$

且

$$f_1 = f_2$$

则

$$q_{v1}/q_{v2} = V_1/V_2$$

故大设备中树脂体积为：

$$V_2 = V_1 \cdot \frac{q_{v2}}{q_{v1}} \tag{2-3-29}$$

且 q_{v2}/q_{v1} 即为放大倍数，以 m 表示，则：

$$V_2 = mV_1 \tag{2-3-30}$$

取大设备与小设备几何相似，即相同的高径比，由：

$$\frac{\pi}{4}D_1{}^2 H_1 = V_1$$

$$\frac{\pi}{4}D_2{}^2 H_2 = V_2$$

且

$$H_1/D_1 = H_2/D_2$$

则

$$(D_2/D_1)^3 = V_2/V_1 = m$$

故大设备的直径及高度为：

$$D_2 = m^{1/3} \cdot D_1 \tag{2-3-31}$$

$$H_2 = \frac{D_2}{D_1}H_1 \tag{2-3-32}$$

按交换罐负荷相同的原则放大十分方便，只要知道大设备中的溶液体积流量应是小设备的多少倍，就可计算得大设备中湿树脂装量是小设备的多少倍，从而很容易算出树脂体积，且操作时间等条件完全与小设备相同。

（2）根据交换罐中溶液空塔流速相同的原则放大　交换罐中溶液空塔流速即单位时间单位树脂床截面积上所通过溶液的体积流量，以 Q [m^3（溶液）/m^2（床面积）·h] 表示，或以 m/h 表示。根据此法放大时，要维持大设备与小设备的树脂床高度相同，仅直径加大，以保证两者线速度相同，实际上也就是保证两者接触时间相同。

若以 v_1、v_2、A_1、A_2 分别表示小设备和大设备的线速度和树脂床截面积。

由

$$v_1 = q_{v1}/A_1, \quad v_2 = q_{v2}/A_2$$

且

$$v_1 = v_2$$

则

$$q_{v2}/q_{v1} = A_2/A_1 = m = (D_2/D_1)^2$$

故

$$D_2 = m^{1/2} \cdot D_1 \tag{2-3-33}$$

且

$$H_2 = H_1$$

所以
$$V_2 = \frac{\pi}{4} D_2^2 \cdot H_2 \tag{2-3-34}$$

可以看出，两种放大方法所得树脂体积相同。采用前法放大后，树脂床层高度增加了，则解吸液浓度比较高，故一般采用前一种方法较好，但由于溶液的线速度相应增加，则流体阻力增大了。

3. 溶液通过床层的压力降

$$\Delta p = \frac{200\mu\ (1-\varepsilon)^2 \cdot Hv}{\varepsilon^3 d_p^2} \tag{2-3-35}$$

式中　Δp——溶液通过树脂床层时的压力降，Pa

μ——溶液黏度，Pa·s

ε——床层空隙率

d_p——树脂平均直径，m

反吸附时，溶液的压力降为：

$$\begin{aligned}\Delta p &= H_b(\rho_s - \rho)(1-\varepsilon_b) \cdot g \\ &= H(\rho_s - \rho)(1-\varepsilon_b) \cdot g\end{aligned} \tag{2-3-36}$$

式中　H_b——树脂成沸腾状时的高度，m

ε_b——树脂成沸腾状时的空隙率

ρ_s——树脂密度，kg/m^3

ρ——溶液密度，kg/m^3

反吸附时，树脂成沸腾状时溶液的最低（临界）流速为：

$$v_c = 0.00917 \frac{d_p^{1.82}\ (\rho_s - \rho)^{0.94}}{\rho^{0.06} \cdot \mu^{0.88}} \tag{2-3-37}$$

反吸附时，溶液的最大流速（即树脂的自由沉降速度）为：

$$v_0 = \frac{d_p^2(\rho_s - \rho) g}{18\mu} \tag{2-3-38}$$

例 2-3-1　用弱酸型树脂（Na 型湿树脂）吸附某发酵液，其体积流量为 $2.8m^3/h$，树脂床的高度为 1.2m，直径 1m。又测得树脂的最大粒径 0.86mm，最小粒径 0.42mm，平均粒径 0.56mm，静止时床层空隙率为 32%，湿树脂密度 $1140kg/m^3$，发酵液密度视为 $1000kg/m^3$，黏度 0.002Pa·s，若将流量放大 2 倍，计算放大后交换罐中树脂床的高度及直径，正吸附时发酵液通过床层的压力降及反吸附时的压力降、临界流化速度和最大流速。

解：原树脂体积：　$V_1 = \frac{\pi}{4} D_1^2 H_1 = \frac{\pi}{4} \times 1^2 \times 1.2 = 0.94(m^3)$

交换罐负荷：　$f_1 = \frac{q_{v1}}{V_1} = \frac{2.8}{0.94} = 2.98[m^3/(m^3 \cdot h)]$

溶液空塔流速：　$v = \frac{q_{v1}}{A_1} = \frac{2.8}{0.785 \times 1} = 3.75(m/h)$

①根据交换罐负荷相同的原则放大树脂体积：$V_2 = mV_1 = 3 \times 0.94 = 2.82(m^3)$

交换罐直径　$D_2 = m^{1/3} D_1 = 3^{1/3} \times 1 = 1.44(m)$

树脂床层高度　$H_2 = \frac{D_2}{D_1} H_1 = \frac{1.44}{1} \times 1.2 = 1.73(m)$

②根据空塔速度相同的原则放大：

树脂床直径：　$D_2 = m^{1/2} D_1 = 3^{1/2} \times 1 = 1.73(\mathrm{m})$

树脂床高度：　$H_1 = H_2 = 1.2(\mathrm{m})$

树脂体积：　$V_2 = \frac{\pi}{4} D_2^2 \cdot H_2 = 0.785 \times 1.73^2 \times 1.2 = 2.82(\mathrm{m}^3)$

若以第一种放大结果为准，则正吸附时压力降：

$$\begin{aligned}\Delta p &= \frac{200\mu(1-\varepsilon)^2 Hv}{\varepsilon^3 d_p^2} \\ &= \frac{200 \times 2 \times 10^{-3} \times (1-0.32)^2 \times 1.73 \times 3.75}{0.32^3 \times (0.56 \times 10^{-3})^2 \times 3600} \\ &= 30880(\mathrm{Pa})\end{aligned}$$

反吸附时压力降：

$$\begin{aligned}p &= H(\rho_s - \rho)(1-\varepsilon)g \\ &= 1.73 \times (1140 - 1000) \times (1 - 0.32) \times 9.807 \\ &= 1615(\mathrm{Pa})\end{aligned}$$

反吸附时临界流化速度（以最大粒径计算）：

$$\begin{aligned}v_c &= 0.00917 \frac{d_p^{1.82}(\rho_s - \rho)^{0.94}}{\rho^{0.06} \cdot \mu^{0.88}} \\ &= 0.00917 \frac{(0.89 \times 10^{-3})^{1.82} \times (1140 - 1000)^{0.94}}{1000^{0.06} \times (2 \times 10^{-3})^{0.88}} \\ &= 4.19 \times 10^{-4}(\mathrm{m/s}) \\ &= 1.51(\mathrm{m/h})\end{aligned}$$

反吸附时最大流速（以最小粒径计算）：

$$\begin{aligned}v_0 &= \frac{d_p^2(\rho_s - \rho)g}{18\mu} \\ &= \frac{0.00042^2(1140 - 1000) \times 9.807}{18 \times 0.2 \times 10^{-3}} \\ &= 0.0067(\mathrm{m/s}) \\ &= 24.16(\mathrm{m/h})\end{aligned}$$

第三节　吸附分离方法及设备

吸附法是利用合适的吸附剂，在一定的操作条件下，使发酵液中的产物吸附在固定吸附剂的内外表面上，再以适当的解吸剂从吸附剂上解吸下来，从而达到分离浓缩的目的。吸附法具有以下优点：不用或少用有机溶剂；操作简便、安全，设备简单；吸附过程中pH变化小，适用于稳定性较差的产物的分离。但吸附法选择性差，收率低，特别是无机吸附剂性能不稳定，不能连续操作，劳动强度大。近年来随着凝胶类吸附剂、大网格聚合物吸附剂的发展，吸附法已在生物工业领域获得应用。通常分为物理吸附、化学吸附、交换吸附三种类型，本节主要讨论应用较广的物理吸附。

一、吸附分离原理

用于吸附分离的吸附剂一般为多孔固体，这种固体表面吸附的分子（或原子）所处的状态与固体内部的不同。固体内部的分子（或原子）所受的力是对称的，故分子处于平衡状态。但在界面上的分子受到不相等的两相分子的作用力，即存在一种指向固体内部的表面力，它能从外界吸附分子、原子或离子，并在其表面形成多分子层或单分子层。

对于物理吸附，吸附剂与吸附物之间的作用力是分子间引力。由于吸附剂与吸附物的种类不同，分子间引力大小也不同，因此吸附量可因物系不同相差很多，吸附可在低温下进行，不需要较高的活化能，且吸附速度和解吸速度都较快，易达到吸附平衡状态。但有的吸附速度却很慢，这是由于在吸附剂颗粒的孔隙中受扩散速度的控制所致。

（一）吸附等温线

当固体吸附剂从溶液中吸附溶质达到平衡时，其吸附量 q 值与溶液浓度 c、吸附温度 T 有关。若吸附操作在恒温下进行，则吸附量只是溶液浓度的函数，对于单分子层吸附（即每一个活性中心只能吸附一个分子）吸附过程可用兰格缪尔（Langmuir）吸附等温线方程表示：

$$q = \frac{ac}{1+bc} \tag{2-3-39}$$

式中　a、b——常数，可由实验确定

当溶液很稀时，使得 $bc \ll 1$，则以上方程变为

$$q = ac \tag{2-3-40}$$

可见，很低浓度下的等温吸附为一线性过程，此时吸附量与溶液浓度成正比，实际中线性等温线是不常见的，可把非线性等温线在一个浓度差很小的范围内近似成线性等温过程。可以推断，在浓溶液中，$1+bc \approx bc$，那么，吸附量便与浓度的零次方成比例，亦即吸附量为一恒定值，与浓度无关。

在中等浓度时，吸附量与浓度的 $\frac{1}{n}$ 次方成正比。则方程变为

$$q = Kc^{\frac{1}{n}} \tag{2-3-41}$$

或写成 $\ln q = \ln K + \frac{1}{n}\ln c$

上式即为弗尔德利希（Freundlish）方程。式中 K、n 均为常数，且 $n>1$，可由实验确定，对于抗生素、类固醇、荷尔蒙等的吸附可用方程（2-3-40）表示。

（二）吸附剂的选择

吸附剂按其化学结构可分为两大类：一类是有机吸附剂，如活性炭、球形炭化树脂、聚酰胺、纤维素、大孔树脂等；另一类是无机吸附剂，如白土、氧化铝、硅胶、硅藻土等。生物工业中应用较广泛的是活性炭、大孔树脂。

1. 活性炭

活性炭吸附力强，分离效果好，且来源广泛，价格低廉。常用的有粉末状活性炭、颗粒状活性炭和锦纶-活性炭。其中粉末状活性炭吸附量最大，吸附力也最强，但因颗粒太细，过滤分离比较困难；颗粒状活性炭的吸附力和吸附量略次于粉末状活性炭，但过滤分离较容易；锦纶-活性炭是以锦纶为黏合剂，将粉末状活性炭制成颗粒，其吸附量更少，但洗脱最容易。生产过程中，应根据所分离物质的特性选择适当吸附力的活性

炭，当欲分离的物质不易被活性炭吸附时，应选择吸附力强的粉末状活性炭，又若待分离的物质吸附后很难洗脱时，则改用锦纶-活性炭。

2. 活性炭纤维

活性炭纤维是用中间产物炭素纤维活化而制得的一种纤维状吸附剂。活性炭纤维与颗粒状活性炭相比，有如下特点：①孔较细，孔径分布范围窄；②外表面积大；③吸附与解吸速度较快；④工作吸附容量比较大；⑤质量轻，容易使液体透过，流体通过的阻力小；⑥成型性好，根据用途可加工成毛毡状、纸片状、布料状和蜂巢状等。所以近年来作为活性炭的新品种其应用范围正在扩大。

3. 球形炭化树脂

球形炭化树脂是以球形大孔吸附树脂为原料，经炭化、高温裂解及活化而制得。球形炭化树脂的孔结构、比表面积及其他物理性质在裂解条件相同的情况下取决于共聚物的性质，所以在制备过程中，可人为地控制聚合条件，在较大范围内改变原料配比即可得到不同孔径结构和不同性能的炭化树脂。

4. 大孔网状聚合物吸附剂

大孔网状聚合物吸附剂简称大网格吸附剂（俗称大孔树脂），自 1957 年首次合成以来，到目前已研制出许多种，与活性炭吸附剂相比具有以下优点：①对有机物质具有良好的选择性；②物理化学性质稳定，机械强度好，经久耐用；③吸附树脂品种多，可根据不同需要选择不同品种；④吸附速度快，易解吸，再生容易；⑤吸附树脂一般直径在 0.2～0.8mm，不污染环境，使用方便。但价格较贵。大孔网状聚合物吸附剂按骨架极性强弱分为非极性、中等极性和极性吸附剂三类。非极性吸附树脂是以苯乙烯为单体、二乙烯苯为交联剂聚合而成，故称为芳香族吸附剂。中等极性吸附树脂是以甲基丙烯酸酯为单体与交联剂聚合而成，也称为脂肪族吸附剂。而含有硫氧、酰胺、氮氧等基团的为极性吸附剂。表 2-3-7 列出了各类大孔网状聚合物吸附剂的性能。

表 2-3-7　大孔网状聚合物吸附剂性能

吸附剂名称	树脂结构	极性	比表面积 / (m^2/g)	孔径 / $10^{-10}m$	孔度/%	骨架密度 / (g/mL)	交联剂
Amberlite 系列							
XAD-1	苯乙烯	非极性	100	200	37	1.07	二烯乙苯
XAD-2			330	90	42	1.07	
XAD-3			526	44	38	1.08	
XAD-4			750	50	51		
XAD-5			415	68	43		
XAD-6	丙烯酸酯	中极性	63	498	49	—	双 α-甲基丙烯酸二乙醇酯
XAD-7	α-甲基丙烯酸酯	中极性	450	80	55	1.24	
XAD-8	α-甲基丙烯酸酯	中极性	140	250	52	1.25	

续表

吸附剂名称	树脂结构	极性	比表面积/（m^2/g）	孔径/$10^{-10}m$	孔度/%	骨架密度/（g/mL）	交联剂
Amberlite 系列							
XAD-9	亚砜	极性	250	80	45	1.26	
XAD-10	丙烯酰胺	极性	69	352	—	—	
XAD-11	氧化氮类	强极性	170	210	41	1.18	
XAD-12	氧化氮类	强极性	25	1300	45	1.17	
Diaion 系列							
HP-10	苯乙烯	非极性	400	300	小	0.64	二烯乙苯
HP-20			600	460	大	1.16	
HP-30			500～600	250	大	0.87	
HP-40			600～700	250	小	0.63	
HP-50			400～500	900	—	0.81	

（三）影响吸附过程的因素

影响吸附过程的因素主要有吸附剂、吸附物和溶剂的性质以及吸附过程的操作条件等。

1. 吸附剂的性质

一般要求吸附剂的吸附容量大、吸附速度快、机械强度好。吸附容量除外界条件外，主要与表面积有关。比表面积越大，空隙度越高，吸附容量就越大。吸附速度主要与颗粒度和孔径分布有关。颗粒度越小，吸附速度就越快。孔径适当，有利于吸附物向孔隙中扩散。所以要吸附相对分子质量大的物质时，就应该选择孔径大的吸附剂，要吸附相对分子质量小的物质，则需选择比表面积大且孔径较小的吸附剂；而极性化合物，通常需选择极性吸附剂；非极性化合物通常应选择非极性吸附剂。

2. 吸附物的性质

结构相似的化合物，在其他条件相同的情况下，高熔点的一般易被吸附，这是因为高熔点的化合物一般来说溶解度都比较低。溶质自身或在介质中能缔合时有利于吸附，如乙酸在低温下缔合为二聚体，所以乙酸在低温下能被活性炭吸附。吸附物若在介质中离解，其吸附量必然下降。例如对两性化合物（氨基酸、蛋白质等）的吸附，最好在非极性或者在低极性介质内进行，这时它们离解甚微。若在极性介质内吸附，则需在等电点附近的pH 范围内进行。

3. 溶剂的性质及操作条件

一般吸附物溶解在单溶剂中易被吸附，而溶解在混合溶剂中不易被吸附。所以可用单溶剂吸附、混合溶剂解吸。溶液的 pH 影响某些化合物的离解度，从而影响吸附性能，一般 pH 应选择在吸附物离解度最小的范围内，如有机酸在酸性下，胺类在碱性下较易为非极性吸附剂所吸附。对于物理吸附，由于吸附热较小，温度变化对吸附的影响不大。但温度对吸附物的溶解度有影响。当吸附物的溶解度随温度升高而增大时，则温度升高不利于吸附。

二、吸附操作及设备

吸附的操作方式主要有两种：一种为搅拌罐内的吸附，即吸附主要在搅拌容器内进行，使吸附剂与溶剂均匀混合，充分接触，促使吸附的进行；另一种是吸附剂在容器中形成床层，溶液从床层流过时被吸附，床层可以是固定床或移动床，操作方式多采用间歇式，也有采用多级串联式。

（一）搅拌罐内的吸附操作

这种吸附操作的主要设备为一搅拌罐，其结构与萃取操作中的物料混合罐基本相同。溶液和吸附剂在搅拌罐中通过搅拌充分接触，在操作温度下维持一定时间后，通过沉降或过滤将吸附剂与液体分离，再进入下一道解吸工序。

若一次加入溶液量为 V，其浓度为 c_0，加入吸附剂量为 m，吸附结束后，溶液浓度变为 c，设吸附剂的初始吸附量为 q_0，吸附结束后的量变为 q，则物料衡算有：

$$m(q-q_0)=V(c_0-c)$$

或

$$q=q_0+\frac{V}{m}(c_0-c) \tag{2-3-42}$$

即表示经一定时间后吸附量 q 与溶液浓度 c 之间的操作关系，操作线的斜率为 $+\frac{V}{m}$，此操作线与平衡线的交点即为吸附达到平衡时的最大吸附量 q_{max}，与此对应的溶液，浓度则为最小浓度 c_{min}。

又若吸附平衡满足弗尔德利希方程，

则：
$$q=Kc^{\frac{1}{n}}$$

由以上两式可计算吸附剂用量 m 或平衡后溶液浓度 c。

例 2-3-2　在早期的实验中，用活性炭吸附庆大霉素时适合方程 $q=35.1c^{0.41}$。方程中，q 的单位是 mg/cm^3，c 的单位是 mg/L，今将 $10cm^3$ 的新鲜活性炭加入到 3.0L 浓度为 46mg/L 的抗生素发酵液中，其回收率为多少？

解：由
$$q=q_0+\frac{V}{m}(c_0-c)$$

且
$$q_0=0$$

则：
$$q=\frac{3.0}{10}(46-c)=13.8-0.3c$$

吸附平衡时：
$$q=35.1c^{0.41}$$

解以上二式可得：
$$q=13.8mg/cm^3,\ c=0.105mg/L$$

所以回收率为
$$\frac{c_0-c}{c_0}=\frac{46-0.105}{46}=99.8\%$$

例 2-3-3　用纤维素吸附磷酸甘油酸激酶时，吸附遵循 Langmuir 等温线，实验确定的吸附方程为：

$$q=\frac{70c}{50+c}(mg/cm^3)$$

若将 1.5L 含酶 220mg/L 的溶液在 90%的回收率下，需加纤维素量为多少？

解：对于 90%的回收率时：

$$c=0.10c_0=0.10\times220=22mg/L$$

则：

$$q = \frac{70 \times 22}{50 + 22} = 21.4\text{mg/cm}^3$$

由：

$$m(q - q_0) = V(c_0 - c)$$

得纤维素用量为：

$$m = V\left(\frac{c_0 - c}{q - q_0}\right) = 1.5 \times \frac{220 - 22}{21.4 - 0} = 13.9\text{cm}^3$$

（二）固定床吸附

固定床吸附是最普通且最重要的吸附操作，用于吸附的主要设备有吸附柱或吸附塔。吸附柱的结构基本同离子交换柱。柱内充满吸附颗粒，待吸附分离的溶液从吸附柱顶部进入，底部流出。实际上，吸附只是在床层的一部分区域内进行，其余部分或者在床层顶部已达到饱和而处于平衡状态，或者在床层底部还处于尚未开始吸附的状态。随着吸附的进行，吸附区逐渐向出口端移动，直至吸附区的末端到达床层的出口端，若溶液出床层的浓度等于进口浓度时，则吸附床层全部达到饱和状态，实际中是不允许的。

与搅拌罐吸附相比，理论上搅拌罐只能达到一级吸附平衡，而固定床可能达到多级吸附平衡。如果将吸附床层不断向上移动，顶部不断排出已达到饱和状态的床层，而从底部不断补充新的吸附床层，使吸附床层向上移动的速度等于吸附区向下移动的速度，则沿吸附柱任一截面上的吸附量和浓度将保持不变。这样就可把固定床的间歇式吸附操作变成连续吸附操作。

吸附设备的计算可在实验的基础上采用流速相等（即小设备内单位床层面积上溶液的流量与大设备的流量相等）的原则进行放大。图 2-3-24 所示为固定床出口浓度 c 随时间 t 的变化曲线。

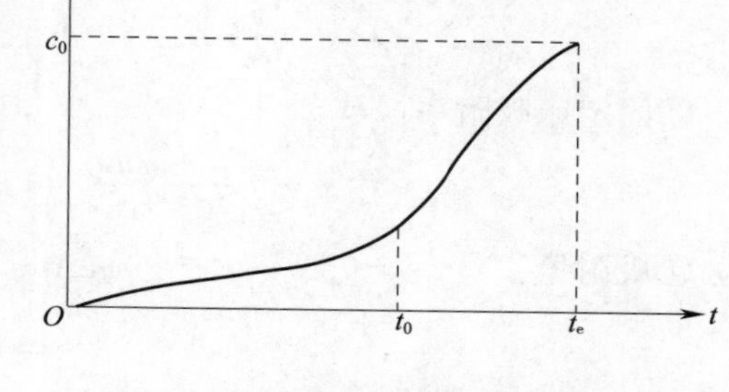

图 2-3-24　固定床吸附的突变线

若吸附床的截面积为 A，吸附床高度为 L，则吸附区的高度为：

$$L_a = L \cdot \frac{t_e - t_0}{t_0} = L\frac{\Delta t}{t_0} \qquad (2\text{-}3\text{-}43)$$

当 $t_0 = t_e$ 时，$L_a = 0$ 表示整个床层全部为饱和区。

饱和区的高度：

$$L_a = L - L_a = L(1 - \frac{t_e - t_0}{t_0}) = L\left(1 - \frac{\Delta t}{t_0}\right) \qquad (2\text{-}3\text{-}44)$$

设吸附平衡区的吸附量为 q，吸附区的平均吸附量为平衡吸附量的$\frac{1}{2}$，即 $q_a = \frac{1}{2}q$，则固定床的总吸附率为：

$$y = \frac{qAL\left(1 - \frac{\Delta t}{t_0}\right) + \frac{1}{2}qAL\,\frac{\Delta t}{t_0}}{qAL}$$

$$y = 1 - \frac{1}{2} \cdot \frac{\Delta t}{t_0} \qquad (2\text{-}3\text{-}45)$$

即：

$$\Delta t = t_e - t_0$$

式中　t_0——固定床出口端溶液浓度突变时所需要的吸附时间

t_e——固定床全部达到饱和状态时所需要的吸附时间

显然，吸附区上 L_a 越小，则床层利用率越高。实践证明，这种方法用来作为吸附床计算的基础是比较可靠的。

吸附柱的计算方法，一种是采用等流速放大，即吸附柱长度和溶液流速恒定，改变吸附柱直径。工程中还可采用单位体积吸附剂中溶液流量不变的方法进行放大，而流速和柱的长度发生变化，计算过程可参考有关资料。

例 2-3-5　用一化学修饰的纤维素固定床吸附乳酸脱氢酶。已知固定床直径 0.7cm，高度 1.3m，空隙率 0.3，酶稀溶液浓度为 1.7mg/L，此种条件下，吸附符合以下线性等温线，q（mg/cm^3）$=38c$（mg/L）。

在一定流速下，操作 6.4h 出现突变点，10h 后固定床失去吸附能力，计算：

①突变时吸附段的高度；

②平衡段的高度；

③固定床吸附率；

④吸附量。

解：①突变时吸附段的高度：

$$L_a = L\frac{\Delta t}{t_0} = 1.3 \times \frac{10-6.4}{6.4} = 0.73\text{m}$$

②平衡区的高度：

$$L_s = L\left(1-\frac{\Delta t}{t_0}\right) = 1.3 \times \left(1-\frac{10-6.4}{6.4}\right) = 0.57\text{m}$$

③固定床吸附率：

$$y = 1-\frac{1}{2}\cdot\frac{\Delta t}{t_0} = 1-\frac{1}{2}\times\frac{10-6.4}{6.4} = 72\%$$

④吸附量：

$$\begin{aligned} yqLA &= yLA(38c) \\ &= 0.72\times130\times\frac{\pi}{4}\times0.7^2\times38\times1.7 \\ &= 2326\text{mg} \\ &= 2.326\text{g} \end{aligned}$$

第四节　色谱分离方法及设备

色谱分离（Chromatographic Resolution，CR）是一组相近分离方法的总称。它是利用多组分混合物中各组分物理化学性质（如吸附力、分子极性、分子形状和大小、分子亲和力、分配系数等）的差别以不同程度分布在两个相中。其中一个相为固定相，通常为表面积很大或多孔的固体；另一相为流动相，是液体或气体（分别称为液相色谱和气相色谱）。当流动相流过固定相时，由于各组分在两相间的分配情况不同，使易分配于固定相中的物质移动速度慢，而易分配于流动相中的物质移动速度快，从而达到逐步分离的目的。

色谱分离已成为目前生物产品高度纯化的重要手段之一，主要用于成品或中间品的鉴定、成品纯度的检查、粗制品的纯化、精制等。与其他分离纯化方法相比，色谱分离具有以下优点：①分离效果高，色谱分离的效率是目前分离纯化技术最高的；②应用范围广，从极性到非极性、离子型到非离子型、小分子到大分子、无机到有机及生物活性物质，以及热敏性化合物都可用色谱方法分离。尤其对生物大分子样品的分离，是其他方法无法替代的；③选择性强，可通过多种途径选择不同操作参数，以满足不同样品的分离要求。如不同的色谱分离方法、不同的固定相和流动相、不同的洗脱方法、不同的操作条件（如温度、pH、流速等）；④分离快速，高效细颗粒固定相和高压液相的采用保证了高分离速率；⑤高灵敏在线检测及分离过程的自动化操作。但色谱法处理量小，不能连续操作，目前主要用于分析检测、半分离制品或小规模生产中。

一、色谱分离的类型及原理

（一）色谱分离的类型

按照溶质分子与固定相相互作用的机理不同，色谱分离可大致分成以下几类。

（1）吸附色谱　吸附色谱（Adsorption Chromatography，AC）是指混合物随流动相通过固定相（吸附剂）时，由于固定相对不同物质的吸附力不同而使混合物分离的方法。其作用力可以是物理吸附作用，也可以是化学吸附作用，如范德华力、静电力、共价结合力及氢键作用等。物理吸附的特点是无选择性，吸附速度较快，吸附过程可逆；化学吸附的特点是有一定的选择性，吸附速度较慢，不易解吸。物理吸附和化学吸附可以同时发生，在一定条件下也可以互相转化。通常情况下，吸附剂与被吸附物分子之间的相互作用是由可逆的作用力所引起的，故在一定的条件下，被吸附物可以离开吸附剂表面，这称为解吸作用。吸附色谱就是通过连续的吸附和解吸附完成的。该技术在色谱分离中应用最早，由于吸附剂来源丰富，价格低廉，易再生，又具有一定的分辨率等优点，故至今仍广泛使用。

（2）分配色谱　分配色谱（Distribution Chromatography，DC）的流动相和固定相都是液体，因而又称为液液色谱，其原理是利用混合物中各物质在两液相中的分配系数不同而分离。根据分配原理进行色谱分离操作的方法有两种：一种是柱（纸或板）色谱分离法，其固定相是将与流动相互不相溶的液体涂渍到载体上形成的；另一种是逆流分配法，其固定相（重相）和流动相（轻相）都放在一组特别的分配管中，用来完成这种操作的仪器称为逆流分配仪。

（3）离子交换色谱　离子交换色谱（Ion Exchange Chromatography，IEC）是基于离子交换树脂上可电离的离子与流动相中具有相同电荷的溶质离子进行可逆交换，由于混合物中不同溶质对交换剂中可发生电离的物质的分离。大多数生物大分子都是极性的，都可使其电离，所以离子交换色谱广泛应用于生物大分子的分离纯化中，离子交换色谱分离具有举足轻重的地位。

（4）凝胶色谱　凝胶色谱（Gel Chromatography，GC）以凝胶为固定相，是一种根据各物质分子大小不同而进行分离的色谱技术，因而又称为空间排阻色谱（Size Exclusion Chromatography，SEC）。凝胶是一种不带电荷的具有三维空间的多孔网状结构的物质，凝胶的每个颗粒的细微结构就如一个筛子。当混合物随流动相经凝胶柱时，较大分子不能进入所有的凝胶网孔而受到排阻，它们将与流动相一起首先流出；较小的分子能进入部分凝胶网孔，流出的速率较慢；更小的分子能进入全部凝胶网孔，而最后从凝胶柱中流出。

凝胶色谱主要用于大分子脱盐、分级分离及相对分子质量的测定。脱盐是分离大小两类不同的分子，即无机盐与生物大分子；分级是将分子大小相近的物质分开，通常为生物大分子间的分离。采用凝胶色谱法能简便快速地分离那些样品组分中相对分子质量相差较大的简单化合物。对于复杂的未知样品，可采用凝胶色谱分离法进行初步分级分离，无需进行复杂实验就能获得样品组成分布方面较为全面的概况。

（5）亲和色谱　亲和色谱（Affinity Chromatography，AFC）作为色谱分离技术的一个分支，对于生物大分子化合物的分离纯化具有特别重要的意义。众所周知，生物体中许多大分子化合物具有与其结构相对应的专一分子可逆结合的特性，如酶蛋白与辅酶、抗原和抗体、激素与其受体等体系，都具有这种特性，生物分子间的这种专一结合能力称为亲和力。如果把与目的产物具有特异亲和力的生物分子固定化后作为固定相，则当含有目的产物的混合物（流动相）流经此固定相时，即可把目的产物从混合物中分离出来。

在实际操作中，不同分离机理常同时存在。例如：在硅胶薄层色谱中，同时包含吸附作用和分配作用；在生物大分子的离子交换色谱分离中，有时会包含离子交换作用、吸附作用、分子筛作用和生物亲和作用等机理。此外，离子交换作用和亲和作用也可看作是特殊的吸附作用，因而也可把离子交换色谱和亲和色谱归类于吸附色谱。由此看来，上述分类仅具有相对意义。

根据固定相的形状不同，色谱分离可分为柱色谱、纸上色谱和薄层色谱。纸上色谱和薄层色谱通常用于物质的分析，柱色谱分离具有进样量大和回收容易等优点，因此生物样品的制备和工业生物产品的分离与纯化通常是采用柱色谱分离。

（1）柱色谱分离　各种不同机理的色谱分离都可在柱中进行。柱色谱分离具有进样量大和回收容易等优点，除用于分析外，还广泛用于生物样品的制备和工业生物产品的分离与纯化。用作分析时，其分辨率不如纸上色谱和薄层色谱高。

（2）纸上色谱分离　纸上色谱即以滤纸为载体的分配色谱。滤纸纤维一般能吸附25%～29%的水分，其中6%～7%以氢键与纤维素的羟基结合，在一般情况下，不易除去。而滤纸纤维与有机溶剂的亲和力甚弱，所以纸上色谱分离实际上是以滤纸纤维及其结合水作为固定相，以有机溶剂作为流动相的分配色谱分离。

纸上色谱分离具有设备简单、操作方便、分辨效率较高、所需样品量少等优点，被广泛用于定性与定量分析。但由于分离量少和回收困难，因而一般不用于制备和生产。此外，纸上色谱的分离速率较慢，一般需要几十个小时。

（3）薄层色谱分离　薄层色谱分离是将固定相在玻璃平板上铺成薄层进行分离的一种分离技术。根据玻璃平板上所涂固定相不同，薄层色谱又分为薄层吸附色谱、薄层分配色谱、薄层离子交换色谱和薄层凝胶色谱等。

薄层色谱是柱色谱和纸上色谱两者的结合，兼有两者的优点，如操作简便、分离效率快和适合于不同分离机理的色谱分离等。薄层色谱分离法主要用于分析，如果增加薄层厚度（2～3mm），处理量即可增加，故也可用于小量样品的制备。

另外，根据流动相的状态不同，可分为气相色谱、液相色谱和超临界色谱分离；根据操作压力不同可分为低压色谱（<0.5MPa）、中压色谱（0.5～5MPa）和高压色谱（>5MPa）

分离。

色谱分离的规模与一般分离技术相比是相当小的。根据操作时一次进样量的多少，色谱分离的规模可分为4个等级。

①色谱分析：＜10mg；

②半制备（或称中等规模制备）：10～50mg；

③制备（或称样品制备）：0.1～10g；

④工业生产：＞20g/d。

（二）色谱分离原理

如图2-3-25所示，若将欲分离的混合物加入色谱柱的上部，让其流入柱内，然后加入洗脱剂（流动相）冲洗，由于混合物中的各组分与固定相间存在一定的作用力，使得各组分的移动速度小于流动相的速度，如作用力不等，则各组分的移动速度也不一样，显然，作用力小的组分，移动速度快，当继续加入洗脱剂时，这种组分（图中三角形分子）最先从柱中流出，而亲和力大的组分（图中球形分子）移动速度慢，最后从柱中流出，从而得到分离。加入洗脱剂而使各组分分层的操作称为展开。操作中可以选择各种固定相和流动相，故色谱法有着广泛的适用范围。其原理动画见视频2-3-5。

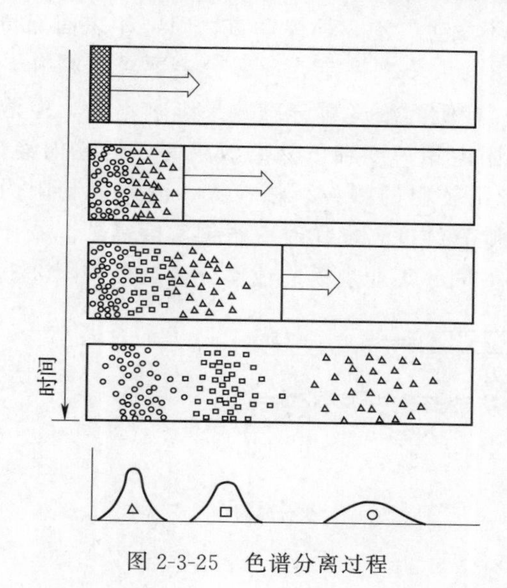

图2-3-25　色谱分离过程

视频2-3-5　色谱分离原理动画

在吸附色谱过程中，洗脱剂是不断供给的，所以吸附在活性点上的物质不断地被解吸，而解吸出来的物质溶解于洗脱剂中并随之向前移动，遇到新的吸附表面，又会部分地被吸附而建立新的平衡。显然，吸附力较弱的组分，首先被洗脱剂解吸下来，推向前去，而吸附力强的组分被扣留下来，解吸较慢。

吸附色谱法中，溶质与吸附剂之间的亲和力主要是分子间力或化学键力，依靠分子间力吸附称为物理吸附。物理吸附一般无选择性，吸附速度快，吸附过程是可逆的，且吸附热小，一般为20～40kJ/mol，吸附可以是单层或多层。依靠化学键力吸附称为化学吸附，与物理吸附相比，化学吸附有选择性，吸附速度慢，不易解吸，吸附热较大，为40～400kJ/mol，被吸附的分子一般是单层的。物理吸附与化学吸附可以同时发生，且在一定条件下可以互相转化，例如低温时为物理吸附，当温度升到一定值后可能转化为化学吸附。

吸附色谱法的关键是选择吸附剂和展开剂。生物工业中常用的吸附剂有氧化铝（中性氧化铝、碱性氧化铝和酸性氧化铝）、硅胶、活性炭、纤维素、聚酰胺、硅藻土等。展开剂的选择一般应由实验决定。展开剂的极性越大，则对同一化合物的洗脱能力也越强。展开剂的选择一般应考虑：①展开剂对被分离物质应有一定的解吸能力，但又不能太大，通常展开剂的极性应该比被分离物质略小；②展开剂应对被分离物质有一定的溶解度。

二、色谱分离操作条件及设备

（一）色谱分离操作条件

以丝裂霉素的精制为例，先用活性炭吸附发酵滤液，丙酮洗脱，蒸去丙酮后得浓缩溶液，将产物从发酵液中初步提取；然后用氯仿萃取后进一步除杂；氯仿萃取液上氧化铝柱进行吸附色谱分离，操作中，先用氯仿冲洗，接着以氯仿-丙酮（3：2）洗脱剂注入氧化铝柱洗脱。其中蓝紫色区域为有效成分丝裂霉素，再进行蒸发，结晶即可得到蓝紫色丝裂霉素结晶。操作中，色谱分离工艺条件的选择至关重要。

分离柱内的固定相必须均匀，柱内不发生气泡，柱体垂直，固定相表面保持水平；溶质的上柱量应根据分离要求和床体积 V_t 的大小来确定，一般分离要求越精确，相应的比例应越小，其范围在（3%～30%）V_t，溶质的浓度对分离效果影响不大，但溶液黏度影响分离效果，一般应小于 0.01Pa·s；固定相粒度细，分离效果好，但柱内液体流速慢，常用于小型实验中，大规模分离时应采用较粗的颗粒。颗粒大，液体流动阻力小，流速快。但流速过快，洗脱峰往往变宽，影响其纯度。操作时应根据实际需要，在不影响分离的情况下，可适当提高流速，减少分离时间。工业规模的色谱分离流程如图 2-3-26 所示。

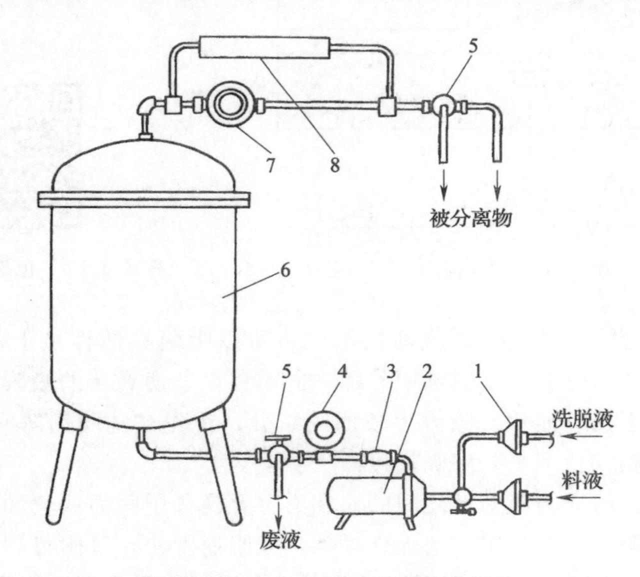

图 2-3-26 工业规模的色谱分离流程

1—过滤器 2—泵 3—流速调节器 4—单色仪 5—三通阀 6—分离柱 7—流量计 8—检出仪

（二）色谱分离设备

分离柱可用玻璃管或有机玻璃制造，以便于观察色带的移动情况。实验室中所用的柱，直径最小为几毫米，一般为 2～15cm，直径太小的柱使用不便，装柱困难，但适用于选择固定相和溶剂的小试验。工业生产的分离柱一般选用金属材料，内涂防腐层或用不锈钢、搪瓷玻璃。有时在柱壁嵌一条玻璃狭带，便于观察。柱的入口端应有进料分布头，使进入柱内的流动相分布均匀，并有规则的流型。有时也可在分离柱顶面加一层多孔的尼龙圆片或保持一段缓冲液层。分离柱的高径比（L/D）大，有利于分离，其比一般为$L/D=10\sim30$；而对于分离差异极小的物质，高径比可高达 100，过长的分离柱流动阻力大，有时还会发生“壁面效应”，一般不宜过长。分离柱的出口管子应该尽量短些，这样可避免已分离的组分重新混合。

最简单的玻璃管分离柱如图 2-3-27 所示，柱的底部用玻璃纤维或砂芯滤板衬托。砂芯板最好是活动的，能够卸下，这样分离结束后，能够将固定相推出。如果色带是有颜色的，则可将它们分段切下，有时可以利用这种方法做定量检测。

在分离生物活性物质时，分离柱有时需要热夹套以保持操作能在适宜的温度下进行。图 2-3-28 为一双层管分离柱，管间可通热水保温，底部设有漏斗状滤板托盘，以减少底部死体积，托盘周围用橡胶圈与柱壁密封。为使用方便起见，柱上下是对称的，对上行、下行或循环操作都适用。

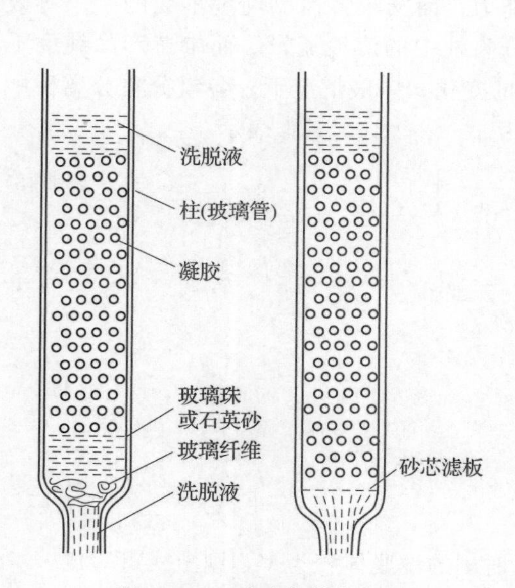

图 2-3-27　玻璃色谱分离柱

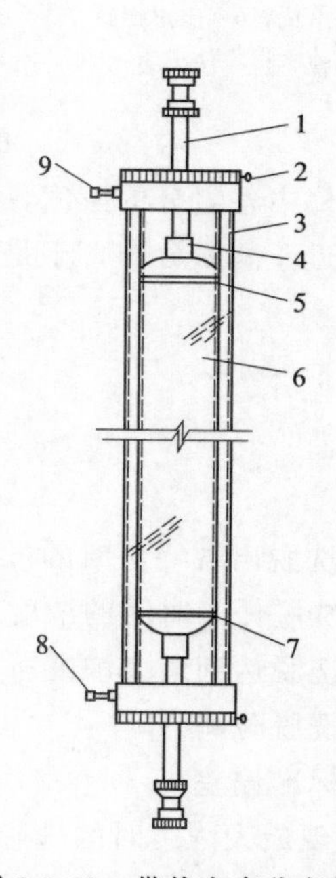

图 2-3-28　带热夹套分离柱

1—楼管　2—固定螺钉　3—保温夹套　4—尼龙管　5—滤板
6—柱体　7—密封橡胶圈　8—保温水出口　9—保温水进口

图 2-3-29 是一种反转式分离柱，分离柱用两根支柱固定，支柱中部装有转轴，这样分离柱就可上下反转。操作时，经一层分离后，将分离柱上下反转，再进行第二次分离，可避免床层压紧。

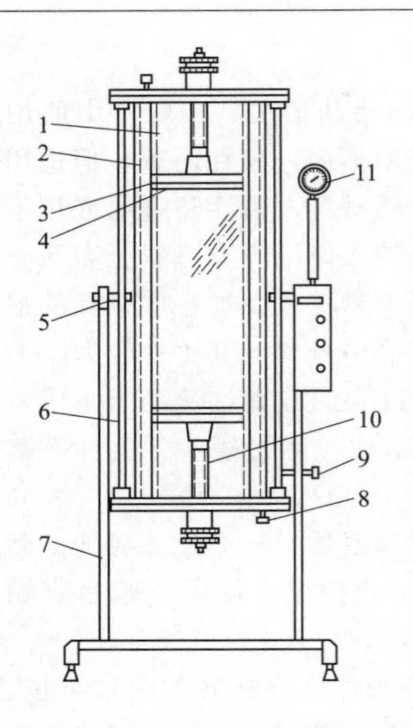

图 2-3-29　反转式分离柱

1—柱体　2—保温夹套　3—密封橡胶圈　4—滤板　5—转轴　6—支柱　7—支架　8—保温液进出口　9—固定螺钉　10—尼龙管　11—压力表

在制造设计分离柱时，必须满足以下要求。

（1）滤板下部的死角体积应尽可能小，如死角体积过大，则被分离组分之间又会重新混合，其结果是洗脱峰形底部变宽而出现拖尾现象，从而降低分辨率。精确分离时，死角体积不能超过床层体积的 1/1000。死角体积过大时可用玻璃珠充填。

（2）支撑滤板要适宜，各种多孔砂芯或多孔有机玻璃均可作为分离柱的支撑滤板，但滤板的孔目要合适，既不能使滤板孔堵塞又不能使固定相流失。使用烧结玻璃时，在板上通常要铺一层 400 目左右的尼龙布或人造丝，以防止表面粗糙而产生黏附现象。

三、色谱分离过程的放大

实验室色谱分离的成功常常引起对大规模色谱分离的兴趣。色谱分离过程的放大就是要在生产率与纯度维持不变的情况下增加生产能力。若采用增加溶质浓度的简单方法，会使溶液黏度增大，分离柱饱和，从而降低了产品的纯度。

增加生产能力，而又维持产品纯度不变的一个有效的方法是增加分离柱中的溶液流量。而维持产品纯度不变则需要分离柱中各组分的浓度分布不发生明显的变化，一般情况下，各组分在分离柱中的浓度分布接近于高斯分布，于是其浓度曲线可用式（2-3-46）近似表示：

$$c = c_0 \exp\left[-\frac{(t-t_0)^2}{2t_0^2\sigma^2}\right] \tag{2-3-46}$$

或者

$$c = c_0 \exp\left[-\frac{(t/t_0-1)^2}{2\sigma^2}\right]$$

式中　c_0——洗脱出现峰值时的最大浓度

c——洗脱任一时间的浓度

t_0——洗脱达到最大浓度所需的时间

t——洗脱时间

σ——标准偏差

在洗脱出现最大浓度时的洗脱体积为 V_0，t 时刻的洗脱体积为 V，则上式可写成：

$$c = c_0 \exp\left[-\frac{\left(\frac{V}{V_0}-1\right)^2}{2\sigma^2}\right] \tag{2-3-47}$$

由式（2-3-47）可见，浓度 c 是 c_0、V/V_0 及 σ 3 个参数的函数，如果这 3 个参数发生了变化，那么浓度曲线将发生相应的变化。c_0 及 V/V_0 在实验室和大规模的色谱分离中容易保持恒定，最大浓度 c_0 取决于进口浓度，体积比 V/V_0（或时间比 t/t_0）也易于保持恒定。如床层高度增加一倍，则床层流速也增加一倍。

在固定床色谱分离中，标准偏差可由式（2-3-48）表示：

$$\sigma^2 = \frac{w}{KAL} \tag{2-3-48}$$

式中　w——液体表观流速

L——分离柱床层高度

A——固定相颗粒比表面积；对于球形填充颗粒，若床层孔隙率为 ε，则：

$$A = \frac{6}{d}(1-\varepsilon)$$

式中　K——速度系数

d——颗粒直径

可见，标准偏差 σ 是流速 w、床层厚度 L、颗粒比表面积 A 及速度系数 K 的函数。影响速度系数的因素较多，主要取决于吸附过程的控制步骤。这里仅考虑一般的限制情况。若考虑到吸附为颗粒内部的扩散所控制，那么 K 与液体的表面流速无关，仅与颗粒直径成反比：

$$K \propto \frac{1}{d} \tag{2-3-49}$$

又若控制步骤在于流体与颗粒的表面扩散之间，则：

$$K \propto (w/d)^{\frac{1}{2}} \tag{2-3-50}$$

这种情况下，K 随着 w 的增加而增加，而随着颗粒直径的增加而减小。

于是对于由颗粒内部的扩散和反应所控制时，标准偏差为：

$$\sigma^2 \propto \frac{wd^2}{L} \tag{2-3-51}$$

由外部扩散控制时：

$$\sigma^2 \propto \frac{w^{\frac{1}{2}} d^{\frac{3}{2}}}{L} \tag{2-3-52}$$

式（2-3-51）和式（2-3-52）可写成等式：

$$\left(\frac{\sigma_1}{\sigma_2}\right)^2 = \left(\frac{w_1}{w_2}\right)\left(\frac{d_1}{d_2}\right)^2\left(\frac{L_2}{L_1}\right) \tag{2-3-53}$$

$$\left(\frac{\sigma_1}{\sigma_2}\right)^2 = \left(\frac{w_1}{w_2}\right)^{\frac{1}{2}}\left(\frac{d_1}{d_2}\right)^{\frac{3}{2}}\left(\frac{L_2}{L_1}\right) \tag{2-3-54}$$

式中的参数分别表示实验条件下和放大后的标准偏差、液体流速、颗粒直径及床层高度。

由以上的分析可以看出，不管是内部扩散控制或外部扩散控制，增加分离柱颗粒直径 d 都会使 σ 增大，因此改变了分离的高峰。若固定颗粒直径 d 不变，增加 w、L，并维持 w/L 不变，这显然是有利的，但流动阻力会显著增加，特别是在颗粒直径较小的情况下操作，过大的压力降会破坏、堵塞填充床。因此维持 w/L 为一常数，而同时增加 w 和 L 也只限于一定的范围内。相反，有时采用短而粗的分离柱，即增大流量可通过增加流通截面积来实现，也是一种有效的放大方法。

色谱分离的放大计算目前还面临着许多理论上和工程上的问题，因此，目前色谱分离方法主要局限于实验室范围内，但近年来已开展了大量的研究，取得了一定的进展。

思考题

1. 论述液液萃取的基本原理、流程及影响因素。

2. 试分析比较多级错流萃取与多级逆流萃取的异同点。

3. 叙述反胶束萃取和双水相萃取的原理、方法及所适用物质的类型。

4. 采用溶剂萃取抗生素 A 和 B，初始水相中二者的质量浓度相等，A 和 B 的分配系数分别为 10 和 0.1，且与浓度无关。设每次萃取均达到平衡，且萃取前后各相体积保持不变。计算：

(1) 若采用一级萃取，萃取水相中 90% 的 A，所需相比（即有机相与水相的体积比）应该是多少？此时有机相中 A 的纯度（即 A 在有机相中占抗生素总质量的百分数）是多少？

(2) 若采用多级错流萃取，每级萃取用新鲜有机相，相比均为 0.5，A 在有机相中的收率达到 90% 以上所需的萃取级数应为多少？并计算有机相中 A 的实际最大收率和平均纯度。

5. 反胶束萃取如何保持萃取生物分子并保持其活性？

6. 论述超临界萃取的影响因素及常用领域。

7. 萃取工业应用中，常用的混合设备有哪些？简述其特点。

8. 论述萃取分离设备的用途及应用特性。

9. 叙述离子交换树脂的分离原理及选择离子交换树脂时应考虑的理化性能。

10. 叙述离子交换树脂选择性分离两种蛋白质的一般操作流程及注意事项。

11. 叙述常用离子交换设备的分离原理、结构及常用用途。

12. 离子交换罐放大时，可采用交换罐负荷相同的原则放大，也可采用交换罐中空塔流速相同的原则放大。叙述其异同点与各自的优缺点。

13. 叙述吸附分离的原理及影响因素。

14. 某吸附剂等温吸附溶质 A 符合 Fleundich 方程，吸附剂用量为 A，料液体积为 V，试计算一次吸附，n 次吸附（吸附剂平均分配）的残留溶质浓度。

15. 叙述色谱分离的类型及相关原理。

16. 在选择和设计色谱分离柱时，为防止已分离的组分重新混合，使洗脱峰出现拖尾现象，分离柱应满足哪些要求？

参考文献

[1] 严希康，俞俊棠．生物物质分离工程［M］．北京：化学工业出版社，2010.

[2] Harrison S T L. Bacterial cell disruption：a key unit operation in the recovery of intracellular products［J］. Biotechnology Advances，1991，9（2）：217-240.

[3] Geciova J，Bury D，Jelen P. Methods for disruption of microbial cells for potential use in the dairy industry—a review［J］. International Dairy Journal，2002，12（6）：541-553.

[4] 林章凛，李爽．工业酶——制备与应用［M］. 北京：化学工业出版社，2005.

[5] 王小宁，李爽，王永华．工业酶——结构、功能与应用［M］. 北京：科学出版社，2010.

［6］Show P L，Ling T C，C-W Lan J，et al. Review of microbial lipase purification using aqueous two-phase systems［J］. Current Organic Chemistry，2015，19（1）：19-29.

［7］全国化工设备设计技术中心站机泵技术委员会. 工业离心机和过滤机选用手册［M］. 北京：化学工业出版社，2014，ISBN 978-7-122-18787-1.

［8］Li Z，Chen H，Wang W，et al. Substrate-constituted three-liquid-phase system：a green，highly efficient and recoverable platform for interfacial enzymatic reactions［J］. Chemical Communications，2015，51（65）：12943-12946.

［9］崔云洪. 玉米淀粉湿磨加工技术与管理［M］. 济南：山东科学技术出版社，2007.

［10］夏伦祝，汪永忠，高家荣. 超临界萃取与药学研究［M］. 北京：化学工业出版社，2017.

［11］Cuatrecasas P，Wilchek M，Anfinsen C B. Selective enzyme purification by affinity chromatography［J］. Proceedings of the National Academy of Sciences，1968，61（2）：636-643.

［12］陈涛，刘耘，潘进权. 分离纯化新技术亲和层析［J］. 广州食品工业科技，2003，19（2）：98-101.

［13］Avhad D N，Rathod V K. Application of mixed modal resin for purification of a fibrinolytic enzyme［J］. Preparative Biochemistry and Biotechnology，2016，46（3）：222-228.

［14］王镜岩，朱圣庚，徐长法. 生物化学［M］. 北京：高等教育出版社，2002.

［15］郭立安，常建华. 蛋白质色谱分离技术［M］. 北京：化学工业出版社，2011.

［16］刘俊果，赵国群. 生物产品分离设备与工艺实例［M］. 北京：化学工业出版社，2008.

第四章　蒸发与结晶设备

蒸发与结晶都是重要的化工单元操作，在生物工程中用于提取和精制发酵产品，如氨基酸发酵、酶制剂发酵和抗生素发酵的提取和精制等。蒸发是通过将含非挥发性物质的稀溶液加热沸腾使部分溶剂汽化，或利用电渗析、离子交换等方法，从而使溶液得到浓缩的过程。蒸发操作可用于发酵滤液、树脂洗脱液及各种提取液的浓缩，以有利于下一工序的进行。结晶是将高浓度的溶液或过饱和溶液缓慢冷却，使溶质慢慢形成晶体析出的过程。

蒸发和结晶的显著区别在于：蒸发只移走部分溶剂而使溶液浓度增大，溶质并没有发生相态的变化，而结晶是通过将过饱和溶液冷却、蒸发，或投入晶种使溶质结晶析出，因此存在相态的变化。有的工厂将蒸发与结晶过程置于蒸发器中连续进行，这样虽然可以节约设备投资，但对结晶晶体质量、结晶提取率即产品提取率将造成负面影响。

蒸发与结晶技术广泛地应用于化工、医药、食品等行业中，是发酵工业中常用以提取和精制发酵产物的操作，也是相关生物产品分离过程中重要的单元操作。蒸发和结晶各自有其相对应的工艺理论基础和设备。本章重点介绍生物工程中常用的蒸发与结晶设备的工作原理、设计和选型。

第一节　常压与真空蒸发设备

蒸发是生物工程中常见的一个单元操作，用于浓缩溶液、提取或回收纯溶剂，通常是将溶液加热后，使其中部分溶剂汽化并且移除，从而将溶液浓缩至一定的浓度，以便于与后续其他工序衔接。蒸发的主要目的有：一是增加溶质的浓度，减少溶液体积，以便于溶质进一步的分离提纯；二是通过将溶液蒸发并将蒸汽冷凝、冷却，从而得到较为纯净的溶剂，可以进行再利用或无污染排放；三是通过蒸发操作制取过饱和溶液，进而得到结晶产品。

蒸发设备通常是指创造蒸发必要条件的设备组合，它是由蒸发器（具有加热界面和蒸发表面）、冷凝器和抽气泵等结构组成。蒸发器根据操作压力的不同，可分为常压蒸发器和真空蒸发器（减压蒸发器）；按蒸汽利用情况的不同，可分为单效蒸发、二效蒸发和多效蒸发；按操作流程的不同，可分为间歇式和连续式；按加热部分结构的不同，可分为膜式和非膜式。由于各种溶液的性质不同，蒸发要求的条件差别很大，因此在实际操作中应考虑溶液的以下几种特性来选用蒸发器的类型。

1. 耐热性

很多产物在较高温度下容易变质、变形，故不适合采用常压蒸发浓缩。例如谷氨酸钠溶液浓缩时，如果温度过高，时间过长，则会将L-谷氨酸钠转变为焦谷氨酸钠，从而失去鲜味影响产品品质；在浓缩酶液时，高温会引起蛋白质的变性，使酶失去活力。因此对热敏性物料进行浓缩应该选择蒸发温度较低、浓缩时间较短的薄膜蒸发设备。

2. 结垢性

物料在受热后，若在加热面形成积垢，将会大大降低蒸发器的传热效果，从而影响蒸发的效果。因此对容易形成积垢的物料应该采取有效的防垢措施，例如采用管内流速很大的升膜式蒸发器或者其他强制循环的蒸发设备，利用较高的流速来防止积垢的生成，或者采用电磁防垢、化学防垢等方式，也可使用便于清洗加热室积垢的蒸发设备并及时清洗除去积垢。

3. 发泡性

溶液的性质不同，其发泡性也各不相同。含蛋白质胶体较多的酶液具有较大的表面张力，因此蒸发时泡沫较多，且泡沫不易破裂，这些泡沫会使得大量溶液随着二次蒸汽导入冷凝器中，从而造成溶液的损失。因此对发泡性溶液进行蒸发时，应适当降低蒸发器中二次蒸汽的流速，以防止跑液现象的发生，或者采用管内流速较大的升膜式蒸发器或强制循环式蒸发器，利用高流速的气体来冲破泡沫，以达到消泡目的。

4. 结晶性

溶液在浓缩过程中若有结晶生成，大量结晶的沉积会妨碍加热面的热传导。要使有结晶的溶液能够正常蒸发，则应选择强制循环或带有搅拌器的蒸发设备，用外力来使结晶保持悬浮状态，减小传热阻碍。

5. 腐蚀性

对于腐蚀性较强的溶液的浓缩，蒸发设备应选择防腐蚀的材料，或是结构上采用便于更换的型式，定期更换腐蚀部分。例如柠檬酸的蒸发浓缩可以采用石墨加热管或者耐酸搪瓷夹层蒸发器等。

6. 黏滞性

溶液的黏滞性对溶液在蒸发过程中的受热影响很大，特别是一些蛋白质胶体类溶液，一经浓缩即会变得黏稠，流动性能变差，这就大大地妨碍了传热面的热传导，造成溶液各处的温差增大，甚至局部结焦等现象。对于这类物料，则应选择强制循环式蒸发器或刮板薄膜式蒸发器，使浓缩的黏稠物料迅速离开加热表面。

一、蒸发的特点

蒸发是从溶液中分离出部分溶剂，而溶液中所含溶质的数量不变，因此蒸发是一个热量传递的过程，其传热速率是蒸发过程的控制因素。蒸发所用的设备属于热交换设备，但与一般传热过程比较，蒸发过程又具有其自身的特点，主要表现在以下几个方面。

1. 溶液沸点升高

被蒸发的料液是含有非挥发性溶质的溶液，由拉乌尔定律可知，在相同的温度下，溶液的蒸汽压低于溶剂的蒸汽压。换而言之，在相同的压力下，溶液的沸点高于纯溶剂的沸点。因此，当加热蒸汽温度一定，蒸发溶液时的传热温度差要小于蒸发溶剂时的温度差。溶液的浓度越高，这种影响也将越显著。在进行蒸发设备的计算时，必须考虑溶液沸点上升的这一因素。

2. 物料的工艺特点

蒸发过程中，溶液的某些性质随着溶液的浓缩而改变。有些物料在浓缩过程中可能会出现结垢、析出晶体或产生泡沫等情况；有些物料是热敏性的，在高温下易变形或分解；有些物料则具有较大的腐蚀性或较高的黏度等。因此，在选择蒸发的方法和设备时，必须考虑物料的这些工艺特性，避免它们带来设备使用过程中的各种故障。

3. 能量利用与回收

蒸发时需消耗大量的加热蒸汽，而溶液汽化又产生大量的二次蒸汽。如何充分利用二次蒸汽的潜热，提高加热蒸汽的经济程度，也是蒸发器设计中的重要问题。

二、蒸发设备的操作条件

蒸发工艺主要由溶液沸腾汽化和不断排除水蒸汽两部分组成。前者所用的设备是蒸发器，后者所用的设备是冷凝器。蒸发器是一个换热器，它由加热室和气液分离器两部分组成，加热沸腾产生的二次蒸汽经气液分离器与溶液分离后引出。冷凝器实际上也是换热器，它有直接接触式和间歇式两种类型，二次蒸汽在冷凝器内冷凝后排出系统。蒸发系统的总蒸发速率是由蒸发器的蒸发速率和冷凝器的冷凝速率共同决定的，蒸发速率或冷凝速率发生变化，则系统的总蒸发速率也会相应发生变化。因此，操作蒸发系统时确保蒸发器和冷凝器正常工作必须具备如下的操作条件。

1. 保持持续供能

蒸发需要不断地供给热能，工业上采用的热源通常为水蒸汽，而蒸发的物料大多是水溶液，蒸发时产生的蒸汽也是水蒸汽。为了易于区别，蒸发过程中所用的热源称为加热蒸汽或生蒸汽，溶剂汽化后所生成的蒸汽称为二次蒸汽。蒸发过程是需要靠外部提供热量不断蒸发出溶剂的过程，因此，为了强化蒸发工艺措施，必须有充足的加热热源，以维持溶液的沸腾和补充溶剂汽化所带走的热量。

2. 沸腾蒸发，保证溶剂的蒸汽（即二次蒸汽）的迅速排出

工业上应用的蒸发设备通常是在沸腾状态下进行的，此状态下传热系数高、传热速率快。例如，水在常压无相变的情况下给热系数小于 10000×4.187kJ/（m^2·h·℃），在沸腾时给热系数则可达到 50000×4.187kJ/（m^2·h·℃）。因此在生产上，常采用在蒸发器外对物料进行预热的方式，来实现蒸发器内的沸腾蒸发，大大提高蒸发器的蒸发效率。

3. 维持真空条件，保证蒸发过程持续、稳定、高效地进行

真空操作是实现此工艺的主要条件，蒸发过程既有溶剂离开液面进入气相的过程，也有气相的溶剂分子回到液面成为液相的过程。只有当溶剂分子离开液面进入气相的速率大于气相溶剂分子进入液面的速率时，才能实现蒸发浓缩。因此，真空操作的优点有：①真空下液体的沸点降低，增大了温度差，降低了加热面积；②可以使溶剂迅速排走；③可采用低压蒸汽或废蒸汽作为加热源；④操作温度低适用于热敏性的物料；⑤热损失小，设备及管道无须保温。但要注意真空操作也有其自身的缺点：溶液温度较低，黏度大易造成传热系数小，系统内压低于外部常压，造成料液和冷凝水的排除困难；真空度越大，水的蒸发潜热越大，水蒸发的消耗量越大；增加了维持真空条件下真空装置的动力消耗。

4. 具有一定的热交换面积，确保传热量

在换热器类型、物料性质、加热蒸汽性质确定的条件下，换热器的热流密度是恒定值，它反映了单位时间、单位换热面积上的传热量。因此为保证物料能在单位时间内获得足够的热量，必须保证足够的换热面积。

在蒸发过程中需要注意的是以下因素将会影响蒸发操作：一是加热能够使溶液沸腾汽化，分子的动能增加，进而使蒸发加快；二是加大蒸发面积可以增加蒸发量；三是操作压力与蒸发量成反比，因此减压蒸发是比较理想的浓缩方法。减压操作能够在温度不高的条

件下使蒸发量增加，从而减小加热对物质的损害。

三、常压蒸发设备

常压蒸发是在常压状态下通过加热使溶剂蒸发，最后得到浓缩溶液的过程。常压蒸发系统中冷凝器和蒸发器溶液侧的操作压力为大气压或略高于大气压，此时系统中不凝性气体依靠本身的压力从冷凝器中排出。常压蒸发方法简单易行，但仅适用于浓缩耐热物质及回收溶剂。例如，啤酒工业中的麦芽汁制备过程中的麦芽汁的煮沸浓缩，通常采用煮沸锅，它的主要作用是将糊化、糖化、过滤后麦芽汁煮沸、浓缩到一定的发酵糖度。麦芽汁煮沸锅主要有三种结构形式：夹套加热式、内加热式和外加热式。此外，还有一种直接接触传热的浸没燃烧蒸发器可在常压下操作，广泛应用于废酸处理工业。

（一）夹套加热式麦芽汁煮沸锅

啤酒厂的夹套加热式麦芽汁煮沸锅的主要作用是将糊化、糖化、过滤后的清麦芽汁煮沸，浓缩到一定要求的发酵糖度。在小厂，为减少投资，提高设备的利用率，它同时要担负糊化等作用。近年来随着生产的发展，这种夹套加热式麦芽汁煮沸锅难以满足工艺要求和节能要求。但仍有相当数量的中、小厂在使用这种设备。

由传热基本方程式（$Q=KA\Delta t_m$）看，一个好的传热设备应该是具有较大的传热面积、较高的传热系数和较大的传热温差。常压下麦芽汁的沸腾温度基本上是恒定的，由于大夹套的热受力较差，限制了加热蒸汽温度的提高，因此整个传热过程中的 Δt 的提高受到限制；从传热面积上看，锅体容积确定之后，锅底的面积就基本固定，因此也很难用加大加热面积的方法来强化传热，特别是当锅体较大时，单位容积的加热面积就变得更小，难以满足工艺要求。为了强化传热性能，一方面要想办法提高浓缩过程中麦芽汁的对流，另一方面还要防止麦芽汁的热结垢，工厂一般都采用搅拌装置来满足以上两项的要求。由于麦芽汁的卫生标准要求比较严格，设备还需要便于清洗。

因此，夹套加热式麦芽汁煮沸锅的基本组成结构有锅体、加热夹套、搅拌装置 3 个部分，如图 2-4-1 所示。

夹套加热式麦芽汁煮沸锅的锅体是一个近似球形的设备，因为球形可以用比较薄的材料做成体积比较大、又具有足够机械强度的容器，同时球形容器清洗更为方便，且搅拌功率消耗比较小。

为了改善锅内物料的对流循环，2 个加热区采用不同的加热温度，中心加热区能承受较高的压力，故使用较高的加热温度。外夹套加热区圆周直径大，耐压能力差，则采用较低压力的蒸汽进行加热。每个加热区分别装有进汽管、排冷凝水管和排不凝性气体管。进汽管位于夹层的中上部，使蒸汽分布均匀。冷凝水排放管位于夹层的最低位置，使冷凝水能排除干净，避免由于冷凝水的积存而导致传热系数的降低。排不凝性气体管则位于夹套的最高位置，使不凝性气体能排除干净。

一般铜制的麦芽汁煮沸锅的加热面积为 0.1～1m^2/m^3麦芽汁，不锈钢的设备传热面积为 0.6～1.2m^2/m^3麦芽汁，这是因为不锈钢的导热性能比铜差。

搅拌器的作用主要是使物料受热均匀，沸腾前加速物料的对流，提高传热系数，同时减缓固体物料在加热表面的沉淀而造成的局部过热和积垢的现象。常用的搅拌器为后弯曲的圆周曲面搅拌器，曲面形状与锅底相似，离锅底 5～10cm，转速一般为 30～40r/min。

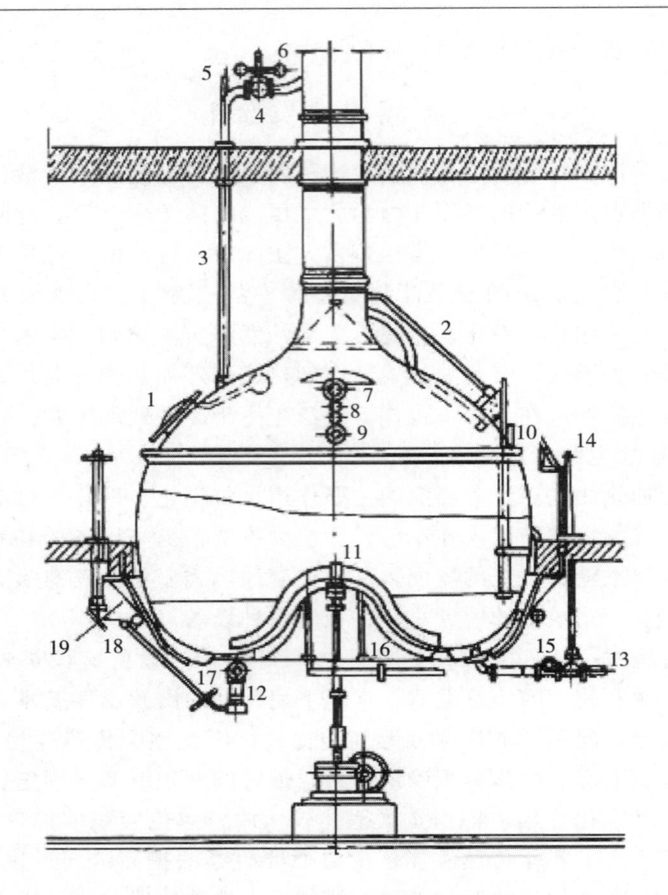

图 2-4-1　夹套加热式麦芽汁煮沸锅

1—人孔　2—杠杆　3—二次蒸汽　4—控制阀　5—真空防止阀　6—减压阀　7—温度计　8—压力表　9—视孔　10—液位指示剂　11—搅拌器　12—放料阀　13—蒸汽阀　14—液体压力计　15—减压阀　16—内夹套　17—外夹套　18—不凝气排出管　19—支架

此外，排气管要有一定的大小和高度，其大小可按二次蒸汽排出的阻力进行计算，通常采用液体蒸发面的 1/50～1/30，排出的二次蒸汽会先在排气管壁上冷凝，冷凝液再由集液槽排出，使其不重新流入锅内。排气管道上装有调节风门，以防止室外冷空气的倒流，影响产品质量。

（二）内加热式麦芽汁煮沸锅

内加热式麦芽汁煮沸锅的外形与夹套加热式无太大区别。它的加热器位于底部中央，采用排管加热，管间蒸汽冷凝，管内流体受热后上行，底部流体不断进入加热管，麦芽汁在锅内产生强烈的对流。由于强烈的对流，改善了传热方式，提高了蒸发效率，同时有效地防止了积垢的生成，并可以省去搅拌系统，从能源利用上更为合理。

内加热式麦芽汁煮沸锅的设备结构如图 2-4-2 所示。该设备在 0.11～0.12MPa 的压力下进行煮沸，煮沸温度为 102～110℃，最高可达 120℃。第一次酒花加入后开放煮沸 10min，排出挥发性物质，然后将锅密闭，使锅内温度在 15min 内升至 104～110℃后煮沸 15～25min，之后在 10～15min 内降至大气压力，加入二次酒花，总煮沸时间为 60～

70min。采用该设备可以加速蛋白质的凝固和酒花的异构化，有利于二甲基硫及其前体物质的降低。内加热式麦芽汁煮沸锅的优点主要有：煮沸时间比传统方法可缩短近1/3，减少了对其中的氨基酸和维生素的破坏，麦芽汁色度比较浅，可提高设备的利用率，而且煮沸时不产生泡沫，也不需要搅拌。但也存在一些缺点：内加热器的清洗比较困难，当蒸汽温度过高时，会出现局部过热，导致麦汁色泽加深，口味变差。

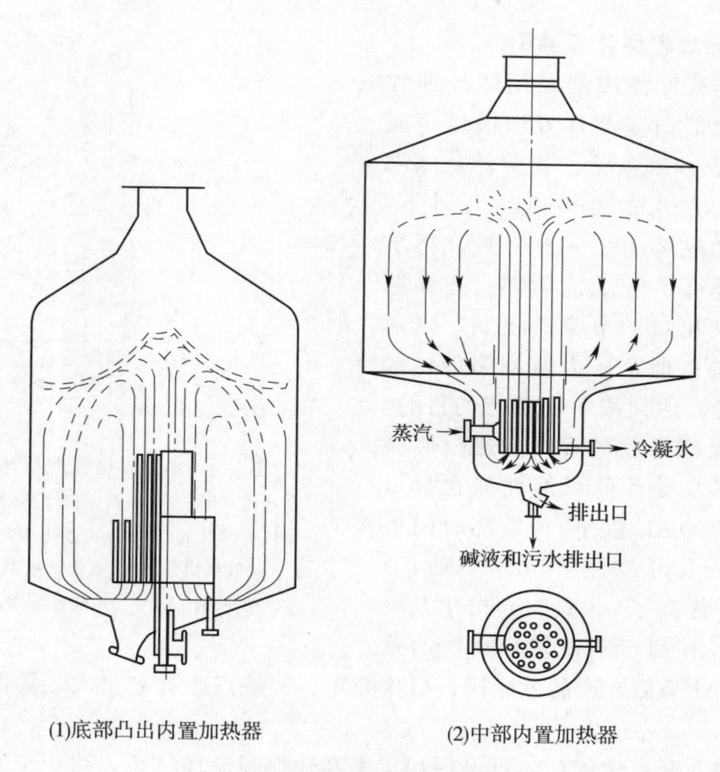

(1)底部凸出内置加热器　　(2)中部内置加热器

图 2-4-2　内加热式麦芽汁煮沸锅

对于小型的煮沸锅，通常是在整个锅底装置加热夹套。但对于大型的煮沸锅，由于锅的直径较大，若采用整体加热夹套，则耐压性较差，同时容量较大，物料自然对流循环较差，传热系数较低，且加热面积也不能满足工艺加热速度的要求，因而大型的煮沸锅大多会做成向内凸出的形式，以增大加热面积，促进物料循环，改善受热情况。这样的结构可以分别配置内外两个加热区，中心加热区能承受较高的压力，可以使用较高的加热温度；外围加热区因圆周直径大，受热差，应采用较低的工作压力。加热器可置于锅的底部，锅底向外凸出的结构可用于放置加热器，如图 2-4-2（1）所示，物料循环较好，操作弹性更大。或将加热器安装在原有煮沸锅的中央，靠近锅底，如图 2-4-2（2）所示，对于这种结构形式，则必须保证充足的装液量，使加热器被溶液完全浸没。由于大型设备夹套加热未能满足工艺需要，近年来国内外都有采用中心加热式的自然循环麦芽汁煮沸锅。麦芽汁在中心加热器受热后，产生显著的密度差，形成强烈的自然对流循环，传热系数较高，加热面积也可按照需要进行设计。且受热时温度急剧增加，使得麦芽汁成分充分分解和凝固，有利于提高啤酒质量。但中心加热器的型式和大小需要选择，不能太大，且加热片的分布不能太密，以防止积垢的生成，便于清洗。

与夹套加热式麦芽汁煮沸锅相比较，内加热式具有以下优点：①锅内物料循环得以显著改善，传热强度大，操作时间更短，设备的利用率高；②对锅体的强度要求降低，减少锅体的加工制造成本；③由于不采用内部机械搅拌装置，不存在夹套加热式麦芽汁煮沸锅搅拌器转轴的密封问题。设备的操作和维护简单，容易清洗，节约电能，锅体设计简单化。

（三）外加热式麦芽汁煮沸锅

外加热式麦芽汁煮沸锅是用体外列管式或薄板热交换器与麦芽汁煮沸锅结合起来的设备，如图 2-4-3 所示。麦芽汁从煮沸锅中用泵抽出，在 0.2～0.25kPa 条件下，通过热交换器加热至 102～110℃后，再泵回煮沸锅，可进行 7～12 次循环。煮沸温度可用热交换器出口的节流阀控制。当麦汁用泵送回煮沸锅时，压力急剧降低，水分很快随之蒸发，达到浓缩麦芽汁的目的。其优点是由于操作温度的提高，蛋白质凝固效果好（最终麦芽汁的可溶性氮含量可降低到 2.0mg/100mL 以下），煮沸时间可缩短 20%～30%（为 50～70min），因而节能效果明显，并提高了 α -酸的异构化及酒花的利用率，且有利于不良气味物质的蒸发，使麦芽汁 pH 降低，产品色泽浅、口味纯正。其缺点是耗电量大，局部过热也会加深麦汁色泽。

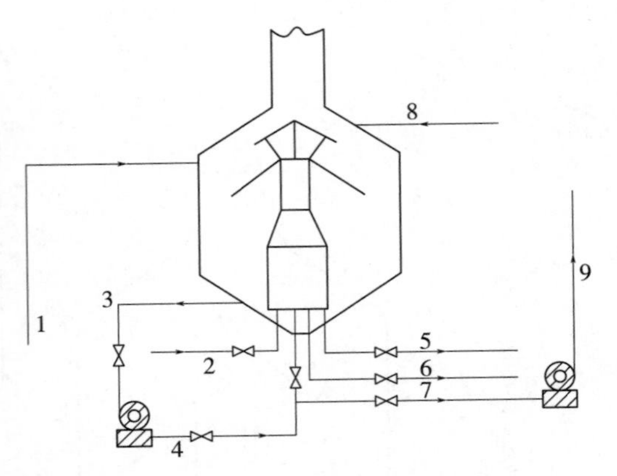

图 2-4-3　外加热式麦芽汁煮沸锅

1—麦芽汁入口　2—蒸汽入口　3—循环麦芽汁出口　4—循环麦芽汁入口　5—冷凝水出口　6—CIP 出口（碱液出口）　7—煮沸结束麦芽汁出口　8—CIP 入口　9—送往回旋沉淀槽

外加热式麦芽汁煮沸锅的特点是增加了麦芽汁强制循环体系，强化了对流，改进了热传导，节省蒸汽，蒸发效率高，麦芽汁浓缩快，并可有效地防止热结垢，是一种很有前途的蒸发设备。

（四）浸没燃烧蒸发器

浸没燃烧蒸发器是一种直接接触传热的蒸发器，其结构如图 2-4-4 所示。它是将燃料（通常为煤气和油）与空气混合后，在浸于溶液中的燃烧室内燃烧，产生的高温火焰和烟气经燃烧室下部的喷嘴直接喷入被蒸发的溶液中。高温气体和溶液直接接触，并同时进行传热使水分蒸发汽化，产生的水汽和废烟气一起由蒸发器顶部排出。其燃烧室在溶液中的浸没深度一般为 0.2～0.6m，出燃烧室的气体温度可达 1000℃以上。

因是直接接触传热，故其传热效果很好且热利用率高。浸没燃烧蒸发器的加热效率可以达到 95%，而锅炉加热效率只有 75%～85%。由于不需要固定的传热壁面，因此浸没燃烧蒸发器的结构更为简单，特别适用于易结晶、易结垢和具有腐蚀性物料的蒸发，并具有 NO_2 排放量低的特点。在废酸处理和硫酸铵溶液的蒸发中，它已得到广泛应用。但若蒸发的料液不允许被烟气所污染，则该类蒸发器一般不适用。且由于有大量烟气的存在，限制了二次蒸汽的利用。此外，喷嘴由于浸没在高温液体中，较易损坏。

常压浸没燃烧只能获得温度较低的热水，排放的尾气温度较低且含有大量不凝汽，这使得尾气携带的能量难以回收利用，因此近年来一些学者提出了增压浸没燃烧技术的设想。

四、真空蒸发设备

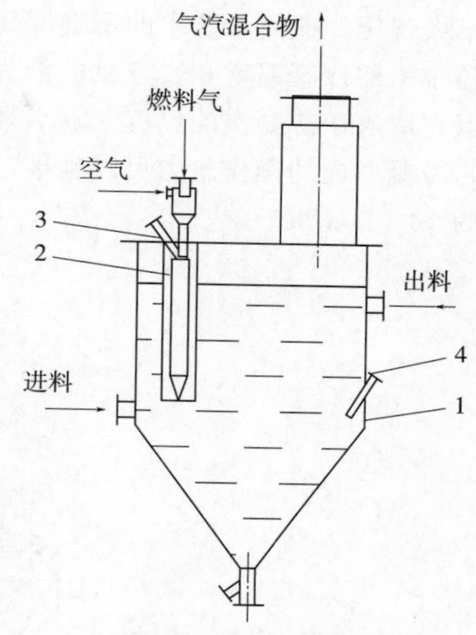

图 2-4-4 浸没燃烧蒸发器
1—外壳 2—燃烧室
3—点火口 4—测温管

对加热过程很敏感，受热后会引起产物发生化学变化或物理变化，进而影响产品质量的物质，称为热敏性物质。生物工业中大部分中间产物和最终产物是热敏性物质。例如，酶加热到一定的温度会变性失活，所以酶只能在低温或短时间受热的条件下进行浓缩，以保证一定的酶活性。此外，有的发酵产品虽然经过精制，但仍含有一些大分子物质。例如，甘油在较高温度下进行蒸发浓缩时，这些大分子物质将会发生呈色反应，影响产品质量。

热敏性物质受热后产生的变化与温度的高低、受热时间长短相关。温度较低时，变化缓慢，受热时间短，变化也很小。生物工业中常用低温蒸发，或在相对较高的温度条件下瞬时蒸发的方法以满足热敏性物质对蒸发浓缩过程的特殊要求，保证产品质量。

在真空状态下，溶液的沸点下降，真空越高，沸点下降得越多。溶液在真空状态中，在较低温度下沸腾、溶剂汽化的过程，称为真空蒸发。蒸发温度的高低，决定了真空度的大小。通常真空蒸发的真空度为 600～700mmHg（1mmHg≈133.3Pa），物料的蒸发温度为 50～75℃。虽然真空蒸发温度较低，但如果蒸发时间过长，对热敏性物质仍会产生较大影响。

为了缩短受热时间，并达到所要求的蒸发浓缩量，工业上通常采用膜蒸发，让溶液在蒸发器的加热表面以很薄的液层流过，溶液很快受热升温、汽化、浓缩，浓缩液迅速离开加热表面。膜蒸发浓缩时间很短，一般为几秒到几十秒。因为受热时间短，所以能保持产品原有的质量、风味和颜色，较好地保证了产品质量。这种薄膜式的蒸发设备已广泛应用于发酵工业中。通常按膜的形成方法将膜蒸发设备分为以下几类。

（1）管式薄膜蒸发器　液膜是在管壁加热时形成的。

（2）刮板式薄膜蒸发器　液膜是靠转动的刮板作用在蒸发器内壁形成。

（3）离心薄膜蒸发器　利用旋转的加热面，使进入加热面的溶液在离心力场作用下形成液膜。

此外，还有部分非膜式的循环型蒸发器是在真空状态中运作的。这类蒸发器的特点是溶液在蒸发器内做连续的循环运动，以提高传热效果、缓和溶液结垢的情况。根据引起循环运动的原因不同，循环型蒸发器可分为自然循环和强制循环两种类型。前者是由于溶液在加热室不同位置上的受热程度不同，产生了密度差而引起的循环运动；后者是依靠外加动力迫使溶液沿一个方向做循环流动。

真空蒸发的基本流程如图 2-4-5 所示，真空蒸发时冷凝器和蒸发器溶液侧的操作压力低于大气压，此时系统中的不凝性气体必须用真空泵抽出。真空蒸发的操作压力取决于冷凝器中水的冷凝温度和真空泵的能力。冷凝器操作压力的最低限是冷凝水的饱和蒸汽压，所以它取决于冷凝水的温度。真空泵的作用是抽走系统中的不凝性气体，真空泵的能力越大，冷凝器内的操作压力可以越接近冷凝水的饱和蒸汽压。一般真空蒸发时，冷凝器的压力为 10～20kPa。

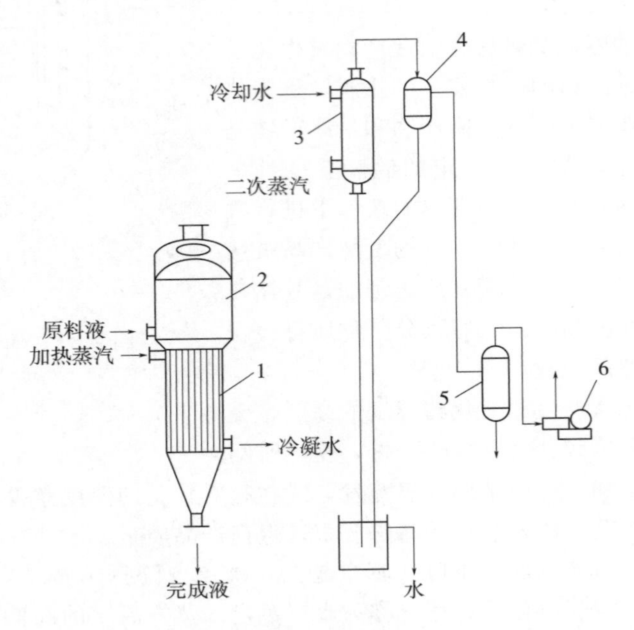

图 2-4-5　真空蒸发基本流程示意图

1—加热器　2—分离室　3—混合冷凝器　4—分离器　5—缓冲罐　6—真空泵

在生物工程中通常采用真空蒸发，这是因为真空蒸发具有以下优点：①物料沸腾温度降低，避免或减少物质受高温所产生的质变；②沸腾温度降低，提高了热交换的温度差，增加了传热强度；③为二次蒸汽的利用创造了条件，提高热能利用率；④由于物料沸点降低，蒸发器热损失减少。然而，真空蒸发也存在一些缺点：①溶液温度低，黏度大，沸腾的传热系数小，蒸发器的传热系数小；②需用真空泵抽出不凝性气体，以保持一定的真空度，因而需多耗能量。

（一）单程型蒸发器

单程蒸发是指待蒸发液体只进行过一次加热就汽化蒸发完全的过程，适用于热敏性物料的蒸发操作。

1. 管式薄膜蒸发器

这类蒸发器的特点是液体沿加热管壁成膜而进行蒸发。按液体的流动方向可分为：升膜式蒸发器、降膜式蒸发器、升降膜式蒸发器。

（1）升膜式蒸发器　是指在蒸发器中形成的液膜与蒸发的二次蒸汽气流方向相同，由下而上并流上升。设备的基本结构如图 2-4-6 所示。

升膜式蒸发器的加热室由单根或多根垂直的长管组成，管长 3～15m，直径 25～

50mm，管束装在外壳中，实际上就是一台立式固定管板换热器。在加热器中，加热蒸汽在管外，原料液经预热后由蒸发器的底部进入，在加热管内的溶液受热沸腾汽化，所生成的二次蒸汽在管内以高速上升，带动液体沿管内壁形成连续不断的液膜状向上流动，这在工程上称为爬膜，也是升膜式蒸发器正常操作的关键。液膜形成的过程如图 2-4-7 所示，其形成过程共分为 8 个阶段。

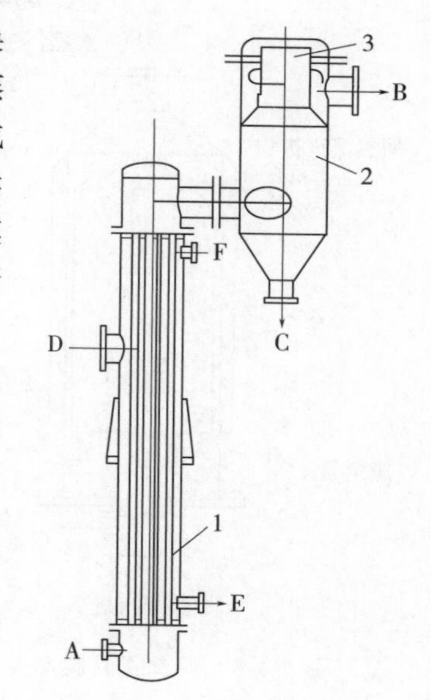

图 2-4-6　升膜式蒸发器

A—料液　B—二次蒸汽　C—浓缩液

D—加热蒸汽　E—凝液　F—排空

1—加热室　2—蒸发室　3—分离器

①溶液在加热的管子内由下而上运动时，在管壁的液体受热温度升高，密度下降，而管子中心的液体温度变化较小，管内液体产生如图 2-4-7a 所示的自然对流运动。

②当温度升到相应沸腾温度时，溶液便开始沸腾，产生蒸汽气泡分散于连续的液相中。由于蒸汽的密度小，故气泡通过液体而上升（图 2-4-7b）。

③当温度不断上升，气泡大量增加，蒸汽气泡互相碰撞，小气泡聚合成较大的气泡于管子中部上升，气泡增大，气体上升的速度则加快，最后形成柱状（图 2-4-7c，d，e）。

④当蒸汽所产生的气泡很多，流速很快，蒸汽占据了整个管子中部空间，液体只能分布于管壁，形成环形液膜，液膜上升是靠高速蒸汽对流层的拖带而形成，称为“爬膜”现象（图 2-4-7f）。

⑤如果液膜上升的速度赶不上溶液蒸发速度，加热管上的液膜将会出现局部干燥、结疤、结焦等现象（图 2-4-7g，h）。

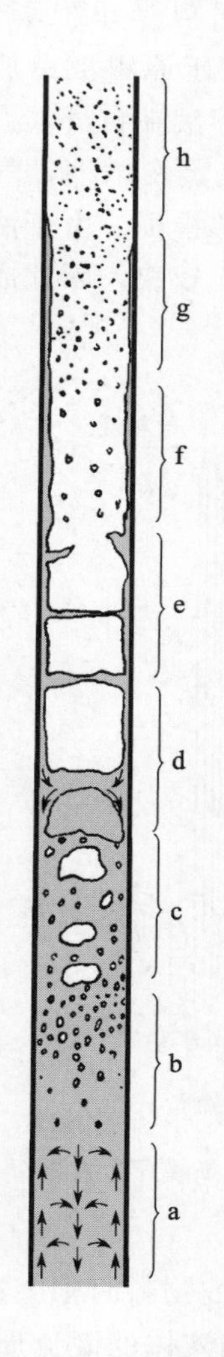

图 2-4-7　加热管内液膜形成过程示意图

料液在加热管中爬膜的必要条件是要有足够的加热管长度，管长与管径之比一般为 100～150，使加热面积供应足够成膜的汽速，从而保证升膜能在加热管中形成；同时要有足够的传热温度差和传热强度，使整齐的二次蒸汽量和蒸汽速率达到足以带动溶液成膜上升的程度。例如，当料液在沸点温度下进入加热管，可以适当缩短加热管长度。此外，为了有效地形成升膜，上升的二次蒸汽速度必须维持高速，常压下加热管出口处二次蒸汽速率一般为 20～50m/s，不应小于 10m/s；减压下可达 100～160m/s 或更高。

升膜式蒸发器也有采用大套管型式，如图 2-4-8 所示。外加热圆筒直径为 300mm，内加热圆筒直径为 282mm，圆筒间隙为 4mm。为保持各间隙一致、成膜均匀，在内圆筒上焊上三个支承点，内、外加热面同时通入蒸汽加热时，蒸发液料即在筒间间隙爬膜上升。该设备用于低温浓缩核苷酸溶液时效果良好。

若将常温下的液体直接引入加热室，则在加热室底部必有一部分受热面用来加热溶液使其达到沸点后才能汽化，溶液在这部分壁面上

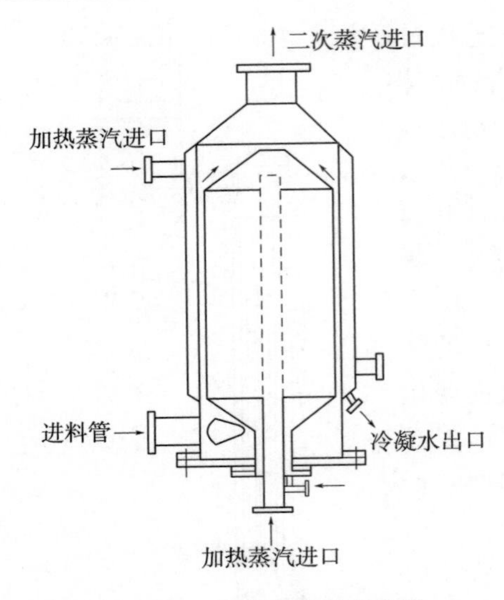

图 2-4-8　夹套式升膜蒸发器

不能呈膜状流动，而在各种流动状态中，又以膜状流动效果最好，故溶液应预热到沸点或接近沸点后再引入蒸发器。

升膜式蒸发器适用于处理蒸发量较大的稀溶液、热敏性或易生泡沫的溶液，中药溶液可以以蒸发器作预蒸发用设备，将溶液浓缩到一定浓度后再用其他蒸发设备进一步浓缩。不适用于黏度大于 500mPa·s、有晶体析出或易结垢的溶液及浓溶液等物料的蒸发。

（2）降膜式蒸发器　若蒸发浓度或黏度较大的溶液，可采用降膜式蒸发器。降膜式蒸发器与升膜式蒸发器相似，其加热室可以是单根套管，或由管束及外壳组成，其区别在于原料液由加热管顶部加入，如图 2-4-9 所示。溶液在自身重力作用下沿管内壁呈膜状下流，并被蒸发浓缩，气液混合物由加热管底部进入分离室，经气液分离后，完成液由分离器的底部排出。由于液体的运动是靠本身的重力和二次蒸汽运动的拖带力的作用，其下降的速度比较快，因此成膜的二次蒸汽流速可以比较小，对于黏度较高的液体也较易成膜。

降膜式蒸发器操作良好的关键是使溶液呈均匀膜状沿各管内壁向下流，原因是当器内溶液的分布不够均匀时，则会出现有的管的液量很多、液膜很厚、溶液蒸发的浓缩比很小，而有的管则液量很小、浓缩比较大，甚至没有液体流过而造成局部或大部分干壁的现象，从而影响整个蒸发器的传热或蒸发效果。为了使液体均匀分布于各加热管中，降膜式蒸发器顶部需要设置液体分布器，液体分布器在降膜蒸发设备中起着关键的作用。布膜器的类型有多种，图 2-4-10 所示为较常用的 3 种。图 2-4-10（1）采用一螺旋形沟槽的圆柱体作为导流管，当液体沿着沟槽下流时，液体将形成一个旋转的运动方向，沟槽的大小应根据料液的性质而定，若沟槽太小，则会增加料液的阻力，从而引起加热管的堵塞；图 2-4-10（2）的导流管下部为圆锥体，锥体底面向下内凹，以免沿锥体斜面流下的液体再向中央聚集，圆锥体与管壁形成一定的均匀间距，液体在均匀环形间距中流入加热管内周边，形成薄膜，这样液体流过的通道不变，液体的流量只受管板上液面高度变化影响，从而使分布更为均匀，但如遇带有颗粒的物料时则会造成堵塞；图 2-4-10（3）中，在加热管的上方管口周边切成锯齿形，以增加液体的溢流周边，当液面稍高于管口时，液体可以沿周边均匀地溢流而下，由于加热管管口高度一致，溢流周边较大，致使各管间或管的各向溢流更为均匀，但当液位差别较大、液位高度有变化

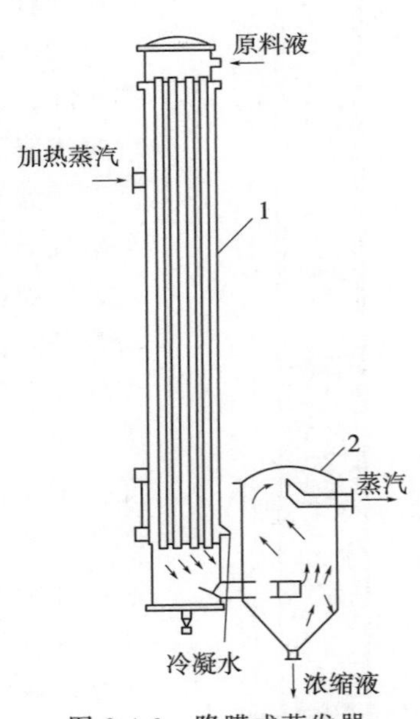

图 2-4-9　降膜式蒸发器
1—加热室　2—分离器

时，溶液的分布仍会不均匀。

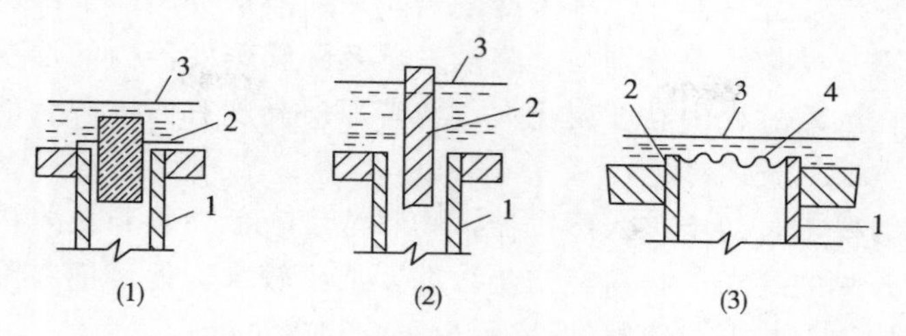

图 2-4-10　降膜式蒸发器的各种布膜器

1—加热管　2—导流管　3—原料液　4—旋液分配头

分配筛板又称淋洒分配，是利用液体的自流作用进行分配，在管板上方一定距离水平安装一块筛孔板，筛孔对准加热管之间的管板。当筛板上保持一定液层时，液体从筛孔淋洒到管板上，液体离各加热管口距离相等，就沿着管板均匀流散到各管边缘，成薄膜状沿管壁下流。为保证液流的分布均匀，可采用二层或三层筛板进行多次分配。这种分配设备结构较为简单，但只适合用作稀薄溶液的分配，对于黏稠物料则难以分配均匀。

降膜式蒸发器可以用于处理热敏性物料，对于黏度较大的物料也能适用。但对于易结晶或易结垢的原料液则不适用。此外，由于液膜在管内分布不易均匀，与升膜式蒸发器相比，其传热系数较小。

降膜式蒸发器由于蒸发速度快，物料与加热蒸汽之间的温度差可以降到很小，物料可以浓缩到较高的浓度，因此应用日趋广泛。

(3) 升降膜式蒸发器　升膜和降膜式蒸发器各有优缺点，而升降膜式蒸发器可以互补不足。升降膜式蒸发器室在一个加热器内安装两组加热管，一组作升膜式，另一组作降膜式，蒸发器的底部封头内有一隔板，将加热管束均分为二，如图 2-4-11 所示。

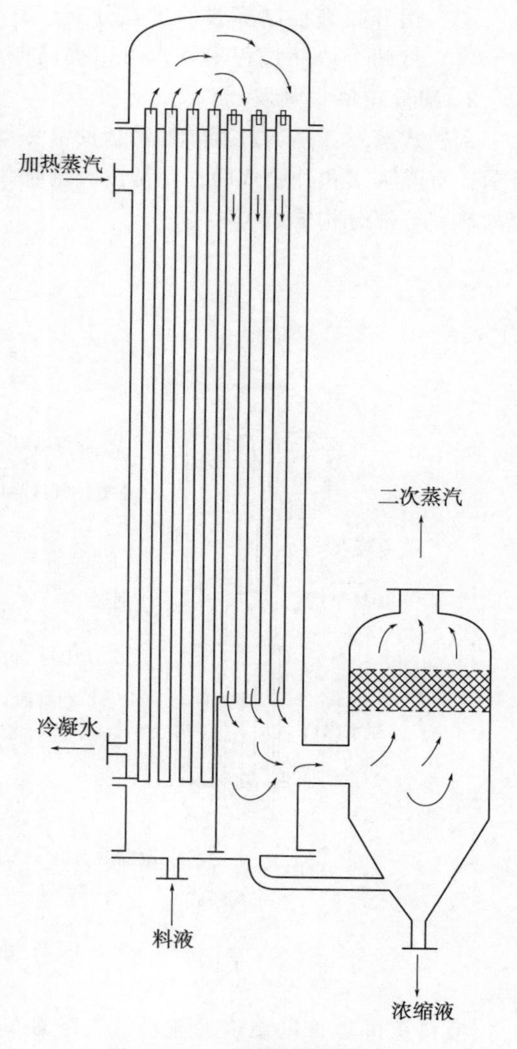

图 2-4-11　升降膜式蒸发器

升降膜式蒸发器的工作原理是：物料溶液先进入升膜加热管，沸腾蒸发后，汽液混合物上升至顶部，然后转入另一半加热管，再进行降膜蒸发，浓缩液从下部进入汽液分离器，分离后，二次蒸汽从分离器上部排入冷凝器，浓缩液从分离器下部出料。溶液在升膜和降膜管束内的布膜及操作情况分别与升膜蒸发器及降膜蒸发器内的情况完全相同。这种蒸发器常用于溶液在浓缩过程中黏度变化大，或者厂房高度有一定限制的情况。升降膜式蒸发器具有以下特点。

（1）符合物料的要求，初步进入蒸发器，物料浓度较低，物料蒸发内阻较小，蒸发速度较快，容易达到升膜的要求。物料经初步浓缩，浓度较大，但溶液在降膜式蒸发中受重力作用还能沿管壁均匀分布形成膜状。

（2）经升膜蒸发后的汽液混合物，进入降膜蒸发，有利于降膜的液体均匀分布，同时也加速物料的湍流和搅动，以进一步提高降膜蒸发的传热系数。

（3）用升膜来控制降膜的进料分配，有利于操作控制。

（4）将两个浓缩过程串联，可以提高产品的浓缩比，降低设备高度。

2. 刮板式薄膜蒸发器

刮板式蒸发器是通过旋转的刮板使液料形成液膜的蒸发设备，蒸发器的结构如图 2-4-12 所示，有降膜式和升膜式两种，都由转动轴、物料分配盘、刮板、轴承、轴封、蒸发室和夹套加热室等部分构成。

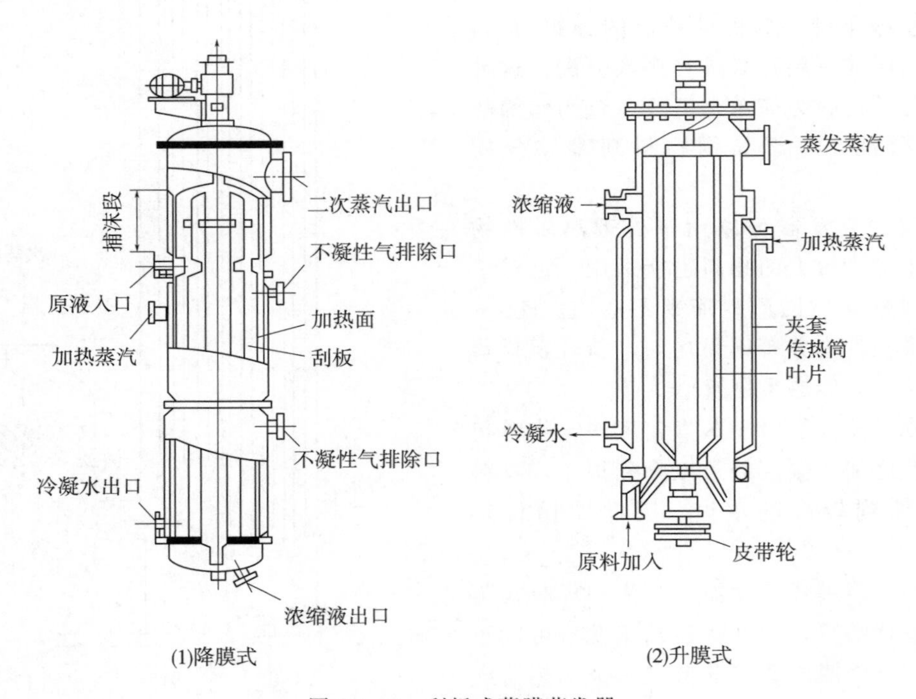

图 2-4-12　刮板式薄膜蒸发器

液料从进料管以稳定的流量进入随轴旋转的分配盘中，在离心力的作用下，通过盘壁小孔被抛向器壁，受重力作用沿器壁下流，同时被旋转的刮板刮成薄膜，薄液在加热区受热，蒸发浓缩，同时受重力作用下流，瞬间另一块刮板将浓缩液料翻动下推，并更新薄膜，这样物料不断地形成新的液膜且被蒸发浓缩，直至液料离开加热室流到蒸发器底部，完成浓缩过程。浓缩过程所产生的二次蒸汽可与浓缩液并流进入汽液分离器排除，或以逆流形式向上到蒸发器顶部，由旋转的带孔叶板把二次蒸汽所夹带的液沫甩向加热面，除沫后的二次蒸汽从蒸发器顶部排出。

刮板式薄膜蒸发器由于采用刮板成膜、翻膜，且物料薄膜不断被搅动，更新加热表面和蒸发表面，故传热系数较高，一般可达 1.186×（1000～2000）kJ/（m^2·h·℃）。该蒸发器适用于浓度高、黏度高的物料或含有悬浮颗粒的液料，而不致出现结焦、结垢等现象。在蒸发期间由于液层很薄，故因液层而引起的沸点上升可以忽略。液料在加热区停留的时间很短，一般只有几秒至几十秒，随蒸发器的高度和刮板导向角、转速等因素而变化。刮板式蒸发器的结构比较简单，但因具有转动装置，且要求真空，故设备加工精度要求较高。

蒸发室是另一个夹套圆筒，加热夹套设计可根据工艺要求与加工条件而定。当浓缩比较大时，加热蒸发室长度较大，可制造成分段加热区，采用不同的加热温度来蒸发不同的液料，以保证产品质量。但加热区过长，则加工精度和安装准确度难以达到设备要求。

圆筒直径一般不宜过大，虽然直径加大可相应地加大传热面积，但同时也加大了转动轴传递的力矩，大大增加了动力消耗。为了节省动力消耗，一般刮板式蒸发器都做成长筒形。但直径过小，既减少了加热面积，同时又使蒸发空间不足，而造成蒸汽流速过大，雾沫夹带增加，特别是对泡沫较多的物料影响更大，故蒸发器的直径一般选择在 300～500mm 为宜。

蒸发器加热室的圆室的圆筒内表面必须经过精加工，圆度偏差在 0.05～0.20mm。蒸发器上装有良好的机械轴封，一般为不透性石墨与不锈钢的端面轴封，安装后需要进行真空试漏检查，将器内抽真空达 66.66～133.32Pa（0.5～1mmHg）绝对压力后，相隔 1h，绝对压力上升不超过 533.29Pa（4mmHg），或者抽真空到 93325Pa（700mmHg），关闭真空抽气阀门，主轴旋转 15min，真空度跌落不超过 1333Pa（10mmHg），即符合要求。

转轴的转速一般为 350～800r/min，由刮板的线速度在 2.5～9.6m/s 来决定。轴要有足够的机械强度，挠度不超过 0.5mm。为了减轻轴的质量，有时可采用空心轴。刮板多用刚性固定在轴上，由于刮板与蒸发器圆筒间隙很小，一般只有 0.5～1.5mm，很有可能由于安装或轴承的磨损，造成间隙不均，甚至造成刮壁卡死或磨损等现象。最好采用塑料刮板或弹性支撑，有些工厂采用四氟乙烯刮板后，这些现象得到改善。角度越大，物料的停留时间则越小。角度的大小可根据物料流动性能来变动，一般为 10°左右，有时为了防止刮板的加工或安装等困难，可以采用分段变化导向角的刮板。

刮板式薄膜蒸发器的优点是：依靠外力强制溶液成膜下流，溶液停留时间短，适合于处理高黏度、易结晶或容易结垢的物料；如设计得当，有时可直接获得固体产品；料液在加热区停留时间很短，产品的色泽风味等不会被破坏。其缺点是：蒸发器的结构较为复杂，制造安装要求较高，动力消耗较大，但传热面积却不大（一般只为 3～4m^2，最大约为 20m^2），因而处理量较小；因具有旋转装置，且要求真空，对设备加工精度较高。

3. 离心式薄膜蒸发器

离心式薄膜蒸发器是利用旋转的离心盘所产生的离心力对溶液的周边分布作用而形成薄膜，设备的结构如图 2-4-13 所示。杯形的离心转鼓 16 内部叠放着几组梯形离心碟，每组离心碟由两片不同锥形的、上下底都是空的碟片和套环组成，两碟片上底在弯角处紧贴密封，下底分别固定在套环的上端和中部，构成一个三角形的碟片间隙，它起加热夹套的作用，加热蒸汽由套环的小孔从转鼓通入，冷凝水受离心力的作用，从小孔甩出流到转鼓底部。离心碟组相隔的空间是蒸发空间，它上大下小，并能从套环的孔道垂直连通，作为液料的通道，各离心碟组套环叠合面用O形垫圈密封，上加压紧环将碟组压紧。压紧环上焊有挡板，它与离心碟构成环形液槽。

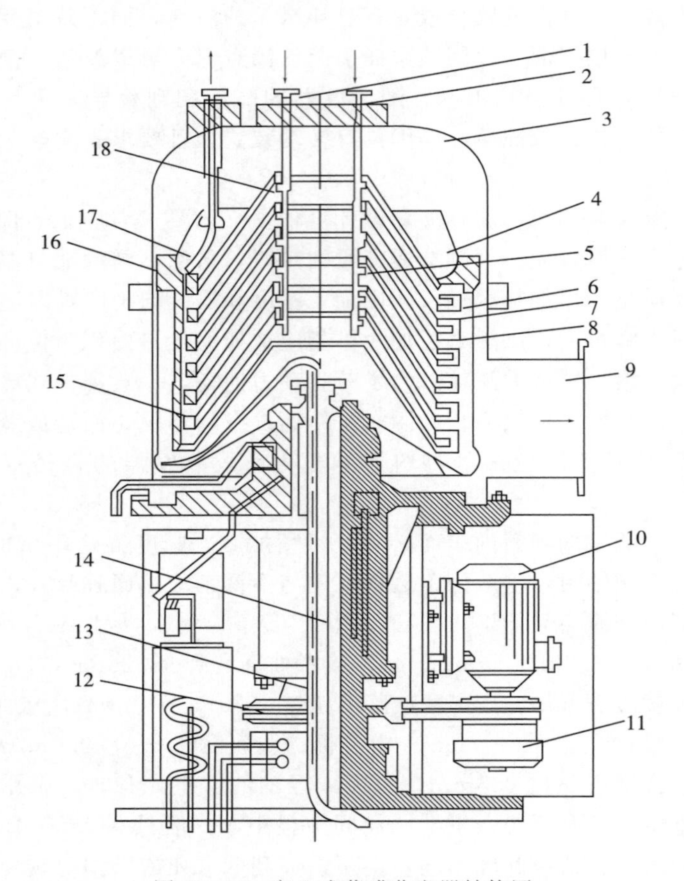

图 2-4-13　离心式薄膜蒸发器结构图

1—清洗管　2—进料管　3—蒸发器外壳　4—浓缩液槽　5—物料喷嘴　6—上碟片　7—下碟片　8—蒸汽通道　9—二次蒸汽排出管　10—马达　11—液力联轴器　12—皮带轮　13—排冷凝水管　14—进蒸汽管　15—浓液通道　16—离心转鼓　17—浓缩液吸管　18—清洗喷嘴

运转时稀物料从进料管进入，由各个喷嘴分别向各碟片组下表面即下碟片的外表面喷出，均匀分布于碟片锥顶的表面，液体受离心力的作用向周边运动扩散形成液膜，液膜在碟片表面，立即受热蒸发浓缩，浓缩液到碟片周边就沿套环的垂直通道上升到环形液槽，由吸料管抽出到浓缩液贮罐，并由螺杆泵抽送到下一工序。从碟片表面蒸发出的二次蒸汽则通过碟片中部的大孔上升，汇集进入冷凝器。加热蒸汽由旋转的空心轴通入，并由小通道进入碟片组间隙加热室，冷凝水受离心作用迅速离开冷凝表面，从小通道甩出落到转鼓的最低位置，而从固定的中心管排出。

离心式薄膜蒸发器在离心力场的作用下具有很高的传热系数，在加热蒸汽冷凝成水后，即受离心力的作用，甩到非加热表面的上碟片，并沿碟片排出，以保持加热表面很高的冷凝给热系数，受热面上物料在离心场的作用下，液流湍动剧烈，同时蒸汽气泡能迅速被挤压分离，故有很高的传热系数。

图 2-4-14 是离心式薄膜蒸发设备流程图，它由物料平衡槽、进料螺杆泵、离心薄膜蒸发器、水力喷射泵、冷却水循环水泵、浓缩液贮罐和出料螺杆泵组成。

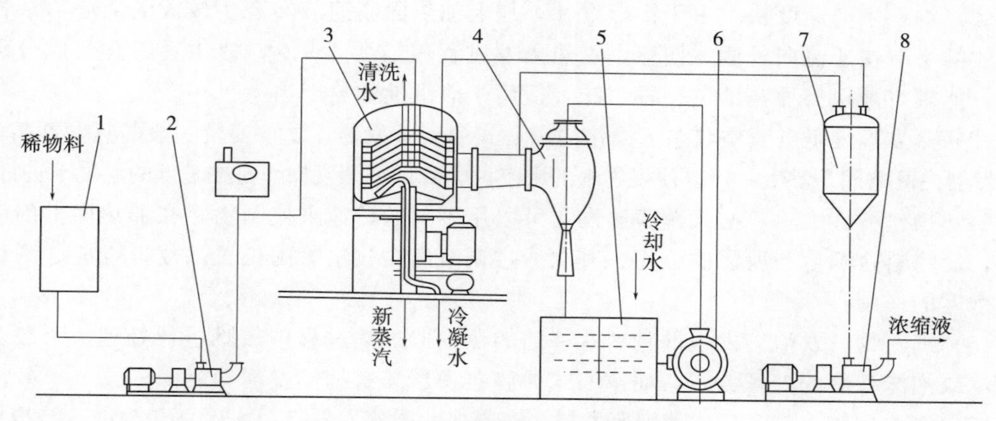

图 2-4-14　离心式薄膜蒸发设备流程图

1—平衡槽　2—进料螺杆泵　3—蒸发器　4—喷射泵　5—水池　6—水泵　7—浓缩液贮罐　8—出料螺杆泵

采用的螺杆泵进料压力较高，进料稳定，以保证物料均匀喷入离心碟片并蒸发。离心式蒸发器的离心转鼓经动平衡试验，转动平稳。电动机是通过液力联轴器传动，故启动时动作平稳，超载时联轴器能自动脱开，防止电动机超载损坏。空心轴的上下使用端面轴封，密封性能良好，运转时真空稳定。同时，蒸发器上装有真空压力表，用以观察蒸发室的压力和相应的蒸发温度，并可采用调整通入加热蒸汽的压力和进料量来满足不同工艺要求。可通过顶部视镜观察蒸发器内物料蒸发情况。操作完毕后必须从清洗管道通入洗液，将设备喷洗干净。

采用水喷射泵与多级高离心式水泵组成的真空系统可简化设备流程，减少设备投资，简便操作，运作可靠，降低对冷却水的水质要求，这是本流程的特点。

水喷射泵具有满足系统要求真空的抽气作用，又有将二次蒸汽冷凝成水的冷凝作用，它是利用高速喷射水流（一般流速为 15～30m/s）与蒸汽直接接触进行热交换，迅速将蒸汽冷凝成水，使蒸汽占有的体积急剧缩小，从而获得一定的真空度，同时高速喷射水流又能把少量未冷凝的蒸汽和不凝性气体拖带，通过喉部，增压，排出，而进一步提高真空度。通常水喷射泵最高真空度为 95.992Pa，但随着水温的升高，水蒸汽分压的增大，真空度将会下降，这就要求水泵压力能够保持较高的水平，故通常采用多级离心泵配合。高压水流在喷射室中是通过喷嘴形成高速射流的，喷嘴可以是单个，也可以是多个组合，但要根据水量和喷嘴直径而定。而多个喷嘴喷射时，喷射方向必须经一定长度后聚合在同一焦点上，集中冲出喉部，以达到较高的真空度。

水喷射泵安装高度可根据需要而定，但高位安装效率较高（低位时效率下降 40%～80%），并可有效地防止冷凝水倒流。泵的排水管要插入水箱液面下，水箱用隔板隔开而下部连通，部分高温冷却水通过溢流管排走，部分从隔板下部流过与新加水的冷凝水合流，由多积水泵抽出循环，以保持喷射水温恒定。

因离心式薄膜蒸发器的独特设计，也使其具有更多的实用特点。

（1）蒸发量多　离心力由物料在快速旋转的加热面上所产生，离心力可达重力的百倍甚至几千倍，使其更容易被蒸发提取。物料在强大的离心力作用下，加热面上形成的液膜可达0.1mm的厚度，因此蒸发效量大，蒸发强度大，总传热系数可达4200～4650W/m^2。

（2）物料生产速度快　由于锥形设计，加上加热面高速旋转产生较大的离心力，物料由锥体的小端快速流向外侧，使整个加热蒸发过程仅需要1～2s，使物料的有效成分破坏减少，能较好地保持原有的色、香、味，适用于热敏性物料。

（3）蒸发温度低　真空状态下操作的离心式薄膜蒸发器，真空度较一般的蒸发器高，也因蒸发器内的空间足够大，所以使得物料的沸点大大降低，蒸发操作是在较低的温度下进行。

（4）操作弹性大　离心式薄膜蒸发器可以用不同的转速来控制物料在加热面上的停留时间，使物料达到生产所需的浓度。其次通过调节出料收集管的位置高度，也能起到稳定产品浓度的作用。

（5）抑止物料发泡　发泡的物料在普通的蒸发器加热过程中较难进行处理，一般会运用除沫或泡沫积聚的处理方式，而离心式薄膜蒸发器具有抑制发泡功能。

（6）清洁彻底　与刮板式薄膜蒸发器、离心式薄膜蒸发器有很大区别和改进，结构更为简单，器内没有刮板等结构，死角较少，从而避免了刮板与加热面的摩擦，也消除了因刮板磨损加热面而产生的污染。适用于制药行业等有GMP要求的产品，同时也更容易消毒杀菌。

（7）操作方便　离心式薄膜蒸发器安装有视镜观察孔，可以一目了然地观察到整个物料浓缩过程及成膜效果，有别于其他的蒸发器。

（8）节能环保　因为成膜情况好，所以热能利用率高，且蒸发强度大，相比传统的蒸发器，其工作效率有所提高、热能利用率高，是一种高效节能的蒸发器。

（9）离心式薄膜蒸发器占地面积较小。

当然，离心式薄膜蒸发器由于配置较多，因此价格比一般的蒸发器高。

4. 板式蒸发器

板式蒸发器如图2-4-15所示，其结构与薄板换热器类似。它是由带波纹和凸起的金属薄板组成，金属薄板之间由橡胶垫片密封并形成料液及蒸汽等的通路。金属板间距很小，料液形成液体薄膜在板间流动。一般蒸汽都是一次通过金属板片之间被冷凝后排除，料液则根据需要一次或多次通过板间。料液可在板间蒸发，也可以在气液分离器内闪蒸。

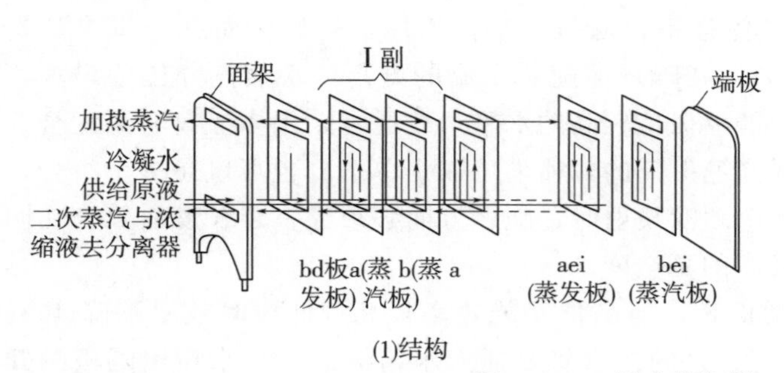

(1)结构

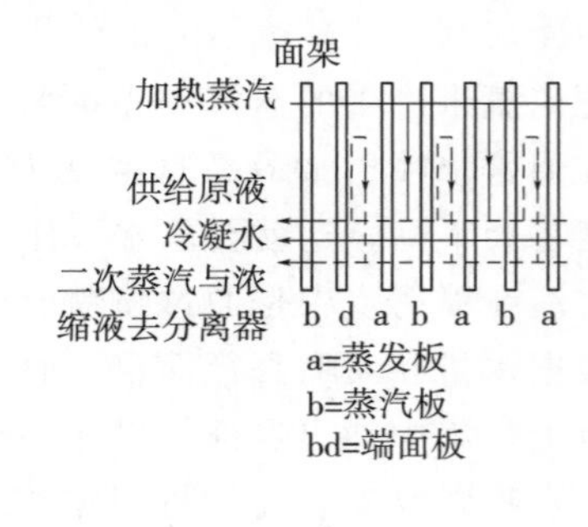

(2)流路

图2-4-15　板式蒸发器

板式蒸发器是近年发展起来的一种新型高效节能蒸发设备，和传统的管式蒸发器比较，具有以下几个特点：①传热效率高，K 值一般为 3500～5800kW/（m^2·K），比管壳式蒸发器高 2～4 倍，因而在同等条件下所需传热面积小；②结构紧凑，体积小，特别适用于老厂改造、技改等充分利用原有设备、克服空间局限的场合；③质量轻，传热板薄，耗用金属量少，每平方米加热面积约消耗金属 10kg，仅为列管式加热器的 1/4～1/3；④加热物料在加热器中停留时间短，内部死角少，卫生条件好，适用于热敏性物料的加热；⑤操作灵活，设备余量大，可以根据需要增加或减少板片的数量以改变其加热面积，或改变工作条件，设备规格的变化幅度很大，每片换热片的尺寸，小的可到 0.5m^2，大的可达 1.3m^2，每台设备的换热面积可在 1～1000m^2；⑥可使用较低温度的热源，回收低温热源中的热量，冷热物料之间的传热温差可减少到 4～5℃。

这种蒸发器的体积小，停留时间短（仅数秒钟），传热系数高，加热面积可随意调整，拆洗方便，特别适用于热敏性物料的蒸发。其缺点是密封边较长，拆卸时容易损坏密封垫圈，使用压力有限。

由于能源价格的上涨和环保的要求，工业上对节能设备的需求增长迅速，板式蒸发器的研究和应用近年来发展很快。无论是国内还是国外，作为一种新型节能蒸发设备，板式蒸发器已经广泛应用于冶金、食品、造纸、空调、化工及海水淡化等行业。

（二）循环型（非膜式）蒸发器

1. 中央循环管式（标准式）蒸发器

中央循环管式蒸发器如图 2-4-16 所示，其加热室由一垂直的加热管束（沸腾管束）构成，在管束中央有一根直径较大的管子，称为中央循环管，其截面积一般为加热管束总截面积的 40%～100%。当加热介质通入管间加热时，由于加热管内单位体积液体的受热面积大于中央循环管内液体的受热面积，因此加热管内液体的相对密度小，从而造成加热管与中央循环管内液体之间的密度差，这种密度差使得溶液自中央循环管下降，再由加热管上升，形成自然循环流动，有利于蒸发器内的传热效果的提高。

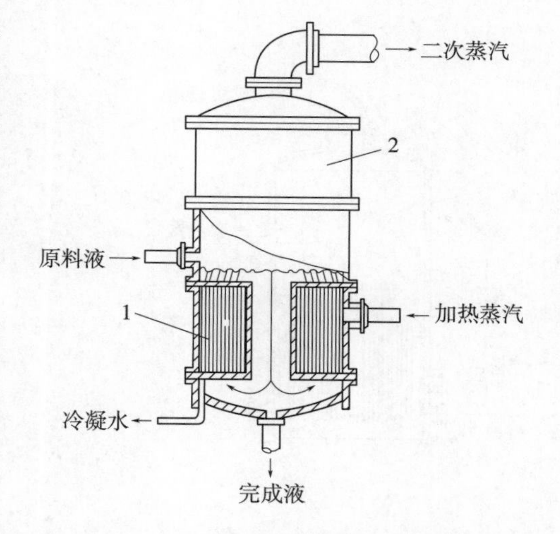

图 2-4-16　中央循环式管式蒸发器
1—加热室　2—分离室

操作时，管束内单位体积溶液的受热面积大于粗管内的，即前者受热好，溶液汽化得多，因此细管内的溶液含汽量多，致使密度比粗管内溶液的要小，这种密度差促使溶液做沿粗管下降而沿细管上升的循环运动，故粗管除称为中央循环管外，还称为降液管，细管称为加热管或沸腾管。

中央循环管式蒸发器在过程工业中应用十分广泛，故又称为标准式蒸发器。它适用于蒸发结垢不严重、有少量结晶析出和腐蚀性较小的溶液。这种蒸发器的传热面积可高达数百平方米，传热系数为 600～3000W/（m·℃）。

中央循环管式蒸发器是从水平加热室及蛇管加热室蒸发器发展而来。相对于其他老式蒸发器而言，它具有溶液循环好、传热速率快等优点。但实际上这类蒸发器由于受到总高度的限制，所以加热管长度较短，一般为1～2m，直径一般为25～75mm，所以循环速度一般在0.5m/s以下，循环速度较小，因此在蒸发过程中易造成结垢。另外，由于溶液不断循环，使加热管内溶液始终接近完成液的浓度，故有溶液黏度大、沸点高等缺点。此外，蒸发器的加热室不易清洗。

2. 悬筐式蒸发器

悬筐式蒸发器是在中央循环管式蒸发器的基础上进行的改进，它的结构如图2-4-17所示，其加热室像个悬筐，悬挂在蒸发器壳体的下部，可由顶部取出。加热介质由中央蒸汽管进入加热室，而在加热室外壁与蒸发器壳体的内壁之间有环隙通道，其作用类似于中央循环管。由于环隙通道面积为加热管总截面积的100%～150%，故溶液循环速度比标准式蒸发器更大。悬筐式蒸发器适用于蒸发易结垢或有晶体析出的溶液，常用于烧碱工业中。

悬筐式蒸发器的优点是循环速度较高（为1～1.5m/s），传热系数较大。由于与壳体接触的是温度较低的溶液，其热损失较小，且加热室的一端可自由膨胀，因此避免了管子与管板之间的温差应力。此外，由于悬挂的加热室可以由蒸发器上方取出，因此清洗和检修都比较方便。其缺点是结构复杂，金属消耗量大。

3. 强制循环蒸发器

强制循环蒸发器如图2-4-18所示，是利用外加动力（循环泵）迫使溶液沿一定方向做

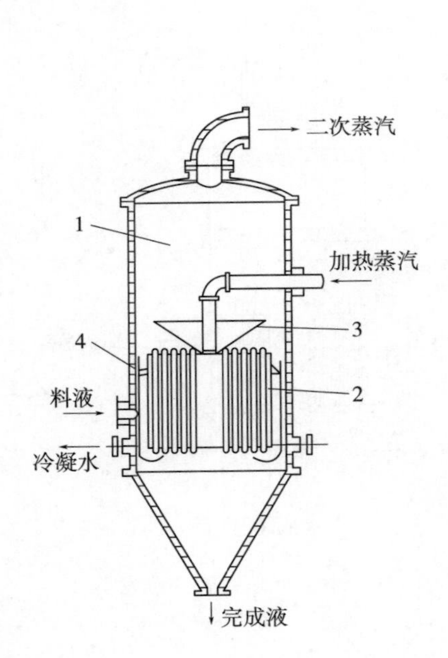

图2-4-17　悬筐式蒸发器

1—加热室　2—分离室　3—除沫器

4—液沫回流管

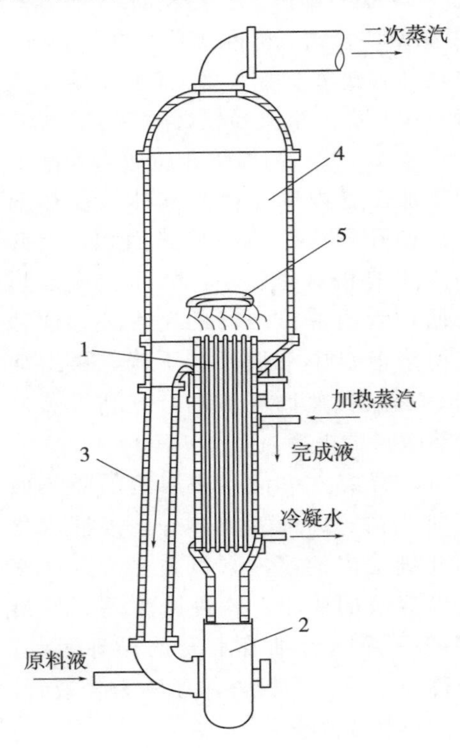

图2-4-18　强制循环蒸发器

1—加热管　2—循环泵　3—循环管

4—蒸发室　5—除沫器

高速循环流动。循环速度的大小可通过调节泵的流量来控制，一般循环速度在 2.5m/s 以上。它的加热室有卧式和立式两种结构，液体循环速度大小由泵调节。根据分离室循环料液进出口的位置不同，它又可以分为正循环强制蒸发器及逆循环强制蒸发器，循环料液进口位置在出口位置上部的称为正循环，反之则为逆循环。强制循环蒸发器需要避免物料在加热面上沸腾而形成结垢或产生结晶，为此，管中的流动速度必须高。当循环液体流过热交换器时被加热，然后在分离器的压力降低时部分蒸发，从而将液体冷却至对应压力下的沸点温度。

由于循环泵的原因，蒸发器的操作与温差基本无关，物料的再循环速度可以被精确调节，蒸发速率设定在一定的范围内。在结晶应用中，晶体可以通过调节循环流动速度和采用特殊的分离器设计从循环晶体泥浆中分离出来。设备采用泵强制循环，具有蒸发速率高、浓缩比重大的特点，特别适用于浓度或黏度较高物料的蒸发。

强制循环蒸发器的优点是传热系数大，对于黏度较大或易结晶、结垢的物料，适应性较好，但其动力消耗较大。

4. 外加热式蒸发器

外加热式循环蒸发器具有制造简单、维修方便等优点，是循环型蒸发器中应用最广泛的蒸发器之一，也是最典型的一种蒸发器，其结构如图 2-4-19 所示。外加热式循环蒸发器可分为外热式自然循环蒸发器和外热式强制循环蒸发器。

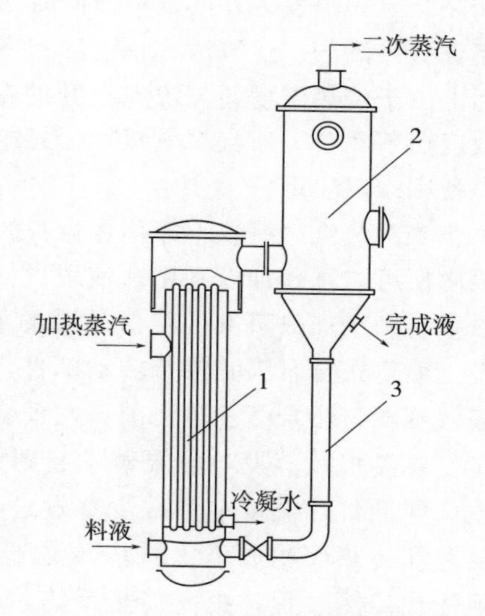

图 2-4-19　外加热式蒸发器
1—加热室　2—蒸发室　3—循环管

(1) 外热式自然循环蒸发器　外热式自然循环蒸发器由循环管、加热室、沸腾管、分离室四个主要部分组成。蒸发过程中，料液进入加热室加热升温，由于未达到该状态下的饱和温度，溶液并不沸腾；而随着加热和管内压强的降低，当溶液的温度达到该状态下的饱和压强后，便开始沸腾，从而产生大量气泡。溶液的密度也随之减小，这样在沸腾管中的气液混合物和循环管侧的未沸腾的料液间存在密度差，形成了外热式自然循环蒸发器的循环推动力。在真空条件下操作，适用于中药、西药、葡萄糖、淀粉、味精、乳品等热敏性物料的低温真空浓缩，应用范围较广。

外热式蒸发器的加热管长径比为 60～100，蒸发时，溶液在循环管内的循环速度小于 1m/s。由于其采用的是外置加热室，便于清洗和更换，并且不受分离室结构以及加热室尺寸的影响，一个蒸发器可配 1～4 个加热室，因此能够达到很大的蒸发能力。

但人无完人，物也一样，外热式自然循环蒸发器也有一些不足之处。主要就是溶液的循环速度不高，传热效果欠佳，溶液温度较高。

(2) 外热式强制循环蒸发器　外热式强制循环蒸发器是由加热室和蒸发室组成，靠循环管、循环泵连接成一个整体，它适合于有结晶颗粒或粉粒的溶液蒸发浓缩，可用于工业废水处理、城市污水处理等。

其结构简单，容易操作，唯一不足的是电耗相对较高。这种蒸发器利用外加动力促使料液循环，工业中一般用轴流泵提供动力。在同样条件下，提高蒸发器内液体的循环速度，则单位时间内通过加热管的溶液越多，溶液温度越低，越有利于热敏性物质的蒸发，且还有利于传热系数的提高。同时，由于降低了单程汽化率，溶液在加热管壁面附近的局部浓度增高的现象得到了控制，减缓了加热管上的结垢现象。

但是强制循环蒸发器在蒸发过程中，随着溶液浓度的逐渐增大，在外加动力设备（如循环泵）处易发生结晶结垢等现象，并且设备运行时动力消耗大，通常为 0.4～0.8kW/m^2 传热面积。因此，加热面积越大，所需循环泵的动力越大，其维修和操作费用也越大。

五、蒸发浓缩过程的节能

蒸发浓缩是很多生产过程的必要步骤，但蒸发浓缩时既要增加热能，使溶剂汽化，同时又要用冷凝介质将溶剂冷凝排走热能，故耗能很大。因此，如何减少能耗降低生产成本，是目前蒸发浓缩生产过程中需要解决的重要问题。

降低蒸发浓缩的能耗，最好的办法就是循环利用热能，也就是将产生的二次蒸汽用作加热介质去蒸发另外的物料而同时其本身也被冷凝，这就是常用的多效蒸发。多效蒸发的流程有并流法、逆流法、错流法和平流法。从理论上来说，蒸发操作可以做到多效，但实际上由于传热温度差与沸点上升的存在，效数不能增加太多，最多达 6～7 效，再增加效数反而不经济。而且多效蒸发也只能在规模较大的连续生产系统中应用，对于中小规模的设备则难以实现。

二次蒸汽之所以不能用作自身的加热介质，是因为其蒸汽温度较低，因此提高其蒸汽温度便可以重新加以利用。使用机械泵或蒸汽喷射泵将低压蒸汽压缩成较高压力的蒸汽，以重新利用加热蒸汽，将低品质的能源转化为高品质的能源后进行利用，这就是热泵蒸发。喷射式热泵因其没有转动部件，不易损坏，易于维修，也便于对现有设备进行改造。多效蒸发与热泵蒸发是当前蒸发系统中节能的重要措施。

要使多效蒸发与热泵蒸发起到更大的节能效益，关键在于增加蒸发过程中的传热系数，降低传热温度差和减少蒸发过程中物料沸点的上升。热量的传递是与传热系数、温度差和传热面积成正比的。当要降低传热温度差，但又要保持同样的热量传递时，就必须强化传热过程，提高传热系数，或大量增加传热面积。目前的蒸发设备中较为理想的是降膜式蒸发器，只要成膜理想，传热系数是较大的；且对于降膜式蒸发器，增加传热面积也较容易解决，只需要增加管子数量或管子高度即可。溶液蒸发时的沸点上升，是阻碍热量重复利用、增大损耗的重要原因。沸点上升主要是因为溶质的存在而引起分子运动阻力的增大，以及溶液具有一定的黏度和液柱高度而导致液体汽化的蒸汽较难排出。溶质的影响是物质的化学性质难以避免的，但对于溶液的黏性和液柱高度的阻碍则完全可以通过从蒸发设备的选择和设计来解决。通常采用薄膜蒸发设备时，由于液层很薄，液柱的影响较小。对于溶液黏性的影响，可以通过增大物料的流速来减小。目前使用较多的是二效、三效降膜式蒸发器，节能效果不错；而效果最好的是带两组热泵的五效蒸发设备。

如图 2-4-20 所示为三效蒸发示意图。第一个蒸发器（称为第一效）以生蒸汽作为加热蒸汽，其余两个（称为第二效、第三效）均以其前一效的二次蒸汽作为加热蒸汽，从而可大幅度减少生蒸汽的用量。每一效的二次蒸汽温度总是低于其加热蒸汽，故多效蒸发时各效的操作压力及溶液沸腾温度沿蒸汽流动方向依次降低。依据二次蒸汽和溶液的流向，多效蒸发的流程可分为：①并流流程，溶液和二次蒸汽同向依次通过各效。由于前效压力高于后效，料液可借压差流动。但末效溶液浓度高而温度低，溶液黏度大，因此传热系数低；②逆流流程，溶液与二次蒸汽流动方向相反。需用泵将溶液送至压力较高的前一效，各效溶液的浓度和温度对黏度的影响大致抵消，各效传热条件基本相同；③错流流程，二次蒸汽依次通过各效，但料液则每效单独进出，这种流程适用于有晶体析出的料液。

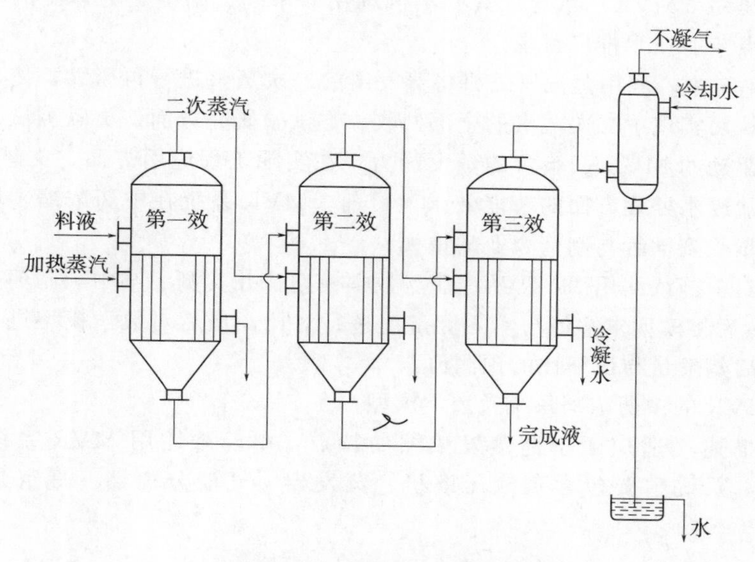

图 2-4-20　三效蒸发流程示意图

在生蒸汽温度与末效冷凝器温度相同（即总温度差相同）条件下，将单效蒸发改为多效蒸发时，蒸发器效数增加，生蒸汽用量减少，但总蒸发量不仅不增加，反而因温度差损失增加而有所下降。多效蒸发节省能耗，但降低设备的生产强度，因而增加设备投资。在实际生产中，应综合考虑能耗和设备投资，选定最佳的效数。烧碱等电解质溶液的蒸发，因其温度差损失较大，通常只采用 2～3 效；食糖等非电解质溶液，温度差损失较小，可用到 4～6 效；海水淡化所蒸发的水量大，在采取了各种减少温度差损失的措施后，可采用 20～30 效。

多效蒸发与热泵蒸发的节能效果如表 2-4-1 所示。

表 2-4-1　　多效蒸发与热泵蒸发的单位蒸汽消耗量

	二效	三效	二效热泵	五效热泵
单位蒸汽消耗量/（$t_{汽}/t_{水}$）	0.57	0.40	0.43	0.125

可见多效蒸发与热泵蒸发是蒸发浓缩单元操作的主要节能措施。当然如何合理使用还应结合具体的物料性质、工艺要求与生产规模来合理选用，同时还要研制更理想的蒸发设备和效率更高的热泵，不断提高节能效果。

六、蒸发设备的应用实例

（一）中药浓缩用机械蒸汽再压缩系统模型与仿真

随着经济的快速增长，我国正面临着严重的能源短缺问题。2013 年医药制造业共消耗 2179.11 万吨标准煤。作为中药制备中一项重要的耗能单元，蒸发浓缩工艺存在着蒸汽用量大、利用效率低等问题，具有较大的节能潜力。为提高蒸发浓缩工艺蒸汽的利用效率，多效蒸发（MED）技术已得到较为广泛的应用。但与 MED 技术相比，一种设计合理的机械蒸汽再压缩（MVR）系统，具有蒸汽利用效率高、结构更为紧凑的特点，目前已经进入国家重点节能技术推广目录。

在 MVR 系统中，利用蒸汽压缩机将蒸发出的二次蒸汽进行再压缩，使之重新成为热源加热物料，从而实现了二次蒸汽的全部回收。在试验研究方面，文献测试了离心式与单螺杆式压缩机驱动的 MVR 试验台的蒸发能力；在实际工程应用方面，文献探究了 MVR 技术在工业含盐废水处理方面的节能效果。目前，MVR 系统在中药浓缩领域的理论与应用研究，正逐步受到学者与制药企业的重视。

本文首先对中药浓缩用 MVR 系统建立数学模型，并实测了某中药制药企业提取车间 MVR 系统，然后将模型求解值与实际测量值进行对比，最后对数学模型进行仿真，得到传热系数下降后蒸发量与压缩比的预测值。

1. 基于 MVR 的中药浓缩系统及数学模型

（1）系统描述　适应于中药蒸发浓缩的特点，中药浓缩用 MVR 系统基本流程如图 2-4-21所示，系统主要包含蒸汽压缩机、蒸发器、气液分离器、真空泵及其他辅助设备。

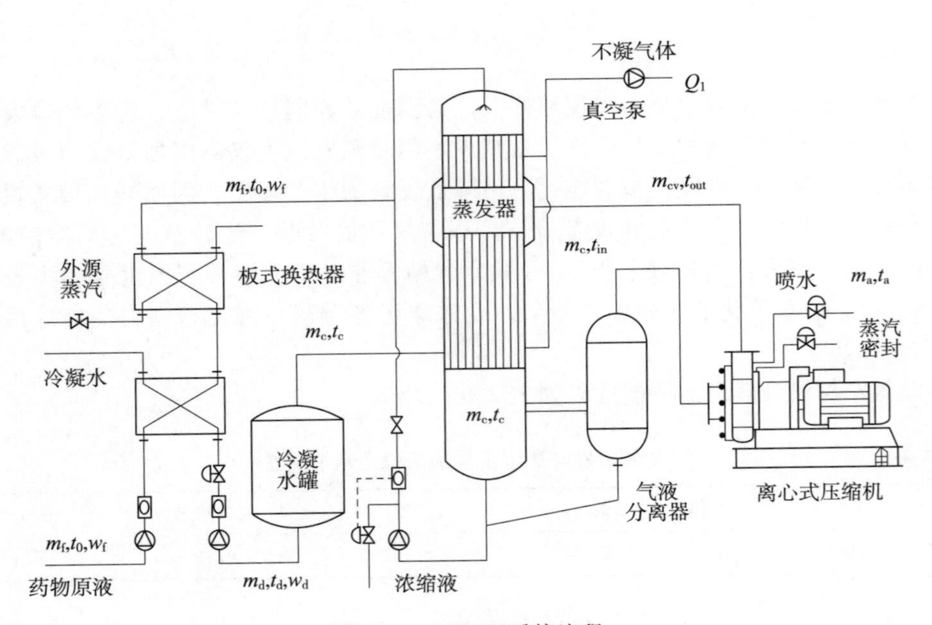

图 2-4-21　MVR 系统流程

蒸发流程为：物料罐中的药物原液由温度 t_0 经两级预热至饱和温度 t_e 后进入蒸发

器，在蒸发器管程内沸腾蒸发；气液两相流通过蒸发器下部的平衡管进入分离器中，气相被压缩机吸入，液相则通过分离器底部的管道返回蒸发器中。压缩后的过热蒸汽经喷水处理，变成同压力下的饱和蒸汽进入蒸发器壳程，放出潜热，最终进入冷凝水罐。由于冷凝水有较高的温度，使其进入预热器与原液换热，将热量传递给原液，从而完成蒸发流程。

系统中蒸汽热力过程见图 2-4-22。当二次蒸汽从点 A 经过一多变过程压缩至点 S 时，其绝对压力上升，对应的饱和温度也相应上升。经过喷水处理消除过热，至饱和状态点 B 后进入蒸发器，热交换放出潜热后到达点 C，回收的潜热量为图中阴影部分。蒸汽在压缩机进出口压力下对应的饱和温差 Δt，即为 MVR 系统的换热温差。

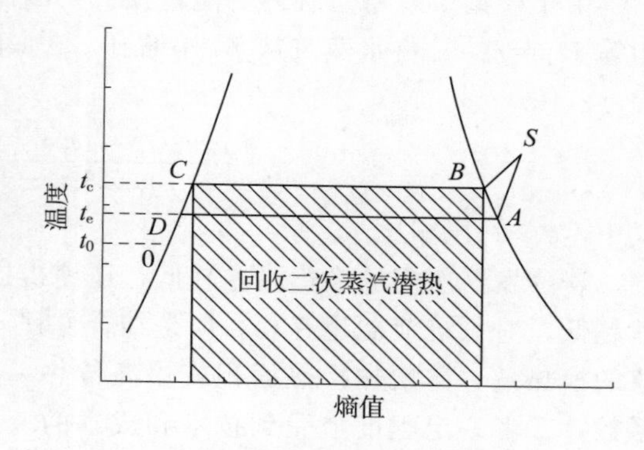

图 2-4-22　蒸汽热力过程

(2) 系统数学模型建立 MVR 系统数学模型遵从以下几点假设：

a. 忽略系统内的能量损失；

b. 二次蒸汽在蒸发器内完全冷凝；

c. 忽略物料浓度升高对沸点的影响。

①系统能量守恒在 MVR 系统中，蒸发器的常见形式为管壳式，将其简化成一个基本数学模型，其传热过程的计算如方程 (2-4-1)：

$$\Phi KA(t_c - t_e) = KA\Delta t \tag{2-4-1}$$

式中　Φ——换热器换热量，kW

A——换热面积，m^2

K——传热系数，kW/ ($m^2 \cdot ℃$)

t_c——蒸发器壳程饱和蒸汽温度，℃

t_e——原液蒸发温度，℃

Δt——换热温差，℃

换热量的大小对压缩机的工作状态至关重要。压缩机处理的二次蒸汽量有限，蒸发出质量为 m_e 的二次蒸汽所需要的换热量为方程 (2-4-2)：

$$\Phi = m_e \Delta h_v \tag{2-4-2}$$

式中　Φ——蒸发出二次蒸汽所需要的换热量，kW

m_e——二次蒸汽蒸发量，kg/s

Δh_v——二次蒸汽潜热，kJ/kg

在蒸发器中，传热系数的选择和计算较为复杂，影响因素较多，如换热器结垢、管壁磨损等，因此传热系数的大小对系统设计有较大影响。联列方程 (2-4-1) 与方程 (2-4-2)，可得到压缩机与蒸发器联合运行的能量方程 (2-4-3)：

$$m_e \Delta h_v = KA\Delta t \tag{2-4-3}$$

方程 (2-4-3) 表明，蒸发量与换热器的换热面积以及传热系数均成正比，与换热温差也呈线性关系。

②压缩比与换热温差的关系：以水提取的药液为研究对象，在40～80℃，水蒸汽的饱和压力温度拟合曲线方程为（2-4-4）：

$$p = 0.0292t^2 - 2.658t + 73.515 \tag{2-4-4}$$

式中　p——水蒸汽饱和压力，kPa

t——水蒸汽饱和温度，℃

由于模型中忽略系统内的能量损失，因此原液蒸发温度与压缩机入口水蒸汽温度近似相等（$t_e = t_{in}$）。将水蒸汽从 p_A压缩到 p_S，经过喷水处理后，压缩比与换热温差关系如方程（2-4-5）：

$$\varepsilon = \frac{0.0292(t_e + \Delta t)^2 - 2.658(t_e + \Delta t) + 73.515}{0.0292t_e^2 - 2.658t_e + 73.515} \tag{2-4-5}$$

式中　ε——压缩比

若蒸发器所需的换热温差越低，压缩机提供的压缩比也就越小，同时需要的压缩功也就越低，对系统节能越有利。但是结合方程（2-4-3）可知，换热温差减小后，为了提供足够的换热量，需增加换热面积或提高传热系数，二者一定程度上受到技术和成本的限制，因此，换热温差的取值对 MVR 系统的运行影响重大。

③蒸汽压缩机特性：系统所需的压缩比是由蒸汽压缩机决定的，压缩机也是整个系统的主要耗能设备，压缩机的运行效果直接决定了系统的蒸发能力。某型号离心式蒸汽压缩机在 12800r/min、14400r/min、16000r/min 三个转速下的特性曲线如图 2-4-23 所示，方程（2-4-6）为压缩比与流量的拟合关系式。

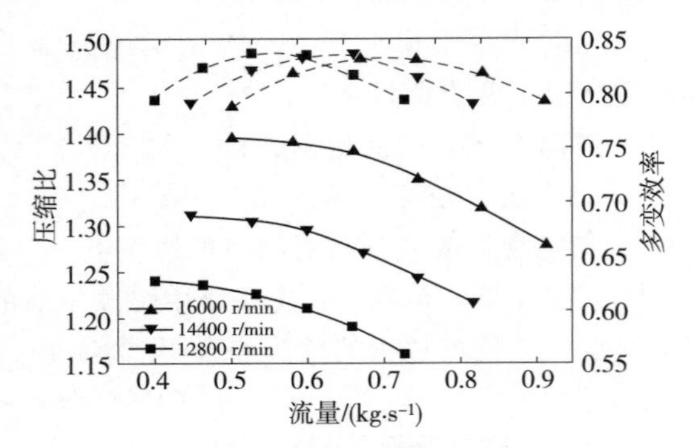

图 2-4-23　离心式蒸汽压缩机特性曲线

$$\varepsilon = \alpha m_e^3 + \beta m_e{}^2 + \chi m_e + \delta,\ m_s \leqslant m_e \leqslant m_c \tag{2-4-6}$$

式中　α、β、χ、δ——分别为拟合方程的系数

m_s、m_c——分别为喘振点流量和堵塞点流量

根据压缩机的多变效率曲线，可以由方程（2-4-7）计算出蒸汽压缩机的实际输入功率：

$$W_\lambda = \frac{m_e(h_{out} - h_{in})}{\eta_{pol}\eta_m\eta_s} \tag{2-4-7}$$

式中　W_λ——压缩机输入功率，kW

h_{out}——压缩后水蒸汽焓值，kJ/kg

h_{in}——压缩机入口水蒸汽焓值，kJ/kg

η_{pol}——压缩机多变效率

η_m——传动效率，取 0.75

η_s——电机效率，取 0.9

在 MVR 系统中，根据系统能量守恒、压缩比与换热温差关系、蒸汽压缩机特性曲线，可建立描述系统运行的数学模型，见方程组（2-4-8）：

$$\begin{cases} m_e \Delta h_v = KA\Delta t \\ \varepsilon = \dfrac{0.0292(t_e+\Delta t)^2 - 2.658(t_e+\Delta t) + 73.515}{0.0292t_e^2 - 2.658t_e + 73.515} \\ \varepsilon = \alpha m_e^3 + \beta m_e^2 + \chi m_e + \delta \\ W_\lambda = \dfrac{m_e(h_{out} - h_{in})}{\eta_{pol}\eta_m \eta_s} \end{cases} \tag{2-4-8}$$

对于 MVR 系统而言，在确定蒸发温度、压缩机与蒸发器特性参数后，方程组封闭，可求解出系统在不同工况下的蒸发量、压缩比、蒸发器换热量、压缩机输入功率等核心参数。

2. 实例分析

以某中药制药企业蒸发浓缩工艺节能改造项目为例，对新增设 MVR 系统进行建模求解与测试。该系统的设计蒸发量为 2880kg/h，蒸发温度为 70℃，系统选用离心式蒸汽压缩机（装机功率 110kW，特性曲线已确定），同时选择降膜式蒸发器，换热面积为 210m²，设计传热系数为 1.50kW/（m²·K）。

（1）模型校核　MVR 系统在原液预热、建立真空后，蒸发器中存在一定量的闪蒸蒸汽。启动压缩机，随着压缩机转速的提升，系统的蒸发量、压缩比将不断增加。利用数学模型求解出 12800r/min、14400r/min、16000r/min 三个转速下的蒸发量、压缩比、输入功率等参数的理论值，并与实际测量值进行对比。

图 2-4-24 中的曲线交点即为压缩机与蒸发器共同工作状态点，是三个转速下压缩机所需换热量曲线与蒸发器提供的换热量曲线的交点，也是数学模型的图形解。若图 2-4-24 中无曲线交点，则说明系统设计出现偏差，需重新选定蒸发器参数。求解出的计算值与实际测量值见表 2-4-2。

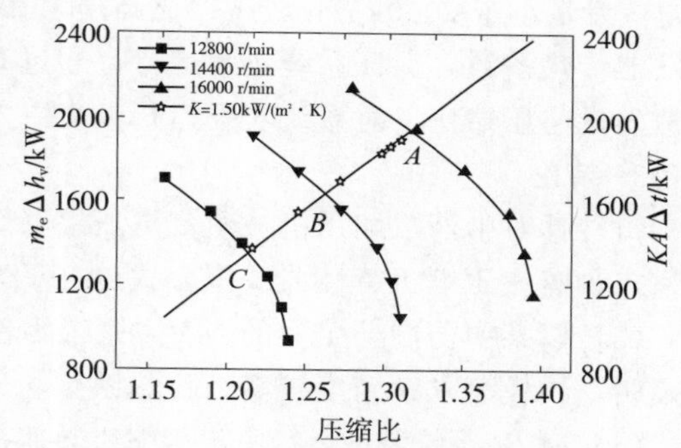

图 2-4-24　压缩机转速对系统工况的影响

如表 2-4-2 所示，由模型求解出的蒸发量、压缩比的理论值与实测值误差较小，而压缩机输入功率的误差则较大。系统测试运行中，压缩机转速提升至 16000r/min，工况点 A 满足设计要求，此时实测蒸发量为 2900kg/h，压缩比为 1.330，换热量为 1 876.9kW，压缩机电机输入功率为 106kW。

表 2-4-2　多效蒸发与热泵蒸发的单位蒸汽消耗量

项目	A 理论值	A 实测值	相对误差/%	B 理论值	B 实测值	相对误差/%	C 理论值	C 实测值	相对误差/%
蒸发量/（kg/h）	3008	2900	3.72	2519	2410	4.52	2093	1970	6.24
压缩比	1.318	1.330	0.90	1.262	1.275	1.02	1.214	1.225	0.90
换热温差/℃	6.18	6.39	3.29	5.18	5.41	4.34	4.29	4.50	4.55
换热量/kW	1946.8	1876.9	3.72	1630.3	1559.8	4.52	1354.6	1275	6.24
输入功率/kW	98.31	106	7.26	83.05	92	9.73	72.88	80	8.90

造成误差的主要原因有：①中药提取液在循环泵的驱动下形成泡沫，增加了传热热阻，使传热系数低于设计值；②压缩机总效率实际值低于理论值。

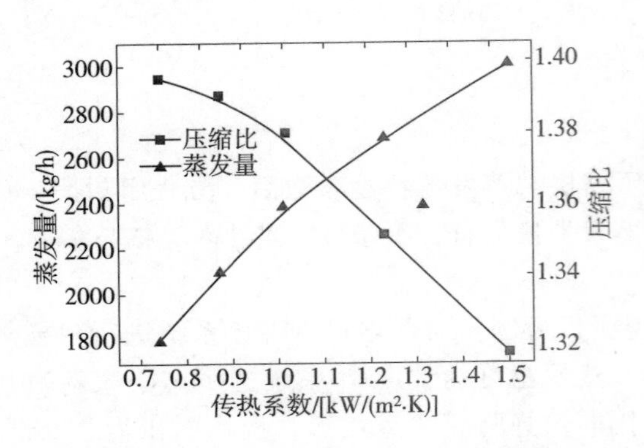

图 2-4-25　压缩机转速对系统工况的影响

(2) 模型仿真　系统经过一段时间运行后，蒸发器的壁面污垢厚度增加，传热系数降低。压缩机转速恒定于 16000r/min，若蒸发器换热系数从 1.50kW/（m^2·K）下降至 0.74kW/（m^2·K），应用数学模型仿真出传热系数下降后的情况如图 2-4-25 所示。

由图 2-4-25 中曲线可以看出，当传热系数下降后，蒸发量急剧下降，而压缩比却迅速上升，运行工况点会从点 A 沿压缩机特性曲线向右下方移动，并接近压缩机喘振点，系统运行将极不稳定。

由模型仿真结果可知，当传热系数下降 50.7%后，蒸发量理论值从 3008kg/h 下降至 1796.4kg/h，压缩比从 1.318 上升至 1.395。在实际生产中，当转速达到设定的 16000r/min，稳定蒸发量小于 2000kg/h 或压缩比高于 1.38 后，应考虑对蒸发器列管进行清洗，以提高蒸发器传热系数，保证系统正常运行。通过对模型的仿真，预测出蒸发器传热恶化后系统的蒸发量与压缩比，对系统实际运行具有一定指导意义。

3. 结论

(1) 针对中药浓缩用机械蒸汽再压缩系统，利用系统能量守恒式、压缩比与换热温差关系式、蒸汽压缩机特性曲线拟合式建立了系统的数学模型。

(2) 以某中药制药企业的 MVR 系统为例，将数学模型求解值与实测值进行对比，结果表明，该模型求解精度较高。传热系数与压缩机总效率是造成模型误差的主要因素。

(3) MVR 系统测试运行中，压缩机转速提升至 16000r/min 后，实测蒸发量为 2900kg/h，压缩比为 1.330，换热量为 1876.9kW，压缩机输入功率为 106kW，满足了设计要求。

(4) 对数学模型进行仿真，得到传热系数下降后蒸发量与压缩比的预测值，对系统实际运行具有一定指导意义。

（二）乳品降膜蒸发器的生命周期评价分析

降膜蒸发器因其滞留时间较短、蒸发能力较强、结构紧凑等优点而被广泛用于食品、医药、化工等行业。随着工业化进程加快，降膜式蒸发器逐步发展为多效并配有余热利用装置。先前研究重点是分析降膜蒸发器的流动和传热性能。在节能、节煤、经济效益等方面，农光再、高丽丽、恽世昌等分别对多效蒸发器（Multiple-effect Evaporator，MEE）和机械蒸汽再压缩式（Mechanical Vapor Recompression Evaporator，MVR）两种广泛应用的降膜蒸发器做了比较，结果表明 MVR 降膜蒸发器能耗 37.4～54.7kJ/kg，传统多效每蒸发 1kg 水消耗 465.3～581.7 kJ 的热能，MVR 降膜蒸发器在节能、节煤方面要优于传统 MEE，MVR 虽初期成本较高，但使用寿命要远远大于成本回收期，综合比较，MVR 降膜蒸发器更经济，更具优势。在针对降膜蒸发器环境影响方面，Raluy 等从全生命周期角度分析比较了多级闪蒸、多效蒸发、反渗透三种海水淡化方式的环境影响，其中以 Ecopoints97 为基准，多效蒸发装置环境影响为 2790GPts，优于多级闪蒸，劣于反渗透。Madoumier 等以牛乳处理量为功能单位，借助 ASPAN 软件分析计算了效数的变化对环境负荷的敏感性。两者的研究虽涉及降膜蒸发器，但未深入研究降膜蒸发器作为主要设备在全生命周期内产生的环境影响。

产品对环境的影响不应局限于某个单元过程，而应考虑其整个生命周期所造成的各种环境影响。生命周期评价（Life Cycle Assessment，LCA）能够定性、定量的评价产品、方案等的环境影响，使其能用于产品的开发和设计。研究采用生命周期评价方法，定量分析乳品工业中的机械再压缩降膜蒸发器对环境造成的影响，提出改进措施，并采用全局敏感性法分析得出 MVR 输入变量对全球变暖潜值的影响重要性排序。

1. 材料与方法

LCA 方法已经被广泛用来评价产品、工艺过程等环境影响，国际标准化组织将其定义为：对某一产品系统在其生命周期内的输入与输出和潜在环境影响作出汇编和评价。一般包括 4 个步骤：目标与范围的定义、清单分析、影响评价、结果解释。LCA 方法中敏感性分析可用于定量比较不同因素对于环境的影响程度，先前研究中通常采用局部敏感性分析方法。这种方法只能分析在各个因素变化基准的小范围内特点，且不能考虑变量间的交互作用。为克服局部敏感性方法的这些缺点，研究将采用基于树型高斯过程的全局性敏感性分析方法，对影响蒸发器环境性能的因素进行可靠排序，进而精准确定减少环境影响的有效措施。

作为能耗很高的蒸发单元操作，有两种常用方法减少蒸发器使用过程中能源消耗，包括多效蒸发和机械再压缩，其中机械再压缩降膜蒸发器只需开始时补入生蒸汽，工作中只消耗电能。

研究选取已设计完成的一款机械蒸汽再压缩式的乳品降膜蒸发器，主要性能参数见表 2-4-3。

表 2-4-3　多效蒸发与热泵蒸发的单位蒸汽消耗量

名称	参数	名称	参数
蒸发量/（kg/h）	8000	一段预热温度/℃	40
进料固含量/%	12	二段预热温度/℃	65
出料固含量/%	48	杀菌温度/℃	93
进料温度/℃	10	蒸汽耗量/（$kg \cdot h^{-1}$）	432
蒸发温度/℃	65	一效加热温度/℃	73
加热温度/℃	73	压缩机功率/kW	150
冷却水进口温度/℃	25	总功率/kW	190
冷却水出口温度/℃	40	压缩机质量/t	4
		总质量/t	13.3

选取 MVR 降膜蒸发器作为研究对象，目的是分析 MVR 降膜蒸发器所造成的环境影响。假设每日工作 22h，每年工作 300d，工作寿命为 20 年，则蒸发器在全生命周期中处理物料总

量为 1.056×10^6 t，功能单位定为：将 1.056×10^6 t 固含量为 12%的牛乳浓缩为固含量为 48%的牛乳产品。根据生命周期评价方法将 MVR 降膜蒸发器分为 5 个阶段（图 2-4-26）：原材料生产、蒸发器制造、运输、使用、回收处理，分析各个过程的能源、资源消耗和环境影响。

图 2-4-26 中原材料的生产主要指不锈钢材料制造过程。蒸发器制造阶段主要包含蒸发器各部件的制造以及蒸发器的安装过程，研究主要考虑蒸发器主体（即效体和相关管板、壳体），而预热器、杀菌器等质量占比较小，按取舍规则暂不考虑。运输阶段指货车生产车间将蒸发器运输到使用部门。使用阶段包含压缩机、泵的使用以及蒸发器处理物料过程。回收处理阶段分为不锈钢材回收循环利用和废材料填埋过程。

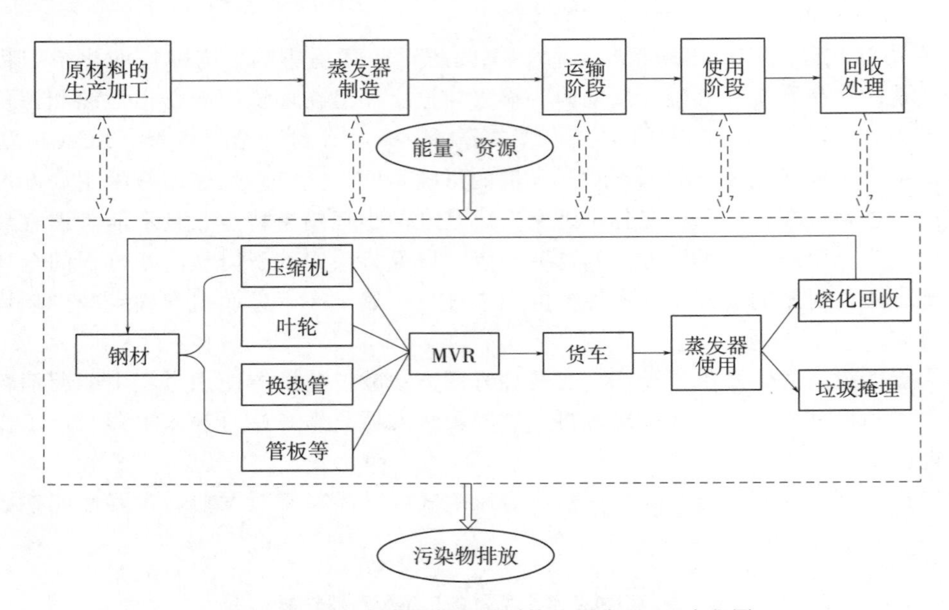

图 2-4-26 MVR 降膜蒸发器系统边界内 LCA 流程图

2. 结果分析

（1）清单分析　清单分析阶段主要是搜集数据，确定系统的输入和输出，研究由文献资料数据结合 GaBi 软件完成，GaBi 软件是德国 Thinkstep 公司开发的进行生命周期评价的专业软件，其数据库由 Plastic Europe、ILCD、Ecoinvent 等典型数据库联合组成。

①原材料和蒸发器生产加工及运输阶段：为了研究方便，将 MVR 蒸发器的材料假设整体为不锈钢材料。原材料生产加工阶段中主要资源消耗为生产不锈钢材料所需的铁矿石、石灰石等，蒸发器制造阶段消耗不锈钢材料，能源消耗为电力。原材料生产加工数据直接从 GaBi 软件内置数据库中选取。蒸发器制造过程能耗为 0.8028MJ/kg，消耗的能量主要为电力，压缩机的制造安装过程能耗为 4.1916kW・h/kg。运输阶段只考虑蒸发器从生产工厂到使用地的运输距离，设 100km，此阶段环境影响产生的主要原因是柴油燃烧。

②使用阶段：使用阶段是蒸发器产生排放的主要阶段。主要来源为：a. 预热杀菌的耗汽量；b. 压缩机和其他泵的耗电量。使用过程的维修保养所产生的环境影响相对极小，故不再考虑。按照研究工作时长，MVR 蒸发器试用阶段蒸汽耗量和耗电量分别为 5.7×10^7

kg，2.5×10^7kW·h。

③回收处理阶段：研究蒸发器的回收处置方式为：蒸发器钢材的61.7%采用熔化炉（耗电量为600 kW·h/t钢材）熔化循环再利用，剩下的钢材采取掩埋处理。

（2）影响评价　根据ISO标准，环境影响评价需分三步：分类、特征化、量化。

①分类：分类是将清单分析所得数据归到不同环境影响类型，通常为资源耗竭、生态影响和人体健康3大类，每一大类又包含很多小类，如生态影响包含全球变暖、酸性污染、光化学污染等。

研究根据一种中点（Midpoint）环境影响评价方法——CML 2001选取7种环境指标，分别从资源、生态、人体健康三方面全面评估对环境的影响。资源耗竭指标采用非生物质资源耗竭潜值（Abiotic Depletion Potential fossil，ADP）。生态影响采用如下5个指标：全球变暖潜值（Global Warming Potential，GWP）、酸化潜值（Acidification Potential，AP）、富营养化潜值（Eutrophication Potential，EP）、大陆生态毒性潜值（Terrestric Eco-toxicity Potential TETP）、光化学污染（Photochemical Oxidation Potential，POCP）。人体健康的指标采用人体损害潜值（Human Toxicity Potential，HTP）。

②特征化：特征化是指将每一种环境影响大类中的不同影响类型通过影响因子进行汇总。通过GaBi软件计算MVR降膜蒸发器各阶段造成的环境排放，所得结果见表2-4-4。

表2-4-4　MVR降膜蒸发器生命周期环境影响清单

MVR	原材料生产	蒸发器制造	运输	使用	回收处理	合计
ADP fossil（MJ）	1.36×10^6	1.79×10^5	1.41×10^3	3.74×10^8	-7.49×10^5	3.75×10^8
GWP100 years（$kgCO_2$－Equiv.）	1.15×10^5	1.78×10^4	1.02×10^2	3.15×10^7	-6.15×10^4	3.16×10^7
AP（$kgSO_2$－Equiv.）	1.22×10^3	7.50×10^1	2.41×10^{-1}	1.04×10^5	-5.32×10^2	1.05×10^5
EP（kg Phosphate－Equiv.）	6.30×10^1	5.42×10^0	4.91×10^{-2}	8.66×10^3	-3.58×10^1	8.70×10^3
ODP（kg R11－Equiv.）	3.95×10^{-9}	2.26×10^{-12}	5.19×10^{-6}	-3.46×10^{-4}	3.07×10^{-3}	3.41×10^{-3}
POCP（kg Ethene－Equiv.）	7.18×10^1	7.10×10^0	-7.40×10^{-2}	1.03×10^4	-3.42×10^1	1.04×10^4
HTP（kg DCB－Equiv.）	4.82×10^5	6.28×10^3	3.47×10^0	8.12×10^6	-3.02×10^5	8.31×10^6

③量化：量化的目的是得出不同影响种类的相对大小和总的环境影响，包含标准化和加权两步。CML2001中基于全球数据的基准值和权重因子见表2-4-5。

表2-4-5　CML2001中基于全球数据的基准值、权重因子

影响种类	当量单位	基准值	权重
ADP fossil	MJ	3.8×10^{14}	7
GWP	$kgCO_2$－Equiv.	4.18×10^{13}	9.3
AP	$kgSO_2$－Equiv.	2.39×10^{11}	6.1
EP	kg Phosphate－Equiv.	1.58×10^{11}	6.6
ODP	kg R11－Equiv.	2.27×10^8	6.2
POCP	kg Ethene－Equiv.	3.68×10^{10}	6.5
HTP	kg DCB－Equiv.	2.58×10^{12}	7.1

蒸发器特征化结果与基准值的比值为标准化结果，再乘相应权重因子得出总的环境影响，结果见表 2-4-6。

表 2-4-6　　MVR 降膜蒸发器环境影响量化结果

MVR	原材料生产	蒸发器制造	运输	使用	回收处理	合计	占总量百分比/%
ADP fossil	2.51×10^{-8}	3.30×10^{-9}	2.60×10^{-11}	6.89×10^{-6}	-1.38×10^{-8}	6.90×10^{-6}	16.55
GWP	2.55×10^{-8}	3.95×10^{-9}	2.27×10^{-11}	7.00×10^{-6}	-1.37×10^{-8}	7.02×10^{-6}	16.84
AP	3.12×10^{-8}	1.92×10^{-9}	6.16×10^{-12}	2.65×10^{-6}	-1.36×10^{-8}	2.67×10^{-6}	6.41
EP	2.63×10^{-9}	2.26×10^{-10}	2.05×10^{-12}	3.61×10^{-7}	-1.49×10^{-9}	3.63×10^{-7}	0.87
ODP	9.34×10^{-11}	1.08×10^{-19}	6.18×10^{-20}	1.42×10^{-13}	-9.46×10^{-12}	8.41×10^{-11}	0.00
POCP	1.27×10^{-8}	1.25×10^{-9}	-1.31×10^{-11}	1.82×10^{-6}	-6.04×10^{-9}	1.83×10^{-6}	4.39
HTP	1.33×10^{-6}	1.73×10^{-8}	9.56×10^{-12}	2.24×10^{-5}	-8.31×10^{-7}	2.27×10^{-5}	54.94
总计	1.43×10^{-6}	2.79×10^{-8}	5.34×10^{-11}	4.11×10^{-5}	-8.80×10^{-7}	4.17×10^{-5}	100

（3）结果解释　指通过得出的环境影响类型和大小，对某个过程提出改善措施、为设计阶段提供建议或制定相关政策等。

从生命周期各阶段方面考虑：各阶段横向比较，由表 2-4-4 可知，在选定的七种环境影响指标中，使用阶段造成环境影响除臭氧层消耗潜值（ODP）为 0.17%，人体损害（HTP）为 97.71%外，其余 5 种影响种类上，使用阶段的贡献都达到 99%以上。其次是原材料生产加工，产生的各类环境影响（ODP 除外）仅次于使用阶段，需强调的是原材料生产加工阶段对臭氧层消耗的贡献达到了 111.07%。蒸发器制造阶段对各种环境贡献（ODP 除外）范围在 0.05%～0.08%。运输阶段相较其他 4 个阶段可忽略不计。回收处理阶段环境影响贡献为负值，即一定程度上减少了蒸发器全生命周期内的各种环境影响。

环境影响类别方面：由表 2-4-6 的量化结果可知，人体损害（HTP）在总的环境影响中占比最大，为 54.94%，其次为温室效应潜值（GWP）和非生物资源耗竭潜值（ADP fossil），两者占比相当，分别为 16.84%和 16.55%。酸性潜值（AP）、光化学臭氧生成潜值（POCP）、富营养化潜值（EP）分别为 6.41%，4.39%和 0.87%，臭氧消耗潜值（ODP）约为 0%。

造成以上情况的原因大致可归为以下几点原因：①蒸发器使用寿命较长，使用阶段消耗大量的生蒸汽和电力，远远高于其他几个阶段；②原材料生产阶段工艺复杂且需消耗大量电力和生产不锈钢所需铁矿石等，而在钢铁生产过程中会释放大量的污染气体，造成 ODP 贡献较大；③蒸发器废弃处理阶段选择把蒸发器钢材的 61.7%熔化回收，抵扣一部分在生产阶段消耗的原材料，是造成该阶段环境影响为负值的主要原因，改变回收比例，相应的环境影响收益也会发生变化。

（4）敏感性分析　研究选定 MVR 蒸发器 10 个输入变量，通过文献资料可得相应参数取值，名称和变化范围如表 2-4-7 所示，其中 C_1 和 C_6 参数通过 GaBi 软件数据库及计算得出。根据蒸发器设计计算过程的误差大小取 SS，CP，E 和 S，变化范围为±10%，其余系数取±5%。试验采用基于树型高斯过程的全局性敏感性分析方法，分析这 10 个变量对于全球变暖潜值影响的排序。选择全球变暖潜值为敏感性分析的输出变量，是因为其数值有代表性，也是环境影响分析中食品工业的研究重点。树型高斯过程敏感分析法包含两步：第一步根据输入和输出变量矩阵得出高斯过程机器学习模型，第二步采用基于方差的敏感性分析法通过计算第一步得出的模型，得到不同因素的重要性程度。

表 2-4-7　　敏感性分析输入变量

参数名称	符号	取值	变化范围
蒸发器质量/t	SS	13.3	±10%
压缩机质量/t	CP	4.0	±10%
耗电量/（MW·h）	E	2.5×10^4	±10%
耗汽量/TJ	S	118.13	±10%
不锈钢（热轧）碳排放系数/（$tCO_2\cdot t^{-1}$）	C1	6.64	±5%
电力碳排放系数/（$tCO_2\cdot MWh^{-1}$）	C2	1	±5
煤燃烧碳排放系数/（$tCO_2\cdot TJ^{-1}$）	C3	94.6	±5.4
压缩机制造安装过程碳排放系数/（$tCO_2\cdot t^{-1}$）	C4	4.1916	±5
蒸发器制造安装过程碳排放系数/（$tCO_2\cdot t^{-1}$）	C5	0.223	±5
钢材回收处理碳排放系数/（$tCO_2\cdot t^{-1}$）	C6	−5.73	±5

图 2-4-27 所示为基于树型高斯过程敏感性法得出的 MVR 蒸发器影响全球变暖潜值重要性计算结果。图 2-4-27（1）表示不同因素单独变化时对于输出变量的变化（称为主效应，Main effect），主效应的变化范围在 0～1，如图 2-4-27（2）所示，主效应值越大表明该因素越重要。由图 2-4-27（1）可知，除 C_6 外，所有因素对于环境影响都是正作用，即当这些输入变量增加时都导致环境影响增加。其中 4 个变量的影响明显大于其他 6 个变量，这 4 个变量包括耗气量（S）、耗电量（E）、煤燃烧排放系数（C_3）和电力碳排放系数（C_2）。这个结论也可由图 2-4-27（2）确证，图 2-4-27（2）给出的另外信息是敏感性指标（主效应）的不确定性，采用箱线图表达。MVR 蒸发器中耗汽量对于全球变暖潜值的影响有一定的不确定性，但其不确定性与其他因素的效应值几乎没有重叠，表明即使考虑不确定性，耗汽量仍然是最重要的因素，全球变暖潜值的 68% 变化由耗汽量造成，耗汽量和电力碳排放系数对碳排放影响分别约占 12% 和 18%。图 2-4-27（3）是全效应（Total effect）箱线图，全效应与主效应的区别是除输入变量单独变化外，还需考虑变量之间的交互作用。通过比较图 2-4-27（2）和图 2-4-27（3）可知主效应与全效应值相差不大，表明输入变量间的交互作用不明显。

3. 讨论

通过以上分析，可从蒸汽供给、电力供应和蒸发器材质 3 个方面提出改进两款降膜蒸发器环境影响的措施供参考。

（1）使用锅炉生产生蒸汽的替代燃料及改进生蒸汽的生产方式。基于中国现有国情，研究中选用 GaBi 数据库中中国典型传统燃煤锅炉，由上述分析可知蒸发器对环境负荷贡献主要集中在使用阶段，改变生蒸汽的生产方式或为锅炉寻找替代燃料可大大减少蒸发器整个生命周期所造成的环境影响，一方面选择采用太阳能聚光热利用方式生产蒸汽，另一

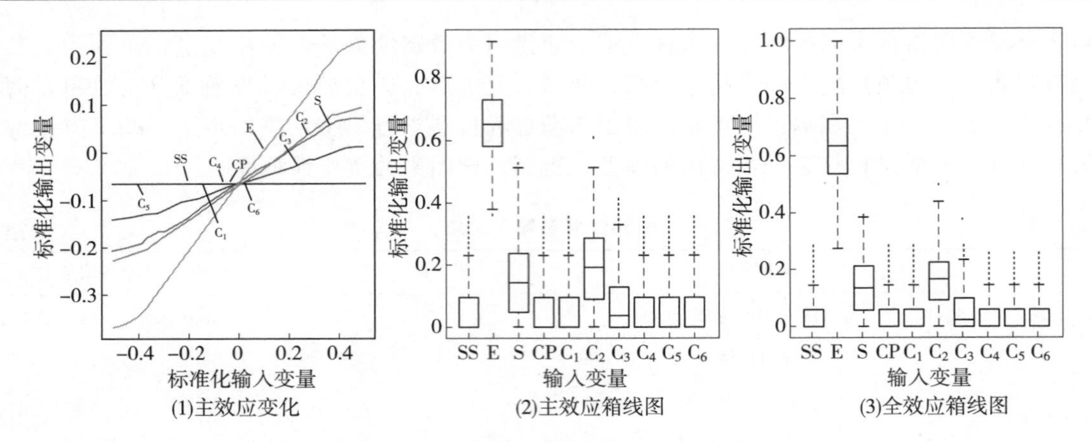

图 2-4-27　MVR 中 10 个因素影响全球变暖潜值重要性的敏感性分析结果

方面大力发展煤清洁燃烧技术，可使用生物质燃料替代传统煤。

（2）改善华北区域电力能源结构。华北地区发电主要依赖于火力发电，燃料主要为煤，这种传统发电方式不仅污染区域水质，对环境也会产生污染严重，应提高煤燃烧技术，增大核电发电、太阳能发电、水力发电、生物质能发电等对环境相比较友善的发电方式比例。

（3）改进钢材生产工艺，加大钢铁回收比例。由于数据缺乏，此次研究直接选用背景数据库中现有的欧洲不锈钢生产工艺，对不锈钢工艺生命周期评价有一定借鉴意义。在不锈钢制造过程中 VOCs 气体流量较高，此次研究中臭氧层消耗潜值也是主要集中在不锈钢加工阶段，需提高不锈钢生产的原料质量，此外需减少钢铁各个工序有害物质的使用和焦化球团工序能耗。

4. 结论

（1）在选定的 7 种影响类型中，除臭氧层消耗潜值（ODP）外，MVR 降膜蒸发器产生环境影响主要集中在使用阶段，在电力和蒸汽生产过程中，应增加可再生能源的使用。电力方面可加大采用风力发电、水力发电等方式，蒸汽生产可采用太阳能聚光热利用、生物质能燃烧替换传统的煤燃烧。臭氧层消耗潜值（ODP）主要由原材料的生产加工阶段决定，占比 111.07%，需改进现有不锈钢的加工工艺。

（2）降膜蒸发器对环境影响结果中，人体损害（HTP）在总环境影响中占比最大，为 54.94%，其次为温室效应潜值（GWP）和非生物资源耗竭潜值（ADP fossil）两者占比相当，分别为 16.84%和 16.55%，其他三类指标影响较小。

（3）通过全局敏感性分析，得出了 10 个输入变量对于全球变暖潜值的重要性排序，耗气量是最重要的因素，其变化可导致系统全球变暖潜值 60%的变化，另外两个重要因素是耗电量和煤燃烧系数约占系统输出变化量的 20%。

（4）研究在 LCA 建模过程中，①根据取舍规则（质量小于 5%舍去）对蒸发器的材料做出简化，整体为不锈钢；②由于缺乏国内不锈钢工艺环境排放数据，因此部分数据选用国外数据库和文献资料。这两点都会造成使评价结果的不确定性。但对于同一工艺过程，国内外环境影响数值相差不大，研究结果对于评价蒸发器环境影响具有一定参考意义。

第二节　结晶设备

生物产业的最终产品有许多是以固体形态出现，固体产品又可分为结晶型和无定型两种状态。蔗糖、食盐、氨基酸、柠檬酸等都是结晶型，而淀粉、酶制剂、蛋白质和喷雾干燥获得的产品是无定型物质。它们的区别是：结晶型物质构成单位（原子、分子或离子）的排列方式是规则的，而无定型物质构成单位的排列是不规则的。习惯上将形成结晶型物质的过程称为“结晶”，而得到无定型物质的过程称为“沉淀”。从溶液中形成新相这个角度来看，结晶和沉淀在本质上一致的。

结晶是指溶质自动从过饱和溶液中析出形成新相的过程。这一过程不仅包括溶质分子凝聚成固体，并包括这些分子有规律地排列在一定晶格中，这种有规律地排列与表面分子化学键变化有关。结晶是制备纯物质的有效方法。溶液中的溶质在一定条件下因分子有规律地排列而结合成晶体，晶体的化学成分均一，具有各种对称的晶状，其特征为离子和分子在空间晶格的结点上呈有规则的排列。

相对于其他化工分离操作，结晶过程有以下特点。

(1) 能从杂质含量相当多的溶液或多组分的熔融混合物中分离出高纯或超纯的晶体。

(2) 对于许多难分离的混合物系，例如同分异构体混合物、共沸物、热敏性物系等，使用其他分离方法难以奏效，而适用于结晶。

(3) 结晶与精馏、吸收等分离方法相比，能耗更低，因为结晶热一般仅为蒸发潜热的1/10～1/3。又由于可在较低的温度下进行，对设备材质要求较低，操作相对安全。

(4) 结晶是一个复杂的分离操作，它是多相、多组分的传热—传质过程。

结晶设备的工作原理是从固体物质的不饱和溶液里析出晶体，一般要经过下列步骤：不饱和溶液→饱和溶液→过饱和溶液→晶核的发生→晶体生长等过程。因此，为了进行结晶，必须先使溶液达到过饱和后，过量的溶质才会以固体的形态结晶出来。因为固体溶质从溶液中析出，需要一个推动力，这个推动力是一种浓度差，也就是溶液的过饱和度。晶体的产生最初是形成极细小的晶核，然后这些晶核再成长为一定大小形状的晶体。

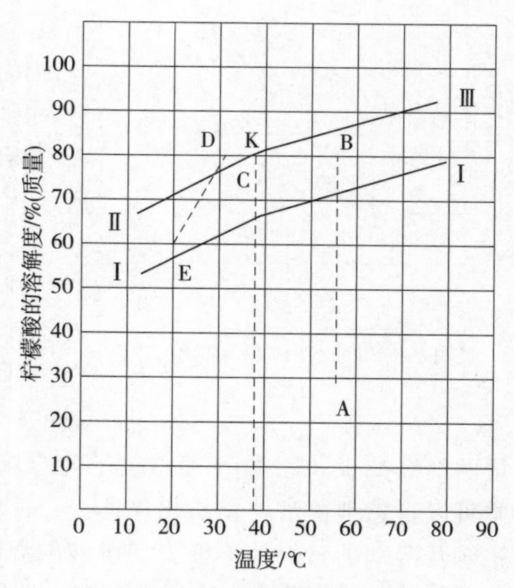

图 2-4-28　柠檬酸的溶解度曲线

当晶体置于溶剂中时，它的质点受溶液分子的吸引和碰撞而扩散于溶液中，同时已溶解的固体质点也会碰撞到晶体上重新结晶。当溶解速度等于结晶速度时的溶液称为饱和溶液。图 2-4-28 所示为柠檬酸的溶解度曲线图。饱和溶液曲线Ⅰ-Ⅰ下方为不饱和溶液区间，曲线上的点为饱和溶液的浓度。在曲线上方的区间里，溶液浓度超过了它们的饱和浓度，结晶析出，回到饱和浓度的位置上。实验证明过饱和溶液是存在的，但过饱和溶液是不稳定的。

如图 2-4-28 所示，55℃时柠檬酸的饱和浓度为 73%（质量分数），而在生产上将柠檬酸净制液在 55℃时浓缩到近 81%（质量分数）的浓度，没有结晶析出。再将过饱和溶液快速冷却到 40℃（1～2h）C 点，还是没有结晶析出。再慢慢降温（每小时降温 2～3℃），当冷却到 D 点时，溶液就立即自发生成大量晶核，同时浓度随之降低，一直降到 E 点，使溶液达到饱和浓度为止。通过实验用纯柠檬酸过饱和溶液测得不同温度下自然起晶的浓度，得出曲线Ⅱ-Ⅲ，称为过饱和溶液曲线。介于过饱和曲线与饱和曲线之间浓度的溶液中，如果没有晶体，或其他刺激因素存在，它还是比较稳定的，可保持一段较长的时间不会有自然结晶的析出，这个浓度区域称为介稳区。过饱和溶液的存在是因为晶体的形成与长大是一个比较复杂的过程，受溶质质点（或它们的水合物质点）在溶液中的碰撞、吸引、扩散、排列等因素的影响。

结晶的首要条件是过饱和，创造过饱和条件下结晶，在工业生产中常用的方法是：自然起晶、刺激起晶、晶种起晶。

（1）自然起晶法　在一定温度下使溶液蒸发进入不稳定区形成晶核，当生产的晶核的数量符合要求时，加入稀溶液使溶液浓度降低至介稳区，使之不生成新的晶核，溶质即在晶核表面长大。它要求过饱和浓度高，成晶颗粒小，蒸发时间长，且蒸汽消耗多，不易控制，同时还可能造成溶液色泽加深等现象，故较少采用。

（2）刺激起晶法　将溶液蒸发至介稳区后，将其加以冷却，进入不稳定区，此时即有一定的晶核形成，由于晶核形成使溶液浓度降低，随即将其控制在介稳区的养晶区使晶体生长。味精和柠檬酸结晶都可采用先在蒸发器中浓缩至一定浓度后再放入冷却器中搅拌结晶的方法。

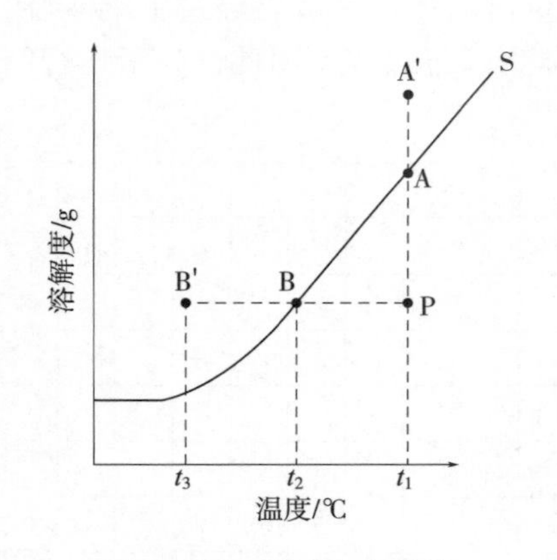

图 2-4-29　溶液饱和曲线

（3）晶种起晶法　将溶液蒸发或冷却到介稳区的较低浓度，投入一定量和一定大小的晶种，使溶液中的过饱和溶质在所加的晶种表面上长大。这种方法操作控制比较方便，在保持不产生新晶核的条件下，适当提高过饱和浓度可以增加结晶速度，产品大小均匀，晶形一致，因此工业上较多采用。

析出晶体的方法有两种，溶液的饱和曲线如图 2-4-29 所示。

①恒温蒸发溶剂时，溶剂的量减少，P 点所表示的溶液则会逐渐变为饱和溶液，即变成饱和曲线上的 A 点所表示的溶液。在此时，如果停止蒸发，温度也不变，则 A 点的溶液处于溶解平衡状态，溶质不会由溶液里析出，即没有结晶的产生。若继续蒸发，则随着溶剂量的继续减少，原来用 A 点表示的溶液必须改用 A′点表示，这时的溶液是过饱和溶液，溶质可以自然地由溶液里析出晶体。

②若溶剂的量保持不变，使溶液的温度降低，假如 P 点所表示的不饱和溶液的温度由 t_1 降到 t_2 时，则原 P 点所表示的溶液变成了用饱和曲线上的 B 点所表示的饱和溶液。在此时，如果停止降温，则 B 点的溶液处于溶解平衡状态，溶质不会由溶液里析出，即没有

结晶的产生。若继续降温，由 t_2 降到了 t_3 时，则原来用 B 点表示的溶液必须改用 B′点表示，这时的溶液是过饱和溶液，溶质可以自然地由溶液里析出晶体。

结晶是一个重要的化工单元操作。在生物产业中也是一个应用十分广泛的产品分离技术。在氨基酸、有机酸、抗生素等工业中，许多产品的最终形态是以结晶形态出现的。因为结晶是同类分子或离子的规则排列，具有高度的选择性，因而结晶操作能从杂质含量相当多的发酵液或溶液中形成纯净的晶体产品。结晶产品外观优美，它的包装、运输、储存和使用都很方便。结晶设备的类型繁多，有许多形式的结晶器专用于某一种结晶，也有许多重要形式的结晶设备能通用于各种不同的结晶方法。

一、结晶设备的分类

（1）结晶设备可根据改变溶液浓度的方法分为浓缩结晶设备、冷却结晶设备和等电点结晶设备。

浓缩结晶设备是采用蒸发溶剂，使浓缩溶液进入过饱和区结晶，并不断蒸发，以维持溶液在一定的过饱和度进行育晶。结晶过程和蒸发过程同时进行的设备一般称为煮晶设备。

冷却结晶设备是采用降温来使溶液进入过饱和区结晶，并不断降温，以维持溶液在一定的过饱和度进行育晶。冷却结晶常用于温度对溶解度影响比较大的物质结晶。结晶前先将溶液升温浓缩。

等电点结晶设备的形式与冷却结晶设备较相似，区别在于等电点结晶时溶液比较稀薄，要使晶种悬浮，搅拌要求比较激烈，同时要选用耐腐蚀材料，以防加酸调整 pH 时的腐蚀作用，传热面多采用冷却排管。

（2）结晶设备也可根据结晶过程转运情况的不同分为间歇式结晶设备和连续结晶设备。

间歇式结晶设备比较简单，结晶质量较好，结晶收得率高，操作控制也比较方便，但设备利用率较低，操作的劳动强度较大。

连续结晶设备比较复杂，结晶粒子比较细小，操作控制也比较困难，消耗动力较多，若采用自动控制，将会得到广泛推广。

（3）结晶设备还可按流动方式的不同分为母液循环结晶器和晶浆循环结晶器。

二、结晶设备的设计及选择

（一）结晶设备的设计

设计结晶设备时应考虑溶液的性质、黏度、杂质的影响，结晶温度，结晶体的大小、形状以及结晶长大速度特性等条件，以保证结晶良好，结晶速度快。

在设备内不要因长时间运转而形成积垢，若有结晶沉淀，它将破坏设备的正常运转和影响结晶的质量。预防方法是在设备内或循环系统内的溶液流速要均匀，不要出现滞留死角。凡有溶液流过的管道均应有保温装置，防止局部降温而生产晶核沉积。管道和设备的内壁应加工平整光滑，以减少溶液滞留。对蒸发面的结晶、边缘积垢等现象，则应该采用喷淋温水等方法使其溶解。

结晶设备通常带有搅拌装置，使晶体颗粒能够悬浮于溶液中，并同溶液有一个相对运动，以减薄晶体外部境界膜的厚度，提高溶质质点的扩散速度，加速晶体长大。搅拌速度和搅拌器的形式应选择得当，若搅拌速度太快，则会因刺激过剧烈而自然起晶，也能使已经长大的晶体破碎，功率消耗也增大；若搅拌速度太慢则晶核会沉淀。故搅拌器的形式与速度要视溶液的性质和晶体大小而定。工业上一般趋向于采用较大直径的搅拌桨叶，较低的转动速度。

搅拌器的形式很多，设计时应根据溶液流动的需要和功率消耗情况来选择。如在一个等电点结晶槽安装两挡二直叶式搅拌器，由于溶液较稀，加入晶种粒子较粗，运转过程晶体悬浮量较小，故得到的谷氨酸结晶细小，收得率较低，且槽底结晶沉淀不均匀。假如将直叶改成倾斜，使溶液在搅拌时产生一个向上的运动，增加晶种悬浮运动，减少晶种沉积，这样结晶粒子明显增大，提高了收得率。对于一般煮晶锅多采用框式搅拌器，卧式结晶箱多采用螺旋式搅拌器。

当晶体颗粒比较小，容易沉积时，为了防止堵塞，排料阀要采用流线形直通式，同时加大出口，以减少阻力，必要时安装保温夹层，防止突然冷却而结块。为防止搅拌轴的断裂，应安装保险装置，如保险连轴鞘等。当遇结块堵塞，阻力增大时，保险鞘即折断，防止断轴、烧坏马达或减速装置等严重事故。其他如排气装置、管道等应适当加大或严格保温，以防结晶的堵塞。

在连续结晶过程中，设备内同时具有各种大小颗粒的晶体，如果要获得规格一致的产品，则需要采用粒度分级装置，通常为重力悬浮分级。连续结晶的料液的不断加入，结晶产品不断被排出，因而溶液中杂质也不断增加。杂质太多则会影响结晶生长速度和产品质量。可以采用离子交换法除去母液中的杂质，提高母液纯度后再回流。此外，设备内溶液的循环速度要恰当，晶核密度要大，以保持较高的晶体长大速度。

（二）结晶设备的选择

选择结晶设备时应考虑以下几个因素。

物系的溶解度与温度之间的关系是选择结晶器时首先考虑的重要因素。要结晶的溶质不外乎两大类：第一类是温度降低时溶质的溶解度下降幅度大，第二类是温度降低时溶质的溶解度下降幅度很小或者具有一个逆溶解度变化。对于第二类溶质，通常需要采用蒸发式结晶器，对某些具体物质也可用盐析式结晶器。对于第一类溶质，可选用冷却式结晶器或真空式结晶器。

结晶产品的形状、粒度及粒度分布范围对结晶器的选择有着重要影响。要想生成颗粒较大而且均匀的晶体，可选择具有粒度分级作用或产品能分级排出的混合结晶器。这类结晶器生产的晶体也便于后续处理，最后获得的结晶产品也较纯。

费用和占地大小也是需要考虑的重要因素。一般来说，如果生产速率大，连续操作较好，蒸发式和真空式虽然需要相当大的顶部空间，但在同样产量下，它们所占地的面积比冷却槽式结晶器小得多。

三、冷却式结晶器

（一）空气冷却式结晶器

空气冷却式结晶器是一种最简单的敞开型结晶器，靠顶部较大的敞开液面以及器壁与空气间的换热，以降低自身温度，从而达到冷却和析出结晶的目的，并不加晶种，也不搅拌，不用任何方法控制冷却速率及晶核的形成和晶体的生长。这类结晶器构造最简单，造价最低，可获得高质量、大粒度的晶体产品，尤其适用于含较多结晶水物质的结晶。缺点是传热速率太慢，且属于间歇操作，生产能力较低，占地面积较大。在产品量不太大而对产品纯度及粒度要求又不严时，仍被采用。

1. 内循环冷却式结晶器

内循环冷却式结晶器内的冷却剂与溶剂通过结晶器的夹套进行热交换。这种设备由于换热器的换热面积受结晶器的限制，其换热器量不大。其结构如图 2-4-30 所示。

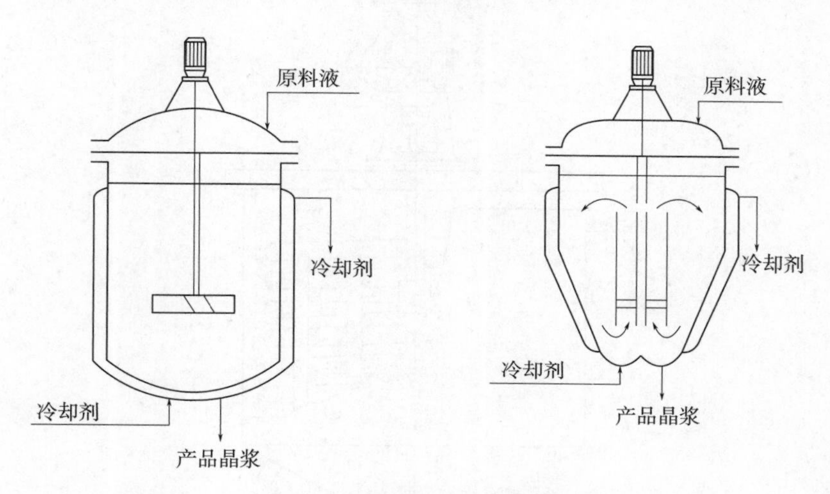

图 2-4-30　内循环冷却式结晶器

2. 外循环冷却式结晶器

外循环冷却式结晶器内的冷却剂与溶液通过结晶器外部的冷却器进行热交换，其结构如图 2-4-31 所示。这种设备的换热面积不受结晶器的限制，传热系数较大，并且容易实现连续操作。

（二）搅拌结晶箱

搅拌结晶箱结构比较简单，对于产量较小、结晶周期较短的物质，多采用立式搅拌结晶箱；对于产量较大、结晶周期较长的物质，多采用卧式搅拌结晶箱。此类设备应具有：冷却装置（如冷却排管或冷却夹套）和促使晶核悬浮和溶液溶度一致并使结晶均匀的搅拌装置。

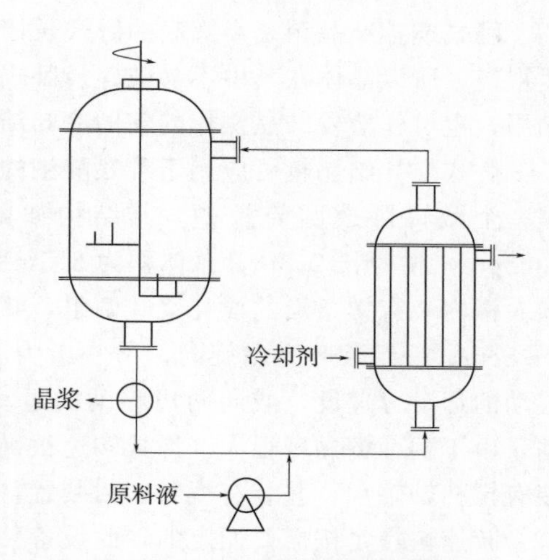

图 2-4-31　外循环冷却式结晶器

1. 立式搅拌结晶箱

立式搅拌结晶箱是最简单的一种分批式结晶器，它的操作比较容易，对谷氨酸和柠檬酸的结晶都适用。图 2-4-32 所示的立体搅拌结晶箱常用于生产量较小的柠檬酸结晶。其冷却装置为夹套或蛇管，蛇管中通入冷却水或冷冻盐水。浓缩后 55℃ 的柠檬酸净制液相对密度为

1.34～1.38，浓度接近81%（质量分数），从上部流入结晶箱，同时启动两组框式搅拌器搅拌，使溶液冷却均匀。搅拌器转速为8r/min，对于0.5～1m³的结晶箱，可用1.6～2.2kW的马达带动。初期可采用快速冷却，1～2h内降至40℃，然后以每小时2～3℃的速度降温，起晶以后再次减慢速度，直至冷却到20℃。结晶时间一般为96h，这样得到的柠檬酸结晶颗粒比较粗大、均匀。结晶成熟后，晶体连同母液一起从设备的锥底排料孔放出。

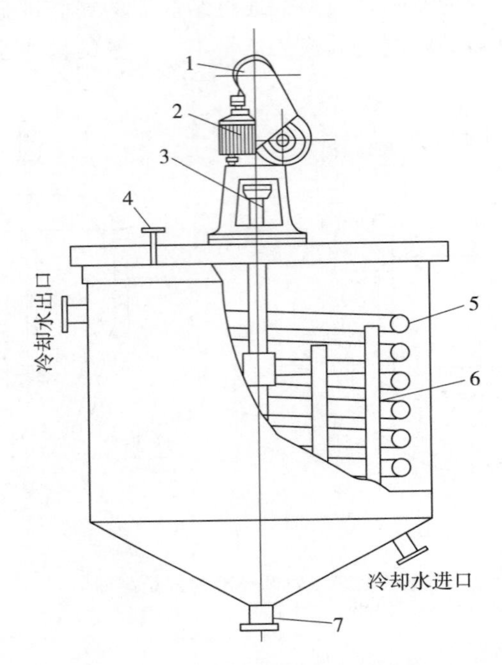

图 2-4-32　立式搅拌结晶箱

1—电动机　2—减速机　3—搅拌轴　4—进料口　5—冷却蛇管　6—框式搅拌器　7—出料口

2. 卧式搅拌结晶箱

卧式搅拌结晶箱是半圆底的卧式长槽或敞口的卧放圆筒长槽。由于它的容积较大，转速很慢，所以晶体在其中不易破碎。卧式结晶槽中还设有一定的冷却面积，因而既可作结晶用，也可作蒸发结晶操作的辅助冷却结晶器，又可作为结晶分离前的晶浆储罐。

卧式搅拌结晶箱可应用于谷氨酸钠的助晶和葡萄糖的结晶。用于葡萄糖结晶的结晶箱是一个敞口卧放圆筒长槽，其结构如图2-4-33所示。圆筒直径为1.27m，开口弦宽0.634m，槽身长2.8m，总体积为3.5m³，槽身高度的3/4处外装夹套，可以通水进行冷却。槽内装有螺条形的搅拌桨叶两组，桨叶宽度0.04m，螺距0.6m，桨叶与槽底距离为3～5cm，一组桨叶为左旋向，另一组为右旋向，搅拌时可使两边物料都产生一个向中心移动的运动分速度，或向两边移动的运动分速度。搅拌器由马达通过蜗杆蜗轮减速后带动，由于葡萄糖黏度很大，搅拌转速很慢，一般为0.45r/min和1.6r/min。槽身两端端板装有搅拌轴轴承，并装有填料密封装置，防止溶液渗漏。

转速快慢是按需要而定的，此设备装有两档速度，可以适应当高温浓缩糖液进入结晶箱时的迅速冷却结晶，或迅速与上批留下的晶种均匀混合，使箱内溶液的浓度和温度均

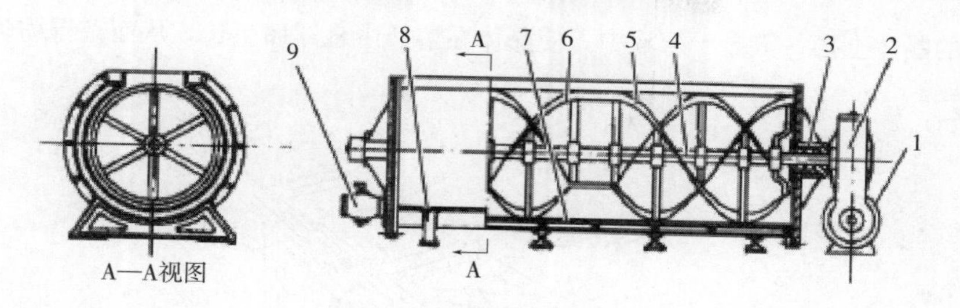

图 2-4-33　卧式搅拌结晶箱

1—电动机　2—减速箱　3—轴封　4—轴　5—左旋搅拌桨叶

6—右旋搅拌桨叶　7—夹套　8—支脚　9—排料阀

匀。但是当温度从 50℃降到 42～43℃时，溶液中晶体比较多，溶液黏度比较大，进入保温结晶阶段时，则可改用 0.45r/min 的慢速搅拌，以减少功率消耗。

由于味精、葡萄糖要求卫生条件较高，凡与料液接触部分均采用紫铜或不锈钢制成，强度要求较高的搅拌轴和搅拌桨叶，也采用衬包紫铜片，以保证产品质量。

卧式结晶箱的特点是体积大，晶体悬浮搅拌所消耗的动力较小，对于结晶速度较快的物料可串联操作，进行连续结晶。连续操作的最佳控制是使溶液在进口处即开始生成晶核，进入设备后很快就生成足够的晶核，这些晶核悬浮在溶液中，随着溶液在槽中的慢慢移动长大成晶体，最后从结晶槽的另一端排出。

3. 孪生式搅拌结晶箱

这也是一种搅拌式结晶槽，如图 2-4-34，据称它能生产出粒度较为齐整的晶体，实际上它由两个互相连通的 A、C 结晶槽组成，两槽的操作温度不同，C 结晶槽中的工作温度低于 A 结晶槽。温度高的料液进入 A 结晶槽，与循环晶浆混合，晶浆在搅拌器的作用下，通过水冷式循环管，受冷却的晶浆有一部分从可调挡板 B 结晶槽的下方流入 C 结晶槽，与 C 结晶槽中的循环晶浆混合。一部分晶浆由挡板 B 结晶槽的上方流回 A 结晶槽。长大的晶粒沉入槽底而卸出，母液从 C 结晶槽的溢流挡板的后侧流出。若两槽工作温度都低于溶液的饱和温度，则它相当于两个结晶槽的串联。如 A 结晶槽的工作温度略高于溶液的饱和温度，则可溶解另一个槽中产生的过量细晶，从而生产出边角光圆的大晶粒。

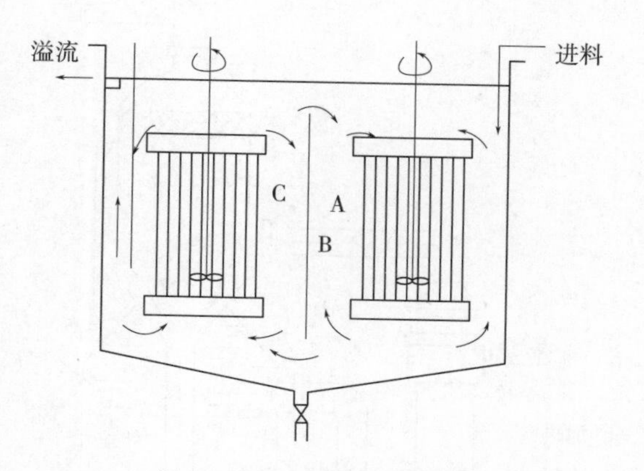

图 2-4-34　孪生式结晶箱

4. 长槽搅拌式连续结晶器

长槽搅拌式连续结晶器是一种应用广泛的连续结晶器，有较大的生产能力。其结构如图 2-4-35 所示，为敞式或闭式长槽，底为一个半圆形，槽外焊有水夹套，槽中装有长螺距的低速螺旋搅拌器。在操作时，浓热溶液从槽的一端加入，冷却水（或冷冻盐水）通常是在夹套中与溶液做逆流流动。螺带搅拌器可以搅拌及输送晶体，还可以防止晶体聚积在冷却面上，并使已生成的晶体上扬，散布于溶液中，使晶体在溶液中悬浮而生长，从而获得均匀的晶体。

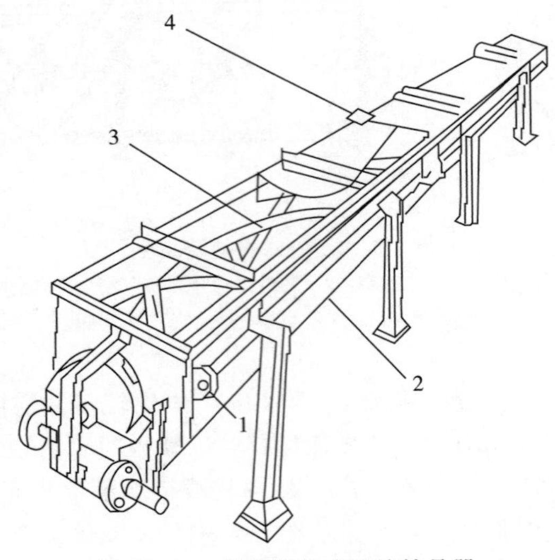

图 2-4-35　长槽搅拌式连续结晶器

1—冷却水进口　2—水冷却夹套　3—长螺距螺旋搅拌器　4—两段之间接头

四、蒸发式结晶器

蒸发式结晶器是一类通过蒸发溶剂使溶液浓缩并析出晶体的结晶设备，下面以奥斯陆蒸发式结晶器为例进行介绍。

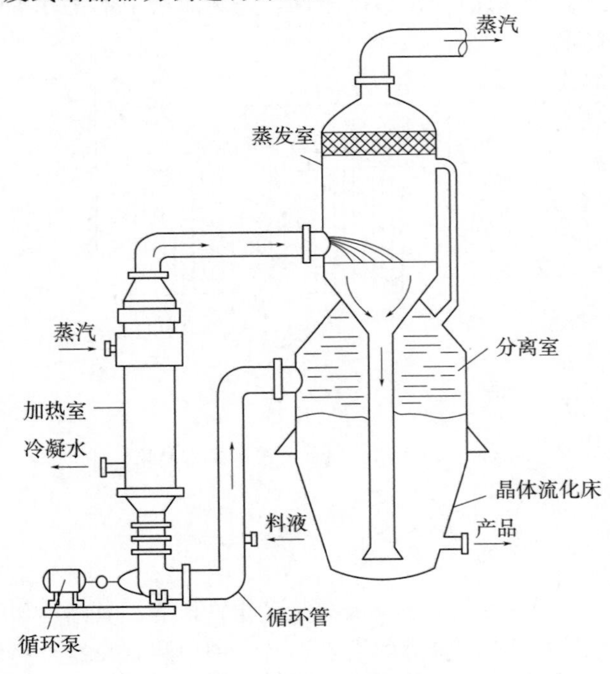

图 2-4-36　奥斯陆结晶器

奥斯陆结晶器的结构如图 2-4-36 所示，其操作性能优异，但结构比较复杂、投资成本较高。

奥斯陆蒸发结晶器又称为 Oslo 型结晶器、克里斯塔尔结晶器或粒度分级型结晶器，是一种母液循环式连续结晶器，主要分为真空冷却结晶器、冷却结晶器、蒸发结晶器等几种。其结构主要由结晶室、蒸发室及加热室组成，其中结晶室呈锥形，自下而上截面积逐渐增大，因而固液混合物在结晶室内自下而上流动时，流速逐渐减小。操作时，料液加到循环管中，与管内的循环母液混合，由泵送至加热室。加热后的溶液在蒸发室中蒸发并达到过饱和，经中心管进入蒸发室下方的晶体流化床。在晶体流化床内，溶液中过饱和的溶质沉积在悬浮颗粒表面，使晶体长大。晶体流化床对颗粒进行粒度分级，大颗粒在下，而小颗粒在上，从流化床底部卸出粒度较为均匀的结晶产品。粒度较大的晶体将富集于结晶室底部，可与过饱和溶液相接触，故晶体粒度将越来越大。流化床中的细小颗粒随母液流入循环管，重新加热时溶去其中的微小晶体。因此在结晶室中的晶体被自动分级，为奥斯陆结晶器的一个突出优点。若以冷却室代替奥斯陆蒸发结晶器的加热室并除去蒸发室等，则构成奥斯陆冷却结晶器。

Oslo 型结晶器的优点在于循环液中基本上不含晶粒，从而避免发生叶轮与晶粒间的接触成核现象，再加上结晶室的粒度分级作用，使这种结晶器所产生的晶体大而均匀，特别适合生产在饱和溶液中沉降速度大的晶粒。结晶器内溶液循环量较大，溶液的过饱和度较小，不易产生二次晶核，而且可连续生产，产量可大可小。

这种设备的主要缺点是生产能力受到限制，因为必须限制液体的循环流量及悬浮密度，把结晶室中悬浮液的澄清界面限制在溢流以下。溶质容易沉积在传热表面上，操作较麻烦，因而应用不广泛。它的主要特点为过饱和度产生的区域与晶体生长区分别设置在结晶器的两处，晶体在循环母液中流化悬浮，为晶体生长提供一个良好的条件。

五、真空煮晶箱

真空结晶操作是将常压下未饱和的溶液，在绝热条件下减压闪蒸，由于部分溶剂的汽化而使溶液浓缩、降温并很快达到过饱和状态而析出晶体。工作时把热浓溶液送入密闭而绝热的容器中，器内维持较高的真空度，使器内溶液的沸点较进料温度为低，于是此热溶液势必闪急蒸发而绝热冷却到与器内压力对应的平衡温度。

真空煮晶箱既有冷却作用又有少量的浓缩作用。由溶液冷却所释放的显热及溶质的结晶热来提供溶剂蒸发所消耗的汽化潜热，溶液受到冷却而无须与冷却面接触，溶剂被蒸发而又不需要使溶液与加热面接触，故而在器内根本不需设置换热面。

对于结晶速度比较快，容易自然起晶，且要求结晶晶体较大的产品，多采用真空煮晶箱，其结构简图如图 2-4-37 所示。目前我国味精厂的味精结晶设备多采用这种形式的真空结晶器。它的优点是可以控制溶液的蒸发速度和进料速度，以维持溶液一定的过饱和度进行育晶，同时采用连续加入未饱和的溶液来补充溶质的量，使晶体长大。要保持较快的结晶速度，就要保持溶液中较高的过饱和度，在维持较高的过饱和度育晶时，稍有不慎，即会引起自然起晶，从而增加细小

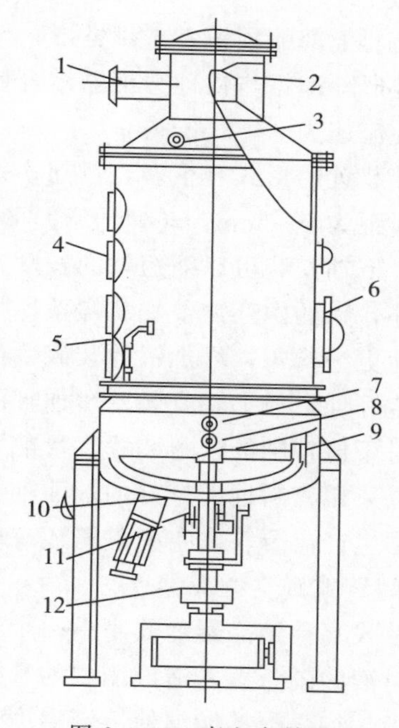

图 2-4-37　真空煮晶器

1—二次蒸汽排出口　2—气-液分离器　3—清洗孔　4—视镜　5—吸液孔　6—人孔　7—压力表孔　8—蒸汽进口　9—锚式搅拌器　10—排料阀　11—填料箱　12—轴

的新晶核，这会导致最终产品晶体较小，晶粒大小不均匀，形状不一。产生新晶核时溶液出现白色浑浊，这时可通入蒸汽冷凝水，使溶液降到不饱和浓度而把新晶核溶解。随着水分的蒸发，溶液很快又进入介稳区，重新在晶核上长大结晶，这样煮出来的结晶产品性状一致，大小均匀，有较高品质。

煮晶器的结构比较简单，是一个带搅拌的夹套加热真空蒸发罐，整个设备可以分为加热蒸发室、加热夹套、气液分离器、搅拌器等 4 个部分。煮晶器凡与产品有接触的部分均应采用不锈钢材料制成，以保证产品的质量。

加热蒸发室为一圆筒壳体，为了方便安装维修，节省不锈钢，采用不同厚度的材料分为两段加工，并用法兰连接，封底可根据加工条件和设备尺寸大小做成半球形、碟形或锥形。若采用半球形，则设备容量较大，搅拌动力较省，但加工比较困难。加工后要求设备弧度误差不超过 1cm，以保证搅拌间歇均匀。器身上下圆筒都装有视镜，用以观察溶液的沸腾状况、雾沫夹带的高度、溶液的浓度、溶液中结晶的大小、晶体的分布情况等，同时锅体还有人孔，以方便清洗和检修。另外蒸发室还装有进料的吸料管、晶种吸入管、取样装置、温度计插管、排气管、真空压力表接管等，锅底装有卸料管和流线形卸料阀，下锅部分则焊上加热夹套，夹套高度通过计算蒸发所需要的传热面积而定，夹套宽度 30～60mm，夹套上装有进蒸汽管，安装于夹套的中上部，使蒸汽分布均匀，进口要加装挡板，防止直冲而损坏内锅，夹套上还装有压力表、不凝气体排除阀和冷凝水排除阀，冷凝排除阀安装在夹套的最低位置，以防止冷凝水的积聚，降低传热系数。

煮晶器上部的顶盖多采用锥形，上接气液分离器，以分离二次蒸汽所带走的雾沫，一般采用锥形除泡帽与惯性分离器结合使用，分离出的雾液由小管回流入锅，二次蒸汽在升气管中的流速为 8～15m/s。

搅拌装置的形式有很多，目前多采用锚式搅拌器。锚式桨叶与锅底形状相似，一般与锅底的间距为 2～5cm，转速通常是 6～15r/min。对于搅拌轴的安装，目前我国多采用下轴安装，下轴安装可以缩短轴的长度，安装维修比较方便。若采用上轴安装，除锅底装锚式搅拌外，锅的中部需要加装螺条搅拌桨叶，增加溶液上升的运动分速度，使晶核在锅内悬浮运动更为均匀，增加锅的装载系数，提高利用效率，对提高结晶产品的质量和结晶速度有一定好处，但上轴安装既增加轴的长度和直径，也加大了动力消耗，同时安装也比较麻烦。对于搅拌轴的密封装置，目前下轴安装的都采用填料轴封，需要经常维修，上轴安装的可以采用密封性能较好的端面轴封。

根据生产需要，真空煮晶箱还有以下两种构造。

1. 间歇式真空结晶器

间歇式真空结晶器的器身是一个具有锥形底的容器，如图 2-4-38 所示。将料液置于容器中，料液的闪急蒸发造成剧烈的沸腾，使溶剂的蒸汽从器顶排出而进入喷射器或其他真空设备中。加强搅拌能够使溶液温度变得相当均匀，并使器内晶粒悬浮起来，直到充分成长再后沉入锥底。每批操作结束后，晶体与母液的混合液经排料阀放至晶浆槽，随后进行过滤，使晶体与母液分开。

此结晶器的主要优点为构造简单，溶液是绝热蒸发冷却，不需要传热面，避免了晶体在传热面上的聚结，因此造价低而生产能力较大。

2. 多级真空结晶器

多级真空结晶器的器身是横卧的圆筒形容器，器内由垂直挡板分割为几个相连通室，允许晶浆在各室之间流动，然而各室上部的蒸汽空间则互相隔绝，各蒸汽空间分别与真空系统相连。在器底各级都装有空气分布管，与大气相连通，故在运行时可从器外吸入少量空气，经分布管鼓泡通过液层而起到搅拌作用。当溶液温度降至饱和温度以下时，晶体开始析出，在空气泡的搅拌下，晶粒得以悬浮、生长，并能与溶液一起逐级流动。

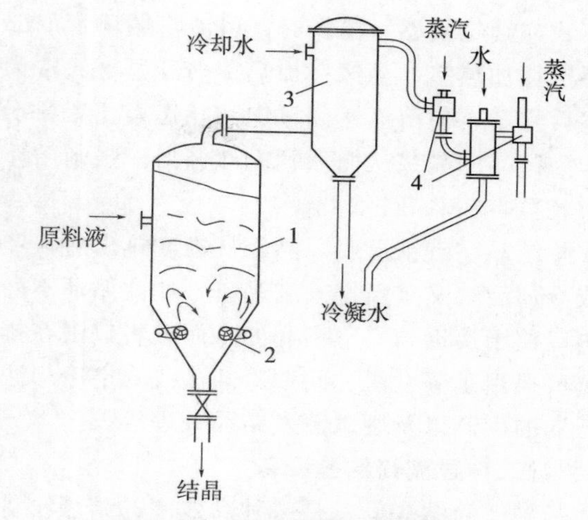

图 2-4-38　间歇式真空结晶器

1—结晶室　2—搅拌器　3—冷凝器　4—二级蒸汽喷射泵

六、通用型结晶器

（一）FC 型结晶器

FC 型结晶器即强制循环蒸发结晶器，其结构如图 2-4-39 所示，由结晶室、循环管、循环泵、换热器等部分组成，是一种晶浆循

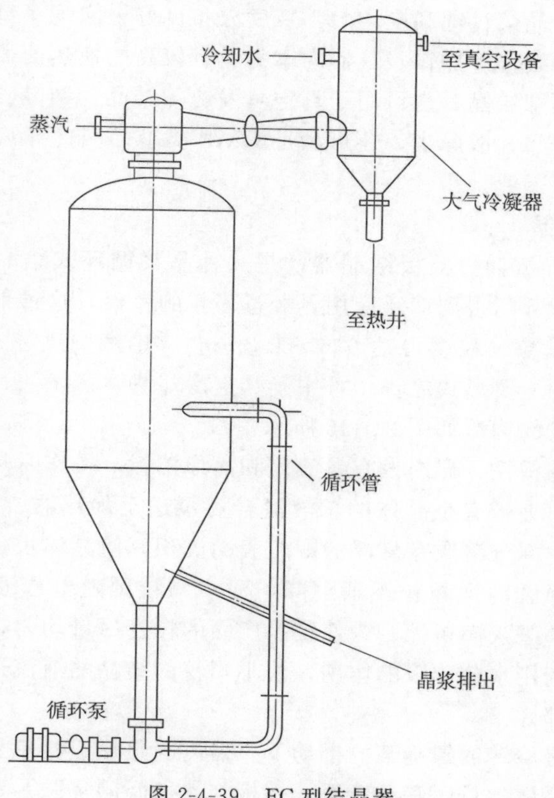

图 2-4-39　FC 型结晶器

环式连续结晶器。操作时，料液自循环管下部加入，与离开结晶室底部的晶浆混合后，由泵送往加热室。晶浆在加热室内升温（通常为 2～6℃），但不发生蒸发。热晶浆进入结晶室后沸腾，使溶液达到过饱和状态，于是部分溶质沉积在悬浮晶粒表面上，使晶体长大，作为产品的晶浆从循环管上部排出。强制循环蒸发结晶器的生产能力大，但产品的粒度分布较宽，在 0.8～4mm。

结晶室有锥形底，晶浆从锥底排出后，经循环管用轴流式循环泵送至换热器，被加热或冷却后，又重新进入结晶室，如此循环不已，因此这种结晶器属于晶浆循环型。晶浆排出口位于接近结晶室锥底处，而进料口则在排料口之下的较低位置上。强制循环蒸发结晶器可通用于蒸发法、间壁冷却法或真空冷却法进行结晶，广泛应用于化工、轻工、医药等行业的生产以及废水蒸发结晶处理等。

（二）导流筒结晶设备

导流筒结晶设备是一种高效率的结晶设备，其独特的结构和工作原理决定了它具有传热效率高、配置简单、操作控制方便、操作环境好等特点，广泛适用于化工、医药、农药等行业的结晶操作。

结晶过程中，溶液的过饱和度、物料温度的均匀性以及搅拌转速和冷却面积是影响产品晶粒大小和外观形态的决定性因素。导流筒结晶器采用了搅拌桨，且温度和搅拌桨的转速可以调节，能够实现系统自控制，以适应各种物料的结晶要求。

导流筒结晶器是一种典型的晶浆内循环式结晶器，具有良好的流体动力学效果。器内螺旋桨的装置实现了高效的内循环，因此在结晶过程中几乎不会出现二次晶核，同时也很少出现内壁结疤现象。晶浆过饱和度均匀，粒度分布良好，实现了高效率、低能耗。器内也可安装淘析腿实现连续生产操作，且器内本身具有较高的换热面而不需要另设加热器或冷却器。其既可进行冷却结晶，也可用于真空蒸发冷却结晶。结晶器的转速较低，调控容易，适用性强，运行可靠，故障少，还可满足 GMP 要求。因此导流筒结晶器可广泛应用于化工、轻工、医药等行业。

（三）DTB 型结晶器

DTB 型结晶器即导流筒—挡板结晶器，是一种晶浆循环式结晶器，效能较高，在化工、食品、制药等工业部门得到广泛应用。经过多年的考察，这种形式的结晶器操作性能良好，能生产较大的晶粒（粒度可达 0.6～1.2mm），生产强度较高，且器内不易结疤。它已成为连续结晶器的主要形式之一，可用于真空冷却法、蒸发法、直接接触冷冻法以及反应法的结晶操作，它的构造如图 2-4-40 所示。

结晶器下部接有淘析柱，器内设有导流筒和筒形挡板，操作时热饱和料液连续加到循环管下部，与循环管内夹带有小晶体的母液混合后泵送至加热器。溶液在液面蒸发冷却，达到过饱和状态，其中部分溶质在悬浮的颗粒表面沉积，使晶体长大。在环形挡板外围还有一个沉降区。在沉降区内大颗粒逐渐沉降，而小颗粒则随着母液进入循环管并受热溶解。晶体于结晶器底部进入淘析柱。为使结晶产品的粒度尽量均匀，将沉降区来的部分母液加到淘析柱底部，利用水分分级的作用，使小颗粒的结晶随液流返回结晶器内，而结晶产品则从淘析柱的下部卸出。

在导流筒下端缓慢旋转的螺旋桨的推动下，器内晶浆形成接近良好的循环混合。环形挡板将结晶器分隔为晶体生长区和澄清区，挡板与器壁间的环隙为澄清区，在澄清区中螺

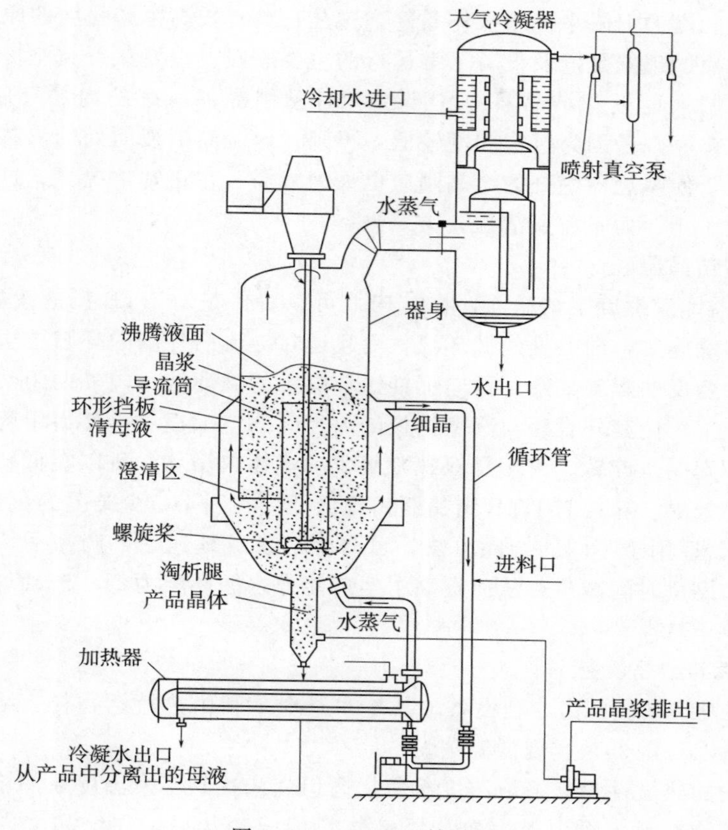

图 2-4-40　DTB 型结晶器

旋桨搅拌的影响实际上已消失，使晶体得以从母液中沉降分离，只有微小的晶体可随母液从澄清区的顶部排出器外，从而实现对微晶量的控制。结晶器的上部是气-液分离空间，以防止雾沫夹带而造成溶质的损失。

器内设置了导流筒，形成了循环通道，只需要很低的压头就能在器内实现良好的内循环，并使晶浆密度高达 30%～40%。对于真空冷却法和蒸发法结晶，沸腾液体表面层是产生过饱和度趋势最强的区域，在此区域中存在着进入不稳区而大量产生晶核的危险。导流筒则把高浓度的晶浆直接送到此处，从而有效地消耗不断产生的过饱和度，使溶液的过饱和度只能处于较低的水平。

旋转叶轮对晶体的碰撞成核是二次成核的主要来源。由于 DTB 型结晶器循环流动所需要的压头很低，螺旋桨可以在很低的转速下进行工作（功率消耗很低），这也是 DTB 型结晶器能够产生粒度较大的晶体的主要原因之一。

此外，DTB 型结晶器还设有母液外循环通道，用于过量微晶的消除及产品的淘析。

结晶器单位体积的晶体产量取决于过饱和度、晶体的生长速率以及晶体的表面积，而晶体的表面积又与晶浆密度及晶体粒度等有关。DTB 型结晶器中流体力学条件较好，对传质速率控制的结晶过程具有较高的生长速率；高密度的晶浆也为结晶提供较大的生长表面。在一般的结晶器中，人们总是小心地将过饱和度压低，唯恐出现大量的晶核；而在 DTB 型结晶器中，由于器内的循环强度很大，器内各处的过饱和度和晶浆密度都比较均匀，允许按过饱和度的上限来控制操作条件，这是它具有较高生产强度的原因。

结晶器内结疤的现象是危及设备正常运行的主要原因。蒸发法及真空冷却结晶器最易结疤的部位是沸腾液面处和结晶器的底部。DTB 型结晶器良好的内循环底部不会结疤。至于沸腾液面处，一则是因为过饱和度较低，再则，导流筒把液面处的沸腾范围约束在离开器壁的区域内，使得近器壁处的结晶倾向也大为减弱。在正常情况下，这种结晶器可连续运行 3 个月至 1 年，而不需要清理。

（四）DP 型结晶器

DP 型结晶器即双螺旋桨结晶器，在结构上可以看作是对 DTB 型的改进。DP 型不只在导流筒内安装螺旋桨，向上推送循环液，而且还在导流筒外侧的环隙中也设置了一组与导流筒内的叶片相反的螺旋桨叶，可向下推送环隙中的循环液。内外两组桨叶共同组成一个大直径的螺旋桨，使其外直径与圆型挡板的内径间的空隙很小，使得中间一段导流筒与大螺旋桨可以做到同步旋转。由于是双螺旋桨驱动流体内循环，所以在低转速下即可获得较好的搅拌循环效果，功耗与 DTB 结晶器相比更低，有利于减少结晶的机械破碎。

DP 型结晶器适用于不同的结晶方法，可降低二次成核速率，产品平均粒度加大，晶体在器内的平均停留时间减少，从而提高了生产能力，循环阻力低，流动均匀，容易使密度较大的固体粒子悬浮。

（五）HC 系列结晶设备

HC 系列蒸发结晶设备为专利设备，其基本原理是利用热敏性物料、结晶性物料溶液在减压状态下的沸点降低来实现低温蒸发。

在初步蒸发的热敏性物料溶液浓度有所提高但尚未达到蒸发温度下的饱和状态，尚未析出晶体时，将物料引入低温结晶缸内。使物料降温冷却后，在结晶缸内形成过饱和溶液，并在结晶缸内有序析出，析出溶质后的稀溶液则再次进入蒸发系统，与蒸发系统内的溶液混合。降低蒸发系统内物料的浓度后进行循环蒸发，从而实现热敏性物料始终处于低于溶解度的低浓度下蒸发，结晶析出的溶质则不再进入加热蒸发系统，在低温状态下保存，这使得结晶产品能够达到最佳工艺状态的要求。

HC 系列结晶器的优点包括：通过低浓度蒸发，物料溶液的黏度小，热传递性好，蒸发过程中温度低，速度快，热能利用率高，节约能耗。因溶质在结晶缸内析出，故蒸发液内不含晶体，不会磨损设备，设备使用期延长，且产品的金属含量下降。析出的溶质保存在结晶缸内，始终处于低温状态，溶质不分解，不变质，收率高，质量好。并且可以通过控制蒸发器内溶液与结晶缸内冷却液的浓度差来使溶质有序地析出，从而达到控制溶质晶体颗粒的目的，得到期望颗粒的晶体，并且晶体结构更为致密，产品也更为纯净。

HC 系列结晶器可以用于具有热敏性、易结晶、不同温度下溶解度差异明显的物质。如古龙酸、维生素 C、赖氨酸、谷氨酸（味精）、维生素等。

（六）等电点结晶罐

等电点结晶设备的形式与冷却结晶设备较为相似，都是在过饱和溶液中溶质结晶析出的过程，区别在于等电点结晶时溶液比较稀薄，要使晶体悬浮在器内，搅拌要比较激烈；同时应该选用耐腐蚀性材料进行加工，以防加酸调整 pH 的腐蚀作用；传热面多采用冷却排管。

等电点结晶罐的典型应用是味精厂中谷氨酸的结晶。谷氨酸同时带有正负电荷离子，在不同的 pH 溶液中具有不同溶解度的特性，通过调节 pH 来改变其溶解度，能够使其变成过饱和状态并结晶析出。等电点结晶罐为了适应味精生产大型化的需要，设备会做得比较大。

七、连续结晶设备

连续结晶设备与传统的间歇式结晶器相比具有许多显著的优点：经济性好、操作费用低、操作过程易于控制。由于采用了结晶消除和清母液溢流技术，使连续结晶器具备了能够控制产品粒度分布及晶浆密度的手段，使得结晶主粒度较为稳定、母液量少、生产强度高。根据不同的产品工艺要求，连续结晶装置可以由一台结晶器与加热器、冷凝器等组成，也可由多台串、并联与加热器、冷凝器等组成真空蒸发结晶器和真空冷却结晶器。

连续结晶器的优点如下。

（1）结晶循环泵设在结晶器内部，阻力小、驱动功率低。

（2）结晶器内部设有遮挡板，将结晶生长区与结晶沉降区隔开，互不干扰，使得晶粒均匀、稳定，并可在一定范围内控制结晶颗粒尺寸的大小。

（3）真空蒸发结晶的操作温度可根据不同产品的工艺要求在 0～100℃范围内设定、控制。

（4）应用喷射泵压缩二次蒸汽，能耗低，仅为间歇式结晶设备的 40%～50%。

（5）清母液量很少，仅 7%左右，产品收得率更高。

（6）占地面积小，自动化程度高，操作参数稳定。

（7）成本低、投资少，仅为间歇结晶设备投资的 60%～70%。

连续结晶器适用于谷氨酸、谷氨酸钠、一水柠檬酸、无水柠檬酸、L-赖氨酸盐酸盐以及葡萄糖、维生素 C、木糖醇、碳酸氢钾、氯化铵等产品的连续结晶工艺，同时在精细化工、制药、无机盐等领域也有着广泛的应用前景。

如图 2-4-41 所示的是一种连续式真空冷却结晶器。热的原料液自进料口连续加入，晶浆（晶体与母液的悬混物）用泵连续排出，结晶器底部管路上的循环泵迫使溶液做强制循环流动，以促进溶液均匀混合，维持有利的结晶条件。蒸出的溶剂由器顶部逸出，至高位混合冷凝器中冷凝。双级式蒸汽喷射泵则用于产生和维持结晶器内的真空。一般地，真空结晶器内的操作温度都很低，所产生的溶剂蒸汽不能在冷凝器中被水冷凝，此时可在冷凝器的前部装一蒸汽喷射泵，将溶剂蒸汽进行压缩，以提高其冷凝温度。

八、结晶设备的应用实例

（一）MVR 蒸发结晶器在高盐废水处理的应用

生活中高盐废水在许多方面产生，化工，制药等企业在生产过程中会产生大量的高盐度废水和高浓度的有机废水。化学成分复杂、含盐量高的废水中的有机物浓度较高，很难直接用生化方法进行处理。例如，味精厂的发酵废水主要来自味精的提取，包括浓度较低的结晶液和废弃的结晶，以及各种洗涤剂和消毒剂的废水。一般味精厂每生产 1t 味精约排放废水 25t，废液中含有多种无机盐、消泡剂、色素、尿素、多种有机酸和小于 1%的其他氨基酸。酒精厂的废水是利用糖副产物的酒精发酵过程产生的，在经过蒸馏塔的蒸馏后排放。这种废水再排入水体后，会在水中消耗大量的溶解氧，导致水质恶化，严重降低

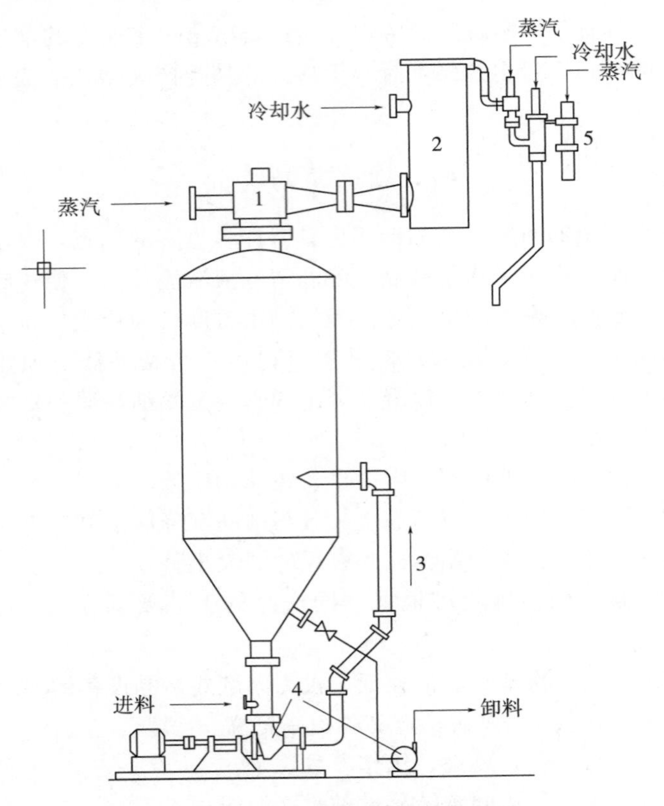

图 2-4-41　连续式真空冷却结晶器

1—蒸汽喷射泵　2—冷凝器　3—循环管　4—泵　5—双级式蒸汽喷射泵

水的使用价值。在工业水污染中，造纸黑液的污染也占有很大的比例。目前，只有少数较大的工厂通过碱法制浆降低黑液浓度，并采取碱回收的措施，大多数工厂的黑液往往直接排入河流，造成了大量的污染。

高盐污水产生途径广泛，水量也逐年增加。将高盐废水排放对环境产生的影响最小化要求去除含盐污水中的污染物。常用的高盐废水处理方式包括以下几种：耐盐生化处理、传统蒸发浓缩设备蒸发、膜技术除盐、电解除盐。但由于高盐废水的毒性和抑制作用，生化处理技术实施遇到了极大的阻碍；传统的蒸发浓缩设备运行费用高、能效低；膜技术处理设备价格昂贵，易堵塞、易污染，且最后产生的浓液无法处理；电解方式通常会因为有机物的存在而无法电解。因此，传统的污水处理技术具有一定的局限性，如操作条件苛刻、成本高，难以取得令人满意的效果，理想的高盐废水处理设备是环境保护领域的研究热点之一。

以人类目前的技术，高盐废水处理较理想的方式就是用高盐废水蒸发设备。高盐废水蒸发设备可以将盐类以固体的形式分离处理，甚至达到零排放的效果，并且得到的固体结晶还可以再回收利用。

MVR 是蒸汽机械再压缩技术（Mechanical Vapor Recompression）的简称。MVR 蒸发结晶器是重新利用其自身产生的二次蒸汽的能量，从而减少对外界能源的需求的一项节能技术。其结构和流程如图 2-4-42 所示。

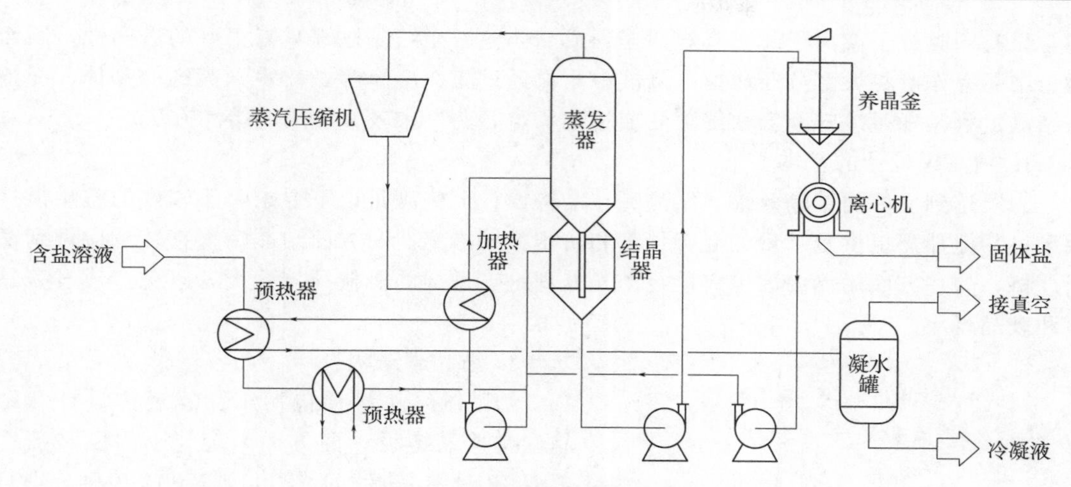

图 2-4-42　MVR 蒸发器流程图

MVR 蒸发结晶器，包括蒸汽压缩机、换热器、蒸发器、气液分离器、结晶器。蒸汽压缩机是 MVR 蒸发结晶系统的核心。该蒸发结晶系统采用了可编程控制器的自动控制程序，无须人工操作。该技术在高盐废水处理中具有明显的节能优势。其分盐工艺动画见视频 2-4-1。料液进入换热器被预热到所需温度，液体泵将料液预热输送到热交换器，再进入气液分离器进行气液分离。MVR 是将低温位的蒸汽经压缩机压缩，温度和压力提高，热焓增加，然后进入换热器与物料进行换热，充分利用了蒸汽的潜热，达到节能效果。整个蒸发过程中也不再需要补充生蒸汽。MVR 蒸发结晶系统的核心技术是蒸发结晶装置和自动控制技术。

MVR 蒸发结晶系统的特点如下：

(1) 低能耗、低运行费用；

(2) 占地面积小；

(3) 公用工程配套少，工程总投资少；

(4) 运行平稳，自动化程度高；

(5) 无需生蒸汽；

(6) 产品停留时间较短；

(7) 工艺简单，实用性强，部分负荷运载特性优异；

(8) 操作成本低。

MVR 蒸发器不同于普通单效降膜或多效降膜蒸发器，MVR 为单体蒸发器，集多效降膜蒸发器于一身，根据所需产品浓度不同采取分段式蒸发，即产品在第一次经过效体后不能达到所需浓度时，产品在离开效体后通过效体下部的真空泵将产品通过效体外部管路抽到效体上部再次通过效体，通过这种反复通过效体以达到所需浓度。

视频 2-4-1　MVR 蒸发结晶分盐设备工艺动画

(二) 某药厂 10m³ 结晶罐设计

结晶是医药、食品和化工行业制备精制产品的重要工艺。

通常只有同类分子或离子才能有规律排列成晶体。由于结晶过程具有很好的选择性，因而通过结晶操作可将大部分杂质留在母液中，再经过滤、洗涤等操作得到高纯的晶体。冷却法结晶过程是通过冷却降温使溶液变成过饱和，是药厂中较常使用的结晶方法。

1. 结晶罐设计的基本要求

为了达到良好的结晶效果，结晶罐在结构设计上应满足以下要求：①较好的整罐搅拌效果；②搅拌需提供足够量的混合强度和防止粘壁措施。一方面结晶罐搅拌装置应做到密封严格，另一方面罐体内部也应进行抛光处理；③适当的机械搅拌强度，以免产成过多晶核和破晶现象。

2. 结晶罐结构设计

结晶罐结构设计包括结晶罐罐体设计和结晶罐搅拌系统设计两方面内容。下面以某药厂工程 $10m^3$ 结晶罐（$DN2000\times2500$）为例分别对结晶罐罐体设计和结晶罐搅拌系统设计两方面内容进行讨论。本文所设计的结晶罐属于冷却结晶，结晶罐夹套内工作压力最大为 0.7 MPa（表压），罐内工作压力为−0.1～0.3 MPa（表压）。由于结晶罐夹套内压力较高，如何确定结晶罐的夹套类型是本设计的关键点。所设计的结晶罐的简图如图 2-4-43 所示。

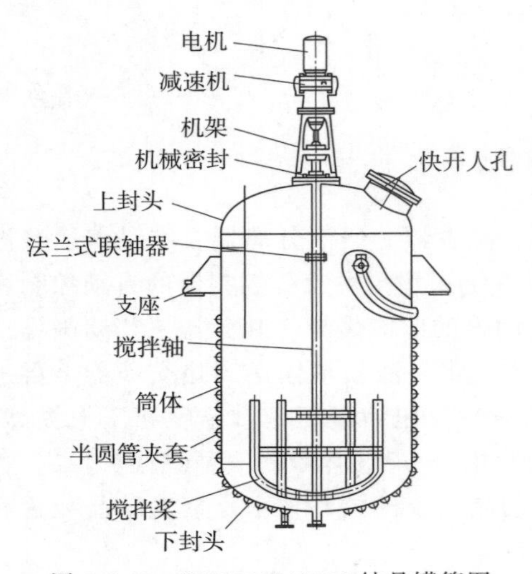

图 2-4-43　DN2000×2500 结晶罐简图

(1) 结晶罐材质选择　结晶罐材质选择应综合考虑该设备的使用条件、零件的功能和制造工艺、材料性能、材料使用经验、材料价格和规范标准等因素。结晶罐材质选择包括内筒材质选择和夹套材质选择两方面。由于该结晶罐用于制备药品，其对洁净度有较高的要求，结晶罐内筒直接与罐内介质接触，因此内筒材质选择不锈钢（S30408），且内筒还应进行抛光处理，抛光等级均达到粗糙度 Ra0.8μm 以下。对于夹套，由于其内部介质不与罐内介质接触，其材质主要按压力容器的选材要求确定。

(2) 结晶罐罐体结构设计　结晶罐的罐体壁厚和封头厚度除应满足强度计算和开孔补强外，还必须考虑搅拌系统作用在封头上的载荷（包括搅拌系统的重力引起的集中载荷）对封头稳定性的影响。实际生成中往往通过在溶液中加入适当数量及适当粒度的晶种来控制晶核的生长，为满足经常加入晶种的需要以及进行搅拌装置的安装和检修，本设备设计时在上封头设置了一个 $DN500$ 的快开人孔。

(3) 换热组件（夹套）设计

①夹套类型：所谓夹套就是在容器的外侧，用焊接的方式装设各种形状的钢结构，使其与容器外壁形成密闭的空间。在此空间内通入加热或冷却介质，便可加热或冷却容器内的物料。目前所使用的夹套的主要结构型式有整体（U 形和圆筒形）夹套和外半管（半圆管或弓形管）夹套。圆筒形夹套仅在圆筒部分有夹套，传热面积较小，适合于换热量要求不大的场合；U 形夹套是筒体部分和下封头部分都包有夹套，传热面积大，结构简单，加工容易，多用于容器直径较小的场合；而外半管夹套承压能力强，在容器直径较大、夹套

介质压力较高时对罐壁厚度减小较明显，缺点是焊缝多，焊接工作量大，筒体较薄时易造成焊接变形。

②夹套设计：由于结晶罐的换热性能应保证其具有均匀的传热效果，避免罐内出现局部过冷现象使溶质浓度不均匀的现象发生，因此结晶罐液面以下部分都应能够进行换热，采用圆筒形夹套不能满足罐内下封头内部介质进行换热的目的，因此本文主要讨论U形夹套和外半管夹套这两种结构。

a. U形夹套设计　若结晶罐采用U形夹套，由于夹套未与罐内介质接触，因此U形夹套材质可选择碳钢（Q245R）。结晶罐内筒和夹套的厚度根据GB 150—2011《压力容器》计算确定，综合考虑腐蚀裕量、钢板厚度负偏差以及封头加工减薄量等，最终确定筒体厚度为18mm，上封头厚度为10mm，下封头厚度为18mm，夹套筒体厚度为8mm，夹套下封头厚度为8mm。

b. 外半管夹套设计　若结晶罐采用外半管夹套，由于半管厚度较薄，且半管与筒体的焊缝较多，综合考虑腐蚀情况，加工制造，焊接要求等方面，最终确定外半管材质为不锈钢（S30408）。结晶罐内筒和夹套的厚度分别根据GB 150—2011《压力容器》和HG/T 20582—2011《钢制化工容器强度计算规定》计算确定，综合考虑腐蚀裕量、钢板厚度负偏差以及封头加工减薄量等，最终确定筒体厚度为10mm，上封头厚度为10mm，下封头厚度为10mm，半圆管夹套筒体厚度为3mm。

③夹套类型的确定：由上述夹套设计结果分析可知：a. 由于夹套压力较大（0.7MPa），若采用U形夹套，内筒所承受的负压较大（−0.8MPa），致使内筒体和内筒下封头较厚，不仅大大增加了罐体的质量，增加了设备的成本，而且内筒壁传热效果也有很大的影响，同时也造成了制造上的困难。b. 采用外半管夹套时，外半管可增强内筒的刚性，提高其稳定程度，内筒体和内筒下封头壁厚相比U形夹套下降了很多。虽然外半管加工复杂，焊接工作量较大，但是当夹套压力较高时其对内筒壁减薄作用明显，大大减轻了罐体的质量。

综上所述，综合考虑设备经济性、传热效果以及制造加工等因素，本例所讨论分析的DN2000×2500结晶罐采用外半管夹套型式对内筒进行降温，进而完成冷却结晶的过程。

（4）结晶罐搅拌系统设计　结晶罐搅拌系统设计包括搅拌轴转速的确定，搅拌叶轮型式的选择，搅拌功率的确定以及搅拌轴的设计等。

①搅拌轴转速的确定：结晶罐的搅拌转速在设计时应根据实际工况下所产生的晶体的粒度大小来确定，通常在设计时考虑采用变频调速。当观察到的晶粒过细或晶体出现破碎时，应降低电机的转速，直到满足生成的晶粒符合实际要求。对于本例所讨论的DN2000×2500结晶罐，设计时采用变频调速，其最大搅拌轴转速控制在50r/min左右。

②搅拌器的选择：结晶罐在工作时要求具有较好的整罐搅拌效果，以保证溶质温度和浓度的均匀性。如何使搅拌叶轮满足结晶液在罐壁处、罐中央及罐体不同部位都具有均一性的要求，是结晶罐搅拌系统设计的关键点。

为了满足结晶罐罐壁和罐中央溶质浓度以及上下物料浓度的均一性的要求，结晶罐搅拌叶轮应具有较大的搅拌范围。锚式搅拌和框式搅拌由于其搅拌直径较大（一般为容器直径的90%），能够搅动罐壁处物料，是结晶罐一般采用的搅拌叶轮型式。锚式搅拌适合于结晶液不宜粘壁、结晶液黏度较小且属于牛顿流体的场合。对于黏度较大和易粘壁且为非牛顿结晶液而言，锚式搅拌无法在罐壁处发挥效果，一般采用框式搅拌。

本例所设计的结晶罐，根据工艺条件和现场反应，罐内介质较黏稠，容积较大，属于容积较大的结晶罐，为了达到较好的整罐搅拌效果，产生较多的水平环向流，最终采用框式搅拌。

③搅拌功率的确定：如何确定结晶罐的搅拌功率是结晶罐设计的关键点。确定搅拌功率应考虑搅拌器的几何尺寸与转速（包括搅拌器直径、搅拌转速及搅拌器数量等）、结晶罐罐体的结构（包括结晶罐直径与体积、液面高度及挡板等）和搅拌介质的特性（包括液体的密度及黏度等）。搅拌功率 P 一般先按 $P=N_{P}\cdot\rho\cdot n^{3}\cdot d^{5}$ 计算。然后根据以往同类工程产品的生产经验以及单位体积结晶液电功率消耗等情况，最终确定该结晶罐的搅拌功率。本文设计的结晶罐最终确定搅拌功率为 11kW。

④搅拌轴的设计：结晶罐的搅拌轴一般应选用塑性好的材料加工制作而成。设计搅拌轴时应计算轴的强度（转矩和弯矩组合作用强度）、临界转速以及轴的刚度（扭转变形和弯曲挠度）。考虑上述因素计算所得的轴径为危险截面处的直径。确定轴的实际直径时，通常还得考虑腐蚀裕量和轴上键槽和销孔等对轴横截面的削弱，最后把直径圆整为标准轴径。

本例所讨论的结晶罐由于搅拌轴较长（约 4000mm），考虑加工制作及安装检修方便等要求，将搅拌轴设计为两根，通过联轴器连接在一起。由于本设备要求内构件进行抛光处理，同时也应避免晶体残留在上下轴的连接处，因此采用轴线对中性好及结构简单的法兰焊接式联轴器。

此外，由于该结晶罐有一定的洁净要求，为了避免外部杂质的渗入和内部结晶液的泄漏，设计时在搅拌轴上设置机械密封。

3. 结论

本文分别从结晶罐罐体结构设计和结晶罐搅拌系统设计两方面对某工程 $10m^{3}$ 结晶罐进行了分析讨论，主要得出了以下结论。

（1）对于容积较大的结晶罐，设备夹套型式的确定不仅应考虑换热效果和加工制造等因素，同时还应考虑设备的经济性。当设备直径及夹套压力较小时，结晶罐通常采用 U 形夹套进行换热；当设备直径及夹套压力较大时，结晶罐通常采用外半管夹套进行换热。

（2）为了使结晶罐在工作时具有较好的整罐搅拌效果，保证溶质温度和浓度的均匀性，保证晶体的质量，结晶罐在设计时搅拌转速较低，采用变频调速，一般控制在 50r/min 左右，搅拌叶轮型式采用框式搅拌，搅拌功率消耗按 $1kW/m^{3}$（结晶液）左右进行确定。

思考题

1. 解释下列名词：蒸发、结晶、真空蒸发、多效蒸发、热泵蒸发、热敏性物质、介稳定区、晶种起晶、等电点结晶、真空结晶。

2. 简述下列几种设备的工作原理、优缺点及应用范围。

升膜式蒸发器、降膜式蒸发器、离心式薄膜蒸发器、中央循环式管式蒸发器、奥斯陆结晶器、真空煮晶箱、DTB 型结晶器。

3. 真空蒸发与常压蒸发相比有哪些优点？

4. 选择蒸发设备时需要考虑哪些因素？

5. 简述升膜式蒸发器的成膜过程。
6. 蒸发器的上面为什么要留有一定的空间？
7. 结晶设备可以分为哪几类？
8. 蒸发与结晶的区别？
9. 结晶设备的设计需要考虑哪些方面？
10. 降膜蒸发器中的布膜器的作用是什么，有哪几种？
11. 结晶设备中搅拌器的作用是什么？

参考文献

[1] 胡叔平．几种不同加热方式的麦汁煮沸锅［J］．江苏食品与发酵，1985，1：003.

[2] 刘长海．麦汁煮沸锅加热器的型式与性能研究［J］．酿酒，1992，6：012.

[3] 殷涛．一种低压煮沸锅的改造方法［J］．啤酒科技，2002（6）：36-37.

[4] 皮丕辉，杨卓如，马四朋．刮膜薄膜蒸发器的特点和应用［J］．现代化工，2001，21（3）：41-44.

[5] 邹盛欧．离心式真空薄膜浓缩装置［J］．广东化工，1985，4：015.

[6] 李志娟，王全宏．板式蒸发器［J］．纯碱工业，1999（2）：51-52.

[7] 梁世中．生物工程设备［M］．北京：中国轻工业出版社，2002.

[8] Petrl P H，丘泰球．真空煮糖罐自动装置［J］．甘蔗糖业，1981，6：018.

[9] 谢东宏．DTB 型结晶器［J］．化工机械，1994，21（1）：55-57.

[10] 刘国诠．生物工程下游技术［M］．北京：化学工业出版社现代生物技术与医药科技出版中心，2003.

[11] 黄亚东．生物工程设备及操作技术［M］．北京：中国轻工业出版社，2008.

[12] 梁世中．生物工程设备［M］．北京：化学工业出版社，2007.

[13] 汤添钧，刘成刚，肖聪，李伟华．中药浓缩用机械蒸汽再压缩系统模型与仿真［J］．化工装备技术，2017，38（03）：22-25＋30.

[14] 孟献昊，田玮，张峻霞．乳品降膜蒸发器的生命周期评价分析［J］．食品工业，2018，39（10）：199-204.

[15] 刘清明，周泽广，朱冬生．板式蒸发器的工业应用概述［J］．流体机械，2009，37（7）：38-41.

[16] 赵宏伟，王宏斌，张金博．某药厂 $10m^3$ 结晶罐设计［J］．机械工程师，2016（04）：132-134.

第五章　干燥设备

生物工业中，干燥（drying）是利用热能（或其他能量）除去物料的浓缩悬浮液或结晶（沉淀）中湿分（水分或有机溶剂）的单元操作。目标产物经过干燥使湿分降低到规定的范围内，不仅易于包装和运输，更重要的是生物产物干燥后更稳定，不易变质，便于贮存。

干燥操作通常是固体生物产品（如柠檬酸、谷氨酸、酶制剂、单细胞蛋白等）生产过程中的最后一道工序，因此往往与最终产品的质量密切相关。而干燥方法的选择对于保证产品的质量至关重要。根据生物制品的特性及质量要求，常用的干燥方法有对流干燥（包括固定床干燥、流化床干燥、气流干燥和喷雾干燥）、冷冻干燥、真空干燥、微波干燥和红外干燥等。本章主要讨论上述干燥过程的设备及计算。

第一节　物料干燥过程及生物制品干燥的特点

一、固体物料干燥机理

（一）物料中水分的性质

物料中所含水分的性质与物料内部的结构有关，且取决于水分与物料的结合方式。物料内部结构的差异，导致水分与物料本身的结合方式不同，因此，根据物料中水分除去的难易程度，可将其分为游离水分和结合水分。

游离水分多存在于生物产品的细胞外及多孔物料的毛细管中，它与物料的结合力极弱，水分活度近似等于1，游离水与普通水有相同的密度、黏度和热容，游离水能够在原料中流动，并能通过毛细管作用到达物料表面，特别是游离水与普通水有相同的蒸汽压，因此，在干燥过程中，游离水易于除去。物料中游离水含量越多，干燥速率越快。

结合水分主要有渗透水分、结构水分等，它与物料的结合力较强，水分活度小于1。结合水不能随意流动，它有更高的汽化潜热，换句话说，结合水比游离水的饱和蒸汽压低，并随物料性质的不同而不同，所以，结合水分比游离水分在干燥过程中更难以除去。因此，生物产品同其他湿物料一样，在干燥过程中，首先除去的是结合力弱的游离水，其次是结合水。不同的物料中结合水的来源不同，在细胞和细胞质内的液体，由于溶质的溶解使得蒸汽压降低而表现为结合水的性质，或者在毛细管中的液体，由于毛细管作用使得蒸汽压下降而表现为结合水的性质，所有这些因素都可能影响到物料的干燥。

（二）干燥机理

湿物料的干燥操作中，有两个基本过程同时进行，一是热量由干燥介质（如热空气）传递给湿物料，使其温度升高，二是物料内部的水分向表面扩散，并在表面汽化被气流带走，因此，干燥操作属传热传质同时进行的过程，且二者的传递方向相反。干燥过程中，空气既是载热体，又是载湿体，干燥速率既与传质速率有关，也与传热速率有关。

对于质量传递过程，通常由两步构成，即水分由物料内部向表面扩散，水分在物料表面汽化并被气流带走。引起内部扩散的推动力是物料内部与表面之间存在着湿度梯度。其扩散阻力与物料的内部结构、水分和物料的结合方式有关。水分从物料内部扩散至表面后，便在表面汽化，向气流中传递。引起这一过程的推动力是物料表面气膜内的水蒸汽分压与气流主体中水蒸汽分压的差值。

物料在干燥过程中，水分在物料的内部扩散和表面汽化是同时进行的，但二者的传递速率不相等。对于有些物料，水分在表面的汽化速率小于内部扩散速率，而另一些物料，则水分表面汽化速率大于内部扩散速率。显然，干燥速率受其最慢的一步所控制。前一种情形称表面汽化控制，后一种则称为内部扩散控制。

干燥速率为表面汽化控制时，强化干燥操作就必须改善外部传递因素，在常压对流干燥情况下，因物料表面保持充分润湿，物料的表面温度可近似为空气的湿球温度，水分的汽化可看作是湿球温度下纯水表面的汽化。这时，提高空气温度，降低空气湿度，改善空气与物料之间的流动和接触状况，均有利于提高干燥速率。在真空干燥条件下，物料表面水分的汽化温度不高于该真空度下水的沸点，这种情况下，提高干燥室的真空度，可降低水分的汽化温度，从而可有效地提高干燥速率。干燥为内部扩散控制时，由于水分难以快速到达表面，使得汽化表面逐渐向内部移动，此时的干燥较表面汽化控制时更为复杂。要强化干燥速率，必须改善内部扩散因素，这种情况下，减小物料颗粒直径，缩短水分在内部的扩散路程，以减小内部扩散阻力；提高干燥温度，以增加水分扩散的自由能，均有利于提高干燥速率。

（三）恒速干燥和降速干燥

干燥操作中，常用干燥速度来描述干燥过程。其定义是单位时间内于单位干燥面积上所能汽化的水分量。数学方程为：

$$v=\frac{1}{A}\frac{\mathrm{d}m}{\mathrm{d}\tau}=-\frac{1}{A}\frac{\mathrm{d}m_1}{\mathrm{d}\tau}=-\frac{m_c}{A}\frac{\mathrm{d}c}{\mathrm{d}\tau} \tag{2-5-1}$$

式中　v——干燥速度，kg/（$m^2\cdot s$）

m——汽化水分量，kg

m_1——湿物料量，kg

m_c——湿物料中的绝干物料量，kg

A——干燥面积，m^2

c——湿物料的湿含量（干基），kg/kg 干料

τ——干燥时间，s

影响干燥速度的因素很多，不同物料在不同干燥条件下的干燥速度必须通过实验测定。通常实验得到物料湿含量 c 与干燥时间 τ 的关系曲线，即 $c-\tau$ 曲线，再根据干燥速度的定义，转化成干燥速度 v 与物料湿含量 c 的关系曲线，即 $v-c$ 曲线，或干燥速度 v 与干燥时间 τ 的关系曲线，即 $v-\tau$ 曲线。干燥速度曲线的形式随被干燥物料的性质而异。恒定干燥条件下典型的干燥度曲线如图 2-5-1 所示。

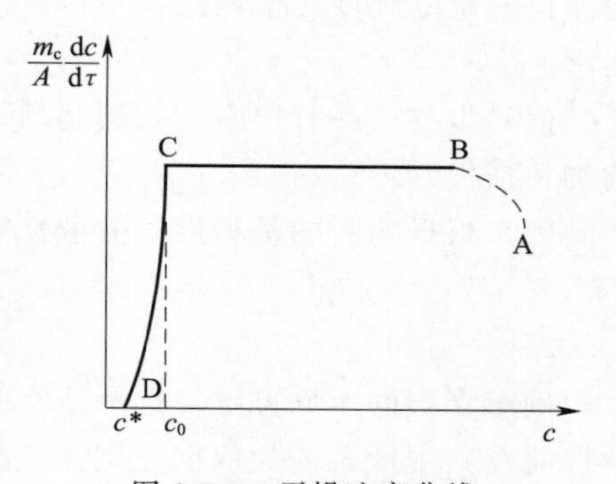

图 2-5-1　干燥速率曲线

从图中明显地看出，干燥过程分为两个阶段，图中 ABC 段为第一阶段，若不考虑短暂的预热阶段（即 AB 段），则此阶段的干燥速度基本是恒定的，称为恒速干燥阶段。CD 段表示第二阶段，在这一阶段中，随着物料湿含量的减少，干燥速度则不断降低，称为降速干燥阶段。两干燥阶段交点处所对应的湿含量，称为物料的临界湿含量，以 c_0 表示。

1. 恒速干燥阶段

在这一干燥阶段中，由于干燥条件恒定，空气的温度和湿度不变，则空气的湿球温度不变，又由于物料表面全部为游离水分所润湿，则湿物料的表面温度便等于空气的湿球温度，所以，空气温度与湿物料表面温度的差值维持不变，传热速率恒定，干燥过程在恒温下进行。另外，恒定干燥条件下，湿物料表面处的水蒸汽压等于空气湿球温度下水的饱和蒸汽压，并且它与空气中的水蒸汽分压之差维持恒定，则传质速率恒定，湿物料中的水分能以恒定速率向空气中传递。可见，恒速阶段的干燥速度取决于物料表面水分的汽化速率，即取决于物料外部的干燥条件（空气温度、湿度及流速等），所以恒速干燥阶段又称为表面汽化控制阶段。主要排除游离水分。

2. 降速干燥阶段

物料湿含量降至临界点以后，开始进入降速干燥阶段。在这一阶段中，湿物料表面水分逐渐减少，表明水分由物料内部向物料表面传递的速率小于湿物料表面水分的汽化速率。物料的湿含量越小，水分由物料内部向表面传递的速率就越慢，干燥速度就越小。另外，在这一阶段中，空气传递给湿物料的热量，一部分用于水分的汽化，而剩余的热量，则使物料的温度升高，因此，干燥在升温下进行。降速干燥阶段的干燥速度主要取决于物料本身的结构、形状及大小等特性，其次是干燥温度，所以降速干燥阶段又称内部扩散控制阶段，主要排除结合水分。

二、生物制品干燥的特点

生物制品的干燥机理虽然与一般化工产品的基本相同，但生物制品的特性所要求的干燥条件往往不同于普通物料的干燥。与普通物料相比，生物制品的干燥有以下特点。

（1）多数生物产品为热敏性物质，要求在较低温度下进行干燥，如酶制剂、抗生素类、益生菌菌粉等产品。

（2）生物产品的干燥时间不能过长，否则易失活。

（3）干燥操作必须在洁净的环境中进行，防止干燥过程中受微生物污染，且干燥产品应保持一定的纯度，干燥过程不得有杂质混入。因此，选用的干燥设备应满足无菌操作的要求。

（4）生物产品有很多，如酶制剂、疫苗和抗生素等价格贵，制作过程要减少干燥过程的物料损失。

（5）根据物料的黏稠性、分散性等干燥时要采取相应措施。

三、干燥设备的选型原则

确定合理的干燥方法，选择适宜的干燥设备应以所处理物料的化学物理性质、生物化学性能及其生产工艺为依据。例如，物料的黏稠性、分散性、热敏性、失活性能等。就热敏性而言，生物工业制品的干燥设备有以下几种类型：①瞬时快速干燥设备，如滚筒干燥设备、喷雾干燥设备、气流干燥设备、沸腾干燥设备等，这类设备干燥时间短，气流温度高，但被干燥的物料温度不会太高；②低温干燥设备，如真空干燥设备、冷冻干燥设备，其特点是在真空低温下进行，更适用于高热敏性物料的干燥，但干燥时间较长。另外还有其他类型的干燥设备，如红外干燥器、微波干燥器等。大多情况下，由于生物制品具有热敏性的特点，因此干燥设备最好选择快速瞬时干燥设备或低温干燥设备。具体地讲，可按下列原则选型。

1. 产品的质量要求

许多生物工业制品都要求保持一定的生物活性，避免高温分解和严重失活，因此，干燥设备的选型首先应满足产品的质量要求。如高活性且价格昂贵的生物制品（例如乙肝疫苗等）则必须选择真空干燥或冷冻干燥设备。

2. 产品的纯度

生物产品都要求有一定的纯度，且无杂质或杂菌污染，故干燥设备应能在无菌和密闭的条件下操作，且应具有灭菌设施，以保证产品的微生物指标和纯度要求。

3. 物料的特性

对于不同的物料特性，如颗粒状、滤饼状、浆状、水分的性质等应选择不同的干燥设备。例如颗粒状物料的干燥可考虑选择沸腾干燥或者气流干燥，结晶状则应选择固定床干燥，浆状可选择滚筒干燥或喷雾干燥等。

4. 产量及劳动条件

依据产量大小可选择不同的干燥方式和干燥设备。如浆状物料的干燥，产量大且料浆均匀时，可选择喷雾干燥设备，黏稠较难雾化时可采用离心喷雾或气流喷雾干燥设备，产量小时可用滚筒干燥设备。另外，应考虑劳动强度小，连续化、自动化程度高，投资费用小，便于维修、操作等。

表 2-5-1 为生物工业中常用的各种类型的干燥设备。

表 2-5-1　　生物工业常用的干燥设备

设备类型	干燥物料	设备类型	干燥物料
固定床干燥	啤酒酿造用绿麦芽	压力式喷雾干燥	酵母
卧式沸腾干燥	柠檬酸晶体、酵母、抗生素	离心式喷雾干燥	酶制剂、酵母
沸腾造粒干燥	葡萄糖、味精、酶制剂（颗粒状）	喷雾干燥与振动流化干燥	酶制剂（颗粒状）
气流干燥	味精、抗生素、葡萄糖	滚筒干燥	酵母、单细胞蛋白
旋风式气流干燥	四环素类	真空干燥	青霉素钾盐、土霉素等
气流式喷雾干燥	蛋白酶、核苷酸、抗生素等	冷冻干燥	抗肿瘤抗生素、乙肝疫苗等

第二节　非绝热干燥设备

一、常压干燥设备——麦芽干燥塔

用于啤酒生产的麦芽干燥过程分为两个阶段，前阶段麦芽水分大约从 45%降至 8%～

10%，属恒速干燥阶段，这时水分在麦芽内部的扩散速率大于表面汽化速率，干燥受表面汽化所控制。为了保持麦芽不收缩、不硬化、酶不失活，宜采取低温、大空气流量操作，以除去大量水分，提高干燥速率；后一阶段麦芽水分从 8%～10%降至 1.5%～3.5%，是降速干燥阶段，此时麦芽内部水分的扩散速度跟不上表面汽化速度，即干燥受内部扩散控制，水分的除去比较困难，若操作条件不当，将制成溶解度差、质量很差的玻璃质麦芽。通常可采取适当提高空气温度、减少空气流量的操作方式，以提高干燥速率，直到最后数小时，方可将干燥温度升高到规定的焙焦温度 80～85℃，增加其色、香、味。

麦芽干燥塔的类型有水平烘床和垂直烘床，水平烘床麦芽干燥塔过去在国内外广泛采用，外观一般为矩形，有一层、二层和三层。由于两层和三层水平烘床干燥塔的热潜力不足，不允许强化烘焙过程及增大烘床上的麦芽层厚度，且结构复杂、造价高、生产能力低，近年来在国内外已被单层高效麦芽干燥塔所替代。

（一）单层高效麦芽干燥塔的结构与操作

单层高效麦芽干燥塔多为圆形，如图 2-5-2 所示，塔体的下部是空气混合室，上部为干燥室，混合室侧壁设有预热空气进口，干燥室的下部烘床一般为具有长形孔的网眼钢板活动床，床层上设有干麦芽排出口，烘床开孔面积占总面积的 20%～40%，烘床上有可自动升降的刮板机，通过刮板机的转动，可使绿麦芽均匀分布于烘床上，干燥后的麦芽又通过刮板机排出。干燥室顶部设置可旋转的撒麦机构，侧壁开有废气排出口。整个干燥系统配有送风机、废气循环风道、空气预热器及废气余热回收装置。空气预热器采用翅片式蒸汽加热器，蒸汽通入散热片内，将加热器外的空气加热。

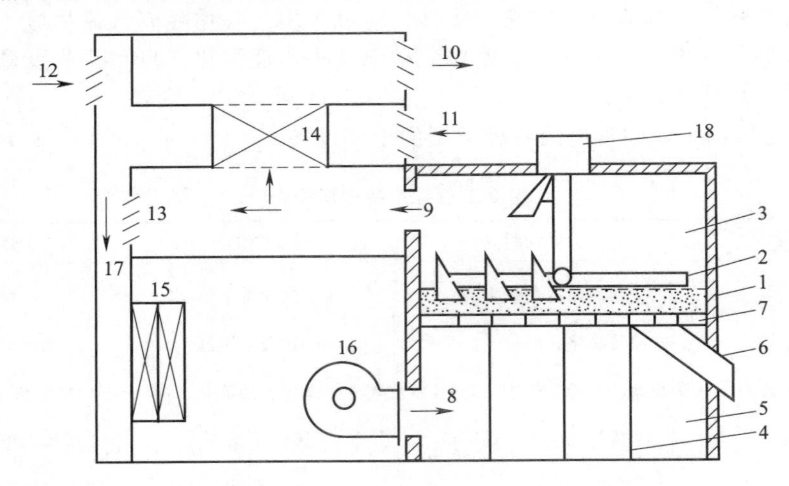

图 2-5-2　单层高效干燥塔装置

1—塔体　2—刮板机　3—干燥室　4—支撑柱　5—空气混合室　6—排料口　7—烘床　8—热风进口　9—废气出口　10—排风口　11—进风口　12—冷却风进口　13—回风口　14—余热回收器　15—空气加热器　16—风机　17—风道　18—传动装置

操作时，绿麦芽经输送机送入干燥塔的进料管，进料管由进料电机驱动而摆动，使绿麦芽沿着塔圆周方向流至床层上，开动刮板机，使麦芽在烘床上分布均匀，空气经预热室加热到一定温度后，由风机送入干燥塔下部的空气混合室，再进入麦芽床层。由麦芽床层排出的废气经废气余热回收装置与新鲜的冷空气换热后排至大气。在干燥的后期，当麦芽含水量降至10%左右时，从麦芽床层排出的废空气可循环使用，即部分废气通过循环风道与冷空气混合，混合空气经预热器加热后再送入烘床，这样可使热量消耗降低30%左右。干麦芽由刮板机排出塔外。

干燥室的高度与干燥效果有关，干燥室越高，空气流通越好，一般干燥室高度都在6m以上，有利于废气的排出。据资料报道，单层水平式高效麦芽干燥塔的技术指标如下：

①每烘焙周期1m^2烘床的麦芽产量　225～300kg

②烘焙周期　16～22h

③绿麦层高度　0.8～1.5m

④烘焙1000kg麦芽的耗热量　(2.7～4.2)$\times 10^5$kJ

⑤烘床下空气压头：

装入绿麦芽　6～10kPa

干燥后期　2～3kPa

国内某啤酒厂采用单层高效干燥塔，干燥塔直径13m，床层面积132m^2，装入绿麦芽层厚度1.2m，绿麦芽质量71.6t，体积156m^3，绿麦芽含水量44%，两台风机提供热风进行干燥，风量为$2\times 10^5 m^3/h$，空气由翅片式蒸汽加热器预热，空气温度通过调节加热器的蒸汽阀开度和新鲜空气量加以控制，在干燥中后期，采用部分或大部分废气循环，以降低热量消耗。麦芽干燥后，通风1～2h，手动打开床层上的出料口活动箅板，用刮料板将干麦芽卸出，再由斗式提升机送到干麦芽高位槽。全部干燥时间为21h，干燥后的麦芽含水量4%，麦芽质量41.7t，体积84m^3，干麦层厚度0.64m，除根后可得成品麦芽40t，体积80m^3。

为了使湿度沿整个麦芽高度均匀降低并具有特殊的色、香、味，表2-5-2列出了该厂对淡色麦芽厚层干燥的操作条件。

表2-5-2　　淡色麦芽厚层干燥操作条件

干燥时期	干燥时间/h	床层下热空气温度/℃	麦芽含水分量/%
Ⅰ	10	55	44～10
Ⅱ	4	65	10～6
Ⅲ	4	75	6～4
Ⅳ	3	85	4～3.5

图2-5-3为麦芽干燥过程中，温度、空气相对湿度随干燥时间的变化情况。

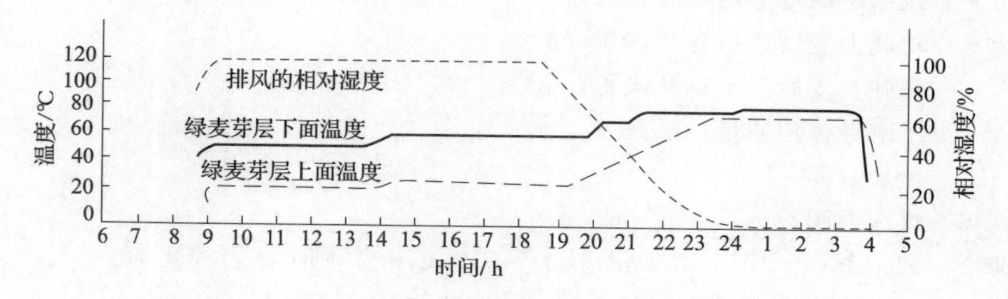

图2-5-3　单层高效干燥炉浅色麦芽干燥曲线

单层水平式麦芽干燥塔除固定床外，还有流化床干燥塔，如图 2-5-4 所示。由于麦芽处于流化状态，能强化干燥过程，故干燥迅速，生产能力大；缺点是能耗大，空气压头不足时，麦芽流化不完全，干燥不均匀。

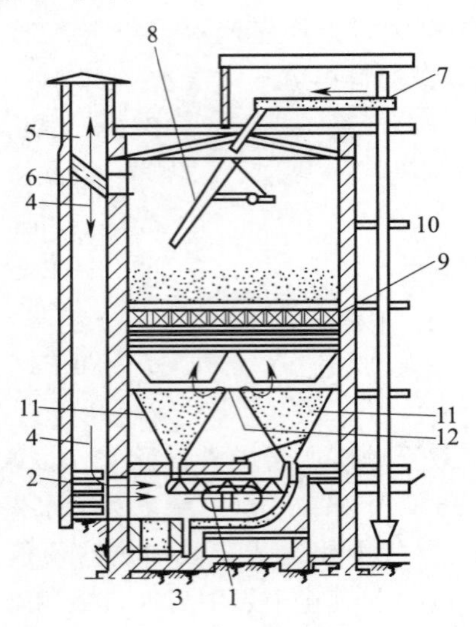

图 2-5-4　单层水平式流化床干燥塔

1—通风机　2—新鲜空气棚　3—炉　4—循环热空气　5—湿空气排出风门　6—风门　7—螺旋输送器　8—麦芽分配器　9—自动卸载烘床　10—斗式提升机　11—料斗　12—热空气

单层水平式高效干燥塔的优点为：①生产能力大，可实现机械化操作、自动化控制；②由于实现余热回收和废气循环使用，故热量消耗小，技术经济和热力指标良好；③不需要高层厂房和翻麦机，因此，结构简单，造价低。单层水平式高效麦芽干燥塔目前已被新建啤酒厂和麦芽厂广泛采用。

（二）单层高效麦芽干燥塔的设计计算

1. 生产能力

单层干燥塔的生产能力取决于烘床上麦层厚度、烘床面积及干燥时间，可由以下方程计算：

$$G=h\frac{V_2}{V_1}\gamma\frac{24}{\tau}A \tag{2-5-2}$$

式中　G——干燥塔生产能力，kg/d

h——烘床上绿麦芽层厚度，m

V_1——每吨大麦所产绿麦芽体积，m^3/t

V_2——每吨大麦所产干麦芽体积，m^3/t

γ——干麦芽体积质量，kg/m^3

τ——干燥时间，h

A——烘床面积，m^2

如取 $V_2=1.42m^3/t$，$V_1=3.2m^3/t$，$\gamma=550kg/m^3$，则上式可简化为：

$$G=5860\frac{hA}{\tau} \tag{2-5-3}$$

2. 空气耗量

空气耗量主要取决于从麦层带走的水分量，塔内进出空气的湿度、温度等，所有计算都以每1kg绝干空气为基准。在全部干燥过程中，每个阶段排除的水分量不同，操作条件不同，空气耗量就不同，其中以干燥初期所排除的水分量最多，相对空气耗量和热量消耗最大。因此，单层干燥塔设计计算中，空气耗量、热量消耗计算应以干燥初期为基准。

干燥初期的空气耗量可由以下方程计算：

$$L=\frac{W}{x_e-x_0} \tag{2-5-4}$$

式中　L——每小时所需的绝干空气量，kg/h

x_0——进入麦层的空气湿含量，kgH_2O/kg 绝干空气

x_e——离开麦层的空气湿含量，kgH_2O/kg 绝干空气

W——每小时蒸发的水分量，kg/h

干燥初期，麦芽干燥速率受表面汽化所控制，因此，水分的蒸发速率与蒸发面积、空气的湿含量有关，可由以下方程计算：

$$W=kS\ (x_g-x) \tag{2-5-5}$$

式中　S——蒸发表面积，m^2

k——蒸发系数，$kgH_2O/(h\cdot m^2\cdot \Delta x)$

x_g——空气离开麦层温度下的饱和湿含量，kgH_2O/kg 绝干空气

x——空气在麦层中的湿含量，kgH_2O/kg 绝干空气

S 和 k 均随麦芽的含水量不同而有所差异。斯切伦克（Schlenk）测定了麦芽在干燥的不同阶段 k 和 S 的实验数据，分别列于表 2-5-3 和表 2-5-4 中。

表 2-5-3　麦芽含水量与蒸发系数的关系

麦芽含水量/%（湿基）	k	麦芽含水量/%（湿基）	k
37.5	7.9	23.1	3.7
33.0	5.0	16.1	3.7
28.6	4.3	9.1	3.7

表 2-5-4　麦芽含水量与干麦芽的蒸发面积的关系

麦芽含水量/%（湿基）	100kg 干麦芽的蒸发表面积/m^2	麦芽含水量/%（湿基）	100kg 干麦芽的蒸发表面积/m^2
45.0	360	20.0	200
40.0	330	10.0	178
30.0	250		

当麦芽含水量相当高时，即为空气离开麦层温度下的饱和湿含量，但当含水量低于20%时，麦芽表面边界层处的空气不再为饱和状态。对不同含水量的麦芽，其边界层处空气的相对湿度的实验结果列于表 2-5-5 中。

表 2-5-5　　麦芽含水量与边界层相对湿度的关系

麦芽含水量/%（湿基）	边界层的相对湿度/%	麦芽含水量/%（湿基）	边界层的相对湿度/%
23.0	95.0	13.0	33.0
20.0	80.0	10.0	14.0
16.0	57.0		

表 2-5-6 给出了麦芽含水量与离开麦层的空气相对湿度的关系。

表 2-5-6　　麦芽含水量与离开麦层的空气相对湿度的关系

麦芽含水量/%（湿基）	离开麦层的空气相对湿度/%	麦芽含水量/%（湿基）	离开麦层的空气相对湿度/%
45.0	90.0	20.0	65.0
40.0	85.0	10.0	35.0
30.0	78.0	5.0	10.0

x 代表通过麦芽层的空气湿含量，显然，沿麦层不同高度处 x 值是不同的，因此，方程（2-5-5）中的（x_g-x）应取对数平均值：

$$(x_g-x)_m=\frac{x_e-x_0}{\ln\frac{x_g-x_0}{x_g-x_e}} \tag{2-5-6}$$

所以

$$L=\frac{kS(x_g-x)_m}{x_e-x_0}=\frac{kS}{\ln\frac{x_g-x_0}{x_g-x_e}} \tag{2-5-7}$$

在干燥过程中，S、k、$(x_g-x)_m$ 都在随时间变化，如要得到全部干燥过程比较准确的结果，必须每间隔 1h 计算一次，因为在每小时间隔内，各变量可视为常数。必须指出，当麦芽干燥至水分降至 10%时，方程（2-5-5）不再适用，因为这时已明显由表面汽化控制转为内部扩散控制了。

3. 热量计算

同样取干燥初期的热量消耗为基准，可由以下方程计算：

$$Q=Q_1+Q_2+Q_3 \tag{2-5-8}$$

式中　Q——空气在加热器内吸收的热量，kJ/h

Q_1——空气在第一小时内带走的热量，kJ/h

Q_2——麦芽在第一小时内吸收的热量，kJ/h

Q_3——干燥塔热损失，kJ/h

空气在第一小时内带走的热量 Q_1 可由以下方程计算：

$$Q_1=L(h_e-h_0) \tag{2-5-9}$$

式中　h_0——进入加热器空气的焓，kJ/kg 绝干空气

h_e——离开干燥塔废空气的焓，kJ/kg 绝干空气

麦芽在第一小时内吸收的热量 Q_2 由以下方程计算：

$$Q_2 = m \cdot c_m (T_1 - T_0) \tag{2-5-10}$$

式中　m——干燥第一小时内的绿麦芽量，kg（可取平均值）

c_m——绿麦芽的平均比热容，kJ/（kg·℃）

T_0——进入干燥塔的绿麦芽温度，℃

T_1——第一小时干燥时的麦芽温度，其值等于干燥温度下的空气湿球温度，℃

有人测定干燥塔的热损失 Q_3 为 20～90kJ/（100kg 干麦芽·d），每生产 100kg 干麦芽需要的热量，最适条件下约为 3.77×10^5kJ，一般条件为 5.7×10^5kJ，最差条件为 7.7×10^5kJ。

传热面积可由以下方程计算：

$$A = \frac{Q}{K \cdot \Delta T_m}$$

且

$$\Delta T_m = T_s - \frac{T_1 + T_0}{2}$$

式中　T_0、T_1——分别表示进入和离开加热器时空气的温度

T_s——加热蒸汽温度

对于翅片式加热器，传热系数 K 约为 165kJ/（m^2·h·℃）。

4. 压力损失计算

当麦芽层高度 0.3～1.5m，空气流速为 0.3～1.5m/s 时，压力损失 Δp 可由以下方程计算：

$$\Delta p = 0.1 H^{1.08} v^{1.55} \times 10^5 \tag{2-5-11}$$

式中　Δp——空气通过麦芽层时的压力降，Pa

H——麦芽层厚度，m

v——空气流速，m/s

例 2-5-1　每批投入原大麦 55t，经发芽后得含水分 44%的绿麦芽 71t，送至单层麦芽干燥塔内干燥，干燥后干麦芽的含水量为 3.5%。全部干燥时间为 21h，已知空气初温 16℃，相对湿度 70%，空气经加热器加热至 60℃进入床层，试对干燥塔进行设计计算。

解：（1）生产能力

$$G = G_0 \frac{1-V_0}{1-V} = 71000 \times \frac{1-0.44}{1-0.035} = 41200\ (\text{kg})$$

取绿麦芽厚度：$h = 1.1$m

则由 $G = h \frac{V_2}{V_1} \gamma \frac{24}{\tau} A$ 得干燥塔截面积

$$A = \frac{41200 \times 21 \times 3.2}{1.1 \times 1.42 \times 550 \times 24} = 134\ (\text{m}^2)$$

干燥塔直径

$$D = \sqrt{\frac{4A}{\pi}} = \sqrt{\frac{4 \times 134}{3.14}} = 13.1\ (\text{m})$$

（2）空气耗量

$$L = \frac{Sk\ (x_g - x)_m}{x_e - x_0}$$

由 $h-x$ 图查得，空气在 16℃，相对湿度 70%下，$x_0 = 0.008$kgH_2O/kg 绝干空气，

I_0=39kJ/kg 绝干空气，空气经加热器预热后，进入烘床时的温度为 60℃，则焓值 h_1=81.6kJ/kg 绝干空气。又由表 2-5-6 知，当麦芽含水分 44%时，离开麦芽的空气相对湿度为 89%，若空气在床层中 1h 间隔内近似为等焓过程，则 $h_e=h_1$，由此可查得离开麦层时空气的温度为 27.5℃，湿含量 x_e=0.021kgH_2O/kg 绝干空气。此温度下空气的饱和湿含量 x_g=0.0213kgH_2O/kg 绝干空气。所以：

$$(x_g-x)_m=\frac{x_e-x_0}{\ln\frac{x_g-x_0}{x_g-x_e}}=\frac{0.021-0.008}{\ln\frac{0.0213-0.008}{0.0213-0.021}}=0.00343\text{kgH}_2\text{O/kg 绝干空气}$$

麦芽中干物质量 71000×（1－44%）=39760kg，由表 2-5-4 得麦芽含水分 44%时，100kg 干麦芽的蒸发表面积为 354m^2，由表 2-5-3 得 k=7.9，则：

$$S=39760\times\frac{354}{100}=140750\ (\text{m}^2)$$

$$L=\frac{140750\times7.9\times0.00343}{0.021-0.008}=293380\ (\text{kg 绝干空气/h})$$

查得操作条件下，空气密度为 1.135kg/m^3，则空气体积流量：

1h 内蒸发水分量：
$$V=\frac{293380}{1.135}=258484\ (\text{m}^3/\text{h})$$

$$W=Sk\ (x_g-x)_m=140750\times7.9\times0.00343=3814\ (\text{kg/h})$$

干燥 1h 后麦芽含水量：

$$\frac{71000\times44\%-3814}{71000-3814}=40.8\%$$

（3）热量消耗

$$Q=Q_1+Q_2+Q_3$$

$$Q_1=L\ (h_e-h_0)=293380\times(81.6-39)=1.25\times10^7\ (\text{kJ/h})$$

$$Q_2=mc_m\ (T_e-T_0)$$

且
$$m=71000-3814=67186\ (\text{kg})$$

$$c_m=1.42\times(1-0.44)+4.184\times0.44=2.64\ [\text{kJ/(kg·℃)}]$$

麦芽入烘床温度 T_0=16℃，麦芽干燥温度即为空气的湿球温度，T_e=27.5℃，所以

$$Q_2=67186\times2.64\times(27.5-16)=2.04\times10^6\ (\text{kJ/h})$$

取 100kg 干麦芽在 24h 内干燥的热损失为 90kJ，则：

$$Q_3=G\times\frac{90}{100\times24}=41200\times\frac{90}{100\times24}=1545\ (\text{kJ/h})$$

所以
$$Q=1.25\times10^7+0.204\times10^7+1545=1.474\times10^7\ (\text{kJ/h})$$

可见 1h 内近似为等焓干燥。

若选用 SRZ 型翅片式加热器，传热系数 K=164kJ/（h·m^2·℃），选用 2×10^5Pa 蒸汽加热，蒸汽温度 T_s=120℃，则传热面积：

$$A=\frac{Q}{K\cdot\Delta T_m}$$

且
$$\Delta T_m=T_s-\frac{T_1+T_0}{2}=120-\frac{60+16}{2}=82\ (℃)$$

$$A=\frac{1.474\times10^7}{164\times82}=1096\ (\text{m}^2)$$

（4）空气通过床层的压力损失

$$\Delta p = 0.1H^{1.08}v^{1.55}\times 10^5$$

$$v=\frac{V}{A}=\frac{258484}{0.785\times 13.1^2\times 3600}=0.53\ (\text{m/s})$$

$$\Delta p = 0.1\times 1.1^{1.08}\times 0.53^{1.55}\times 10^5 = 4144\ (\text{Pa})$$

二、真空干燥设备

真空干燥是一种在真空条件下操作的接触式干燥过程，与常压干燥相比，真空干燥温度低，水分可在较低的温度下汽化蒸发，不需要空气作为干燥介质，减少空气与物料的接触机会，故适用于热敏性和在空气中易氧化物料的干燥。但真空干燥生产能力低，需要专门的抽真空系统。

真空干燥设备一般由密闭干燥室、冷凝器和真空泵三部分组成，生物工程中常用于维生素等热敏性产品生产。常用的真空干燥设备有真空箱式干燥器、带式真空干燥器、耙式真空干燥器。表 2-5-7 所示为真空干燥箱系列规格。

表 2-5-7　　真空干燥箱系列规格

参数	机型				
	YZG－600	YZG-1000	YZG-1400A	FZG-12	FZG-15
干燥箱内尺寸/mm	Φ600× 976	Φ1000×1527	Φ1400× 2054	1500×1400×1300	1500×1400×1220
干燥箱外尺寸/mm	4135×810×1020	1693×1190×1500	2386×1675×1920	1700×1900×2140	1513×1924×2060
烘架层数/层	4	6	8	8	8
层间距离/mm	81	102	102	132	122
烘盘尺寸/mm³	310×600×45	250×410×45	400×600×45	480×630×45	480×630×45
烘盘数	4	24	32	32	32
烘架管内使用压力/MPa	≤0.784	≤0.784	≤0.784	≤0.784	≤0.784
烘架使用温度/℃	－35～150	－35～150	－35～150	－35～150	－35～150
箱内空载真空度/Pa	1 333	1 333	1 333	6 666	1 333
用冷凝器时，真空泵型号功率/kW	ZX-15　2	ZX-30A　3	ZX-70A　5.5	ZX-70A　5.5	ZX-70A　5.5
不用冷凝器时，真空泵型号功率/kW	JZJS-70　7	JZJS-70　7	JZJS-70　7	JZJS-70　7	JZJS-70　7
干燥箱质量/kg	250	800	1400	2500	2100

1. 真空箱式干燥器

这种干燥器主要为一真空密封的干燥室，干燥室内部装有供加热介质通入的中空盘架（由加热管、加热板、夹套或蛇管等间壁组成）。被干燥的物料均匀地散放于活动的托盘中，托盘置于盘架上。在干燥过程中，真空的形成可直接用水力喷射器或蒸汽喷射器获得，若采用往复式真空泵或机械油泵时，则应在干燥箱或真空泵间装一个冷凝器，以冷凝干燥过程产生的水蒸气，避免水汽抽入泵内。一般干燥室内可维持 9.3×10^4 Pa 左右的真空度，若干燥温度在 40～70℃时，应以热水加热为宜。真空干燥箱系间歇式操作。盘架和干燥盘应尽可能做成表面平滑，以保证良好的热接触。在这种干燥器中，初期干燥速率甚快，而后期干燥速率较慢。

2. 带式真空干燥器

带式真空干燥设备主要用于液状和浆状物料的干燥，图 2-5-5 所示为一带式真空干燥器简图。由封闭的不锈钢料带、加热滚筒、冷却滚筒、加热装置及抽真空系统组成。不锈钢带在真空室内绕过一加热滚筒和一冷却滚筒。湿物料加在下方钢带上，由加热滚筒和辐射加热器一起加热。当钢带绕过冷却滚筒时，干燥后的制品被冷却，并由刮刀刮下。

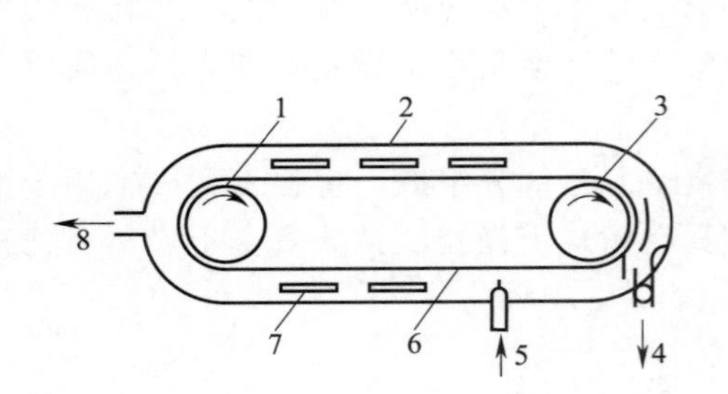

图 2-5-5　带式真空干燥器

1—加热滚筒　2—真空室　3—冷却滚筒

4—制品出口　5—原料进口　6—不锈钢带

7—辐射加热器　8—至真空系统

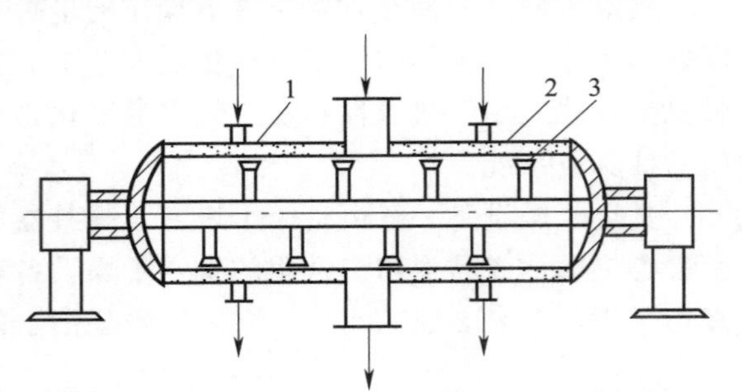

图 2-5-6　耙式真空干燥器

1—外壳　2—蒸汽夹套　3—水平搅拌器

3. 耙式真空干燥器

耙式真空干燥器是一种间歇操作的干燥器，结构如图 2-5-6 所示，在一个带有蒸汽夹套的圆筒中装有水平搅拌轴，轴上有许多叶片以不断翻动物料，蒸发的水蒸汽和不凝性气体由真空系统排除，干燥结束后，切断真空并停止加热，使干燥器与大气相通，然后将物料由底部卸料口卸出。这种真空干燥器是通过间壁传导供热，密闭操作，对糊状物料适应性强，物料的原始含水量可在很宽的范围内波动，但生产能力较低。

第三节　绝热干燥设备

一、气流干燥原理及设备

（一）气流干燥原理及特点

气流干燥是利用高速热气流将物料在流态化输送过程中进行干燥的操作。干燥操作中，湿物料在热气流中呈悬浮状态，每个物料颗粒都被热空气包围，因而使湿物料在流动过程中最大限度地与空气充分接触，气体与固体之间进行传热和传质，达到干燥的目的。气流干燥适用于潮湿分散状态颗粒物料的干燥，如生物工业中味精、柠檬酸、四环类抗生素等的干燥。气流干燥有以下特点。

（1）干燥强度大　由于气体在干燥管内流速大，一般为 10～20m/s，气-固间存在一定的相对速度，因而固体物料与空气之间产生剧烈的相对运动，使物料表面的气膜不断更新，大大降低了传热和传质的气膜阻力。一般干燥器全管平均体积传热系数为 4200～

13000kJ/（m^3·h·C）。

（2）干燥时间短　物料在干燥管内仅停留1～5s即可达到干燥要求。因此对于热敏性物料仍可采用较高的介质温度。如用140℃的热空气干燥赤霉素，130℃热空气干燥四环素均能获得优质产品。

（3）适用性广　可使用于各种粉粒状、碎块状物料的干燥，粒径范围为0.1～10mm，湿含量可至30%～40%。

（4）设备结构简单，占地面积小，生产能力大，能连续操作，可实现自动控制。

另外，气流干燥对物料有一定的磨损，因此不适合于对晶形有一定要求的物料，且热能利用程度较低，一般热利用率仅为30%左右。目前使用的气流干燥器形式有长管气流干燥器（长度10～20m），短管气流干燥器（长度4m左右）和旋风气流干燥器等。表2-5-8为直管型气流干燥器应用实例。

表2-5-8　　直管型气流干燥器应用实例

物料	原料湿含量/%	产品湿含量/%	热风入口温度/℃	废气出口温度/℃	产品产量	干燥管直径×长度/m
阿司匹林	2.5～5	0.2	80	60	200kg/h	Φ0.30×12.5
安乃近	20	4～5	100	70	150～200kg/h	Φ0.25×10.0
草酸	4～5	0.5	120	40	380kg/h	Φ0.30×15.0
醋酸钠	10	2～3	80～90	—	1000kg/h	Φ0.20×（5～6）
味精	4～5	0.1	100	—	125kg/h	Φ0.20×10.0
药用小苏打	3	0.05	110	—	15000kg/d	Φ0.20×12.0
食用小苏打	3.9	0.2	180～240	50～70	2600kg/d	Φ0.20×12.0
葡萄糖	16～17	9.1	90	40	400kg/h	Φ0.20×1.8
针剂葡萄糖	>50	8	120	—	500t/年	Φ0.20×15.0

（二）气流干燥设备

典型的气流干燥器是一根几米至十几米的垂直管，物料及热空气从管的下端进入，干燥后的物料则从顶端排出，进入分离器与空气分离。操作过程中，热空气的流速应大于物料颗粒的自由沉降速度，此时物料颗粒即以空气流速与颗粒自由沉降速度的差速上升。用于输送空气的鼓风机可以安装在整个流程的头部，也可装在尾部或中部，这样就可使干燥过程分别在正压、负压情况下进行。图2-5-7是长管气流干燥味精的流程。

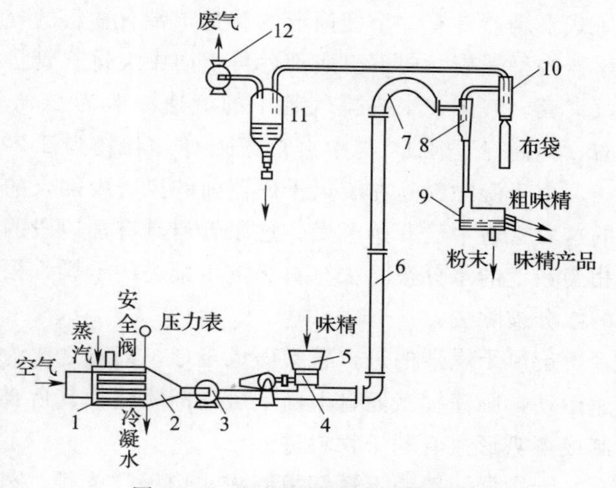

图2-5-7　长管气流干燥味精流程

1—空气过滤器　2—空气加热器　3—鼓风机　4—加料器　5—料斗　6—干燥管　7—缓冲管　8—分离器　9—振动筛　10—二次分离器　11—湿式收集器　12—排风机

空气过滤器：过滤介质为铁丝网，铁丝可用油浸过，使尘粒容易黏在上面。

空气加热器：多采用螺旋翅片式，也可用列管式加热器，加热蒸汽压力一般为0.2～0.3MPa，加热后空气温度80～90℃。

干燥管：常为圆形长管。为了充分利用气流干燥中颗粒加速段较强的传热传质作用，可采用管径交替缩小与扩大的脉冲式气流干燥管（图2-5-8）。当颗粒进入小管径的干燥管段时高速流过，使颗粒加速运动。加速终了时，颗粒又接着进入大管径的干燥管内，由于气流速度的降低，导致颗粒速度的减慢，直至减速终了时，干燥管径再次缩小，如此重复交替地进行，使颗粒不断地加速减速，从而强化了传热传质速率。

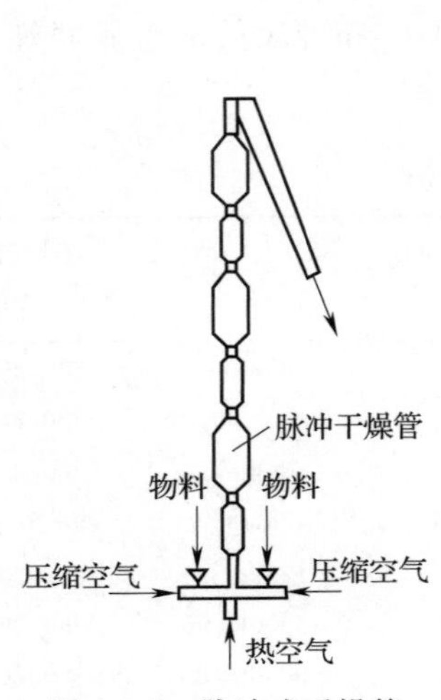

图2-5-8　脉冲式干燥管

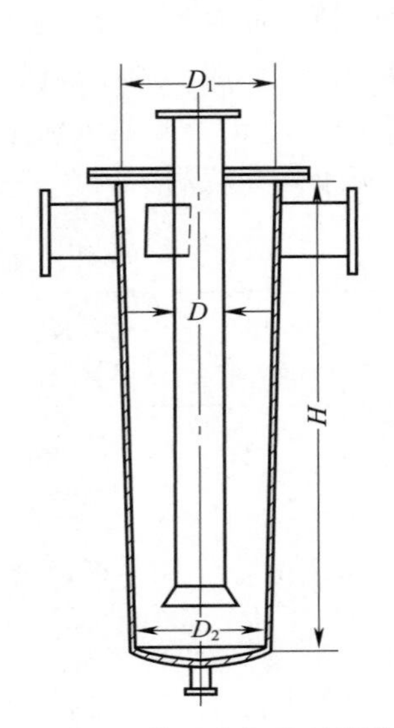

图2-5-9　旋风式气流干燥器

旋风式气流干燥器没有长管式那样的长管，因此不需高层的厂房，操作也较简便。旋风式干燥器具有一个圆筒形的筒身，带有物料的气流在上部以切线方向进入干燥器，在干燥器内呈螺旋状向下至底部后再折向中央排气管排出（图2-5-9）。筒身处必要时可附有蒸汽夹套。气体在中央排气管中的流速一般为20m/s左右，而在环管中的流速约3m/s左右，即筒身直径D_1与中央管直径D之比约为2.77。

由于湿物料是在旋风干燥器前的风管中加入的，湿物料从加料口至旋风干燥器入口间的这段管道中已开始干燥，这段管道具有加速段的性质，因此，物料在进入干燥器前已有相当数量的水分被除去。对于抗生素类的干燥，根据实测，在物料进入干燥器前约有50%的水分被除去。

旋风干燥器的进口管常做成矩形，高宽之比为1.7～3.0。为了使气流在干燥器下部加速运动，圆筒横截面自上而下可逐渐收缩，其底部直径$D_2=D_1-0.05H$，排气管的入口制成喇叭形，有利于物料进入。

干燥器一般用不锈钢板制成，内壁要光滑，外部有良好的保温层，常用石棉泥保温，厚度约为50mm。

加料器：有螺旋加料器和文丘里加料器等。常用螺旋加料器，这种加热器不泄漏且不易堵塞。文丘里管加料器的工作原理是利用管截面缩小时，产生的负压将物料吸入，但这种加料器长时间使用会使物料在边上黏住易堵塞，对黏性不大的物料可采用这种加料器。

（三）气流干燥的计算

气流干燥的计算包括：干燥管长度 l、直径 D_1、干燥时间 τ 等，计算过程如下。

（1）由基尔比切夫准数求得物料的悬浮速度 v_a 和干燥过程中空气与物料间的对流传热系数 K：

$$K_i = d_s \sqrt[3]{\frac{4g(\rho_s - \rho)}{3\gamma^2 \rho}} \tag{2-5-12}$$

式中　K_i——基尔比切夫准数

d_s——物料平均直径，m

ρ_s——物料密度，kg/m^3

ρ——空气在干燥管内平均温度下的密度，kg/m^3

γ——空气在干燥管内平均温度下的运动黏度，m^2/s

$$\gamma = \mu / \rho$$

μ——空气在干燥管内平均温度下的黏度，Pa·s

求得 K_i 后，由图 2-5-10 查出物料在悬浮速度下的雷诺准数 $Re_{浮}$，这样便可由下式计算出颗粒的悬浮速度：

$$v_a = \frac{Re_{浮} \gamma}{d_s}$$

应用图 2-5-11，依 $Re_{浮}$ 查出努塞尔特准数 Nu，由下式计算得空气与物料间的对流传热系数 K：

$$K = \frac{Nu\lambda}{d_s}$$

式中　K——空气与物料间的对流传热系数，kJ/（m^2·h·℃）

λ——空气在干燥管内平均温度下的导热系数，kJ/（m·h·℃）

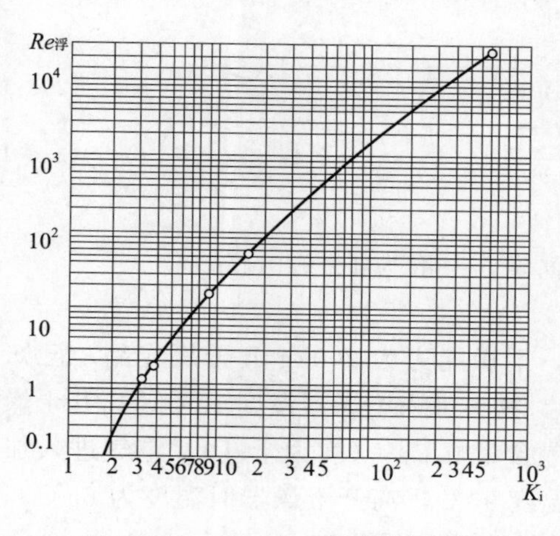

图 2-5-10　$Re_{浮}$ 与 K_i 准数的关系

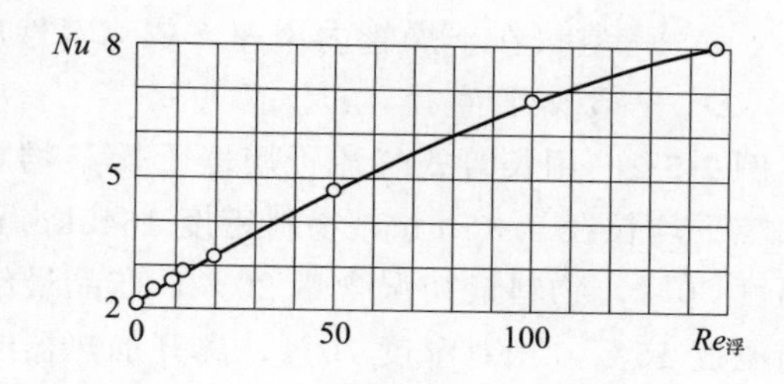

图 2-5-11　Nu 准数与 $Re_{浮}$ 的关系

（2）物料的总表面积　设物料为球形颗粒，则表面积为：

$$A = n\pi d_s^2$$

式中　A——物料的总表面积，m^2/h

n——每小时进入干燥管的颗粒数

所以

$$A=\frac{6G}{d_s\rho_s}$$

式中　G——干燥器的生产能力，kg/h

（3）干燥时间　干燥过程所需时间可按下式计算：

$$\tau=\frac{3600Q'}{KA\Delta T} \tag{2-5-13}$$

式中　τ——干燥时间，s

Q'——空气传递给湿物料的热量，kJ/h

ΔT——物料与空气之间的平均传热温差，℃

$$\Delta T=\frac{T_1+T_2}{2}-\theta$$

式中　T_1——进入干燥器时热空气的温度，℃

T_2——离开干燥器时废空气的温度，℃

θ——物料表面温度，其值等于空气的湿球温度，由 $h-x$ 图查得

$$Q'=Q-Q_1-L\ (h'_2-h_0)$$

$$Q=L(h_1-h_0)$$

式中　Q——空气在加热器内获得的热量，kJ/h

h_1——空气出加热器时的焓，kJ/kg

h_0——空气进加热器时的焓，kJ/kg

L——空气用量，kg 绝干空气/h

Q_1——干燥器的热损失，kJ/h

h'_2——空气在初始湿含量 x_0 下，离开干燥器温度为 T_2 时的焓，kJ/kg 绝干空气。

这样，$L\ (h'_2-h_0)$ 即表示空气通过加热器和干燥管后，仅本身温度升高而使其增加的热量（不计水蒸汽带来的热量）。

（4）干燥管的长度和直径

$$l=\ (v-v_0)\ \tau \tag{2-5-14}$$

$$D=\sqrt{\frac{4L}{3600\pi v\rho}} \tag{2-5-15}$$

式中　L——干燥管长度，m

v——空气在干燥管内流速，依物料性质而定，一般为 10～20m/s

D——干燥管直径，m

例 2-5-2　用长管式气流干燥器干燥某物料，干燥能力为 200kg/h 干燥成品。已知物料颗粒平均粒径 0.36mm，物料密度 $1640kg/m^3$，物料进入干燥器温度 15℃，离开干燥器时温度 50℃，物料最初湿含量 20%，产品最终湿含量 0.2%（均为干基），空气进入加热器前温度 15℃，相对湿度 70%，离开加热器时温度 90℃，离开干燥器时温度为 65℃，焓 107kJ/kg，热损失为有效热量的 10%，试对干燥器进行设计计算。

解：（1）物料衡算

蒸发水分量　$W=G\ (c_1-c_2)$

$=200\times99.8\%\times\ (0.20-0.002)$

$=39.5$（kg/h）

空气消耗量　　$L=\frac{W}{x_2-x_0}$

由 $T_0=15$℃，$\varphi=70\%$查得 $x_0=0.0075$kg H_2O/kg 绝干空气，$h_0=33$kJ/kg 绝干空气。又由 $T_1=90$℃，$x_1=x_0$ 查得 $h_1=110$kJ/kg。则由 $T_2=65$℃，$h_2=107$kJ/kg 绝干空气，查得$x_2=0.016$kJ/kg 绝干空气。

$$L=\frac{39.5}{0.016-0.0075}=4647\ (\text{kg 绝干空气/h})$$

（2）物料悬浮速度和对流传热系数

$$K_i=d_s\sqrt[3]{\frac{4g\ (\rho_s-\rho)}{3\gamma^2\rho}}$$

空气平均温度$\frac{90+65}{2}=77.5$℃时，$\rho=1.01\text{kg/m}^3$，$\gamma=2\times10^{-5}\text{m}^2/\text{s}$，$\lambda=0.103\text{kJ/(m}\cdot\text{h}\cdot℃)$，

则
$$K_i=3.6\times10^{-4}\times\sqrt[3]{\frac{4\times9.807\times\ (1640-1.01)}{3\times\ (2\times10^{-5})^2\times1.01}}=13.53$$

查图 2-5-10 得 $Re_{浮}=31$，查图 2-5-11 得 $Nu=4.05$，所以：

$$v_a=\frac{Re_{浮}\ \gamma}{d_s}=\frac{31\times2\times10^{-5}}{3.6\times10^{-4}}=1.72\ (\text{m/s})$$

$$K=\frac{Nu\lambda}{d_s}=\frac{4.05\times0.103}{3.6\times10^{-4}}=1159\ [\text{kJ/}\ (\text{h}\cdot\text{m}^2\cdot℃)]$$

（3）物料总表面积

$$A=\frac{6G}{d_s\rho_s}=\frac{6\times200}{3.6\times10^{-4}\times1640}=2833\ (\text{m}^2/\text{h})$$

（4）干燥时间

$$\tau=\frac{3600Q'}{2A\Delta T}$$

由 $T_2=65$℃，$x_2=0.016$kg H_2O/kg 绝干空气，查得空气的湿球温度为 32℃，即 $\theta=32$℃。

$$\Delta T=\frac{T_1+T_2}{2}-\theta=\frac{90+65}{2}-32=45.5℃$$

$$Q'=Q-Q_1-L\ (h'_2-h_0)$$

由 $T_2=65$℃，$x_1=x_0=0.0075$kg H_2O/kg 绝干空气，查得：

$$h'_2=86\text{kJ/kg}$$

$$L\ (h'_2-h_0)\ =4647\times\ (86-33)\ =246291\ (\text{kJ/h})$$

$$Q_1=\ (357819-246291)\ \times10\%=11153\ (\text{kJ/h})$$

所以
$$Q'=357819-11153-246291=100375\ (\text{kJ/h})$$

故
$$\tau=\frac{3600\times100375}{1159\times2833\times45.5}=2.42\ (\text{s})$$

（5）干燥器长度和直径

$$l=\tau\ (v-v_0)$$

取
$$v=10\ (\text{m/s})$$

$$l=2.42\times\ (10-1.72)\ =20\ (\text{m})$$

$$D=\sqrt{\frac{4L}{3600\pi v\rho}}$$

$$=\sqrt{\frac{4\times4647}{3600\times3.14\times10\times1.01}}$$

$$=0.40\ (\text{m})=440\ (\text{mm})$$

二、喷雾干燥设备

（一）喷雾干燥原理及特点

喷雾干燥是利用不同的喷雾器，将悬浮液或黏滞的液体喷成雾状，因此料液能形成很大的比表面积，使雾滴同热空气产生剧烈的热质交换，在几秒至几十秒内迅速排除物料水分而获得干燥。成品以粉末状态沉降于干燥室底部，连续或间断地从卸料器排出。它特别适用于不能借结晶方法得到固体产品的生物制品生产中，如酵母、核苷酸和某些抗生素药物的干燥。

喷雾干燥的特点如下。

(1) 干燥速度快、时间短，一般为3～30s，由于料液雾化成20～60μm的雾滴，其表面积相应高达200～5000m^2/m^3，物料水分极易汽化而干燥。

(2) 干燥温度较低。虽然采用较高温度的热空气，但由于雾滴中含有大量水分，其表面温度不会超过加热空气的湿球温度，一般为50～60℃，加之物料在干燥器内停留时间短，因此物料最终温度不会太高，非常适合于热敏性物料的干燥。

(3) 制品具有良好的分散性和溶解性，成品纯度高。

但喷雾干燥的容积干燥强度小，故干燥室体积大，热量消耗多，一般蒸发1kg水分约需6000kJ热量，相当于消耗2.5～3.5kg的蒸汽。图2-5-12为典型的连续喷雾干燥过程。表2-5-9列举了一些喷雾干燥参数对酶活性损失的影响。

表2-5-9　　一些喷雾干燥参数对酶活性损失的影响

酶	喷雾干燥器	温度/℃		喷雾干燥产品湿含量/%	活性损失/%
		入口	出口		
芽孢杆菌碱性蛋白酶（Alcalase，诺维信）	常规喷雾干燥塔，旋转盘雾化器	131.0	73.0	10.2	2.7
		131.0	70.0	7.6	13.6
		145	40.0	26.8	1.5
		146	57.0	15.3	7.8
真菌α-淀粉酶	常规喷雾干燥塔，旋转盘雾化器	150±5	63.0	5.2	19.0
		150±5	66.0	8.3	10.0
		150±5	78.0	4.4	26.0
		150±5	80.0	2.1	38.0
真菌糖化酶	常规喷雾干燥塔，旋转盘雾化器	150±5	90.0	14.0	34.0
		150±5	80.0	17.0	20.0
		150±5	70.0	20.0	10.0
米曲霉蛋白酶	小型喷雾干燥机	160.0	75.0	14.1	72.7
		120～130	70.0	9.4～10.1	28～49
真菌中性蛋白酶	小型喷雾干燥机	154.5	79.5	6.5	21.0
枯草芽孢杆菌中性蛋白酶	小型喷雾干燥机	154.5	76.6	5.07	22.3

（二）喷雾干燥设备

喷雾干燥的关键是料液的雾化，它关系到喷雾干燥的技术经济指标、产品质量。理想的喷雾器要求喷雾粒子均匀，结构简单、产量大、能耗小。实现料液雾化的喷雾器有压力式喷雾器、气流式喷雾器和离心式喷雾器 3 种，由此形成压力喷雾干燥塔、气流喷雾干燥塔和离心喷雾干燥塔 3 类喷雾干燥设备。生物工业中，后两种喷雾干燥设备应用较多。表 2-5-10 列出 WPG 系列无菌喷雾干燥机性能参数。

表 2-5-10　WPG 系列无菌喷雾干燥机性能参数

参数	机型				
	WPG-5	WPG-25	WPG-50	WPG-75	WPG-100
进风温度/℃	120～150	120～150	120～150	120～150	120～150
出风温度/℃	80～100	80～100	80～100	80～100	80～100
液料处理量/（kg/h）	5	25	50	75	100
雾化气压力/MPa	0.4～0.6	0.4～0.6	0.4～0.6	0.4～0.6	0.4～0.6
雾化气量/（m^3/min）	0.2	0.4	0.6	0.9	0.9
雾化压缩机功率/kW	1.5	3	5.5	7.5	7.5
输液料功率/kW	0.5	0.7	1.1	1.5	1.5
风机功率/kW	0.75	3	4	5.5	7.5
物料回收率/%	>99	>99	>99	>99	>99

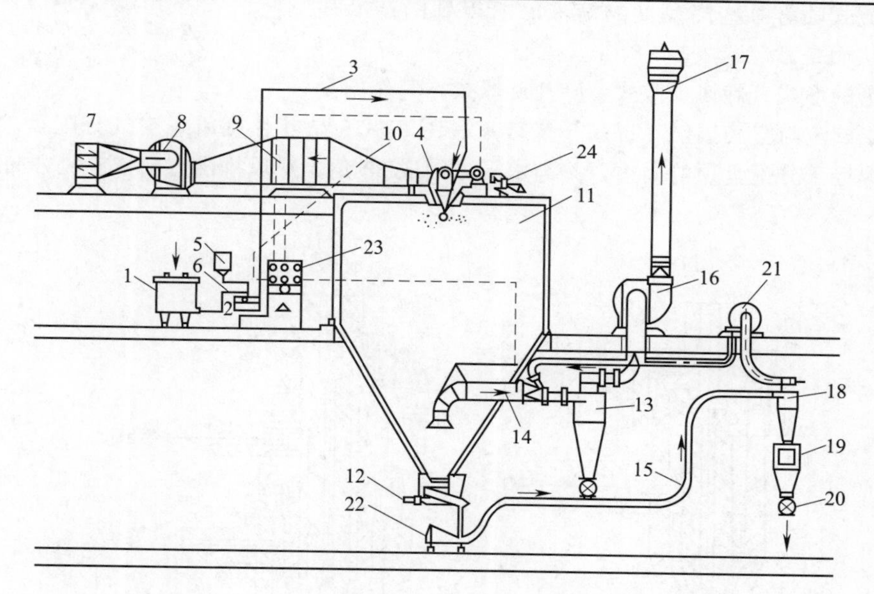

图 2-5-12　连续喷雾干燥流程

1—供料罐　2—供料泵　3—供料管路　4—喷雾器　5—水罐　6—三通活门　7、22—空气过滤　8—鼓风机　9—空气加热器　10—空气导管　11—干燥室　12—振动供料器　13—气力输送系统　14—出气导管　15、18—旋风分离器　16—排风机　17—风帽　19—贮罐　20—旋转阀　21—气力输送风机　23—仪表盘　24—冷却喷雾器风机

1. 气流喷雾干燥设备

气流喷雾是依靠压力为 0.20～0.60MPa 的压缩空气高速通过喷嘴时，将料液吸入并使其雾化。喷嘴孔径一般为 1～4mm，故能够处理悬浮液和黏性较大的料液，如核苷酸、蛋白酶的喷雾干燥。气流喷雾干燥塔的结构如图 2-5-13 所示，上部为圆柱形，下部为圆锥形，塔直径与高度之比为 1∶（2.4～3），直径与锥体高度之比为 1.3～1.6，空塔时的气流速度 0.15～0.2m/s，回风管空气流速为 10～12m/s。干燥室由 1mm 左右厚度的不锈钢衬里焊接而成，外部有保温层，塔顶部装有空气分配盘，塔内设有气流喷雾器，塔的下部有螺旋排风管。

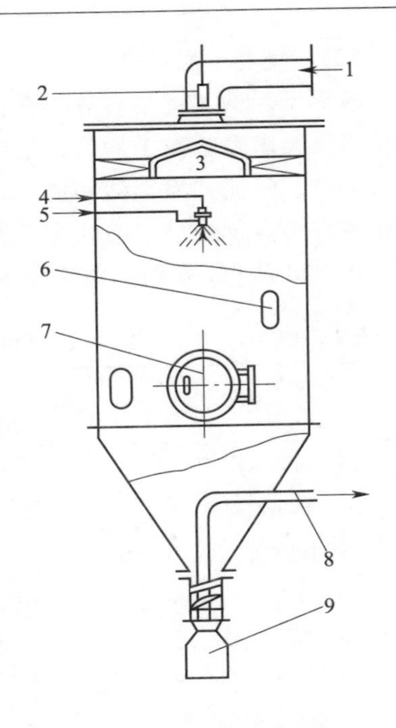

图 2-5-13　气流喷雾干燥塔

1—热空气入口　2—温度计　3—扩散盘　4—物料入口　5—压缩空气入口　6—视镜　7—人孔　8—废气出口　9—成品贮罐

气流喷雾器有两种形式，一种为内部混合式，即气体与料液在喷嘴内部混合后喷出，喷出雾滴比较均匀；另一种是外部混合式，即气体与料液在喷嘴外面混合喷成雾滴。常用的是内部混合式，其结构如图 2-5-14 所示。喷嘴上有螺旋槽，空气经螺旋槽时以切线方向进入形成湍流，将料液喷成雾状。由于气流式喷雾是利用高速气流对料液产生摩擦分裂作用而把液滴拉成细雾的，所以，气流式喷雾某些高黏度的溶液时所得到的产品往往不是粉状而是絮状。

分配盘的形式有旋风扩散式、叶片旋风式，其作用是使空气形成旋流与雾滴接触，提高干燥效率。图 2-5-15 是叶片旋风式空气分配盘。由 30 个叶片均匀焊接于分配盘顶的周边，并与水平方向成 30°角，热风排出方向依旋风方向而定。

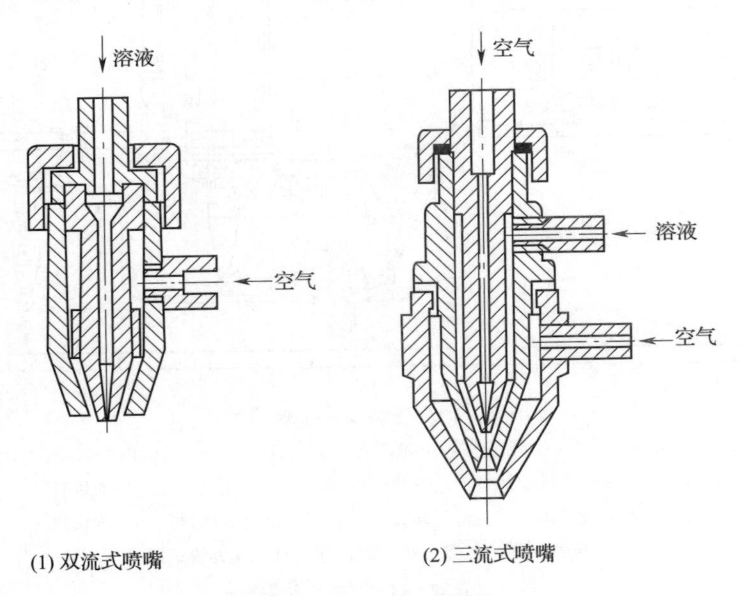

图 2-5-14　气流喷雾器

螺旋排风管是在回风管下部外侧焊上螺旋形的导风板，使气流沿螺旋导风板旋转向下，增大了气流阻力，使密度较大的产品向下沉降，气固两相分离，而密度较小的粉末状产品随废气沿回风管导入袋滤器。

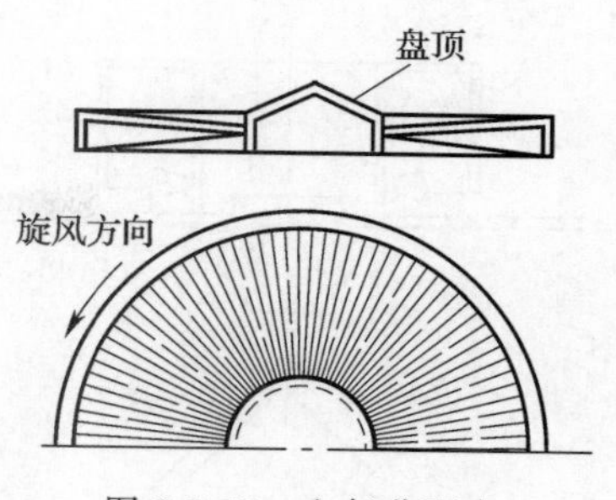

图 2-5-15 空气分配盘

2. 离心喷雾干燥设备

离心喷雾干燥是利用在水平方向做高速旋转的圆盘给予料液以离心力，使其高速甩出，形成薄膜、细丝或液滴，同时又受到周围空气的摩擦、阻碍与撕裂等作用形成细雾而干燥的过程，目前酶制剂的干燥大多采用这种方法。离心喷雾干燥塔的顶部有热风盘，塔内有离心喷雾机（喷盘）等。

喷雾室的直径与离心喷雾机的转速有关，液滴直径与转速成反比，液滴射程（即喷矩）与液滴直径成正比，即转速小时，液滴射程大，而塔径是随射程的增大而增大，因此，喷盘转速越小，喷雾室直径就越大。喷矩的定义是，在某一半径的圆周内，有90%～95%液滴下落，不再具有水平速度，这个半径距离即称喷矩。显然，只要干燥塔半径大于喷矩时，绝大部分液滴就不会碰壁。喷雾室内的截面风速一般以 0.1～0.4m/s 为宜。

喷盘的形式有平板形、皿形、碗形、多翼形、喷枪形、锥形和圆帽形等。目前生物工业中主要用后三种。结构如图 2-5-16 所示。其生产能力有 150L/h、500L/h、1000L/h，离心喷盘转速为 3000～7000r/min。喷枪形是由一组喷嘴（一般为 6 个）伸在离心盘外，如同翼轮一样，中心形成负压，被喷物料容易卷起，黏在顶壁上。锥形和圆帽形可避免这一不足，实践证明后两种形式较好，圆帽式的喷孔出口向下倾斜 45°，避免被喷物料向上翻。锥形喷盘是一组喷嘴装在离心盘内，避免中心形成负压。喷盘和喷嘴的材料均用不锈钢制造，加工安装时要求做动平衡试验，如果质量不平衡，则产生较大振动而损坏轴承。

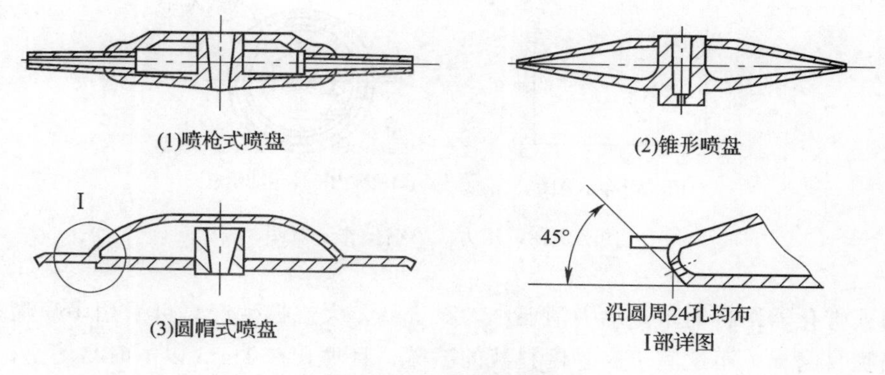

图 2-5-16 喷嘴的形式

热风盘的作用是进塔后的热风分配均匀，否则会造成塔内局部黏壁。除部分热风从塔顶外风道固定均布的方形进风口进入塔内之外，大部分的热风是从热风盘（即内风道）通过风向调节板进入塔内。风向调节板向下倾斜的角度是可调的。进入塔内的热风风向与喷

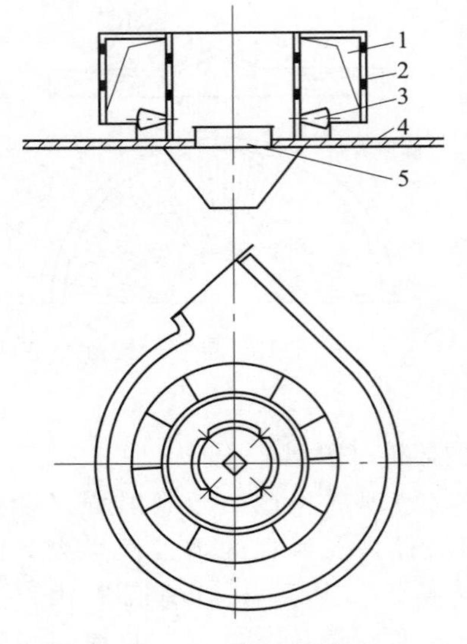

图 2-5-17　热风盘构造
1—热风盘　2—保温层　3—风向调节板
4—塔顶壁　5—喷雾机座

盘甩出的料液方向可以相同，也可以相反，为了使热风在热风盘进入塔内的流速相等，热风盘常做成蜗壳形（图 2-5-17）。热风分配盘应与喷盘配合安装，尽可能使热风进口与喷盘靠近，使热风均匀分配进入喷雾室。热风分配盘的进口风速为 6～10m/s，出口风速一般为 8～12m/s。由于喷盘高速旋转，中心形成负压，使甩出的物料卷起黏在喷雾机上，设计时可在喷雾机的周围进入少量热风，以避免黏壁。

3. 压力喷雾干燥设备

压力喷雾干燥设备是利用高压泵，使料液以 5～20MPa 的压力从孔径为 1.5～6mm 的喷孔喷出，分散成 50～100μm 的液滴。液滴在干燥室内与热气流接触而获得干燥。

压力式喷嘴通常由液体的切向入口、旋转室、喷孔等组成，如图 2-5-18 所示。

由高压泵输送的液体自切向口进入旋转室，形成厚度为 0.5～4μm 的环形薄膜从喷嘴喷出，在空气介质的摩擦作用下，液膜伸长变薄，撕裂成细丝，进一步断裂成雾滴。

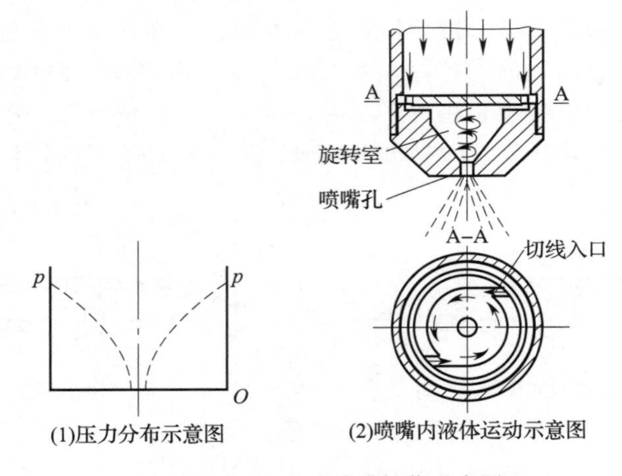

图 2-5-18　压力式喷嘴操作示意图

压力式雾化器结构简单，动力消耗小，噪音低，大规模生产时可采用多喷嘴雾化。但压力式喷嘴易磨损，不适宜于高黏度料液的喷雾，且喷孔在 1mm 以下时易堵塞。

喷雾干燥室的直径和高度。干燥塔直径和高度的选取应能保证塔内热空气与料液间的热质交换顺利进行。塔径的确定不仅与料液中的含水量有关，而且与喷雾塔的形式有关。塔径大小必须保证料液在尚未干燥之前，不致碰上塔壁。干燥塔的直径可用下列两种方法确定。

(1) 根据喷矩半径确定塔径

$$D=2.25r_{max} \tag{2-5-16}$$

式中 D——干燥塔直径，m

r_{max}——最大喷矩半径，m

根据弗雷泽（Frazer）等的表示法，喷矩最大半径 r_{max} 是 99％的雾滴降落至离心喷雾器下方 7.62cm 处的雾矩截面半径，用以下方程表示：

$$r_{max}=3.3\frac{D_0^{0.21}G^{0.2}}{n^{0.16}} \tag{2-5-17}$$

式中 D_0——离心喷雾器喷盘直径，m

G——进料量，kg/h

n——喷盘转速，r/min

确定喷矩的另一方程为：

$$r=\frac{4}{3}\times\frac{d}{\zeta}\cdot\frac{\rho_m}{\rho}\ln\frac{v_1}{v_0} \tag{2-5-18}$$

式中 d——液滴的平均直径，m

ρ_m——料液密度，m^3

ρ——热空气密度，kg/m^3

v_1——液滴离开喷盘时的速度，m/s

v_0——液滴运动的沉降速度，m/s

ζ——沉降阻力系数，与液滴运动的雷诺准数有关

当 $Re\leqslant 2$ （层流） $\zeta=\frac{24}{Re}$

当 $Re<1000$ （过渡流） $\zeta=\frac{18.5}{Re^{0.6}}$

当 $Re>1000$ （湍流） $\zeta=0.44$

(2) 根据干燥强度确定塔径

$$D=1.05\left(\frac{Q}{A_v}\right)^{\frac{1}{3}} \tag{2-5-19}$$

式中 Q——喷雾干燥室蒸发量，kg/h

A_v——容积干燥强度，[kg/（m^3·h）]

A_v是指干燥室内 $1m^3$空间在 1h 内能够蒸发的水分量（kg）。影响体积干燥强度的因素很多，不但与喷雾时的分散度有关，而且还与干燥室内气流流动情况、被干燥物质的性质及干燥介质的温度有关。根据实验，进风温度 T_1 越高，体积干燥强度就越大，其关系如表 2-5-11 所示。

表 2-5-11　　进风温度与体积干燥强度的关系

进风温度/℃	100	120	130	140	150	200
体积干燥强度/〔kg/（m^3·h）〕	2.0	2.4	2.8	3.2	3.60	5.0

或写成经验公式为 $A_v=0.03T_1-1$。

干燥塔的高度必须保证干燥时间所需之高度，即料液尚未干燥前不致沉降塔底。对

于离心喷雾干燥塔，塔体圆柱部分高度 $H \leqslant D$，常取 $H=(0.5\sim1.0)D$，圆锥部分的高度 h 可根据塔径和采用的锥角进行计算，锥角应小于物料的休止角，才能及时将产品卸出，一般为 60°，或者 $h \approx D$。对于压力喷雾干燥塔 $H=(3-5)D$，混流时 $H=(1-1.5)D$。

（三）喷雾干燥的附属设备

1. 空气加热器

由钢管制成的蒸汽加热排管组成，管外套有翅片，翅片与管子表面应接触紧密，这种加热器传热性能良好，管内蒸汽对管壁的传热系数为 42000kJ/（$m^2 \cdot h \cdot ℃$），而管壁对加热空气的传热系数仅为 21～210kJ（$m^2 \cdot h \cdot ℃$）。安装时，切勿使空气仅仅从与翅片垂直的方向在翅片上掠过，而尽可能使空气从翅片空间的深处穿过，故翅片管不宜使管轴垂直于地面安装。

国内生产的空气加热器主要型号有 SYA、SYD、SYE 型散热器和 I 型钢制散热排管，近年又生产出 SRZ 型钢带和 SRL 型铝带两种绕片式空气加热器，其规格分为大（D）、中（Z）、小（X）3 种类型。表 2-5-12、表 2-5-13 分别列出了 SRZ 型空气加热器的有关技术参数和传热系数。

表 2-5-12　SRZ 加热器有关的技术参数

规格	散热面积/m^2	通风净截面积/m^2	规格	散热面积/m^2	通风净截面积/m^2	规格	散热面积/m^2	通风净截面积/m^2
5×5D	10.13	0.154	6×6D	15.33	0.231	7×7D	20.31	0.320
5×5Z	8.78	0.155	6×6Z	15.29	0.234	7×7Z	17.60	0.324
5×5X	6.23	0.158	6×6X	9.43	0.239	7×7X	12.48	0.329
10×5D	19.92	0.302	10×6D	25.13	0.381	10×7D	28.59	0.450
10×5Z	17.26	0.306	10×6Z	21.77	0.385	10×7Z	24.77	0.456
10×5X	12.22	0.312	10×6X	15.42	0.395	10×7X	17.55	0.464
12×5D	24.86	0.378	12×6D	31.35	0.475	12×7D	35.67	0.563

表 2-5-13　SRZ 加热器的传热系数 K　　单位：kJ/（$m^2 \cdot h \cdot ℃$）

型号		热媒	V_r/[kg/($m^3 \cdot s$)]									
			2	4	6	8	10	12	14	16	18	20
SRZ	5，6，10^D_Z	蒸汽	70.7	97.1	114.2	136.0	151.9	166.2	179.5	191.3	203.0	213.5
	5，6，10X		75.3	108.8	135.6	158.2	177.9	197.1	213.5	230.2	244.4	259.5
	7^D_Z		73.2	104.6	128.1	148.6	166.6	182.9	198.0	211.8	224.8	236.9
	7X		80.8	120.1	150.7	178.3	202.6	224.8	245.7	265.4	284.6	301.4

空气加热器的传热面积可由以下方程确定：

$$A=\frac{1.15Q}{K\left(T_s-\frac{T_0+T_1}{2}\right)} \tag{2-5-20}$$

式中　A——传热面积，m^2

Q——传热量，kJ/h

K——传热系数，kJ/（m^2·h·℃）

T_s——加热蒸汽温度,℃

T_0、T_1——分别为空气加热前后的温度,℃

2. 粉尘分离器

在喷雾干燥中，排出的废气带走一部分粉状产品，可通过旋风分离器收集，图 2-5-19 为一新型扩散式旋风分离器的结构。它与一般旋风分离器的区别是底部增设一个反射屏。在一般旋风分离器中，旋转气流达到锥底后又在中心部自下而上旋转，流向出口管，这时产生的漩涡能把已经沉降下来的粉尘重新卷起，而随出口旋转夹带出去，从而影响除尘效率，尤其对微细颗粒（小于 5～10μm）影响更大。加上反射屏以后，使已经分离下来的粉尘沿着反射屏与分离器之间的环隙落入料斗中，这就有效地防止了底部的返回气流把已经分离下来的粉尘重新卷起，因此，这种分离器的分离效率高。表 2-5-14 所示为扩散式旋风分离器的有关参数。

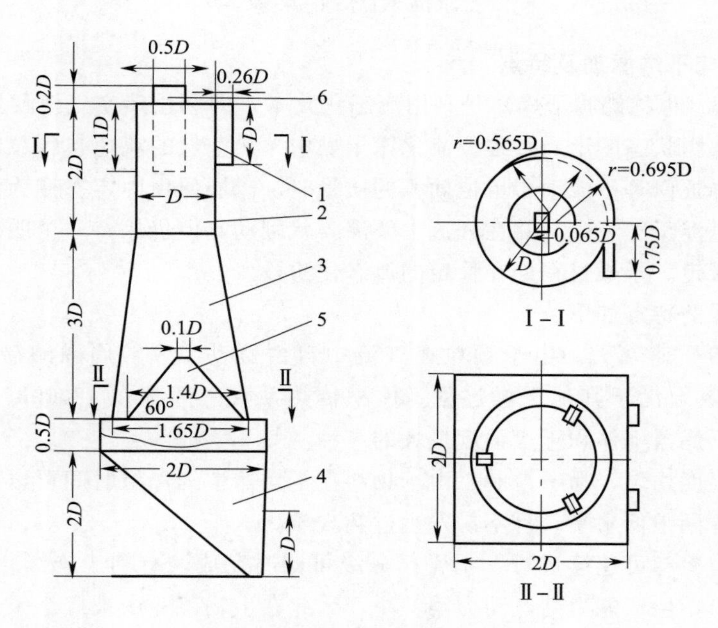

图 2-5-19　扩散式旋风分离器

1—进口管　2—圆筒体　3—倒锥体　4—受尘斗　5—反射屏　6—排气管

表 2-5-14　　　　扩散式旋风分离器直径选用表

压力降/（mmH_2O）		80	105	137	167
进口气速/（m/s）		14	16	18	20
		含尘气量/（m^3/h）			
分离器直径 D/mm（表中含尘气体密度为 1.2kg/m^3）	100	130	147	169	187
	150	288	324	374	402
	200	525	604	676	750
	250	816	920	1050	1130
	300	1170	1330	1500	1670
	370	1790	2040	2200	2500
	455	2620	3100	3520	3750
	525	3500	4060	4500	5000
	585	4370	5000	5740	6200
	645	5250	5950	6720	7500
	695	6100	7000	7900	8800

注：1mmH_2O=9.8Pa。

三、流化床干燥设备

（一）流化床干燥原理及特点

流化床干燥（也称沸腾干燥）是利用流态化技术，即利用热空气流使置于筛板上的颗粒状湿物料呈沸腾状态的干燥过程。流化床干燥中，热空气的流速与颗粒的自由沉降速度相等，当压力降近似等于流动层单位面积的质量时，床层便由固定态变为流化态，床层开始膨胀，颗粒悬浮于气流中，并在气流中呈沸腾状翻动，但仍保持一个明确的床界面，颗粒不会被气流带走。干燥过程处在稳定的流态化阶段。

流化床干燥的特点如下。

（1）传热传质速率大。由于颗粒在气流中自由翻动，颗粒周围的滞流层几乎消除，气-固间的传热效果优于其他干燥过程。体积传热系数一般都在 42000kJ/（m^3·h·℃）以上，是所有干燥器中体积干燥强度最大的一种。

（2）干燥温度均匀，易于控制。由于物料在干燥器中的停留时间可以控制，可使物料的最终含水量降到很低水平，且不易发生过热现象。

（3）干燥与冷却可连续进行，干燥与分级可同时完成，有利于连续化、自动化操作，且设备结构简单，生产能力高，动力消耗小，因此在生物工业中被广泛采用。流化床干燥主要用于颗粒直径为 30μm～6mm 物料的干燥，颗粒过小时易产生局部沟流，颗粒过大则要求较高的气流速度，引起流动阻力增大，动力消耗加大。

（二）流化床干燥设备

流化床干燥器有单层和多层两类。多层流化床干燥器由于控制要求很严格，且流动阻力大，生产中较少应用。单层流化床干燥又分单室、多室两种。其次还有沸腾造粒干燥器等。单层单室流化床干燥器结构简单，操作方便，但物料在流经床中停留时间差异较大。

这里着重介绍单层卧式多室流化床干燥器和沸腾造粒干燥器。流化床干燥的流程如图 2-5-20 所示。

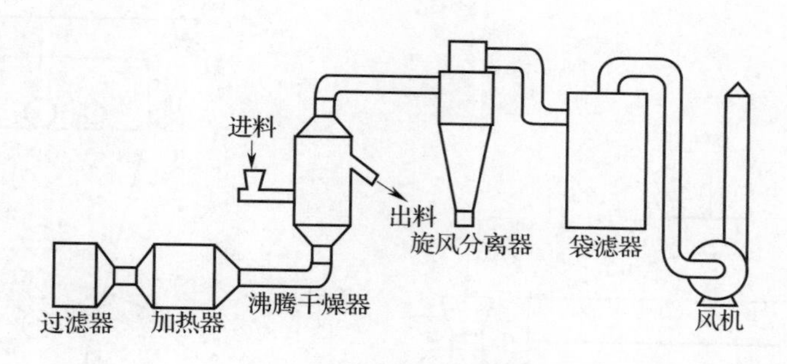

图 2-5-20　流化床干燥流程

1. 单层卧式多室流化床干燥器

卧式多室流化床干燥又称箱式流化床干燥，结构如图 2-5-21 所示，它具有长方形的横截面，底部为多孔金属网板，开孔率为 4%～13%，网板上方有若干（一般为 4～7）块竖立的挡板把流化床隔成若干室，挡板可上下移动以调节与网板间的距离，每一小室下方有热空气进口支管，各支管热空气流量可根据不同要求用阀门控制。

操作时，湿物料由第一室开始逐步向下一室移动，已干燥的物料在最后一室经出料口排出。由于隔板的作用，使物料在箱内平均停留时间延长，借助物料与分隔板的撞击作用，使它获得在垂直方向的运动，从而改善了物料与热空气的混合效果。为了便于产品收集，最后一室也可以用温度较低的空气通入。这种干燥器对各种物料的适应性较大，但热效率较低。在生物工业中，常用于柠檬酸晶体和活性干酵母等产品的干燥。

2. 沸腾造粒干燥器

干燥器的几何形状为一倒圆锥形，锥角 30°，结构如图 2-5-22 所示。由于是锥形流化床，沿床层气体流速不断变化，致使不同大小的颗粒能在不同的截面上达到均匀良好的沸腾，并使颗粒在床中发生分级，增大的颗粒先从下部排出，以免继续长大，而较小的颗粒在上面继续长大，并留在床层内以保持一定的粒度分布。

操作时，料液与压缩空气一起经喷嘴喷入流化床（即采用气流式喷嘴），喷入的位置一般多采用侧喷，直径较大的锥形流化床可用 3～6 个喷嘴，同时沿器壁周围喷入。喷嘴结构有二流式和三流式的，中心管走压缩空气，内环隙走料液，外管走压缩空气。内管与外管间的环隙有螺旋线，形成压缩空气的导向装置，这种喷嘴雾化效果好。热风从干燥器底部的风帽上升，与雾化的液体相遇进行传热传质。废气从上部由排风机经旋风分离器排至大气中。料液一边雾化，一边加入晶核，在操作上称为返料，开始操作时必须预先在干燥器内加入一定量的晶核（称底料）才能喷入料液，以防止喷入的料液黏壁。加入晶核颗粒大小与产品粒度有关，晶核大者，产品颗粒大，返料量小时，则产品颗粒大，因此，可调节返料量来控制床层的粒度分布。

沸腾造粒过程有 3 种情况，一种是料液在接触晶核之前，水分已完全蒸发，本身形成一个较大的固体颗粒；另一种是料液附在晶核的表面，然后水分蒸发，在种子表面形成一

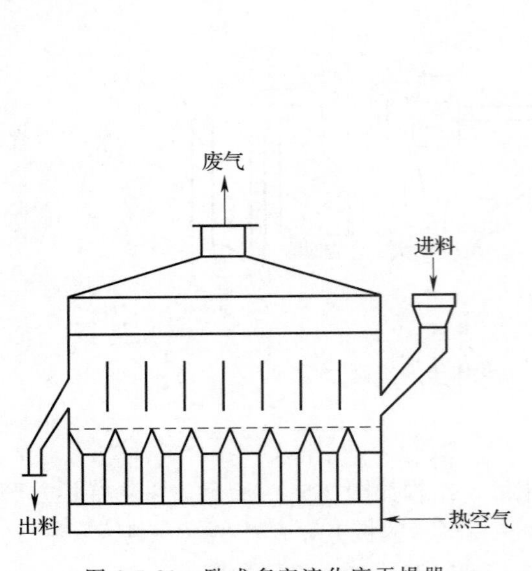

图 2-5-21　卧式多室流化床干燥器

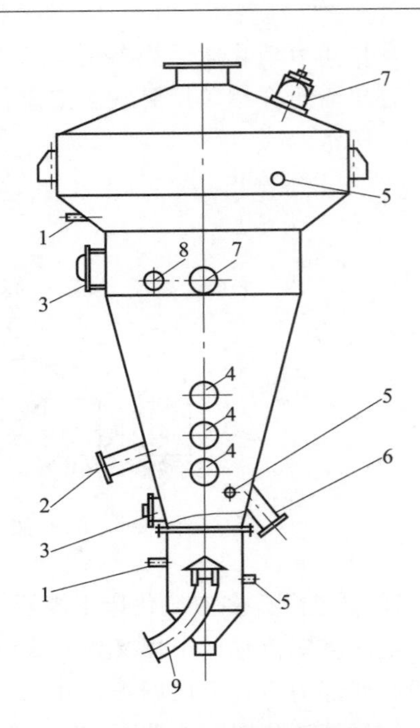

图 2-5-22　沸腾造粒干燥塔

1—测压器　2—喷嘴　3—人孔　4—窥镜　5—测温口　6—出料口　7—灯孔　8—加料口　9—热空气入口

层薄膜，而使颗粒长大；第三种是雾滴附着在种子表面并与其他种子碰撞黏连在一起而成为大颗粒。生产上以第二种造粒机理最为理想。影响产品颗粒大小的因素有下列几种：①停留时间。物料在床内停留时间越长，则颗粒增长也越大，欲得到大颗粒产品，必须设法增加其停留时间；②摩擦作用。颗粒在沸腾床内剧烈运动，它们之间由于摩擦作用，造成产品粒度减小。气流量越大，摩擦越显著；③干燥温度。供料温度与床层温度存在一定差值，这种温差大小，影响干燥速率，从而也影响产品的粒度。

葡萄糖浓缩液沸腾造粒干燥流程图如图 2-5-23 所示。

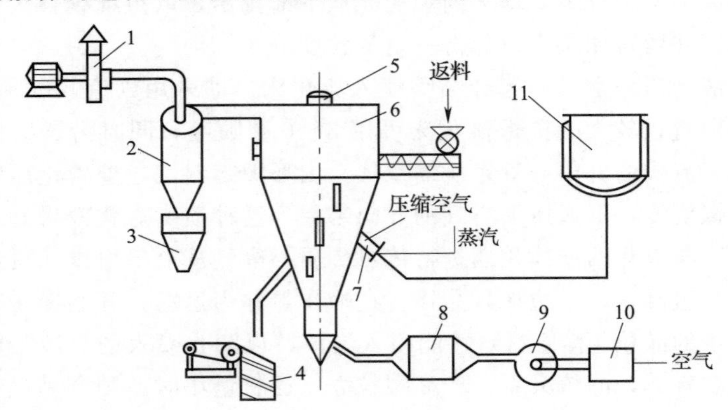

图 2-5-23　葡萄糖浓缩液沸腾造粒干燥流程

1—抽风机　2—旋风分离器　3—收集器　4—分级筛　5—灯孔　6—干燥器　7—喷嘴　8—空气加热器　9—离心通风机　10—过滤器　11—保温槽

糖液在蒸发器内预先浓缩到70%左右的浓度，然后与压缩空气一起经喷嘴喷入锥形沸腾床。为了防止糖液在管道中冷却结晶而造成堵塞。在进入喷嘴前需要先经过保温槽加热，使糖液保持在60℃左右。热风从干燥器底部的风帽上升，与雾化的料液接触，进风温度约80℃，床层温度约50℃，废气从上部由排风机经旋风分离器排出，细粉末从分离器下部收集。在塔的中上部由螺旋输送机加入晶核进行返料。在葡萄糖生产中返料比高达50%以上。

这种流程可使葡萄糖液的蒸发、结晶及干燥合并为一个操作过程，不分离母液，简化了工艺操作，缩短了生产周期，节约了人力，降低了劳动强度。但由于返料比大，降低了设备的有效生产能力。

3. 流化床干燥器的计算

（1）临界流化速度　临界流化速度是指床层开始膨胀，达到初始流态化的气体速度。可由以下方程计算：

$$v_{mf}=9.3\times10^{-3}\frac{d_s^{1.82}(\rho_s-\rho)^{0.94}}{\rho^{0.06}\mu^{0.88}} \tag{2-5-21}$$

式中　v_{mf}——临界流化速度，m/s

d_s——颗粒直径，m

ρ_s——颗粒密度，kg/m³

ρ——气体密度，kg/m³

μ——气体黏度，Pa·s

也可用方程（2-5-22）计算：

$$v_{mf}=\frac{Re_{mf}\mu}{d_s\rho} \tag{2-5-22}$$

式中　Re_{mf}——临界流化速度下的雷诺准数，是阿基米德准数的函数

$$Re_{mf}=\frac{Ar}{1400+5.22\sqrt{Ar}} \tag{2-5-23}$$

Ar——阿基米德准数

$$Ar=\frac{d_s^3\cdot\rho_s\cdot\rho\cdot g}{\mu^2} \tag{2-5-24}$$

（2）操作流化速度　操作流化速度v应大于临界流化速度v_{mf}而小于带出速度v_t，可由方程（2-5-25）求取：

$$v=Kv_{mf} \tag{2-5-25}$$

或

$$v=(0.2\sim0.8)v_t \tag{2-5-26}$$

式中　v——操作流化速度，m/s

K——流化系数，K的上限值范围为10～18，下限值范围为2～3

v_t——颗粒带出速度，m/s

v_t可用方程（2-5-27）求取：

$$v_t=\frac{Re_t\cdot\mu}{d_s\cdot\rho} \tag{2-5-27}$$

式中　Re_t——带出速度下的临界雷诺准数

$$Re_t=\frac{Ar}{18+0.6\sqrt{Ar}} \tag{2-5-28}$$

Ar 由方程（2-5-24）求取。

（3）流化床几何尺寸　流化床层高度 H_f 与操作时的床层空隙率 ε_f 有关，与原始床层高度 H_s 及空隙率 ε_s 有关，用下方程计算：

$$H_f=\frac{1-\varepsilon_s}{1-\varepsilon_f}H_s \tag{2-5-29}$$

式中　H_f——流化床层高度，m

H_s——原始床层高度，m，$H_s=0.05\sim0.30$m

ε_s——原始床层空隙率

ε_f——流化床层空隙率，$\varepsilon_f=0.55\sim0.75$

若流化速度 v 已知，ε_f 也可由下方程计算：

$$\varepsilon_f=\left(\frac{18Re+0.36Re^2}{Ar}\right)^{0.21} \tag{2-5-30}$$

且

$$Re=\frac{d_s v\rho}{\mu}$$

考虑到空气可能夹带一些颗粒，因此，实际干燥室高度 H 应大于流化床层高度片 H_f，设计时可取：

$$H=2H_f$$

为了进一步减少粉尘的带出，还可在干燥室顶部加一段扩大段，扩大段的高度可约等于扩大段的直径。扩大段的直径应根据最小粉尘不被带出的速度来计算。

干燥室直径 D 由方程（2-5-31）计算：

$$D=\sqrt{\frac{4V}{3600\pi v}} \tag{2-5-31}$$

式中　V——空气流量，m^3/h

D——干燥室直径，m

床层开孔率一般为 4%～14%，孔径常为 1.5～2.5mm，处理粉状物料时可在筛板上铺金属丝网，以免物料泄漏。

（4）物料在干燥器内停留时间

$$\tau=\frac{3600H_s(1-\varepsilon_s)\cdot\frac{\pi}{4}D^2\cdot\rho_s}{G_0}=\frac{900H_s(1-\varepsilon_s)\pi D^2\rho_s}{G_0} \tag{2-5-32}$$

式中　τ——物料在干燥器内停留时间，s

G_0——加料量，kg/h

第四节　冷冻干燥及其他干燥设备

一、冷冻干燥原理及设备

（一）冷冻干燥原理及特点

冷冻干燥是将湿物料（或溶液）在较低温度下（－50～－10℃）冻结成固态，然后在高度真空（0.1～130Pa）下，将其中固态水分直接升华为气态而除去的干燥过程，也称升华干燥。冷冻干燥是真空干燥的一种特例。

根据热力学中的相平衡理论，水的三种相态（固态、液态和气态）之间达到平衡时要有一定的条件。由实验可知，随着压力的不断降低，冰点变化不大，而沸点则越来越低。靠近冰点，当压力下降到某一值时，沸点即与冰点重合，冰就可不经液态而直接转化为气态，这时的压力称为三相点压力，其相应的温度称为三相点温度，实验测得水的三相点压力为 609.3Pa，三相点温度 0.0098℃。图 2-5-24 是水的物态三相图。

从图中可以看出，当干燥过程的压力控制在 609.3Pa 以上（即 OD 线以上）时，冰需先转化为水，水再转化成汽，即先溶化、后蒸发。当压力控制在 OD 线以下时，冰将由固态直接升华为气态。OB 线称为升华曲线，OA 线称为汽化曲线，OC 线则称为融化曲线。因此，干燥过程的工艺参数控制在 OD 线以上时，属于真空蒸发干燥，反之，当工艺参数控制在 OD 线以下时，则为真空冷冻干燥。或者说，实现真空冷冻干燥的必要条件是干燥过程的压力应低于操作温度下冰的饱和蒸汽压。常控制在相应温度下冰的饱和蒸汽压的 1/4～1/2，如－40℃时干燥，操作压力应为 2.7～6.7Pa。

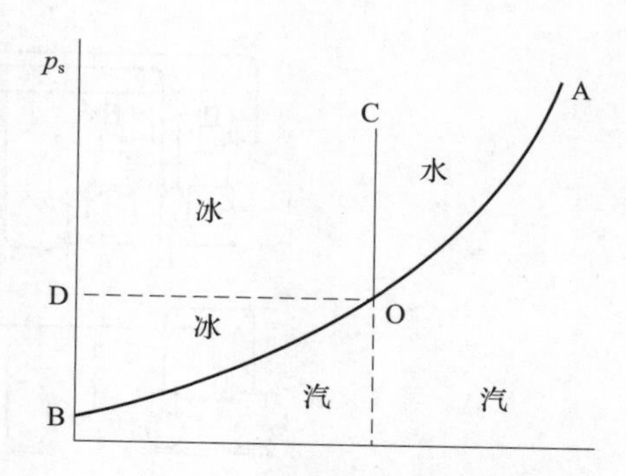

图 2-5-24　水的物态三相图

冷冻干燥也可将湿物料不预冻，而是利用高度真空时水分汽化吸热而将物料自行冻结。这种冻结能量消耗小，但对液体物料易产生泡沫或飞溅现象而致损失，同时也不易获得多孔性的均匀干燥物。冷冻干燥中升华温度一般为－5～35℃，其抽出的水分可在冷凝器上冷冻聚集或直接为真空泵排出。若升华时需要的热量直接由所干燥的物料供给，这种情况下，物料温度降低很快，以至于冰的蒸汽压很低而使升华速率降低。一般情况下，热量由加热介质通过干燥室的间壁供给，因此，既要供给湿物料的热量以保证一定的干燥速率，又要避免冰的溶化。

与其他干燥相比，冷冻干燥具有以下特点。

(1) 干燥温度低，特别适合于高热敏性物料的干燥，如疫苗、酶、激素、抗生素类等生物活性物质的干燥。又因在真空下操作，氧气极少，物料中易氧化物质得到了保护，因此，制品中的有效物质及营养成分损失很少。

(2) 能保持原物料的外观形状。物料在升华脱水前先进行预冻，形成稳定的固体骨架。干燥后体积形状基本不变，不失原有的固体结构，无干缩现象。

(3) 冻干制品具有多孔结构，因而有理想的速溶性和快速复水性。干燥过程中，物料中溶于水的溶质就地析出，避免了一般干燥方法中因物料水分向表面转移而将无机盐和其他有效成分带到物料表面，产生表面硬化现象。

(4) 冷冻干燥脱水彻底（一般低于 2%～5%），质量轻，产品保存期长，若采用真空密封包装，常温下即可运输、保存，十分简便。

但冷冻干燥需要较昂贵的专用设备，干燥周期长，能耗较大，产量小，加工成本高。

（二）冷冻干燥流程及设备

冷冻干燥过程分为两个阶段，第一阶段，在低于溶点的温度下，使物料中的固态水分直接升华，有 98%～99%的水分在这一阶段除去。第二阶段中，将物料温度逐渐升高甚至高于室温，使水分汽化除去，此时水分可以减少到 0.5%。冷冻干燥系统主要由四部分组成，即冷冻装置、真空装置、水汽去除装置和加热部分（干燥室），用于生物制品的冷冻干燥流程如图 2-5-25 所示。预冷冻和干燥均在一个箱内完成。待干燥的物料放入干燥室 1 内，开动预冷用冷冻机 10 对物料进行冷冻，随之开启冷凝器 2 和真空装置 5、6、7，实现升华干燥操作。

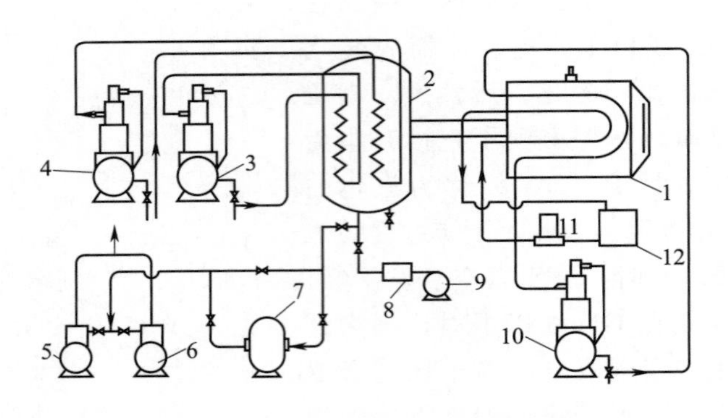

图 2-5-25　LGJ-ⅡA 型冷冻干燥机流程图

1—干燥室　2—冷凝器　3、4—冷凝器用冷冻机　5、6—前级泵　7—后级泵　8—加热器　9—风扇　10—预冷用冷冻机　11—油循环泵　12—油箱

加热器 8 以作冷凝器内化霜之用。第一阶段升华干燥结束后，开启油加热循环泵 11 对干燥室加热升温，使之汽化排除剩余的水分。这种冷冻干燥系统为间歇式操作，设备结构简单，投资少，但效率不高，适用于 $50m^2$ 以下的设备。另一种为连续式冷冻干燥系统，即冷冻部分在速冻间完成，升华除水则在干燥室内进行，这类系统效率高，产量大，但设备复杂，投资较大。

1. 冷冻系统

冷冻干燥中，冷冻及水汽的冷凝都离不开冷冻过程。常用的制冷方式有蒸汽压缩式制冷、蒸汽喷射式制冷和吸收式制冷 3 种方式。其中最常用的是蒸汽压缩式制冷，流程如图 2-5-26 所示。

整个过程分为压缩、冷凝、膨胀和蒸发 4 个阶段。液态的冷冻剂经过膨胀阀后，压力急剧下降，因此进入蒸发器后急剧吸热汽化，使蒸发器周围空间的温度降低，蒸发后的冷冻剂气体被压缩机压缩，使之压力增大，温度升高，被压缩后的冷冻剂气体经冷凝器后又重新变为液态冷冻剂，在此过程中释出的热量，由冷凝器中的水或空气带走。这样，冷冻剂便在系统中完成一个冷冻循环。

常用的冷冻剂有氨、氟利昂、二氧化碳等。若蒸发温度高于－40℃，可用单级制冷压缩机，以 F－22 为冷冻剂。若要达到更低温度，应采用双级制冷压缩机系统，流程见图 2-5-27。双级系统以氨为冷冻剂时，最低蒸发温度可达－50℃，以 R－22 为冷冻剂时，则可达－70℃。在此要指出的是，为确保人类生存的地球环境不再恶化，氟利昂将要被新型的环保制冷剂取代。

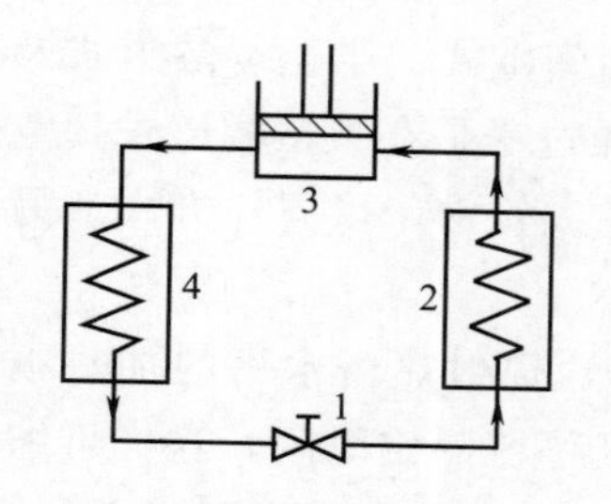

图 2-5-26　蒸汽压缩制冷流程图
1—膨胀阀　2—蒸发器
3—压缩机　4—冷凝器

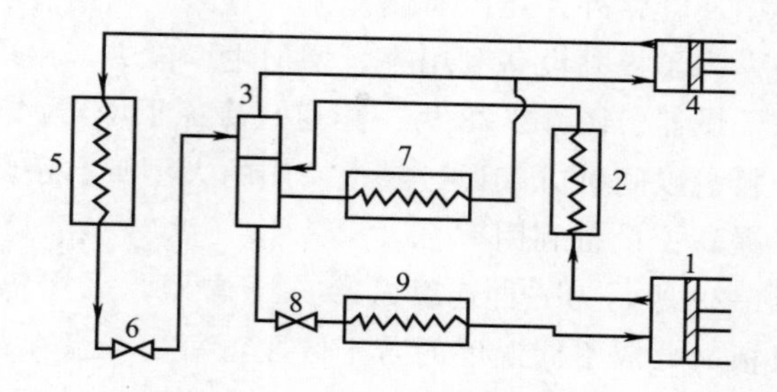

图 2-5-27　双级压缩制冷系统
1—低压汽缸　2—中间冷凝器　3—分离器　4—高压汽缸　5—冷凝器
6、8—膨胀阀　7—高压蒸发器　9—低压蒸发器

在冷冻系统中，一般都要通过载冷剂作为传热介质，常用的载冷剂有空气、氯化钙溶液（冰点−55℃）、乙醇（冰点−112℃）等。

2. 真空系统

冷冻干燥时干燥箱中的压力应为冻结物料饱和蒸汽压的1/4～1/2，一般情况下，干燥箱中的绝对压力为1.3～13Pa，质量较好的机械泵可达到的最高真空度约为0.1Pa，如国产的2X型旋片式真空泵的极限真空度可达0.07Pa，完全可以用于冷冻干燥。多级蒸汽喷射泵也可达到较高的真空度，如四级喷射泵可达70Pa，五级可达7Pa。但蒸汽喷射泵不太稳定，且需大量1MPa以上的蒸汽，其优点是可直接抽出水气而不需冷凝器。扩散泵是可以达到更高真空度的设备。在实际操作中，为了提高真空泵的性能，可在高真空泵排出口再串联一个粗真空泵。

真空泵的容量大致要求使系统在5～10min内从大气压降至130Pa以下。

3. 水汽去除系统

冷冻干燥中冻结物料升华的水汽主要是用冷凝法去除。所采用的冷凝器有列管式、螺旋管式或内有旋转刮刀的夹套冷凝器，冷却介质可以是低温的空气或乙醇，最好是直接用冷冻剂膨胀制冷，其温度应低于升华温度（一般应比升华温度低20℃），否则水汽不能被冷却，冷却介质应在冷凝器的管程或夹套内流动，水汽则在管外或夹套内壁冻结为霜。带有刮刀的夹套冷凝器可连续把霜除去。一般冷凝则不能，故在操作中霜的厚度不断增加，最后使水汽的去除困难。因此，冷冻干燥设备的最大生产能力往往由冷凝器的最大负霜量来决定，一般要求凝霜的厚度不超过6mm。冷凝器还常附有热风装置，以作干燥完毕后化霜之用。

如不用冷凝器，也可用大容量的真空泵直接将升华后的水汽抽走，但此法很不经济，因为在真空下，水汽的比容很大。

4. 加热系统——干燥室

加热的目的是为了提供升华过程中的升华热（溶解热＋汽化热）。加热的方法有借夹层加热板的传导加热、热辐射面的辐射加热及微波加热三种，传导加热的加热介质一般为热水或油类，其温度应不使冻结物料融化，在干燥后期，允许用较高温度的加热剂。

干燥室一般为箱式，也有钟罩式、隧道式等，箱体用不锈钢制作，干燥室的门及视镜要求十分严密可靠，否则不能达到预期的真空度，对于兼作预冻室的干燥室，夹层搁板中除有加热循环管路外，还应有制冷循环管路，箱内有感温电阻，顶部有真空管，箱底有真空隔膜阀。为了提高设备利用率、增加生产能力，出现了多箱间歇式、半连续隧道式及连续式冷冻干燥器。图 2-5-28 为一隧道式冷冻干燥器。升华干燥过程是在大型隧道式真空箱内进行，料盘以间歇方式通过隧道一端的大型真空密封门再进入箱内，以同样方式从另一端卸出，提高了设备利用率。

图 2-5-29 所示为一种连续式冷冻干燥器，采用辐射加热，辐射热由水平的加热板产生，加热板又分成不同温度的若干区段，每一料盘在每温度区停留一定时间，这样可缩短干燥总时间。操作中，预冻制品利用输送带从预冻间送至干燥器入口真空密封门前 1 处，由这里提升到 2 处，接着料盘被推入密封门 3 处，关闭密封门抽气，当密封室达到干燥箱内的真空度时，密封室到干燥箱的门打开，料盘进入干燥箱，同时料盘提升到 4 处，密封门关闭。破坏密封室的真空度，准备接收下一料盘的进入。如此，每一次开关密封门就将一只新料盘送入干燥室，干燥结束后，料盘被推到出口升降器 6 上，再输送到密封室 7，于是出口密封门关闭，密封室内真空破坏，通空气的出口门打开，料盘被推至外面的运输系统，全部料盘进出和输送的动作，完全实现自动化操作。

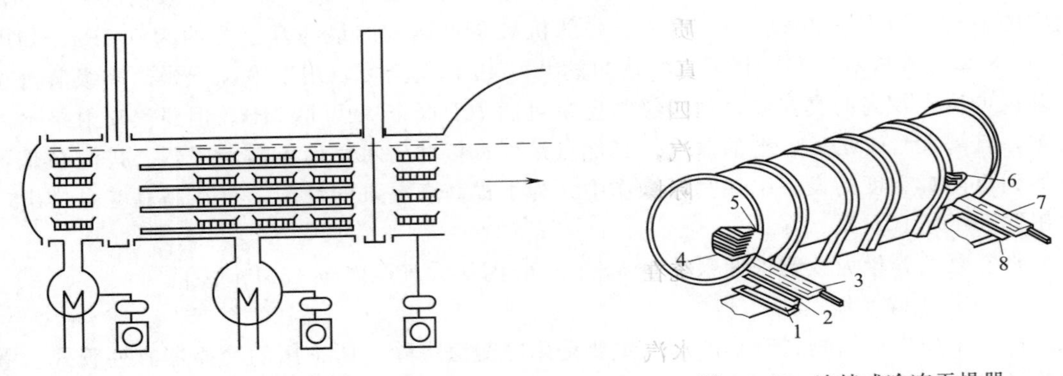

图 2-5-28　隧道式冷冻干燥器　　图 2-5-29　连续式冷冻干燥器

图 2-5-30 为另一种连续式冷冻干燥器，不用料盘来进行颗粒制品的干燥。经预冻的颗粒制品，从顶部两个入口密封门之一轮流地加到顶部的圆形加热板上。干燥器的中央立轴上装有带铲的搅拌臂。旋转时，铲子搅动物料，不断地使物料向加热板外方移动，直至从加热板边缘落下到直径较大的下一加热板上。这时铲子又迫使物料向中心方向移动，一直移到加热板内缘而落入第三块加热板上，直到从最低一块加热板掉落，并从两个出口密封门之一卸出。

这种干燥器加热板的温度可设定不同的数值，使冷冻干燥按一个适当的温度程序来进行。设备侧方有两个独立的冷阱，通过大型的开关阀与干燥室连通。

近年来，冷冻干燥设备从 0.1m² 至上千平方米形成了系列化、标准化产品，生产过程也逐步由间歇式向连续式转化，实现电脑自动控制，应用范围及领域不断扩大。如著名的丹麦 Atlas 公司生产的冻干机占世界用量近 1/3，德国的 Leybold 公司、日本的真空株式会社、东洋株式会社，美国的 Stokes 公司、Virtis 公司等都拥有先进的技术和设备。我国生产的 TH-FD50 型、DG 系列、SZDG 系列、ZLG 系列等冻干机也获得广泛的应用。

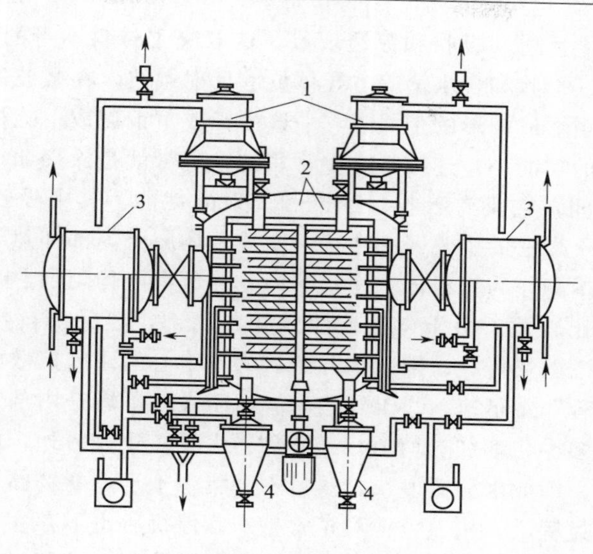

图 2-5-30　连续式冷冻干燥器

1—入口密封门　2—干燥室　3—冷阱　4—卸料室

（三）冷冻干燥计算

冷冻干燥时间可由方程（2-5-33）估算（推导从略）：

$$\tau=\frac{L_s\rho_s\ (x_1-x_2)\ l^2}{2\lambda\ (T_d-T_i)} \tag{2-5-33}$$

式中　τ——干燥时间，s

L_s——在 T_i 温度下的升华热，kJ/kg

ρ_s——干物料密度，kg/m³

l——干物料层厚度，m

λ——干燥层导热系数，kW/（m・℃）

x_1——物料初始湿度，kgH_2O/kg 干料

x_2——干物料湿度，kgH_2O/kg 干料

T_d——干燥室温度，℃

T_i——冻结物料汽化表面温度，℃

二、微波干燥设备

（一）微波干燥原理

微波是指频率在 300～300000MHz 或波长 0.001～1m 的高频电磁波。微波加热干燥实际上是一种介质加热干燥。当待干燥的湿物料置于高频电场时，由于湿物料中水分子具有极性，则分子沿着外电场方向取向排列，随着外电场高频率变换方向（如每秒钟 50 次），则水分子会迅速转动或做快速摆动。又由于分子原有的热运动和相邻分子间的相互作用，使分子随着外电场变化而摆动的规则运动受到干扰和阻碍，从而引起分子间的摩擦而产生热量，使其温度升高。

微波常用的材料可分为导体、绝缘体、介质、磁性化合物几类。微波在传输过程中会

遇到不同的材料，产生反射、吸收和穿透现象，这取决于材料本身的特性，如介电常数、介电损耗系数、比热、形状和含水量等。导体能够反射微波，在微波系统中常用的传输装置——波导管，就是矩形或圆形的金属管，一般由铝或黄铜制成。绝缘体可以穿透并部分反射微波，吸收微波的功能小，连续干燥中常用的输送带就是涂聚四氟乙烯。介质的性能介于金属与绝缘体之间，它具有吸收、穿透和反射的性能。其中吸收的微波便转化成热量。微波干燥与普通干燥法的主要区别在于，微波干燥属于内部加热干燥法，电磁波深入到物体内部，把物料本身作为发射体，使物料内、外部都能均匀加热干燥。它具有以下特点：①加热干燥时间比较短。由于微波能深入物料内部，热量产自物料内部分子间的摩擦，而不是一般情况下的热传导，因此水分子从物料中心向两侧扩散的路程比接触传导加热要少一半，干燥过程非常迅速；②干燥均匀。由于微波干燥是内部加热法，不管物料形状复杂程度、含水量多少，都加热均匀，干燥物料表里一致，另外，由于物料中水的介电常数大，吸收能量多，因此水分蒸发快，热量不会集中于干燥的物体中；③便于控制。利用微波加热，无升温过程，开机数分钟可正常生产，停机后也不存在“余热”现象，便于实现自动控制；④热效率高。物体本身作为发热体，设备可以不辐射热量，避免了环境的高温，改善了劳动条件。但微波干燥设备费用高，耗电量大，且须注意劳动保护，防止强微波对人体的损害。

（二）微波干燥设备

微波炉的外形似箱，故也称箱式加热器，它是利用驻波场的微波加热干燥设备，结构如图 2-5-31 所示，主要由矩形谐振腔、输入波导、反射板、搅拌器等组成。谐振腔是由金属构成的矩形中空六面体，其中一面装有反射和搅拌器，还有一面装有支撑加热物料的底板，侧壁上设有炉门和排湿孔。炉门的结构有特殊要求，密闭性要好，微波能量的泄漏应在安全范围内。物料在微波炉里加热蒸发的水分通过风机由排湿孔排出，否则会影响干燥效率。图 2-5-32 为平板形连续式微波干燥设备，物料通过输送带不断送入，干燥后的制品由输送带不断送出，实现连续化生产。

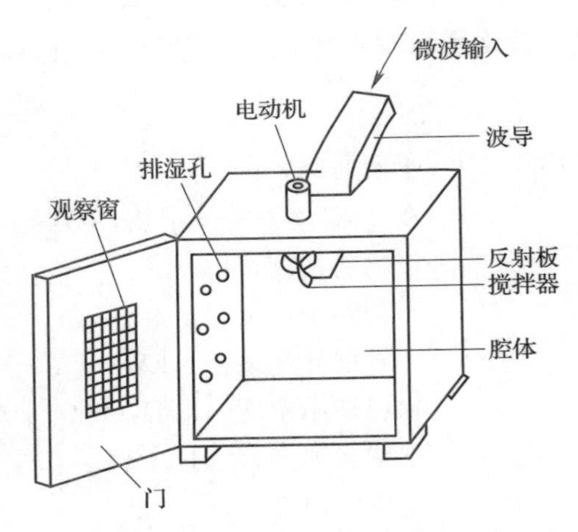

图 2-5-31　箱式微波炉示意图

微波干燥的功率消耗可由方程（2-5-34）计算：

$$P=\frac{m \cdot c_{m} \cdot \Delta T-m_{w} \cdot r}{\tau} \tag{2-5-34}$$

式中　P——微波功率，kW

m——加入物料量，kg

c_m——湿物料比热容，kJ/（kg·℃）

ΔT——物料温度升高值，℃

m_w——蒸发水分量，kg

r——干燥温度下水的汽化潜热，kJ/kg

τ——干燥时间，s

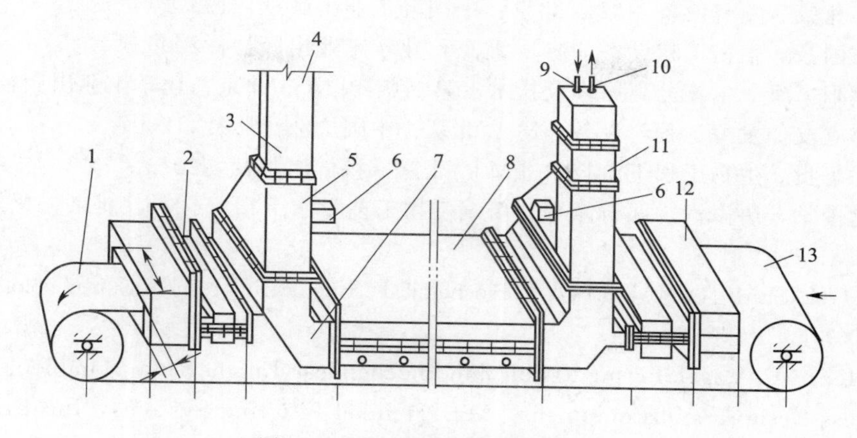

图 2-5-32　平板形连续微波干燥炉

1—输送器　2—抑制器　3—BJ22 标准波导　4—接波导输入口　5—锥形过渡器　6—接排风机　7—放大直角弯头　8—主加热器　9—冷水进口　10—热水出口　11—水负载　12—吸收器　13—进料

思考题

1. 生物制品与一般产品干燥特点有何不同？生物制品干燥时有哪些特殊要求？

2. 选择或设计生物制品干燥设备时应重点考虑哪些因素？

3. 叙述脉冲式气流干燥器的干燥过程及特点。

4. 喷雾干燥过程中，料液颗粒的表面湿度处于哪个范围内？为什么？

5. 冷冻升华干燥较普通干燥有哪些特点？常用于哪类产品的干燥？

6. 冷冻干燥胆固醇氧化酶溶液，酶浓度为 10mg/mL，冷冻酶溶液密度为 $1000kg/m^3$，厚度为 1.0cm，导热系数 0.16W/（m·K），操作温差 25℃，水的升华热为 2950kJ/kg，若使干燥产品的水分降至 5%（湿基），试计算所需的干燥时间。

7. 平均粒径为 300μm，密度为 $1500kg/m^3$ 的某生物制品在直管气流干燥器中干燥。物料初始含水量 26%，干燥至水分 5%（均为湿基）。空气（湿含量 $0.012kgH_2O/kg$ 绝干空气）预热至 140℃进干燥管，出口温度 90℃（湿含量 $0.022kgH_2O/kg$ 绝干空气），物料表面温度 58℃。气体流速取 10m/s，颗粒悬浮速度 5.8m/s，据估算对流传热系数为 560W/（m^2·℃），传热速率为 2.4×10^5kJ/h，空气平均密度取 $0.93kg/m^3$，若加料量为 160kg/h，试对干燥器进行设计计算。

8. 一麦芽厂采用单层高效麦芽干燥塔，设计能力为日产干麦芽 38t。已确定干麦芽含水量为 3.5%，绿麦芽含水分 45%，全部干燥时间为 21h。已知空气初温 20℃，相对湿度 60%，空气经加热器预热至 65℃进入干燥床层，干燥过程中忽略热损失。用于加热空气的蒸汽压力为 2×10^5Pa，蒸汽温度 121℃。

试计算干燥第一小时的蒸发水分量、空气消耗量及热量消耗，并以此为基准，确定干燥塔直径、预热器面积［取预热器传热系数 K=52W/（m^2·℃）］及空气通过床层的压力降。

参考文献

[1] 高孔荣．发酵设备 [M]. 北京：中国轻工业出版社，1991.

[2] 陈国豪．生物工程设备 [M]. 北京：化学工业出版社，2006.

[3] 欧阳平凯．生物分离原理及技术（第二版）[M]. 北京：化学工业出版社，2009.

[4] 邱立友．发酵工程与设备 [M]. 北京：中国农业出版社，2007.

[5] 毛忠贵．生物工程下游技术 [M]. 北京：科学出版社，2013.

[6] 俞俊棠，唐孝宣，邬行彦等．新编生物工艺学（下册）[M]. 北京：化学工业出版社，2003.

[7] GHASEM D. NAJAFPOUR. Biochemical Engineering and Biotechnology [M]. Elsevier，2007.

[8] Henry C. Vogel. Fermentation and Biochemical Engineering Handbook：Principles，process Design，and Equipment [M]. Heinkel Filtering Systems，Inc. Bridgeport，New Jersey，1997.

[9] Arun S. Mujumdar. Advanced Drying Technologies Handbook of Industrial Drying (fourth edition) [M]. Taylor & Francis Group，LLC，2015.

[10] Anandharamakrishnan C. Handbook of Drying for Dairy Products [M]. JohnWiley & Sons Ltd，2017.

第六章 蒸馏设备

蒸馏分离提纯操作，主要是指某些液相和液相的混合物分离开，或将其中某组分再提纯的化工单元操作。

生物工程的工业产品中采用蒸馏方法提取或提纯的有：白酒、酒精、甘油、丙酮、丁醇以及某些萃取过程中的溶剂回收。

本章主要以酒精的蒸馏提纯为例，介绍蒸馏设备。

第一节 蒸馏分离提纯原理

一、酒精-水混合液的相平衡

在一定温度下，液体与其蒸汽可形成平衡，此时的蒸汽称为该液体的饱和蒸汽。纯的酒精和水的混合液的相平衡中，具有酒精蒸汽和水的蒸汽两种饱和蒸汽，各自具有一定的饱和蒸汽压，蒸汽压的大小随着温度的升高而增大。两种蒸汽共存，并相互影响，液面上的蒸汽总压等于酒精与水两者蒸汽分压之和。

倘若混合液为理想溶液，液体与蒸汽压的平衡关系符合拉乌尔定律，即在一定的温度下，混合液面上蒸汽的总压 $P=p_A+p_B$，且任一组分的分压，等于此纯组分在该温度下的饱和蒸汽压乘以其在溶液中的摩尔分数：

$$\begin{cases} p_A=p_A^0 \cdot x_A \\ p_B=p_B^0 \cdot x_B=p_B^0\ (1-x_A) \end{cases}$$

式中 p_A^0、p_B^0——纯组分的 A 和 B 的饱和蒸汽压

p_A、p_B——溶液中组分 A 和组分 B 在混合液面上的蒸汽分压

x_A、x_B——组分 A 和组分 B 在混合液中各自的摩尔分数

混合物的蒸汽总压：

$$P=p_A+p_B=p_A^0x_A+p_B^0(1-x_A) \tag{2-6-1}$$

或：

$$P=(p_A^0-p_B^0)x_A+p_B^0 \tag{2-6-2}$$

在一定温度下，p_A^0 和 p_B^0 是常数，故式（2-6-1）和式（2-6-2）是一直线方程，即理想溶液的组成 x_A与组成 x_B，与液面上方蒸汽总压成直线关系。

酒精-水溶液属非理想溶液，酒精（乙醇）和水分子间的吸引力比酒精和酒精分子间的吸引力小，此时酒精分子和水分子所受的吸引力比它们在各自纯组分中所受的吸引力小。因此，分子容易汽化。液面上各组分的蒸汽分压比理想溶液大，所以酒精和水的混合溶液对拉乌尔定律具有偏差。在一定温度下，它的组成与蒸汽分压的关系如图 2-6-1 所示。

蒸馏操作多在一定的外压下（恒定压力下）进行，故混合液在恒定的外压下的沸点与组成的关系 t-x 图更具有实际意义。图 2-6-2 为酒精-水溶液在一个大气压下的 t-x-y 图。图中上面的曲线为酒精和水的混合液在其沸点下所产生蒸汽的平衡组成，下面的曲线为酒

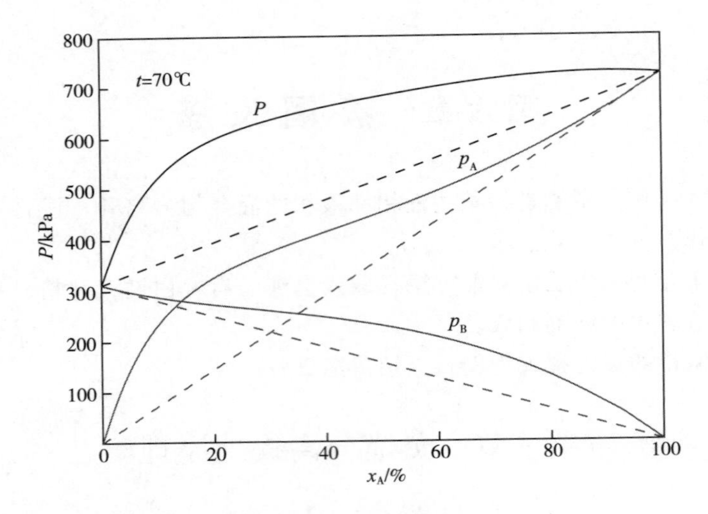

图 2-6-1　酒精-水溶液的 P-x 图

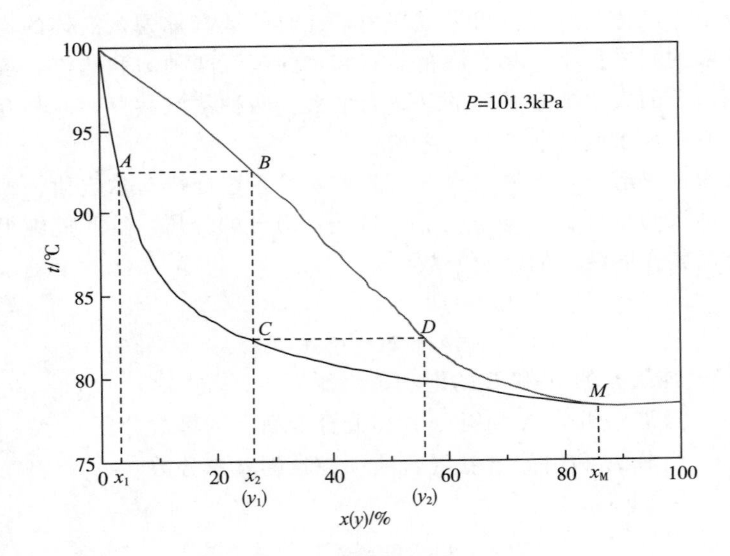

图 2-6-2　酒精-水溶液的 t-x-y

精和水的混合溶液在其沸点下液体的平衡组成。

从图 2-6-2 中我们可以得出以下结论。

(1) 混合溶液在沸点下汽化时，所产生的蒸汽中易挥发的酒精组分的含量比在原混合液中多。如原混合液中酒精的含量为 x_1，加热到沸点 t_1（A 点），则开始形成的蒸汽的酒精含量为 y_1（B 点），$y_1 > x_1$；继续加热，并将生成的蒸汽分离冷凝，则得到酒精含量为 x_2 的液体，若将此冷凝液体（x_2）在 C 点（沸点为 t_2）汽化，则会产生浓度为 y_2 的蒸汽（D 点），$y_2 > x_2$；如此，继续分离、冷凝、加热，最后将会得到浓度较高的酒精。

(2) 图中两条曲线的两端点分别代表纯酒精和水在大气压下的沸点温度。这两条曲线除在两端相交外，还在 M 点处相切，即 M 点的蒸汽组成与液体组成相等，并且此点的沸点最低。即当酒精-水溶液的浓度为 $x=0.894$（摩尔分数）或乙醇含量为95.57％（质量分数）或97.3％（体积分数）时，它将在一恒定的温度下沸腾，而此时所产生的蒸汽中乙醇含量与原液相同，$y=x=0.894$。M 点称为恒沸点，温度为78.15℃。这个沸点较纯乙醇的沸点78.3℃和水的沸点100℃都低，故称之为最低恒沸点。具有最低恒沸点的酒精-水溶液不可能用普通的常压（大气压）蒸馏方法得到无水乙醇。

图2-6-2系在一定压强（一个大气压）下绘出的。当压强改变时，图形会随之改变。在一般情况下，压强降低，恒沸组成 x_M 升高，酒精含量也随之提高。所以采用真空蒸馏的方法，可以得到高于96％的乙醇或无水乙醇。

(3) 对于酒精-水溶液，在泡点不变时，若增加液相中的乙醇含量，会使液面上的蒸汽总压加大。而若总压不变，增加液相中的乙醇含量，会使溶液的泡点降低，此时乙醇在蒸汽中的含量比在与之平衡的液相中的含量要多，但气相中的酒精浓度增加更多。

由酒精-水的 t-x-y 图可绘制出酒精-水的 x-y 图（酒精-水的气-液平衡曲线图），见图2-6-3。

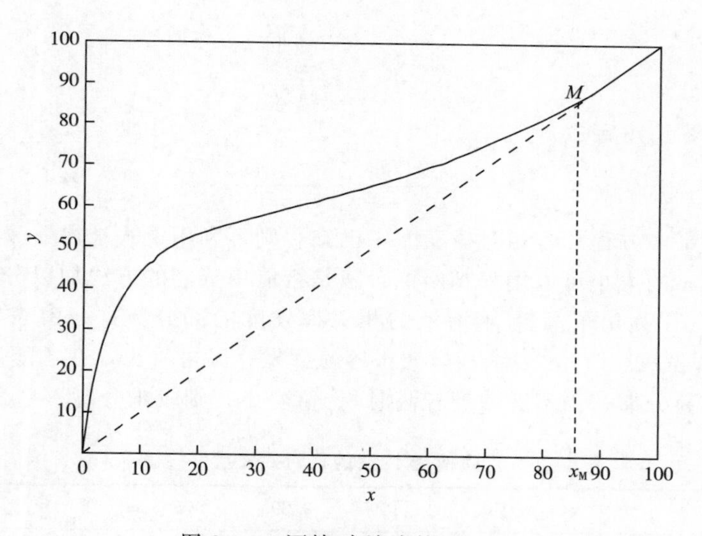

图2-6-3　酒精-水溶液的 x-y 图

图中曲线表示在一定外压下乙醇蒸汽的组成 y 和与之相平衡的液相组成 x 之间的关系（均为摩尔分数）。图中平衡曲线与45°的对角线相交于 M 点，此点即前述的恒沸点。在此点时，$y=x$，即蒸汽中的乙醇含量和与之相平衡的液相中的乙醇含量相等（$y=x=0.894$）。

二、相对挥发度和挥发系数

纯液体的挥发度通常是用来表示纯液体在一定温度下的饱和蒸汽压的大小。具有较高蒸汽压的物质称为易挥发物质，蒸汽压较低的物质称为难挥发物质。挥发度大的物质，其分子向周围空间扩散、挥发的能力大，单位时间向周围空间飞出去的分子数多。反之，挥发度小的物质，其分子向周围空间扩散、挥发的能力小，单位时间向周围空间飞出去的分子数少。而溶液中各组分的蒸汽分压因组分间的相互影响要比纯态时为低，故溶液中各组分的挥发度V可用它在蒸汽中的分压p和它在与蒸汽成平衡的液相中的摩尔分数x之比来表示：

$$\text{A组分的挥发度}\ V_A=\frac{p_A}{x_A} \tag{2-6-3}$$

$$\text{B组分的挥发度}\ V_B=\frac{p_B}{x_B} \tag{2-6-4}$$

由于各组分的挥发度V随温度变化，使用不方便，故又引出相对挥发度α这一概念。习惯上将溶液中易挥发组分的挥发度与难挥发组分的挥发度之比，称为相对挥发度，以α_{AB}或α表示。

则：

$$\alpha=\frac{V_A}{V_B}=\frac{p_A/x_A}{p_B/x_B}=\frac{p_A\cdot x_B}{p_B\cdot x_A}=\frac{p_A/p}{p_B/p}\cdot\frac{x_B}{x_A}$$

$$y_A=p_A/p,\ y_B=p_B/p$$

所以：

$$\alpha=\frac{y_A\cdot x_B}{y_B\cdot x_A} \tag{2-6-5}$$

式中　y_A、y_B——溶液中两组分相应条件下的气相中的摩尔分数

变换方程（2-6-5）得：

$$\frac{y_A}{y_B}=\alpha\frac{x_A}{x_B} \tag{2-6-6}$$

若为双组分，也可写成：

$$\frac{y_A}{1-y_B}=\alpha\frac{x_A}{1-x_A} \tag{2-6-7}$$

上式为气液平衡方程。若相对挥发度α已知，则可利用上式求得x-y的关系。

相对挥发度α的大小可以用来判断混合液是否能用蒸馏的方法加以分离及了解分离的难易程度。表2-6-1列出了酒精-水溶液的相对挥发度的部分数据。由表2-6-1可以看出，乙醇-水的相对挥发度$\alpha>1$，表示乙醇较水容易挥发；又可看出，在乙醇浓度较低时，α值较大，即表示容易分离；当乙醇浓度较高时，α值变小，则较难分离。

表2-6-1　　酒精-水溶液的相对挥发度

摩尔分数x	0.1	0.153	0.199	0.299	0.507	0.701	0.798	0.894
相对挥发度	6.96	5.58	4.575	3.05	1.854	1.307	1.14	1

挥发系数K是表示某物质在该溶液中的挥发性能强弱，也说明它们在通过一次简单蒸馏以后的浓缩倍数。用$Q\%$表示混合液中的乙醇含量（体积分数），以$A\%$表示该溶液沸腾时蒸汽中的乙醇含量（体积分数），则$\frac{A}{Q}=K_{乙醇}$，$K_{乙醇}$就是乙醇的挥发系数。以$\beta\%$表示杂质在液相中的含量，以α表示在气相中的含量，$K_c=\frac{\alpha}{\beta}$，K_c是杂质的挥发系数。

在酒精蒸馏中，一切杂质（包括乙醇在内）的挥发系数随乙醇浓度的增加而变小；当乙醇浓度低于55%（体积分数）时，一切杂质的挥发系数K_c都大于1。有些杂质的挥发系数始终大于1，有些杂质的挥发系数始终小于1，有些则在乙醇浓度高时K_c由大于1变成小于1。挥发系数大于1就意味着该成分是沿着塔往上移动（浓缩），挥发系数小于1就意味着该成分沿塔往下移动，如果某组分随着乙醇浓度增高而在某一浓度时其挥发系数由

大于 1 变为小于 1，则该组分就浓缩在与该乙醇浓度相应的塔板上。

在酒精精馏中，粗馏酒精中的杂质有醛、酯、酸、醇 4 大类。根据它们在精馏过程中的行为又可分为头级杂质、尾级杂质和中级杂质三大类。

杂质的挥发系数 K_c 与乙醇的挥发系数 $K_{乙醇}$ 之比称为杂质的精馏系数 K'：

$$K' = \frac{K_c}{K_{乙醇}} \tag{2-6-8}$$

杂质的精馏系数 K' 说明在同一液相乙醇浓度下该杂质与乙醇两者的挥发性质之比，表示该杂质与乙醇分离的难易程度。

典型的头级杂质的挥发系数始终大于 1，它们在精馏塔内运动的方向是往上的，其浓度在塔顶最高，如醛类、乙酸乙酯等部分酯类。

尾级杂质在乙醇浓度低时其挥发系数大于 1。随着乙醇浓度的不断升高，它们的挥发系数相继地经过等于 1，进而变得小于 1。它们在精馏塔内下部的运动是往上，而在顶部的运动则是往下的。结果便集中在与挥发系数等于 1 的相应的附近塔板上。杂醇油便是尾级杂质的典型代表。

有些杂质，如异戊酸异戊酯、乙酸戊酯等，在乙醇浓度大于 70%时，其 K_c 才从大于 1 变为小于 1。这些杂质称为中级杂质，它们浓缩的部位较尾级杂质高，其分离也是比较困难的。

三、酒精精馏

发酵成熟醪经蒸馏后所获得的粗酒精，杂质较多。为了除去粗酒精中的杂质，进一步提高乙醇含量，利用气液两相的互相接触，反复进行部分汽化和部分冷凝，使粗酒精分离成高浓度的纯净酒精，这一过程的实质是利用传质原理，是使其多次汽化和多次冷凝的简单蒸馏过程的集合。

如图 2-6-4 所示，图中 1、2、3、4 各釜中装有不同浓度（$x_4 > x_3 > x_2 > x_1$）的酒精，各釜中的沸腾温度也依次递减。假如釜底用间接蒸汽加热，产生的蒸汽组成 y_1 与釜中液相组成 x_1 有 $y_1 > x_1$。各釜中均有蒸汽组成高于液相组成，结果是顶釜中蒸汽的乙醇组成最高，而底釜残留液体中的乙醇组成最低。

如图 2-6-4（1）所示，由于各釜内汽化的蒸汽中乙醇组分大于釜中液相中的组分，经过一段时间的蒸馏，各釜中液相乙醇组分越来越少，必将导致汽化的乙醇组分也相应地降低，则顶釜的蒸汽浓度也越来越低，使操作不能保持稳定。所以，应将顶釜汽化的蒸汽冷凝液回流一部分至塔釜，并逐釜下流，如图 2-6-4（2）。同时在底釜中又不断添加原混合液，就可使各釜中气、液两相的组成保持不变，顶釜内汽化的蒸汽中乙醇含量保持稳定，操作能够稳定持久进行，如此可使酒精-水溶液获得分离，达到精馏的目的。

将顶釜的乙醇蒸汽在冷凝器冷凝后所得的部分冷凝液回流至顶釜的操作称为回流。回流入顶釜的那部分冷凝液称为回流液。回流液的引入是维持精馏操作连续稳定的必要条件。

工业生产上的精馏装置称为精馏塔，如图 2-6-4（3）。它是由多块塔板组成，每一块塔板代替了上述的一个釜。

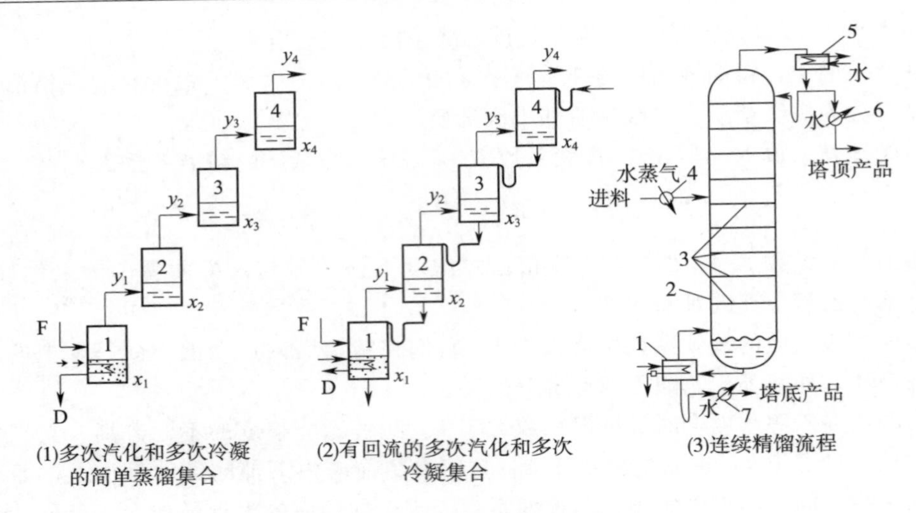

图 2-6-4　精馏的基本操作原理图

1—再沸器　2—蒸馏塔　3—塔板　4—进料预热器　5—冷凝器　6—塔顶产品冷却器　7—塔底产品冷却器

第二节　酒精蒸馏

工业发酵生产过程中常用的蒸馏方法很多，通常可分为简单蒸馏、平衡蒸馏、精馏和特殊精馏。根据压力可分为常压蒸馏、加压蒸馏和减压蒸馏等。就降低流体输送能耗或减少投资来说，采用常压或接近于常压操作无疑在经济上是合理的，但工业上有时不得不选择在高压或负压下操作。采用高压操作一般是由于以下原因：当物系的沸点很低时，就必须使用温度更低的冷却剂，才能将塔顶蒸汽冷凝以产生液相回流。采用高压操作可以提高体系的沸点。减压蒸馏是在当某些物质沸点高，要使其沸腾需消耗大量的热量，或在高温下蒸馏引起被分离物变质，或者要求获得高纯度的乙醇产品时均可采用。用于酒精蒸馏的特殊精馏又可分为恒沸精馏和萃取精馏。

蒸馏是当前全世界乙醇工业从发酵醪中回收乙醇所采用的唯一方法。在早期的酒精生产工艺中，从成熟醪中回收酒精分两步走：其一是将酒精和所有挥发性杂质从发酵成熟醪中分离出来，即蒸馏过程。蒸馏结果得到的是粗酒精和酒糟（包括水和不挥发性杂质），所用的设备称为蒸馏塔（粗馏塔或醪塔）；其二是除去粗酒精中的杂质，进一步提高酒精浓度，即精馏过程。精馏的结果得到各级成品乙醇和杂醇油等副产品，所用的设备称为精馏塔。随着蒸馏技术和设备的改进，出现了将上述两个过程合并为一个蒸馏过程的工艺流程，称为蒸馏精馏过程，或简称为酒精的蒸馏过程。在该过程中粗酒精（气相或液相）是过程中的一个中间产物，而不作为成品提取。

近年来，为了节省能耗，各种类型的节能蒸馏流程和非蒸馏回收酒精方法不断出现，但是，除了少数节能型蒸馏工艺外，其他的方法均尚处于实验室或扩大试验阶段。为此，本节主要介绍经典的酒精蒸馏工艺，即常压酒精蒸馏工艺和差压酒精蒸馏工艺。

一、常压酒精蒸馏工艺流程

酒精工厂在生产时，可根据自己的实际情况选用不同的蒸馏流程。目前，常压酒精蒸馏所采用的生产流程主要有双塔式和多塔式等蒸馏流程。

（一）双塔式酒精蒸馏

双塔式酒精蒸馏，实际上就是把单塔的提馏段与精馏段分开，形成两个塔，即粗馏塔和精馏塔。粗馏塔的作用是将发酵成熟醪中的酒精分离出来，并排除酒糟等固形物。精馏塔的主要作用是将粗馏塔分离出来的酒精加以浓缩，并排除大部分挥发性杂质。

在酒精生产中，双塔式酒精蒸馏又分为气相进塔和液相进塔。

1. 气相进塔

气相进塔就是指从粗馏塔塔顶出来的粗酒精蒸汽，通过连接管直接进入精馏塔。这种流程的生产成本较低，被许多淀粉酒精厂采用。气相进塔流程如图 2-6-5 所示，发酵成熟醪首先泵入成熟醪预热器，与精馏塔蒸出的酒精蒸汽进行热交换，发酵成熟醪被预热至 40℃左右，然后进入粗馏塔顶部，粗馏塔底部用蒸汽加热，使塔底温度达到 105～108℃，塔顶温度为 92～95℃。塔顶体积分数为 50%的酒精蒸汽直接进入精馏塔，酒糟则从粗馏塔底部排糟器自动排出。精馏塔塔底也用蒸汽加热，精馏塔塔底温度为 105～108℃，塔顶

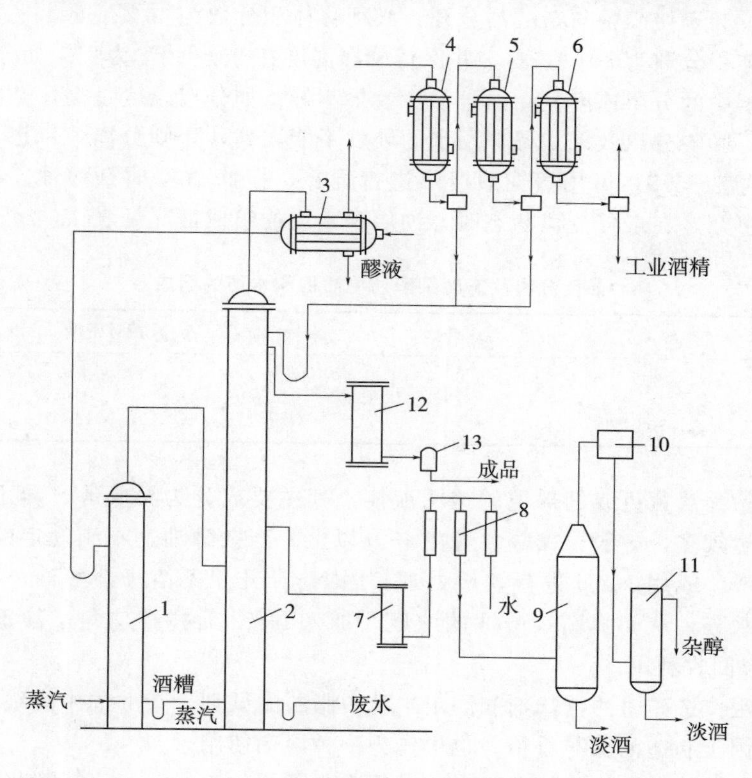

图 2-6-5　气相进塔双塔蒸馏流程

1—粗馏塔　2—精馏塔　3—预热器　4、5、6—冷凝器　7—冷却器　8—乳化器　9—分离器　10—杂醇油储存器　11—盐析罐　12—成品冷却器　13—检酒器

温度为79℃。由粗馏塔来的粗酒精经精馏塔提浓后，酒精蒸汽由塔顶进入醪液预热器，未被冷凝下来的酒精蒸汽再进入4、5两个冷凝器，其冷凝液全部回流入精馏塔，部分还未被冷凝的气体则进入冷凝器6。该冷凝液里含杂质较多，不再流回塔中，而作为工业酒精出厂。经过一系列冷凝处理后，还未被冷凝的为CO_2气体和低沸点杂质，由排醛管排至大气中。

成品酒精在塔顶回流管以下，即从第4～6块塔板上液相取出，经成品冷却器、检酒器，其质量达到医用酒精质量标准后送入酒库。蒸尽酒精的废水称为余馏水，经排出管排到精馏塔外，进行废水处理。

这种双塔流程，粗馏塔一般用21～24块塔板，精馏塔用50～70块板。精馏塔若采用浮阀塔，塔板数为40～42层已足够。精馏塔的进料位置在自下往上数第14～18层塔板。精馏塔除提取酒精成品外，还要分离出杂醇油。目前，提取杂醇油的方法主要有两种，一种是气相取油，另一种是液相取油。液相取油的位置是在进料层以上2～6块塔板上提取，气相取油是在进料层以下2～6块塔板。从进料层附近提取杂醇油馏分的乙醇浓度，体积分数一般在40%～60%，提取可采用间歇取油或连续取油，但应注意保持精馏塔的稳定性。工厂通常采用连续取油的方式。

杂醇油是一种多组分混合液，主要成分是水、乙醇和高级醇类，其产量为酒精产量的0.5%～0.7%。为了使酒精与杂醇油分开，必须将体积分数为40%～60%乙醇的杂醇油用水稀释至乙醇体积分数为10%左右，并保持分离温度在25～30℃为宜。如分离温度过低，在杂醇油分离器中的分层速度慢，而且分层效果不好；如分离温度过高，杂醇油在乙醇中的溶解度增加，影响分离效果。稀释用水的硬度不能太高，否则分离效果也不好。分离杂醇油最适pH为5～5.5，可用蒸馏后废水进行稀释。根据20℃时杂醇油、乙醇、水混合物的绝热曲线可知，在最佳分离状态时，油层和水层的组成情况见表2-6-2。

表2-6-2　　最佳分离状态时杂醇油中油层和水层的组成

分层	杂醇油/%	乙醇/%	水量/%	相对密度	折光率
上层（油层）	80	5.6	14.4	0.837	1.3950
下层（水层）	3.6	8.7	87.7	0.9810	1.3425

杂醇油是一种淡黄色或红褐色的透明液体，其主要成分为异戊醇、异丁醇、丙醇等。其中异戊醇含量较多，一般异戊醇含量在45%以上。当杂醇油达不到规定的质量标准时，可用水补充洗涤，或用NaCl进行盐析处理。因NaCl几乎不溶于杂醇油，利用这一特性去除杂醇油的水分，从而提高杂醇油的浓度。加入NaCl后搅拌均匀，静置数小时即可，用过的NaCl应回收利用。

杂醇油可用作选矿时的浮选剂和测定牛乳中脂肪的试剂。杂醇油中高级醇的酯类用途更广泛，可以用于制造油漆与香精，也可作为一种溶剂使用。

在酒精精馏过程中，甲醇的排除也是一项十分重要的工作。工厂一般采用提高精馏塔第二冷凝器的温度，即减少冷凝器的进水量，使流出第二冷凝器的产品温度为35～50℃，这时有较多的酒精蒸汽进入第三冷凝器，这样可使部分甲醇、酸、醛类物质排至大气中，部分进入工业酒精中，也可在精馏塔后增设一个甲醇塔来排除甲醇。

气相进塔流程的优点是节省加热蒸汽、冷却水，并省去一套冷凝设备。但成熟醪含杂质较多时，成品质量很难保证。由于粗馏塔和精馏塔直接相通，互相影响较大，要求操作技术较高。利用糖蜜原料生产酒精时，一般采用液相进塔的流程。

2. 液相进塔

液相进塔的方法是将粗馏塔出来的酒精蒸汽冷凝成液体后，再进入精馏塔。这种流程与气相进塔比较，增加了一次排除杂质的机会，酒精成品质量更有保证，但会增加蒸汽和冷却水消耗，设备投资相对多些。由于液相进塔，进料塔板上气液两相平衡，一般乙醇浓度较气相进塔时高，因此，采用液相进塔时的进料位置应比气相进塔时高 2～3 层，否则易造成精馏塔的不稳定，引起塔底跑酒。

某酒精厂采用糖蜜为原料，采用液相进塔、气相取油的工艺流程见图 2-6-6。该流程采用发酵成熟醪经预热器预热后，从粗馏塔顶入塔，塔底通入直接蒸汽进行蒸馏。成熟醪从上而下乙醇含量逐步降低，最后由塔底排出。塔底排出的废液含乙醇体积分数不应超过 0.04%，塔顶蒸出的酒精蒸汽经预热器、冷凝器变成液相，由精馏塔第 18 层入塔进行蒸馏。从进料层以下第 16、14、12 层气相提取杂醇油。塔顶蒸出的酒精蒸汽经冷凝器 1、2、3 冷凝后回流入精馏塔顶。醛酒在冷凝器 4 排出，与粗馏塔冷凝器 4 排出的醛酒汇集在一起，送入主发酵罐中。在第 71、70、69 层板上液相提取乙醇产品。粗馏塔和精馏塔塔底温度控制在 104℃左右，粗馏塔塔顶温度控制为 95℃，精馏塔塔顶温度控制为 79℃。

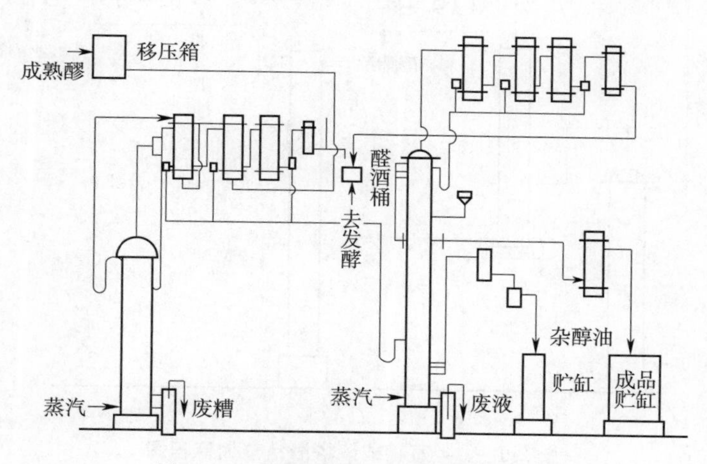

图 2-6-6　液相进塔的双塔蒸馏流程图

（二）三塔式酒精蒸馏

三塔式蒸馏流程比双塔流程多一个排醛塔，排醛塔又称分馏塔，它安装在粗馏塔与精馏塔之间，它的作用是排除醛酯类头级杂质。精馏塔除具有浓缩乙醇、提高浓度的作用外，还能进一步排除杂质，以获得精馏酒精。

三塔流程根据粗馏塔蒸馏出的粗酒精进入排醛塔，以及排醛塔的脱醛酒进入精馏塔的形式不同，又可分为如下 3 类。

（1）直接式粗酒精由粗馏塔进入排醛塔以及脱醛酒进入精馏塔都是气体状态。

（2）半直接式粗酒精由粗馏塔进入排醛塔是气体状态，而脱醛酒进入精馏塔是液体状态。

(3) 间接式粗酒精进入排醛塔以及脱醛酒进入精馏塔都是液体状态。

1. 直接式

由于粗酒精以蒸汽状态进入排醛塔，再以气体状态进入精馏塔，所以它的排除杂质的效率是不高的。另外还有可能将粗馏塔蒸汽中微量的成熟醪带至精馏塔，致使所得的成品有不好的气味。虽然此种流程热能利用最经济，但由于上述缺点没有得到推广。

2. 半直接式

热能消耗虽然比直接式大些，但可以得到质量比较优良的成品，因此在我国酒精工业上得到广泛的应用。其流程如图 2-6-7 所示。

从流程图可以看到，发酵成熟醪经预热器 1 预热后，进入粗馏塔 2，从粗馏塔出来的粗酒精蒸汽，不直接进入精馏塔，而是先进入排醛塔 3。因为酯醛杂质在乙醇浓度低时挥发系数较大，所以进入排醛塔 3 的乙醇体积分数控制在 35%～40%较好。若浓度过高，应适当调低。

排醛塔通常用较多的塔板层数（28～34 层）和冷凝面积很大的冷凝器，并采用较大的回流比来提高塔顶乙醇浓度。在 13 层（自上向下数）左右进料，塔顶温度控制在 79℃，酯醛酒含乙醇体积分数为 95.8%～96%，酯醛酒的提取量为成品的 1.2%～3%。

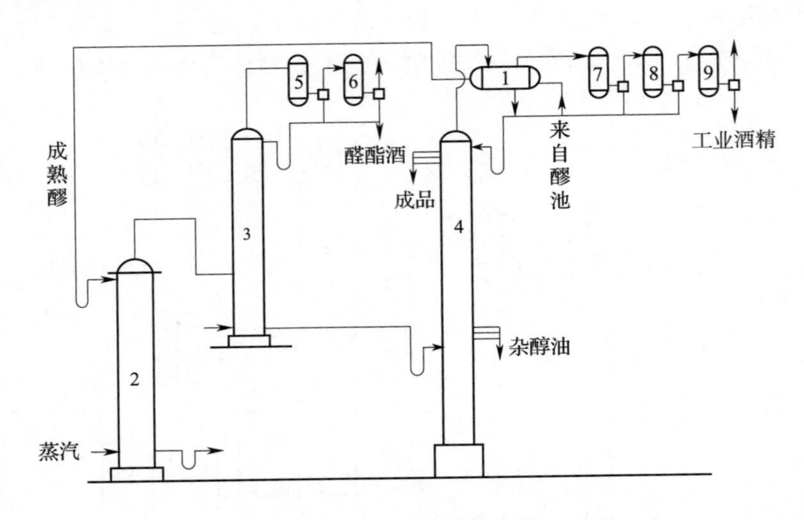

图 2-6-7　半直接式三塔酒精蒸馏流程图

1—预热器　2—粗馏塔　3—排醛塔　4—精馏塔　5，6，7，8，9—分凝器

排醛塔底进入精馏塔的脱醛酒，由于采用直接蒸汽加热和酯醛中乙醇含量较高的缘故，其浓度较粗馏塔导出的粗酒精浓度略低，一般体积分数在 30%～35%。

脱醛液进入精馏塔 4 后，残留的酯醛类头级杂质随酒精蒸汽上升，经冷凝器 7、8、9，一部分由排醛管排至大气，另一部分经冷却器及检酒器后进入工业酒精中。糖蜜酒精厂由于酯醛馏出物数量较大（主要含乙醛多），将其返回发酵罐中再次发酵，以增加酒精得率。精馏塔塔顶蒸出的酒精蒸汽在冷凝器 7、8 冷凝后全部回流入塔，成品酒精从塔顶回流管以下 2、4、6 层塔板上液相取出。

杂醇油的提取方法与双塔流程一样。

3. 间接式

它的成品质量比半直接式的高，还可以生产高纯度酒精。这是由于粗馏塔蒸出的酒精蒸汽冷凝为液体，在这一过程中可多一次排除头级杂质，显然生产费用要大些。

无论淀粉质原料还是糖蜜原料，用半直接法的三塔蒸馏都可获得精馏酒精。间接式的三塔流程目前应用不是很广。

二、差压酒精蒸馏工艺流程

差压蒸馏是多次重复利用蒸汽的热量，所以也称为多效蒸馏。多效蒸馏是在两个和两个以上塔系统内进行的。各个塔在不同的压力下操作，前一效塔的压力高于后一效塔的压力，前一效塔顶蒸汽的冷凝温度略高于后一效塔底液体的沸腾温度。第一效蒸馏用直接蒸汽加热，其塔顶蒸汽作为第二效塔釜再沸器的加热介质，它本身在再沸器中冷凝。依次逐效进行，直到最后一效塔顶蒸汽用外来冷却水冷凝。

多效蒸馏充分利用固定冷热源之间过剩的温差。尽管总能量降级是相同的，但每个塔的塔底和塔顶间的温差减小了，减少了有效能的损失。多效差压蒸馏使得总能量逐塔降低，充分利用了各级品位的能量，从而节省了能量，降低了有效能损失，提高了系统的热力学效率。

多塔差压多效蒸馏技术是现代大型酒精企业必须采用的分离工程技术。因其节能效果非常显著，酒精质量提高的幅度也非常大。通常双效精馏节能可达55%以上。但随着效数的增加，设备投资也随着增加，而且每增加一效，节能效果的比率在变小。

1. 双效蒸馏

双效蒸馏就是将一般的蒸馏塔改为压力不同的两个蒸馏塔，较高压力塔的塔顶蒸汽用来加热较低压力塔的釜液，这样可减少过程的不可逆性，达到节约能量的目的。

根据加热蒸汽与物料的相对流向，双效蒸馏可分顺流、逆流和并流几种。图 2-6-8 中流程 1 为常用的并流程，进料分成两部分，分别进入高、低压塔。高压塔顶的蒸汽作为低压塔釜加热蒸汽。图 2-6-8 中流程 2 为北京化工大学叶永恒建议的双效醪塔流程，预计可节能 35%～40%，增加的设备投资费用可从半年的节能效益中回收。

为了适应乙醇代汽油的需要，通用汽车公司专门设计了一种能直接燃烧 95%～96%乙醇（体积分数）的汽车发动机。这种直接以含水乙醇作为燃料的汽车已成为巴西汽车的主流。图 2-6-9 为生产这种含水燃料乙醇的节能蒸馏流程。该流程为两塔机组，两只塔分别由提馏段（醪塔）和精馏段（精馏塔）组成，即将精馏塔安在醪塔上部，合成一个塔。故本流程实际上是由两套两塔流程组成的双塔系统。两套塔同时进醪，塔顶同时出成品，只是其中一套塔加压（约 4×10^5Pa），另一套是常压。加压塔用直接蒸汽加热，该塔塔顶的酒精水蒸汽则用作常压塔的热源。图 2-6-9 流程的能耗只有 1.2～1.5kJ/L，低于常压的二塔流程，充分表明差压蒸馏的节能效果。

2. 多效蒸馏流程

图 2-6-10 为国内年产万吨的优质酒精六塔差压蒸馏系统。该系统是国产小型酒精厂生产食用酒精的主流设计，技术工艺源于法国早期蒸馏技术。该技术有诸多优点，如醪塔负压运行、有利于杂质分离、可减少酒精糟液营养物质损失、避免塔内结垢以及节约能源等。

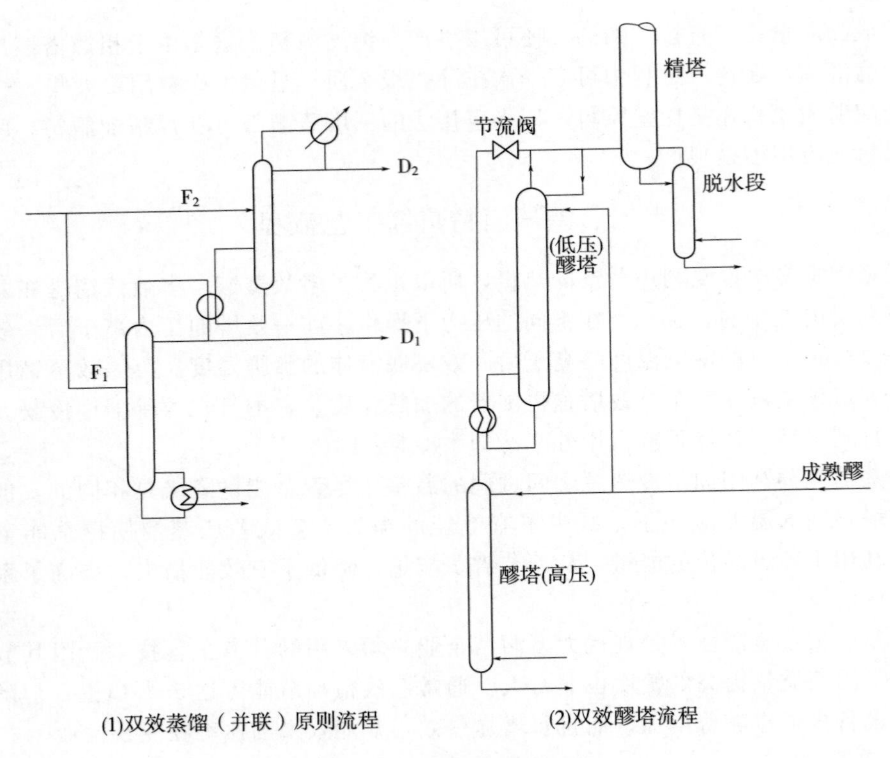

图 2-6-8　双效差压蒸馏流程

F_1、F_2—发酵塔来的溶液　D_1、D_2—粗酒精冷凝液

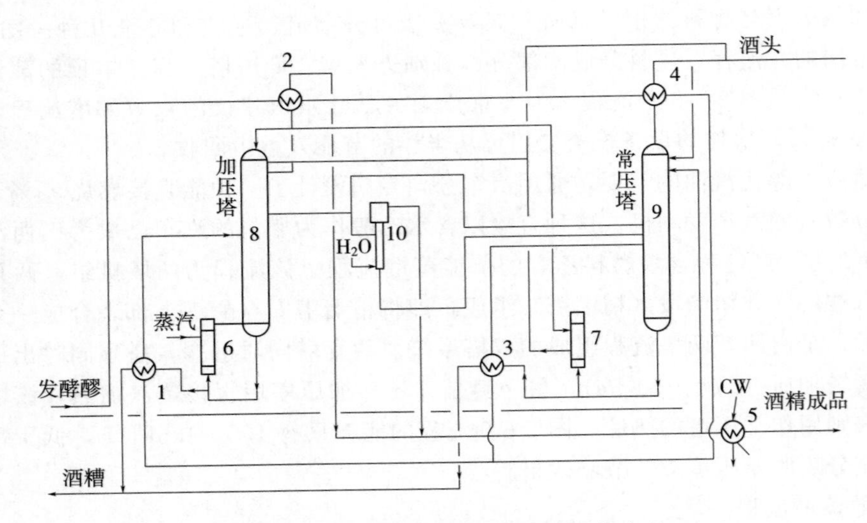

图 2-6-9　含水燃料乙醇节能蒸馏系统流程

1～5—换热器　6、7—再沸器　8—加压蒸馏精馏塔　9—常压蒸馏精馏塔　10—杂醇油洗涤器

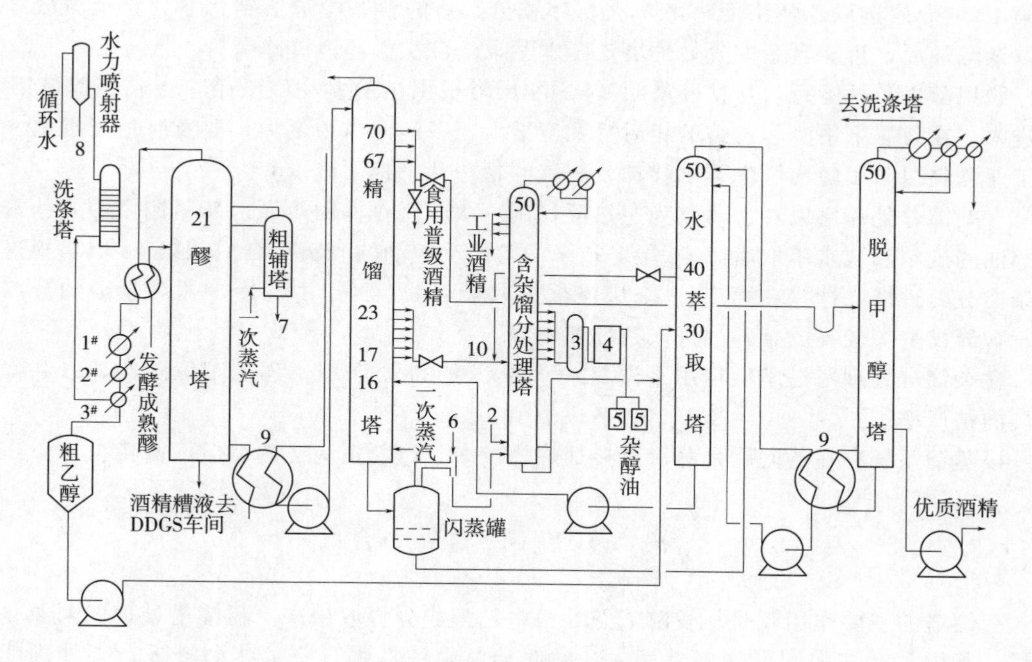

图 2-6-10　多效酒精蒸馏流程

1—来自 DDGS 车间的酒精糟清液　2—一次蒸汽（备用）　3—杂醇油冷却器　4—杂醇油分离器
5—杂醇油贮罐　6—一次蒸汽　7—粗辅塔塔釜废水　8—去循环水箱　9—再沸器　10—富含杂醇油的酒精入口
1#～3#—醪塔冷凝器（塔内数字表示塔板层数，顺序为从下向上塔顶计数）

工艺流程说明如下：

发酵成熟醪液经预热器预热至 50～55℃，进入醪塔第 20 层塔板，由醪塔塔顶酒精蒸汽经带有旋流板的上一层塔板进入粗辅塔排杂和浓缩后进入醪塔预热器，不凝酒精蒸汽进入醪塔冷凝器 1#、2#、3#，从 3#冷凝器出来的低沸点不凝气体，被真空系统（负压）吸入洗涤塔，经洗涤塔水洗冷凝后送入粗辅塔第 10 层塔板。醪塔预热器 1#、2#、3#冷凝器回流液进入粗酒精罐，用泵加入水萃取塔（入口为第 30 层塔板），水萃取塔稀释用水来自二次蒸汽发生器（闪蒸罐）的热水，从水萃取塔第 50 层塔板进入，醪塔排出的酒精糟液及其再沸器底部排出的浓浆送往饲料车间分离并进一步干燥。

醪塔热源主要是精馏塔塔顶的酒精蒸汽通过加热醪塔再沸器中的酒糟清液产生的蒸汽，产气后的浓缩液由再沸器下部排管泵送回饲料车间（酒精清液来自粗辅塔，粗辅塔由 22 层塔板构成，上段 6 层安装在醪塔顶部，下段 16 层塔板独立安装，并负压运行，功能是让废水单独排出，避免稀释酒糟）。

水萃取塔为一次蒸汽直接加热，入塔酒精体积分数为 80%～85%，入塔后降至塔釜乙醇浓度 15%（体积分数），塔顶乙醇浓度 35%～45%（体积分数），从塔顶抽取部分冷凝液送至含杂馏分处理塔提取杂醇油、工业酒精等，水萃取塔塔顶酒精蒸汽供脱甲醇塔作热源。

精馏塔用一次蒸汽直接加入为热源，用气动薄膜阀控制恒压。

水萃取塔塔釜来的低浓度（15%体积分数）除杂酒精，从精馏塔第 16 层塔板进入，在第 17～23 层选取乙醇浓度约为 55%（体积分数）的含杂醇油酒精送至含杂馏分处理塔提取杂醇油后，再从含杂馏分处理塔送至水萃取塔二次循环清洗除杂。

脱甲醇塔负压运行，从精馏塔第 67～69 层塔板引出的食品级酒精，在脱甲醇塔第 25 层进入，在负压下甲醇与乙醇的相对挥发度增大，甲醇向塔顶聚集，要及时适度提取一部分工业酒精以防甲醇向塔中下部移动，塔釜酒精中几乎检不出甲醇。

含杂馏分处理塔以二次蒸汽为主热源，用一次蒸汽作辅助热源。从精馏塔中来的富含杂醇油的酒精和从水萃取塔第 40 层塔板来的富含杂醇油的酒精汇合后从第 16 层塔板进入含杂馏分处理塔，选择在第 17～23 层塔板提取杂醇油。经杂醇油冷却器和杂醇油分离器后，含异戊醇等较高的杂醇油进入杂醇油储罐。

含杂馏分处理塔塔釜酒精用泵送入水萃取塔第 30 层塔板，再次萃取除杂，以利提高优质酒精产率。

该蒸馏系统存在的问题是蒸汽直接加热塔较多，汽耗虽有节约，但仍偏高。

第三节　粗　馏　塔

粗馏塔的主要作用就是从发酵成熟醪中将乙醇成分提取出来。粗馏塔处理的对象是成熟醪，其中含有许多固形物，黏度大、易起泡、腐蚀性强。要求蒸馏塔板：①处理能力大；②塔板效率高；③塔板压降低；④操作弹性大；⑤结构简单，制造成本低；⑥能够满足工艺的特定要求，如不易堵塞、抗腐蚀等。国内许多酒精厂家的粗馏塔大多采用鼓泡形塔（如泡罩塔板和 S 形塔板）。有些厂家则采用斜孔塔板、导向筛板、浮阀波纹筛板等喷射形塔板。

一、粗馏塔板类型及结构

1. 泡罩塔板

泡罩（也称泡盖）塔板在工业上已有 100 多年的应用历史。该塔操作十分稳定。当负荷有较大的变动时都能较稳定的操作。该塔板也适宜处理易起泡的液体，对设计的准确性也无过高的要求。尽管泡罩塔板结构较复杂、塔板效率偏低、压降大，但由于在各种条件下都能稳定地操作，所以国内不少酒精厂家的粗馏塔仍然采用泡罩塔板。

图 2-6-11 是泡罩塔板结构示意图。塔板的中部为泡罩布置区，也是气、液接触的有效区域。塔板上的降液管设置在两侧，常见的有弓形和圆形。板上一段降液管的高度称为溢流堰的高度，起到维持板上液层高度及使液流均匀的作用。不论用何种降液管，大都设置弓形堰。泡罩结构如图 2-6-12 所示。常见的泡罩为倒扣的自行车铃盖形，周边有齿缝。齿缝一般为矩形、三角形和梯形。泡罩气体流动趋势见图 2-6-13。操作时泡罩底部浸没在塔板上的液体中，形成液封。气体自升气管上升，流经升气管和泡罩之间的环形通道，再从泡罩齿缝（主要目的是分散气体，增大气液接触画积）中吹出，进入塔板上的液层中鼓泡传质。

2. S（SD）形塔板

SD 形塔板 1980 年开始在我国酒精工业中使用，并逐渐改进为 S 形塔板。

S 形塔板是由数个 S 形的泡罩互相搭接而成，如图 2-6-14 所示。该塔板借气体喷出时

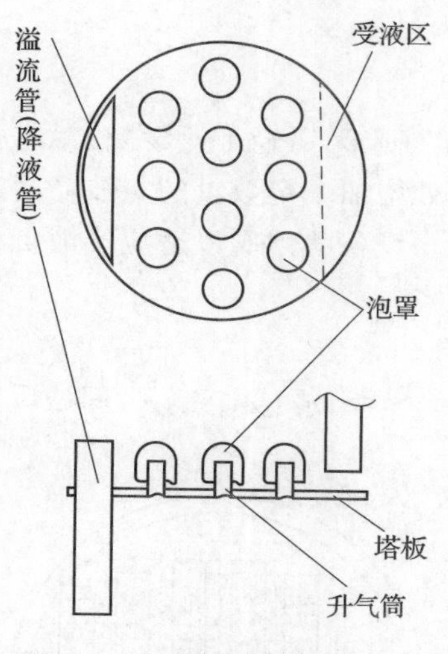

图 2-6-11　泡罩塔结构示意图

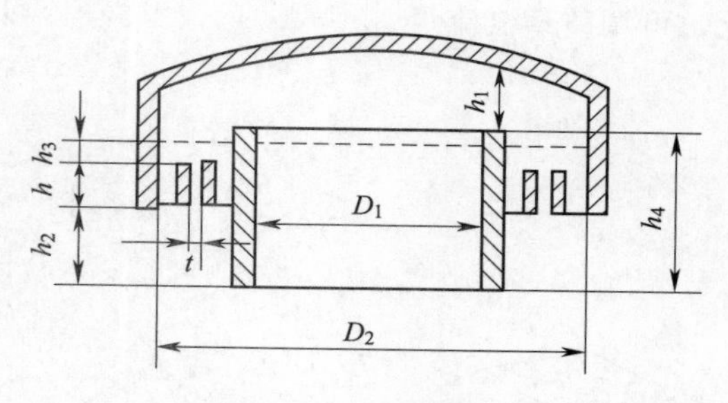

图 2-6-12　泡罩结构

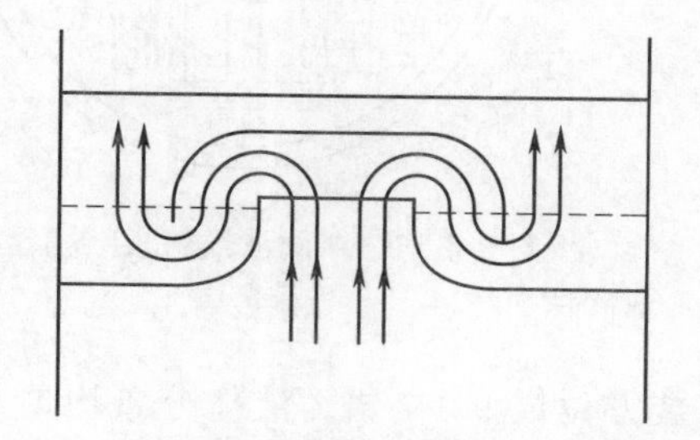

图 2-6-13　泡罩气体流动图

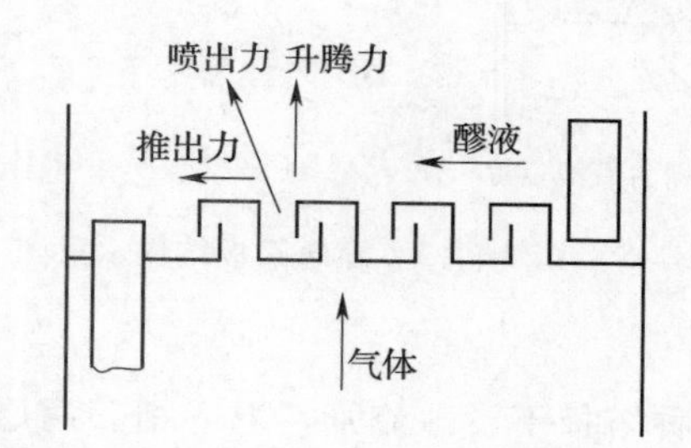

图 2-6-14　S 型塔板示意图

的动能，推动液体流动，这样板上液层分布比较均匀，液面落差小、雾沫夹带少，气液接触充分而密切。另一方面，生成的蒸汽同时产生一股向上升腾的作用力。因此，该塔板具有一定的驱动力，可将物料之中的污秽物质带走，防止泥沙等杂物的沉积，提高了排污排杂的性能。

S形塔板的优点是：①上升蒸汽流通路的面积比普通泡罩大 2～4 倍，故允许S形塔板具有较高的气速和液速，其处理能力比一般泡罩塔板大 50%左右；②气流与液流并行，液面落差小，所以在大液流下塔板仍能平稳操作；③结构比一般泡罩塔板简单，制作、安装方便，造价低。但这种塔板结构弯度较大，蒸汽受到的阻力大，塔板压降也较大。

3. 导向筛板

导向筛板是一种改进型的筛板（如图 2-6-15），也可以说是筛板与斜孔板的结合型。原设计由美国林德公司首创，故又称为林德筛板。20 世纪 70 年代北京化工学院（北京化工大学原称）开始对导向筛板进行研究、改进，近年在我国乙醇行业中用于粗馏塔或精馏塔。

与普通板型相比，导向筛板具有压降低、效率高、负荷大的优良性能，并具有结构简单、加工方便、造价低廉和使用中不易堵塞等特点。

4. 浮阀波纹筛板

浮阀波纹筛板如图 2-6-16 所示。研制单位是江南大学（原无锡轻工业学院）。它是一种新型穿流式塔板，是在普通波纹筛板的基础上，在波峰处增加一定数量的与波峰同弧形的条状阀片。波峰可供蒸汽通过，波谷可供液体分布下流。设条状浮阀以适应气液负荷的变化，可调整蒸汽流量。

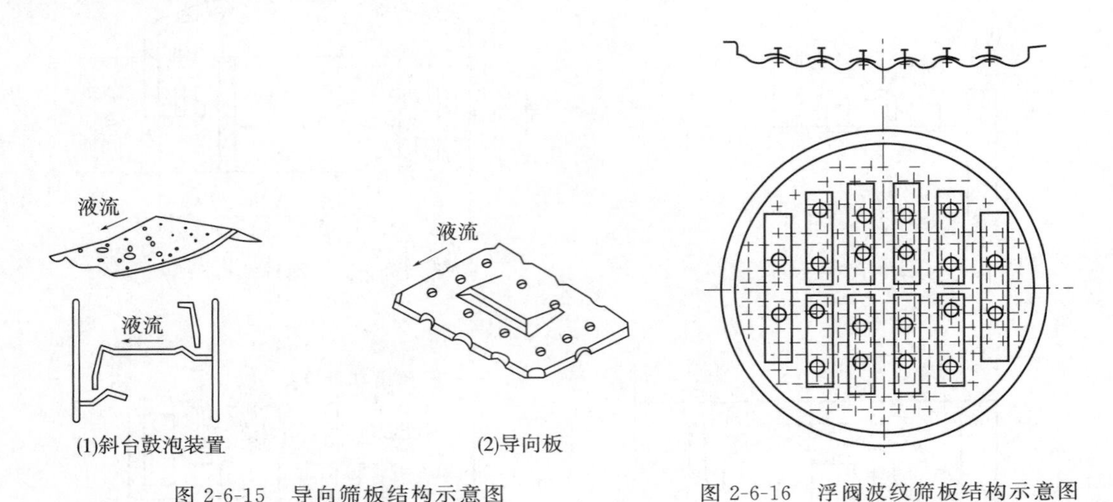

图 2-6-15　导向筛板结构示意图

图 2-6-16　浮阀波纹筛板结构示意图

此种塔板不设溢流管，上下相邻两层板的安装方位成 90°交错。液体分布均匀，整个板面无死角，板效率高，生产能力大，且具有自净排杂的作用且不易堵塞、操作稳定等特点。

此种塔板除用于粗馏塔外，也可用于精馏塔和排醛塔。

5. 斜孔塔

斜孔塔的板效率较高、生产能力大、弹性系数大。随着糖化酶（或液体曲）的使用，自动化控制和操作人员素质的提高，有的厂家将斜孔塔用于乙醇醪塔，效果不错。

斜孔塔是在苏联的鱼鳞塔板的基础上经改造而成的。其结构如图 2-6-17 所示。塔板上冲有一排排整齐的斜孔，每一排孔口都朝着一个方向，相邻两排孔口方向相反，故相邻两排孔口的气体方向反向喷出。这样可以减少甚至消除液体被不断加速的现象，又可避免因气流对冲而造成往上直冲的现象。因而塔板上液层均匀、气液接触良好、雾沫夹带少、允许的气体负荷高。由于可采用较高的气流速度，板上液层的湍动程度加大，喷射流动状态又增加了气液两相的传质效果，因此斜孔塔板效率较高，生产能力大。如若发酵成熟醪中无纤维状及大颗粒杂质，该塔板用于粗馏塔自净作用较好，且无堵塞现象。斜孔的形状有两种：闭型（B形）和开型（K 形）。K 形斜孔如图 2-6-18 所示，每个斜孔宽 20mm，孔高 5～5.5mm，孔的斜角为 26°～28°。

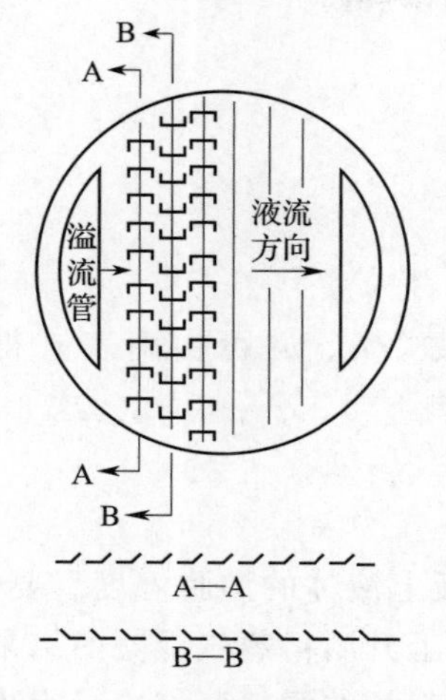

图 2-6-17　斜孔塔板结构示意图

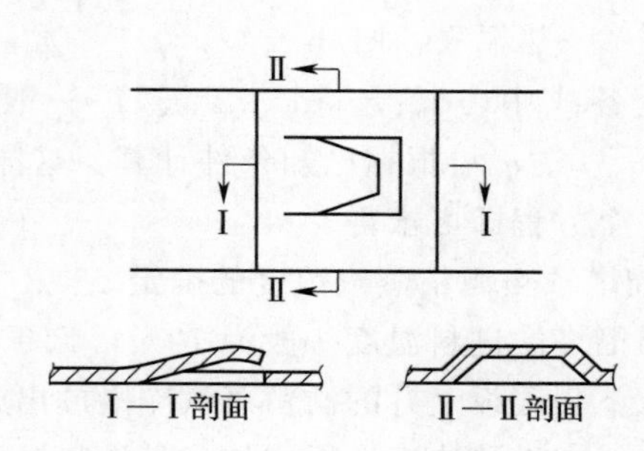

图 2-6-18　K 形斜孔示意图

二、粗馏塔的设计及计算

粗馏塔的设计计算主要包括：粗馏塔的热量衡算和物料衡算、粗馏塔顶粗酒精蒸汽浓度的确定、塔板层数和塔径的计算以及板间距、塔板结构的确定。

1. 酒精粗馏塔的热量衡算和物料衡算

粗馏塔物料和热量衡算的主要任务是：加热蒸汽用量的计算，粗馏酒精蒸汽的浓度和流量的确定，以及酒糟废液排出量的计算。

粗馏塔物料进出情况如图 2-6-19 所示。现以每小时处理成熟醪的质量为基准，对整个粗馏塔进行总物料衡算有：

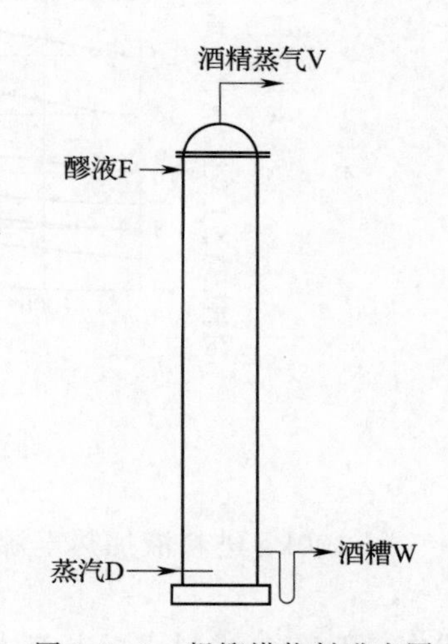

图 2-6-19　粗馏塔物料进出图

$$q_{m.F}+q_{m.D}=q_{m.w}+q_{m.V}+q_{m.V'} \tag{2-6-9}$$

对乙醇的衡算有：

$$q_{m,F}w_f=q_{m,w}w_w+q_{m,V}w_1+q_{m,V'}w_1 \tag{2-6-10}$$

对粗馏塔的热量衡算有：

$$q_{m,F}cT+q_{m,D}h_s=q_{m,w}c_wT_w+(q_{m,V}+q_{m,V'})h+q' \tag{2-6-11}$$

式中　$q_{m,F}$——成熟醪进料量，kg/h

$q_{m,D}$——加热蒸汽量，kg/h

$q_{m,w}$——酒糟废液量，kg/h

$q_{m,V}$——塔顶上升的粗酒精蒸汽量，kg/h

$q_{m,V'}$——塔上乙醇蒸汽的渗漏量，kg/h

w_f——成熟醪中的乙醇含量，%

w_w——酒糟废液中的乙醇含量，%

w_1——粗酒精蒸汽中的乙醇含量，%

h_s——加热蒸汽的焓，kJ/kg

T_w——塔底酒糟废液的温度，℃

c_w——酒糟废液的比热容，kJ/（kg·℃）

h——粗酒精蒸汽的焓，kJ/kg

c——成熟醪的比热容，kJ/（kg·℃）

T——成熟醪进塔温度,℃

q'——热损失，kJ/h

在以上各式中，$q_{m,F}$、w_f、T_w、T 一般为已知数，h、h_s可由附表查得；c、c_w、w_1、w_w、$q_{m,v'}$、q'可根据已知条件计算。这样，就只剩下 S、$q_{m,v}$、$q_{m,w}$这 3 个未知数，联解上面 3 个方程即可求得。

2. 粗馏塔顶粗酒精蒸汽浓度的确定

酒精粗馏塔的进料温度一般为 70℃，低于进料层板上液体的沸腾温度。要使之沸腾，需要吸收从下一层板上升的酒精蒸汽冷凝放出的热量。上升酒精蒸汽冷凝的结果会使进料层板上的液体中乙醇浓度有所增加，且进料温度越低，上升的酒精蒸汽冷凝得也越多，进料层板上乙醇浓度的增加也就越明显。进料层板上液体中的乙醇浓度一般用查图法求得，见图 2-6-20。

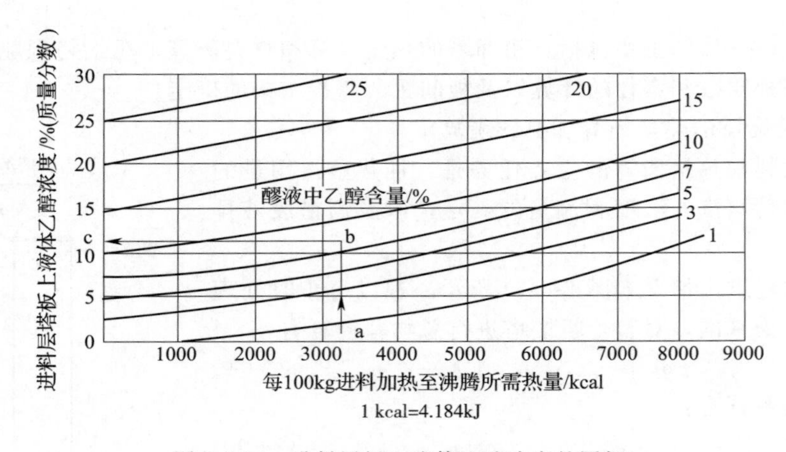

图 2-6-20　进料层板上液体乙醇浓度的图解

每 100kg 进料液加热至沸点时所需的热量按下式计算：

$$q = 100c\ (T_1 - T) \qquad (\text{kg/100kg})$$

式中　T_1——进料层板上液体沸腾温度,℃；查附录八“乙醇水溶液的液相、气相组成及沸点温度”

T——进料液温度（即成熟醪进塔温度),℃

c——进料液（成熟醪）比热容，kJ/（kg·℃）

可按下列经验公式计算：

$$c = 4.266 - 0.0401w \qquad (2\text{-}6\text{-}12)$$

w——醪液中干物质含量,%

由图 2-6-20 查得进料层板上液体中的乙醇浓度后，即可查附表，求得与之相平衡的粗酒精蒸汽的浓度。

但进料层塔板并非理论塔板，为接近实际，有人建议，将从附录八中查得的粗酒精蒸汽的数值除以 1.1 加以校正。

3. 塔板数的确定

理论板数的确定有逐板计算法、图解法和解析法，一般多采用直观的图解法。粗馏塔相当于精馏塔的提馏段，通常也就采用图解法确定提馏段塔板层数的方法来确定粗馏塔的塔板层数。

图解法的程序如下：

（1）计算进料热状态参数 δ

$$\delta=\frac{\text{每 1kg 进料变为饱和蒸汽所需热量}}{\text{每 1kg 进料的汽化潜热}}=\frac{h_g-h_f}{r}=\frac{r+c\ (T_1-T)}{r}$$

式中　δ——进料热状态参数

h_g——每 1kg 的饱和蒸汽的热焓，kJ/kg

h_f——每 1kg 进料的热焓，kJ/kg

r——每 1kg 进料的汽化潜热，kJ/kg

其他符号同前。

（2）绘平衡曲线图　在坐标纸上绘制平衡曲线 y-x，并做对角线 $y=x$，见图 2-6-21。

（3）在图上取 $x=x_f$，在 x 轴上做垂直线与对角线交于点 a。

（4）从点 a 做斜率为 $\frac{\delta}{\delta-1}$ 的 δ 线，进料成熟醪预热至 70℃，为过冷液体，故 δ 线向上偏右。

（5）做提馏段操作线。

（6）从 δ 线与提馏段操作线的交点 b 开始，在操作线与平衡曲线之间画梯级，直至超过 $x=x_w$ 为止。所画的梯级数减一即为理论板数。“减一”是减去塔釜相当的那块理论板。

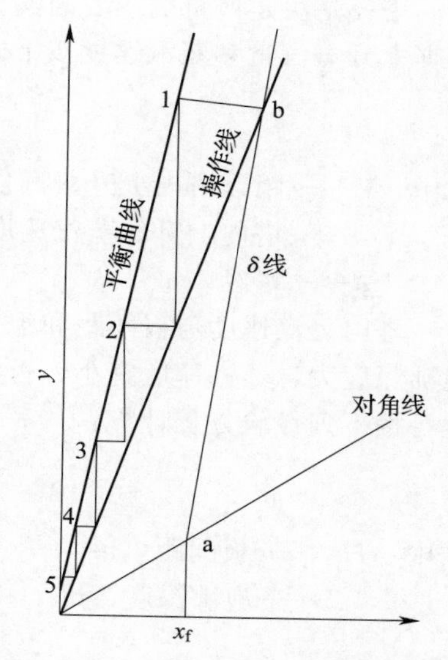

图 2-6-21　粗馏塔塔板层数图解

（7）若下端所画梯级太小，模糊不清，则需放大 20～30 倍，或采用下式计算从 0.2%（摩尔分数）至 x_w 一段所需的理论板数 n'，从 b 点至 $x=0.2\%$（摩尔分数）一段的阶梯数加上 n' 的数值即为理论板数。

$$n'=\frac{\lg\left[1+\frac{x_0}{x_w}\left(K\frac{D}{L}-1\right)\right]}{\lg\left(K\frac{D}{L}\right)} \tag{2-6-13}$$

式中　x_0——上限乙醇浓度，$x_0=0.2\%$（摩尔分数）

x_w——下限乙醇浓度（即酒糟中允许的残留乙醇浓度），一般为 $x_w=0.004\%$（摩尔分数）

K——乙醇挥发系数

D——加热蒸汽量，kg/h

L——溢流量，kg/h

由于溢流液中的乙醇浓度很低（$x \leqslant 0.2\%$），可视为水，故式中 D 和 L 的单位可同时用 kg/h 代替。此时，溢流量可按下式计算：

$$L = \delta F$$

（8）确定实际板数

$$实际板数 = \frac{理论塔板数}{塔板效率}$$

不同类型的塔板，其塔板效率也大不相同。我国粗馏塔多采用多泡罩塔板，其塔板效率约为 50%。通常粗馏塔的理论板数为 8～10 层，工厂中的实际板数多为 20～25 层，进料在塔顶。

4. 板间距的选择

板间距即相邻两块塔板之间的距离。板间距随空塔蒸汽速度、料液的起泡性和塔板类型而变化。空塔速度大，板间距也要大，才能防止雾沫夹带。成熟醪起泡性强，故粗馏塔的板间距一般不低于 330mm。根据经验，多泡罩粗馏塔一般可取 400mm 左右。

5. 塔径计算

塔径是决定产量的主要因素。当蒸汽速度一定时，塔径大，产量也大。塔径的计算是根据上升蒸汽量和蒸汽速度按下式计算：

$$\phi = \sqrt{\frac{4V}{\pi v}} \tag{2-6-14}$$

式中　V——粗馏塔内上升蒸汽量，m^3/s

v——塔内上升的蒸汽速度，m/s

ϕ——塔径，m

塔内蒸汽速度与板间距和泡沸深度（酒精蒸汽穿过液层的深度）有关。塔板间距小，泡沸深度大，蒸汽速度宜小，否则会产生雾沫夹带，影响塔板效率。酒精粗馏塔的蒸汽速度可按下列经验方程计算：

$$v = \frac{0.305H_T}{0.06 + 0.05H_T} - 12Z \tag{2-6-15}$$

式中　H_T——板间距，m

Z——泡沸深度，m

$$Z = 1/2h + h_3$$

式中　h——泡罩齿缝高度，m

h_3——缝顶至液面的距离，m

粗馏塔进料温度低于进料层沸腾温度，故塔内上升蒸汽量大于塔顶上升蒸汽量。粗馏塔内上升的蒸汽量可按下式计算：

$$V_2 = L + V_1 - F$$

式中　V_2——粗馏塔内上升的蒸汽量，kg/h

L——粗馏塔内的溢流量，kg/h

V_1——粗馏塔顶上升蒸汽量，kg/h

F——粗馏塔进醪量，kg/h

一般酒精粗馏塔进料层在塔顶层，塔顶压力一般按制在 0.11MPa（绝压），其蒸汽密度为 0.934kg/m³。因此，塔内上升蒸汽的体积流量为：

$$V_2=\frac{L+V_1-F}{3600\times 0.934} \tag{2-6-16}$$

例 2-6-1 某厂日产医药乙醇 60t，乙醇浓度 95%（体积分数），成熟醪中含乙醇 10%（体积分数），醪中干物质含量为 7.3%（质量分数）。成熟醪温度 30℃，预热至 70℃进塔。拟采用两塔式气相过塔蒸馏流程。假定蒸馏总损耗为 0.25%，其中粗馏和精馏各一半，在粗馏和精馏损耗中，设备的蒸汽渗漏损耗和废酒糟液带走的乙醇各占一半。另外，提取杂醇油带走的乙醇又占成品乙醇总量的 0.48%。试计算并确定泡罩型粗馏塔。

解：(1) 确定粗酒精蒸汽浓度 y_1

查水-乙醇溶液的体积分数、质量分数表知：95%（体积分数）=92.4%（质量分数），10%（体积分数）=8.1%（质量分数）

已知：$T=70$℃，$w_f=10\%$（体积分数）=8.1%（质量分数），$x=7.3\%$（质量分数），此成熟醪可视为稀酒精。

查附录表可得此成熟醪沸点温度 $T_1=92.6$℃，于是．成熟醪比热容为：

$$c=4.266-0.0401\times 7.3=3.97\ [\text{kJ/(kg·℃)}]$$

每 100kg 醪液加热至沸点所需的热量为：

$$\begin{aligned} q&=100c\,(T_1-T)=100\times 3.97\times(92.6-70)\\ &=8972\ (\text{kJ/100kg}) \end{aligned}$$

从图 2-6-20 中可查得进料层板上乙醇浓度为 $x_1=10.5\%$（质量分数）。根据附录表可查得与之相平衡的气相乙醇浓度为 52.8%（质量分数）。此为理论值，对其进行校正的实际值为：

$$y_1=52.8\%/1.1=48\%\ (\text{质量分数})$$

即粗馏塔顶排出的粗酒精蒸汽为 48%（质量分数）。

(2) 计算粗酒精蒸汽量 V

已知日产酒精 60t，浓度为 95%（体积分数）=94.2%（质量分数）。蒸馏损耗 0.25%，提取杂醇油带走乙醇的 0.48%。成熟醪的乙醇含量为 10%（体积分数）=8.1%（质量分数），于是每小时所需的成熟醪量 F 为：

$$\begin{aligned} F&=60\times\frac{1000}{24}\times\frac{0.924}{0.081}\times\frac{1}{1-0.0025}\times\frac{1}{1-0.0048}\\ &=28728\ (\text{kg/h}) \end{aligned}$$

粗馏损耗占蒸馏总损耗的一半，x_W 为酒糟中的残留乙醇量（摩尔分数），则：

$$Wx_w+V'y_1=Fx_f-Vy_1=Fx_f\times\frac{0.0025}{2}=0.00125Fx_f$$

$$Fx_f=0.00125Fx_f+Vy_1$$

得：

$$\begin{aligned} V&=Fx_f\,\frac{1-0.00125}{y_1}=28728\times 0.081\times\frac{0.99875}{0.48}\\ &=4842\ (\text{kg/h}) \end{aligned}$$

设备渗漏和废糟液带走的乙醇各占一半，则酒精蒸汽的渗漏量 V' 为：

$$\begin{aligned} V'y_1&=Wx_w=\frac{1}{2}\times 0.00125Fx_f\\ &=0.000625\times 28725\times 0.081\\ &=1.45\ (\text{kg/h}) \end{aligned}$$

$$V'=\frac{1.45}{y_1}=\frac{1.45}{0.48}=3.0\ (\text{kg/h})$$

（3）计算加热蒸汽量 D 和废糟液量 W

酒糟废液中的乙醇含量很低，可视为水。粗馏塔塔釜压力一般为 0.14MPa（绝对）。其沸腾温度经查表可知为 $T_w=108.7$℃；酒糟废液中固形物含量为 4.6%（质量分数）。酒糟废液的比热为 c_w：

$$c_w=4.266-0.0401\times4.6=4.08\ [\text{kJ/(kg}\cdot℃)]$$

采用的加热蒸汽压力为 0.3MPa（绝对），此蒸汽的热焓 $I_s=2723$kJ/kg；48%（质量分数）粗酒精蒸汽的热焓为 $I=1956$kJ/kg。

热损失取经验数据，按 100kg 成熟醪计热损失量为 2093kJ 计：

则：
$$q=28728\times\frac{2093}{100}=601277\ (\text{kJ/h})$$

将所得数据代入式（2-6-9）及式（2-6-10）中得：

$$\begin{cases}28728+D=W+4842+3\\28728\times3.97\times70+2723D=108.7\times4.08W+4845\times1956+601277\end{cases}$$

解得：$D=5565.5$（kg/h）

$$W=29448.5\ (\text{kg/h})$$

酒糟中残留乙醇量：

$$x_W=\frac{1.45}{W}=\frac{1.45}{29448.5}=4.9\times10^{-5}=0.0049\%$$

（4）确定塔板层数（理论板数和实际板数）

查附表知：$x_f=10\%$（体积分数）$=8.1\%$（质量分数）$=3.33\%$（摩尔分数），潜热：$r=2097$kJ/kg；$x_w=0.0049\%$（质量分数）$=0.002\%$（摩尔分数）

从前知：$F=28728$kg/h，$T=70$℃，$T_1=92.6$℃，$c=3.97$ [kJ/(kg·℃)]

进料液状态参数 δ：

$$\delta=\frac{r+c\ (T_1-T)}{r}=\frac{2097+3.97\ (92.6-70)}{2097}=1.043$$

δ 线斜率：$\dfrac{\delta}{\delta-1}=\dfrac{1.043}{0.043}=24.3$

操作线斜率：$\dfrac{W}{D}=\dfrac{29448.5}{5565.5}=5.29$

溢流量：$L=\delta F=1.043\times28728=29963$（kg/h）

作图：先作平衡线 y-x 和对角线 $y=x$，再从点 a（3.33%，3.33%）作斜率为 5.29 的操作线，与 δ 线交于点 b。然后从 b 点出发在平衡线与操作线之间画梯级，至 $x=x_0=0.2\%$为止，所得梯级数为 5 个。

对于 $x_0=0.2\%$至 $x_w=0.002\%$一段，用公式计算，式中的 K 值为乙醇挥发系数。在上述的上下限间，乙醇的挥发系数 $K=13$。

$$n'=\frac{\lg\left[1+\frac{\chi_0}{\chi_w}\left(K\frac{D}{L}-1\right)\right]}{\lg K\frac{D}{L}}$$

$$=\frac{\lg[1+\frac{0.2}{0.002}(13\times\frac{5565.5}{29963}-1)]}{\lg(13\times\frac{5565.5}{29963})}$$

$$=5.6$$

$$\approx 6$$

理论板数：5＋6＝11（板）

实际板数：$\frac{11}{0.5}=22$（板），以上板效率取为50％。

实际板数22块，与工厂实际使用塔板数基本相符。

（5）塔板间距（板间距）H_T的选择　根据经验，取板间距为400mm。

（6）塔径的计算

$$V_2=\frac{L+V_1-F}{3600\times 0.934}=\frac{29963+4842-28728}{3600\times 0.934}=\frac{6077}{3362.4}=1.81\ (m^3/s)$$

取泡沸深度$Z=0.05m$，则蒸汽速度为：

$$v=\frac{0.305H_T}{0.060+0.05H_T}-12Z=\frac{0.305\times 0.4}{0.060\times 0.05\times 0.4}-12\times 0.05=0.925\ (m/s)$$

塔径：$\phi=\sqrt{\frac{4V}{\pi v}}=\sqrt{\frac{4\times 1.81}{3.14\times 0.925}}=1.58$（m）

留有余地，取塔径为1.7（m）。

（7）升气管的计算　根据经验，每层塔板上升气管的总面积（即开孔率）约为塔板面积的12％～14％. 升气管高h_4一般超过塔板上液层深度10～20mm。

设每层塔板上的泡罩数为10个，开孔率为14％，有$10\times\frac{\pi}{4}D_1^2=\frac{\pi}{4}D^2\times 0.14$，则升气管的直径：$D_1=0.118D=0.118\times 1.7=0.20$（m）。

取塔板上液层深度$h_L=105mm$，升气管高h_4超过塔板上液层深度20mm，则$h_4=105+20=125$（mm）。

（8）泡罩尺寸　泡罩尺寸根据蒸汽所经过的各通道截面积相等的原则来计算（表2-6-3），即：

$$A_1=A_2=A_3=A_4=A_5$$

式中　A_1——升气管升气的截面积，m^2

A_2——升气管顶至泡罩内顶面之间蒸汽通道的面积，m^2

A_3——泡罩内壁与升气管外壁间环形面积，m^2

A_4——泡罩下沿至塔板面间的面积，m^2

A_5——泡罩齿缝面积，m^2

表2-6-3　泡罩尺寸计算公式

计算项目	计算公式	符号说明
升气管边至泡罩顶距离h_1	$h_1=D_1/4$	D_1——升气管直径（m）
泡罩内径D_2	$D_2^2=D_1^2+(D_1+2\delta)^2$	δ——升气管壁厚（m）
泡罩下沿至塔板间距离h_2	$h_2=D_1^2/4D_2$	

续表

计算项目	计算公式	符号说明
泡罩齿缝数 n	$n=\frac{(D_2+2\delta_2)\pi}{b+t}$	δ_2——泡罩壁厚（m） b——齿宽（m）
齿缝高度 h	$h=\pi D_1^2/4nt$	t——缝宽（m）
升气管高度 h_4	$h_4=h_L+(0.01\sim0.02)$	h_L——塔板上液层深度（m）
缝顶至液面距离 h_3	$h_3=h_L-(h+h_2)$	

取升气管厚度 $\delta_1=10$mm，泡罩壁厚度：$\delta_2=10$mm，齿宽 $b=10$mm，缝宽 $t=25$mm，根据表 2-6-2 中的计算公式，得：

升气管边至泡罩顶距离：$h_1=D_1/4=0.05$（m）

泡罩内径：$D_2=[D_1{}^2+(D_1+2\delta_1)^2]^{1/2}=0.30$（m）

泡罩下沿至塔板间距离；$h_2=D_1{}^2/4D_2=0.033$（m）

泡罩齿缝数：$n=\frac{(D_2+2\delta_2)\pi}{b+t}=29$（个）

齿缝高度：$h=\pi D_1^2/4nt=0.043$（m）

缝顶至液面距离：$h_3=h_L-(h+h_2)=0.029$（m）

泡罩高：$h_5=h_1+h_4-h_2+\delta_2=0.152$（m）

泡沸深度：$Z=\frac{1}{2}h+h_3=0.0505$（m），与前面所取值 $Z=0.05$m 接近。

(9) 降液管与溢流堰：一般的弓形降液管，单溢流型塔板的堰长 L_w 取塔径 D 的 60%～80%，双溢流型可取 50%～70%。堰高按保持塔板上液层有一定高度考虑。

$$h_w=h_L-h_{ow}$$

式中 h_w—— 堰高，m

h_L——塔板上液层深度，m，一般取 115mm 左右

h_{ow}——堰上液层高度，m，与液体流量和堰长等因素有关，$h_{ow}=2.84\times10^{-3}E\left(\frac{L}{L_w}\right)^{2/3}$（m）

E——液体收缩系数，一般取 $E=1$

L——溢流量，m^3/h，$L=\frac{\varepsilon F}{1000}$

L_w——堰长，m，经验数据为 L_{ow} 不应小于 6mm。

弓形降液管的弦长与堰长 L_w 相等，降液管上端管口一定与塔板相平，降液管下端距下层塔板的距离 h_0 不能超过溢流堰高 h_w，但太小会使下流的液流受阻。根据经验，对弓形溢流管这段距离可取为 40mm，若是圆形降液管一般取为降液管直径的 1/4。这段距离也可用公式计算：

$$h_0=\frac{L}{L_W v_W}$$

式中 L——溢流量，m^3/s

L_w——弓形溢流堰堰长，m

v_w——液体从弓形降液管底流出的速度，一般可取 $v_w=0.1\sim0.5$m/s

本题中采用

$$L_w/D=0.7=70\%$$

$$L_w=1.7\times0.7=1.19\ (\text{m})$$

$$L=29963\ (\text{kg/h})=30\ (\text{m}^3/\text{h})$$

取 $E=1$，则堰上液层高度 h_{ow}：

$$h_{ow}=2.84\times10^{-3}\times E\left(\frac{L}{L_w}\right)^{2/3}$$

$$=2.84\times10^{-3}\times\left(\frac{30}{1.19}\right)^{2/3}$$

$$=0.025\ (\text{m})$$

堰高：

$$h_w=h_L-h_{ow}=0.115-0.025=0.090\ (\text{m})$$

弓形溢流管下口距下层塔板的距离根据经验取为40mm。

第四节　精　馏　塔

酒精精馏塔有两个作用，一是把从粗馏塔过来的粗馏酒精气体或液体提浓到产品要求的浓度；二是分离净化其杂质，使产品质量达到所要求的标准。精馏塔由两段组成，上段是精馏段，下段为脱水段，以粗馏酒精蒸汽或其液体的进口为界。若塔板上开孔率相等，两段塔径为上粗下细。我国多采用同直径的精馏塔，但塔板开孔率不一样。

进入精馏塔的酒气或料液，经精馏段提浓，上升至塔顶，进入冷凝器组。冷凝成液体后回流入精馏塔顶。最后一级冷凝器中的冷凝液含有较多的头级杂质，一般作为工业酒精单独取出。不凝性气体包括低沸点气体从排醛管排出。成品酒精是从塔顶回流管以下4～6层塔板上的液相取出。杂醇油的提取一般是从进料层塔板以上的2～4层塔板上的液相取出或从进料层塔板以下的2～4层塔板上的气相取出。精馏塔的加热蒸汽是从塔底通入直接蒸汽，被蒸尽乙醇的废液自塔底（塔釜）排出。

一、精馏塔的塔板类型及结构

对于精馏塔的要求：塔板效率高、生产能力大、压降小、操作范围广、结构简单、操作方便、加工容易等。我国酒精行业多采用小型多泡罩塔、浮阀塔、斜孔塔、筛板塔、导向筛板塔等。

（一）浮阀塔板

浮阀塔板的形式大体上可分为盘式和条状两种(就阀片而言)。目前应用最广的是盘式。浮阀塔板与泡罩塔板类似，也必须有溢流管、溢流堰。升气筒的位置由阀孔代替．其标准孔径为 $39^{+0.3}_{-0.1}$ mm。每个阀孔上装有一个可以上下浮动的浮阀。阀孔直径较浮阀直径稍大，浮阀能在阀孔中上下活动自如。

国内酒精厂常用F－1型浮阀，国外称之为V－1型浮阀。如图2-6-22所示。

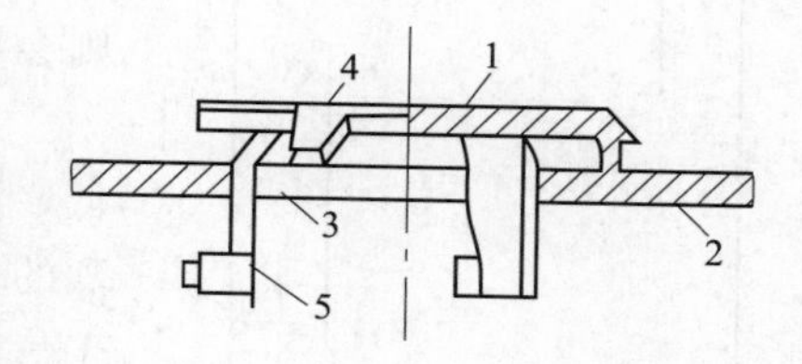

图2-6-22　F－1型浮阀

1—阀件　2—塔板　3—阀孔　4—定距片　5—阀膜

阀片为一圆盘，阀片下有三条支腿。三条支腿保证浮阀的位置和导向。一般阀片和支腿由不锈钢片一次冲压而成。将三个支腿掰成与阀片成90°，能轻松地插入阀孔中。阀片边缘冲出三个小凸出点，保证停机时，阀片与塔板仅有极小的接触面积和保持很小的距离，防止浮阀与塔板粘连。浮阀在阀孔中的固牢和阀片最大开度的控制是由支腿上的小爪来完成的。浮阀的三个支腿末端都各有一个小爪，当浮阀装进阀孔后，将小爪向外扭转90°。开机后，浮阀上下浮动，当蒸汽速度达到一定时，小爪碰到塔板，限制了浮阀再上升，达到最大开度，也防止了浮阀脱落。

我国采用的F-1型盘式浮阀，分为重阀和轻阀（F-4型）两种。酒精蒸馏塔大都用重阀。重阀重约34g。采用2mm厚不锈钢板冲压，阀片直径48mm。阀直径（三个支腿正位后围成的圆）38mm，腿长19.5～21.5mm，爪长4mm，当塔板厚度为3～6mm时，浮阀最大开度为7～10mm，最小开度为2.5mm（即凸出点高2.5mm）。

浮阀塔的特点如下。

（1）塔板效率高　浮阀塔板上气体通过阀孔后是以水平方向向四周喷出，气体速度大，而且产生向心力，气液接触时间长，气液接触非常良好。因此，浮阀塔的板效率比泡罩塔板要高出20%左右，是人们公认的高效塔板之一。

（2）处理能力大、操作范围广　浮阀的开度，是根据蒸汽速度进行自动调节的。因此弹性负荷（最大负荷与最小负荷之比）较大（可达4～7），操作范围广。同时，浮阀塔板的气液接触面积较泡罩塔大，相应的雾沫夹带小。故其处理能力比泡罩塔板要大30%左右，而塔径要小10%～20%。

（3）塔板压降小　与泡罩塔板相比，气体不经过升气筒，不受泡罩折转，不穿过齿缝。虽然浮阀有一定的质量，但仅有34g，因此气体通过浮阀塔板时压强降较小。

（4）结构简单，稳定性高　与泡罩塔板比较，结构简单、加工方便、材料用量少。但目前多采用不锈钢板，其造价不菲。浮阀塔板由于气液接触良好，液面落差很小，所以稳定性也高。

（二）筛板塔板

筛板塔是所有塔板中结构最简单的蒸馏塔板。其塔板是由开有大量均匀小孔（称为筛孔，孔径一般为2～6mm）的塔板和溢流管组成，如图2-6-23。操作时，从下层塔板上升的气流通过筛孔分散成细小的流股，与板上液体相接触，并进行传热与传质。筛板塔正常操作的必要条件是通过筛孔的蒸汽的速度和压强必须足以超过筛板上液层的压强，才能保证液体不会从筛孔流下而按规定从溢流管下流，否则会导致塔板效率降低。

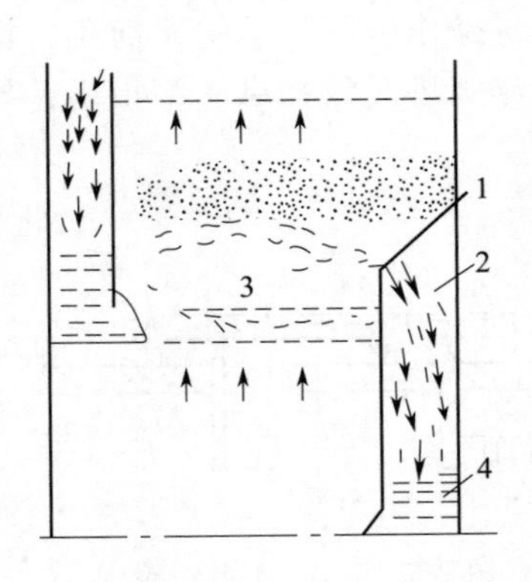

图2-6-23　筛板塔

1—溢流堰　2—降液管

3—泡沫层　4—清液层

当筛孔孔径过大，特别是在15mm以上时，若气速低，漏液则多；若气速高，则液层会出现晃动、翻腾、激烈的上抛现象。所以筛孔塔板漏液与否，一定的筛孔取决于气流通过筛孔的速度。理论上讲，不论孔径大小，只要选取合适的气速，都能避免漏液。不过孔径大时，漏液多，所以大孔筛板的操作范围比较窄。空塔速度一般在0.8m/s以上，孔速一般为13m/s左右。

开孔率的影响远较孔径的影响要大。对于孔径为10mm的筛板，开孔率越大，气液接触情况越差，漏液量大，板效率低，故开孔率以5%～6%为宜。对于小孔径（2～6mm）的筛板，开孔率以不超过10%为好。

筛板塔的优点如下。

（1）结构简单、易于加工、造价低，约为泡罩塔板的40%。

（2）处理能力大，比相同塔径的泡罩塔可增加10%～20%。

（3）塔板效率高，比泡罩塔高15%～20%。

（4）塔板压降小，液面落差小。

缺点如下。

（1）操作弹性小，小筛孔易堵塞。

（2）塔板安装要求高。塔板的安装要求非常水平，否则气液接触不匀。

（3）操作水平要求高。操作压力要求非常稳定，因此操作不易控制。

（4）开停机不易操作，特别是停机时，塔板上的液体会全部从筛孔下流。

人们通过科学研究和生产实践，对筛板塔的设计进行了改进，研究成功一种导向筛板塔，由美国林德公司首创，又称林德筛板，如图2-6-24所示。

普通筛板和其他塔板一样，在液体进口区都有一个非活化区，在此没有气体鼓泡，泄漏量也大。造成非活化区的原因是液面落差的存在和由于液体经过溢流管时已将气体分离出去，使进口区的液层厚而密实，气体难以穿过。据研究，非活化区通常占塔板有效截面积的20%～30%，是影响塔板效率的重要因素。

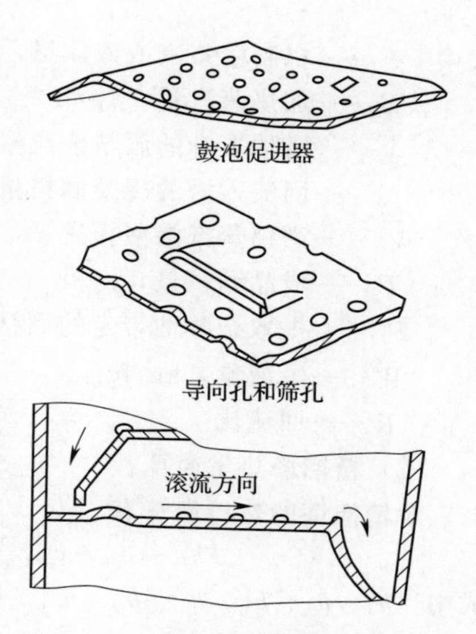

图2-6-24　导向筛板的结构示意图

针对以上缺点，导向筛板塔板做了两点改进。在原普通筛板的基础上，首先是在液体的进口区，将塔板向上凸起，成为斜的增泡台（称为鼓泡促进器）。其次是在直径较小的塔板上增设了百叶窗式的导流孔，在直径较大的塔板上采用变向的导流孔。经改进后的导向筛板塔板，增加了有效的鼓泡面积，减少了液面落差，有利于气体的均匀分布；消除了塔板边缘区的液体滞留，改进了塔板的流动状态。因此一般将导向筛板塔作为精馏塔或排醛塔。

我国某厂日产酒精100t，精馏塔采用导向筛板塔。精馏段塔径1.9m，38层塔板。提馏段塔径1.2m，16层塔板（共54层塔板）。塔板间距均为350mm。塔板材质为紫铜板，塔身用碳钢。经多年使用，该塔运行良好，产量比原泡罩塔提高40%以上，比泡罩塔节省投资50%。

二、精馏塔的设计及计算

1. 影响精馏的因素

由于精馏过程比较复杂，影响因素很多，先做几个基本假设：①恒摩尔汽化。在精馏塔的精馏段内，从每一层塔板上升的蒸汽的摩尔数相等；提馏段内也是如此。但两段的蒸汽摩尔数不一定相等。②恒摩尔溢流。在精馏塔的精馏段内，从每一层塔板上下降的液体的摩尔数相等；提馏段内也是如此，但两段的液体摩尔数不一定相等。③从最上层塔板上升的蒸汽进入冷凝器中全部冷凝。成品酒精的浓度与塔顶蒸汽的乙醇浓度相同。④采用间接蒸汽加热。

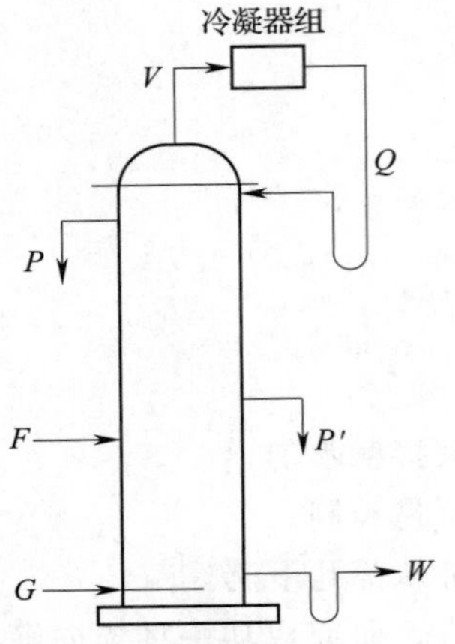

以上假设与实际情况基本一致。

2. 精馏段操作线方程式

气液平衡曲线是说明理论塔板上气液相平衡关系的，即已知某层塔板上的液相乙醇浓度，可以从气液平衡曲线中找出与之相平衡的气相乙醇浓度。至于上、下两层塔板间的气、液两相的乙醇浓度则有赖于操作线解决了。

（1）精馏塔的物料衡算：精馏塔的物料衡算见图 2-6-25。

图 2-6-25 精馏塔物料进出图

现以每小时成品乙醇的产量为基准，对整个精馏塔进行总物料衡算如下：

$$F+G+Q=V+P+P'+W+V'$$

其中： $V=Q=(R+1)P$

于是： $$F+G=P+P'+W+V' \tag{2-6-17}$$

式中 F——粗酒精蒸汽或液体量，kg/h

G——加热蒸汽量，kg/h

V——塔顶上升的酒精蒸汽量，kg/h

Q——回流入塔的冷凝酒精量，kg/h

V'——酒精蒸汽渗漏损失量，kg/h

P——成品酒精量，kg/h

P'——提取杂醇油带走的酒精损失量，kg/h

W——废液量，kg/h

R——回流比

（2）精馏塔热量衡算：

对精馏塔的热量衡算有：

$$Fh_f+Gh_s+Qh_g=(V+V')h_v+Ph_p+P'h'_p+Wh_w+q' \tag{2-6-18}$$

式中 h_f、h_s、h_g、h_v、h_p、h'_p、h_w——分别为相应物料的热焓，kJ/kg

q'——热损失，kJ/h

其他符号同前。

精馏段操作线是基于该段物料衡算得出的：

$$y_{n+1}=\frac{R}{R+1}x_n+\frac{1}{R+1}x_p \tag{2-6-19}$$

式中 y_{n+1}——由 $n+1$ 层上升的蒸汽中乙醇的摩尔浓度

x_n——由 n 层下降的回流液中乙醇的摩尔浓度

x_p——成品酒精的摩尔浓度

R——回流比

方程（2-6-19）就是精馏段操作线方程式。它表示，在一定的操作条件下，精馏段内自任何一层塔板（第 n 板）下流的液体乙醇摩尔浓度与之相邻的下一层塔板（即 $n+1$ 层板）上升蒸汽的乙醇摩尔浓度之间的关系。在精馏操作中，R 和 x_p 的值均已规定，故将精馏段操作线标绘在 y-x 图上为一条直线，其斜率 $=\frac{R}{R+1}$，在 y 轴上的截距 $\frac{x_p}{R+1}$。当 $x_n=x_p$ 时，$y_{n+1}=x_p$，所以该操作线与 y-x 图的对角线相交于一点 a（x_p，$y=x_p$）。

3. 提馏段操作线方程式

同样，提馏段操作线方程式可对该段作物料衡算得出：

$$y_{m+1}=\frac{L'}{L'-W}x_m-\frac{W}{L'-W}x_w \tag{2-6-20}$$

式中 y_{m+1}——由 $m+1$ 层塔板上升的蒸汽中乙醇的摩尔浓度

x_m——由 m 层塔板下降的液体中乙醇的摩尔浓度

L'——提馏段中每块塔板下降的液体流量，kmol/h

W——废液的排出量，kmol/h

x_w——废液中乙醇的摩尔浓度

方程（2-6-20）即为提馏段操作线方程式。它表示了在一定的操作条件下，提馏段内自任何一块塔板（第 m 块）上下降的液体乙醇的摩尔浓度与自相邻的下一块塔板（第 $m+1$ 块）上升的蒸汽中的乙醇摩尔浓度之间的关系。在精馏操作中，L'、W 和 x_w 均为定值，故将提馏段操作线标绘在 y-x 图上也为一条直线。当 $x_m=x_w$ 时，则 $y_{m+1}=x_w$，该操作线与 y-x 图上的对角线相交于一点 c（x_w，$y=x_w$），直线的斜率 $=\frac{L}{L-W}$，在 y 轴上的截距为 $\frac{W}{L-W}x_w$。

而 L' 的数值，通常不像 L（精馏段的下降液体流量）那样易于知道，且对于同一数量的 L，L' 的数值与进料状况有关。因此，需对进料情况做分析，进而确定 L' 的数值，再按提馏段操作线方程式在 $y-x$ 图上作出提馏段操作线。

4. 进料热状况对操作线的影响

提馏段的溢流量 L' 随进料情况而变。进料情况不同（进料热状况有冷液、沸液、气液混合体、饱和蒸汽、过热蒸汽等 5 种），其热焓量也不一样。于是，进料塔板上增添的液流量也不同，令：

$$q=\frac{\text{每摩尔进料量变成饱和蒸汽所需要的热量}}{\text{进料的平均摩尔汽化潜热}}$$

$$q=\frac{h-h_F}{r_F} \tag{2-6-21}$$

式中 h——每摩尔饱和蒸汽的热焓，J/mol

h_F——每摩尔进料的焓，J/mol

r_F——进料的摩尔汽化潜热，J/mol

不同进料状况下的 q 值范围见表 2-6-4。

表 2-6-4　　不同进料状况下的 q 值范围

进料状况	q 值	进料状况	q 值	进料状况	q 值	进料状况	q 值	进料状况	q 值
冷液进料	>1	沸点进料	=1	气液混合体	0～1	饱和蒸汽进料	0	过热蒸汽	<0

q 表示各种进料状态下进料的液化分率。当进料总量为 F（摩尔），则加入进料板的液体量为 qF。所以，提馏段的液体溢流量为：

$$L' = L + qF \tag{2-6-22}$$

将方程（2-6-22）代入方程（2-6-20）中，得提馏段操作线：

$$y_{m+1} = \frac{L + qF}{L + qF - W}x_m - \frac{W}{L + qF - W}x_w \tag{2-6-23}$$

精馏段与提馏段两操作线既是直线，斜率又不一致，它们必交于一点，则 $x_n = x_m = x_d$，$y_{n+1} = y_{m+1} = y_d$，由方程（2-6-19）和方程（2-6-23）解联立方程：

$$y = \frac{R}{R+1} \cdot x - \frac{1}{R+1} \cdot x_p$$

$$y = \frac{L+qF}{L+qF-W} \cdot x - \frac{W}{L+qF-W} \cdot x_w$$

$$\therefore R = \frac{L}{P}$$

$$F = P + W$$

$$Fx_F = Px_P + Wx_w$$

代入联立方程解得：

$$y = \frac{q}{q-1}x - \frac{x_F}{q-1} \tag{2-6-24}$$

这也是一条直线方程，它是两操作线交点的轨迹，叫 q 线，在 y-x 图上的位置仅由 q 及 x_F 来决定。该直线的斜率$=\frac{q}{q-1}$。直线通过一点 e（$x = x_F$，$y = y_F$）。因不同的进料状况有不同的 q 值，就必有不同斜率的 q 线。

q 线与精馏段操作线的交点 d，也是提馏段与精馏段操作线的交点。

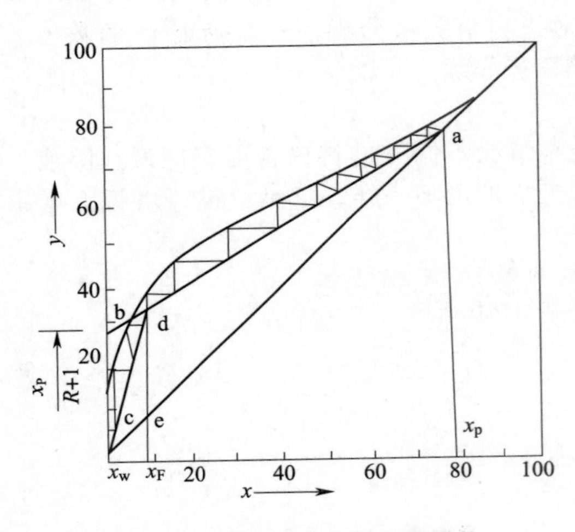

图 2-6-26　图解法确定理论塔板数

5. 用图解法确定理论塔板数

用图解法确定理论塔板数的步骤如下：

（1）利用乙醇气-液在一定压力下的相平衡数据在坐标纸上绘制平衡曲线，并作对角线（即 $y = x$），成为气-液平衡图（y-x 图），见图 2-6-26。

（2）在 y-x 图上作精馏段操作线，由前公式：

$$y_{n+1} = \frac{R}{R+1}x_n + \frac{1}{R+1}x_p$$

当 $x_n = x_p$时，$y_{n+1} = x_p$，于是在 y-x 图的对角线上得点 a（x_p，$y = x_p$），由截距$=\frac{x_p}{R+1}$在 y 轴上得点 b 或由斜率$\frac{R}{R+1}$在 y-x 图上作出精馏段操作线 ab。

（3）在 y-x 图上作出 q 线。按进料状况计算 q 值及 q 线的斜率$\frac{q}{q-1}$，因 q 线方程是：

$$y = \frac{q}{q-1}x - \frac{1}{q-1}x_F$$

当 $x = x_F$ 即时，$y = y_F$，在 y-x 图的对角线上得点 e（x_F，$y = x_F$）。由 q 线的斜率

（或截距）在图上可作出 q 线 ed。

（4）在 y-x 图上作提馏段操作线。q 线 ed 与精馏段操作线 ab 相交于 d 点，此点即为两操作线的交点。

根据提馏段操作线：

$$y_{m+1}=\frac{L+qF}{L+qF-W}x_m-\frac{W}{L+qF-W}x_w$$

当 $x_m=x_w$ 时，$y_{m+1}=x_w$，则在 y-x 图的对角线上得点 c（x_w，$y=x_w$），连接 dc 即为提馏段操作线。

（5）画梯级图。从 d 点（进料层板）开始，分别在两段操作线与平衡曲线之间绘出直角梯级，直至梯级跨过 c 点（废水浓度）和 a 点（成品浓度）为止。

所得的梯级数目即代表所需的理论塔板数。精馏段和提馏段操作线交点 d 所在的梯级即为理论加料板。

（6）塔顶和塔底所绘的梯级太小，模糊不清，应将不清楚部分放大 10～20 倍。

理论加料板以上的梯级数为精馏塔的理论塔板数；理论进料层板以下的梯级数为精馏塔脱水段（提馏段）的理论塔板数。

6. 实际板数

同粗馏塔一样，实际板数与所选用的塔板类型、塔板效率有关，参见粗馏塔实际板数的计算。

7. 影响塔板效率的因素

（1）塔板间距　对一定的蒸汽速度而言，塔板间距太小，易产生雾沫夹带现象，使塔板效率降低。塔板间距较大时，可适当提高蒸汽的速度，但又会使整个塔体增加高度。表 2-6-5 是我国几类塔板间距的经验值。

表 2-6-5　　塔板间距的经验值　　单位：mm

塔板 \ 板距 \ 用途	粗馏塔	排醛塔	精馏塔
泡罩塔	300～380	170～250	180～300
浮阀塔		280～300	280～330
斜孔塔		280～300	280～350
导向筛板塔		300～320	300～320
S（SD）塔	320～400	300～320	300～350

（2）板上液层深度　当塔板上的液层太低，气液接触时间短或者气体与液体根本没接触就离开，产生跑气现象而使塔板效率降低。若液层太深，则阻力太大，此时当蒸汽速度不够大时，液体便有可能从升气孔渗漏流下，使塔板效率降低。板上液层深度是由溢流堰来控制的，一般是一不变的数值。

（3）水力梯度（板上液面落差）

$$水力梯度=\frac{塔板两边液层的高度差（\Delta）}{塔的直径（D）}$$

当水力梯度较大时，即塔板上靠近受液区侧与靠近溢流区侧的板上液面高度差较大时，气体分布不均匀，气液间的接触不好，使得塔板效率降低。一般要求塔板两边液层高度差保持 6～13mm，不能大于 20mm。

(4) 塔板安装不水平或塔板凹凸不平，或者是升气孔分布不均，也会使塔板效率降低。

(5) 塔板上溢流装置的形式　当液流量在 110m³/h 以下时，不论塔径大小，均采用单流型直径流。当液流量在 110m³/h 以上，且塔径在 2m 以上时，多采用双流型半径流。降液管形式主要有圆形和弓形，见图 2-6-27。

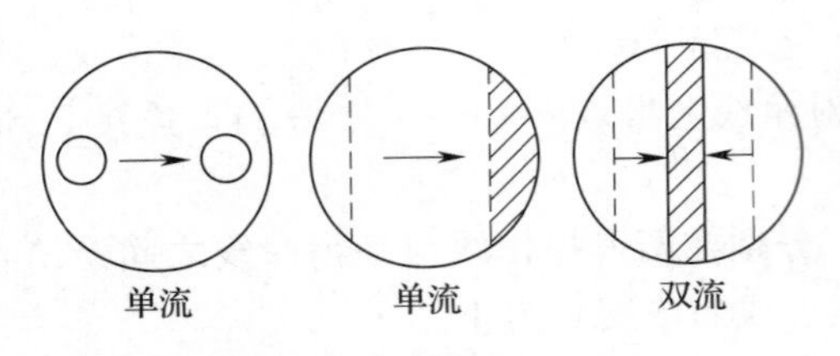

图 2-6-27　塔板上液流流型

(6) 被精馏的液体为易起泡沫物料，会使塔板效率降低。

(7) 如能使板上液体不断更新，气液接触充分，可使塔板效率提高。

8. 回流比对精馏塔理论板数的影响

回流比对精馏塔操作来说是非常重要的。回流比的大小，直接影响到产品的产量和质量。当回流比增大时，操作线偏离平衡线越远．越接近对角线，则在平衡线与操作线之间所做的直角梯级的跨度越大，所需的理论板数越少。反之，所需的理论塔板数就越多。

若塔顶蒸汽全部冷凝回至塔内，称为全回流。全回流时，成品量 P 为零，回流比 $R=\infty$，则精馏段操作线的斜率$\dfrac{R}{R+1}=1$，即操作线与对角线重合。此时在平衡线与操作线间所绘得的直角梯级跨度最大，故达到一定分离要求时，所需的理论塔板数最少。全回流是回流比的最大极限。由于全回流时，产品为零，正常生产时无实际意义。但往往在开启塔时，首先从全回流开始，逐步过渡到正常回流，操作逐渐达到稳定。

若回流比小至某一定值，则操作线与平衡曲线相交于 g_2 点（图 2-6-28）。此时操作线有部分已超出平衡曲线，显然精馏操作是不可能的。只有当操作线与平衡曲线相切时，在理论上认为精馏操作可行，但需无限多块理论塔板，此时的回流比称为最小回流比。

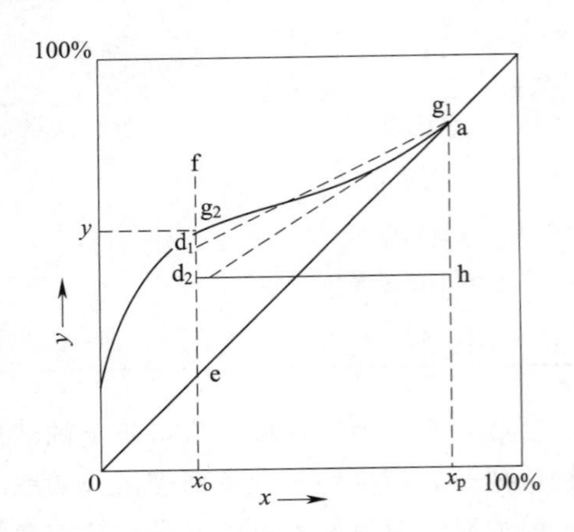

图 2-6-28　最小回流比的确定

实际回流比应在全回流与最小回流比之间。最适回流比的确定，取决于经济核算，应使总费用（包括设备费和操作费）最少。回流比小，则要求的塔板层数就多，当然设备投资就大。回流比逐渐加大，塔板层数则相应减少，设备费用则逐渐降低。但回流比继续加大，塔板数虽然减少了，但塔内上升的蒸汽量（产量维持不变时）势必随回流比的增大而增大，于是与产量相关的塔的直径则需增大，且辅助设备（冷凝器等）也要增大。所以回流比增至某一值后，设备费用反而增多；操作费随回流比的增大而增多。故适宜的回流比应取投资费用和操作费用之和的最低值。国内多数酒精厂多采用 $R_{适宜}=(1.5\sim2)R_{min}$，即 $R=3\sim3.5$。

最小回流比 R_{min} 的计算关系为：

$$R_{min}=\frac{x_p-y_0}{y_0-x_0} \tag{2-6-25}$$

式中　x_p——成品酒精浓度，mol/L

x_0——进料层液相中的酒精浓度，mol/L；

y_0——与进料层液相相平衡的气相酒精浓度，mol/L

9. 塔径的确定

塔径的估算同粗馏塔，见式（2-6-14）。

（1）精馏塔上升蒸汽量 V_S 的计算　因进料状态的影响，提馏段与精馏段的上升蒸汽量一般不相等。当沸腾液体进料时，两段上升蒸汽量相等，而对于其他进料状况下进料时，则不相等。但为了计算及塔器制造方便，也常取两段的上升蒸汽量相等，使得塔径一致。

精馏塔上升蒸汽量常以塔顶状态下计算，可采用下式：

$$V_s=22.4\times V_1\frac{T}{273}\cdot\frac{1.013}{p}\ (m^3/s) \tag{2-6-26}$$

式中　V_1——塔顶上升蒸汽量，kmol/s

T——塔顶温度，K

p——塔顶压力，Pa

塔的上升蒸汽量，也可按下式计算：

$$V_s=\frac{(R+1)(P+P_{醛酒})}{\rho}\ (m^3/s) \tag{2-6-27}$$

式中　R——回流比

P——成品量，kg/s

$P_{醛酒}$——醛酒提取量，kg/s

ρ——塔顶温度、压力下的酒精蒸汽的密度，kg/m^3

（2）塔内蒸汽速度 v 的确定　塔内蒸汽速度常受 3 个方面的控制：①最大的允许速度必须小于能引起“液泛”的气速；②蒸汽速度的增大不致引起雾沫夹带超过10%；③保证气液有足够的接触时间。塔内上升的蒸汽速度与塔板间距、塔板结构、操作条件、物料的物理化学性质以及分离程度等因素有关。

浮阀塔板上升蒸汽速度 v 的计算可按下式进行：

$$v_{最大}=c\sqrt{\frac{\rho_L-\rho_v}{\rho_v}}\ (m/s) \tag{2-6-28}$$

式中　ρ_L、ρ_v——分别为液体、气体的密度，kg/m^3

c——负荷系数。与板间距、液层深度及密度有关。通过实验已找出其关系，如图 2-6-29 所示

图中横轴为动能参数 $\left(\frac{L}{V}\right)\left(\frac{\rho_L}{\rho_v}\right)^{1/2}$，纵轴为负荷系数 c_{20}，图中曲线表示分离空间（$H-$

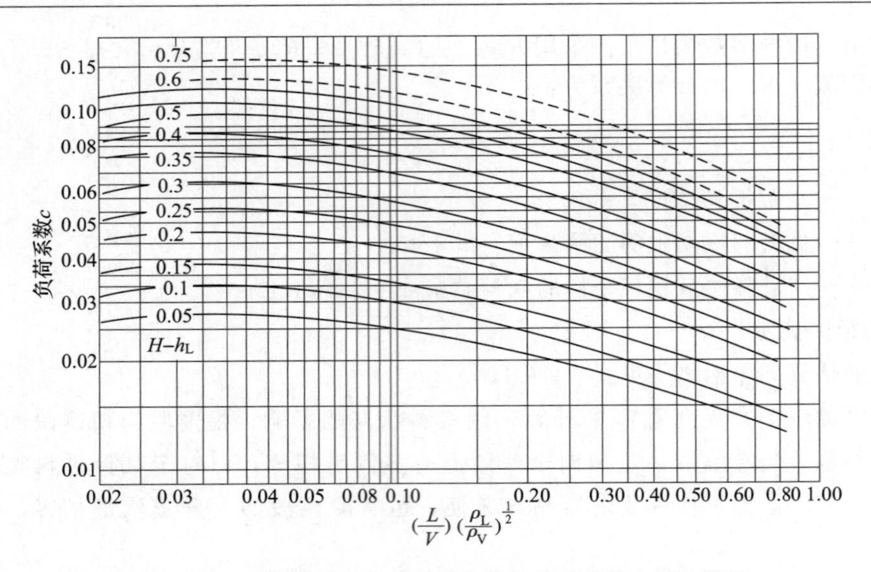

$(\frac{L}{V})(\frac{\rho_L}{\rho_V})^{\frac{1}{2}}$

图 2-6-29　不同分离空间下动能参数与负荷系数之间的关系

h_L）的数值，它反映了气液负荷关系以及雾沫夹带有关的（$H-h_L$）值的影响。图中 L 是溢流量（m^3/s），H 为塔板间距（m），h_L为塔板上液层深度（m），c_{20}是以表面张力为 20×10^{-5}N/cm 的料液测出绘制的。当所处理物料表面张力为其他数值时，c 值应按下式进行校核：

$$\frac{c_{20}}{c_\delta}=\left(\frac{20\times10^{-5}}{\delta}\right)^{0.2} \tag{2-6-29}$$

式中　c_{20}——表面张力为 20×10^{-5}N/cm 的料液的 c 值

c_δ——料液的表面张力为 δ 的 c 值

δ——某料液的表面张力，N/cm

适宜的空塔速度 v 一般为最大允许气速的 0.75～0.85 倍，即：

$$v=(0.75\sim0.85)v_{最大}=(0.75\sim0.85)\cdot c\sqrt{\frac{\rho_L-\rho_v}{\rho_v}}\ (m/s)$$

斜孔塔和筛板塔的上升蒸汽速度可按上式计算。根据我国各厂经验，酒精精馏塔的适宜的上升蒸汽速度为：

筛板塔：v=0.3～0.5（m/s）

浮阀塔：v=0.8～1.2（m/s）

斜孔塔：v=1.1～1.4（m/s）

S（SD）塔：v=1.0～1.3（m/s）

（3）塔径 D

$$D=\sqrt{\frac{4v_s}{\pi v}} \tag{2-6-30}$$

符号同前。

我国某塔器生产厂家的塔径见表 2-6-6。

表 2-6-6　　我国某塔器生产厂家的产量与塔径关系

年产量/t（折合 95% 酒精）	塔径 D/mm								
	用于粗馏塔				用于精馏塔			用于排醛塔	
	泡罩	S形	导向筛板	浮阀波纹筛板	斜孔	浮阀	导向筛板	斜孔	浮阀
1000	600	500			400	450		400	450
3000	880	800		630	600	700		600	700
5000	1000	1000	800		800	800		800	1000
10000	1500	1200	1200		1000	1300	精馏段 660 提馏段 1200	1000	1300
15000		1400			1300			1300	
20000	1800				1600	1600		1600	1600

10. 塔板布置

（1）浮阀塔板

①浮阀塔板的 4 个区域，见图 2-6-30。

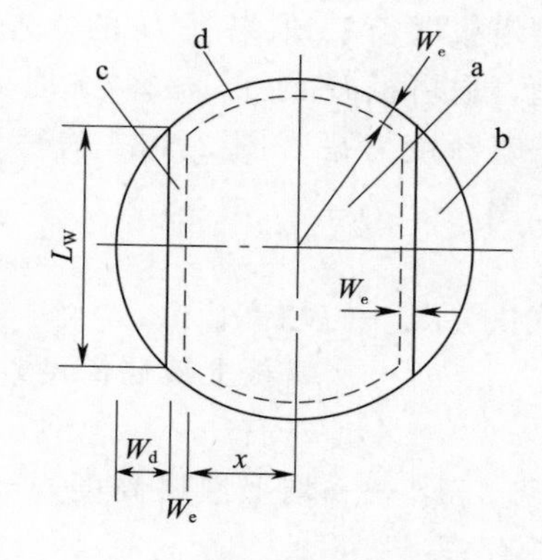

图 2-6-30　浮阀塔板的布置

a. 鼓泡区：气液两相接触的有效区域，即浮阀布置区。

b. 溢流区：装置溢流堰及上下降液管的范围。

c. 安定区：溢流堰与鼓泡区之间的区域，也称泡沫分离区。

其宽度 W_e 大致为：

塔径 $D>1.5\text{m}$ 时，$W_e=80\sim100\text{mm}$，

$D<1.5\text{m}$ 时，$W_e=60\sim75\text{mm}$，

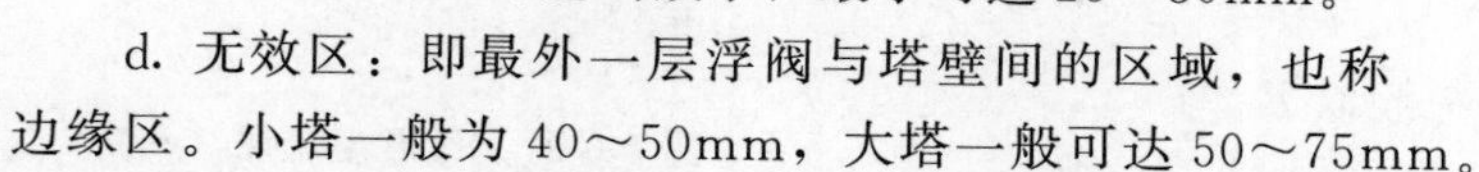

$D<1.0\text{m}$ 时，可适当减小，最小可达 25～30mm。

d. 无效区：即最外一层浮阀与塔壁间的区域，也称边缘区。小塔一般为 40～50mm，大塔一般可达 50～75mm。

②浮阀数目 N：塔板上浮阀的数目由塔板的开孔率 D 来决定（浮阀为标准浮阀）。一般开孔率取塔板面积的 8%～15%。

$$N=\frac{A_0}{\frac{\pi}{4}D_0^2}=\frac{4A_T\varphi}{\pi D_0^2} \tag{2-6-31}$$

式中　A_0——阀孔总面积，m^2

D_0——阀孔直径，m；F-1 型浮阀 $D_0=0.039\text{m}$

A_T——塔板截面积，m^2

开孔率对处理能力有很大的影响。在相同塔径下，开孔率不同，气速也不同，传质效率就不同。对同一处理量而言，开孔率增大，则塔径减小。因此，开孔率是塔板设计中的一个非常重要的参数。在确定开孔率时，须先确定阀孔速度。根据：

$$\varphi=\frac{v}{v_0}\times100\%$$

式中　v——适宜的空塔速度，m/s

v_0——阀孔速度。对于常压操作 $v_0=(v_0)_{kp}$

$(v_0)_{kp}$——阀孔临界速度，即浮阀刚刚全开时的阀孔气速。34g F－1 型浮阀的阀孔临界速度为$(v_0)_{kp}=\left(\frac{72}{\rho_v}\right)^{0.548}$ (m/s)

或采用浮阀刚刚全开时的动能因素 F_0来计算 v_0：

$$v_0=\frac{F_0}{\sqrt{\rho_v}}\ (\text{m/s}) \tag{2-6-32}$$

浮阀刚刚全开时的动能因素 $F_0=8\sim12$，式中 ρ_v 为气相密度，kg/m³。

在常压和加压操作时，取 $v_0=(v_0)_{kp}$；在减压蒸馏时，取 $v_0=(0.8\sim0.85)(v_0)_{kp}$ 及塔内上升蒸汽量的体积流量 V_0，每层塔板上的阀孔数 N 可由下式求得：

$$N=\frac{V_0}{\frac{\pi}{4}v_0D_0^2} \tag{2-6-33}$$

③降液管和溢流区：一般弓形降液管，单液流型塔板堰长 L_w取塔径 D 的 0.6～0.8；对于双液流型，取塔径D 的0.5～0.7。堰高按塔板上液层保持一定深度考虑。图 2-6-31 为弓形溢流堰的结构示意图。

$$h_w=h_L-h_{ow} \tag{2-6-34}$$

式中 h_w——堰高，m

h_L——塔板上液层深度，m；一般取 115mm 左右

h_{ow}——堰上液层高度，m；与液体流量和堰长有关：

$$h_{ow}=2.84\times10^{-3}E\left(\frac{L}{L_w}\right)^{2/3} \tag{2-6-35}$$

式中 E——液体收缩系数，一般取 $E=1$

L——溢流量，m³/h

L_w——堰长，m

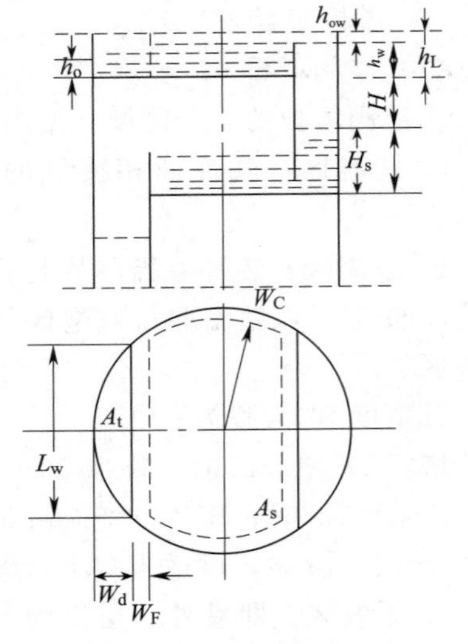

图 2-6-31 弓形溢流堰

A_s—塔板有效操作面积（m²）

A_t—溢流截面积（m²） L_w—溢流堰长度（m）

W_d—溢流堰宽度（m）

W_F—最外一排浮阀中心与堰的距离（m）

W_C—最外一排浮阀中心与塔壁的距离（m）

h_w—堰在塔板上的高度（出口堰高）（mm）

h_{ow}—堰上液层高度（mm）

h_0—堰底与塔板距离（mm） H—塔板距离（m）

h_L—液层高度（m） H_s—堰中液层高度（m）

弓形降液管的弦长与堰长 L_w 相等、降液管下端管口距塔板的距离 h_0 不能超过溢流堰高 h_w，但也不能太小，以防止堵塞及液流受阻。

弓形溢流堰截面积 A_f和溢流堰的宽度 W_d一般按照图 2-6-32 进行计算。

图中 D 为塔的直径（m），A_T为塔板截面积（m²），L_w为堰长（m）。图的横轴为 L_w/D；图的纵轴为 A_f/A_T和 W_d/D 的关系。使用方法是：先计算出 L_w/D 的比值，在图的横轴上得出代表此值的点。经该点做垂直线与图中两曲线分别相交，在纵轴上则可分别得到 W_d/D 和 A_f/A_T之值。因 D 和 A_T皆为已知，故可从两比值分别求得弓形溢流堰的宽度 W_d和溢流堰截面积 A_f。

溢流堰中液体的停留时间常用溢流堰的体积（$A_f \times H$）与溢流量 L 之比值来计算。即：

$$\tau=\frac{A_f H}{L} \tag{2-6-36}$$

式中　τ——停留时间，s，一般为 3～5s

A_f——溢流堰的截面积，m^3

H——塔板间距，m

L——溢流量，m^3/s

溢流堰下口距下层塔板的距离 h_0 为：

$$h_0=\frac{L}{L_w v_w}=0.02 \sim 0.04\ (\mathrm{m}) \tag{2-6-37}$$

式中　v_w——液体在堰底出口流速，一般为 0.1～0.5m/s

其他符号同前。

弓形溢流管的宽度和面积也有人主张用公式计算：

降液管的宽度：$W_d=\frac{1}{2}\left(D-\sqrt{D^2-L_w^2}\right)$　(m)

降液管的面积：$A_f=\frac{1}{2}\left[\frac{D^2}{4}\theta-L_w\left(\frac{D}{2}-W_d\right)\right]$　(m^2)

其中 θ 以弧度表示：$\theta=4\mathrm{tg}^{-1}\frac{2W_d}{L_w}$

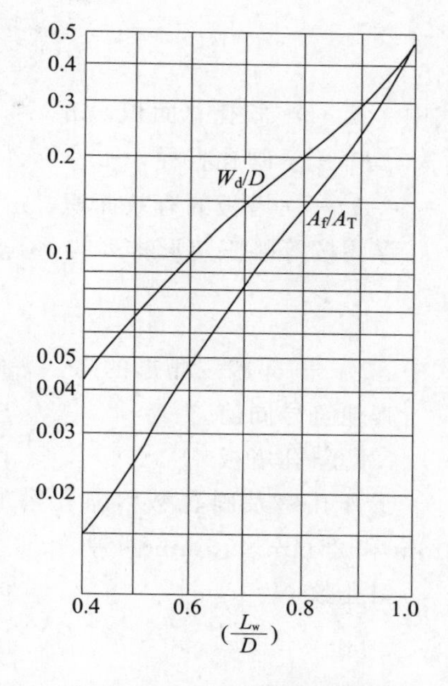

图 2-6-32　弓形溢流堰的宽度与截面积的计算图

塔板的有效面积 A_a：

$$A_a=2\left(x\sqrt{r^2-x^2}+r^2\sin^{-1}\frac{x}{r}\right)\ (\mathrm{m}^2) \tag{2-6-38}$$

其中：

$$x=\frac{D}{2}-(W_d-W_e)\ (\mathrm{m})$$

$$r=\frac{D}{2}-W_c$$

符号同前。

④浮阀的排列：浮阀排列以等边或等腰三角形排列为宜。三角形排列中又有顺排和错排两种，见图 2-6-33。

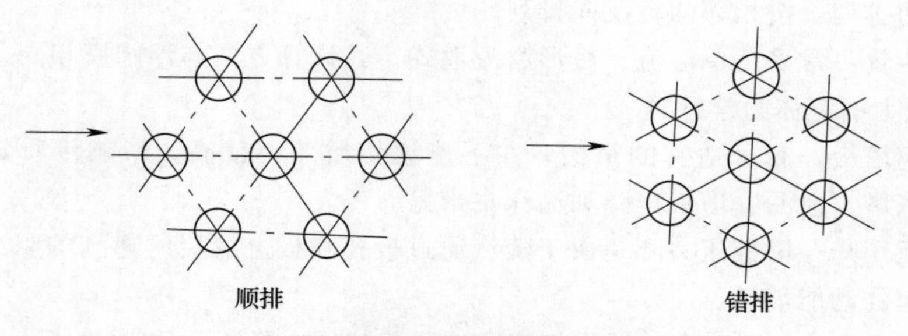

图 2-6-33　浮阀排列方式

浮阀按正三角形或等腰三角形排列时，三角形的高一般为 75mm。可根据情况适当调整，中心距可以是 75，80，90，100，110，125mm。按正三角形排列时，浮阀的中心距 t 为：

$$t = D_0\sqrt{\frac{0.907}{A_0/A_a}} \tag{2-6-39}$$

式中　A_0——阀孔总面积，m^2

D_0——阀孔直径，m

A_a——塔板的有效面积，m^2

浮阀按等腰三角形排列时，其中心距 t 为：

$$t=\frac{A_a/N_0}{t'}$$

式中　t'——等腰三角形的高，一般可取 75mm

其他符号同前。

（2）斜孔塔板

①开孔率及斜孔数：斜孔塔的开孔率一般在 9.5％～14.5％。斜孔规格有 20mm×8mm 和 20mm×15mm 两种。

斜孔数 N：

$$N = \frac{A_0}{f_0} = \frac{\varphi A_T}{f_0} \tag{2-6-40}$$

式中　A_0——开孔面积，m^2

f_0——每个斜孔的截面积，m^2

φ——开孔率

A_T——塔板截面积，m^2

②斜孔的气速 v_0：

$$v_0 = \frac{V}{Nf_0}\ (\mathrm{m/s}) \tag{2-6-41}$$

式中　V——塔内蒸汽上升量，m^3/s

其他符号同前。

蒸汽通过斜孔的速度常采用 9～12m/s，其动能因素 F_0＝10～15 较合适。

$$F_0 = v_0\sqrt{\rho_V} \tag{2-6-42}$$

式中　ρ_V——上升蒸汽的平均密度，kg/m^3

③斜孔的排列：按相邻两行反向排列。

④溢流装置：常采用单溢流、弓形溢流堰式。其计算方式与浮阀塔相同。

11. 塔板上的流体力学计算

对于任何塔板，有了适宜的结构，并不能说传质效率就高。影响传质效率的因素很多，主要有淹塔、泄漏、塔板压降和雾沫夹带等。

（1）塔板压降　塔板压力降是由于蒸汽通过板孔和板上液层所遇到的阻力以及气流方向改变所引起的动能消耗。

塔板的压力降 Δp 可简单地视为气流通过干板的压力降 Δp_0 和通过板上液层的压力降 Δp_L 之和，即：$\Delta p=\Delta p_0+\Delta p_L$

①干板压降 Δp_0：干板压降是气流通过塔板之板孔的压力降。可用下式计算：

$$\Delta p_0 = \varepsilon\frac{v_0^2}{2}\rho_V\ (\mathrm{Pa}) \tag{2-6-43}$$

式中 ε——阻力系数，一般筛板（孔径 $D=8\sim15$mm），$\varepsilon=1.6\sim1.8$；浮阀全开 $\varepsilon=5.37$；斜孔 $\varepsilon=2.0$

v_0——阀孔速度，m/s

ρ_V——气相密度，kg/m³

浮阀在未全开前，干板压降主要是阀重、阀孔径、浮阀类型和阀孔速度的函数。F-1型浮阀重 34g，其干板压降的经验公式为：

阀全开前：

$$\Delta p_0=0.7\frac{G}{f}v_0^{0.175}\times9.8=19.9v_0^{0.175}\ (\mathrm{Pa}) \tag{2-6-44}$$

式中 G——阀的质量，kg

f——阀孔面积，m²

②气体穿过液层的压力降 Δp_L：塔板上液层阻力所引起的压力降基本上是由塔板上的液层高度所确定。目前普遍采用下列经验式来计算。

$$\Delta p_L=0.5h_L\rho_L\times9.8\ (\mathrm{Pa}) \tag{2-6-45}$$

式中 h_L——塔板上液层高度，m

ρ_L——液相密度，kg/m³

0.5——充气系数

根据实践，塔板的压力降与气流速度、液层高度、液流强度及两相的物化性质有关。在总的压力降中，干板压力降 Δp_0 所占的百分比较大。所以，减小塔板压降的主要途径是减小干板压降，即降低阀孔（或筛孔）的气速。

（2）塔板的泄漏　塔板的泄漏多在低气速时发生。一般情况下，塔板上泄漏量随孔速的增大而减少，随孔径的减小而降低，随塔板上静液层高度的降低而减少。为了稳定操作和保持塔板效率起见，应在泄漏点以上操作。所谓泄漏点即当网孔气速低于某一值时，液体开始大量泄漏。人们常以相对泄漏量等于10%时的气速作为泄漏点。泄漏量主要与通过孔中的气体动能有关。所以人们用孔的动能因素表示泄漏点，并把它作为操作下限。根据公式 $F_0=V_0\sqrt{\rho_V}$，由实验得到几种塔板的泄漏点的动能因素为：

筛孔塔板：$F_0=8\sim10$

浮阀塔板：$F_0=5$

斜孔塔板：$F_0=8$

以上所述指均匀泄漏。至于由于安装不当而形成的局部泄漏，影响更加严重，应予防止。

（3）雾沫夹带　雾沫夹带指塔板上气流夹带雾沫液滴上升。若雾沫夹带量大，就会使塔内馏分浓度梯度降低，影响塔板效率。同时使非挥发性杂质也带到塔顶成品中去。酒精精馏塔最大允许的雾沫夹带量一般限制在10%以下。影响雾沫夹带的主要因素是气体空塔速度和塔板间距。一般用气体空塔速度与液泛时气体空塔速度比值的百分数（称为泛点%）作为间接衡量雾沫夹带大小的指标。泛点%可由下列经验公式计算：

$$\text{泛点}\%=\frac{100V\sqrt{\dfrac{\rho_V}{\rho_L-\rho_V}}+136LZ}{A_a c_F} \tag{2-6-46}$$

泛点%应<80%

式中 V——塔内气体流量，m^3/s

L——塔内液相流量，m^3/s

ρ_V——气相密度，kg/m^3

ρ_L——液相密度，kg/m^3

Z——塔板上液流途径长度，m

$Z=D-2W_a$（D 为塔径，m；W_a为弓形溢流管的宽度，m）

A_a——塔板的有效面积，m^2

$A_a=A_T-2A_f$（A_T为塔板面积，m^2；A_f为弓形降液管的面积，m^2）

c_F——气相负荷系数，即 $c_F=x\cdot c_{FO}$，x 为系统因数，c_{FO}为泛点气相负荷系数。当板距为 380mm，95%酒精时 $c_{FO}=0.087$，$x=1$，故 $c_F=0.087$

雾沫夹带也可用下列经验公式计算：

$$e=\frac{A\ (0.052h_L-1.72)}{H^{\beta}\varphi_1^2}\left(\frac{v}{\varepsilon m}\right)^{3.7}\quad（kg 液/kg 气）\tag{2-6-47}$$

式中 $m=5.63\times10^{-5}\left(\frac{\delta}{\rho_V}\right)^{0.295}\left(\frac{\rho_L-\rho_V}{\mu_V}\right)^{0.425}$

当$H<400$mm 时，$A=9.48\times10^7$，$\beta=4.36$；

$H\geqslant400$mm 时，$A=0.59$，$\beta=0.95$。

h_L——塔板上液层高度，mm

H——塔板间距，mm

v——适宜的空塔速度，m/s

ε——塔板的有效操作面积与塔板截面积之比，m^2/m^2

δ——液体的表面张力，N/cm

ρ_L、ρ_V——气、液相密度，kg/m^3

μ_V——气体黏度，$kg\cdot s/m^2$

φ_1——浮阀塔板 $\varphi_1=0.6\sim0.8$；气速大时取高值，气速小时取低值

雾沫夹带量 e 不应大于 10%。

（4）淹塔　塔板上液体经降液管降至下一层塔板上，由于各种阻力，必须在降液管中维持一定高度的液层。如阻力加大，则管中的液层会上升，当升到上下两层塔板上的液体串通时，即成液泛，发生淹塔。因此当降液管内的液层高度超过两塔间距的 50%～60%时就有可能产生液泛。所以验算降液管内液层的高度是判断淹塔的依据。

液体经降液管下降所需克服的阻力为：

①塔板压力降 h_p；

②液体通过降液管的阻力 h_d；

③塔上液层所产生的阻力 h_e。

降液管内液层高度 H_d为上列各阻力之和，即：$H_d=h_p+h_d+h_e$（m 液柱）

h_d与塔板结构有关，一般无进口堰时：

$$h_d=0.153\left(\frac{L}{L_wh_0}\right)^2\ （m 液柱）\tag{2-6-48}$$

式中 L——液体流量，m^3/s

L_w——堰长，m

h_0——降液管下端距下一层塔板的距离，m

为防止淹塔，必须使：

$$H_d \leqslant (0.4 \sim 0.6)(H + h_w) \quad (2\text{-}6\text{-}49)$$

式中 H——塔板间距，m

h_w——堰高，m

12. 塔板操作范围

任何一种结构的塔板，都有它较适宜的气液负荷范围。偏离这个范围，塔难以正常操作。这个范围受流体力学条件的影响，其中主要是雾沫夹带和液泛的问题。塔板的适宜操作范围通常以气液负荷为坐标的操作图来表示，见图 2-6-34。

(1) 雾沫夹带线（即气体负荷上限线） 通常以雾沫夹带量为 10%时的气体流量为上限。由式（2-6-47）可求得 v，得与横轴平行的线①。若根据泛点率限制为 80%，则得一斜线①′。

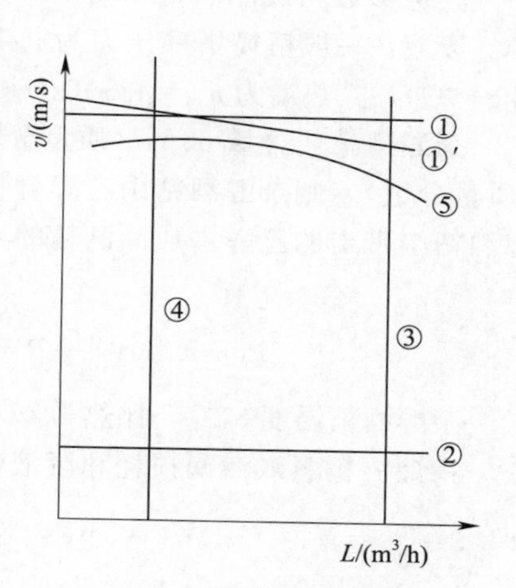

图 2-6-34 塔板操作范围图

(2) 泄漏线（即气液负荷下限线） 该线通常由泄漏量所限制。由式（2-6-40）得 $F_0 = v_0\sqrt{\rho_v} = 5$，求得 v_0，得与横轴平行的线②。

(3) 降液管超负荷线（即液体负荷上限线） 通常以液体在降液管中停留时间不少于 5s 来限制。由式（2-6-36），取 $\tau = 5\text{s}$，求 L，得与纵轴平行的线③。

(4) 液体负荷下限线 通常取堰上溢流高度不小于 6mm 时的液体流量为下限。由式（2-6-35），取 $h_{ow} = 0.006\text{m}$，求 L，得与纵轴平行的线④。

(5) 淹塔线（即气液负荷上限线） 大的气速不仅产生严重的雾沫夹带，而且还可能出现淹塔现象。液泛线可根据式（2-6-49）换算，而得一曲线⑤。

图中这五条线范围之内的区域，视为塔板的正常操作范围。在设计中，可依据此图调整、修改原设计，使之具有更好的水力学性能。塔建成后，此图表明生产中适宜的操作范围，超出此范围，有可能发生漏液、雾沫夹带、淹塔等不正常运行状态。

例 2-6-2 根据粗馏塔例题所得数据，设计计算浮阀精馏塔（采用两塔式气相过塔流程）。

解：(1) 基本数据的确定

粗酒精蒸汽：$F = 4842$（kg/h）

$x_f = 48\%$（质量分数）$= 26.5\%$（摩尔分数），热焓 $h_f = 1956$（kJ/kg）

加热蒸汽：压力为 0.3MPa（绝对），其热焓：$h_s = 2723$（kJ/kg）。

产品：$P = 60 \times 1000/24 = 2500$（kg/h），

含乙醇：$x_p = 92.4\%$（质量分数）$= 82.6\%$（摩尔分数），温度：78.3℃，比热为：3.35kJ/（kg・℃），热焓：$h_p = 78.3 \times 3.35 = 262$（kJ/kg）。

进料层气相中乙醇浓度：$y_0 = x_f = 26.5\%$（质量分数），与之相平衡的液相浓度为 $x_0 =$ 4.4%（质量分数）。

则最小回流比：

$$R_{min} = \frac{x_p - y_0}{y_0 - x_0} = \frac{82.6 - 26.5}{26.5 - 4.4} = 2.5$$

取最适宜的回流比 $R = 1.2R_{min} = 3.0$

上升酒精蒸汽：$V = (R+1)_P = (1+3) \times 2500 = 10000$ (kg/h)

乙醇浓度与成品相同，温度 78.3℃，其热焓为：

$$h_v = 1187 \text{ (kJ/kg)}$$

回流液：

$$Q = V = 10000 \text{ (kg/h)}$$

$$h_q = h_p = 262 \text{ (kJ/kg)}$$

其他参数与成品酒精相同。

废液：一般精馏塔底压力为 0.12MPa（绝对），相对应温度为 104℃，比热为 4.187kJ/(kg・℃)，其热焓为 $h_w = 435$ (kJ/kg)

杂醇酒精：含量 60%（质量分数），其中含杂醇油为 45%（质量分数），含乙醇 55%（质量分数），则杂醇酒精中乙醇含量为：$x'_p = 0.6 \times 0.55 \times 100\% = 33\%$（质量分数），杂醇酒精中带走的乙醇占成品酒精的 0.48%，则：

$$P'x'_p = 0.0048Px_p$$

$$P' = 0.0048\frac{x_p}{x'_p}P = P \times 0.0048 \times \frac{92.4}{33} \times 2500 = 33.6\text{(kg/h)}$$

杂醇酒精温度 81℃，比热为 4.10kJ/(kg・℃)，其热焓：$I_p = 81 \times 4.10 = 332$ (kJ/kg)

精馏酒精蒸汽渗漏损耗和废液带走的乙醇损耗为：

$$V'x_p = Wx_w = 0.00125 \times 28728 \times \frac{0.081}{2} = 1.45 \text{ (kg/h)}$$

$$V' = \frac{1.45}{x_p} = \frac{1.45}{0.924} = 1.6 \text{ (kg/h)}$$

热损失按每 100kg 成品产量 24166kJ 计，则：

$$q' = 24116 \times \frac{2500}{100} = 604150\text{(kg/h)}$$

(2) 计算加热蒸汽量 G 和废液（水）量 W

将所得数据代入式（2-6-17）和式（2-6-18）中得：

$$\begin{cases} 4842 + G = W + 2535.2 \\ 12090952 + 2723G = 435W + 13142204 \end{cases}$$

解方程组得：

$$G = 898 \text{ (kg/h)}, W = 3204.8 \text{ (kg/h)}$$

废液中乙醇含量：

$$x_w = \frac{1.45}{W} = \frac{1.45}{3204.8} = 0.00045 = 0.045\%\text{(摩尔分数)}$$

(3) 浮阀塔板间距的选择与塔径的估算

精馏塔顶压力一般为 0.105MPa（绝对），其酒精浓度为 92.4%（质量分数），该酒精密度为 $\rho_V = 1.45\text{kg/m}^3$。则酒精蒸汽的体积流量为：

$$V = \frac{10000}{(3600 \times 1.45)} = 1.92\text{(m}^3\text{/s)}$$

精馏段液相流量：$L = RP = 3 \times 2500 = 7500$kg/h，酒精浓度 92.4%（质量分数），温度 78.3℃，其密度为：$\rho_L = 760\text{kg/m}^3$。则液相体积流量为：

$$L=\frac{7500}{3600\times 760}=2.74\times 10^{-3}(m^3/s)$$

取塔板间距 H=300mm，板上液层深度：h_L=50mm，则：$H-h_L$=300−50=250(mm)=0.25(m)

动能因数：$$\left(\frac{L}{V}\right)\left(\frac{\rho_L}{\rho_V}\right)^{1/2}=\frac{2.74\times 10^{-3}}{1.92}\times\left(\frac{760}{1.45}\right)^{1/2}=0.033$$

从图 2-6-29 中查得负荷系数 c_{20}=0.053，乙醇表面张力 $\delta=22\times 10^{-3}$N/cm，代入式（2-6-29）得：

$$c=\frac{c_{20}}{\left(\frac{20\times 10^{-5}}{\delta}\right)^{0.2}}=0.0541$$

最大允许空塔速度：

$$v_{最大}=c\sqrt{\frac{\rho_L-\rho_V}{\rho_V}}=0.0541\sqrt{\frac{760-1.45}{1.45}}=1.24(m/s)$$

取空塔速度 $v=0.8v_{最大}=0.8\times 1.24=0.992$（m/s）

塔径：$$D=\sqrt{\frac{4v_s}{\pi v}}=\sqrt{\frac{4\times 1.92}{3.14\times 0.992}}=1.57\ (m)$$

取塔径 D=1.6m，则实际空塔速度为：

$$v=\frac{4v_s}{\pi D^2}=\frac{4\times 1.92}{3.14\times 1.6^2}=0.955\ (m/s)$$

（4）塔板设计

①降液管与溢流堰：根据经验，塔板上液流选用单液流，降液管选用弓形溢流管。

堰长 L_w：取 $L_w=0.675\phi=0.675\times 1.6=1.08$（m）

堰高 h_w：根据式（2-6-34）和式（2-6-35），取 E=1：

$$h_w=h_L-2.84\times 10^{-3}E\left(\frac{L}{L_w}\right)^{2/3}$$

$$=0.05-2.84\times 10^{-3}\left(\frac{3600\times 2.74\times 10^{-3}}{1.08}\right)^{\frac{2}{3}}=0.038\ (m)$$

降液管底边至下层塔板距离，取 v_w=0.1（m/s）

$$h_0=\frac{L}{L_w v_w}=\frac{2.74\times 10^{-3}}{1.08\times 0.1}=0.025\ (m)$$

②塔板面积分配：

取安全区宽度：W_F=0.08（m）

边缘区宽度；W_c=0.05（m）

降液管宽度：$$W_d=\frac{1}{2}\left(D-\sqrt{D^2-L_w^2}\right)$$

$$=\frac{1}{2}\left(1.6-\sqrt{1.6^2-1.08^2}\right)$$

$$=0.21\ (m)$$

$$\theta=4tg^{-1}\frac{2W_d}{L_w}=4tg^{-1}\frac{2\times 0.21}{1.08}=1.48(弧度)$$

降液管面积：

$$A_f=\frac{1}{2}\left[\frac{D^2}{4}\theta-L_w\left(\frac{D}{2}-W_d\right)\right]$$

$$=\frac{1}{2}\left[\frac{1.6^2}{4}\times 1.48-1.08\left(\frac{1.6}{2}-0.21\right)\right]$$

$$=0.155\ (m^2)$$

$$x=\frac{D}{2}-(W_d+W_F)$$

$$=\frac{1.6}{2}-(0.21+0.08)$$

$$=0.51\ (m)$$

$$r=\frac{D}{2}-W_c=\frac{1.6}{2}-0.05=0.75(m)$$

∴塔板有效面积：

$$A_a=2\left(x\sqrt{r^2-x^2}+r^2\sin^{-1}\frac{x}{r}\right)$$

$$=2\left(0.51\times\sqrt{0.75^2-0.51^2}+0.75^2\times 0.75\right)$$

$$=1.405\ (m^2)$$

③浮阀个数及排列：采用F-1型浮阀，阀孔直径 $D_0=0.039$m。取阀孔动能因数 $F_0=10$，则阀孔气速：

$$v_0=\frac{F_0}{\sqrt{\rho_V}}=8.3(m/s)$$

开孔率：$\varphi=\frac{v}{v_0}\times 100\%=\frac{0.955}{8.3}=0.115=11.5\%$

开孔区总面积：

$$A_0=\varphi A_T=\varphi\frac{\pi}{4}D^2$$

$$=0.115\times 0.785\times 1.6^2$$

$$=0.231\ (m^2)$$

按等边三角形排列，中心距为：

$$t=D_0\sqrt{\frac{0.907}{A_0/A_a}}=0.039\sqrt{\frac{0.907}{0.231/1.405}}=0.0916\ (m)$$

若取 $t=0.09$m，则实际开孔面积为：

$$A_0=0.907\left(\frac{D_0}{t}\right)^2 A_a=0.239(m^2)$$

实际开孔率 $\rho=\frac{A_0}{A_T}=\frac{0.239}{0.785\times 1.6^2}=0.119=11.9\%$

阀孔气速：$v_0=\frac{v}{\rho}=\frac{0.955}{0.119}=8.03(m/s)$

浮阀个数：$N=\rho\left(\frac{D}{D_0}\right)^2=0.119\left(\frac{1.6}{0.039}\right)^2=200$(个)

④塔板流体力学计算：

a. 板压降 Δp：

干板压降 Δp_0，按阀全开计：

$$\Delta p_0=5.37\times\frac{v_0^2}{2}\cdot\rho_V=5.37\times\frac{8.03^2}{2}\times 1.45=251Pa$$

气体穿过液层压力降 Δp_L：

$$\Delta p_L = 0.5 h_L \rho_L \times 9.8 = 0.5 \times 0.05 \times 760 \times 9.8 = 186.2\text{Pa}$$

塔板压降：

$$\Delta p = \Delta p_0 + \Delta p_L = 437.2\text{Pa}$$

b. 塔板的泄漏：

取动能因数 $F_0 = 5$，则

$$v_0 = \frac{F_0}{\sqrt{\rho_V}} = \frac{5}{\sqrt{1.45}} = 4.15(\text{m/s})$$

蒸馏操作时，阀孔气速必须在 4.15m/s 以上。

c. 雾沫夹带：

按泛点率计算：取 $c_F = 0.087$

则泛点可按式（2-6-46）：

$$\text{泛点}\ \% = \frac{100V\sqrt{\dfrac{\rho_V}{\rho_L - \rho_V}} + 136LZ}{A_a c_F}$$

$$= \frac{100 \times 1.92\sqrt{\dfrac{1.45}{760 - 1.45}} + 136 \times 2.74 \times 10^{-3} \times 1.18}{1.405 \times 0.087}$$

$$= 72.3\%$$

通过计算，泛点＝72.3%＜80%，故不会发生雾沫夹带。

d. 液体在降液管停留时间 τ：

$$\tau = \frac{A_f H}{L} = \frac{0.155 \times 0.3}{2.74 \times 10^{-3}} = 17.0\ (\text{s})$$

降液管不会超负荷。

e. 淹塔：

$$h_d = 0.153\left(\frac{L}{L_w h_0}\right)^2$$

$$= 0.00158\ (\text{米液柱})$$

$$H_d = h_p + h_d + h_L$$

$$= 0.110\ (\text{米液柱})$$

$$H_d = 0.110 \leqslant (0.4 \sim 0.6)(H + h_w)$$

故不会发生淹塔现象。

第三篇

辅助系统设备和清洁生产

第一章　空气净化除菌与空气调节

绝大多数工业发酵都是利用好气性微生物进行纯种培养，溶解氧是这些微生物生长和代谢必不可少的条件。氧源通常是空气，但空气中含有各种各样的微生物，它们一旦随空气进入培养液，在适宜的条件下就会迅速大量繁殖，干扰甚至破坏预定发酵的正常进行，造成发酵彻底失败等严重事故。因此，通风发酵需要的空气必须是洁净无菌的空气，并有一定的温度和压力，这就要求对空气进行净化除菌和调节的处理。本章将详细讨论合理的除菌和空气调节方法的选择、流程的决定以及满足生产需要的设备的选用和设计。

第一节　空气净化除菌的方法与原理

一、生物工业生产对空气质量的要求

1. 空气中微生物的分布

空气中经常可检查到一些细菌及其芽孢、真菌和病毒。这些微生物的大小从几毫微米到几微米不等。它们在空气中的含量随环境的不同而有很大的差异。一般北方干燥寒冷的空气中含菌量较少，而南方潮湿温暖的空气中含菌量较多；人口稠密的城市比人口少的农村含菌量多；地平面又比高空的空气含菌量多。虽然各地空气微生物的分布是随机的，但空气中微生物数目的数量级大致是 10^3～10^4个/m^3。

因此，通过对空气中微生物分布情况的研究，选择良好的取风位置（如高空取风等）和提高空气除菌系统的除菌效率，是确保发酵工业正常生产的重要条件。

2. 生物工业生产对空气质量的要求

生物工业生产中，由于所用菌种的生产能力强弱、生长速度的快慢、发酵周期的长短、分泌物的性质、培养基的营养成分和 pH 的差异等，对所用的空气质量有不同的要求。其中，空气的无菌程度是一项关键指标。如酵母培养过程，因它的培养基是以糖源为主，能利用无机氮源，有机氮源比较少，适宜的 pH 较低，在这种条件下，一般细菌较难繁殖，同时酵母的繁殖速度较快，在繁殖过程中能抵抗少量的杂菌影响，因而对空气无菌程度的要求不如氨基酸、液体曲、抗生素发酵那么严格。而氨基酸与抗生素发酵因周期长短的不同，对无菌空气的要求也不同。总的来说，影响因素比较复杂，需要根据具体的工艺情况而决定。

生物工业生产中应用的“无菌空气”，是指通过除菌处理使空气中含菌量降低到零或极低，从而使污染的可能性降至极小。一般按染菌概率为 10^{-3} 来计算，即 1000 次发酵周期所用的无菌空气只允许进 1 个杂菌。

对不同的生物发酵生产和同一工厂的不同生产区域（环节），应有不同的空气无菌度的要求。我国参考美国、日本等的标准也提出了空气洁净级别，如表 3-1-1 所示。

表 3-1-1　　环境空气洁度等级

序号	生产区分类	洁净级别/级[1]	尘埃		菌落数[2]/个	工作服
			粒径/mm	粒数/（个/L）		
1	一般生产区					无规定
2	控制区	>100000 级	≥0.5	≤35000	暂缺	色泽或式样应有规定
		100000 级	≥0.5	≤3500	平均≤10	同上
3	洁净区	10000 级	≥0.5	≤350	平均≤3	同上
		局部 100 级	≥0.5	≤3.5	平均≤1	同上

注：①洁净级别以动态测定为据。②9cm 培养皿露置 0.5h。

2013 年 1 月 28 日，我国发布了新标准 GB 50073—2013《洁净厂房设计规范》。

生物工业生产除对空气的无菌程度有要求外，还根据具体情况而对空气的温度、湿度和压力也有一定的要求。

3. 空气含菌量的测定

空气含菌量的测定一般采用培养法或光学法测定其近似值。培养法在微生物学中已有详细介绍，包括平皿落菌法（沉降-平板法）、撞击法（有缝隙采样器、筛板采样器和针孔采样器）和过滤法。在这里仅详细介绍光学法，以此法为基础的仪器有粒子计数器，原理是利用微粒对光线散射作用来测量粒子的大小和含量。测量时使试样空气以一定速度通过检测区，仪器内的聚光透镜将光源来的光线聚成强烈光束射入测检区，在测检区内，空气试样受到光线强烈照射，空气中的微粒把光线散射出去，由聚光透镜将散射光聚集投入光电倍增管，将光转换成电信号。粒子的大小与信号峰值有关，数量与信号脉冲频率有关。信号经自动计数器计算出粒子的大小和数量，显示出读数。当测量微粒浓度太大时，会因粒子重叠而产生误差，这时需要用无菌空气将含菌空气中微生物浓度稀释。

这种仪器可以测量空气中含有直径为 0.3～5μm 微粒的各种浓度，测量比较准确，但它的粒子数量包含灰尘和细菌等多种微粒，不能测定空气活菌数。

二、空气净化除菌方法及原理

（一）空气除菌方法

空气除菌就是除去或杀灭空气中的微生物。常用的除菌方法有介质过滤、辐射、化学药品杀菌、加热、静电吸附等。其中辐射杀菌、化学药品杀菌、干热杀菌等都是将有机体蛋白质变性而破坏其活力，从而杀灭空气中的微生物。而介质过滤和静电吸附方法则是利用分离方法将微生物粒子除去。现对以上方法简述如下。

1. 热杀菌

热杀菌是一种有效的、可靠的杀菌办法，例如，细菌孢子虽然耐热能力很强，但悬浮在空气中的细菌孢子在 218℃保温 24s 就被杀死。但是如果采用蒸汽或电来加热大量的空气，以达到杀菌目的，则需要消耗大量的能源和增设许多换热设备，这在工业生产上是很不经济的。

利用空气被压缩时所产生的热量进行加热保温杀菌在生产上有重要的意义。它的实用流程如图 3-1-1 所示。

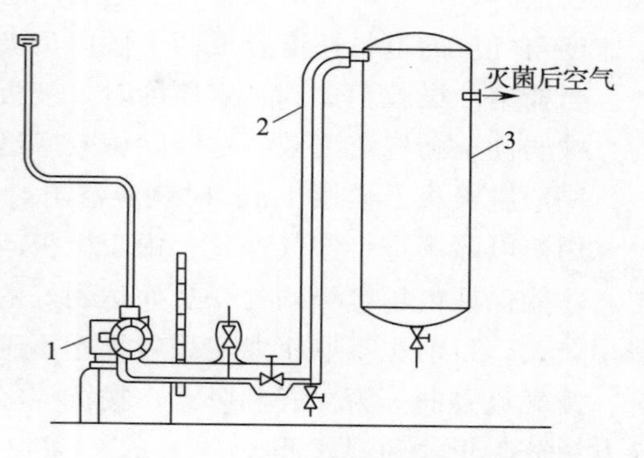

图 3-1-1　空气加热杀菌流程图

1—空压机　2—保温维持管　3—贮罐

在实际应用时，对空气压缩机与发酵罐的相对位置，连接压缩机与发酵罐的管道的灭菌及管道长度等问题都必须精心考虑。为确保安全，应安装分过滤器将空气进一步过滤，然后再进入发酵罐。

2. 辐射杀菌

X 射线、β 射线、紫外线、超声波、γ 射线等从理论上都能破坏蛋白质而起杀菌作用。但应用较广泛的还是紫外线，它的波长在 254～265nm 时杀菌效力最强，它的杀菌力与紫外线的强度成正比，与距离的平方成反比。紫外线通常于无菌室和医院手术室等空气对流不大的环境下消毒杀菌。但杀菌效率低，杀菌时间长，一般要结合甲醛熏蒸或苯酚喷雾等来保证无菌室的高度无菌。紫外线辐射杀菌用于发酵工业生产尚值得进一步研究。

3. 静电除菌

近年来一些工厂已采用静电除尘法除去空气中的水雾、油雾、尘埃和微生物等。该法在最佳使用条件下对 1μm 的微粒去除率高达 99%，消耗能量小，处理 1000m^3/h 空气只耗电 0.2～0.8kW，空气压力损失小，一般仅为 30～150Pa，设备也不大，但对设备维护和安全技术措施要求较高。常用于洁净工作台、洁净工作室所需无菌空气的预处理；再配合高效过滤器使用。

静电除尘是利用静电引力吸附带电粒子而达到除菌除尘目的。悬浮于空气中的微生物，其菌体大多带有不同的电荷，没有带电荷的微粒在进入高压静电场时都会被电离，从而变成带电微粒，但对于一些直径很小的微粒，它所带的电荷很小，当产生的引力等于或小于气流对微粒的拖带力或微粒布朗扩散运动的动量时，微粒就不能被吸附而沉降，所以静电除尘对很小的微粒去除效率较低。

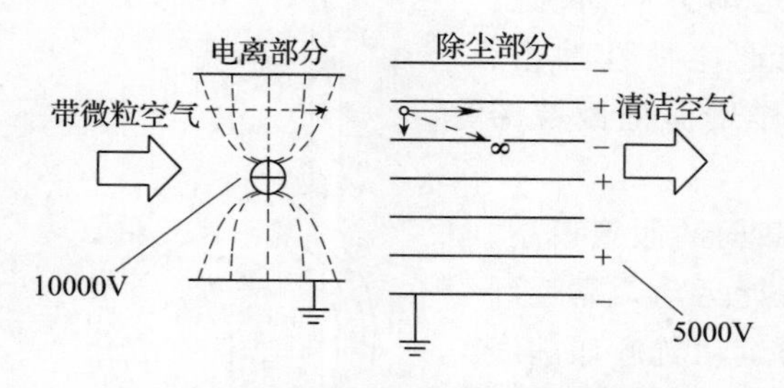

图 3-1-2　静电除菌除尘装置示意图

静电除菌装置按其对菌体微粒的作用可分成电离区和捕集区，其结构如图 3-1-2 所示。

电离区是一系列等距平行且接地的极板，极板间带有用钨丝或不锈钢丝构成的放电线，叫离化线。当放电线接上 10kV 的直流电压时，它与接地极板之间形成电位梯度很强的不均匀电场，空气所带的细菌微粒通过电离区后则被电离而带正电荷。

捕集区是由高压电极板与接地电极板组成，它们交替排列，并平行于气流方向，它们的间隔很窄。在高压电极板上加上 5kV 直流电压，极板间形成一均匀电场，当电离后的气流通过时，带正电荷的微粒受静电场库仑力的作用，产生一个向负极板移动的速度，这个速度与气流的拖带速度合成两个倾向负极板的合速度而向负极板移动，最后吸附在极板上。当捕集的微粒积聚到一定厚度时，极板间的火花放电加剧，极板电压下降，微粒的吸附力减弱甚至随气流飞散，这时除菌效率迅速下降。要保持高的除菌效率，应定期清除微粒，一般电极板上尘厚 1mm 时就应清洗。

用静电除菌进行空气净化，由于极板间距小，电压高，要求极板很平直，安装间距均匀，才能保证电场电势均匀，从而达到好的除菌效果且耗电少。但使用该方法一次性投资费用较大，目前在某些企业实用效果达不到设计要求。国内常见的静电除菌器型式的分类有：按气流方向分为立式和卧式；按沉淀极型式分为板式和管式；按沉淀极板上粉尘的清除方法分为干式和湿式等。

4. 过滤除菌法

过滤除菌是目前生物工业生产中广泛使用的空气除菌方法，它采用定期灭菌的干燥介质来阻截流过的空气中所含的微生物，从而获得无菌空气。常用的过滤介质按孔隙的大小可分成两大类，一类是介质间孔隙大于微生物，故必须有一定厚度的介质滤层才能达到过滤除菌目的，称之为深层介质过滤；而另一类介质的孔隙小于细菌，含细菌等微生物的空气通过介质，微生物就被截留于介质上而实现过滤除菌，称之为绝对过滤。前者有棉花、活性炭、玻璃纤维、有机合成纤维、烧结材料（烧结金属、烧结陶瓷、烧结塑料）和微孔超滤膜等。绝对过滤在生物工业生产上的应用逐渐增多，它可以除去 0.2μm 左右的粒子，故可把细菌等微生物全部过滤除去。现已开发成功可除去直径为 0.01μm 微粒的高效绝对过滤器。

由于被过滤的空气中微生物的粒子很小，通常只有 0.5～2μm，而一般过滤介质的材料孔隙直径都比微粒直径大几倍到几十倍，因此过滤除菌机理比较复杂，下面将专门讨论。

（二）介质过滤除菌机理

空气的过滤除菌原理与通常的过滤原理不一样，一方面是由于空气中气体引力较少，且微粒很小，悬浮于空气中的常见微生物粒子大小在 0.5～2μm，而深层过滤常用的过滤介质如棉花的纤维直径一般为 16～20μm，当充填系数为 8%时，棉花纤维所形成网格的孔隙为 20～50μm。微粒随空气流通过过滤层时，滤层纤维所形成的网格阻碍气流前进，使气流无数次改变运动速度和运动方向而绕过纤维前进，这些改变引起微粒对滤层纤维产生惯性冲击、重力沉降、拦截、布朗扩散和静电吸引等作用而把微粒滞留在纤维表面。

图 3-1-3 为一带颗粒的气流流过单纤维截面的假想模型。当气流为层流时，气体中的颗粒随气流做平行运动，靠近纤维时气流方向发生改变，而所夹带的微粒的运动轨迹如虚线所示。接近纤维表面的颗粒（处于气流宽度为 b 中的颗粒）被纤维捕获，而位于 b 以外的气流中的颗粒绕过纤维继续前进。因为过滤层是由无数层单纤维组成的，所以大大增加了捕获的机会。下面将分述过滤除菌的几种除菌机理。

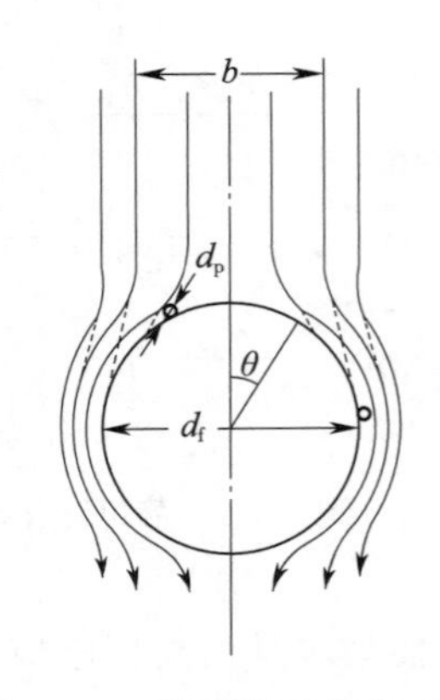

图 3-1-3　单纤维空气流线图

1. 惯性冲击滞留作用机理

惯性冲击滞留作用是空气过滤器除菌的重要作用。现以图 3-1-3 的单纤维空气流线图进行分析。图上是直径为 d_f 的纤维的断面，当微粒随气流以一定的速度垂直向纤维方向运动时，空气受阻即改变运动方向，绕过纤维前进。而微粒由于它的运动惯性较大，未能及时改变运动方向，直冲到纤维的表面，由于摩擦黏附，微粒就滞留在纤维表面上，这称为惯性冲击滞留作用。纤维能滞留微粒的宽度区间 b 与纤维直径 d_f 之比，称为单纤维的惯性冲击捕集效率。

$$\eta_1 = b/d_f \tag{3-1-1}$$

纤维滞留微粒的宽度 b 的大小由微粒的运动惯性所决定。微粒的运动惯性越大，它受气流换向干扰越小，b 值就越大。同时，实践证明，捕集效率是微粒惯性力的无因次准数 φ 的函数：

$$\eta_1 = f(\varphi) \tag{3-1-2}$$

准数 φ 与纤维的直径、微粒的直径、微粒的运动速度的关系为：

$$\varphi = \frac{c\rho_P d_P^2 v_0}{18\mu d_f} \tag{3-1-3}$$

式中　c——层流滑动修正系数

v_0——微粒（即空气）的流速，m/s

d_f——纤维直径，m

d_P——微粒直径，m

ρ_P——微粒密度，kg/m^3

μ——空气黏度，Pa・s

从式（3-1-3）可知，空气流速 v_0 是影响捕集效率的重要因素。在一定条件下（即微生物微粒直径、纤维直径和空气温度等保持一定），改变气流的流速就是改变微粒的惯性力，当气流速度下降时，微粒的运动速度就随着下降，微粒的动量减小，惯性力减弱，微粒脱离主导气流的可能性也减小，相应纤维滞留微粒的宽度 b 减小，即捕集效率下降。气流速度下降到微粒的惯性力不足以使微粒脱离主导气流而与纤维产生碰撞，此时在气流的任一处，微粒也随气流改变运动方向绕过纤维前进，即 $b=0$，惯性力的无因次准数 $\varphi=1/16$，纤维的碰撞滞留效率等于零。这时的气流速度称为惯性碰撞的临界速度。临界速度随纤维直径和微粒直径而变化。

2. 拦截滞留作用机理

当气流速度下降到临界速度以下时，微粒就不能因惯性碰撞而滞留于纤维上，捕集效率显著下降。但实践证明，随着气流速度的继续下降，纤维对微粒的捕集效率不再下降，反而有所回升，说明有另一种机理在起作用，这就是拦截滞留作用机理。

当微生物等微粒随低速气流慢慢靠近纤维时，微粒所在的主导气流流线受纤维所阻而改变流动方向，绕过纤维前进，并在纤维的周边形成一层边界滞流区。滞留区的气流速度更慢，进到滞留区的微粒慢慢靠近和接触纤维而被黏附滞留，称为拦截滞留作用。拦截滞留作用对微粒的捕集效率与气流的雷诺准数和微粒与纤维直径比的关系，可由下面的经验公式表示：

$$\eta_2 = \frac{1}{2(2.0-\ln Re)}\left[2(1+R)\ln(1+R)-(1+R)+\frac{1}{1+R}\right] \tag{3-1-4}$$

式中　R——微粒和纤维的直径比，$R=\frac{d_P}{d_f}$

d_P——微粒直径，m

d_f——纤维直径，m

Re——气流雷诺准数，无因次

这个公式虽然未能完全反映各参数变化过程纤维截留微粒的规律，但对气流速度等于或小于临界速度时计算得的单纤维截留效率是比较接近实际的。从式（3-1-4）可以看出，截留作用的捕集效率决定于微粒直径和纤维直径之比，又与空气流速成反比，当气流速度低时截留才起作用。

3. 布朗扩散作用机理

直径很小的微粒在流速很小的气流中能产生一种不规则的直线运动，称为布朗扩散。布朗扩散的运动距离很短。布朗扩散除菌作用在较大的气速或较大的纤维间隙中是不起作用的，但在很小的气流速度和较小的纤维间隙中，布朗扩散作用大大增加了微粒与纤维的接触滞留机会。

布朗扩散作用与微粒和纤维直径有关，并与流速成反比，在气流速度小时，它是介质过滤除菌的重要作用之一。

4. 重力沉降作用机理

微粒虽小，但仍具有质量。重力沉降是一个稳定的分离作用，当微粒所受的重力大于气流对它的拖带力时，微粒就沉降。就单一的重力沉降作用而言，大颗粒比小颗粒作用显著，对于小颗粒只有在气流速度很低时才起作用。重力沉降作用一般与拦截作用配合，在纤维的边界滞留区内，微粒的沉降作用可提高拦截的捕集效率。

5. 静电吸附作用机理

静电吸附的原因之一是微生物微粒带有与介质表面相反的电荷，或是由于感应而得到相反的电荷而被吸附；另一原因是空气流过介质时，介质表面就感应出很强的静电荷而使微生物微粒被吸附，特别是用树脂处理过的纤维表面，这种作用特别明显。悬浮在空气中的微生物微粒大多带有不同的电荷，如枯草杆菌孢子20%以上带正电荷，15%以上带负电荷，其余为电中性。这些带电的微粒会受带异性电荷物体所吸引而沉降。

当空气流过介质时，上述五种截留除菌机理——惯性撞击、截留、布朗扩散、重力沉降和静电吸附同时起作用，不过气流速度不同，起主要作用的机理也就不同。当气流速度较大时，除菌效率随空气流速的增加而增加，此时，惯性冲击起主要作用；当气流速度较小时，除菌效率随气流速度的增加而降低，此时，扩散起主要作用；当气流速度中等时，可能是截留起主要作用。如果空气流速过大，除菌效率又下降，则是由于已被捕集的部分微粒又被湍动的气流夹带返回到空气中。图3-1-4表示了气流速度与单纤维除菌效率的关系。其中虚线段表示空气流速高时，会引起除菌效率的急速下降。

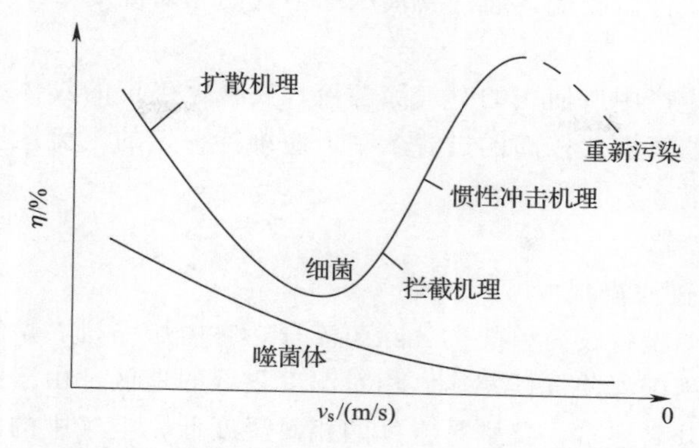

图 3-1-4　过滤除菌效率（η）与气速（v_s）的关系

第二节　空气介质过滤除菌设备及计算

一、介质过滤除菌流程

（一）空气除菌流程的要求

空气除菌流程是按发酵生产对无菌空气的要求，如无菌程度、空气压力、温度和湿度等，并结合采气环境的空气条件和所用除菌设备的特性，根据空气的性质而综合制订的。

要把空气过滤除菌，并输送到需要的地方，首先要提高空气的能量即增加空气的压力，这就需要使用空气压缩机或鼓风机。而空气经压缩后，温度会升高，经冷却会释出水分，空气在压缩过程中又有可能夹带机器润滑油雾，这就使无菌空气的制备流程复杂化。

对于风压要求低、输送距离短、无菌程度要求也不很高的场合（如洁净工作室、洁净工作台等）和具有自吸作用的发酵系统自吸发酵罐，只需要数十帕到数百帕的空气压力就可以满足需要。在这种情况下可以采用普通的离心式鼓风机增压，将具有一定压力的空气通过一个过滤面积大的过滤器，以很低的流速进行过滤除菌，这样气流的阻力损失就很小。由于空气的压缩比很小，空气温度升高不大，相对湿度变化也不大，空气过滤效率比较高，经一、二级过滤后就能符合所需无菌空气的要求。这样的除菌流程很简单，关键在于离心式鼓风机的增压与空气过滤的阻力损失要配合好，以保证空气过滤后还有足够的压强推动空气在管道和无菌空间中流动。

要制备无菌程度较高且具有较高压强的无菌空气，就要采用较高压力的空气压缩机来增压。由于空气压缩比大，空气的参数变化也大，就需要增加一系列附属设备。这种流程的制订应根据生物工厂所在地的地理、气候环境和设备条件而考虑。如在环境污染比较严重的地方，要考虑改变吸风的条件，以降低过滤器的负荷，提高空气的无菌程度；在温暖潮湿的南方，要加强除水设施，以确保过滤器的最大除菌效率和使用寿命；在压缩机耗油严重的流程中要加强消除油雾的污染等。另外，空气被压缩后温度升高，需将其迅速冷却，以减小压缩机的负荷，保证机器的正常运转。空气冷却将析出大量的冷凝水形成水雾，必须将其除去，否则带入过滤器将会严重影响过滤效果。冷却与除水除油的措施，可根据各地环境、气候条件而改变，通常要求压缩空气的相对湿度 $\varphi=50\%\sim60\%$时通过过滤器为好。

总之，生物工业生产中所使用的空气除菌流程要根据生产的具体要求和各地的气候条件而制订，要保持过滤器有比较高的过滤效率，应维持一定的气流速度和不受油、水的干扰，满足工业生产的需要。

（二）空气除菌流程

1. 空气压缩冷却过滤流程

此除菌流程是一个设备较简单的空气除菌流程，它由压缩机、贮罐、空气冷却器和过滤器组成。它只能适用于那些气候寒冷、相对湿度很低的地区。由于空气的温度低，经压缩后它的温度也不会升高很多，特别是空气的相对湿度低，空气中的水分含量很小，虽然空气经压缩并冷却到发酵要求的温度，但最后空气的相对湿度还能保持在60%以下，能保证过滤设备的过滤除菌效率，满足微生物培养对无菌空气要求。但是室外温度低到什么程度和空气的相对湿度低到多少才能采用这个流程，需通过空气中相对湿度的计算来确定。

这种流程在使用涡轮式空气压缩机或无油润滑空压机的情况下效果很好，但采用普通空气压缩机时，可能会引起油雾污染过滤器，这时应加装丝网分离器先将油雾除去。

2. 两级冷却、分离、加热空气除菌流程

图 3-1-5 是一个比较完善的空气除菌流程。它可以适应各种气候条件，充分分离空气中含有的水分，使空气在低的相对湿度下进入过滤器，提高过滤除菌效率。

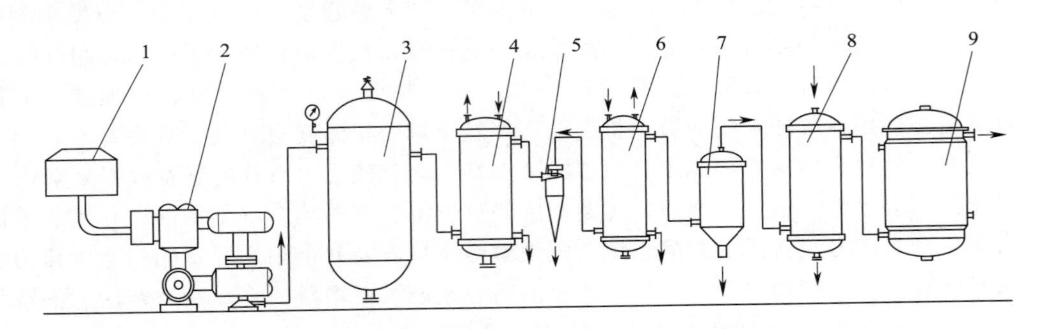

图 3-1-5 两级冷却、分离、加热除菌流程

1—粗过滤器 2—空压机 3—贮罐 4、6—冷却器 5—旋风分离器 7—丝网分离器 8—加热器 9—过滤器

这种流程的特点是：二次冷却、二次分离、适当加热。二次冷却、二次分离油水的主要优点是可节约冷却用水，油和水雾分离除去比较完全，保证干过滤。经第一级冷却后，大部分的水、油都已结成较大的雾粒，且雾粒浓度比较大，故适宜用旋风分离器分离。第二级冷却器使空气进一步冷却后析出较小的雾粒，宜采用丝网分离器分离，这类分离器可分离较小直径雾粒且分离效果高。经二次分离后，空气带的雾沫就很小，两级冷却可以减少油膜污染对传热的影响。

3. 前置高效过滤除菌流程

前置高效过滤除菌流程如图 3-1-6 所示。它的特点是无菌程度高。

该流程使空气先经中效、高效过滤后，进入空气压缩机。经前置高效过滤器后，空气的无菌程度已达 99.99%；再经冷却、分离和主过滤器过滤后，空气的无菌程度就更高，

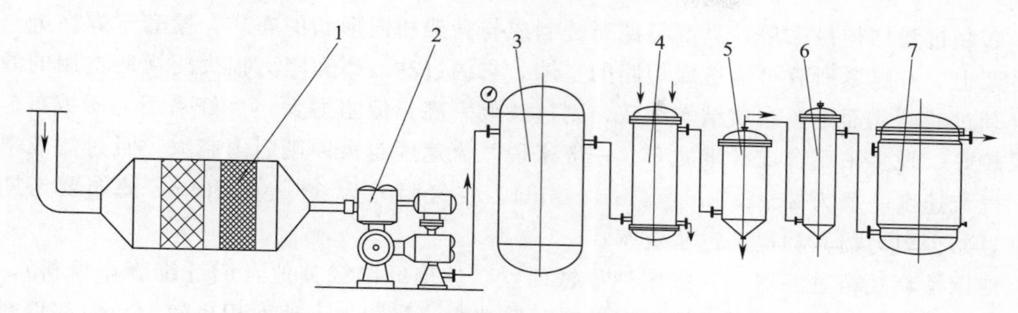

图 3-1-6 前置高效过滤空气除菌流程

1—高效过滤器 2—空压机 3—贮罐 4—冷却器 5—丝网分离器 6—加热器 7—过滤器

以保证安全。高效前置过滤器采用泡沫塑料（静电除菌）和超细纤维纸串联使用作过滤介质。

以上讨论的几个除菌流程都是根据目前使用的过滤介质的过滤性能，结合环境条件，从提高过滤效率和使用寿命来设计的。目前味精厂等发酵工厂常用的空气过滤除菌流程如图 3-1-7 所示。

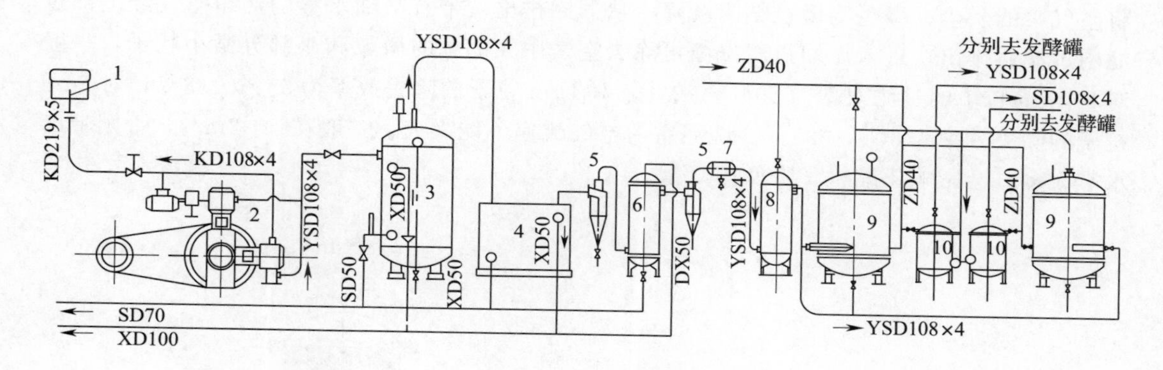

图 3-1-7 空气过滤除菌实用化流程

1—粗滤器 2—空压机 3—空气贮罐 4—沉浸式空气冷却器 5—油水分离器 6—二级空气冷却管 7—除雾器 8—空气加热器 9—空气过滤器 10—金属微孔管过滤器（或纤维纸过滤器）
K—空气进气管 YS—压缩空气管 Z—蒸汽管 S—上水管 X—排水管 D—管径

二、空气介质过滤除菌设备及设计计算

空气介质过滤除菌设备是按空气除菌流程中所设定的要求而选择的，由于能完成同一任务的设备类型有多种，无法一一列出，这里只讨论选择设备的主要原则和计算方法。

（一）粗过滤器

粗过滤器安装在空气压缩机前，主要捕集较大的灰尘颗粒，防止压缩机受磨损，同时也减轻总过滤器的负荷。粗过滤器的过滤效率要高，阻力要小，否则会增加空气压缩机的吸入负荷和降低空气压缩机的排气量。常用的粗过滤器有：布袋过滤、填料式过滤、油浴洗涤和水雾除尘等。

布袋过滤结构最简单，只要将滤布缝制成与骨架相同形状的布袋，紧套于焊在进气管的骨架上，并缝紧所有可能造成短路的空隙。它的过滤效率和阻力损失要视所选用的滤布特性和过滤面积而定。布质结实细致，则过滤效率高，但阻力大。最好采用毛质绒布，其效果较好，现多采用合成纤维滤布。一般来说气流速度越大，则阻力越大，且过滤效率也低。气流速度一般为 2～2.5m^3/（m^2 · min），空气阻力为 600～1200Pa。滤布要定期清洗，以减少阻力损失和提高过滤效率。

使用填料式粗过滤器（一般用油浸铁回丝、玻璃纤维或其他合成纤维等作填料），过滤效果稍比布袋过滤好，阻力损失也较小，但结构较复杂，占地面积也较大，内部填料经常洗换才能保持一定的过滤作用，操作比较麻烦。

油浴洗涤装置的结构如图 3-1-8 所示。空气进入装置后要通过油箱中的油层洗涤，空气中的微粒被油粘附而逐渐沉降于油箱底部而被除去，经过油浴的空气因带有油雾，需要经过百叶窗式的圆盘，分离较大粒的油雾，再经过滤网分离小颗粒油雾后，由中心管吸入压缩机。这种洗涤器效果比较好，对有分离不净的油雾带入压缩机时也无影响，阻力也不大，但耗油量大。

水雾除尘装置结构如图 3-1-9 所示。空气从设备底部进入，经上部喷下的水雾洗涤，将空气中的灰尘、微生物微粒粘附沉降，从器底排出。带有微细水雾的洁净空气经上部过滤网过滤后排出，进入压缩机经洗涤可除去空气中大部分的微粒和小部分微小粒子，一般对 0.5μm 粒子的过滤效率为 50%～70%，对 1μm 粒子的除去效率为 55%～88%，对 5μm 粒子的除去效率为 90%～99%。洗涤室内空气流速不能太大，一般在 1～2m/s，否则带出水雾太多，会影响压缩机，降低排气量。

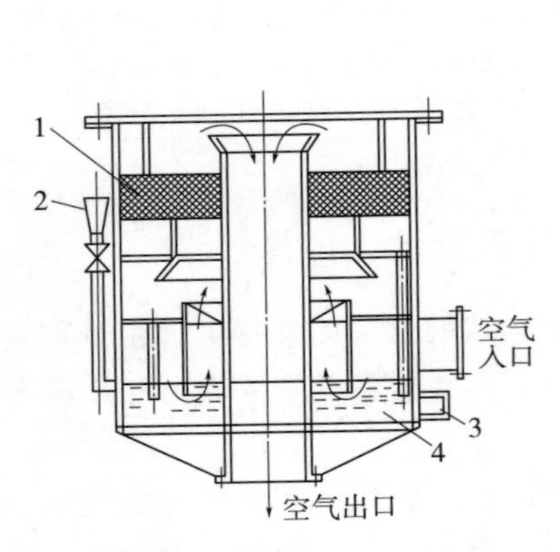

图 3-1-8　油浴洗涤空气装置

1—滤网　2—加油斗　3—油镜　4—油层

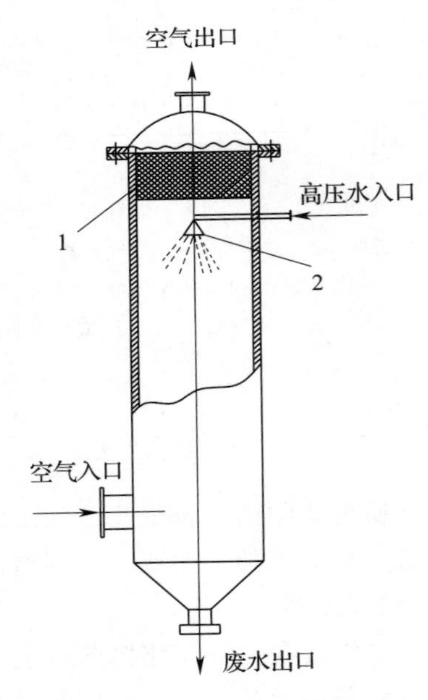

图 3-1-9　水雾除尘装置

1—滤网　2—喷雾器

（二）空气压缩机

由于供应发酵工业生产用的空气要求在生产过程中克服各种阻力，因此要求提供生产用的空气有0.2～0.3MPa的压力，具有这样压力的空气属于低压压缩空气。提供大量低压空气的最理想设备是离心式和涡轮式空气压缩机，但目前往复式压缩机仍广泛应用。

涡轮式空气压缩机一般由电机直接带动涡轮，靠涡轮高速旋转时所产生的“空穴”现象，吸入空气并使其获得较高的离心力，再通过固定的导轮和涡轮形机壳，使部分动能转变为静压后输出。涡轮式空气压缩机具有输气量大，输出空气压力稳定，效率高，设备紧凑，占地面积小，无易损部件，获得的空气不带油雾等优点，因此是很理想的生物工业生产的供气设备。适用于生物工业的涡轮式空气压缩机是低压涡轮空气压缩机，出口压力一般为0.25～0.5MPa，应选用出口压力较低但能满足工艺要求的型号，这样可节省动力消耗。低压涡轮空气压缩机有单级的和多级的，后者还可分段。例如，两段涡轮空气压缩机每段中可有多级翼轮，段与段间有中间冷却设备。输气量一般在$100m^3/min$以上，最大的可达$12000m^3/min$。离心式和涡轮式空气压缩机的工作原理类似涡轮式空气压缩机，具有效率高、能耗低、排气无油雾、使用寿命长等优点。

往复式空气压缩机是靠活塞在汽缸内的往复运动而将空气抽吸和压出的，因此出口压力不够稳定，且因气缸内要加入润滑活塞用的润滑油，使空气中带进油雾，导致传热系数降低，给空气冷却带来困难，如果油雾的冷却分离不干净，带入过滤器会堵塞过滤介质的纤维间隙，增大空气压力损失。它黏附在纤维表面，可能成为微生物微粒穿透滤层的途径，降低过滤效率。往复式空气压缩机有单缸、多缸之分，多缸中又有V形、W形、L形、H形对置式等气缸排列式，直立式和卧式排列的现已很少生产。若以出口压力来分类，往复式空气压缩机可分成高压（8～100MPa）、中压（1～8MPa）及低压（1MPa以下）。目前国内生产的低压往复式压缩机除小型（$1m^3/min$以下）的是单缸之外，大多是双缸二级压缩的。所谓二级压缩是指空气先进入第一级（低压）气缸经压缩和中间冷却后进入第二级（高压）气缸进行压缩，然后排出。对生物工业生产而言，额定出口压力为0.8MPa的压缩机，还是压力过高，在动力消耗上不够节约，因此常把二级压缩机的高压气缸改为可以单独吸入新鲜空气的低压气缸，这样高低两个气缸都可以吸入新鲜空气，输气量增加，出口压力则降为0.2～0.3MPa。

空气压缩机所消耗的理论功率，通常用真实气体多变压缩功计算：

$$h_P = \frac{k_T}{k_T - 1} R T_1 \left[\left(\frac{p_2}{p_1}\right)^{\frac{kT-1}{kT}} - 1 \right]^{\frac{Z1+Z2}{Z2}} \tag{3-1-5}$$

式中　k_T——气体不同压力温度等熵指数

R——气体常数

Z_1、Z_2——进气、排气状态下压缩系数

T——气体温度，K

p——气体压强

下标1和2分别表示进气、排气状态

实际功率消耗值为$Na=N/\eta$，效率η一般为60%～80%，同时在配备电机时，一般还需增加5%～15%的安全系数。

（三）空气贮罐

空气贮罐的作用是消除压缩机排出空气量的脉冲，维持稳定的空气压力，同时也可以利用重力沉降作用分离部分油雾。大多数是将贮罐紧接着压缩机安装，虽然由于空气温度较高，容器要求稍大，但对设备防腐、冷却器热交换都有好处。往复式空气压缩机由于排气压力不稳定，在其后应安装空气贮罐，以使后边的管道、容器压力稳定，气流速度均匀。贮罐大小可按下面的经验公式计算：

$$V=0.1\sim0.2V_c \quad (3\text{-}1\text{-}6)$$

式中　V——贮罐体积，m^3

V_c——压缩机的排气量，m^3/min

贮罐结构简单，如图 3-1-10 所示，是一个装有安全阀、压力表的空罐壳体，有些单位在罐内装冷却蛇管，利用空气冷却器排出的冷却水进行冷却，提高冷却水的利用率。也有的在贮罐内加装导筒，使进入贮罐的热空气沿一定路线经过，增加一定热杀菌效果。

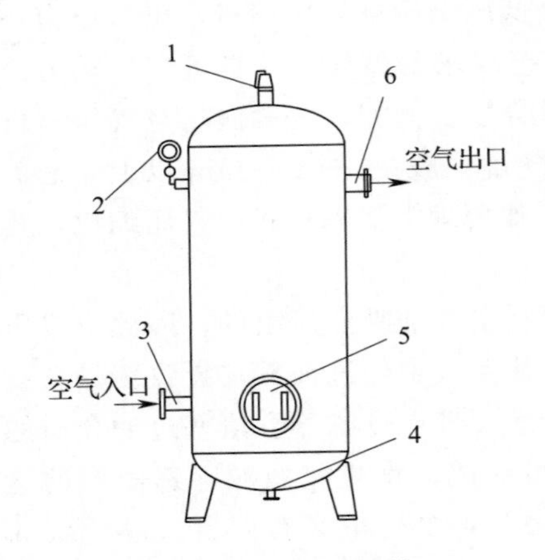

图 3-1-10　空气贮罐

1—安全阀　2—压力表　3—进气管　4—排污口　5—人孔　6—排气管

（四）气液分离器

气液分离器是将空气中被冷凝成雾状的水雾和油雾粒子除去的设备。其形式很多，一般常用的有旋风式和填料式。旋风式称作旋风分离器，是利用气流从切线方向进入容器时在容器内形成旋转运动时产生的离心力场来分离重度较大的微粒。填料式分离器是利用填料的惯性拦截作用，将空气中的水雾和油雾分离出来。

旋风分离器的优点是结构简单、制造方便。随着应用的广泛，它的结构种类越来越多，如蜗壳式、螺旋顶盖式、扩散式、旁移式、平面旋流式、二次旋风式等。总的要求如下。

（1）旋风分离器的直径不要太大　因为气流旋转运动所产生的离心力与分离器半径成反比，若半径大，分离效率就低。要分离的空气量大时，可将多个分离器并联。旋风分离器的直径 D 可以用下式估算：

$$D=0.1\sqrt{q_v} \quad (3\text{-}1\text{-}7)$$

式中　D——旋风分离器直径，m

q_v——通过旋风分离器的空气流量，m^3/min

（2）进口的气流速度要适当　旋转气流所产生的离心力与气流速度的平方成正比，故气流速度小，分离效果差；若气流速度过大，则能量损失多（压降大），同时也会产生涡流而降低效率。一般采用进口气流速度 15～25m/s，排气出口气流速度为 4～8m/s。

旋风分离器对于分离 10μm 以上的微粒效率较高，但对 10μm 以下的微粒分离就比较困难。一般冷凝水雾粒的大小为 10～200μm，可选用旋风分离器进行分离。旋风分离器的压头损失通常是 500～2000Pa。常用旋风分离器的结构和部分尺寸关系如图 3-1-11 所示。

填料分离器是利用各种填料，如焦炭、活性炭、瓷环、金属丝网、塑料丝网等的惯性拦

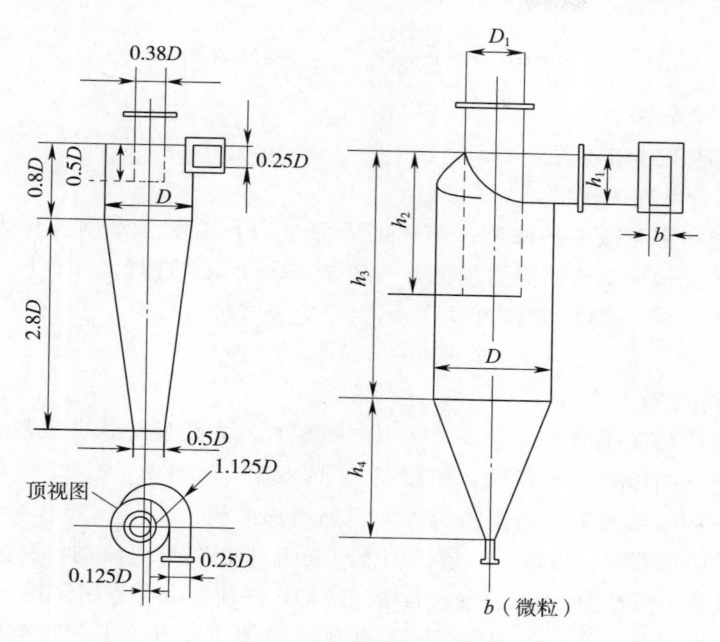

图 3-1-11　旋风分离器

截作用分离空气中水雾或油雾。其结构如图 3-1-12 所示。瓷环比表面积为 87.5～204m²/m³，而 0.1～0.4mm 直径丝网的比表面积高达 1000～2000m²/m³。因此，要达到一定的分离效果，采用瓷环作填料的分离设备要做得比较庞大。丝网分离器体积较小，丝网表面间隙小，可除去小至 5μm 的雾状微粒，分离效率可达 98%～99%，且阻力损失不大。但对于雾沫浓度很大的场合，会因雾沫堵塞孔隙而增大阻力损失。

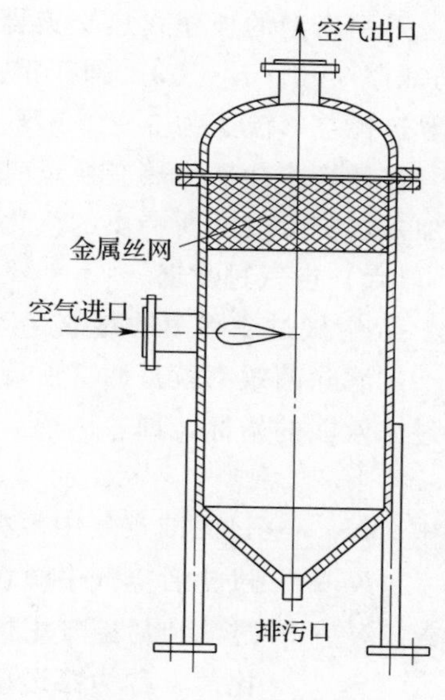

图 3-1-12　丝网分离器

丝网规格很多，常用的丝网由不锈钢、镍、铝、铜、聚乙烯、聚丙烯、涤纶、锦纶等材料制成。丝的直径一般为 0.25mm 左右，也可为 0.1～0.4mm 的扁丝。一般将丝织成宽为 100～150mm 的网带，丝网孔径 20～80 目，丝网介质层高度最少为 100mm，常用 150mm，分离细雾时可用 200～300mm。分离器圆筒直径按容器的空截面气速进行计算：

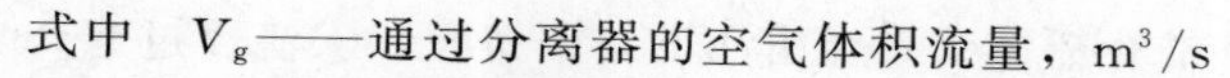

$$D=\sqrt{\frac{4V_g}{\pi v_s}}\qquad (\mathrm{m})\qquad (3\text{-}1\text{-}8)$$

式中　V_g——通过分离器的空气体积流量，m^3/s

v_s——空截面气速，m/s

D——分离器圆筒直径，m

空截面气速约为丝网间隙中空气的实际流速的 75%。空气的实际流速，可由下面的经验公式计算出容许的最大值，称为容许气速，其值为：

$$v = K\sqrt{\frac{\rho_L - \rho_g}{\rho_g}} \qquad (m/s) \tag{3-1-9}$$

式中　K——经验系数

ρ_L——雾沫液体的密度，kg/m^3

ρ_g——通过空气的密度，kg/m^3

K 值与空气中雾沫微粒的浓度、液体的表面张力、黏度和丝网的比表面积等因素有关，K 值选大了会增加空气的阻力损失，一般选 $K=0.067$ 进行设计计算。

通过分离器后空气的阻力损失，可由下面经验公式进行计算：

$$\Delta p = 33.44 v_s \rho_g \qquad (Pa) \tag{3-1-10}$$

（五）空气冷却器

空气冷却用的热交换器种类很多，常用的类型有：立式列管式、沉浸式和喷淋式热交换器等。由于空气的给热系数很低，一般只有 420kJ/（m^2·h·℃），设计时应采用恰当的措施来提高它的给热系数，否则将会大大增加传热面积。

使用列管式换热器时，冷却水（或低温水、冷盐水）在管内流动，流速为 0.5～3m/s；空气在壳体内流动，流速为 2～15m/s。为增加冷却水的流速，可采用多程（一般为 2～4 程）换热器；同时为增加空气在壳体内的湍动，换热器壳体内装有若干与管束垂直的圆缺型挡板或盘状挡板。若水质条件较好，如杂质少则不易形成积垢时，为提高空气给热系数，可安排空气走管内，造成多程流动以提高空气流速。

采用新型的板翘式热交换器以强制流动的冷空气作为冷却介质，传热系数最大可达 1260kJ/（m^2·h·℃）。对于沉浸式和喷淋式换热器，在设计时应保证一定的空气流速，一般选择空气流速为 5～10m/s。

在计算冷却器的热交换量时应注意，除了使压缩空气冷却外，在析出水分的情况下还应加入水分冷凝时所释出的汽化潜热。

（六）空气过滤器

1. 空气过滤除菌的对数穿透定律

过滤除菌效率就是滤层所滤去的微粒数与原空气所含微粒数的比值，它是衡量过滤设备过滤效能的指标，即：

$$\eta = (N_1 - N_2)/N_1 = 1 - N_2/N_1 \tag{3-1-11}$$

式中　N_1——过滤前空气中微粒含量，个/m^3

N_2——过滤后空气中微粒含量，个/m^3

N_2/N_1——过滤前后空气中微粒浓度的比值，即穿透滤层的微粒浓度与原微粒浓度的比值，称为穿透率

实践证明，空气过滤器的过滤除菌效率主要与微粒的大小、过滤介质的种类和纤维直径、介质的填充密度、滤层厚度以及通过的气流速度等因素有关。

在研究空气过滤器的过滤规律时，为简化研究，先做出如下 4 个假定：①流经过滤介质的每一纤维的空气流态并不因其他邻近纤维的存在而受影响；②空气中的微粒与纤维表面接触后即被吸附，不再被气流卷起带走；③过滤器的过滤效率与空气中微粒的浓度无关；④空气中微粒在滤层中递减均匀，即每一纤维薄层除去同样百分率的微粒数。在上述假定条件下，空气通过单位滤层后，微粒浓度下降与进入空气微粒浓度成正比，即：

$$-\mathrm{d}N/\mathrm{d}L = KN \tag{3-1-12}$$

式中　N——滤层中空气的微粒浓度，个/m^3

L——过滤介质层厚度，m

$\mathrm{d}N/\mathrm{d}L$——单位滤层除去的微粒数，个/m

K——过滤常数，1/m

把上式整理并积分，即：

$$-\mathrm{d}N/N = K\mathrm{d}L$$

$$-\int_{N_1}^{N_2}\frac{\mathrm{d}N}{N} = K\int_0^L \mathrm{d}L$$

$$\ln(N_2/N_1) = -KL \tag{3-1-13}$$

即：

$$N_2/N_1 = \mathrm{e}^{-KL} \tag{3-1-14}$$

或

$$\lg(N_2/N_1) = -K'L \tag{3-1-15}$$

$$N_2/N_1 = 10^{-K'L} \tag{3-1-16}$$

上述式（3-1-13）～式（3-1-16）揭示了深层介质过滤除菌的对数穿透定律，它表示进入滤层的空气微粒浓度与穿透滤层的微粒浓度之比的对数是滤层厚度的函数。常数 K 值与多个因素有关，如纤维的种类、纤维直径、填充密度、空气流速、空气中微粒的直径等有关，通常可选择特定的条件通过实验方法求得。

对 $d_f=16\mu m$ 的棉花纤维，填充系数为 8%时，实验测得的过滤常数 K' 值如表 3-1-2 所示。

表 3-1-2　　$d_f=16\mu m$ 棉花纤维的 K' 值

空气流速 v_0/（m/s）	0.05	0.10	0.50	1.0	2.0	3.0
K'/（1/m）	19.3	13.5	10.0	19.5	132	255

当采用 $d_f=14\mu m$、经糠醛树脂处理过的玻璃纤维以枯草杆菌做实验时，测得的过滤常数 K' 值如表 3-1-3 所示。

表 3-1-3　　$d_f=14\mu m$ 的玻璃纤维的 K' 值

空气流速 v_0/（m/s）	0.03	0.15	0.30	0.92	1.52	3.15
K'/（1/m）	56.7	25.2	19.3	39.4	150	605

为了实验和计算的方便，可以采用过滤效率为 0.9 时滤层厚度 L_{90} 作为对比基准，有：

$$\eta_{90} = \frac{N_2 - N_1}{N_1} = 1 - N_2/N_1 = 0.90 \tag{3-1-17}$$

即

$$(N_2/N_1)_{90} = 0.1$$

故

$$\lg(N_2/N_1)_{90} = -K'L_{90} = \lg(0.1) = -1$$

故得

$$K' = 1/L_{90} \tag{3-1-18}$$

从式（3-1-18）可见，可把常数 K' 理解为过滤效率为 90%时所需滤层厚度的倒数。这样在一系列的 L_{90} 实验数据的基础上，设计新过滤器时计算就很方便。

以 $d_f=16\mu m$ 的玻璃纤维作介质，用枯草杆菌进行过滤除菌实验所得 L_{90} 的数据如表 3-1-4 所示。

表 3-1-4 d_f=16μm 玻璃纤维的 L_{90}

空气流速 v_0/（m/s）	0.03	0.15	0.30	1.52	3.05
L_{90}/cm	4.05	8.50	11.70	1.50	0.38

由于 K 值需通过实验测定，且 K 值又随多个因素改变而变化，实验又有一定的局限性。因此有时需根据前面介绍的单纤维捕集效率，通过参数关系来计算出 K 值，现介绍如下。

单纤维过滤作用机理的捕集效率在过滤器上的综合结果，就是过滤器的总过滤效率：

$$\eta_0 = \eta_1 + \eta_2 + \eta_3 + \eta_4 + \eta_5 \tag{3-1-19}$$

但实际上，这几个捕集效率中有些还未有可行的理论计算方法，如静电吸引除菌效率就是其一。因微粒太细，重力沉降机理单独计算也比较困难；而作为处于拦截机理的边界滞流层的沉降则归入拦截捕集效率计算，一般过滤器设计时是取低于临界速度的气速，此时惯性冲击捕集效率 $\eta_1=0$，故式（3-1-19）可简化成：

$$\eta_0 = \eta_2 + \eta_3 \tag{3-1-20}$$

式中 η_2——拦截捕集效率，%

η_3——扩散作用捕集效率，%

实际上，过滤器的过滤除菌效率在某一范围的纤维填充状况下，方可由拦截捕集效率和扩散作用除菌效率表达。当填充系数 α 满足 $0<\alpha<0.1$ 时，有：

$$\eta_2 = \eta_0(1+4.5\alpha) \tag{3-1-21}$$

捕集效率与纤维直径 d_f、填充密度 α、滤层厚度 L 及微粒浓度 N 的变化关系如下：

$$\eta_2 = \frac{\pi d_f(1-\alpha)}{4L\alpha}\ln\left(\frac{N_1}{N_2}\right) \tag{3-1-22}$$

把上式代入式（3-1-21）和式（3-1-13），整理得：

$$\eta_0(1+4.5\alpha) = \frac{\pi d_f(1-\alpha)}{4L\alpha}\cdot KL \tag{3-1-23}$$

即：

$$K = \frac{4\alpha(1+4.5\alpha)}{\pi d_f(1-\alpha)}\eta_0 \tag{3-1-24}$$

而在上述讨论的条件下，$\eta_0=\eta_2+\eta_3$，故最后得到：

$$K = \frac{4\alpha(1+4.5\alpha)}{\pi d_f(1-\alpha)}(\eta_2+\eta_3) \tag{3-1-25}$$

但纤维直径较小、填充密度 α 较大且滤层较薄时，由式（3-1-25）得到的 K 值是比较符合实际的；但当滤层较厚时，误差就比较大。

当纤维较粗、间隙较大时，扩散滞留作用很小，此时可以单独以拦截捕集效率 η_2 进行计算，即：

$$K = \frac{4\alpha(1+4.5\alpha)}{\pi d_f(1-\alpha)}\eta_2 \tag{3-1-26}$$

2. 对数穿透定律的校正

对数穿透定律是以 4 点假定为前提推导出的。实验研究证明，对于较薄的滤层是符合实际的，但随滤层加厚，产生的偏差就增大。这是因为滤层较厚时，微粒数递减不均匀，即 K 值发生改变，滤层越厚，K 值改变越大。这说明对数穿透定律仍不够完善，需要修正。

K 值的变化涉及原来假设的几个问题，如微粒碰撞与滞留关系，实际上并不是一发生碰撞的微粒就一定滞留，且滞留后也还可能重新被气流带起等。下面用概率统计进行分析；先做以下 3 点假设。

（1）在任意填充纤维纵横交错的滤床上，构成滤层的纤维网格，单位滤床长度网格数为 ξ。

（2）气流中任一微粒随气流通过网格时，可能与纤维发生碰撞，其碰撞概率为 P。

（3）与纤维碰撞的微粒不是一碰撞就粘附在纤维上，且被粘附了的微粒也可能重新被气流带走。所以如果某一微粒随气流通过滤层 ξL 网格，与纤维产生了 m 次碰撞，但仍穿透滤床随气流带走，则纤维滤床所捕集的微粒数为：

$$N = N_1\{1-[c(\xi L)^m P^m (1-P)^{\xi L-m}]\} \tag{3-1-27}$$

式中　N_1——进入滤层空气的微粒总数

N——被纤维滤床捕集的微粒数

c——常数

当 $m=0$ 时，即微粒没有同纤维发生碰撞而穿透滤床，则：

$$N = N_1[1-(1-P)^{\xi L}]$$

即

$$1-N/N_1 = (1-P)^{\xi L} \tag{3-1-28}$$

两边取对数：

$$\ln(1-N/N_1) = \ln(1-P)^{\xi L} = \xi L\left(-P-\frac{P^2}{2}-\frac{P^3}{3}-\cdots\cdots\right) \tag{3-1-29}$$

由于 P 很小，$P^2/2$、$P^3/3$ 等更小，可忽略不计，因此有：

$$\ln(1-N/N_1) = -\xi LP \tag{3-1-30}$$

而 $N_1-N=N_2$，故得到：

$$\ln(N_2/N_1) = -\xi LP \tag{3-1-31}$$

式（3-1-31）即为深层过滤的对数穿透定律。这里的条件是微粒未与纤维碰撞，$m=0$，微粒可穿透滤床，这与前述的对数穿透定律假定的条件（微粒一与纤维碰撞即被捕集）是一样的。

当 m 不等于零，即当 $m=m$ 时，代入式（3-1-27），整理得：

$$\frac{\mathrm{d}N}{\mathrm{d}L} = N_1\xi Pe^{-\xi LP}\cdot\frac{(\xi LP)^m}{m!} \tag{3-1-32}$$

令 $R=\xi P$，则得：

$$\frac{\mathrm{d}N}{\mathrm{d}L} = N_1Re^{-RL}\cdot\frac{(RL)^m}{m!} \tag{3-1-33}$$

设滤层厚度足够长，微粒完全被捕集，把式（3-1-33）积分到无限大，其概率为 1，即：

$$\int_0^\infty Re^{-RL}\cdot\frac{(RL)^m}{m!}\mathrm{d}L = 1 \tag{3-1-34}$$

上式可简写成：

$$\int_0^\infty P(L)\mathrm{d}L = 1 \tag{3-1-35}$$

实际上滤层厚度是一定的，故积分只能到 L_0。且空气中微粒浓度也是在变化的，随着过滤时间的增加，因微粒的滞留，微粒浓度是不断增加的，为简化一般取平均值。滤床捕集微粒数可写成：

$$N = N_1 t \int_0^L P(L)\mathrm{d}L \qquad (3\text{-}1\text{-}36)$$

若以 $\Delta\bar{t}$ 表示漏进一个杂菌的平均时间，则平均捕集效率可写成：

$$\eta = \frac{\overline{N_0 \Delta \bar{t}} - 1}{N_0 \Delta t} = \int_0^L P(L)\mathrm{d}L \qquad (3\text{-}1\text{-}37)$$

式（3-1-37）较全面考虑微粒浓度变化与时间的关系，以及微粒在通过滤层时与纤维的碰撞、滞留与微粒在滤层的分布情况等关系，故计算结果比较符合实际。

3. 空气过滤压降的计算

空气通过滤层时需克服与介质的摩擦而引起的压力降 Δp 是一种能量损失，损失随滤层的厚度、空气的流速、过滤介质的性质、填充情况而变化，可用下面经验公式计算：

$$\Delta p = cL\frac{2\rho v^2 \alpha^m}{\pi d_f} \quad (\mathrm{Pa}) \qquad (3\text{-}1\text{-}38)$$

4. 过滤介质

过滤介质是过滤除菌的关键，它的好坏不但影响到介质的消耗量、过滤过程的动力消耗（压力降）、操作劳动强度、维护管理等，而且决定设备的结构、尺寸，还关系到运转过程的可靠性。过滤对介质的要求是吸附性强、阻力小、空气流量大、能耐干热。常用的过滤介质有棉花（未脱脂）、活性炭、玻璃纤维、超细玻璃纤维纸、化学纤维等。

要评价一种过滤介质是否优越，最重要的是看它的过滤效率，而过滤效率是过滤常数 K 和滤层厚度 L 的函数，K 值越大，滤层厚 L 可越小；同时阻力降 Δp 越小越好，因此可把 $KL/\Delta p$ 的值作为过滤介质综合评价指标。过滤器的总过滤效率可用下式表示：

$$\bar{\eta} = 1 - \mathrm{e}^{-KL} \qquad (3\text{-}1\text{-}39)$$

可以用上式对各种过滤器的效率进行比较。下面介绍几种常用的过滤介质。

（1）棉花　棉花是传统的过滤介质，工业规模生产和实验室均广泛使用。其质量随品种和种植条件不同有较大差别，最好选用纤维细长疏松的新鲜产品。贮藏过久，纤维会发脆甚至断裂，压强降增大；脱脂纤维会因易吸湿而降低过滤效果。棉花纤维直径一般为 16～21μm，装填时要分层均匀铺砌，最后要压紧，装填密度达到 150～200kg/m^3 为好。如果压不紧或是装填不均匀，会造成空气走短路，甚至因介质翻动而丧失过滤效果。

（2）玻璃纤维　作为散装充填过滤器的普通玻璃纤维，一般直径为 8～19μm 不等，而纤维直径越小越好。但由于纤维越小，其强度越低，很容易断碎而造成堵塞，增大阻力。因此充填系数不宜太大，一般采用 6%～10%，它的阻力损失一般比棉花小。如果采用硅硼玻璃纤维，则可得较细直径（0.3～0.5μm）的高强度纤维，可用其制成 2～3mm 厚的滤材，制成过滤器后可除去 0.01μm 的微粒，故可除去噬菌体和所有的微生物。

（3）活性炭　活性炭有非常大的比表面积，主要通过表面吸附作用而吸附截留微生物。一般采用直径 3mm、长 5～10mm 的圆柱状活性炭。其粒子间隙大，故对空气的阻力较小，仅为棉花的 1/12，但它的过滤效率比棉花要低得多。目前，工厂都是夹装在二层棉花中使用，以降低滤层阻力。活性炭的好坏决定于它的强度和比表面积，比表面积小，则吸附性能差，过滤效率低；强度不足，则易破碎，堵塞孔隙，增大气流阻力，它的用量为总过滤层的 1/3～1/2。

(4) 超细玻璃纤维纸　超细玻璃纤维是利用质量较好的无碱玻璃，采用喷吹法制成的直径很小的纤维（直径为1～1.5μm）。由于纤维特别细小，故不宜散装充填，而采用造纸的方法做成0.25～1mm厚的纤维纸，这种纤维纸的密度为380kg/m³（当厚度为0.25mm时，每1kg纸有20m²），它所形成的网格孔隙为0.5～5μm，比棉花小10～15倍，故它有较高的过滤效率。当空气流速为0.02m/s时，一层0.25mm的超细纤维纸用油雾测试，对0.3μm的微粒过滤效率为99.99%，通过后空气的压力损失为30Pa左右。当采用国产Y_{09-1}型粒子计数器测量过滤空气所含微粒时，它对0.3μm微粒的过滤效率如图3-1-13所示。

超细玻璃纤维纸属于高速过滤介质。在低速过滤时，它的过滤机理以拦截扩散作用机理为主。当气流速度超过临界速度时，以惯性冲击机理为主，气流速度越高，效率越高。生产上操作的气流速度应避开效率最低的临界速度。

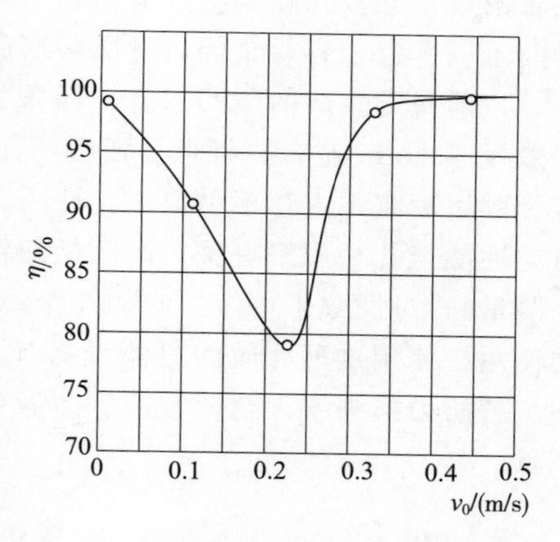

图3-1-13　超细玻璃纤维纸的过滤效率曲线图

超细玻璃纤维纸虽然有较高的过滤效率，但由于纤维细短，强度很差，容易受空气冲击而破坏，特别是受湿以后，这样细短的纤维间隙很小，水分在纤维间，因毛细管表面力作用使纤维松散，强度大大下降。为增加强度，可采用树脂处理，用树脂处理时要注意所用树脂浓度，树脂过浓，则会堵塞网格小孔，降低过滤效率和增加空气的阻力损失。常使用含2%～5% 2124酚醛树脂的95%酒精溶液进行浸渍、涂抹或喷洒处理，这可提高机械强度，防止冲击穿孔，但还会湿润。如果同时采用硅酮等疏水剂处理可防湿润，强度更大。采用加厚滤纸可提高强度，同时也可提高过滤效率，但增大了过滤阻力。

目前，国内大多采用多层复合超细纤维滤纸，目的是增加强度和进一步提高过滤效果。但实际上过滤效果并无显著提高，虽是多层使用，但滤层间并无重新分布空气的空间，故不可能达到多层过滤的要求。紧密叠合的多层滤纸，形成稍厚的超细纤维滤垫，过滤效果未能提高，反而大大增加压力损失。用Y_{09-1}型粒子计数器测量多层滤纸的过滤效果如表3-1-5所示。

表3-1-5　超细纤维纸层数对过滤效率的影响

过滤气速/(m/s)	过滤层数(n)	直径≥0.3μm颗粒个数/(个/L)			直径≥0.5μm颗粒个数/(个/L)			备注
		过滤前	过滤后	效率/%	过滤前	过滤后	效率/%	
0.33	1	184	2.7	98.53	78	0.7	99.1	1. 二级过滤 2. 过滤面积100cm²
0.33	2	1179.3	6.7	99.43	605.3	1.3	99.79	
0.33	3	428.7	18.0	95.80	101.3	8.7	91.39	
0.33	4	940.7	14.0	98.51	486.0	13.3	97.26	
0.33	5	703.3	16.6	97.64	355.3	14.7	95.85	

由于超细纤维滤纸的抗湿性能差，后又研制出 JU 型除菌滤纸，它在抄纸过程中加入适量的疏水剂处理，可以耐受油、水和蒸汽的反复加热杀菌，具有坚韧、不怕折叠、湿强度高等特点。同时具有更高的过滤效率（0.3μm 油雾测定达 99.999%），和较低的过滤阻力（不大于 450Pa）。

（5）烧结材料过滤介质　烧结材料过滤介质种类很多，有烧结金属（蒙乃尔合金、青铜等）、烧结陶瓷、烧结塑料等。制造时用这些材料微粒粉末加压成型后，处于熔点温度下粘结固定，但只是粉末表面熔融粘结而保持粒子的空间和间隙，形成了微孔通道，具有微孔过滤的作用。某些可溶于有机溶剂的塑料，也可采用溶剂粘结法。这种过滤介质加工比较困难，滤板孔隙也不可能做得很小。孔径大小决定于烧结粉末的大小，太小则温度、时间难以掌握，容易全部熔融而堵塞微孔。一般孔隙都在 10～30μm。

目前我国生产的蒙乃尔合金粉末烧结板（或管）是由钛锰等合金金属粉末烧结而成，一般板厚 4mm 左右，特点是强度高，无须经常更换，使用寿命长，能耐受高温反复杀菌，且受潮后影响不大，不易损坏，使用方便，故对空气前处理除水除油要求不很严格。它的过滤性能与孔径规格有关，而孔径随粉末大小和烧结情况而变化，一般为 5～15μm（汞压法测量），过滤效果中等。它的几个规格和过滤效果如表 3-1-6 所示，只宜作为二级分过滤器使用。使用这种介质的过滤设备比较简单，安装后只要定期反冲杀菌即可使用较长时间。若压力损失增大至一定值后即需更换，作为分过滤器大概一年换一次，但此滤材价格较贵。

表 3-1-6　　蒙乃尔金属滤板的过滤效率

滤板规格	过滤速度/（m/s）	≥0.3μm 颗粒数/（个/L）			≥0.5μm 颗粒数/（个/L）			备注
		滤前	滤后	效率/%	滤前	滤后	效率/%	
4 号	0.01	71418	3245	95.45	63924	811	98.78	一级过滤（$100cm^2$）二级过滤（$100cm^2$）
	0.11	1065	2	98.81	895	0	～100	
	0.22	1065	2	99.50	895	1	99.92	
	0.33	1065	5	99.56	895	0	～100	
	0.44	1065	5	99.56	895	3	99.70	
5 号	0.11	2891	5	99.84	957	1	99.91	
	0.22	2891	50	98.27	957	10	98.96	
	0.33	2891	303	89.53	957	73	92.40	
	0.44	2891	189	93.46	957	17	98.19	
6 号	0.11	9496	225	97.63	2246	137	93.91	
	0.22	9496	968	89.80	2246	385	82.90	
	0.33	9496	2368	75.00	2246	813	63.90	
	0.44	9496	1375	85.45	2246	344	84.70	

烧结聚合物，如聚乙烯醇（PVA）过滤板是以聚乙烯醇烧结基板，外加耐热树脂处理，使滤板能经受得起高温杀菌，在 120℃经 30min 杀菌不变形，每周杀菌一次可使用一年。其特点是加工方便，微孔多，间隙中等，但过滤效率较高，属于高气流速度类型，对流速十分敏感。国外常用的 PVA 滤板，其滤板厚度 0.5cm，孔径范围 60～80μm，最高效率时气速 0.8m/s，过滤效率 99.999%，压力损失只有 140～540Pa。它

的过滤效率与速度的关系如图 3-1-14 所示。多种常见的空气过滤介质过滤特性如图 3-1-15所示。

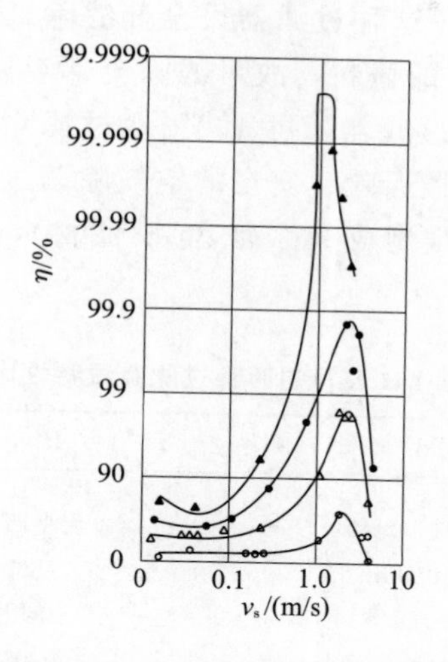

图 3-1-14　PVA（聚乙烯醇）滤板过滤效率

图例	孔隙直径/μm	滤层厚 L/mm
▲	60～80	3
●	60～80	2
△	150～200	6
○	150～200	10

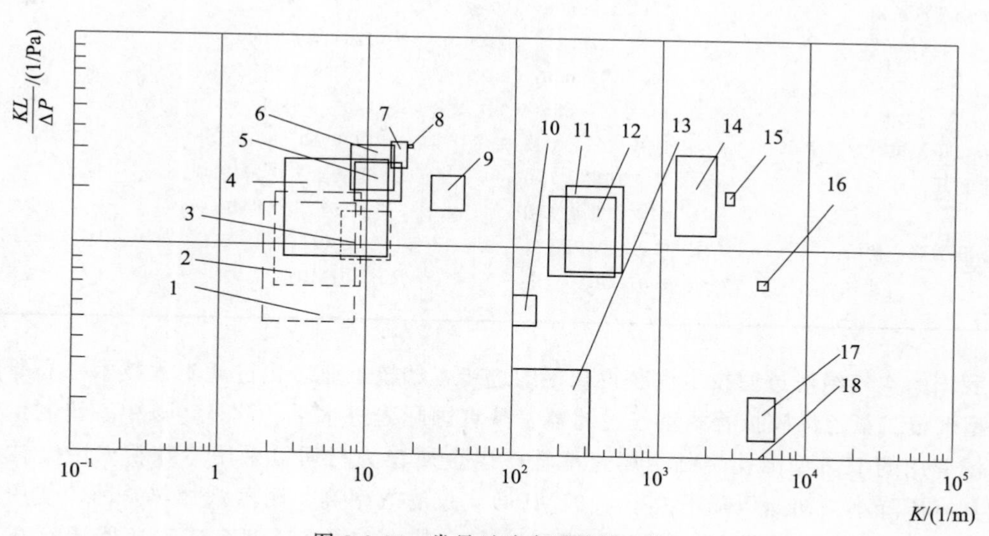

图 3-1-15　常见过滤介质特性比较

1、2—圆柱状活性炭　3—碎活性炭　4—尼龙纤维　5—聚四氟乙烯（d_f=19μm）
6—维尼龙　7—聚四氟乙烯（d_f=20μm）　8—玻璃棉　9—棉花　13—金属滤板
10、11、12、14、15、16、17、18—不同间隙孔径的 PVA 滤板

（6）新型过滤介质及过滤器简介　随着科学技术的发展和严格的发酵条件的需要，已开发出一些新的过滤介质，这些过滤介质的微孔直径只有 0.1～0.22μm，小于细菌直径，

故菌体粒子不能通过，称之为绝对过滤。绝对过滤器也分两大类：一类是能除去全部微生物，如 Milipore 公司生产的 0.22μm 膜式过滤器，可耐蒸汽杀菌的膜材有 PVDF（聚偏氟乙烯）和 PTFE（聚四氟乙烯），这种过滤器可全部滤除细菌等微生物，但不能除去噬菌体；另一类可除去小至 0.01μm 的微粒，故可滤除全部噬菌体。如英国的 DH（Domnick Huntev）公司研制的绝对空气过滤器，可 100%地过滤除去 0.01μm 以上的微粒，可耐 121℃反复加热杀菌，被公认是最保险、安全的空气除菌过滤器。它有两种过滤介质，一种是直径 0.5μm 的超细玻璃纤维制成（称为 Bio-x 滤材），而另一种是膨化 PTFE，其特性比较见表 3-1-7。

表 3-1-7　英国 DH 公司的两种过滤介质特性比较

项目	Bio－x	High flow tetpor
1. 滤材材质	玻璃纤维	聚四氟乙烯（PTEE）
2. 滤材厚度	1000μm	150μm
3. 滤材层数	3 层	单层
4. 过滤精度	0.01μm	0.01μm
5. 里外衬材质	硼硅酸纤维	耐热 PP
6. 中心柱材质	316 不锈钢	316 不锈钢
7. 外套筒材质	316 不锈钢	耐热 PP
8. 滤芯内径	36mm	36mm
9. 空气流量	2.16m^3/min	6.25m^3/min
10. 操作温度上限	150℃	80℃
11. 耐蒸汽杀菌	121℃，20min，100 次	121℃，250h
	125℃，20min，80 次	125℃，225h
	130℃，20min，70 次	130℃，200h
	140℃，20min，50 次	140℃，180h
12. 出厂测试（穿透率）	DOP＜0.0001%	DOP＜0.0001%
13. 耐压	单支滤芯 0.7MPa	单支滤芯 0.7MPa
	多支滤芯 0.6MPa	多支滤芯 0.6MPa
14. 压力降：初始	＜0.01MPa	＜0.01MPa
更换	0.07MPa	0.07MPa

我国的空气绝对过滤技术也获得长足的进步，如核工业净化过滤工程技术中心研制成 JPF 型聚偏二氟乙烯膜折叠式空气过滤器，具有国际先进水平。此外，该中心研制生产且已广泛应用的 JLS 型微孔烧结金属过滤器，以金属镍为材质，采用特殊粉末冶金技术制成，具有压降小（初始压降不大于 0.01MPa）、过滤效率高、耐蒸汽加热杀菌、使用寿命长等特点。JLS 型过滤器有 D、Y 和 W 型之分，其中 JLS－D 型金属过滤器滤除 0.3μm 以上微粒的过滤效率高达 99.9999%，其具体的规格及尺寸等见表 3-1-8 所示。

理论和实践均证明，使用微孔膜等绝对过滤器必须安装空气预过滤器，以滤除铁锈、尘埃等微粒，延长主过滤器的使用寿命。对无菌程度要求高的发酵系统，需装设阻力小的绝对空气过滤器。图 3-1-16 是 JLS 型空气过滤系统示意图。而以 PVDF（聚偏二氟乙烯）膜制成的 JPF 型过滤器，具有过滤效率高、空气流量大、疏水性好、耐蒸汽加热灭菌、安装与更换方便等特点。其滤芯结构示意图如图 3-1-17 所示。而过滤器主要技术参数如表3-1-9所示。

表 3-1-8　JLS-D 型空气过滤器技术特性

型号	过滤能力/（m^3/min）	外型尺寸 Φ/mm	进出口管径 Φ（外径×壁厚）/mm	参考质量/kg
JLS-D-001	0.01	22×150	6×1	0.2
JLS-D-003	0.03	25×180	6×1	0.3
JLS-D-005	0.05	30×240	10×1.5	0.5
JLS-D-010	0.10	45×500	20×2	3
JLS-D-025	0.25	75×520	20×2	5
JLS-D-050	0.50	114×620	20×2	9
JLS-D-1	1.0	164×793	34×3.5	27
JLS-D-3	3.0	238×1085	48×4	36

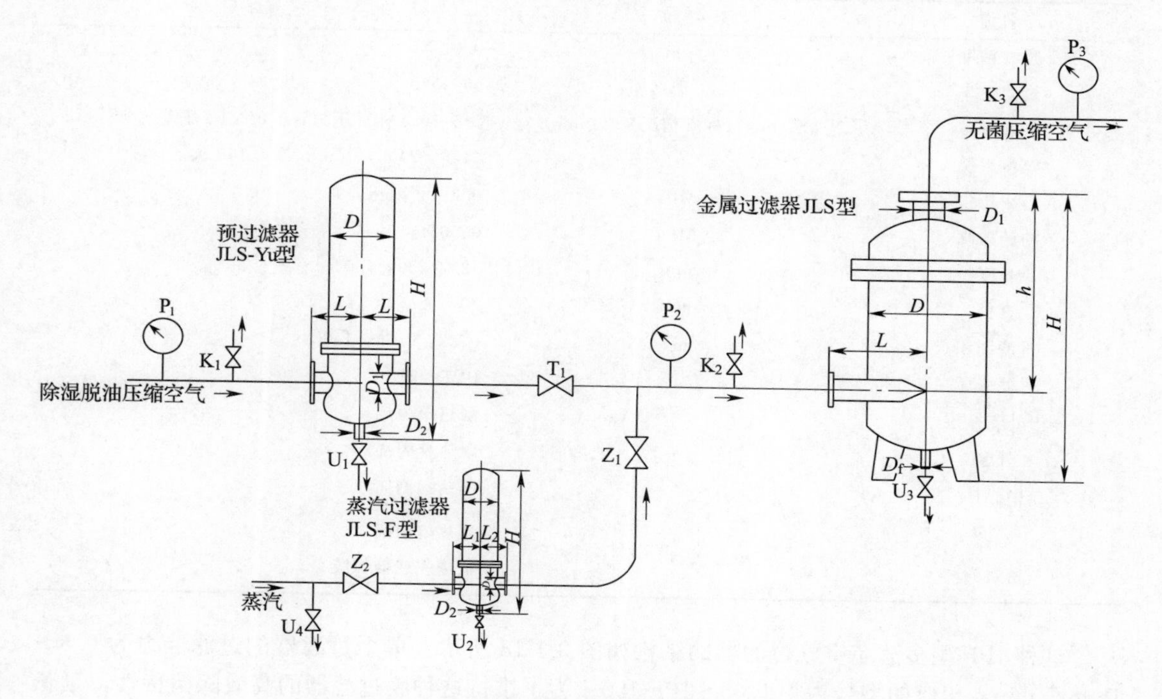

图 3-1-16　JLS 型空气过滤系统示意图

$P_{1\sim3}$：压力表　$K_{1\sim3}$：测试口取样阀　$U_{1\sim3}$：排污阀　$Z_{1\sim2}$：蒸汽阀　T_1：调节阀

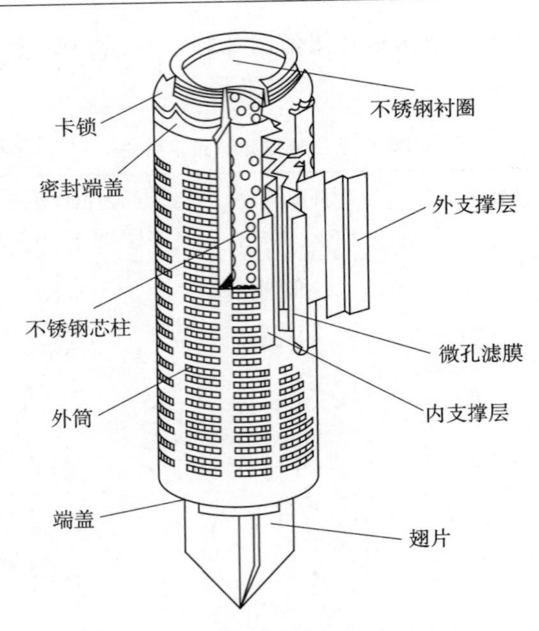

图 3-1-17　JPF 空气过滤器滤芯结构

表 3-1-9　　JPF 折叠式空气过滤器主要技术参数

名称	单位	内容
过滤精度	μm	0.01
过滤效率	%	99.9999
通量	m^3/min（标准情况）（10min）	≥5（0.1MPa 压力，0.01MPa 压差
蒸汽灭菌		(125±2)℃，30min/次，160 次
耐压	MPa	0.2（正向压差）
初始压降	MPa	0.005
长度	mm	125，250，500
直径	mm	70
过滤面积	m^2	0.32，0.65，1.3
过滤介质		PVDF 膜
内外支撑层		耐热聚丙烯
外套		耐热聚丙烯
中心柱		不锈钢网筒
端盖		耐热聚丙烯
密封圈		氟橡胶或硅橡胶

这种 JPF 型多滤芯空气过滤器的结构如图 3-1-18 所示。单个过滤器的过滤能力为 0.5～150m^3/min，相应的型号为 JPF-05～JPF-150。为了维持这种膜过滤器的高效除菌特性，延长其使用寿命，需装设预过滤器，定名为 YUD 型，如图 3-1-19 所示的为 YUD-Z 型折叠式空气预过滤器芯的结构示意图。

5. 过滤器的结构及计算

（1）纤维介质深层过滤器　纤维介质深层过滤器结构如图 3-1-20 所示。通常是立式圆

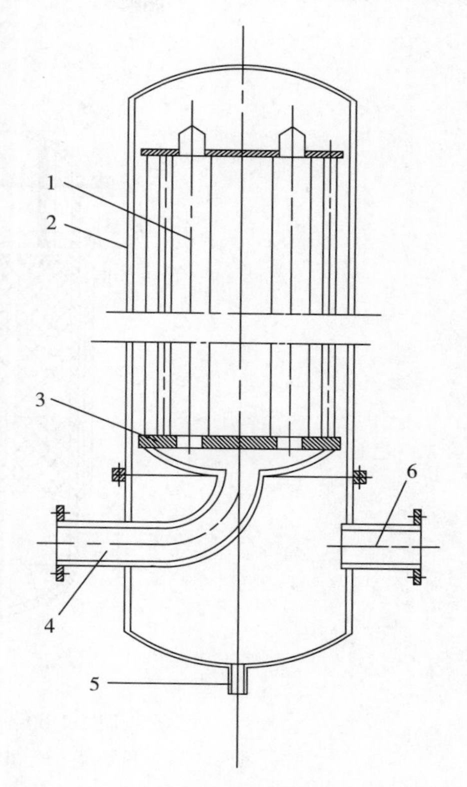

图 3-1-18　JPF 型多滤芯膜折叠式空气过滤器
1—滤芯　2—过滤器体　3—滤芯固定孔板
4—进气口　5—排污口　6—空气出口

筒形，内部充填过滤介质，空气由下向上通过过滤介质，以达到除菌目的。纤维介质主要有棉花、玻璃纤维、超细玻璃纤维等。

空气过滤器的尺寸主要包括直径 D 和有效滤层高度 L。其中，D 可由下式求出：

$$D=\sqrt{\frac{4q_V}{\pi v_S}}\quad (\mathrm{m}) \tag{3-1-40}$$

式中　q_V——空气流经过滤器时的体积流量，m^3/s

v_s——空截面空气速度，m/s

空截面气速一般可取 0.1～0.3m/s，按操作工艺而定，原则是应使过滤器在较高过滤效率的气流速度区运行。

过滤器的有效过滤介质高度 L 的决定，通常是在实验数据的基础上，按对数穿透定律进行计算。具体计算公式见式（3-1-11）。但由于需要滤层厚，耗用棉花多，安装较困难，阻力损失很大，故工厂常用活性炭作为中间层，以改善这些因素。这本来是不符合计算要求的。通常总的高度中，上下棉花层厚度各为总过滤层的 1/4～1/3，中间活性炭层占 1/3～1/2。在铺棉花层之前，先在下孔板铺上一层 30～40 目的金属丝网和织物（如麻布等），有助于空气均匀进入棉花滤层。填充物按下面顺序安装：

孔板—铁丝网—麻布—棉花—麻布—活性炭—麻布—棉花—麻布—铁丝网—孔板

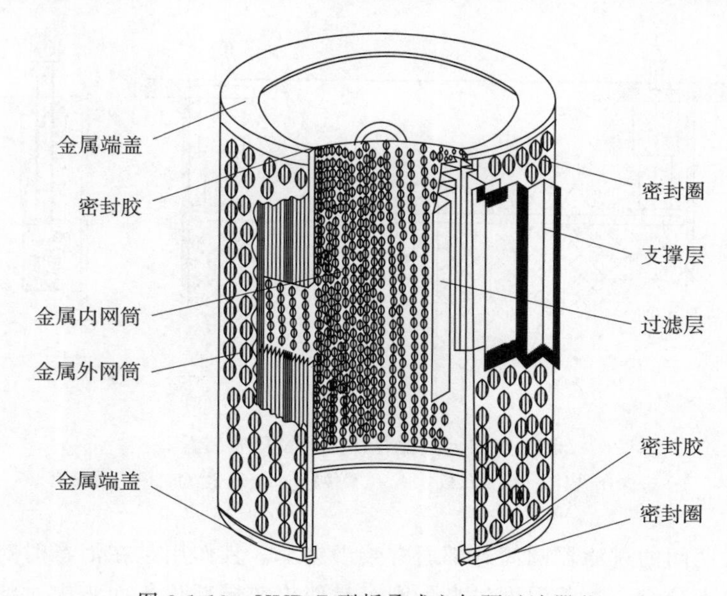

图 3-1-19　YUD-Z 型折叠式空气预过滤器芯

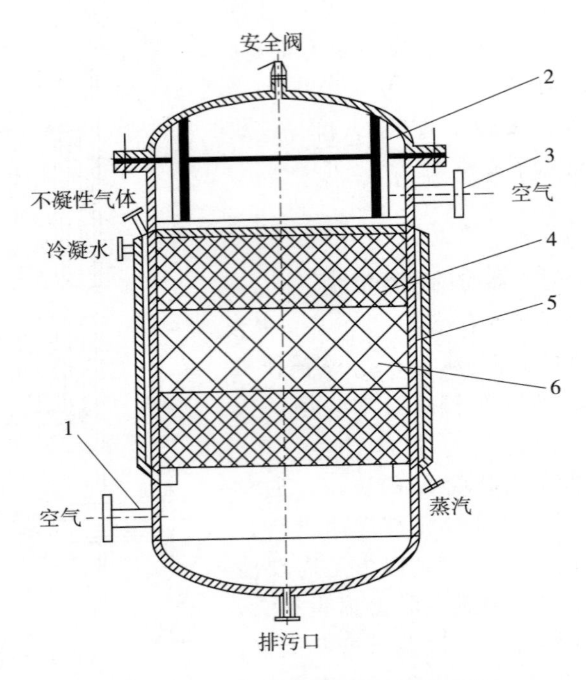

图 3-1-20　深层纤维介质空气过滤器

1—进气口　2—压紧架　3—出气口　4—纤维介质　5—换热夹套　6—活性炭

安装介质时要求紧密均匀，压紧要一致。压紧装置有多种形式，可以在周边固定螺栓压紧，也可以用中央螺栓压紧，也可以利用顶盖的密封螺栓压紧，其中顶盖压紧比较简便。有些工厂为了防止棉花受潮下沉后松动，在压紧装置上加装缓冲弹簧，弹簧的作用是在一定的位移范围内保持对孔板的一定压力，其结构如图 3-1-21 所示。

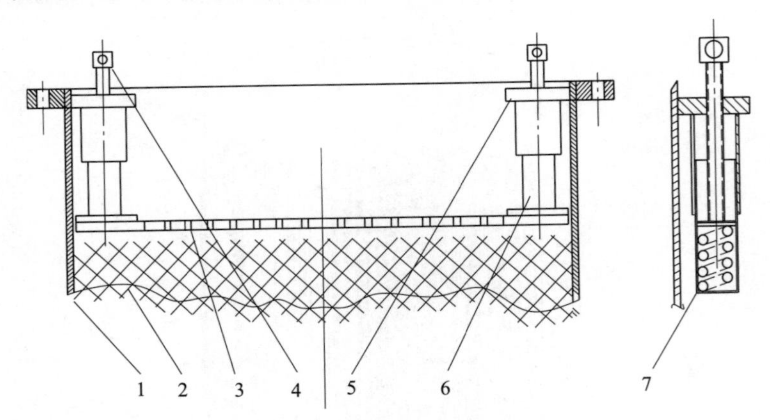

图 3-1-21　过滤介质的弹簧压紧装置

1—壳体　2—过滤介质　3—压紧孔板　4—压紧螺杆　5—压紧支座　6—弹簧套　7—弹簧

在充填介质区间的过滤器圆筒外部通常装设夹套，其作用是在消毒时对过滤介质间接加热，但控制要十分小心，若温度过高，则容易使棉花局部焦化而丧失过滤效能，甚至有烧焦着火的危险。

通常空气从圆筒下部切线方向通入，从上部排出，出口不宜安装在顶盖，以免检修时拆装管道困难。

过滤器上方应装有安全阀、压力表，罐底装有排污孔。要经常检查空气冷却是否安全，过滤介质是否潮湿等情况。

对过滤器进行加热灭菌时，一般是自上而下通入 0.2～0.4MPa（表压）的干燥蒸汽，维持 45min，然后用压缩空气吹干备用。总过滤器约每月灭菌一次，而分过滤器则每批发酵前均进行灭菌。为了使总过滤器不间断地工作，对大规模生产应设一个备用过滤器以交替灭菌使用。

(2) 平板式纤维纸过滤器　这种过滤器是适应充填薄层的过滤板或过滤纸，其结构如图 3-1-22 所示。它由罐体、顶盖、滤层、夹板和缓冲层构成，空气从罐体中部切线方向进入，空气中的水雾沉于底部，由排污管排出。空气经缓冲层通过下孔板经薄层介质过滤后，空气出口从上孔板进入顶盖排气孔排出。

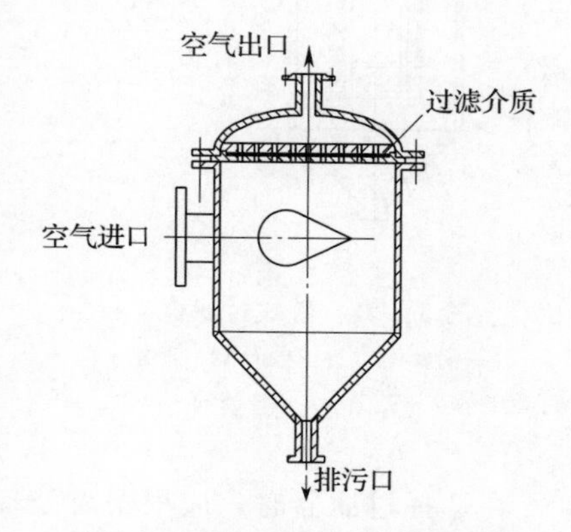

图 3-1-22　纤维纸平板过滤器

缓冲滤层可装填棉花、玻璃纤维或金属丝网等。顶盖法兰压紧过滤孔板并用垫片密封，上下孔板用螺栓连接，以夹紧滤纸和密封周边。为了使气流均匀进入并通过过滤介质，上下孔板应先铺上 30～40 目的金属丝网和织物（麻布），使过滤介质（滤板或滤纸）均匀受力，夹紧于中间，周边要加橡胶圈密封，切勿让空气走短路。过滤孔板既要发挥压紧滤层的作用，也要承受滤层两边的压力差，孔板的开孔大小一般为 5～10mm，孔的中心距为 10～20mm。

过滤器的直径可由过滤面积决定。过滤面积按通过过滤器时的空气体积流量 V（m^3/s）和空气流过该介质时的视过滤速度 v_s（m/s）计算：

$$D_{滤层}=\sqrt{\frac{4V}{\pi v_S}}\quad(m)$$

$$D_{过滤罐}=1.1\sim1.3D_{滤层}$$

v_s 为通过过滤介质截面时的空气流速，对于高速超细纤维纸可取 1.0～1.5m/s。

(3) 管式过滤器　平板式过滤器过滤面积局限于圆筒的截面积，当过滤面积要求较大时，则设备直径很大。若将过滤介质卷装在孔管上，如图 3-1-23 所示，这样，单位体积的过滤面积会比平板式大得多。但卷装滤纸时要防止空气从纸缝走短路。

(4) 接迭式低速过滤器　在一些要求过滤阻力很小而过滤效率比较高的场合，如洁净工作台、洁净工作室或自吸式发酵罐等，都需要低速过滤器以满足其低阻力损失的要求。超细玻璃纤维纸的过滤特性是气流速度越低、过滤效率越高，可将其加工成过滤面积很大的过滤器，其滤框（滤芯）和过滤器结构如图 3-1-24 所示。

为了在较小的设备内装设大的过滤面积，可将长长的滤纸接折成瓦楞状，安装在楞条支撑的滤框内，滤纸的周边用环氧树脂与滤框黏结密封。滤框有木制和铝制两种，需要反复杀菌的应采用铝制滤框。使用时把滤框用螺栓固定压紧在过滤器内，全部用垫片密封。

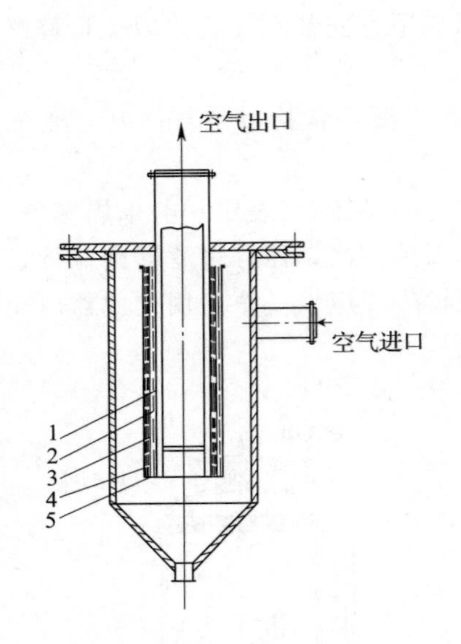

图 3-1-23　管式过滤器
1—铜丝网　2—麻布　3—滤纸
4—扎紧带　5—滤筒

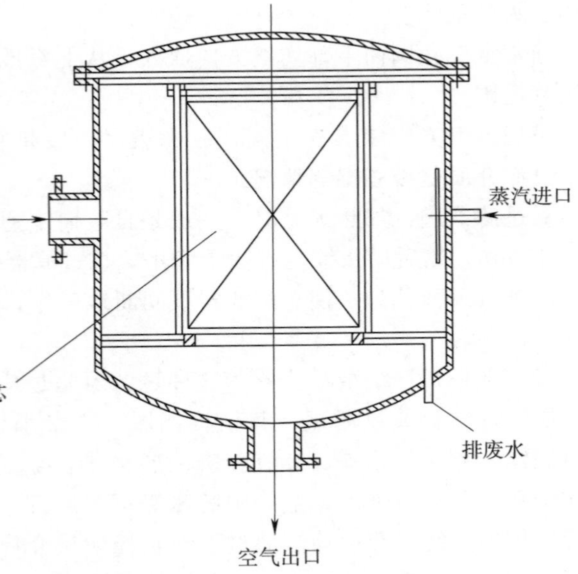

图 3-1-24　接迭式低速过滤器

在选择过滤器时，应根据需处理的空气体积流量和流速进行计算。一般选择流速在 0.025m/s 以下，这时空气通过的压力损失约为 200Pa。超细纤维的直径很小，间隙窄，容易被微粒堵塞孔隙而使压力损失升高。为了提高过滤器的过滤效率和延长其使用寿命，一般都加设预过滤设备，或配合使用静电除尘，或配合玻璃纤维或泡沫塑料的中效过滤器。这样，较大的微粒和部分小微粒被预过滤器除去，以减少高效过滤器表面微粒的堆积和堵塞滤网格现象。当使用时间较长，网格被堵塞到一定程度，阻力损失增加到 400Pa，就应更换新的滤芯。

这种过滤的周边黏结部分，常会因黏结松脱而产生漏气，而丧失过滤除菌效能，因此要定期用烟雾法检查。

6. 过滤器的计算举例

例 3-1-1　试设计一台通风量为 $10m^3/min$ 的棉花过滤器。空气压强为 392kPa（绝对压力），进入过滤器的空气含菌量是 5000 个$/m^3$，发酵周期为 100h，要求倒罐率为 0.1%（即 1000 次发酵周期漏进一个杂菌），工作温度为 30℃。

解： 选用直径 $d_f = 16\mu m$ 的棉花纤维，填充系数 $\alpha = 8\%$，空气流速 $v_s = 0.1m/s$。据表 3-1-2 查得过滤常数 $K' = 13.5/m$

（1）根据公式（3-1-15）计算过滤层厚度

$$L = \frac{\lg(N_2/N_1)}{-K'}$$

每批发酵通风过滤前含菌总数为：

$$N_1 = 5000 \times 10 \times 60 \times 100 = 3 \times 10^8 (\text{个})$$

过滤后含菌数为 $N_2 = 10^{-3}$ 个。

代入求得过滤层厚度：

$$L=\lg\left(\frac{10^{-3}}{3\times10^{8}}\right)/(-13.5)=0.85(\text{m})$$

（2）计算过滤器直径 D

进口空气压强　　$p_1=98070\text{Pa}$

过滤工作压强　　$p_2=392000\text{Pa}$

通气量　　$V_1=10\text{m}^3/\text{min}=0.17\text{m}^3/\text{s}$

过滤器空气流量为：

$$q_{V2}=\frac{p_1V_1}{T_1}\cdot\frac{T_2}{p_2}=\frac{98070\times0.17}{(273+20)}\times\frac{(273+30)}{392000}=0.0440(\text{m}^3/\text{s})$$

故过滤层直径（即过滤器内径）为：

$$D=\sqrt{\frac{4q_{v2}}{\pi v_{\text{s}}}}=\sqrt{\frac{4\times0.440}{0.1\pi}}=0.56(\text{m})$$

（3）计算过滤压力损失 Δp

据 $\Delta p=cL\dfrac{2\rho v^2\alpha^m}{\pi d_{\text{f}}}$，而滤层中空气流速为：

$$v=v_{\text{s}}/(1-\alpha)=0.1/(1-0.08)=0.109(\text{m/s})$$

$$\rho=\rho_0p_2T_0/(p_0T_2)=1.293\times4\times273/(273+30)=4.67(\text{kg/m}^3)$$

$$\mu=18.6\times10^{-6}\text{Pa}\cdot\text{s}$$

$$Re=\frac{d_{\text{f}}v\rho}{\mu}=\frac{16\times10^{-6}\times0.109\times4.67}{18.6\times10^{-6}}=0.436$$

以棉花为过滤介质时：

$$c=100/Re=100/0.436=229$$

$$m=1.45$$

代入便可求得过滤阻力损失：

$$\Delta p=cL\frac{2\rho v^2\alpha^m}{\pi d_{\text{f}}}$$

$$=0.85\times229\times\frac{2\times4.67\times0.109^2\times0.08^{1.45}}{\pi\times16\times10^{-6}}$$

$$=11032\ (\text{Pa})$$

第三节　生物工业生产的空气调节

一、生物工业生产对空气调节的要求

生物工业生产均涉及纯培养，无论是用微生物、动植物细胞或酶等作生物催化剂，还是生产食品原料或药物原料，均需要洁净的环境、适宜的空气温度和空气压强。例如，发酵车间不仅对空气的洁净程度有一定的要求，而且发酵罐壁和电机会向环境散发热量，故需强化通风；包装车间需要更洁净的空气（100 级），温度 25℃左右，且相对湿度低（40％～60％），以防产品吸潮。若使用基因工程菌株发酵生产，其发酵车间和产物分离提取车间均需要密闭且呈负压，以确保重组菌株不会泄漏到大气环境中。

根据美国国立卫生研究院（NIH）的建议，有关室内洁净度及其换气次数、通气流速等的参考值如表3-1-10所示。这里要说明的是，所谓洁净度的级数，是1平方英尺（1平方米=10.76平方英尺）空气中含有0.5μm或更大的微粒的个数（上限）。此外，换气次数也需根据室内人员密度及操作条件等而有相应变化。

表 3-1-10　空气洁净度分级及换气次数等指标参考值

空气级数	微粒（直径 $d_t \leqslant 0.5\mu m$）最大数量/（个/m^3）	换气次数/（次/h）	通气速度/[m^3/（m^2·h）]	气流方向
100	3500	600	1646	单向换气
1000	35000	175	480	大多用单向
10000	350000	50	137	无规定
100000	3500000	20	55	无规定

典型的空气调节流程如图3-1-25所示。

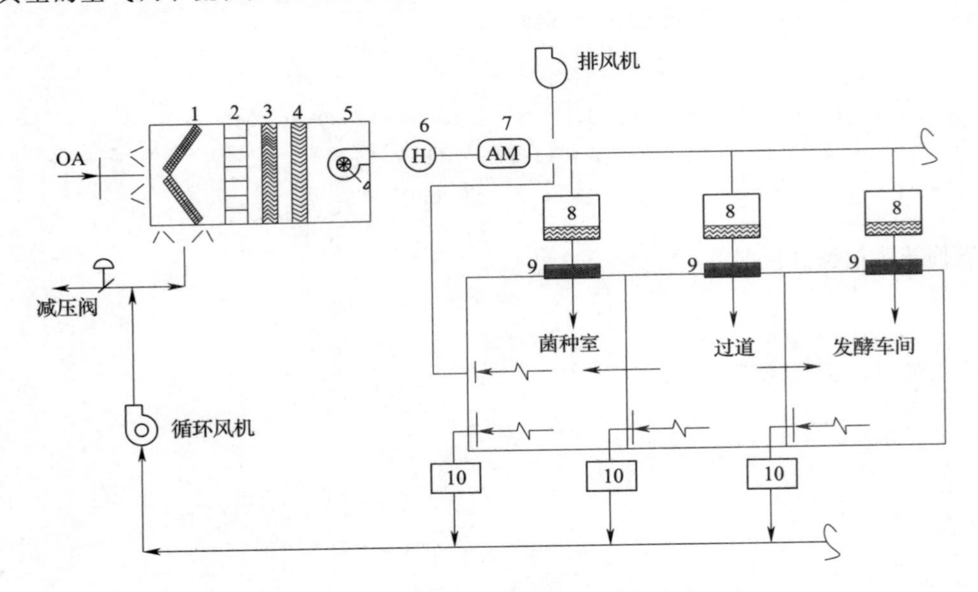

图 3-1-25　恒容再热空气调节流程图

1—粗过滤器　2—精过滤器　3—加热器　4—冷却器　5—送风机　6—调湿器　7—气流调节器　8—定容箱　9—终端过滤器　10—定容箱

关于通入空气的状态调节，前面已对其加热升温和冷却以及空气的净化处理做了阐述，下面着重介绍空气的增湿和减湿方法及原理。

二、空气的增湿和减湿方法及原理

（一）湿空气的性质

1. 湿度 x

湿空气中所含的水蒸汽质量与所含的绝干空气质量之比，称为空气的湿度，或称湿含量，以 x 表示，单位是 kg 水蒸汽/kg 干空气。

$$x=\frac{m_W}{m_g}=\frac{M_W}{M_g}\cdot\frac{p_W}{p_t-p_W}=0.622\frac{p_W}{p_t-p_W} \tag{3-1-41}$$

式中　m_W——水蒸汽的质量，kg

M_W——水蒸汽的相对分子质量

m_g——干空气的质量，kg

M_g——空气的平均分子质量

p_W——水蒸汽的分压强，Pa

p_t——湿空气的总压强，Pa

若湿空气中水蒸汽的分压强 p_W 等于该空气湿度下水的饱和蒸汽压 p_s，空气就被水蒸气所饱和，空气的饱和湿度 x_s 可由下式决定：

$$x_s=0.622\frac{p_s}{p_t-p_s} \tag{3-1-42}$$

由于水的饱和蒸汽压 p_s 只与温度有关，故空气的饱和湿度 x_s 决定于它的温度与总压。

2. 相对湿度 φ

相对湿度是表示湿空气饱和程度的一个量，它是湿空气里水蒸汽分压与同温度下水的饱和蒸汽压之比（通常以百分数表示）：

$$\varphi=\frac{p_w}{p_s}\times100\%$$

把此关系代入式（3-1-24）：

$$x=0.622\frac{\varphi p_s}{p_t-\varphi p_s} \tag{3-1-43}$$

3. 热含量 h

湿空气的热含量（或简称焓）就是其中绝干空气的热含量与水蒸汽热含量之和。为了计算上的便利，以 1kg 绝干空气为基准。又由于热含量是一个相对值，计算它的数值时必须有一个计算的起点，一般以 0℃ 为起点，称为基温。取 0℃ 时空气的热含量和液体水的热含量都为零，所以空气的热含量只计算其显热部分，而水蒸汽的热含量则包括水在 0℃ 时的汽化潜热和水蒸汽在 0℃ 以上的显热。

根据上述原则，湿空气的热焓可表示如下：

$$h=c_g t+x h_i \quad [\text{kJ/(kg 绝干空气)}] \tag{3-1-44}$$

式中　c_g——绝干空气的比热容，取 1.01kJ/（kg·℃）

t——湿空气的温度，℃

h_i——在温度 t℃ 下水蒸汽的热焓，kJ/kg

水在 0℃ 时的汽化潜热 r_0 为 2500kJ/kg，其比热 c_w 为 1.88kJ/（kg·℃），故水蒸汽在 t℃ 时的热焓为：

$$h_i=r_0+c_w t=2500+1.88t$$

代入式（3-1-44）得：

$$h=(1.01+1.88x)t+2500x \tag{3-1-45}$$

上式中的第一项为湿空气的显热，第二项为其中水蒸汽的汽化潜热，这两项都是以 1kg 绝干空气为基准的。

（二）空气的增、减湿原理

空气的增湿或减湿过程是空气与水两相间传热与传质同时进行的过程。本节提到的增湿，是指增加空气的湿含量；减湿则是减少空气的湿含量。

当空气与大量水接触时，其状态变化的路线与终点将依水的初温而改变。设空气的湿含量为 x，焓值为 h，经调节后的湿含量变化值和焓变化值分别为 Δx 和 Δh，比值 $\frac{\Delta h}{\Delta x}=\frac{h_2-h_1}{x_2-x_1}$ 表示单位湿含量的变化所引起的热含量改变。

每一空气状态的变化过程，由于在 $h-x$ 图上变化方向不尽相同，其相应的 $\frac{\Delta h}{\Delta x}$ 值也将不同。如图 3-1-26 所示，在 $h-x$ 图上，可绘出代表不同状态改变的多条直线，它们各有不同的斜率 $\Delta h/\Delta x$ 。

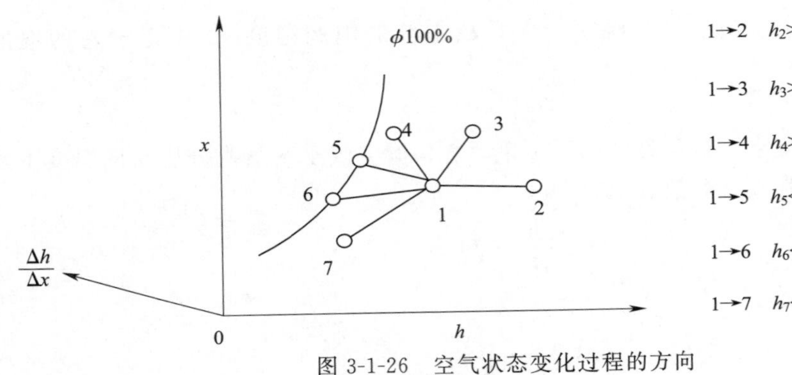

图 3-1-26　空气状态变化过程的方向

大麦发芽过程空气调节的目的是获得相对湿度接近 100%并适应发芽温度的湿空气。但在不同地区、不同季节，空气初态有很大差别。所以应在 $h-x$ 图所示多种变化方向的空气调节过程中，选取相应的路线及设备。由图 3-1-26 不难看出，过程 1→4，1→5，1→6 和 1→7 都可延伸到与饱和湿度线相交，因此都有可能根据空气初态和发芽对空气的要求，从中选取适宜的过程。

在研究如何确定空调方法和选取设备前，首先要明了增（减）湿机理。如图 3-1-27 所示，MN 是水与空气的两相界面，在界面上空气的湿含量为 x_i，空气主体湿含量为 x，湿球温度为 t_i，所以 x_i 就是 t_i 下饱和空气的湿含量。由于 x_i 大于 x，故在湿含量差 $\Delta x=x_i-x$ 的作用下，空气不断增湿，也就是说，在推动力 Δx 的作用下，水分不断从两相界面传递到空气中去。与此同时也进行着传热过程。由于空气温度高于水温，借助对流给热，热量从空气传递到水，放出显热而空气自身的温度降低，水吸收了显热而升温。但此时，由于水分汽化后把潜热带到空气中，这部分热量的传递方向刚好与上述显热的传递方向相反。空气在这类增湿过程中可近似看做等焓过程。

减湿过程与增湿相反，如图 3-1-28 所示。空气的湿含量 x 超过了界面处的空气湿含量 x_i，所以水分扩散的方向正好与增湿相反，空气的湿含量不断减少。空气中水分冷凝放出的潜热和空气降温的显热，通过对流给热传给水，变为水的显热，使水的温度升高。

（三）空气的增湿和减湿方法

1. 空气的增湿方法

空气的增湿可使用下列几种方法。

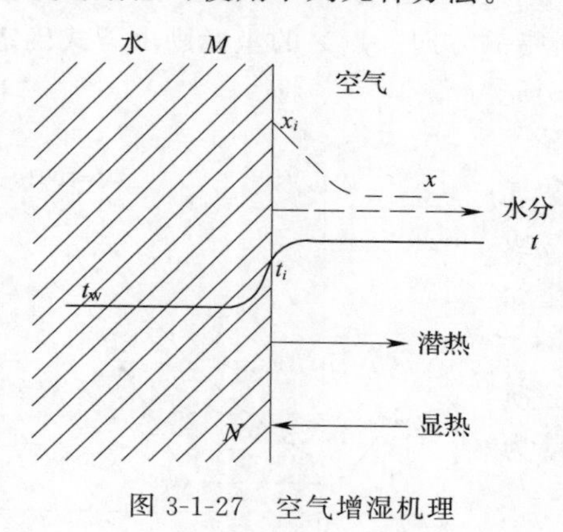

图 3-1-27　空气增湿机理

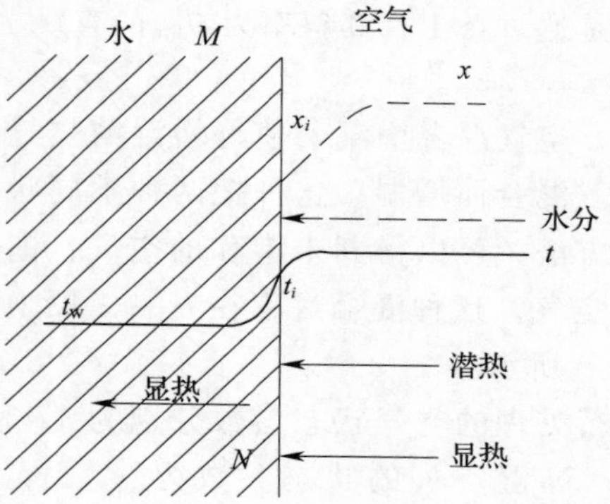

图 3-1-28　空气减湿机理

（1）往空气中直接通入蒸汽　当空气初温较低时，可按计算把蒸汽直接喷到空气中混合而实现增湿目的。其结果是空气的湿含量 x 提高了，温度也随之升高。

在大麦发芽箱的空调中，通常要求进入喷淋室前的空气控制在 20℃左右。因此当大气温度太低时，可以采用此法，以达到既增湿又升温的目的。实践表明，1kg 水蒸汽足以使 $100m^3$ 空气提高 10℃。

但采用直接蒸汽增湿的方法，既难于使湿空气达到饱和，又不能使空气降温，故通常不能在空调中单独使用。

（2）喷水　使水以雾状喷入不饱和的空气中，使其增湿。喷水增湿的方法又有两大类，其一是使喷洒的水量全部汽化后即能使空气达到要求的湿度。该法在生产操作中难于准确控制，因而不便应用。另一种方法是使大量的水喷洒于不饱和空气中，结果使部分喷水汽化后进入空气中，得到近乎饱和的湿空气，并使空气降温。这是应用最普遍的增湿方法。

以上介绍的喷水或通入直接蒸汽的方法的增湿过程，可以用 $h-x$ 图来说明和计算，如图 3-1-29 所示。

设需进行调节处理的空气含绝干空气 m_1（kg），湿含量为 x_1，焓为 h_1，进入空气的水汽质量为 m_f，焓 h_f。混合后所得湿空气的湿含量和焓分别为 x_2 和 h_2。

根据质量衡算得：

$$m_2(x_2-x_1)=m_f \tag{3-1-46}$$

又根据热量衡算得：

$$m_1(h_2-h_1)=m_f h_f \tag{3-1-47}$$

上式两式相除得：

$$\frac{h_2-h_1}{x_2-x_1}=\frac{\Delta h}{\Delta x}=h_f \tag{3-1-48}$$

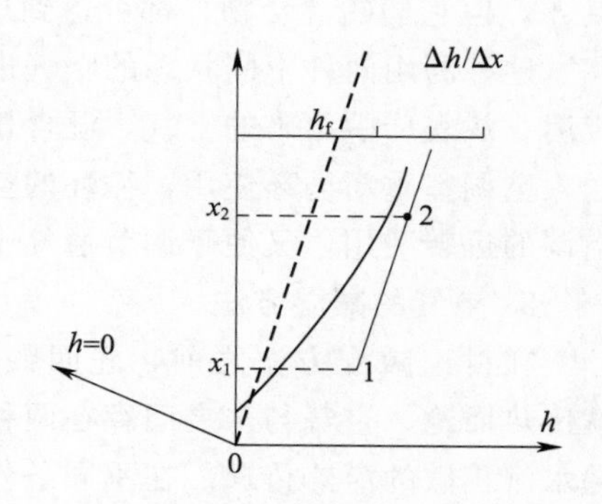

图 3-1-29　空气喷水（或水蒸汽）增湿原理

由式（3-1-48）可看出，不同状态的水或蒸汽，具有不同的焓值 h_f 。所以当空气状态变化时，不同的比值 $\Delta h/\Delta x$ 表明具有不同的状态变化方向。如图 3-1-29 中，若状态为 1 点的湿空气，同热焓为 h_f 的水（或蒸汽）进行完全混合增湿时，则湿空气状态变化的方向，就是通过点 1 且其斜率为 y_{hf} 的直线 1—2 所指的方向。点 2 的坐标则由下式确定：

$$x_2 - x_1 = m_f/m_1 \tag{3-1-49}$$

（3）空气混合增湿　使待增湿的空气和高湿含量的空气混合而增湿。这种把两种不同状态的空气混合的方法，可以得到未饱和的空气、饱和空气或过饱和空气。这种混合过程在 $h-x$ 图上的变化如图 3-1-30 所示。

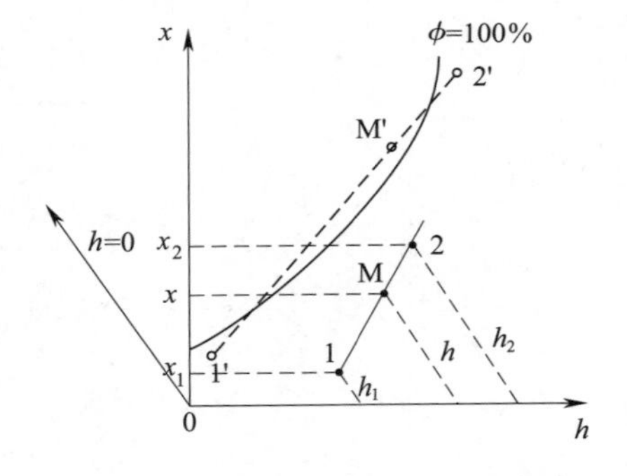

图 3-1-30　空气的混合增湿

设待处理的空气状态参数分别为 x_1 和 h_1，质量 m_1；高湿空气的状态参数为 x_2、h_2，质量为 m_2；混合气体的参数为 x、h、m。它们在 $h-x$ 图上各有相应的状态点。

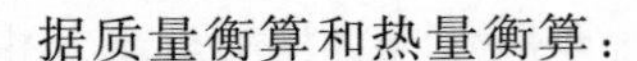

据质量衡算和热量衡算：

$$m_1x_1 + m_2x_2 = mx \tag{3-1-50}$$

$$m_1 + m_2 = m \tag{3-1-51}$$

$$m_1h_1 + m_2h_2 = mh \tag{3-1-52}$$

由上述三式消去 m 后得：

$$m_1(x - x_1) = m_2(x_2 - x) \tag{3-1-53}$$

$$m_1(h - h_1) = m_2(h_2 - h) \tag{3-1-54}$$

式（3-1-53）除以式（3-1-54）得：

$$\frac{x - x_1}{h - h_1} = \frac{x_2 - x}{h_2 - h} \tag{3-1-55}$$

由式（3-1-55）可知，代表混合空气状态的点 M，必定在点 1 和点 2 的连线上，M 点的位置由空气的质量比求算，即：

$$\frac{x_2 - x}{x - x_1} = \frac{m_1}{m_2} \tag{3-1-56}$$

由此可以看出，即使混合前空气的状态未达到饱和状态，即如图 3-1-30 所示的点 1′和点 2′，但它们的混合物，都可达到过饱和状态，如 M′点所示。

这种利用两种不同状态的空气进行混合的过程，在通风式发芽的空气调节中获得广泛应用。从表层中出来的空气，湿含量高，把其中一部分循环，与补充的新鲜空气混合，再送入空调室重新循环使用，循环的空气量可高达 80%～90%。采用循环通气法，既可降低空调的运转费用，又便于调节通气中的二氧化碳含量。

2. 空气的减湿方法

在讨论减湿方法之前，先回顾前述的图 3-1-27 和图 3-1-28 所示的增湿和减湿机理。就传热而论，空气与水之间存在两种传热方式，一是对流传热，以显热方式传递；二是伴随水汽扩散的潜热传递。在不同条件下，这两种热流方向有时相同、有时相反，从而导致空气和水温度的升降变化。

空气与界面间的显热传递为：

$$\frac{\mathrm{d}q_1}{\mathrm{d}A}=\alpha(T-T_i) \tag{3-1-57}$$

空气与界面间潜热传递：

$$\frac{\mathrm{d}q_2}{\mathrm{d}A}=rK(x_i-x) \tag{3-1-58}$$

空气与界面间的热交换净值：

$$\mathrm{d}q=\mathrm{d}q_1-\mathrm{d}q_2 \tag{3-1-59}$$

式中　q_1、q_2——空气与界面间的显热和潜热交换量，kJ/h

A——空气与水的界面面积，m^2

α——传热系数，kJ/（m^2·K·℃）

K——传质系数，kg/（m^2·h）；

r——汽化热（潜热），kJ/kg

T、T_i——空气主流和界面的温度，℃

x、x_i——空气主流和界面的湿含量，kg/kg 干空气

由式（3-1-57）可知，当 $T>T_i$ 时，$\mathrm{d}q_1>0$，热量由空气传递到气—水界面，因而空气温度下降；当 $T<T_i$，则热流方向是由界面到空气主流，结果是气温上升，水温降低。由式（3-1-58）可知，当 $x_i>x$ 时，$\mathrm{d}q_2>0$，热量将由界面传至空气，此时水汽化而使空气增湿；反之，当 $x_i<x$ 时，$\mathrm{d}q_2<0$，热量由空气向界面传递，即空气中水分凝缩而引起减湿。由于水汽冷凝会放出热量，故必须额外增加喷淋水量，才能使空气冷却操作持续进行。

因此，空气在喷淋室与大量的水接触时，究竟增湿还是减湿，将取决于过程中显热与潜热的净值，即决定于空气的原始状态、喷淋水的初温、喷淋水量以及喷淋室的其他设计和操作条件。

在高温季节，对发芽箱的通风须采取冷却减湿操作，以获得低温饱和空气。此时尽管绝对湿含量有所减少，但相对湿度仍可达 100%，以满足发芽箱的空调要求。

空气的减湿，可采用下列方法。

（1）喷淋低于该空气露点温度的冷水。欲达到空气的冷却与减湿的调节目的，须向空气中喷洒温度比空气的露点还低的大量冷水，可使空气中水分冷凝析出，使空气减湿降温。如图 3-1-28 所示，减湿过程的潜热和显热的流向都是从空气到水中，所以需要增加喷水量，以强化传热和传质作用。因而减湿设备往往需装设较多的喷嘴。

（2）使用热交换器以把空气冷却至其露点以下。这样，原空气中的部分水汽可析出排掉，以达到空气减湿目的。

（3）空气经压缩后冷却至初温，使其中水分部分凝集析出，使空气减湿。

（4）用吸收或吸附方法除掉水汽，使空气减湿。

（5）通入干燥空气，所得的混合空气的湿含量比原空气的低。

三、空气调节设备及其设计计算

用于通风式发芽的空气调节设备普遍采用加压鼓风式通风，鼓风机设在空调室进口处。风机的进风口，接在发芽室的循环风道上，并装设新鲜空气管道，在循环通风的基础上补充部分新鲜空气。必要时，新鲜空气应先进行净化除尘处理。

从鼓风机送出的空气，首先经过热交换器进行加热或冷却，使空气在进入喷淋室前，

其温度保持在某一稳定数值上，以避免外界环境变化的影响，保证操作稳定。空气经调温后，进入喷淋室增湿降温。在喷淋室的进口，装有空气分布板，以保证空气能均匀进入喷淋室。而在喷淋室出口，则装设挡水板，以防止空气把喷淋水滴带出。空气分布板和挡水板通常装设于大型卧式空调室中，而在立式小型空调室不常用。卧式和立式空调室是通风式发芽最基本的空调设备。

立式空调室如图 3-1-31 所示。在喷淋室 3 的中间设有立式隔板，以便增加空气在喷淋室中的停留时间，并使喷淋时汽水的运动方向分成两类：一排为顺嘴，另一排则为逆嘴。

立式空调室具有结构紧凑、占地面积小的优点。但它生产能力不大，多用于中小型制麦车间，而且多采用一个空调室配一个发芽箱。

另一种空气调节室是卧式的，其工作原理与立式的相同。结构为一大型长方体房间，如图 3-1-32 所示。鼓风机把空气送入空调室中，喷淋室装有若干排对喷的喷嘴，下方水池中装设一溢水管和循环管，水经冷却后可循环使用。卧式空调室生产能力大，多用于大型制麦车间，而且常采用一个空调室供多个发芽箱使用。

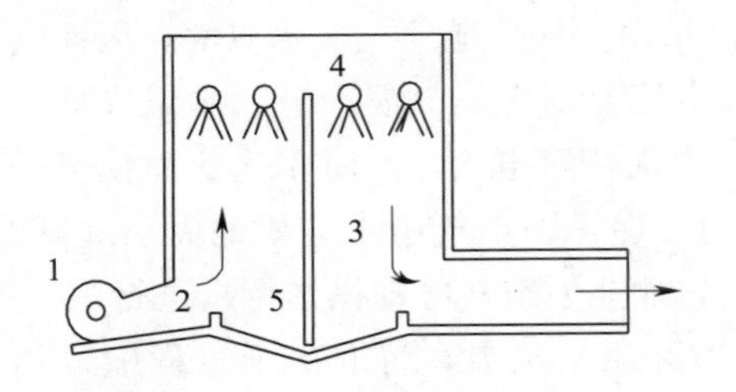

图 3-1-31 立式空调室

1—鼓风机 2—风道 3—喷淋室 4—喷嘴 5—泄水池

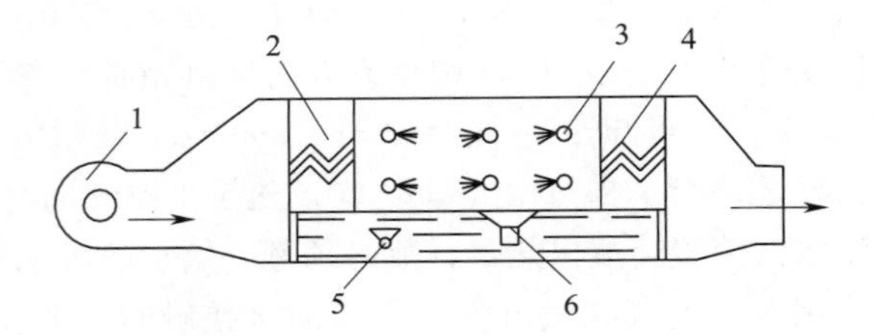

图 3-1-32 卧式空调室

1—风机 2—挡水板 3—干喷嘴 4—挡水板 5—循环管 6—溢流口

麦芽生产所用的空调装置的设计计算，主要包括喷嘴的设计和喷水量的计算，空气分布板和挡水板的设计，以及喷雾室的计算等。

（一）喷水量的计算

喷水量是根据喷淋室前后的空气状态参数和湿空气的焓—湿图进行计算的，如图 3-1-33 所示。

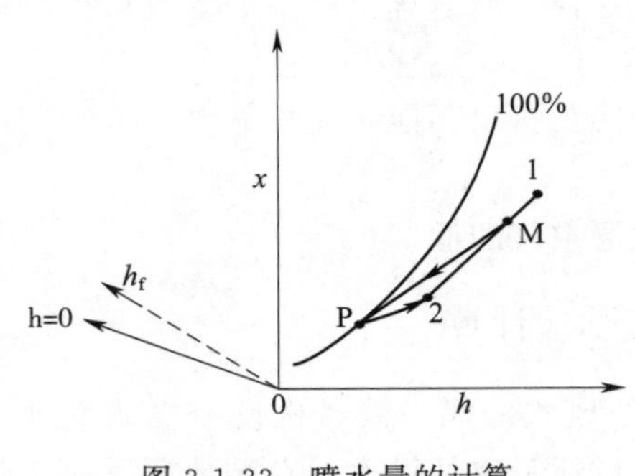

图 3-1-33 喷水量的计算

在通风式发芽的空调中，当空气初温较高时，普遍采用过量冷水接触空气的操作。假设从麦层出来的空气状态如图 3-1-33 的点 2 所示，使其与状态为点 1 的补充新鲜空气混合，所得的混合湿空气以 M 点表示。M 点状态的空气在喷淋室与冷水接触，换热和传质。由于喷淋水是低温且过量的，所以过剩的喷淋水将吸收空气的显热和冷凝热，使空气温度降低，因此空气状态变化方向最后大体是沿饱和线减湿，冷却降温至 P 点。P 点为湿空气离开空调室时的状态点，也就是进入麦层之前的低温饱和湿空气状态。P－2 线为湿空气通过麦层的操作线，点 2 为从麦层出来的空气状态点。

如果采用循环通气法，点 2 状态的空气再与点 1 状态的空气混合，进行又一次的循环。因此，经过空调室和麦层的一次循环过程，可表示为路径 M—P—2，如图 3-1-33 所示。

喷水量可通过下式计算：

$$m_M(h_M - h_P) = W \cdot c(T_1 - T_0)$$

$$W = \frac{m_M(h_M - h_P)}{c(T_1 - T_0)} \tag{3-1-60}$$

式中　W——喷淋室所需水量，kg/h

m_M——M 点状态的干空气量，kg/h

h_M、h_P——M 点与 P 点状态湿空气的热焓，kJ/kg 干空气

T_0、T_1——喷水的初温和终温，℃

c——水的比热，取 4.2kJ/（kg·℃）

通常 $T_1 - T = 3$℃，所以上式可简化成：

$$W = 7.94 \times 10^{-2} m_M(h_M - h_P) \quad (\text{kg/h}) \tag{3-1-61}$$

发芽箱喷淋水消耗量也可按经验数据计算，若用地下水（设水温常年维持 12～13℃），则冬季耗水量 0.03～0.06kg/m³空气，夏季为 0.2kg/m³空气。

（二）喷嘴的计算

目前广泛使用的喷嘴为 Y-1 型喷嘴，结构如图 3-1-34 所示。水由喷嘴射出成雾状，以增大水与空气的接触面积，有利于空气的增湿或减湿。喷嘴的口径越小，喷水所形成的雾粒越细，空气的增湿效果就越好。但是，喷嘴口径太小，喷水压力需越高，使动力消耗增大，而且喷嘴易堵塞。通常用于增湿空调的喷嘴口径宜 2～4mm，相应的喷水压力以（9.8～29.4）$\times 10^4$Pa（表压）为好。

喷嘴材料多用铜、尼龙或聚苯乙烯塑料，此外还可用铝的喷嘴体配以铜质喷嘴。其中以铜质喷嘴最耐磨耐用，尼龙喷嘴也常用，而聚苯乙烯材质的喷嘴容易损坏。

不同口径的 Y-1 型喷嘴在不同操作压力下的喷水量如表 3-1-11 所示。

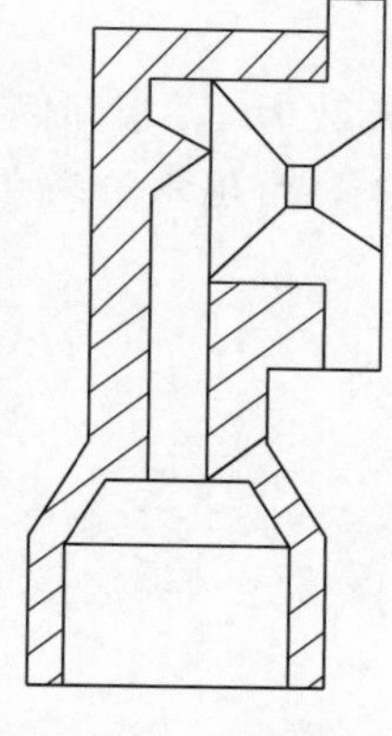

图 3-1-34　Y-1 喷嘴

表 3-1-11　Y-1 型离心喷水量 q 值

喷水压力/Pa（表压）		9.8×10^5	1.22×10^5	1.47×10^5	1.71×10^5	1.96×10^5	2.2×10^5	2.44×10^5	2.69×10^5	2.94×10^5
喷嘴出口直径/mm	3.0	185	205	225	242	260	278	302	310	322
	3.5	210	235	260	282	305	320	345	360	380
	4.0	237	270	295	325	350	375	395	425	450
	4.5	264	300	330	360	381	412	450	475	500
	5.0	300	328	362	398	430	462	495	520	550

在我国除了 Y-1 型喷嘴外，还出现了 BTL-1 型双螺旋离心喷嘴，具有喷水量大、雾

化效果好、耗电省等优点。

喷嘴的排列与气流方向有对喷、逆喷和侧喷等方式。水雾越细，对增湿越有利。通常，每排喷嘴间距可取 0.6m，喷嘴的平面密度可选 13～24 个/m^2。喷嘴的平面排列以正三角形方式最普遍，中心距取 0.24～0.35m，喷嘴与壁面距离取 0.09～0.18m。

根据计算出的喷水量 W，另从表 3-1-11 查取每个喷嘴的喷水量 q，则所需喷嘴个数 n 可按下式计算：

$$n=\frac{(1.03\sim1.05)W}{q} \tag{3-1-62}$$

（三）挡水板的计算

在大型卧式空调室中，为了使空气均匀进入喷淋室与水雾接触，并使离开喷淋室的湿空气与多余的水滴分离，所以在空调室的进出口设置了空气分布板和挡水板。

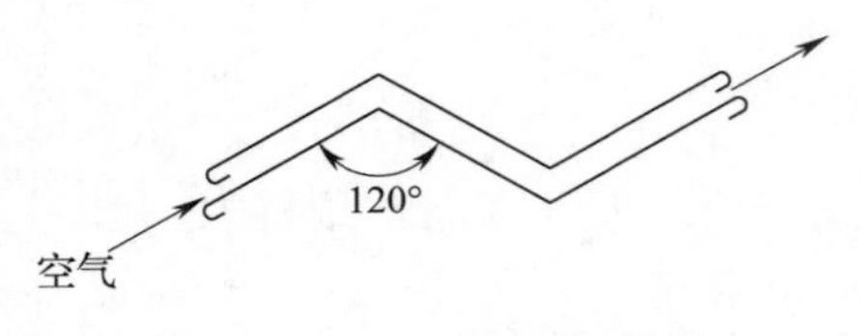

图 3-1-35　空气分布板结构

空气分布板和挡水板通常由 0.6～1.0mm 的镀锌钢板制成。分布板的折数为 2～3 折，挡水板为 4～6 折，折角为 90°～120°，板间距为 25～40mm，其结构示意图如图 3-1-35 和图 3-1-36 所示。

显然，折角小、折数多、板间距小，则被空气夹带穿越挡水板的水雾水滴就少。试验表明，当折数为 4，板间距 40mm，折角 90°，风速 2.1m/s 时，空气流过挡水板的阻力损失为 49Pa，带出水量为 0.4～2.4g/kg 空气。

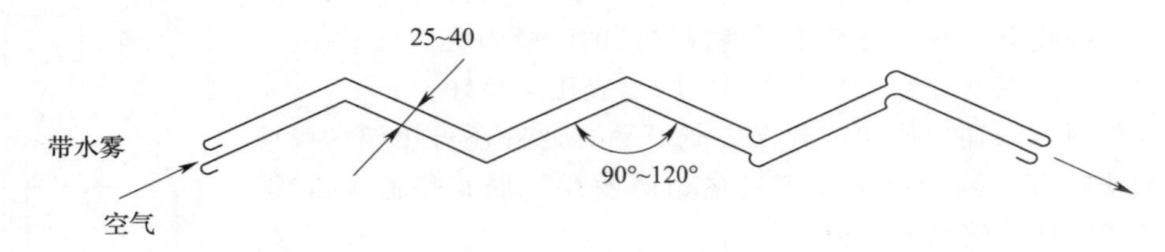

图 3-1-36　挡水板结构

（四）喷淋室的计算

空气通过喷淋室的流速取 2.5～3.0m/s，喷淋室矩形断面的高宽比以 1.1～1.3 为宜。结合通气量，则可确定喷淋室的尺寸。

喷淋室外壳通常用 2～4mm 厚的钢板制成，也可用砖或混凝土结构，其断面以矩形为好。

思考题

1. 简述空气深层介质过滤除菌机理及除菌效果。何谓空气过滤的临界速度，如何选择操作气速？

2. 推导深层介质空气过滤除菌的对数穿透定律。

3. 写出棉花和活性炭为过滤介质的总过滤器中填充物料的安装程序。通常情况下，棉花和玻璃纤维的充填密度各为多少？

4. 简述空气过滤除菌系统各主要设备的作用。
5. 为味精生产工厂设计一个良好的空气过滤除菌流程，并说明其特点。
6. 参考本章例题 3-1-1，计算特定条件下纤维介质深层过滤器的直径和滤层厚度。
7. 简述空气过滤器的结构型式及适宜的操作气速。
8. 简述空气调节的增减湿机理，试用最简单的恒温绝热增湿过程示意图说明。
9. 空气增减湿的主要方法有哪些？大麦发芽箱的空气调节通常用什么增湿方法？

参考文献

[1] 姚汝华．微生物工程工艺原理［M］．广州：华南理工大学出版社，2002.
[2] 梁世中．生物工程设备［M］．北京：中国轻工业出版社，2011.
[3] 肖冬光．微生物工程［M］．北京：中国轻工业出版社，2004.
[4] 梅乐和等．生化生产工艺学［M］．北京：科学出版社，2001.
[5] 曹军卫．微生物工程［M］．北京：科学出版社，2002.
[6] 熊宗贵．发酵工艺原理［M］．北京：中国医药科技出版社，1995.

第二章　设备与管道的清洗与杀菌

第一节　生物工业加工设备与管道的清洁与杀菌的目的和意义

无论是工业生产或实验研究，生物加工过程中设备及管道的清洗与杀菌都非常必要。这有两个主要原因：第一，生物工业加工设备和管道的洁净可以使潜在的污染风险降至最低，这也有助于防止设备或管道污垢的生成。例如，培养基贮罐中的残留营养物质会成为杂菌良好的营养源，细菌等可以利用此营养而迅速繁殖，在下一批培养基配制过程直到杀菌前，其中的营养物质可能会被迅速繁殖的杂菌大量消耗，不仅使培养基质量下降，导致原材料和能源消耗增加，且增加了发酵染菌的风险；第二个原因是在食品加工和制药行业中，世界各国都有相关的法规确保卫生要求。

一、工业污垢的来源

工业污垢的来源是多方面的，主要有以下几个方面。

1. 生产原料和产品

生产原料或产品与设备和管道接触，有些会沉积于设备的表面，随着时间的延长而增厚，形成物质垢。例如生物工业中常用的培养基中富含糖、蛋白质等成分，易结垢，加热灭菌后易生成焦糖和变性蛋白等，这些物质附在罐壁上则更难除去；如果生产用水含盐分高，则也容易逐渐结垢；通气发酵过程中会有泡沫生成，则泡沫会把生物细胞和变性蛋白夹带留在罐顶；放罐后底部会残留大量的菌体，这些菌体和产物将成为主要的污染物；对于高需氧的生物反应，培养基中微生物细胞浓度高，或高黏度的真菌发酵和植物细胞培养中，往往有大量的生物细胞附于反应器壁上生长。因此在放罐后不可避免会在罐内残留大量的生物细胞。

2. 冷却介质

如冷却水因含有 $Ca(HCO_3)_2$、$Mg(HCO_3)_2$ 等无机盐，当其受热时，随着水分的蒸发、无机盐浓度的增加，可能会发生分解而生成难溶于水的“水垢”或者“无机盐垢”，沉积于冷却系统的内表面。

3. 微生物

生产中的微生物以及外界环境中的微生物在设备和管道的表面生成微生物污垢。杂菌的生长又会容易形成生物被膜，而生物被膜中的微生物生活在一个由胞外聚合物形成的环境中，它的形成是微生物生长过程中的一个保护模式，允许细胞在恶劣的环境中生存并分散到新的环境中；生物工业加工过程中有害菌形成的生物被膜危害极大，可使残留微生物增加，加工设备无法严格清洗、消毒，导致产品受到污染。

4. 腐蚀产物

设备和管道金属材料在环境介质、生产原材料和产品中的腐蚀性物质的作用下发生腐蚀，产生腐蚀产物，形成“锈垢”。另外大气腐蚀、机械油渗入等也有可能引起污垢。

二、设备和管道污垢的危害

生产设备和管道在受到各种污染，形成污垢会造成的危害主要有以下几个方面。

1. 影响生产的正常运行

严重的污垢沉积，使生产设备的生产效率降低，甚至不能正常运行。例如，富含营养物质的发酵液的残留易导致杂菌感染。

（1）杂菌大量消耗营养基质和产物，使生产效率和产物收率下降。

（2）杂菌及其代谢产物会改变发酵液的物化及流变特性，妨碍产物的分离纯化。

（3）杂菌可能会直接以产物为基质，因而造成产物生成量锐减而导致发酵失败。

2. 增加生产的能耗和成本

一些工业设备，如换热器等，在使用过程中会逐渐形成各种类型的水垢、锈垢和生物垢等。由于污垢的导热系数远远低于金属，造成燃料的巨大浪费。例如，循环水换热面结垢会降低换热设备的传热性能、增加燃料耗费，积垢过多不仅阻塞管道，增大系统功耗，还能引起设备腐蚀，对经济成本和安全运行都造成极大的损失和危害，因此除垢、抑垢成为了亟待解决的问题。部分金属与污垢的导热系数见表 3-2-1。

表 3-2-1　　金属与污垢导热系数的比较

项目	导热系数/［W/（m·K）］	项目	导热系数/［W/（m·K）］
碳钢	40～45	碳酸盐水垢	0.4～0.6
铜	260～380	硅酸盐水垢	0.2～0.4
一般水垢	1～2	油脂膜	0.1
硫酸盐水垢	0.5～2		

3. 影响设备材料性能和设备寿命

金属材料的污垢，如吸湿性的尘土和无机盐，容易吸附大气中的腐蚀性气体等，进而腐蚀金属的表面，使金属失去光泽，产生麻点，强度下降。产生的氧浓度差腐蚀或电偶腐蚀，使材料的性能改变，设备的使用寿命缩短。

除上述危害外，污垢对设备的危害有很多，如产品的质量下降、引发多种安全事故、造成水资源浪费等。

三、设备和管道清洗的目的

由于污染对生产和设备会造成诸多危害，故有必要对设备和管道进行清洗。

（1）维持正常生产，延长设备寿命　定期或不定期地清洗生产设备的污垢，可维持设备正常运行、控制设备腐蚀、延长设备寿命。

（2）提高生产能力，改善产品质量　通过清洗可减少生产中染菌概率，提高生产能力和质量，提高原料利用率。

（3）减少能耗，降低生产成本。

（4）减少生产事故，有利人体健康。

（5）改善设备外观，净化和美化环境。

四、生物工业设备和管道的清洗和杀菌

需要清洗除去的污脏物的种类随生物加工生产过程及产物等不同而改变。例如啤酒酿造生产中物料系统、设备内壁（或表面）易出现结焦、结垢现象，这是由于麦汁中存在碳酸氢根离子和糖类、蛋白质等有机物。日常使用CIP（原位清洗）碱液循环清洗时，煮沸锅内壁、内置加热器的内/外壁和发酵罐内壁存在清洗不彻底的现象，在内加热器列管下部仍然有结焦物质存在。啤酒酿造生产所用的发酵罐需半年或一年进行深度清洗，可有效清除罐体及工艺管线中长期积累的啤酒石、酒花树脂、无机盐沉淀、蛋白质、多酚与蛋白质的聚合物，方可确保啤酒的无杂菌化酿造。

由于生物加工生产过程及产物等不同，如青霉素发酵生产设备与动物细胞培养设备的清洗方法是有差异的；培养基贮罐很容易结垢变脏，发酵罐也易污染结垢，尤其是培养基在发酵罐中实消，结垢更易发生；除发酵设备外，用于分离回收产物的设备和管路因营养物质的积聚而导致高污染，如板框式过滤机、转鼓式过滤机等往往积聚大量的生物细胞等，这增加了清洗的复杂性。

如果目的产物不是细胞而是其代谢产物，那么发酵液中除了含有产物和副产物之外，还包括在分离纯化步骤中加入的化学试剂。其中，蛋白质类是最普遍的污染源。蛋白质若未受热变性，还是较易清洗除去的。细胞及蛋白质等的残留积聚和结垢，会带来发酵培养的交叉感染的可能性。彻底地对设备和管路的清洗是消除交叉感染隐患的根本方法。

发酵培养液等往往泄漏到设备外部，故必须保持设备外部和管路等外壁的清洁，及时清洗除去会引起污染的泄漏营养物质。

以下着重介绍有关设备和管路的清洗剂、清洗方法、清洗设备、消毒杀菌方法及设备，并重点介绍反应器及空气过滤系统的杀菌，还介绍了便于实现卫生无菌生产的设备及管件的设计。

第二节　常用清洗剂、清洗方法及设备

一、生物工业常用清洗剂

许多清洗剂都是混合物，是水溶性的，因为用水作溶剂可使成本降到最低。

1. 清洗剂

常用清洗剂及其分类如表3-2-2所示。理想的清洗剂应具有以下性质：能溶解或分解有机物、能分散固形物、具有漂洗和多价螯合作用、具有一定的杀菌作用。但是至今仍未有一种单一的洗涤剂具有上述的所有性质，这也是目前所有的清洗剂都是由碱或酸、表面活性剂、磷酸盐或整合剂等混合而成的原因。培养基富含糖、蛋白质等成分，本身容易积垢，若培养基在罐中加热灭菌，易生成焦糖，再与变性蛋白质反应后附在罐壁上则更难除去。

表 3-2-2　　常用清洗剂

分类	洗洁剂
无机酸	盐酸、硝酸、硫酸、磷酸、氢氟酸
有机酸	柠檬酸、乙二胺四乙酸、磺酸、乙酸、甲酸
碱洗剂	氢氧化钠、碳酸钠、磷酸盐、硅酸盐
钝化剂	亚硝酸钠、联氨、双氧水、磷酸盐、苯甲酸
助剂	缓蚀剂、还原剂、助溶剂、铜离子掩蔽剂、表面活性剂、杀菌灭藻剂

生物工程设备需要能很好地溶解蛋白质和脂肪的洗涤剂。烧碱溶液是其中较好的一种；硅酸钠是一种良好的水溶液分散剂，它对于稠厚的积垢如细胞残渣的分散是十分有效的；另外，磷酸三钠使用也很普遍，它有良好的分散性和乳化性，故有良好的漂洗性能。在生物加工设备的清洗过程中，酸的使用较少，只用于溶解碳酸盐积垢和某些金属盐积垢。当然，若清洗用去离子水，酸的使用则更少。硝酸能使金属表面钝化，可用于焊接表面的防腐蚀。

分散剂例如 EDTA 和葡萄糖酸钠可防止水中离子形成沉淀，例如在微藻培养中使微量金属离子络合并分散就需添加适量的 EDTA。为了有效地发挥洗涤剂的作用，有时还添加表面活性剂以减少水合物的表面张力并有分散和乳化功能。表面活性剂可分成阴离子型、阳离子型、非离子型或两性化合物，按需清除的污脏物的类型而选择不同的表面活性剂。

最新清洗剂研究比较偏向水基型清洗剂。水基型清洗剂以水为基体溶剂，其配方中使用了环境友好型试剂。这种清洗剂不易挥发、安全高效、绿色环保，并且适应性广，对外界环境要求温和，能够实现对多种污垢快速溶解、反应或分散并清洗。清洗剂可与超声波等物理方法结合使用，即先用清洗剂浸泡一定时间，再用超声波处理清洗，其效果会更好。

用于清洗罐或管道的典型清洗剂配方如表 3-2-3 所示。其浓度控制在 0.2%～0.5%，各种有效成分的配比根据不同的使用场合而适当改变。如果设备的某些材料的膜不能耐受强烈的清洗剂，此时可用含酶的（通常是碱性蛋白酶）清洗剂。若使用此类含蛋白酶的清洗剂，在分离纯化蛋白类产物时则必须把该类型清洗剂彻底清除干净。

表 3-2-3　　典型洗涤剂配方

单位：g/L

应用场合	罐 CIP 清洗系统用	管道清洗用	应用场合	罐 CIP 清洗系统用	管道清洗用
氢氧化钠	4.0		硅酸钠		0.4
磷酸三钠	0.2		碳酸钠		1.2
表面活性剂		0.1	硫酸钠		1.2
三聚磷酸钠		1.0			

2. 消毒杀菌剂

通常，生物工业设备是用蒸汽加热杀菌的，化学消毒杀菌剂只应用在少数场合。只有当设备或管路不能耐受高温时才使用化学消毒法。

氯是常用的氧化剂和杀菌剂。它具有价格低廉、有效、使用方便等优点，至今在许多工厂得以应用，甚至在饮用水中也大都采用氯气进行消毒灭菌。一般认为起杀菌作用的主要是 HClO，ClO^- 的杀菌作用只有 HClO 的 1%～2%。一般说来，只要在循环冷却水中保持大于等于 0.3mg/L 的余氯，那么水中的微生物数量就可以得到很有效的控制。近几年，稳定的二氧化氯因其优越的性能而逐渐取代氯。ClO_2 的杀菌能力是 Cl_2 的 25 倍，且具有使用剂量小、作用快、效果好的优点。虽然，氯杀菌对许多金属包括不锈钢都有腐蚀作用，但在 pH 8.0～10.5 的溶液中，在较低的温度下，用 50～200mg/L 的氯浓度并尽量缩短与设备的接触时间，可使腐蚀作用降到最小，当然应以保证杀菌的有效性为前提。与氯相比，使用季铵化合物消毒对设备的腐蚀性较小，但当在较低浓度和较低温度下，其消毒效能相对低得多。例如，某些假单胞菌（*Pseudomonas*）就能耐受季铵盐而不被杀灭。

在生物工业生产中，消毒剂的杀菌效果可通过对罐壁内外检查及化验室微生物检测结果来衡量。由于在大生产中会受到诸多因素的影响，该方法不够准确，甚至很难区分出杀菌差异。可采用抑菌圈法来区分消毒剂的杀菌效果，该方法简单直观、快速可靠，针对性也强。

3. 特殊清洗试剂

在某些场合，需要把与有机物表面紧密结合的蛋白质分离洗脱出来，例如色谱分离柱树脂的处理。这些树脂是较易被烧碱等强力洗涤剂破坏的。在这些场合下可使用尿素和氯化胍等化合物，需高浓度（约 6mol/L）才能洗脱蛋白质，如常用 6mol/L 的氯化胍溶液清洗蛋白 A 亲和色谱柱，结合在填充柱介质上的免疫球蛋白和清蛋白就容易被清洗而不损坏分离介质。

二、设备、管路、阀门等管件的清洗

传统清洗设备的方法是把设备拆卸下来用人工或半机械法清洗。但这有许多缺点，如劳动强度大，效率低，对操作工人的安全也不易保障，花费在清洗与拆装的时间长，且对产品的质量也易造成影响。大规模的现代化生产已普遍采用 CIP 清洗系统，是指整个生产线在无需人工拆开的前提下，在闭合的回路中进行循环清洗、消毒，是一种理想的设备及管道清洗方法，现已被广泛应用，而且已实现自动化。当然，有些特殊设备还需用人工清洗。

1. 管件和阀门

下面介绍典型的管件清洗操作程序，如表 3-2-4 所示。

表 3-2-4　管件清洗的操作程序

操作步骤	清洗时间/min	温度	操作步骤	清洗时间/min	温度
（1）清水漂洗	5～10	常温	（4）消毒剂处理	15～20	常温
（2）洗涤剂清洗	15～20	常温～75℃	（5）清水漂洗	5～10	常温
（3）清水漂洗	5～10	常温			

管件和阀门的清洗一般采用循环清洗方式，这种清洗方式具有以下优点。

（1）使清洗液在管线内处于流动状态，可以使设备各个局部位置清洗液的温度、浓度和金属的温度保持均匀，避免因温差和浓度差造成腐蚀。

(2) 根据出口清洗液的分析结果，判断清洗的进程及结果状态。

(3) 清洗液循环起搅拌冲刷和剥离作用，有利于污垢的彻底清洗。

通常，清洗过程容器中液流速度在1.5m/s即可获得满意的清洗效果。洗涤液强烈湍流（即雷诺数较高）时可获得较好的洗涤效果。若洗涤液流速高于1.5m/s会产生副作用；清洗时间也无需太长，多于20min也不会明显提高清洗效果。

用洗涤剂清洗时不可使用太高的温度，因为在较高的温度下易导致残留糖分的焦糖化、蛋白质变性及酶的聚合反应等，由于这些反应所形成的产物难以清洗除去；75℃左右的温度较为适宜。在发酵或生物反应过程完毕后应马上对设备、管路及管件等进行清洗，否则残留物干涸后就更难以清洗去除。

设备清洗完毕后，应及时把清洗用水排干净并对设备进行干燥，这样可避免设备内在某处积水而导致微生物繁殖。

2. 罐的洗涤

发酵罐需要深度清洗，其原因在于发酵罐的微生物状况对生物工业产品的质量具有很大影响。例如啤酒在酿造过程中，与物料接触的设备表面、管路等由于各种原因会沉积一些污垢，这些积垢成分主要有酵母和蛋白质类杂质、酒花和酒花树脂化合物等，需要进行深度清洗才能进行下一批的清洁生产。对于罐的洗涤，常用的方法是使之充满一定浓度的洗涤剂并浸泡之，但这实际上只用于小型罐。对于大型罐，通常是在罐顶喷洒洗涤剂，借助洗涤剂对罐壁上的残留物的冲击碰撞作用达到清洗效果，这不仅可节约大量的洗涤剂，而且使用较低浓度的洗涤剂便可达到良好的清洗效果。通常使用的两类喷射洗涤设备为球形静止喷洒器和旋转式喷射器。球形静止喷洒器结构较简单，设备费用也较低，没有转动部件，可进行连续的表面喷射，即使有一两个喷孔被堵塞，对喷洗操作影响也不大，还可自我清洗。但其喷射压力不高，故所达到的喷射距离有限，所以对器壁的冲洗主要是冲洗作用而非喷射冲击作用。而旋转式喷射器可在较低喷洗流速下获得较大的有效喷洒半径，且冲击洗涤速度也比喷洒球快很多。但其喷嘴易发生堵塞，故操作稳定性不及静止式喷洒球，也不能自我清洗，因有转动密封装置，故制造及维护技术要求较高，设备投资较大。

典型的罐清洗流程与管件的清洗是类似的。若罐内装设有pH和溶氧电极等传感器对洗涤剂敏感时，应先把这些传感器拆卸下来另外进行洗涤，待罐体清洗完毕之后，再重新装上。

在罐或管路洗涤过程中必须按规程小心操作，避免把有腐蚀性的洗涤剂淋洒到头或手等身体部位。更应注意的是，必须注意设备的热胀冷缩及是否会产生真空，当加热洗涤后转为冷洗时会产生真空作用，故应在罐内装设自动真空泄压装置，以免损坏。此外，为安全起见，所有的水泵都应有紧急停止按钮。

3. 生物加工下游过程设备的清洗

在回收细胞或液体除渣澄清过程中常使用碟片式离心机，若细胞浆不太黏稠时，设备还是较易清洗的；若细胞浆比较黏稠时，往往要用人工清洗才能获得较好的清洗效果。

对错流的微滤或超滤系统常使用CIP系统清洗。但长时间使用之后，一层硬实的胶体层将在膜表面形成，且这些胶体分子能进入膜孔之中，此时用洗涤剂和清水循环轮换洗涤就很有必要。必要时，最好能对膜分离系统进行反向流动洗涤，以便清洗剂在泵送作用下把残留物从膜孔中洗脱出来。当然，能否反洗需根据滤膜能否承受反洗压力而定。此外，还必须知道有些滤膜是不能耐受腐蚀性的化学试剂或较高的清洗温度。通过对超滤膜组件进行离线化学清洗，能有效提高单支组件通量，甚至可接近新超滤膜初始水平。为延缓超滤膜污染堵塞，超滤系统前加装精密过滤器，严格控制进水水质，控制回收率。

色谱分离柱的清洗有其特殊性。通常，填充的高效液相色谱柱介质对高 pH 是较敏感的，所以不能耐受 NaOH 等碱性洗涤剂，在这种情况下可用硅酸钠代替。若色谱系统使用的是软性介质，则只能在较低的压力和流速下进行清洗。若此介质不能耐受强碱，则只能延长清洗时间。又如在某些情况下（如原位冲洗）不能提供充足的清洗度时，应将填充基质卸下来再用洗涤剂浸泡洗涤。

设备的内径和长径比是影响洗涤效果的重要参数，在同样的洗涤条件下，长而细的设备比短而粗的设备获得的洗涤效果往往好得多。

4. 辅助设备的清洗

辅助设备，如泵、过滤器、热交换器等的清洗是比较简单的，但也必须注意以下的两个问题。

一是空气过滤器常被发酵罐冒出的泡沫污染，故不易清洗干净，必要时需用人工进行认真清洗。同样，也适用于液体过滤的装置。

二是换热器的清洗，无论何种热交换设备，若是用于培养基的加热或冷却，则换热面上的结垢或焦化是很难避免的，也不易清洗。为减少此问题，适当提高介质的流速是有效的。

5. 去除致热物质

在生物工程药物生产过程中，从产物中去除致热物质和内毒素是十分重要的，但往往也不易做好。实践表明，确保设备的清洁和不被杂菌污染是除去致热物质和内毒素的有效方法。通常，清洗过程用 0.1mol/L NaOH 浸洗是有效的。

6. 仪器清洁

用于清洗仪器的便携式真空清洁器、管道真空装置已研制开发成功。用于杀灭细菌、真菌和抗病毒的洗涤剂产品已在市场销售。对仪器进行清洁，往往是在一间密封良好的无菌消毒室中进行，用甲醛等杀菌剂进行熏蒸消毒。

三、CIP 清洗系统及设备

CIP 清洗系统适用于食品、医药和精细化工等行业中管道、设备的就地清洗。现代的 CIP 清洗系统应是较理想的自控系统，整个清洗过程是全自动或半自动控制的。一般来说，CIP 在线清洗具有以下几个特点：①清洗成本低，可以减少劳动量、工作时间，实现最大效益；②清洗过程一般全自动进行，不需要对管道、设备解体；③可以提高设备利用率，减轻工人劳动强度，提高生产效率。经验证明，采用电磁阀进行自控可减少操作误差、清洗时间及洗涤剂用量。

CIP 清洗系统有多种形式，传统上的洗涤系统是一次性的，即消毒剂只供使用一次就弃去。随着先进设备的出现，在保证不发生交叉感染的前提下，重复利用消毒清洗剂是可行的。若考虑化学试剂、仪器、能量、人工和损耗时，一个可重复利用的化学试剂系统比用热水系统要便宜得多，当然，其处理费用的高低应视不同地区而变化。

一次性洗涤系统适用于那些贮存寿命短、易变质的消毒剂，或是设备中有较高水平的残留固形物的情况。一次性洗涤系统适用于较小型的固定的单元装置，其结构示意图如图 3-2-1 所示。它包括一个含有进水孔及水平探针的罐和一台离心泵用以驱动洁净的洗涤剂的循环利用，并设有一喷射口以通入加热蒸汽或使计量泵计量洗涤剂添加量。

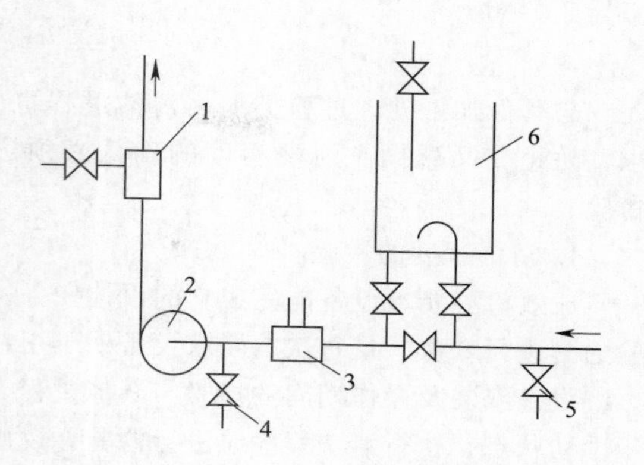

图 3-2-1　一次性 CIP 洗涤系统

1—过滤器　2—循环泵　3—喷射器
4—蒸汽进口　5—排污阀　6—洗涤剂贮罐

若某生产设备只用于生产某单一产品，洗涤剂则可重复利用，这不仅可节省洗涤剂用量，而且可减少排污对环境的污染。可把回收的洗涤剂贮存于罐中加热到操作温度后再循环使用。图 3-2-2 所示为洗涤剂重复利用系统，其中有新鲜洗涤剂贮罐、水回收罐等。使用循环回收用水配制初洗涤液，这样可节省用水；配料罐内有换热蛇管，用于加热洗涤剂；用泵使洗涤剂循环。从贮罐中心取样测量洗涤剂浓度以保证其正常值。当然也需配置中和罐以备加酸对碱性洗涤剂 pH 进行调整。

集一次性和循环使用于一体的混合洗涤系统是根据罐和管道的 CIP 系统而设计的，由预定程序实行控制，由不同洗涤剂配比混合组成的洗涤液对设备的洗涤时间和温度有所不同。下面展示的是简单的混合洗涤系统，如图 3-2-3 所示。由图可见，该系统包含洗涤剂及水的回收罐、循环泵、过滤器等。预洗用水可使用回收水，用完后可直接排放掉或贮留一段时间用于中间洗涤后再排放掉。要控制一定循环时间，也可把不同洗涤剂混合使用。若有需要，也可用化学洗涤剂，但要确保洗涤温度在预定的范围内。洗涤剂及漂洗用水循环使用一定次数后，当其所含的污脏物达到一定浓度后就需要排放废弃。

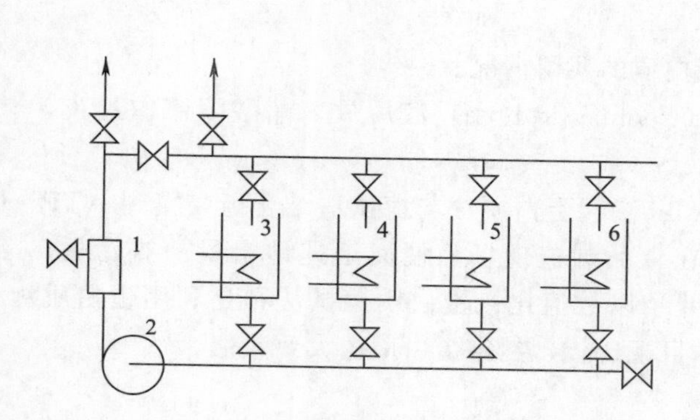

图 3-2-2　洗涤剂重复利用的 CIP 系统

1—过滤器　2—循环泵　3—新鲜洗涤剂贮罐
4—回收洗涤剂　5—热水罐　6—回收水贮罐

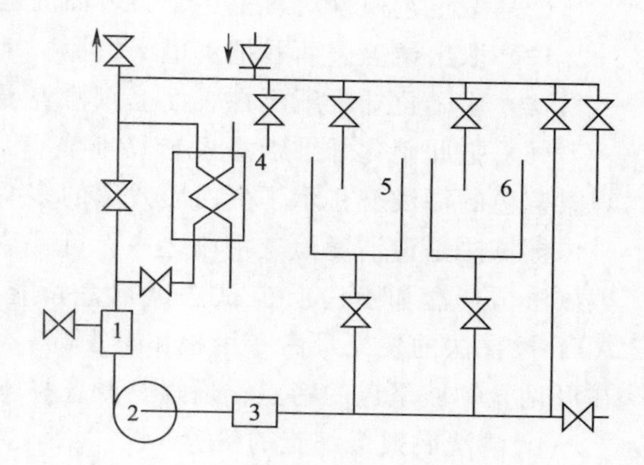

图 3-2-3　多次使用的 CIP 洗涤系统

1—过滤器　2—循环泵　3—喷射器　4—混合加热罐
5—洗涤剂罐　6—回用水回收罐

四、清洁程度的确认

与其他加工处理过程类似，清洁过程也必须认真控制以确保设备的卫生程度符合要求，防止交叉感染。清洗程度的确认必须进行检验，包括设备检验、操作检验和成效检验。

1. 清洁程度的检验

成效检验要求设备能完成它的设计任务，包括一次性或重复使用的清洗操作系统。试验通常进行 3 次，且每次均要求设备处于正常的操作状态并符合要求。

设备安装及操作期间的检验与其他过程类似，但操作的检验必须是相应特定的，即处于手动状态。执行清洗程序时进行检验，以确保其操作具有预定的达标准则，其中包括去除设备不同部位残留的污脏物、清洗程序的执行，然后分析这些地方污脏物质的各种残留成分的情况。

2. 表面清洁的规范

（1）必须无残留固体污脏物或垢层。

（2）在良好光线下无可见污染物，且在潮湿或干的状况下，表面均没有明显的气味。

（3）用手摸表面，无明显的粗糙或滑溜感。

（4）把白纸印在表面后检查无不正常颜色。

（5）在排干水之后表面无残留水渍。

（6）在波长 340～380nm 光线下检查表面无荧光物质。

但由于上述的规范大多带有主观性，故还应进行一些定量的检验，主要是检查蛋白质和细胞残留物，下面分别给予介绍。

3. 蛋白质污脏物清洗的检验

（1）用标准浓度蛋白质溶液把某表面润湿后再使其干燥，置于某容器或管路中作试验表面。

（2）按工艺规程对含上述试验表面的容器或管路进行洗涤操作。

（3）取出试验表面并把水甩干去掉。

（4）用硝化纤维纸压在表面上以检查蛋白质的残留情况。

（5）把此硝化纤维纸浸入考马斯亮蓝（Coomassie blue）液后放入醋酸溶液中过夜，观察蓝色的深浅就显示了蛋白质残留的多少。

擦拭法是清洁度检查手段之一。可将 ATP 法、蛋白质法与擦拭法结合组装得到 ATP 擦拭法试剂盒和蛋白质擦拭法试剂盒，能在食品制造现场简便而迅速地定量检查污垢。ATP 擦拭法的发光量由专用检出器测定，并予以数值化；蛋白质擦拭法则是利用蛋白质在可见光领域呈色的特点，通过与颜色样本目视比较，判定蛋白质的大致数值。

4. 清洗后残留细胞的检验

（1）在试验表面上涂布已知的微生物细胞并干燥，然后放入容器或管路中。

（2）按工艺规程执行清洗操作。

（3）把试验表面从罐或管路中取出并甩干水。

（4）把试验表面印在固体培养基上恒温培养。

（5）计算表面的残留活菌数。

除上述的方法，还可把已知数量的试验微生物细胞与污脏物混合涂布在表面上，然后进行清洗操作。再在表面上涂上营养琼脂，培养后计算清洗前后的活菌数即得清洗效果。近年来发展起来的荧光测定法及ATP生物荧光法使检验更加快捷。

致热物质的检测也是必需的，其传统试验方法是用动物试验，通常往试验兔子体中注入一定量的热原试样并检测其体温的变化情况，再根据预先绘制的标准曲线查出其浓度。近年，还开发成功LAL（Limulus amoebocyte lysate）检验法，用此法可检出10^{-7}g/L低浓度的内毒素。

最后，还必须检查最终漂洗结果，常用方法是滴一滴酚酞试剂于漂洗过的样本表面，看其是否变为紫红色来确定是否残留NaOH。

正确评价CIP清洗的效果需要检测溶液中的离子的含量以及酸碱程度。在CIP系统工作后，可以通过检测酸碱液的浓度来判断。例如，啤酒制造企业的CIP清洗剂大多数都是可以多次使用的，但是随着使用次数的增多，清洗剂的浓度也会随着减少，可以通过分析清洗液的COD值来确定清洗液是否需要重新配制。环境卫生状况是评价CIP系统的重要标准。

第三节　设备及管路的杀菌

一、设备及管路的杀菌概述

事实上，最普遍的杀菌方法是蒸汽加热灭菌方法，加热灭菌可把微生物细胞及其孢子全部杀死。蒸汽加热杀菌之所以高效，是因为与其接触的所有表面均处于高温蒸汽的渗透之下。

对于一个优良的蒸汽灭菌系统来说，加热时间和温度是最重要的两个参数。英国的MRC（医学研究理事会）提出了如表3-2-5所示的蒸汽杀菌工艺。此外还有其他的经验杀菌数据，如表3-2-6所示。

实际上，实验室常用的三角瓶等玻璃仪器及小量的培养基杀菌常用0.1MPa的饱和蒸汽（表压）即121℃下灭菌15min，而反应器中培养基的杀菌时间要适当延长。

表3-2-5　蒸汽杀菌温度和时间（MRC建议）

杀菌温度/℃	121	126	134
所需时间/min	15	10	3

表3-2-6　杀菌温度和时间的对应关系

蒸汽温度/℃	116	118	121	125	132
杀菌时间/min	30	18	12	8	2

对于工业生产设备的杀菌，安全系数的选定取决于被灭菌设备的种类与规格。对于管路，一般用121℃、30min，而较小型的发酵罐约需45min，若是大型而复杂的发酵系统则需60min。系统越大，其热容量也越大，热量传递到其中的每一点所需的时间也就越长。

对于普通的蒸汽灭菌设备，通常装设压力表指示饱和蒸汽的状况，而没有温度表。饱和蒸汽的温度与压力的对应关系请查阅书后附录。

设备用蒸汽灭菌，通常选择 0.15～0.2MPa（表压）的饱和蒸汽，这样既可较快使设备和管路达到所要求的灭菌温度，又使操作较安全。当然，对于大型设备和较长管路，可用压强稍高的蒸汽。此外，灭菌开始时，必须注意把设备和管路中存留的空气充分排尽，避免形成假压，从而导致实际灭菌温度达不到工艺要求。紧急排气用的安全阀必须灵敏，泄汽压力的显示及运作要准确。

对于哺乳动物细胞培养，使用的蒸汽必须由特制的纯蒸汽发生器产生，并经不锈钢管道输送，因普通的钢制蒸汽设备有铁锈等杂质，可能污染产品或成为微生物的营养源。若用于大规模的抗体生产，所用的蒸汽发生器需使用国家规定的锅炉。

为确保蒸汽加热灭菌高效、安全，应遵循下述几点要求。

（1）确信设备的所有部件均能耐受 130℃的高温。

（2）为减少死角，尽可能采用焊接并把焊缝打磨光滑。

（3）要避免死角和缝隙。若管路死端无法避免，要保证死端的长度不大于管径的 6 倍，且应安置一个蒸汽阀以用蒸汽灭菌。

（4）尽量避免在灭菌和非灭菌的空间之间只装设一个阀门，以保证安全。

（5）所有阀门均应利于清洗、维护和杀菌，最常用的是隔膜阀。

（6）设备的各部分均可分开灭菌，且需有独自的蒸汽进口阀。

（7）要保证所提供的灭菌用蒸汽是饱和的且不带冷凝水，不含微粒或其他气体。

（8）蒸汽进口应装设在设备的高位点，而在最低处装设排冷凝水阀。

（9）管路配置应能彻底排除冷凝水，故管路需有一定斜度并装设排污阀门。

二、发酵罐及容器的杀菌

发酵罐是生物工业生产最重要的设备，它对生物加工的效率以及技术经济指标均有举足轻重的影响。因发酵罐（或称生物反应器）是生化反应的场所，故其无菌要求十分严格。当然，除发酵罐外，还有其他的一些容器也要求洁净无菌，如培养基贮罐等。对发酵罐或容器的灭菌来讲，有几个共同要求：一是要能承受 0.15MPa（表压）饱和蒸汽的灭菌，故需有一定的耐压耐温要求；为安全起见，必须有适当的减压装置，其加热夹套的耐压要求也应和罐体一样。

玻璃罐通常只用于实验室的 10L 以下的小型发酵罐，且必须用硬质耐温玻璃材料制成才能有一定的耐温耐压性能。但为安全起见，对其进行在位蒸汽灭菌时，用不锈钢罩将容器屏蔽后才通汽。

罐夹套结构必须有排水、排气的设计，否则需要相当长的时间才可达到所需的灭菌温度，而且还可能存在冷点即死角。

罐和容器在使用前必须经耐压和气密性试验。通常，在设备安装完毕或进行机械加工或装配之后必须进行 24h 的气密性试验，同样，每次检修后也应如此。检查方法是维持温度不变，检查其压强是否恒定。实际上，若每次灭菌前均这样检查太费时，可在通气后 30min 内监测罐的压强是否存在改变，从而确定是否存在因传感器接口或阀门闭合不严密而造成的渗透。检测气压的压力表必须可方便灭菌，故压力表与罐体连接管应尽量短，同时尽可能装设小蒸汽阀以确保灭菌彻底。使用一段时间后，使用超声探伤技术可检查容器的缺陷如裂缝等以确保安全。

发酵罐及容器的蒸汽加热灭菌过程如下：

①准备工作：容器的气密性试验确保容器无渗漏，将所有的冷凝水排除阀打开后再开启进蒸汽阀，通汽升温；

②待有一定压强后到打开排空气阀，以便把容器中原有的空气排除干净；

③在现代化的发酵罐设计中，排空气（废气）阀上连接有空气过滤器，以保证发酵系统不受外界杂菌的污染，同时也防止生物反应系统内的生产菌株细胞进入环境中；

④对大型或结构较复杂的罐和容器，也可采用抽真空排除空气的方法；

⑤当罐内压强升至 0.1MPa 即 121℃，就开始计算杀菌时间，注意在杀菌过程中，要不断排除蒸汽管路及罐内的蒸汽冷凝水；

⑥灭菌时间达到工艺规定的要求后，就结束灭菌操作，先关闭所有排污阀及排气阀，然后关蒸汽进口阀，并打开无菌空气进口阀，以确保罐内蒸汽冷凝后不致形成真空而导致杂菌污染。通常用无菌空气保压控制罐内的压强在 0.10～0.15MPa。

发酵罐或其他容器上灭菌蒸汽管路的安排也较简单，通常蒸汽进口装在罐顶，冷凝水在罐底排出。下面对装设于罐内的空气分布器、插入液体的浸没管、旁路管、CIP 的喷洒头、空气过滤器等有关附属设备的蒸汽加热灭菌系统的安装分别给予介绍。

1. 空气分布器的蒸汽灭菌管路布置

图 3-2-4 是发酵罐空气分布器的蒸汽灭菌管路布置图。注意空气分布管底部应开有排除冷凝水的排污孔。具体的蒸汽杀菌程序为：先开阀 B，让蒸汽从空气分布器喷入罐内，当罐中蒸汽压强升至 0.05MPa 时，同时打开上部的蒸汽阀 A，此时蒸汽同时通过阀 B 和 A 进入罐内，直至升压到 0.1MPa 的杀菌压强并维持工艺设定的时间，注意整个保压灭菌过程均使 B、A 两阀同时开启。

2. 浸没管路与旁路进口管的杀菌布管

图 3-2-5 为有浸没管路的罐的蒸汽灭菌布置。在蒸汽灭菌过程中，自始至终蒸汽阀 A 和 B 均需同时开启，让蒸汽通过 A 和 B 阀进入罐中。

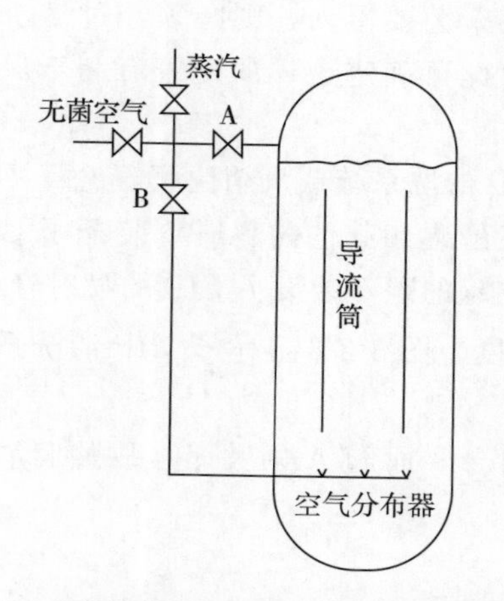

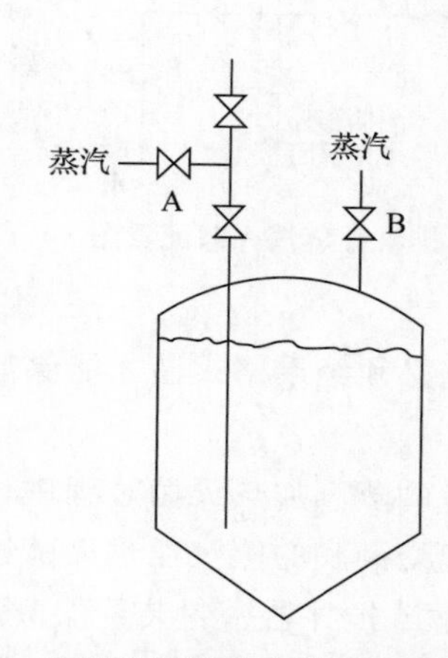

图 3-2-4　发酵罐空气分布器的蒸汽灭菌管路　　图 3-2-5　有浸没管路的容器的蒸汽灭菌布置

至于有旁路进口管的容器的蒸汽灭菌管路布置，要视此旁路管是从上向下进入还是从下向上进入的情况而有不同，具体的管路布置图如图 3-2-6 所示。其中，图左边是有从上向下的旁路管，而右边则是有从下向上的旁路管。

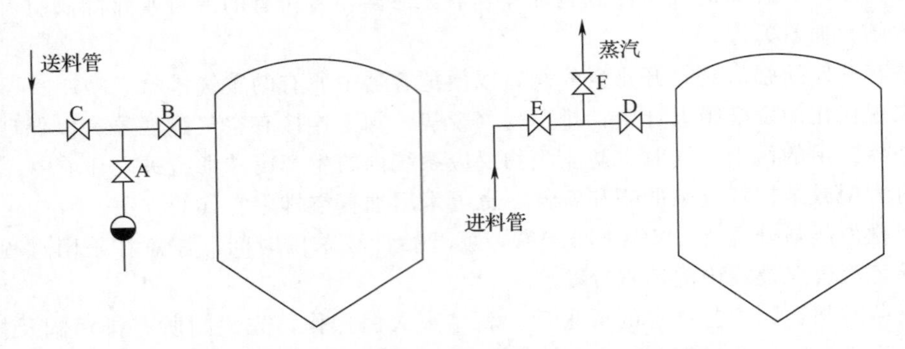

图 3-2-6　有旁路进口管的罐的蒸汽灭菌布置

3. 容器的排料系统蒸汽杀菌

首先要明确的是，罐和容器的排料口必须设在最低点，以便于清洗、排污及灭菌，当然也保证能彻底干净排出料液。排料口首要的作用当然是排出料液，在 CIP 清洗过程中起排除废水，在蒸汽灭菌过程起排除冷凝水的作用。根据清洗过程需排除的废水量而确定排料管大小。对于发酵罐，可根据发酵液出料流速来设计此管路。图 3-2-7 所示为罐排料管蒸汽灭菌管路配置。其空罐蒸汽灭菌过程如下：在罐内通蒸汽灭菌过程中，阀门 A、C 和 F 是开启的，而阀 B、D 和 E 则关闭。当罐处于清洗过程时，阀门 A、C 和 E 开启，而阀 B、D 和 F 则是关闭的。此管路配置可保证罐能正常通汽加热杀菌或从罐上部加入无菌的物料。这样的配管可保证阀门 A、B 和 C 经受彻底的通汽杀菌，若杂菌要侵入，则必须经过 2 个阀座才能渗漏进罐中，由此可确定这样的配管有利于保证罐系统的无菌。

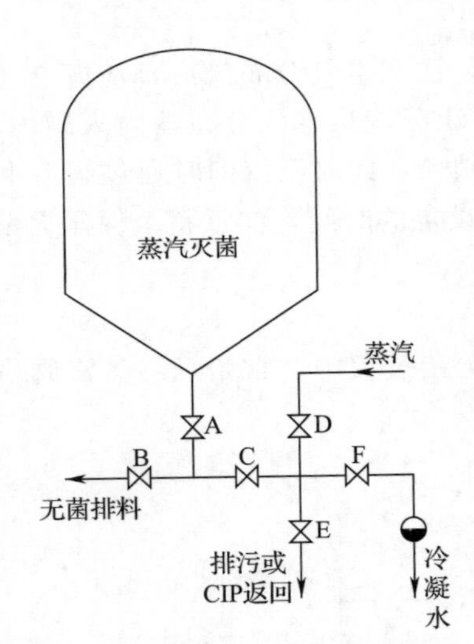

图 3-2-7　排料管蒸汽灭菌配置图

4. 罐的 CIP 清洗系统蒸汽杀菌配管

现代化的发酵罐和其他贮料罐均装配了 CIP 清洗系统，这意味着在罐的顶部装设了 CIP 的喷射管或喷洒头，这些部件也必须经严格灭菌才能保证罐的无菌程度。图 3-2-8 显示了 CIP 清洗系统的蒸汽灭菌配管。

在设备的蒸汽加热灭菌过程中，阀 B 和 C 打开，而阀 A 则关闭，故整套清洗喷洒头装置均可经受彻底的蒸汽加热灭菌过程。

5. 发酵罐搅拌器密封装置的蒸汽灭菌配置

机械搅拌发酵罐的搅拌轴的密封总是无菌操作的一个薄弱环节。现代化的发酵罐搅拌系统均使用双端面机械密封。对密封装置的灭菌是非常重要的环节，具体的方法主要有两种。

最简单实用的方法是在机械密封装置下部装设一阀门。当发酵罐处于蒸汽加热灭菌时，打开此阀门，则蒸汽可从此阀门排出，故可使密封装置同时被蒸汽加热灭菌。实践表明，这种灭菌装置既简单又实效。当然，对于植物细胞培养等培养周期长的生物反应，需每隔数天便重复加热灭菌密封装置。此外，需在整个发酵周期用蒸汽保压，以确保密封腔正压而避免外界杂菌入侵。

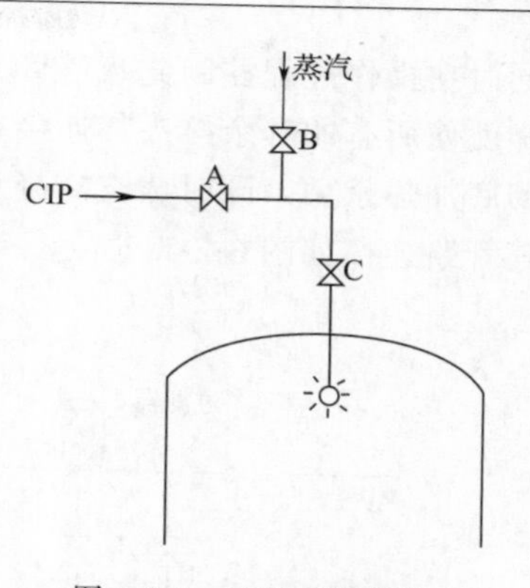

图 3-2-8　CIP 系统蒸汽

另一种使搅拌轴密封装置杀菌的配置较为复杂，但可以使密封装置维持无菌状态达一个多月，其具体装置如图 3-2-9 所示。

在灭菌开始，过滤器和搅拌轴封就通入蒸汽加热杀菌；当发酵罐杀菌完毕，就可利用轴封内的蒸汽冷凝水及施加压强的无菌空气来继续保压。玻璃视镜的作用是可通过人工观察蒸汽冷凝水的液位高低以决定是否需补充通入蒸汽以维持一定量的冷凝水位。

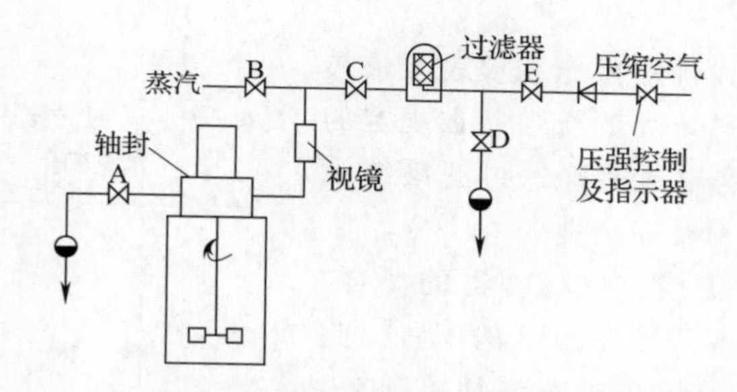

图 3-2-9　机械搅拌发酵罐搅拌轴封装置蒸汽灭菌配管

对于罐及容器的蒸汽加热灭菌管路配置，还有一点需强调的是避免罐上有多余的接口或管路。若是新设计的罐，应有与功能相对应的恰当的接管数目。

三、空气过滤器的杀菌

通气发酵罐需通入大量的无菌空气，这就需要空气过滤器以过滤除去空气中的微生物。但过滤器本身必须经严格的蒸汽加热灭菌后才能起除菌过滤以提供无菌空气的作用。

如第三篇第一章所述，空气过滤器主要有两大类，一是纤维介质或微孔的金属、塑料等；二是膜式。尤其是第二种即膜式过滤器的应用越来越普遍。过滤器的杀菌主要是采用饱和蒸汽，为避免过滤介质被冷凝水堵塞而造成蒸汽通过困难，故进入空气过滤器的蒸汽必须是饱和干蒸汽，故要注意冷凝水的排除。

若发酵过程有必要更换过滤器，那么必须采用过滤器单独加热灭菌的设计。图 3-2-10 所示的是过滤器连同发酵罐同时加热灭菌的管路布置。这种配管较简单，可使过滤器和罐一起杀菌。但过滤器的空气室连接管方向接反，这样做使空气室接头与冷凝水阀接口同时接在过滤器的杀菌进汽一侧，故这种接法存在因接头不严密而导致发酵罐染菌的潜在危险。

把图 3-2-10 中空气过滤器的进出气口接头改换，并在进空气管道上加装蒸汽进口管，同时在操作过程控制此蒸汽管的进汽压强比直接通入发酵罐的蒸汽压强高 0.025MPa，这样就使所有的其余接头都连接在过滤器空气进口侧，可使蒸汽顺利通过管路和过滤介质，彻底加热杀菌，同时蒸汽冷凝水不会积聚于过滤器或管路中，保证了杀菌彻底的安全性。其管路连接如图 3-2-11 所示。

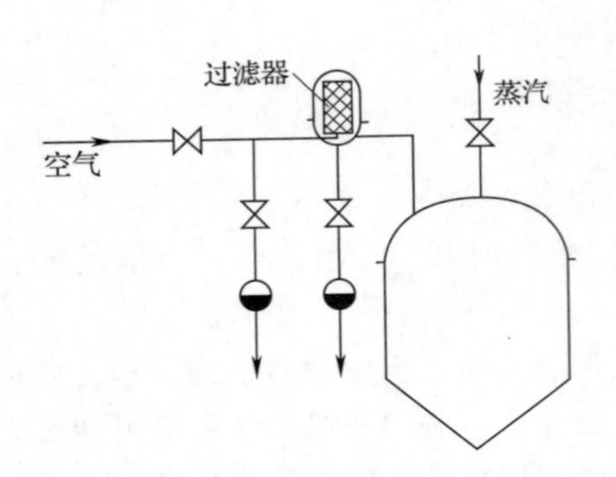

图 3-2-10　发酵罐空气过滤器的加热灭菌配置

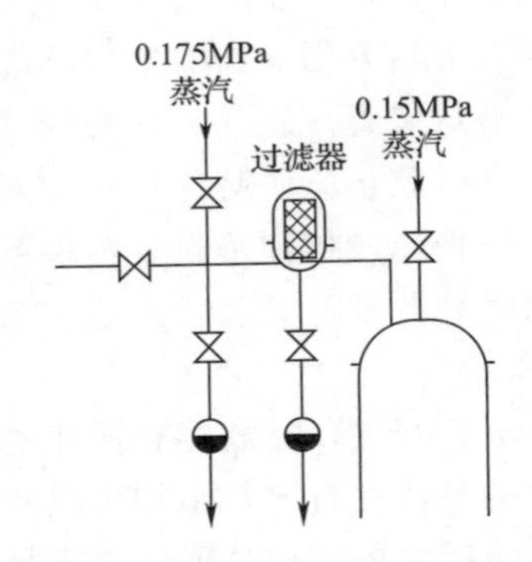

图 3-2-11　较理想的空气过滤器加热灭菌配置

但上述的杀菌管路设计对操作和仪表要求较严格，要确保 2 个蒸汽进入点的压强差在规定的 0.025MPa 左右，只有这样才能确保过滤系统及发酵罐的加热灭菌的效率及安全性。

至于发酵过程需要更换空气过滤器的场合，可把杀菌管路和阀门等改为图 3-2-12 的配置。此管路配置可保证空气过滤器单独蒸汽加热灭菌，且安全高效。但其不足之处是要求两个蒸汽进口点的压强要有 0.025MPa 的压差。

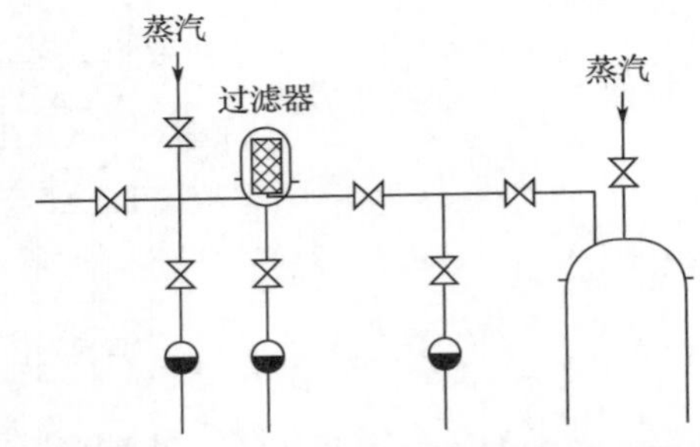

图 3-2-12　过滤器单独灭菌的管路配置

四、管道和阀门的杀菌

管路及阀门本身的彻底、安全杀菌是确保生物工程生产高效率和安全生产的重要一环，在下面进行讨论。

前已述及，隔膜式阀门在发酵与生物工程工厂使用最广泛，因其内部物料均完全密封，其内部一般不会因泄漏而与外界接触，故有利于预防杂菌污染，且便于清洗及通蒸汽加热灭菌。然而，阀膜间仍然存在的缝隙是其缺点。图 3-2-13 所示为隔膜阀的开启和关闭的示意图。

对隔膜阀进行蒸汽加热杀菌有 3 种方式。第一种是蒸汽直接通过阀门，故阀门与管路均充满蒸汽，故可保证杀菌彻底，这是最佳的方式。而第二种方式则是利用隔膜阀上面附加的取样用或排污用的小阀，可通过此小阀门通入蒸汽或放出蒸汽冷凝水，这样也使隔膜两边均可充分灭菌。而第三种方式则是确保阀门接管的盲端管长与管径之比不大于 6，且必须保证管内不积存冷凝水。故最后一种方法容易发生灭菌不彻底，尽量不采用。如图 3-2-14 所示的就是最后一种情况。

为保证设备与管路的彻底灭菌，管道系统设计的关键是管道应有一定的斜度，通常取

1/100 或更大的比例，以确保冷凝水排尽；对水平安装的管道，必须在凹陷低点安装排污阀，同时，为避免较长的管路中间下垂而形成凹陷点，管路必须有足够的支撑点。

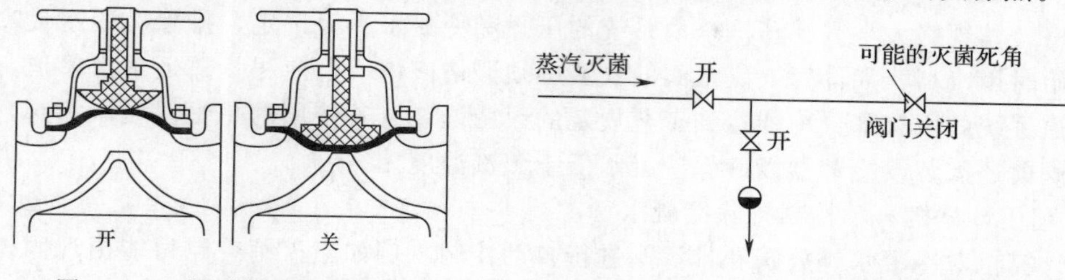

图 3-2-13 隔膜阀的结构简图

图 3-2-14 容易产生灭菌死角的管路

每个罐及其管道尽可能分开灭菌，可提高系统灭菌操作的灵活性和安全性。如图 3-2-15 所示，1 是灭菌培养液贮罐，2 是发酵罐。当罐 1 的已灭菌并冷至所需温度的培养基要往经空罐灭菌的罐 2 压送，具体操作如下：阀 A 和 F 关闭，顺序打开阀 E、D、B 和 C，最后开启蒸汽阀，通入蒸汽杀菌。杀菌结束，先关闭阀 E 然后关闭阀 C，让阀 F 开启以免管路因蒸汽冷凝而产生真空后漏入污染物。此时便可打开阀 A 把罐 1 的培养基压送到罐 2。

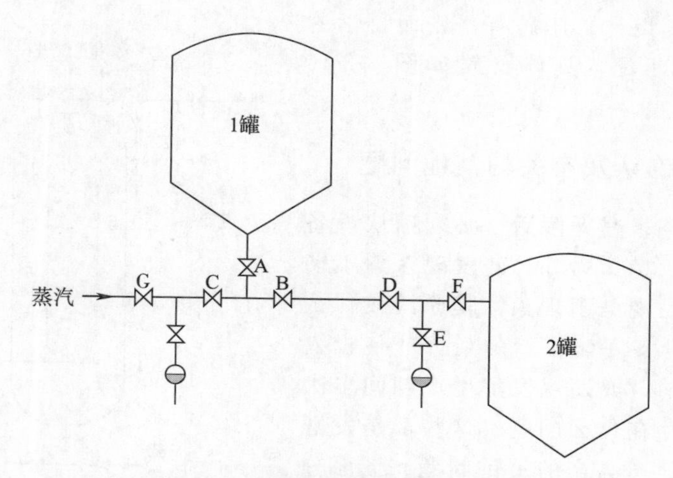

图 3-2-15 两个罐及连接管的蒸汽杀菌

有时，物料输送管路较长，为方便清洗和加热杀菌，应尽可能缩短管路和使之简化，弯头等管件阀门尽可能少，同时尽量减少其最高与最低点，且在每个最高点装设蒸汽进管，在最低点均装冷凝水阀，这样才能保证蒸汽杀菌的严密性与安全稳定性。

最后，是冷凝水的排放问题。当罐及相关管路经历蒸汽加热灭菌尤其是空消时，系统内的冷凝水必须予以排除，可通过三种途径完成此任务，现分别进行简单的介绍。

1. 自由排放

通过冷凝水排放阀自由放出。操作十分简单，只要将冷凝水排放阀阀门稍微打开，在蒸汽的驱动下，冷凝水就排出到环境中，可连续或间歇打开阀门排放。但此法较难控制排放的冷凝水量，也可能使冷凝水积聚越来越多，或是蒸汽和冷凝水交替排出。因用此法既不可靠，又浪费蒸汽，且蒸汽的外泄也影响操作环境，故此法只用于实验室或其他特定的场合。

2. 用汽水阀自动排放

汽水阀也称水气分离器，是专门设计用于排除设备或管路的蒸汽冷凝水的。汽水阀有不同规格，其规格大小需视蒸汽杀菌系统的压强和冷凝水量而选定，排除冷凝水量需根据杀菌开始时用汽高峰期计算。汽水阀的安装必须严格谨慎，且应尽量靠近蒸汽管道，且要确保管道系统的所有部分均能达到工艺规定的灭菌温度。若使用的是恒温型汽水阀，那么在汽水阀前还需装设冷却器以确保冷凝水低于蒸汽温度。

3. 利用计算机自动控制排除冷凝水

用计算机对冷凝水排放阀和排污阀进行自动控制。例如当灭菌管路可能出现固体残留物时，利用计算机定期开闭排污阀，可把蒸汽冷凝水以及固体污物同时排除，特别适用于大型抗生素及酶制剂等生产工厂，因为这些工厂使用的培养基很多含有固体微粒，如玉米粉等。

五、通气发酵罐清洗与灭菌管路图

前面已介绍清洗与蒸汽加热灭菌的管道设置及灭菌操作的关键问题。结合生产实践经验，下面介绍典型的气升环流式发酵罐的清洗与灭菌管路布置。当然，有了良好的清洁卫生和防污染的优良设计，还需有严密而科学的工艺操作规程相匹配。具体管路如图 3-2-16 所示。

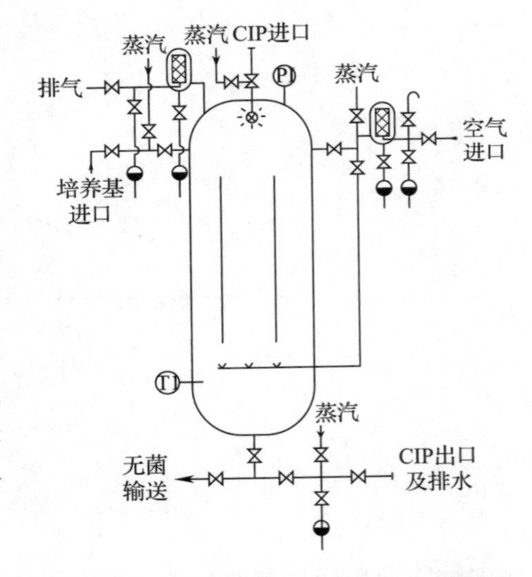

图 3-2-16　通气发酵罐清洗与灭菌管路图

六、杀菌的确认及有关的其他问题

设备及管道经蒸汽灭菌后，必须确认设备及管道是否彻底灭菌。另外，若发现杀菌不彻底，或发酵过程发现染菌现象，其原因在什么地方？再有，新设备安装试运转后，准备投入实际的发酵生产前，或发现发酵生产期间多次染菌，究竟系统存在什么问题？这些都是发酵工厂正常生产和稳产高产的关键问题。下面分别给予介绍。

1. 灭菌程度的检验

发酵设备的蒸汽灭菌过程及效果都要有严格的检验规则。杀菌效果的检验通常有两种方式，一是利用直接微生物培养法；另一种是间接的，即杀菌蒸汽的温度和压强监控法。两种方法各有特点，现分别介绍。

关于直接微生物培养法，就是利用无菌的标准培养基（肉汤培养基：牛肉膏 0.5%，NaCl 0.5%，蛋白胨 1%）进行培养检验，培养 7～10d，若培养基仍保持无菌，则设备的杀菌是十分成功和可靠的。这种检验方法十分接近实际，可检验杀菌是否彻底，同时也检验了空气过滤系统及设备、管路的严密性和维持无菌度的效能。但是，此法前后需要十多天，且测试费用高。当然，也可应用生产所用的发酵培养基进行检验，但有时此发酵所用的培养基对某些微生物并非是良好的营养，故这些微生物生长十分迟缓，这给是否染菌的确定带来困难。

至于间接检验杀菌程度的方法，就是设法确保所有被杀菌的设备、管路的每处均有足够的蒸汽压强（温度）和必需的灭菌时间。现有两种测量温度的方法，即应用插入设备内的温度传感器或玻璃温度计，也可应用固定于设备或管路壁面上的热电偶进行测温。

经验表明，所需的热电偶（测设备或管路外壁面用）数目视被杀菌系统的大小及形状复杂程度而定。其数量有最佳值，使用数量越多，则不仅投资大且操作工作量也大，因每次使用前需要校准温度计；但使用数量太少，则某些部位的温度未经测量而存在杀菌不彻底的危险性。设备外表面的温度与内部温度的关系如何，应达到多少温度才能保证杀菌的可靠性呢？一般情况下，外壁面达到115℃时则内部可达121℃。但因设备或管路的厚度以及热传导的特性不同，最好能进行实验测定。同时，加装压力表，要求其指示压强稍高于0.1MPa。总之，为了确保蒸汽灭菌的效果，必须保证在规定的杀菌时间内，设备或管道内部温度在121℃以上，故要外壁温度高于115℃，而内部压强稍高于0.1MPa。

2. 蒸汽灭菌可能出现的问题及对策

在发酵设备的蒸汽灭菌上出现的不正常现象分两大类，一是灭菌设备或管路在灭菌过程未达设定的温度（121℃），二是发酵过程发现杂菌感染。

对于第一类问题，可能有两种情况，一是整个被加热灭菌系统均未能达所要求的温度，或是局部范围达不到规定的温度。

若发现是全系统均未达121℃，则须进行下列的检查：

(1) 加热蒸汽压强是否达0.15MPa以上？

(2) 检查蒸汽调节器或蒸汽过滤器是否堵塞？

(3) 若只有一个温度计，则应检测此温度计是否正常和准确。

(4) 检查蒸汽总阀是否已全开启？

若只发现系统的某部分达不到所要求的灭菌温度，则可能存在的问题有：

(1) 通往该部分蒸汽阀门开启失灵或损坏。

(2) 汽水阀失灵或损坏。

(3) 温度计（热电偶）失效导致温度指示不准。

(4) 过滤器安装不当，导致冷凝水堵塞。

(5) 没有绝热层的管路因靠近空调机或风扇等而降温太多，此时应加设绝热保温层。

对于上述的有关蒸汽灭菌问题的解决，保证管路有1/100以上的斜度是十分重要的，同时应科学地设置阀门和管件，以保证冷凝水的正常排放。

对于第二类问题，发酵过程一旦发现杂菌污染，应马上取样进行分析鉴别所污染的杂菌有多少种，是气生菌或是水溶液中的细菌。同时进行下述的有关研究：

(1) 发酵系统的蒸汽灭菌处理是否正常，是否出现灭菌温度不足或时间不够长？

(2) 前一批的发酵罐排料后，空置时间是否延长，若空置太久，则下一批的灭菌时间必须适当延长，以保证生长繁殖的杂菌的彻底杀灭。

(3) 重新进行气密性测试，最好能进行24h的检漏测试，以查出渗漏的所在，并进行维修。维修后再检测直至无渗漏为止。

(4) 重点检验阀门的隔膜、阀座等是否符合质量要求，检测所有O形密封圈等密封件。

3. 管路设计的校验及杀菌的自动控制

对于新设计的发酵工厂及需要大规模修理的发酵系统，需要蒸汽灭菌和保持高度无菌的设备和管路，对有关的设计必须严格校对，即对其设备流程、管路布置与安装等均需严格把关。具体检测校核重点有：需加热灭菌部分是否有阀门使之与非无菌部分隔离开；所有管路沿蒸汽传送方向是否有1/100以上的足够斜度；是否有开启失灵的阀门以致影响蒸汽通过；是否存在冷凝水积聚的地方；设备或管路任何部分是否会在蒸汽灭菌后形成真空。针对校核结果，采取措施解决存在的问题或不足之处。

在大型的现代化工厂中，必须尽可能应用计算机自动控制或程序控制。虽然自动控制系统要比手动控制系统的投资高，建设周期长些，但应用自动控制实行发酵系统的蒸汽灭菌和清洗等操作可克服人工操作存在的缺点，如劳动强度大，启动或结束操作花费时间长，容易出现操作失误，总之自动控制可大大提高杀菌过程的可靠性。

第四节　方便清洗消毒的设备及管路管件的设计

一、设备材料的选择及加工要求

在本章的前三节已详细讨论了生物工程设备的洁净与无菌的要求。为了更好地完成设备及管道的清洗、消毒与蒸汽杀菌的操作任务，设备及管道的设计、材料及制造工艺也是十分重要的。在此做扼要的介绍。

首先，所用的材料应在清洗消毒过程的环境下没有明显的腐蚀。例如，罐和管道外部可用铝箔密封包盖，它可耐空气氧化和一般的洗涤清洗剂；不锈钢不仅有极好的表面光洁度，且有较强的抗酸碱的耐腐蚀特性；某些塑料制品也有良好的抗腐蚀和绝缘、绝热特性，当然其表面光洁度较差。若建厂的资金足够，现代化的发酵罐及有关产品分离纯化等设备、管道的材料最好选用不锈钢，质量优良的不锈钢可耐酸、耐碱、耐盐等，如1Cr18Ni9Ti是最常用的不锈钢材料，而含铝的不锈钢材料具有更强的耐腐蚀性。

塑料也常用于工厂的设备管路中。如ABS（丙烯腈-丁二烯-苯乙烯三元共聚物）或PVDF（聚偏氟乙烯）通常用于去离子水输送管道，对于把小型罐等移动式容器与主系统连接的管道则通常使用硅橡胶管，若要耐受较高的压强，可用不锈钢增强的聚四氟乙烯（PTFE）软管。此外，对于贮罐等容器，采用A3钢内涂环氧树脂或其他耐腐蚀材料。PTFE和PVDF等材料也常用于管道、阀门和泵的材料，如桨叶、阀座等，也用于密封材料，如垫圈。

需要注意的是，塑料等高分子聚合物加工时应尽可能避免表面上存在微孔，例如天然橡胶制品，因很难避免有微孔，故给彻底清洗带来困难，且还可能溢出橡胶的添加剂而污染产品。类似地，应尽量不用低密度聚乙烯、氯丁橡胶和PVC（聚氯乙烯）。此外，设备材料应避免使用含锌、镉、铅等的材料。

生物发酵生产设备和管路系统因清洁卫生及防止杀菌污染的要求大多十分严格，故除了对设备材料有特殊要求外，还需要设备管路阀门等内表面有较高的光洁度，尤其是发酵罐等要光滑、无细孔、无毛刺及凹坑裂纹等。因此设备内焊缝需要机械打磨或抛光、电镀。实际上，发酵工厂的设备，根据其使用情况不同，对其内部表面的光洁度要求也不同，其中发酵罐一类要求最高的光洁度，而需灭菌的培养液贮罐或产物分离纯化系统等也要求很高，而一些非无菌系统及辅助设备则要求较低。具体来说，不锈钢发酵罐的内表面需要使用240～360粒度的镜面抛光，其表面粗糙度约0.2μm，而不需灭菌的设备或管道内表面的光洁度要求低，只需去除金属氧化层即可。但金属的机械抛光也会使金属表面生成纹路，故尽可能使所形成的纹路沿垂直方向，以利于液体的彻底排净，可减少培养液中的生物细胞或其他物料的积聚。有关光洁度的问题，无疑焊缝的质量对其影响最大，应尽可能采用自动化轨道式焊接，且焊缝经严格的除渣和抛光。

二、设备与管路管件的设计与加工

1. 罐的设计与加工要求

生物发酵设备均有系列的罐类容器，不论是要无菌的或是不消毒的，是抗压的或敞口的，均需要一定的清洁程度。为排净物料和保持清洁，其排料口均在罐的最低点，或是底部中央，或是罐底倾斜的结构，其排料口应在最低点，且与罐体间完全平滑无缝隙。装在罐上部的进口管应高于罐体至少50mm并且向下倾斜较小的角度以确保进料液不会沿罐壁下流。如果进料液向罐中料液冲下时会产生大量泡沫，则可使进料通过一根插入较深的进料管而克服此缺点。

pH和溶氧电极等传感器的保护夹套应斜向下插入罐体以确保能排清液体，且夹套与传感器之间尽可能完美配合以不留缝隙，同时保护套的长度尽可能不大于直径的2倍。发酵罐或配料罐的搅拌器的设计必须有利于清洗和杀菌，尤其是发酵罐的轴封的设计对保持无菌操作尤其重要。对于气升环流式发酵罐和高径比大的反应器，最好能在罐下部安装喷射CIP清洗系统，加上罐上部的CIP清洗系统，以确保发酵罐的彻底清洗，当然前提是要建立严格的清洗操作及检验程序。

2. 对管道的要求

生物发酵工厂中，管路管件的设计是清洗与无菌操作的最重要的影响因素。涉及生化药物的生物工程工厂，其设备及管路的设计应等同或高于食品工业的要求。

管路系统的连接尽量采用焊接。当然为了清洗、检查和维修，必要时也采用可拆卸的连接，如法兰等活动连接。法兰连接通常用O形垫圈，其在法兰间留下的缝隙小，易于清洗。此外，也常用平面橡胶垫圈。垫圈的常用材料为硅橡胶或聚丁橡胶。在使用平面橡胶垫圈时，必须注意垫圈的尺寸及安装均取最佳尺寸与位置。根据国际的有关规定，符合清洁卫生要求的管路连接方式有多种，图3-2-17所示为最常用的两种。其中，第一种的ISS连接是用一个螺母和T形垫圈把两根管连接起来。而第二种连接方式是用三点式手动夹紧连接方式，用平法兰实现。

其次，弯头等管件的直径不能小于管路外径；当管件直径必须改变时，应逐渐圆滑变化，要避免突然增大或缩小。所有管路应在物料流动方向倾斜1/100或以上的斜度，同时管路应有足够的支撑固定以防止凹陷变形。

管路应尽可能消除死角，若不可避免有死角时，则要使其长度不得超过管道直径的2～3倍。若可能，管内液体流向应朝向死角而不是相反，这样可大大增加湍流程度；同时，所有的死角均应向主管道倾斜一个角度以利于排空液体。这样，有利于清洗和保持无杂菌污染。

在管道设计中应当防止产品和清洗剂在管道流动时混合的事故发生。这可以采用闭合和开启连锁自控阀门装置来实现此目的，其示意图如图 3-2-18。

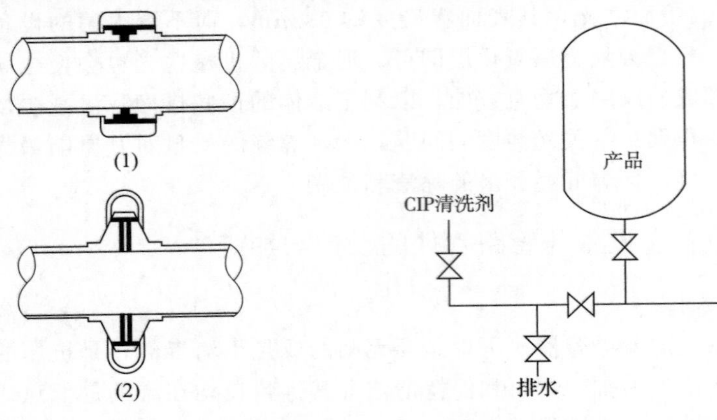

图 3-2-17　卫生管路连接方式
（1）国际卫生标准（ISS）　（2）夹紧连接

图 3-2-18　防止产品和清洗剂混合的阀门装置

3. 阀门

对于生物发酵生产，尤其需维持无菌的管路及设备中，膜式或隔膜式阀门结构简单，密封可靠，流体阻力小，方便检修，是应用最广泛且有利于维持无菌操作的阀门。隔膜阀安装时要注意使其与水平线倾斜 15°角，以保证其出水口不会阻碍液体自由排出。此外，需确保隔膜的完好、无破损，故应选用有较好的韧性与耐磨性且能耐受加热和化学腐蚀的材料制造。如有可能，最好能在隔膜阀非灭菌的一边设置渗漏监测器。当然，若管路直径超过隔膜阀的最大规格，且流体通道是平滑时，可采用球阀。

此外，发酵工厂有时还使用闸阀、截止阀、旋塞、针阀以及减压阀、安全阀等。当然这些阀门的无菌清洁性能比隔膜阀差。

4. 泵及使用设备的要求

适合生物发酵生产使用的泵有多种，如隔膜泵、离心泵、齿轮泵与螺杆泵等，而蠕动泵则常用于实验室小型发酵罐上。当然，应用最广泛的是离心泵。但用于无菌系统时，泵叶和传动轴上需装设机械密封，以便使用蒸汽加热灭菌。对于小型泵，可用电磁偶合传动装置，这更可杜绝杂菌污染。

从清洁卫生和无菌操作角度来看，泵内表面应当尽量平滑，无缝隙，桨叶用平头螺母配螺杆固定，不应有外露螺纹。理想的泵应可自动排空液体。此外，每台泵均应有防尘罩，其驱动马达的外壳应平滑，传统的带坑槽外壳的电机应对其外壳加以改造以适合要求。

生物发酵工厂中其他的常用设备如去离子水系统、脱致热原水系统及清洁蒸汽系统等均需要周期性清洗。去离子水可不必灭菌，但应使用不锈钢设备和管路，且需循环，以防止系统有死角存在滞留不动的水而使杂菌繁殖。如果系统中有过滤器，即应该定期清洗更换。从安全生产考虑，三班连续生产时，应配备两套去离子水设备。而脱致热原水系统的设备材料要严格选择，均应可耐蒸汽加热灭菌。同样，清洁蒸汽系统也应有类似的卫生水平。

思考题

1. 工业污垢的来源有哪些？有什么危害？
2. 设备和管道清洗的目的是什么？
3. 生物工业常用的清洗剂和消毒剂有哪些？
4. 什么是 CIP 清洗系统？
5. 如何进行清洁系统的确认？
6. 发酵罐如何杀菌？管路如何布置？
7. 空气过滤器加热灭菌应如何布置？
8. 蒸汽灭菌常出现的问题有哪些？如何解决？

第三章　生物工程工厂能源与动力设备

生物工程工厂的生产是以设备的正常稳定运行为基础。生物工程设备的驱动需要能源和动力，现代生物工程设备运行的主要能源是电力。生物工程设备生产在生产过程中需要大量的水，原料的预处理、发酵、分离纯化、包装等都需要水。

生物工程生产设备需要利用蒸汽进行灭菌，以消除杂菌污染，同时原料预处理、产品的浓缩等需要蒸汽。生物制品的培养和精制需要在低温下进行，制冷成为生物工程工厂必须的功能单元。本章主要讨论生物工业供水、供电系统、洁净蒸汽系统和制冷系统设备。

第一节　生物工程工厂供水和供电系统简介

一、用水质量分级

自然界的水分为三类：陆地地表水、陆地地下水和海水。水中含有有机物、无机盐、微生物等。水中各类物质的含量随地域、季节、环境生态而改变。地下水主要是指井水、泉水等，由于经过地层的渗透和过滤而含有较多的可溶性矿物质，又由于水透过地质层时，经过了一个自然过滤过程，而且所处的环境含有较少的微生物，所以它含有较少的泥沙、有机物和细菌。

目前主要依据两个指标评价水质，第一个指标是微生物污染，第二个指标是化学杂质含量。当环境中有机物含量较高时，为微生物的繁殖提供大量营养，微生物很容易繁殖，从而引起产品变质或品质下降，因此，严格控制微生物污染是很有必要的。有害化学杂质引起产品品质的降低。健康和食品安全受到更多的重视，产品的食用安全性最为重要。

在工业生产中，将水分成以下等级：①普通水，即来自于地表或地下不经过处理的水，常作为非生产用水或用于公用事业，如生产车间清洗水、消防用水等；②自来水，用于公用供水系统，在湖水或地下水进行消毒处理或简单的沉淀分离处理，可用于大部分加工过程中；③脱盐软化水，通过脱盐除去水中的金属离子，再超滤处理，降低水的硬度，以达到一定的指标，作为生物工业的纯化水及锅炉用水。在制药工业中，自来水贮水系统通常采用循环回路，并维持在较高温度下（80℃），使微生物数量减少到最小值；④蒸馏水，通过蒸馏作用，除去水中各种杂质，使水中不含任何附加物，这类水是纯净无菌的，常作为分析检测及注射用水。为提高蒸馏水纯度，一般可以蒸馏两次，得到双蒸水，在基因工程中应用较多；⑤超纯水，通过反渗透获得的水，水中不含有机物和无机盐。

二、生物工业的用水质量要求

生物工业所用的水有深井水、地表水、自来水和蒸馏水，不同的生物制品及生产中不同的生产工段对水质的要求是不一样的。一般原料的预处理和生产设备的清洗用自来水。生产蒸汽的用水为自来水或地下水。在精制的最后阶段，一般对水质的要求较高，特别是注射药剂精制对水质要求非常高。生物工业用水的选择，要以满足生产工艺要求为第一准则，同时要因地制宜，设计合理的生产工艺使水得到最高利用效率，以降低用水成本。

生物工业的培养基必须以水为介质，而配制发酵培养基也可用深井水，有的工厂还用地表水。水中的杂质组成和含量随地区不同而变化较大。由于水质的变化，有可能对生产带来各种影响。对此，有些国家提出配制不同生物工业制品培养基的水质要求。现列于表 3-3-1。

表 3-3-1　　不同生物工业制品培养基水质标准

指标	酿酒	啤酒	抗生素
大肠菌群	无	—	—
臭气	无	无	无
味	无	—	无
色（度）	无	<2.0	<2.0
浊（度）	无	<2.0	<2.0
蒸馏残渣/（mg/kg）	<500	<500	<150
pH	6.8	6.5～7.0	6.8～7.2
硬度/（mg/kg）	<100	20～70	100～230
氯离子/（mg/kg）	<50	<60	<0.2
铁/（mg/kg）	<0.02	<0.3	0.1～0.4

三、水处理系统及设备

生物工业的水处理系统一般分为三个步骤：一是除去水中的悬浮物、沉降物和各种大分子有机物等，常采用过滤、沉淀等方法；二是除去水中无机盐，即水的软化或除盐；三是水的杀菌处理，利用氯、臭氧、紫外线等杀死水中的微生物。

1. 过滤

水的过滤有两种形式，表面过滤和深层过滤。表面过滤是水中的固形颗粒大于过滤层的孔径，固形颗粒被阻挡在过滤层的表面；而小的固形颗粒能通过过滤介质孔进入到滤层深处，由于滤层较多以及物理阻力、固体颗粒搭桥等作用，小粒子也能被截留在过滤介质内，这种作用属于深层过滤。有些情况下，过滤介质所带电荷与水中粒子的电荷不同，这时粒子被吸附在介质表面达到除去的目的，称为静电吸附作用。

水的过滤一般由两个过程组成：过滤和反冲洗。过滤为净化水的过程，反冲洗是冲洗掉过滤介质上的截留物，使之恢复过滤能力的过程。反冲洗的水流方向与过滤过程一般相反。

水过滤介质应满足以下要求：①化学性能稳定，不溶于水，不产生有害和有毒物质；②足够的机械强度；③含污能力（kg/m^3）大，产水能力［$m^3/(m^2 \cdot h)$］高；④对于分散状过滤介质（砂粒、活性炭等）应有适宜的粒度分布和孔隙率。粒度分布常用不均匀

系数 K 表示。

$$K=\frac{D_{80}}{D_{10}} \tag{3-3-1}$$

式中　D_{80}——通过过滤介质质量的80%的筛孔直径

D_{10}——通过过滤介质质量的10%的筛孔直径

我国规定，一般情况下，$K<2.0$。石英砂滤料孔隙率一般为0.42左右，活性炭孔隙率为0.5～0.6。目前用于水过滤的装置有砂滤棒过滤器、活性炭过滤器、中空纤维超滤装置等。

（1）砂滤棒过滤器　砂滤棒过滤器内部分上下两层，中间以孔板分开，一至数十根砂滤棒紧固其上，孔板上为待滤水，其下为砂滤水。砂滤棒（又称砂芯）选用多孔陶瓷，原料经高温烧结而成，棒身具有许多微孔，是过滤器发挥过滤作用的主体部分，通过砂滤棒的过滤达到提高滤液和水的澄清度。

操作时，水由泵打入容器内，在水压作用下，水通过砂滤棒的微小孔隙进入棒筒体内，水中粒子则被截留在砂滤棒表面。该过滤器用于自来水或有压力装置的深井水的过滤，能有效地除菌和除去水中悬浮物质，不需烧煮即可取得符合国家饮用水标准的水质。国产砂滤棒过滤器规格如表3-3-2所示。

表3-3-2　国产砂滤棒过滤器规格

型号	规格（高×直径×厚）/mm	每台砂滤棒根数/（根/台）	压强为196kPa时的流量/（L/h）
101型铝合金滤水器	800×500×20	101型滤棒19	1500
106型铝合金滤水器	450×320×10	106型滤棒12	800
112型铝合金滤水器	400×300×10	112型滤棒6	500
108型铝合金滤水器	320×260×10	108型滤棒7	250
单支压力滤水器	280×70×50	109型滤棒1	30

（2）活性炭过滤器　一种带罐体的过滤器，外壳一般为不锈钢或者玻璃钢，内部填充活性炭（图3-3-1），用来过滤水中的游离物、微生物、部分重金属离子，并能有效降低水的色度。

活性炭过滤器是一种较常用的水处理设备，作为脱盐水处理系统前处理设备，能够吸附前级过滤中无法去除的余氯，提高出水水质，防止污染，特别是防止游离态余氧进入后级反渗透膜或离子交换树脂中，从而有效保证后级处理设备的使用寿命。同时还吸附从前级泄漏过来的小分子有机物等污染性物质，对水中异味、胶体及色素、重金属离子等有较明显的吸附去除作用，还具有降低COD的作用。

过滤器底部装填0.2～0.3m厚、粒径为1～4mm的石英砂层作为支持层，有时下部再装填大颗粒石英砂，石英砂上面装1.0～2.0m厚活性炭层。操作时，水由顶部进入，顺流自然下降过滤，由底部排出。表3-3-3、表3-3-4分别列出了部分活性炭过滤器的规格和过滤器参数。

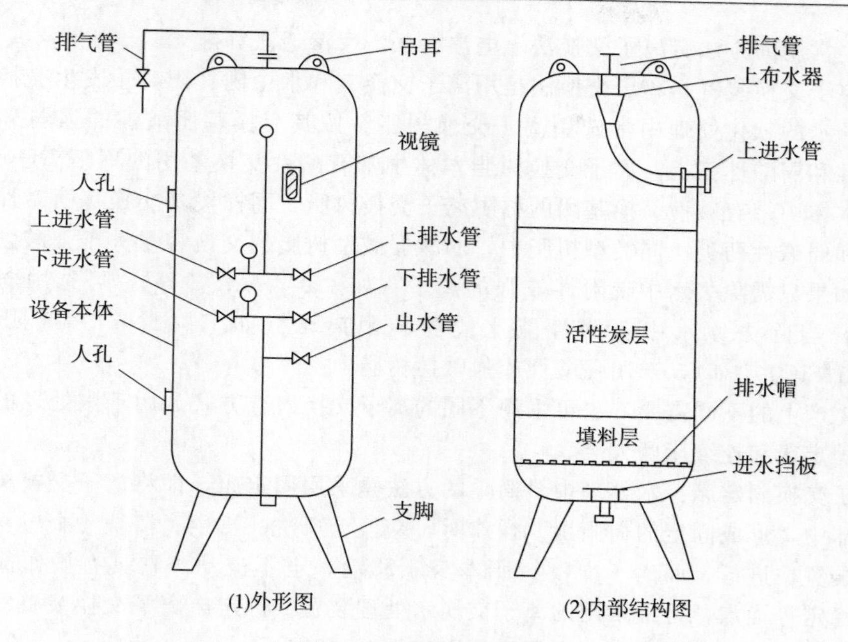

图 3-3-1　活性炭过滤器

表 3-3-3　　部分活性炭过滤器规格

规格 φ/mm	处理水量/（m^3/h）	活性炭		设备质量/kg
		层高/mm	质量/kg	
1500	17.7	2000	1765	2671
2000	31.4	2000	3140	4020
2500	49.0	2000	4900	6860
3000	70.0	2000	7065	9260

表 3-3-4　　部分活性炭过滤器参数

参量	过滤兼吸附	单吸附
原水流速/（m/h）	6.1	6.1～12.2
活性炭层厚度/m	0.75～1.5	1.5～3.0
反洗强度/［L/（s・m^2）］	3.0～10.2	3.4～10.2
器顶部最小空隙/%	30	30
活性炭粒径/mm	0.19～1.5	0.19～1.5

活性炭过滤器过滤一段时间后，需反洗以冲掉吸附物再生，其步骤为：①反洗，清水以 8～10L/（s・m^2）的反洗强度从底部进入，冲洗 15～20min；②蒸汽吹洗，从底部通入 0.3MPa 饱和蒸汽，吹洗 15～20min；③淋洗，用 6%～8% NaOH 溶液（40℃）从顶部淋洗，洗涤量为活性炭体积 1.2～1.5 倍；④正洗，原水至顶部通入，冲洗至出水符合规定水质要求。

2. 软化及脱盐

除去水中钙、镁等金属离子的过程称为水的软化，而除去所有阴、阳杂质离子则称为水的脱盐。常用的方法有离子交换法、电渗析法、反渗透法等。

（1）离子交换装置　离子交换法是用离子交换剂和水中阴、阳离子发生交换，以除去水中离子。水的软化处理中常选用离子交换树脂。按其交换基团酸性的强弱又分为强酸性、中酸性和弱酸性三类。离子交换树脂本体中带有酸性交换基团的称阳离子交换树脂。交换树脂本体中带有碱性交换基团的称阴离子交换树脂，同样按其交换基团碱性的强弱分为强碱性和弱碱性两类。同类型树脂中，弱酸弱碱型树脂的交换容量大于强酸强碱型。一般来讲，如果只需除去水中吸附性较强的离子（如 Ca^{2+}、Mg^{2+} 等），可选用弱酸性或弱碱性树脂，当除去原水中吸附性能比较弱的阳离子（如 K^{+}、Na^{+}）或阴离子（如 HCO_3^{-}、$HSiO_3^{-}$）时，选用强酸性或强碱性树脂。

根据生产上的不同需要，也可采用不同的离子交换组合方式。用于水处理的离子交换设备分为固定床和连续床两大类。

①离子交换固定床：水处理中最简单的方法是采用固定床，即将离子交换树脂装填于管柱式容器中，形成固定的树脂层。操作时，交换、反洗、再生、清洗 4 个过程间歇反复地在同一装置中进行，而离子交换树脂本身不移动，也不流动。它具有操作简单、设备少、出水稳定等优点，是最常用的离子交换水处理装置。固定床离子交换装置的组合方式有单床、多床、复床、混合床、多层床等，如图 3-3-2 所示。

单床是固定床中最简单的一种方式，如图 3-3-3 所示。常用的钠型阳离子交换装置即属这一方式。

多床是同一种离子交换剂、两个单床的串联方式。当单床处理水质达不到要求时可采用多床。复床是两种不同离子交换剂的交换器的组合，即一个阳离子交换树脂单床与一个阴离子交换树脂单床的串联方式。混合床是将阴阳离子交换树脂混合置于同一柱中，即相当于多级阴阳离子柱串联起来。处理水质较高，如图 3-3-4 所示。多层床是在一个交换柱中装有两种树脂（弱酸与强酸、弱碱与强碱型），上下分层不混合。采用阴、阳两种树脂的装置可用于水脱盐，而只采用阳离子交换树脂的装置仅用于水的软化。

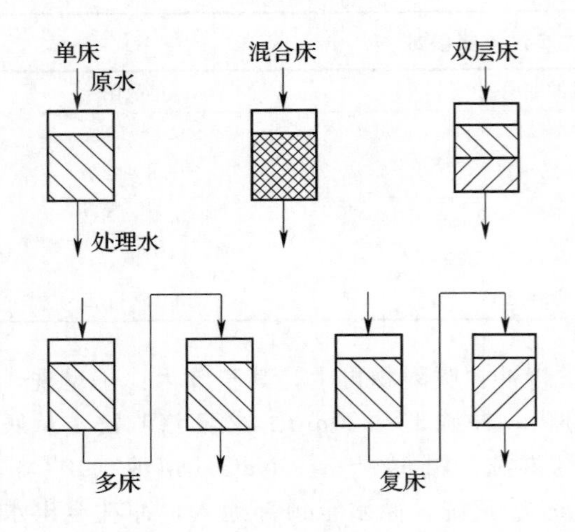

图 3-3-2　固定床离子交换装置组合

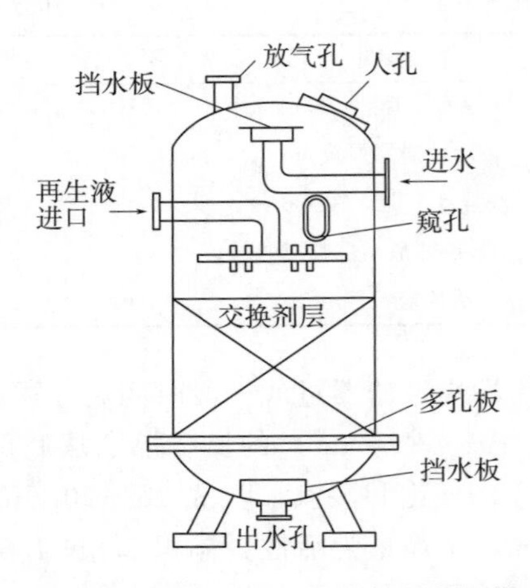

图 3-3-3　单层离子交换器结构及阀门模型

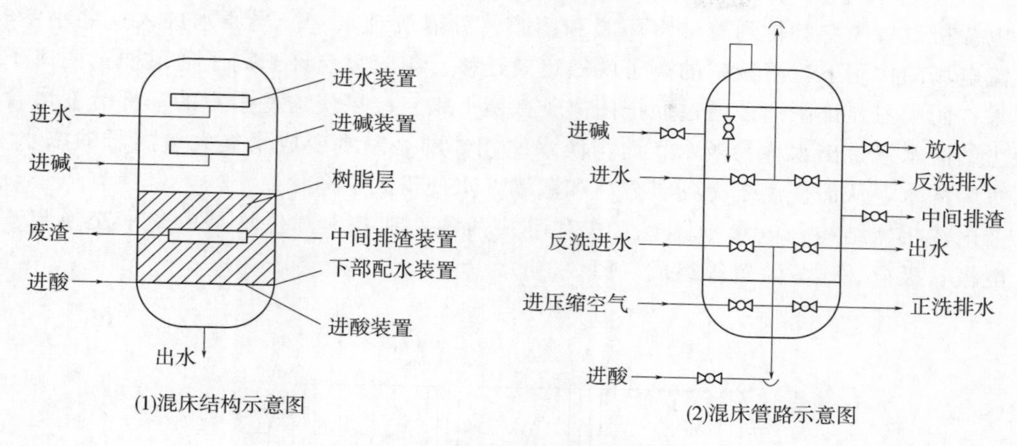

(1)混床结构示意图　　(2)混床管路示意图

图 3-3-4　混合床结构及管路模型

②离子交换连续床：离子交换固定床的缺点是树脂用量多而利用率低，操作不连续，为提高树脂利用率，20 世纪 60 年代出现了连续式离子交换装置，有移动床和流动床两种。

移动床离子交换树脂装于交换塔中，原水从下部流入，软水从塔上部流出。这样自下而上的流动，交换一定时间（一般 45～60min）后停止交换，而将交换塔中一定容量的树脂送至再生塔还原，同时从清洗塔向交换塔上部补充相同量的已还原清洗的树脂，约 10min 后，交换塔又开始工作。这样交换塔上面始终有刚加入的新交换层，故出水水质稳定，交换树脂及还原液的利用率都比固定床高。其缺点是交换树脂磨损较大，耗电量较大。

流动床则是完全连续工作的，它在进行交换时不断从交换塔内向外输送失效的交换树脂，且又不断向交换塔内输送再生后的树脂，但需要的设备多，操作管理较复杂。

（2）电渗析设备

①工作原理：电渗析设备的离子交换膜是一种由具有离子交换性能的高分子材料制成的膜。按其透过性能分为阳离子交换膜和阴离子交换膜。阳离子能透过的称为阳离子交换膜，阴离子能透过的称为阴离子交换膜。目前常用的阳离子交换膜为磺酸基型，带负电荷，吸收水中的阳离子，并让其通过该膜，而阻止负离子通过。阴离子为季铵基型，带正电荷，吸收水中的阴离子，并让其通过，而阻止正离子通过该膜。

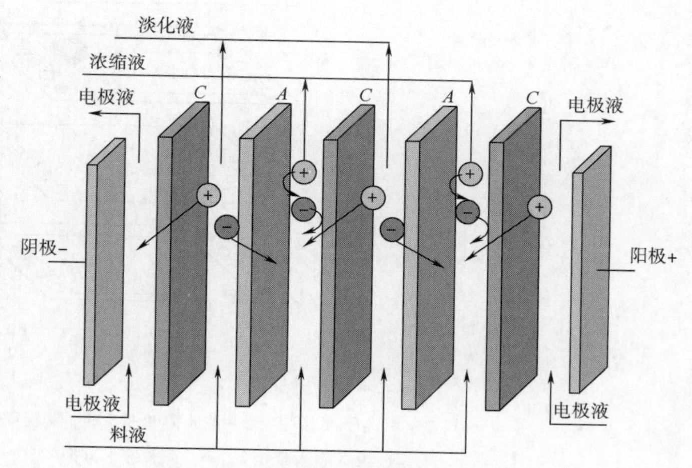

图 3-3-5　多层膜电渗析器工作原理

电渗析设备是利用阴、阳离子交换膜对水中离子具有选择性和透过性的特点，在外加直流电场的作用下，使原水中阴、阳离子分别通过阴离子交换膜和阳离子交换膜迁移，从而达到除盐的目的。电渗析工作原理如图 3-3-5 所示。

电渗析设备中交替排列着许多阳膜和阴膜，分隔成小水室。当原水进入这些小室时，在直流电场的作用下，溶液中的离子就做定向迁移。阳膜只允许阳离子通过而把阴离子截留下来；阴膜只允许阴离子通过而把阳离子截留下来。结果使这些小室的一部分变成含离子很少的淡水室，出水称为淡水。而与淡水室相邻的小室则变成聚集大量离子的浓水室，出水称为浓水，从而使离子得到了分离和浓缩，水便得到了净化。

②电渗析器结构：电渗析器有立式和卧式两种。其基本部件均是由离子交换膜、隔板、电极、极框、压紧装置等组成（图 3-3-6）。

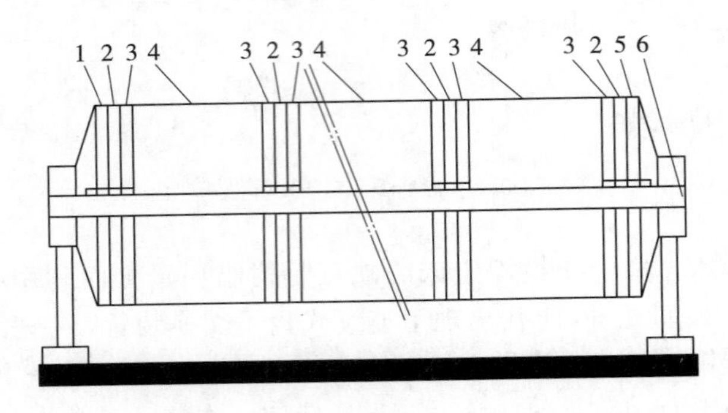

1—阳极室　2—导水板　3—压紧框　4—膜堆　5—阴极室　6—压滤机式锁紧装置

（1）电渗析器结构

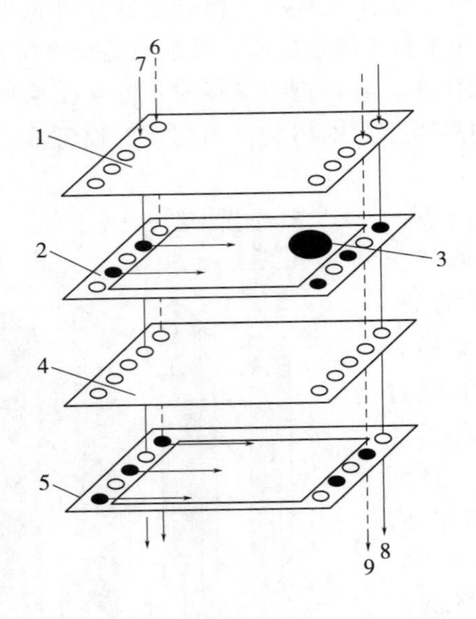

1—阴离子交换膜　2—浓水隔板框　3—隔板网　4—阴离子交换膜

5—淡水隔板框　6、9—淡水进水方向　7、8—浓水进水方向

（2）电渗析器内部结构

图 3-3-6　立式电渗析器装置

隔板放在阴、阳膜之间，两膜被隔开。隔板上分布有进水孔、出水孔、布水槽、流水槽及过水槽，因布水槽的位置不同将隔板分为淡水室隔板和浓水室隔板。电极通电后形成外加电场，使水层中的离子定向迁移。电极的质量直接影响电渗析效果。阳极采用耐腐蚀

材料，如石墨、铅、二氧化铅等；阴极材料多为不锈钢。极框用来保持电极与离子交换膜间的距离，位于阴、阳极的内侧，从而构成阴极室和阳极室，是极室的流出液的通道，保持极水分布均匀，水流通畅，带走电极产生的气体和腐蚀沉淀物。压紧装置是用来把交替排列的膜堆和极区压紧，使组装后不漏水，一般使用不锈钢板，用工字钢或槽钢固定四周，用分布均匀的螺杆紧固。

③电渗析器的组装形式：电渗析器的组装方式取决于进水的水质和对出水的要求。一般说，要增加出水量，可将各组膜堆并联；要求提高出水水质，应将各组膜堆串联。在组装中，通常用“极”和“段”表示。

“对”——是电渗析器中最基本的脱盐单元，由一张阳膜、一张浓（或淡）室隔板、一张阴膜，一张淡（或浓）室隔板组成。

“极”——每对阴、阳电极之间的膜堆组成一级。

“段”——具有同一水流方向的膜堆为一段，凡水流方向改变一次，段的数目就增加一次。

电渗析器工作一段时间后，阴膜和阳膜面上会出现结垢现象，结垢减少离子交换膜的有效面积，增加膜的电阻，降低膜的使用寿命，常用以下方法清除。

a. 换电极，即工作一段时间后改变电场方向，把阴极改为阳极，阳极改为阴极。倒换时间一般采用3～8h，倒换电极后一段时间（5～10min），淡水出口水质下降，待水质合格后再继续使用。

b. 用1%～2%浓度盐酸定期酸洗，酸洗操作时间为2～3h，使pH=3～4。

c. 当水中含有机杂质时，每隔几个月用0.1mol/L NaOH溶液清洗。

如果原水中悬浮物较多，会造成隔板中沉淀结垢，增加阻力，降低流量，所以原水水质应符合下列要求：浊度＜3mg/L，含铁量＜0.3mg/L，含锰量＜0.1mg/L，色度＜20度，有机物耗氧量＜3mg/L（$KMnO_4$）。

3. 水杀菌

水中的活菌较多，不仅容易加速水体变质，而且增加了后续工艺的灭菌难度。有效杀灭水中的菌体是生物工程工厂生产中必备的环节。杀菌是指杀灭水中的致病菌，水的杀菌方法很多，目前工厂常用的杀菌方法包括：氯杀菌、臭氧杀菌及紫外线杀菌。

（1）氯杀菌　含氯消毒剂在水中形成次氯酸，作用于菌体蛋白质。次氯酸不仅可与细胞壁发生作用，且因分子小、不带电荷，故侵入细胞内与蛋白质发生氧化作用或破坏其磷酸脱氢酶，使糖代谢失调而致细胞死亡。

常采用的氯杀菌试剂有活性二氧化氯、漂白粉和次氯酸钠（NaClO），其中前者具有杀菌能力强、水纯净、不增加水的硬度、杀菌效果好、使用方便等优点，但制备成本较高。

（2）臭氧杀菌　臭氧又称为超氧或强氧，分子符号O_3。臭氧对细菌灭活的机理为：臭氧对细菌的灭活反应总是进行得很迅速。与其他杀菌剂不同的是，臭氧能与细菌细胞壁脂类双键反应，穿入菌体内部，作用于蛋白质和脂多糖，改变细胞的通透性，从而导致细菌死亡。臭氧还作用于细胞内的核物质，如核酸中的嘌呤和嘧啶从而破坏DNA。

臭氧对病毒的灭活机理为：臭氧对病毒的作用首先是病毒的衣壳蛋白的四条多肽链，并使RNA受到损伤，特别是形成它的蛋白质。噬菌体被臭氧氧化后，电镜观察可见其表皮被破碎成许多碎片，从中释放出许多核糖核酸，干扰其吸附到寄存体上。

人工产生臭氧的方法，可分化学法、电解法、紫外线照射法与无声放电法。其中以无声放电法使用最广，效率最高。无声放电法是在两电极间，放入一介电体，并送入交流高压电，在其间隙会有紫色光辉产生，并有臭氧生成。

在欧洲，臭氧广泛用于水的杀菌。臭氧化学性质不稳定，一般边制取边使用。大多情况下，均利用净化空气或氧气高压放电而制成臭氧，然后注入水中。因此臭氧杀菌系统包括空气净化系统、臭氧发生器和臭氧加注设备。

臭氧在水中溶解度极小，一般采用喷射法加注臭氧使臭氧与水充分混合，以增加与水的接触时间，另外水池应保持一定高度，使臭氧充分分散到水体中。图 3-3-7 为臭氧杀菌流程。

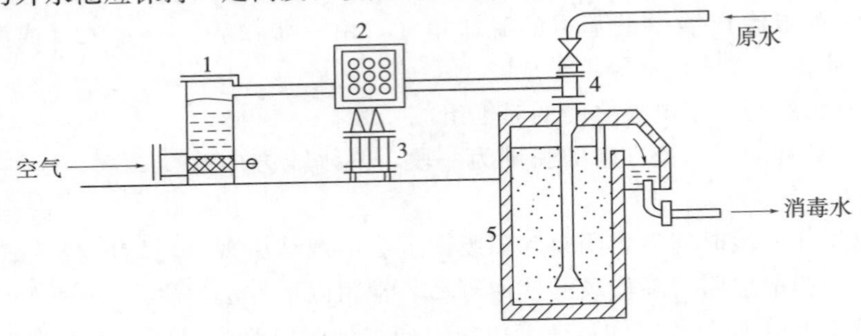

图 3-3-7　臭氧杀菌工艺流程

1—空气净化降温干燥塔　2—臭氧发生器　3—变压器　4—喷射器　5—消毒水池

$1m^3$过滤净水中加入臭氧 0.1～1g，接触 10～15min，即可达到较好的效果，杀菌作用比氯快 15～30 倍。

（3）紫外线杀菌　紫外线消毒是利用适当波长的紫外线能够破坏微生物机体细胞中的 DNA（脱氧核糖核酸）或 RNA（核糖核酸）的分子结构，造成生长性细胞死亡和（或）再生性细胞死亡，达到杀菌的效果。利用特殊设计的高效率、高强度和长寿命的 UVC 波段紫外光照射流水，将水中各种细菌、病毒、寄生虫、水藻以及其他病原体直接杀死，达到消毒的目的。

当介质温度较低时，杀菌效果差，故采用紫外光高压汞灯杀菌时，需装有石英套管，使灯管与套管间形成一个环状空气夹层，灯管能量能充分发挥而不致影响杀菌效果。图 3-3-8为隔水套管式紫外灯杀菌装置。使用时，紫外灯可悬挂在水面上，待杀菌的水以 200mm 厚的薄层缓慢通过照射区。也可将紫外灯沉浸在水中，水慢慢流过以灭菌。一般水上灭菌多采用低压汞灯，沉浸于水中采用高压汞灯，显然后者的杀菌效果高于前者。杀菌率可达 97%以上。表 3-3-5 列出了部分紫外灯使用参数。

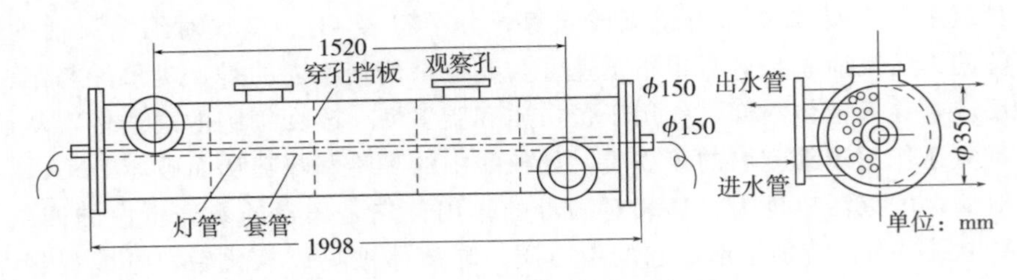

图 3-3-8　隔水套管式紫外灯杀菌装置

表 3-3-5　部分紫外灯使用参数

型号	水流量/（m^3/h）	大肠菌数/（个/L）	细菌总数/（个/L）	最大照射半径/mm	最短照射时间/s
AKX-1	50	10～500	1500～12740	345	339
X-1	50	60～1320	50～2930	125	57
X-3	50	40～940	1000～3160	175	10.3

四、供水系统及设备

生物工业生产中需要大量用水。对水质有较严格的要求。供水系统包括：选择水源地、供水管道，供水水泵等。

1. 水源的选择

水源地的选择以获得优质水为第一标准，同时兼顾经济效益和生态效益。地下水是生物工程工业化生产常用的水。地下水污染小，有机物、微生物、悬浮物含量较少，水温较稳定，基本不受外界气温影响。地下水硬度一般较大，应用时应根据工艺需要，适当进行处理。

地下水分为无压水和承压水两种。无压水是指地面以下，在第一层不透水层构造以上所含有的水。无压水离地面较近，水质易受外界的污染。承压水是指地面以下两个不透水层之间所含有的水，由于水面上有不透水层的分隔，形成了压力，当压力较高时，凿井后水能自动喷出，称为自流井或喷水井。承压水埋藏较深，与地面有不透水层分隔，不易受外界的干扰，水质易保持干净，且水质、水温均较稳定，生物工程工厂生产应首先选用承压水。

城市自来水现在也常用作生产用水。作为生产用水水源，自来水流量及压力不稳定，使用时应设加压泵房、水塔等增压贮水设施，确保足够的压力和流量。

深海海水是指海洋深处的水，一般是在离海面 300m 以下的海水，也称深层海水。它温度低，一般在 1～9℃，清洁少菌，无污染、营养极其丰富。这是因为海洋深处几乎没有太阳光的射入，使有机物的分解速度远远高于合成的速度。而在有机物大量分解的过程中，会产生极为丰富的含氮和磷的营养成分，所以，在距陆地 5km 的范围内，离海面 300m 以下的地方，藏有大量的这种深层海水。科学家发现，应用深层海水生产食品，其营养价值高，对人身体有益；用深层海水养殖能提高产量，所以深层海水的开发和利用具有广阔前景。

2. 地下水取水方式

取用无压水时，多采用大口井（即浅水井），井口直径一般 1m 以上，井深不超过 20m，井壁材料因地制宜采用砖石、混凝土或钢筋混凝土等。水泵可设置在地下、半地下或地面上。浅水井取水量不大，为保证生产供水需多开凿几个井位。

深水井生产能力高，能符合卫生防护要求，一般井口直径为 150～500mm，井深 30～150m 或更深。深井水流量大，一般一口井便可满足生产需要。

3. 供水系统装置

(1) 供水方式　根据生产用水特点及水源条件，常采用三种供水方式：直流供水、循环供水、连续供水。

直流供水，即生产、非生产用水直接由供水水源得到。当供水水源的水量比较充足，能够完全保证供应时，采用这种系统较为合适。废水则直接排走。

循环供水，即将生产用过的水经适当处理后重新循环使用，这样只要从水源吸取部分补充用水即可满足生产要求。如将用于生产中的冷却水经凉水塔降温后，适当沉淀处理即可循环使用。

连续供水，若水源不足，当生产使用过的废水（如冷却水）污染不严重时，可以不经处理，直接供给其他车间再次使用，这样可以大大地减少直接从水源吸取的水量。

（2）自来水供水系统　城市自来水在送往用户之前，已进行简单的沉淀、消毒处理。但由于自来水流量不稳定，水压波动较大，因此自来水不能直接送往生产车间。应设置加压、贮存装置，以保证压力、流量稳定，满足生产需要。自来水供水系统如图 3-3-9 所示。

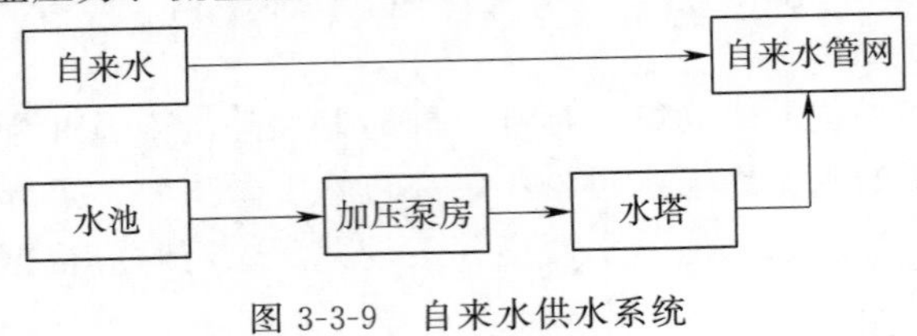

图 3-3-9　自来水供水系统

（3）地下水供水系统　地下水水量足，可保证生产用量。但刚从地下抽取的水含有泥沙，不能立即使用，应先进行沉沙处理和消毒处理，再经二级泵房送往生产车间。地下水供水系统如图 3-3-10 所示。

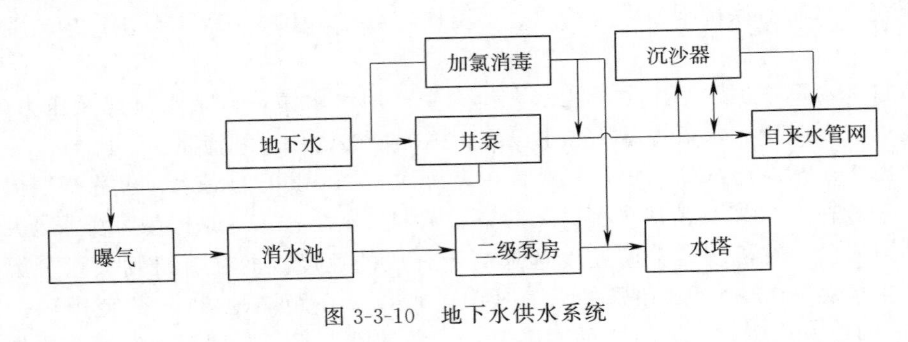

图 3-3-10　地下水供水系统

供水系统必要时可设两级泵房，一级水泵房根据水源情况可布置在地面上、半地下及地下，二级水泵房一般在地面上或半地下，在循环使用回水情况下，也可将二级泵房直接建在回水池上，以减少管路。在条件允许的情况下，自来水供水系统和地下水供水系统可同时设置，以满足不同的生产用水要求。

生产取水、水处理、生产用水要综合经济效益和生态效益考虑，要执行可持续发展观念，实现科学的取水和用水，尽量节约水资源，减少环境污染。虽然水处理可以去除一部分有害菌或有害的物质，但是水一旦被污染，一般很难作为生产用水，因此要重视水资源和水源地的保护。

第二节　生物工程工厂供电系统

一、生物工程工厂供电特点

有些生物工厂，如啤酒厂生产的季节性强，用电负荷变化大，因此，大中型生物工厂宜设两台变压器供电，以适应负荷的剧烈变化。随着技术的发展和进步，生物工厂的机械化水平和智能化水平不断提高，用电设备逐年增加，因此，要求变配电设备设施的容量或面积要留有较大的余地。生物工厂的用电性质一般属三级（Ⅲ类）负荷，一般采取单电源供电，但由于停电将给生物工程工厂生产带来不可估量的损失，例如菌种保存失败，发酵罐控制停止导致通气停止，进而发酵菌种活力降低甚至染菌等，故供电不稳定的地区可采用双电源供电，对于菌种保藏系统一般要求有双电源供电或报警系统。为减少电能损耗和改善供电质量，厂内变电所应接近或毗邻负荷高度集中的部门。当厂区范围较大，必要时可设置主变电所及分变电所。一般生物生产车间水多、汽多、湿度大，所以，供电管线及电器应考虑防水和防潮。

工厂的电路要根据生产的特点，对主要电路或高危用电设备定期进行专业维护和检修。

二、工厂供配电系统电气设备的分类

工厂供配电系统的电路都是由一些主要电气设备按一定的顺序连接。电路分为两大类：一次电路和二次电路。输送和分配电能的这一部分电路称为一次电路，一次电路中的所有电气设备称为一次设备或一次元件，例如发酵罐、泵、空气过滤系统等；而用来表示控制、指示、测量和保护一次电路及其设备运行的电路称为二次电路，二次电路中的所有电气设备称为二次设备或二次元件，例如电子显示屏、电子仪表等。

一次设备按其在电路中的作用又分为以下几类。

(1) 变换设备　用来传输电能、变换电流或电压的设备。

(2) 控制设备　如各种高、低压开关，主要作用是用来控制电路的通、断。

(3) 保护设备　用来防止电路过电流或过电压的设备，如高、低压熔断器、避雷器和各种继电器等。

(4) 补偿设备　用来补偿电路的功率因数的设备，如高、低压电容器。

成套设备或集成设备则是按一定的线路方案，将一、二次设备集中组合而成的设备，便于安装和维护，如高压开关柜、低压配电屏等。

三、高压一次设备

电压在输送时采用高压输送，工业企业为了接受从电力系统送来的电能，都是通过变压器经过降压，然后再将电能分配到各用电车间。一次设备按耐压值又分为高压设备和低压设备，通常额定电压在交流 1000V 以上的电气设备称为高压设备。

高压一次设备主要由高压熔断器、高压开关电器组成。

1. 高压熔断器

熔断器是工厂供电系统中应用广泛的一种保护设备，它串接在被保护电路中，对电路及其设备实现短路保护或过负荷保护。它由金属熔体、熔管及触头组成，用在工厂供电6～10kV系统中，户内广泛采用RN1和RN2系列，户外则采用RW4系列。

（1）RN1，RN2系列高压管式熔断器　RN1，RN2结构基本相同，都是瓷质熔管内填充石英砂的密封管式熔断器。RN1系列供高压线路和设备的短路与过载保护之用，因此结构尺寸较大。RN2只用于电压互感器的短路保护，因而熔体额定电流一般为0.5A，结构尺寸较小。

工作熔体上焊有小锡球，锡的熔点较低，当电路发生过负荷或短路时，锡球受热首先熔化，铜锡分子互相渗透形成熔点较低的铜锡合金，使铜熔丝在较低的温度下熔断，使熔断器在较小的短路电流或过负荷电流时熔断，提高了保护的灵敏度。

熔体一般是几根并联的铜熔丝，熔管内充满石英砂，分别是利用了粗弧分细灭弧法和狭沟灭弧法来加速灭弧，同时石英砂对电弧还具有冷却作用。这种熔断器能在短路电流未达到冲击值之前，就可以完全熄灭电弧，因此这种熔断器具有“限流”特性。

（2）RW4，RW10（F）系列户外高压跌落式熔断器　RW4系列用于户外，一方面在6～10kV以下的配电系统中作为配电变压器和配电线路的短路保护，另一方面作为隔离开关使用，在检修时形成一明显断点，以保证安全检修。由于RW4系列没有专门的灭弧装置，因此不允许带负荷操作。RW10系列是一种带负荷操作的熔断器，这种熔断器是在一般跃开式熔断器的静触头上加装简单的灭弧室，除了作为6～10kV线路和变压器的短路保护外，还可直接带负荷操作。

当线路发生短路时，短路电流使熔管熔丝熔断，形成电弧。消弧管由于电弧燃烧分解出大量气体，使管内压力剧增，并沿管道形成强烈的气流纵向吹弧，使电弧迅速熄灭，熔丝熔断时，熔体的上动触头因失去张力而下翻，在触头弹入和熔管自重作用下，熔管跌开，形成明显可见的断开间隙。

2. 高压开关电器

（1）高压隔离开关　高压隔离开关主要用作隔离高压电源。它断开后有明显的断点，保证了电气维修人员在检修时的安全。它没有专门的灭弧装置，因此不允许带负荷操作，但它可以用来通、断一定的小电流。例如，利用隔离开关可以接通或断开电压互感器和避雷器回路；电压在10kV以下、容量在300kVA以下的无负载运行的变压器等。高压隔离开关有户内式和户外式两大类。

（2）高压负荷开关　高压负荷开关可以接通和断开电路。负荷开关装有热脱扣器，在过负荷情况下自动跳闸。负荷开关断开后，与隔离开关一样具有明显的断开间隙，因此也可以用来隔离电源，以保证安全检修。

（3）高压断路器　高压断路器是供电系统中最重要的一种开关电器之一，由于它具有完善的灭弧装置，因此它不仅能通、断正常负荷电流，而且当线路发生短路、过载、失压故障时，通过保护装置，自动跳闸，切断故障。高压断路器种类繁多，下面主要介绍6～10kV工厂供电系统中常用的三种断路器：油断路器、六氟化硫断路器和真空断路器。

①油断路器：油断路器有多油和少油两大类，我国目前在6～10kV系统中应用较多的是SN10-10型户内少油断路器。断路器合闸时，动触头插入静触头；断路线分闸时，动

静触头分断产生电弧，绝缘油受热分解，形成气泡，导致静触头周围的油压骤增，迫使逆止阀（钢珠）上升堵住中心孔，这时电弧在近于封闭的空间内燃烧，使灭弧室内空气压力急剧增大。当动触头继续向下运动并相继打开一、二、三道横吹沟和下面的纵吹油囊。油气混合体强烈横吹和纵吹电弧，同时附加油流射向电弧，使电弧迅速熄灭。另外，这种断路器分闸时，动触头是向下运动的，从而使得动触头端的弧根部分不断地与下面新鲜冷油接触，进一步改善了灭弧条件。

②六氟化硫断路器：六氟化硫断路器利用 SF_6 气体作为灭弧和绝缘介质，SF_6 气体具有优良的绝缘性能和灭弧性能，将 SF_6 气体作为介质用于高压断路器已日益广泛。在 6～10kV 工厂供电系统中常用 $HBSF_6$ 型断路器，它有三个独立的灭弧装置，一般不单独使用，而与弹簧操纵机构开关柜一体化。使用 $HBSF_6$ 气体断路器时，当压力表指示在红色区域时，说明 $HBSF_6$ 断路器气体泄漏，这时严禁进行断路器分合闸操作。

③真空断路器：真空断路器是利用“真空”作为绝缘和灭弧介质的，其触头装在真空灭弧室内。由于真空相对来说不存在气体游离的问题，所以这种断路器在触头断开时，产生的电弧仅依靠触头产生的金属蒸汽维持燃烧，当电弧电流过零时，触头周围的金属蒸汽下降快，而真空的介质强度上升恢复快，此时真空电弧立即熄灭。真空断路器的灭弧真空度保持在 10^{-10}～10^{-4}Pa 范围内为最佳。

四、低压一次设备

交流电压 1000V 以下的设备称为低压设备。低压一次设备主要有低压熔断器、低压开关设备。

低压熔断器的作用是实现低压供配电系统的短路保护以及过负荷保护。低压熔断器的种类很多，目前主要有插入式熔断器 RC1 系列、RL1 型螺旋式、无填料密封管式 RM10 型、有填料封闭管式 RT0 型以及引进技术生产的 aM 及 NT 系列。

低压开关设备有低压刀开关、刀熔开关、负荷开关、低压断路器。低压刀开关按其型式分为单按（HD）和双按（HS）两类；按其极数有单极、双极和三极之分；按其灭弧结构分为不带灭弧罩和带灭弧罩两种。

低压断路器又称自动空气开关。这种开关具有良好的灭弧性能，它既能在正常条件下断开负荷电流，又能依靠电流脱扣器自动切断短路电流；依靠热脱扣器自动断开过载电流，靠失压脱扣器，当线路电压严重下降或失压时自动跳闸，还可实现远距离跳闸。这种开关电器被广泛使用于低压配电装置中。

五、电流互感器和电压互感器

电流互感器和电压互感器，其实质是一种特殊的变压器，在工厂供电系统中的功能如下。

（1）隔离高压电路。利用互感器可使测量仪表和继电器的主电路隔离，降低仪表及继电器的绝缘强度，仪表结构简化，保证二次设备和人身的安全。

（2）可使测量仪表和继电器标准化。

六、电力变压器

电力变压器是变配电所中最关键的一次设备，又称主变压器。电力变压器按相数分，有单相和三相两种；按其冷却介质分为干式、油浸式两类。油浸式变压器按其冷却方式，又有油浸自冷式、油浸风冷式及强迫油循环风冷或水冷式等。一般工厂变电所采用的中小型变压器多为油浸自冷式。

电力变压器的基本组成为铁心和绕组，利用互感原理，用来升高或降低电压，铁心多采用具有高磁导率的硅钢片叠成，绕组一般采用铜钱或铝线绕制成，对其电气、耐热、机械等性能都有严格要求。油箱与变压器容量有关，小容量采用平板式，中等容量油箱外装有散热管，容量大的采用风冷散热器。

七、电力设备接地

工厂中有关高压配电系统电力设备的接地要求与一般情况相同，在此着重介绍低压配电网络中电力设备接地保护设计中的一些问题。

1. 接地方式

（1）TT 方式　在 TT 系统中，其配电系统部分有一个直接接地点，一般是变压器中性点。其电气设备的金属外壳用单独的接地棒接地，与电源在接地上无电气联系，称为保护接地，适用于对电位敏感的数据处理设备和精密电子设备的供电。它的特点是：适用于大规模配电系统；能抑制电压的异常升高，容易检测；接地回路通过两个接地装置，阻抗较大，一般接地故障电流不能使过流保护装置动作，应用漏电断路器作为保护装置；对相邻接地系统可能有干扰。

（2）TN 方式　TN 系统，称作保护接零。在 TN 系统中，所有电气设备的外露可导电部分均接到保护线上，并与电源的接地点相连，这个接地点通常是配电系统的中性点。当故障使电气设备金属外壳带电时，形成相线和零线短路，回路电阻小，电流大，能使熔丝迅速熔断或保护装置动作切断电源。

这种方式的特点是：适用于大规模的配电网络；能抑制电压的异常升高；保护设备简单；故障点易发现；绝缘破坏时，尽管人体接触带电设备，但由于专用接地线的分流作用，使人体得到保护；电源侧接地与负载接地之间有金属导体联通，阻抗较小，单相接地短路电流较大，在一般情况下，过流保护装置将动作；一点接地时，立即跳闸，否则金属外壳上有危险电压，易发生火灾事故；对检查零线的绝缘较困难；对相邻的接地系统可能有干扰。

上述两种接地方式中，后一种为国内一般工业企业普遍采用，但采用这种接地方式时，当零线中断或接线错误时，电力设备的金属外壳上将产生危险电压。在今后的设计中以采用前一种接地方式为宜。

（3）IT 方式　IT 系统的电源不接地或通过阻抗接地，电气设备外露可导电部分可直接接地或通过保护线接到电源的接地体上，这也是保护接地。由于该系统出现第一次故障时故障电流小，电气设备金属外壳不会产生危险性的接触电压，因此可以不切断电源，使电气设备继续运行，并可通过报警装置及检查消除故障。

此种方式的特点是：系统绝缘损坏而发生漏电时，因不能构成闭合回路，仅通过分布电容流过容性电流，如系统规模较小，分布电容器小时，电流将较小；不能限制异常电位升高；和其他系统绝缘，不致互相干扰；大规模配电系统要长期维持非接地状况较困难；发生两点接地时，危险性较大，必须加强管理，设置绝缘检测位置；接地检测较困难。

一般对生产连续性要求高，有爆炸或火灾危险的企业采用 IT 方式为宜。

2. 接地方式要求

从保证人身安全出发，IEC 的 TC64 委员会对接触电压作了规定，长期的允许接触电压对交流为 50V，对直流为 120V，超过允许接触电压的接地故障规定了最大切断时间，见表 3-3-6。

表 3-3-6　　接地故障最大切断时间

预期的接触电压	交流有效值 N	≤50	50	75	90	110	150	220	280
	直流/V	≤120	120	140	160	175	200	250	310
最大切断时间/s		∞	5	1	0.8	0.2	0.1	0.05	0.03

按照上述规定，对 TN 方式、TT 方式和 IT 方式，当接地发生故障时，都向各自提出特定要求。

(1) TN 方式　在 TN 方式的接地系统中，其保护装置的整定值相接地回路的阻抗必须满足下式要求：

$$Z_a \cdot I_a \leqslant U_o$$

式中　Z_a——接地回路的阻抗

I_a——按上表所规定时间切断电流要求的断路器的动作电流

U_o——相电压

对 TN 方式，一般推荐采用具有过电流保护的断路设备或电流型漏电断路器。

(2) TT 方式　在 TT 方式的接地系统中，必须满足下式的要求：

$$R_A \cdot I_a \leqslant U$$

式中　R_A——接地阻抗

I_a——按上表所规定时间切断电流要求的断路器的动作电流

U——按上表所规定的接触电压

对于 TT 方式，一般推荐采用漏电断路器。

(3) IT 方式　车间内所有电力设备的金属外壳必须全部接在同一接地系统上，并应满足下式要求：

$$R_A \cdot I_a \leqslant U$$

式中　R_A——接在一个接地极上的所有电力设备金属外壳的接地系统的接地阻抗

I_a——在一点接地故障情况下，考虑所有接地装置的全部阻抗的故障电流

U——规定安全接触电压

对 IT 方式，可采用绝缘监视装置、过电流保护装置、漏电断路器或故障电压保护装置等。

八、设计基本知识

1. 工厂生产车间的供电

从生产用电电压等级而言，一般最高为 6000V。中小型电机通常为 380V，而输电网

中都是高压电（有10～330kV范围内七个高压等级），所以从输电网引入电源必须经变压后方能使用。由工厂变电所供电时，小型或用电量小的车间，可直接引入低压线；用电量较大的车间，为减少输电损耗和节约电线，通常用较高的电压将电流送到车间变电室，经降压后再使用。一般车间高压为6000V或3000V，低压为380V。当高压为6000V时，150kW以上电机选用6000V，150kW以下电机选用380V。

生物生产中会使用一些易燃、易爆物料，多数为连续化生产，中途不允许突然停电。为此，根据生物工厂生产工艺特点及物料危险程度的不同，对供电的可靠性有不同的要求。按照电力设计规范，将电力负荷分成三级，按照用电要求从高到低分为一级、二级、三级。其中一级负荷要求最高，即用电设备要求连续运转，突然停电将造成着火、爆炸或机械损坏，或造成巨大经济损失。

2. 供电中的防火防爆

按照GB 50058—2014《爆炸危险环境电力装置设计规范》，关于爆炸性气体环境危险区域划分规定，根据爆炸性气体混合物出现的频繁程度与持续时间进行分区。对于连续出现或长时期出现爆炸性气体混合物的环境定为0区，对于在正常运行时可能出现爆炸性气体混合物的环境定为1区，对于在正常运行时不太可能出现爆炸性气体混合物的环境，或即使出现也仅是短时存在的情况定为2区。在设计中如遇下列情况则危险区域等级要作相应变动，离开危险介质设备在7.5m之内的立体空间，对于通风良好的敞开式、半敞开式厂房或露天装置区可降低一级；封闭式厂房中爆炸和火灾危险场所范围由以上条件按建筑空间划分，与其相邻的有门墙的场所，可降低一级；如果通过走廊或套间隔开两道有门的墙，则可作为无爆炸及火灾危险区；而对地坑、地沟因通风不良及易积聚可燃介质区要比所在场所提高一级。

对区域爆炸危险等级确定以后，根据不同情况选择相应防爆电器。属于0区和1区场所都应选用防爆电器，线路应按防爆要求铺设。电气设备的防爆标志是由类型、级别和组别组成。类型是指防燥电器的防爆结构，共分6类：防燥安全型（标志A）、隔爆型（标志B）、防爆充油型（标志C）、防爆通风（或充气）型（标志F）、防爆安全火花型（标志H）、防爆特殊型（标志T）。级别和组别是指爆炸及火灾危险物质的分类，按传爆能力分为四级，以1、2、3、4表示；按自然温度分为五组，以a、b、c、d、e表示。类别、级别和组别按主体和部件顺序标出。比如主体隔爆型3级b组，部件Ⅱ级，则标志为BH3Ⅱb。

工程上常用的防爆电机有AJO_2和BJO_2，它们在中小功率范围内应用较广，是JO_2电机的派生系列，其功率及安装尺寸与JO_2基本系列完全相同，可以互换。AJO_2系列为防爆安全型，适用于在正常情况下没有爆炸性混合物的场所（2区或Q-2级）。BJO_2系列为隔爆型，适用于正常情况下能周期形成或短期形成爆炸性混合物场所（0区、1区或Q-1级）。

生物工程工厂用电系统涉及的问题较为复杂，考虑的因素较多，所以生物工程工厂的用电设备选型和安装，一定要由电力系统的专业人士设计和主持安装。电力系统科学设计和安装，是安全生产的基本要求，必须高度重视。

第三节　发酵工厂洁净蒸汽系统设备

发酵工厂蒸汽主要应用于原料蒸煮、设备和发酵基质灭菌、产品的蒸馏或浓缩等。大型生物工厂需求的蒸汽量较大，是主要的耗能单元。蒸汽的产生、蒸汽的输送等均需要专业设备。

一、发酵工厂洁净蒸汽

工业生产中蒸汽主要由蒸汽锅炉产生，这种蒸汽称为生蒸汽或活蒸汽。生产过程中产生的蒸汽称为二次蒸汽，例如加热浓缩过程中产生的二次蒸汽。水蒸发直接产生的蒸汽处于饱和状态，称为饱和蒸汽。饱和蒸汽在同一压力下进一步加热，使蒸汽温度升高，则得到过热蒸汽，显然过热蒸汽是处于不饱和状态。根据压力大小不同，蒸汽分为低压蒸汽（蒸汽压力＜1.5MPa）、中压蒸汽（蒸汽压力 1.5～6.0MPa）和高压蒸汽（蒸汽压力＞6.0MPa）。高压蒸汽常作为动力源。发酵工厂的用汽压力大都在 7×10^5 Pa 以下，有的只有（2～3）$\times10^5$ Pa。

发酵工厂使用的蒸汽要求蒸汽压力稳定，波动范围小，以保证热加工过程的稳定性。通过稳压阀和缓冲罐来实现蒸汽的相对稳定。其次应尽可能供给干饱和蒸汽，即蒸汽应维持一定的干度。以蒸汽为热源的操作中主要是利用蒸汽的冷凝潜热，蒸汽的干度越大，相同量下释放的热量越多。蒸汽在送往生产车间的过程中，由于热量损失，有冷凝水产生，若不除去，则将影响热效，甚至冷凝水随着汽流高速流动而产生“锤击”（冷凝水局部阻塞后，蒸汽突破阻塞产生的冲击）现象，严重时损坏管道及设备。可通过分汽缸或在管道上设置疏水通道达到分离冷凝水的目的。另外，应保持蒸汽流量稳定，且含较少的冷凝水，以提高蒸汽的热效率。

二、蒸汽用量

蒸汽用量包括工艺用量和非工艺用两部分的蒸汽用量，然后乘以裕量系数，再加上管网热损失，计算出锅炉的最大负荷。计算公式如下：

$$Q = K_0(K_1Q_1 + K_2Q_2 + K_3Q_3 + K_4Q_4)$$

式中　Q——最大计算热负荷，t/h

Q_1——生产最大热负荷，t/h

Q_2——空调及通风最大热负荷

Q_3——采暖最大热负荷，t/h

Q_4——生活最大热负荷，t/h

K_0——管网热损失及锅炉房自用蒸汽系数，取 1.1～1.5

K_1——生产热负荷同时使用系数，取 0.7～0.8

K_2——空调及通风热负荷同时使用系数，取 0.9～1.0

K_3——采暖热负荷同时使用系数，取 1

K_4——生活热负荷同时使用系数，取 0.5；如与生产用热时间错开，可取 0

三、蒸汽锅炉及分类

1. 锅炉及组成

锅炉是指利用各种燃料、电或者其他能源，将所盛装的液体加热到一定的参数，并承载一定压力的密闭设备。锅炉是利用燃料（固体燃料、液体燃料和气体燃料）燃烧释放的化学能转换成热能，且向外输出热水或蒸汽的换热设备，也有一些用电加热的电锅炉。锅炉由“锅”和“炉”两大部分组成。“锅”是指汽水流动系统，包括锅筒、集箱、水冷壁以及对流受热面等，是换热设备的吸热部分；“炉”是指燃料燃烧空间及烟风流动系统，包括炉膛、对流烟道以及烟囱等，是换热设备的放热部分。

2. 锅炉的分类

锅炉有多种分类方法，主要的分类方法有以下几种。

（1）按用途分类

①发电锅炉：是指用于火力发电的锅炉。火力发电机组由蒸汽锅炉、汽轮机、发电机三大动力设备构成。锅炉产生的高温、高压蒸汽经过汽轮机做功，使蒸汽的热能转换机械能，汽轮机带动发电机高速旋转发电，此时机械能转换成电能。

电厂用来发电的锅炉，一般容量较大，现在主力机组为600MW，目前较先进的是超临界锅炉，容量可达1000MW。电站锅炉主要有两类：煤粉炉和循环流化床锅炉。这两类锅炉是目前电站所用的主要类型。流化床炉和煤粉炉的最大区别是液体和煤块粉状。流化床锅炉（简称CFB），其燃烧机理是把固态的燃料流体化，使它具有液体的流动性质促成燃烧，可以加石灰或煤矸石除硫，比较环保。循环流化床锅炉燃烧的是煤颗粒，对锅炉的磨损比较严重，维修费用一般都挺高。

电站煤粉炉，只是把煤磨细成煤粉，然后用空气吹入炉膛燃烧。因燃烧的是粉末，故对锅炉磨损较小，比循环流化床锅炉易于控制，给锅炉加压或降压的时候，它的反应时间比循环流化床快。

②工业锅炉：是指锅炉产生的高温热载体（蒸汽、高温水以及有机热载体）供工业生产过程中应用，如酿酒、造纸、纺织、木材、食品、化工等；工业锅炉常见的是循环流化床锅炉。

③生活锅炉：是指锅炉产生的热水、蒸汽供人们生活之用，如取暖、洗浴、消毒等。

（2）按介质循环方式分类

①自然循环锅炉：在自然循环锅炉中，汽包、下降管、下联箱、蒸发受热面（有的还包括上联箱和汽水导管）构成水循环回路。下降管布置在炉外，不受热。蒸发受热面由布置在炉内的水冷壁管组成，也称之为上升管。上升管内汽水混合物的密度比下降管内水的密度小得多，介质正是依靠这种密度差而产生的动力保持流动的，不需消耗任何外力，所以这种锅炉称为自然循环锅炉。

汽水混合物进入汽包进行分离，未汽化的水与给水混合后继续参加水循环。自然循环锅炉除了给水泵的功率消耗较小之外，由于汽包使蒸发受热面和过热器之间有了固定的分界点，并且蓄热和蓄水能力大，故对自动调节的要求比直流锅炉低，给水带入的盐分可用排污方式除掉，对水处理的要求也比直流锅炉低，所以自然循环锅炉成为目前世界各国最为广泛应用的一种锅炉。

②强制循环锅炉：在循环回路中加装循环水泵，就可以增加介质的流动推动力，形成控制循环锅炉。在控制循环锅炉中，循环流动压头要比自然循环时增强很多，可以比较自由地布置水冷壁蒸发面。控制循环锅炉的循环倍率为3～10。

③直流锅炉：直流锅炉是指靠给水泵压力，使给水顺序通过省煤器、蒸发受热面（水冷壁）、过热器并全部变为过热水蒸汽的锅炉。由于给水在进入锅炉后，水的加热、蒸发和水蒸汽的过热，都是在受热面中连续进行的，不需要在加热中途进行汽水分离。因此，它没有自然循环锅炉的汽包。在省煤器受热面、蒸发受热面和过热器受热面之间没有固定的分界点，随锅炉负荷变动而变动。

没有汽包（锅筒），由给水泵的压力使给水经预热、蒸发到过热，一次流经各级受热面而产生额定参数和容量蒸汽的电厂锅炉。其蒸发区的循环倍率为1。

（3）按燃烧方式分类

①层燃锅炉：是指燃料在炉排上进行燃烧的锅炉，包括固定炉排炉、链条炉排炉以及往复炉排炉等，其燃料主要是煤。

②室燃锅炉：是指燃料以粉状（固体燃料，例如煤粉）、雾状（液体燃料，例如油）或气态（气体燃料，例如天然气）随同空气喷入炉膛（燃烧室）进行悬浮燃烧的锅炉。

③循环流化床锅炉：循环流化床锅炉燃烧所需的一次风和二次风分别从炉膛的底部和侧墙送入，燃料的燃烧主要在炉膛中完成，炉膛四周布置有水冷壁用于吸收燃烧所产生的部分热量。由气流带出炉膛的固体物料在气固分离装置中被收集并通过返料装置送回炉膛。

（4）按燃料分类

①燃煤锅炉：以煤为燃料的锅炉。

②燃油锅炉：以石油产品如柴油、重油、渣油为燃料的锅炉。

③燃气锅炉：以气体燃料如天然气、城市煤气以及工业废气为燃料的锅炉。

（5）按照结构形式分类

①水管锅炉：是指火焰或烟气在受热面管外面流动加热，介质则在受热面管内流动吸热的锅炉。

②锅壳锅炉：受热面主要布置在锅壳内，且火焰或烟气则在受热面管内流动加热，而介质则在受热面管外吸热的锅炉。

四、工业锅炉的选择

1. 选择要点

（1）锅炉的蒸汽参数（蒸汽供应总量和蒸汽供应最大效率）应满足生产、生活、空调与采暖通风的要求。

（2）热负荷较大的应选用大容量的锅炉。锅炉一般不应只选用1台，以免发生故障而影响生产，最少应为2台。

（3）必须根据锅炉的类型选择燃料。目前我国工业锅炉以燃煤为主。燃烧方式有层燃烧炉、半悬浮燃烧炉、悬浮燃烧炉及沸腾燃烧炉。各种燃烧方式各有优缺点及适应性。目前工业锅炉大部分为层燃烧和半悬浮燃烧。

（4）选择锅炉时必须考虑供货情况，锅炉的订货应考虑维护或维修的便利程度。

2. 工业锅炉型号说明

按 GB 1921—80 规定，工业蒸汽锅炉的系列标准是：额定蒸发量≤65t/h，出口蒸汽压力≤21.45MPa，出口蒸汽温度≤400℃。

工业锅炉的型式代号、燃烧方式及燃料种类的代号见表 3-3-7、表 3-3-8 和表 3-3-9。

表 3-3-7　锅炉型式代号

锅炉本体型式	代号	锅炉本体型式	代号
立式水管	LS（立、水）	单汽包纵置式	DZ（单、纵）
卧式内燃	WN（卧、内）	双汽包纵置式	SZ（双、纵）
卧式快装锅炉	KZ（快、纵）	热水锅炉	RS（热水）
分联箱横汽包	FH（分、横）	废热锅炉	FR（废热）
双汽包横置式	SH（双、横）	强制循环锅炉	QZ（强制）

表 3-3-8　燃烧方式代号

燃烧方式	代号	燃烧方式	代号
固定炉排	G（固）	下饲炉排	A（下）
活动手摇炉排	H（活）	往复推饲炉排	W（往）
链条炉排	L（链）	沸腾炉	F（沸）
抛煤机	P（抛）	半沸腾炉	B（半）
倒转炉排加抛煤机	D（倒）	燃室炉	S（室）
振动炉排	Z（振）	旋风炉	X（旋）

表 3-3-9　燃烧种类代号

燃烧品种	代号	燃烧品种	代号
无烟煤	W（无）	气体	Q（气体）
贫煤	P（贫）	木柴	M（木）
烟煤	A（烟）	稻糠	D（稻）
劣质烟煤	L（劣）	甘蔗渣	G（甘）
褐煤	H（褐）	煤矸石	S（石）
油	Y（油）		

目前，在我国工业锅炉中，卧式快装锅炉（KZ 型，又称卧式水、火管锅炉）是使用最广泛的一种锅炉。这种锅炉又分为Ⅰ型和Ⅱ型两种。Ⅰ型锅炉由于缺点多，已停止制造，原有的锅炉需要改造，方可使用。这两种锅炉的蒸发量有 0.5、1、1.5、2 和 4t/h 几种；工作压力有 0.784MPa 和 1.974MPa 两种。

卧式快装锅炉的主要优点是；结构紧凑、体积较小、金属耗量低；适应燃料范围较广（可燃用贫煤、无烟煤）；产生蒸汽轻快，故调整负荷方便：热效率较高（不低于 75%），节省燃料；安装和搬迁方便。但也存在相对水容积较小、水质要求较高、烟气阻力大（须装引风机）、局部结构不够合理等缺点。

如图 3-3-11，是常见的卧式煤锅炉的结构示意图。工业卧式煤锅炉的规格很多，现将其中部分比较普遍的锅炉的主要规格及代号列于表 3-3-10。

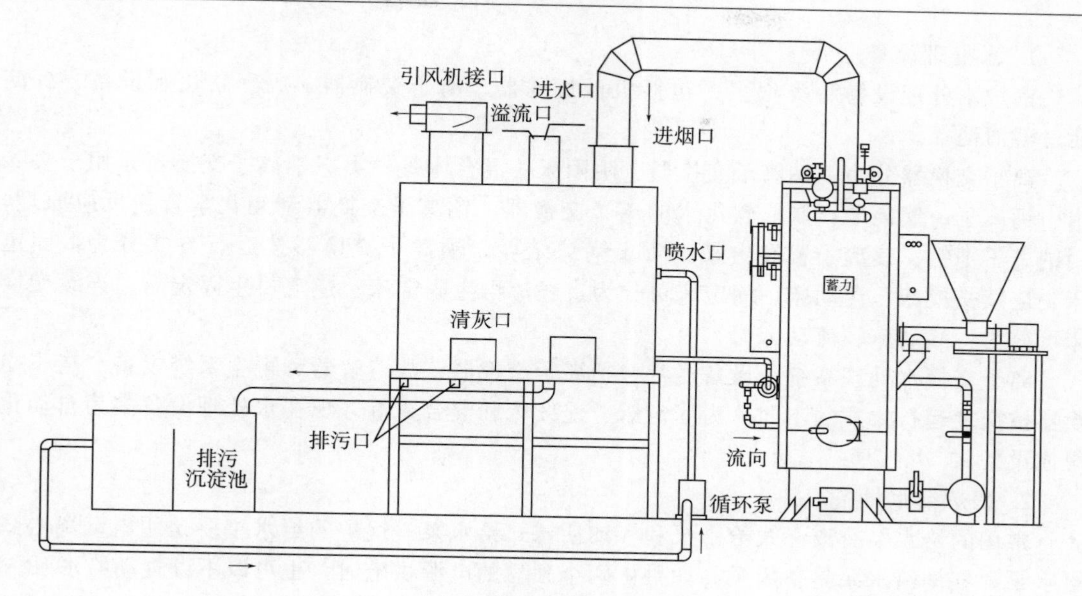

图 3-3-11　卧式煤锅炉

表 3-3-10　部分 KZ 型锅炉的主要规格

型号	传热面积/m^2	炉排有效面积/m^2	省煤器传热面积/m^2	炉膛容积/m^2	设计热效率/%	锅炉金属质量/t	外形尺寸（长×宽×高）/m
KZG 0.2－5	12	0.45	—	—	—	2.3	2.4×1.6×2.3
KZG 0.5－8	20	0.88	—	—	70	4.2	3.1×1.8×2.4
KZG 0.5－8	19.2	1.09	—	2.28	69	8.5	4.5×2×3.8
KZL 1－8	31.7	2	—	—	74	10.3	5.4×2×2.6
KZL 2－8	56.4	3	—	4	76	13.78	6.5×2.5×4.5
KZL 2－13	56.2	3	13.8	4.35	75	—	7×3×4.4
KZL 4－13	103	4.55	27.8	3.24	80	20.2	7×4.9×4.8
WNG 1－8	34	1.2	—	0.5	70	5.1	4.3×2.6×3.1
WNG 2－13	72	2.24	—	1.2	74	12	5.5×2.8×3
WNG 4－13	146.2	5.2	—	3	74	19	5.9×3.3×3.8

五、锅炉供水

水质不达标，会给锅炉带来巨大危害。水在锅炉内受热后沸腾蒸发的结果，为水中的杂质提供了化学反应和不断浓缩的条件。当这些杂质在锅水中达到饱和时，便有固体物质析出。所析出的固体物质，如果悬浮在锅水中，就称为水渣；如果牢固地附着在受热面上，则称为水垢。人们称水垢为锅炉的“百害之源”，关键是水垢的导热性太差。锅炉因水垢引起的事故，占锅炉事故总数的20%以上，不但造成设备损失，也威胁着人身安全。据美国统计资料介绍，锅炉进行水处理，从全局讲是“一本万利”的事，而水处理的基建和运行费用，占各项费用的四分之一。

1. 水处理设备

锅炉水处理设备种类很多，包括机械过滤器、离子交换器、成套软化水设备、沉淀池、澄清池等。

离子交换器分为：钠离子交换器、阴阳床、混合床等种类。钠离子交换器是用于去除水中钙离子、镁离子，制取软化水的离子交换器。钠离子交换器利用化学置换反应原理，用钠离子把钙、镁离子置换出来，防止锅炉结垢。钠离子交换器按运行方式分为：固定床、连续交换床、浮动床。固定床可分为：顺流再生固定床、逆流再生固定床。连续交换床可分为：移动床、流动床。

离子交换水处理系统的设备通常包括离子交换器、盐溶解器和再生系统设备。离子交换器按交换运行方式的不同分为固定床、连续床和混合床等。现在水处理设备多为自动化集成设备。

2. 锅炉给水设备

常用的给水泵有离心式给水泵和气动活塞式给水泵。锅炉的给水主要是用电动离心式给水泵，气动给水泵是备用泵。如果由两个独立的电源供电时，也可以不设气动给水泵。

电动离心式给水泵起动前应先往泵里灌满水，起动后旋转的叶轮带动泵里的水高速旋转，水做离心运动，向外甩出并被压入出水管。水被甩出后，叶轮附近的压强减小，在转轴附近就形成一个低压区。这里的压强比大气压低得多，外面的水就在大气压的作用下，冲开底阀从进水管进入泵内。冲进来的水在随叶轮高速旋转中又被甩出，并压入出水管。叶轮在动力机带动下不断高速旋转，水就源源不断地从低处被抽到高处。

常用的是 DG 型低中压锅炉泵，输送液体流量为 6～162m^3/h，扬程为 90～696m，可输送的热水温度为 105～160℃。

3. 水质指标

用来表示水中杂质含量的指标称为水质指标。锅炉给水的水质主要指标如下。

（1）悬浮物　水中的固体杂质，主要由矿物质（如泥沙、铁质）和有机物（主要是动植物残余体）形成。

（2）盐类　水中含盐类的总和，即水中全部阴离子与阳离子的总和。其单位有两种：一是毫克当量/L；二是 mg/L。含盐量＜200mg/L 称为低含盐量水；200～500mg/L 称为中等含盐量水；500～1000mg 称为较高含盐量水；＞1000mg/L 称为高含盐量水。

我国一半以上的水源为低含盐量水，其他都是中等含盐量水。地下水大部分是中等含盐量水。

（3）硬度　水硬度，又称地下水硬度，指水中 Ca^{2+}、Mg^{2+} 的含量。水中常见的结垢物质一般为钙、镁离子，其单位用 mg/L 表示。硬度又分为暂时硬度（醋酸盐硬度）和永久硬度（非碳酸盐硬度）两类。暂时硬度和永久硬度之和称为总硬度。用符号 H 来表示总硬度。

天然水按其总硬度可以分为：低硬度水（硬度＜1mg/L）；较低硬度水（硬度1～3 mg/L）；中等硬度水（硬度 3～6mg/L）；高硬度水（硬度 6～9mg/L）；极高硬度水（硬度＞9mg/L）。

（4）碱度　表示水中 OH^-、$CO_3{}^{2-}$、HCO_3^- 以及其他一些弱酸盐类的总和，又称为总碱度。其单位用 mmol/L 来表示，符号 A。

(5) pH　定义为氢离子浓度的负对数。用来表示溶液中酸碱性的强弱程度。

此外，为了防止油污对结水的影响和溶解氧对锅炉的腐蚀，在工业锅炉的水质指标中对含油量、含氧量都有具体的规定。

4. 水质标准

锅炉属于特殊的压力容器，它对水质有严格的要求。水质标准同锅炉类型、蒸汽品质、运行费用、使用寿命、锅炉排污热损失等有关。一般要通过长期运行或试验后才能拟定水质标准。我国《工业锅炉水质》(GB/T 1576—2018) 包括以下几个项目：结水、悬浮物、总硬度、pH、台油量、溶解氧、炉水、总碱度、溶解固形物、PO_4^{3-}、相对硬度、pH。具体见表 3-3-11。燃油和燃气锅炉的水质标准另有规定（详见 GB/T 1576—2018)。

表 3-3-11　　燃煤锅炉的水质标准

项目	给水		炉水	
	炉内加药处理	炉外加药处理	炉内加药处理	炉外化学处理
悬浮物浓度/（mg/L)	≤20	≤5		
总硬度/（mg/L)	≤3.5			
总碱度/（mmol/L)			8～20	≤20
pH，25℃	>7	>7	10～12	10～12
溶解固形物/（mg/L)			<5000	<5000
相对碱度			<0.2	<0.2

《工业锅炉水质》的应用范围为：额定出口蒸汽压力≤2.45MPa 的固定式蒸汽锅炉（不包括直流锅炉），也包括热水锅炉。它既适用于设计、制造中的锅炉，也包括改造和运行中的锅炉。

六、运煤除渣设备

1. 运煤设备

供热锅炉燃用的煤，一般是由火车、汽车或船舶把煤从煤矿运来，而后用人工或机械的方法将煤卸到锅炉房附近的贮煤场，再通过各种运煤机械把煤运送到锅炉房。运煤系统是从卸煤开始，经煤场整理、输送破碎、筛选、磁选、计量，直至将煤输送到炉前煤仓供锅炉燃用。

锅炉房运煤系统是从卸煤开始的。锅炉房贮煤场卸煤及转运设备的设置应根据锅炉房的耗煤量和来煤运输方式确定。对于火车和船舶运煤，采用机械化方式卸煤；对于汽车运煤，则采用自卸汽车或人工卸煤。从煤场到锅炉房和锅炉房内部的运煤设计规范应按运煤量大小确定不同的方式。耗煤量不大的锅炉房可选用系统简单、投资少的电动葫芦吊煤罐和简易小翻斗上煤的运煤系统；耗煤量较大的锅炉房可选用单斗提升机、埋刮板输送机。

2. 除渣设备

灰渣是煤经过燃烧后的残余物。通常把从炉排上清除出的或炉后渣斗中的残余物称为渣，飞出炉膛的残余物称为灰。锅炉房除灰系统就是将从锅炉渣斗、灰槽、除尘器、烟囱底部积灰等各部分收集的灰渣运至渣场或贮渣斗，然后定期将它运走或加以综合利用。

人工除灰（即灰渣的装卸和运输）都依靠人力进行。由于灰渣温度高、灰尘飞扬，故应先用水浇湿，然后再由人工从灰渣室铲入小车，推到灰渣场进行处理。人工除灰方式的工作条件恶劣、工人劳动强度大、卫生条件差，通常仅适用于蒸发量在 4t/h 以下的小容量锅炉。

采用机械除灰系统时，炽热的灰渣必须用水冷却，大块灰渣还得适当破碎后才能进入除渣装置。通常锅炉灰渣落入锅炉灰渣斗中，经马丁除渣机、斜轮式除渣机碎渣后，再由输送设备如皮带输送机、水封刮链输送机、水力除灰渣设备等运送至灰渣场。

七、鼓、引风机

锅炉的鼓、引风机有离心式和轴流式两类。鼓风机和引风机的作用不同是由安装的部位决定的，引风机位于锅炉的后端，向锅炉外的烟道鼓风，对炉膛产生负压，对烟气起导引作用，所以称为引风机；鼓风机相反，位于锅炉的前端，向锅炉内鼓风，所以称为送风机或鼓风机。风机的种类很多，一般有离心式、轴流式，还有罗茨风机。一般锅炉引、送风机都是离心式风机。

八、锅炉除尘设备

1. 电气除尘器

电气除尘器是高压静电除尘器，里面布置有阴极和阳极，通上数万伏的直流高压，烟尘通过电极时就会吸附在极板上，积多了以后掉落在下方灰斗中，除尘器出来的就是干净的烟气，是火力发电厂必备的配套设备。

电气除尘器是将燃灶或燃油锅炉排放烟气中的颗粒烟尘加以清除，从而大幅度降低排入大气层中的烟尘量，这是改善环境污染、提高空气质量的重要环保设备。它的工作原理是烟气通过电除尘器主体结构前的烟道时，使其烟尘带正电荷，然后烟气进入设置多层阴极板的电除尘器通道，进而将烟尘吸附除去。电气除尘器还能用于高温、高压场合的烟气净化及高湿度的气体净化处理。电气除尘器具有运行可靠、维护简单、阻力小、耗能低的优点，但钢材耗量大、占地面积大、投资高。

2. 文丘里除尘器

文丘里除尘器是一种湿式除尘器。文丘里除尘器由文丘里管和水膜除尘器组成。其工作原理和工作过程是：含尘烟气以一定速度进入文丘里管，在文丘里管的收缩段中得到加速，在喉管中与喷水混合。进入扩散管段后，气流速度减缓，此时含尘水滴相互碰撞凝聚，并在水膜除尘器中离心分离，从而达到除尘目的。

3. 旋风除尘器

旋风除尘器是除尘装置的一类。除尘机理是使含尘气流做旋转运动，借助于离心力将尘粒从气流中分离并捕集于器壁，再借助重力作用使尘粒落入灰斗。旋风除尘器的各个部件都有一定的尺寸比例，每一个比例关系的变动，都能影响旋风除尘器的效率和压力损失，其中除尘器直径、进气口尺寸、排气管直径为主要影响因素。在使用时应注意，当超过某一界限时，有利因素也能转化为不利因素。另外，有的因素对于提高除尘效率有利，但却会增加压力损失，因而对各因素的调整必须兼顾。

第四节　发酵工厂洁净制冷系统设备

生物工业某些生产过程需要在低温下进行，如菌种保藏、热不稳定产品保存、冷冻干燥等，这就需要生物工程工厂配备制冷设备。通常温度高于－100℃时为一般制冷，低于－100℃为深度制冷。生物工业中所用的制冷温度多在－100℃以上，一般采用单级压缩或双级压缩制冷系统。压缩机为制冷系统中的核心设备，只有通过压缩机将电能转换为机械功，把低温低压气态制冷剂压缩为高温高压气体，才能得到低温制冷剂。

一、压缩式制冷循环

1. 压缩式制冷循环系统

利用沸点很低的制冷剂相态变化过程所发生的吸放热现象，借助于压缩机的抽吸压缩、冷凝器的放热冷凝、节流阀的节流降压、蒸发器的吸热汽化的不停循环过程，达到使被冷对象温度下降目的。

压缩式制冷循环实质上是一种逆向卡诺循环，运行过程包括压缩（1）、冷凝（2）、膨胀（3）和蒸发（4）4 个阶段，其制冷流程如图 3-3-12 所示。系统中的制冷剂饱和蒸汽（通常为氨）被压缩机吸入压缩，再进入冷凝器内被冷凝为液体而放出热量。液体制冷剂经膨胀阀后，压力降低，这时将有小部分液体吸热汽化，使制冷剂温度降低，低温液体进入蒸发器吸收周围介质（载冷剂）热量而汽化为气体，气体再进入压缩机被压缩，完成一个循环过程。为了使整个系统稳定循环，一般还都设置了抽分离器、贮氨罐、液氨分离器等附属设备。单级压缩制冷循环中制冷剂的状态变化如图 3-3-13 所示。

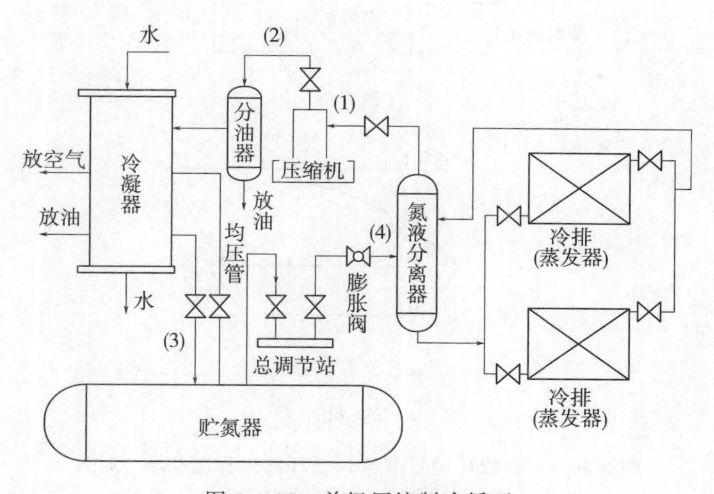

图 3-3-12　单级压缩制冷循环

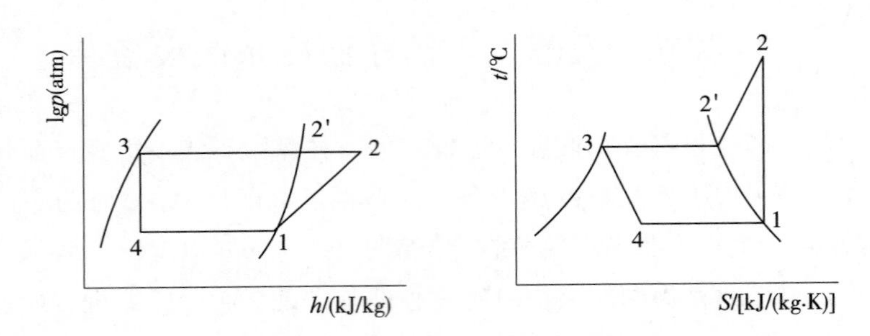

图 3-3-13 单级压缩制冷压焓图和温熵图

1→2 在压缩机中压缩（等熵过程） 2→2′ 在冷凝器中冷却（等压过程）

2′→3 在冷凝器中冷凝（等压等温过程） 3→4 在膨胀阀中节流降压（等焓过程）

4→1 在蒸发器中沸腾蒸发吸热（等压等温过程）

当制冷温度较低时，则压缩机应在高压缩比（压缩机出口压力 p_1 与进口压力 p_2 的比值）条件下工作。此时若采用单级压缩制冷，则压缩终了时气体的温度很高，会引起运行上的困难，这种情况下，可采用双级压缩制冷，流程图及 $p-h$ 曲线如图 3-3-14 所示。一般当压缩比 $p_1/p_2>8$ 时，采用双级压缩较为经济合理。对于氨压缩机，当蒸发温度在 -25℃以下或冷凝压力大于 2×10^5 Pa 时，宜采用双级压缩制冷。

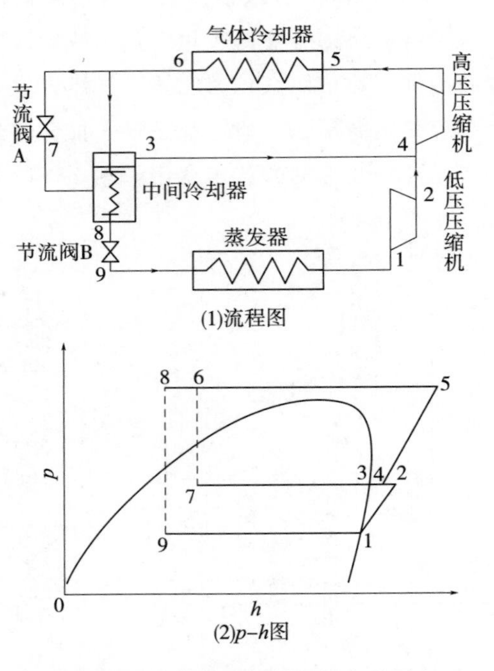

图 3-3-14 双级压缩带节流阀循环的流程图和 $p-h$ 图

压缩式制冷循环中，制冷量 Q_0（制冷剂在蒸发器中吸收的热量）与压缩机所消耗的机械功 L 的比值称为制冷效率，可由下式计算：

$$\varepsilon = \frac{Q_0}{L} = \frac{T_0}{T - T_0} \tag{3-3-2}$$

式中　ε——制冷效率

Q_0——制冷量，kJ/h

L——压缩机所消耗的功，kJ/h

T_0——制冷剂在蒸发器中的蒸发温度，K

T——制冷剂在冷凝器中的冷凝温度，K

制冷机的制冷量可用下式计算：

$$Q_0 = G \cdot q_0 \tag{3-3-3}$$

式中　q_0——每 1kg 制冷剂的制冷量，kJ/kg

G——制冷剂在制冷机中的循环量，kJ/h

则制冷机的理论功率 N_T（kW）为：

$$N_T = \frac{Q_0}{3600\varepsilon} \tag{3-3-4}$$

2. 制冷剂

制冷剂又称为制冷工质，它是在制冷系统中不断循环并通过其本身的状态变化以实现制冷的工作物质。制冷剂在蒸发器内吸收被冷却介质（水或空气等）的热量而汽化，在冷凝器中将热量传递给周围空气或水而冷凝。

制冷剂是制冷系统中借以吸取被冷却介质（或载冷剂）热量的介质，对制冷剂的要求是；①沸点低，沸点应低于 10℃。在蒸发器内的蒸发压力应大于外界大气压；冷凝压力不超过 1.2～1.5MPa；单位体积产冷量大；密度和黏度小；导热和散热系数高；蒸发比容小，潜热大；②与水互溶，无腐蚀金属作用，化学性能稳定，高温下不分解；③无毒性、无窒息性、无刺激作用，且易于取得，价格低廉。

目前常用的制冷剂有氨和几种氟利昂。氨主要用于冷冻厂、制药厂、酵母厂等发酵工厂的制冷系统。F-12 及 F-22 多用于冰箱、空调机、双级压缩系统及冷库。氨是一种有毒性，并且能燃烧和爆炸的中温制冷剂，但具有易于获得、价格低廉、压力适中、单位体积制冷量大、不溶解于润滑油中、易溶于水、放热系数高、在管道中流动阻力小等特点，因此被广泛采用。氟利昂制冷剂是饱和碳氢化合物的卤素衍生物的总称，种类多，性能差异大。氟利昂制冷剂共同的特性有：不易燃烧、绝热指数小、排汽温度低、相对分子质量大、适用于离心式压缩机，但价格昂贵、放热系数低、单位体积制冷量小，因而制冷剂的循环量大。表 3-3-12 列出了几种常用制冷剂的性能。

表 3-3-12　　常用的几种制冷剂的性能

制冷剂名称	氨	F-11	F-12	二氧化碳
化学分子式	NH_3	CCl_3F	CCl_2F_2	CO_2
沸腾温度/℃	−33.3	23.6	−29.8	−78.5
凝固温度/℃	−77.7	−111.1	−158.2	−56.5
临界温度/℃	132.4	198	111.5	31
临界压力（绝对）/MPa	11.43	4.38	4.01	7.39

续表

制冷剂名称	氨	F-11	F-12	二氧化碳
－15℃时蒸发压力（绝对）/MPa	0.236	0.021	0.183	2.29
－15℃蒸发，30℃冷凝的压缩比（p_k/p_0）	4.94	6.19	4.075	3.14
－15℃时汽化热/（kJ/kg）	1312.4	191.8	161.6	260.7
制冷系数	4.87	5.23	4.7	2.56
使用温度范围/℃	－60～10	0～10	－60～10	－60～0

3. 载冷剂

以间接冷却方式工作的制冷装置中，将被冷却物体的热量传给正在蒸发的制冷剂的物质称为载冷剂。载冷剂通常为液体，在传送热量过程中一般不发生相变。但也有些载冷剂为气体，或者液固混合物，如二元冰等。直接制冷用大量的制冷剂，制冷剂一般对环境的友好程度低，如氟利昂、氨气等，因此间接制冷是节能环保的一种方式。

载冷剂在制冷系统的蒸发器中被冷却，然后被泵送至冷却设备内。吸收热量后．返回蒸发器中。载冷剂必须具备以下条件：①凝固点低；②热容量大；③腐蚀性小。常用的载冷剂有氯化钠、氯化钙水溶液、酒精和乙二醇等。氯化钠价格便宜，但对金属的腐蚀性较大。氯化钙溶液对金属的腐蚀性较小。采用乙醇、乙二醇作为载冷剂可以避免腐蚀现象。

二、制冷系统设备

1. 制冷压缩机

制冷式压缩机可以分为容积式和离心式。

（1）容积式制冷压缩机　容积式制冷压缩机有往复活塞式制冷压缩机和回转式制冷压缩机两种类型。

往复活塞式制冷压缩机活塞的往复运动改变汽缸的工作容积，设备构造可以分为封闭式、半封闭式和开启式。

回转式制冷压缩机靠回转体的旋转运动来改变汽缸的工作容积，分为三类：滚动转子式、涡旋式和螺杆式。

图 3-3-15 是活塞式压缩机工作原理图。压缩机进气阀门装在活塞的顶部，电机带动的曲轴连杆使活塞上下运动。当活塞向下运动时，装在安全板上的排气阀门关闭，气缸内的压力减小，其压力较吸气管中的压力低，则吸气阀门被打开，低压管中的氨气进入气缸中。当活塞向上运动时，气缸内氨气压力逐渐增大，吸气阀门自动关闭，随着活塞上

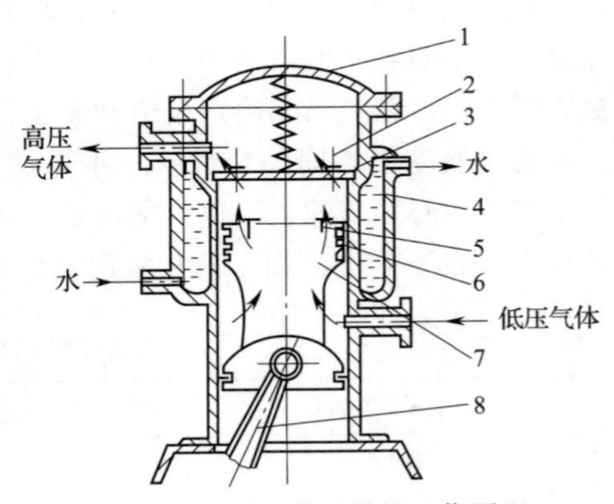

图 3-3-15　活塞式压缩机工作原理

1—上盖　2—排气阀门　3—样盖　4—水套　5—吸气阀门　6—活塞环　7—活塞　8—连杆

移，气体压力大于冷凝器压力时，顶开安全板上的排气阀门，氨气被压入高压管路中。在气缸外部设有水套，冷却气缸，当压缩机运转时，用水进行冷却。

压缩机在运行中，由于气缸内存有余隙，吸气、排气时有气阀阻力，气缸壁与制冷剂之间发生热交换。压缩机运动部件的摩擦、吸气阀或排气阀泄漏等都会使压缩机的实际吸气体积 V_P 小于理论体积 V_T，二者的比值称吸气系数用“λ”表示，即：

$$\lambda = \frac{V_P}{V_T} \tag{3-3-5}$$

对于大型立式氨压缩机，$\lambda = 0.81 \sim 0.92$，且冷凝温度越低，λ 越大；而蒸发温度越低，则 λ 越小。高速（720r/min）多缸制冷压缩机 λ 可用以下经验公式计算；

$$\lambda = 0.94 - 0.085\left[\left(\frac{p_1}{p_0}\right)^{\frac{1}{n}} - 1\right] \tag{3-3-6}$$

式中　p_1—— 冷凝压力，Pa

p_0—— 蒸发压力，Pa

n——多变压缩指数，对于氨，$n=1.28$；$F-12$，$n=1.13$；$F-22$，$n=1.18$

活塞式制冷压缩机按气缸直径分为 50，70，100，125，170mm 5 种基本型号，其中 50，70，100 三种系列可做成半封闭式（压缩机的机体与电动机外壳联成一体，构成一封闭机壳）。比较新的制冷压缩机有 8AS－17、8AS－12.5、8AS－10 型氨压缩机。

8AS－17 型是中小型氨制冷压缩机系列中制冷量最大的一种，标准制冷量为 18.4×10^5 kJ/h，结构型式为扇形，八缸、单作用、逆流式。气缸直径 17cm，活塞行程 14cm，额定转速 720r/min；8AS－12.5 型氨压缩机，标准制冷量为 88×10^5 kJ/h，型式为扇形、八缸、单级、逆流式，缸径 12.5cm，活塞行程 10cm；8AS－10 型氨压缩机标准制冷量 3.9×10^5 kJ/h，缸径 10cm，活塞行程 7cm，额定转速有 960r/min 与 1440r/min 两种。

立式双作用氨压缩机有瑞士 ICV-280 型、2CV-250 型、比利时 2V25、丹麦 ACT-17、ACT-20；立式单作用氨压缩机有捷克 2SN300AD、2SN200AC，丹麦 TSA-165、VV 型；单作用氨压缩机有丹麦 SMC-16-100、SMC-8-100、TSMC-8-180。

（2）离心式制冷压缩机　离心式制冷压缩机靠离心力的作用，连续将吸入的气体压缩。制冷量最大可达 30000kW，用于大型空调制冷设备中。离心式制冷压缩机工作稳定，性能高，寿命长，制冷能力大，可进行无级调节。

2. 冷凝器

冷凝器的作用是使高温高压过热气体冷却，冷凝成高压氨液，并将热量传递给周围介质。冷凝器有卧式冷凝器、立式冷凝器、套管冷凝器、外喷淋蛇管冷凝器等。

氨卧式冷凝器常为双程列管式换热器。传热系数 $K=700 \sim 900$W/（m^2·℃），单位热负荷 $q_F=3500 \sim 4100$W/m^2。单位面积冷却水用量 $W_F=0.5 \sim 0.9m^3$/（m^2·h），最高工作压力 20×10^5Pa，冷却水用量少，可以装在室内，操作方便，但水管清洗不方便，只适用于水质较好的地区。氨立式壳管冷凝器应用较多，结构如图 3-3-16 所示，是一钢板圆柱壳体，两端焊有管板各一块，壳体内部有 Φ51mm×3mm 或 Φ38mm×3mm 的无缝钢管与管板固定。冷却水自顶部进入配水箱，经分水器沿管子内壁顺流而下，形成膜状分布在管内表面；可用河水冷却而不易堵塞。氨气则自壳体中上部引入，冷凝后从壳体下部引出。冷凝器上有氨气进口、氨液出口、安全阀、放空间、放油阀、压力表、均压管和混合气体出口等。传热系数 K、单位热负荷 q_F 与卧式冷凝器相近。冷却水用量 $W_F=1.0\sim1.7m^3/(m^2\cdot h)$，最高工作压力 20×10^5Pa，立式冷凝器占地面积小，清洗列管方便，可安装在室外，但用水量较大。常用的立式冷凝器有 LN-20，35，50，75，100，125，150，250m² 传热面积，以及 LNA-35～LNA-300m² 传热面积等规格。

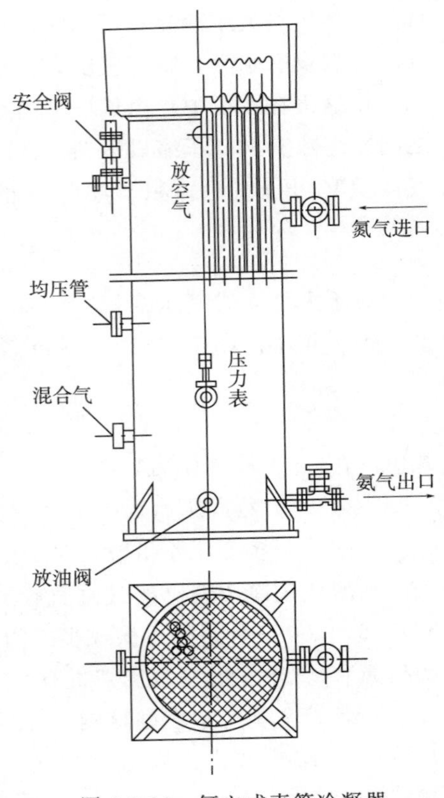

图 3-3-16　氨立式壳管冷凝器

喷淋排管冷凝器由盘管组成，盘管上装设 V 形配水槽，常安装在露天或屋顶上，传热系数 $K=600\sim800W/(m^2\cdot℃)$，单位热负荷 $q_F=3000\sim3500W/m^2$，用水量 $W_F=0.8\sim1.0m^3/(m^2\cdot h)$，这种冷凝器的优点是结构简单，用水量少，但占地面积大，极少使用。螺旋板式冷凝器的传热系数 $K=950\sim1000W/(m^2\cdot℃)$，单位热负荷 $q_F=5200\sim1000W/m^2$，冷却水用量 $W_F=1.1m^3/(m^2\cdot h)$。这种冷凝器结构紧凑，不易堵塞，但水侧阻力较大，已用于冷冻系统中。

3. 膨胀阀与蒸发器

膨胀阀又称为节流阀，高压液氨通过膨胀阀节流而降压，使液氨由冷凝压力降低到所要求的蒸发压力，液氨汽化吸热，使其本身的温度降低到需要的低温，再送入蒸发器。常用的手动膨胀阀有针形阀（公称直径较小）和 V 形缺口阀（公称直径较大）两种，如图 3-3-17。螺纹为细牙，阀门开启度变化较小，阀孔有一定形状和结构，一般开度为 1/8～1/4 周，不超过一周。手动膨胀阀按公称直径的大小选用。热力膨胀阀是一种能自动调节液体流量的节流膨胀阀，它是利用蒸发器出口处蒸汽的过热度来调节制冷剂的流量。小型氟利昂制冷机（电冰箱）多采用热力膨胀阀。

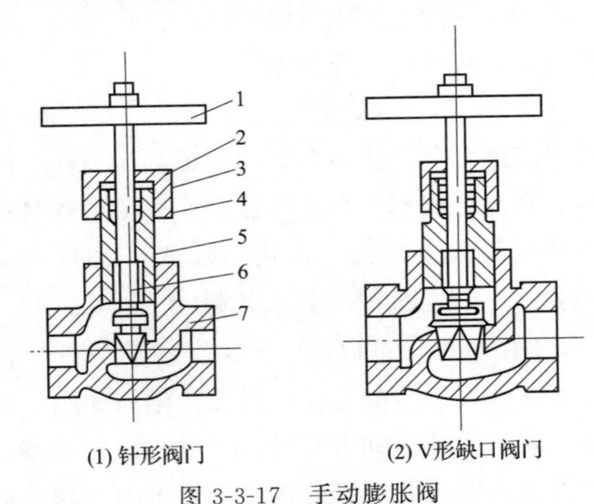

图 3-3-17　手动膨胀阀

1—手轮　2—螺母　3—钢套筒　4—填料　5—铁盖　6—铁阀杆 7—外壳

常用的蒸发器有立管式及卧式两种，另外还有冷却空气的蒸发器。

立管式蒸发器如图 3-3-18 所示，分别由 2～8 个单位蒸发器组成，每个单位蒸发器由上下两支水平总管、中间焊接许多直立短管制成，有 10，15，20，40$m^2$4 种蒸发面积规格。立式蒸发器的型号有 LZ-20～LZ-300 型。其蒸发面积有 20，30，40，60，90，120，200，240，320m^2等规格。整个蒸发器有输液总管、回气总管、氨液分离器、集油器及远距离液面指示器等接头。蒸发器里装有搅拌器以维持流速，使载冷剂（盐水或酒精溶液）在箱内循环。水箱下部有排水管，底及四周有绝热层。传热系数 $K=500\sim600\text{W}/(\text{m}^2\cdot℃)$，单位热负荷$q_F=2300\sim2900\text{W}/\text{m}^2$。

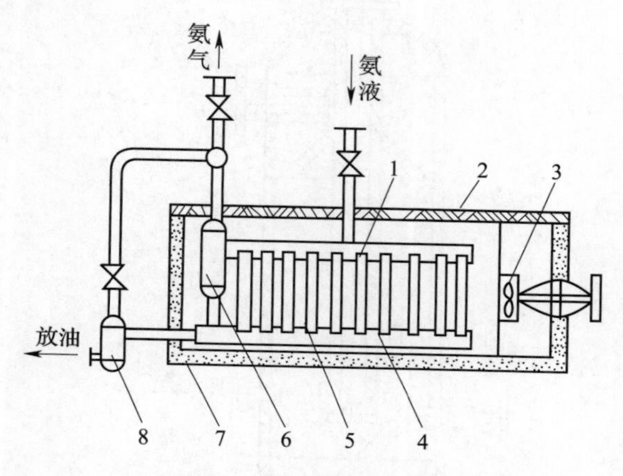

图 3-3-18　立管式蒸发器

1—上总管　2—木板盖　3—搅拌器　4—下总管　5—直立短管　6—氨液分离器　7—软木　8—集油器

立管中氨的循环路线如图 3-3-19。氨液自上部通过导液管进入蒸发器，导液管插入直立粗管中，保证液体先进入下总管，再进入立管，立管中液位几乎达到上总管。由于细管的相对传热面大，汽化剧烈，保证了制冷剂的循环，从而提高了蒸发器的传热效果。卧式壳管式蒸发器的结构与卧式壳管式冷凝器相似。

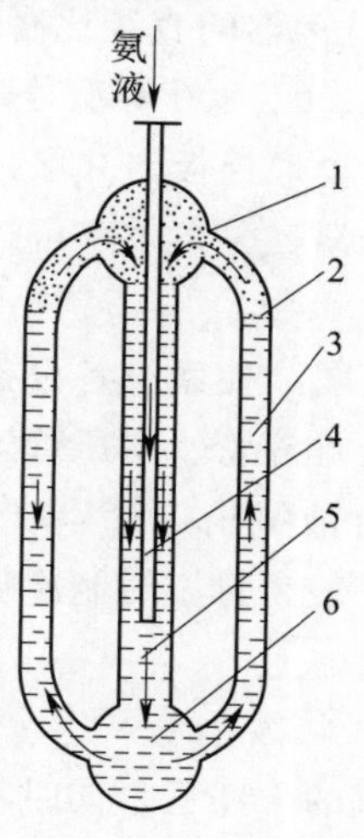

图 3-3-19　立管中氨的循环路线

1—上总管　2— 液面　3—直立细管　4—导液管　5—直立粗管　6—下总管

4. 油氨分离器

油氨分离器的作用是除去压缩后氨气中携带的油雾。油雾分离器有洗涤式、填料式及离心式等几种。洗涤式是惯性型分离器，如图 3-3-20 所示。其原理是利用油氨的密度不同，在突然改变流速和方向时，由于油的密度较氨大而下降聚集在底部。

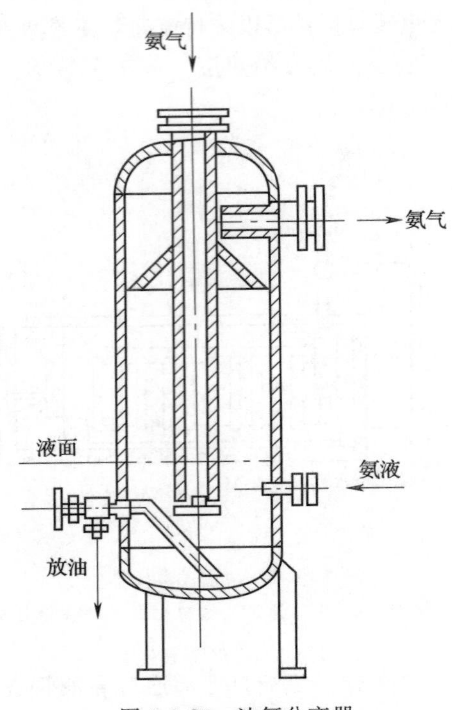

图 3-3-20　油氨分离器

通常在压缩机和油氨分离器之间的管路内，氨气流速为 12～20m/s，而进入油氨分离器后的速度为 8～10m/s。一般油氨分离器的直径比高压进气管径大 4～5 倍。这种分离器有 YF-40、50、70、80、100、125、150、200 等型号，型号数字表示氨气进口管径。为了提高分离效果，在油氨分离器内设有伞形挡板，并保持一定的氨液液位，压缩后的氨气通入油氨分离器的氨液内，进行洗涤降温，分离效率可达 95%。

5. 贮氨罐

贮氨罐贮存和供应制冷系统的液氮，使系统各设备内有均衡的氨液量，以保证压缩机的正常运转。高压贮氨罐与冷凝器的排液管、均压管连接。卧式贮氨罐是一个由圆柱形钢板壳体及封头焊接而成的容器，装有液氨出口管、放空气管、安全阀、放油阀、排污阀、液位镜、压力表等。容器的容量，一般为每小时制冷循环量的 1/3～1/2，氮液装入量不应超过容量的 80%。

6. 气液分离器

气液分离器的作用是维持压缩机的干冲程，同时将送入冷却排管（蒸发器）液体内的气体分出，以提高制冷效率。气液分离器安装在较高位置，高出冷却排管 0.5～2m，最好高出 1～2m，这样液体的压力可以克服管路阻力而流入冷却管内，气体在冷却排管至气液分离器的运动速度为 8～12m/s，而在气液分离器内的运动速度为 0.5～0.8m/s。气液分离器有卧式和立式两种（图 3-3-21、图 3-3-22），高径比 $H/D=3～4$。

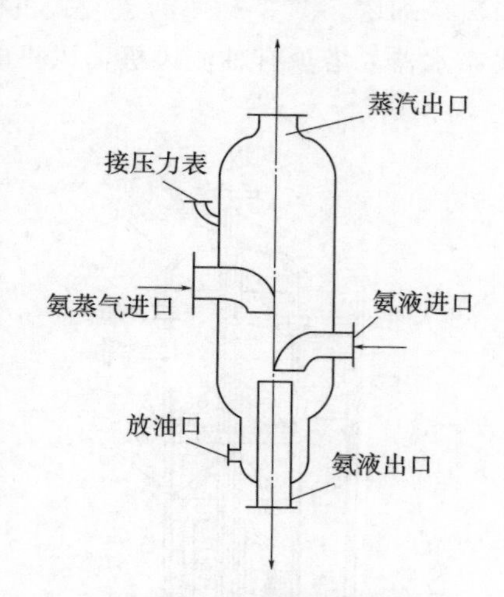

图 3-3-21　立式氨液分离器

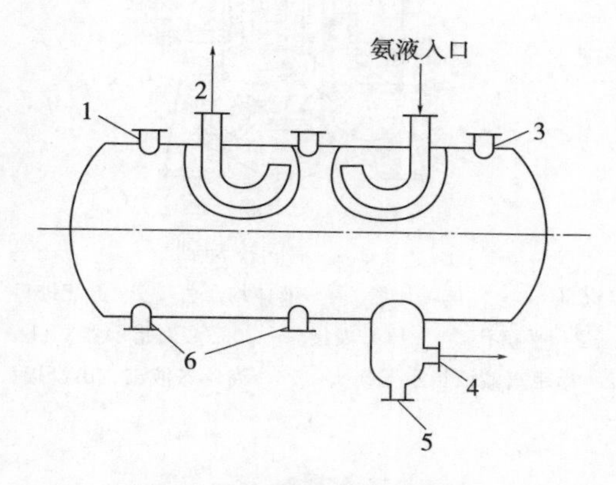

图 3-3-22　卧式氨液分离器

1、6—均压管　2—排液回气管　3—接压力表　4—放油管　5—排液管（氨液入口）

7. 中间冷却器

中间冷却器在双组制冷系统中的主要作用是冷却低压级压缩机排出的过热蒸汽，使过热蒸汽冷却到中压下的饱和气体状态。此外，还可借中间冷却器内氨液与盘管的热交换，使去冷却设备的氨液在膨胀阀之前得到过冷。

中间冷却器如图 3-3-23 所示，容器内设有盘管，利用低温氨液冷却来自高压贮氨罐内的氨液，以提高单位重量制冷量。用浮球阀控制，使液面比进气管高 150～200mm。平衡孔的作用是使容器内的压力与进气管内的压力平衡，防止氨液倒流到低压缩机的排气管。氨气进入管上焊有伞形挡板，用以分离进入高压压缩机氨气中夹带的氨液和润滑油。氨气在中间冷却器内空隙（进气管与容器壁之间隙）的流速应不超过 0.5m/s。

8. 水冷却装置

水冷却装置的作用是冷却由氨冷凝器排出的循环水。水冷却装置有三种类型；喷水池、自然通风冷却塔、机械通风冷却塔。图 3-3-24 为点波式机械通风填料冷却塔。塔体中部放置填料，上部安装旋转式布水器。塔顶有轴流风机，风机的轴、尾部和接线盒用环氧树脂密封。

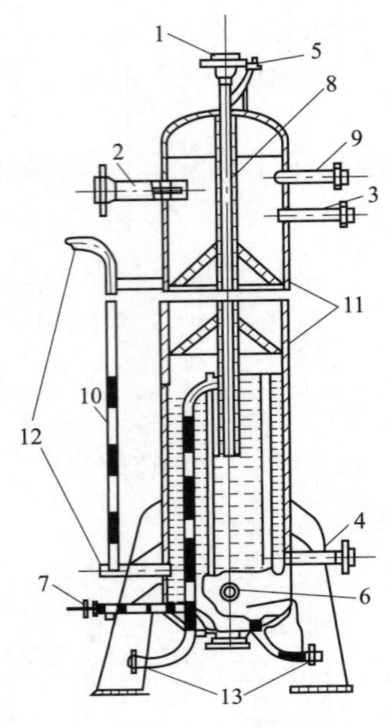

图 3-3-23　中间冷却器

1—进汽口　2—出汽口　3—气体均压管　4—液体均压管　5—氨液进口　6—排液管进口
7—放油管接头　8—平衡孔　9—压力表接头　10—液面指示器　11—伞形多孔挡板
12—远距离液面指示器接头　13—高压氨液进、出口接头

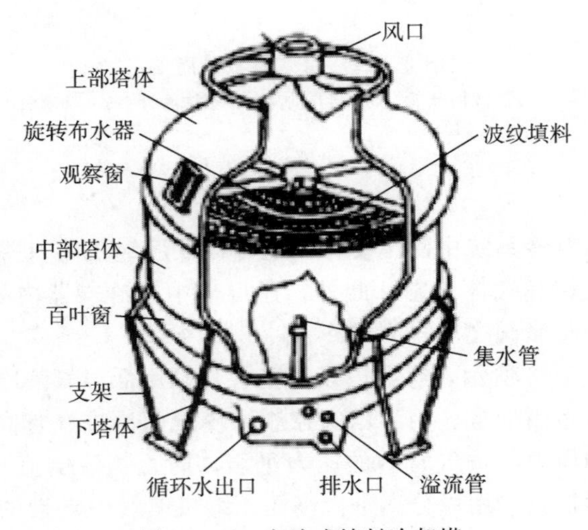

图 3-3-24　点波式填料冷却塔

三、耗冷量计算

以啤酒厂发酵间耗冷量计算为例，每小时冷耗总量为：

$$Q_T = \sum Q_1 + \sum Q_2 + \sum Q_3 + \sum Q_4 + \sum Q_5 \qquad (3\text{-}3\text{-}7)$$

式中　Q_T——冷耗总量，kJ/h

$\sum Q_1$——发酵间外部围护结构散失的冷量，kJ/h

$\sum Q_2$——冷却发酵液所消耗的冷量，kJ/h

$\sum Q_3$——排走发酵热所消耗的冷量，kJ/h

$\sum Q_4$——因室门打开，室内照明、工作人员、冲洗等所引起的耗冷量，kJ/h

$\sum Q_5$——发酵间通风换气所消耗的冷量，kJ/h

各项计算分别如下。

1. 发酵间外部围护结构散失的冷量

$$\sum Q_1 = \sum AK\ (T_{外} - T_{内}) + Q_r \qquad (3\text{-}3\text{-}8)$$

式中　$\sum A$——四周墙壁、天花板、地面的面积，m^2

K——四周墙壁、天花板、地面的传热系数，kJ/（m^2·h·℃）；K＝1.05～2.50kJ/（m^2·h·℃）

$T_{外} - T_{内}$——墙壁、天花板、地面在夏季时室内外的最大温差，℃

Q_r——由辐射引起的冷损失，kJ/h

2. 冷却发酵液耗冷量

$$\sum Q_2 = \sum\ (m_1 c_1 + m_2 c_2)\ (T_1 - T_2) \qquad (3\text{-}3\text{-}9)$$

式中　m_1——罐质量，kg

c_1——罐材料比热容，kJ/（kg·℃）

m_2——发酵液质量，kg

c_2——发酵液比热容，kJ/（kg·℃）

T_1——发酵液初温度，℃

T_2——发酵液冷却结束后的温度，℃

3. 排走发酵热所消耗的冷量

$$\sum Q_3 = 745G \qquad (3\text{-}3\text{-}10)$$

式中　G——发酵时的降糖量，kg/h；1kg 糖发酵放热为 745kJ

4. 室门打开，室内照明、工作人员、冲洗等所引起的耗冷量

可按发酵液进行估算，如取 0.837kJ/（100kg/h），则：

$$\sum Q_4 = 0.837 m_2 / 100$$

5. 发酵间通风换气耗冷量

可按发酵液进行估算，可取 40kJ/（100kg/h），则：

$$\sum Q_5 = 40 m_2 / 100$$

制冷能力为：

$$Q = \sum Q_{总} / y \qquad (3\text{-}3\text{-}11)$$

式中　$\sum Q_{总}$——总能量，kJ/h

y——安全系数，取 0.7

思考题

1. 生物工业用水有何要求？

2. 生物工业用水处理一般可分为哪几个部分？

3. 水的过滤装置有哪几种？每种装置的结构是什么？

4. 什么是水的软化？什么是水的脱盐？水的软化及脱盐装置有哪几种？简单介绍其原理。

5. 水中杂菌过多会有哪些不利影响？水的杀菌方式有哪几种？

6. 工业供水方式有哪几种？

7. 工厂供配电系统主要由哪些设备组成？列举几种一次设备和二次设备。

8. 蒸汽锅炉可分为哪几类？

9. 工业锅炉如何选择？锅炉供水有何要求？水的硬度过高，会给锅炉带来哪些不利影响？

10. 锅炉除尘设备有哪些？每种设备的除尘特点是什么？

11. 常用的制冷压缩机有哪几类？

12. 常用的制冷剂和载冷剂有哪些？哪些制冷剂或载冷剂相对更环保？

13. 制冷系统中膨胀阀有何作用？

14. 简述制冷系统的工作过程和制冷原理是什么？

参考文献

[1] 吴思方．生物工程工厂设计概论［M］．北京：中国轻工业出版社，2015.

[2] 郑美玲．真空冷冻干燥食品［J］．食品工业科技，1994（2）：58-61.

[3] 无锡轻工业学院等．食品工厂机械与设备［M］．北京：中国轻工业出版社，1991.

[4] 戚义政，汪叔雄．生化反应动力学与反应器（第二版）［M］．北京：化学工业出版社，1999.

[5] 梁尚勇．食品冷冻干燥及其发展．食品工业科技，1995（1）：70-73.

[6] 姬德衡．食品加工用水［J］．食品与机械．1994（4）：23-25.

[7] 马荣朝，杨晓清．食品机械与设备［M］．北京：科学出版社．2012.

[8] 吴业正．制冷原理及设备（第二版）［M］．西安：西安交通大学出版社，2010.

[9] 史惠祥．实用水处理设备手册［M］．北京：化学工业出版社，2000.

第四章　生物工程工厂清洁生产

第一节　清洁生产概述

一、清洁生产的内涵和意义

清洁生产是指不断采取改进设计、使用清洁的能源和原料、采用先进的工艺技术与设备、改善管理、综合利用等措施，从源头削减污染，提高资源利用效率，减少或者避免生产、服务和产品使用过程中污染物的产生和排放，以减轻或者消除对人类健康和环境的危害（图 3-4-1）。

企业实施清洁生产其目的是将综合预防的环境策略持续地应用于生产过程、产品和服务中，以期减少对人类和环境的风险性。对工业企业来说，应在生产、产品、服务中最大限度地做到："节能、降耗、减污、增效"。

在清洁生产概念中包含了四层涵义。

（1）清洁生产的目标是节省能源、降低原材料消耗、减少污染物的产生量和排放量；

（2）清洁生产的基本手段是改进工艺技术、强化企业管理，最大限度地提高资源、能源的利用水平和改变产品体系，更新设计观念，争取废物最少排放及将环境因素纳入服务中去；

（3）清洁生产的方法是排污审核，即通过审核发现排污部位、排污原因，并筛选消除或减少污染物的措施及产品生命周期分析；

（4）清洁生产的终极目标是保护人类与环境，提高企业自身的经济效益。

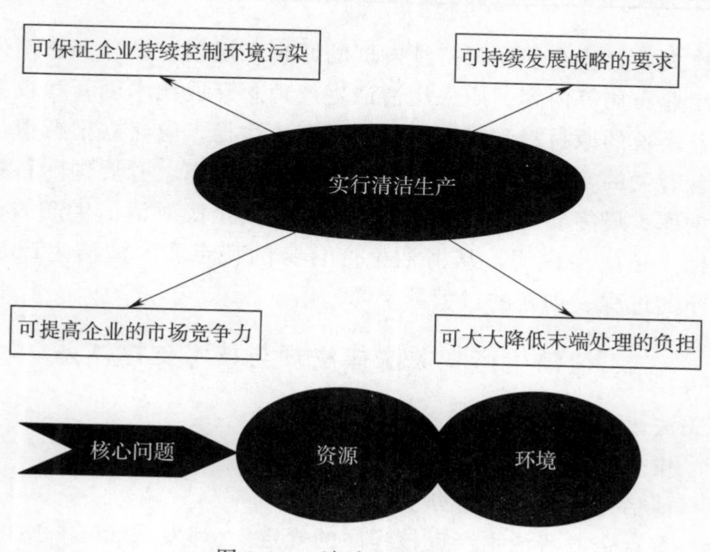

图 3-4-1　清洁生产的意义

企业通过实施清洁生产，在发展工业的同时，削减了有害物质的排放，减少了对人类健康和环境的风险，可减少生产工艺过程中的原材料和能源消耗，降低生产成本，使得经济与环境相互协调，经济效益与环境效益统一。而在末端治理中，企业投入了大量的人力、物力、财力，结果并不理想，不能从根本上解决工业污染问题。同时在相当大的程度上制约了企业的进一步发展。

清洁生产的基本目标就是提高资源利用效率，减少和避免污染物的产生，保护和改善环境，保障人体健康，促进经济与社会的可持续发展。对于企业来说，应改善生产过程管理，提高生产效率，减少资源和能源的浪费，限制污染排放，推行原材料和能源的循环利用，替换和更新导致严重污染、落后的生产流程、技术和设备，开发清洁产品，鼓励绿色消费。引入清洁生产方式应是实现这些目标的关键，但是当末端治理方案构成合理对策的一部分时，也应当加以采用（表 3-4-1）。

表 3-4-1　　清洁生产与末端治理的比较

控制过程	生产全过程控制，产品生命周期全过程控制	污染物达标排放控制，总量控制
产污量	明显减少	间接减少
排污量	减少	减少
资源利用率	提高	比较项目
资源消耗量	减少	增加污染治理的消耗
比较项目	清洁生产	末端治理
产品产量	增加	无显著变化
产品成本	降低	增加污染治理费用
经济效益	增加	用于治理污染使经济效益降低
污染治理费用	减少	随排放标准日趋严格，其治理费用将增加
污染转移	无	有可能
目标对象	开发者、生产者、消费者	企业及周围环境

从更高的层次来看，应当根据可持续发展的原则来规划、设计和管理生产，包括工业结构、增长率和工业布局等内容。应采用清洁生产理念开展技术创新和攻关，为解决资源有限性和未来日益增长的原材料和能源需求提供解决途径；应建立推行清洁生产的合理管理体系，包括改善有关的实用技术，建立人力培训规划机制，开展国际科技交流合作，建立有关的信息数据库；最终要通过实施清洁生产，提高全民对清洁生产的认识，最终实现可持续发展的目标。还应当说明，从清洁生产自身的特点看，清洁生产是一个相对的概念，是个持续不断的过程、创新的过程。

二、清洁生产相关法律法规与技术支撑体系

清洁生产相关法律法规包括：

（1）2003 年《中华人民共和国清洁生产促进法》

（2）2004 年《清洁生产审核暂行办法》

（3）2005 年《重点企业清洁生产审核程序的规定》（环发［2005］151 号）

（4）2008 年《关于进一步加强重点企业清洁生产审核的通知》（环发［2008］60 号）

（5）2010年《关于深入推进重点企业清洁生产审核的通知》（环发［2008］54号）

（6）2012年6月《中华人民共和国清洁生产促进法（修订）》

2012年修订的《中华人民共和国清洁生产促进法》第三十九条规定："不实施强制性清洁生产审核或者在清洁生产审核中弄虚作假的，或者实施强制性清洁生产审核的企业不报告或者不如实报告审核结果的，由县级以上地方人民政府负责清洁生产综合协调的部门、环境保护部门按照职责分工责令限期改正；拒不改正的，处以五万元以上五十万元以下的罚款。"

清洁生产相关技术支撑体系有：

（1）企业清洁生产审核方法学

（2）行业清洁生产审核指南

（3）行业清洁生产标准

（4）需重点审核的有毒有害物质名录（两批）

（5）重点企业清洁生产行业分类管理目录

（6）国家重点行业清洁生产技术导向目录

（7）国家清洁生产专家库

（8）行业清洁生产评价指标体系

例：发酵行业清洁生产评价指标体系（试行）

《清洁生产标准 酒精制造业 HJ 581—2010》

《清洁生产标准 啤酒制造业 HJ/T 183—2006》

企业清洁生产实施与评估流程见图3-4-2。

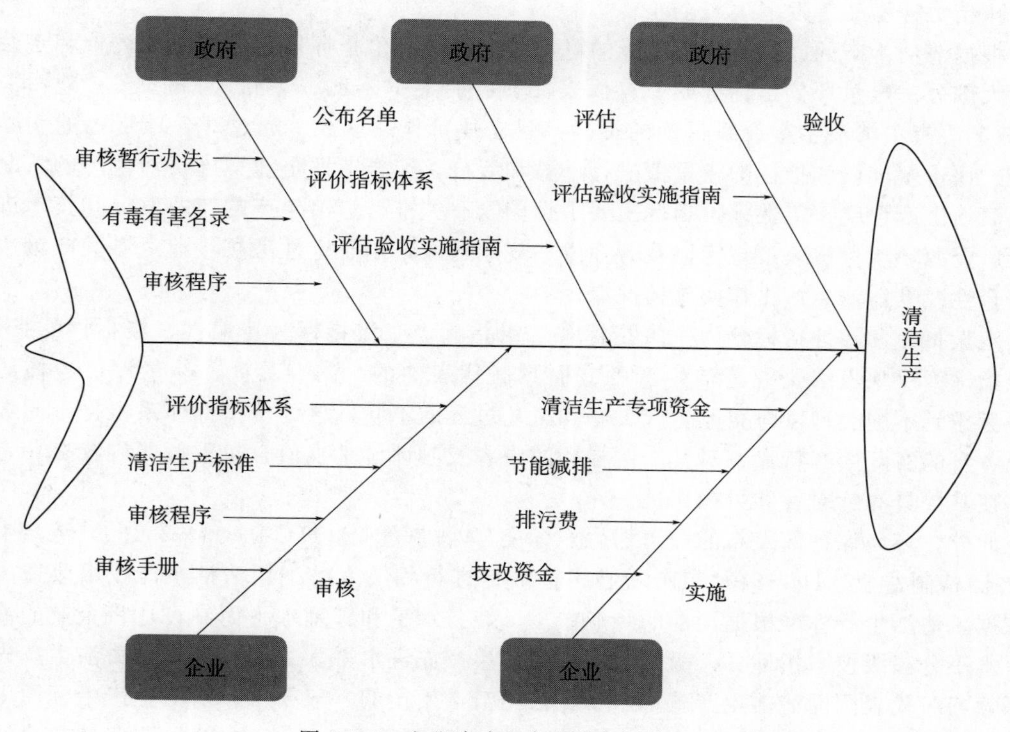

图3-4-2　企业清洁生产实施与评估流程

三、清洁生产审核与评价体系建立

企业的清洁生产审核是一种对污染来源、废物产生原因及其整体解决方案的系统化的分析和实施过程，其目的旨在通过实行预防污染分析和评估，寻找尽可能高效率利用资源（如：原辅材料、能源、水等），减少或消除废物的产生和排放的方法，是企业实行清洁生产的重要前提，也是企业实施清洁生产的关键和核心。持续的清洁生产审核会不断产生各种的清洁生产方案，有利于组织在生产和服务过程中逐步实施，从而使其环境绩效实现持续改进。

通过清洁生产审核，达到：

（1）核对有关单元操作、原材料、产品、用水、能源和废物的资料；

（2）确定废物的来源、数量以及类型，确定废物削减的目标，制定经济有效的削减废物产生的对策；

（3）提高组织对由削减废弃物获得效益的认识和知识；

（4）判定组织效率低的瓶部位和管理不善的地方；

（5）提高组织经济效益、产品和服务质量。

企业实施清洁生产审核是推行清洁生产的重要组成和有效途径。基于我国清洁生产审计示范项目的经验，并根据国外有关废物最小化评价和废物排放审核方法与实施的经验，国家清洁生产中心开发了我国的清洁生产审核程序，包括7个阶段、35个步骤，如图3-4-3所示。

国家发展和改革委员会发布的发酵行业清洁生产评价指标体系（试行）对酒精、味精和柠檬酸企业生产评价指标体系作出了相关规定，该指标体系适用于发酵行业，包括酒精、味精、柠檬酸等发酵生产企业。

根据清洁生产的原则要求和指标的可度量性，该评价指标体系分为定量评价和定性要求两大部分。定量评价指标选取了有代表性的、能集中体现"节能""降耗""减污"和"增效"等有关清洁生产最终目标的指标，建立评价体系模式。通过对各项指标的实际达到值、评价基准值和指标的权重值进行计算和评分，综合考评企业实施清洁生产的状况和企业清洁生产程度。定性评价指标主要根据国家有关推行清洁生产的产业发展和技术进步政策、资源环境保护政策规定以及行业发展规划选取，用于定性考核企业对有关政策法规的符合性及其清洁生产工作实施情况。

定量指标和定性指标分为一级指标和二级指标。一级指标为普遍性、概括性的指标，二级指标为反映发酵企业清洁生产各方面具有代表性的、内容具体、易于评价考核的指标。考虑到不同类型发酵企业生产工序和工艺过程的不同，该评价指标体系根据不同类型企业各自的实际生产特点，对其二级指标的内容及其评价基准值、权重值的设置有一定差异，使其更具有针对性和可操作性。

此外，环境保护部发布的《清洁生产标准 啤酒制造业》HJ/T 183—2006、《清洁生产标准 酒精制造业》HJ 581—2010等技术标准是进行相关发酵工厂清洁生产技术改造的重要依据。清洁生产标准根据当前的行业技术、装备水平和管理水平而制订，将企业的清洁生产水平分三级技术指标：一级代表国际清洁生产先进水平，二级代表国内清洁生产先进水平，三级代表国内清洁生产基本水平。根据清洁生产的一般要求，清洁生产指标原则上分为生产工艺与装备要求、资源能源利用指标、产品指标、污染物产生指标（末端处理前）、废物回收利用指标和环境管理要求等六类。

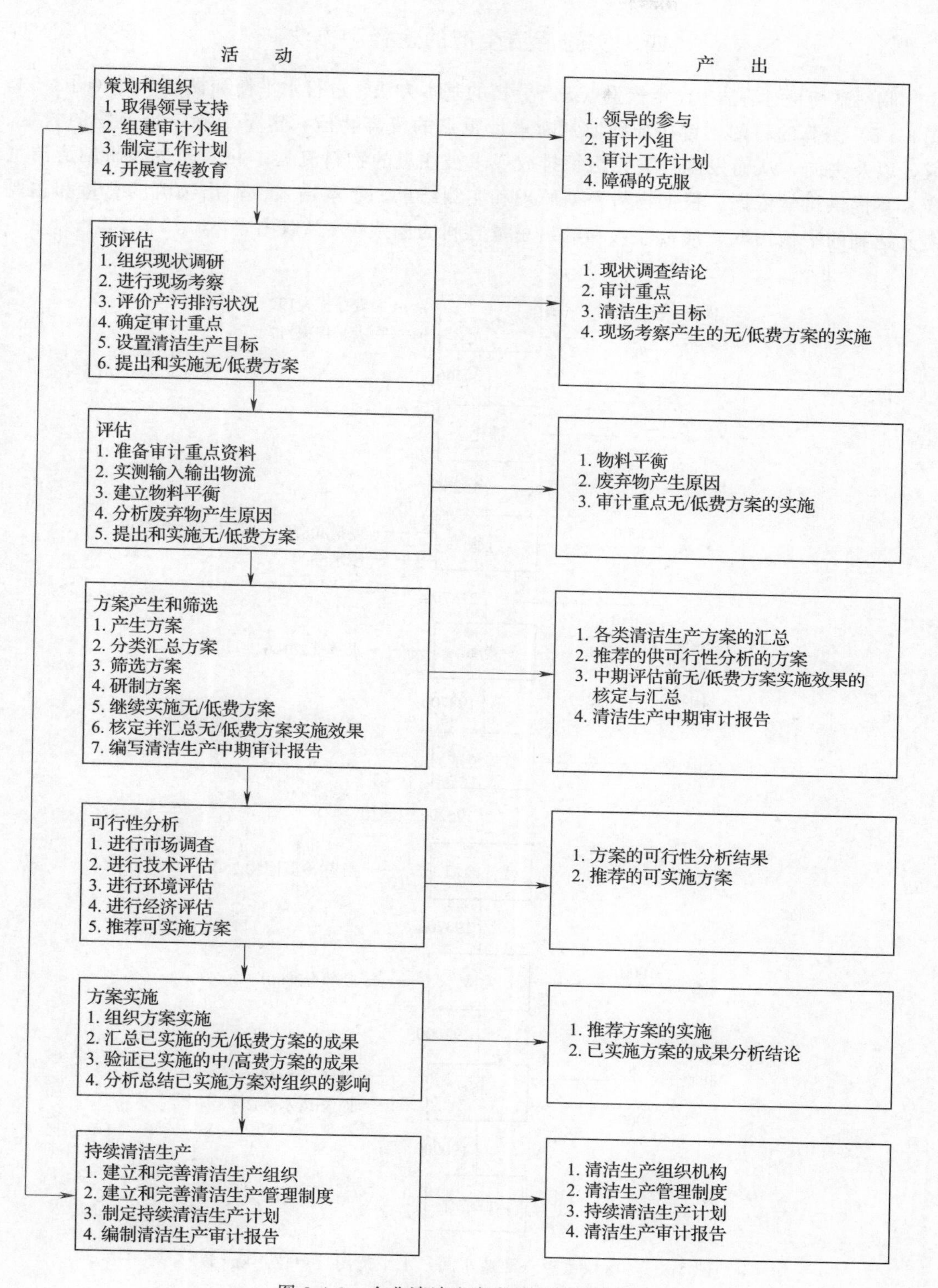

图 3-4-3　企业清洁生产审核工作程序图

四、实施清洁生产的途径和方法

物料平衡是对清洁生产审核重点进行分析的基本方法，进行水平衡和物料平衡（图 3-4-4，图 3-4-5）测算的目的，旨在准确地判断审计重点的废弃物流，定量地确定废弃物的数量、成分以及去向，从而发现过去无组织排放或未被注意的物料流失，并为产生和研制清洁生产方案提供科学依据。根据物料平衡原理和实测结果，考察输入、输出物流的总量和主要组分达到的平衡情况，通常输入和输出总量之间的偏差在 5%以内。

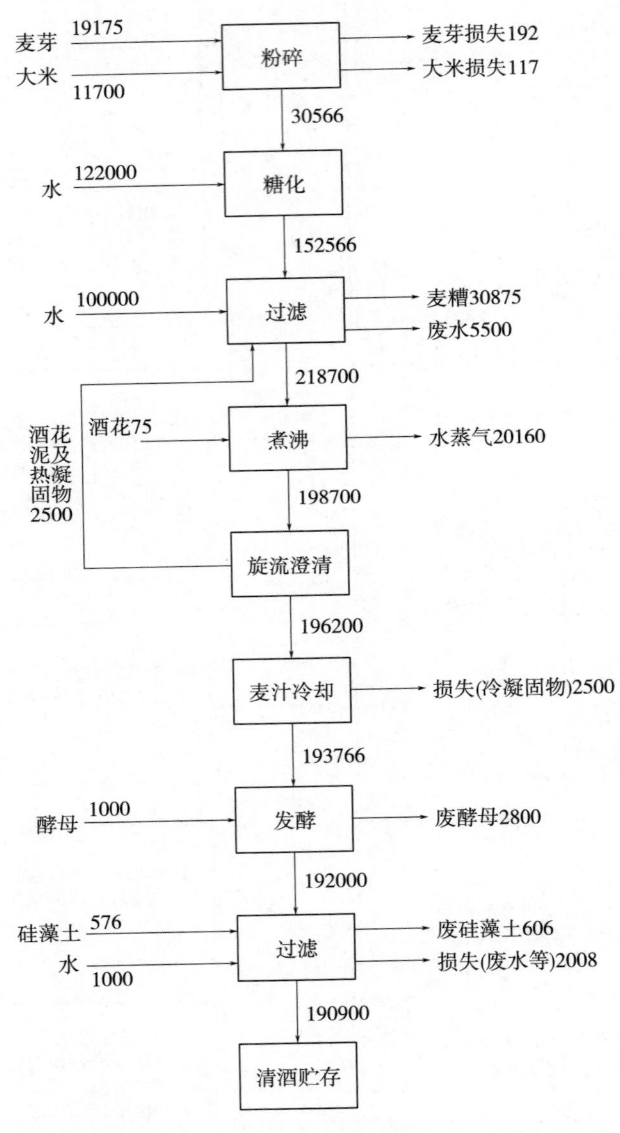

图 3-4-4　审核重点（酿造车间）水平衡图（单位：kg/d）

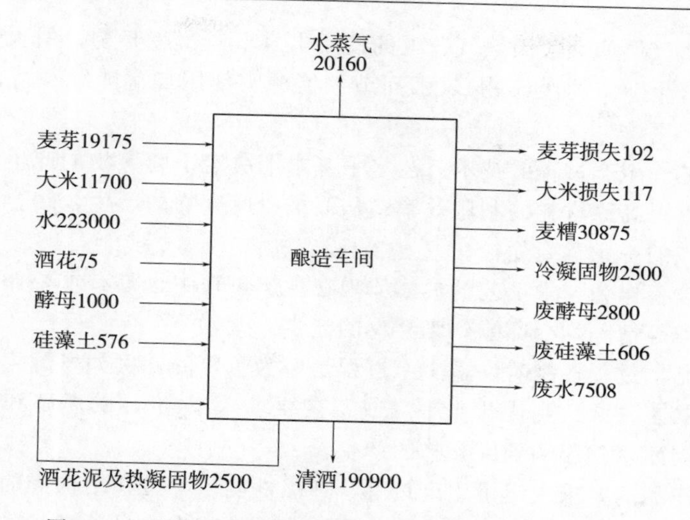

图 3-4-5　审核重点（酿酒车间）物料平衡（单位：kg/d）

在实测输入、输出物流及物料平衡的基础上，寻找废弃物及其产生部位，阐述物料平衡结果，对审计重点的生产过程作出评估。主要内容如下：

（1）物料平衡的偏差；

（2）实际原料利用率；

（3）物料流失部位（无组织排放）及其他废弃物产生环节和产生部位；

（4）废弃物（包括流失的物料）的种类、数量和所占比例以及对生产和环境的影响部位。

针对每一个物料流失和废弃物产生部位的每一种物料和废弃物进行分析，找出它们产生的原因。从图 3-4-6 可以看出废弃物产生环节，对废弃物的产生原因分析可从影响生产过程的八个方面来进行。

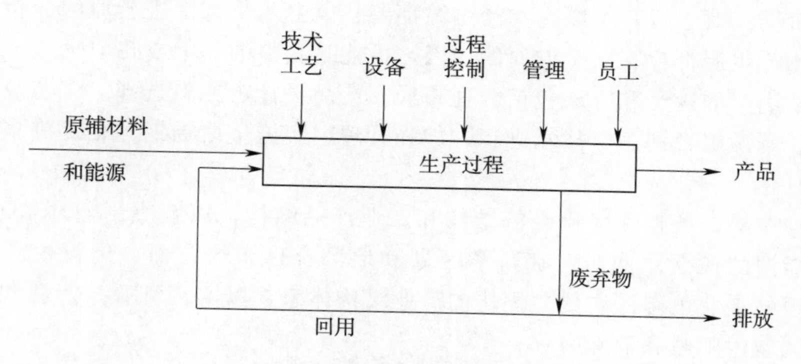

图 3-4-6　废弃物产生环节分析

（1）原辅材料和能源　原材料和辅助材料本身所具有的特性，例如毒性、难降解性等，在一定程度上决定了产品及其生产过程对环境的危害程度，因而选择对环境无害的原辅材料是清洁生产所要考虑的重要方面。同样，作为动力基础的能源，也是每个企业所必须的，有些能源（例如煤、油等的燃烧过程本身）在使用过程中直接产生废弃物，而有些则间接产生废弃物（例如一般天然气、电的使用本身不产生废弃物，但火电、水电和核电的生产过程均会产生一定的废弃物），因而节约能源、使用二次能源和清洁能源也将有利于减少污染物的产生。

（2）技术工艺　生产过程的技术工艺水平基本上决定了废弃物的产生量和状态，先进而有效的技术可以提高原材料的利用效率；从而减少废弃物的产生，结合技术改造预防污染是实现清洁生产的一条重要途径。

（3）设备　设备作为技术工艺的具体体现在生产过程中也具有重要作用，设备的适用性及其维护、保养等情况均会影响到废弃物的产生。

（4）过程控制　过程控制对许多生产过程是极为重要的，例如发酵生产过程中反应参数是否处于受控状态，并达到优化水平（或工艺要求），对产品的产率和优质品的得率具有直接的影响，因而也就影响到废弃物的产生量。

（5）产品　产品的要求决定了生产过程，产品性能、种类和结构等的变化往往要求生产过程作相应的改变和调整，因而也会影响到废弃物的产生，另外产品的包装、体积等也会对生产过程及其废弃物的产生造成影响。

（6）废弃物　废弃物本身所具有的特性和所处的状态直接关系到它是否可现场再用和循环使用。“废弃物”只有当其离开生产过程时才成其为废弃物，否则仍为生产过程中的有用材料和物质。

（7）管理　加强管理是企业发展的永恒主题，任何管理上的松懈均会严重影响到废弃物的产生。

（8）员工　任何生产过程，无论自动化程度多高，从广义上讲均需要人的参与，因此员工素质的提高及积极性的激励也是有效控制生产过程和废弃物产生的重要因素。

当然，以上八个方面的划分并不是绝对的，虽然各有侧重点，但在许多情况下存在着相互交叉和渗透的情况，例如一套大型设备可能就决定了技术工艺水平；过程控制不仅与仪器、仪表有关系，还与管理及员工有很大的联系等。唯一的目的就是为了不漏过任何一个清洁生产机会。对于每一个废弃物产生源都要从以上八个方面进行原因分析，这并不是说每个废弃物产生源都存在八个方面的原因，可能是其中的一个或几个。

实施清洁生产的途径和方法包括合理布局、产品设计、原料选择、工艺改革、节约能源和原材料、资源综合利用、技术进步、加强管理、实施生命周期评估等许多方面，可以归纳如下：

（1）合理布局，调整和优化经济结构和产业产品结构，以解决影响环境的“结构型”污染和资源能源的浪费。同时，在科学区划和地区合理布局方面，进行生产力的科学配置，组织合理的工业生态链，建立优化的产业结构体系，以实现资源、能源和物料的闭合循环，并在区域内削减和消除废物；

（2）在产品设计和原料选择时，优先选择无毒、低毒、少污染的原辅材料替代原有毒性较大的原辅材料，以防止原料及产品对人类和环境的危害；

（3）改革生产工艺，开发新的工艺技术，采用和更新生产设备，淘汰陈旧设备。采用能够使资源和能源利用率高、原材料转化率高、污染物产生量少的新工艺和设备，代替那些资源浪费大、污染严重的落后工艺设备。优化生产程序，减少生产过程中资源浪费和污染物的产生，尽最大努力实现少废或无废生产；

（4）节约能源和原材料，提高资源利用水平，做到物尽其用。通过资源、原材料的节约和合理利用，使原材料中的所有组分通过生产过程尽可能地转化为产品，消除废物的产生，实现清洁生产；

（5）开展资源综合利用，尽可能多地采用物料循环利用系统，如水的循环利用及重复利用，以达到节约资源，减少排污的目的。使废弃物资源化、减量化和无害化，减少污染物排放；

（6）依靠科技进步，提高企业技术创新能力，开发、示范和推广无废、少废的清洁生产技术装备。加快企业技术改造步伐，提高工艺技术装备和水平，通过重点技术进步项目（工程），实施清洁生产方案；

（7）强化科学管理，改进操作。国内外的实践表明，工业污染有相当一部分是由于生产过程管理不善造成的，只要改进操作，改善管理，不需花费很大的经济代价，便可获得明显的削减废物和减少污染的效果。主要方法是：落实岗位和目标责任制，杜绝跑冒滴漏，防止生产事故，使人为的资源浪费和污染排放减至最小；加强设备管理，提高设备完好率和运行率；开展物料、能量流程审核；科学安排生产进度，改进操作程序；组织安全文明生产，把绿色文明渗透到企业文化之中等。推行清洁生产的过程也是加强生产管理的过程，它在很大程度上丰富和完善了工业生产管理的内涵；

（8）开发、生产对环境无害、低害的清洁产品。从产品抓起，将环保因素预防性地注入到产品设计之中，并考虑其整个生命周期对环境的影响。

第二节 发酵工厂清洁生产的节能节水

《“十三五”节能减排综合工作方案》提出，到2020年全国万元国内生产总值能耗比2015年下降15%，能源消费总量控制在50亿吨标准煤以内。提出全国化学需氧量、氨氮、二氧化硫、氮氧化物排放总量分别控制在2001万吨、207万吨、1580万吨、1574万吨以内，比2015年分别下降10%、10%、15%和15%。全国挥发性有机物排放总量比2015年下降10%以上。该方案将“十三五”能源消费总量和强度“双控”目标分解到各省（区、市），提出了主要行业和部门节能目标，明确了“十三五”各地区化学需氧量、氨氮、二氧化硫、氮氧化物和重点地区挥发性有机物排放总量控制计划。

一、清洁生产中的节能方案

我国能源形势趋向紧张，能源短缺给以能耗大闻名的制造业带来巨大的冲击。制造型企业走节能之路是大势所趋。企业有20%以上的节能潜力，由于缺乏节能改造资金和节能咨询服务，沉重的能耗费用使企业的成本大大提高，不但使电力供应紧张，同时污染了我们的生存环境。下面介绍的节能技术投资回收期不超过两年，节电率可达到20%～40%。

（一）照明节能

1. 产品和技术

目前市场上的照明节电产品主要分为两种：传统的发光效率低的光源（如：T8荧光灯、白炽灯、石英灯等）和发光效率更高的光源（如：T5荧光灯、紧凑型荧光灯、冷阴极灯或发光二极管，见图3-4-7。）

发光二极管即LED（Lighting Emitting Diode），是一种半导体固体发光器件，因其具有节能、环保、生命周期长、体积小等特点被誉为“二十一世纪绿色光源”。理论研究发现，在相同的环境下，LED节能灯可比白炽灯节约能耗78%，比荧光灯节约55%。LED节能灯具以其强大的优势，在全球范围内进入了全面的推广和应用时期。而老式的T8荧光灯＋电感镇流器，电光源使用的是自镇流汞灯、白炽灯泡，发光效率低、能耗大而且光色质量不高，已逐渐淘汰。

2. 效用分析

使用高效发光光源代替原有的低效光源，在节电的同时提高照度、显色度，改善照明环境，从而给人们提供一个舒适、稳定的照明环境，既提高了工作效率，也保护了人体健康。

例如：用T5型（荧光灯＋镇流器）替换T8型（荧光灯＋电感镇流器），节电率达到30%以上，如T8型36W一套（灯管＋镇流器）的功率48W＝36W＋8W，用T5荧光灯代替只需32W＝28W＋4W，节电率达到25%，且照度提高15%。用大功率紧凑型荧光灯替换自镇流汞灯，在保持原有照度的前提下节电率达到50%，如用大功率85W（镇流器＋灯管为95W）替换自镇流汞灯250W，节电率为62%。其照度提高10%～30%，颜色还原度提高60%，同时大大降低了频闪，改善了照明环境，提高了工作效率。

在电压经常超过220V的地方，应加装照明节电器，一来可以节电，二来可以延长照明器具的使用寿命。

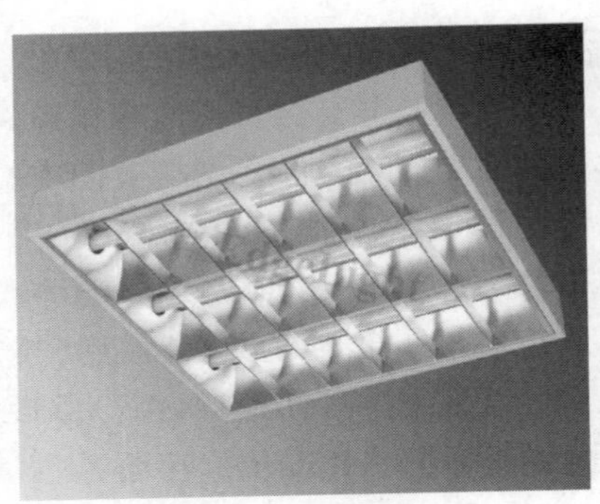
(1)T5型荧光灯+全镜面反射器

(2)LED灯

图3-4-7　照明节能光源

（二）动力系统节能（图3-4-8）

1. 电机变频器节能

在交流异步电动机的诸多调速方法中，变频调速的性能最好，调速范围大，稳定性好，运行效率高。采用通用变频器对笼型异步电动机进行调速控制，由于使用方便、可靠性高并且经济效益显著，所以逐步得到推广。变频器用于电动机调速、负载功率变化的场合，如注塑机、各类泵（风机、空压机等）、电机拖动系统、桥式起重机。一般开环控制的电动机由于不能感知外部负载的变化只能以恒功率的方式运行，存在能源浪费。而由变频器拖动的电机，可实现闭环控制，由传感器感知外部负荷和速度的变化，然后交由计算机处理，通过计算机控制变频器来调节电动机的转速和功率输出，始终以最优化的方式来控制电动机的功率输入，从而达到节能的目的。变频器的节电率一般可达到23%～40%，并延长电机寿命2～4倍以上。

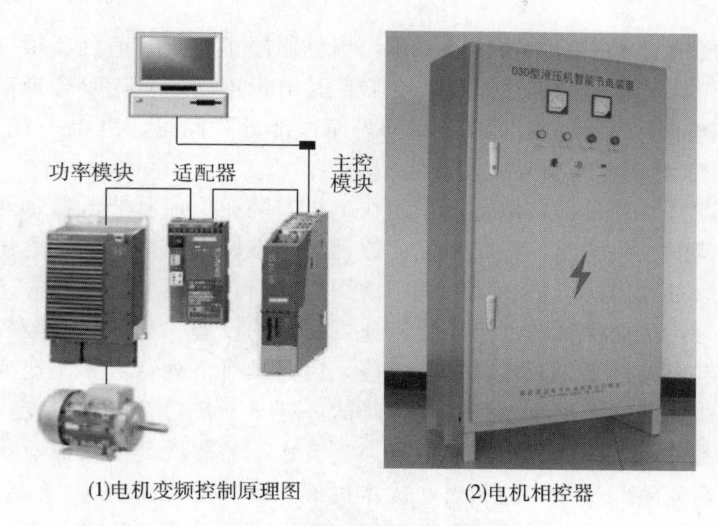

(1)电机变频控制原理图　　(2)电机相控器

图 3-4-8　动力系统节能常见技术

2. 电机相控器节能

在中国，有近10亿台交流电机在使用之中。60%的工业电机消耗了约70%的电网电能，电机的耗能在电力工业中占主举轻重的地位。

电机在额定负载状态下，其机电转换效率可达95%，但当电机在轻载状态下运行时，其机电转换效率可低至20%。

美国国家电力研究所（EPRI）的研究表明：60%的交流电动机是在其设计额定负荷的55%或更低状态下运行。在此状态下，电机消耗的电能中有相当部分是以发热、铁损、噪音与振动等形式浪费掉。

造成轻载运行电机效率很低的主要原因是电机偏离最佳效率的额定功率运行，且无论电机负载怎么变化，电机与电网之间的电压和频率不可调节的硬性供电方式所致。

在电机与电网之间加上一能量管理控制器，通过实时检测电机运行的电压和电流及其相位角的大小，判断电机所处运行负荷和效率状态；当电机在低效率轻载状态下运行时，通过优化运算决策实时调节加于电机的电压和电流的大小，以调整对电机的功率的输入，保证电机的输出转矩与负荷需求精确匹配，实现“所供即所需”的柔性化能量管理模式(达到软启动和节能效果)，不仅可以节省部分励磁损耗和负载损耗，提高功率因数，改善电机运行状态和电网运行品质，而且具有软启动功能，是一种不同于变频器的电机节能产品。

这种电机的输入功率和电压能自动跟随电机负载的动态变化的模式，是一种柔性化电力能量管理新模式，也就是相控技术设计理念的精髓。

其适用于经常处于轻载或变负载运行且不需要调速的交流电机软启动及节电控制，如冲压机、电动衣车、啤机、皮带传送机、空气压缩机等。

由于冲压机的电机选型是参照冲压时的最大负荷来设计的，并留有一定的富余空间，而冲床加工过程具有周期性，向上提升冲头时需要能量，处于电动过程；而向下冲压工件时是势能转化为动能的阶段，是处于能量释放过程。实际运行状况决定了冲床长时间轻载和空载的低效率运行状态。

啤机、衣车用离合器控制带动机器工作，当机器停止加工时离合器跟电机分离，电机空转，待工人把工料准备就绪以后踩动离合器使其电机连动的飞轮咬合带动机器运转。工人备料的时间占整个生产周期很长的一部分，而这部分时间里，电机一直处于空转状态，造成机器的低效率运行。

对于这类间歇性（冲击）负载，可采用在电机安装相位控制节电器，通过相位控制器实时监测电机负荷的变化情况，应用最优化原理，动态调整电机的运行电压和电流，使其与负载匹配，从而有效提高电机在低负荷下的用电效率，达到节能的目的。

其适用场所为：负载变化较大且不允许速度变化的设备。与传统变频控制器相比，相控控制器不影响电机的速度，转矩的动态响应，因而具有下列特点：不改变电机速度，避免了采用变频器调低速度而导致生产效率下降的弊端；不需要整流和逆变，可大大降低高次谐波对电网的污染，减少电机的谐波损耗与噪音；不需要改变电机原有控制线路，安装接线简单，且能自动跟踪最佳节能状态；成本更低，运行更可靠。

其功能特性为：适用各种处于轻负载运行交流电机，综合节能电率达15%～40%，并大幅度降低无功损耗；软启动：有效降低电机启动时的冲击电流；改善运行：可有效降低电机运行噪音、振动和发热、减少电机维护量，延长电机使用寿命的2～4倍。

其优化特性为：不改变电机运行特性和转矩特性，不改变电机转速；一旦设定，自动跟随控制，不需人为调节；安装方便：不改变电机原有控制线路，直接串接于电机供电输入端；使用环境：全静态固体部件，箱体整机密封、防雨、防尘、静态散热。

3. 电网三相布控节电器节能

节电器主要用于220～380V供电系统中，是一种系统的节电保护器，适用于电压、电流波动较大的场合，节电率可达到15%左右，并能达到保护电路的作用。它根据三相系统因开关动作、电机启动、电子电路开关电源、雷击等引起的顺变、浪涌引起的谐波，采用国际上最先进的技术去平衡、抑制和吸收危害系统耗费电能的有害因素。从而达到保护电路，又节省电能的双重功效。节电器一般通过分级布控，才能达到最佳效果，主控制级一般安装在电路总表的输出端，分控制级一般安装于各车间或各楼层分闸或电表的输出端，末级（用电极）一般安装于大型负载处。

（三）中央空调节能

1. 常用的中央空调控制方法

目前，国内中央空调系统传统的定流量控制方式中一般空调冷冻水流量、冷却水流量和冷却风风量都是恒定的。也就是说，只要起动空调主机，冷冻水泵、冷却水泵、冷却塔风机、末端风机都在50Hz工频状态下运行。

定流量控制方式的特征是系统的循环水量保持定值不变，当负荷变化时，通过改变供水或回水温度来匹配。定流量供水方式的优点是系统简单，不需要复杂的自控设备。但这种控制方式存在以下问题。

（1）无论末端负荷大小如何变化，空调系统均在设计的额定状态下运行，系统能耗始终处于设计的最大值，能源浪费很大。实际上由于受多种因素不断变化的影响，中央空调系统的负荷是一个始终变化着的量。这些因素有：季节交替（春、夏、秋、冬的替换）；气候变幻（阴、晴、雨、雪的变化）；昼夜轮回（白昼与黑夜温度的差别）；使用变化（上班、下班交替）；人流量增减（人流量的变化）等。

空调负荷的这种不恒定性，决定了系统对空调冷量的需求也是一个随机变化的量。若不论空调负荷大小如何变化，系统都在设计的额定状态下运行，势必造成大量的能源浪费。一些有经验的中央空调系统操作和维护人员，在没有技术手段的情况下，常常采用人工控制的方法来进行节能。如：空调负荷轻时，减少投入运行的主机数量、水泵台数或者使运行主机间断工作等，这可以收到一定节能效果，但受人的因素影响较大且空调效果与节能效果都难以控制得很好。

(2) 舒适性中央空调系统是一个多参量、非线性、时变性的复杂系统，由于末端负荷的频繁波动，必然造成系统循环溶液（冷冻水、冷却水、制冷剂溶液）的运行参量偏离空调主机的最佳工作状态，导致主机热转换效率（COP 值）降低，系统长期在低效率状态下运行，也会增加系统的能源消耗。

(3) 在工频状态下启停大功率水泵和风机，冲击电流大，不利于电网的安全运行，且水泵、风机等机电设备长期在工频额定状态下高速运行，机械磨损严重，导致设备故障增加和使用寿命缩短。

2. 提高空调能源利用效率

我们可通过改善以下几个方面来提高空调能源利用效率。

(1) 改善建筑的隔热性能　房间内冷量的损失是通过房间的墙体、门窗等传递出去的。改善建筑的隔热性能可以直接有效地减少建筑物的冷负荷，深圳有一大型超市，玻璃贴膜后，主机系统能耗下降了 30%～40%。改善建筑的隔热性能可以从以下几个方面着手：确定合适的窗墙面积比例；合理设计窗户遮阳；充分利用保温隔热性能好的玻璃窗；单层玻璃采用贴膜技术。

(2) 选择合理的室内参数　人体感觉舒适的室内空气参数区域，大约是空气温度13～23℃，空气相对湿度 20%～80%。如果设计温度太低，会增加建筑的冷负荷。在满足舒适要求的条件下，要尽量提高室内设计温度和相对湿度。

①局部热源就地排除：在发热量比较大的局部热源附近设置局部排风机，将设备散热量直接排出室外，以减少夏季的冷负荷。

②合理使用室外新风量：由于新风负荷占建筑物总负荷的 20%～30%，控制和正确使用新风量是空调系统最有效的节能措施之一。除了严格控制新风量的大小之外，还要合理利用新风，新风阀门采用焓差法自动控制，根据室内外空气的焓差值自动调节新风阀门的开度。

(3) 提高冷源效率　可采取以下一些措施。

①降低冷凝温度：由于冷却水温度越低，冷凝温度越低，冷机的制冷系数越高。降低冷却水温度需要加强运行管理，停止的冷却塔的进出水管的阀门应该关闭，否则，来自停开的冷却塔的温度较高的水使混合后的水温提高，冷机的制冷系数就降低了。冷却塔、冷凝器使用一段时间后，应及时检修清洗。目前深圳市节能协会正在积极推广一种冷凝器自动在线清洗装置，能使冷却水出水和冷凝温差控制在 1℃左右（相当于新机的效果），使冷凝器始终保持最佳热转换效率，主机节能 10%左右。

对于风冷主机，主机应尽量安装在通风性能良好的场所，或增加排风机将冷凝废热抽到室外，或增加喷淋装置实现部分水冷效果。

②提高蒸发温度：由于冷冻水温度越高，蒸发温度越高，冷机的制冷效率越高，所以在日常运行中不要盲目降低冷冻水温度。例如，不要设置过低的冷机冷冻水设定温度；关闭停止运行的冷机的水阀，防止部分冷冻水走旁通管路，经过运行中的冷机的水量较少，冷冻水温度被冷机降低到过低的水平。蒸发器注意清洗，保持高的热转换系数。

③制冷设备优选：要选用能效比高的制冷设备，不但要注意设计工况下制冷设备能量特性，还要注意部分负荷工况下的能量特性，选用时要统筹考虑。

④利用自然冷源：比较常见的自然冷源主要有两种，一种是地下水源及土壤源，另一种是春冬季的室外冷空气。深圳地下水及地下土壤常年保持在20℃左右的温度，所以地下水在夏季可作为冷却水为空调系统提供冷量，也就是地温式空调的使用。第二种较好的自然冷源是春冬季的室外冷空气，当室外空气温度较低时，可以直接将室外低温空气送至室内，为室内降温。对于全新风系统而言，排风的温度、湿度参数是室内的空调设计参数，通过全热交换器，将排风的冷量传递给新风，可以回收排风冷量的70%～80%，有明显的节能作用。

（4）减少水系统泵机的电耗　空调系统中的水泵耗电量也非常大。空调水泵的耗电量占建筑总耗电量的8%～16%，占空调系统耗电量的15%～30%，所以水泵节能非常重要，节能潜力也比较大。减少空调水泵电耗可从以下几个方面着手。

①减小阀门、过滤网阻力：阀门和过滤器是空调水管路系统中主要的阻力部件。在空调系统的运行管理过程中，要定期清洗过滤器，如果过滤器被沉淀物堵塞，空调循环水流经过滤器的阻力会增加数倍。

阀门是调节管路阻力特性的主要部件，不同支路阻力不平衡时主要靠调节阀门开度来使各支路阻力平衡，以保证各个支路的水流量满足需要。由于阀门的阻力会增加水泵的扬程和电耗，所以应尽量避免使用阀门调节阻力的方法。

②提高水泵效率：水泵效率是指由原动机传到泵轴上的功率被流体利用的程度。水泵的效率随水泵工作状态点的不同从0～最大效率（一般80%左右）变化。在输送流体的要求相同，如果水泵的效率较低，那么就需要较大的输入功率，水泵的能耗就会较大。因此，空调系统设计时要选择型号规格合适的水泵，使其工作在高效率状态点。空调系统运行管理时，也要注意让水泵工作在高效率状态点。

③设定合适的空调系统水流量：空调系统的水流量是由空调冷负荷和空调水供回水温差决定的，空调水供回水温差越大，空调水流量越小，从而水泵的耗电量越小。但是空调水流量减少，流经制冷机的蒸发器时流速降低，引起换热系数降低，需要的换热面积增大，金属耗量增大。所以经过技术经济比较，空调冷冻水的供回水温差4～6℃较经济合理，大多数空调系统都按照5℃的冷冻冷却供回水温差工况设计。

空调循环水泵的耗电量跟流量的3次方成正比，实际工程中有很多空调系统的供回水温差只有2～3℃，如果将供回水温差提高到5℃，水流量将减少到原来的50%左右，所以如果水流量减少50%，水泵耗电量将减少87.5%，节能效果非常明显。

3. 中央空调改造方案

（1）中央空调节能改造还可采用智能变频调速控制系统，使其能根据室外天气的变化，自动完成冷水流量的跟踪控制，使循环水流量恰到好处地与制冷量相匹配，并实现空调末端自动恒温控制，从而达到节能的目的。一般来说，采用该系统的中央空调可节电20%～45%。其系统特点如下。

①具有可靠的安全保护：通过全面的运行参数采集，实现了系统工作状态的全面监控，并设置了冷冻水、冷却水的低限流量保护和低温保护，有效地保障了冷冻水和冷却水系统在变流量工况下空调主机蒸发器和冷凝器的安全稳定运行。

②实现动态负荷跟随，保障了末端的服务质量：突破传统中央空调冷媒系统的运行方式（定流量模式或冷源侧定流量而负荷侧变流量模式），实现最佳输出能量控制，即空调主机冷媒流量自动跟随末端负荷需求而同步变化（即变流量），因此，在空调系统的任何负荷状况（满负荷或部分负荷）下，都能既保障中央空调系统末端的服务质量（舒适性），又实现最大的节能。

③具有自寻优、自适应的智能模糊控制：对于中央空调这样多参量相互影响的复杂系统，要实现冷冻水和冷却水系统全部变流量运行，只有充分利用当代最新科技成果，采用具有智能控制功能、能进行类似人脑的知识处理和推理的先进的控制技术，才有可能成功。因此系统采用了模糊控制技术，使系统具有自学习、自寻优和自适应的优化控制功能，实现了中央空调系统各种负荷条件下的最大节能，使空调水系统节能达到16%～30%。

④优化了空调主机运行环境：系统全面采集中央空调的各种运行参量，再利用先进的模糊控制技术对这些相互关联、相互影响的运行参量进行动态优化控制，以满足中央空调系统非线性和时变性的要求，使空调主机始终运行在最佳工况，以保持最高的热转换效率，从而减少主机的能耗5%～10%。

水系统采用变流量模糊控制变频节能技术。在中央空调系统中，冷冻水泵、冷却水泵和冷却塔风机的容量是按照建筑物最大设计热负荷选定的，且留有10%～15%的余量，在一年四季中，系统长期在固定的最大水流量下工作。由于季节、昼夜和用户负荷的变化，空调实际的热负荷在绝大部分时间内远比设计负载低。一年中负载率在50%以下的运行小时数约占全部运行时间的50%以上。当空调冷负荷发生变化时，所需空调循环水量也应随负荷相应变化。所以采用变频调速技术调节水泵的流量，可大幅度降低水系统能耗。由于中央空调系统是一种多参量非常复杂的一个系统，即当气温、末端负荷发生改变时，水系统温度、温差、压力、压差、流量等均会发生改变。单纯的PID调节根本满足不了要求，只有采模糊控制技术才能实现最佳节能控制。

由于建筑全年平均冷热负荷只有最大冷热负荷的50%以下，通过使用变频调速水泵使水量随冷热负荷变化，那么全年平均的水量只有最大水流量的50%左右，水泵能耗只有定水量系统水泵能耗的12.5%，节能效果是非常明显的。

(2) 中央空调变风量技术　空调系统中风机包括空调风机以及送风机、排风机，这些设备的电耗占空调系统耗电量的比例是最大的，风机节能的潜力也就最大，风机的节能也应引起最大的重视。减少风机能耗主要从以下几个方面入手：定期清洗过滤网、定期检修、检查皮带是否太松、工作点是否偏移、送风状态是否合适。使用变频风机将定风量控制改为变风量控制，降低送风的风速，减小噪音。末端风机改为变风量控制系统，可根据空调负荷的变化及室内要求参数的改变自动调节空调送风量（达到最小送风量时调节送风温度），最大限度地减少风机动力以节约能量。室内无过冷过热现象，由此可减少空调负荷15%～30%。

将中央空调末端风机改为VAV变风量控制系统。VAV空调系统可根据空调负荷的变化及室内要求参数的改变自动调节空调送风量（达到最小送风量时调节送风温度），以满足室内人员舒适要求或其他工艺要求。同时根据实际送风量自动调节送风机的转速，最大限度地减少风机动力以节约能量。

由于末端系统采用了输出能量的动态控制，实现空调主机冷媒流量跟随末端负荷的需求供应，使空调系统在各种负荷情况下，都能既保证末端用户的舒适性，又最大限度地节省了风机的能量消耗。

一般地讲，VAV空调系统有以下特点。

①区域的灵活控制：可根据负荷的变化及人舒适要求自动调节；

②调节各区域的送风量：在考虑同时使用系数的情况下空调总装机容量可少10%～30%；

③室内无过冷过热现象：由此可减少空调负荷15%～30%；

④部分负荷运转时可大量减少送风动力：据模拟计算，全年空调负荷率为60%时，VAV空调系统可节约风机动力70%以上。

在空调改造时选用或改造冷冻泵、冷却泵时可考虑采用新型高效节能水泵。该水泵应用特殊设计的叶片、叶轮，新型的水泵材质，新的水泵结构，使其运行效率比原有的水泵运行效率提高20%～40%。节能水泵还装有优质机械密封，彻底根除了水泵轴向渗漏现象，有效地减少了水泵维修保养的工作时间，提高了设备使用寿命。用该高效节能水泵取代现役水泵，提高水泵的运行效率，减少水泵的无功损失，节省水泵用电量。

4. 空调的余热回收

压缩机工作过程中会排放大量的废热，热量等于空调系统从空间吸收的总热量加压缩机电机的发热量。水冷机组通过冷却水塔，风冷机组通过冷凝器风扇将这部分热量排放到大气环境中去。热回收技术利用这部分热量来获取热水，实现废热利用的目的。热回收技术应用于水冷机组，减少原冷凝器的热负荷，使其热交换效率更高；应用风冷机组，使其部分实现水冷化，使其兼具有水冷机组高效率的特性；所以无论是水冷、风冷机组，经过热回收改造后，其工作效率都会显著提高。根据实际检测，进行热回收改造后机组效率一般都提高5%～15%。由于技术改造后负载减少，机组故障减少，寿命延长。目前该项技术广泛应用于活塞式、螺杆式冷水机组。

空调余热回收采用专用设备安装在用户原有制冷机组，回收制冷机组部分废热制得45～75℃的热水。该设备与制冷机组同步运行，在制热水的同时可降低制冷机组的冷凝温度，提高制冷机组制冷量，节省制冷系统耗电5%～10%。

空调余热回收技术可用来代替宾馆、大厦的锅炉，节约了所有锅炉燃料，消除了污染物排放，是一种百分之百不耗能的环保设备。

余热回收技术的特点如下。

①热回收量大：在一般空调使用工况下，在水温需求为30～65℃，可回收热量为制冷量的30%～80%；水温需求为55～60℃时，可回收热量为制冷量的30%。

②保护环境：由于利用废热提供了所需的热水，大大减少了供热锅炉向大气排放CO_2

气体，从而减少了使地球大气候变暖的温室效应。同时直接减少了向大气的废热排放量。

③提高空调机组效率，节省机组用电量：空调机组压缩机的一部分热量经过热回收器吸收以后，原冷凝器的热负荷减少，热交换效率提高，空调机组的效率提高，耗电量也将显著减少，同时，由于采用热回收技术，机组的负荷减少，使用寿命延长。

④体积小，质量轻：热回收器可直接安装在中央空调机组上，无须占用建筑面积。

⑤电脑自控，无须人工管理。

⑥具有防止结垢和水质软化处理功能。

(四) 蓄冰空调

采用冰蓄冷技术（图 3-4-9）虽然不节能但可大幅降低空调能耗。蓄冰空调系统在夜间电力负荷低谷时启动，以蓄冰工况运行，将冷量以冰的形式储存起来，白天蓄冰机供应建筑物制冷转移白天高峰用电量。系统将电谷低电价时期储存的冷量转移到电峰高电价时期使用，具有移峰填谷的功能，可以缓解供电部门的供电压力，平衡电网负荷，减少系统制冷装备数量功能，并可减少主机的开停次数，降低系统的配电容量。蓄冰空调系统可以降低冷冻水的温度，降低送风温度，增加送回风温差，减少送风量，从而大大减少风管截面积，减少了其占用空间，减少风机、水泵的功耗，因此虽然其初投资可能比常规空调系统稍高一些，但运行费用的降低将使得蓄冷系统很快收回增加的初投资，改善了空调系统整体的经济性，因此有着很好的发展前景。采用蓄冰空调系统可减少空调设备的投资 15%左右，享用政府的低价供电，年节电费 25%左右。

如从基建时考虑到建筑主体节能，再全面采用中央空调系统综合节能技术及冰蓄冷技术，空调运行费用可减少 50%以上。以深圳地区的工程经验来看，中央空调系统综合节能技术以余热回收技术投资回报最快，可控制在一年以内。

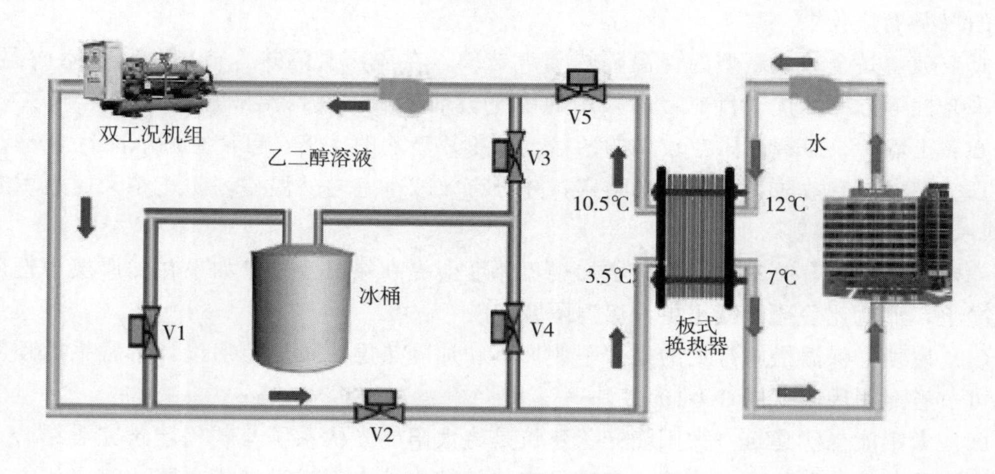

图 3-4-9　冰蓄冷技术原理图

(五) 厂房建筑节能

我国现有建筑中 95%达不到节能标准，新增建筑中节能不达标的仍超过八成，单位建筑面积能耗是发达国家的 2～3 倍，对社会造成了沉重的能源负担和严重的环境污染，已成为制约我国可持续发展的突出问题。

GB 50189—2015《公共建筑节能设计标准》适用于新建、扩建和改建的公共建筑的节能设计。与2005年标准相比，由于围炉结构热工性能的改善，供暖空调设备和照明设备能效的提高，全年供暖、通风、空气调节和照明的总能耗要求减少20%～23%。

对建筑物而言，自然环境中的最大热能是太阳辐射，其中可见光的能量仅占1/3，其余的2/3主要是热辐射能量。这部分热能对建筑物的影响是极其重要的。控制建筑能耗减至最少已成为建筑设计改造必须考虑的重点问题之一。

对于准备新建的建筑，我们可采用节能建筑材料来建筑。对于已建好的建筑，我们可在建筑墙体屋顶上喷上一层保温涂料，进行玻璃贴膜。

建筑节能涉及很多领域，主要是墙体、窗户、地板、屋顶4个地方。

（1）墙体　墙体的保温分为外保温和内保温。外保温的保温性能不但远高于内保温，而且由于保温材料本身散发少量有害物质，外保温设计使之在挥发过程中不会进入室内。而且能有效屏蔽太阳光线中紫外线的光波辐射，最大限度地控制被涂覆物表面及内部温度，使顶层楼房室内气温相一致，极大地改善居住和工作环境。同时，由于保温涂料涂层将太阳辐射热完全隔绝，减缓了室内照明线路的老化，特别是厂房、仓库内易燃易爆物和储气罐的消防隐患大为降低。另外，很多六层以下的建筑采用的是砖混结构，它的保温隔热效果没有高层建筑必须采用的钢筋混凝土结构好。

（2）窗户　现在使用的玻璃分为单层玻璃和双层玻璃，双层的保温隔音效果明显好于单层。但双层中又有区别，有的只是简单地抽出夹层中的一部分空气，这种双层玻璃的保温隔音效果，没有在抽出空气后加入一定惰性气体的好。而如果在此基础上再给玻璃镀上膜，这样的中空镀膜LOW－E玻璃不仅可以增加玻璃的强度，其保温效果又要好一些。当然，与之配套的断桥铝合金窗框，在窗外加装铝质卷帘等设施，也能在一定程度上提高房子的保温隔热效果。

真空玻璃是全球最新型的保温隔热隔声玻璃，在隔声、隔热、节能、减少室内温差、提高采光性等方面远优于目前普遍采用的中空玻璃幕墙。其保温隔热性能相当于370mm厚实心黏土墙砖，是普通中空玻璃的两倍，是单片玻璃的4倍，可使空调节能达50%。另外，真空玻璃可有效防止冬天窗户结露，并可有效减小室内外温差，防止冬天窗边引起的“冷吹风”和“冷辐射”。

（3）地板　据有关专家介绍，增加楼板厚度会提高保温效果。如果在加厚层中选用陶粒混凝土，那就比普通混凝土更为保温隔音。

（4）屋顶　保温措施常见的是“平改坡”和加隔热层，单层厂房设计常常采用顶部采光，可节省照明用电（图3-4-10）。

（5）太阳能光伏建筑　太阳能光伏建筑是将太阳能光伏系统与现代建筑完美结合，应用太阳能发电的一种新概念建筑。它通过在建筑结构外表面铺设光伏方阵或将光伏方阵作为建筑构件或建筑材料，利用光伏方阵提供电力，通常是将太阳能光伏发电系统与建筑的屋顶、采光顶、外幕墙、外遮阳等融合为一体。太阳能光伏发电是利用太阳能电池组件接收太阳光，电池的半导体属性将太阳光转换为电势能并通过后续的储能装备存储后加以利用。太阳能光伏发电不会产生任何废弃物，并且不会产生噪音、温室及有毒气体，是很理想的洁净能源。安装1kW光伏发电系统，每年可少排放CO_2 600～2300kg，NO_x 16kg，

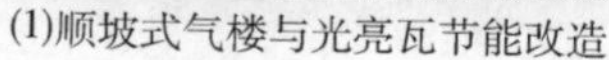

(1)顺坡式气楼与光亮瓦节能改造　(2)单层厂房顶部采光片可节省用电

图 3-4-10　常见单层厂房屋顶

SO_x 9kg 及其他微粒 0.6kg。

从建筑、技术和经济的角度来看，太阳能光伏建筑有以下优点。

①有效地利用建筑物的屋顶和外立面幕墙等部位，无需额外占用建筑空间和土地资源；

②就地发电、用电，节省电站送电网的投资；

③白天阳光照射时发电，在电网用电高峰期舒缓高峰电力需求；

④光伏组件安装在建筑屋顶及外墙直接吸收太阳能，降低墙面及屋顶的温升；

⑤并网光伏发电系统不需要任何燃料，不会产生噪声和污染物，绿色环保。

（六）厂房立体绿化

立体绿化是指以建筑物和构筑物为载体、以植物材料为主体营建的各种绿化形式的总称，包括屋顶绿化、垂直绿化、沿口绿化和棚架绿化等。功能上具有净化空气、滞尘降污、隔热降温、化解热岛效应、调节湿度、改善小环境、减轻排水压力、缓解光污染、改善空间景观面貌等多重意义。

立体绿化是指充分利用不同的立地条件，选择攀缘植物及其他植物栽植并依附或者铺贴于各种构筑物及其他空间结构上的绿化方式。立体绿化植物材料的选择，必须考虑不同习性的植物对环境条件的不同需要，应根据不同种类植物本身特有的习性，选择与创造满足其生长的条件，并根据植物的观赏效果和功能要求进行设计。

屋顶绿化折算绿地面积主要根据屋顶绿化的面积、类型以及屋面标高与基地地面标高的高差等因素决定，具体按照以下公式计算：

$$WS = WZS \times GX \times LX$$

式中　WS——屋顶绿化折算的绿地面积

WZS——屋顶绿化总面积

GX——建筑屋面高差折算系数

LX——屋顶绿化类型折算系数

其中屋面高差折算系数（GX）、屋顶绿化类型折算系数（LX）设定口径见表 3-4-2。

表 3-4-2　**屋顶绿化折算系数**

屋面标高与基地地面标高的高差 H/m	屋面高差折算系数（GX）
$1.5<H\leqslant12$	0.7
$12<H\leqslant24$	0.5
屋顶绿化类型	LX
花园式	1.0
组合式	0.7
草坪式	0.5

①花园式屋顶绿化：选择各类植物进行复层配置，可供人游览和休憩的屋顶绿化类型。

②组合式屋顶绿化：以单层配置为主，并在屋顶承重部位进行绿化复层配置的屋顶绿化类型。

③草坪式屋顶绿化：采用适生地被植物或攀缘植物进行单层配置的屋顶绿化类型。

（七）燃油与燃气锅炉节能技术

1. 采用水源热泵型热水机组或风冷热泵

采用水源热泵型热水机组或风冷热泵代替燃油锅炉制热水，除用于生活热水外，也可用作燃油锅炉的补充用水。

相较于传统的燃油锅炉，热泵型热水机组具有以下优点。

①效率高，节能显著：深圳市地处亚热带，年均气温在20～25℃，使用热泵机组制热效率高，制热系数为4～8。设备除生产50～55℃热水相对于原有锅炉制热水节省能耗量费用70%，还可以用于制冷。如建筑物需制冷量大时可以将机组是热时的副产物——冷冻水接入原有中央空调冷冻系统中加以利用，则相对与原有锅炉节省能耗100%；

②体积小，质量轻，可直接附设在中央空调机房内或附近，占用建筑面积小；

③环保性能好，无污染物排放；

④计算机自控，无需人工管理；

⑤具有防止结垢和水质软化处理功能。

调节热水在高峰期的使用需求，需加装一储热水箱。技改后，该热水管网并入原热水管网，冷水管网并入中央空调冷冻水管网，使两个系统既可独立运行、互为备用，又可以同时运行、互相补充。

2. 蒸汽蓄热器

蒸汽蓄热器（图3-4-11）是一种平衡工厂企业用汽负荷波动的设备，锅炉在遇到用汽负荷波动时：汽压波动大，严重时汽中带水；锅炉效率降低；司炉劳动强度增大；辅机电耗增大；短时间高峰用汽可能要多运行一台锅炉，高峰过后又要压火或停运。

采用蒸汽蓄热器则可改善上述各种情况，使锅炉和用汽的压力始终不变，稳定用汽负荷，改善供汽品质，提高锅炉效率。一般可节能5%～10%。另外，平常还可采用太阳能热水器供应热水，进一步达到节电节能的目的。

3. 沼气锅炉与沼气发电（图 3-4-12）

图 3-4-11　蒸汽蓄热器

沼气锅炉可充分利用发酵工厂废水厌氧处理过程中产生的沼气，是一种新型的无运行成本的锅炉。沼气锅炉既可解决环境污染问题，又不会产生污染物，同时配备自动控制，运行使用方便。

生物质发酵产生的沼气可经过冷却、脱硫、脱水、过滤净化等处理后，产生的纯沼气在沼气发电机组里燃烧后发电，再并入电网。

沼气发电系统的组成如下。

①沼气脱硫及稳压、防爆装置：供发动机使用的沼气要先经过脱硫装置，以减少硫化氢对发动机的腐蚀。沼气进气管路上安装稳压装置，以便于对流量进行调节，达到最佳的空燃比。另外，为防止进气管回火，应在沼气总管上安置防回火与防爆装置。

②进气调节系统：在进气总管上，需设置一套精确、灵敏的燃气混合器，以调节空气和沼气的混合比例。

③发动机点火系统：沼气的燃烧速度慢，对于原来使用汽油、柴油以及天然气的发动机的点火系统要进行一定程度的改造，以提高燃烧效率，减少后燃烧现象，延长运行寿命。

④调速系统：若沼气发电机组独立运行，即以用电设备为负荷进行运转，用电设备的并入和卸载都会使发电机的负荷产生波动。为了确保发电机组正常运行，沼气发动机上的调速系统必不可少。

⑤余热利用系统：采用余热利用装置，对发动机冷却水和排气中的热量进行利用，提高沼气的能源利用效率。

⑥并网控制系统：主要包括发电机调压电路，自动准同期并列控制电路，手动并列和解列控制电路，测量电路，燃气发动机及辅助设备控制电路等。

沼气发电技术特点如下。

①发电效率高：热效率在 32%～40%，采用热、电、冷联供，效率可达 80%以上；

②对沼气气源条件要求低：目前已成功解决高含氢（含量 60%以下）焦炉煤气发电应用；低热值（3768kJ 以上）高炉煤气发电应用；低压力（2.94kPa）与成分变化的瓦斯发电应用等系列技术难点。经上百个电站运行证明，沼气气源无论压力还是成分都与瓦斯气气源相近，但比瓦斯气更稳定，完全可以满足沼气发电应用需要；

③使用功率范围宽：可以单台机组运行或多台机组并机、并网运行，建站灵活；

④技术先进，性能稳定：沼气机组采用多项专利和专有技术，该技术都是成型技术；

⑤结构紧凑，质量轻，体积小，安装运输方便；

⑥机组操作方便，启动停车迅速，维护简单；

⑦建站周期短（2000kW 的电站只需 40 天就可建成发电），见效快；

⑧安全可靠：机组具有发动机保护和电力保护等多种保护措施；

⑨配套灵活：按照冷却方式分类主要有两种结构型式。

4. 二次蒸汽的综合利用

回收二次蒸汽系统可采用开放式和密闭式两种形式。但因开放式回收系统的闪蒸热损

(1)沼气锅炉

(2)沼气发电机

图 3-4-12　沼气锅炉与沼气发电机

失较大，回收温度低和管网腐蚀严重，所以目前一般采用密闭式回收系统。实践证明，密闭式二次蒸汽回收系统在各行各业的应用中起到了很重要的节能作用，例如大连汇能高新技术开发公司研制的密闭式凝结水回收系统，该系统由疏水阀、回水管道、回收装置、自控装置与系统的锅炉和用汽设备组成。饱和蒸汽在用汽设备中凝结成同温度的饱和水，经疏水阀排入回水管道，汇入集水罐后再通过回收装置输至锅炉或除氧器等处；集水罐设压力调节阀集中控制回水压力，二次蒸汽一般引至软水箱利用。

二次蒸汽的利用关键是凝结水的回收和利用过程。凝结水的回收过程包括余压回水和加压回水的两种方式，其中加压回水因管内流体为单相流动，相对要简单些，余压回水则是利用疏水阀的疏水背压为动力，管内流体为两相运动，状态相对复杂。但多数回收系统采用的是余压回水这种方式，而凝结水最佳利用方式是直接输入锅炉。

二次蒸汽回收利用系统中疏水阀质量不过关，以及给水泵被高温凝结水汽蚀破坏这两个问题普遍存在。目前经过不断改进、研究，这两个问题也得到了相应的改善，如通过用罐体型集水容器取代高位水箱及下水管路，在罐体下直接装电机泵，并在集水器内增设自动调压装置，除油污和杂质的除污装置，以及汽蚀消除装置等加以调节，从根本上可以消除高温水汽蚀发生的条件。

二次蒸汽回收利用是一项完善蒸汽供热系统的实用节能技术，其本身有待于完善，随着此项技术的不断开发和改进，定能为各行业创造出可观的经济效益。

（八）加强能源管理

1. 日常管理

再好的节能措施也必须要人来维持，工厂本身也要制定用电用水管理规章制度，建立节能奖励制度和浪费能源处罚制度。

另外，制定标准只是手段，最终目的是要通过加强监管，严格实施节能标准，使标准中规定得到落实。

节约能源工作，大有可为，认真扎实地抓好此项工作，对提高后勤保障资源的利用效率、降低产品成本影响重大，应给予足够的重视。

2. 合同能源管理简介

合同能源管理（EPC）是一种基于市场的、全新的节能项目投资机制，借助专业化的能源服务公司（ESCO）来进行项目管理和运作。作为一种节能项目创新投资机制，合同能源管理吸引人之处在于：在实现项目节能减排的社会、环境效益的同时，还能为合同双方带来可观的经济效益。

合同能源管理优于传统的节能项目投资模式之处在于，它代表了一个社会化服务的理念，可以解决客户开展节能项目所缺的资金、技术、人员及时间等问题，让客户把更多的精力集中在主营业务的发展上。能源服务公司提供的一系列服务，可以形成节能项目的效益保障机制，提高效率、降低成本、促进产业化发展。如果实施得当，可以同时获得节能减排的社会和经济效益，使政府的节能减排目标成为企业赢利目标。在赢利目标的驱动下，能源服务公司会更努力地寻找客户实施节能项目，开发新型技术并拓宽投资市场，以促进自身及节能服务产业的发展壮大。如果有政策措施的支持和市场化机制的配套，合同能源管理将是一种可持续的节能减排机制。

二、清洁生产中节水方案的实施

用水器具和设备的主要节水方法主要是：限定水量，如限量水表；限定（水箱、水池）水位或水位适时传感、显示，如水位自动控制装置、水位报警器；防漏，如低位水箱的各类防漏阀；限制水流量或减压，如各类限流、节流装置、减压阀；限时，如各类延时自闭阀；定时控制，如定时冲洗装置；改进操作或提高操作控制的灵敏性，前者如冷热水混合器，后者如自动水龙头、电磁式淋浴节水装置；提高用水效率；适时调节供水水压或流量，如水泵机组调速给水设备。

上述方法几乎都是以避免水量浪费为特征。实现这些方法可应用各式各样的原理与构思。鉴于同一类节水器具和设备往往可采取不同的方法，以致某些常用节水器具和设备的种类繁多、效果不一。鉴别或选择时，应依据其作用原理，着重考察是否满足下列基本要求：实际节水效果好，安装调试和操作使用方便，结构简单经久耐用，经济合理。

任何一种好的节水器具和设备都应比较完满地体现以上几项要求；否则就没有生命力，难以推广。

（一）流量、水位、水压控制装置

1. 限量水表

从管理角度看，安装普通水量计量仪表，对加强供水与节水管理、克服“包费制”收取水费存在的弊病以促进节水，具有积极意义。

限量水表是一种典型的限定水量节水装置。它实际上是具有水量控制功能的旋翼式水表，投“水币”后方按量供水，量至水止，兼具计量、限量双重功能。“水币”可由供水部门向用户销售或发放，以达到限量供水和节约用水的目的。这种水表为在特定条件下加强供水（节水）管理创造了条件。

这种水表目前有 15mm 和 20mm 两种规格，其一个“水币”给水量为 $2m^3$，一次最大给水量为 $26m^3$，投币盒容量为 100。显然，使用限量水表也有某些不便之处和局限性。此外，水表尺寸（主要是长度）和价格也有所增加。

2. 水位控制装置

水位控制装置是各类水箱、水池和水塔等常用的限制水位、控制流量的设备。这种装置的性能好坏直接关系到节水效果。性能差的水位控制装置，如常见的某些浮球阀往往会因控制不灵而造成水的大量流失，此外水位信号传递不灵、管理不善也会造成同样后果。

因此，为了节约用水和提高给水系统的自动控制水平，陆续开发了不少水位自动控制装置。

通常将水位控制装置分为两类：水位控制阀和水位传感控制装置。

（1）水位控制阀　水位控制阀是装于水箱、水池或水塔水柜进水管口并依靠水位变化控制水流的一种特种阀门。阀门的开启、关闭借助于水面浮球上下时的自重、浮力及杠杆作用。浮球阀即为一种常见的水位控制阀，此外还有一些其他形式的水位控制阀，这种水位控制阀实际上为带有限位浮球的一种液压自闭式阀门。其作用原理是：当水位下降到极限位置时，由浮球的重力作用通过推导拉杆推动吊阀，使活塞上空间的水通过内泄通道排出，从而使活塞与活瓣因其上、下空间水压差的作用而上升，这时通道开启注水；反之，当水位上升浮球上浮时，吊阀回复原先位置，管路中的压力水流通过阻尼孔进入活塞上空间使上、下空间水压趋于平衡，活塞和阀瓣借助重力下降开关闭水流通道，这时阀门关闭。

这类水位控制阀规格为 DN20～200，工作压力为 0.05～0.4MPa。

（2）水位传感控制装置　水位传感控制装置通常由水位传感器和水泵机组的电控回路组成。水箱、水池或水塔水位变化可通过传感器传递至水泵电控回路，以控制水泵的启停。

水位传感器可分为电极式、浮标式和压力式 3 种类型。压力式传感器又可分为静压式和动压式两种。静压式传感器常设于水箱、水池和水塔的测压管路，动压式传感器则装于水泵出水管路，以获取水位或水压信号。

3. 减压阀

减压阀是一种自动降低管路工作压力的专门装置，它可将阀前管路较高的水压减少至阀后管路所需的水平。减压阀广泛用于高层建筑、城市给水管网水压过高的区域、矿井及其他场合，以保证给水系统中各用水点获得适当的服务水压和流量。鉴于水的漏失率和浪费程度几乎同给水系统的水压大小成正比，因此减压阀具有改善系统运行工况和潜在节水作用，据统计其节水效果约为 30%。

减压阀的构造类型很多，以往常见的有薄膜式、内弹簧活塞式等。减压阀的基本作用原理是靠阀内流道对水流的局部阻力降低水压，水压降的范围由连接阀瓣的薄膜或活塞两侧的进出口水压差自动调节。近年来又出现一些新型减压阀，如定比减压阀。定比减压原理是利用阀体中浮动活塞的水压比控制，进出口端减压比与进出口侧活塞面积比成反比。这种减压阀工作平稳无振动；阀体内无弹簧，故无弹簧锈蚀、金属疲劳失效的隐患；密封性能良好不渗漏，因而既减动压（水流动时）又减静压（流量为 0 时）；特别是在减压的同时不影响水流量。

减压阀通常有 DN50～100 等多种规格，阀前、后的工作压力分别为＜1MPa 和 0.1～0.5MPa，调压范围误差为±（5%～10%）。

应该看到，水流通过减压阀虽有很大的水头损失，但由于减少了水的浪费并使系统流量分布合理、改善了系统布局与工况，因此总体上讲仍是节能的。

（二）盥洗、洗涤节水器具

水龙头是遍及住宅、公共建筑、工厂车间、大型交通工具（列车、轮船、民航飞机）应用范围最广、数量最多的一种盥洗、洗涤用水器具，同人们的关系最为密切。其性能对节约用水效果影响极大，因而是节水器中开发研究最多的。近些年来，仅国内出现的各类水龙头形式（图 3-4-13）已不下数十种。但是其在各地推广应用情况并不理想，其原因归根到底仍是不能完美地体现对节水器具的各项基本要求。

1. 延时自动关闭（延时自闭）水龙头

延时自闭水龙头适用于公共建筑与公共场所，有时也可用于家庭。在公共建筑与公共场所应用延时自闭式水龙头的最大优点是可以减少水的浪费，据估计其节水效果约为30%，但要求较大的可靠性，需加强管理。按作用原理延时自闭水龙头可分为水力式、光电感应式和电容感应式等类型。

（1）水力型延时自闭式水龙头　这类水龙头应用最为广泛，使用时只需轻压一下阀帽，水流即可持续 3～5s，然后自动关闭断流。延时自闭阀的构造形式不一，但基本原理是靠加压开启阀瓣，然后靠作用于其上下或前后的水压差缓慢关闭阀瓣，缓闭（延时）作用则借助于阀内的各种阻尼装置，延时关闭时间可根据需要调整（延长至 1min）。

（2）光电感应与电容感应式水龙头　这种水龙头的启闭是借助于手或物体靠近水龙头时产生的光电或电容感应效应及相应的控制电路、执行机构（如电磁开关）的连续作用。

其优点是无固定的时间限制，使用方便，尤适于医院或其他特定场所以免交叉感染或污染。但是需要电源、安装维修不便、价格高。

2. 手压、脚踏、肘动式水龙头

手压、脚踏式水龙头的开启借助于手压、脚踏动作及相应传动等机械性作用，释手或松脚即自行关闭。使用时虽略感不便，但节水效果良好，并兼有上述两类水龙头的优点。后者尤适用于公共场所，如浴室、食堂和大型交通工具（列车、轮船、民航飞机）上。

肘动式水龙头靠肘部动作启闭，主要用于医院手术室以免术者手的污染，同时也有节水作用。一种肘式充气水龙头，其主要特点是当水流通过散水器时即同少量空气相混合，形成比较柔和的充气水流，便于洗涤。

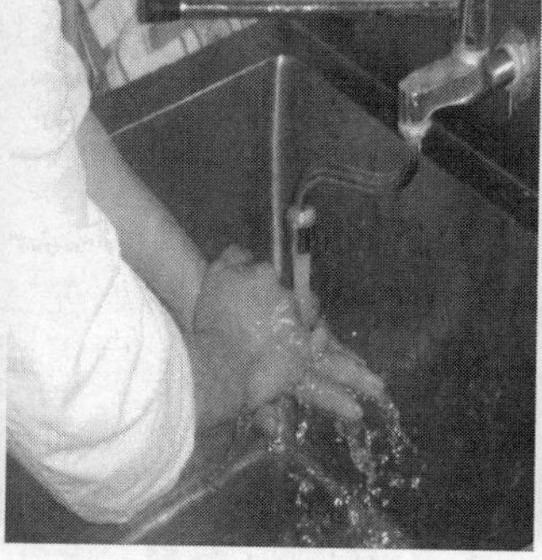

图 3-4-13　节水型水龙头

3. 停水自动关闭（停水自闭）水龙头

在给水系统供水压力不足或不稳定引起管路“停水”的情况下，如果用水户未适时关闭水龙头，则当管路系统再次“来水”时不免会使水大量流失，甚至会使水到处溢流造成损失。这种情况通常在供水不足地区和无良好用水习惯或一时疏忽的用水户中时有发生。

停水自闭水龙头即是在这种条件下应运而生的，它除具有普通水龙头的用水功能外还能在管路“停水”时自动关闭，以免发生上述现象。

近几年来我国各地开发过很多停水自闭水龙头，其类型繁多、构造各异、质量性能不一，很难系统归纳介绍。但它们的基本作用原理是在管路“停水”时，靠阀瓣或活塞的自重或弹簧复位关闭水流通道，管路“来水”时由于水压作用水流通道被阀瓣或活塞压得更加紧密故不致漏水。如需重新开启水龙头则需靠外力提升、推动阀瓣或活塞打开通道，这时作用于阀瓣或活塞上下侧的力在水流作用下应处于平衡状态。显然，为了使阀瓣或活塞在管路停水时能移动，停水自闭水龙头的关闭与开启（即上下运动）通常不是靠螺旋旋转作用。

总的来讲，采用停水自闭水龙头会产生一定节水效果，可以根据具体情况酌情推广；但是从根本上讲，应改善给水系统运行状况，提高系统供水可靠性（不“停水”），应加强用水户的节水意识、培养良好的用水习惯。

4. 节流水龙头

节流水龙头即加有“节水阀心”（俗称皮钱）、“节流塞”“节流短管”的普通水龙头。由此可以减少因水龙头流量过大时人们无意识浪费的水量，据估计可节水达30%。一种“节流塞”的孔径 ϕ（mm）、用水点水头 h（m）和流量 q（L/s）的关系曲线，可供选择查用。

5. 节水冲洗水枪

当操作者远离闸门（或水龙头）通过软管引水使用时，如肉类、海产品、罐头加工用水，食堂、菜市场、浴池、汽车冲洗用水，建筑工地用水，绿化用水等，往往会因不能及时关闭闸门（或水龙头）而浪费水量。这时如在软管末端装一带有开关的“水枪”，既可集中水流（用于冲洗）又可及时启闭“水枪”以节约用水。其性能为：当水压为0.15～2MPa、出口口径11.3mm、流量5L/min、射程6m，其节水效果良好。

（三）中水回用

水质介于上水和下水之间的、可重复利用的再生水称之为“中水”。废水中污染物的种类较多，往往一种处理技术不能消除废水中所有污染物，应根据原水的水质特点、污染物的类型及回用对水质的要求，同时考虑技术、经济等方面的因素，进行综合比较后选择合适的处理技术或者进行技术的组合应用。

中水处理工艺一般包括预处理、主要处理和后处理三个阶段，根据水源的不同，其流程也不同，多表现在主要处理阶段所采用的工艺不同，而在预处理和后处理阶段所采用的处理工艺基本都是相同的。在预处理阶段多采用格栅和调节池进行处理；主要处理阶段如原水为优质杂排水，多采用物化处理；如原水为一般杂排水，多采用生物处理和沉淀池；如原水为生活污水，二级生物处理和沉淀池为经常采取的工艺；过滤、消毒是后处理阶段经常采用的处理工艺，消毒后产生的中水就可进行回用。

中水回用技术一般有如下几种。

（1）膜处理法　以膜滤法为代表的膜处理技术一般用于规模较小的工程，其原理是，在外力的作用下，被分离的溶液被透过或被截留于膜的过程。其优点是占地面积较小，SS（水中悬浮物）去除率很高，出水水质也要优于传统处理技术。随着技术的不断发展，目前发明了一种膜分离单元与生物处理单元相结合的新型膜处理技术——膜生物反应器

(MBR)。这种技术的优点是装置紧凑、处理效率高、受负荷变动的影响小、出水水质好等，但投资和运行成本较高。

(2) 物理化学法　主要以砂滤、活性炭吸附、混凝沉淀（气浮）等方法为主，或者几种方法相互组合，该方法适用于污水水质变化较大的情况。其优点是技术先进，系统间歇运行，管理简单，但缺点是运行费用较高。

(3) 生物处理法　此方法多用于处理有机物含量较高的污水。污水中的有机物利用微生物的吸附、氧化分解的能力达到去除的目的。根据微生物对氧气的喜好，可分为好氧处理和厌氧处理两种方法。目前，好氧生物处理法以其去除效果好、生物处理效果稳定、剩余污泥产量低、抗冲击负荷等优点得到了大家的青睐。活性污泥法、接触氧化法、生物转盘等均是好氧生物处理法。

(4) 人工湿地处理法　人工湿地污水处理技术是在一定的填料上种植特定的植物，利用填料的过滤、植物的吸收及植物根部微生物的处理作用，将污水进行净化的技术。这种新型的处理系统具有高效处理、运行管理方便、技术可行的优点，且其投资成本远低于常规技术。鉴于目前我国的国情，人工湿地处理法在我国是值得推广的，尤其是我国的南方地区，将有非常广阔的应用前景。

第三节　发酵废液与固废处理

一、废水的好氧生物处理

(一) 活性污泥法

1. 传统活性污泥法的基本原理

活性污泥法是利用悬浮生长的微生物絮体来处理污水的好氧生物处理过程。其中悬浮生长的生物絮体就是活性污泥。活性污泥是大量微生物聚集的地方，它是由好氧微生物及其代谢产生和吸附的有机物、无机物组成，具有很强的生物化学活性。在污水生物处理过程中，活性污泥对污水中的有机物具有很强的吸附和氧化分解能力。污泥中的微生物，主要是细菌和原生动物。活性污泥处理污水中有机物可分为两个阶段：生物吸附阶段和生物氧化阶段。

(1) 生物吸附阶段　污水与活性污泥充分接触时，污水中的有机物被比表面积巨大、表面上含有多糖类黏性物质的微生物吸附。大分子有机物被吸附后，在水解酶作用下，分解为小分子物质，然后这些小分子与溶解性有机物渗入细胞体内，使废水中的有机物含量下降而得到净化。这一阶段进行得非常迅速，有机物去除率相当高，吸附作用是主要的。

(2) 生物氧化阶段　被吸附和吸收的有机物质继续被氧化，氧化阶段进行非常缓慢，需要很长的时间。在生物吸附阶段，随着有机物吸附量的增加，污泥的活性逐渐减弱。当吸附饱和后，污泥失去吸附能力。经过生物氧化后，吸附的有机物被氧化分解后，污泥的活性又出现，恢复吸附能力。

2. 活性污泥指标

(1) 污泥浓度（MLSS）　指 1L 混合液内所含的悬浮固体的质量，单位为 g/L 或 mg/L。污泥浓度的大小可间接地反映污水中所含微生物的浓度。

（2）污泥沉降比（SV） 是指一定量的曝气池混合液静置30min后，沉淀污泥与污水的体积比，用%表示。污泥沉降比越大，越有利于活性污泥与水迅速分离，性能良好的污泥，沉降比一般可达15%～30%。

（3）污泥容积指数（SVI） 是指一定量的曝气池混合液经30min沉淀后，1g干污泥所占沉淀泥容积的体积，也称污泥指数，单位为mL/g。污泥指数反映活性污泥的松散程度，污泥指数越大，污泥松散程度也就越大，表面积也大，易于吸附和氧化有机物，提高废水处理效果。

3. 活性污泥法基本流程

活性污泥法处理流程中曝气池是主体构筑物。污水经预处理，除去某些悬浮物后进入曝气池，与活性污泥接触混合，并进行曝气。曝气的作用是：一是使活性污泥处于悬浮状态，使污水与活性污泥充分接触，二是向活性污泥提供氧气，保持好氧条件，保证微生物的正常生长和繁殖，并使水中的有机物被活性污泥吸附、氧化分解。然后，污水和活性污泥一起进入二次沉淀池，使污泥得到沉淀，上清液排放。沉淀的活性污泥部分回流入曝气池，与曝气池内污水混合，补充曝气池内活性污泥的流失。同时，系统中活性污泥量会不断增加，多余的活性污泥应从系统中排出，这部分污泥称为剩余污泥。活性污泥法的基本流程如图3-4-14所示：

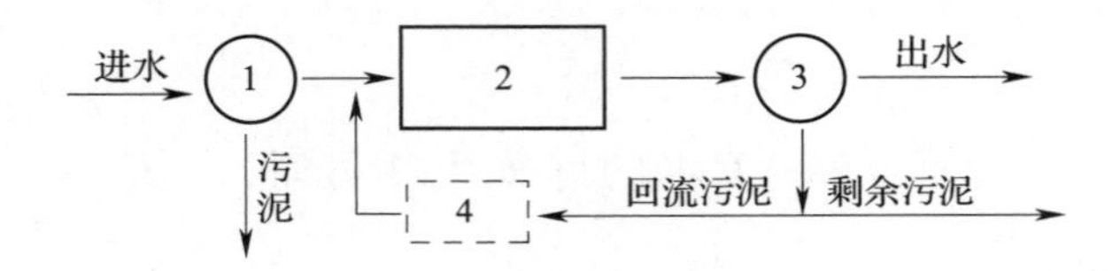

图3-4-14 活性污泥法基本流程

1—初次沉淀池 2—曝气池 3—二次沉淀池 4—再生池

4. 活性污泥的参数

（1）污泥负荷 在用活性污泥处理污水的过程中，将有机物与活性污泥的质量比（F/M），即单位质量活性污泥（kg MLSS）或单位体积曝气池（m^3）在单位时间（d）内所承受的有机物量（kg BOD），称为污泥负荷。

（2）泥龄 细胞的平均停留时间也称泥龄，是微生物在曝气池中的平均培养时间。在间歇式试验装置中，它与水力停留时间相等。

在活性污泥法处理系统的设计中，既可采用污泥负荷，也可采用泥龄作为设计参数。

5. 活性污泥系统运行方式

活性污泥法可以有多种运行方式，主要有普通活性污泥法、完全混合活性污泥法、分段进水活性污泥法、生物吸附法、延时曝气活性污泥法、高负荷活性污泥法以及纯氧气曝气活性污泥法等。

（二）活性污泥法的改进工艺

1. 吸附生物氧化法

吸附生物氧化法又称AB法，其工艺流程如图3-4-15所示。

吸附生物氧化法一般不设初沉池，A段和B段的回流系统分开。A段污泥负荷高达

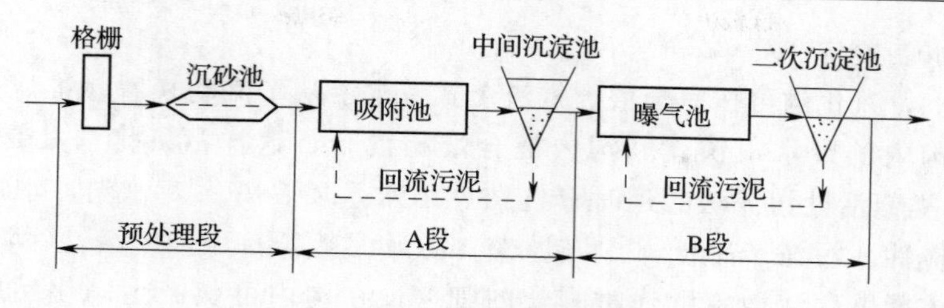

图 3-4-15　AB 法工艺流程

2～6kgBOD/（kgMLSS·d），约为常规活性污泥法的 20 倍，泥龄短，一般为 0.3～0.5d，水力停留时间约 30min。A 段的活性污泥全部是细菌，其世代很短，繁殖速度快。A 段可以通过控制溶解氧的含量，以好氧或兼氧的方式运行，耗氧负荷为 0.3～0.4kgO_2/kgBOD，BOD 去除率可以调整，污泥产率高，污泥的沉降性能较好，污水经 A 段处理后可生化性有可能提高。B 段的微生物主要为菌胶团以及原生动物和后生动物，负荷约 0.15～0.3kgBOD/（kgMLSS·d），停留时间约 2～3h，泥龄约 15～20d，溶解氧含量约 1～2mg/L。由于 A 段的有效功能使 B 段的处理效果得以提高，不仅能进一步去除 COD、BOD，而且能提高硝化效果。AB 法对 BOD、COD、SS、磷和氨氮的去除效果一般均高于常规活性污泥法，节省基建投资约 20%，能耗降低 25%左右。其特点是 A 段负荷高，抗冲击负荷的能力强，对 pH 和有毒物质的影响具有很大的缓冲作用，特别适用于处理高浓度、水质水量变化大的污水。

2. 氧化沟

图 3-4-16 和图 3-4-17 所示分别为以氧化沟为生物处理单元的污水处理流程和氧化沟的平面布置图。

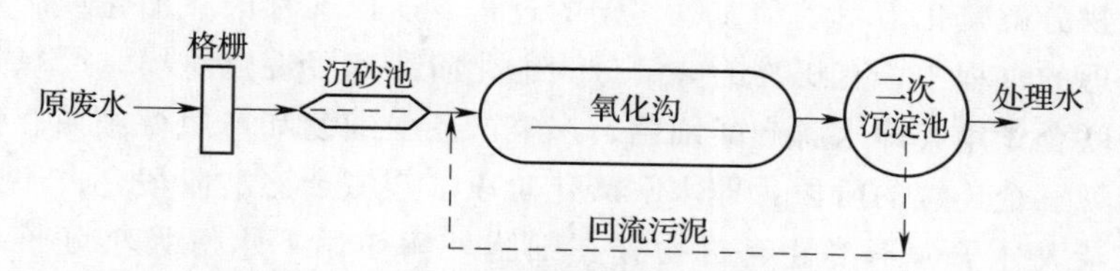

图 3-4-16　氧化沟废水处理流程

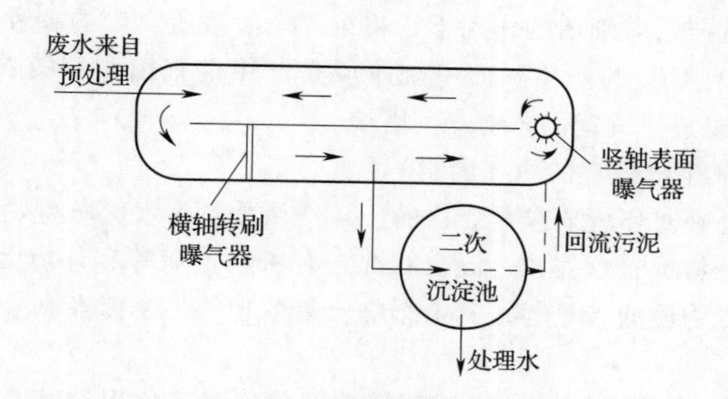

图 3-4-17　氧化沟平面布置图

氧化沟具有如下特征。

①池体较长，池深度较浅：曝气装置多采用表面曝气器，纵轴、横轴曝气器都可用。

进水装置和出水装置构造简单。

②在流态上，氧化沟可按完全混合推流工式考虑：从水流动来看是推流式，但是由于流速快，进入沟内的废水很快就和沟内混合液相混合，这样，氧化沟又是完全混合式。BOD负荷低，类似活性污泥法的延时曝气法，出水水质良好。对水温、水质和水量的变动有较强的适应性。污泥产率低，排泥量少。污泥泥龄长，为传统活性污泥系统的3～6倍。在反应器内能够存活增殖世代时间长的细菌，在沟内可能产生硝化反应和反硝化反应，氧化沟具有脱氮的功能。

生物工程工厂的废水处理设计可参考相关工程设计技术规范、国家标准及地方标准。部分技术规范与国家标准如下。

a. 氧化沟活性污泥法污水处理工程技术规范（HJ 578—2010）

b. 膜分离法污水处理工程技术规范（HJ 579—2010）

c. 序批式活性污泥法污水处理工程技术规范（HJ 577—2010）

d. 厌氧-缺氧-好氧活性污泥法污水处理工程技术规范（HJ 576—2010）

e. 生物工程类制药工业水污染物排放标准（GB 21907—2008）

f. 发酵类制药工业水污染物排放标准（GB 21903—2008）

g. 提取类制药工业水污染物排放标准（GB 21905—2008）

h. 酵母工业水污染物排放标准（GB 25462—2010）

二、污水的厌氧生物处理

1. 污水厌氧生物处理的基本原理

污水厌氧生物处理是指在缺氧条件下，通过厌氧微生物或兼性厌氧微生物的作用，将污水中的有机物分解转化为甲烷和二氧化碳的过程，所以又称厌氧消化或厌氧发酵。在污水厌氧生物处理的过程中，有机物的分解分为酸化阶段和甲烷化阶段。厌氧过程主要有三大类群的细菌联合作用，即水解产酸细菌、产氢产乙酸细菌和产甲烷细菌。因而，将厌氧消化过程划分为三个连续的阶段，即水解酸化阶段、产氢产乙酸阶段、产甲烷阶段。水解酸化阶段是复杂大分子、不溶性有机物先在细胞外酶作用下水解为小分子、溶解性有机物，然后这些小分子有机物渗透到细胞体内，分解产生挥发性有机酸、醇、醛类等。产氢产乙酸阶段是在产氢产乙酸细菌的作用下，将第一个阶段所产生的各种有机酸分解转化为乙酸和 H_2，有时还有 CO_2 的产生。产甲烷阶段是产甲烷细菌利用第二阶段产生的乙酸、乙酸盐、CO_2 和 H_2 或其他一碳化合物产生甲烷。

2. 影响污水厌氧生物处理的主要因素

污水厌氧生物处理对环境要求是严格的。一般认为，污水厌氧生物处理的影响因素包括基础因素，如微生物量、营养比、混合状况、有机物负荷等和环境因素，如温度、pH、氧化还原电位、有毒物质的含量等。其中影响厌氧处理的主要因素有pH、碳氮比、温度、阻抑物等。

pH对厌氧发酵有较大的影响。产酸菌繁殖的倍增时间比甲烷菌短得多。若消化过程被酸性发酵阶段所控制，则甲烷细菌必被酸性发酵产物等所抑制，平衡这两类细菌非常重要。消化过程的pH控制在6.7～7.2为宜。碳氮比的影响也是明显的，在高碳氮比值下进行发酵时，易造成产酸发酵优势。当pH降至6以下时，产气效果差，酸性气体超过

50%。到 pH 降至 5.5 以下时，会出现酸阻抑现象，发酵基本停止，影响有机物的分解。而在低碳氮比值下进行发酵时，则易造成腐解发酵，蛋白质分解、氨释放加快，使发酵 pH 上升至 8 以上，气体中的甲烷含量降低，大量氨随沼气一起排出、碳氮比宜控制在（20：1）～（30：1），能使发酵过程的产酸和释氨速度配合得当，酸碱中和使 pH 稳定。与好氧消化相同，温度对厌氧消化也相当重要，温度直接影响生化反应速度的快慢。起消化作用的微生物中，主要是嗜温微生物和嗜热微生物，它们的最适宜温度分别为 32～35℃和 49～54.5℃。采用较高温度进行消化是有利的，因为这可以缩短消化时间。45～60℃消化温度是最有利的。但由于热损失高，还产生臭味，实际上较少采用。比较适宜的温度约为 35℃，即中温消化。厌氧消化过程的阻抑物主要有重金属离子和阴离子。重金属离子对甲烷消化所起的阻抑作用有两个方面：与酶结合，产生变性物质；重金属离子及其碱性化合物的凝聚作用，使酶沉淀。而在阴离子抑制中，硫化物是抑制作用最大的阴离子，当其浓度超过 100mg/L 时，对甲烷细菌有显著的抑制作用。硫化物是硫酸根在硫酸还原菌作用下还原而生成的，因此，消化过程中硫酸根浓度不应超过 5000mg/L。

3. 厌氧生物处理工艺及设备

目前，主要的污水厌氧生物处理工艺和设备有：普通厌氧消化池、两相厌氧消化工艺、厌氧滤池、厌氧膨胀床和流化床、上流式厌氧污泥床（UASB）等。

三、污水的生物脱氮除磷

1. 污水中的氮、磷及其危害性

污水中的氮以无机氮和有机氮形式存在。有机氮包括蛋白质、多肽、氨基酸和尿素等，主要来自生活污水、农业垃圾以及某些工业污水。无机氮可分为氨氮，硝态氮和亚硝态氮三种，其中一部分无机氮由有机氮经微生物分解转化而来，另外的无机氮来自于农田排放水和地表径流，以及某些工业废水。地表水和地下水中的磷通常以磷酸盐、聚磷酸盐和有机磷的形式存在。生活污水中的磷主要以正磷酸盐离子、聚合磷酸盐或缩合磷酸盐以及有机磷的形式存在。有机磷化合物主要包括磷酸酯、亚磷酸酯、焦磷酸酯、次磷酸酯和磷酸酰胺等。不同种类的有机磷，其毒性相差很大。

氮或磷化合物是重要的营养物质，约有 25%的氮和 19%的磷可被微生物吸收用来合成细胞，但若水体中氮、磷含量过高，会加速水体的富营养化过程，使蓝藻、绿藻等大量繁殖并导致水体缺氧、水质恶化，致使鱼、虾等水生生物死亡。无机氮的两种主要毒害物质为硝酸盐和亚硝酸盐。如果饮用水中硝酸盐含量很高，人摄入过多的硝酸盐会导致亚硝酸根在血液系统中的积累，并妨碍血红蛋白氧的运输；另外，硝酸盐在人的胃内会转化成亚硝酸盐，进而转化成致癌的亚硝胺。

2. 污水生物脱氮的原理

污水生物脱氮是用异养型微生物将污水中的含氮有机物氧化分解为氨氮，然后通过自养型硝化细菌将其转化为硝态氮，再经反硝化细菌将硝态氮还原为氮气的生物过程。

硝化作用指的是在有氧条件下，污水中氨氮被自养菌氧化为亚硝酸盐及硝酸盐的过程。用于硝化的自养菌包括硝化细菌和亚硝化细菌等。硝化作用包括两个阶段，首先是氨氮氧化成亚硝态氮，其次将亚硝态氮进一步氧化成硝态氮。亚硝化单胞菌、亚硝化球菌、亚硝化黏质菌以及亚硝化球胆菌等亚硝化细菌主要完成硝化作用的第一阶段。氨氮氧化过程可用以下方程表示：

$$2NH_4^+ + 3O_2 \longrightarrow 2NO_2^- + 4H^+ + 2H_2O + 能量\ (480 \sim 700kJ)$$

硝化菌、硝化球胆菌、硝化球菌以及硝化螺旋菌等硝化细菌完成硝化作用的第二阶段。亚硝态氮转变成硝态氮的体反应可以用下式表示：

$$2NO_2^- + O_2 \longrightarrow 2NO_3^- + 能量\ (130 \sim 180kJ)$$

硝化作用过程中的细菌性质对污水处理有多方面影响：首先由于硝化细菌的生长速率比异养菌要慢，导致氧化单位氨的细胞产率较低，因此污水中有机物负荷不能太大，应与硝化细菌的生长速率相适应，否则细菌就会被冲失；其次，需要氧气的存在，以供硝化细菌转化 NH_4^+ 所需；另外，由于硝化过程中产生氢离子，导致硝化细菌处于酸性环境下，故需考虑合适的缓冲溶液调节系统。

反硝化作用指的是硝酸盐被微生物作为最终电子受体，通过生物异化还原转化成氮气，或通过生物同化还原转化为氨氮进入生物合成的过程。反硝化过程的产物在某种程度上取决于参与反硝化反应的微生物种类和环境因素，但唯一的产物可以认为是 N_2。整个过程可表示为：

$$NO_3^- \longrightarrow NO_2^- \longrightarrow NO \longrightarrow NO_2 \longrightarrow N_2$$

反硝化作用实质上是以硝酸盐和亚硝酸盐为电子受体的氧化还原反应。在氧含量很低或缺氧的条件下，以硝酸盐及亚硝酸盐为电子受体，通过微生物将硝态氮转化成亚硝态氮，并最终释放出氮气。由于污水处理系统中有许多兼生异养微生物能够将硝酸盐转化成氮气，所以在生物脱氮中，常用甲醇作为电子给体，具体反应如下所示：

$$3NO_3^- + CH_3OH \longrightarrow 2NO_2^- + CO_2 + 2H_2O$$

$$2NO_2^- + CH_3OH \longrightarrow N_2 + CO_2 + H_2O + 2OH^-$$

反硝化作用的条件是：缺氧或氧的含量比较低，存在有机碳源、硝酸盐浓度不小于 2mg/L，pH 应在 6.5～7.5。

在生物脱氮工艺中，按活性污泥系统的级数来分，生物脱氮工艺还可以分为单级活性污泥脱氮工艺和多级活性污泥脱氮工艺。单级活性污泥脱氮工艺是将含碳有机物的氧化、硝化和反硝化在一个活性污泥系统中实现，只有一个沉淀池，间歇式序批反应器就是典型的将硝化和反硝化作用相结合的单级系统。多级活性污泥脱氮工艺是单独进行硝化和反硝化的工艺系统，它是传统的生物脱氮系统。生物脱氮工艺有多种不同形式，但大都是传统生物脱氮和 A/O 两种基本脱氮工艺的改进。

3. 污水生物除磷的原理

生物除磷通常指的是在用活性污泥处理污水之后，进一步利用微生物去除水体中磷的技术。该技术主要利用聚磷菌过量地、超出其生理需要地从污水中摄取磷，并将其以聚合状态贮藏在体内，形成高磷污泥而排出系统，而实现污水除磷的目的。

聚磷菌是一种适应厌氧和好氧交替环境的优势菌群。在厌氧条件下，聚磷菌生长受到抑制，为了生长便释放出其细胞中的聚磷酸盐，同时释放出能量。这些能量可用于利用污水中简单的溶解性有机基质时所需。在这种情况下，聚磷菌表现为磷的释放，即磷酸盐由聚磷菌体内向废水的转移。当转入好氧环境后，聚磷菌的活力将得到充分的恢复，并在充分利用基质的同时，从污水中大量摄取溶解态的正磷酸盐，在聚磷菌细胞内合成多聚磷酸盐，并加以积累，它不仅能大量吸收磷酸盐合成自身物质，而且能逆梯度过量吸收磷合成多聚磷酸盐。这种对磷的积累作用大大超过了聚磷菌正常生长所需的磷量。污水生物除磷工艺中同时存在的发酵产酸菌，能为其他的积磷菌提供可利用的基质。

由此可见，污水的生物除磷工艺过程中必须包括两个反应器：一个是厌氧放磷；另一个为好氧吸磷。污水生物处理中，主要是将有机磷转化成正磷酸盐，聚合磷酸盐也被水解成正盐形式。污水生物除磷工艺中的好氧吸磷和除磷过程是以厌氧放磷过程为前提的。在厌氧条件下，聚磷菌体内的 ATP 水解，释放出磷酸和能量，形成 ADP：

$$ATP + H_2O \longrightarrow ADP + H_3PO_4 + 能量$$

经过厌氧处理的活性污泥，在好氧条件下有很强的吸磷能力。在好氧条件下，聚磷菌有氧呼吸，不断地从外界摄取有机物，ADP 利用分解有机物所得的能量进行磷酸合成 ATP：

$$ADP + H_3PO_4 + 能量 \longrightarrow ATP + H_2O$$

在污水生物除磷中，厌氧放磷和好氧摄磷是生物除磷工艺的两个基本组成部分，因此其污水生物除磷工艺流程一般包括厌氧池和好氧池。A/O 工艺是最基本的除磷工艺，其他工艺一般都是以 A/O 工艺为基础。

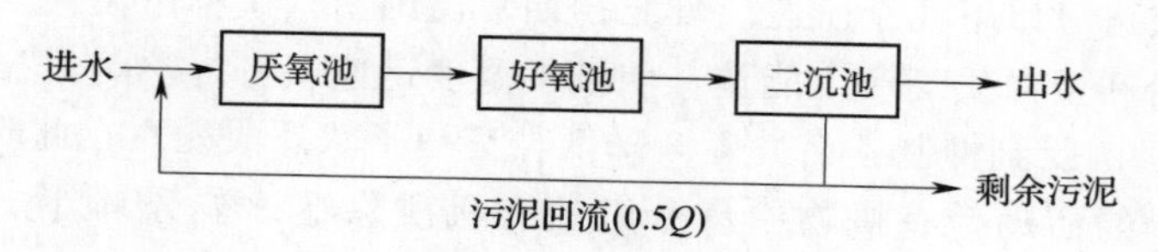

图 3-4-18　A/O 生物除磷工艺流程图

A/O 生物除磷工艺流程见图 3-4-18。A/O 系统由厌氧池、好氧池和二沉池构成，污水和污泥依次经厌氧和好氧交替循环流动。厌氧区和好氧区进一步划分为体积相同的框格，其中流态呈平推流式。回流污泥进入厌氧池可吸收去除一部分有机物，并释放出大量磷，进入好氧池的污水中有机物被好氧降解，同时污泥也将大量摄取污水中的磷，部分富磷污泥以剩余污泥的形式排出，实现磷的脱除。

A/O 工艺流程简单，基建和运行费用低。厌氧池在好氧池前，不仅有利于抑制丝状菌的生长，防止污泥膨胀，而且厌氧状态有利于聚磷菌的选择性增殖。厌氧区分格有利于改善污泥的沉淀性能，而好氧区分格所形成的平推流又有利于磷的吸收。

四、固体废物堆肥处理

（一）堆肥的定义与原理

堆肥化是指利用自然界中广泛存在的细菌、放线菌、真菌等微生物，通过人为的调节和控制，促进可生物降解的有机物向稳定的腐殖质转化的生物化学过程。根据堆肥微生物生长对氧气要求的差异，可以将堆肥化分为好氧堆肥和厌氧堆肥两种。

好氧堆肥是在有氧气存在的条件下，以好氧微生物为主降解有机质，高温杀死其中的病菌及杂草种子，从而使固体有机废弃物达到稳定化。由于好氧堆肥堆体温度高（一般在 50～65℃），故又称为高温好氧堆肥。在堆肥化过程中，有机废物中的可溶性物质可透过微生物的细胞壁与细胞膜被微生物直接吸收，而不溶性的胶体有机物，先被吸附在微生物体外，依靠微生物分泌的胞外酶分解为可溶性物质，再渗入细胞。其基本原理如图 3-4-19。

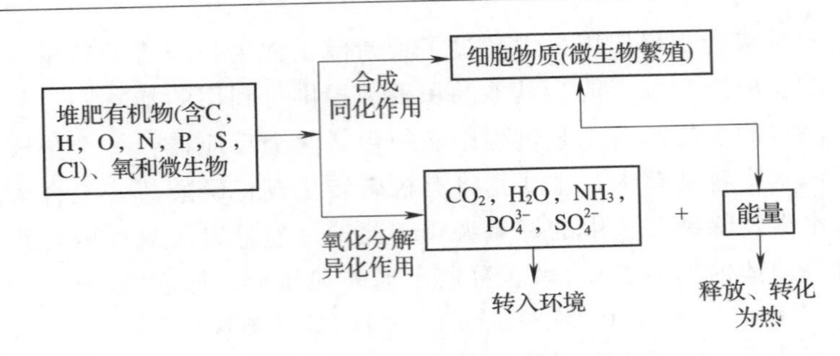

图 3-4-19　好氧堆肥基本原理示意图

厌氧堆肥化是在无氧条件下，厌氧微生物对废物中的有机物进行分解转化的过程。通常所说的堆肥化一般是指好氧堆肥化，这是因为厌氧微生物对有机物分解速度缓慢，处理效率低，容易产生恶臭，其工艺条件也较难控制，因此利用较少；而好氧堆肥中，堆肥微生物活性强，有机物分解速度快，降解更彻底，且堆肥温度较高，能够杀死固体废物中的病原菌、寄生虫（卵）等，提高堆肥的安全性能。

堆肥过程大致可分以下几个阶段。堆肥初期常温细菌（或称中温菌）分解有机物中易分解的糖类、淀粉和蛋白质等产生能量，使堆层温度迅速上升，称为升温阶段。但当温度超过 50℃时，常温菌受到抑制，活性逐渐降低，呈孢子状态或死亡，此时嗜热微生物逐渐代替了常温微生物的活动，有机物中易分解的有机质除继续被分解外，大分子的半纤维素、纤维素等也开始分解，温度可高达 60～70℃，称为高温阶段。温度超过 70℃时，大多数嗜热微生物已不适宜，微生物大量死亡或进入休眠状态，堆肥过程在高温持续一段时间后，易分解的或较易分解的有机物已大部分分解，剩下的是难分解的有机物和新形成的腐殖质。此时，微生物活动减弱，产生的热量减少，温度逐渐下降，常温微生物又成为优势菌种，残余物质进一步分解，堆肥进入降温和腐熟阶段。

（二）堆肥的原料

①纤维木质素类废弃物：农业秸秆、林业废弃物、糠壳、甘蔗渣、芦苇渣、野草等；

②市政废弃物：生活垃圾、下水污泥等；

③厨余物与畜禽粪便。

（三）堆肥系统与发酵装置

1. 条垛式堆肥

条垛式堆肥是将原料简单堆积成窄长条垛，在好氧条件下进行分解。条垛式系统定期使用机械或人工翻堆的方法通风，有时还考虑强制通风，常采用抽气的方法进行。条垛式堆肥系统设备简单，投资成本较低；填充剂易于筛分回用；产品腐熟度高、稳定性好。但占地面积大，腐熟周期长；需要大量的翻堆机械（图 3-4-20）和人力；产生强烈的臭味和大量的病原菌；受天气的影响严重；为了保持良好的通风，条垛式系统需要相对比例大的填充剂。

图 3-4-20　好氧堆肥翻堆机

强制通风静态垛系统不进行物料的翻堆，是通过风机和埋在地下的通风管道进行强制通风供氧的系统。通风不仅为微生物分解有机物供氧，同时也去除二氧化碳和氨气等气体，并蒸发水分使堆体散热，保持适宜的温度。该系统设备费用低，易于控制温度和通气情况；产品的稳定性较好，且能更有效地杀灭病原菌和控制臭味；堆腐时间相对较短，一般为 2～3 周；占地面积相对较小。但由于堆肥是露天进行的，因此易受气候条件的影响。加盖大棚可以解决这个问题，但同时也会加大投资。

2. 发酵仓系统

发酵仓系统是使物料在部分或全部封闭的容器内，控制通风和水分条件，使物料进行生物降解和转化。堆肥发酵的装置种类繁多，主要区别在于结构形式及搅拌装置的不同，大多数搅拌装置兼有运送物料的作用。

各类发酵装置分类如图 3-4-21 所示。

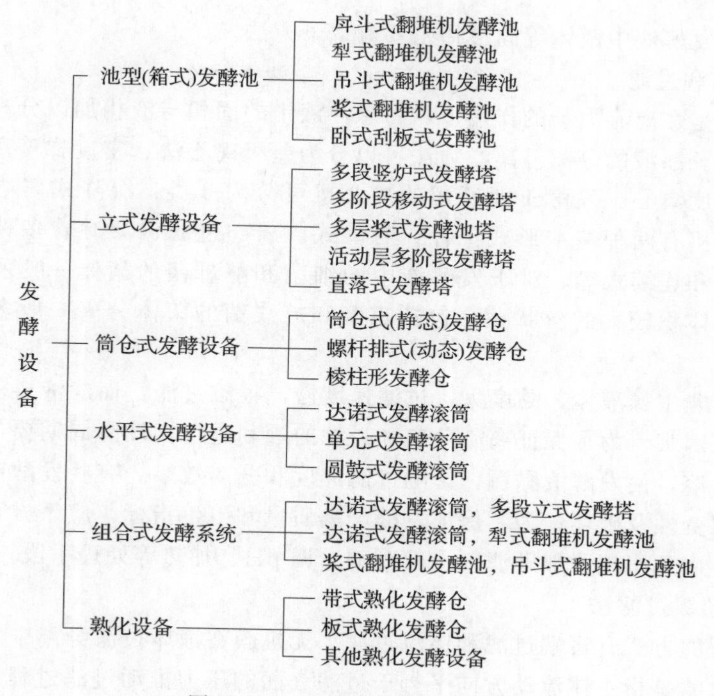

图 3-4-21　各类发酵装置分类图

五、固体废物饲料化

城市垃圾和工农业生产中产生大量含纤维素的固体废物，包括农作物副产品、食品加工废料、沼气发酵残余物和部分畜禽粪便等。有机废物饲料化处理就是利用生物酶的催化作用，或利用微生物的新陈代谢对有机废物进行加工，使之变成安全有效的饲料的过程。利用上述技术可以回收饲料葡萄糖、精制葡萄糖和单细胞蛋白等。

第四节　发酵废弃资源的综合利用

发酵液中菌体的去除是发酵工业废水前处理的一个重要研究内容。在发酵工业中，发酵液中的大量菌体和其破裂后的残片以及释放出的核蛋白、胶蛋白及菌体自溶后所产生的核糖核酸等物质均会在发酵产物的提取过程中产生干扰，影响发酵产物的质量和收率，增大能耗和生产成本。同时，在发酵产物提取后，大量的菌体进入废水，这些菌体是一种良好的蛋白质资源，向天然水体排放氮、磷丰富的废水可导致水体的富营养化，引起严重的环境污染，大大地增大了治理的难度和治理成本。因此，在发酵液进入提取工艺之前除去菌体，通常是十分必要的。

一、菌体分离的方法

目前，去除发酵液中菌体等固形物主要有以下方法。

1. 离心分离和过滤

离心分离就是在离心力场的作用下，将悬浮液中的固相与液相加以分离，多用于颗粒较细的悬浮液和乳浊液的分离。离心力法可以分为差级离心法、密度梯度离心、等密度离心以及平衡等密度离心。发酵工业所用的离心机可分为 2 类：沉降式离心机和离心过滤机。沉降式离心机有两种基本形式：管式与碟式。离心过滤机却有着多种形式：分批操作、自动间歇式和连续式等。对于发酵液中的细菌和酵母菌的菌体一般采用高速离心分离。而对于细胞体积较大的丝状菌，包括霉菌和放线菌的菌体分离一般多采用过滤方法处理。

发酵液属于非牛顿液体，黏度大，过滤速度慢，很难过滤，而滤液要求必须澄清，否则会使以后提取困难。为了保证离心分离和过滤的顺利进行，发酵周期要严格控制。周期太长，则菌体自溶，使发酵液黏稠，影响过滤速度和分离效果。有些发酵产物甚至因过滤时间太长而遭到变性及破坏；为了保证发酵产品质量和卫生指标，应千方百计提高过滤速度和分离效率，由此出现了加助滤剂、絮凝剂、调 pH、加热等处理手段。

2. 无机膜超级过滤法

膜分离过程的方式有盲端过滤和错流过滤。无机膜在液体过滤分离中主要采用错流过滤方式。错流过滤是指主体流动方向平行于过滤表面的压力推动过滤过程。平行于过滤表面的流体流动可在膜表面产生剪切作用，移走膜面沉积物防止滤饼或沉积层形成，使过滤操作可在较长时间内连续进行。

影响膜过滤过程的主要因素有三个方面：①膜性能：包括膜孔径，膜层与支撑体结构如厚度、孔隙率和润湿性，Zeta 电位等；②原料液性质：包括料液的黏度、浓度、颗粒悬浮物的性质、电荷、分散状态及溶解性气体的存在等；③过程的操作参数：包括过滤压差、膜面速度、温度等。此外过滤过程的稳定运行还与料液的预处理、热敏性、pH 及其他因素有关。许多研究者已对此做了大量研究，并得出了一些规律，但由于各应用体系的特殊性和复杂性，在实际应用中仍需对特定的应用体系进行研究。

3. 无机盐类化学絮凝剂絮凝分离

DLVO 理论认为，悬浮液及溶胶的稳定性是由电荷的作用力和范德华吸引力相互作用达到平衡而形成的。如果破坏这种稳定性，降低 ξ 电位的绝对值使微粒的表面电势改变，则可导致颗粒凝聚。ξ 电位值的大小与加入电解质的浓度、价数有关。随着电解质浓度的增加，有更多的反离子进入扩散层甚至进入紧密层，由于电性中和作用，所以扩散层厚度变薄，ξ 电位随之下降，当微粒间的分子引力超过排斥力时，即导致凝聚作用产生。一般 ξ 电位小于 14mV 就会发生凝聚。改变 pH 或改变离子的种类和浓度也可以达到降低 ξ 电位的目的，但常用的做法是加进高电荷的反离子来降低 ξ 电位。对于水溶液体系中带正电荷的反离子，实际做法是加入含 Al^{3+}，Fe^{3+}，Fe^{2+}，Ca^{2+} 的盐。

4. 有机高分子类絮凝剂絮凝分离

有机絮凝剂是一种分子量很大、线状结构的高分子聚合物，它通过长碳链上的一些能与颗粒表面相互作用的化学基团吸附在分散体系中的微粒上。高分子絮凝剂的同一个分子链可以在多个微粒上吸附，从而在微粒之间起架桥作用，可以将许多微粒连结在一起而形成较大的絮团，因而加快了微粒的沉降速度。在简单的憎水胶体体系里，分散的颗粒上的电荷中和只需加少量电解质就能发生凝聚反应。但是，微生物悬浮液是一种复杂的亲水胶体，仅用中和电荷的方法，在许多情况下仍不能发生明显的凝聚反应。这时将无机凝聚剂与高分子絮凝剂复合使用，则是一种行之有效的方法。

目前，国内对有机高分子类絮凝剂絮凝分离的研究日益增多。吴华昌等在絮凝法分离赖氨酸发酵液菌体的研究中采用自制天然高分子聚合物为絮凝剂，对赖氨酸发酵液中菌体絮凝作用进行了研究。结果表明：当发酵液 pH 为 5.0～5.5，温度为 60℃时，添加 50mg/L 的絮凝剂，静置 90min，除菌率可达 98.8%，絮凝比为 54%。毕喜姑等在甘油发酵液的絮凝除菌研究利用高分子絮凝剂絮凝去除甘油发酵液中的菌体，考察了 pH、絮凝剂用量、絮凝温度对絮凝效果的影响。结果表明：适宜的絮凝条件为 pH＝5～10、温度为 30～40℃、絮凝剂用量为 0.6～0.8g/L，此时菌体絮凝率可达 90%以上，经絮凝处理后，滤速为未加絮凝剂的 2.5～4.5 倍；滤液中菌体去除率达 100%，固形物的回收率为未加絮凝剂的 2.1 倍；滤饼的含湿量由 71%增加到 78%。

但有机高分子类絮凝剂，如聚丙烯酰胺衍生物等絮凝剂尽管非常有效，但残留物有一定毒性，不宜在食品行业使用。因此，开发高效、安全、无毒，无二次污染的絮凝剂，已越来越引起各国科研工作者的重视。壳聚糖又名几丁聚糖、甲壳胺、甲壳糖、壳糖胺、脱乙酰甲壳质。化学名：（1，4）-2-胺基-2-脱氧-*β*-*D*-葡聚糖。白色至淡黄色粉末或不定形状。不溶于水和一般有机溶剂，不溶于中性或碱性溶液，而能溶于酸性水溶液，形成一种透明的、带正电的阳离子黏稠液体，平均分子量 1×10^{6}～2.0×10^{6} u。壳聚糖天然无毒，对高分子和离子性复合物有很强的凝聚力，而且可生物降解，不产生二次污染，是一种非常理想的生物絮凝剂。

二、菌体的回收利用

发酵工业废水中悬浮的菌体是可以回收利用的物质，可以用来制成饲料、单细胞蛋白粉等有再利用价值的产品，例如酵母和谷氨酸产生菌分离后，菌体经洗涤后可作综合利用，从中提取 AMP、GMP、UMP、辅酶 A、凝血质等贵重药品。所以发酵工业废水中菌体的去除就成为人们关注的问题之一。

1．生产饲料

目前我国发酵工业中利用回收菌体生产饲料已初步取得成绩。

在谷氨酸发酵中，谷氨酸发酵液经超滤后可有效地分离为菌体糊和谷氨酸清液。菌体糊经干燥后作为高蛋白饲料粉，饲料粉的成分主要是蛋白质，还有少量无机盐和氨基酸，粗蛋白含量高达70％以上，是一种优质高效的蛋白饲料。这项工艺处理在生产过程中不向外界排放任何污水，既减少了环境污染，又变废为宝，具有较显著的环境效益和社会效益。又如在对啤酒废酵母的回收利用上，啤酒废酵母中含有丰富的蛋白质、碳水化合物、脂肪、粗纤维、矿物质等多种营养成分，因此，经过处理后的啤酒废酵母在干燥之后，可以作为生产蛋白饲料的添加剂，通常作为配制其他混合饲料的蛋白源，可配制畜牧、鱼虾等饲料。除此之外，还可以利用啤酒废酵母生产混合饲料。若一个啤酒厂年产12万千升啤酒和1.6万吨麦芽，那么它每年可生产800吨混合饲料，可创产值1120万元/年，获利润500万元以上，具有很大的经济效益。

2．提取核酸

核糖核酸简称核酸，核酸制品广泛应用于农业生产、医药工业和食品工业。在农业上，核酸及其衍生物制品可以用于促进农作物的生长。在医药工业，核酸是制造治疗冠心病、肿瘤、心肌梗死等疾病药物不可代替的原料。在食品工业，核酸及其衍生物制品是开发新型食品的调味品不可缺少的原料，强力味精、风味味精、特鲜酱油等新型调味品，都是核酸及其衍生物应用的结果。

利用发酵工业回收的菌体提取核酸产品，应用于农业生产、医药工业和食品工业具有较显著的环境效益和社会经济效益。例如，啤酒废酵母中核酸的含量在6％～8％，若把这部分核酸提取出来，降解成在农业、医药、食品等方面有广泛应用的核苷酸制品。这将实现啤酒工业变废为宝的目的，具有很高的经济和社会效益。利用啤酒废酵母提取核酸的工艺过程如下：

啤酒废酵母→盐处理(碱处理)→菌体分离→清液提取RNA→过滤→干燥→成品

3．提取谷胱甘肽

谷胱甘肽又称为还原型谷胱甘肽，是一种天然三肽，由谷氨酸、半胱氨酸和甘氨酸组成，广泛存在于各种生物体内，是主要的抗氧化剂，参与细胞内的多种生物反应，又是多种酶催化生物反应的辅酶，能够保护生物分子上的巯基。此外，还能够防止脂质氧化、白内障发展，并且能够解毒和保护皮肤等，临床上用于中毒性肝炎和感染性肝炎的治疗，癌症辐射和化疗的保护，对肺纤维化、肝癌、卵巢癌等也是联合用药。发酵工业产生大量的菌体，对其进行分离回收并提取谷胱甘肽，这将在食品、医药、化妆品等领域具有广泛的应用价值。

啤酒发酵工业产生了大量的废酵母，价格低廉，可以充分利用这些资源来提取生产谷胱甘肽，提高啤酒废酵母的附加值。用啤酒废酵母提取谷胱甘肽的工艺流程为：

啤酒废酵母→洗涤、过筛→醋酸抽提→离心→分离纯化→成品

近年来有学者对啤酒废酵母提取谷胱甘肽进行了研究。邱雁临等人研究利用壳聚糖作为吸附剂，采用吸附层析的方法从啤酒废酵母中提谷胱甘肽，研究结果证明此方法可行。

4．生产超氧化物歧化酶（SOD）

超氧化物歧化酶是一种新型金属酶，是一种含有铜、锌、铁、锰的蛋白酶。超氧化物

歧化酶是在1938年由Mann和Keilin首次从牛红血球中分离出的一种蓝色铜蛋白，最初定名为血铜蛋白，而在1969年由Mccord和Fridovich发现其能够催化超氧阴离子自由基发生歧化反应而命名。SOD在生物体中普遍存在，对氧自由基的清除具有重要的作用，该酶作用的底物是超氧阴离子，将其分解成O_2和H_2O_2，H_2O_2再经过氧化物酶与过氧化氢酶的催化变成H_2O，从而解除了超氧阴离子对生物体细胞的损伤，具有有效的清除作用和生理效用。因此，它对机体的防护和抗衰老、抗炎症、抗肿瘤、抗自身免疫疾病、抗辐射、抗休克、抗氧中毒等均有积极的作用，已受到国内外医药界和生物化学界的高度重视，同时它还被越来越多地应用于食品及化妆品添加剂等领域。

目前，国内SOD基本上是以动物血为原料制备，典型的制备工艺是先经溶血，然后采用热变和有机溶剂处理提取，最后用柱层析纯化。这种方法的缺点是易受原料来源、产率、产品质量不稳定及安全性等方面的限制，而用微生物为原料制取SOD，具有原料便宜易得，可以规模化生产的优点。因此，利用发酵液中分离回收的菌体产生SOD具有很好的效益，同时能减少废水中菌体对环境的污染。研究表明，酵母细胞中含有较多的SOD，因此，作为生产SOD的材料来源之一，它具有产率高，易大规模工业化生产，不受季节与自然条件的限制等优点。

5. 提取海藻糖

海藻糖是由两个葡萄分子通过半缩醛羟基缩合而成的非还原性双糖。天然海藻糖是白色晶体，具有甜味，作为一种应急代谢物，能赋予动物、植物和微生物抵抗营养缺乏，抗高温、低温、干燥、高渗透压、有毒物质等恶劣环境的能力，它具有在恶劣环境下保护生物体的生物膜、脂质体、蛋白质、核酸等结构和功能的特殊功效。作为一种生物添加剂，海藻糖在生物制品活性保存以及食品、化妆品、农业、医药等方面有着广泛的应用前景。

可以利用发酵工业分离回收的菌体来提取海藻糖。谭海刚等人对啤酒废酵母提取海藻糖的工艺进行了研究，在乙醇浓度为60%（体积分数），提取温度为（80±1)℃，提取时间为30min，酵母质量浓度为100g/L条件下，海藻糖的提取率可达91.71%，采用活性炭脱色，阴阳离子交换除杂，经浓缩、结晶、干燥，制成的海藻糖成品纯度为96.85%。

利用啤酒废酵母提取海藻糖的工艺流程如下：

啤酒废酵母→洗涤离心→加热预处理→乙醇浸提→冷却离心→上清液浓缩去醇→加足量醋酸铅溶液→过滤→滤液加足量固体草酸钠除铅→过滤→活性炭脱色→阴阳离子交换→浓缩→乙醇结晶→过滤及干燥→成品

第五节　生物工程工厂清洁生产示例

广东肇庆星湖生物科技股份有限公司核苷酸厂清洁生产案例。

(一) 企业概况

此核苷酸厂是广东肇庆星湖生物科技股份有限公司属下的全资企业，位于风景秀丽宜人的西江之畔，1999年竣工投产。厂区占地面积40万平方米，是我国目前最大的核苷酸系列品生产基地，项目建设经国家计委批准立项，并被列入国家技术创新项目和广东“九五”重点工程项目。目前已达到年产3000t I+G（呈味核苷酸二钠）生产能力，产值达3

亿多元，利税9千多万元，市场占有率达40%以上。工厂现有生产车间4个、功能管理科室3个，员工400多人，其中中、高级工程技术人员占15%以上。公司从建厂开始，始终以建设绿色工业为目标，从可持续发展的战略高度对待环境治理，不断进行科技创新，按照“源头上减少污染物的排放、走清洁生产的路子”的理念，积极探索经济增长与环境保护同步发展的途径。公司的使命是：实施清洁生产，不仅是生产上水平、降低成本、赢得市场竞争的必由之路，也是实现公司“为大众创造健康的明天”使命的需要。

1. 企业的生产状况

公司主要产品有：I＋G（呈味核苷酸二钠）、鸟苷、IMP（5′-肌苷酸二钠）、GMP（5′-鸟苷酸二钠）。主要原辅材料：双酶糖、肌苷、磷酸三乙酯、煤、压缩空气等。能源及用水情况如表3-4-3所示。在设备等方面，从设计阶段，就十分重视采用先进、节能、成熟设备，如阿特拉斯无油螺杆机、闪蒸干燥机、变频节电设备的广泛应用等。设备性能可靠，故障停机率少于0.05%，设备完好率达99.7%以上，泄漏率少于0.03%。

表3-4-3 能耗及用水表

项目	综合能耗/（t标煤/年）	单位产品综合能耗/（t/t）	单位产品水耗量/（t/t）
数量	14103	12.13	1121

其主要生产工艺过程如工艺流程图3-4-22所示。

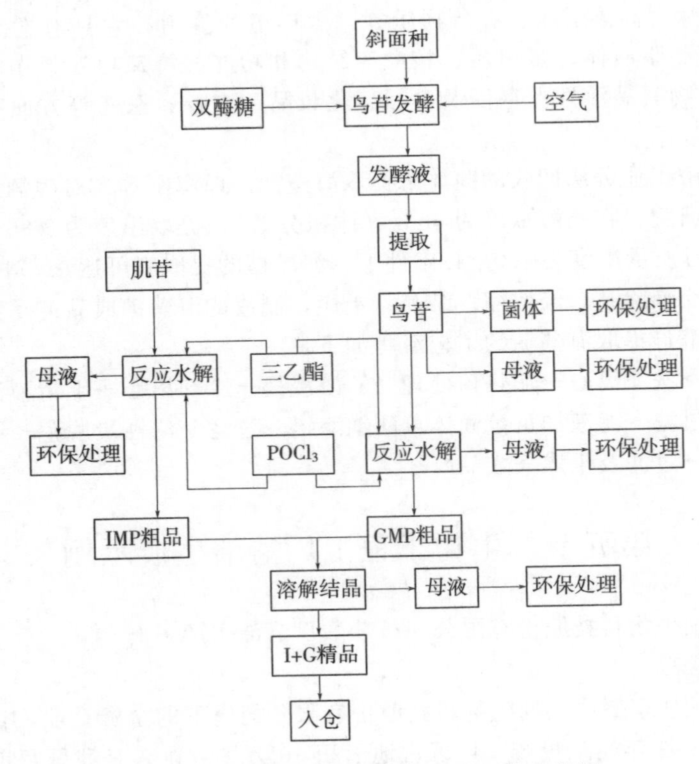

图3-4-22 星湖生物科技公司生产工艺流程图

2. 企业的环境保护状况

核苷酸厂在生产过程中产生的主要污染源为：①高浓废水：流量为1920m^3/d，COD_{cr} 1100～64000mg/L；②淡废水：流量为2385m^3/d，COD_{cr} 1100mg/L以下。废水处理系统采用生物法处理，高浓废水先进行UASB厌氧处理后再与淡废水混合进行两级生物脱氮处理，经过废水处理系统后出水指标100%达到省一级排放标准。在生产中产生的废弃物如煤渣、活性炭、编织袋等可卖给相关单位回收利用，回收部分资金用于设备的维修保养。在废水处理系统中，将厌氧产生的沼气回收供锅炉燃烧，既减少了废气对环境造成的二次污染，同时减少了原煤的用量；另外将母液中残留的盐回收，不但改善了生化处理系统的处理效果，又节约了生产成本。

3. 企业的管理状况

公司创新和激励机制健全，生产经营均严格按照SOP标准操作规程进行，并全面通过了ISO 09001—2000质量体系的认证。原材料采购是根据各车间每月的生产所需情况申购原材料计划，然后由生产设备科根据原材料的库存状况，制订出当月的原材料采购计划报公司物资采购分公司，由公司物资采购分公司统一购买，厂物资库存控制在公司要求的库存定额之内，一般控制使用量为一周左右。原材料到厂后，由公司质量检测中心抽样，检验合格后才投入车间使用，各车间的生产操作严格按岗位SOP进行，产品入库则凭入库证，合格检验报告书，产品出厂时由销售公司出具发货单，财务部审核，仓库核准发货单，准确无误后，按发货程序放行出厂。

4. 清洁生产的开展及潜力

核苷酸系列产品的生产技术涉及发酵工程和化学合成等技术，其废水既有发酵行业高浓度污染的特征，也有化学合成行业含盐分较多的特点，COD、P、NH_3—N、SS等含量高。尽管核苷酸厂建成了规模较大的环保处理系统，而且该系统也通过了省环保局组织的验收，并达到省一级排放标准。但运行成本高，影响了产品的综合成本，为了进一步提高核苷酸系统产品的市场竞争能力，将产品做强做大，必须对环保处理办法进行深入的研究，优化处理技术，降低处理成本。经过深入分析研究，发酵核苷酸系列产品生产中产生的废水有大量可以回收综合利用的物质，通过工艺调整及增加设备处理，可以回收其中大量的有用物质，进行资源的综合利用，实现清洁生产。同时可使排放至生化处理站的废水中COD、P、NH_3—N、SS等大大降低，从而降低了生化处理站的处理负荷，确保厌氧—好氧处理低成本、高效率运作，提高处理后的废水排放质量，对保护环境是极为重要的。另外由于清洁生产工艺的应用，同时回收（生产）大量有价值的副产品，变废为宝，提高经济效益，从而降低了核苷酸系列产品的生产成本，提高产品的市场竞争能力。

（二）清洁生产的实施

要降低废水处理成本，首先应将各种在废水中的有用物质回收再利用，排到废水中的有害（毒）物质的污染负荷就会大幅减少，从而降低了废水的处理成本。

1. 清洁生产方案

根据核苷酸产品生产工艺特性及物料平衡，通过不断研究分析、筛选，选定以下清洁生产方案作为实施方案。

（1）高浓度发酵废水处理　应用膜分离技术，分离湿菌体，用于生产蛋白饲料或有机复合肥；

（2）I+G磷酸盐母液处理　磷酸盐母液采用低温结晶生产磷酸盐，并通过CaO与母液中残留的磷酸根反应，使排放液含P低于1×10^{-5}mg/L；

（3）I+G母液处理　从I+G母液中回收NaCl和I+G，采用高效蒸发浓缩和分步结晶技术，低成本回收NaCl和I+G；

（4）尾氨回收处理　将尾氨在中和塔用味精等电母液（或水）吸收，氨水循环用于味精生产。

2. 方案的分析、评估、筛选

（1）高浓度发酵废水处理　发酵液中含有大量的菌体，提取核苷后的废水由于含有大量的菌体，其COD和BOD都相当高，需要用水稀释后排放到生化处理系统，因此造成生化处理成本高。公司在技术改造中投资近300万元，引进先进的膜处理技术，可将发酵液浓缩10倍。通过有效地分离核苷的清液和菌体，一方面有效地提高了核苷提取的收率。发酵液经膜处理后，大大地提高了发酵液的浓缩倍数，从而有效地提高了核苷的提取收率。提取收率由原来75%提高到80%，使核苷的生产成本每年节约超过120万元。另一方面使浓液中发酵菌体的含量大幅提高，含菌量由原来的15%提高到50%，再将菌体浓缩后作为有机复合肥。目前正通过调整核苷处理工艺改进菌体烘干工艺，准备将菌体加工成为蛋白饲料外卖，大大提高经济效益。

（2）加磷酸加盐母液处理　溶剂相中含有大量的磷酸盐，由于高浓度磷酸盐在生化处理系统中难以得到有效处理，使排放的废水难以达标，因此应该在进入生化处理系统前将溶剂相中的磷酸盐回收，一方面使废水可达标排放，另一方面可通过回收磷酸盐自用和外卖增加经济效益。经对溶剂相的研究分析，确定处理工艺如图3-4-23所示。

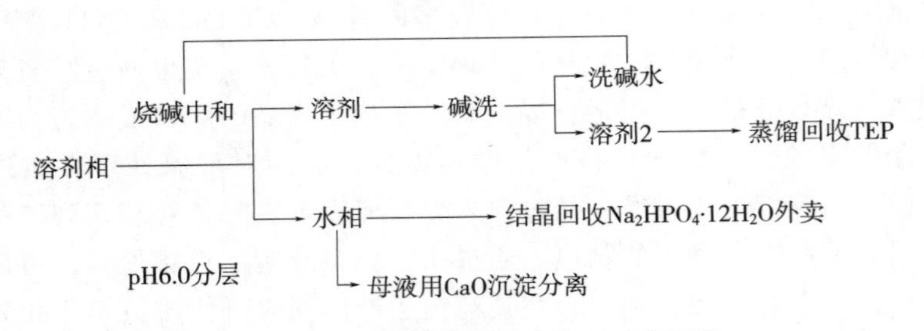

图3-4-23　加磷酸加盐母液处理工艺流程

核苷酸厂投资约150万元建设磷酸盐回收的生产线，新增人员12人，并在当年投入运行。通过以上方法处理I+G溶剂相，每年可回收食品级$Na_2HPO_4\cdot12H_2O$约1700t，产生效益达85万元。但固定资产折旧及原材料、能源等费用达100万元/a，该清洁生产改造属中/高费方案。但废水中的磷酸盐绝大部分被回收，大大减轻了生化处理系统的压力，使排放的废水中含P达到一级排放标准，环保效益显著。

（3）I+G母液处理　I+G母液中含有高浓度的NaCl和少量的I+G，高浓度的NaCl会对厌氧反应器中的活性污泥有抑制和毒害作用，必须在进入生化处理前将其除去。处理工艺路线如下：

I+G母液→多效蒸发浓缩→热结晶分离→离心除NaCl→冷冻结晶→I+G粗品→I+G精制

核苷酸厂利用现有设备，增加投资建成I+G母液回收生产线并投入使用，项目新增人员16人。通过上述方法每年可回收NaCl约1000t，回收的NaCl全部用于I+G的生产，由此可节约购买费用约100万元/a，同时通过回收I+G粗品，提高了I+G的回收率，实施该项产目品效后，每年可多回收I+G 20t，增加产品效益160万元/a。固定资产折旧及原材料、能源等费用约60万元/a，年经济效益达200万元，属无/低费方案。

(4) 尾氨回收处理　生产中会排放氨尾气，原用水吸收后排放去生化处理。由此带来废水中的NH_3—N严重超标，大大增加了废水处理的成本。2003年公司通过投资80万元，新建尾氨回收系统，把味精的等电母液（或水）用来吸收氨尾气，其工艺流程为：

尾氨→味精母液在喷淋塔中和→母液氨水→浓缩结晶

采用上述工艺处理后，减少了味精厂的液氨的使用量，降低味精生产成本；同时减少氨对环境的污染，降低排放至环境的氨量，减少中和盐酸用量，使环保废水氨氮达标排放。该项目实施后使该厂的环保处理减少盐酸用量约250t/月，每年节约成本55万元。同时减少味精厂对液氨的使用量为30t/月，节约成本为15万元。固定资产折旧及原材料、能源等费用约30万元/a，年经济效益达40万元，属无/低费方案。

（三）清洁生产的效果

1. 经济效益、环境效益分析

清洁生产方案的实施，提高了公司生产水平，大大降低了生产成本及环保处理成本，达到了经济效益与环境效益双赢。具体如表3-4-4所示。

表3-4-4　清洁生产的经济效益与环境效益一览表

清洁生产方案		经济效益	环境效益
无/低费方案	高浓度发酵废水处理	实施后提取收率由75%提高到80%，节约生产成本120万元/a，固定资产折旧及原材料、能源等费用70万元/a，年经济效益为50万元	回收废水中菌体，降低了生化处理成本
	I+G母液处理	回收NaCl约1000t/a，节约原材料费用100万元/a；回收I+G约20t/a，节约生产成本160万元/a，固定资产折旧及原材料、能源等费用约60万元/a，经济效益达200万元/a	减少了NaCl对厌氧的抑制和毒害作用，改善了生化处理系统处理效果
	尾氨回收处理	减少环保处理盐酸用量约250t/月，节约成本55万元/a，减少液氨使用量约30t/月，节约成本15万元/a，固定资产折旧及原材料、能源等费用约30万元/a，年经济效益为40万元	处理后排至环境中的氨氮大幅减少，使废水处理后氨氮可达标排放
中/高费方案	I+G磷酸盐母液处理	回收食品级$Na_2HPO_4 \cdot 12H_2O$约1700t/a，收益85万元/a，固定资产折旧及原材料、能源等费用约100万元/a，属中/高费方案。不实施，排放废水中含P难以达标	减轻了生化处理系统压力，使排放废水中含P达到一级排放标准

2. 综合效果评价

公司实施以上清洁生产方案，共投入资金约550万元，年产生效益达300万元，投入产出比相当巨大。不但提高了核苷酸系列产品在市场上的竞争力，同时遵循国家所引导的环保政策，主动走清洁生产的路子，通过完善清洁生产工艺，大幅减少环境污染，降低资源消耗，使企业走上一条可持续发展的道路。

(四) 小结

1. 实施清洁生产的经验

核苷酸厂通过实施清洁生产，取得了较好的经济和环境效益，其经验可归纳为如下两点。

(1) 不断寻求新的发展和新的利润增长点，在新的项目上积极采用清洁生产工艺，把污染源消灭在生产之前，积极回收副产品，变废为宝，节约生产成本、废水处理成本。

(2) 确保清洁生产工艺应用的资金投入，依靠改革创新和技术进步，按照源头上减少污染负荷排放与综合治理相结合走清洁生产路子的理念，积极探索经济增长与环境保护同步发展的途径，走出了条经济、社会、资源与环境相协调可持续发展的道路，使其产品赢得了市场，赢得了更广阔的发展天地。

2. 存在问题及建议

清洁生产工艺的发展，是提取技术高度发展的产物。要真正实施清洁生产，应对产品的特性有深入的了解，正确选择适当的生产工艺以及熟练掌握相应单元操作过程技术。目前我国的各种单元操作的技术水平与国外先进水平有一定的差距，有些还差距较大。为此，应大力引进国外先进的提取技术和装备，提高自身的生产技术和生产效率，减少环境污染，降低生产成本，提高产品质量，从而提高总体竞争力。

思考题

1. 清洁生产的内涵及其意义是什么？如何进行清洁生产审核？
2. 企业推行清洁生产过程中，如何达到降低能耗的目的？
3. 采取哪些节水措施可以到达到清洁生产的节水要求？
4. 废液生化处理的方法分为几种？其各自的原理及特点？
5. 目前常用的几种废液厌氧生物处理工艺和设备有哪些？
6. 固体废物处理的方法有哪些？
7. 从发酵液中分离菌体的方法有哪些？原理是什么？
8. 请描述啤酒生产工艺如何实现清洁生产。

参考文献

［1］周中平，赵毅红，朱慎林．清洁生产工艺及其应用实例［M］．北京：化学工业出版社，2003.

［2］肖冬光．微生物工程原理［M］．北京：中国轻工业出版社，2006.

［3］广东省经济贸易委员会．清洁生产案例分析［M］．北京：中国环境科学出版社，2005.

［4］奚旦立．清洁生产与循环经济［M］．北京：化学工业出版社，2005.

［5］国家环境保护局. 企业清洁生产审计手册［M］．北京：中国环境科学出版社，1996.

附　录

一、空气洁净度分级标准 ISO 14644—1（2015）

空气洁净度等级（N）	大于或等于所标粒径的粒子最大浓度限值（个/每立方米空气粒子）					
	0.1μm	0.2μm	0.3μm	0.5μm	1μm	5μm
ISO Class1	10	2				
ISO Class2	100	24	10	4		
ISO Class3	1000	237	102	35	8	
ISO Class4	10000	2370	1020	352	83	
ISO Class5	100000	23700	10200	3520	832	29
ISO Class6	1000000	237000	102000	35200	8320	293
ISO Class7				352000	83200	2930
ISO Class8				3520000	832000	29300
ISO Class9				35200000	8320000	293000

注：由于涉及测量过程的不确定性，故要求用不超过三个有效的浓度数字来确定等级水平。

二、《空气洁净技术措施》的空气洁净度级别

级别	粒径/μm	平均含尘浓度/（粒/L）	温度范围/℃	相对湿度范围/%	不同级别相邻房间静压差/Pa	噪声值A声级/dB
3	＞0.5	3	18～26	40～60	＞4.9	＜65
30	＞0.5	30	18～26	40～60	＞4.9	＜65
300	＞0.5	300	18～26	40～60	＞4.9	＜65
3000	＞0.5	3000	18～26	40～60	＞4.9	＜65
30000	＞0.5	30000	18～26	40～60	＞4.9	＜65

三、饱和水与饱和水蒸汽表（按压力排列）

压力 p/bar	温度 T/℃	比体积/（$10^{-3}m^3$/kg）		焓/（kJ/kg）		
		饱和水 v'	饱和水蒸汽 v''	饱和水 h'	潜热 γ	饱和水蒸汽 h''
0.040	28.96	1.0040	34800	121.46	2432.9	2554.4
0.060	36.16	1.0064	23739	151.53	2415.9	2567.4
0.080	41.51	1.0084	18103	173.88	2403.1	2577.0
0.10	45.81	1.0102	14674	191.83	2392.8	2584.7
0.20	60.06	1.0172	7649	251.40	2358.3	2609.7
0.30	69.10	1.0223	5229	289.23	2336.1	2626.3
0.40	75.87	1.0265	3993	317.58	2319.2	2636.8
0.50	81.33	1.0300	3240	340.49	2305.4	2645.9
0.60	85.94	1.0331	2732	359.86	2293.6	2663.5
0.70	89.95	1.0360	2365	376.70	2283.3	2660.0
0.80	93.50	1.0380	2087	391.66	2274.1	2665.8

续表

压力 p/bar	温度 T/℃	比体积/（$10^{-3}m^3/kg$）		焓/（kJ/kg）		
		饱和水 v'	饱和水蒸汽 v''	饱和水 h'	潜热 γ	饱和水蒸汽 h''
0.90	96.71	1.0410	1869	405.15	2265.7	2670.9
1.00	99.63	1.0432	1694	417.46	2258.0	2975.5
1.50	111.4	1.0528	1159	467.11	2226.5	2693.6
2.00	120.2	1.0605	885.7	504.70	2201.9	2706.7
2.50	127.4	1.0672	718.7	535.37	2181.5	2716.9
3.00	133.6	1.0732	605.8	561.47	2163.8	2725.3
3.50	138.9	1.0786	524.3	584.33	2148.1	2732.4
4.00	143.6	1.0836	462.5	604.74	2133.8	2738.6
4.50	147.9	1.0882	414.0	623.25	2120.7	2743.9

注：1bar＝10^5Pa

四、饱和水的热性质

t	ρ	c_p		v	λ		a×10^3	P_γ	β
℃	kg/m^3	J/（kg·℃）	kcal/（kg·℃）	m^2/s	W/（m·℃）	kcal/（m·h·℃）	m^2/s		1/K
0	1002	4218	1.008	0.179×10^{-5}	0.552	0.474	13.1	13.6	0.18×10^{-3}
20	1001	4182	0.999	0.101	0.597	0.513	14.3	7.02	
40	994.6	4178	0.998	0.0658	0.628	0.540	15.1	4.34	
60	985.4	4184	0.999	0.0477	0.651	0.559	15.5	3.02	
80	974.1	4196	1.002	0.0364	0.668	0.574	16.4	2.22	
100	960.6	4216	1.007	0.0294	0.680	0.585	16.8	1.74	

五、在标准大气压力下空气的热性质

T	ρ	c_p		v	λ		a×10^5	μ		P_γ
K	kg/m^3	J/（kg·℃）	kcal/（kg·℃）	m^2/s	W/（m·℃）	kcal/（m·h·℃）	m^2/s	N·s/m^2	kgf·s/m^2	
250	1.413	1005	0.2400	0.949×10^{-5}	0.0223	0.0192	1.56	1.60×10^{-5}	0.163×10^{-5}	0.722
300	1.177	1006	0.2402	1.57	0.0262	0.0225	2.22	1.85	0.183	0.708
350	0.998	1009	0.2409	2.08	0.0300	0.0258	2.98	2.08	0.212	0.697
400	0.883	1014	0.2421	2.59	0.0337	0.0290	3.76	2.29	0.234	0.689
450	0.783	1021	0.2438	2.89	0.0371	0.0319	4.63	2.48	0.253	0.683
500	0.705	1030	0.2460	3.79	0.0404	0.0347	5.53	2.67	0.272	0.680
550	0.642	1039	0.2481	4.43	0.0436	0.0375	6.53	2.85	0.291	0.680
600	0.588	1055	0.2519	5.13	0.0466	0.0401	7.51	3.02	0.308	0.680
650	0.543	1063	0.2538	5.85	0.0495	0.0426	8.58	3.18	0.324	0.682
700	0.503	1075	0.2567	6.63	0.0523	0.0450	9.67	3.33	0.340	0.684
750	0.471	1086	0.2593	7.39	0.0551	0.0474	10.8	3.48	0.355	0.686
800	0.441	1098	0.2622	8.23	0.0578	0.0497	12.0	3.63	0.370	0.689

续表

T	ρ	c_p		v	λ		$a\times10^5$	μ		P_γ
K	kg/m³	J/(kg·℃)	kcal/(kg·℃)	m²/s	W/(m·℃)	kcal/(m·h·℃)	m²/s	N·s/m²	kgf·s/m²	
850	0.415	1110	0.2651	9.07	0.0603	0.0516	13.2	3.77	0.384	0.692
900	0.392	1121	0.2677	9.93	0.0628	0.0540	14.3	3.90	0.398	0.696
950	0.372	1132	0.2703	10.8	0.0653	0.0562	15.5	4.02	0.410	0.699
1000	0.352	1142	0.2727	11.8	0.0675	0.0581	16.8	4.15	0.423	0.702
1100	0.320	1161	0.2787	13.7	0.0723	0.0622	19.5	4.40	0.449	0.706
1200	0.295	1179	0.2815	15.7	0.0763	0.0656	22.0	4.63	0.472	0.714
1300	0.271	1197	0.2858	17.9	0.0803	0.0691	24.8	4.85	0.494	0.722

六、湿空气的物理性质表

空气温度/℃	干空气密度/（kg/m³）	饱和空气密度/（kg/m³）	水蒸汽饱和分压力/kPa	饱和空气的含湿量 h/（g/kg）	饱和空气比热 c/［kJ/kg·℃］
+40	1.128	1.097	7.3750	48.8	1.110
38	1.135	1.107	6.6244	43.5	1.097
36	1.142	1.116	5.9410	38.8	1.089
34	1.150	1.126	5.3193	34.4	1.080
32	1.157	1.136	4.7540	30.6	1.072
+30	1.165	1.146	4.2421	27.2	1.063
28	1.173	1.156	3.7795	24.0	1.059
26	1.181	1.166	3.3609	21.4	1.1051
24	1.189	1.176	2.9836	18.8	1.043
22	1.197	1.185	2.6436	16.6	1.043
+20	1.205	1.195	2.3370	14.7	1.038
18	1.213	1.204	2.0637	12.9	1.038
16	1.222	1.214	1.8171	11.4	1.034
14	1.230	1.223	1.5984	9.97	1.030
12	1.238	1.232	1.4025	8.75	1.026
+10	1.247	1.242	1.2278	7.63	1.026
8	1.256	1.251	1.0732	6.65	1.026
6	1.266	1.261	0.9345	5.79	1.022
4	1.275	1.271	0.8132	5.03	1.022
2	1.284	1.281	0.7052	4.37	1.017
0	1.293	1.290	0.6106	3.78	1.017
−2	1.303	1.301	0.5173	3.19	1.017
4	1.312	1.310	0.4373	2.69	1.017
6	1.322	1.320	0.3679	2.27	1.013
8	1.332	1.331	0.3093	1.91	1.013
−10	1.342	1.341	0.2600	1.60	1.013
12	1.353	1.350	0.2173	1.33	1.013
14	1.363	1.361	0.1813	1.11	1.013
16	1.374	1.372	0.1506	0.92	1.013
18	1.385	1.384	0.1253	0.76	1.009
−20	1.396	1.395	0.1027	0.63	1.009

七、水的饱和蒸汽压与温度（0～179℃）的关系

T/℃	p/kPa	T/℃	p/kPa	T/℃	p/kPa	T/℃	p/kPa
0	0.612015	45	9.616063	90	70.27177	135	316.0779
1	0.658151	46	10.1207	91	72.98908	136	325.4623
2	0.707329	47	10.64794	92	75.79381	137	335.0724
3	0.759719	48	11.19861	93	78.68816	138	344.9123
4	0.8155	49	11.77357	94	81.67436	139	354.986
5	0.874857	50	12.37367	95	84.75469	140	365.2977
6	0.937985	51	12.99983	96	87.93145	141	375.8515
7	1.005086	52	13.65295	97	91.20699	142	386.6516
8	1.076372	53	14.33399	98	94.58369	143	397.7022
9	1.152063	54	15.04391	99	98.06399	144	409.0076
10	1.232391	55	15.7837	100	101.6503	145	420.5722
11	1.317593	56	16.55439	101	105.3452	146	432.4003
12	1.40792	57	17.35702	102	109.1512	147	444.4963
13	1.503631	58	18.19267	103	113.0709	148	456.8646
14	1.604997	59	19.06242	104	117.1069	149	469.5098
15	1.712299	60	19.9674	105	121.2618	150	482.4363
16	1.825827	61	20.90877	106	125.5384	151	495.6488
17	1.945887	62	21.8877	107	129.9394	152	509.1518
18	2.072793	63	22.9054	108	134.4675	153	522.9499
19	2.206872	64	23.96311	109	139.1256	154	537.048
20	2.348463	65	25.06209	110	143.9166	155	551.4506
21	2.49792	66	26.20363	111	148.8434	156	566.1627
22	2.655608	67	27.38905	112	153.9088	157	581.1889
23	2.821904	68	28.61971	113	159.116	158	596.5342
24	2.997201	69	29.89698	114	164.4678	159	612.2034
25	3.181906	70	31.22229	115	169.9674	160	628.2015
26	3.376439	71	32.59706	116	175.6178	161	644.5334
27	3.581236	72	34.02279	117	181.4223	162	661.2041
28	3.796746	73	35.50096	118	187.384	163	678.2188
29	4.023435	74	37.03312	119	193.5062	164	695.5824
30	4.261785	75	38.62084	120	199.792	165	713.3001
31	4.512294	76	40.26571	121	206.2449	166	731.3772
32	4.775475	77	41.96938	122	212.8681	167	749.8187
33	5.05186	78	43.7335	123	219.6652	168	768.6299
34	5.341996	79	45.55978	124	226.6394	169	787.8161
35	5.646448	80	47.44995	125	233.7944	170	807.3827
36	5.965801	81	49.40579	126	241.1335	171	827.335
37	6.300655	82	51.42908	127	248.6605	172	847.6783
38	6.651631	83	53.52167	128	256.3788	173	868.4182
39	7.019368	84	55.68544	129	264.2922	174	889.56
40	7.404526	85	57.92227	130	272.4043	175	911.1094
41	7.807781	86	60.23412	131	280.7189	176	933.0717
42	8.229833	87	62.62297	132	289.2397	177	955.4527
43	8.671401	88	65.09082	133	297.9706	178	978.2579
44	9.133223	89	67.63972	134	306.9153	179	1001.493

八、标准大气压下酒精水溶液的液相、气相组成及沸点温度

液相组成		沸点温度/℃	气相组成		液相组成		沸点温度/℃	气相组成	
液相中酒精含量/%	液相中酒精分子/%		气相中酒精含量/%	气相中酒精分子/%	液相中酒精含量/%	液相中酒精分子/%		气相中酒精含量/%	气相中酒精分子/%
0.01	0.004	99.9	0.13	0.053	23.00	10.48	86.2	67.3	44.61
0.10	0.4	99.8	1.3	0.51	24.00	11.00	85.95	68.0	45.41
0.15	0.055	99.7	1.95	0.77	25.00	11.53	85.7	68.6	46.08
0.20	0.8	99.6	2.6	1.03	26.00	12.08	85.4	69.3	46.90
0.30	0.12	99.5	3.8	1.57	27.00	12.64	85.2	69.8	47.49
0.40	0.16	99.4	4.9	1.98	28.00	13.19	85.0	70.3	48.08
0.50	0.19	99.3	6.1	2.45	29.00	13.77	84.8	70.8	48.68
0.60	0.23	99.2	7.1	2.90	30.00	14.35	84.7	71.3	49.30
0.70	0.27	99.1	8.1	3.33	31.00	14.95	84.5	71.7	49.77
0.80	0.31	99.0	9.0	3.725	32.00	15.55	84.3	72.1	50.27
0.90	0.35	98.9	9.9	4.12	33.00	16.15	84.2	72.5	50.78
1.00	0.39	98.75	10.1	4.20	34.00	16.77	83.85	72.9	51.27
2.00	0.79	97.65	19.7	8.76	35.00	17.41	83.75	73.2	51.67
3.00	1.19	96.65	27.2	12.75	36.00	18.03	83.7	73.5	52.04
4.00	1.61	95.8	33.3	16.34	37.00	18.68	83.5	73.8	52.43
5.00	2.01	94.95	37.0	18.68	38.00	19.34	83.4	74.0	52.68
6.00	2.43	94.15	41.1	21.45	39.00	20.00	83.3	74.3	53.09
7.00	2.86	93.35	44.6	23.96	40.00	20.68	83.1	74.6	53.46
8.00	3.29	92.6	47.6	26.21	41.00	21.38	82.95	74.8	53.76
9.00	3.73	91.9	50.0	28.12	42.00	22.07	82.78	75.1	54.12
10.00	4.16	91.3	52.2	29.92	43.00	22.78	82.65	75.4	54.54
11.00	4.61	90.8	54.1	31.56	44.00	23.51	82.5	75.6	54.80
12.00	5.07	90.5	55.8	33.06	45.00	24.25	82.45	175.9	55.22
13.00	5.51	89.7	57.4	34.51	46.00	25.00	82.35	76.1	55.48
14.00	5.98	89.2	58.8	35.83	47.00	25.75	82.3	76.3	55.74
15.00	6.46	89.0	60.0	36.98	48.00	26.53	82.15	76.5	56.73
16.00	6.86	88.3	61.1	38.06	49.00	27.32	82.0	76.8	56.44
17.00	7.41	87.9	62.2	39.16	50.00	28.12	81.9	77.0	56.71
18.00	7.95	87.7	63.2	40.13	51.00	28.93	81.8	77.3	57.12
19.00	8.41	87.4	64.3	41.27	52.00	29.80	81.7	77.5	57.41
20.00	8.92	87.0	65.0	42.09	53.00	30.61	81.6	77.7	57.70
21.00	9.42	86.7	65.8	42.94	54.00	31.47	81.5	78.0	58.11
22.00	9.93	86.4	66.6	43.82	55.00	32.34	81.4	78.2	58.39

续表

液相组成		沸点温度/℃	气相组成		液相组成		沸点温度/℃	气相组成	
液相中酒精含量/%	液相中酒精分子/%		气相中酒精含量/%	气相中酒精分子/%	液相中酒精含量/%	液相中酒精分子/%		气相中酒精含量/%	气相中酒精分子/%
56.00	33.24	81.3	78.5	58.78	77.00	56.71	79.7	84.5	68.07
57.00	34.16	81.25	78.7	59.10	78.00	58.11	79.65	84.9	68.76
58.00	35.09	81.2	79.0	59.55	79.00	59.55	79.55	85.4	69.59
59.00	36.02	81.1	79.2	59.84	80.00	61.02	79.5	85.8	70.29
60.00	36.98	81.0	79.5	60.29	81.00	62.52	79.4	86.0	70.63
61.00	37.97	80.95	79.7	60.58	82.00	64.05	79.3	86.7	71.85
62.00	38.95	80.85	80.0	61.02	83.00	65.64	79.3	87.3	72.71
63.00	40.00	80.75	80.3	64.44	84.00	67.27	79.1	87.7	73.61
64.00	41.02	80.65	80.5	61.61	85.00	68.92	78.95	88.3	74.69
65.00	42.09	80.6	80.8	62.22	86.00	70.63	78.85	88.9	75.82
66.00	43.17	80.5	81.0	62.52	87.00	72.36	78.75	89.5	76.93
67.00	44.27	80.45	81.3	62.09	88.00	74.15	78.65	92.1	78.00
68.00	45.41	80.4	81.6	63.43	89.00	75.99	78.6	90.7	79.26
69.00	46.55	80.3	81.9	63.91	90.00	77.88	78.5	91.3	80.42
70.00	47.74	80.2	82.1	64.21	91.00	79.82	78.4	92.0	81.83
71.00	48.92	80.1	82.4	64.70	92.00	81.83	78.3	92.7	83.26
72.00	50.16	80.0	82.8	65.34	93.00	83.87	78.27	93.5	84.91
73.00	51.39	79.95	83.1	65.81	94.00	85.97	78.2	94.2	86.40
74.00	52.68	79.85	83.4	66.28	95.00	88.13	78.177	95.05	88.13
75.00	54.00	79.75	83.8	66.92	95.57	89.41	78.15	95.57	89.41
76.00	55.34	79.72	84.1	67.42					

九、酒精水溶液的比热

浓度/%	温度/℃					浓度/%	温度/℃				
	0	30	50	70	90		0	30	50	70	90
5	1.03	1.01	1.02	1.02	1.02	60	0.80	0.86	0.92	0.98	1.04
10	1.05	1.02	1.02	1.02	1.03	70	0.75	0.80	0.88	0.94	1.02
20	1.04	1.03	1.03	1.03	1.03	80	0.67	0.74	0.77	0.87	0.97
30	1.00	1.02	1.05	1.07	1.09	90	0.61	0.67	0.70	0.80	0.90
40	0.94	0.98	1.00	1.04	1.05	100	0.54	0.60	0.65	0.71	0.78
50	0.87	0.92	0.96	1.01	1.05						

十、氨热力性质

温度/℃	绝对压力/(kg/cm²)	比容		相对密度		焓		蒸发热/(kJ/kg)	熵	
		液体/(L/kg)	蒸汽/(m³/kg)	液体/(kg/L)	蒸汽/(kg/m³)	液体×4.186/(kJ/kg)	蒸汽×4.186/(kJ/kg)		液体×4.186/[(kJ/kg·°K)]	蒸汽×4.186/[(kJ/kg·°K)]
—20	1.9397	1.5037	0.6237	0.6650	1.603	78.15	395.87	317.72	0.9173	2.1726
—19	2.0273	1.5066	0.5984	0.6637	1.671	79.23	396.19	316.96	0.9215	2.1689
—18	2.1180	1.5096	0.5743	0.6624	1.741	80.31	396.51	316.20	0.9258	2.1653
—17	2.2119	1.5125	0.5514	0.6612	1.814	81.39	396.83	315.44	0.9300	2.1617
—16	2.3091	1.5155	0.5296	0.6598	1.888	82.48	397.15	314.67	0.9342	2.4581
—15	2.4097	1.5185	0.5088	0.6585	1.965	83.57	397.46	313.89	0.9384	2.1546
—14	2.5137	1.5215	0.4889	0.6572	2.045	84.65	397.77	313.12	0.9426	2.1511
—13	2.6212	1.5245	0.4701	0.6560	2.127	85.74	398.08	312.34	0.9468	2.1476
—12	2.7324	1.5276	0.4520	0.6546	2.212	86.84	398.38	311.54	0.9509	2.1441
—11	2.8472	1.5307	0.4349	0.6533	2.299	87.92	398.68	310.76	0.9551	2.1407
—10	2.9658	1.5338	0.4185	0.6520	2.389	89.01	398.97	309.96	0.9592	2.1373
—9	3.0883	1.5369	0.4028	0.6507	2.483	90.11	399.26	309.15	0.9633	2.1339
—8	3.2147	1.5400	0.3878	0.6494	2.579	91.21	399.55	308.34	0.9675	2.1306
—7	3.3452	1.5432	0.3735	0.6480	2.677	92.29	399.83	307.54	0.9716	2.1273
—6	3.4798	1.5464	0.3599	0.6467	2.779	93.41	400.12	306.71	0.9757	2.1240
—5	3.6186	1.5496	0.3468	0.6453	2.884	94.50	400.39	305.89	0.9797	2.1207
—4	3.7617	1.5528	0.3343	0.6440	2.991	95.59	400.66	305.07	0.9838	2.1175
—3	3.9092	1.5561	0.3224	0.6426	3.102	96.69	400.93	304.24	0.9879	2.1143
—2	4.0612	1.5594	0.3109	0.6413	3.216	97.79	401.20	303.41	0.9919	2.1111
—1	4.2179	1.5627	0.3000	0.6399	3.333	98.90	401.46	302.56	0.9959	2.1079
0	4.3791	1.5660	0.2895	0.6386	3.454	100.00	401.72	301.72	1.0000	2.1043
1	4.5452	1.5694	0.2795	0.6372	3.578	101.10	401.97	300.87	1.0040	2.1017
2	4.7161	1.5727	0.2698	0.6358	3.706	102.21	402.22	300.01	1.0080	2.0986
3	4.8920	1.5761	0.2606	0.6345	3.837	103.31	402.46	299.15	1.0120	2.0955
4	5.0730	1.5796	0.2517	0.6331	3.973	104.44	402.71	298.27	1.0160	2.0294
5	5.2591	1.5831	0.2433	0.6317	4.110	105.54	402.95	297.41	1.0200	2.0894
6	5.4505	1.5866	0.2351	0.6303	4.254	106.65	403.18	296.53	1.0239	2.0864
7	5.6473	1.5901	0.2273	0.6289	4.399	107.77	403.41	295.64	1.0279	2.0834
8	5.8495	1.5936	0.2198	0.6275	4.550	108.89	403.64	294.75	1.0318	2.0804
9	6.0573	1.5972	0.2126	0.6261	4.704	110.00	403.85	293.85	1.0359	2.0775
10	6.2707	1.6008	0.2056	0.6247	4.864	111.12	404.08	292.96	1.0397	2.0745
11	6.4900	1.6045	0.1990	0.6232	5.025	112.23	404.29	292.06	1.0436	2.0716
12	6.7151	1.6081	0.1926	0.6219	5.192	113.35	404.49	291.14	1.0475	2.0687
13	6.9467	1.6118	0.1864	0.6204	5.365	114.47	404.70	290.23	1.0515	2.0659
14	7.1834	1.6156	0.1805	0.6190	5.340	115.61	404.90	289.29	1.0554	2.0630

注：$1kg/cm^2 = 9.8 \times 10^4 Pa$

十一、NaCl 及 $CaCl_2$ 盐水的相对密度

溶液中的含盐量/%	盐水温度/℃				
	+15	±0	−5	−10	−15
10	1.075	1.078	1.079	—	—
11	1.082	1.086	1.087	—	—
12	1.089	1.093	1.095	—	—
13	1.098	1.101	1.102	—	—
14	1.103	1.108	1.110	—	—
15	1.111	1.116	1.117	1.119	—
16	1.119	1.124	1.125	1.125	—
17	1.127	1.133	1.134	1.135	—
18	1.134	1.141	1.142	1.144	—
19	1.141	1.147	1.148	1.149	1.151

溶液中的含盐量/%	盐水温度/℃			
	+15	±0	−10	−20
15	1.132	1.137	1.140	—
16	1.142	1.174	1.150	—
17	1.151	1.157	1.160	—
18	1.161	1.167	1.170	—
19	1.171	1.177	1.180	—
20	1.181	1.187	1.190	—
21	1.191	1.197	1.201	1.205
22	1.201	1.207	1.211	1.215
23	1.211	1.218	1.222	1.226
24	1.222	1.228	1.233	1.237

十二、氨及盐水横式光滑排管传热系数

$$K=4.186\cdot x\ [\mathrm{kJ}/(\mathrm{m}^2\cdot \mathrm{h}\cdot ℃)]\ (D57\times 3.5\ 无缝钢管)$$

库房温度/℃	库房相对湿度/%	排管的管数/根	温差/℃		
			6	10	14
1. 墙管单排的 x 值					
—10	90	6	8.6	7.0	7.2
		10	7.3	7.6	7.9
		14	8.3	8.6	8.8
		18	9.7	9.9	10.1
0	85	6	7.8	8.4	8.8
		10	8.6	9.2	9.5
		14	9.8	10.3	10.6
		18	11.4	12.0	12.2
双排的 x 值					
—10	90	6	6.0	6.4	6.7
—10	90	10	6.7	7.0	7.3
		14	7.7	8.0	8.3
		18	9.1	9.4	9.6
0	85	6	7.2	7.8	8.1
		10	7.9	8.5	8.9
		14	9.2	9.8	10.0
		18	10.8	11.4	11.6
2. 顶管单排的 x 值					
—10	90		6.7	7.0	7.3
0	85		7.9	8.4	8.7
—10	90		6.1	6.4	6.7
0	85		7.2	7.8	8.1
箍式的（5 根高 6 根宽）x 值					
—10	90		5.1	5.5	5.8
0	85		6.1	6.8	7.1